PRESTRESSED CONCRETE STRUCTURES

프리스트레스트 콘크리트

민창식 저

도서출판 구미서관

PREFACE | 머리말

지난 수년간 가제본으로 학부와 대학원에서 강의하던 내용을 정리하여 이제야 출판하게 되었다. 프리스트레스트 콘크리트 분야는 철근콘크리트 분야에 비해서 북미뿐만 아니라 전 세계적으로 교재의 종류가 상대적으로 다양하지 않은 상황이다. 부분적으로 그 이유는 프리스트레스트 콘크리트 분야가 기본적으로 다국적 회사나 프리캐스트 사업체에 의해서 주도되는 분야이기 때문이 아닐까 생각된다.

그동안 국내에서는 신현묵 교수님의 '프리스트레스트 콘크리트(동명사, 초판 1982년)'가 가장 대표적인 교재이고 근래에 들어 몇 권의 교재가 출판되고 있는 상황이고, 북미에서는 Lin-Burns, Nilson, Collins-Mitchell, Naaman, Nawy 등의 교재가 발간되었고, 인도에서 Rajagopalan이나 Krishna Raju등의 교재가 출판되고 있는 형편이다.

본 교재는 학부의 교재로 뿐만 아니라 대학원 및 설계회사에서 연구나 설계지침서로 이용될 수 있도록 다루는 내용과 연관된 현행 설계기준 뿐만 아니라 내용이나 그림 등의 출처를 최대한 상세하게 명기하여 관련 내용을 유기적으로 통합하고 제시하기 위해서 노력하였다. 각 장에 제시된 예제는 근래의 '종합설계(Comprehensive Design)'의 개념을 도입하여 설계 상세에 대해서 애매모호한 설계과정을 최소화하기 위해서 노력하였다. 예제와 연습문제를 통해서 새롭게 프리스트레스트 콘크리트에 접하는 학생들이나 실무자가 손쉽게 내용을 이해하고 설계에 응용할 수 있을 것으로 생각한다.

본 교재에서 사용한 용어는 현행 콘크리트구조기준과 콘크리트표준시방서를 따랐고 개정판 콘크리트용어집의 표기방법을 사용하고자 노력하였다.

본 교재는 전체 13장과 부록으로 구성되어 프리캐스트 프리스트레스트 부재와 포스트텐션 부재 뿐만 아니라 13장에서는 축하중 부재도 다루었다. 1학기에서는 1장에서 6장 정도를 다루고, 나머지는 2학기에 다룰 수 있을 것이다. 부록에서는 참고용으로 CPCI(PCI) 및 AASHTO의 표준단면과 단위전환을 포함하고 있다.

그동안 수년에 걸쳐서 본 교재 작업을 하면서 단순한 계산 착오나 오타뿐만 아니라 설계개념 자체에도 착각이나 실수가 내재될 수 있다고 생각한다. 본 교재를 읽고 공부하는 여러분들의 건의와 지적을 통해서 조금 더 완성된 내용이 되리라고 믿는다.

위에서 언급한 교재들뿐만 아니라 North Carolina State University의 Paul Zia 교수의 강의록과 제주대학교 박상렬 교수로부터 구한 University of Michigan의 Antoine Naaman 교수의 강의록이 본 교재 구성의 기초적인 근간이 되었으며 이를 감사한다.

끝으로 이 책의 출판을 맡아 수고하신 구미서관의 출판진들의 전문성에 깊은 감사를 드린다.

2015년 7월

동국대학교 건설환경공학과 민창식(csmin@dongguk.edu)

차례 | CONTENTS

차례 | CONTENTS

CHAPTER 01

서론 Introduction

1.1 프리스트레스트 콘크리트의 개발과 원리

19세기에 개발되기 시작한 현대적인 포틀랜드시멘트[1]를 사용한 콘크리트는 압축에는 잘 저항하지만 인장에는 매우 약해서 이를 보강하기 위해서 인장 보강재로 철근(rebar, reinforcing bar) 등을 **수동적(passive)**으로 복합한 합성재료인 철근콘크리트(RC, reinforced concrete)가 개발되었다. 20세기 초에 관련 재료의 발달에 힘입어 압축에 저항하는 고강도 콘크리트와 인장에 저항하는 고강도 강재를 **능동적(active)**으로 조합하는 프리스트레스트 콘크리트(PSC, prestressed concrete)가 건설재료로서 구조물 설계에 적용되기 시작하였다.

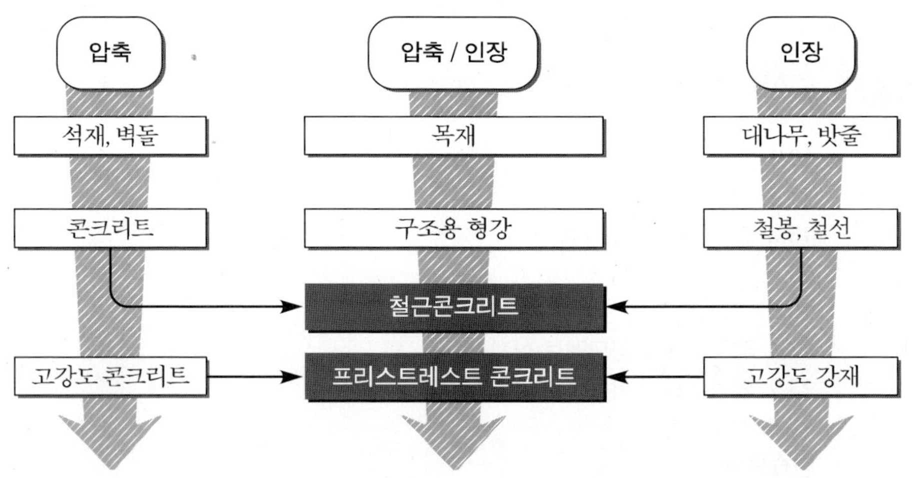

그림 1.1 건설재료의 발달 [Lin 1981(2), Dinges 2009(2)]

1. 1824년 영국의 벽돌공 Joseph Aspdin의 특허로부터 석회석과 점토를 석어 고온에서 소성하여 곱게 갈아 만드는 포틀랜드 시멘트(portland cement)가 출현하였다.

그림 1.1에는 이러한 건설재료의 발달과정을 보여주고 있다. 먼저 각각 압축(석재, 벽돌 → 콘크리트)이나 인장(대나무, 밧줄 → 철봉, 철선)에 저항하는 재료와 인장과 압축에 동시에 저항하는 목재가 H형강과 같은 구조용 형강으로 발달하고, 이어서 **수동적인 조합(passive combination)**의 철근콘크리트(RC)나 **능동적인 조합(active combination)**의 프리스트레스트 콘크리트(PSC)로 발달되었다. 철근콘크리트에 대한 수동적인 조합이란 의미는 콘크리트에 단순히 매립되는 철근(rebar)은 부재에 힘이 작용하여 변형이 일어나야만 외력에 저항을 시작한다는 의미에서 수동적인 조합이고, 이에 비해서 프리스트레스트 콘크리트에 매립되는 강봉(bar)이나 강연선(strand)의 긴장재는 배치될 때 사전에 인장력을 주어 외력이 작용하기 전에 이미 콘크리트에 압축응력을 발생하게 만드는 점에서 능동적인 조합이 된다.

철근콘크리트에서 콘크리트는 압축에는 강하지만 인장에는 매우 약한데 비해서 강재(철근)는 인장강도는 상당히 높지만(압축강도도) 콘크리트와 하중 지지능력을 비교할 때 상대적으로 가격이 고가이다. 콘크리트와 철근을 합성재료로 사용하게 되면 철근의 높은 인장강도와 상대적으로 낮은 가격이면서 압축강도가 큰 콘크리트의 장점을 모두 살릴 수 있게 된다. 이렇게 합성재료로 사용하게 되면 굳기 전의 콘크리트의 유동성은 어떤 형태의 구조요소도 만들 수 있고, 콘크리트의 높은 내화성(fire resistance)은 묻힌 철근을 잘 보호할 수 있게 된다[CCANZ].

철근콘크리트에 대한 설계의 목표는 상대적으로 고가인 강재는 인장력과 전단력에 저항하도록 하면서 동시에 상대적으로 저가인 콘크리트는 압축에 저항하도록 잘 조합하는 것이다. 이러한 목표를 달성하기 위해서 설계자는 보강재의 양과 어느 장소에 어떻게 분배하여 배치하여야 하는지를 결정하여야 하고, 철근콘크리트의 성공적인 성능을 위해서는 시공 시에 설계자가 명시한 보강재의 위치를 정확히 지키는 것이 매우 중요하게 된다[Wikipedia].

프리스트레스트 콘크리트도 철근콘크리트와 마찬가지로 콘크리트의 인장에 대한 약점을 강선(steel wire)이나 강연선 또는 강봉으로 보완하는 합성재료이다. 콘크리트의 압축강도가 큰 이점을 이용해서 외적인 압축력을 도입하여 하중이 작용할 때에도 압축으로 유지시키는 방법(**완전 프리스트레싱**, fully prestressing)[2]과 또는

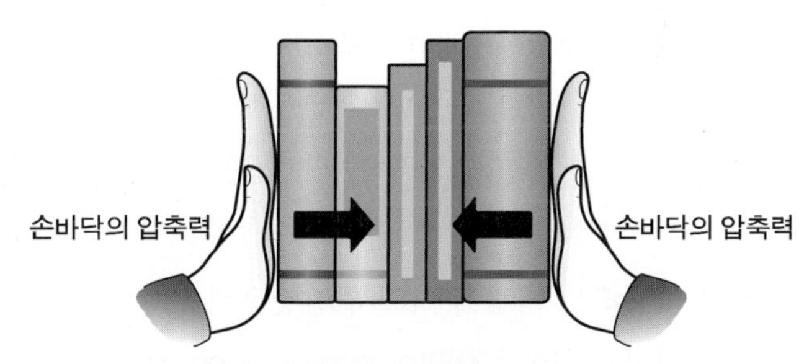

그림 1.2 일렬의 책에 작용하는 압축 프리스트레싱 [CCANZ]

2. 완전 프리스트레스트 콘크리트 부재(fully prestressed concrete member) : 부재가 영구히 압축상태에 있어서 효과적으로 거의 균열이 일어나지 않도록 설계한 부재 ; 이런 경우에 만약에 부재에 과하중이 작용하면 균열이 발

하중이 작용할 때 얼마간의 인장응력의 발생을 허용(즉 균열의 발생을 허용)하는 **부분 프리스트레싱하는 방법**(partial prestressing)이 있다.

철근콘크리트에서 보강철근은 모든 인장응력 뿐만 아니라 경우에 따라 압축응력도 부담하게 된다. 프리스트레스트 콘크리트에서 **텐던**(tendon)[3]은 주로 콘크리트를 압축상태로 유지시키기 위해서 사용된다. 텐던은 길이를 늘려서 긴장(텐던은 인장상태)하여 경화된 콘크리트에 부착시키거나 정착하여 긴장력을 콘크리트에 도입하여 압축력을 가하게 된다.

인위적으로 영구적인 내부응력을 사전에 발생시키는 프리스트레싱(prestressing)의 효과는 그림 1.2와 같이 일렬의 책을 이용하여 설명할 수 있다. 책에 누르는 힘, 즉 압축 프리스트레싱을 가하면 책들을 떨어트리지 않고 들어 올릴 수 있는 반면에 이 힘을 가하지 않으면 들어 올릴 수 없게 된다. 프리스트레싱 힘이 작용하게 되면 책들 사이의 전단면에 압축력이 작용하여 자신의 고정하중으로 인해서 떨어지려고 하는 책에 마찰 저항력이 발생하여 떨어지지 않고 형상을 유지되게 된다[CCANZ, Hewson 2012(5)].

프리스트레스트 콘크리트 구조물은 전체 구조물로서의 역할이나 안정성 또는 안전성을 프리스트레싱에 주로 의존하는 구조물이고, 프리스트레싱(prestressing)은 구조물의 거동이나 성능(사용성, 강도, 내구성 등)을 향상시키기 위하여 구조물에 인위적으로 영구적인 내부응력을 발생시키는 방법이다. 오늘날 프리스트레스트 구조물의 개념은 고층건축물, 지하구조물, TV 송신탑, 발전소, 대형 저장 탱크나 해양 원유생산 설비, 원자로 격납구조물(nuclear reactor vessel)과 다양한 종류의 교량 시스템에 적용되고 있다. 프리스트레싱을 도입하는 기본적인 방법에는 다음과 같은 3가지 방법이 있다[Wikipedia].

(1) **사전 압축력 방법**(Precompression method) : 구조물 자체의 하중으로 프리스트레싱하는 방법
(2) **프리텐션 방법**(Pretension method) : 고강도 텐던(tendon)을 긴장하고 콘크리트를 타설하여 부착력으로 긴장력을 도입하는 방법(그림 1.9 참고)
(3) **포스트텐션 방법**(Post-tension method) : 콘크리트가 경화한 후에 고강도 텐던을 긴장하여 부착(bonded)하거나 또는 비부착(unbonded)으로 배치하는 방법이다(그림 1.16 참고).

만약에 작용하는 외력에 의해서 인장응력의 발생을 예상한다면 외력이 작용하기 전에 예상되는 정도만큼의 **사전 압축력**(precompression)을 시스템에 발생시키면 실제로 외력이 작용할 때의 인장응력을 상당히 상쇄시킬 수 있다[Wikipedia].

생할 수도 있지만 과하중이 제거되고 텐던의 변형이 탄성한계에 국한되었다면 균열은 닫히게 될 것이다.

3. **텐던**(tendon) : 고강도 프리스트레싱 강재와 단부 정착장치 및 덕트를 모두 포함하는 조합을 텐던이라고 한다.

압축력으로 낮은 인장강도를 보상하는 방법은 이미 수세기 전부터 벽돌로 지은 아치 구조물에서 발생하는 연직력과 수평력을 지지하기 위해서 이용되어왔다. 아치의 수평력은 지지하는 기둥에 휨을 발생시키고, 이 휨은 벽돌 구조물에 인장응력을 발생시키게 되므로 종종 기둥에 추가적인 하중을 재하하여 이 응력을 감소시키거나 또는 상쇄시켰던 것이다. 그림 1.3a는 아치구조물에서 사전 압축력이 **프리스트레스된 기둥(prestressed column)**의 인장응력을 억제하여 전체 구조물을 안정시키는 하중 전달 체계를 보여주고 있다.

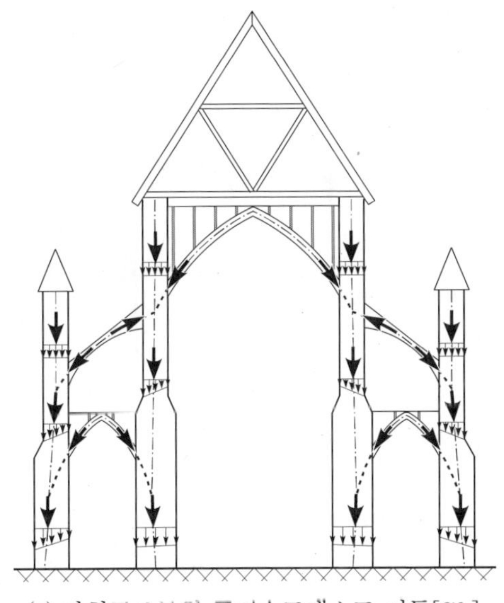

(a) 아치구조물의 프리스트레스트 기둥[fib]

(b) 로마의 콜로시움 원형경기장(Colosseum)

그림 1.3 벽돌구조물(masonry structure)에서 사전 압축력(precompression)이 적용되는 예

이렇게 구조물 자신의 무게를 이용하여 사전 압축력을 도입하는 방법의 전형적인 예는 AD 70~80년경 고대 로마에 콘크리트 벽돌조로 건설된 콜로세움(Colosseum) 원형경기장을 들 수 있다. 5만 명 이상의 관중을 수용할 수 있는 콜로세움은 상당한 무게의 외벽이 아치형의 기둥에 자연적으로 **사전 압축력(precompression)**을 주어 전체 구조물이 안정되도록 하고 있다(그림 1.3b 참고)[Wikipedia].

동일한 원리를 그림 1.4와 같은 보강콘크리트 보에도 적용시킬 수 있다. 그림 1.4b의 프리스트레싱이 도입되지 않은 보통 부착철근(rebar)을 배치한 철근콘크리트(RC) 보는 상대적으로 작은 하중이 작용해도 상당한 휨이 일어나고 바닥에는 균열이 발생하여 사용성이나 강도에 손상을 받을 수 있다. 그러나 그림 1.4c와 같이 인장 측에 고강도 강봉이나 강연선(긴장재)을 이용하여 긴장(prestressing)하고 정착하면, 그림 1.4d와 같이 보에 압축 프리스트레싱이 도입되며 이로 인해서 보는 얼마간 위 방향으로 솟음(camber)이 발생하게 된다. 이렇게 보에 프리

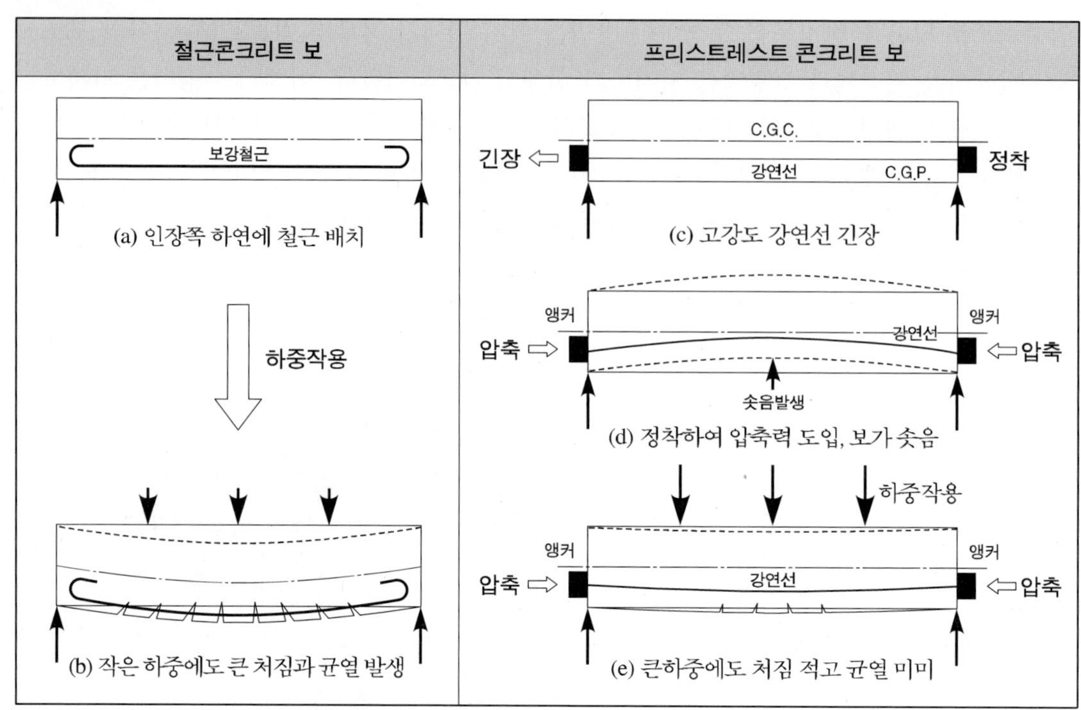

그림 1.4 콘크리트 보에서의 프리스트레싱의 원리

스트레싱이 도입되면 그림 1.4e와 같이 철근콘크리트 보에 비해서 훨씬 큰 하중이 작용해도 사용성이나 강도에 큰 손상을 주지 않고 구조물의 역할을 수행할 수 있게 된다[CCANZ]. 이렇게 도입되는 긴장재의 압축 프리스트레싱은 휨 하중이 작용하여 콘크리트에 인장응력이 발생할 때 이 응력을 상쇄하여 외력에 효과적으로 대응하게 한다(그림 1.4e 참고).

프리스트레스트 콘크리트는 보나 슬래브 또는 교량에서 통상적인 철근콘크리트에 비해서 장경간으로 설계할 수 있도록 한다. 고강도 강재 케이블이나 강봉으로 구성되는 프리스트레싱 텐던(tendon)의 구속력(clamping load)은 콘크리트에 사전의 압축응력을 발생시켜서 휨 하중이 작용할 때 콘크리트에 인장응력의 발생을 상쇄하게 된다. 프리스레스트 콘크리트의 장점은 적절한 공사비와 균열 조종을 할 수 있다는 점과 더불어 슬래브를 얇게 만들어서 특히 고층 건물에서 비슷한 공사비로 층수를 늘릴 수 있게 하고, 동일한 두께에서 포스트텐션 슬래브가 철근콘크리트 슬래브에 비해서 긴 경간으로 배치할 수 있어서 더 넓은 공간을 확보할 수 있을 뿐만 아니라 이음(joint)의 수도 감소시켜준다. 콘크리트 건축물에서 이음이 주요한 손상부위로 이음의 수가 줄게 되면 사용 년 한 동안 유지 보수하는 비용도 절감할 수 있게 된다.

이렇게 긴장재를 선형(linear prestressing)으로 뿐만 아니라 원형으로 배치하는 방법도 있다. **원형 프리스트레싱(circular prestressing)**은 원형 콘크리트 수도관에 고강도 강선을 나선형으로 감아서 인장력을 주어 내부 콘크리트에 원주형 압축력을 주어서 프레스트레싱을 하는 방법(그림 1.5a 방법과 유사)으로, 이렇게 프리스트레싱을 도입하여 파이프 내부의 높은 압력과 외부의 지반과 교통하중에 견디게 하는 것이다[Wikipedia, Prestressed concrete]. 또한 일반적으로 건조수축 균열을 감소시키기 위해서 사용되는 **팽창시멘트(expanding cement)**4를 이용하여 포장이나 슬래브 등에 매립된 강재가 시멘트의 팽창으로 길이가 늘어나서 프리스트레싱을 도입하는 **화학적 프리스트레싱(chemically prestressing, 자체응력 방법(self-stressing method))**하는 방법도 있다. 이런 팽창시멘트를 사용하게 되면 통상 3%~4%의 선형 팽창을 얻을 수 있게 된다[Middendorf 1966].

그 외에도 전열재료로 피복된 긴장재에 전기를 통하여 열에 의해서 늘어나면 이를 정착하여 긴장력을 도입하는 **전기 프리스레싱(electrically prestressing)**하는 방법도 있다.

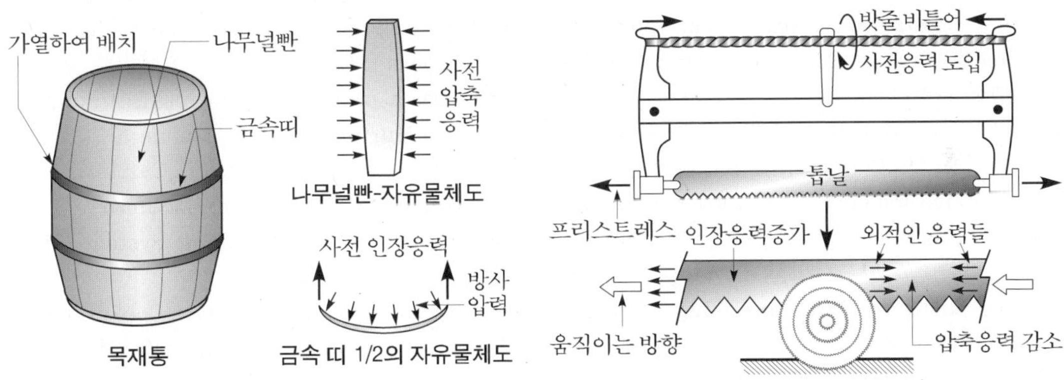

(a) 액체를 담는 목재통의 제작에 적용되는 프리스트레싱 원리

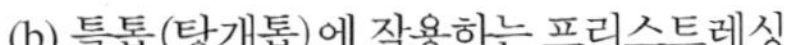

(b) 틀톱(탕개톱)에 작용하는 프리스트레싱

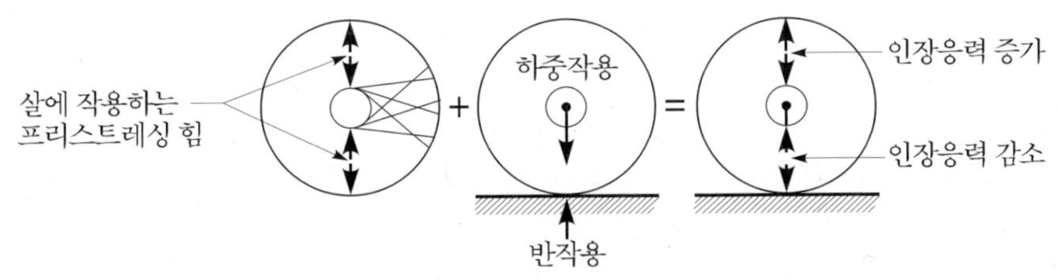

(c) 자전거 바퀴에 적용되는 프리스트레싱

그림 1.5 프리스트레싱을 적용한 예 [Lin 1981(2), Naaman 2012(3~4)]

이러한 프리스트레싱 방법은 역사적으로 이미 오래전부터 적용되어 왔던 원리이다. 그림 1.5a의 술과 같은 액체를 담는 배가 불룩한 목재통에 금속 띠를 가열하여 배치하면 식으면서 나무

4. 팽창시멘트 : 대략 75% 포틀랜드 시멘트, 15% 알루미나 시멘트(high alumina cement), 10% 석고(gypsum)

판에 압축력이 가해져 술을 담았을 때 새지 않도록 막아주고(circular prestressing), 그림 1.5b과 같은 틀톱(탕개톱) 날에 사전에 인장력을 주어 톱날을 밀거나 당길 때 발생하는 압축력을 감소시켜서 톱날이 휘지(좌굴) 않도록 하며, 그림 1.5c와 같은 자전거 바퀴에서 사전 인장이 도입된 살이 테를 단단히 구속하여 형상을 유지하고, 하중이 작용할 때 하부에 위치한 살(spoke)은 압축이 발생하지만 여전히 인장상태로 남아있고 상부에 위치하는 살은 인장이 증가하는 상태로 남아 전체적으로 바퀴 테의 강성을 유지시켜 준다. 이렇게 프리스트레싱을 주는 일은 일상생활에서 쉽게 찾아볼 수도 있는데 예를 들어 마당의 빨래줄에 무거운 이불빨래를 널기 위해서 사전에 줄을 팽팽하게 당겨서 매는 일도 같은 개념으로 볼 수 있다.

인터넷의 YouTube(www.youtube.com)에는 프리스트레스트 콘크리트에 관련된 다양한 동영상을 접할 수 있다. 그 중에서 몇몇을 소개하면 아래와 같다.

① & ② Prestressed/Precast Plant Tour Part 1 and 2 (Precast Education Florida - 더블티 생산 공장) ③ Multi Strand System (EPTGROUP - Animation, 다선 포스트텐션 거더 제작 애니메이션) ④ Post Tension Concrete Construction (Mithun training video - 비부착 PT cable 슬래브 시공 장면). 그 외, Basics of Post Tensioning - Stressing (AMSYSCO) Freyssinet - Post tensioning technology (Nguyen Van Giang)	History of Prestressed Concrete - The First Fifty Years (PCI) How does a prestressed concrete beam work? (Gullian Murtagh or Shay Murtagh) Method of Prestressing 2 (EngCastle) Post Tension (Abdelrahman Mokhtar) Post-Tensioning and Jacking System (Civil Digital) Pre Stressing Concrete (David Cooke) Prestressed Beams at Failure (MaxMetzen)

1.2 철근콘크리트와 프리스트레스트 콘크리트의 거동 및 특징 비교

콘크리트는 어떤 형태로도 만들 수 있고 내구적(durable)이고 경제적이며 내화적(fire-resistant)이고 강하며 압축상태에서 연성(ductile)도 갖고 있지만, 인장에는 매우 약하여 균열이 발생하면서 파괴되기 쉽다. 만약에 압축강도가 35 MPa인 콘크리트로 만든 부재에 축인장력이 그림 1.6a와 같이 무보강 콘크리트 부재에 작용하게 되면 평균 인장응력이 대략 2 MPa 정도에 다다르면 콘크리트에는 균열이 발생하여 더 이상 외력에 지탱하지 못하고 파괴되고 만다. 그러나 이 부재에 항복강도가 400 MPa인 철근을 단면적의 1.5% 정도로 보강하게 되면 그림 1.6b와 같은 거동을 얻게 된다. 콘크리트에 균열이 발생해도 즉시 파괴되지 않고 배치된 철근이 항복할 때까지 지속적으로 외력에 저항할 수 있어서 비록 이 부재가 균열이 발생한 뒤에 강성의 상당한 부분을 잃어버리지만 강하면서 연성이 큰 부재로 거동하게 된다. 이 부재에 철근은 대략 1/4 정도로 감소(0.38%)시키고 단면적의 0.25% 정도의 고강도 긴장재(인장강도 1,720 MPa 또는 1,860 MPa)에 외력을 작용시키기 전에 긴장하여 콘크리트에 사전 압축력(precompression)을 주게 되면 그림 1.6c와 같이 균열의 발생을 훨씬 더 큰 인장응력(대략 5 MPa)까지 억제하면서 강성이 크고 강한 부재를 만들 수 있다.

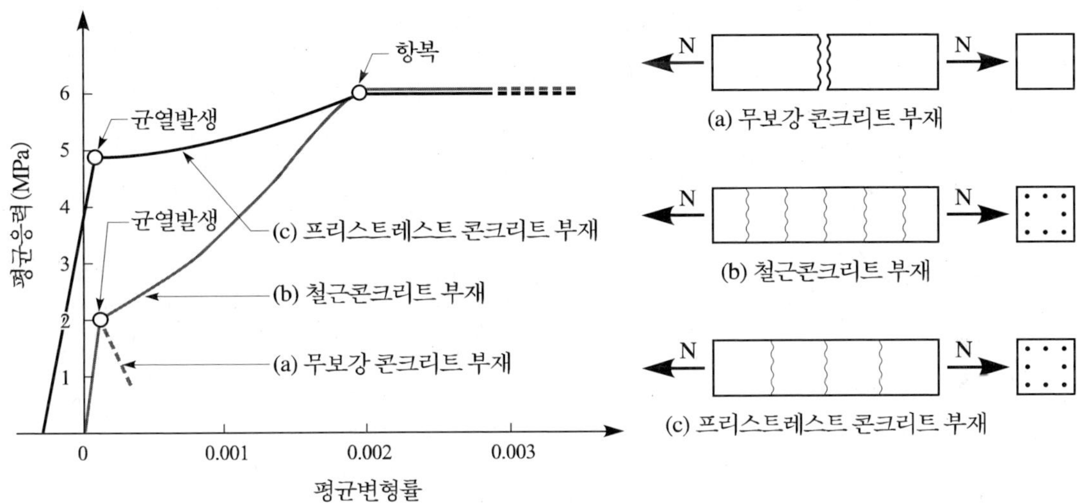

그림 1.6 무보강 콘크리트, 철근콘크리트 및 프리스트레스트 콘크리트 부재의 거동 [Collins 1987(2)]

표 1.1에는 철근콘크리트와 프리스트레스트 콘크리트의 장점 및 단점을 서로 비교 검토하고 있다.

표 1.1 철근콘크리트와 프리스트레스트 콘크리트의 특징

	철근콘크리트	프리스트레스트 콘크리트
재료	보통강도 콘크리트(f_{ck} = 21, 24, 27 MPa) 및 보통 부착철근(f_y = 400 MPa) 사용	고강도 콘크리트(f_{ck} = 30, 35, 40 MPa 그 이상) 및 고강도 강재(f_{pu} = 1,720, 1,860 MPa) 사용으로 재료를 절감할 수 있어서 경제적
합성 효율성	콘크리트에 단순히 철근을 매립하여 철근 위치의 콘크리트에 발생하는 변형률의 크기에 따라 철근이 외력에 저항하는 수동적 조합(passive combination)	구조물의 성능(강도, 사용성 및 내구성)을 향상시키기 위하여 사전에 긴장재를 인장하여 당겨서 콘크리트에 정착(부착이나 앵커)시켜서 영구적으로 콘크리트에 압축력을 도입하여 외력에 저항하는 능동적 조합(active combination)

균열	사용하중으로 균열이 발생하면 닫히지 않고 그대로 유지	완전 프리스트레싱 : 사용하중이 작용할 때 균열의 발생을 배제 부분 프리스트레싱 : 집중적인 사용하중이 작용할 때 균열이 발생하지만 하중이 제거되고 난 뒤에는 균열이 닫히게 된다.
단면	비균열 단면 – 전단면 유효 균열단면 – 압축부분만 유효	전단면이 유효 : 단면 2차 모멘트가 증가하여 휨 균열이 억제되고 처짐이 줄어든다.
처짐	장기처짐을 조절하기 위해서 압축철근을 배치	단면 2차 모멘트가 커져서 처짐을 상당히 감소시키고, 특히 지속하중에 의한 장기처짐을 효과적으로 조절한다.
부식	균열 등으로 보강철근이 부식하여 박리 등이 일어날 수 있다.	부착 포스트텐션 시스템에서 그라우팅을 완벽히 수행하지 못하여 생기는 공간에 습기나 염화물이 침입하여 긴장재의 부식으로 사고에 취약할 수 있다.
피로	응력 변화의 편차가 커서 피로에 취약하다.	응력의 변화가 적기 때문에 피로강도에 유리하여 동하중이 작용하는 구조물에 적당하다.
내구성	균열로 내구성에 취약	전단면을 압축상태로 유지하기 때문에 영구적으로 균열을 억제하여 습기 등의 침입을 막아 장기적인 내구성을 증진시키고, 탱크 등에서는 수밀성을 향상시킨다.
경간	슬래브 경간/깊이 비[Collins 1987] RC 20 : 1 PSC 40 : 1	단면(높이)이 작아져서 고정하중이 감소하여 날렵하면서 장경간으로 설계할 수 있다. 그러나 부재가 길고 날렵해져서 바람 등의 동하중에 취약하고, 운반하는데 조심하여야 한다.
전단	전단보강을 위해서 스터럽이나 용접철망을 배치	받침부에서 경사를 주어 배치된 텐던과 압축응력으로 사인장 응력(diagonal tension stress)을 감소시키고 전단면이 유효하여 전단저항에 우수하게 된다.
안전성		텐던의 초기 긴장 시 가장 심각한 하중조건을 겪기 때문에 기본적인 안전검사를 마쳤다고 볼 수 있어 사용하중 하에서 구조적으로 보다 안전하다.
텐던의 긴장		고강도 강재를 잡아당겨 긴장하여 콘크리트에 정착해야 하므로 시공 시에 숙련된 인력에 의해서 조심하여 시행하여야 한다.
경제성		단면의 축소, 장경간 부재, 유지보수 및 사용연한 등의 관점에서 볼 때 경제적이지만, 재료가 고가이다.
공장 생산	대부분 현장치기로 시공하므로 품질관리가 쉽지 않다.	표준형 단면의 대량 생산이 가능하여 신속하게 시공할 수 있고 품질관리가 용이하다.

1.3 프리스트레스트 콘크리트의 역사

역사적으로 적용되어 왔던 프리스트레싱 개념은 19세기 말경에 외력에 의해서 한 부재에 압축과 인장과 같은 서로 다른 응력이 발생하는 부재에 적용되기 시작하였다. 프리스트레싱의 콘크리트 부재에 대한 적용은 1888년 미국의 Peter H. Jackson이 콘크리트 블록을 강봉으로 결속하여 지붕용 아치로 사용하는 특허로부터 시작되었다. 한편 유럽 쪽에서는 1888년 독일의 C. E. W. Doehring의 긴장된 강선을 이용하여 콘크리트 슬래브에 프리스트레싱을 가하는 특허를 취득하였다. 그러나 당시에 아직 고강도 강재가 개발되기 전으로 저강도 강재를 이용한 프리스트레싱은 콘크리트에 작용하는 지속적인 하중으로 발생하는 장기변형인 크리프나 건조수축으로 인하여 프리스트레싱을 대부분 또는 거의 잃게 되었다. 이렇게 프리스트레싱이 감소되는 것을 보상하기 위해서 1908년 미국의 G. R. Steiner 등은 재긴장(retensioning)하는 방법을 제안하기도 했지만, 1928년경에 프리스트레싱의 손실을 이해하고 이를 극복하기 위해서 고강도에 고신장 강재(high strength high elongation steel)의 사용을 제안한 프랑스의 Eugene Freyssinet에 의해서 실용적인 프리스트레스트 콘크리트가 개발되기 시작하였다. Billington이나 Collins 등에 의해서 프리스트레싱의 아버지로 불린 Freyssinet은 1946년 경간이 55 m인 **프리캐스트 세그먼트 공법(precast segmental construction)**으로 시공된 최초의 프리스트레스트 교량인 Luzancy 교량을 설계하였다(그림 1.7a 참고)[Billington 2004(19), Rajagopalan 2005(2)].

(a) 1946년 Freyssinet에 의해서 설계된 경간 55 m인 PSC 교량, Luzency Bridge

(b) 1950년 Magnel이 설계한 경간 47 m의 미국 최초의 PSC 교량, Walnut Lane Memorial Bridge [Nasser 2008]

그림 1.7 각국에 최초로 건설된 프리스트레스트 콘크리트 교량

초기에 프리스트레스트 콘크리트는 전쟁 물자를 절약하고자 했던 독일에서 대략 경간 30 m의

군사용 벙커 지붕 거더(bowstring roof girder)에 적용되면서 발달되었다. 이러한 프리스트레싱에 대한 아이디어가 세계적으로 소개된 것은 1948년 벨기에의 Gustave Magnel(모니엘)이 쓴 "Prestressed Concrete" 교재로부터 시작되었다. 모니엘은 1950년 미국의 필라델피아에 경간 47 m의 프리스트레스트 콘크리트 교량 "Walnut Lane Memorial Bridge"를 건설하였다(그림 1.7b 참고)[Dinges 2009(45)].

거의 동시대에 독일의 교량 설계자인 Urlich Finsterwalder는 혁신적인 프리스트레스트 콘크리트 교량의 시공 방법을 제안하였다. 예를 들어서 Finsterwalder는 경간이 긴 교량을 중간에서 안정화시키는 비계(scaffolding) 없이 시공할 수 있는 **양단 캔틸레버 시공법(double cantilever construction method)**[5]이나 하부에 트러스가 있는 철근콘크리트 거더를 경간 중앙이 약간 솟아오르도록 배치하여 고정하중으로 거더가 수평을 이루면서 트러스에 프리스트레싱을 도입하는 **자체 활성 프리스트레싱 시스템(self-activating prestressing system)**을 고안하였고, 오직 현수교(suspension bridge)로 연결할 수 있는 긴 경간을 프리스트레스트 콘크리트로 연결할 수 있는 **현수 바닥판 교량(stress-ribbon bridge)**의 설계도 제시하였다[Billington 2004(25), Marrey 2003].

Freyssinet과 Magnel의 지속하중이 작용할 때 인장응력을 허용하지 않는 **완전 프리스트레싱 개념(full prestressing)**에 대해서 1950년대 초반에 Paul Abeles와 그의 동료 H. von Emperger는 부분적으로 인장응력의 발생을 허용하는 **부분 프리스트레싱(partial prestressing)**에 대한 개념을 제안하였다[Dinges 2009].

이 시대에 미국의 Roebling 가족은 **응력저감 강선(stress-relived wire)**과 **응력저감 강연선(stress-relived strand)**을 개발하였고, 세계 최초로 응력저감 강선(stress-relived wire)이 그림 1.7b의 Walnut Lane Memorial Bridge 시공에 사용되었다[Dinges 2009, Billington 2004].

1957년 T. Y. Lin이 주최한 프리스트레스트 콘크리트 세계학회에는 전 세계 30개국에서 1,200명 이상의 공학자가 참석하여 프리스트레스트 콘크리트가 세상에 더욱더 알려지는 계기가 되었다. 활동적으로 교량이나 건축물 설계를 주도하던 Lin은 지금도 잘 알려진 교재 "Design of Prestressed concrete Strructures(1955)"를 집필하기 시작하였다. 1963년 Lin은 콘크리트에 도입하는 텐던의 긴장력을 등가의 하중으로 전환하여 부정정구조물의 설계를 간편하게 할 수 있는 **하중평형 방법(load balancing method)**을 제안하였다[Dinges 2009].

국내에서 프리스트레스트 콘크리트가 적용된 대표적인 교량을 정리하면 아래와 같다[오병환 2004].

---

5. 장경간의 교량에서 교각을 중심으로 양단에 같은 길이로 균형을 잡으면서 캔틸레버 끝에 거푸집을 이용해서 거더를 연장하여 완성하는 공법으로 **캔틸레버 공법(FCM, Free Cantilever Method)**이라고도 불린다.

- 1961년 전농동 고가교 : BBRV 공법(강선 끝에 리벳머리로 앵커에 정착하는 공법)
- 1962년 경기도 가평군 구운교 : 우리나라 최초의 프리스트레스트 I형 합성거더 교량, Freyssinet 공법(여러 개의 강연선을 한 번에 긴장하여 정착하는 공법)
- 1981년 원효대교 : 현장타설 PSC 박스 거더교, 캔틸레버 공법(FCM, Free Cantilever Method), Dywidag 공법(강봉을 커플러를 이용하여 연결하는 공법)
- 1983년 영동 1교 : 최초로 강연선(strand) 이용, 동바리 설치 공법(FSM, Full Staging Method)
- 1985년 호남고속도로 금곡천교 : PSC 연속교, 압출공법(ILM, Incremental Launching Method), VSL 공법(강연선을 쐐기로 앵커에 정착하는 공법)
- 1986년 경부고속도로의 언양 인터체인지 육교 : Preflex 공법(미리 솟음을 준 강재보에 하중을 작용시켜 변형을 준 후에 콘크리트를 타설하고 경화한 뒤에 하중을 제거해서 프리스트레싱이 도입되도록 하는 합성형 강재 I형 거더)
- 1989년 올림픽 대교 : PSC 사장교, 캔틸레버 공법(FCM)
- 1991년 강동대교 : 연속형 캔틸레버 PSC 박스 거더교, 캔틸레버 공법(FCM)
- 2000년 서해대교 : PSC 박스 거더교, 프리캐스트 세그먼트 공법(PSM, Precast Segmental Method)과 캔틸레버 공법(FCM) 등

1.4 프리스트레스트 콘크리트에 고강도 재료를 사용하여야 하는 이유

건설용 부재에 대한 프리스트레싱 원리의 적용은 1888년 독일의 Doehring에 의해서 시도되었지만 콘크리트에 대한 크리프의 현상을 당시에 이해하지 못했을 뿐만 아니라, 고강도 강재가 개발되지 못한 상황에서 보통강도 강재(mild steel)를 사용하여 실패하였다. 그 후 1930년경에 프랑스의 Freyssinet은 고강도 강재를 이용하여 프리스트레싱을 도입한 부재의 개발에 성공하였다. 다음의 예제는 이런 상황을 설명하고 있다.

예제 1.1

[Rajagopalan 2005(2-3), PCI 2003]

B종 강연선(설계기준 인장강도 f_{pu} = 1,860 MPa, 인장응력 한계 $0.74 f_{pu}$ = 0.74(1,860) = 1,376.4 MPa, 표 2.16 참고) 직경 12.7 mm(단면적 98.71 mm^2, 표 2.5 참고) 1개를 이용하여 긴장(긴장력 P = 1,376.4 × 98.71 = 135,864 N)하여 단주(길이가 짧은 압축부재)에 사전 압축응력을 도입하였다.

(a) 콘크리트의 설계기준 압축강도 f_{ck} = 20 MPa와 40 MPa인 경우에 긴장력 P를 단면에 작용시켜 도입되는 사전 압축응력이 콘크리트구조기준('구조기준')의 압축응력 한계($\bar{f}_{cs} = 0.6 f_{ck}$, 표 2.15 참고)을 초과하지 않도록 하기 위해서 소요되는 정사각형 단면의 크기를 결정하여 고정하중을 얼마나 감소시킬 수 있는지 검토하라.

표 1.2에서 보면 고정하중 감소비율이 (1 −75/106) % = 29.3 %로 장경간의 구조물에서 상당히 유리할 수 있다(표 1.1 참고). 근래에 보통 설계기준 압축강도 35 MPa이나 40 MPa(PCI와 CPCI)의 공장제품 더블 T형 단면 보가 소개되고, 2010년 완공된 세계 최고층 빌딩(828 m, 161층)인 두바이 브르즈 할리파(Burj Khalifa)에는 80 MPa의 콘크리트가 적용되었고, 2015년 완공될 예정인 인도의 뭄바이 월리 타워 건설 공사(삼성건설)에는 200 MPa 슈퍼콘크리트의 적용이 보고되고 있는 상황이다.

표 1.2 f_{ck} = 20 MPa과 40 MPa 콘크리트를 사용한 경우에 고정하중 감소비율

설계기준 압축강도 f_{ck}	20 MPa	40 MPa
압축응력 한계 $\bar{f}_{cs} = 0.6 f_{ck}$	12 MPa	24 MPa
도입되는 긴장력 P	135,864 N	
소요 콘크리트 단면적 $b = \sqrt{P/\bar{f}_{cs}}$	106 mm	75 mm
고정하중 감소비율, $(1 - b_2/b_1)$ %	0.0 %	29.3 % (감소)

(b) (f_{ck} = 20 MPa, f_y = 400 MPa인 보통강도 부착철근) 조합과 (f_{ck} = 40 MPa, f_{pu} = 1,860 MPa인 B종 고강도 강연선)으로 제작된 단주에 사전 압축응력 $\bar{f}_{cs} = 0.6 f_{ck}$ 를 도입하고자 할 때 ① 긴장력이 도입될 때 일어나는 즉시 탄성수축 손실응력(ES)와 ② 크리프(CR)와 건조수축(SH)으로 인한 장기손실응력을 산정하고, 각각의 잔류응력비를 계산하라. 단, CR과 SH는 각각 탄성변형률 만큼 일어난다고 가정한다(3장 참고). 단, 콘크리트는 보통중량골재 콘크리트를 사용하였다.

① 탄성손실 : 즉시 탄성변형이 일어나고 난 뒤에 남는 유효변형률과 유효 잔류긴장력, 표 1.3 참고

긴장력을 도입하기 위한 변형률 : 철근 180/200,000 = 0.00090 ;

긴장재 1,376/ 200,000 = 0.00688

탄성 수축 변형률 : 철근 $\epsilon_c = \bar{f}_{cs}/E_c$ = 12 / 24,518 = 0.00049 ;

긴장재 $\epsilon_c = \bar{f}_{cs}/E_c$ = 24 / 30,008 = 0.00080

탄성변형이 일어나고 난 뒤에 남는 유효 변형률 및 유효 잔류 긴장력 :

철근 : $\epsilon_{se}{}' = \epsilon_{sj} - \epsilon_c = 0.00090 - 0.00049 = 0.00041$

$f_{se}{}' = \epsilon_{se}{}' E_s = 0.00041(200,000) = 82$ (MPa)

긴장재 : $\epsilon_{se}{}' = 0.00688 - 0.00080 = 0.00608$

$f_{se}{}' = 0.00608(200,000) = 1,216$ (MPa)

잔류응력비 :

철근 $(f_{se}{}' / \overline{f}_s) \times 100\ \% = (82\ /\ 180) \times 100 =$ 45.6 % 밖에 남지 않게 된다.

긴장재 $(1,216\ /\ 1,376) \times 100 =$ 88.4 %가 남게 된다.

표 1.3 f_y = 400 MPa 보통 철근과 f_{pu} = 1,860 MPa 고강도 강연선을 사용한 경우에 탄성손실과 장기손실이 일어나고 난 뒤에 잔류하는 유효응력의 비교

(1) 강재의 항복응력 f_y 또는 f_{pu}		**400 MPa**	**1,860 MPa**
(2) 응력한계 $\overline{f}_s$ = 180 MPa 또는 $0.74 f_{pu}$		180 MPa	1,376 MPa
(3) 강재 탄성계수 E_s 또는 E_{ps}		200,000 MPa	
(4) 긴장 변형률 $\epsilon_{sj} = \overline{f}_s / E_s$		0.00090	0.00688
탄성 손실	(5) 설계기준 압축강도 f_{ck}	**20 MPa**	**40 MPa**
	(6) 평균압축강도 $f_{cu} = f_{ck} + 4$	24 MPa	44 MPa
	(7) 탄성계수 $E_c = 8,500 \sqrt[3]{f_{cu}}$ (식 (2.6))	24,518 MPa	30,008 MPa
	(8) 압축응력 한계 $\overline{f}_{cs} = 0.6 f_{ck}$	12 MPa	24 MPa
	(9) 탄성 수축 변형률 $\epsilon_c = \overline{f}_{cs} / E_c$	0.00049	0.00080
	(10) 잔류 변형률 $\epsilon_{se}{}' = \epsilon_{sj} - \epsilon_c$	0.00041	0.00608
	(11) 잔류 응력 $f_{se}{}' = (\epsilon_{sj} - \epsilon_c) E_s$	82 MPa	1,216 MPa
	(12) 잔류 응력비 $(f_{se}{}' / \overline{f}_s) \times 100\ \%$	45.6 %	88.4 %
장기 손실	(13) 손실 변형률 CR + SH = $2\epsilon_c$	0.00098	0.00160
	(14) 잔류 변형률 $\epsilon_{se} = \epsilon_{se}{}' - 2\epsilon_c$	−0.00057	0.00448
	(15) 잔류 응력 $f_{se} = \epsilon_{se} E_s$	−114 MPa	897 MPa
	(16) 잔류 응력비 $(f_{se} / \overline{f}_s) \times 100\ \%$	−63.1 %	65.1 %

② 장기손실 : 더군다나 단면에 지속적으로 압축력이 작용하게 되면 크리프와 건조수축이 발생하게 된다. 크리프 변형률과 건조수축 변형률이 각각 탄성변형률 만큼 일어난다고 가정하였으므로,

장기 변형률 $CR + SH = 2\epsilon_c$: 철근 0.00098 ; 긴장재 0.00160

잔류 변형률 및 잔류 응력 : $\epsilon_{se} = \epsilon_{se}{}' - (CR + SH) = \epsilon_{se} - 2\epsilon_c$; $f_{se} = \epsilon_{se} E_s$

철근 : $\epsilon_{se} = 0.00041 - 0.00098 = -0.00057$

$f_{se} = -0.00057(200,000) = -114$ (MPa)

긴장재 : $\epsilon_{se} = 0.00608 - 0.00160 = 0.00448$

$f_{se} = 0.00448(200,000) = 897$ (MPa)

장기 잔류응력비 : 철근 $(f_{se}/\overline{f}_s) \times 100$ % = (−114 / 180) × 100 = −63.1 %로 완전히 긴장력을 잃게 된다.

긴장재 (897 / 1,376) × 100 = 65.1 %가 남게 된다.

따라서 보통강도 철근에 도입되었던 프리스트레싱 힘은 완전히 잃어버리게 되지만, 고강도 긴장재를 사용한 경우에는 65.1 %의 프리스트레싱 힘이 잔류하여 프리스트레싱을 잃지 않고 역할을 하게 된다. 따라서 프리스트레스트 콘크리트에는 고강도 재료를 꼭 사용해야 한다.

그림 1.8에는 보통 부착철근과 프리스트레스 고강도 긴장재의 응력-변형률 곡선을 서로 비교하여 고강도 긴장재에 상당한 잔류 긴장력이 존재하는 것을 보여주고 있다.

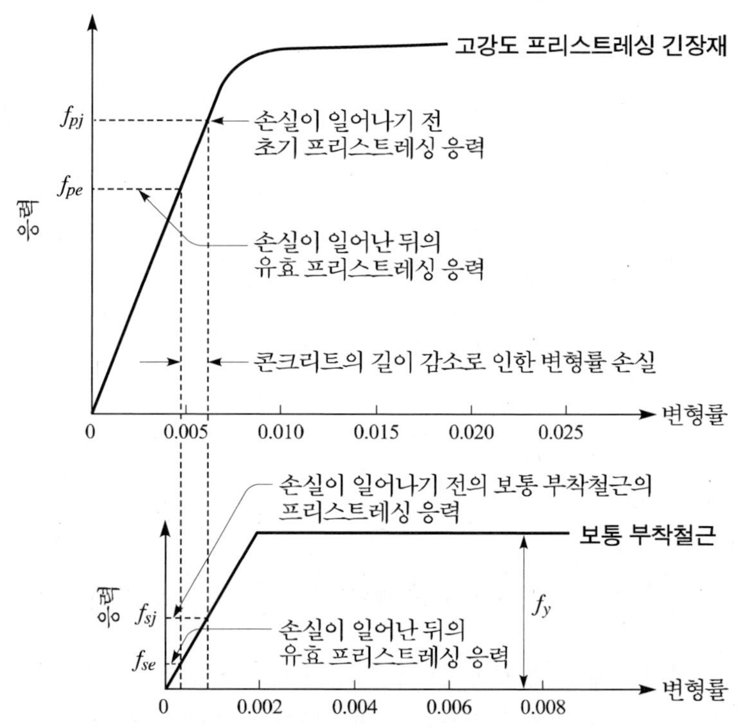

그림 1.8 프리스트레싱을 도입하는데 보통강도 철근과 고강도 긴장재를 사용한 경우의 비교 [PCI 2003 (8.1.2)]

1.5 프리스트레싱 방법(Prestressing Method)

시공 중이거나 사용 중에 부재에 외적으로 작용하는 하중은 콘크리트에 내적으로 응력을 발생시킨다(즉, 하중을 받침부나 다른 부재로 전달하는 과정에서 단면에는 응력이 발생한다.). 프리스트레싱(사전응력)은 사용하중으로 인해서 단면에 발생하는 예상 응력에 반작용하는 응력 상태가 되도록 콘크리트에 필요한 힘을 도입하여 콘크리트를 보강하는 것이다[PTI 2006(59)].

콘크리트에 프리스트레싱을 할 때는 보통 다음의 2가지 방법을 적용한다. 한 방법은 **프리텐션 방법(pre-tensioning method)** 으로 "**프리(pre)**"는 콘크리트를 치기 전에 프리스트레싱 긴장재를 당겨서 응력을 주는 것을 의미한다. 이 방법은 그림 1.9와 같이 먼저 **받침대(buttress, 부벽)** 사이에 배치된 고강도 긴장재를 당겨서 인장한 다음에 그 주위에 콘크리트를 치고, 콘크리트가 경화하여 목표하는 강도를 얻게 되면 긴장재를 절단하여 콘크리트와 긴장재 사이의 **부착력(bond stress)**에 의해서 긴장력을 콘크리트에 도입하는 방법이다. 긴장력이 전달되는 과정에서 부재에는 **탄성수축(elastic shortening)**이 일어나서 길이가 줄고, 긴장재가 편심을 갖고 배치되는 경우에는 **솟음(camber)**이 일어날 수 있다. 이러한 과정은 대부분 **프리캐스트 공장(PC 공장, precast concrete)**에서 이루어지고 완성된 부재는 일반적으로 현장에 운반되어 조립하여 시공된다[PTI 2006(59)].

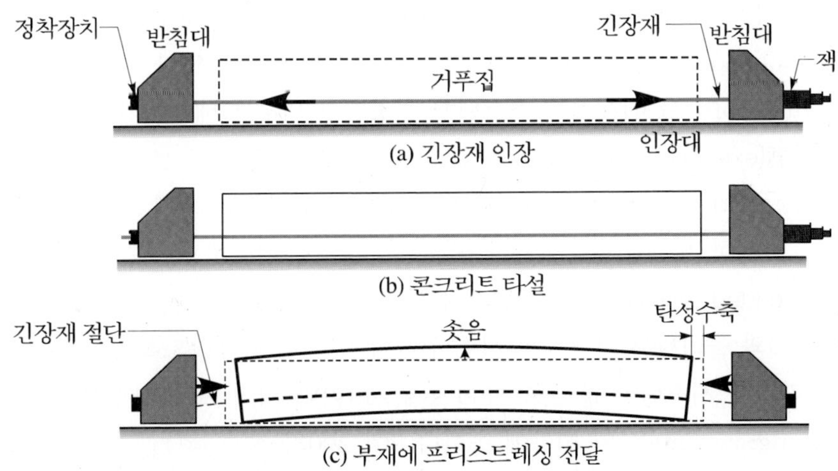

그림 1.9 프리텐션 방법의 절차 : 인장대(prestressing bed)와 받침대 (bulkhead or abutment) [Sengupta]

프리스트레싱을 도입하는 다른 방법은 **포스트텐션 방법(post-tensioning method)**으로 여기에서 "**포스트(post)**"의 의미는 콘크리트를 먼저 치고 경화하고 난 뒤에 프리스트레싱 긴장재를 긴장한다는 의미이다. 이 방법은 PC 공장에서 받침대 사이의 고강도 긴장재를 당겨서 부착에 의해서 콘크리트에 압축력을 주는 것 대신에 현장에서 콘크리트 부재를 만들고 부재 내부에 콘크리트와 긴장재의 부착을 방지하기 위해서 배치되는 **쉬스(sheath)**나 **덕트(duct)** 속에 긴장재를 배치하고 콘크리트가 충분히 강도를 얻은 뒤에 **정착장치(anchorage system)**를 이용하여 긴장재를 당겨서 콘크리트 부재에 압축력을 도입하는 방법이다(그림 1.10 참고). 부재 한 쪽 단부에 특수한 정착장치에 긴장재를 연결하고 다른 쪽에서 인장하여 긴장력을 부재에 도입하게 된다. 따라서 포스트텐션 방법은 프리스트레스트 콘크리트의 모든 이점을 갖으면서 어떤 위치에서든지 **현장치기(cast-in-place, CIP)**로 시공할 수 있는 장점이 있다[PTI 2006].

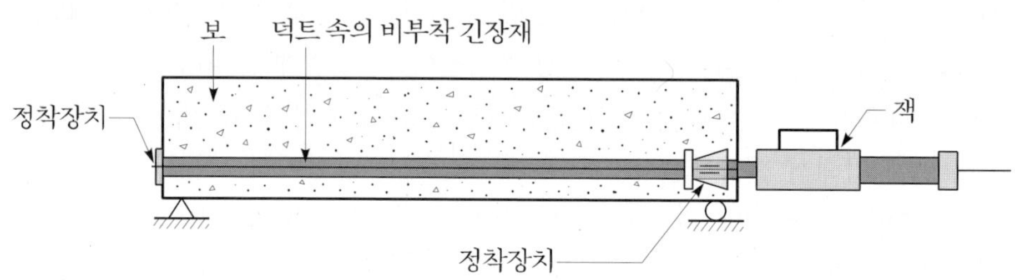

그림 1.10 포스트텐션 방식 : 덕트, 비부착 긴장재 및 정착장치와 잭(jack) [PCA 17]

대부분의 포스트텐션 시공에서 프리스트레싱 긴장재는 콘크리트를 치기 전에 덕트 속에 배치된다. 이러한 **내적 포스트텐션 시스템(internally post-tensioned system)**은 긴장한 뒤에 긴장재를 콘크리트에 **부착(bonded)**시키거나 또는 **비부착(unbonded)**시킬 수 있다. 특수한 교량이나 구조물의 성능개선(retrofit)을 위해서 포스트텐션 긴장재를 외부에 배치하기도 하는데 이를 **외적 포스트텐션 시스템(external post-tensioned system)**이라고 한다.

부착 시스템(bonded system)에서는 긴장력을 도입한 뒤에 덕트 속에 **그라우트(grout)**를 주입하여 그라우트가 경화한 뒤에 긴장재와 콘크리트가 일체로 거동하도록 만드는 시스템이고, **비부착 시스템(unbonded system)**은 긴장재를 사용 기간 동안 둘러싸인 콘크리트와 비부착을 유지시켜서 긴장재와 둘러싸는 콘크리트 사이에 상대 이동이 자유롭도록 만든 시스템이다. 대부분의 단선 긴장재 시스템(single-strand system)이나 외적 포스트텐션 시스템(external post-tensioning system)은 이 범주에 속한다[PCI 2003].

1.6 프리텐션 방식(Pretensioning System)

프리텐션 방식은 먼저 프리스트레싱 긴장재(tendon : wire, strand)를 사전에 결정된 인장력으로 긴장하여 고정된 받침대(bulk head)나 거푸집(mold)에 정착시키고 난 뒤에 콘크리트를 쳐서 강도가 발달되면 긴장력을 도입하는 방식이다. 긴장된 긴장재는 원래의 길이로 돌아가려 하지만 긴장재와 콘크리트 사이에 발달한 **부착력(static friction)**이 이에 저항하여 콘크리트는 압축력을 받게 된다[Naaman 2012].

일반적으로 수압잭(hydraulic jack)으로 텐던을 당기기 때문에 양단에 상당히 견고한 받침대(abutment 또는 bulkhead)와 정착장치가 필요하게 된다. 사전에 결정된 응력이나 늘어난 길이에 이르면 긴장재는 받침대(부벽, 교대)에 그림 1.11a와 같은 **척(chuck anchor)**이라고 부르는 정착장치에 의해서 정착시키게 된다.

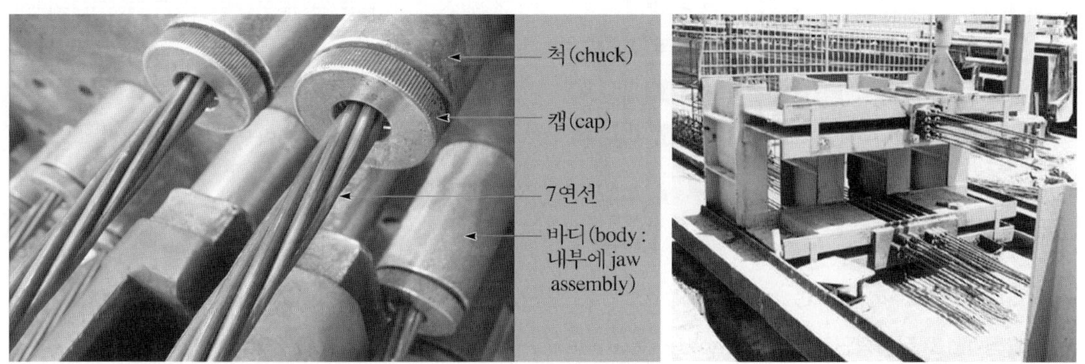

그림 1.11 (a) 전형적인 척 앵커 ; (b) 받침대에 정착장치(앵커, chuck anchor)로 정착시킨 강연선

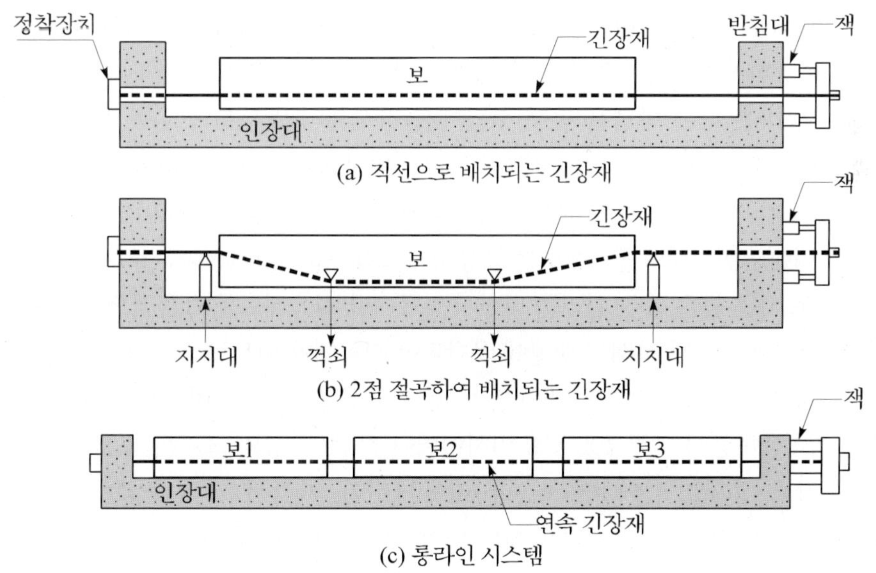

그림 1.12 프리텐션 방식 [Krishna 2007]

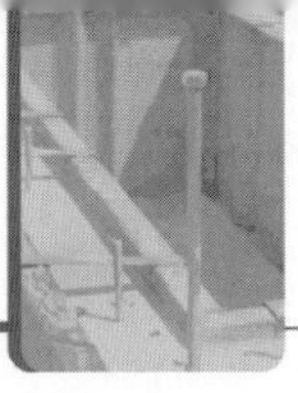

그림 1.12a나 b와 같이 생산되는 프리텐션 부재에 따라 긴장재는 직선으로 배치되거나(속빈 슬래브 같은 경우) 또는 중간에 1점 또는 2점 절곡(draping, hold-down point)하여 배치(거더 같은 경우)하기도 한다. 절곡은 원하는 위치에서 긴장재를 당기거나 밀어내리는 방식으로 얻어지며, 그림 1.13에 보이는 **꺽쇠(hold-down anchor)**를 이용해서 긴장재를 절곡하여 배치한다.

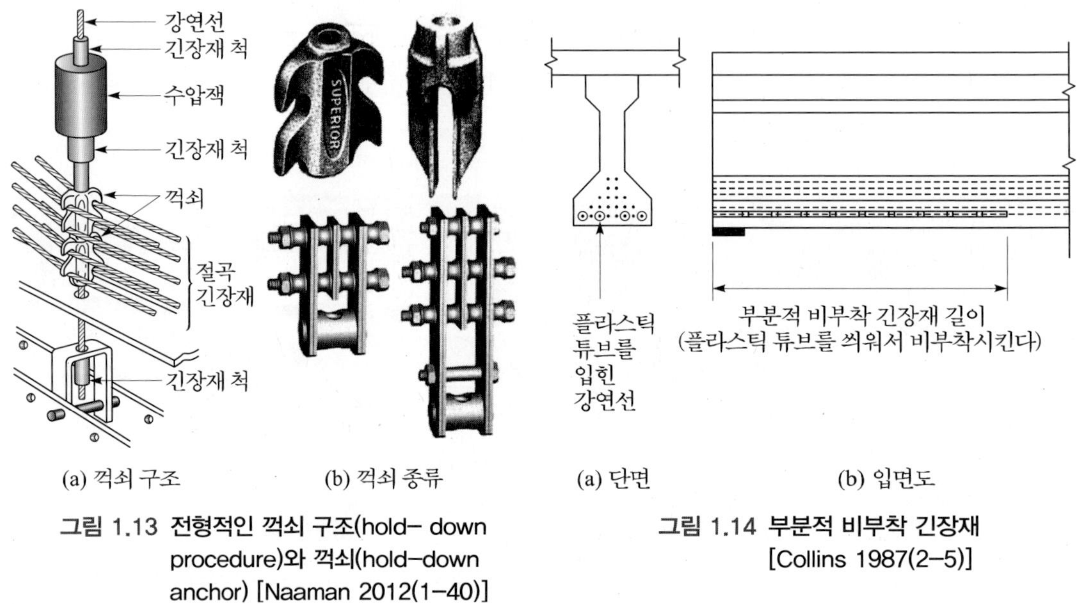

(a) 꺽쇠 구조 (b) 꺽쇠 종류

그림 1.13 전형적인 꺽쇠 구조(hold- down procedure)와 꺽쇠(hold-down anchor) [Naaman 2012(1-40)]

(a) 단면 (b) 입면도

그림 1.14 부분적 비부착 긴장재 [Collins 1987(2-5)]

단부 부근에서 긴장재를 절곡하는 이유는 편심을 조절하여 긴장재로 인해서 발생하는 휨모멘트의 크기를 조종하고자 하는 것이다. 긴장재를 절곡하지 않으면서 단부에서 긴장재로 인한 휨모멘트를 조종하는 다른 방법은 단부 부근에서 긴장재의 일부분에 피복 등을 씌워서 **비부착 시키는 방법(debonding tendon)**이 있다(그림 1.14). 비부착 방법(debonding)은 특히 받침부 부근에서 전단강도가 저하되므로 조심해서 수행되어야 한다[Naaman 2012].

대부분의 프리텐션 콘크리트 구조요소는 공장에서 조립식(prefabricated, precast concrete, PC)으로 제작되므로 수준 높은 품질 관리를 하면서 노동이나 사용재료를 효율적으로 활용할 수 있다. 그러나 PC 공장에서 생산된 부재는 현장에 운반되어 시공해야 하므로 크기에 제한을 받게 된다.

국내(도로법시행령 55조)에서 제한을 받지 않고 운행할 수 있는 차량의 최대 총중량은 40톤(400 kN)이면서 축하중이 10톤(100 kN) 이하이어야 하고, 차량의 크기는 폭 2.5 m, 높이 4.0 m(혹은 가능한 장소 4.2 m), 길이 16.7 m 이하이어야 한다. 따라서 25톤 화물트럭으로 PC 부재를 운반할 때 적재물의 최대 중량은 25톤(250 kN)에 길이는 12 m 정도(보 운반 가능 길이)라고 하고, 더블티(DT) 슬래브는 길이 7.4 m(또는 8.0 m까지) 정도의 부재를 운반하고 있다고 한다.

PC 공장에서는 동일한 부재를 대량으로 생산하기 위해서 그림 1.12c와 같이 **롱라인 방법(long-line method, Hoyer's system)**을 이용하여 상당한 거리의 받침대 사이에 긴장재를 배치하고 중간에 여러 개의 표준 거푸집을 배치하여 다량의 부재를 동시에 생산한다.

프리텐션 콘크리트가 적용되는 구조요소로는 발코니, 상인방(린텔, lintel : 문, 창 등의 위로 가로 지른 부재), 바닥슬래브, 보, 기초용 파일등이 있고(그림 1.15 참고), 프리스트레싱 방법은 또한 현수 케이블을 리본형태의 바닥판에 배치하는 **리본식 교량(stressed ribbon bridge)**에도 적용된다[Wikipedia].

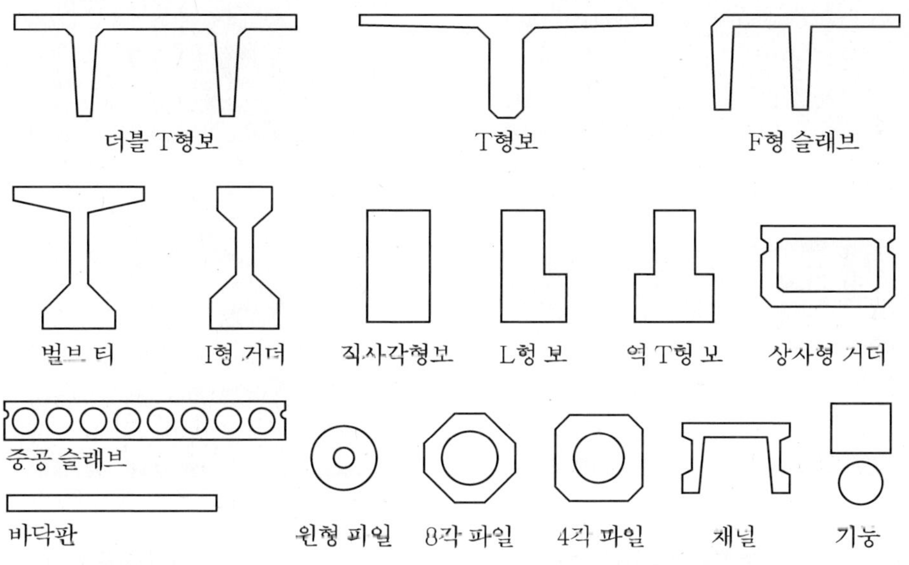

그림 1.15 프리캐스트 프리스트레스트 콘크리트로 생산되는 전형적인 단면 [Naaman 2012(16)]

1.7 포스트텐션 방식(Post-Tensioning System)

긴장재를 콘크리트가 경화한 뒤에 긴장하는 포스트텐션 방식은 긴장재의 배치를 콘크리트 속에 매립하는 **내적 포스트텐션 시스템(internally post-tensioned system)**과 일부 교량이나 성능개선을 위해서 긴장재를 매립하지 않지 않고 외부에 배치하는 **외적 포스트텐션 시스템(externally post-tensioned system)**이 있다. 내적 포스트텐션 시스템은 긴장재를 긴장한 뒤에 덕트에 그라우트를 주입해서 **부착(bonded)**하여 시공하는 방법과 그라우트를 주입하지 않는 **비부착(unbonded)**[6]으로 시공하는 방법이 있다[PTI 2006].

어떤 포스트텐션 시스템을 선택하느냐는 구조를 고려하느냐 아니면 시공을 고려하느냐에

따라 달라 질 수 있으며, 대부분 특정한 상황에 한 종류 이상의 시스템을 적용할 수 있지만 경제성을 고려하여 결정하게 된다. 건물 시공에는 보통 비부착 텐던이 사용되고, 교량 등의 보나 거더와 같이 크기가 큰 구조물에는 부착 시스템이 적용된다. 외적 시스템은 일부의 교량이나 건물에도 적용되지만 대부분 보수나 성능향상을 위해서 사용된다[PTI 2006].

 단계 1 : 거푸집 및 철근배치	 단계 2 : 텐던, 앵커, 덕트 배치
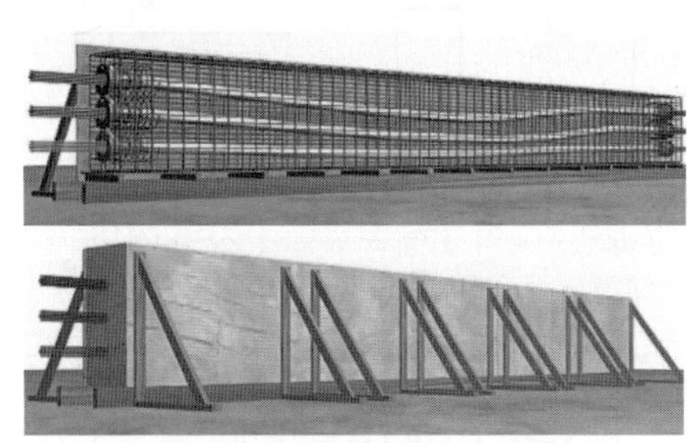 단계 3 : 콘크리트 치기	 단계 4 : 앵커 및 쐐기 배치 후 긴장
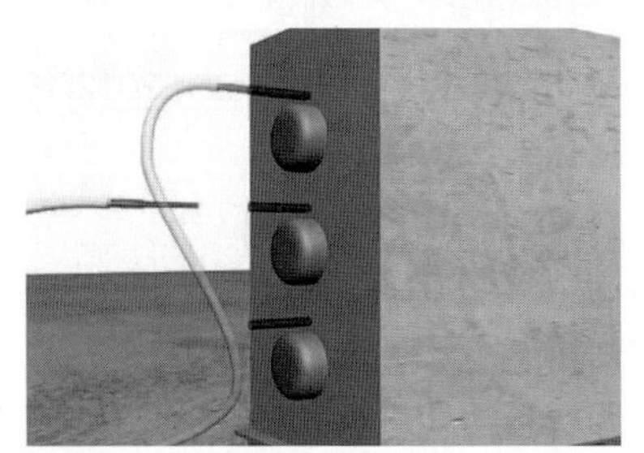 단계 5 : 텐던 자르고 캡 씌워 그라우트	 단계 6 : 시공 – 현장에 배치

그림 1.16 내적 부착 포스트텐션 시스템의 시공과정 [YouTube. Multi strand system.avi. EPTGROUP]

6. "Debond"과 "unbond"라는 용어가 쓰이는데 콘크리트 용어집에서는 "**debonding**"을 **부착력 저하**로 "**unbonded tendon**"은 **비부착 텐던**으로 표현하고 있다. Debonding은 단부에서 원하지 않는 응력이 발생하지 못하도록 하거나 또는 균열을 막고자 부착 긴장재 중에서 몇 개에 튜브(tube, sheath)를 씌워서 부착하지 못하도록 하는 방법이고, Unbonding은 포스트텐션 방식에서 덕트 속의 긴장재를 비부착 상태로 유지하기 위해서 그라우트를 하지 않는 방식을 말한다. 본 교재에서는 2 용어를 모두 "**비부착 긴장재**"로 표현하였다.

긴장재를 부착하느냐 하지 않느냐에 따라 콘크리트 속에서 긴장재가 일체로 거동하거나 아니면 독자적으로 거동하기 때문에 휨강도를 해석하는 방법도 서로 다르게 된다(4장 참고). 부착이냐 비부착 중에서 어떤 시스템을 선택하느냐는 강도, 부식방지 및 부정정 시스템 등의 기술적인 문제에 따라 좌우된다.

그림 1.16에는 내적 부착 포스트텐션 시스템을 이용한 거더의 시공과정을 보여주고 있다.

1.7.1 부착 포스트텐션 시스템(Bonded Post-Tensioning System)

부착 포스트텐션 시스템은 하나의 강봉(bar) 또는 여러 개의 강연선(strand)으로 이루어진다. 강연선이나 강봉은 그림 1.17과 같은 여러 가지 형태(원형, 타원형, 직사각형 등)의 **파형 아연도금 강재 덕트(corrugated galvanized steel duct)**나 **고밀도 폴리에틸렌(HDPE, high density polyethylene)** 또는 **폴리프로필렌(PP, polypropylene) 플라스틱 덕트** 속에 배치한다. 덕트는 텐던을 배치할 수 있는 공간을 제공할 뿐만 아니라 시공이 끝난 뒤에 텐던을 보호하는 역할도 하게 된다. 부착 포스트텐션 시스템에서는 콘크리트와 텐던 간의 긴장력을 전달하기 위해서 파형 덕트를 사용하고 외부 포스트텐션인 경우에는 매끄러운 덕트를 사용한다. 부식성 환경에는 HDPE 및 PP 플라스틱 덕트를 사용하는 것이 좋고, 강재 덕트는 보통 부식 방지를 위해서 아연도금을 하게 된다[PTI 2006(59)].

(a) 파형 아연도금 강재 덕트

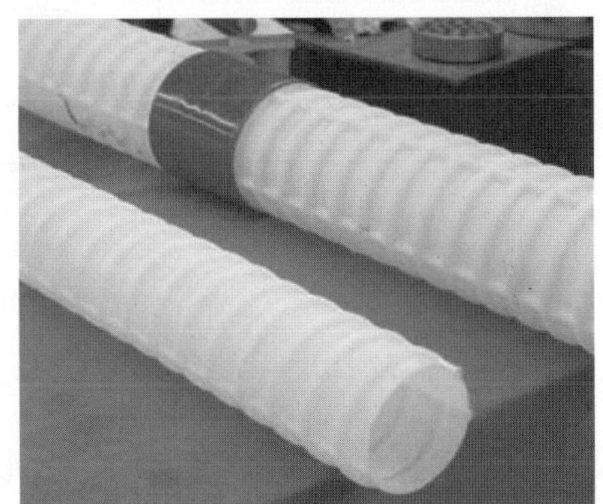
(b) 플라스틱 덕트

그림 1.17 전형적인 덕트(직경 25 mm ~ 75 mm 등)

장소의 조건이나 어떤 시스템을 이용하느냐에 따라 긴장재는 콘크리트를 치기 전에 배치할 수도 있고 아니면 긴장재는 넣지 않고 덕트만 배치하고 긴장재는 콘크리트가 경화한 뒤에 덕트 속으로 당겨서 넣거나 아니면 밀어서 배치하게 된다. 콘크리트가 경화하여 강도를 가지면 수

압 긴장기(수압 재크, hydraulic jack)을 이용하여 텐던을 당겨서 긴장력을 도입하고 재크를 제거한 뒤에도 인장력이 유지되도록 정착장치(앵커)를 배치하여 콘크리트에 압축력이 전달되도록 한다. 그 뒤에 덕트 속의 빈틈을 완벽하게 채워질 수 있도록 유동성이 충분하면서 **블리딩이 없는 그라우트(non-bleeding grout)**를 주입하여 채우게 된다. 그림 1.18과 같은 전형적인 다선 텐던 그라우트 시스템에는 배출구(drain)와 배기구(vent)가 있어서 그라우트가 빈틈없이 잘 채워지도록 하고 있다. 그라우트는 알카리의 수동환경(passive environment)을 유지하고 시멘트질 피복이 습기의 침입을 방지하여 프리스트레싱 텐던을 부식하지 못하도록 막고 텐던을 둘러싸는 콘크리트와 부착하도록 만든다.

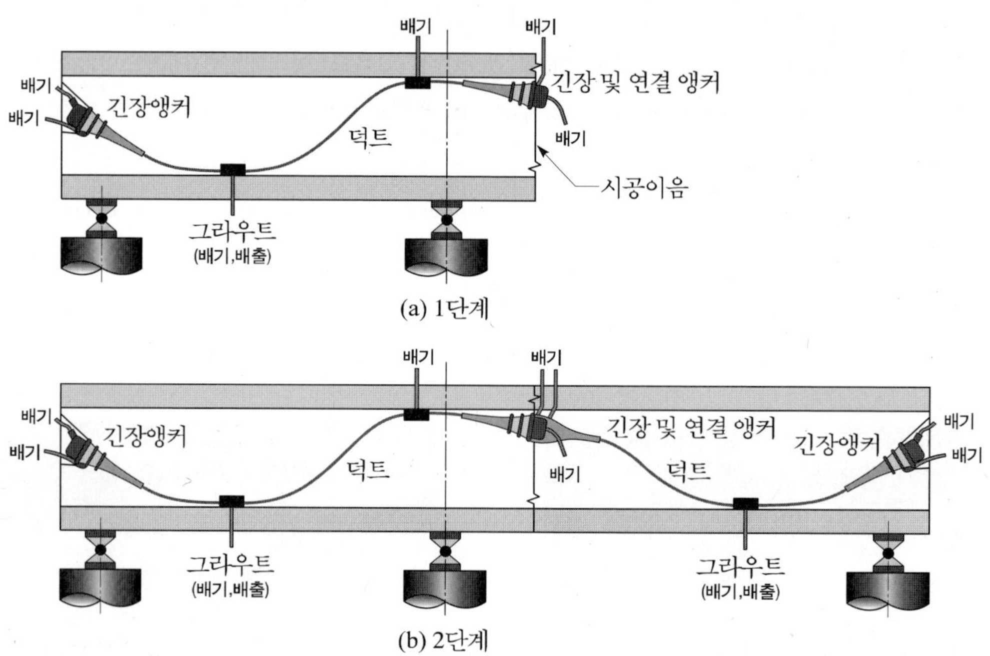

그림 1.18 다선 텐던이 배치되는 2경간 부착 포스트텐션 시스템 [Dywidag]

이러한 포스트텐션 시스템은 **세그먼트 교량(segmental bridge, 분절교량)**과 같은 교량의 건설에도 사용되는데 거푸집(falsework)에 콘크리트를 친후에 경화한 요소를 일체화 하는데 또는 공장에서 조립식(prefabricated)으로 제작된 요소를 연결하기 위해서 사용된다.

비부착 포스트텐션과 비교해서 장점은

1. 텐던이 콘크리트에 매립되어 있어서 사고가 나더라도 응력을 잃지 않으므로(destress) 이에 대비해서 배치해야 하는 보통 부착철근의 양을 상당히 줄일 수 있다.
2. 텐던을 원하는 위치에 배치할 수 있어서 이를 이용하여 효율적인 설계를 할 수 있다.

3. 강연선(strand)과 콘크리트가 단단하게 부착되어 높은 공칭강도를 얻을 수 있다.
4. 상당한 시간이 경과해도 단부 정착구나 인장 정착구(anchor/dead end)에 대해서 유지 관리하는데 문제가 거의 발생하지 않는다[Wikipedia Bonded Post–Tensioned Concrete].

1.7.2 비부착 포스트텐션 시스템(Unbonded Post–Tensioned System)

슬래브 등의 현장치기 콘크리트(CIP, cast–in–place concrete)에 많이 쓰이는 비부착 시스템은 대부분 단선 긴장재가 쓰이는데 2중의 부식 방지를 위해서 **그리스 코팅(special grease coating)**을 하고 그 위에 압출성형(extrusion process)으로 **플라스틱 시스(plastic sheath)**를 씌워서 긴장재에 침입하는 습기를 막으면서 긴장재가 시스 속에서 자유롭게 움직일 수 있도록 만든 것이다(그림 1.19 및 1.25b 참고). 긴장재는 **쐐기(wedge)**와 강재 정착장치(iron anchor)를 이용해서 콘크리트에 정착하고 긴장재는 부재 길이를 따라 **받침대(chair, bolster)**에 의해서 원하는 편심을 유지하게 된다(그림 1.20a 참고). 그림 1.20b는 전형적인 비부착 포스트텐션 슬래브 시스템의 시공 과정과 요소들을 보여주고 있다[PTI 2006(59)].

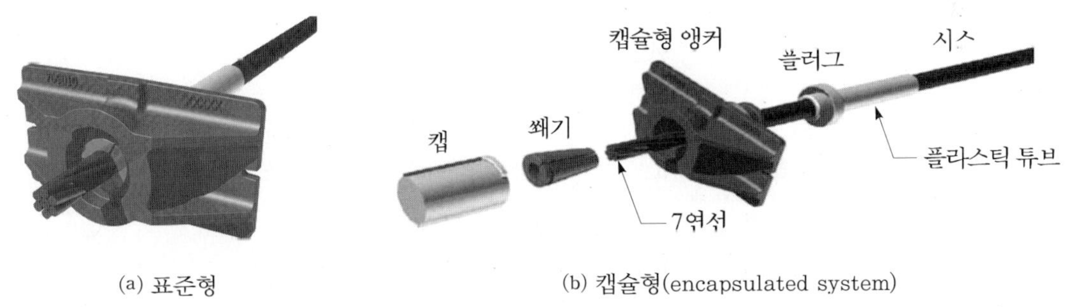

(a) 표준형　　(b) 캡슐형(encapsulated system)

그림 1.19 전형적인 비부착 단선 긴장재 [CCLint]

그림 1.19와 같이 비부착 단선 긴장재는 노출 정도에 따라 **표준형(standard)**이나 **캡슐형(encapsulated)**으로 구분할 수 있다. 캡슐형 시스템은 긴장재가 염화물이나 다른 유해물 등의 공격적인 환경에 노출될 가능성이 있는 경우에 사용되며, 시공 중이나 시공 후에 습기의 침입을 방지하도록 설계된 시스템이다.

긴장재의 인장력은 그림 1.20b와 같이 슬래브 등의 테두리에 묻어 배치되는 강재 정착장치(앵커)를 통해서 콘크리트에 전달된다. 텐던을 긴장할 때 긴장재와 시스 사이에 마찰손실과 탄성수축이 발생하고 쐐기를 정착할 때 **쐐기 미끄러짐 손실(wedge draw–in)**이 발생할 수 있으며, 장기적으로는 건조수축, 크리프, 강재이완 등의 프리스트레싱 손실이 발생할 수 있다.

부착 포스트텐션 콘크리트에 비해서 가장 큰 단점은 슬래브 등의 수리과정에서 슬래브가 손상을 받으면 긴장재가 응력을 잃고 슬래브 밖으로 튀어 나올 수 있다는 점이다[Wikipedia,

Unbonded Post-Tensioned Concrete].

부착 포스트텐션 콘크리트에 비해서 장점은 :

1. 현장 조건에 따라 케이블의 위치를 조종할 수 있다. 예를 들어서 4개의 텐던을 배치하는데 만약에 구멍(opening)이 있는 경우에 구멍 주위로 2개씩을 배치하면 된다.
2. 긴장이 끝나고 난 뒤에 그라우팅을 할 필요가 없다.
3. 보수작업을 하기 전에 텐던의 응력을 제거(de-stress)할 수 있다[Wikipedia, Unbonded Post-Tensioned Concrete].

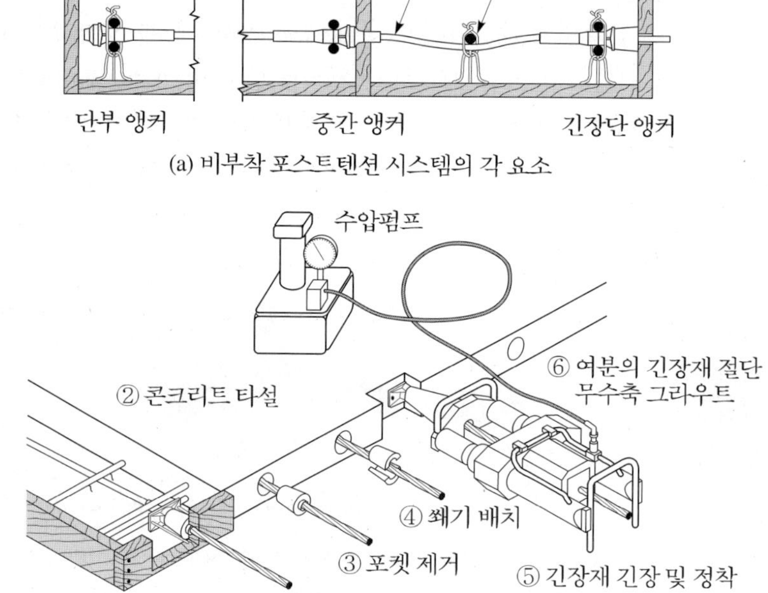

(a) 비부착 포스트텐션 시스템의 각 요소

(b) 비부착 포스트텐션 슬래브의 시공 과정

그림 1.20 비부착 포스트텐션 시스템 : 요소와 슬래브 시공 과정 [PTI 2006(60)]

1.7.3 외적 포스트텐션 시스템(External Post-Tensioned System)

외적 포스트텐션 시스템의 텐던은 정착장치와 절곡점을 제외하고는 구조적인 콘크리트 부재의 외부에 배치한다. 외적 텐던은 정착장치 사이에 직선으로 배치되거나 또는 절곡블럭(deviator block)을 통과해서 절곡하여 배치할 수도 있다. 외적 텐던은 교량이나 성능개선 또는 보수공사에 사용된다(그림 1.21 참고).

외적 포스트텐션 시스템에는 그림 1.19와 같이 그리스로 피복하고 플라스틱 시스를 씌운 한 줄 비부착 텐던이 쓰이거나 아니면 프리스트레싱 강연선을 덕트 속에 배치하고 최종적으로 그라우트로 채우는 방법이 사용되기도 한다. 만약에 화재성능이 요구될 때는 **메탈라스(metal lath, 금속제 얇은 쇠그물)**와 **회반죽(plaster)**로 피복한 텐던을 사용하게 된다. 어떤 피복을 입혔던지 간에 외적 포스트텐션 시스템의 텐던과 구조부재는 서로 상대거동을 허용하게 되므로 비부착으로 고려한다[PTI 2006(62)].

텐던을 구조물 내부에 배치할 수 있는 공간이 부족한 경우에 외적 포스트텐션 시스템만이 교량구조물(그림 1.21b 참고)이나 사일로(silo) 또는 탱크(reservoir) 등에 하중 지지능력을 증가시키는 유일한 해결책이 되는 경우가 종종 발생한다. 이러한 외적 포스트텐션 시스템은 높은 부식방지 기준를 만족시키면서 필요한 경우에는 사용기간 동안에 텐던을 검사하거나 또는 손쉽게 교체할 수 있는 장점을 갖고 있다[VSL].

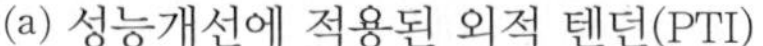
(a) 성능개선에 적용된 외적 텐던(PTI)

(b) 박스 거더에 적용되는 외적 텐던(VSL)

그림 1.21 기존 건축물의 성능을 개선하거나 단면이 제한적이어서 텐던을 박스거더 내부에 배치하는 외적 포스트텐션 시스템의 예

1.8 텐던의 구성요소(Component of a Tendon)

포스트텐션 시스템은 프리스트레싱 강재로 **단선 강연선(single-strand)**를 사용하는지, 아니면 **다선 강연선(multistrand)**인지 또는 **강봉(bar)**을 사용하는지에 따라 3종류로 구분할 수 있다.
고강도 프리스트레싱 강재와 단부 정착장치 및 덕트를 모두 포함하는 조합을 **텐던(tendon)**이라고 한다. 단선 포스트텐션 시스템에서 텐던은 1개의 강연선과 부식방지 코팅(비부착인 경우 – 그리스 ; 부착 긴장재인 경우 – 그라우트), **단부 앵커(fixed end anchor)**, **긴장단 앵커(stressing**

end anchor)와 길이가 긴 텐던에 쓰이는 **중간 앵커(intermediate anchor)** 등을 포함하게 된다(그림 1.20a 참고). 콘크리트에 묻힌 앵커에 긴장기(strssing jack)를 장치하여 긴장할 수 있도록 공간을 만드는 **플라스틱 포켓(pocket former)**을 앵커에 붙여서 사용하게 된다(그림 1.22 참고 ; 그림 1.20b (3)은 포켓을 제거하는 모습). 강연선은 긴장하기 전에 표시를 하고 긴장하면서 늘어난 길이를 측정하여 긴장한 뒤에 강연선의 나머지 꼬리를 자르고 캡을 씌워서 보호하고, 포켓은 고강도 무수축 그라우트(high-strength non-shrink grout)를 하여 습기의 침입을 방지하게 된다. 그림 1.22는 단선 비부착 시스템의 요소들과 시공과정을 보여주고 있다.

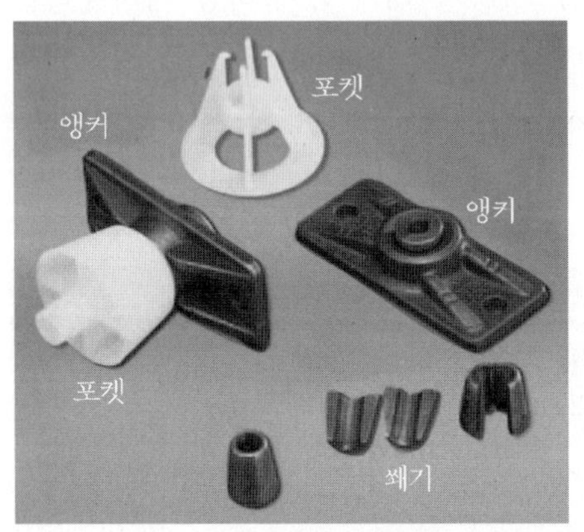

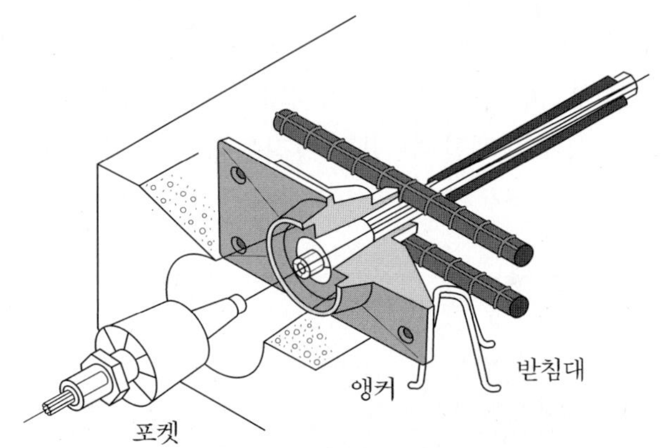

그림 1.22 단선 비부착 텐던 긴장단 앵커와 플라스틱 포켓(plastic pocket former) [PTI 2006]

다선 시스템(multistrand system)에서 전형적으로 여러 가닥의 강연선은 한 줄의 덕트(duct) 안에 배치하게 된다. 콘크리트 안에 공간을 만드는 덕트는 그림 1.17에서 보는바와 같이 아연도금 강재나 HDPE(고밀도 폴리에틸렌) 또는 PP(폴리프로필렌)로 제작된다. 다선 강연선 앵커(multistrand anchor)는 각각의 포스트텐션 회사에서 특수하게 제작하여 공급된다. 이러한 장치는 여러 가닥의 강연선[7]을 콘크리트에 정착할 수 있도록 정착구역에 발생하는 집중하중에 견딜 수 있도록 제작하고 있다. 부착 시스템에서 강연선은 그리스 등의 코팅을 하지 않고 덕트 속에 배치하여 긴장하고 난 뒤에 그라우트를 하여 주변의 콘크리트와 부착시키면서 동시에 강연선을 부식으로부터 보호하게 된다. 공격적인 환경에서는 에폭시 코팅

그림 1.23 아연도금 강연선의 방호 케이블 [VSL]

7. VSL에서는 최대 55 가닥의 강연선 정착장치를 공급하고 있다.

된 강연선(epoxy coated strand)을 사용하기도 한다. **아연도금 강연선(galvanized strand)**은 일반적으로 그림 1.23과 같이 주차구조물 등의 **방호 케이블(barrier cable)**에 사용된다. 다선 강연선 시스템의 요소들은 그림 1.18을 참고한다.

강봉 텐던(bar tendon)은 한 가닥으로 되어있거나 또는 여러 가닥으로 구성되어있다. 텐던은 고강도 강봉과 정착장치 그리고 덕트로 구성되어있고, 길이가 긴 텐던인 경우에는 **연결앵커(bar coupler)**를 사용하여 연결하게 된다. 강봉 시스템은 전형적으로 부재의 길이가 짧으면서 직선이나 절곡으로 배치하는 경우나 벽체나 교각 또는 콘크리트 벽돌구조물 등의 연직 텐던(vertical application)에 적용된다[PTI 2006]. 그림 1.24에는 단선 강봉 텐던의 구성요소를 보여주고 있다.

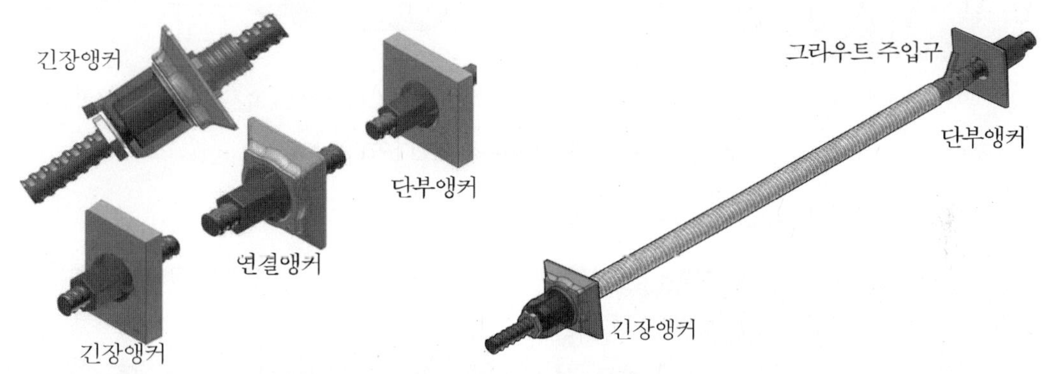

그림 1.24 부착 단선 강봉 텐던 구성 요소 [Dywidag]

1.8.1 프리스트레싱 강재(Prestressing Steel)

포스트텐션 시스템에서 프리스트레싱 강재로는 강연선이나 강봉을 사용한다. 대부분의 프리스트레싱에 사용되는 강연선은 7연선으로 한 가닥의 소선을 6개의 소선이 나선형으로 둘러싸서 만들어 진다. 이렇게 만들어진 7연선은 단선 강재에 비해서 가격은 높지만 유연하여 작업하기 쉬울 뿐만 아니라 잘 비틀리거나(kink-resistant) 끊어지지 않는(break-resistant) 장점을 갖고 있다[Wikipedia, Wire]. 국내에서는 대부분 **저이완 공정(L/R, low relaxation)**[8]을 거친 지름 9.5 mm ~ 15.2 mm의 7연선이 공급되고 있으며, 인장강도는 A종(1,720 MPa), B종(1,860 MPa), C종(2,160 MPa) 및 D종(2,400 MPa) 등 4종이 있다[KS D 7002 : 2011]. 그림 1.25에는 부착(bonded) 및 비부착(unbonded) 7연선 시스템을 보여주고 있다.

프리스트레싱 원형강봉은 지름 9.2 mm ~ 40 mm로 공급되며 인장강도가 A종(1,030 MPa),

8. **저이완 공정(L/R, low relaxation)**은 인장을 준 상태에서 안정화(stabilization)라는 특별한 고주파 열처리를 통해서 릴랙세이션 값을 보통의 8.0% 보다 훨씬 적은 2.5% 이하로 만드는 공정이다.

B종은 1호(1,080 MPa), 2호(1,180 MPa), C종(1,230 MPa)로 제작되고, 지름 7.4 mm ~ 13 mm로 공급되는 이형강봉은 B종(1,080 MPa), C종(1,230 MPa), D종(1,420 MPa)이 있다[KS D 3505 : 2002]. 강봉을 연결하여 길이를 연장하는 경우에는 그림 1.24와 같이 연결앵커(coupler)를 사용하고, 정착 앵커는 공급자에 따라 다양한 형상을 하고 있다. 전형적으로 강봉 텐던은 프리캐스트 부재를 연결하는 등의 길이가 짧으면서 직선으로 배치되는 경우나 부식방지의 피복을 씌워 외적 텐던에 사용된다.

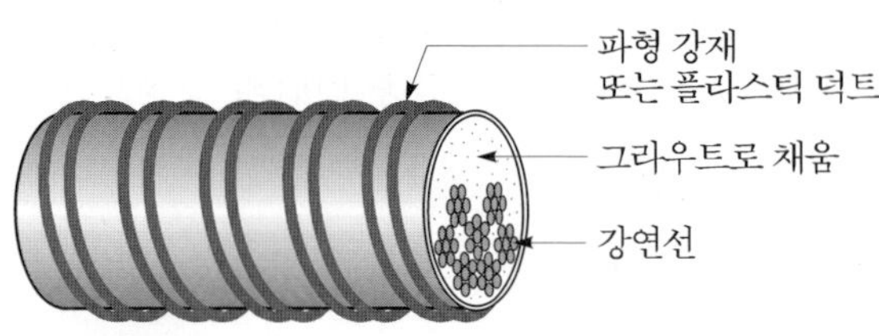

(a) 파형 덕트에 그라우트한 부착 강연선

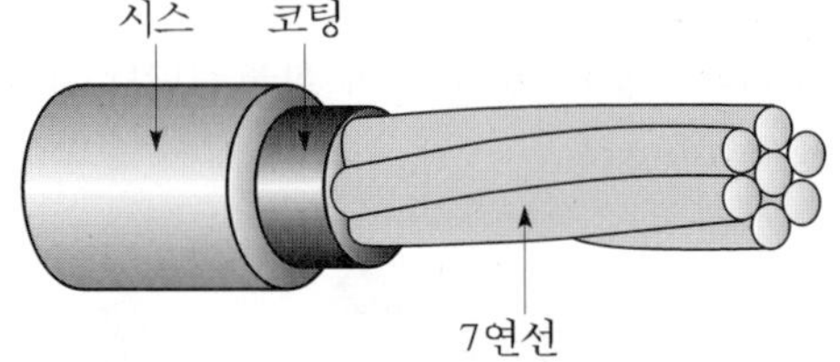

(b) 시스로 싸여서 그리스를 칠한 비부착 강연선

그림 1.25 부착 텐던과 비부착 텐던 [PTI 2006]

1.8.2 정착장치(앵커, Anchorages)

(a) 앵커를 장착한 PT(post-tension) 케이블

(b) PT 케이블

(c) 콘크리트를 치기 전에 PT 케이블을 배치

(d) 콘크리트를 친 CIP 슬래브

그림 1.26 비부착 포스트텐션 PT 케이블을 배치하는 슬래브 [Wikipedia, Prestressed Concrete]

정착장치(앵커, anchorage)는 텐던의 인장력을 콘크리트에 전달하는 기계적 장치이다. 그림 1.19나 그림 1.22와 같이 단선 텐던은 강연선을 꽉 잡는 역할을 하는 **쐐기(wedge)**와 텐던의 인장력을 콘크리트에 전달하는 지압판(bearing plate, anchor)으로 구성되어있다. 그림 1.26에는 CIP(현장치기) 콘크리트로 시공되는 슬래브에 배치되는 **비부착 PT(post-tension)** 케이블의 시공모습을 보여주고 있다.

긴장 앵커(Stressing Live-End Anchorage)

긴장 앵커(긴장용 정착장치)는 현장에서 강연선을 긴장하는데 사용된다. 그림 1.22와 같이 포켓(pocket former)은 긴장 앵커 앞에 부착하여 콘크리트에 긴장기(jack)를 장치할 수 있는 공간을 제공한다. 긴장한 뒤에 텐던의 꼬리는 자르고 포켓에는 그라우트를 하여 습기의 침입을 방지하게 된다. 그림 1.27에는 여러 종류의 긴장앵커의 구조를 보여주고 있다.

(a) 비부착 강봉 시스템[Dywidag]

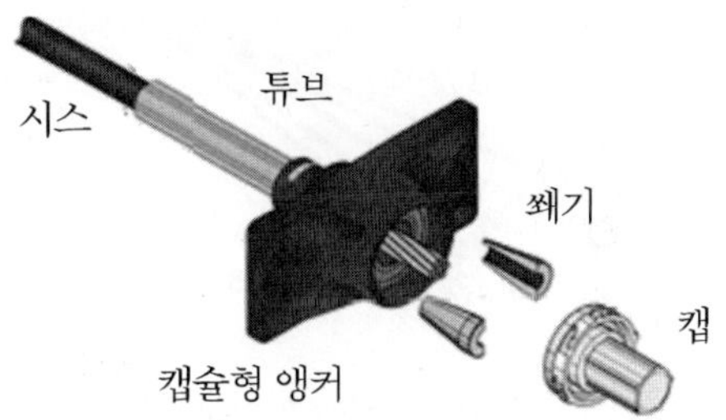

(b) 비부착 캡슐형 단선 시스템

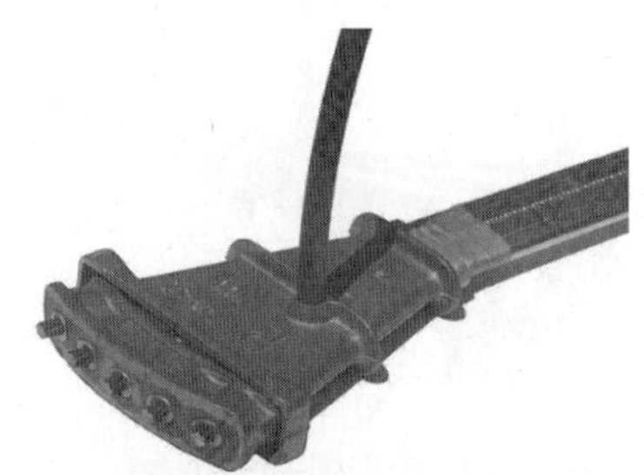

(c) 슬래브 부착 시스템[BBR]

(d) 슬래브 부착 시스템[BBR]

(e) 슬래브 부착시스템[Freyssinet K]

(f) 부착 다선시스템[Dywidag ED]

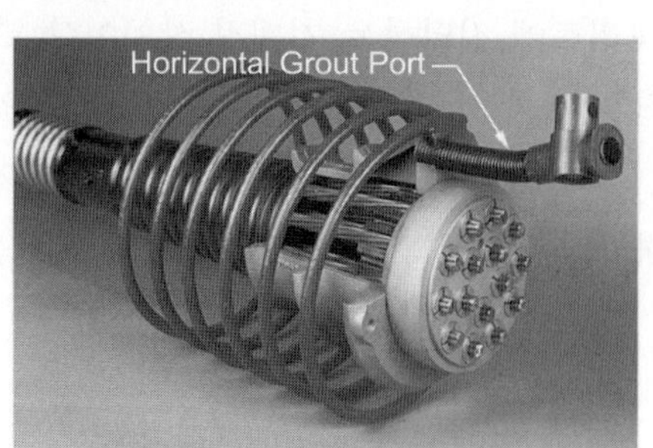

(g) 부착 다선시스템[VSL old system]

(h) 부착 다선시스템[VSL E]

그림 1.27 비부착 강봉, 비부착 캡슐형 단선 시스템, 슬래브용 긴장앵커 및 다선 긴장앵커

매립 앵커(Fixed End Anchorage, Dead-End Anchorage)

(a) 슬래브 벌브형식[BBR]

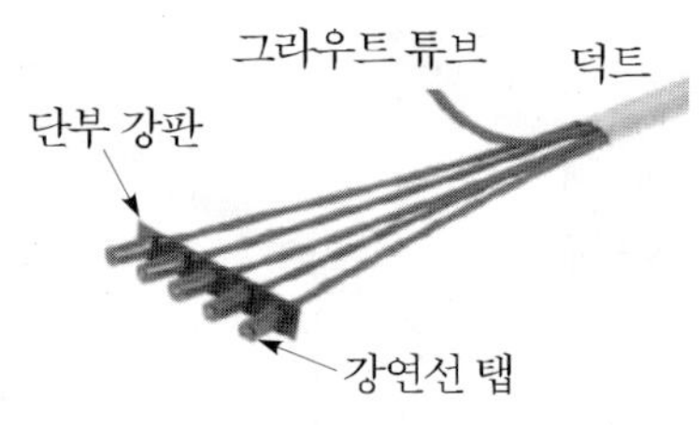

(b) 슬래브 탭(swage)형식[BBR]

(c) 매립 앵커[Dywidag ZR]

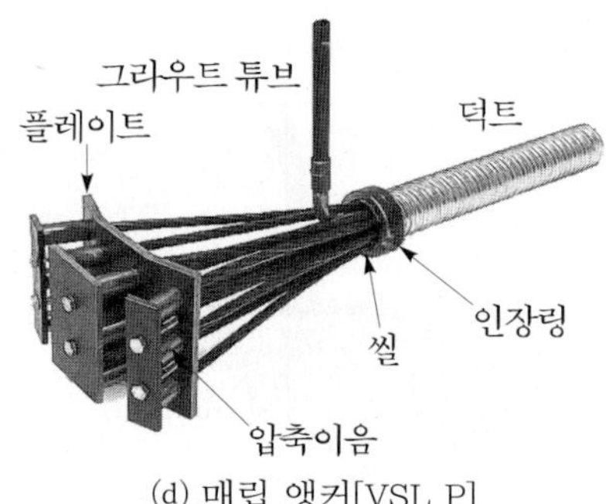

(d) 매립 앵커[VSL P]

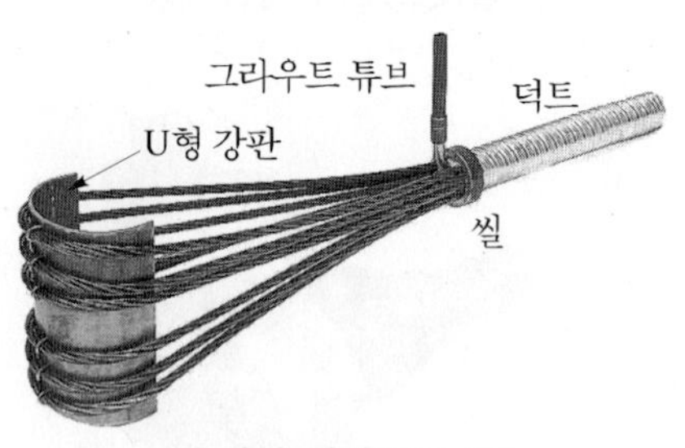

(e) 매립 앵커[VSL U]

(f) 매립 루프 앵커[VSL L]

그림 1.28 매립 앵커(Dead-end anchorage)

매립 앵커는 텐던을 한쪽에서만 긴장할 때 사용된다. 비부착 시스템에서 매립 앵커는 전형적으로 텐던을 현장에 보내기 전에 공장에서 텐던을 당겨서 쐐기를 앵커에 장착하게 된다. 이런 과정을 밟아서 현장에서 긴장 시에 매립 앵커에 미끄러짐이 발생하는 것을 방지할 수 있다[PTI 2006]. 다선 시스템에는 일반적으로 여러 다국적 회사들의 상표 등록된 앵커 시스템이 사용된다.

다선 강연선 시스템의 매립 앵커는 그림 1.28과 같은 강연선을 부채모양으로 펴서 강연선과 콘크리트의 부착력을 이용하여 정착력을 얻거나 아니면, 펼친 끝에 강판을 배치하여 강연선의 부착력과 강판의 지압력을 이용하여 정착력을 얻는다. 어떤 방법을 이용하던지 간에 텐던은 콘크리트를 타설하기 전에 배치하여야 한다. 그림 1.28f는 좁은 공간에서 180도로 휘어 배치하는 **매립 고리 앵커(loop anchorage)**로 원형 탱크 벽체의 수직 텐던이나 슬래브나 기초 바닥판의 수평텐던 또는 **캔틸레버 교각(cantilever pier)** 등에 배치한다. 그림 1.27f나 h 시스템을 긴장용으로도 사용하고 동시에 매립용으로도 사용하는 경우가 있다. 이렇게 사용하면 콘크리트를 친후에 강연선을 배치할 수 있는 이점이 있게 된다.

연결 앵커(Intermediate Anchorage, Coupler)

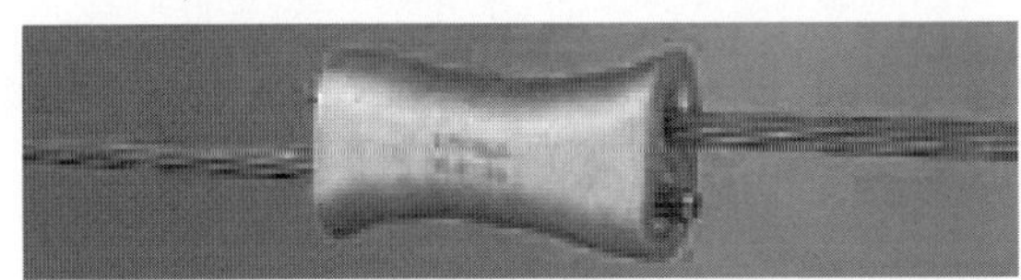

(a) 텐던 연결앵커[Dywidag ME]

(b) 텐던 연결앵커[Dywidag M]

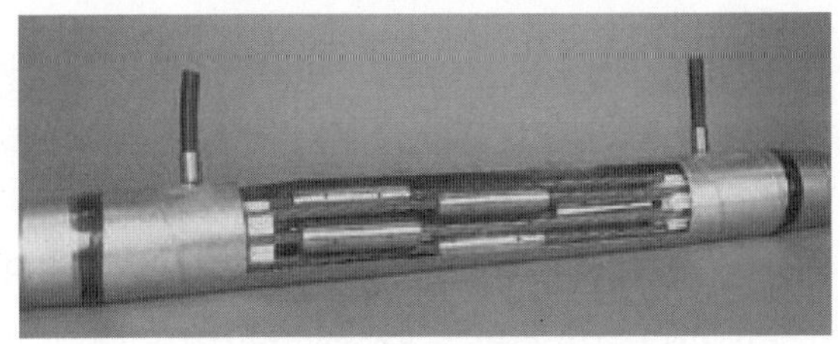

(c) 텐던 연장 연결 앵커[Dywidag D]

(d) 시공이음 연결 앵커[BBR]

(e) 시공이음 연결 앵커[Freyssinet CU]

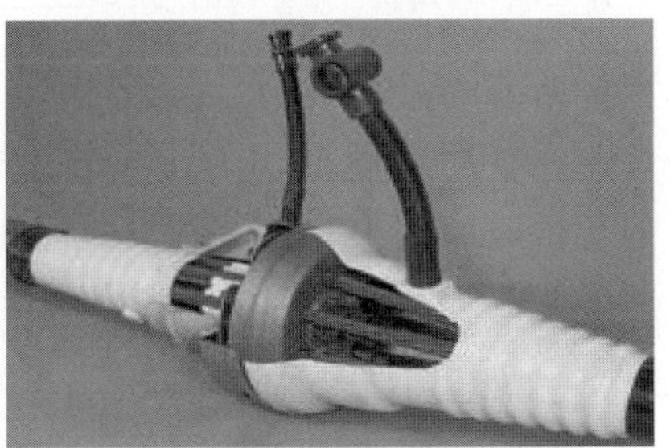

(f) 시공이음 연결 앵커[Dywidag R]

그림 1.29 탱크의 원주 텐던을 연결하는데 사용하는 연결 앵커와 시공이음의 연결 앵커

텐던이 상당히 긴 경우 또는 단계별로 시공을 하는 경우에 텐던의 길이를 따라 **시공이음**(construction joint)을 배치하게 된다. 이런 경우에 시공이음에서 먼저 단계에서 긴장한 텐던에 이어서 새로 친 콘크리트 부재에 텐던을 연결하여 긴장하게 되며, 이때 텐던을 서로 연결해주는 앵커를 **연결 앵커(중간앵커, intermediate anchorage, coupler)**라고 한다. 그림 1.29에는 다양한 종류의 연결앵커를 보여주고 있다. 그림 a나 b의 연결앵커는 탱크나 대형 파이프에 배치하는 원주의 텐던을 이어주는 역할을 하는 앵커 블록(floating anchorage block)이고, 그림 c는 세그먼트 교량(segmental bridge) 시공에서 긴장하지 않은 텐던을 연장하는데 사용하는 **플로팅 커플러(floating coupler)**이다. 그림 d는 단면의 깊이가 작은 슬래브나 교량의 상판 등에 사용되는 시공이음의 연결 앵커이고, 그림 e나 f는 교량의 거더 등에서 쓰이는 다선 연결 앵커이다.

1.9 프리스트레싱의 기본 개념(Basic Concept of Prestressing)

프리스트레스트 콘크리트의 기본 거동을 설명하거나 해석하기 위해서는 다음과 같은 3가지 기본개념으로 접근할 수 있다[Collins 1987, Naaman 2012(150~152)].

1.9.1 응력개념 또는 균등질 보의 개념(Stress Concept or Homogeneous Beam Concept)

콘크리트에 프리스트레싱을 도입한다는 의미는 콘크리트에 압축응력을 사전(precompression)에 도입한다는 의미이다. 프리스트레스트 구조부재에 외력이 작용하여 인장응력이 발생하게 되면 사전에 도입된 압축응력은 상쇄되어 우리가 원하는 응력상태가 되게 된다. 이렇게 콘크리트에 전달되는 프리스트레스 힘을 외력이 작용하여 발생하는 내적응력을 상쇄시키는 응력으로 접근하는 해석을 **응력개념(stress concept)**이라고 한다. 이 개념은 Freyssinet에 의해서 제안되었으며 외력의 영향이나 프리스트레싱력의 영향을 등가의 응력(휨 공식 $f = My/I_g$ 이용)으로 고려하여 재료의 응력한계(permissible stresses)와 비교하므로 응력개념이라고 부르게 되었다.

단면의 인장응력이 콘크리트의 파괴계수(f_r)를 초과하지 않는 비균열 단면에서 긴장재의 역할은 오직 콘크리트에 긴장력 만을 도입하고 응력의 변화는 콘크리트 단면에만 일어나는 것으로 보는 개념이다. 단면에 균열이 일어나기 전에 긴장재에 나타나는 응력 변화는 무시할 정도로 작아서 일반적으로 계산에서 고려하지 않고 있다(그림 4.2 참고)[Krishna Raju 2007(84)].

이 개념에서 도입하는 가정들은 (1) 콘크리트는 균질한 재료이고, (2) 콘크리트와 긴장재 모두 탄성거동을 하며, (3) 변형을 받기 전에 평면이었던 단면은 휨 변형 후에도 평면을 유지한다는 것이다. 가정 3은 단면의 깊이에 대해서 변형률이 선형(linear strain distribution)으로 변한다는 것을 의미한다[Krishna Raju 2007].

자신의 무게인 고정하중이나 외력으로 인해서 단면에 발생하는 응력을 먼저 계산하고, 콘크리트에 인장응력과 같이 유해한 응력을 상쇄하기 위해서 긴장력으로 압축응력을 도입한다고 보아, 긴장력 P의 크기나 부재를 따라 콘크리트 단면의 중립축(C.G.C., Center of Gravity of Concrete)으로부터 편심 e 떨어져 배치되는 긴장재의 배치형상(profiling)을 결정할 수 있게 된다.

부재에 긴장력이 도입될 때나 긴장력이 도입되어 장기손실이 일어나고 난 뒤의 사용하중이 작용할 때 응력한계를 검토하는 경우와 같은 세부 해석에 사용될 수 있다.

그림 1.30에는 편심 긴장력이 도입된 프리스트레스트 콘크리트 부재를 보여주고 있다. 그림에서와 같이 편심 긴장력을 등가의 축압축력 P와 휨모멘트 Pe로 분해하면 응력을 구하는데 쉽게 적용할 수 있다.

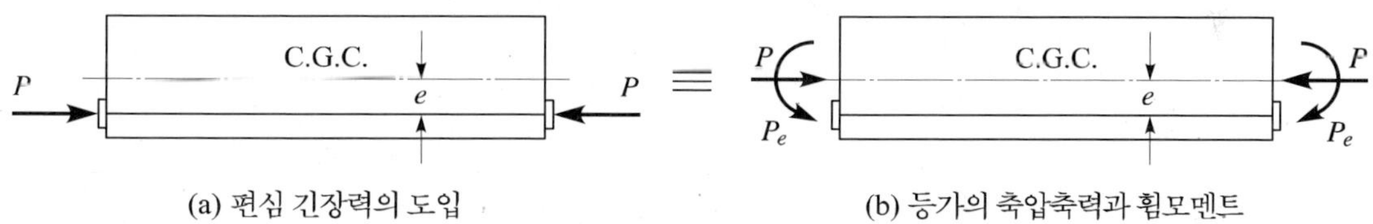

그림 1.30 편심 긴장력이 도입된 프리스트레스트 콘크리트 부재

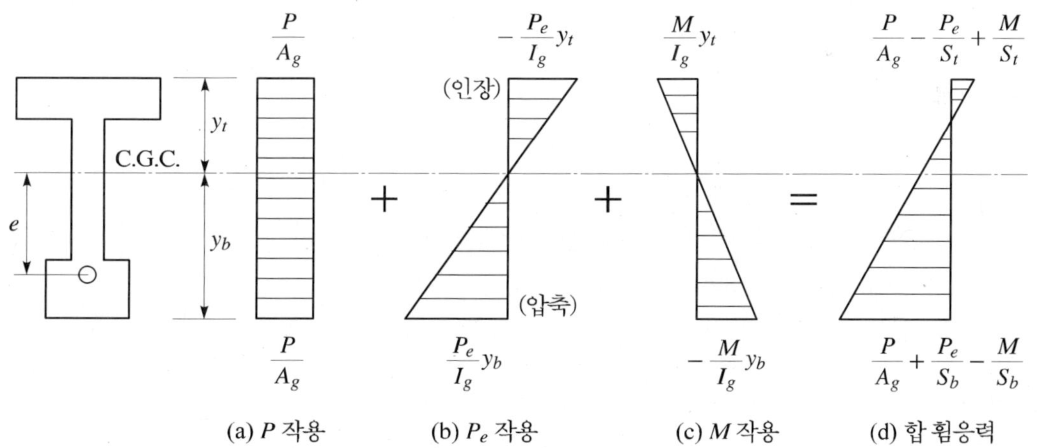

그림 1.31 비균열 프리스트레스트 콘크리트 보에서 탄성응력의 분포 [Nilson 1987(67)]

그림 1.31에는 긴장력(P와 Pe)과 외력으로 인한 휨모멘트 M이 작용할 때 콘크리트 단면에 발생하는 응력의 분포도를 보여주고 있다. 단면의 연단에 발생하는 상연응력 f_t (top stress, 上緣)과 하연응력 f_b (bottom stress, 下緣)은 다음 식으로 구할 수 있다.

$$f_{t(\text{상연})} = \frac{P}{A_g} - \frac{Pe}{I_g}y_t + \frac{M}{I_g}y_t = \frac{P}{A_g} - \frac{Pe}{S_t} + \frac{M}{S_t} = \frac{P}{A_g}\left(1 - \frac{e}{r^2}y_t\right) + \frac{M}{S_t} \quad (1.1)$$

$$f_{b(\text{하연})} = \frac{P}{A_g} + \frac{Pe}{I_g}y_b - \frac{M}{I_g}y_b = \frac{P}{A_g} + \frac{Pe}{S_b} - \frac{M}{S_b} = \frac{P}{A_g}\left(1 + \frac{e}{r^2}y_b\right) - \frac{M}{S_b} \quad (1.2)$$

여기에서 **회전반경(radius of gyration)** $r^2 = I_g / A_g$; **단면계수(section moduli)** $S_t = I_g / y_t$, $S_b = I_g / y_b$ 이다.

예제 1.2

그림 1.32의 긴장재를 포물선 형상으로 배치한 단순지지 된 프리스트레스트 콘크리트 보의 경간 중앙에서 콘크리트의 상연응력과 하연응력은 각각 얼마인가? 단, 프리스트레스트 힘 $P = 3{,}300$ kN ; 보 중앙에서 편심량 $e_{(\text{중앙})} = 250$ mm ; 보의 자중에 더하여 등분포 활하중 $w_l = 17.58$ kN/m가 작용하고, 경간 $l = 20$ m이다. 단, 프리스트레스트 콘크리트의 단위질량 $\rho_c = 2{,}500$ kg/m^{3}으로 고려한다.

① 프리스트레스트 콘크리트 부재의 단위무게 계산 :

$$\gamma_c = \rho_c\, g = 2{,}500\ \frac{\text{kg}}{\text{m}^3} \times 9.81\ \frac{\text{m}}{\text{sec}^2}$$

$$= 24{,}525\ \frac{\text{kg}\cdot\text{m}}{\text{sec}^2}/\text{m}^3 = 24{,}525\ \text{N}/\text{m}^3 = 24.525\ \text{kN}/\text{m}^3$$

② 보의 자중으로 인한 등분포 고정하중 및 총 등분포하중 계산 :

$$w_g = \gamma_c(bh) = 24.525 \times (0.4 \times 0.9) = 8.829\ (\text{kN/m})$$

$$\therefore\ w_t = w_g + w_l = 8.829 + 17.58 = 26.409\ (\text{kN/m})$$

③ 하중에 의한 중앙에서의 휨 모멘트 :

$$M = \frac{w_t l^2}{8} = \frac{1}{8}(26.409)(20^2) = 1{,}320\ (\text{kN}\cdot\text{m})$$

④ 단면 2차 모멘트 및 단면적 계산 :

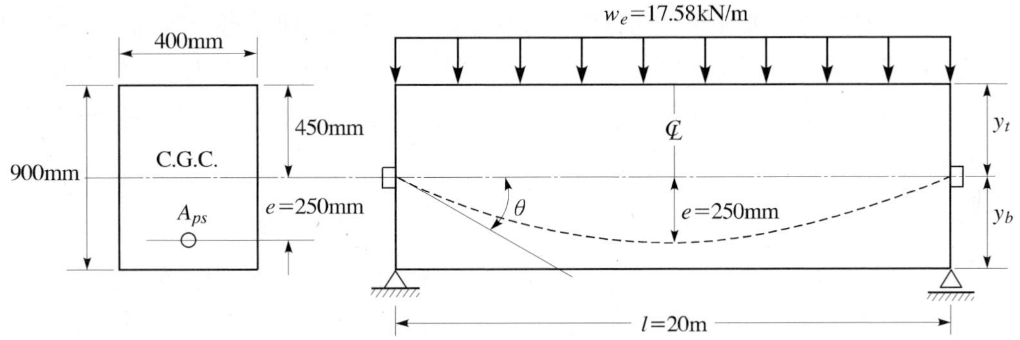

그림 1.32 예제 1.2 보의 단면 및 형상

$I_g = bh^3/12 = (400)(900^3)\ /12 = 24,300 \times 10^6\ (\text{mm}^4)$

$A_g = bh = (400)(900) = 360,000\ (\text{mm}^2)$

⑤ 상연 및 하연의 응력 계산 :

식 (1.1) 및 (1.2) : $f_{\binom{t}{b}} = \dfrac{P}{A_g} \mp \dfrac{Pe}{I_g} y_{\binom{t}{b}} \pm \dfrac{M}{I_g} y_{\binom{t}{b}} = \dfrac{P}{A_g} \mp \dfrac{Pe}{S_{\binom{t}{b}}} \pm \dfrac{M}{S_{\binom{t}{b}}}$

$P/A_g = (3,300 \times 10^3)\ /\ (360 \times 10^3) = 9.17\ (\text{MPa})$(압축)

$Pe = (3,300 \times 10^3)(250) = 825.0 \times 10^6\ (\text{N} \cdot \text{mm})$

단면계수 : $S_t = S_b = I_g / y_t = (24,300 \times 10^6)\ /\ 450 = 54.0 \times 10^6\ (\text{mm}^3)$

$Pe/S_t = (825.0 \times 10^6)\ /\ (54.0 \times 10^6) = 15.28\ (\text{N/mm}^2) = 15.28\ \text{MPa}$

$M/S_t = (1,320 \times 10^6)\ /\ (54.0 \times 10^6) = 24.44\ (\text{N/mm}^2) = 24.44\ \text{MPa}$

상연 :

$\therefore\ f_t = \dfrac{P}{A_g} - \dfrac{Pe}{S_t} + \dfrac{M}{S_t} = 9.17 - 15.28 + 24.44 = 18.33\ (\text{MPa})$(압축응력)

하연 :

$\therefore\ f_b = \dfrac{P}{A_g} + \dfrac{Pe}{S_b} - \dfrac{M}{S_b} = 9.17 + 15.28 - 24.44 = 0.01 \approx 0\ (\text{MPa})$

1.9.2 강도개념 또는 내력 모멘트 개념

(Strength Concept or Internal Couple Concept or C-line Method)

이 개념은 프리스트레스트 콘크리트(PSC) 단면을 철근 콘크리트(RC) 단면의 **내부우력 방법** (internal couple method, 압축합력 C와 인장력 T가 작용하고 단면의 휨 저항은 $M = C(jd)$

또는 $M = T(jd)$ 로 구하는 방법)과 같이 생각하여 긴장재(T)와 콘크리트(C)의 결합으로 생각(그림 1.33 참고)하여 해석하는 개념으로 공칭강도를 검토하는데 유용하게 적용할 수 있다. 총 프리스트레스 힘은 어떤 임의의 단면에서 작용하는 인장력 T로 고려되고, 응력개념에서 콘크리트에 작용하는 응력으로 표현되었던 프리스트레스 힘의 효과는 모든 응력의 합력으로 요소에 작용하는 총 압축력 C로 표현되게 된다.

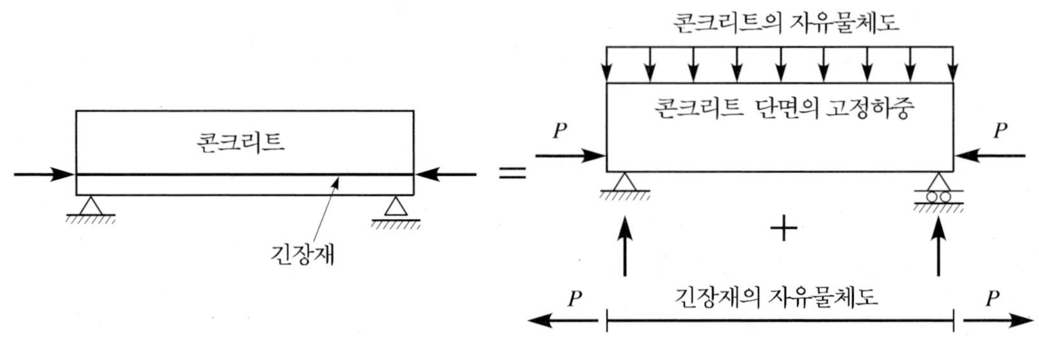

그림 1.33 PSC 부재를 긴장재와 콘크리트의 복합체로 고려 [Naaman 2012(150)]

따라서 임의의 프리스트레스 단면의 자유물체도에서 외력에 대해서 보가 평형을 이루기 위해서는 인장의 보강재(철근이나 긴장재, T)와 압축의 콘크리트 합력 C에 의해서 내부우력 모멘트($M = C(jd) = T(jd)$)가 발휘되어야 한다. 이 개념은 T. Y. Lin에 의해서 단면을 설계하거나 또는 단면의 모멘트 저항능력을 구하는데 적용되었다[Lin 1981]. Rajagopalan은 단면의 강도가 총 인장력과 압축력에 의해서 결정되므로 **힘 개념(force concept)**이라고 부르고 있다 [Rajagopalan 2005(15)].

이 개념은 따라서 외력과 반력에 대한 자유물체도의 평형에서 콘크리트와 긴장재의 힘을 분리해서 생각(그림 1.33 참고)하거나 또는 동시에 고려할 수도 있다. 그러나 RC 단면과 PSC 단면의 거동에는 다음과 같은 근본적인 차이점이 있다[Naaman 2012(151)].

그림 1.34와 같이 RC 부재에 하중이 작용하여 균열단면이 되었다고 가정한다. 방향은 반대이면서 크기가 같은 비균열 콘크리트 단면의 압축합력과 철근의 인장력은 작용하는 외력에 저항하기 위해서 내적으로 **우력(internal couple)**을 형성하게 된다. 만약에 콘크리트가 아직 탄성영역에 있다고 한다면 단면에 작용하는 휨모멘트가 증가할 때 응력의 크기는 증가하지만 그림 1.34a와 b 같이 팔거리 jd 는 거의 변하지 않고 일정하게 된다. 그러나 사용하중이 작용할 때 비균열 단면이라고 가정한 PSC 단면에서 작용하는 휨모멘트가 증가하게 되면 그림 1.34c와 d와 같이 내부우력의 크기는 거의 증가하지 않지만 팔거리는 증가하게 된다.

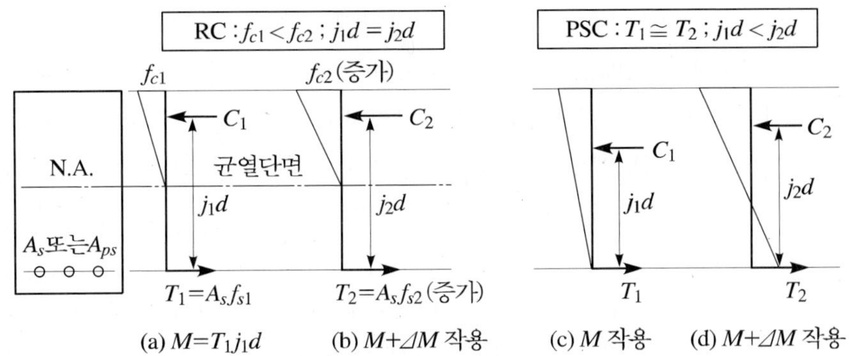

그림 1.34 (a) 및 (b) : RC – 균열단면에서 휨모멘트가 M에서 M+ΔM으로 증가해도 팔거리는 거의 변하지 않고 $j_1d \approx j_2d$가 된다. ; (c) 및 (d) : PSC – 휨으로 인해서 T_2가 약간 증가하기는 하지만 거의 $T_1 \cong T_2$이고 ΔM의 증가는 $j_1d < j_2d$에 의해서 발휘된다

그림 1.35와 같이 단순지지 된 **무게가 없는 보(weightless beam)**에서 콘크리트 단면의 압축력 C에 대한 자유물체를 고려해보면, 압축력 C는 프리스트레스 힘에 의해서 도입되는 P와 크기가 같고 긴장재의 도심(C.G.P., Center of Gravity of Prestressing)과 같은 위치에 작용하게 된다.

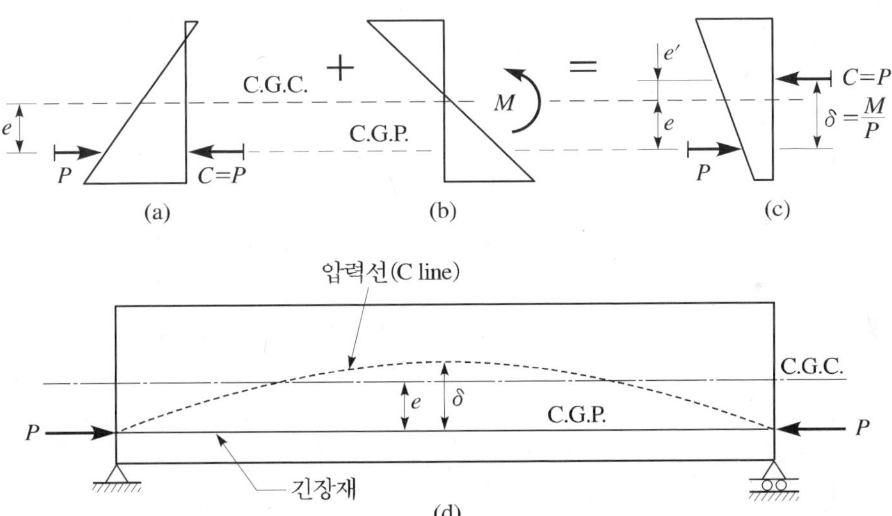

그림 1.35 프리스트레스 콘크리트(PSC)의 경우 : 휨모멘트로 인한 응력의 변화와 경간에서 압력선(C-line)의 형상, (a) 무게가 없는 보에서 긴장재로 인해서 도입된 압축응력의 분포, (b) 외력의 휨모멘트로 인한 응력 분포, (c) 합력응력의 분포, (d) 압축합력 C가 작용하는 압력선의 형상 [Naaman 2012(151)]

그림 1.35a에는 이런 경우에 압축력 C에 의해서 단면에 발생하는 압축응력의 분포를 보여주고 있다. 만약에 이 단면에 휨모멘트가 작용하게 되면 그림 1.35b와 같은 응력분포가 발생하게 된다. 인장응력이나 균열이 발생하지 않았다고 가정하고 2 응력분포를 합하게 되면 그림 1.35c와 같게 된다. 이때 외적 휨모멘트로 인해서 내적으로 발생하는 우력의 크기는 같아야 하므로 그 합은 0이 되어 상쇄되므로, 압축력 C의 크기는 변하지 않고 여전히 P와 같게 된다.

따라서 그림 1.35c에 보이는 응력분포도를 보면 압축합력 C의 크기는 그림 1.35a와 같으면서 작용위치는 인장력 P로부터 거리 δ 떨어진 위치에 작용하게 된다. 이런 현상을 다르게 표현하면 휨모멘트와 힘이 동시에 작용할 때 크기가 같은 힘이 거리 δ 만큼 이동하여 작용하는 것과 같다고 말할 수 있다. 여기에 P와 C의 거리 δ 는 $\delta P = \delta C =$ 외적모멘트로 표현할 수 있다. 단면에 작용하는 외적 모멘트는 $C = P$ 의 값에는 영향[9]을 미치지 않고 오직 두 우력의 거리만 변화시키는 것을 알 수 있다. 주어진 부재에서 각 단면을 따라 압축합력의 작용위치를 **압력선(Pressure Line) 또는 C 선(C-line)**[10]이라고 부른다. 다루고 있는 단면이 일정한 단순지지 된 부재에서 긴장력 P와 보의 고정하중이거나 또는 등분포하중이 작용하는 경우에 그림 1.35d와 같이 휨모멘트도와 같은 포물선 압력선(pressure line)을 얻을 수 있다[Naaman 2012(151)].

그림 1.35c에서 내적 우력모멘트는

$$M = C\delta = P\delta \tag{1.3}$$

로 구하고, 콘크리트 단면의 도심에서 압축합력 C까지의 편심은

$$e' = \delta - e \tag{1.4}$$

로 계산할 수 있다.

그림 1.35c에서 콘크리트 응력을 구하는 식을 쓰면서 $C = P$ 이므로 아래와 같이 적을 수 있다.

$$f_{\binom{t}{b}} = \frac{C}{A_g} \pm \frac{Ce'}{S_{\binom{t}{b}}} \quad \text{또는} \quad f_{\binom{t}{b}} = \frac{P}{A_g} \pm \frac{Pe'}{S_{\binom{t}{b}}} \tag{1.5}$$

9. 외적 휨모멘트가 작용하여 부재가 휘게 되면 긴장재의 인장력이 약간 증가하게 될 것이다.
10. Pressure Line 또는 C 선 : 사용하중 하에서 각 단면에 발생된 압축응력의 합력이 작용하는 점을 이은 선으로 인장력을 받는 강재로부터 C 선까지의 길이가 단면의 내력 모멘트 팔의 길이

예제 1.3

예제 1.2에서 보의 중앙에서 콘크리트의 상연과 하연의 응력을 내력모멘트 개념으로 계산하라. 단, $w_g = 8.829$ kN/m, $w_l = 17.58$ kN/m, $M = w_t l^2/8 = 1{,}320$ kN·m, $C = P = 3{,}300$ kN, $A_g = 360{,}000$ mm^2, $I_g = 24{,}300 \times 10^6$ mm^4, 단면계수 $S_t = S_b = I_g/y_t = 54.0 \times 10^6$ mm^{3}이다.

① 저항 모멘트 팔길이 : $\delta = M/P = 1{,}320 \,/\, 3{,}300 = 0.40$ (m)

② 콘크리트 단면의 도심(C.G.C.)에서 편심 : $e' = \delta - e = 400 - 250 = 150$ (mm)

③ 콘크리트의 연단 응력계산 :

식 (1.5) : $f_{(t \text{ or } b)} = P/A_g \pm Pe'/S_{(t \text{ or } b)}$

$P/A_g = (3{,}300 \times 10^3) \,/\, (360 \times 10^3) = 9.17$ (MPa)

$Pe'/S_t = (3{,}300 \times 10^3)(150) \,/\, (54.0 \times 10^6) = 9.17$ (MPa)

상연응력 : $f_t = 9.17 + 9.17 = 18.34$ (MPa)(압축응력)

하연응력 : $f_b = 9.17 - 9.17 = 0.0$ (MPa)

예제 [1.2]와 동일한 결과를 얻는다.

1.9.3 하중평형의 개념 또는 등가하중개념 (Load-balancing concept or Equivalent load concept)

프리스트레싱의 개념은 또한 구조부재에 외적하중의 반대방향으로 하중을 적용하는 것으로도 설명할 수 있다. 만약에 외적인 하중이 보를 아래로 오목해지는 휨을 일으킨다면 외력에 반대방향으로 어떤 하중을 주어 보가 볼록해지는 프리스트레싱을 작용시키는 것을 **하중평형 개념(load balancing concept)**이라 한다. 이 개념에서는 앞에서와 같이 외적 하중을 응력으로 전환하지 않고 단순히 하중으로 고려하게 된다. 프리스트레스 힘 또한 등가의 하중으로 전환하여 고려하며 이 등가의 하중은 외적인 하중에 균형을 맞추거나 또는 반대 작용을 하는 하중으로 작용 시켜서 원하는 상태가 되도록 한다. 하중평형 개념은 연속보나 2방향 슬래브, 뼈대구조나 쉘 구조물을 설계할 때 간단하게 적용할 수 있는 상당히 강력한 개념으로 1963년 T. Y. Lin에 의해서 도입하였으며, 설계 시에 프리스트레스 힘과 긴장재의 배치를 결정하는데 유용하게 사용될 수 있다[Lin 1981, Rajagopalan 2005].

본 개념은 그림 1.36과 같은 균일한 등분포 하중이 작용하는 단순지지 된 보를 이용하여 설명할 수 있다. 보에 작용하는 균일한 등분포하중(거더 고정하중 w_g, 추가 고정하중 w_{sd}, 활하중의 일부 $k_b w_l$)에 의한 휨모멘트의 분포는 포물선 형상이므로 이들 하중으로 인해서 발생하는 처짐을 상쇄시키기 위해서 긴장재를 반대방향의 포물선으로 배치하면 합리적인 선택이 될 것이다[Nilson 1987(165)].

아래에서 다루는 것과 같이 긴장재를 포물선으로 배치하게 되면 긴장력이 상향 등분포력 w_b를 발생시켜 $w_g + w_{sd} + k_b w_l \equiv w_b$가 되면 부재에 처짐은 일어나지 않으면서 균등한 압축력만을 받게 된다. 이와 같이 긴장력과 긴장재의 배치를 작용하는 외력의 일부 또는 전체를 상쇄시키고 평형을 이루기 위해서 선택할 수 있다. 따라서 하중평형개념은 상당히 간단하지만 연속보나 2방향 슬래브 또는 뼈대구조나 쉘 등의 설계에서 재하하중 조건에서 최적의 **긴장재 배치 형태(profile)**를 결정하는데 유용하게 적용될 수 있다.

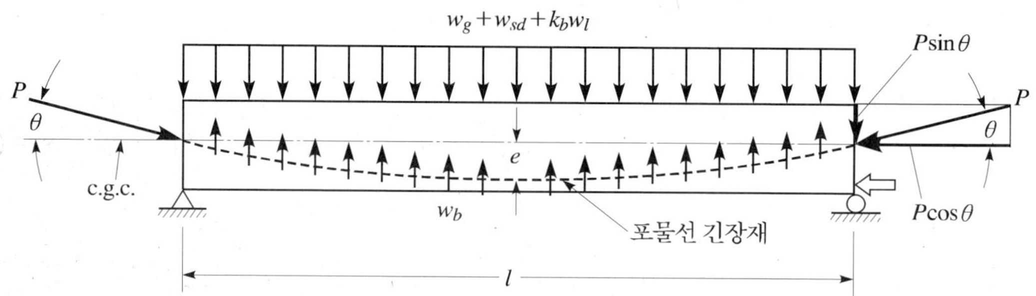

그림 1.36 균등한 하중이 작용하는 부재에서의 하중평형 : 포물선 형상으로 배치된 긴장재는 연직하중을 상쇄하는 균등한 상향력과 더불어 콘크리트의 단부에 압축력으로 작용한다 [Nilson 1987(166)].

그림 1.36과 같이 긴장재를 포물선으로 배치하면 보에서 경간을 따라 휨모멘트의 분포는 형상이 등분포하중이 작용할 때 휨모멘트도와 동일하므로 긴장력의 편심으로 인해서 보에는 균등한 상향 등분포하중 w_b가 발생하게 된다. 보의 우측 1/2을 자른 자유물체도의 받침부에서 긴장재의 편심 e 위치(⇦ 표시한 위치)에서 모멘트의 평형방정식을 쓰면서 $\theta \ll 1$ 이므로 $\cos\theta \approx 1$을 도입하면,

$$\sum M = 0\,(\hookrightarrow +) \;:\; (P\cos\theta)e - \left(w_b \frac{l}{2}\right)\frac{l}{4} = 0$$

$$Pe = \frac{w_b l^2}{8} \tag{1.6}$$

따라서 등가의 상향 등분포 하중은

$$w_b = \frac{8Pe}{l^2} \tag{1.7}$$

가 된다. 여기에서 편심 e 는 중립축에서 아래에 작용할 때 양수(+)이고, 위에 작용할 때는 음수(−)가 된다. 불균형등분포하중 w_{ub} 와 이로 인한 불균형 모멘트 M_{ub} 를 아래와 같이 적으면, 단면 중앙에서의 연단 응력은 다음과 같이 표현할 수 있다.

$$w_{ub} = (w_g + w_{sd} + k_b w_l) - w_b = w_t - w_b \tag{1.8}$$

$$M_{ub} = \frac{w_{ub} l^2}{8} = \frac{(w_t - w_b) l^2}{8} \tag{1.9}$$

$$f_{\binom{t}{b}} = \frac{P\cos\theta}{A_g} \pm \frac{M_{ub}}{I_g} y_{\binom{t}{b}} \approx \frac{P}{A_g} \pm \frac{M_{ub}}{S_{\binom{t}{b}}} \tag{1.10}$$

만약에 $w_t = w_b$ 로 등가 상향 등분포 하중이 작용하는 하중을 모두 상쇄시킨다면,

$$f_{\binom{t}{b}} = \frac{P}{A_g} \tag{1.11}$$

로 단면에는 압축응력만 발생하게 된다.

긴장재를 절곡(harping)하여 배치하는 경우

그림 1.37과 같이 집중하중이 작용하는 경우에 긴장재를 절곡(harping)하여 사용할 수 있다. 절곡된 긴장재에 의한 등가 상향력은 보의 절반을 자른 자유물체도에서 연직하중에 대한 평형방정식 $\sum F_y = 0$ 을 쓰면 다음과 같이 표현될 수 있다.

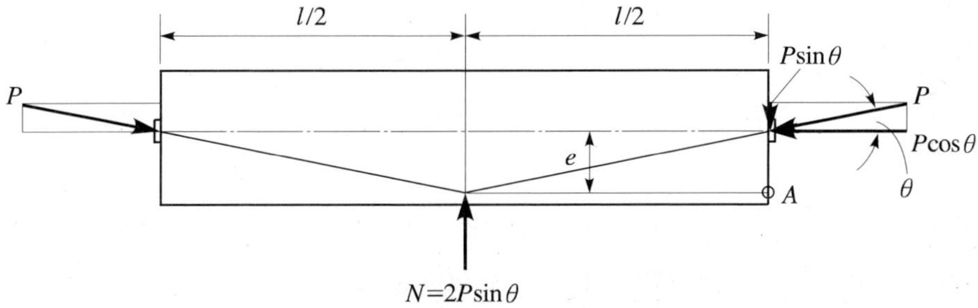

그림 1.37 집중하중을 상쇄하기 위해서 절곡(harping) 배치한 긴장재에 의한 상향력

$$\frac{N}{2} - P\sin\theta = 0$$

여기에서 $\theta \ll 1$ 이므로 $\sin\theta \approx \tan\theta = \dfrac{e}{l/2}$ 로 적으면,

$$N = 2P\sin\theta \approx 2P\frac{e}{l/2} = \frac{4Pe}{l} \tag{1.12}$$

가 된다. 또는 다음과 같이 자유물체도에 대해서 A 점에서 모멘트를 취하고, $\cos\theta \approx 1$ 를 적용하여 적으면 아래와 같이 구할 수 있다.

$$\sum M_A = 0\,(\hookleftarrow +)\;;\; \frac{N}{2}\frac{l}{2} - (P\cos\theta)e = 0$$

$$\frac{N}{2}\frac{l}{2} - (P\cos\theta)e \approx \frac{N}{2}\frac{l}{2} - Pe = 0$$

$$N = \frac{4Pe}{l} \tag{1.13}$$

그림 1.30과 같이 긴장재를 편심 e 로 직선으로 배치하게 되면 부재의 전 구간에는 등가 휨모멘트 $M = Pe$ 가 작용하게 된다. 이런 경우에 대한 등가하중의 관계는 그림 5.4를 참고한다.

예제 1.4

예제 1.2에 대해서 보의 중앙에서 콘크리트의 상연과 하연의 응력을 하중평형 개념으로 계산하라. 단, $w_g = 8.829$ kN/m, $w_l = 17.58$ kN/m, $P = 3{,}300$ kN, $A_g = 360{,}000$ mm^2, $I_g = 24{,}300 \times 106$ mm^4, 단면계수 $S_t = S_b = I_g/y_t = 54.0 \times 106$ mm^{3}이고, 경간은 $l = 20$ m이다.

① 포물선으로 배치된 긴장재에 의해서 발생하는 등분포 상향력 계산 :

식 (1.7) : $w_b = 8Pe/l^2 = 8(3{,}300 \times 10^3)(250)\,/\,(20{,}000^2)$

$= 16.5$ (N/mm) $= 16.5$ kN/m

② 불균형 등분포 하중 계산 :

식 (1.8) : $w_t = w_g + w_l = 8.829 + 17.58 = 26.409$ (kN/m)

$\therefore\; w_{ub} = w_t - w_b = 26.409 - 16.5 = 9.909$ (kN/m)

③ 불균형 휨모멘트 계산 :

식 (1.9) : $M_{ub} = w_{ub}l^2/8 = (9.909)(20^2)\,/8 = 495.45$ (kN · m)

④ 콘크리트의 연단응력 계산 :

식 (1.10) : $f_{\binom{t}{b}} = \dfrac{P}{A_g} \pm \dfrac{M_{ub}}{S_{\binom{t}{b}}}$

$P/A_g = (3{,}300 \times 10^3)\,/\,(360 \times 10^3) = 9.17$ (MPa)

$M_{ub}/S_t = (495.45 \times 10^6)\ /\ (54.0 \times 10^6) = 9.17$ (MPa)

상연응력 : $\therefore\ f_t = 9.17 + 9.17 = 18.34$ (MPa) (압축응력)

하연응력 : $\therefore\ f_b = 9.17 - 9.17 = 0.0$ (MPa)

예제 [1.2]나 [1.3]과 동일한 결과를 얻는다.

1.10 하중계수와 강도감소계수(Load Factors and Strength Reduction Factors)

콘크리트구조기준[2012, 이하 '구조기준']의 **강도설계방법(strength design method)**은 **강도감소계수(저항계수, resistance factor)** ϕ 와 **공칭강도(nominal strength)** R_n 을 곱한 **설계강도(design strength)** ϕR_n 을 이용하여 설계하는 방법이다. 강재설계의 AISC 시방서에서는 유사한 설계법을 **하중-저항계수 설계법(Load and Resistance Factor Design, LRFD)**이라고 부르고 있다.

강도설계방법은 본질적으로 한계상태설계(limit states design) 방법으로 먼저 강도 한계상태를 기준으로 단면을 설계하고 이어서 사용성 한계상태(serviceability limit states)를 검토하여 설계를 수행하는 방법이다.

1.10.1 계수하중과 소요강도(Factored Loads and Required Strength)

구조기준 3.3.2(ACI 9.2)에서는 **하중효과(load effect**, 휨모멘트, 전단력 등)를 계산할 수 있도록 **하중계수(load factor)**와 **하중조합(load combination)**을 제시하면서 보강콘크리트 구조물을 설계할 때는 모든 하중계수와 하중조합을 고려하여 해당 구조물에 작용하는 최대 소요강도에 대하여 만족하도록 설계하여야 한다고 규정하고 있다. 이 규정은 하중의 변경, 구조해석시의 가정 및 계산의 단순화로 인해서 발생할 수도 있는 초과하중의 영향에 대비한 것이며, 하중의 조합 영향에 대해서도 고려한 것이다. 구조기준에서 기호 U는 계수하중(계수를 곱한 하중)의 조합을 의미하며, M_u, V_u, T_u (휨모멘트, 전단력, 비틀림 모멘트)등의 표현은 U를 이용하여 계산하는 단면의 **계수하중효과(factored load effects)**을 의미한다. 구조기준에서는 계수하중 영향을 **소요강도(required strength, 요구강도)**라는 용어로 표현하고 있다.

표 1.4에는 구조기준의 소요강도를 계산하기 위한 하중계수와 하중조합을 보여주고 있다.

표 1.4 구조기준 3.3.2(ACI 9.2)에 따른 소요강도 U를 계산하기 위한 하중계수와 하중조합

<table>
<tr><th>조건</th><th colspan="3">계수하중조합 또는 소요강도 U</th></tr>
<tr><td>기본</td><td colspan="3">$U = 1.4(D+F)$
$U = 1.2(D+F+T) + 1.6(L + \alpha_H H_v + H_h)$
$+ 0.5(L_r$ 또는 S 또는 $R)$
$U = 1.2D + 1.6L \ \geq \ 1.4D$</td></tr>
<tr><td>지붕활하중, 적설하중 및 강우하중(Roof Live Load, Snow Load and Rain Load)</td><td colspan="3">$U = 1.2(D+F+T) + 1.6(L + \alpha_H H_v) + 0.8H_h$
$+ 0.5(L_r$ 또는 S 또는 $R)$
$U = 1.2D + \underline{1.0L} + 1.6(L_r$ 또는 S 또는 $R)$</td></tr>
<tr><td>풍하중(Wind Load)</td><td colspan="3">$U = 1.2D + \underline{1.0L} + 1.3W + 0.5(L_r$ 또는 S 또는 $R)$
$U = 1.2D + 0.65W + 1.6(L_r$ 또는 S 또는 $R)$
$U = 0.9(D + H_v) + 1.3W + (1.6H_h$ 또는 $0.8H_h)$</td></tr>
<tr><td>지진하중(Earthquake Load)</td><td colspan="3">$U = 1.2(D + H_v) + \underline{1.0L} + 1.0E + 0.2S$
$+ (1.0H_h$ 또는 $0.5H_h)$
$U = 0.9(D + H_v) + 1.0E + (1.0H_h$ 또는 $0.5H_h)$</td></tr>
<tr><td rowspan="3">활하중 계수의 절감(Reduction of Live Load Factor)</td><td colspan="2">차고, 공공집회 장소</td><td>$1.0L$</td></tr>
<tr><td rowspan="2">그 외의 장소</td><td>$L \geq 5.0$ kN/m^{2}인 장소</td><td>$1.0L$</td></tr>
<tr><td>$L < 5.0$ kN/m^{2}인 장소</td><td>$0.5L$</td></tr>
<tr><td>포스트텐션 정착부 설계(Post-Tensioned Anchorage Zones)</td><td colspan="3">1.2 × 긴장력</td></tr>
</table>

D = 고정하중(dead load) 또는 이에 의해서 생기는 단면력

F = 유체(fluid)의 밀도를 알 수 있고, 저장 유체의 높이를 조절할 수 있는 유체의 중량 및 압력에 의한 하중 또는 이에 의해서 생기는 단면력

T = 온도(temperature), 크리프, 건조수축 및 부등침하의 영향 등에 의해서 생기는 단면력

L = 활하중(live load) 또는 이에 의해서 생기는 단면력

H_v = 흙, 지하수 또는 기타 재료의 자중에 의한 연직방향 하중, 또는 이에 의해서 생기는 단면력

$$\alpha_H = \begin{cases} h \leq 2\,\text{m 인 경우} : 1.0 \\ h > 2\,\text{m 인 경우} : 1.05 - 0.025h \geq 0.875 \end{cases}$$

H_h = 흙, 지하수, 기타 재료의 횡압력에 의한 수평방향 하중, 또는 이에 의해서 생기는 단면력

L_r = 지붕활하중(roof live load) 또는 이에 의해서 생기는 단면력

S = 지붕에 작용하는 적설하중(snow load) 또는 이에 의해서 생기는 단면력

R = 지붕에 작용하는 강우하중(rain load) 또는 이에 의해서 생기는 단면력

W = 풍하중(wind load) 또는 이에 의해서 생기는 단면력으로 방향성을 고려하여 최대 정 또는 부 계수하중을 얻을 수 있도록 ± 로 계산

E = 지진하중(earthquake load) 또는 그로 인해서 생기는 단면력

1.10.2 계수저항능력과 설계강도(Factored Resistance and Design Strength)

구조물의 모든 단면에서 단면의 저항능력이 하중효과를 초과하게 되면 안전하게 하중을 지지할 수 있게 된다. 따라서 이 관계는 다음과 같이 표현할 수 있다.

$$\text{저항능력(resistanes)} \geq \text{하중효과(load effects)} \tag{1.14}$$

저항능력이 계산된 값보다 작고 작용하는 외력에 의한 하중효과가 계산된 값보다 클 가능성을 고려해서 1보다 작은 **강도감소계수(strength reduction factor)** ϕ 와 1보다 큰 **하중계수(load factors)** α 를 도입하면, 식 (1.14)는 계수하중 효과를 첨자 u 를 이용하여 휨모멘트, 전단력, 축방향력에 대해서 각각 다음과 같은 한계상태 설계방정식(limit states design equation)을 쓸 수 있다.

$$\begin{cases} \phi_M M_n \geq M_u = \alpha_D M_D + \alpha_L M_L + \cdots \\ \phi_V V_n \geq V_u = \alpha_D V_D + \alpha_L V_L + \cdots \\ \phi_N N_n \geq N_u = \alpha_D N_D + \alpha_L N_L + \cdots \end{cases} \tag{1.15}$$

기본한계상태 설계방정식에서 좌측 항($\phi_M M_n$, $\phi_V V_n$ 등)은 계수저항능력(factored resistance)으로 구조기준에서는 **설계강도(design strength)**라는 용어로 표현하고 있다. 표 1.5와 그림 1.38에는 **강도감소계수(strength reduction factors)** ϕ 의 값이 제시되었다.

표 1.5 구조기준 3.3.3(ACI 9.3)의 강도감소계수

강도의 종류		강도감소계수 ϕ
인장지배 단면		0.85 [1)]
압축지배 단면	나선철근 보강	0.70
	그 외의 보강	0.65
전단력과 비틀림 모멘트		0.75
지압력(포스트텐션 정착부나 스트럿-타이 모델 제외)		0.65
포스트텐션 정착구역		0.85
스트럿-타이 모델	스트럿, 절점부 및 지압부	0.75
	타이	0.85
긴장재 묻힘길이가 정착길이보다 작은 프리텐션 부재의 휨 단면	부재의 단부 ~ 전달길이 끝 구간	0.75
	전달길이 끝 ~ 정착길이 끝 구간 [2)]	0.75 ~ 0.85 (선형으로 증가)
무근 콘크리트의 휨모멘트, 압축력, 전단력, 지압력		0.55

1) 공칭강도에서 최 외단 긴장재의 순인장변형률(net tensile strain) ϵ_t [11]가 압축지배와 인장지배 단면 사이의 변화구간(transition)인 경우에는 ϵ_t가 압축지배 변형률 한계 0.002에서 인장지배 변형률 한계 0.005로 증가함에 따라 ϕ 값을 압축지배 단면에 대한 값에서 0.85까지 선형으로 증가시키며 직선 보간하여 결정하도록 규정하였다(그림 1.38 참고).
2) 다만, 긴장재가 부재 단부까지 부착되지 않은 경우에는 **부분적 비부착 길이(debonded length)**의 끝부터 긴장재가 매립된다고 가정한다.

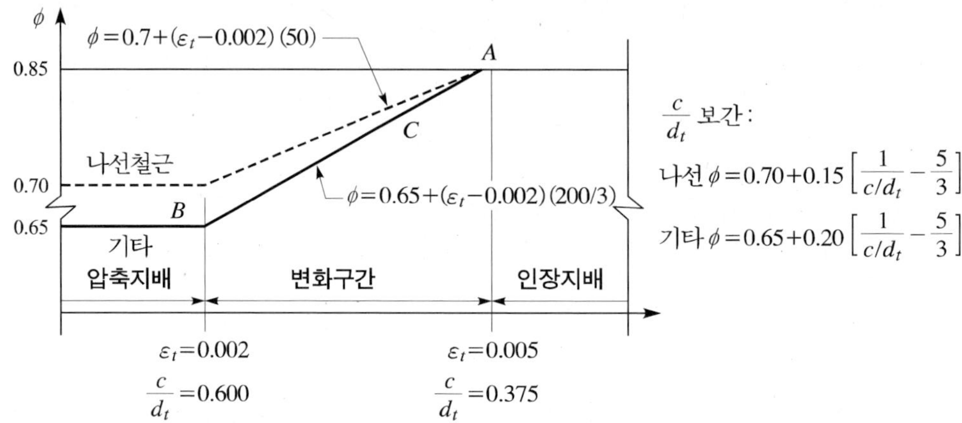

그림 1.38 프리스트레스트 긴장재(또는 SD400 철근)를 사용한 휨과 압축부재에 대한 강도감소계수 산정 수식 (d_t 는 압축연단에서 최 외단 인장 긴장재 층의 도심까지의 거리)

1.11 하중(Loads)

모든 구조물은 어떤 **사용하중(service loads)**[12]의 조합이 작용하더라도 파괴되거나 또는 과도한 변형이 발생하지 않도록 단면의 크기가 결정되어야 할 것이다. 따라서 설계자는 설계하고자 하는 구조물의 수명동안에 어떠한 하중들의 조합이 작용하는지에 대해서 세심한 고려를 하여 결정하여야 한다. 구조기준 3.2(ACI 8.2)에는 콘크리트 구조물을 설계하는데 고려해야 되는 하중에 대해서 언급하고 있다. 비록 일반적인 구조요소의 설계는 동시에 작용하는 고정하중(dead load)과 활하중(live load)에 의해서 좌우되지만, 풍하중, 지진하중, 적설하중, 토압과

11. 순인장변형률은 구조기준 3.1.2 및 6.2.2(3)(ACI 10.3.3)에서 작용하중 만으로 인한 최외단 긴장재의 변형률로 유효 프리스트레스 힘이나 크리프, 건조수축 및 온도에 의한 변형률은 포함시키지 않고 있다.
12. **사용하중(service load)**이란 하중계수를 곱하지 않은 실제 구조물을 사용할 때 작용하는 하중으로 구조물의 사용성(serviceability)을 검토할 때 사용하는 하중을 말한다.

유체압 외에 프리스트레스 힘, 작업하중, 진동이나 충격하중, 건조수축(shrinkage), 크리프(creep)와 온도변화 및 탄성수축, 받침부의 부등침하 등과 같은 각종 하중 및 외적 작용의 영향에 대해서도 검토하여야 할 것이다.

우리나라에서 건축물의 하중은 2000년 사단법인 대한건축학회에서 제정한 건축물하중 기준 및 해설을 따르도록 건설교통부 고시 제 2000-153호에 고시하고 있다. 미국에서는 ASCE/SEI 7-10에 각종 하중에 대해서 규정하고 있고, 이 규정을 근거로 각 자치단체에서 발행한 건축설계기준으로는 UBC(Uniform Building Code)나 IBC(International Building Code) 등이 있다. 차량하중이나 철도하중은 전문시방서인 도로교설계기준이나 철도설계기준(철도편)에서 각각 규정하고 있다.

고정하중(사하중, Dead Load)

구조요소 자신의 무게와 구조물에 영구히 장착되어 구조요소가 지지해야 되는 모든 무게를 **고정하중(dead load)**이라 한다. 도로기준 2010(2.1.2)에는 고정하중을 계산할 때 사용할 수 있는 각종 재료들의 단위질량을 표 1.6과 같이 제시하고 있다. 건축물에 장착되어 고정하중으로 고려되어야 되는 요소들은 ASCE/SEI 7-10에 제시되어 있다.

표 1.6 도로교설계기준 : 재료의 단위질량 ρ_c (단위 : kg/m^3)

재 료	단위질량	재료	단위질량
강재, 주강, 단강	7,850	콘크리트	2,350
주철	7,250	시멘트 모르타르	2,150
알루미늄	2,800	목 재	800
철근콘크리트	2,500	역청재(방수용)	1,100
프리스트레스트 콘크리트		아스팔트 포장	2,300

표 1.6에서 철근 및 프리스트레스트 콘크리트의 단위무게는 단위질량에 중력가속도 9.81 m/sec^{2}을 곱해서 구하므로, 단위무게(weight density) $\gamma_c = \rho_c g =$ (2,500 kg/m^3)(9.81 m/sec^2) = 24,500 (kg · m/sec^2)/m^3 = 24,500 (N/m^3) = 24.5 kN/m^{3}이 되며, 중력가속도를 10 m/sec^{2}로 고려하면 25 kN/m^{3}이 된다.

활하중(Live Load)

구조기준 1.4에서는 활하중은 "**환경하중**(풍하중, 지진하중)이나 고정하중을 포함하지 않고, 건물이나 다른 구조물의 사용 및 점용에 의해 발생하는 하중으로 사람, 가구, 이동칸막이, 창고의 저장물, 설비기계 등의 하중과 적설하중, 또는 교량 등에서 차량에 의한 하중"이라고 정의하고 있다.

구조물을 해석하거나 설계할 때에 가장 불리한 하중조합으로 수행하여야 하며, 구조기준 3.4.9(ACI 8.11)에서는 계수고정하중은 모든 경간에 언제나 재하되고, 계수활하중은 ① 해당 바닥판에만 재하된 것으로 보거나(그림 1.39a, b, c의 경우), ② 두 인접 경간에 만재되었거나(그림 1.39d와 e의 경우) 또는 ③ 한 경간 씩 건너서 만재된(그림 1.39f의 경우) 조합하중을 고려하여 해석할 수 있고, 구조물과 일체로 시공된 기둥의 먼 단부는 고정된 것으로 가정할 수 있다고 규정하고 있다. 그림 1.39g의 활하중이 전체 경간에 재하되는 경우는 대부분의 경우에 설계를 지배하지는 않지만 통상적으로 해석에 포함시키고 있다.

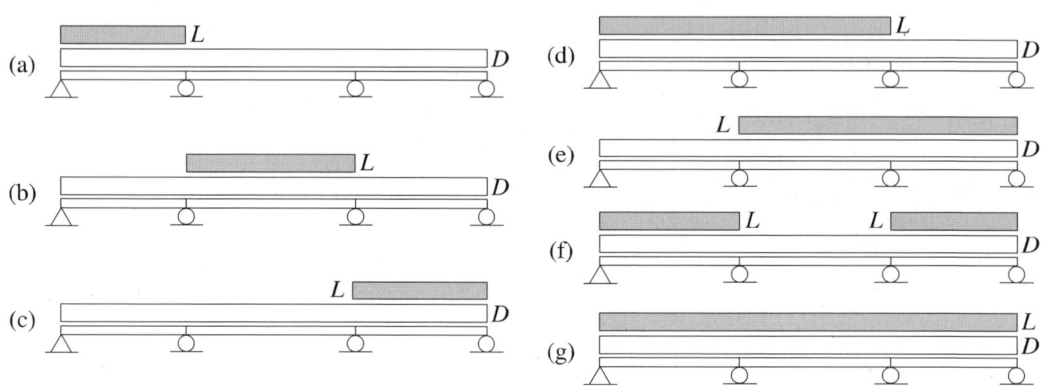

그림 1.39 고정하중과 활하중의 하중조합(D = 고정하중, L = 활하중 [구조기준 3.4.9, ACI 8.11]

건축 구조물에 관련된 **활하중(live load)**은 설계 시에 건축물의 특정한 부분의 사람이나 장비의 점유하중을 각각 측정해야하는 번거로움을 피하기 위해서 건축물 시방서(building codes)에는 설계하고자 하는 특정한 부재에 대한 등분포 활하중(uniform live load)이 제시되어 있다. 표 1.7에는 건축구조기준(ASCE/SEI 7-10)의 전형적인 건축물에 대한 최소 등분포 활하중(minimum uniformly distributed live load)이 제시되어 있다.

도로기준에서 다루는 차량하중[13]이나 철도설계기준(철도편)에서 다루는 철도하중[14] 등과 같은 활하중은 충격을 일으키는 것으로 보아 **충격계수(impact factor)** I를 도입하고 있다. 하중이 움직이게 되면 정적으로 작용하는 것에 비해서 큰 응력이 발생한다는 것은 기본적인 동력학에서 알 수 있다. 실제적인 동력학적인 거동은 상당히 복잡하지만 충격계수는 안전 측으로 하중의 동적거동을 활하중에 의해서 발생한 응력에 계수를 곱해서 설계에서 고려할 수 있도록 하는 것이다. 도로기준 2.1.4에서 충격계수는 아래와 같이 제시하고 있다.

---

13. 표준트럭하중(DB-24, DB-18 및 DB-13.5 하중)과 차로하중(DL하중)
14. 기관차하중(LS-22와 LS-18)

$$I = \frac{15}{40+L} \leq 0.3 \tag{1.16}$$

여기에서 L(m)는 원칙적으로 보에서 활하중이 등분포하중인 경우에 설계부재에 최대응력이 일어나도록 활하중이 재하된 경간부분의 길이이다. 식 (1.16)에서와 같이 충격계수는 0.3을 초과할 수 없으므로, 경간은 L ≥ 10 m이어야 할 것이다.

구조기준 3.3.2(3)(ACI 9.2.2)에서는 주차장, 하역장, 창고바닥, 엘리베이터 샤프트 등과 같이 활하중 이 짧은 시간에 작용하여 충격의 영향이 작용하는 경우에 활하중 L 대신에 충격효과가 포함된 L(1 + I)로 대체하여 소요강도를 계산하는 데 적용하도록 규정하고 있다.

표 1.7 건축구조기준 〈표 0303.2.1.〉 : 기본 등분포 활하중 L_o(단위 : kN/m²(kPa))

<table>
<tr><th>장 소</th><th colspan="2">용 도</th><th>설계하중</th></tr>
<tr><td rowspan="2">주택</td><td colspan="2">주거용 건축물의 거실, 공용실 및 복도</td><td>2.0</td></tr>
<tr><td colspan="2">공동주택의 발코니</td><td>3.0</td></tr>
<tr><td rowspan="2">병원</td><td colspan="2">병실과 해당 복도</td><td>2.0</td></tr>
<tr><td colspan="2">수술실, 고용실과 해당 복도</td><td>3.0</td></tr>
<tr><td rowspan="3">체육시설</td><td colspan="2">체육관 바닥, 옥외경기장</td><td>5.0</td></tr>
<tr><td colspan="2">스탠드 (고정식)</td><td>4.0</td></tr>
<tr><td colspan="2">스탠드 (이동식)</td><td>5.0</td></tr>
<tr><td rowspan="3">사무실</td><td colspan="2">일반 사무실과 해당 복도</td><td>2.5</td></tr>
<tr><td colspan="2">로비</td><td>4.0</td></tr>
<tr><td colspan="2">특수용도 사무실과 해당 복도 및 문서 보관실</td><td>5.0</td></tr>
<tr><td rowspan="8">주차장</td><td rowspan="3">옥내 주차 구역</td><td>승용차 전용</td><td>3.0</td></tr>
<tr><td>경량트럭 및 빈 버스 용도</td><td>8.0</td></tr>
<tr><td>총중량 18톤 이하 트럭의 중량차량</td><td>12.0</td></tr>
<tr><td rowspan="3">옥내 차로와 경사로</td><td>승용차 전용</td><td>3.0</td></tr>
<tr><td>경량트럭 및 빈 버스 용도</td><td>10.0</td></tr>
<tr><td>총중량 18톤 이하 트럭의 중량차량</td><td>16.0</td></tr>
<tr><td rowspan="2">옥외</td><td>승용차, 경량트럭 및 빈 버스</td><td>12.0</td></tr>
<tr><td>총중량 18톤 이하 트럭의 중량차량</td><td>16.0</td></tr>
<tr><td rowspan="2">창고</td><td colspan="2">경량품 저장 창고</td><td>6.0</td></tr>
<tr><td colspan="2">중량품 저장 창고</td><td>12.0</td></tr>
<tr><td rowspan="2">공장</td><td colspan="2">경공업 공장</td><td>6.0</td></tr>
<tr><td colspan="2">중공업 공장</td><td>12.0</td></tr>
</table>

적설하중(설하중, Snow Load)

적설하중은 기후적 요인, 지붕의 형태 및 지붕의 바람에 노출정도에 따라 좌우된다. 눈이 바람의 영향으로 미끄러져 한 편에 쌓이거나 또는 고르지 못한 제설작업으로 인하여 적설하중이 종종 불균형을 일으키기도 하며, 다량의 적설이 난간이나 지붕의 높이가 바뀌는 장소에서 일어난다. 따라서 적설하중을 고려할 때는 전체 면에 등분포하중으로 작용하거나 또는 불균형으로 한쪽 면에만 작용한다고 보아 최악의 상황에 대해서 설계하여야 할 것이다. 건축구조기준에서는 적설하중의 기본 값을 지역에 따라 구분하여 표 1.8과 같이 제시하고 있다.

표 1.8 건축구조기준 0304.2.2 : 지상 적설하중 기본 값

지 역	지상 적설하중 kN/m^2(kPa)
서울, 수원, 춘천, 서산, 청주, 대전, 추풍령, 포항, 군산, 대구, 전주, 울산, 광주, 부산, 통영, 목포, 여수, 제주, 서귀포, 진주, 이천	0.5
정읍, 울진	0.65
인천	0.8
속초	2.0
강릉	3.0
울릉도, 대관령	7.0

풍하중(Wind Load)

풍하중(wind load)은 바람에 의하여 수직방향 구조물에 수평으로 작용하는 하중으로 횡하중(lateral load)에 속하며 횡하중에는 지진하중, 횡방향 토압 및 유체압이 있다. 바람에 의해서 발생하는 압력은 풍속의 제곱으로 표현되는 함수이다. 지구표면의 거칠음 때문에 어느 특정한 순간의 풍속은 평균풍속과 **거스트(gust)**라고 부르는 난기류로 구성된다. 따라서 풍하중이 작용하는 구조물은 평균속도압으로 인해서 처짐을 일어나고 거스트 압력 때문에 진동을 하게 된다. 더욱이 바람이 건물을 지나갈 때의 **와류현상(vortex shedding)** 때문에 대부분 바람방향에 횡방향으로 건물이 처지게 된다.

도로기준 2010(2.1.11)에서는 정적설계를 위한 단위면적당 작용하는 풍하중 p (MPa)를 아래와 같은 식으로 제시하고 있다.

$$p = 5 \times 10^{-7} (\rho V_d^{\,2} C_d G) \tag{1.17}$$

여기에서 ρ는 공기밀도(= 1.225 kg/m^3)이고, V_d(m/s)는 설계기준 풍속이고, C_d는 항력계수이며, G는 거스트 응답계수이다. 설계기준 풍속 V_d는 대상지역의 풍속자료가 없는 경우에는 아래의 식으로 추정할 수 있도록 하고 있다.

$$V_d = \begin{cases} 1.925\,(z/z_G)^\alpha\, V_{10}\,, & z \geq z_b \\ 1.925\,(z_b/z_G)^\alpha\, V_{10}\,, & z < z_b \end{cases} \tag{1.18}$$

여기에서 z(m)는 지상으로부터 높이이며, z_G, z_b, α는 지표면의 거친 정도, 즉 조도의 조건에 따라 달라지는 계수로 도로교설계기준의 표 2.1.15에 제시되어 있다. V_{10}은 기본풍속으로서 재현기간 100년에 대한 지상 10m의 10분간의 평균풍속을 의미하며 도로교설계기준에 제시된 지역에 대한 기본풍속은 표 1.9에 제시되어 있다.

고정하중이나 활하중에 의해서 구조부재의 크기가 결정되면 시방서의 규정에 따라 고정하중과 활하중에 더하여 풍하중(wind load)이 작용할 때도 검토하여야 한다. 대략 16층 정도로 구조물의 높이가 낮은 경우에는 풍하중이 구조부재의 크기를 결정하는데 영향을 안 미치지만 높이가 높은 구조물인 경우에는 풍하중이 상당한 풍력을 일으키게 된다.

표 1.9 도로교설계기준 표 2.1.14 : 지역별 기본풍속

구분	지역	지명	기본풍속(m/s)
I	내륙	서울, 대구, 대전, 춘천, 청주, 수원, 추풍령, 전주, 이리, 진주, 광주	30
II	서해안	서산, 인천	35
III	서남해안, 남해안, 동남해안	군산, 여수, 충무, 부산, 포항, 울산	40
IV	동해안, 제주지역, 특수지역	속초, 강릉, 제주, 서귀포, 목포	45
V		울릉도	50

지진하중(Earthquake Load)

지진 다발지역에서는 설계 시에 지반의 거동에 따른 동역학적 영향을 고려하여야 한다. 구조물에 작용하는 동적하중은 구조물의 중량과 지반의 거동으로 인해서 건물에 전달되는 가속도의 함수로 표현될 수 있다. 지진하중과 같이 크기가 상당한 수평하중이 작용하게 되면 압축부재인 기둥에 인장응력도 발생시키므로 보강철근이 모든 방향에 배치되어야 할 것이다.

구조기준 2012(ACI 318-08)에는 지진 발생빈도가 높은 지역에서 높은 연성(high ductility)과 인성(toughness)을 가질 수 있도록 21장에 내진설계 특별 고려사항을 마련하고 있고, 도로교설계기준에서는 6장에 내진설계의 규정을 포함하고 있으며 내진설계의 개념은 지

진의 발생빈도와 지반운동의 세기, 교량의 중요도 등에 따라 요구되는 내진성능을 기능수행 수준과 붕괴방지 수준으로 구분하여 만족시키도록 규정하고 있다.

1.12 참고문헌

- 건축구조기준. (2009). 국토해양부 고시, 대한건축학회, 772 pp.
- 구조기준. (2012). 콘크리트구조기준, 국토해양부 제정, 사단법인 한국콘크리크학회, 2012년 10월 개정, 342 pp.
- 도로기준. (2010). 도로교설계기준, 국토해양부 제정, 한국도로교통협회.
- 오병환, 최영철. (2004). 프리스트레스트 콘크리트 구조물의 활용현황과 전망, 콘크리트학회지, 제16권, 1호, pp. 12-21.
- 제4편 교량, pp. 493-514. (인터넷 자료)
- 철도기준. (1999). 철도설계기준(철도교편), 철도청, 680 pp.
- AISC. (2010). Specification for Structural Steel Buildings(ANSI/AISC 360-10), 3rd Printing, June 20, 2010, AISC.
- ASCE/SEI 7-10. (2010). Minimum Design Loads for Buildings and Other Structures, American Society of Civil Engineers STANDARD, New York, 608 pp.
- Billington, David P. (2004). Historical Perspective on Prestressed Concrete, PCI Journal, January-February 2004(also September-October 1976), pp. 14-30.
- CCANZ, Guide to Concrete Construction, CCANZ(Cement and Concrete Association of New Zealand).
- Collins, Michael P. and Mitchell, Denis. (1987). Prestressed Concrete Basics, CPCI, 1987, 614 pp.
- CPCI. (2007). Design Manual, 4th edition, CPCI(Canadian Precast/Prestressed Concrete Institute).
- Dinges, Tyson. (2009). The History of Prestressed Concrete : 1888 to 1963, Master Thesis, Kansas State University, 144 pp.
- EPTGROUP. YouTube 자료, Multi Strand System.avi.
- fib. (2005). Post-tensioning in buildings, fib(Federation International du Beton), Technical report, Bulletin 31, 109 pp.

- Hewson, N. R. (2012). Prestressed Concrete Bridges : Design and Construction, 2nd Edition, Thomas Telford Limited, 412 pp.
- IBC. (2006). International Building Code(IBC), International Code Council, Inc., 663 pp.
- KS D 3505 : 2002 PC 강봉, 지식경제부 기술표준원, 2002년 11월 26일 개정, 5 pp.
- KS D 7002 : 2011 PC 강선 및 PC 강연선, 지식경제부 기술표준원, 2011년 3월 2일 개정, 9 pp.
- Krishna Raju. (2007). Prestressed Concrete, 4th Edition, Tata MacGraw-Hill Com., 783 pp.
- Lin, T. Y. and Burns, Ned H. (1981). Design of Prestressed Concrete Structures, 3rd edition, John Wiley & Sons, 646 pp.
- Marrey, Bernard and Grote, Jupp. (2003). "The Story of Prestressed Concrete from 1930 to 1945 : A Step towards the European Union", Proceeding of the First International Congress on Construction History, Madrid, 20-24. January, pp. 1369-1376.
- Middendorf, Karl H. (1966). Method of Means for Chemically Prestressing Concrete, US Patent 3290840, Ser. No, 211191, Dec, 13.
- Magnel, Gustave. (1948). Prestressed Concrete : Conversions from the Matric System, Concrete Publications, 215 pp.
- Naaman, Antoine E. (2012). Prestressed Concrete Analysis and Design, 3rd edition, Techno Press 3000, 1,173 pp.
- Nasser, George D. (2008). The Lagacy of the Walnut Lane Memorial Bridge, Structure Magazine, Oct. pp. 27-31.
- Nawy, Edward G. (2010). Prestressed Concrete A Fundamental Approach, 5th Edition, Pearson Prentice Hall, 949 pp.
- Nilson, Arthur H. (1987). Design of Prestressed Concrete, 2nd Edition, John wiley & Sons, 591 pp.
- PCA. (17). Koshimatka, S. H., and Wilson, M. L., Design and Control of Concrete Mixtures, PCA(portland Cement Association), 17th Edition, 444 pp.
- PCI. (2003). Bridge Design Manual, 2nd Edition, Precast/Prestressed Concrete Institute (PCI), MNL-133-97.
- PTI. (2006). Post-Tensioning Manual, 6th Edition, PTI(Post-Tensioning Institute), 354 pp.

- Rajagopalan, N. (2005). Prestressed Concrete, 2nd Edition, Alpha Science International Ltd. Harrow, U.K., 486 pp.
- Sengupta, A. K., Prestressed Concrete Structures, Internet Lecture Note.
- UBC. Uniform Building Code, International Conference of Building Officials, Whittier, California.
- Wikipedia(The free encyclopedia in the Internet), Prestressed Concrete.
- Wikipedia(The free encyclopedia in the Internet), Bonded Post–Tensioned Concrete.
- Wikipedia(The free encyclopedia in the Internet), Unbonded Post–Tensioned Concrete.
- Wikipedia(The free encyclopedia in the Internet), Wire.

EXERCISE | 연습문제

1.1

그림 P1.1에 보이는 단면 b = 500 mm, h = 750 mm이고 경간 l = 7.2 m인 단순지지 된 보에 자신의 고정하중과 균등한 등분포 활하중 w_l = 40 kN/m이 작용하고 있다. 직선으로 배치된 긴장재에 유효 프리스트레싱 힘 P_e = 1,600 kN이 작용하고 편심 e = 225 mm이다. 단, 보의 단위중량은 γ_c = 24 kN/m^{3}으로 고려한다.

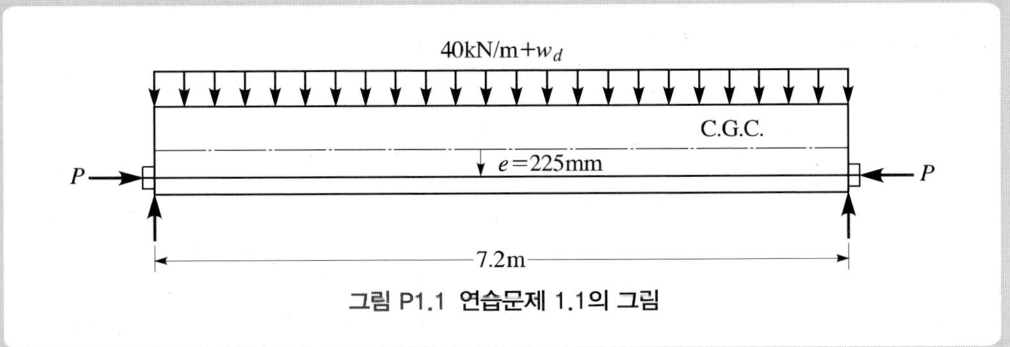

그림 P1.1 연습문제 1.1의 그림

(a) 응력개념(stress concept)을 이용하여 경간 중앙에서 상연과 하연의 콘크리트 응력을 구하라.
(b) 내력모멘트 개념(internal couple concept)으로 경간 중앙에서 상연과 하연의 콘크리트 응력을 계산하라.
(c) 하중평형 개념으로 경간 중앙에서 상연과 하연의 콘크리트 응력을 계산하라.

연습문제 | EXERCISE

1.2

그림 P1.2a와 b의 단순 지지된 보의 받침부에서 편심 $e_e = -100$ mm인 포물선 형상으로 배치된 프리스트레스트 콘크리트 T형 보의 중앙에서 긴장력 도입 직후에 콘크리트의 상연과 하연의 응력을 ① 응력 개념, ② 내력모멘트 개념, ③ 등가하중 개념을 이용하여 결정하고 비교하라.

설계조건 : 보의 경간 $l = 36$ m ; 긴장 후 인장응력 $f_{pi} = 1{,}200$ MPa ; 총 손실은 18%로 고려(즉, $f_{pe} = 1{,}200(1.0-0.18) = 984$ MPa)하고, 프리스트레스트 콘크리트의 단위질량 $\rho_c = 2{,}500\ \text{kg/m}^3$; 추가 등분포 고정하중 $w_{sd} = 735$ N/m ; 등분포 활하중 $w_l = 686$ N/m이 작용한다.

단면의 값 : 중립축으로부터 바닥의 거리 $y_b = 650$ mm ; $A_g = 225 \times 10^3\ \text{mm}^2$; $I_g = 22{,}648 \times 10^6\ \text{mm}^4$ (계산하여 모든 주어진 값이 맞는지 검토할 것.)

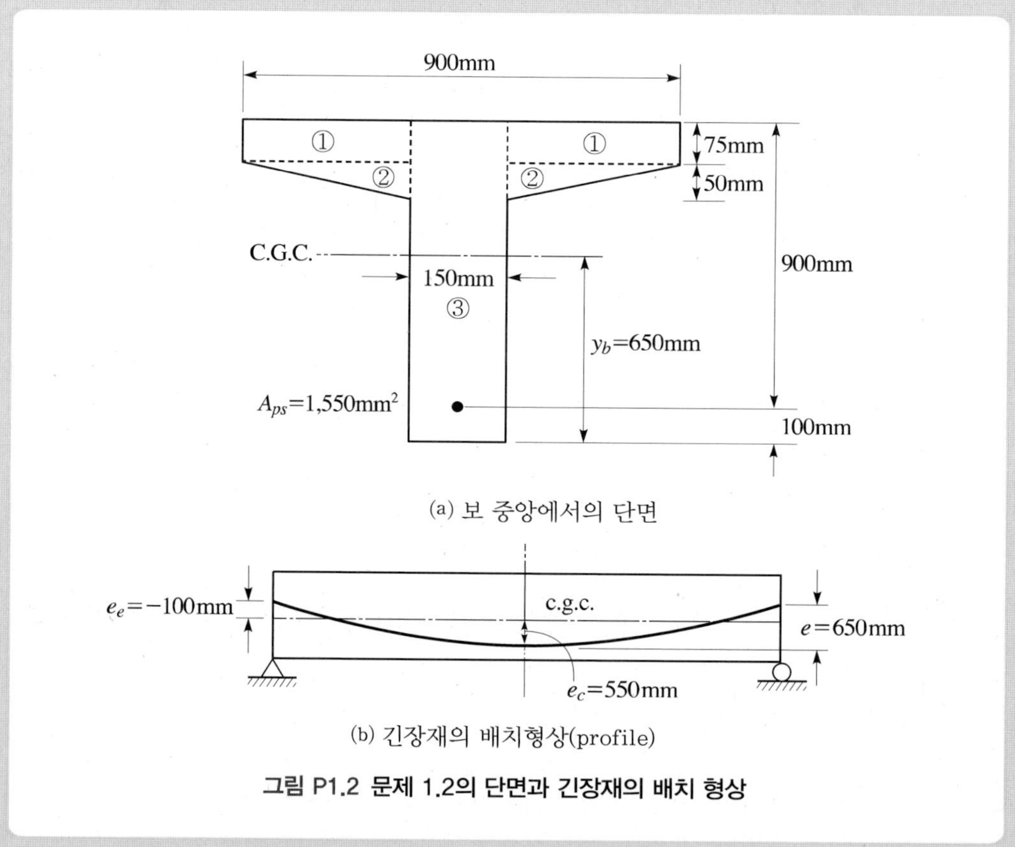

그림 P1.2 문제 1.2의 단면과 긴장재의 배치 형상

1.3

[Nawy 2010] 그림 P1.3의 단순 지지된 3,000 × 600 더블 T형 보(PCI "10LDT24" 토핑은 제외(치장 표면처리 슬래브 제외))에서 긴장재는 각각의 편심 $e_e = 155$ mm(받침부), $e_c = 370$ mm(경간 중앙)로 중앙에서 1점 절곡하여 배치되었다. 프리스트레스트 콘크리트 더블 T형 보의 중앙에서 콘크리트의 상연응력과 하연응력을 다음의 각각의 상태에 대해서 ① 응력 개념, ② 내력모멘트 개념, ③ 등가하중 개념으로 결정하고 비교하라.

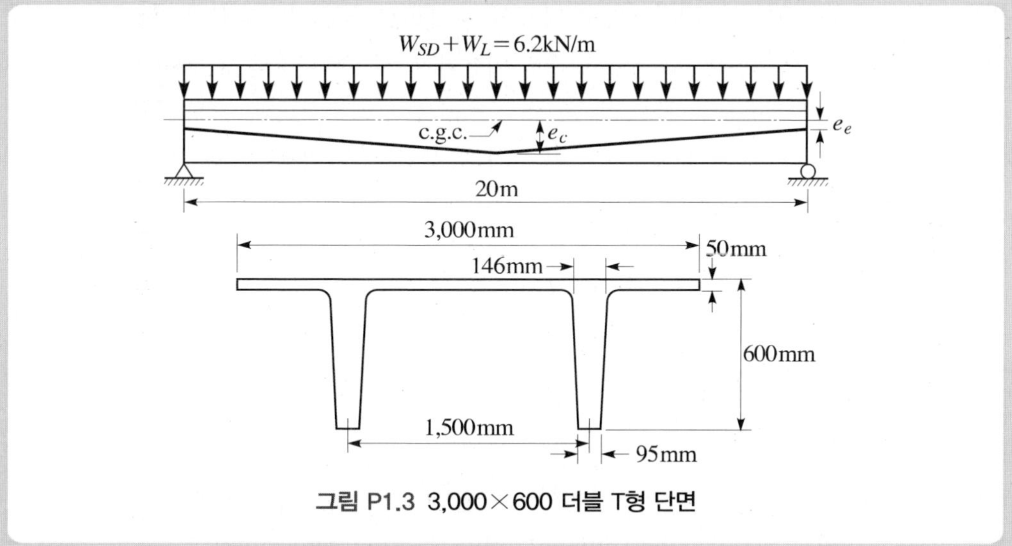

그림 P1.3 3,000×600 더블 T형 단면

(a) 긴장력이 도입되면서 아직 긴장력의 손실이 일어나기 전이면서 외부 중력하중(gravity load = $w_{sd} + w_l$)도 작용하지 않은 경우

(b) 프리스트레싱 손실이 일어난 뒤에 외부 중력하중이 작용하는 경우

설계조건 : 보의 경간 $l = 20$ m ; 잭킹 후 인장응력, $f_{pi} = 0.7 f_{pu} = 0.7(1,860) = 1,302$ MPa ; 총 손실은 20%로 고려하고, 경량콘크리트 $f_{ck} = 40$ MPa ($f_{ci} = 0.7 f_{ck} = 28$ MPa)의 단위질량 $\rho_c = 1,850$ kg/m^3 ; 추가 등분포 고정하중과 등분포 활하중 $w_{sd} + w_l = 6.2$ kN/m이 작용한다. 긴장재는 보의 중앙에서 1점 절곡하여 10개의 직경 12.7 mm 7연선 B종 ($A_{ps} = 10 \times 98.71 = 987.1$ mm^2)이 배치되었다.

단면의 값 : 중립축으로부터 바닥의 거리 $y_b = 443$ mm ; $A_g = 282.6 \times 10^3$ mm^2 ; $I_g = 8,863 \times 10^6$ mm^4 ; $r^2 = I_g / A_g = 31,369$ mm^{2}이 맞는지 검토하고 계산을 시작할 것.

CHAPTER 02

재료의 특성 Material Properties

프리스트레스트 콘크리트 부재는 고강도 강재와 콘크리트나 그라우트뿐만 아니라 상당한 보통 부착철근(ordinally reinforcing steel)[1]을 이용해서 시공된다. 본 장에서는 프리스트레스트 콘크리트 구조물에 적용되는 주요 재료, 즉 콘크리트(시멘트, 골재, 광물 혼화재 및 화학 혼화제와 물), 그라우트(시멘트, 모래와 물) 및 보강재(강연선, 부착철근, 용접철망)의 재료 특성에 대해서 다루고, 콘크리트구조기준(2012, 이하 '구조기준')(ACI 318-08)과 도로교설계기준(2010, 이하 '도로기준')에서 제시하는 각종 재료의 응력한계에 대해서도 다룬다.

2.1 콘크리트(Concrete)

프리스트레스트 콘크리트에 **고강도 고품질 콘크리트(high strength and quality concrete)**를 적용하여야 하는 이유는 아래와 같다[Nilson 1987(46), Rajagopalan 2005].

(1) 철근콘크리트에 비해서 프리스트레스트 콘크리트에는 큰 힘이 작용하므로 고강도 고품질 콘크리트의 적용으로 좀 더 경제적이 될 수 있다.

(2) 고강도 콘크리트를 적용하여 단면을 최적화하면 고정하중이 줄어들어 장경간(long span)을 기술적이나 경제적으로 가능하게 만든다.

(3) 고강도 콘크리트의 탄성계수가 저강도 콘크리트에 비해서 증가하여 긴장력을 도입할 때에 손실을 주는 부재의 탄성수축이 감소하고, 또한 탄성손실에 대략적으로 비례하는 시간의

1. 보통 부착철근(ordinally reinforcing steel)은 특히 부분 프리스트레스트 콘크리트(partially prestressed concrete) 부재나 지진지역의 구조물 등에 균열억제(control of cracking)나 연성(ductility)을 확보하기 위해서 배치된다.

존 변형인 크리프(creep)와 더불어 건조수축(shrinkage)도 감소하게 될 것이다(1.4장 참고).

(4) 프리텐션 부재에서 고강도 콘크리트의 높은 부착강도는 긴장재로부터 콘크리트로 긴장력을 전달하는 데 필요한 **전달길이(transfer length**：단부의 긴장재에 유효긴장응력 f_{pe} 를 발달시키기 위해서 필요한 정착길이)를 감소시킨다.

(5) 포스트텐션 부재에서 긴장재 정착장치(anchorage) 부근의 높은 지압응력(bearing stress)을 견딜 수 있게 하고 고가인 정착장치의 크기도 감소시킬 수 있다.

(6) 고강도 콘크리트는 인장강도도 증가시키므로 휨 균열이나 전단으로 인한 경사 인장균열(diagonal tension crack)의 형성을 지연시킨다.

상당한 부분의 프리스트레스트 콘크리트는 공장에서 프리캐스트 형식으로 생산되어 품질관리의 일관성을 유지할 수 있다는 장점이 있다. 물-시멘트 비가 상당히 낮은 고강도 콘크리트의 된 반죽도 내부뿐만 아니라 외부 진동기를 사용하여 공동이 생기지 않도록 배치할 수 있어서 섬세한 배합설계의 조종을 가능하게 하고, 종종 **증기양생(steam curing)**을 수행하여 좀 더 완벽한 수화작용을 할 수 있도록 한다[Nilson 1987(46)]. 또한 프리캐스트 콘크리트에 대한 압축강도 규정은 보통 타설 후 12시간 ~ 18시간이 지난 뒤 거푸집 틀(casting bed)를 제거하여 긴장력을 도입할 때의 초기 압축강도 f_{ci} 로 제한되어 있어서, 종종 재령 28일의 압축강도는 설계기준 압축강도보다 더 높아질 수 있다. 이렇게 콘크리트의 실제 압축강도가 설계기준 압축강도보다 높아지면 탄성계수도 높아지고 크리프는 감소하게 되며, 초기 강도를 얻기 위해서 증기양생 등의 **가속양생(accelerated curing)**을 하게 되면 건조수축이나 크리프도 감소하게 된다. 프리캐스트 콘크리트 부재는 내구성 측면에서도 **낮은 침투성(low permeability)**을 갖고 있어서 부식성 환경의 해안지역이나 제빙염(deicing salt)이 살포되는 지역에 적절한 선택이 될 수 있다[PCI Bridge Design Manual 2003(2.2.1)].

현장치기 콘크리트인 경우에도 고강도 콘크리트를 얻기 위해서 정확한 시공관리를 하여야 하고, 고강도 콘크리트의 상당히 낮은 물-시멘트 비는 고성능감수제(superplasticizer) 등의 혼화재를 이용해서 워커빌리티(작업성)를 유지한다.

프리스트레스트 콘크리트에 적용되는 재령 28일 설계기준압축강도는 보통 35 MPa ~ 50 MPa 정도이고 이보다 높은 50 MPa ~ 100 MPa 콘크리트도 사용되곤 한다. 긴장력을 도입할 때의 전달강도(transfer strength)는 보통 25 MPa 정도인데 이 강도는 인장대를 매일 회전시키기 위해서 거푸집을 제거하는데 주어질 수 있는 16시간 정도에 얻어야 한다[Nilson 1987](부록 A 참고).

콘크리트표준시방서(2009, 이하 '시방서')와 도로교설계기준 또는 한계상태 도로교설계기준(2012, 이하 '한계기준')에서는 각각 프리스트레싱할 때의 콘크리트 강도와 최소 설계기준

압축강도를 아래와 같이 규정하고 있다.

프리스트레싱할 때의 콘크리트 압축강도 규정

(1) 시방서 26장 3.5.3(1) 및 한계기준 5.4.7(2) : 프리스트레싱을 할 때의 콘크리트의 압축강도는 안전도를 확보하기 위해서 프리스트레스를 준 직후 콘크리트에 일어나는 최대 압축응력의 1.7배 이상 되었을 때 실시하도록 규정하고 있으며, 이를 식으로 표현하면 다음과 같다.

$$\text{긴장력 도입 시} : f_{ci} \geq 1.7 f_{ct} \tag{2.1}$$

여기에서 f_{ci} = 프리스트레스 도입할 때의 콘크리트의 압축강도 ; f_{ct} = 프리스트레스 도입 직후 콘크리트에 발생하는 압축응력이다. 이를 응력한계 개념으로 표현하면 $f_{ct\,(\text{한계})} = (1/1.7) f_{ci} = 0.588 f_{ci}$ 로 표현될 수 있다. 다만, 시험 등을 통해 성능이 입증된 경우에는 책임기술자의 승인을 얻은 후에 인장할 수 있다. 한계기준 5.4.7(2)에서는 이 식을 $f_{ct} \leq 0.6 f_{ci}$ 로 변형하여 표현하고 있다.

(2) 구조기준 9.9.1(4)③(ACI 18.13.4.3) : 포스트텐션을 도입할 때의 콘크리트 압축강도는 설계도서에 명시하여야 하며,

$$\text{포스트텐션 도입 시} \begin{cases} \text{다발강연선} & : f_{ci} \geq 28\,\text{MPa} \\ \text{단선강연선, 강봉} & : f_{ci} \geq 17\,\text{MPa} \end{cases} \tag{2.2}$$

예외 : ① 낮은 압축강도를 보상하기 위해서 특별히 큰 정착장치를 사용하거나, ② 최종 프리스트레스 힘의 50%를 초과하지 않는 힘으로 긴장재를 긴장하는 경우는 이 규정을 적용하지 않을 수 있다.

콘크리트 설계기준 압축강도 규정

(1) 시방서 26장 3.5.3(1) :

$$\text{프리텐션 방식} : \begin{cases} f_{ck} \geq 30\,\text{MPa} \\ f_{ck} \geq 25\,\text{MPa}\ (\text{안전성이 증명된 경우}) \end{cases} \tag{2.3}$$

(2) 구조기준 16.2.1(9) :

$$\text{프리캐스트 콘크리트} : f_{ck} \geq 21\,\text{MPa} \tag{2.4}$$

(3) 도로기준 4.6.1.2 및 한계기준 5.4.7.1 : 현장의 배합강도 f_{cr} 을 설계기준 압축강도 f_{ck}

보다 크게 정해야 하고, f_{ck} 는 적어도 다음 값 이상이 되어야 한다고 규정하고 있다.

$$\begin{cases} \text{프리텐션 방식} : f_{ck} \geq 35\,\text{MPa} \\ \text{포스트텐션 방식} : f_{ck} \geq 30\,\text{MPa} \end{cases} \tag{2.5}$$

또한 도로교 4.6.3.3에서는 프리스트레스트 콘크리트 부재의 설계는 일반적으로 f_{ck} = 35 MPa인 콘크리트를 기본으로 하고 f_{ck} = 42 MPa 까지는 이 강도가 일관되게 얻어진다고 기대할 수 있는 경우에만 허용될 수 있다고 규정하고 있다. 더 높은 강도의 콘크리트가 특정구역에서 사용될 수도 있으나, 이 경우 책임기술자는 재료와 제작과정에 대한 감독을 철저히 해서 요구된 강도가 얻어지는 것을 확인하도록 규정하고 있다.

2.1.1 시멘트(Cement)

시멘트는 KS 표준에 적합한 것을 사용하도록 시방서 26장 2.1(1)에서 규정하고 있다. 국내 공업규격 KS L 5201에는 다음과 같은 5 종류의 포틀랜드 시멘트를 제시하고 있다. 5 종류의 포틀랜드 시멘트는 점토(clay)와 석회석(limestone)과 같은 원재료의 함량을 변화시켜서 조종하여 각각의 특징을 나타내도록 생산한다. 따라서 현재 국내에서 생산되는 포틀랜드 시멘트는 회사마다 또는 공정마다 사용하는 원 재료가 같지 않을 수 있기 때문에 특성에 변화가 있을 수 있다.

- **1종 보통 포틀랜드 시멘트(normal portland cement)** : 거의 대부분의 생산량을 차지하고, 특별한 시멘트가 요구되지 않는 일반적인 목적에 사용되며, 보통 흙이나 지하수에 접촉하지 않는 프리캐스트 프리스트레스트 콘크리트 부재를 만들 때 사용한다.
- **2종 중용열 포틀랜드 시멘트(moderate sulfate resistance)** : 약한 황산의 공격이 염려되는 구조물에 사용하고, 수화열을 조절할 필요가 있는 단면이 큰 구조물이거나 **알카리 실리카 반응**(Alkali–Silica Reaction, ASR)[2]을 완화시키기 위해서 사용한다.
- **3종 조강 포틀랜드 시멘트(high early strength)** : 1종과 유사하지만 미세 분쇄하여 초기에 급속하게 강도를 발현하는 시멘트로 일반적으로 프리캐스트 프리스트레스트 콘크리트(Precast Concrete, PC) 공장에서 사용되며, 긴급 도로 보수 및 동절기에 양생기간을 단축하기 위해서 사용된다.
- **4종 저열 포틀랜드 시멘트(low heat of hydration)** : 다른 시멘트에 비해서 강도발현이 서서히 되

2. 시멘트의 알카리와 골재의 실리카가 물이 존재할 때 반응하여 알카리–실리카 겔을 형성하여 콘크리트에 팽창균열과 박리(pop-out) 등을 일으키는 현상

어 중력댐과 같은 매스콘크리트에서 수화열을 조절하기 위해서 사용한다. 대체용으로 가격이 저렴한 포졸란 시멘트나 고로슬래그 시멘트 등을 사용하기도 한다.

- **5종 내황산염 포틀랜드 시멘트(high sulfate resistance)** : 토양의 높은 알카리(alkali)나 지하수의 황산염(sulfate)에 노출되는 공사에 사용된다[PCI 2010(9.2.1.1)].

또한 위에서 다룬 5종의 포틀랜드 시멘트에 전체 알칼리가 0.6% 이하로 조종한 저알카리형 포틀랜드 시멘트와 혼합 시멘트 그리고 특수 시멘트 등이 있다. 혼합 시멘트에는 고로슬래그 시멘트(portland blast-furnace slag cement, KS L 5210), 포틀랜드 포졸란 시멘트(portland pozzolan cement, KS L 5401)와 플라이애쉬 시멘트(portland fly-ash cement, KS L 5211) 등이 있고, 특수 시멘트에는 알루미나 시멘트(alumina cement, KS L 5205), 팽창성 수경시멘트(expansive cement, KS L 5217), 조적용 시멘트(masonry cement, KS L 5129) 및 초속경 시멘트(regulated-set cement) 등이 있다.

2.1.2 골재(Aggregate)

골재는 **잔골재(fine aggregate)**와 **굵은 골재(coarse aggregate)**로 구성되어있다. 시방서 2장 2.1.3에서 골재나 골재용 원석 강도는 단단하고 강한 것이어야 하고, 염분이나 진흙 및 유기불순물 등이 유해량 허용한도 이내이어야 한다고 규정하고 있다.

콘크리트에서 잔골재와 굵은 골재는 체적으로 대략 75% 내외를 차지하므로 묽은 콘크리트나 굳은 콘크리트의 성질에 상당히 중요한 역할을 한다. 골재가 기본적으로 값싼 채움재(inexpensive filler material)의 역할을 하지만, 콘크리트의 특성을 결정하는 중요한 역할을 하고 있다. 굳지 않는 묽은 콘크리트에서 골재는 워커빌리티(workability), 펌프능력(pumpability), 공기량, 마감특성 등에 영향을 미치고, 굳은 콘크리트에는 강도, 내구성, 건조수축, 열저항성, 비중, 탄성계수 등에 영향을 미친다[PCI 9.2.1.3].

만약에 프리스트레스트 콘크리트 부재에 사용되는 골재가 알카리 실리카 반응(ASR)에 취약한 골재인 경우에는 저 알카리형 포틀랜드 시멘트를 사용하던지 또는 포졸란 시멘트와 같은 혼합시멘트를 사용하는 것이 좋다[PCI Bridge Design Manual 2.3.2].

시방서 26장 2.1(3)에서는 **굵은 골재의 최대치수**[3]는 긴장재, 쉬스(sheath), 철근, 정착장치 등의 주위에 콘크리트가 잘 채워질 수 있도록 정하여야 하고, 보통의 경우 25 mm를 표준으로 하지만, 부재치수, 철근간격, 펌프압송 등의 사정에 따라 20 mm를 사용할 수도 있다고 규정하고 있다.

---

3. 시방서 2장 1.2(22) : 질량비로 90% 이상을 통과시키는 체 중에서 최소치수 체눈의 호칭치수로 정의

2.1.3 화학 혼화제(Chemical Admixture)

프리캐스트 프리스트레스트 콘크리트에는 필요에 따라 **공기연행제(AE제, air-entraining agent)**, **감수제(water-reducing)**, **유동화제(high range water-reducing)**, **응결 지연제(retarding)**, **강도 촉진제(accelerating)**, **부식 방지제(corrosion-inhibiting)**등의 화학 혼화제를 섞을 수 있다.

AE제는 물이나 제빙염에 노출되어 발생할 수 있는 **동결-융해 손상(freeze-thaw damage)**에 대한 저항을 증가시키기 위해서 사용된다. 또한 AE제는 워커빌리티를 증진시켜서 콘크리트를 치거나 마감작업을 손쉽게 하도록 한다. 경량콘크리트의 공기량을 측정하기 위해서는 **압력법(pressure method**, KS F 2421)이 아니라 **중량방법(gravimetric method**, KS F 2409)을 이용하여야 한다[PCI Bridge Design Manual 2003(2.3.3.4)].

감수제나 유동화제의 역할은 물-시멘트 비를 감소시켜도 워커빌리티를 유지 또는 향상시키도록 한다. 촉진제는 응결시간을 감소시켜 초기 강도를 얻어 프리캐스트 콘크리트 시공에서 특히 가능한 빠른 시간에 긴장력을 도입하고 부재를 제거하여 긴장대를 다시 사용할 수 있도록 도와준다. 혼화제는 시멘트의 종류나 온도에 따라 다른 결과를 얻을 수 있으므로 생산되는 플랜트의 재료와 조건에 따라 혼화제를 선택하여야 한다. 여러 종류의 혼화제를 투입하는 경우에는 혼화제 간의 조화도 매우 중요하므로 만약에 다른 회사의 제품을 사용하는 경우에는 상관관계를 명확하게 다루어야 한다[PCI Bridge Design Manual 2003(2.3.3.1)].

과거에는 **염화칼슘(calcium chloride)**이 매우 효과적이고 경제적이어서 촉진제로 사용되었다. 그러나 칼슘이온이 금속의 부식을 일으키도록 도와주므로 프리스트레스트 콘크리트에는 칼슘이 들어가지 않은 촉진제를 사용하여야 한다. 강재와 염화이온(chloride ion)의 접촉을 막아서 부식을 줄이거나 방지하는 **부식 방지제(corrosion-inhibiting admixture)**는 콘크리트에 매립된 강재를 부식으로부터 보호하여 구조물의 사용연한(service life)을 연장시킨다. 부식방지제는 상당한 불침투성을 갖는 프리캐스트 콘크리트 부재에 비해서 염화이온에 직접적으로 노출되는 현장치기 교량에 더 효과적일 것이다[PCI Bridge Design Manual 2003(2.3.3.2~3)].

2.1.4 광물 혼화재(Mineral Admixture)

광물 혼화재는 곱게 갈거나 빻은 재료로 콘크리트에 시멘트 대용으로 섞어서 경화된 콘크리트의 성질을 변화시키거나 바꾸기 위해서 넣는 재료이다. 광물 혼화재를 사용하는 목적은 ① 시멘트 대체, ② 골재 반응(reactive aggregate) 향상, ③ 초기 강도 발현, ④ 수화열 감소, ⑤ 고강도 콘크리트를 제작하는데 있다. 광물 혼화재는 굳지 않은 묽은 콘크리트의 워커빌리티나 마감특성에 영향을 미칠 수 있다.

시멘트의 5% 이상을 넣는 혼화재에는 다음과 같은 종류가 있다[PCI 2003].

① **시멘트 대체 재료인 포졸란**(pozzolan) : 플라이 애시(fly ash : 집진한 석탄재), 고로슬래그 미분말(iron blast-furnace slag), 실리카 흄(silica fume : 규소합금 전기아크로 초미립 부산물, 초기 강도발현, 감수제와 같이 사용), 천연 화산재 등
② **팽창제** : 알루미나, 수축보상용(shrinkage-compensating) 및 화학적 프리스트레스용 콘크리트
③ 착색제(coloring admixture), 폴리머(polymer) 등

2.1.5 물(Water)

물은 기름, 염분, 산, 유기불순물, 혼탁물 등 콘크리트나 강재의 품질에 나쁜 영향을 미치는 물질을 유해량 이상 함유하지 않아야 한다고 시방서 2장 2.1.2에서 규정하고 있다. ASTM C94에서 언급하는바와 같이 마실 수 있는 물(portable water) 정도의 품질이면 혼합수로서 문제가 없다는 의미라고 이해할 수 있다. 물론 의심이 갈 때에는 대응하는 조처를 취해야 할 것이다. 강재가 배치되는 콘크리트에는 해수를 혼합수로서 사용할 수 없도록 규정하고 있다[PCI Bridge Design Manual 2003(2.3.5)].

2.1.6 압축강도(Compressive Strength)

골재를 이용하여 적절하게 만든 콘크리트의 압축강도는 시멘트 풀(paste)의 강도나 또는 시멘트 풀과 골재 입자간의 부착강도에 좌우되게 된다. 재령 초기에 부착강도는 시멘트 풀의 강도보다 떨어지지만 시간이 지나면서 그 반대가 된다[CPCI 2007].

동일한 혼합, 양생 및 실험 조건에서 콘크리트의 강도에 영향을 미치는 요인은 ① 물-시멘트 재료의 비, ② 시멘트 재료에 대한 골재의 비, ③ 골재 입자의 입도, 표면 상태, 형상, 강도 및 강성, ④ 골재의 최대치수이고 ; 사용하는 재료의 영향으로는 ① 시멘트의 종류나 어떤 회사의 제품인지, ② 혼화제 또는 포졸란의 종류와 양, ③ 골재의 광물 성분 등이 있다.

프리캐스트인 경우에 긴장대와 거푸집(몰드)을 매일 다시 사용하기 위해서 초기 강도가 필요하므로 종종 3종 조강 포틀랜드 시멘트를 사용하고, 건축적인 제품의 생산에는 백색포틀랜드 시멘트도 사용된다. 초기 양생은 거푸집을 습기를 잃지 않도록 보호하고 특히 구조적인 제품인 경우에는 **복사열(radiant heat)**이나 **생증기(live steam)**를 이용하여 양생하곤 한다.

동결융해를 받는 콘크리트인 경우에는 AE제(공기연행제)를 넣어야 한다. 바닥 등의 현장치기 시공인 경우에 빈배합(leaner mix)으로 규정된 공기량을 얻기가 쉽지 않은 경우가 종종 있다. 이런 경우에 공기를 연행하기 위해서 넣는 AE제는 배합하는 과정에 석어 넣도록 해야 하고, AE제를 넣은 콘크리트는 얼마간 강도 감소를 예상하여야 한다.

콘크리트의 압축강도 f_c 는 지름 150 mm에 높이 300 mm의 원주형 표준공시체를 습윤양생하여 재령 28일에 1축 압축하중(P)을 작용시켜서 파괴할 때의 $f_c = P/A = P/(\pi d^2/4)$ (N/mm² 또는 MPa)로 구한다(그림 2.1 참고).

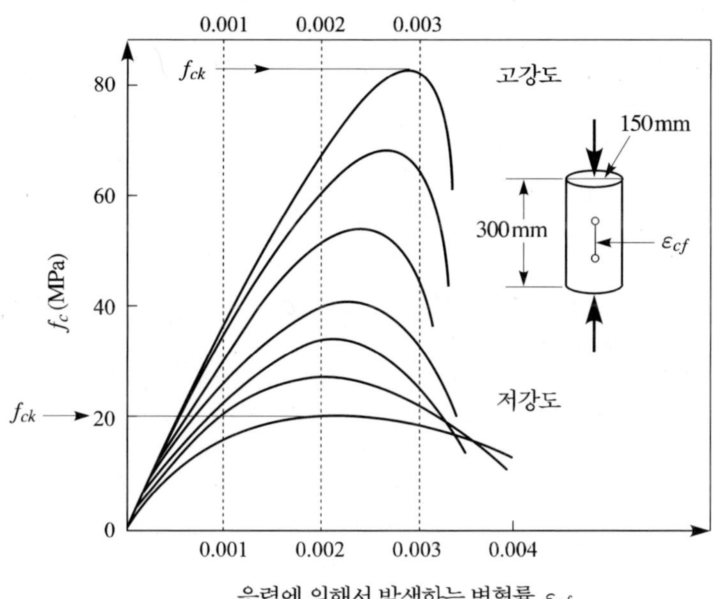

그림 2.1 전형적인 콘크리트의 1축 응력-변형률곡선

PC 공장에서는 표준공시체의 체적이 커서 다루기 쉽지 않으므로 이보다 체적이 작은(표준형에 비해서 30%의 체적) 지름 100 mm에 높이 200 mm 공시체를 사용하는데 이 경우에 표준형 강도로 환산하기 위해서는 강도보정계수 0.97을 곱해주어야 한다.

그림 2.1에는 원주형 공시체에 1축 압축하중을 작용하여 구한 전형적인 응력-변형률 곡선을 보여주고 있다. 콘크리트 응력-변형률 곡선의 특징을 살펴보면,

① 저강도 콘크리트는 파괴변형률이 커져서 연성(延性, ductility)이 증가하여 대략 $\epsilon_c = 0.003$을 넘어서 파괴한다.

② 강도가 높아질수록 기울기가 증가하여 초기강성이 증가하지만 연성은 오히려 감소한다.

③ 강도가 40 MPa 이하인 보통강도 콘크리트에서 최대파괴응력(f_{ck})은 대략 변형률이 0.002일 때 나타난다.

근래에 국내에서 일반적으로 생산되는 레미콘(remicon, ready-mixed concrete)의 압축강도 범위는 18 MPa, 21 MPa, 24 MPa, 27 MPa, 30 MPa, 35 MPa, 40 MPa 정도이고 고강도 콘크리트로는 45 MPa ~ 150 MPa의 특수콘크리트도 생산되고 있다.

2.1.7 탄성계수(Modulus of Elasticity, E_c)

인장과 압축에 대한 탄성계수는 1축 하중실험에서 콘크리트의 응력-변형률 곡선의 기울기(즉, E_c = 단위응력/단위변형률)에 의해서 결정된다. 구조기준 3.4.3(ACI 8.5.1)에서는 단위질량 $\rho_c = 1{,}450 \sim 2{,}500\ \mathrm{kg/m^3}$인 콘크리트의 탄성계수를 구하는 상세식과 보통중량 골재를 사용하여 단위질량 $\rho_c = 2{,}300\ \mathrm{kg/m^3}$ 콘크리트인 경우에 간략식을 아래와 같이 제시하고 있다.

$$\begin{cases} \rho_c = 1{,}450 \sim 2{,}500\ \mathrm{kg/m^3}\ :\ E_c = 0.077\,\rho_c^{1.5}\ \sqrt[3]{f_{cu}}\ (\mathrm{MPa}) \\ \rho_c = 2{,}300\ \mathrm{kg/m^3}\ \text{인 경우}\ :\ E_c = 8{,}500\ \sqrt[3]{f_{cu}}\ (\mathrm{MPa}) \end{cases} \tag{2.6}$$

여기에서 재령 28일의 콘크리트 평균압축강도 f_{cu} 는

$$\begin{cases} f_{ck} \le 40\ \mathrm{MPa}\ :\ f_{cu} = f_{ck} + 4\ \mathrm{MPa} \\ 40\ \mathrm{MPa} < f_{ck} < 60\ \mathrm{MPa} :\ f_{cu} = 1.1 f_{ck} \\ f_{ck} \ge 60\ \mathrm{MPa}\ :\ f_{cu} = f_{ck} + 6\ \mathrm{MPa} \end{cases} \tag{2.7}$$

로 정의되고 콘크리트구조기준 해설(이하 '구조기준해설')에서는 탄성계수를 계산할 때 콘크리트 설계기준강도 f_{ck} 보다는 실제 강도에 근거를 두는 것이 타당한 것으로 알려져 있다고 f_{ck} 보다 큰 f_{cu} 사용을 설명하고 있다. 콘크리트의 단위질량 $\rho_c\,(\mathrm{kg/m^3})$는 구조기준에서는 m_c 로 표현하고 있다. 도로기준(도로교설계기준)에서 콘크리트의 단위질량 $\rho_c = 2{,}350\ \mathrm{kg/m^3}$으로 제시하여 간력식으로 구한 값보다 3.2% 증가하게 된다.

간략식을 이용하여 (f_{ck}, E_c)를 계산해보면, (27, 26702), (30, 27537), (35, 28825), (40, 30008), (50, 32325) MPa이 되어 탄성계수는 (27~32) $\times 10^3$ MPa이 된다.

2.1.8 배합강도(f_{cr})와 설계기준 압축강도(Specified Compressive Strength f_{ck})[4]

설계기준 압축강도 f_{ck} 를 얻기 위해서는 혼합비대로 정확하게 계량하여 혼합되어야 하고 또한 잘 배치되고 다져져서 강도가 충분히 발달할 때까지 규정의 양생이 되어야 할 것이다. 그러나 현장에서 이러한 기준이 충족되지 않으면 요구되는 강도를 얻기가 매우 힘들게 될 것이다. 따라서 구조기준 2.3.2(2)(ACI 5.3.2)에서는 생산되는 **소요 평균배합 압축강도(required average compressive strength)** f_{cr} 이 설계기준 압축강도 f_{ck} 보다 커서 실제로 생산된 콘크리트의 강

4. 설계기준 압축강도 f_{ck} 의 아래 첨자에서 c는 Concrete(또는 Compression)을 의미하며, k는 CEB-FIP에서 특성값(Characteristic value)을 의미한다.

도가 f_{ck} 이하가 되는 일이 발생하지 않도록 다음과 같이 제시하고 있다. 여기에서 소요 평균 배합 압축강도 f_{cr} 은 배합설계 시에 기준이 되는 재령 28일의 압축강도이고, **설계기준 압축강도 (specified compressive strength)** f_{ck} 는 설계시 기준이 되는 재령 28일의 압축강도를 말한다. 얼마만큼 f_{ck} 보다 증가시켜야 하는 강도의 크기는 콘크리트 생산의 품질관리 정도에 따라 결정되며 원주형 표준 공시체의 압축강도실험에 의해서 결정된다. 30회 이상의 현장강도 시험기록을 근거로 표준편차 s 를 결정할 수 있는 경우에는 f_{ck} = 35 MPa을 기준으로 각각의 두 값 중에서 큰 값으로 정해야 한다.

$$\begin{cases} f_{ck} \leq 35\,\text{MPa인 경우} & \begin{cases} f_{cr} = f_{ck} + 1.34\,s \\ f_{cr} = (f_{ck} - 3.5) + 2.33\,s \end{cases} \\ \\ f_{ck} > 35\,\text{MPa인 경우} & \begin{cases} f_{cr} = f_{ck} + 1.34\,s \\ f_{cr} = 0.9 f_{ck} + 2.33\,s \end{cases} \end{cases} \tag{2.8}$$

예를 들어서 콘크리트 생산업자의 표준편차 s = 1.5 MPa이고 f_{ck} = 27 MPa인 경우에 f_{cr} = 27 + 1.34(1.5) = 27 + 2.01 = 29 (MPa) 또는 f_{cr} = 27 −3.5 + 2.33(1.5) = 27 (MPa)로 큰 값이 지배하므로 배합강도 f_{cr} ≥ 29 MPa이 되어야 한다.

만약에 콘크리트 생산설비가 구조기준 2.3.2.(1)의 요건[5]에 맞는 시험기록이 30회에 못 미치는 15회 ~ 29회인 경우에 표준편차 s 는 계산된 표준편차와 표 2.1의 보정계수를 곱한 값으로 계산할 수 있으며 중간 시험회수에 대해서는 직선보간하여 구할 수 있다.

표 2.1 시험이 14회 이상 29회 이하일 때 표준편차에 대한 보정계수(구조기준 표 2.3.1)

시험 회수	표준편차 s 의 보정계수
14회 이하	식 (2.9) 이용
15회	1.16
20회	1.08
25회	1.03
30회 또는 그 이상	1.00

만약에 구조기준 2.3.2(1)의 요건에 맞는 표준편차 s 의 계산을 위한 현장강도 기록자료가 없을 경우, 또는 압축강도의 시험 횟수가 14회 이하인 경우에는 아래

5. 구조기준 2.3.2(1) 콘크리트 생산설비의 시험기록이 있을 경우, 이에 대한 표준편차를 산정하여야 한다. 표준편차의 산정에 사용할 수 있는 시험기록은 다음과 같다.
   ① 예상되는 실제 상황과 비슷한 재료, 품질관리 절차 및 조건들을 갖추어야 하며, 시험기록에 사용된 재료와 배합비의 변화폭이 실제 현장에 적용되는 것과 유사한 조건에서 작성된 것이어야 한다.
   ② 계획된 공사에서 요구하는 설계기준강도와 같거나 혹은 설계기준강도에서 그 차이가 7 MPa 이내의 강도를 갖는 콘크리트에 의해서 구해진 값이어야 한다.
   ③ 규정에 따라 보정을 하는 경우를 제외하고는 적어도 30회의 연속시험을 실시하여야 한다.

와 같이 결정하여야 한다.

$$\begin{cases} f_{ck} < 21\,\text{MPa} \text{ 인 경우 : } f_{cr} = f_{ck} + 7 \\ 21\,\text{MPa} \le f_{ck} \le 35\,\text{MPa} \text{ 인 경우 : } f_{cr} = f_{ck} + 8.5 \\ f_{ck} > 35\,\text{MPa} \text{ 인 경우 : } f_{cr} = 1.1 f_{ck} + 5.0 \end{cases} \tag{2.9}$$

2.1.9 인장강도(Tensile Strength)

건축적인 프리캐스트 콘크리트는 균열에 얼마만큼 잘 저항하느냐로 성능이 평가되고, 균열의 발생은 콘크리트의 인장강도에 따라 좌우된다. 비록 배치하는 보강철근이 콘크리트에 일어나는 균열을 방지하지는 못하지만 균열이 일어나고 난 뒤에 균열 폭을 조종하는 역할을 할 수 있다.

콘크리트의 인장강도는 원주형 표준형 공시체를 뉘어서 실험하는 **할렬시험(split-cylinder test)**으로 구하는 **쪼갬인장강도(할렬강도)** f_{sp} 와 150 mm × 150 mm × 530 mm 장방형 무근 콘크리트 보를 이용하여 구하는 **파괴계수(modulus of rupture)** f_r 이 있다.

구조기준 4.3.1(4)(ACI 9.5.2.3)에서는 압축강도의 함수로 파괴계수(modulus of rupture) f_r 를 다음과 같이 제시하고 있다.

$$f_r = -0.63\lambda\sqrt{f_{ck}} \tag{2.10}$$

여기에서 λ는 콘크리트의 비중을 고려하는 경량콘크리트계수(modification factor)로 보통중량골재 콘크리트인 경우에는 $\lambda = 1.0$이며, 경량골재 콘크리트에 대한 쪼갬인장강도(splitting tensile strength) f_{sp} 값이 주어지면 식 (2.10)에서 λ 대신에 $f_{sp}/(-0.56\sqrt{f_{ck}}) \le 1.0$ 를 대입하도록 규정하여 아래와 같이 표현될 수 있다[구조기준 3.4.4].

$$|f_r = -0.63\sqrt{f_{ck}} \times [f_{sp}/(-0.56\sqrt{f_{ck}})] = 1.125 f_{sp}| \le |-0.63\sqrt{f_{ck}}| \tag{2.11}$$

f_{sp} 값이 규정되지 않을 때 **전경량골재 콘크리트(all-lightweight concrete)**에는 $\lambda = 0.75$를 곱해서 사용하고,

$$\text{전경량골재 콘크리트 : } f_r = 0.75(-0.63\sqrt{f_{ck}}) = -0.47\sqrt{f_{ck}} \tag{2.12}$$

굵은 골재만 경량골재를 사용하는 **모래경량 콘크리트(sand-lightweight concrete)**인 경우에는 $\lambda = 0.85$를 곱해서 사용한다.

$$\text{모래경량 콘크리트 : } f_r = 0.85(-0.63\sqrt{f_{ck}}) = -0.54\sqrt{f_{ck}} \tag{2.13}$$

또한 부분적으로 경량골재가 섞인 경우에는 치환하는 체적비에 따라 직선보간하여야 한다.

2.1.10 체적변화(Volume Change Effects)

프리스트레스트 콘크리트 구조물의 체적변화는 지속응력에 의한 크리프(creep), 건조수축(shrinkage) 및 온도 변형률(temperature strain)의 합으로 나타난다. 구조기준과 같은 전형적인 하중조합에서는 체적변화(restrained dimensional changes due to temperature, moisture, shrinkage and creep)에 부등침하(differential settlement)를 포함하여 **자체 변형률력(self-straining forces)** T 로 표시하여 체적변화에 대해서 고려한다(표 1.4 참고)[ASCE/SEI 7-10 2010, Klein 2009].

주차구조물(parking structure)에서는 특히 염화물(chloride)로 인한 손상과 파괴를 제외하면 체적변화로 인한 부재의 손상이 2번째로 많은 문제를 일으키는 것으로 지적되고 있다[Klein 2009]. 그림 2.2는 체적변화 응력의 예를 보여주고 있다. 체적변화 구속을 경감시키기 위해서 신축이음(expansion point, CPCI 2.3, PCI 3.4.2)을 배치하지만 환경에 노출되는 주차구조물에서 종종 신축이음이 가장 취약한 부분이 되고 있다. 이러한 신축이음을 배치하는 데는 시공비도 많이 들지만 쉽게 손상을 받아서 예상하지 못한 누수가 발생하고 이로 인해서 추가적인 손상이 일어날 수도 있다[PCI 2010, CPCI 2007].

그림 2.2 강결로 연결된 테두리보에 체적변화 응력으로 인해서 발생한 사인장균열 [Klein 2009]

풍하중이나 중력하중과 같은 하중효과(load effect)들과는 다르게 체적변화력은 부재 자체가 변형하면서 자체변형률로 인해서 발생(self-straining force)한다. 따라서 부재가 자체변형을 일으키면 움직이려 하고 이때 부재의 이동이 구속되어 있게 되면 상당한 하중이 발생하게 된다. 구조기준(3.3.2(4), ACI 9.2.3)에서는 체적변화는 사용구조물의 실제적인 상황(realistic assessment of such effects occurring in service)을 고려하여 계산하여야 한다고 규정하고 있다[Klein 2009].

온도변화로 인한 체적변화는 온도가 올라가면 팽창(+)하고 내려가면 수축(−)하게 되지만, 크리프나 건조수축으로 인한 체적변화는 언제나 수축(−)으로 일어나게 된다. 따라서 크리프, 건조수축 및 온도저하로 인한 수축변형(−) 조합이 한계조합(critical combination)이 된다

[PCI 2010(4.4)].

연결 플레이트(connecting plate)나 볼트 연결장치(connecting bolt assembly)는 연성변형(ductile deformation)이 일어날 수 있도록 설계 상세를 하여야 하고, 만약에 이런 연결장치에 대한 변형을 무시하게 되면 비현실적으로 큰 구속력이 계산될 수도 있고, 따라서 연결장치의 강성이 너무 강해서 필요한 연성을 못 갖게 되면 오히려 역효과가 나타날 수도 있다[PCI 2010(4.4), CPCI 2007(2.4)].

프리캐스트 콘크리트 요소들은 대부분 제작된 뒤에 얼마간의 기간 동안 저장되므로 상당한 부분의 건조수축이나 크리프가 일어나고 난 뒤에 현장에 배치되게 된다. 따라서 연결 상세나 절점은 프리캐스트 콘크리트 요소가 구조물에 연결된 뒤에 일어나는 변화를 수용할 수 있도록 설계되어야 한다. 대부분의 경우에 있어서 부재를 현장에 배치하기 전에 일어나는 길이의 감소는 전체 건조수축과 크리프 변형률을 감소시켜서 설계하는데 도움을 주고 있다[PCI 2010(9.2.2.6), CPCI 2007(1-27)].

다음에 다루는 바와 같이 체적변화 변형률의 산정은 여러 변수에 좌우되기 때문에 1971년 Philleo가 언급한 "**체적변화에 대해서 어떤 조치를 취하기만 하면 결과에는 거의 차이가 없게 된다(it makes no difference what you do as long as you do something)**"는 말을 이해할 수도 있을 것이다[Klein 2009].

2.1.11 건조수축(Drying Shrinkage)

프리캐스트 콘크리트 요소는 거푸집을 제거하면 즉시 대기 중에 노출되어 여분의 수분이 방출되면서 체적이 감소하여 일어나는 **수축 변형률(shrinkage strain)** 또는 **건조수축(shrinkage)**이 일어나기 된다.

수축 변형률은 단위수량(amount of water per unit volume of concrete), 상대습도(relative humidity), 표면적/체적 비(volume-surface ratio, 또는 면적에 대한 둘레길이 비), 프리스트레싱을 포함한 지속하중의 크기, 하중이 작용하기 시작할 때의 콘크리트의 강도, 보강 철근의 양이나 위치와 재료의 특성이나 설계요소 등에 영향을 받는다[PCI 2010(9-12)].

동일한 상대습도 상태에서 단위수량과 건조수축 변형률 사이에는 거의 선형의 관계가 성립되고 있다[Neville 1995(432)]. 만약에 상대습도가 증가하게 되면 콘크리트의 건조수축은 중지하게 된다. 콘크리트를 100%의 상대습도이거나 또는 물속에 담아 놓으면 수화작용의 환경이 조성되어 겔이 지속적으로 형성되어 체적이 오히려 얼마간 증가하게 된다.

건조수축에 의한 인장균열은 그림 2.3과 같이 구속되어 있는 모든 구조요소(벽, 슬래브 등)에 나타날 수 있다. 균열이 발생하면 미관상 보기도 나쁘고, 전단강도를 저하시키면서 보강철근을 환경에 노출시키며 우수 등이 침투할 수 있으므로 아래와 같은 방법을 동원하여 적절히 조절하여야 한다.

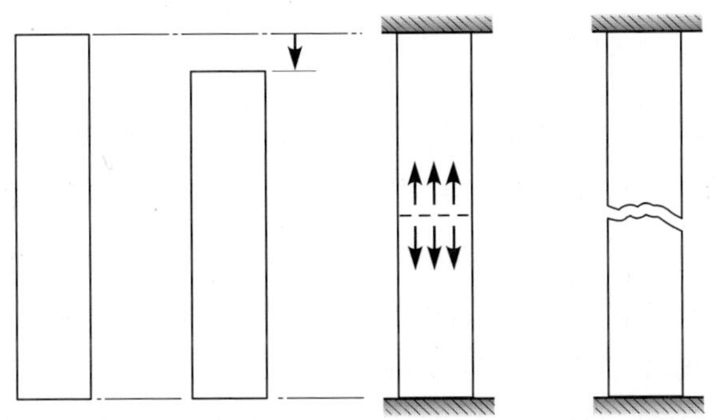

그림 2.3 구속된 콘크리트 부재의 건조수축으로 발생하는 균열 메커니즘 [PCI 2010(9.2.8)]

① 물의 함량을 최소화하고,
② 다공질이 아닌 치밀한 골재를 사용(석영이나 석회석 등)하거나,
③ 양생을 잘해서 좋은 품질의 콘크리트를 생산하고,
④ 초기 3개월에 50% 이상의 건조수축이 발생[6]하므로 기다렸다 시공하거나,
⑤ 정해진 시간에 치는 콘크리트의 면적과 길이를 제한하고,
⑥ 균열 폭을 제한하기 위해서 **건조수축철근(shrinkage steel)**을 배치하여 폭이 가는 균열로 유도하도록 한다.

도로기준 2.1.7 및 4.2.3.4에서는 프리스트레스힘의 감소량을 산출하는 경우의 콘크리트의 건조수축률은 표 2.2의 값을 표준으로 한다고 제시하고 있다.

표 2.2 콘크리트의 건조수축[도로기준 표 2.1.7 및 표 4.2.2]

콘크리트재령	4~7 일	28 일	90 일	365 일
건조수축률	0.00027	0.00020	0.00014	0.00007

이를 따르기 어려운 경우에는 부재 주변의 습도, 부재단면의 형상, 치수, 하중이 작용할 때의 콘크리트의 재령 등을 고려하여 별도로 구조기준 2.2.2(6) 또는 도로기준 4.2.3.4에서는

6. Neville 1995(435)에 의하면 상대습도 50~70%인 경우에 재령 20년에 일어나는 건조수축을 기준으로 했을 때 재령 1개월에 40% ; 3개월에는 대략 65% ; 1년에는 대략 80%가 발생한다고 보고하고 있다.

CEB-FIP Model Code를 참고하여 건조수축 변형률을 계산하는 상세방법을 제시하고 있다[민창식 2014].

또한 도로기준 2.1.7(5)에서는 콘크리트의 건조수축의 영향에 의해 발생하는 부정정력은 다음과 같이 정하도록 규정하고 있다.

① **구조계에 변화가 없는 경우** : 구조물 전체에 한꺼번에 동바리상에서 시공하고, 시공 중에 구조계와 시공 후의 구조계에 변화가 없는 경우에 건조수축의 영향에 의한 부정정력을 산출하는 경우에는 콘크리트의 건조수축률 0.00015로 하고, 축방향 철근량이 부재의 콘크리트 단면적의 0.5% 미만인 경우에는 건조수축률 0.00020으로 한다.

② **구조계에 변화가 있는 경우** : 구조물 전체에 한꺼번에 시공하지 않고, 시공 중에 구조계와 시공 후의 구조계에 변화가 있는 경우에 건조수축의 영향에 의한 부정정력은 도로기준 4.2.3.4의 상세과정에 따르거나 아니면 ①의 규정에 따라 산출한다.

2.1.12 크리프(Creep)

콘크리트에 지속적인 하중이 작용하여 일어나는 변형은 다음과 같이 2 부분으로 나눌 수 있다. ① **탄성변형(elastic deformation)**으로 하중이 작용하자마자 일어나는 변형, ② **시간의존 변형(time-dependent deformation)**으로 하중이 작용하자마자 시작되지만 시간이 지남에 따라 서서히 감소하면서 지속적으로 일어나는 변형이다. 이런 시간의존 변형을 **크리프(creep)**[7]라고 한다[PCI 2010(9-12)].

크리프 변형률은 ① 콘크리트의 강도에 대한 지속응력의 비와 하중이 작용하는 지속기간 ; ② 하중이 작용하는 시점의 콘크리트의 강도와 재령 ; ③ 대기의 상대습도(relative humidity - 상대습도가 낮을수록 증가) ; ④ 표면/부피 비(volume-surface ratio - 시험체의 크기가 커질수록 감소) 등의 영향을 받는다.

하중이 작용하기 시작한지 2주가 지났을 때 대략 20년에 일어나는 크리프의 25% 정도가 일어나고, 3개월에는 54%가 1년이 지난 뒤에 76% 정도가 일어나서, 지속하중이 작용하고 3개월이 지난 뒤에 크리프 전체량의 1/2 이상이 일어나는 것을 알 수 있다[Neville 1995(468)]. 이렇게 장기변형이 하중이 작용하는 초기에 상당한 부분이 일어나므로 제작한 뒤에 시차를 두고 현장에 배치되는 프리캐스트 콘크리트 요소의 경우에 설계에서 이를 고려하면 좋을 것이다[PCI 2010(9.2.2.6), CPCI 2007(1-27)].

7. 겔 입자 사이의 흡착된 수분 층이 얇아져서 일어나며, 소성흐름(plastic flow) 또는 소성변형(plastic deformation)이라고도 한다.

크리프 변형률을 감소시키기 위한 방법으로는 ① 강도를 충분히 발달시킨 뒤에 하중을 작용하기 시작하고, ② 압력 하에 증기양생을 하고 고강도 콘크리트를 사용하거나, ③ 골재에 대한 시멘트풀(cement paste)의 체적비를 최소화하고, ④ 탄성계수가 큰 석회석 등의 골재를 사용하거나, ⑤ 보강철근을 배치해서 감소시키거나 할 수 있다.

유효탄성계수(Effective Modulus of Elasticity)

만약에 작용하는 압축응력이 대략 비례한계($\sim 0.5 f_{ck}$)를 초과하지 않으면 크리프 변형률은 거의 응력의 크기에 비례하게 된다[Neville 1995(463)]. 따라서 크기가 일정한 압축응력 f_c 가 작용할 때 크리프 변형률은 **크리프계수(creep coefficient)** C_t 를 도입하여

$$\epsilon_{cc} = C_t \left(\frac{f_c}{E_c} \right) = C_t\, \epsilon_{ci} \tag{2.14}$$

로 표현할 수 있다. 여기에서 E_c 는 즉시하중에 대한 콘크리트의 **할선 탄성계수(secant)**이고, ϵ_{ci} 는 탄성 변형률이다. 크리프 계수 $C_t = \epsilon_{cc} / \epsilon_{ci}$ 는 하중이 작용하기 시작한 재령, 하중이 작용하는 기간, 콘크리트 배합의 비율 및 부재의 두께, 상대습도 등에 영향을 받는 실험적 값이다. 탄성 변형률 ϵ_{ci} 와 크리프 변형률 ϵ_{cc} 를 합한 총 변형률은(그림 5.10 참고)

$$\epsilon_{ct} = \epsilon_{ci} + \epsilon_{cc} = \frac{f_c}{E_c} + C_t \frac{f_c}{E_c} = \frac{f_c}{E_c}(1 + C_t) \tag{2.15}$$

가 되고, 크리프를 포함한 유효 할선 탄성계수 $E_{ce} = f_c / \epsilon_{ct}$ 에서

$$E_{ce} = \frac{f_c}{\epsilon_{ct}} = \frac{E_c}{1 + C_t} \tag{2.16}$$

가 된다. 하중의 크기가 일정하다고 가정되는 경우에 크리프계수를 이용하여 유효탄성계수를 계산하여 관계된 응력과 변형률을 구할 수 있다. 일반적인 설계조건에서 크리프계수 C_t 의 평균값은 대략 1.5~2.0이 된다.

콘크리트구조설계기준(2003, I.5.1⑵⑥)의 부록 I 별도설계법에서 압축철근을 등가 콘크리트로 환산하는 경우에(응력계산이나 중립축, 단면 2차 모멘트를 계산하는 경우) 탄성계수비 $n = E_s / E_c$ 대신에 2배인 $2n$ 을 사용하도록 제시하고 있다. 이런 $2n$ 의 사용은 크리프 계수를 $C_t = 1.0$로 보아 $E_{ce} = 0.5 E_c$ 라면 탄성계수비 $E_s / (0.5 E_c) = 2 E_s / E_c = 2n$ 이 되어 제시한 규정으로 별도설계법(허용응력설계법)에서 장기하중이 작용할 때 크리프와 건조수축의 영향을 고려하는 규정으로 이해할 수 있다.

도로기준 2.1.7 및 4.2.3.3에서는 콘크리트의 크리프 변형률은 식 (2.14)로 계산하며, 프리스트레스힘의 감소량 및 부정정력을 산출하는 경우에 콘크리트의 크리프계수 C_t 는 표 2.3의 값을 표준으로 한다고 제시하고 있다.

표 2.3 도로기준에서 제시하는 콘크리트의 크리프계수 C_t [도로기준 2.1.7 및 4.2.3.3]

지속하중을 재하할 때의 콘크리트의 재령(일)		4~7일	14일	28일	90일	365일
크리프계수 C_t	조강시멘트	3.8	3.2	2.8	2.0	1.1
	보통시멘트	4.0	3.4	3.0	2.2	1.3

구조물의 장기거동을 예측하기 위해서 크리프가 얼마나 발생할 것인가를 예측하는 일은 매우 중요하다. 도로기준 4.2.3.3이나 구조기준 2.2.2(5)에서는 크리프 변형률을 계산하는 상세식을 제시하고 있다. 이 계산절차는 소위 말하는 **적산형식(product-type formulation)**으로 CEB-FIP MC90에서 다룬 내용을 도입한 것이다[민창식 2014].

2.1.13 그라우트(Grout)

굵은 골재를 넣지 않고 물과 모래 그리고 시멘트 종류의 재료를 섞은 것을 반죽질기에 따라 **그라우트(grout)**, **모르타르(mortar)** 또는 **드라이팩(drypack)**이라고 한다. 프리스트레스트 콘크리트에서 이러한 재료들은 방화나 방청을 위해서 또는 외관을 보기 좋게 하기 위해서 사용되지만 종종 수평이나 연직 이음(joint)에서 하중을 전달(transfer load)하는데 사용되기도 한다[PCI 2010(9-19)].

사용되는 시멘트 종류는 ① 포틀랜드 시멘트, ② 수축보상(shrinkage-compensating) 포틀랜드 시멘트, ③ 특수 혼화제를 넣은 팽창(expensive) 포틀랜드 시멘트, ④ 석고(gypsum) 포틀랜드 시멘트, ⑤ 에폭시 수지 시멘트(epoxy-cement resin) 등이 있다.

그라우트의 품질관리는 콘크리트만큼 중요하므로 심혈을 기울여야 하고, 특히 그라우트 재료에 염화물이 함유되지 않도록 조심하여야 한다. 대부분의 그라우트는 단순히 포틀랜드 시멘트와 모래 그리고 물을 섞은 것이다. 비율은 보통 포틀랜드 시멘트 1에 2~3의 모래를 섞고 물의 양은 그라우트를 배치하는 방법에 따라 좌우된다.

유동성이 큰 그라우트(flowable grout)는 현장이나 공장에서 프리캐스트 콘크리트 요소의 빈틈을 채우기 위해서 사용되거나 또는 복잡한 구조물의 이음(joint)에 사용된다. 이런 종류의 그라우트는 보통 높은 물-시멘트 비(대략 0.5 정도)로 제작되므로 비중이 큰 모래들은 침하해서 상부 표면에 수분 층이 생길 수 있고, 낮은 강도에 높은 건조수축을 갖게 된다.

얼마간 된 그라우트 즉 모르타르는 벽 패널 사이의 수평 이음과 같이 안전히 둘러싸이지 않은 이음에 사용된다. 모르타르는 대략 21 MPa에서 40 MPa 정도의 강도를 갖고 유동성 그라우트에 비해서 건조수축이 상당히 감소하게 된다. 드라이팩은 상당히 된 모래-시멘트 혼합물을 일컬으며 이 드라이팩은 기둥의 밑판(base plate)과 같이 상대적으로 높은 압축강도가 필요한 경우에 사용되고, 다짐은 손다짐(hand tamping)으로 얻어진다.

만약에 동결-융해 내구성이 문제가 되는 경우에 9%~10%의 공기량을 유지하기 위해서는 그라우트에 AE 혼화제를 넣어야 한다. 추운 날씨에 보통 포틀랜드 시멘트 모르타르의 초기강도는 상당히 천천히 발달하게 된다. 사용재료를 덥히는 것은 열을 주변에 빼앗기기 때문에 효과적이 못하게 되고, 따라서 덮어씌우고 온도를 높이는 방법을 적용할 수 없을 때는 종종 **한중 콘크리트(cold weather concrete)**에 적용되는 특수 혼화제가 사용되기도 한다. 이런 종류의 혼화제는 석고를 포함할 수도 있는데 고농도 석고는 오랜 기간 물에 노출되면 팽창해서 손상을 줄 수 있으므로 조심해야 한다.

무수축 고강도 그라우트(non-shrink high-strength pre-mixed grout)를 사용하면 건조수축을 감소시키거나 조종할 수 있다. 이러한 그라우트는 초기 경화하는 과정에서 얼마간 팽창해서 이후에 발생하는 건조수축을 보상할 수 있도록 만든 것이다. 무수축 고강도 그라우트가 회사 제품으로 화학성분을 알 수 없고 인장보강 강재 등과 어떤 상호작용을 하는지 대부분 알려지지 않고 있다. 따라서 생산하는 회사의 권고사항을 조심해서 지켜야 할 것이다.

에폭시 그라우트는 에폭시 수지와 채움재로 넣는 건조시킨 모래로 구성되어 있다. 이 그라우트는 보통 고강도가 요구되거나 또는 콘크리트와 높은 접착력이 요구될 때 사용된다. 회사에 따라 에폭시 그라우트의 성분이 상당히 서로 다를 뿐만 아니라, 모래-시멘트 그라우트에 비해서 거동도 차이가 난다. 예를 들어서 에폭시 그라우트의 열 팽창율이 모래-시멘트 그라우트에 비해서 최대 7배까지 되어, 내화등급(fire rating)이 요구되는 부분에는 적용해서는 안 되고, 경험이나 적절한 실험을 거쳐서 에폭시 그라우트를 사용하는 것이 중요하다.

포스트텐션 콘크리트 시공에서 **덕트(duct, 도관)** 안에 배치된 긴장재(텐던, tendon)를 콘크리트가 경화한 후에 긴장하여 프리스트레싱을 도입하고 나서 가능한 한 빠르게 그라우트로 덕트를 채워서 긴장재를 부착하는데 사용된다(그림 2.4 참고)[PTI 2006(60)]. 그라우트는 다음과 같은 몇 가지 중요한 기능을 하게 된다. 그라우트는 긴장재와 덕트를 부착시킴으로서 둘러싸는 콘크리트와 부착하게 만들어 긴장재와 콘크리트 사이에 힘을 전달할 수 있게 한다. 그라우트가 긴장재를 시멘트질 재료로 둘러싸서 수분의 침투나 부식을 일으키는 물질들과 접촉하지 못하게 하고, 그라우트의 높은 알카리성이 긴장재를 부동상태로 만들어 부식하지 못하도록 한다.

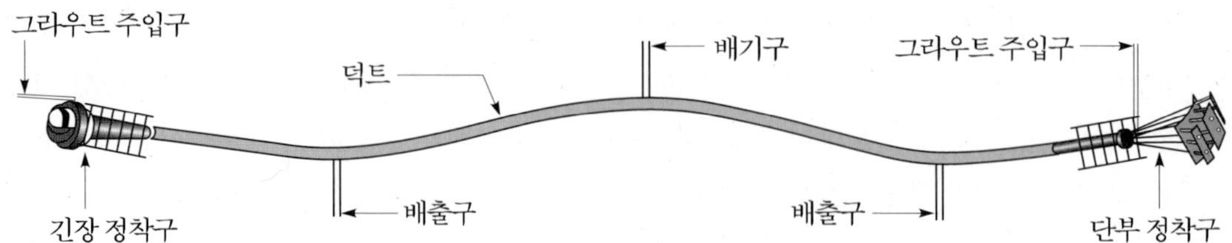

그림 2.4 다발 강연선을 배치하는 포스트텐션 시스템(덕트 속에 긴장재를 배치하고 콘크리트가 경화한 뒤에 정착구에서 긴장재를 긴장하고 그라우트를 주입하여 시공) [PTI 2006(60)]

포스트텐션 콘크리트 시공에 사용되는 그라우트가 효과적이기 위해서는 긴장재에 있는 빈틈을 충분히 채우면서 높지 않은 압력(덕트가 파열되거나 구조물에 손상을 주므로)으로 상당히 먼 거리에 펌프로 배송할 수 있도록 묽으면서 그라우트 작업 중에 굳지 않아야 할 것이다. 빈틈없이 긴장재를 둘러싸야 하므로 비블리딩 혼화제(thixotropic anti-bleed admixture)를 섞은 **브리딩이 없는 그라우트(non-bleed grout)**를 사용하여야 한다[PTI 2006(64, 84)].

도로기준 4.1.8(3)에서는 그라우트의 재령 28일의 압축강도가 21 MPa 이상이어야 하고, PS 강재와 프리스트레스트 콘크리트 부재 사이에서 충분한 부착력을 발휘해야 한다고 규정하고 있다.

2.1.14 팽창 콘크리트(Expansive, Self-Stressing Concrete)

팽창재(expansive additive)를 혼합한 시멘트를 물과 함께 혼합하면 수화반응에 에트린자이트 또는 수산화칼륨 등을 생성하여 팽창시키는 작용으로 프리스트레스를 주는 콘크리트로 **화학적 프리스트레싱(chemical prestressing)** 또는 **자기응력 콘크리트(self-stressed concrete)**라고 한다. 화학적 프리스트레싱은 콘크리트에 묻힌 보강재가 팽창콘크리트로 인해서 길이가 늘어나게 되면 원래의 길이로 줄어들려는 압축응력이 콘크리트에 프리스트레싱을 주는 방법이다[Lin 1981, Naaman 2012, 신현묵 2008].

이 방법의 발달은 1946 프랑스 Lossier가 현대적으로 적용하기 시작했으며, 이어서 러시아나 미국 등에서 개발이 시도되었다. 1973년 미국의 Polivka는 콘크리트에 최대 7 MPa의 압축응력까지 얻을 수 있다고 보고하였다. 화학적 프레스트레싱은 프레스트레싱력이 상대적으로 적어도 되는 포장이나 슬래브에 적용할 수 있다고 생각되어 왔으나, 모든 방향으로 일어나는 팽창을 조종하기 쉽지 않아서 미국 등에서는 연구 단계이상으로 발전하지는 못하였다. 포장시스템을 제외하고 유효 프리스트레싱력이 1.4 MPa 정도로 너무 작아서 구조물에 적용하기에는 충분하지 못한 상황이다. 그러나 팽창시멘트는 수축보상 콘크리트(shrinkage-compensating concrete)로 길이가 긴 슬래브에서 수축이음(joint)을 없애거나 또는 감소시키는데 사용된다.

2.2 보강 강재(Reinforcing Steel)

1장에서 언급한 바와 같이 프리스트레스트 콘크리트에서 연신율(high elongation)이 큰 고강도 긴장재의 사용은 매우 중요하다. 만약에 보통 강도의 강재를 사용하게 되면 시간이 지나면서 일어나는 프리스트레스 손실로 인해서 긴장재의 응력은 상당부분 감소하거나 또는 완전히 잃게 된다. 따라서 유효 긴장력을 유지하기 위해서는 상당히 높은 인장강도가 필요하다. 프리스트레싱 긴장재에 요구되는 다른 성질들은 ① 상당한 응력까지 탄성을 유지하고, ② 항복하기 전에 충분한 연성(ductility)을 갖고, ③ 탁월한 부착특성(bonding properties), 낮은 응력이완(low relaxation), 부식(corrosion)이나 피로(fatigue)에 높은 저항성을 갖고, ④ 경제적이면서 다루기 쉬워야 한다[8] [Naaman 2012(49)].

PS(prestressed, 프리스트레스트) 긴장재는 보통 철근에 비해서 대략 4 ~ 5배 정도의 상당히 높은 인장강도를 갖는데 이는 탄소의 함량을 증가(1,860 MPa에 0.82%)시키고 순차적으로 직경이 작은 틀로 냉간 인발(cold drawing)하여 얻어진다[Krishna 2007(56)].

강연선은 프리텐션 방식으로 긴장한 뒤에 콘크리트가 사전에 결정된 강도에 다다르면 강연선을 잘라서 강연선의 부착력에 의해 긴장력을 콘크리트로 전달하게 된다[PCI 2010(9-24)].

2.2.1 프리스트레싱 강재의 종류

인장 보강재로는 프리스트레싱 **긴장재(tendon)와 이형철근(deformed steel bar)** 및 **용접철망(welded-wire reinforcement)** 등이 있다. 강섬유(fiber)는 수축균열을 억제하기 위해서 사용되기도 하지만 구조적인 특성이 아직 잘 알려지지 않아서 구조 보강재인 용접철망 등을 대신해서 사용하지 말고, 특히 프리캐스트 바닥판 위에 치는 현장치기 콘크리트(cast-in-place, CIP slab)의 보강재로 강섬유를 사용하지 말도록 PCI에서는 제안하고 있다[PCI 2010(9-24)].

프리스트레싱 긴장재의 종류는 아래와 같다(그림 2.5 참고).

① **강선(wire) 및 다발강선(multi-wire tendon)** : KS D 7002 : 2011에서 제시하는 규격은 지름 2.9~9 mm의 원형 또는 이형강선으로 항복강도는 A종(1,720 MPa)과 B종(1,860 MPa)이 있다.

② **강연선(strand) 및 다발 강연선(multi-strand tendon)** : 두 개 또는 그 이상의 소선을 꽈배기 형태로 꼰 것으로 2~3연선 또는 7연선 등이 많이 사용된다. 국내에서 7연선은 A종(1,720

8. 다루기 어렵지 않을 것, 높은 응력을 받는 강재가 조직이 취약해지는 경우(타래로 감아서 출하되는 PS 강재는 타래의 지름이 강선의 지름의 150배 이상인 것이 좋다.)

MPa), B종(1,860 MPa), C종(2,160 MPa) 및 D종(2,400 MPa)이 제작되고 있다. 국내에서는 그림 2.6의 응력제거(stress-relieved)보다는 **저이완(low relaxation, L/R)** 공정을 거쳐서 릴랙세이션이 낮고 항복응력이 5.9% 더 큰(표 2.4 참고) 7연선이 대부분 공급되고 있다.

③ **강봉(steel bar)** : KS D 3505 : 2002에서 규정하는 원형 봉강은 지름 9.2~40 mm에 항복강도 1,030 MP ~ 1,230 MPa의 A~C 등급이 있고 이형 봉강은 지름 7.4~13 mm에 항복강도 1,080 MPa ~ 1,420 MPa의 B~D 등급이 있다. PS 강봉은 포스트텐션의 프리캐스트 콘크리트 부재를 연결할 때나 또는 부식방지 장치를 하고 **외적 텐던(external tendon)**으로 사용된다.

④ **유리섬유봉(fiber glass tendon)** : FRP 봉(fiber reinforced plastic rod) 또는 AFRP 봉(aramid fiber reinforced polymer rod)을 사용한다. 장점으로는 높은 인장응력에 낮은 탄성계수(42,000~71,000 MPa)로 상대적으로 프리스트레스의 손실이 적은 것이다.

그림 2.5 전형적인 긴장재 및 정착장치

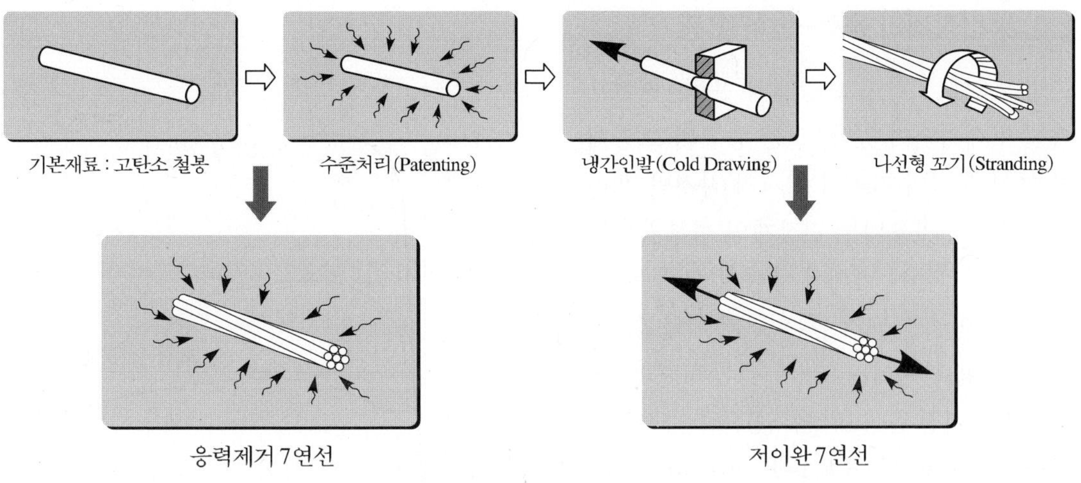

그림 2.6 프리스트레싱 7연선의 제조과정 [Collins 1987(78)]

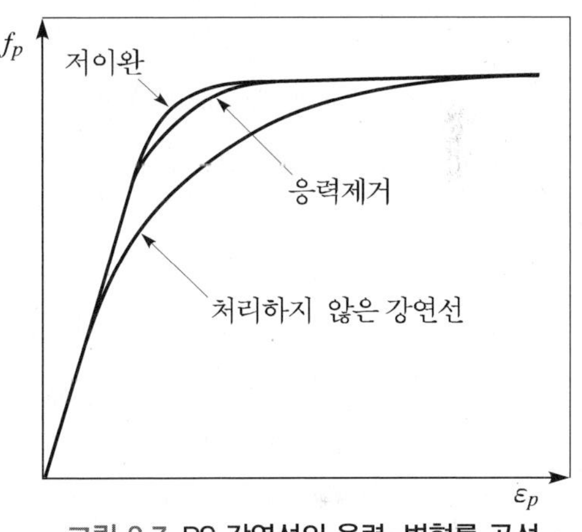

그림 2.7 PS 강연선의 응력-변형률 곡선 [Collins 1987]

가장 일반적으로 사용되는 PS 긴장재는 1개의 소선 둘레로 6개의 소선을 꼬아서 만든 **7연선(seven-wire strand)**이다. 그림 2.6에는 **응력제거(stress-relieved)** 또는 **저이완(low-relaxation, L/R)** 7연선의 제조과정이 요약되었다. 그림 2.6에서 수준처리(patenting, 성질을 일정하게 하기 위해서 800℃로 가열 후 서서히 냉각)한 뒤에 냉간인발(cold drawing, 평온에서 직경이 작은 틀(die, 다이)에서 연속적으로 잡아 늘려서 강도를 증진)과 나선형 꼬기(stranding)는 강연선에 상당한 잔류응력(residual stress)을 존재하게 하고, 이 잔류응력으로 그림 2.7의 응력-변형률 곡선에서 항복부분이 뚜렷하게 나타나지 않고 완만한 곡선을 보이게 된다. 응력제거(stress-relieving, 350℃로 가열 후 서서히 냉각)는 잔류응력을 제거하여 훨씬 높은 비례한계(proportional limit)를 얻게 해주고, 특히 저이완 강연선의 소려과정(strain tempering, 인장을 준 상태에서 350℃로 가열 후 서서히 냉각)은 시간의존 손실인 이완(relaxation)을 경감시켜서 더욱더 효과적으로 응력-변형률 특성을 증진시킨다[Collins 1987(76)].

2.2.2 긴장재의 응력-변형률 관계

그림 2.8에는 각종 보강재의 응력-변형률 곡선이 제시되어 있다. 모든 종류의 보강재가 초기 강성의 기울기는 거의 같지만 프리스트레싱에 사용되는 긴장재의 항복강도는 보통 이형철근에 비해서 상당히 크게 된다.

긴장력이 도입되지 않는 보통 이형철근의 응력-변형률 관계는 2개의 직선(bi-linear)으로 이루어진 탄성-완전소성으로 가정하여 접근한다[구조기준 6.2.1(4)]. 따라서 응력-변형률의 관계는

$$f_s = E_s \epsilon_s \leq f_y \qquad (2.17)$$

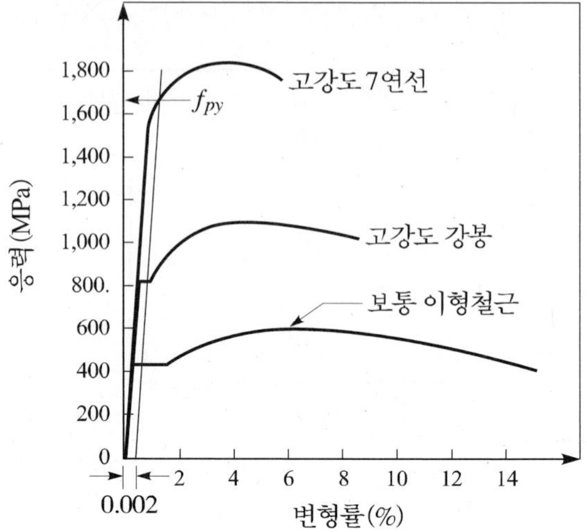

그림 2.8 각종 강재의 전형적인 응력-변형률 곡선

로 표현되며, 인장과 압축에서 모두 이 가정이 유효하다고 가정한다. 보통철근의 탄성계수는 구조기준 3.4.3(2)에 따라

$$E_s = 200{,}000 \text{ MPa} \qquad (2.18)$$

의 값을 표준으로 할 수 있다. 그러나 f_y 가 400 MPa을 초과하여 항복마루가 없는 철근, 철선 및 용접철망의 경우에 f_y 값은 변형률 0.0035에 상응하는 응력 값으로 사용하도록 구조기준 2.2.3(4)에서 제안하고 있다.

고강도 긴장재의 응력-변형률 관계는 근사적으로 2개의 직선으로 구성되는 곡선으로 가정하여 다음과 같이 구할 수 있다.

$$f_p = E_{ps} \epsilon_p \leq f_{py} \qquad (2.19)$$

뚜렷한 항복점으로 보여주지 않는 긴장재의 경우에 **등가 항복응력(equivalent yield stress)**은 그림 2.8과 같이 0.002 **옵셋응력(offset stress)**으로 결정할 수 있다. 다양한 종류의 긴장재에 대한 극한응력으로 항복응력의 값이 표 2.4에 주어졌다.

표 2.4 프리스트레싱 긴장재의 항복응력[CSA-G279, ASTM ; Naaman Table 2.6, CPCI 3-27]

프리스트레싱 강재	KS D(ASTM)	항복응력(yield stress)
PS 강선(wire)	KS D 7002(A421)	$f_{py} = 0.85 f_{pu}$
PS 강연선(strand)	KS D 7002(A416)	응력제거 : $f_{py} = 0.85 f_{pu}$
		저이완 : $f_{py} = 0.90 f_{pu}$
PS 강봉(bar)	KS D 3505(A722)	원형 : $f_{py} = 0.85 f_{pu}$
		이형 : $f_{py} = 0.80 f_{pu}$

긴장재의 탄성계수는 실험에 의하여 결정하거나 제조자에 의해서 주어지는 것이 원칙이지만, 그렇지 않는 경우 다음 값을 표준으로 할 수 있다.

$$E_{ps} = 200,000\ \mathrm{MPa} = 200\ \mathrm{GPa} \tag{2.20}$$

전형적인 강연선의 응력-변형률 곡선이 그림 2.9에 주어졌다. 표 2.5에는 국내에서 생산되는 PS 강선 및 PS 강연선의 산업규격 KS D 7002 : 2011이 제시되었다.

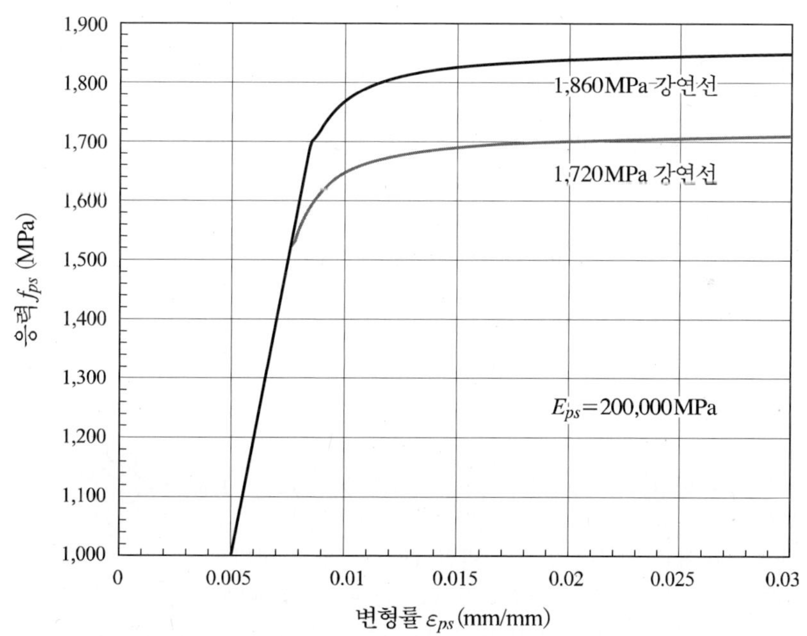

응력-변형률 곡선 계산 식 :
1,720 MPa : $\epsilon_{ps} \le 0.0076$: $f_{ps} = 200,000\epsilon_{ps}$; $\epsilon_{ps} > 0.0076$: $f_{ps} = 1,720 - 0.26/(\epsilon_{ps} - 0.0064)$
1,860 MPa : $\epsilon_{ps} \le 0.0085$: $f_{ps} = 200,000\epsilon_{ps}$; $\epsilon_{ps} > 0.0085$: $f_{ps} = 1,860 - 0.27/(\epsilon_{ps} - 0.007)$

그림 2.9 전형적인 강연선 긴장재의 응력-변형률 곡선[PCI 2010(15-32), 핸드북(11.2.5), CPCI 2007]

표 2.5 KS D 7002 : 2011에 제시된 PS 강선 및 강연선의 호칭 및 표준지름과 공칭단면적

종 류[(1)]		기 호	호 칭	표준지름[(2)] (mm)	공칭단면적 (mm^2)	단위무게 (kg/km)
원형강선 A종[(3)]		SWPC1AN[(4)], SWPC1AL	5 mm	5.00	19.64	154
B종		SWPC1BN, SWPC1BL	7 mm	7.00	38.48	302
			8 mm	8.00	50.27	395
이형강선		SWPD1N, SWPD1L	9 mm	9.00	63.62	499
원형 2연선		SWPC2N, SWPC2L	2.9 mm	2.90	13.21	104
이형 3연선		SWPD3N, SWPD3L	2.9 mm	2.9	19.82	156
7연선	A종	SWPC7AN, SWPC7AL (f_{pu} = 1,720 MPa)	9.3 mm	9.3	51.61	405
			10.8 mm	10.8	69.68	546
			12.4 mm	12.4	92.90	729
			15.2 mm	15.2	138.7	1,101
	B종	SWPC7BN, SWPC7BL (f_{pu} = 1,860 MPa)	9.5 mm	9.5	54.84	432
			11.1 mm	11.1	74.19	580
			12.7 mm	12.7	98.71	774
			15.2 mm	15.2	138.7	1,101
	C종	SWPC7CN, SWPC7CL (f_{pu} = 2,160 MPa)	12.7 mm	12.7	98.71	774
			15.2 mm	15.2	138.7	1,101
	D종	SWPC7DN, SWPC7DL (f_{pu} = 2,400 MPa)	12.7 mm	12.7	98.71	774
			15.2 mm	15.2	138.7	1,101
19연선		SWPC19N, SWPC19L	17.8 mm	17.8	208.4	1,652
			19.3 mm	19.3	243.7	1,931
			20.3 mm	20.3	270.9	2,149
			21.8 mm	21.8	312.9	2,482
			28.6 mm	28.6	532.4	4,229

(1) 단면 : 강선　2연선　3연선　7연선　19연선

(2) 7연선 및 19연선의 표준 지름은 연선의 외접원의 지름으로 한다.

(3) 원형선 B종은 A종보다 인장강도가 100 N/mm^2 높은 종류를 나타낸다.

(4) 릴랙세이션 표준 값에 따라 보통 선은 N, 낮은 선은 L의 기호를 끝에 붙인다.

2.2.3 부착특성 및 전달길이(Bond Characteristics and Transfer length)

콘크리트에 매립된 강재에 직접적으로 하중이 작용하는 경우는 거의 없고 둘러싸인 콘크리트로부터 강재와 콘크리트 접촉면에 발달하는 **부착응력(bond stress)**이라고 불리는 전단응력을 통해서 전달받게 된다. 이 부착이 효과적으로 발달될 때에야 강재와 콘크리트는 합성구조의 역할을 할 수 있게 되어 성공적인 부착강도를 얻는 것은 강재의 상세에 중요한 목표가 된다 [Park 1975(392)].

강재 표면적[= 원주 × 길이 = $(\pi d_b) l$]의 전단응력으로 정의되는 부착응력 u 는 2 단면에서 인장력 T가 변화할 때에만 존재하게 된다. 그림 2.10의 보를 자른 자유물체도에서 강재(1 개)만을 분리해서 수평방향 평형방정식을 쓰면, 부착응력은

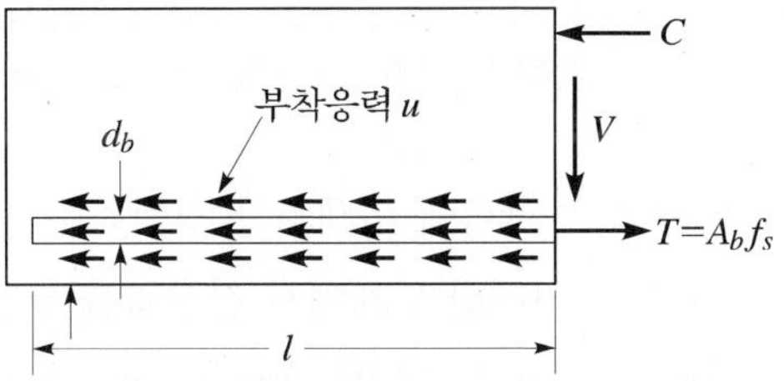

그림 2.10 내력과 강재 표면에 환상으로 발달하는 부착응력

$$T = A_b f_s \equiv u(\pi d_b) l$$

$$u = \frac{d_b f_s}{4l} \tag{2.21}$$

가 된다. 강재가 콘크리트에 묻히는 **매립길이(embedment length)**가 충분해서 강재의 응력이 항복응력 f_y 에 도달하는 최소 매립길이를 **정착길이(development length)** l_d 라 하고 이를 식 (2.21)을 이용해서 적으면

$$l_d = \frac{d_b}{4u} f_y \tag{2.22}$$

가 된다. 따라서 정착길이 l_d 는 보강재의 부착특성 및 지름과 항복강도에 따라 좌우된다.

보강재로부터 콘크리트로의 힘의 전달은 보강재로부터 방사방향(radial direction)으로 분포하는 경사압축력에 의해서 전달되며 이런 현상은 1913년 Adams에 의해서 보고되었다. 경사압축력의 방사방향 분력은 보강재를 둘러싸고 있는 콘크리트에 원주 인장응력이 발생하여 균형을 이루게 된다(그림 2.11 참고). 보강재를 둘러싼 콘크리트에 하중을 얼마나 전달할 수 있느냐 하는 능력은 환상의 인장에 의해서 어떻게 파괴가 일어나느냐에 따라 좌우되며, 콘크리트의 피복두께에서 가장 얇은 부분이 먼저 **찢어지는 파괴(splitting)**가 일어나게 될 것이다(그림 2.12a 참고). 그러나 만약에 보강재의 직경이 가늘어서 콘크리트와 부착하는 면적이 감소하거나 또는 콘크리트 강도가 너무 낮으면 부착력도 감소하게 되어 그림 2.12b와 같이 콘크리트에 찢어짐 파괴가 일어나기 전에 철근이 **뽑히는 파괴(pull-out failure**, 정착길이가 충분하지 않은 경우)가 일어나게 될 것이다.

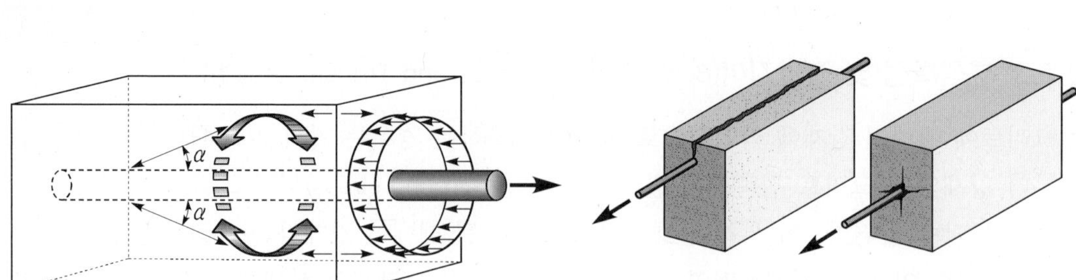

그림 2.11 경사압축응력(inclined compressive force)의 방사 방향 분력에 균형을 이루기 위해서 콘크리트에 발생하는 환상의 인장응력(tensile stress ring)

그림 2.12 찢어짐파괴(splitting)와 뽑힘파괴(pull-out failure)

긴장재가 부착력에 의해서만 정착하는 프리텐션 부재에 있어서 긴장재의 부착특성은 매우 중요하다. 프리텐션 부재에서 긴장력을 부재에 전달할 때 부재 단부에서 유효 긴장력 f_{pe} 를 발달시키는 길이를 **전달길이(transfer length)**라고 한다. 전달길이는 강재의 인장응력, 콘크리트 압축강도, 강재 단면의 형상(즉, 강선 또는 강연선), 강재의 표면 상태, 긴장력을 얼마나 갑작스럽게 전달하느냐에 따라 영향을 받는다[Nilson 1987(187)]. Karr 등은 1963년 직경 6.4 mm ~ 15 mm의 7연선을 이용하여 콘크리트 강도와 단부에서 긴장력을 전달하는 방법이 전달길이에 미치는 영향을 연구하였다(그림 2.13 참고). 긴장력은 $0.7f_{pu}$ = (0.7)1,720 = 1,204 MPa가 도입되어 전달된 뒤의 콘크리트에는 $0.6f_{ck}$ 압축응력(f_{ck} = 11 MPa ~ 35 MPa)이 발달하도록 설계하였다. 긴장재의 긴장력이 증가하는 것을 결정하기 위해서 압축변형률은 콘크리트 표면

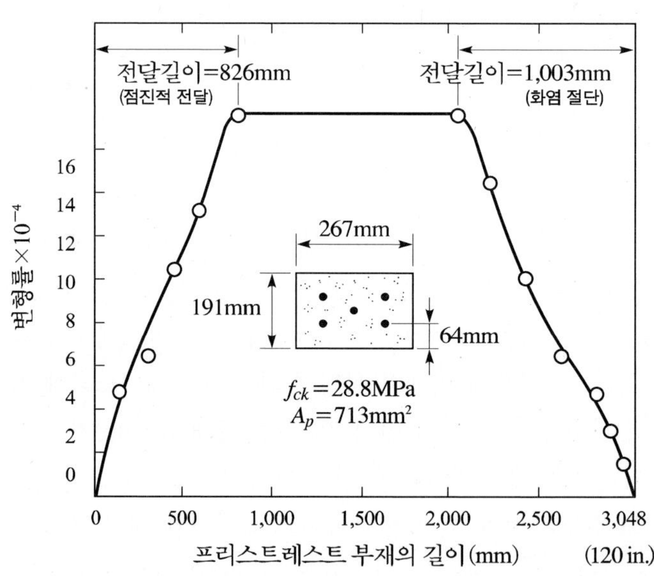

그림 2.13 길이 3 m(120 in.)에 직경 15 mm 강연선으로 구한 전달길이 [Kaar 1963]

과 긴장재의 길이를 따라 측정하였다. 콘크리트에 도입되는 압축응력이 완전하게 발달하는데 필요한 길이를 전달길이로 결정하였다. 그림 2.13은 프리스트레스트 부재의 길이를 따라 측정한 압축변형률의 변화를 보여주고 있다. 그림에서 보면 긴장재를 화염으로 절단한 단부(flame-cut)에서는 전달길이가 1,003 mm가 필요하고 긴장력을 서서히 전달한 반대쪽 단부에서는 826 mm가 필요하였다[Collins 1987(96)].

콘크리트의 전단강도 계산에 대한 규정인 구조기준 7.3.2(5)(ACI 11.3.5)에서는 긴장재의 전달길이는 **강연선(strand)**의 경우 강선의 꼬인 형태가 부착력을 증가시켜서 지름의 50배로 **단일 강선(single wire)**의 경우는 지름의 100배로 가정하도록 제안하고 있다(식 (7.22) 및 7.4.2장 참고).

긴장대 사이에서 긴장재를 인장하면 **포와송 영향(Poisson's effect)**으로 단면이 약간 줄어들게 된다. 콘크리트가 경화하고 난 뒤에 긴장대의 긴장재를 풀어주게 되면 응력은 0으로 돌아가면서 긴장재의 단면이 원래대로 돌아가려고 할 때(약간 팽창하면서) 둘러싼 콘크리트에 압축력을 가하게 되어 단부에서 부착력을 향상시키게 되며 이를 **호이어 효과(Hoyer effect)**라고 한다(그림 2.14 참고).

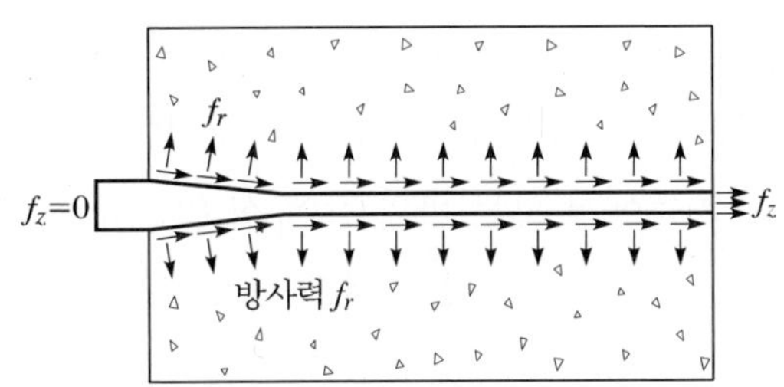

그림 2.14 호이어 효과(Hoyer effect) [Leonhardt 1964]

이렇게 단부(free end)에서 부착상태가 좋아지므로 긴장재의 길이를 따라 크기가 일정한 부착응력을 적용하는 것은 적당하지 않다고 볼 수 있다. 따라서 이러한 상황은 그림 2.15에서 기

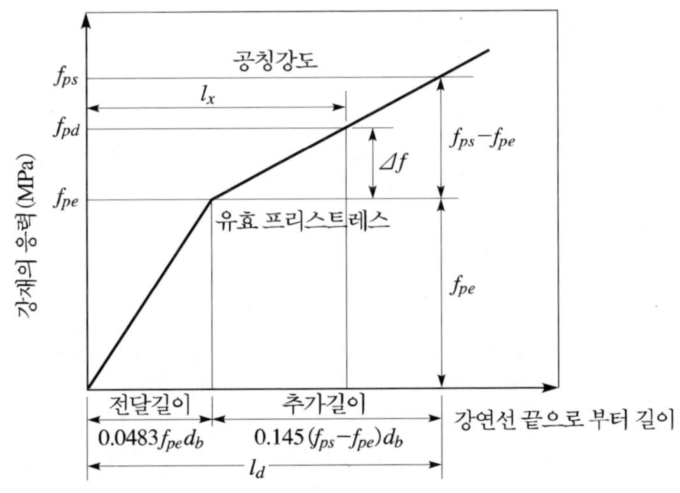

그림 2.15 프리텐션 강연선의 응력 발달 [ACI Note]

울기가 서로 다른 2 직선으로 부착에 의한 긴장재의 응력 발달을 보여주고 있다. 구조기준 8.4(1)(ACI 12.9)(7연선, seven-wire strand)와 도로기준 4.6.4.4(3연선 또는 7연선)[9]에서 위험단면을 지나 아래의 정착길이 이상으로 연장하여 설계하도록 규정하고 있다.

$$\text{구조기준 : } l_d = l_t + l_f = 0.145\left(\frac{f_{pe}}{3}\right)d_b + 0.145(f_{ps} - f_{pe})d_b$$
$$= 0.145\left(f_{ps} - \frac{2}{3}f_{pe}\right)d_b \quad (2.23)$$

$$\text{도로기준 : } l_d = 0.15\left(f_{ps} - \frac{2}{3}f_{pe}\right)d_b \quad (2.24)$$

여기에서 괄호 안의 값은 단위가 없는 상수로 간주하고, f_{pe} 는 모든 프리스트레스 손실이 발생한 후의 긴장재의 유효 인장응력이고, f_{ps} 는 공칭강도 상태의 긴장재의 인장응력이다. 그림 2.15에서 보는 바와 같이 식 (2.23)에서 첫 번째 항 $l_t = 0.145(f_{pe}/3)d_b = 0.0483 f_{pe}\, d_b$ 는 f_{pe} 를 얻기 위한 **전달길이(transfer length)**이고, 두 번째 항 $l_f = 0.145(f_{ps} - f_{pe})d_b$ 는 단면에 공칭강도를 발휘하기 위해서 필요한 **휨부착길이(flexural bond length)**이다. 유효긴장응력을 $f_{pe} \approx 0.55 f_{pu} = 0.55(1{,}860) = 1{,}023$ (MPa)이라면, 전달길이 $l_t = 0.145(f_{pe}/3)d_b$ $= 0.145(1{,}023/3)d_b = 49.4\,d_b \approx 50\,d_b$ 가 되어 구조기준 7.3.2(5)(ACI 11.3.5)의 전단강도 규정을 만족하고 있다.

그림 2.16에는 7연선(B종 $f_{pu} = 1{,}860$ MPa, 직경 9.5, 11.1, 12.7, 15.2 mm인 경우)에 대해서 전달길이와 휨부착길이에 발달하는 대략적인 응력의 변화를 보여주고 있다. 유효긴장응력 $f_{pe} \approx 0.55 f_{pu} = 1{,}023$ MPa로 고려하였다.

구조기준 8.4(3)(ACI 12.9.3)에서 단부에서 **부분적 비부착 강연선(debonded strand**, 그림 1.14 및 4.9 참고)[10]인 경우 또는 인장응력 한계($-0.25\sqrt{f_{ci}}$ 또는 $-0.50\sqrt{f_{ci}}$, 표 2.15 참고)을 설계에서 고려하는 인장구역의 경우의 정착길이 l_{dt} 는 아래와 같이 식 (2.23)으로 구한 정착길이를 2배로 증가시키도록 규정하고 있다.

---

9. 도로기준 4.6.4.4(1)에서 계수 1.5를 사용하고 있는데 이는 편집상의 오류로 보여 0.15로 제시하였다.
10. "Debond"과 "unbond"라는 용어가 쓰이는데 콘크리트 용어집에서는 "**debonding**"을 **부착력 저하**로 "**unbonded tendon**"은 **비부착 텐던**으로 표현하고 있다. Debonding은 프리스트레싱의 단부에서 원하지 않는 응력이 발생하지 못하도록 하거나 또는 균열을 막고자 부착 긴장재 중에서 몇 개에 튜브를 씌워서 부착하지 못하도록 하는 방법이고, Unbonding은 포스트텐션 방식에서 덕트 속의 긴장재를 비부착 상태로 유지하기 위해서 그라우트를 하지 않는 방식을 말한다. 본 교재에서 "debonding"은 "**부분적 비부착 긴장재**"로 "unbonding"은 "**비부착 긴장재**"로 표기하였다.

$$l_{dt} = 2l_d = 2(l_t + l_f) = 2\left[0.145\left(\frac{f_{pe}}{3}\right)d_b + 0.145(f_{ps} - f_{pe})d_b\right] \tag{2.25}$$

이렇게 2배의 정착길이를 요구하는 이유는 단부에서 거리를 두고 정착이 시작되어 반력으로 인한 압축력이 주는 구속효과가 없어질 뿐만 아니라, 휨으로 인한 인장응력이 존재하여 긴장재와 콘크리트사이의 응력전달 효율이 떨어지기 때문이다[Naaman 2012(205)]. 그림 2.16에서와 같이 부분적 비부착 긴장재인 경우에 정착길이는 비부착이 끝나고 부착된 위치로부터 정착길이 $l_{dt} = 2l_d$ 를 확보하여야 한다.

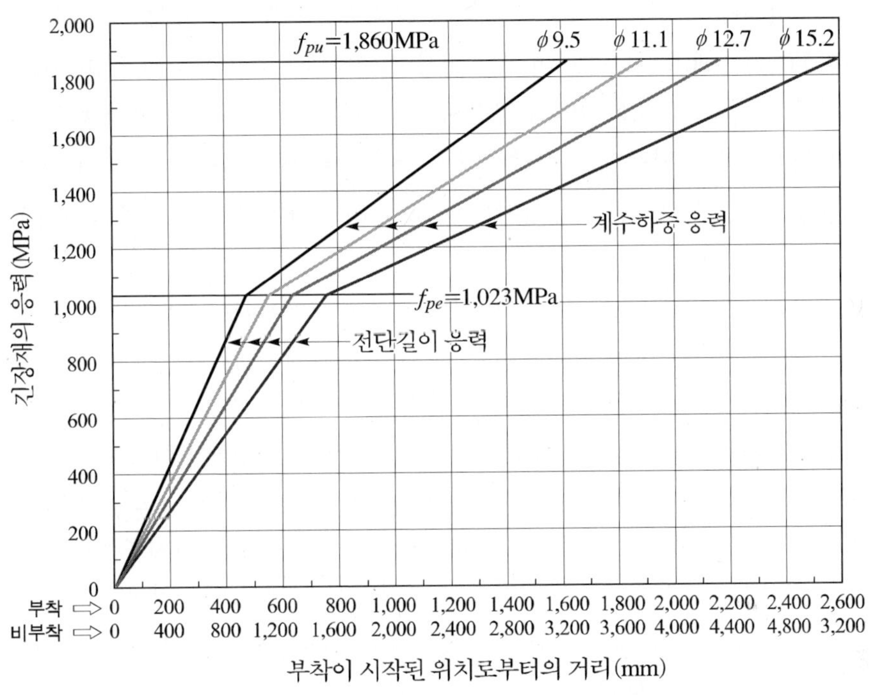

그림 2.16 B종 7연선 긴장재의 부착된 위치로부터의 긴장재의 응력 [PCI 2010]

구조기준 8.4(2)(ACI 12.9.1.1, 12.9.3)에서는 임의 단면에서 강연선의 설계응력이 f_{ps} 를 초과하지 않는다면 l_d 보다 짧은 묻힘길이를 허용한다고 규정하고 있다. 이런 상황은 부재의 전체 길이가 정착길이 l_d 의 2배보다 짧은 프리캐스트 프리스트레스트 콘크리트 부재에서 발생할 수 있다. 이런 경우에 긴장재는 f_{ps} 를 완전히 발달시키지 못하고, 거더 단부에서 거리 l_x 떨어진 (조건 $l_t < l_x < l_d$) 긴장재에 발달하는 최대 응력 f_{pd} 는 그림 2.15에서

$$f_{pd} = f_{pe} + \Delta f = f_{pe} + \frac{(f_{ps} - f_{pe})}{0.145(f_{ps} - f_{pe})d_b}\left(l_x - \frac{0.145 f_{pe}}{3} d_b\right)$$

$$= f_{pe} + \frac{l_x}{0.145 d_b} - \frac{f_{pe}}{3}$$

$$f_{pd} = \frac{l_x}{0.145 d_b} + \frac{2}{3} f_{pe} \qquad (2.26)$$

로 구할 수 있다. 이렇게 휨부재의 경간이 짧은 경우에 긴장재의 응력이 충분히 발휘하지 못하기 때문에 단면의 강도를 얻기 전에 **미끄러짐 파괴(slip failure)**가 일어날 수 있으므로 긴장재의 낮아진 응력을 고려해서 감소된 단면의 강도를 구해야 한다[CPCI 2007(3-52)].

부착 미끄러짐(bond slip)으로 인한 파괴는 취성 전단파괴(brittle shear failure)과 유사해서 구조기준 3.3.3(2)⑦(ACI 9.3.2.7)에서 긴장재의 묻힘길이가 정착길이 보다 짧은 프리텐션 부재의 휨단면에서 부재의 단부에서 전달길이 l_t 까지는 **강도감소계수(strength reduction factor)** 0.75를 적용하고 l_t 에서 정착길이 l_d 까지는 0.75 ~ 0.85까지 선형으로 증가시키도록 규정하고 있다(예제 4.7 참고).

구조기준 8.4(4)(ACI 12.9.2)에서는 단면의 휨강도에 대한 검토는 계수하중이 작용할 때 전체 설계강도가 발휘되어야 하는 단면(단부에서 가까운 각각의 단면)에서 수행하면 되도록 허용하고 있다. 그러나 만약에 한 개 또는 그 이상의 강연선이 단부까지 부착되지 않았거나(**부분적 비부착 긴장재, debonding strand**) 또는 정착길이 내에 집중하중이 작용하는 경우에는 위험단면이 변할 수 있으므로 상세해석(detailed analysis)을 수행하거나, 또는 **부분적 비부착 긴장재(debond strand)**가 배치되는 경우에 긴장재의 변형률이 일률적이지 않아 변형률 적합성(stain compatibility)을 만족시키지 못하므로 정착길이 내에서 단면의 공칭강도를 계산하는데 안전 측으로 비부착 긴장재가 완전히 정착하기 전까지는 무시하여 고려하지 않는 방법도 제안하고 있다(예제 4.8 참고)[PCI 2010(5.2.3.2)].

2.2.4 전달시 단부응력(End Stresses at Transfer)

프리텐션 부재의 단부에는 높은 **쪼갬응력(splitting stress)**이 존재하기 때문에 **수평균열(horizontal crack)**의 발생을 억제하기 위해서는 추가적인 연직 스터럽을 배치하여야 한다. 9장에서 다루는 포스트텐션 긴장재에 대한 정착구역의 설계는 구조기준 9.9(ACI 18.13)에서 다루고 있지만, 프리텐션 부재에 대해서는 특별한 규정을 따로 하지 않고 있다[Naaman 2102(206)].

PCI 5.2.4(CPCI 3.4.10)에서는 프리텐션 부재의 단부에 배치하여야 하는 스터럽의 면적을 산정할 수 있는 Marshall과 Mattock[1962]이 제안한 다음과 같은 식을 제시하고 있다.

$$A_{vt} = 0.021\,(P_0 h)/(\overline{f}_s l_t) \quad (2.27)$$

여기에서 A_{vt} = 단부에서 h/5 거리에 균등하게 분포하여 배치하는 스터럽의 단면적, P_0 = 도입하기 바로 직전의 긴장력(N), h = 부재의 깊이(mm), $\overline{f}_s$ = 스터럽의 설계응력으로 보통 207 MPa(30 ksi) [AASHTO에서는 138 MPa(20 ksi)], l_t = 긴장재의 전달길이로 보통 강연선에 $50d_b$ (식 (7.22) 참고)로 설계한다. PCI에서는 이 응력은 긴장력이 도입될 때의 일시적인 응력이므로 전단이나 비틀림 보강철근에 더해서 배치할 필요까지는 없다고 제안하고 있다.

도로설계기준 4.6.3.10에서는 아래의 스터럽을 단부에서 $d/4$ 위치에 배치하도록 규정하고 있다.

$$A_{vt} = 0.04\,(P_0/140) \quad (2.28)$$

2.2.5 부착철근(Reinforcing Bar)

표 2.6 KS D 3504 부착 철근의 종류와 기계적 성질

	기 호	용도	항복점(N/mm^2)	인장강도(N/mm^2)	철근 끝 양단면의 색깔
이형 철근	SD300	일반용	300 이상	440 이상	**녹색**(일반철근)
	SD350		350 이상	490 이상	**적색**(지하철 공사에 사용)
	SD400		400 이상	560 이상	**황색**(고장력철근 'high bar')
	SD500		500 이상	620 이상	**흑색**(슈퍼바 'super-bar')
	SD600		600 이상	710 이상	회색
	SD700		700 이상	800 이상	청색
	SD400W	용접용	400 이상	560 이상	백색
	SD500W		500 이상	620 이상	분홍색

KS D 3504 : 2011 철근 콘크리트용 봉강에서는 표 2.6과 같이 일반적으로 사용되는 이형철근 SD300(Steel Deformed) 이나 SD400에 더하여 SD500, SD600 및 SD700의 고강도 부착철근을 제시하고 있다. 표 2.7에는 부착철근의 종류와 공칭지름 및 단면적이 제시되었다. 철근의 길이는 3.5 m~12 m 까지 생산되지만 일반적으로 8 m가 표준이 되고 있다.

균열의 폭을 억제하거나 온도응력을 분산시키기 위해서는 굵은 철근을 성글게 배치하는 것보다는 가는 철근을 좁은 간격으로 배치하는 것이 더 효과적인데 특히 두께가 얇은 구조물에서는 더욱더 중요하게 된다. 주어진 조건에서 전체 균열 폭의 합은 같으므로 균열의 수가 많을수록 곱게 되어 거의 눈에 보이지 않게 된다. 부착철근을 배치하는 경우에 최대 간격은 위험단면에서 슬래브 두께의 2배 이하 또한 300 mm 이하이어야 한다[구조기준 10.6.1(2), 10.2.3(2), PCI 2010(9-25)].

표 2.7 이형철근의 종류와 공칭지름 및 단면적

호칭 (USCU)*	단위 무게 (kg/m)	공칭 지름 (mm)	공칭 단면적 (mm^2)									
			1개	2개	3개	4개	5개	6개	7개	8개	9개	10개
D10(#3)	0.560	9.53	71.3	143	214	285	357	428	499	571	642	713
D13(#4)	0.995	12.7	126.7	253	380	507	633	760	887	1,013	1,140	1,267
D16(#5)	1.56	15.9	198.6	397	596	794	993	1,191	1,390	1,588	1,787	1,986
D19(#6)	2.25	19.1	286.5	573	860	1,146	1,433	1,719	2,006	2,292	2,579	2,865
D22(#7)	3.04	22.2	387.1	774	1,161	1,548	1,935	2,322	2,710	3,097	3,484	3,871
D25(#8)	3.98	25.4	506.7	1,013	1,520	2,027	2,534	3,040	3,547	4,054	4,560	5,067
D29(#9)	5.04	28.6	642.4	1,285	1,927	2,570	3,212	3,855	4,497	5,139	5,782	6,424
D32(#10)	6.23	31.8	794.2	1,588	2,383	3,177	3,971	4,765	5,560	6,354	7,148	7,942
D35(#11)	7.51	34.9	956.6	1,913	2,870	3,827	4,783	5,740	6,696	7,653	8,610	9,566
D38(#12)	8.95	38.1	1,140.1	2,280	3,420	4,560	5,700	6,841	7,981	9,121	10,261	11,401
D41(#13)	10.5	41.3	1,339.6	2,679	4,019	5,359	6,698	8,038	9,378	10,717	12,057	13,396
D51(#16)	15.9	50.8	2,026.8	4,054	6,081	8,107	10,134	12,161	14,188	16,215	18,242	20,268

* D13 철근은 USCU로는 #4로 표기된다. KS에서 철근의 번호는 mm 단위의 공칭지름을 의미하고 USCU에서는 inch 단위의 공칭지름을 8로 나눈 값을 의미한다. 예를 들면 #4 철근의 지름 = 4/8 inch = 12.7mm가 된다.

만약에 부착철근이 인장에 저항하거나 또는 균열 폭을 감소시키기 위해서 배치되는 경우에 부착철근과 콘크리트 사이의 부착은 매우 중요하다. 따라서 부착철근의 표면은 부착력에 손상을 줄 수 있는 녹 등과 같은 유해물질이 없어야 한다[PCI 2010(9-25)].

전단철근 및 비틀림철근에 대한 설계기준항복강도는 $f_y \leq 500$ MPa 이하로 취해야 한다고 제시하고(구조기준 7.4.1(3), 7.6.1(4)), 용접 이형철망(welded deformed wire reinforcement, WWR)을 사용할 경우에는 $f_y =$ 600 MPa 이하로 취할 수 있다고 규정하고 있다. 또한 구조기준 6.4.2(3) 나선철근에 대한 규정에서는 나선철근의 설계기준항복강도는 $f_{yt} \leq 700$ MPa이하로 하여야 하며, 400 MPa을 초과하는 경우에는 구조기준에서 허용하는 나선철근의 겹침이음을 할 수 없도록 제한하고 있다.

구조기준 21.2.5(2) 내진설계 특별 고려사항에서는 지진력에 저항하는 부재의 철근에서는 제작한 공장에서 계측한 실제 항복강도가 규정항복강도를 120 MPa 이상 초과하지 않아야 되고, 재시험에서 이 값을 20 MPa 이상 초과하지 않아야 된다고 규정하여 철근의 균일한 품질을 요구하고 있다.

2.2.6 부착철근의 정착길이(Development Length of Reinforcing Bar)

부착철근이 콘크리트 안에서 완전히 강도를 발휘하기 위해서는 최소 매립길이 이상으로 연장되거나 또는 철근 끝에 갈고리를 장착하여야 한다. 구조기준 8.2.2(ACI 12.2.2)에서 인장 이형철근 및 이형철선의 정착길이는 그림 2.17의 조건 1이나 2를 만족하는 경우에 아래의 식으로 계산할 수 있다고 제시하고 있다.

① **D19 이하의 철근과 이형철선** : 보정계수 α, β 및 λ − 표 2.8 참고

$$\left.\begin{array}{ll} \text{조건 1 또는 2를 만족하는 경우 : } & l_d = \left[\dfrac{0.6f_y}{\lambda\sqrt{f_{ck}}}(0.8\alpha\beta)\right]d_b \\ \text{만족하지 못하는 경우 : } & l_d = \left[\dfrac{0.6f_y}{\lambda\sqrt{f_{ck}}}(1.2\alpha\beta)\right]d_b \end{array}\right\} \geq 300\text{ mm} \qquad (2.29)$$

② **D22 이상의 철근** :

$$\left.\begin{array}{ll} \text{조건 1 또는 2를 만족하는 경우 : } & l_d = \left[\dfrac{0.6f_y}{\lambda\sqrt{f_{ck}}}(\alpha\beta)\right]d_b \\ \text{만족하지 못하는 경우 : } & l_d = \left[\dfrac{0.6f_y}{\lambda\sqrt{f_{ck}}}(1.5\alpha\beta)\right]d_b \end{array}\right\} \geq 300\text{ mm} \qquad (2.30)$$

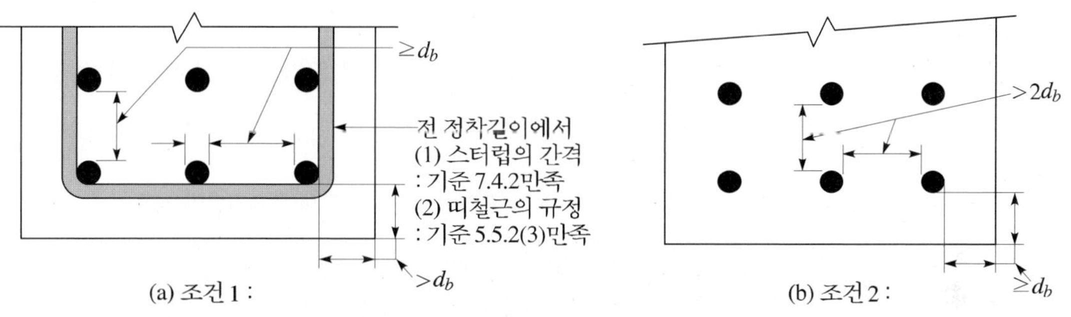

그림 2.17 정착길이 조건 1과 2의 설명

표 2.8 α, β 및 λ 보정계수[구조기준 8.2.2(2), (3)과 (4), ACI 12.2]

계수	조건	보정계수
α = 철근배치 위치계수	① 상부철근 (정착길이 또는 이음부 아래 300 mm를 초과하게 굳지 않은 콘크리트를 친 수평철근)	1.3
	② 기타 철근	1.0

β = 철근 도막계수	① 피복두께가 $3d_b$ 미만 또는 순간격이 $6d_b$ 미만인 에폭시 도막철근 또는 철선 ② 기타 에폭시 도막철근 또는 철선 ③ 아연도금 철근 또는 도막 되지 않은 철근 – 참고 : $\alpha\beta \le 1.7$ [구조기준 8.2.2(2)(3)]	1.5 1.2 1.0
λ = 경량콘크리트 계수	① f_{sp}가 주어진 경량콘크리트 ② f_{sp}가 주어지지 않은 경량콘크리트 ③ f_{sp}가 주어지지 않은 모래경량 콘크리트 ④ f_{sp}가 주어지지 않은 보통중량 콘크리트	$f_{sp}/(0.56\sqrt{f_{ck}}) \le 1.0$ 0.75 0.85 1.0
소요철근량 초과* 및 항복강도 조건**		(소요 A_s)/(배근 A_s)

* 다만, f_y를 발휘하도록 정착을 특별히 요구하는 경우에는 적용되지 않는다. 따라서 구조기준 8.5.2(2)의 받침부에서의 정철근의 정착 ; 구조기준 8.6.2 인장 이형철근의 이음, 구조기준 5.7.2(3)의 수축·온도철근의 정착 ; 구조기준 5.8의 구조 일체성을 확보하기 위한 요구조건과 구조기준 10.6.4(6)의 전단머리에서의 철근 정착에는 적용되지 않는다.

** $f_y >$ 550 MPa 인 경우에 ① 횡방향 철근이 배치하지 않는 경우 $c/d_b \ge 2.5$ 이상이어야 하고, ② 횡방향 철근을 배치하는 경우 $K_{tr}/d_b \ge 0.25$ 와 $(c+K_{tr})/d_b \ge 2.25$ 를 만족하여야 한다[구조기준 8.2.2(5)].

표 2.9에는 바닥철근이면서 도막되지 않고 보통중량골재 콘크리트가 사용된 경우의 정착길이가 d_b의 계수로 표시되어 설계에 간편하게 사용할 수 있다.

표 2.9 부착철근의 정착길이(x d_b) : 도막되지 않고 바닥철근이며 보통중량골재 콘크리트인 경우

		D19 이하 철근과 이형철선					D22 이상의 철근 (D19 이하 철근에 비해서 25% 증가)				
	f_{ck} (MPa)	f_y=300 MPa	f_y=350 MPa	f_y=400 MPa	f_y=500 MPa	f_y=600 MPa	f_y=300 MPa	f_y=350 MPa	f_y=400 MPa	f_y=500 MPa	f_y=600 MPa
조건 1 또는 조건 2를 만족하는 경우	21	31.4	36.7	41.9	52.4	62.8	39.3	45.8	52.4	65.5	78.6
	24	29.4	34.3	39.2	49.0	58.8	36.7	42.9	49.0	61.2	73.5
	27	27.7	32.3	37.0	46.2	55.4	34.6	40.4	46.2	57.7	69.3
	30	26.3	30.7	35.1	43.8	52.6	32.9	38.3	43.8	54.8	65.7
	35	24.3	28.4	32.5	40.6	48.7	30.4	35.5	40.6	50.7	60.9
	40	22.8	26.6	30.4	37.9	45.5	28.5	33.2	37.9	47.4	56.9
	45	21.5	25.0	28.6	35.8	42.9	26.8	31.3	35.8	44.7	53.7
	50	20.4	23.8	27.2	33.9	40.7	25.5	29.7	33.9	42.4	50.9

그 외의 경우 (50% 증가)	21	47.1	55.0	62.8	78.6	94.3	58.9	68.7	78.6	98.2	117.8
	24	44.1	51.4	58.8	73.5	88.2	55.1	64.3	73.5	91.9	110.2
	27	41.6	48.5	55.4	69.3	83.1	52.0	60.6	69.3	86.6	103.9
	30	39.4	46.0	52.6	65.7	78.9	49.3	57.5	65.7	82.2	98.6
	35	36.5	42.6	48.7	60.9	73.0	45.6	53.2	60.9	76.1	91.3
	40	34.2	39.8	45.5	56.9	68.3	42.7	49.8	56.9	71.2	85.4
	45	32.2	37.6	42.9	53.7	64.4	40.2	47.0	53.7	67.1	80.5
	50	30.5	35.6	40.7	50.9	61.1	38.2	44.5	50.9	63.6	76.4

2.2.7 부착철근의 표준갈고리(Standard Hook of Reinforcing Bar)

구조기준에서는 표준갈고리를 장치한 철근의 수평길이가 구조기준에서 제시한 갈고리의 소요 정착길이 l_{dh} 보다 길으면 안전하게 정착되었다고 본다. 표준갈고리의 소요 정착길이는 기본정착길이 l_{hb} 에 표 2.10에 있는 보정계수를 곱하여 구하며, 정착길이 l_{dh} 는 다음과 같이 주어졌다.

$$l_{dh} = l_{hb} \times \text{보정계수} \geq (8d_b \text{ 또는 } 150\,\text{mm}) \tag{2.31}$$

여기에서, 기본정착길이 l_{hb} 는 다음과 같이 제시되었다.

$$\text{표준갈고리} : l_{hb} = \left(\frac{0.24\beta f_y}{\lambda\sqrt{f_{ck}}}\right)d_b \tag{2.32}$$

여기에서 β 는 철근 도막계수로서 표 2.8에 제시되었다. 구조기준에서 상부철근에는 블리딩(bleeding)의 영향을 고려하여 정착길이를 1.3배 증가하도록 하였지만(표 2.8 참고), 표준갈고리를 가진 상부철근에는 이를 적용하지 않고 있다.

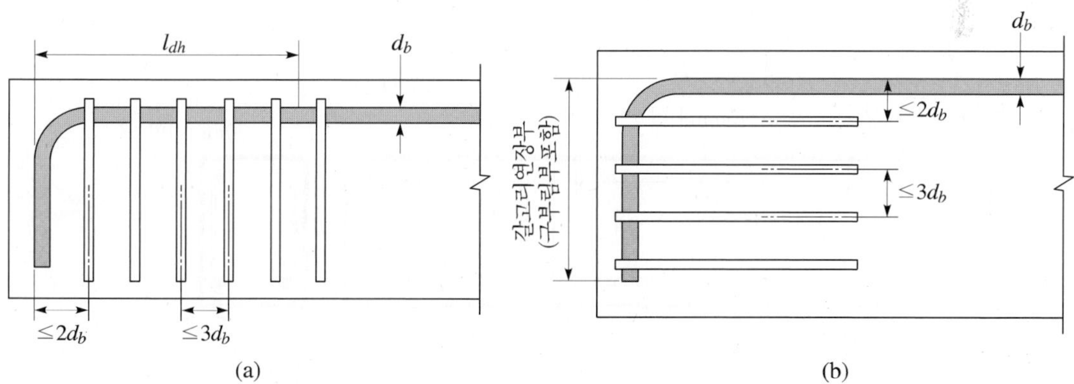

그림 2.18 스터럽이나 띠철근에 의한 갈고리의 구속 – 조건 2를 만족시키는 경우 [구조기준 8.2.5, ACI 12.5.3] [ACI R12.5.3]

표 2.10 표준갈고리의 보정계수 [구조기준 8.2.5(3), ACI 12.5.3]

<table>
<tr><th colspan="2">조 건</th><th>보정계수</th></tr>
<tr><td rowspan="2">D35 이하
철근</td><td>① 콘크리트 피복두께 :
(a) 갈고리 평면에 수직방향인 측면 피복두께 C_s = 70 mm 이상이며,
(b) 90° 갈고리에 대해서는 갈고리를 넘어선 부분의 철근 피복두께 C_e = 50 mm 이상인 경우(그림 2.19 참고)</td><td>0.7</td></tr>
<tr><td>② 띠철근 또는 스터럽 : 90°나 180° 갈고리를 포함한 전체 정착길이 l_{dh} 구간에 $3d_b$ 이하 간격으로 띠철근 또는 스터럽으로 둘러싼 경우(d_b는 갈고리 철근의 직경), 그러나 첫 번째 띠철근 또는 스터럽은 갈고리 구부러진 부분 바깥 면부터 $2d_b$ 이내에서 갈고리의 구부러진 부분을 둘러싸야 된다(그림 2.18 참고).</td><td>0.8</td></tr>
<tr><td colspan="2">③ 배치된 철근량이 소요철근량을 초과하는 경우</td><td>(소요 A_s)/(배근 A_s)</td></tr>
<tr><td colspan="2">④ f_y > 550 MPa인 경우 ②의 보정계수 0.8을 적용할 수 없다.</td><td>1.0</td></tr>
</table>

구조기준 8.2.5(5)(ACI 12.5.4)에서는 불연속단에서 만약에 그림 2.19와 같이 측면, 상부 및 하부의 피복두께가 70 mm 미만인 경우에 띠철근이나 스터럽을 전체 정착길이 l_{dh} 구간에 걸쳐 배치하여야 하며, 이때 간격은 $3d_b$ 이하로 하는데 첫 번째 철근은 그림과 같이 갈고리 구부러진 부분 바깥 면부터 $2d_b$ 이내에 배치하여야 한다고 규정하고 있다. 갈고리 철근의 양 측면(갈고리 면에 직각)과 상하의 피복두께가 70 mm 미만으로 작은 경우에 **쪼갬파괴(splitting failure)**를 일으키기 쉽기 때문에 마련된 규정으로 이런 경우에 표 2.10의 보정계수 ②의 0.8은 적용해서는 안 된다고 규정하고 있다.

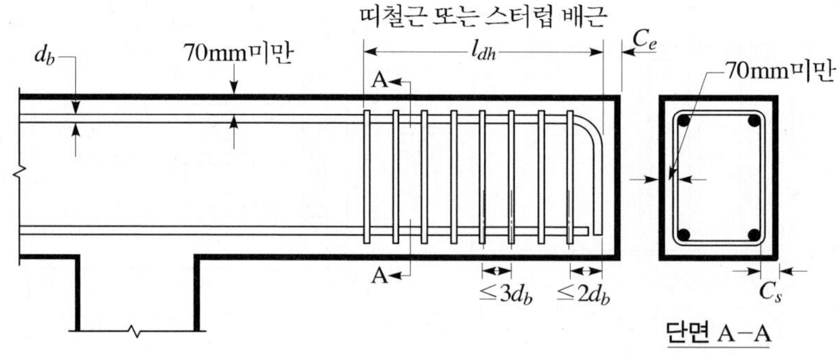

그림 2.19 불연속단에서 피복두께에 대한 규정 [구조기준 해설 그림 8.2.5.4]

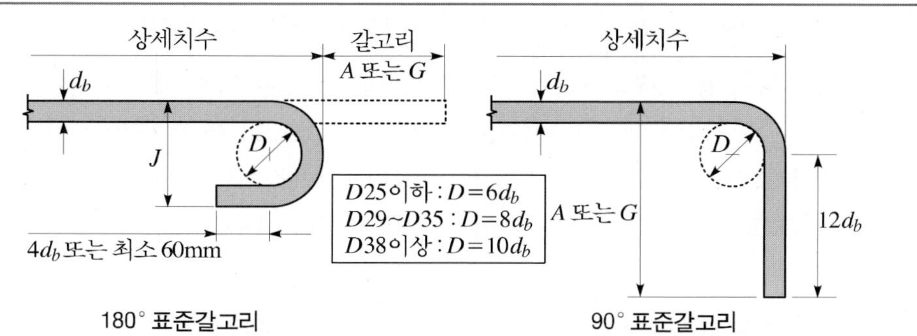

권장 단부갈고리 모든 등급의 철근에 적용(mm)

철근	D*	180도 표준갈고리		90도 표준갈고리
		A 또는 G**	J**	A 또는 G**
D10	60	130	80	155
D13	80	155	110	210
D16	100	180	135	260
D19	115	210	155	310
D22	135	250	180	360
D25	155	285	210	410
D29	230	380	290	490
D32	255	420	320	545
D35	280	460	350	595
D38	385	590	465	690
D41	415	635	500	745
D51	510	780	615	920
D57	570	875	685	1,030

* 구부림 내면 지름은 철근이 구부러진 후 조금 펴지는 "spring back"효과로 인해 그림의 최소 구부림 내면 지름보다 좀 더 크다.

** 표에 나타낸 치수는 철근크기에 따른 공칭지름을 사용하였으며 5mm 단위로 잘라 올림 한 것임

그림 2.20 표준갈고리의 구부림 최소 내면 지름 D, 갈고리의 길이(A 또는 G) 및 구부림 외면 지름 J [CRSI 2000]

표준갈고리에 대한 길이(표준갈고리의 구부림 최소 내면 지름 D ; 갈고리 길이 A 또는 G ; 길이 J)는 그림 2.20을 참고한다[구조기준 5.2.1(1), 5.2.2(1)]. A(시작)및 G(끝)는 철근 끝의 갈고리 길이를 표시하며, D25 철근의 90도 표준갈고리에서 A(또는 G) 길이 = $12d_b + 3d_b$(반경) + $d_b = 16d_b = 16(25.4) = 406.5 \approx 410$ mm가 되고, 180도 표준갈고리에서 A(또는 G)의 길이 $= 6d_b + ((6+1)d_b\pi/4) = 11.5d_b \approx 11d_b = 11(25.4) = 279$ mm ≈ 285 mm가 된다.

2.2.8 스터럽이나 띠철근 갈고리(Hook for Stirrups and Tie Reinforcement)

비틀림을 받는 부재의 경우 폐쇄스터럽을 배치하는데 어려움이 많아 현장에서는 135° 스터럽과 띠철근용 표준갈고리의 U형 스터럽(**열린 스터럽**, open stirrup)에 **결속근**(crosstie, cap tie)의 배치를 선호한다(그림 2.21 참고). 스터럽의 갈고리 길이(스터럽의 구부림 최소 내면 지름 D ; 갈고리 길이 A 또는 G ; 길이 H)는 그림 2.22를 참고한다[구조기준 5.2.1(2), 5.2.2(2)].

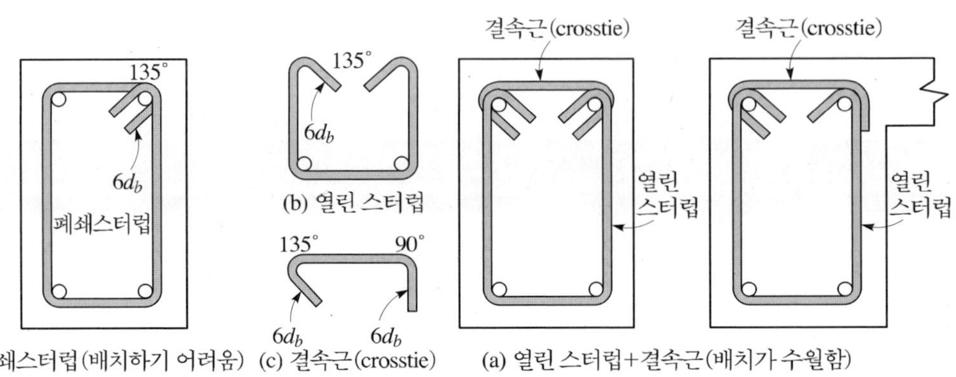

그림 2.21 폐쇄스터럽과 등가로 배치할 수 있는 열린 스터럽 + 결속근

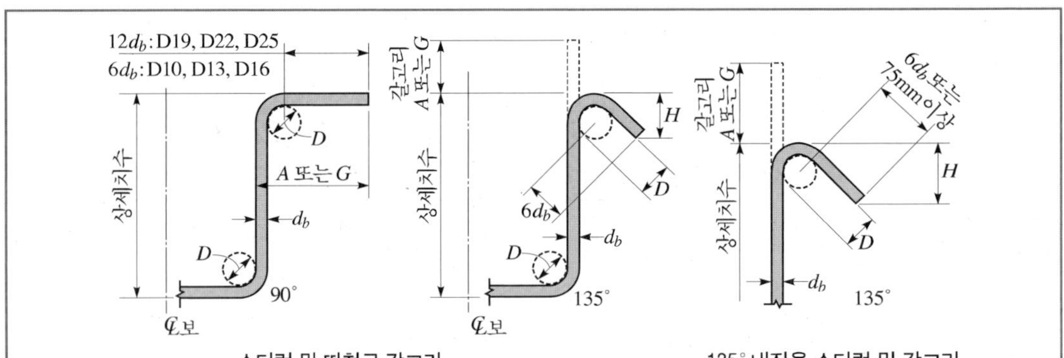

스터럽이나 띠철근 갈고리의 길이 [모든 등급의 철근에 적용(mm)]

철근	D	90도 갈고리	135도 갈고리			
			일반용		내진용	
		A 또는 G	A 또는 G	H	A 또는 G	H
D10	40($4d_b$)	90	90	60	105	70
D13	55($4d_b$)	120	120	75	120	75
D16	65($4d_b$)	145	145	95	145	95
D19	115($6d_b$)	310	200	120	200	120
D22	135($6d_b$)	360	230	140	230	140
D25	155($6d_b$)	410	265	160	265	160

그림 2.22 스터럽의 구부림 최소 내면 지름 D, 갈고리의 길이(A 또는 G) 및 H 길이 [CRSI 2000]

2.2.9 용접철망(WWR, Welded Wire Reinforcement)

용접철망(WWR, Welded Wire Reinforcement)은 고강도 냉간압연 철선(cold-drawn 또는 cold-rolled)을 정사각형이나 직사각형으로 배치하여 용접하여 만드는 **기성 보강재(prefabricated reinforcement)**이다. 연속자동 용접기로 각 철선의 교차부분을 전기저항 용접하여 생산하며, 철선의 형태는 **원형 철선(plain wire)**과 **이형 철선(deformed wire)**이 있고 이형 철선에는 **리브(ribbed)**와 **인덴트(indented)**형이 있다[KS D 7017 : 2007, ASTM A185 및 A497].

표 2.11 용접 철망의 종류, 기호, 선지름 및 기계적 성질(KS D 7017)

종류	철선의 모양		기호	선지름 (mm)	항복강도 (N/mm^2)	인장강도 (N/mm^2)	용접점 전단강도 (N/mm^2)
레귤러	원형 철선		WFP	2.60 ~ 18.0	–	490 이상	250 이상
	이형 철선	리브	WFR	4.0 ~ 16.0	400 이상		220 이상
		인덴트	WFI				
디자인	원형 철선		WFP-D	2.60 ~ 18.0	–		250 이상
	이형 철선	리브	WFR-D	4.0 ~ 16.0	400 이상		220 이상
		인덴트	WFI-D				

비고 : 기호는 W(Welded), F(Fabrics), P(Plain), R(Ribbed), I(Indented), D(Designed)

표 2.12 용접철망에 사용되는 철선의 공칭단면적, 단위 길이 당 무게 및 망눈 치수(KSD 7017)

호칭명	공칭단면적 mm^2	단위길이당 무게 kg/m	망눈 치수 (mm)						
			50	75	100	150	200	250	300
CD4*	12.6	0.099	○	○	○	○			
CD5	19.6	0.154	○	○	○	○	○		
CD5.5	23.8	0.187	○	○	○	○	○		
CD6	28.3	0.222	○	○	○	○	○	○	
CD7	38.5	0.302		○	○	○	○	○	
CD8	50.3	0.395		○	○	○	○	○	○
CD9	63.6	0.499			○	○	○	○	○
CD10	78.5	0.617			○	○	○	○	○
CD13	132.7	1.042			○	○	○	○	○
CD16	201.1	1.579			○	○	○	○	○

* CD는 이형철선을 의미하고 숫자는 mm 단위의 표준공칭 선지름을 의미한다. 원형철선인 경우에는 CD 없이 숫자만 표기된다.

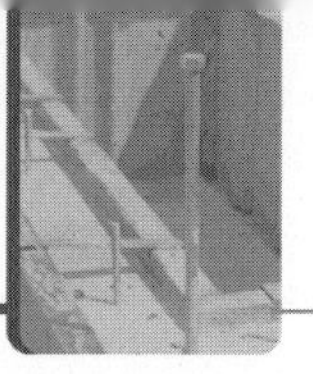

용접기계의 이송방향과 평행하게 배치되는 철선을 세로선(transverse wire)이라고 하고, 제조방향과 직각방향의 철선을 가로선(longitudinal wire)이라고 한다(그림 2.23 참고). 일반적으로 가로선과 세로선은 동일한 굵기의 철선을 이용한다.

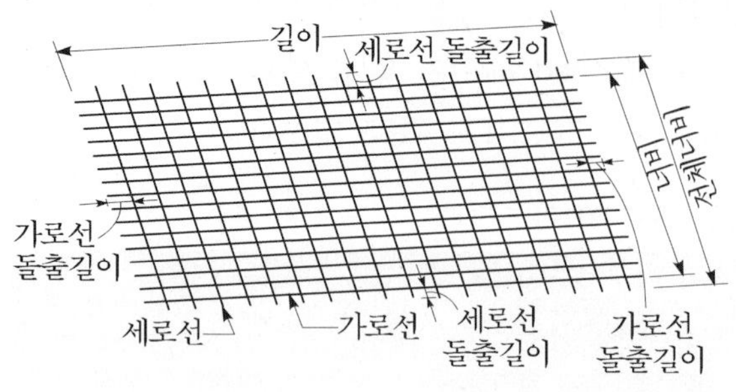

그림 2.23 용접철망의 형상

콘크리트에 대한 원형 철망의 접착력은 직각방향으로 용접된(가로선에 대해서 세로선) 철선의 기계적인 정착력(mechanical anchorage)에 의해서 발휘되며, 이형 용접철망의 경우에는 이에 더하여 철선의 돌기(리브나 인덴트)가 부착력을 높이게 된다.

콘크리트 구조물은 고강도 철선이 균등하게 분포되어있는 용접철망(WWR)을 사용해서 경제적이면서도 성공적으로 보강할 수 있다. 직경이 가늘고 간격이 좁은 용접철망(WWR)은 일반 철근에 비해서 더 균일하게 응력을 분포시켜서 슬래브나 벽체에서 효과적으로 균열조종을 할 수 있게 한다. 철선의 굵기뿐만 아니라 망눈 치수도 다양하여 정확한 소요 단면적의 배치를 가능하게 하고, 교차되는 철선이 서로 용접되어 보강재의 위치를 균등하게 유지시킨다. 철근에 비해서 용접철망을 다루거나 배치하기가 쉬울 뿐만 아니라 빠르게 배치할 수 있어서 시공기간이 단축될 수 있고 따라서 공사비를 절감할 수 있게 한다. 표 2.11에서 보는 바와 같이 KS D 7017에서는 철선의 인장강도 490 MPa 이상으로 항복강도 400 MPa 이상으로 제시하고 있지만, 구조기준 7.4.1(3)에서 용접이형철망을 사용할 경우 전단철근의 설계기준 항복강도는 600 MPa을 초과할 수 없도록 규정하고 있다. 이렇게 고강도 용접철망을 사용하게 되면 재료도 절약할 수 있을 것이다. 표 2.12에는 KS D 7017에서 다루고 있는 용접철망에 사용되는 철선의 공칭단면적, 단위 길이 당 무게 및 망눈 치수가 제시되어 있다.

KS에서 용접철망의 규격은 나비 1 m × 길이 2 m 및 나비 2 m × 길이 4 m로 제안되고 있지만 통상 시장에서는 평의 개념으로 1.8 m × 1.8 m(1 평)로 유통되고 있다. 물론 프리스트레스트나 프리캐스트 제품에 적용하기 위해서는 원하는 규격으로 주문 생산할 수 있고 이를 **디자인 용접철망(WFP-D, Welded Fabric Plain-Designed)**이라고 부르고 있다(그림 2.24 참고).

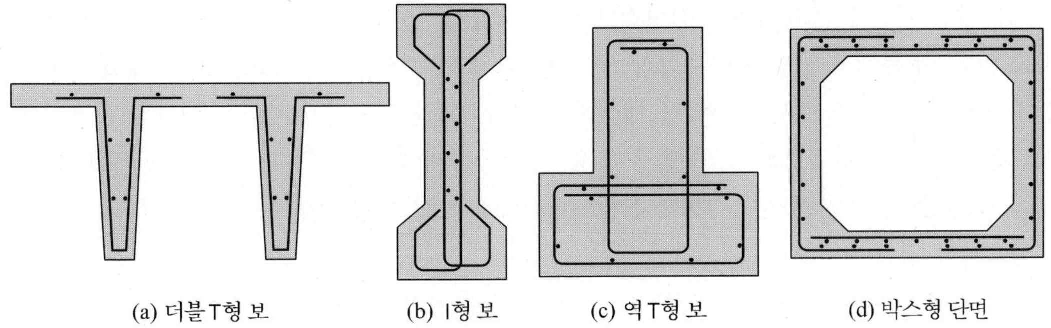

그림 2.24 프리캐스트 프리스트레스트 콘크리트 부재의 용접철망 적용 예 [WRI]

제품 표기 방법은 예를 들면,

① **WFP, 6.00, 100×100, 1000×2000** (Welded Fabric Plain 원형철선 레귤러 용접철망, 선지름 6 mm, 가로망눈 치수 100 mm, 세로망눈 치수 100 mm, 나비 1,000 mm, 길이 2,000 mm)

② **WFR–D, CD10, 100×100, 2000×4000** (Welded Fabric Ribbed - Designed 이형철선을 이용한 디자인 용접철망, 공칭 선지름 10 mm, 가로망눈 치수 100 mm, 세로망눈 치수 100 mm, 나비 2,000 mm, 길이 4,000 mm)와 같이 표기한다.

2.3 내구성(Durability Consideration)

프리스트레스 콘크리트 구조물에서 긴장재의 부식(corrosion)은 내구성에 가장 큰 위협이 되고 있다. 강재의 부식은 콘크리트 피복에 박리(spall)가 일어나기도 하고 보수하는데 많은 비용이 들기도 하지만, 특히 프리스트레싱 긴장재가 부식하면 구조물이 붕괴될 수도 있다. 예를 들어 1980년에 일어난 지붕 붕괴(Berlin Congress Hall)는 포스트텐션 긴장재의 부식과 피로가 그 원인이었다고 보고되고 있다[Collins 1987(98)].

콘크리트에 매립된 철근의 부식은 전기화학 과정(electrochemical process)으로 배터리에서 일어나는 반응과 유사하다. 철근의 한 부분이 양극(anode)으로 작용하고 철이 산화하여 산화 제1철(ferrous ions)과 전자(electron)을 방출하면서 부식이 일어나게 된다. 전기화학 전위가 높은 다른 부분의 철근은 음극(cathodes)으로서 역할을 하여 산소와 물 그리고 전자를 소모하여 수산기 이온(hydroxyl ions)을 형성한다. 전기화학 작용을 완성하기 위해서 철근은 전기 전도체(electrical conductor)로 소금이 녹아있는 콘크리트 공극의 물은 전해물(electrolyte)로서 역할을 하게 된다.

포틀랜드 시멘트 콘크리트는 전형적으로 높은 알카리성(highly alkaline environment)을 띠고 있다. 포틀랜드 시멘트의 수화작용은 상당한 양의 수산화칼슘(calcium hydroxide)을 생산하여 pH 12.5 정도로서 보호막을 형성하게 된다. 이런 정도의 알카리성을 가진 콘크리트에 매립된 철근은 전형적으로 거의 반응이 없는 부동상태에 있게 된다. 이런 철근의 부동상태(passivity)는 철근의 표면에 **부동태피막(thin oxide film)**이 형성되어 추가적인 부식을 방지하는 현상으로 설명할 수 있다. 이 산화물 막은 보통의 대기환경에서 알루미늄이나 아연 표면에 생겨서 추가적인 부식을 막는 막과 유사하다. 이 산화물 막이 손상을 입지 않고 보호되면 철근은 부식을 일으키지 않고 유지될 수 있다.

이런 시멘트 풀의 높은 알카리성은 시멘트 풀과 **이산화탄소(carbon dioxide)** 사이의 **탄산화(carbonation)**나 해수나 제빙화학제(deicing chemical)의 **염화물(chloride)**로 부동성이 손상을 받

표 2.13 구조기준 5.4.2, 5.4.3(ACI 7.7)에서 제시하는 보강재의 최소 피복두께 (단위 : mm)

<table>
<tr><th></th><th colspan="3">프리스트레스트 콘크리트</th><th colspan="4">공장제품 프리캐스트 콘크리트</th></tr>
<tr><td rowspan="5">흙에 접하거나 기상에 직접 노출되는 콘크리트</td><td colspan="2">영구히 흙에 묻혀있는 콘크리트</td><td>80</td><td rowspan="2">벽체</td><td colspan="2">D35 초과 철근 및 지름 40 mm 초과 긴장재</td><td>40</td></tr>
<tr><td colspan="2" rowspan="2">벽체, 슬래브, 장선구조</td><td rowspan="2">30</td><td colspan="2">D35 이하 철근, 지름 40 mm 이하 긴장재 및 지름 16 mm 이하 철선</td><td>20</td></tr>
<tr><td rowspan="3">기타 부재</td><td colspan="2">D35 초과 철근 및 지름 40 mm 초과 긴장재</td><td>50</td></tr>
<tr><td colspan="2" rowspan="2">기타 부재</td><td rowspan="2">40</td><td colspan="2">D19~D35 철근 및 지름 16 mm~40 mm 긴장재</td><td>40</td></tr>
<tr><td colspan="2">D16 이하 철근, 지름 16 mm 이하 철선 및 긴장재</td><td>30</td></tr>
<tr><td rowspan="8">흙에 접하거나 기상에 직접 노출되지 않는 콘크리트</td><td colspan="2" rowspan="2">슬래브, 벽체, 장선구조(joist)</td><td rowspan="2">20</td><td rowspan="3">슬래브, 벽체, 장선 구조</td><td colspan="2">D35 초과 철근 및 지름 40 mm 초과 긴장재</td><td>30</td></tr>
<tr><td colspan="2">D35 이하 철근 및 지름 40 mm 이하 긴장재</td><td>20</td></tr>
<tr><td rowspan="2">보, 기둥</td><td>주 보강재</td><td>40</td><td colspan="2">지름 16 mm 이하 철선</td><td>15</td></tr>
<tr><td>띠철근, 스터럽, 나선철근</td><td>30</td><td rowspan="2">보와 기둥</td><td>주 보강재</td><td colspan="2">15 mm $\le d_b \le$ 40 mm</td></tr>
<tr><td rowspan="4">쉘, 절판 부재</td><td>D19 이상의 철근</td><td>d_b</td><td colspan="2">띠철근, 스터럽, 나선철근</td><td>10</td></tr>
<tr><td rowspan="3">D16 이하 철근, 지름 16 mm 이하 철선</td><td rowspan="3">10</td><td rowspan="3">쉘, 절판 부재</td><td colspan="2">긴장재</td><td>20</td></tr>
<tr><td colspan="2">D19 이상 철근</td><td>15</td></tr>
<tr><td colspan="2">D16 이하 철근, 지름 16mm 이하 철선</td><td>10</td></tr>
</table>

거나 또는 균열 등에 의해서 강재에 습기(moisture)가 공급될 때 부식이 시작되게 된다. 이렇게 시작된 부식은 얼마만큼의 산소(oxygen)가 공급될 수 있느냐에 따라 진행 속도가 결정되게 된다.

따라서 강재에 충분한 **피복두께(cover thickness** : 콘크리트 표면과 가장 가까이 배근된 철근 표면사이의 콘크리트 두께)로 보호하고 **침투성(permeability)**이 낮은 품질 좋은 콘크리트를 사용하면 필요한 내구성을 얻을 수 있게 된다. 프리캐스트 콘크리트에 통상 적용되는 낮은 물-시멘트 비에 잘 다져서 제작하게 되면 침투성이 낮은 품질 좋은 콘크리트를 얻을 수 있다. 또는 플라이 애쉬, 고로슬래그 또는 실리카 흄을 시멘트 대체재로 사용하면 추가적으로 침투성을 저하시킬 수 있다[CPCI 2007(1-30)].

구조기준 5.4(ACI 7.7)에서는 최소 **피복두께**를 노출조건에 따라, 부재의 종류에 따라, 콘크리트의 종류에 따라 또한 철선의 굵기에 따라 다르게 규정하고 있다. 표 2.13과 표 2.14에는 각각 구조기준 5.4(프리스트레싱 현장치기 콘크리트와 프리캐스트 콘크리트)와 도로기준 4.6.4.2에서 제시하는 최소 피복두께가 주어졌다.

구조기준 5.4.6(ACI 7.7.6)에서 특수 환경에 노출되는 콘크리트 및 철근에서는 고내구성이 요구되는 구조체의 경우 또는 해안에서 250 m 이내에 위치하는 구조체로서 추가의 표면처리 공사를 수행하지 않고 직접 외부에 노출되어 염해를 받는 경우 및 유수 등에 의한 심한 침식 또는 화학작용을 받는 경우에는 현장치기 콘크리트인 경우에는 D16 이하의 철근을 사용한 벽체나 슬래브에서는 50 mm 이상, 기타 부재에서는 80 mm 이상의 피복두께를, 그리고 프리캐스트 콘크리트인 경우에는 벽체나 슬래브에 40 mm 이상, 기타 부재에는 50 mm 이상의 피복두께를 확보하도록 규정하고 있다.

표 2.14 도로기준 4.6.4.2에서 제시하는 철근 및 PS 강재의 최소 피복두께

구분		최소 피복두께
PS 강재 및 주철근		40 mm
슬래브 상부철근	제빙장치가 사용되지 않는 경우	40 mm
	제빙장치가 사용될 경우	50 mm
슬래브 하부철근		30 mm
스터럽, 전단철근, 띠철근		30 mm

(1) 콘크리트 최소 피복두께는 철근 및 PS 강재 모두에 적용된다.
(2) 해빙제의 지속적인 접촉을 피할 수 없는 곳이나 염수 또는 화학물질에 노출되는 곳에서는 피복두께를 증가하여야 한다.

또한 구조기준 5.4.6(2)③(또는 5.4.2④, ACI 7.7.8)에서는 흙 및 기상에 노출되거나, 부식환경에 노출된 프리스트레스트 콘크리트 부재로서 부분균열등급(T) 또는 완전균열등급(C)의 경우[식 (2.47) 참고]에는 표 2.13의 최소 피복두께를 50% 이상 증가시켜야 하지만, 프리스트레스된 인장영역이 지속하중을 받을 때 압축응력을 유지하고 있는 경우에는 증가시키지 않아도 된다고 규정하고 있다. 또한 구조기준 5.4.6(3)에서는 내화를 필요로 하는 구조물의 피복두께는 화열의 온도, 지속시간, 사용골재의 성질 등을 고려하여 정하여야 하며, 표 2.13에서 규정된 최소 피복두께보다 더 큰 값이 요구될 때에는 동등한 내화성능의 재료나 피복 재료를 사용하거나 피복두께의 값을 증가시켜야 한다고 규정하고 있다.

구조기준 4.5.4(3)에서는 또한 철근의 부식방지를 위해서 굳지 않은 콘크리트의 염화물 이온량은 원칙적으로 0.30 kg/m^{3}이하로 하여야 하지만, 책임기술자의 승인을 받는 경우 0.60 kg/m^{3}까지 허용할 수 있도록 하고 있다. 또한 제빙화학제, 소금, 염수, 해수 및 해수 물보라 등과 같은 염화물에 직접 노출되는 노출등급 C2 콘크리트인 경우 최대 물-결합재 비를 0.40를 초과하지 못하고 최소 설계기준강도 $f_{ck} \geq$ 35 MPa 이상이 되도록 규정하고 있다.

2.3.1 보강재의 간격제한(Spacing Limits for Reinforcement)

묽은 콘크리트를 배치할 때 철근사이나 철근과 거푸집 사이를 통과하면서 재료분리가 일어나 표면에 곰보(honeycomb) 등이 생기지 않도록 하고, 또한 철근이 한 위치에 집중됨으로써 전단 또는 수축균열이 발생하는 것을 방지하기 위해서 철근의 순간격에 대한 규정이 정해진 것이다[구조기준 해설 5.3.2, ACI 7.6][11]. 구조기준에서는 각 구조요소에 대해서 긴장재나 철근의 최소 순간격이나 중심간격 또는 최대 중심간격을 아래와 같이 규정하고 있다. **다발철근(bundle bar)**을 사용하는 경우에 다발철근의 지름은 등가단면적으로 환산된 한 개의 철근 지름으로 보아 다발철근의 간격과 최소 피복두께를 계산하여야 한다[구조기준 5.3.2(6)③, ACI 7.6.6.5]. 따라서 다발철근의 총 단면적 A_s 인 경우에 등가철근의 직경 $d_{eff} = \sqrt{4A_s/\pi}$ 가 된다.

긴장재나 덕트의 최소 중심간격(center-to-center spacing) 제한

구조기준 5.3.2(7)(ACI 7.6.7) 및 도로기준 4.6.4.2(2)에서는 긴장재와 덕트에 대한 최소 중심간격을 다음과 같이 제시하고 있다.

(1) 구조기준 – 프리텐셔닝 긴장재의 경우 : 긴장재의 **최소 중심간격(center–to–center spacing)**은 다음을 만족하여야 한다.

11. 긴장재나 철근의 순간격에 따라 정착길이도 달라지므로 어떤 경우에서는 최소 순간격보다 더 큰 값을 사용하는 것이 바람직할 때도 있다[구조기준 해설].

ⓐ 부재단의 경우 $\begin{cases} \text{① 강연선(strand) : } 4d_b \text{ 이상} \\ \text{② 강선(wire) : } 5d_b \text{ 이상} \end{cases}$ (2.33)

단, 도입시 $f_{ci} \geq 27\,\text{MPa}$인 경우 $\begin{cases} \text{① } d_b \leq 13\,\text{mm}\text{인 강연선 : } 45\,\text{mm} \\ \text{② } d_b \geq 15\,\text{mm}\text{인 강연선 : } 50\,\text{mm} \end{cases}$ (2.34)

ⓑ 경간 중앙부의 경우(middle portion of a span) : 긴장재의 수직 간격을 부재단의 경우보다 좁게 하거나 다발로 사용할 수 있도록 규정하여 긴장재를 수직 간격에 구애받지 않고 절곡해서 배치할 수 있도록 하고 있다.

(2) **구조기준 – 포스트텐셔닝 덕트의 경우** : 콘크리트를 치는데 지장이 없고, 긴장할 때 긴장재가 덕트를 파손하지 않도록 조치한 경우에는 덕트를 다발로 사용할 수 있다고 규정하고 있다. 덕트가 수직으로 서로 근접하게 배치될 때에는 긴장을 할 때 강선이 덕트를 파손되지 않도록 조치가 취해져야 하고, 덕트를 수평으로 배치할 때는 콘크리트 치기가 용이하도록 일반적으로 **순간격(clear spacing)**은 굵은골재 최대 치수의 4/3배 이상이어야 하며 25 mm 이상이어야 한다. 긴장재 또는 덕트가 집중되면 콘크리트 피복에 균열이 발생할 수 있으므로 균열억제를 위해서 철근으로 보강하여야 한다[구조기준 해설 5.3.2(7)②].

(3) **도로기준 4.6.4.2(2) – 단부에서 PS 강재의 최소 중심간 간격 또는 순간격** : 프리텐션 강재의 경우 : 단부에서 PS 강연선의 순간격은 콘크리트 굵은 골재의 최대 치수의 4/3배 이상이고, 중심간 간격은 아래 값 이상이어야 한다.

단부 $\begin{cases} \text{(1) } d_b = 9.5\,\text{mm} & : 40\,\text{mm} \\ \text{(2) } d_b = 11.1\,\text{mm},\ 12.7\,\text{mm} & : 45\,\text{mm} \\ \text{(3) } d_b = 15.2\,\text{mm} & : 50\,\text{mm} \end{cases}$ (2.35)

포스트텐션 강재의 경우 : 단부에서 PS 강재의 순간격[12]은 40 mm 또는 콘크리트 굵은 골재의 최대 치수의 1.5배 이상이어야 한다.

완전균열등급(Class C) 휨부재에서 부착보강재(부착 비긴장 철근과 부착 긴장재)의 최대 중심간격 (center-to-center spacing of bonded tendon or nonprestressed reinforcement) 제한

구조기준 9.3.1(4)(ACI 18.4.4) 및 도로기준 4.6.3.3(2)④에서는 사용하중에 의한 인장연단 응력 $|f_{ts}| > |-1.0\sqrt{f_{ck}}|$ 인 완전균열등급(Class C, 식 (2.47) 참고)의 프리스트레스

12. 도로기준 4.6.4.2(2)에서 '순간격'인지 아니면 '중심간 간격'인지 명확하지 않다.

트 콘크리트 휨부재에서 인장 면에 가장 가깝게 배치된 부착 비긴장 철근과 부착 긴장재에 대해서 최대 중심간격에 대한 제한을 다음과 같이 제시하고 있다.

인장연단에 가장 가깝게 배치된 **부착 보강재(bonded reinforcement, 부착 비긴장 철근과 부착 긴장재)**의 중심간격은 구조기준 6.3.3(4)(ACI 10.6.4) 보 및 1방향 슬래브의 휨철근의 배치(distribution of flexural reinforcement in beams and one-way slabs)에서 제시된 중심간격을 초과하지 않아야 한다. 이 휨철근의 배치에 대한 규정은 2003년 이전 기준에서 균열폭을 직접 계산하여 허용 균열폭을 만족시키도록 하는 규정을 2007년 이후 구조기준(ACI 318-05 이후)에서 피복두께를 고려하여 부착철근의 중심간격을 검토함으로써 구조물에 발생하는 균열을 간접적으로 제어하는 규정으로 바뀌었다. 그러나 구조기준 4.2(2~3)에서는 특별히 수밀성이 요구되거나 미관이 중요한 구조물의 균열 검토와 시공 중 혹은 완공 후에 균열이 발생한 구조물에 대하여 균열 발생의 원인 및 그 유해성에 관한 검토가 필요할 때에는 구조기준 부록 III의 방법을 적용하여 허용균열폭을 검토할 수 있도록 제안하고 있다.

구조기준 9.3.1(4)(ACI 18.4.4)에서는 부착보강재(부착 : 비긴장 철근과 긴장재) 사이의 중심간격을 아래와 같이 각각 제시하고 있다.

$$\text{보통철근} : s = 375\left(\frac{k_{cr}}{f_s}\right) - 2.5c_c \le 300\left(\frac{k_{cr}}{f_s}\right) \tag{2.36}$$

$$\text{부착긴장재} : s_p = \frac{2}{3}\left[375\left(\frac{k_{cr}}{\Delta f_{ps}}\right) - 2.5c_c \le 300\left(\frac{k_{cr}}{\Delta f_{ps}}\right)\right] \tag{2.37}$$

$$\text{단, } \Delta f_{ps} \le 250\,\text{MPa}$$

$$\text{보통철근과 부착긴장재의 간격} : s_{\max} \le \frac{5}{6}(s \text{ 또는 } s_p) \tag{2.38}$$

여기에서 건조환경에 노출되는 경우 $k_{cr} = 280$ (보강재의 노출 조건을 고려한 계수 ; 일반 옥내나 보통 주거 및 사무실 건물 내부의 건조환경, 구조기준 부록 III 표 III.2.1) ; 그 외의 환경(건조환경을 제외한 환경)에 노출되는 경우 $k_{cr} = 210$이다. c_c는 인장 면에 가장 가깝게 배치된 부착 보강재의 표면과 콘크리트 표면사이의 최소두께(clear cover)[13]이며(그림 2.27 참고), 보강재가 하나만 배치된 경우에는 인장 면의 폭을 s로 한다.

식 (2.36)의 부착 보통철근의 경우에 f_s는 사용하중 상태에서 인장 면에 가장 가까이에 위

13. 본 교재에서는 피복두께(cover thickness ; 콘크리트 표면과 그에 가장 가까이 배치된 철근 표면 사이의 콘크리트 두께)와 구분하기 위해서 c_c를 '**순피복두께(clear cover of reinforcement)**'로 부르고자 한다.

치한 보강재의 응력으로 $f_s = M_s/(A_s jd)$로 결정하여야 하지만 근사 값으로 $f_s = (2/3)f_y$를 사용할 수 있다고 제안하고 있다.

부착 긴장재(bonded tendon)에 대해서는 f_s 대신에 Δf_{ps}로 대체하면서 비긴장 이형철근에 비해서 부착성능이 낮으므로 식 (2.37)과 같이 보정계수 2/3를 적용하고 있다. 여기에서 Δf_{ps}는 구조기준 9.3.1(4)② 및 도로기준 4.6.3.3(2)④(나)에서 사용하중을 받을 때 균열단면 해석으로 계산한 긴장재의 응력에서 **감압응력(decompression stress)** f_{dc}[14](식 (2.39) 참고)를 뺀 값으로, 이때 f_{dc}를 긴장재의 유효프리스트레스 f_{pe}로 취할 수 있다고 규정하고 있다[15].

긴장재 도심의 콘크리트 응력이 0이 되기 위해 필요한 응력 f_{ce} (즉, 유효긴장력으로 인한 긴장재 도심에서의 콘크리트 압축응력)는 전단면이 유효하다고 보아 균열전 해석으로 구하고, 이를 탄성계수비 $n = E_{ps}/E_c$를 이용하여 긴장재 응력 Δf_{pd}로 아래와 같이 환산하여 긴장재의 감압응력 $f_{dc} = f_{pe} + \Delta f_{pd}$를 계산한다(그림 2.25 참고).

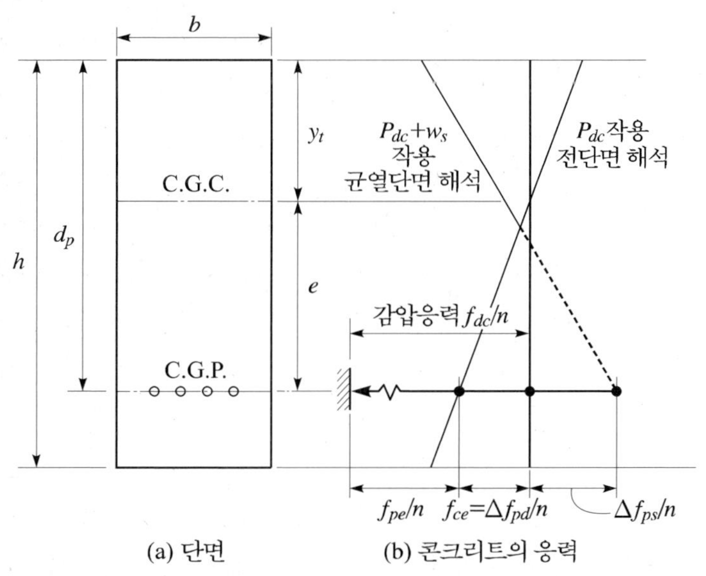

그림 2.25 감압응력 $f_{dc} = f_{pe} + \Delta f_{pd}$와 Δf_{ps}의 정의

14. 긴장재 도심의 위치에서 콘크리트의 응력이 0이 될 때의 긴장재의 응력
15. 구조기준에서 Δf_{ps}를 "사용하중을 받을 때 균열단면 해석으로 계산한 긴장재의 응력에서 감압응력 f_{dc}를 뺀 값"은 Δf_{ps} = (총 사용하중이 작용할 때 긴장재의 응력 f_{ps} − 감압응력 f_{dc})로 총 사용하중이 작용할 때 긴장재 도심 위치에서 감압응력으로부터 추가로 발생하는 인장응력을 의미한다[Mast 1998, Note 24-6, Nawy 2010].

$$긴장재 도심의 콘크리트 응력: f_{ce} = \frac{P_e}{A_g} + \frac{P_e e^2}{I_g}$$

$$긴장재 응력으로 환산: \Delta f_{pd} = \frac{E_{ps}}{E_c} f_{ce} = n f_{ce}$$

$$감압응력: f_{dc} = f_{pe} + \Delta f_{pd} = f_{pe} + n f_{ce} = f_{pe} + n\left(\frac{P_e}{A_g} + \frac{P_e e^2}{I_g}\right) \tag{2.39}$$

$$간략식: f_{dc} = f_{pe} + \Delta f_{pd} \approx f_{pe} + 0 = f_{pe} \tag{2.40}$$

감압긴장력 $P_{dc} = A_{ps} f_{dc} = A_{ps}(f_{pe} + \Delta f_{pd})$ 와 전체 사용하중이 작용할 때 긴장재의 도심에서 증가하는 긴장재의 응력 Δf_{ps} 는 균열단면해석으로 아래와 같이 계산할 수 있다[16].

$$\Delta f_{ps} = n\left[-\left(\frac{P_{dc}}{A_t} + \frac{P_{dc} e^2}{I_{cr}} - \frac{M_s}{I_{cr}} e\right)\right] \leq 250\,\text{MPa} \tag{2.41}$$

여기에서 환산단면적 $A_t = bx + nA_{ps}$ 이고, x 는 환산 균열단면의 중립축의 깊이, e 는 환산 균열단면의 중립축에서 긴장재 도심까지의 거리, M_s 는 전체 사용하중이 작용할 때 휨모멘트, I_{cr} 은 환산 균열단면 2차 모멘트이다(5장 참고). 만약에 $\Delta f_{ps} \leq$ 140 MPa인 경우에는 이 간격 요구 조건을 적용할 필요가 없다. 또한 부착 철근과 긴장재 사이의 최대 간격은 식 (2.38)과 같이 $s_{(\max)} \leq (5/6)(s$ 또는 $s_p)$ 를 만족하여야 한다. 또한 구조기준 9.3.1⑷④(ACI 18.4.4.4)에서는 완전균열등급이면서 깊이가 900 mm를 초과하는 보나 장선(joist)에는 **종방향 표피철근(longitudinal skin reinforcement)**을 인장연단부터 h/2 지점까지 부재 양면에 식 (2.36)에 따라 결정한 간격으로 배치하도록 규정하고 있다. 여기에서 c_c 는 표피철근의 표면에서 부재 측면의 최단 거리이다.

특히 피로 또는 부식성 환경에 노출되는 경우(structures subjected to fatigue or exposed to corrosive environment)[17]에 구조기준해설 9.3.1⑷(도로기준 4.6.3.3⑵④)

---

16. 콘크리트는 압축재료이므로 압축응력을 양수(+)로 고려하고, 반대로 긴장재는 인장부재이므로 인장응력을 양수(+)로 고려하였다. 일반적으로 프리스트레스트 콘크리트에서 통상적으로 적용하는 부호규약이다.
17. 구조기준 9.3.1⑷(도로기준 4.6.3.3⑵④)에서 보면 "그러나 피로 상태나 부식성 환경에 노출되어 있는 부재에 대해서는 특별한 조사와 다음 ①~④의 조치를 강구하여야 한다."로 되어있어, 규정 ①~④가 마치 피로나 부식성 환경에 노출되었을 때에만 적용하는 것 같은 착각을 일으키도록 되어있다. ACI 318-08 18.4.4및 ACI 318-08 Note에 따라 "피로 또는 부식성 환경에 노출되지 않는 완전균열등급(Class C) 프리스트레스트 콘크리트 휨부재에서 인장연단에 배치된 부착 보강재의 간격은 6.3.3⑷에 규정한 간격을 초과하지 않아야 하고, 다음의 ①~④를 만족하여야 한다. 만약에 부재가 피로나 부식성 환경에 노출되는 경우에는 특별한 조사를 수행하여야 한다."로 바꾸고, ①~④의 조치는 피로 또는 부식성

에서는 ① 해수, 부식성 산업환경 또는 하수 가스 등과 같은 환경에 노출되는 경우에 구조기준 5.4.2④(구조기준 5.4.6(2)③, ACI 7.7.6.1)에 따라 표 2.13의 최소 피복두께를 50% 이상 증가[18] 하고, ② 사용하중이 작용할 때 균열이 일어나지 못하도록 콘크리트의 인장응력을 감소시키도록 제안(investigation and precaution)하고 있다.

예제 2.1

[Mast 1998, 구조기준 해설, Notes 24-9, Nawy 2010]

단순지지 경간 12 m이고 b = 300 mm, h = 800 mm 단면에 B종(f_{pu} = 1,860 MPa, f_{pe} = $0.55f_{pu}$ = 1,023 MPa) 지름 12.7 mm 저이완 7연선 12개가 직선으로 그림 2.26a와 같이 배치되었다. 콘크리트의 설계기준 압축강도 f_{ck} = 35 MPa이고, 단위질량 ρ_c = 2,400 kg/m^{3}이다. 단면의 등급을 식 (2.47)에 따라 결정하고, 인장연단에 가장 가까이 배치되는 부착 보강재의 간격에 대해서 검토하라. 보에 작용하는 사용하중은 아래와 같다.

거더의 고정하중 $w_g = (A_g \times 1)\gamma_c = A_g(\rho_c g)$

$$w_g = (300 \times 800)(2{,}400 \times 9.81) = (240{,}000)(23{,}544)/10^9 = 5.65 \text{ (kN/m)}$$

추가고정하중 w_{sd} = 15.5 kN/m ; 활하중 w_l = 19.3 kN/m

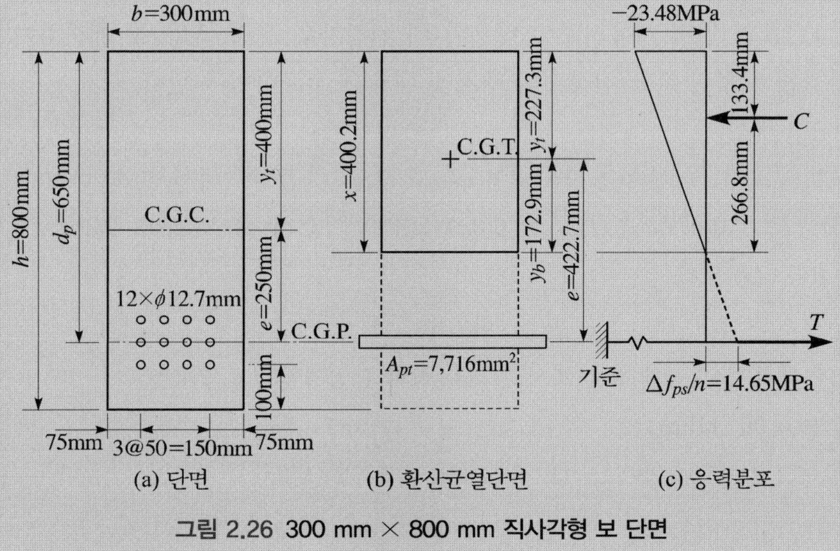

그림 2.26 300 mm × 800 mm 직사각형 보 단면

환경에 노출되지 않는 완전균열등급(Class C) 프리스트레스트 콘크리트 휨부재에 부착 보강재가 배치되는 경우에 적용하도록 하여야 한다.

18. 프리스트레스트 인장영역이 지속하중을 받을 때 압축응력을 유지하고 있는 경우에는 최소 피복두께를 증가시킬 필요가 없다.

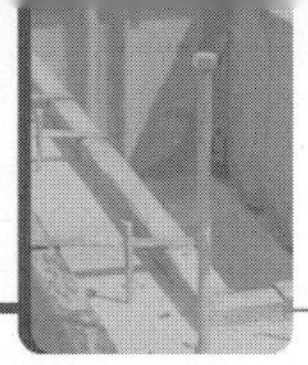

① 사용하중이 작용할 때 전단면에 대해서 하연의 인장응력 검토 :

$A_{ps} = 12 \times 98.71 = 1{,}185\ (\text{mm}^2)$

$P_e = A_{ps} f_{pe} = 1{,}185(1{,}023) = 1{,}211{,}764\ (\text{N})$

$A_g = bh = (300)(800) = 240{,}000\ (\text{mm}^2)$

$I_g = bh^3/12 = (300)(800^3)/12 = 12.8 \times 10^9\ (\text{mm}^4)$

$M_s = M_g + M_{sd} + M_l = (w_g + w_{sd} + w_l)l^2/8 = (5.65 + 15.5 + 19.3)(12^2)/8$

$M_s = 101.7 + 279.0 + 347.4 = 728.1\ (\text{kN} \cdot \text{m})$

$P_e / A_g = 1{,}211{,}764 / 240{,}000 = 5.05\ (\text{MPa})$

$(P_e e / I_g) y_b = 1{,}211{,}764(250)(400) / (12.8 \times 10^9) = 9.47\ (\text{MPa})$

$-(M_s / I_g) y_b = -(728.1 \times 10^6 / 12.8 \times 10^9)(400) = -22.8\ (\text{MPa})$

식 (1.2) : $f_b = P_e / A_g + (P_e e / I_g) y_b - (M_s / I_g) y_b = 5.05 + 9.47 - 22.8$

$= -8.24\ (\text{MPa})$(인장응력)

식 (2.47) : $|\ f_{b(\text{인장})} = -8.24\ \text{MPa}\ | > |\ -1.0\sqrt{f_{ck}} = -1.0\sqrt{35} = -5.92\ (\text{MPa})\ |$

따라서 완전균열등급(Class C) 단면이다.

완전균열등급 단면이기 때문에 균열단면 해석으로 감압 긴장력 $P_{dc} = A_{ps} f_{dc} = A_{ps}(f_{pe} + \Delta f_{pd})$와 전체 사용하중이 작용할 때 긴장재의 응력 Δf_{ps}를 계산하여 인장 면에 가장 가깝게 배치된 부착 긴장재의 배치에 대해서 검토하여야 한다.

② 탄성계수비 계산 :

식 (2.7) : $f_{ck} = 35\ \text{MPa} < 40\ \text{MPa}$; $f_{cu} = f_{ck} + 4 = 35 + 4 = 39\ (\text{MPa})$

식 (2.6) : $E_c = 0.077\rho_c^{1.5}\sqrt[3]{f_{cu}} = 0.077(2{,}400^{1.5})\sqrt[3]{39} = 30{,}702\ (\text{MPa})$

$E_{ps} = 200{,}000\ \text{MPa}$

$n = E_{ps} / E_c = 200{,}000 / 30{,}702 = 6.51$

③ 전단면에 대해서 긴장재 도심에서 콘크리트의 감압응력 f_{dc} 계산 :

$P_e / A_g = 5.05\ (\text{MPa})$

$P_e e / I_g = 1{,}211{,}764(250^2) / (12.8 \times 10^9) = 5.92\ (\text{MPa})$

식 (2.39) : $f_{ce} = P_e / A_g + P_e e^2 / I_g = 5.05 + 5.92 = 10.97\ (\text{MPa})$

$\therefore\ \Delta f_{pd} = n f_{ce} = (6.51)(10.97) = 71.4\ (\text{MPa})$

$\therefore\ f_{dc} = f_{pe} + \Delta f_{pd} = 1{,}023 + 71.4 = 1{,}094\ (\text{MPa})$

구조기준이나 도로기준에서 복잡한 계산을 피하기 위해서 $\Delta f_{pd} = 0$ 으로 보아 $f_{dc} \approx f_{pe} = 1{,}023$ MPa로 계산할 수 있도록 하고 있다. 이 경우에 오차는 $(1 - 1{,}023/1{,}094) \times 100 =$

6.5%에 불과하게 된다.

④ 환산단면적에 대해서 균열단면해석으로 중립축의 깊이 x 를 시행착오방법으로 결정 : 그림 2.26b 참고

감압긴장력 계산 : $P_{dc} = A_{ps} f_{dc} = (1,185)(1,094) = 1,296,380$ (N)

긴장재의 환산 단면 : $A_{pt} = n A_{ps} = (6.51)(1,185) = 7,716$ (mm^2)

중립축의 깊이 가정 : $x = 0.7 d_p = (0.7)(650) = 455$ mm ≈ 450 mm

전체 균열단면 환산단면적 : $A_t = bx + A_{pt} = (300)(450) + 7,716 = 142,716$ (mm^2)

상연에서 환산단면에 대한 중립축의 거리 y_t 계산 :

$y_t = (bx^2/2 + A_{pt} d_p)/A_t = (300 \times 450^2/2 + 7,716 \times 650)/142,716 = 248.0$ (mm)

$y_b = x - y_t = 450 - 248 = 202$ (mm)

$e = d_p - y_t = 650 - 248 = 402$ (mm)

$I_{cr} = bx^3/12 + bx(x/2 - y_t)^2 + A_{pt} e^2$

$\quad = (300)(450^3)/12 + (300)(450)(450/2 - 248)^2 + 7,716(402^2)$

$I_{cr} = 3.597 \times 10^9$ (mm^4)

$P_{dc}/A_t = 1,296,380 / 142,716 = 9.08$ (MPa)

$(P_{dc} e / I_{cr}) y_b = 1,296,380(402)(202) / (3.597 \times 10^9) = 29.3$ (MPa)

$-(M_s / I_{cr}) y_b = -(728.1 \times 10^6 / 3.597 \times 10^9)(202) = -40.9$ (MPa)

$f_{b\,(N.A.)} = P_{dc}/A_t + (P_{dc} e / I_{cr}) y_b - (M_s / I_{cr}) y_b$

$\quad = 9.08 + 29.3 - 40.9 = -2.54$ (MPa)(인장응력)

응력이 인장이면 x를 감소시키고, 압축이면 x를 증가시켜야 되므로, 인장이므로 x를 감소시킨다.

스프레드시트를 통해서 반복계산을 해본 결과 $x = 400.2$ mm에서 중립축의 응력이 0이 되었다.

$x = 400.2$ mm로 계산 한 결과 :

$A_t = bx + A_{pt} = (300)(400.2) + 7,716 = 127,776$ (mm^2)

$y_t = (bx^2/2 + A_{pt} d_p)/A_t = (300 \times 400.2^2/2 + 7,716 \times 650) / 127,776 = 227.3$ (mm)

$y_b = x - y_t = 400.2 - 227.3 = 172.9$ (mm)

$e = d_p - y_t = 650 - 227.3 = 422.7$ (mm)

$I_{cr} = bx^3/12 + bx(x/2 - y_t)^2 + A_{pt} e^2$

$\quad = (300)(400.2^3)/12 + (300)(400.2)(400.2/2 - 227.3)^2 + 7,716(422.7^2)$

$I_{cr} = 3.070 \times 10^9$ (mm^4)

P_{dc}/A_t = 1,296,380 /127,776 = 10.15 (MPa)

$(P_{dc}\,e/I_{cr})\,y_b$ = 1,296,380(422.7)(172.9) / (3.070 × 10^9) = 30.9 (MPa)

$-(M_s/I_{cr})\,y_b$ = −(728.1 × 10^6 / 3.070 × 10^9)(172.9) = −41.0 (MPa)

$f_{b\,(N.A.)} = P_{dc}/A_t + (P_{dc}\,e/I_{cr})\,y_b - (M_s/I_{cr})\,y_b =$

= 10.15 + 30.9 − 41.0 = 0.001 (MPa)

중립축에서 응력이 ≈ 0이 되었으므로 균열단면의 중립축의 깊이 x = 400.2 mm로 결정한다.

⑤ 전체 사용하중이 작용할 때 감압응력으로부터 긴장재에 추가로 발생하는 응력 $\Delta f_{ps} = n f_{cp}$ 계산 : 식 (2.41) 적용

긴장재에 추가로 발생하는 응력 Δf_{ps} 계산 : 그림 2.26c 참고

P_d/A_t = 1,296,380 /127,776 = 10.15 (MPa)

$P_d\,e^2/I_{cr}$ = 1,296,380(422.7^2) / (3.070 × 10^9) = 75.5 (MPa)

$-M_s\,e/I_{cr}$ = −728.1 × 10^6 × 422.7 / (3.070 × 10^9) = −100.3 (MPa)

$$\frac{P_d}{A_t} + \frac{P_d e^2}{I_{cr}} - \frac{M_s}{I_{cr}} e = 10.15 + 75.5 - 100.3 = -14.65 \text{ (MPa)}$$

∴ Δf_{ps} = (6.51)[−(−14.65)] = 95.5 (MPa)

⑥ 긴장재의 배치에 대해서 식 (2.37)로 검토 :

Δf_{ps} = 95.5 MPa < 140 MPa이므로 간격 요구조건을 검토하지 않아도 된다.

다만 식 (2.37)의 적용하는 예를 보이기 위해서 검토해 본다.

그 외의 환경(옥내나 내부의 건조환경이 아니라고 보아) k_{cr} = 210으로 가정

순 피복두께 c_c = 100 − 12.7/2 = 94 (mm)

$k_{cr}/\Delta f_{ps}$ = 210 / 95.5 = 2.20

$2.5c_c$ = 2.5(94) = 235 (mm)

$s = 375\,(k_{cr}/\Delta f_{ps}) - 2.5c_c$ = 375(2.20) − 235 = 591 (mm)

< $300\,(k_{cr}/\Delta f_{ps})$ = 300(2.20) = 660 (mm) *<OK, Okay>*

∴ $s_p = (2/3)\,s$ = (2/3) 591 = <u>394 (mm)</u>

⑦ 하한한계인 Δf_{ps} = 140 MPa인 경우를 검토 :

$k_{cr}/\Delta f_{ps}$ = 210 / 140 = 1.50

$s = 375\,(k_{cr}/\Delta f_{ps}) - 2.5c_c$ = 375(1.50) −235 = 328 (mm)

< $300\,(k_{cr}/\Delta f_{ps})$ = 300(1.50) = 450 (mm) *<OK>*

∴ $s_p = (2/3)\,s$ = (2/3) 328 = <u>219 (mm)</u>

⑧ 상한한계인 Δf_{ps} = 250 MPa인 경우를 검토 :

$k_{cr}/\Delta f_{ps} = 210 / 250 = 0.84$

$s = 375(k_{cr}/\Delta f_{ps}) - 2.5c_c = 375(0.84) - 235 = 81$ (mm)

$< 300(k_{cr}/\Delta f_{ps}) = 300(0.84) = 252$ (mm) <OK>

$\therefore\ s_p = (2/3)s = (2/3)\ 81 = \underline{54\ (\text{mm})}$

⑨ 표피철근 배치 검토 :

h = 800 mm < 900 mm이므로 종방향 표피철근(longitudinal skin reinforcement)을 배치할 필요는 없다.

비긴장 부착철근의 최소 순간격(Clear Spacing)

구조기준 5.3.2(ACI 7.6)에서는 묽은 콘크리트가 철근사이를 통과하면서 재료분리가 일어나지 않도록 철근의 순간격에 대해서 다음과 같이 규정하고 있다. 여기에서 s_c는 수평철근의 순간격, s_{cv}는 상하철근의 순간격을 의미하고, a_{max}는 굵은 골재의 공칭 최대치수, d_b는 철근의 공칭지름, d_{str}은 스터럽의 공칭직경이다(그림 2.27 참고).

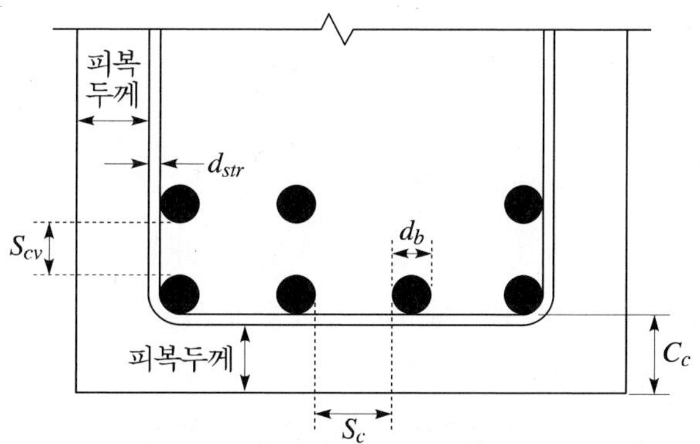

그림 2.27 철근의 최소 순간격 [구조기준 2.2.1(2), 5.3.2, ACI 7.6]

보에서 보강재의 순간격
① 수평 철근 간격 $s_c \geq [25\ \text{mm},\ d_b,\ (4/3)a_{max}]$ 이상
② 상하 철근 간격 $s_{cv} \geq [25\ \text{mm},\ (4/3)a_{max}]$ 이상 (2.42)

압축지배 단면(기둥) – 축방향 철근의 순간격 $\geq [40\ \text{mm},\ 1.5d_b,\ (4/3)a_{max}]$ 이상 (2.43)

비긴장 부착철근의 최대 중심간격(center-to-center spacing)

구조기준에서는 철근의 최소 순간격 뿐만 아니라 최대 중심간격도 규정하고 있다. 슬래브나 벽체와 같이 면이 평평한 구조에서 철근의 최대 간격에 제한을 두는 이유는 철근의 간격이 적절히 배치되어 면이 휘는 거동(slab action)을 할 수 있도록 도와주고, 균열이 발생하는 형태를 조절하고 또한 슬래브의 일부분에 집중하중이 작용하는 상황에 대처할 수 있도록 하는 것이다. 만약에 슬래브나 벽체에서 등 간격으로 배치되는 철근의 간격이 너무 넓게 되면 폭이 넓은 균열이 발생할 수 있고 이렇게 폭이 넓은 균열이 발생하게 되면 외관뿐만 아니라 누수로 인한 부식 등의 문제가 발생할 수 있다[구조기준 10.2.3(2), 5.3.2(5), 11.3(5)].

$$1\text{방향 슬래브}\begin{cases}\text{최대 휨모멘트 단면 : 슬래브 두께 2배} \le 300\ \text{mm 이하}\\ \text{기타 단면 : 슬래브 두께 3배} \le 450\ \text{mm 이하}\end{cases} \tag{2.44}$$

$$2\text{ 방향 슬래브 – 위험단면 [구조기준 10.6.1(2)] : 슬래브 두께 2배} \le 300\ \text{mm 이하} \tag{2.45}$$

$$\text{벽체 – 수직 및 수평철근 [구조기준 11.3(5)] : 벽두께의 3배} \le 450\ \text{mm 이하} \tag{2.46}$$

2.4 응력한계(Stress Limit)

2.4.1 콘크리트(Concrete)

휨부재의 등급(3 Classes of Flexural Members)

구조기준 9.2.2(3~4)(ACI 18.3.3) 및 도로기준 4.6.3(3)에서 프리스트레스트 콘크리트 휨부재는 미리 압축을 가한 인장구역에서 사용하중에 의한 인장연단응력 f_{ts} 에 따라 다음과 같이 3등급으로 구분하도록 규정하고 있다. 이 규정은 부착(bonded) 또는 비부착(unbonded) 방식 모두에 적용할 수 있으며, 2방향 프리스트레스트 콘크리트 슬래브는 $|f_{ts}| \le |-0.50\sqrt{f_{ck}}|$ 를 만족하는 비균열 등급 부재로 설계하여야 한다.

$$\begin{cases}(1)\text{ 비균열등급(Class U) :} & & |f_{ts}| \le |-0.63\sqrt{f_{ck}}|\\ (2)\text{ 부분균열등급(Class T) :} & |-0.63\sqrt{f_{ck}}| < & |f_{ts}| \le |-1.0\sqrt{f_{ck}}|\\ (3)\text{ 완전균열등급(Class C) :} & & |f_{ts}| > |-1.0\sqrt{f_{ck}}|\end{cases} \tag{2.47}$$

표 2.15에는 구조기준 해설 표 9.2.2.1 및 도로기준 4.6.3.3에서 제시하는 사용성에 관한 설계요구 조건이 요약되어 있다. 표 2.15를 보면 사용하중이 작용할 때 응력 계산은 비균열이나 부분균열 등급인 경우에 전단면(uncracked section) I_g 를 이용하고, 균열 등급인

경우에는 균열 단면2차 모멘트(cracked transformed section) I_{cr} 을 사용하도록 제시하고 있다. 그러나 처짐을 계산하는 경우에는 비균열 등급인 경우에 비균열 전단면 I_g 를 이용하고, 부분균열 등급인 경우에는 균열 단면2차 모멘트 I_{cr} 또는 2개의 직선으로 구성되는 모멘트-처짐 관계나 유효 단면2차 모멘트 I_e 를 이용하여 계산하도록 규정하고 있다[구조기준 4.3.3(2), ACI 9.5.4.2](식 (5.3) 참고).

도로기준 4.6.3.3에서는 프리스트레스트 콘크리트 부재의 설계는 일반적으로 f_{ck} = 35 MPa인 콘크리트를 기본으로 하고 f_{ck} = 42 MPa 까지는 이 강도가 일관되게 얻어진다고 기대할 수 있는 경우에만 허용될 수 있다고 규정하고 있다. 더 높은 강도의 콘크리트가 특정구역에서 사용될 수도 있으나, 이 경우 책임기술자는 재료와 제작과정에 대한 감독을 철저히 해서 요구된 강도가 얻어지는 것을 확인하도록 규정하고 있다.

파괴계수(Modulus of Rupture)

도로기준 4.6.3.3(2)⑤에서 균열 응력은 실험으로부터 얻은 콘크리트의 휨인장강도(파괴계수)를 사용하되 실험 자료가 없을 경우에 아래 값을 적용할 수 있다고 제시하고 있다.

$$\begin{cases} \text{보통중량골재 콘크리트}: f_r = -0.63\sqrt{f_{ck}} \\ \text{모래경량골재 콘크리트}: f_r = 0.85(-0.63\sqrt{f_{ck}}) = -0.54\sqrt{f_{ck}} \\ \text{전경량골재 콘크리트}: f_r = 0.75(-0.63\sqrt{f_{ck}}) = -0.47\sqrt{f_{ck}} \end{cases} \quad (2.48)$$

정착부의 지압응력

또한 도로기준 4.6.3.3(2)⑥에서 정착부의 지압응력은 국제적으로 통용되는 정착장치 인증시험은 거치는 경우에는 별도의 지압검토를 하지 않아도 되며, 시험으로 증명되지 않은 정착장치에 의해 발생되는 콘크리트의 지압응력을 다음 값 이하이어야 한다고 규정하고 있다(9.1.2장 참고).

$$\begin{cases} \text{긴장재 정착 이후}: 0.70 f_{ci}\sqrt{A_b'/A_b} - 0.2 \le 1.10 f_{ci} \\ \text{프리스트레스트 손실 발생 후}: 0.50 f_{ck}\sqrt{A_b'/A_b} \le 0.90 f_{ck} \end{cases} \quad (2.49)$$

여기에서 A_b 는 지압판의 전체 면적에서 개구부 면적을 뺀 지압판의 유효지압면적(mm^2)이고 A_b' 은 무엇을 의미하는지 도로기준에서 언급하지 않고 있다[19].

19. 도로기준 4.4.8 지압강도의 $\sqrt{A_2/A_1}$ 에서 A1은 접촉면의 면적이고 A2는 A1에서 기초 속으로 수직 1에 수평 2인 경사가 만드는 정 피라미드의 면적에서 A2와 같은 역할을 하는 값인지 추측할 뿐이다.

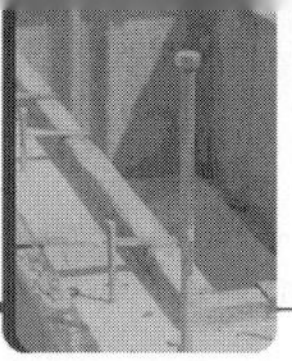

표 2.15 구조기준 해설 표 9.2.2.1 및 도로기준 4.6.3.3에서 제시하는 사용성에 관한 설계요구 조건 (ACI Table R18.3.3)

<table>
<tr><th rowspan="3">가정되는 거동</th><th colspan="3">프리스트레스트 콘크리트 부재</th><th rowspan="2">철근콘크리트 부재</th></tr>
<tr><th>비균열 등급(U)</th><th>부분균열 등급(T)</th><th>완전균열 등급(C)</th></tr>
<tr><th>비균열 상태</th><th>비균열과 균열 중간 상태</th><th>균열 상태</th><th>균열상태</th></tr>
<tr><td>사용하중에서의 응력 계산 시 단면</td><td colspan="2">비균열 전단면 I_g</td><td>균열단면 I_{cr}</td><td>조건 없음</td></tr>
<tr><td>도입 직후 응력한계 (손실이 일어나기 전)</td><td colspan="3">휨압축응력 $\bar{f}_{ci} = \begin{cases} \text{그 외의 경우} : 0.60 f_{ci} \\ \text{단순지지 부재 단부} : 0.70 f_{ci} \end{cases}$
휨인장응력 $\bar{f}_{ti} = \begin{cases} \text{그 외의 경우} : -0.25\sqrt{f_{ci}}\,^{*} \\ \text{단순지지 부재 단부} : -0.50\sqrt{f_{ci}}\,^{*} \end{cases}$</td><td>조건 없음</td></tr>
<tr><td>손실이 일어난 후, 비균열 단면에 대한 압축응력한계</td><td colspan="2">유효 프리스트레스 + 지속하중이 작용할 때
압축연단응력 $\bar{f}_{cs} = 0.45 f_{ck}$
유효 프리스트레스 + 전체하중이 작용할 때
압축연단응력 $\bar{f}_{cs} = 0.60 f_{ck}$</td><td>조건 없음</td><td>조건 없음</td></tr>
<tr><td>사용하중에 의한 인장응력 한계</td><td>$|f_{ts}| \le$
$|-0.63\sqrt{f_{ck}}|$</td><td>$|-0.63\sqrt{f_{ck}}| < |f_{ts}|$
$\le |-1.0\sqrt{f_{ck}}|$</td><td>조건 없음</td><td>조건 없음</td></tr>
<tr><td>2방향 슬래브</td><td>$|f_{ts}| \le$
$|-0.5\sqrt{f_{ck}}|$</td><td>조건 없음</td><td>조건 없음</td><td>조건 없음</td></tr>
<tr><td>처짐계산 근거</td><td>비균열 전단면 I_g</td><td colspan="2">균열환산단면 해석에 기초하여 2개 직선으로 구성되는 모멘트-처짐 관계나 유효단면 2차모멘트 I_e</td><td>유효단면 2차모멘트 I_e</td></tr>
<tr><td>균열제어</td><td colspan="2">조건 없음</td><td>구조기준 9.3.1⑷①
도로기준 4.6.3.3⑵④</td><td>구조기준 6.3.3⑷
도로기준 4.4.9.4</td></tr>
<tr><td>균열제어를 위한 Δf_{ps} 나 f_s 계산</td><td></td><td></td><td>균열단면 해석</td><td>$M/(A_s \times$ 팔거리)
또는
$(2/3)f_y$</td></tr>
<tr><td>표피철근</td><td colspan="2">필요 없음</td><td colspan="2">구조기준 6.3.3⑹
도로기준 4.6.3.3⑵④(라)</td></tr>
</table>

* 계산된 인장응력이 응력한계 값을 초과하는 구역은 비균열 단면으로 가정하여 계산된 전체 인장응력을 저항할 수 있는 추가 부착강재(보통 철근 또는 프리스트레싱 강재)를 인장구역에 배치하여야 한다. 이때 철근의 인장응력한계 $\bar{f}_s = 0.6 f_y \le$ 210 MPa로 할 수 있다.

** 구조기준 9.3.1⑶(ACI 18.4.3) 및 도로기준 4.6.3.3⑵④ 시험 또는 정밀한 해석에 의해서 안정성이 확인된 경우에는 위의 규정된 응력한계를 초과할 수 있다.

2.4.2 긴장재(Prestressing Steel)

표 2.16에는 구조기준 9.3.2(ACI 18.5.1) 및 도로기준 4.6.3.3(1)의 프리스트레싱 긴장재의 응력한계가 제시되어 있고, 그림 2.28은 이 응력한계의 관계를 보여주고 있다.

표 2.16 구조기준 9.3.2(ACI 18.5.1) 및 도로기준 4.6.3.3(1)(AASHTO 5.9.3) 프리스트레싱 긴장재의 응력한계

방 식	상태	종류	긴장재의 응력한계*
프리텐션	도입 직전	응력제거	$f_{p0}=0.82f_{py}=0.82(0.85f_{pu})=0.70f_{pu}$
		저이완	$f_{p0}=0.82f_{py}=0.82(0.90f_{pu})=0.74f_{pu}$
포스트텐션	긴장시		$f_{pj}=0.80f_{pu}$
	도입 직후 (정착 직후)	응력제거	$f_{p0}=0.70f_{pu}$
		저이완	$f_{p0}=0.74f_{pu}$
	정착구와 커플러		$0.70f_{pu}$

참고 : f_{pu} = 1,860 MPa인 B종 저이완 강연선인 경우에 도입 직후 $f_{p0}=0.74f_{pu}$ = 1,376 MPa ; 즉시손실 7.5%의 손실 후 $f_{pi}=0.925f_{p0}=0.685f_{pu}$ = 1,273 MPa이 된다.

* 또한 제조자가 제시하는 최대값도 초과하지 않아야 한다.
** 표 2.4 항복응력 : 저이완 $f_{py}=0.90f_{pu}$; 응력제거 $f_{py}=0.85f_{pu}$

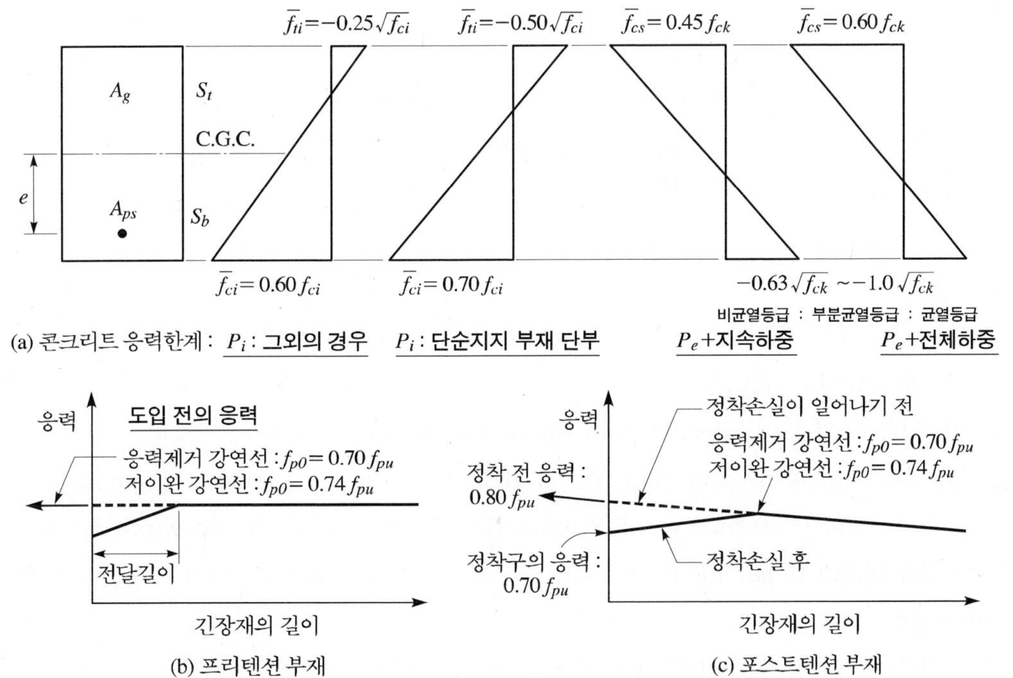

그림 2.28 구조기준 9.3.1~2 및 도로기준 4.6.3.3 콘크리트 및 긴장재의 응력한계
[Civil Engineering Bridge Structures(3-43)]

2.5 참고문헌

- 구조기준. (2012). 콘크리트구조기준, 국토해양부 제정, 사단법인 한국콘크리트학회, 342 pp.
- 구조기준 해설. (2012). 콘크리트구조기준 해설, 2012년 개정, 한국콘크리트학회 편, 599 pp.
- 구조설계기준. (2003). 콘크리트구조설계기준, 건설교통부 제정, 한국콘크리트학회, 295 pp.
- 도로기준. (2010). 도로교설계기준, 국토해양부 제정, 한국도로교통협회 발행.
- 민창식. (2014). 철근콘크리트공학, 구미서관, 3판 2쇄, 1015 pp.
- 시방서. (2009). 콘크리트표준시방서, 국토해양부 제정, 사단법인 한국콘크리트학회, 360 pp.
- 신현목, 이영욱. (2012). 특집 개정 콘크리트구조기준 : 해석과 설계원칙, 제24권, 1호(통권 126호), 콘크리트학회지, pp. 22~23.
- 신현묵. (2008). 프리스트레스트 콘크리트, 제10판, 동명사, 504 pp.
- 한계기준. (2012). 도로교설계기준 – 한계상태설계법, 국토해양부 제정, 한국도로교통협회 발행.
- 핸드북. (2007). 프리캐스트 프리스트레스트 콘크리트 구조설계 핸드북, 한국콘크리트학회.
- ACI 318–08. (2008). Building Code Requirements for Structural Concrete and Commentary, An ACI Standard, 465 pp.
- Adams, Duff A. (1913). Tests of Bond between Concrete and Steel, Bulletin No. 71, Engineering Experiment Station, University of Illinois, Champaign.
- AISC. (2001). Manual of Steel Construction, Load and Resistance Factor Design, 3rd Edition.
- Alan, Williams. Civil Engineering : 3 Bridge Structures, Engineering Press 2000, 121 pp.
- ASCE/SEI 7–10. (2010). ASCE Standard, Minimum Design Loads for Buildings and Other Structures, ASCE, 608 pp.
- ASTM C94, Standard Specification for Ready–Mixed Concrete, ASTM.
- Burgueno, Rigoberto and Sun Yi. (2011). Effects of Debonded Strands on the Production and Performance of Prestressed Concrete Beams, Research Report for MDOT(Michigan Department of Transportation), CEE–RR–2011/01, Michigan State University, 180 pp.
- CEB–FIP Model Code. (1993). Comite Euro–International du Beton, Thomas Telford Services Ltd., pp. 437.9

- Collins, Michael P. and Mitchell, Denis. (1987). Prestressed Concrete Basics, CPCI, 614 pp.
- CPCI Design Manual. (2007). 4th Edition, Canadian Precast/Prestressed Concrete Institute(CPCI).
- CRSI. (2000). Reinforcing Bar Detailing.
- Kaar, P. H., La Fraugh, R. W., and Mass, M. A. (1963). "Influence of Concrete Strength on Strand Transfer length," Prestressed Concrete Institute Journal, Vo. 8, No. 5, Oct., pp. 47-67.
- Klein, Gary J. and Lindenberg, Richard E. (2009). "Volume Change Response of Precast Concrete Buildings," PCI Journal, Vol. 54, No. 4, pp. 112-131.
- KS D 3504 : 2011 철근 콘크리트용 봉강, 한국표준협회 발행, 2011년 3월 2일 개정.
- KS D 3505 : 2002 PC 강봉, 한국표준협회 발행, 2002년 11월 26일 개정, 2007년 확인.
- KS D 7002 : 2011 PC 강선 및 PC 강연선, 한국표준협회 발행, 2011년 3월 2일 개정.
- KS D 7017 : 2007 용접 철망 및 철근 격자, 한국표준협회 발행, 2007년 8월 30일 개정.
- KS L 5201 : 2013, 포틀랜드 시멘트, 한국표준협회 발행, 국립기술품질원.
- Krishna Raju. (2007). Prestressed Concrete, 4th Edition, Tata McGraw-Hill Pub. Com. Limited, 783 pp.
- Leonhardt, F. (1964). Prestressed Concrete-Design and Construction, Wilhem Ernst & Sohn, Berlin.
- Lin, T. Y. and Burns, Ned H. (1981). Design of Prestressed Concrete Structures, 3rd edition, John Wiley & Sons, 646 pp.
- Marshal, W. T. and Mattock, A. H. (1962). Control of Horizontal Cracking in the End of Pretensioned Prestressed Concrete Girder, *PCI Journal*, V. 7., No. 5(October).
- Mast, Robert F. (1998). Analysis of Cracked prestressed Concrete Sections : A Practical Approach, PCI Journal, Vol. 43, No. 4, July-August, pp. 80-91.
- Naaman, Antoine E. (2012). Prestressed Concrete Analysis and Design, 3rd edition, Techno Press 3000, 1,176 pp.
- Nawy, Edward G. (2010). Prestressed Concrete-A Fundamental Approach, 5th Edition, Pearson Prentice Hall, 949 pp.
- Neville, A. M. (1995). Properties of Concrete, Longman, 4th Edition, 844 pp.
- Nilson, Arthur H. (1987). Design of Prestressed Concrete, 2nd Edition, John wiley

& Sons, 591 pp.

- Notes. (2008). Notes on ACI 318-08 Building Code Requirements for Structural Concrete, Portland Cement Association(PCA).
- Park R. and Paulay, T. (1975). Reinforced Concrete Structures, John Wiley & Sons, Inc., 769 pp.
- PCI Bridge Design Manual. (2003). 2nd Edition, MNL-133-97, Precast/Prestressed Concrete Institute(PCI).
- PCI Design Handbook. (2010). 7th Edition, Precast/Prestressed Concrete Institute (PCI).
- PTI. (2006). Post-Tensioning Manual, 6th Edition, Post-Tensioning Institute(PTI), 354 pp.
- WRI. Bending Welded Wire Reinforcement, Wire Reinforcement Institute(WRI), WWR 400-R-03.

EXERCISE | 연습문제

2.1

그림 P2.1에는 단순지지 경간 4 m이고 b × h = 1,200 mm × 100 mm 단면(현장치기 슬래브는 무시)에 B종(f_{pu} = 1,860 MPa, $f_{pe} = 0.55f_{pu}$ = 1,023 MPa) 지름 12.7 mm 저이완 7연선 3개가 직선으로 그림과 같이 배치되었다. 콘크리트의 설계기준 압축강도 f_{ck} = 35 MPa이고, 단위질량 ρ_c = 2,400 kg/m^{3}이다.

(a) 각각의 경우에 대해서 단면의 등급을 결정하고,

(b) 부착 보강재의 중심 간격에 대해서 검토하라. 보의 고정하중은 $w_g = A_g(\rho_c g)$ = (1,200 × 100)(2,400 × 9.81) = (120,000)(23,544) /10^9 = 2.83 (kN/m)이고, 보에 추가로 작용하는 사용하중은 각각

(1) 추가고정하중 w_{sd} = 0.90 kN/m ; 활하중 w_l = 6.75 kN/m인 경우,

(2) 추가고정하중 w_{sd} = 0.60 kN/m ; 활하중 w_l = 4.50 kN/m인 경우.

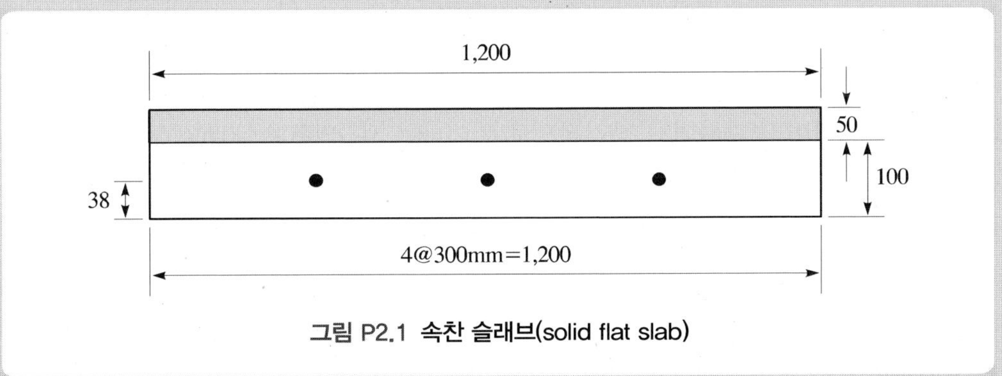

그림 P2.1 속찬 슬래브(solid flat slab)

CHAPTER 03

프리스트레스의 도입과 손실
Transfer of Prestress and Losses

초기 프리스트레스트 콘크리트의 실패는 대부분의 경우에 필연적으로 일어나는 프리스트레싱의 부분적인 손실이 얼마나 많이 일어나는지 인식하지 못한 것에 기인하였다. 1940년대에는 도입한 프리스트레싱이 과연 지속적으로 유지될 수 있느냐에 대한 의심이 지속적으로 대두되었다. 이러한 의심에 대해서 프랑스의 Eugene Freyssinet이 1946년 교량설계에 성공하면서 (그림 1.7a 참고), 프리스트레싱의 손실을 계산하여 설계에서 고려하고, 프리스트레싱 손실의 영향을 최소화하기 위해서 사용재료를 조심하여 선택해야 한다는 사실이 받아들여지기 시작하였다[Nilson 1987(255)].

프리스트레싱의 손실은 부재를 시공하면서 즉시 일어나는 **즉시 탄성손실(instantaneous elastic loss)**과 시간이 경과하면서 장기적으로 일어나는 **시간의존 손실(time dependent loss)**로 구분할 수 있다. **프리스트레스 긴장력(prestress jacking force)** P_0는 마찰손실(friction loss), 앵커의 정착(anchorage slip) 및 부재의 탄성수축(elastic shortening)으로 즉시 감소하여 **초기 긴장력(initial prestress force)** P_i가 된다. 건조수축이나 크리프가 일어나는 콘크리트 부재의 길이 변화와 높은 인장응력으로 긴장된 강재의 릴락세이션(relaxation)으로 초기에는 빠르게 시간이 경과함에 따라 서서히 장기적인 추가의 손실이 일어나게 된다. 상당한 기간이 경과하면 추가적인 응력의 변화는 미미해져서 거의 일정한 프리스트레싱력을 유지하게 된다. 이를 **유효 긴장력(effective prestress force)** P_e라고 한다. P_0와 P_e의 차이를 **프리스트레스의 손실(loss of prestress)**이라고 한다.

긴장기(jack)로 긴장하는 긴장력 P_0 (또는 P_j)는 강재 텐던에게 작용하는 하중 중에서 가장 큰 하중이므로 긴장 작업을 텐던의 **성능시험 과정(performance test)**이라고도 하고, 프리스트레싱이 도입될 때 콘크리트의 강도는 아직 충분히 발달하지 않았고 긴장력은 손실이 아직 일어나기 전의 최대 값이므로 프리스트레스트 부재를 **사전에 검증을 한 구조물(pre-tested structure)**이라고도 한다.

프리스트레싱을 도입할 때 콘크리트의 최소 압축강도는 시방서 26장 3.5.3(1) 및 한계기준 5.4.7(2)에서 프리스트레스를 준 직후 콘크리트에 일어나는 최대 압축응력의 1.7배 이상 되었을 때 실시하도록 규정($f_{ci} \geq 1.7 f_{ct}$, 식 (2.1))하고, 구조기준 9.9.1(4)③(ACI 18.13.4.3)에서는 포스트텐션을 도입할 때 다발강연선은 $f_{ci} \geq$ 28 MPa 이상이어야 하고, 단선강연선이나 강봉은 $f_{ci} \geq$ 17 MPa 이상(식 (2.2))일 때 수행하도록 규정하고 있다.

3.1 프리스트레스의 손실(Loss of Prestress)

콘크리트는 지속적인 응력의 영향으로 크리프 변형(creep strain)이나 또는 건조수축 변형(shrinkage strain)과 같은 시간의존 변형(time-dependent deformation)이 일어나고, 긴장재 역시 지속적인 인장변형률이 작용하게 되면 릴랙세이션(relaxation)이라고 하는 응력이 감소하는 현상이 일어난다. 콘크리트의 크리프와 건조수축 그리고 긴장재의 릴랙세이션의 영향으로 긴장력이 도입된 프리스트레스트 콘크리트 부재는 시간에 따라 변형하게 된다. 이런 시간의존 변화는 부재의 길이를 줄어들게 하고 긴장력에 손실을 일으켜서 솟음(camber)이나 처짐(deflection)에 영향을 미치게 된다[PCI Bridge 2003(8.6.1)].

긴장재의 초기 긴장응력(정착장치에 긴장재를 정착한 바로 뒤)과 부재의 유효 긴장력(콘크리트의 응력을 계산하는 시점)과의 차이를 **프리스트레스의 손실(loss of prestress)**이라고 하고, 이 손실은 **즉시손실(탄성손실, instantaneous elastic loss)**과 **장기 시간의존 손실(time dependent**

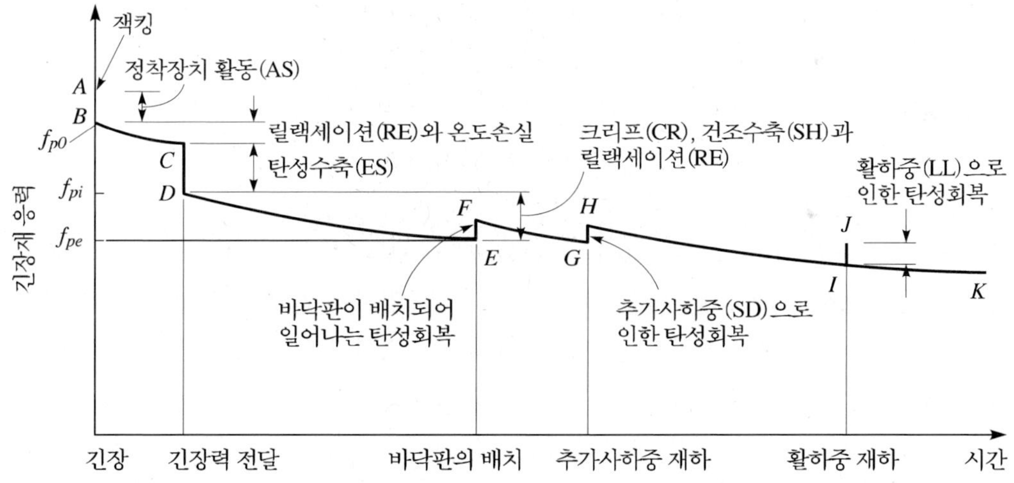

그림 3.1 프리텐션 거더에서 시간이 지남에 따라 프리스트레스의 손실로 인해서 긴장재에 일어나는 다양한 응력 손실[PCI Journal 2009]

loss)로 구분할 수 있다.

설계에 있어서 프리스트레스트 콘크리트 부재의 일생(life)동안 프리스트레스의 손실이 중요한 역할을 하는 두 번의 단계가 있다(그림 3.1 참고).

- **첫 번째 단계** : 긴장력을 도입한 직후 긴장력의 크기(그림 3.1의 D 점, $P_i = A_{ps} f_{pi}$)가 얼마인지를 산정하여야 하는데 그 이유는 이 시점이 긴장력의 크기는 최대이면서 콘크리트의 강도는 최소이므로 부재를 초과 긴장(over-stressing)하지 않도록 하기 위해서이다. 만약에 물론 이런 일이 거의 일어나지 않겠지만 이 단계의 손실이 너무 과다하게 계산되면 프리스트레스가 도입될 때 부재가 파괴되거나 또는 적어도 상당한 균열이 발생할 수 있다. 그러나 다행스럽게 이 단계에 관련되는 변수는 상대적으로 적어서 모든 경우에 있어서 좀 더 정확한 계산을 할 수 있을 것이다[PCI Bridge 2003(8.6.3)].
- **두 번째 단계** : 장기 사용하중이 작용하는 조건에서 유효긴장력의 크기(그림 3.1의 E 점, $P_e = A_{ps} f_{pe}$)를 산정해서 계산된 콘크리트의 응력이 기준의 제한 값을 만족하는지 검토하기 위해서이다. 프리스트레스트 손실의 산정이 휨강도(design strength)나 전단강도(shear strength)와 같이 설계를 좌우하는 중요한 요소들에 대해서는 상대적으로 거의 영향을 미치지는 않는다. 그러나 프리스트레스 손실은 처짐(deflection)과 솟음(camber) 또는 균열하중(cracking load), 균열 폭(crack width) 그리고 시공 중의 변형(deformation during construction) 등과 같은 사용하중 거동(service load behavior)에 큰 영향을 미치게 된다[Nilson 1987(257)].

특히 장기손실에 영향을 미치는 주요한 계수들로는 콘크리트의 탄성계수 그리고 크리프나 건조수축 계수들이다. 주어진 콘크리트 믹스에서 이런 계수들은 예측하기 쉽지 않을 뿐만 아니라 설계자에 의해서 조종되기는 거의 불가능하다. 따라서 PCI 교량설계편람(Bridge Design Manual 8.6.4)에서는 설계과정에서 다른 중요한 사항을 무시하면서 프리스트레스의 손실에 대해서 너무 과도하게 강조하지 않는 것이 좋을 것이라고 언급하고 있다[PCI Bridge 2003(8.6.4)].

그러나 Nilson[1987(257)]과 ACI 318 R18.6.1에서는 프리스트레스 손실에 대해서 과도한 산정(overestimation)이 안전 측으로 보일 수 있지만 실제에 있어서는 과소한 산정(underestimation)만큼 좋지 않은 결과를 준다고 주장하고 있다. 손실을 너무 크게 산정하면 상대적으로 프리스트레스 힘이 증가하여 과도한 솟음이나 문제가 될 수 있는 수평이동(horizontal movement) 등이 일어날 수도 있다고 하면서, 가능한 한 각각의 예에 있어서 시공의 중요성에 따라 최대한도로 손실을 평가하여야 한다고 제안하고 있다.

프리스트레스의 손실을 단계별로 구분하면 아래와 같이 적을 수 있다.

(1) 프리스트레스를 도입할 때 일어나는 즉시손실(Instantaneous Loss)

① 긴장재와 덕트(duct) 사이의 **마찰손실(FL, Friction Loss)** : 포스트텐션 방식

② 정착장치의 **앵커 정착손실(AS, Anchorage Seating, Slip, Set)** : 프리텐션과 포스트텐션 방식

③ 콘크리트의 **탄성수축(ES, Elastic Shortening)** : 프리텐션 방식에서는 긴장력을 도입할 때 나타나고, 포스트텐션 방식은 긴장(jacking)할 때 나타난다.

(2) 프리스트레스 도입 후에 일어나는 장기 시간적 손실(Time-Dependent Loss)

① 콘크리트의 **크리프(CR, Creep of Concrete)**

② 콘크리트의 **건조수축(SH, Shrinkage of Concrete)**

③ 긴강재의 **릴랙세이션(RE, Relaxation of Tendons)**

프리텐션 부재

긴장기로 긴장하는 긴장력 P_j 는 콘크리트에 직접적으로 작용하지는 않고 인장대(casting bed, buttress)의 영구 정착장치에 작용한다. 긴장력을 부재에 도입하기 전에 긴장재의 초기 릴랙세이션(RE)이 일어나서 긴장력을 잃게 되고, 긴장력이 도입되면서 콘크리트의 탄성수축(ES)으로 감소하게 된다[Nilson 1987(21, 256)]

포스트텐션 부재

긴장력이 도입될 때 P_j 가 직접 콘크리트에 작용은 하지만 잭킹을 하는 부재의 끝에서만 전체 값이 작용하고 마찰손실(FL)로 인하여 부재 단에서 멀어질수록 긴장력은 감소하게 된다. 잭킹하는 과정에서 탄성수축(ES)이 일어나므로 긴장하는 강선에는 탄성수축으로 인한 감소가 일어나지 않지만 만약에 여러 개의 강선을 순차적으로 긴장하게 되면 탄성수축이 일어나게 된다. 긴장력이 도입된 직후에는 정착장치의 활동(AS)으로 인해서 긴장력이 감소하게 된다. 표 3.1에는 프리텐션 부재와 포스트텐션 부재에 대한 즉시와 장기손실의

표 3.1 프리스트레스 손실의 원인

프리스트레스 손실요인		프리텐션 부재	포스트텐션 부재
즉시손실	탄성수축(ES)	긴장력 도입 시(at transfer)	강선을 순차적으로 긴장 시(at jacking)
	정착장치 활동(AS)	긴장력 도입 전(거의 무시할 정도)	긴장력 도입 시
	마찰(FL)	–	긴장 시
장기손실	릴랙세이션(RE)	긴장력 도입 전과 후 (before and after transfer)	긴장력 도입 후 (after transfer)
	건조수축(SH)	긴장력 도입 후(after transfer)	
	크리프(CR)		

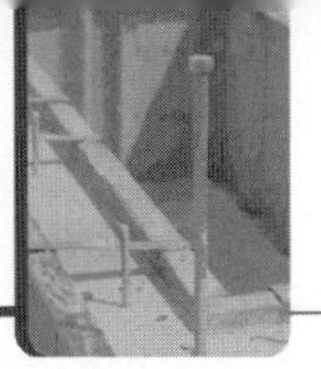

원인과 단계가 정리되어있다.

손실이 일어나는 순서

긴장재의 프리스트레스 힘은 시간이 지남에 따라 손실이 일어나서 아래와 같은 과정을 거치게 된다.

$$P_0 \text{ (또는 } P_j) \xrightarrow[\text{즉시손실}]{} P_i \xrightarrow[\text{장기손실}]{} P_e$$

여기에서

P_j = 긴장기로 긴장하는 긴장력(pretension jacking force) : 정상적인 부재에 작용하는 긴장력 중에서 가장 큰 값으로 긴장재의 성능시험으로 볼 수도 있다. 도로기준 4.6.3.3 (AASHTO 5.9.3)에서 정착장치의 활동이나 마찰에 의한 손실을 상쇄하기 위해서 정착 전 짧은 기간 동안 다음 값까지 초과긴장(over-stressing)을 허용한다고 규정하고 있다.

포스트텐션 방식 : 응력제거 및 저이완 강연선, $P_j = A_{ps} f_{pj} = A_{ps}(0.80 f_{pu})$ (표 2.16 참고)

P_0 = **프리텐션 부재** : 긴장재의 초기 릴랙세이션(RE)이 일어난 뒤에 긴장력을 부재에 도입하기 바로 직전의 긴장력 ; CPCI에서는 긴장력이 도입되기 전에 일어난 릴랙세이션을 구할 수 있도록 도표(CPCI 2007(3.4.3))가 제시되어 있다(표 2.16 참고).

$$\text{도입 직전} \quad P_0 = A_{ps} f_{p0} = \begin{cases} A_{ps}(0.70 f_{pu}) & : \text{응력제거 강연선} \\ A_{ps}(0.74 f_{pu}) & : \text{저이완 강연선} \end{cases} \tag{3.1}$$

포스트텐션 부재 : 마찰손실(FL)과 정착손실(AS)로 인한 즉시손실이 일어난 뒤 긴장력을 부재에 도입한 바로 직후의 긴장력(즉, ES와 장기손실(크리프 손실 CR, 건조수축 손실 SH, 릴랙세이션 손실 RE)가 일어나기 전 긴장력)이다. 구조기준 9.3.2(ACI 18.5.1) 및 도로교 4.6.3.3(AASHTO 5.9.3, CPCI 3.4.3) (표 2.16 참고)

$$\text{도입 직후} \quad P_0 = A_{ps} f_{p0} = \begin{cases} A_{ps}(0.70 f_{pu}) & : \text{응력제거 강연선} \\ A_{ps}(0.74 f_{pu}) & : \text{저이완 강연선} \end{cases} \tag{3.2}$$

P_i = **초기 긴장력(initial pretension force)** P_0 에서 탄성수축에 의한 즉시손실(ES)와 부분적인 릴랙세이션(RE)이 일어난 뒤의 초기 긴장력으로 다음 식으로 구할 수 있다.

$$P_i = A_{ps} f_{pi} \tag{3.3}$$

여기에서 초기 긴장응력 f_{pi} 는 아래와 같이 구할 수 있다.

$$f_{pi} = \begin{cases} f_{p0} - (\Delta RE + AS + ES) & : \text{프리텐션 부재} \\ f_{pj} - (FL + AS) - ES = f_{p0} - ES & : \text{포스트텐션 부재} \end{cases} \quad (3.4)$$

ⓐ Nawy는 $P_i = 0.9P_0 = A_{ps}(0.9f_{p0})$ 를 추천하고 있다[Nawy 2010(76)].

ⓑ CPCI(3.4.5)에서 저이완 강연선에 대해서 7.5% 감소를 제안하여, $P_i = 0.925P_0$ 로 보아 계산하도록 제시하고 있다. 따라서 $f_{pi} = 0.925(0.74f_{pu}) = 0.6845f_{pu} = 0.6845(1,860) = 1,273$ (MPa)이 된다.

ⓒ 도로기준 4.6.3.4⑴③에서는 응력제거 강연선과 저이완 강연선에 대해서 각각 아래와 같은 값을 추천하고 있다.

$$P_i = A_{ps}f_{pi} = \begin{cases} A_{ps}(0.9 \times 0.70f_{pu}) = A_{ps}(0.63f_{pu}) & : \text{응력제거 강연선} \\ A_{ps}(0.925 \times 0.74f_{pu}) = A_{ps}(0.69f_{pu}) & : \text{저이완 강연선} \end{cases} \quad (3.5)$$

P_e = 모든 손실이 발생한 뒤의 **유효 긴장력(final or effective pretension force)**으로 시간적 손실(CR, SH, RE)이 끝난 뒤에 도입 직후의 초기 프리스트레스 힘 P_i 는 유효 프리스트레스 힘 P_e 로 감소하게 된다. 즉시 손실과 시간적 손실로 인한 총 손실은 긴장력 P_0 의 대략 20% ~ 35% 정도가 된다. P_i 와 P_e 의 관계는

$$P_e = \eta P_i \quad (3.6)$$

로 표현되며, 여기에서 η ('eta')는 **유효계수(effectiveness factor)**이며 또는

$$1 - \eta = \frac{P_i - P_e}{P_i} \quad (3.7)$$

로 표현된다. 유효계수 η 는 프리텐션 방식에서는 075~0.80, 포스트텐션 방식에는 0.80~0.85의 범위에 있다[Rajagopalan 2005(224) ; 신현묵 2008(86)].

통상적으로 저이완 강연선에 대해서 $f_{pe} = 0.85f_{pi}$ 를 적용하여 $f_{pe} = 0.85(0.925f_{p0}) = 0.85(0.925 \times 0.74f_{pu}) = 0.582f_{pu}$ 을 적용하여 설계하거나, 또는 $f_{pe} = 0.55f_{pu}$ 를 적용하기도 한다.

3.2 프리스트레스 손실량의 간이계산법(Lump Sum Estimates for Prestress Loss)

대부분의 실제 설계에 있어서 손실에 대한 상세한 계산은 필요하지 않다. 따라서 총 손실량의 근사값을 도로교설계기준 등의 참고자료를 이용하여 추정하여 설계에 반영할 수 있다[Nilson 1987(256-257)].

특히 PTI(5.6)에서 포스트텐션 부재에 있어서 손실량에 대한 정확한 계산이 부재의 거동에 그렇게 결정적이지 않으며, 프리스트레스의 손실량에 대한 어떠한 계산도 적절하기만 하면 받아들일 수 있다고 하면서, 포스트텐션 부재의 장기손실량의 계산에서 100%의 차이가 난다고 하더라도 공칭강도(nominal strength)에서 프리스트레싱 강재의 응력 변화는 10% 미만 밖에 일어나지 않는다고 하였다[Zia 1979, PTI 2006(5.6)].

그러나 ACI 318 R18.6.1에서는 계산한 값보다 크거나 또는 작을 수도 있는 실제 손실량은 프리스트레스 부재의 설계강도(design strength)에는 거의 영향을 미치지 않지만 사용하중 거동(처짐, 솟음, 균열하중)과 이음(connection)에 영향을 미친다고 언급하면서, 과다하게 계산된 손실량(overestimation)은 안전 측으로 보이지만 과소하게 계산된 결과(underestimation)와 같이 문제를 일으킬 수도 있다고 주장하였다. 과다하게 계산된 손실량은 너무 큰 프리스트레싱 힘을 도입되게 하고 따라서 상당한 솟음이나 부재에 수평이동(horizontal movement)이 일어나게 할 수도 있다. 따라서 Nilson[1987(257)]은 가능한 한 각각의 예에 있어서 시공의 중요성에 따라 최대한도로 손실을 평가하여야 한다고 제안하고 있다. 만약에 높은 정밀도가 요구되는 경우에 각 손실을 분리하여 상세식(detailed method)으로 계산하여야 할 것이다.

제안되고 있는 전체 손실량의 **간이계산법(simplified method)**을 정리하면 다음과 같다.

① **ACI-ASCE 423 위원회** : 1958년 위원회에 의해서 제안된 값으로 1983년 이전 시방서 및 1975년 이전 AASHTO에서 다루었다. 그러나 근래에 이 값을 더 이상 적용하지는 않고 있다. 탄성수축과 크리프, 건조수축 및 릴랙세이션을 포함한 총 손실량(즉, 프리스트레싱이 도입된 뒤 일어나는 총 손실량)을 보통골재 콘크리트에서 프리텐션인 경우에 21% 손실에 해당하는 240 MPa, 포스트텐션인 경우에는 172 MPa을 제안하였다[ACI Notes 24-7].

② **도로기준 4.6.3.4(3)** : 1975년 AASHTO에 의해서 제안된 값으로 일반적으로 설계되는 단순하고 작은 프리스트레스트 부재 또는 구조물에 대해서 표 3.2의 총 손실량 추정 값을 사용해도 되도록 제시하고 있다. 이 값들은 보통 콘크리트와 보통의 프리스트레스 수준을 적용하고 평균 노출상태에 있는 프리스트레스 콘크리트 구조물에 적용한다. 특별히 경간이 길거나 특수 설계의 경우에는 더 정확한 방법에 의해서 프리스트레스 손실량을 계산하여야 한다[도로기준 2010(4.6.3.4(3))].

표 3.2 도로기준 4.6.3.4(3)에서 제시한 프리스트레스 손실량

긴장재의 형태		콘크리트의 압축강도에 따른 전체 손실량	
		f_{ck} = 28 MPa	f_{ck} = 35 MPa
프리텐션 긴장재			315 MPa
포스트텐션*	강선과 강연선	225 MPa	230 MPa
	강봉	155 MPa	160 MPa

* 여기서 마찰에 의한 손실량은 제외되었으므로 FL는 별도 계산하여야 한다.

③ **CPCI 3.4.4** : 저이완 강연선에 대해서 보통골재 콘크리트 : 200 MPa～350 MPa ; 모래경량 콘크리트 : 250 MPa～400 MPa과 같은 손실량의 범위를 제안하고 있다.

④ **간략화된 PCI 위원회 방법(Simplified Precast/Prestressed Concrete Institute Committee Method) (CPCI 3.4.5)** : 1975년 PCI 위원회에 의해서 제안되고 CPCI에서 다루는 방법으로 저이완 강연선을 사용한 프리텐션 부재에만 적용할 수 있고, 콘크리트 응력의 크기와 긴장재의 종류 그리고 체적-표면적(V/S) 비를 고려하도록 되어있다. 계산되는 총 손실량은 프리스트레싱이 도입된 뒤 일어나는 총 손실량(ES + CR + SH + RE)을 의미한다.

프리텐션 부재 – 저이완 강연선 사용 :

$$\begin{cases} \text{보통중량 콘크리트} : TL = \Delta f_{pTL} = 137 + 16.3 f_{cir} + 5.4 f_{sd} \ (\mathrm{MPa}) \\ \text{모래경량 콘크리트} : TL = \Delta f_{pTL} = 121 + 20.4 f_{cir} + 4.8 f_{sd} \ (\mathrm{MPa}) \end{cases} \quad (3.8)$$

여기에서 $f_{cir} = \dfrac{P_i}{A_g} + \dfrac{P_i e^2}{I_g} - \dfrac{M_d e}{I_g}$; $f_{sd} = -\dfrac{M_{sd} e}{I_g}$; $P_i \approx 0.925 P_0$ 이다.

체적-표면적(V/S) 비에 따라 표 3.3과 같은 조종을 하여야 한다.

표 3.3 V/S 비의 조종계수[CPCI 3–32]

V/S 비(mm)	25	50	75	100
조정계수(%)	3.2	0	−3.8	−7.6

예를 들어서 만약에 V/S = 75가 되면 Δf_{pTL} 은 3.8% 감소시켜야 한다.

식 (3.8)은 정착장치의 활동(AS)이 일어난 뒤의 초기 인장력을 기준으로 제안된 식이다. 저이완 강연선의 프리텐션 부재에서 정착장치의 활동(AS)이 일어난 뒤의 초기 인장력은 $f_{p0} = 0.74 f_{pu}$ 로 표현된다(표 2.16 참고). 만약에 이 값에 변화가 있게 되면 총 손실량에도 변화가 있어야 할 것이다.

⑤ **PTI** : PTI 4판(1985)에서 제안한 값으로 이 손실량은 보통 콘크리트와 보통의 프리스트레스 수준을 기준으로 하고 평균 노출상태에 있는 프리스트레스 콘크리트 구조물을 근거로

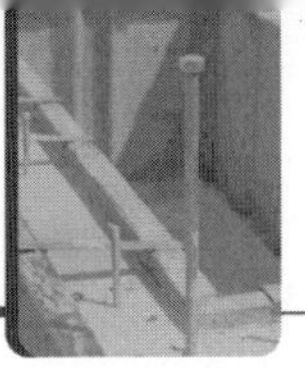

하여 구한 값이다. 콘크리트가 충분히 강도를 발휘하기 전에 긴장력이 도입되었거나, 너무 큰 긴장력이 도입되거나 또는 환경이 너무 건조하거나 습한 경우에 실제 손실량은 표 3.4의 값에서 상당히 변할 수 있다. PTI 6판(2006)에서는 더 이상 이 표의 값을 다루지 않고 ③에서 다룬 손실량의 범위와 ④에서 다룬 간략화된 PCI 위원회 방법을 다루고 있다.

표 3.4 PTI(4판)에서 제시한 포스트텐션 부재의 손실량(마찰에 의한 손실량은 포함하지 않음.)

포스트텐션 긴장재의 형태	슬래브	보 또는 장선(joist)
1,860 MPa인 응력제거 강연선(strand) 1,655 MPa인 응력제거 강선(wire)	207 MPa	241 MPa
강봉	138 MPa	172 MPa
1,860 MPa인 저이완 강연선	103 MPa	138 MPa

예제 3.1

[간략화된 PCI 방법에 의해서 총 손실량 계산] [CPCI 2007(3-32~33)]

그림 3.2의 2,400 × 800 더블 T형 단면에 대해서 다음의 주어진 조건에 대해서 간략화된 PCI 위원회 방법을 이용하여 총 프리스트레스 손실량과 유효긴장력을 계산하라. 단, 추가고정하중으로는 오직 현장치기 콘크리트(CIP concrete) 50 mm가 배치되었다.

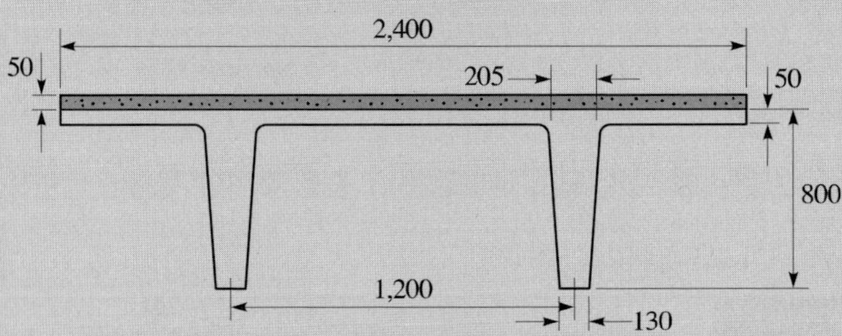

그림 3.2 현장치기 콘크리트(CIP concrete) 50 mm가 배치된 2,400×800 더블 T형

l = 21.0 m, A_g = 371,000 mm^2, I_g = 22,800 × 10^6 mm^4, y_b = 523 mm, $S_b = I_g / y_b$ = 43,700 × 10^3 mm^3, V/S = 48 mm, $w_d = w_g$ = 3.6 kN/m^2 × 2.4 m = 8.6 kN/m, w_{sd} = 2.9 kN/m,

- 프리캐스트 콘크리트 : 보통중량골재 콘크리트 f_{ck} = 35 MPa, f_{ci} = 25 MPa이다.
- 현장치기 콘크리트 : 보통중량골재 콘크리트 f_{ck} = 25 MPa
- 프리스트레싱 긴장재 : B종 f_{pu} = 1,860 MPa인 직경 12.7 mm, 12개 저이완 7연선 배치, A_{ps} = 12 × 99 = 1,188 mm^2
- 경간 중앙에서 1점 절곡 : e_e = 307 mm, e_c = 441 mm

① 긴장재가 경간 중앙에서 1점 절곡된 부재에서 위험단면은 경간 $0.4l$ 이므로 이 위치에서 휨모멘트와 편심을 계산한다(그림 4.4 참고).

$$M_{(0.4l)} = \frac{wx}{2}(l-x) = \frac{w(0.4l)}{2}(l-0.4l) = 0.12wl^2$$

$$M_d = 0.12w_d l^2 = (0.12)(8.6)(21^2) = 455\ (\text{kN}\cdot\text{m})$$

$$M_{sd} = 0.12w_{sd} l^2 = (0.12)(2.9)(21^2) = 154\ (\text{kN}\cdot\text{m})$$

$$e_{(0.4l)} = 307 + (0.8)(441-307) = 414\ (\text{mm})$$

② P_0 와 P_i 계산 :

$P_0 = A_{ps} f_{p0} = A_{ps}(0.74 f_{pu}) = (1,188)(0.74 \times 1,860) / 1,000 = 1,635$ (kN)

저이완 강연선 초기손실 7.5% 고려 : $P_i = 0.925 P_0 = (0.925)(1,635) = 1,512$ (kN)

③ f_{cir} 와 f_{sd} 계산 :

$$f_{cir} = \frac{P_i}{A_g} + \frac{P_i e^2}{I_g} - \frac{M_d e}{I_g}$$

$$= \frac{(1,512)(10^3)}{371,000} + \frac{(1,512)(414^2)(10^3)}{22,800 \times 10^6} - \frac{(455)(414)(10^6)}{22,800 \times 10^6}$$

$\therefore\ f_{cir} = 4.08 + 11.37 - 8.26 = 7.2$ (MPa)(압축응력)

$$f_{sd} = -\frac{M_{sd} e}{I_g} = -\frac{(154 \times 10^6)(414)}{22,800 \times 10^6} = -2.8\ (\text{MPa})(\text{인장응력})$$

④ 보통중량골재 콘크리트에 대한 Δf_p 계산 :

식 (3.8) : $\Delta f_p = 137 + 16.3 f_{cir} + 5.4 f_{sd} = 137 + 16.3(7.2) + 5.4(-2.8) = 239$ (MPa)

⑤ V/S 비에 대해서 조종 (V/S = 48 mm이므로 표 3.3의 25와 50 사이에서 보간법으로 계산) :

$(50-25) : (50-48) = (+3.2 - 0) : x$

조종계수 : $x = (2)(3.2) / 25 = +0.26$ % (+ 의미는 추가적인 손실)

⑥ 최종 손실량 : $\Delta f_{pTL} = 239(1 + 0.26/100) = 239 + 0.62 = \underline{240\ (\text{MPa})}$

또는 총 손실은 $f_{p0} = 0.74(1,860) = 1,376$ MPa의 17.4%에 이른다.

⑦ 총 손실이 일어나고 난 뒤에 유효 긴장력 :

$\therefore\ P_e = 1,635 - (240)(1,188)10^3 = \underline{1,350\ (\text{kN})}$

⑧ 만약에 본 예에 도로기준을 적용하면 총 손실량이 안전 측인 315 MPa을 제안하고 있다. 그러나 1983년 이전 ACI-ASCE 규정을 적용하면 총 손실량이 240 MPa로 본 계산의 값과 근접한(본 예에서는 같은) 값을 얻는 것을 알 수 있다.

3.3 프리스트레스의 즉시손실(Instantaneous Loss)

3.3.1 긴장재와 덕트(duct)의 마찰로 인한 손실(FL, Friction Loss)

포스트텐션 부재에서 그림 3.3과 같이 일반적으로 긴장재는 한쪽 끝은 정착되고 다른 쪽 끝에서는 당기게 된다. 다발 강재(multi-strand tendon)가 덕트(duct) 속에서 미끄러지면서 마찰저항이 발생하여 인장단에서 멀어질수록 인장력은 작아져서 긴장재의 인장력은 **인장단(jacking end, live end)**에서 최대이고 반대편 **고정단(dead end)**에서 최소가 된다. 총 마찰손실(FL, Friction Loss)은 현장에서 덕트를 완벽하게 직선으로 배치하지 못하여 발생하는 **파상마찰(wobble friction)**[1]과 설계에서 원래 곡률을 주어 배치되는 긴장재의 **곡률마찰(curvature friction)**로 나눌 수 있다(그림 3.3b 참고). 이 두 마찰은 각각 분리하여 다루며 이를 합하여 계산하게 된다 [Nilson 1987(260)].

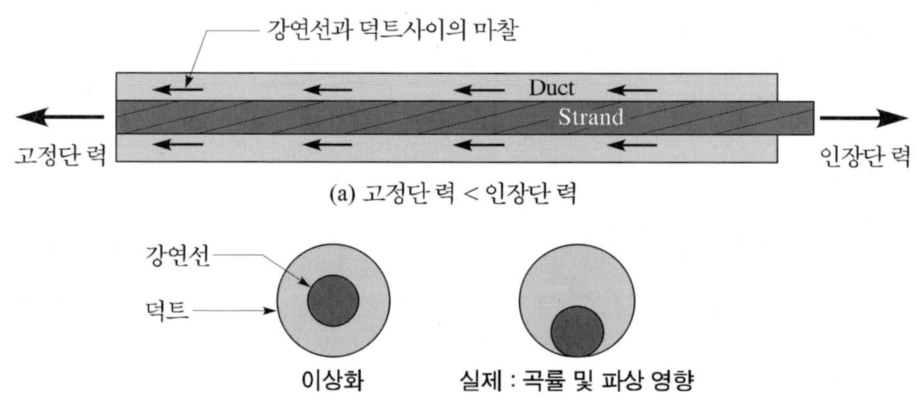

그림 3.3 곡률과 파상영향으로 인한 강연선과 덕트 사이의 마찰손실[PTI 교육자료]

곡률마찰로 인한 손실(Curvature Friction Loss)

그림 3.4b에서와 같이 곡률반경 R 인 긴장재에서 미소길이 dx 에 대한 각의 변화 $d\alpha$ 의 관계는 아래와 같이 표현할 수 있다.

1. 덕트가 완벽하게 직선으로 배치되지 못하여 긴장재를 당길 때 덕트나 또는 이미 배치된 긴장재 사이에 파상영향(wobble effect) 또는 길이영향(length effect)으로 인한 마찰손실

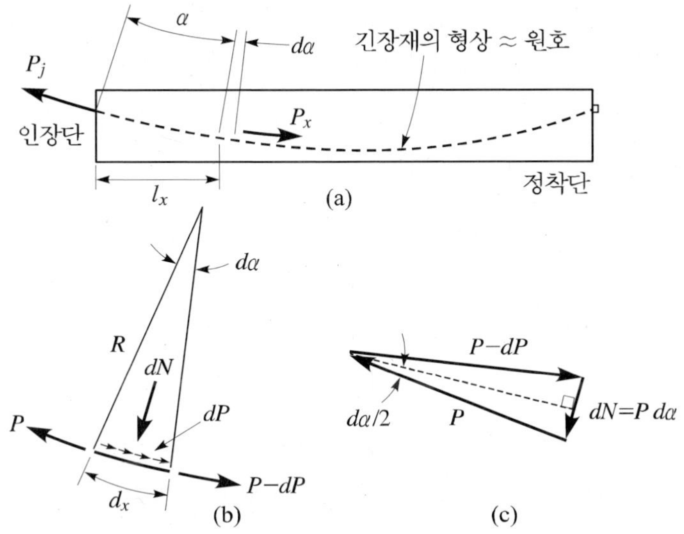

그림 3.4 곡률마찰로 인한 긴장력의 손실 (a) 긴장재의 배치 현상, (b) 미소길이 dx 에서의 곡률마찰 손실, (c) 힘의 삼각형[Nilson 1987(261)]

$$R\,d\alpha = dx$$

$$d\alpha = \frac{dx}{R} \tag{3.9}$$

이 미소길이 dx 에 발생하는 마찰손실을 dP 로 표현할 수 있다.

그림 3.4c에 보여주는 미소길이 dx 에 작용하는 힘의 삼각형을 이용하여 긴장재에 연직한 연직력 dN 을 쓰면,

$$dN = P\sin\left(\frac{d\alpha}{2}\right) + (P - dP)\sin\left(\frac{d\alpha}{2}\right)$$

와 같이 표현할 수 있다. 미소길이에 발생하는 곡률마찰손실에 대한 긴장력의 차이 dP 는 매우 미소하므로 무시하고, 또한 $d\alpha/2 \ll 1$ 이므로 $\sin(d\alpha/2) \approx d\alpha/2$ 로 쓰면, 연직력 dN 은

$$dN \approx P\left(\frac{d\alpha}{2}\right)2 = P\,d\alpha$$

로 표현할 수 있다. 이 식에 식 (3.9)를 대입하면,

$$dN = \frac{P}{R}dx$$

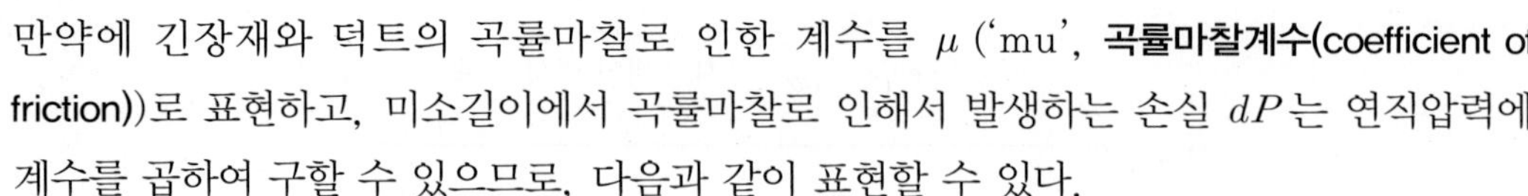

만약에 긴장재와 덕트의 곡률마찰로 인한 계수를 μ ('mu', **곡률마찰계수(coefficient of friction)**)로 표현하고, 미소길이에서 곡률마찰로 인해서 발생하는 손실 dP는 연직압력에 계수를 곱하여 구할 수 있으므로, 다음과 같이 표현할 수 있다.

$$dP = -\mu\, dN = -\mu \frac{P}{R} dx = -\mu\, P d\alpha \tag{3.10}$$

여기에서 긴장력을 감소시키므로 − 부호를 취하였다. 이를 정리하면,

$$\frac{dP}{P} = -\mu d\alpha$$

인장단의 긴장력 P_j로부터 긴장력의 크기를 구하고자 하는 위치의 긴장력 P_x에 대해서 구간을 정하고 양변에 적분을 취하고, 역함수관계인 자연로그함수(natural logarithm function, $\ln x$ ('엘엔 엑스'))와 자연지수함수(natural exponential function, e (Euler의 수, $e \simeq 2.71828\cdots$))의 대응규칙($e^y = x \Leftrightarrow \ln x = \log_e x = y$)을 이용하여 적으면

$$\int_{P_j}^{P_x} \frac{1}{P} dP = -\mu \int_0^{\alpha} d\alpha$$

$$\ln P_x - \ln P_j = \ln\left(\frac{P_x}{P_j}\right) = -\mu\alpha$$

$$e^{(\ln P_x/P_j)} = e^{-\mu\alpha}$$

가되므로, 대응규칙을 이용하여 정리하면 아래 식을 얻을 수 있다.

$$P_x = P_j\, e^{-\mu\alpha} \tag{3.11}$$

프리스트레스트 콘크리트 부재에서 실용적인 목적을 위해서 긴장재의 길이에 비해서 깊이가 작으므로 부재의 축을 따라 투사된 길이(projected length)를 마찰손실 계산에 사용할 수 있다. 포물선 형상으로 배치된 긴장재의 형상을 원형이라고 가정하여 그림 3.5와 같이 중심각 $\alpha = \alpha_1 + \alpha_2$를 대략적으로 결정할 수 있다[Lin 1981(113)]. 원형으로 배치된 긴장재의 깊이는 중심각이 미소이므로 $e_1 \simeq m_1/2$로 쓸 수 있다. 역시 α_1이 미소하므로,

$$\tan\alpha_1 \approx \alpha_1 = \frac{2e_1}{l_1} \tag{3.12}$$

가 된다. 긴장재의 편심이 가장 큰 위치인 꼭지점에서 긴장재의 중심각 α는

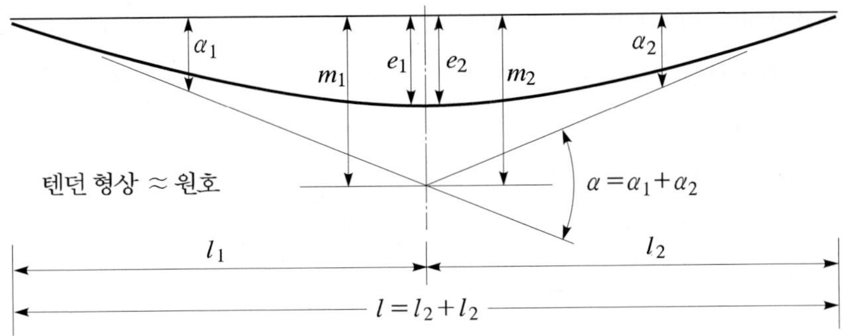

그림 3.5 대략적인 긴장재의 중심각 α 의 결정 [Lin 1981(113)]

$$\alpha = \alpha_1 + \alpha_2 = \frac{2e_1}{l_1} + \frac{2e_2}{l_2} = \frac{2(e_1 l_2 + e_2 l_1)}{l_1 l_2}$$

만약에 $l_1 = l_2 = l/2$ 이고 $e_1 = e_2 = e$ 인 경우에 α 는

$$\alpha = \frac{2(e_1 l_2 + e_2 l_1)}{l_1 l_2} = \frac{2\,(2e)(l/2)}{(l/2)^2} = \frac{8e}{l} \tag{3.13}$$

로 표현할 수 있다.

식 (3.13)을 이용하여 식 (3.11)을 다음과 같이 경간의 길이 l_x 의 함수로 표현할 수 있다. 먼저 식 (3.9)를 그림 3.5에 적용하면서 식 (3.12)와 함께 $l_1 = l/2$, $e_1 = e$ 를 대입하면, 반경 R은 다음과 같이 표현할 수 있다.

$$R(\alpha_1) = l_1$$

$$R = \frac{l_1}{\alpha_1} = \frac{l_1}{(2e_1)/l_1} = \frac{l/2}{2e/(l/2)} = \frac{l^2}{8e} \tag{3.14}$$

식 (3.11)의 계수 $\mu\alpha$ 에 분모와 분자에 각각 임의의 경간길이 l_x 를 곱해주고, 식 (3.13)의 α 를 대입하면,

$$\left(\frac{\mu}{l_x}\alpha\right) l_x = \left(\frac{\mu}{l_x}\frac{8e}{l_x}\right) l_x = \left(\frac{\mu}{l_x^{\,2}/8e}\right) l_x = \frac{\mu}{R} l_x$$

가 되어 식 (3.11)은 다음과 같이 경간의 길이 l_x 에 따라 변하는 값으로 표현할 수도 있다.

$$P_x = P_j e^{-\mu\alpha} = P_j e^{-(\mu/R) l_x} \tag{3.15}$$

파상 영향(Wobbling Effect or Length Effect)

그림 3.6과 같이 비록 직선으로 배치되는 덕트라 하더라도 현장에서 완벽하게 직선으로 배치하는 것은 거의 불가능하고, 긴장재와 덕트사이에 파상마찰이 발생하여 긴장력의 손실이 발생한다. 손실량의 크기는 긴장재의 종류, 사용하는 덕트의 종류 및 현장에서 얼마나 조심하여 시공하느냐에 따라 좌우된다[Nilson 1987(260)].

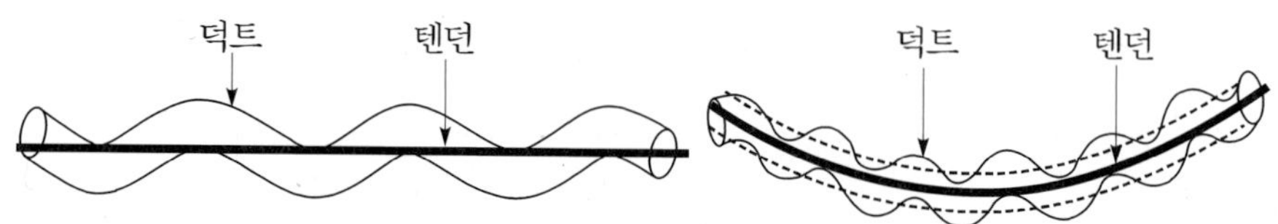

그림 3.6 덕트의 불완전한 배치로 인한 파상영향(wobbling effect) 또는 길이영향 (length effect)[Naaman 2012(542)]

파상영향으로 인한 **마찰계수(wobbling friction coefficient)**를 κ ('kappa')라 하고, 미소길이 dx 에서의 긴장력의 차이 dP 는 식 (3.10)과 비슷하게 다음과 같이 쓸 수 있다.

$$dP = -\kappa P dx$$

앞에서와 같이 $P_j \sim P_x$ 와 거리 $0 \sim l_x$ 에 대해서 구간을 정하고 양변에 적분을 취하면,

$$\int_{P_j}^{P_x} \frac{1}{P} dP = -\kappa \int_0^{l_x} dx$$

$$\ln P_x - \ln P_j = \ln \frac{P_x}{P_j} = -\kappa l_x$$

로 쓸 수 있으며, 자연지수함수(natural exponential function, e)와 대응규칙을 이용하여 적으면

$$P_x = P_j e^{-\kappa l_x} \tag{3.16}$$

가 된다. 식 (3.11) 및 (3.15)와 (3.16)을 더하고 인장단에서의 $P_j \approx P_0$ 로 보아 표현하면 각각

$$P_x = P_0 e^{-(\mu\alpha + \kappa l_x)} \quad \text{또는} \quad P_x = P_0 e^{-(\mu/R + \kappa) l_x} \tag{3.17}$$

가 된다. 이 식들을 응력값으로 표현하기 위해서 A_{ps} 로 양변을 나누어 주면,

$$f_{px} = f_{p0}\, e^{-(\mu\alpha + \kappa l_x)} \quad \text{또는} \quad f_{px} = f_{p0}\, e^{-(\mu/R+\kappa) l_x} \tag{3.18}$$

로 쓸 수 있다. 여기에서 $e^{-x} = 1/e^x$ 이므로 e^x 를 전개하면[Salas 2007, Heading 1970]

$$e^x = \sum_{n=0}^{\infty} \frac{x^n}{n!} = 1 + x + \frac{x^2}{2!} + \frac{x^3}{3!} + \frac{x^4}{4!} + \cdots + \frac{x^r}{r!} + \cdots$$

로 적을 수 있다. 따라서 식 (3.18)에서 미소한 x^2 이상의 항을 무시하고 적으면, 각각

$$f_{px} \approx f_{p0}(1 + \mu\alpha + \kappa l_x)^{-1} \quad \text{또는} \quad f_{px} \approx f_{p0}[1 + (\mu/R + \kappa) l_x]^{-1} \tag{3.19}$$

로 표현할 수 있다. 따라서 마찰손실 FL을 적으면

$$\begin{cases} FL = \Delta f_{pFL} = f_{p0} - f_{px} = f_{p0} - f_{p0}(1 + \mu\alpha + \kappa l_x)^{-1} \\ \quad = f_{p0} - f_{p0}/(1 + \mu\alpha + \kappa l_x) \\ \text{또는} \\ FL = \Delta f_{pFL} = f_{p0} - f_{p0}[1 + (\mu/R + \kappa) l_x]^{-1} = f_{p0} - f_{p0}/[1 + (\mu/R + \kappa) l_x] \end{cases} \tag{3.20}$$

로 쓸 수 있다. 구조기준 9.4.2(ACI 18.6.2)에서 $\mu\alpha + \kappa l_x \le 0.3$ 인 경우 위의 근사식을 사용할 수 있도록 규정하고 있다. 구조기준 9.4.2(2)에서 마찰손실을 계산할 때 파상마찰계수 κ 와 곡률마찰계수 μ 는 실험에 근거하여 결정하여야 하며 이를 확인하여야 한다고 제시하고, 설계할 때 사용한 계수의 값들은 설계도면에 제시하도록 규정하고 있다. 구조기준 해설 표 9.4.2(도로기준 표 4.6.1, ACI 표 R18.6.2)에 제시된 κ 와 μ 의 값이 표 3.5에 제시되었다. 구조기준 해설 9.4.2에서는 강체상태의 도관을 사용하거나 또는 중간 정도 강체상태라도 큰 긴장재에 대해서는 파상마찰계수 κ 는 0으로 볼 수 있다고 제안하고 있다.

표 3.5 구조기준 해설 표 9.4.2.1(도로기준 표 4.6.1) 포스트텐션 긴장재의 파상마찰계수(κ)와 곡률마찰계수(μ)

		PS 강재의 종류	파상마찰계수(κ/m)	곡률마찰계수(μ/rad)
금속쉬스 내에 부착된 긴장재		강선	0.0033~0.0050	0.15~0.25
		강연선	0.0015~0.0066	
		강봉	0.0003~0.0020	0.08~0.30
비부착 긴장재	수지, 방수, 피복	강선 및 강연선	0.0033~0.0066	0.05~0.15
	그리스로 미리 도포된 경우	강선 및 강연선	0.0010~0.0066	

California Prestressing Manual[2005]에서는 강성 또는 반강성(semi-rigid) 아연도금(galvanized) 금속 쉬스를 사용하는 경우에 파상마찰계수는 0.0066/m로 고려하고, 곡률

마찰계수는 길이에 따라 부재의 길이가 180 m 보다 작은 경우에는 0.15/rad, 180 m ~ 270 m 인 경우에는 0.20/rad, 270 m ~ 360 m인 경우에는 0.25/rad을 사용하도록 제안하고 있다.

예제 3.2

[마찰손실로 인한 손실 계산] [Civil Engineering Bridge Structures(3-52~3-57)]

그림 3.7에 보이는 단순지지 된 포스트텐션 T형 보는 긴장재가 포물선 형상으로 배치되었다. 도로교 설계기준의 규정에 따라 마찰손실에 의한 프리스트레스의 손실을 인장단과 정착단, 그리고 경간 중앙에서 각각 계산하라.

- 경간 l = 18.6 m, f_{ci} = 24.5 MPa, f_{ck} = 35 MPa, 보통골재 콘크리트 단위질량 ρ_c = 2,300 kg/m^3
- 저이완 강연선 A_{ps} = 1,560 mm^2, f_{pu} = 1,860 MPa
- 반대편은 정착단으로 인장단에서 긴장하고 정착 시 정착장치의 미끄러짐 Δl = 3.1 mm로 고려
- 긴장재의 곡률마찰계수 μ = 0.25/rad ; 파상마찰계수 κ = 0.0049/m로 고려
- 시공지역의 년 평균상대습도 RH = 65%로 본다.
- 다이아프램, 표면층(surfacing), 연석(curbs), parapet 등으로 인한 추가고정하중은 무시한다.

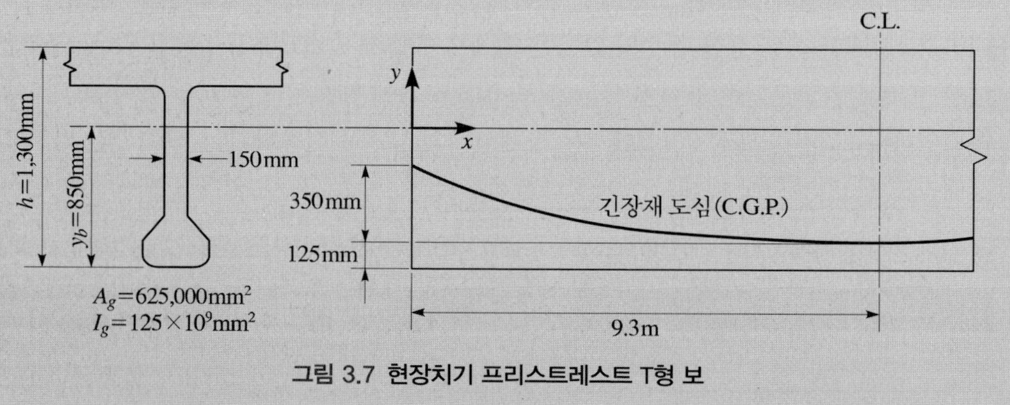

그림 3.7 현장치기 프리스트레스트 T형 보

① 긴장재의 길이 계산 :

포물선 형상으로 배치되는 긴장재의 곡률반경 계산 : $e_1 = e_2 = e = 350$ mm

그림 3.5에서 $l_1 = l/2 = 18.6/2 = 9.3$ (m), $\alpha_1 \ll 1$

$$\tan\alpha_1 \approx \alpha_1 = \frac{2e_1}{l_1} = \frac{2(350)}{9{,}300} = 0.0753 \text{ (rad)}$$

식 (3.14) : $R(\alpha_1) = l_1$; $R = \dfrac{l_1}{\alpha_1} = \dfrac{l_1}{2e_1/l_1} \equiv \dfrac{(l/2)^2}{2e} = \dfrac{l^2}{8e}$

곡률반경 $R = \dfrac{(l/2)^2}{2e} = \dfrac{9{,}300^2}{2 \times 350}/1{,}000 = 123.6\ (\text{m})$

긴장재가 원호로 배치되었다고 보아 경간 중앙까지의 긴장재의 길이 L_c 계산 : $R\alpha_1 = L_c$

$L_c = R\alpha_1 = R(2e_1/l_1) = 123{,}600(2 \times 350)/9{,}300 = 9{,}303\ (\text{mm})$

$\simeq \dfrac{l}{2} = 9{,}300\ \text{mm}$

(본 예제와 같이 긴장재의 길이는 축에 투영한 길이로 계산해도 문제가 되지 않으므로, 일반적으로 계산에서 긴장재의 길이는 투영길이를 사용한다.)

② 포스트텐션에서 도입 직후 인장응력 계산(표 2.16 참고) :

$f_{p0} = 0.74 f_{pu} = 0.74(1{,}860) = 1{,}376\ (\text{MPa})$

③ 파상과 곡률 마찰손실로 인한 응력의 감소량 계산 :

식 (3.17) : $\mu/R + \kappa = 0.25/123.6 + 0.0049 = 0.00692/\text{m}$

따라서 긴장재를 따라 거리 x 에서의 응력은

$f_{px} = f_{p0}\, e^{-(\mu/R+\kappa)x} = f_{p0}\, e^{-0.00692x}$ 가 된다.

경간 중앙 $x = 9.3$ m에서 응력 :

$\therefore\ f_{p(x=9.3\,\text{m})} = 1{,}376\,[e^{-0.00692(9.3)}] = 1{,}376(0.9376) = \underline{1{,}291\ (\text{MPa})}$

경간 끝 $x = 18.6$ m에서 응력 :

$\therefore\ f_{p(x=18.6\,\text{m})} = 1{,}376\,[e^{-0.00692(18.6)}] = 1{,}376(0.8792) = \underline{1{,}210\ (\text{MPa})}$

④ 그림 3.12에는 긴장재의 긴장응력 분포가 도해되어있다.

⑤ 구조기준 9.4.2에서 $\mu\alpha + \kappa l_x \le 0.3$ 인 경우에는 근사식을 적용할 수 있다고 했으므로, $x = 18.6$ m에서 식 (3.13) :

$\alpha = \dfrac{8e}{l} = \dfrac{8 \times 350}{18{,}600} = 0.1505\ (\text{rad})$

또는 $\alpha = \alpha_1 + \alpha_2 = 2(0.0753) = 0.1506\ (\text{rad})$

식 (3.19) :

$\mu\alpha + \kappa l_x = 0.25(0.1505) + 0.0049(18.6)$

$= 0.03763 + 0.09114 = 0.1288 < 0.3$ <OK>

$\therefore\ f_{p(x=18.6\,\text{m})} = f_{p0}(1+\mu\alpha+\kappa l_x)^{-1} = 1{,}376/(1+0.1288) = 1{,}376/1.1288$

$= \underline{1{,}219\ (\text{MPa})}$

또는

$$(\mu/R+\kappa)l_x = (0.25/123.6+0.0049)18.6$$
$$= (0.002023+0.0049)18.6 = 0.1288 < 0.3 \quad \text{<OK>}$$
$$f_{p(x=18.6\,\mathrm{m})} = f_{p0}\,[1+(\mu/R+\kappa)l_x]^{-1} = 1{,}376\,/\,(1+0.1288) = \underline{1{,}219\ (\mathrm{MPa})}$$

근사식 사용 : (1,219/1,210 − 1) × 100 = 0.8 % 차이 <OK>

$$(\mu/R+\kappa)l_x = (0.25/123.6+0.0049)\,9.3 = (0.002023+0.0049)\,9.3$$
$$= 0.0644 < 0.3 \quad \text{<OK>}$$
$$\therefore\ f_{p(x=9.3\,\mathrm{m})} = 1{,}376\,/\,(1+0.0644) = 1{,}376\,/\,1.0644 = \underline{1{,}293\ (\mathrm{MPa})}$$

근사식 사용 : (1,293/1,291 − 1) × 100 = 0.2 % 차이 <OK>

3.3.2 정착장치의 활동으로 인한 손실(AS, Anchorage Seating)

포스트텐션 부재에서 긴장력이 도입될 때 긴장재의 인장력이 정착장치에 의해서 콘크리트에 전달되게 된다(그림 3.8 참고). 이런 전달과정에서 **쐐기형 정착장치(wedge anchorage)**가 긴장재에 정착하면서 또는 변형을 일으켜서 정착장치의 활동이 일어난다[Nilson 1987(264)]. 전형적인 쐐기형 정착장치의 활동량은 대략 4 mm ~ 10 mm(1/8 ~ 3/8 in.) 정도 일어난다. Naaman[2012(549)]에 의하면 생산자로부터 활동 값이 제시되지 않는 경우에 평균 6 mm(1/4 in.) 정도를 설계에서 고려한다고 제시하고 있다.

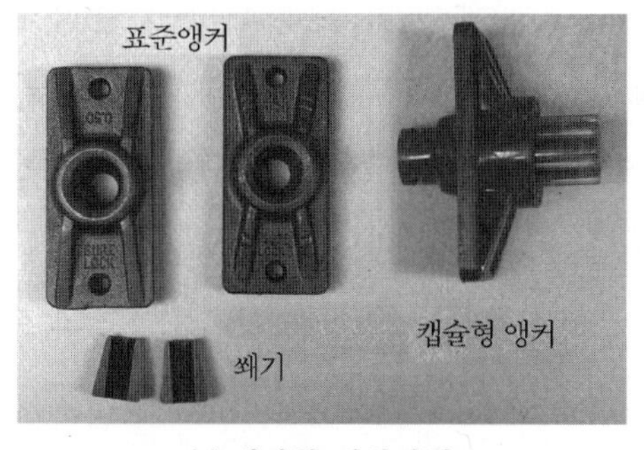

(a) 쐐기형 정착장치

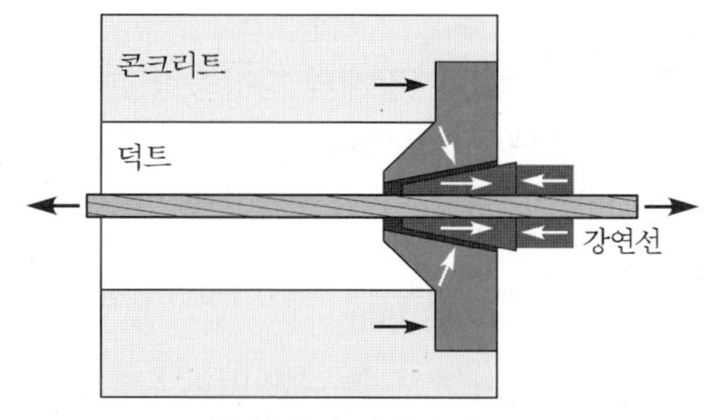

(b) 정착시 쐐기의 활동

그림 3.8 표준 및 캡슐형 앵커의 구성과 정착장치의 활동[PTI 교육자료]

프리텐션인 경우에도 재킹 장치로부터 인장대에 긴장력을 전달할 때 유사한 상황이 발생할 수 있다. 어느 경우에나 정착장치의 활동에 의한 손실은 사용되는 정착장치에 따라 제작자가 제시한 활동량을 고려하여 초과긴장(over-stressing)을 통해서 보정할 수 있다[Nilson 1987(264)].

사용되는 정착장치의 활동에 대한 자료가 제공되면 아래의 식을 이용하여 정착장치 활동으로 인한 손실량 AS를 계산할 수 있다.

$$AS = \Delta f_{pAS} = E_{ps}\frac{\Delta l}{l} \tag{3.21}$$

여기에서 Δl = 활동한 거리(slip)(mm), l = 긴장재의 길이(mm)

정착장치의 활동에 의한 손실은 전체길이가 줄어드는 것으로 일어나므로 부재의 길이가 긴 부재는 영향이 미비하지만 부재의 길이가 짧은 경우에 손실의 비율이 상당히 높아져서 고려하여야 한다. 긴장재의 길이가 짧으면서 특히 정착장치의 활동이 상대적으로 큰 경우에는 정확하게 긴장하는 일이 쉽지 않다. 예를 들어서 길이가 3 m인 강선을 1,000 MPa로 긴장하였다면, 늘어난 길이는 대략

$$\Delta l = (f_{pj}/E_{ps})l = (1,000/200,000)(3,000) = 15 \text{ (mm)}$$

가 된다. 만약 정착장치의 활동으로 인해서 2.5 mm의 손실이 발생했다면, 손실량은 (2.5/15) × 100 = 16.7%에 이른다. 그러나 만약에 길이가 30 m인 강선을 동일한 조건으로 긴장했다고 한다면 늘어난 길이는 Δl = 150 mm가 되어, 손실량은 (2.5/150) × 100 = 1.7% 밖에 되지 않는다. 이 정도의 손실은 설계에서 문제가 되지 않거나 또는 얼마간의 초과긴장으로 보정할 수 있을 것이다[Lin 1981(104)].

정착장치의 활동으로 긴장재가 줄어들면(shortening) 인장단에서 인장력이 갑자기 감소하게 된다. 인장단에서 이런 인장력의 감소는 마찰력이 반대방향으로 작용하게 되어 필요한 구간에 걸쳐서 긴장력이 서서히 감소하는 현상으로 나타나게 된다. 이렇게 반대방향으로 나타나는 마찰손실도 긴장할 때 마찰력을 일으키던 마찰계수와 동일한 계수에 의해서 나타나기 때문에 부호는 반대이지만 기울기는 같게 된다(그림 3.9 참고).

그림 3.9에는 포스트텐션 방식에서 긴장재를 당길 때 마찰손실로 인해서 긴장재에 발생하는 응력의 변화는 선분 ABC로, 정착된 뒤의 응력의 변화는 선분 EDBC로 표현하였다. 계산을 간단하게하기 위해서 마찰에 의한 인장력의 변화를 표현하는 AB, AD, BC와 DE 선분의 기울기를 직선으로 가정하였는데, 이런 가정은 실험실의 측정값과 상당히 근접한다고 보고되고 있다[Libby 1984(522)].

정착장치를 장착한 뒤에 인장단 부근에서의 인장력의 감소는 마찰손실이나 긴장재의 길이에 따라 다음과 같은 3가지 유형이 발생할 수 있다.

- **조건 1** : 긴장재 중앙에서의 긴장력이 정착장치의 활동으로 인한 영향을 받지 않는 경우로 그림 3.9에서 ⓐ로 표시된 선분 AC를 의미한다. 이런 상황은 일반적으로 곡률이 큰 부재에

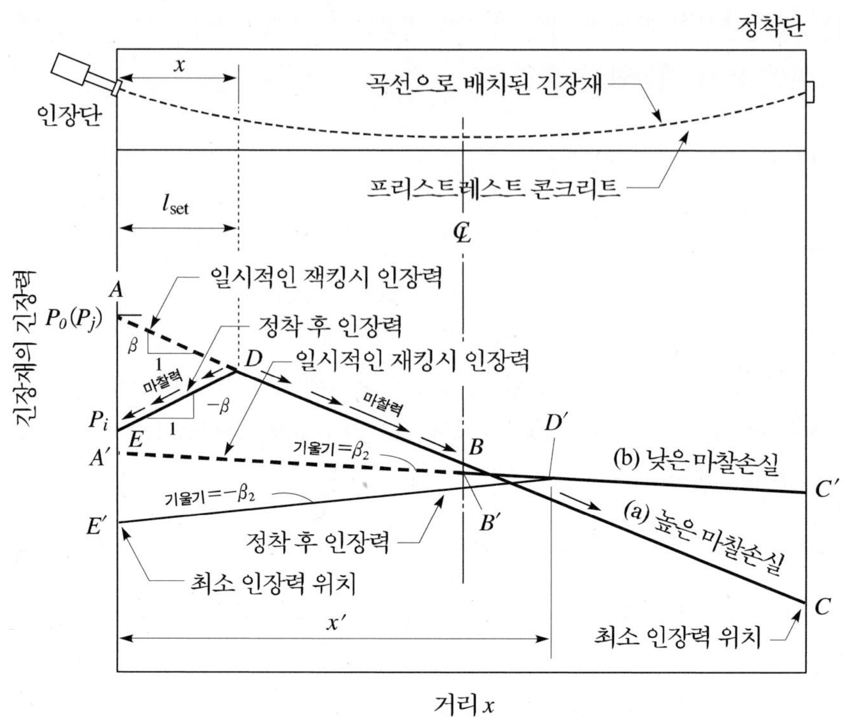

그림 3.9 긴장재에 마찰손실과 정착장치의 활동으로 인한 인장력의 변화 [Lin 1981, Libby 1984]

서 마찰손실이 높은 경우나 또는 긴장재의 길이가 긴 경우에 나타난다. 이렇게 긴장력이 급변하는 부분이 한쪽 단에만 나타나는 게 유리한 경우도 있지만 긴장력이 감소하는 부분이 상당한 길이에 걸쳐서 나타날 수 있기 때문에 종종 양단에서 동시에 긴장(double end stressing)하곤 한다.

- **조건 2** : 정착장치의 활동으로 인한 영향이 미치는 길이 x' 이 긴장재의 1/2 길이보다 길어서 긴장재 중앙에서의 긴장력이 정착장치의 활동으로 인해 영향을 받는 경우로 그림 3.9에서 (b)로 표시된 선분 $A'C'$ 로 표시되어 있다. 단경간 보인 경우에 긴장력이 가장 크게 요구되는 긴장재의 중앙에서 초기에 얻었던 인장력을 얻지 못하는 경우가 발생할 수도 있다. 이 경우에 긴장을 양단에서 한다고 해도 거의 이득을 얻지 못하게 된다.
- **조건 3** : 최악의 상황으로 정착장치의 활동으로 인한 영향이 미치는 길이 x' 이 긴장재의 길이보다 길어서 정착단(dead end)의 인장력이 정착장치의 활동으로 인해서 영향을 받는 경우가 발생할 수 있다. 특히 긴장재의 길이가 매우 짧거나 또는 마찰손실이 아주 적은 경우에 발생할 수 있다.

일반적인 포스트텐션 시스템에서 정착장치의 활동은 매우 작기 때문에 무시해도 문제가 되지 않는다. 그러나 특수한 상황의 쐐기식 정착장치(wedge-type anchor)에서 많게는 25 mm의 활동이 관측된 경우도 있었다. 따라서 특히 긴장재의 길이가 짧은 경우에 정착장치의 활동으로 인해서 이러한 상황이 발생할 수 있다는 사실을 설계에서 고려하여야 할 것이다[Libby 1984(525)].

그림 3.9에서 보는 바와 같이 정착장치의 활동이 긴장재에 영향을 미치는 길이는 마찰손실의 함수이다. 만약에 부착되지 않은 긴장재와 같이 마찰력이 작은 경우에 정착장치의 활동이 영향을 미치는 긴장재의 길이는 매우 길게 될 것이다. 정착장치의 활동으로 긴장재의 길이가 짧아지면서 긴장재의 응력에 손실이 발생하게 된다[Collins 1987, CPCI 2007(3-123)].

그림 3.9의 정착장치의 활동영역을 확대해서 그린 그림 3.10에서 보면 정착장치의 활동으로 긴장응력이 f_{p0} 에서 f_{pi} 로 변하고 이때 긴장재에 발생하는 응력의 변화는 동일한 마찰손실에 좌우되므로 기울기는 β 에서 $-\beta$ 로 변화한다. 정착장치의 활동이 긴장재에 영향을 미치는 길이 l_{set} 는 식 (3.21)을 이용하여 적으면 다음과 같다.

$$\frac{f_{p0}-f_{pi}}{2} = f_{pp} = E_{ps}\,\frac{\Delta l}{l_{set}}$$

$$l_{set} = \frac{E_{ps}\,\Delta l}{0.5(f_{p0}-f_{pi})} \tag{3.22}$$

기울기로 표현되는 단위 길이 당 마찰손실 응력 β 가 일정하다고 가정하면,

$$f_{p0}-f_{pi} = 2(\beta l_{set}) \tag{3.23}$$

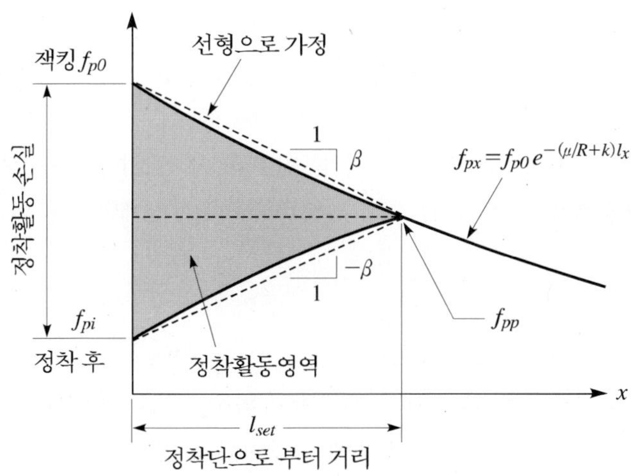

그림 3.10 정착장치의 활동으로 인한 손실

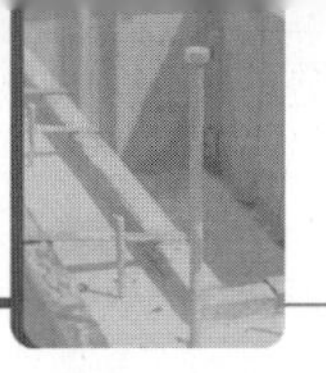

로 쓸 수 있다. 이 식을 식 (3.22)에 대입하면, 정착장치의 활동으로 영향을 받는 길이 l_{set} 는 다음과 같이 표현 할 수 있다.

$$l_{set} = \frac{E_{ps}\,\Delta l}{0.5\,(f_{p0} - f_{pi})} = \frac{E_{ps}\,\Delta l}{0.5\,(2\beta l_{set})}$$

$$l_{set}{}^2 = \frac{E_{ps}\,\Delta l}{\beta}$$

$$l_{set} = \sqrt{\frac{E_{ps}\,\Delta l}{\beta}} \qquad (3.24)$$

정착장치의 활동거리 Δl 은 포스트텐션 시스템의 특성값으로 프리스트레싱 강연선은 최소 6 mm가 되고[CPCI 2007(3-116)], 보통 9.5 mm(3/8 in.) 정도 된다[California Prestressing Manual(60)].

만약에 Δl 이 알려진 값일 경우에는 l_{set} 나 f_p 를 계산해서 긴장재의 길이를 따라 긴장응력이 어떻게 변화하는지 결정할 수 있다. 또는 그림 3.10의 음영부분(정착활동영역, anchorage set area)을 아는 경우에 이 면적을 E_{ps} 로 나누어 Δl 을 구할 수도 있다.

그림 3.10에서와 같이 정착장치의 활동으로 인한 손실은 마찰로 인해서 정착장치 근처에 한정되어 보의 중앙에서는 영향이 미치지 않으며, **쐐기식 장치(wedge-type anchor)**에서 활동거리 Δl 은 4 mm ~ 10 mm 정도로 만약에 정착장치 공급자의 정보가 없는 경우에는 보통 6 mm(0.25 in.)를 사용한다. 강봉에 대한 정착장치는 보통 2 mm 정도의 활동거리를 나타낸다[Naaman 2012(549), Nilson 1987(264)].

예제 3.3

[정착장치의 활동으로 인한 손실 계산]

예제 3.2의 포스트텐션 T형 보에서 도로교설계기준에 따라 정착장치의 활동으로 인한 손실량을 계산하라. 단, 정착 시 정착장치의 미끄러짐 Δl = 3.1 mm이고 긴장재의 탄성계수 E_{ps} = 200,000 MPa이다.

① 마찰손실에 의해서 단위 길이 당 손실 :

$\beta = [f_{p0} - f_{p(9.3\,\mathrm{m})}]/x =$ (1,376 − 1,291) / 9.3 = 9.23 (MPa/m)

만약에 f_p 의 값이 변화하는 구간인 경우에는 고려하는 전체 구간의 평균값을 사용하면 될 것이다[CPCI 2007(3-199)].

② 정착장치의 활동으로 영향을 받는 길이 l_{set} 계산 : 식 (3.24)

$$\therefore\ l_{set} = \sqrt{\frac{E_{ps}\,\Delta l}{\beta}} = \sqrt{\frac{200{,}000(3.1/1{,}000)}{9.23}} = \sqrt{\frac{200(3.1)}{9.23}}$$

$$= \sqrt{67.18} = 8.20\ (\mathrm{m})$$

③ l_{set} 거리에서 긴장재 응력 계산 :

$$f_{p(x=8.20\,\mathrm{m})} = f_{p0} - \beta l_x = 1{,}376 - 9.23(8.20) = \underline{1{,}301\ (\mathrm{MPa})}$$

④ 정착장치의 활동이 일어나는 인장단에서의 긴장재의 응력 계산 :

$$f_{p(x=0\,\mathrm{m})} = f_{p0} - 2\beta l_x = 1{,}376 - 2(9.23)(8.20) = \underline{1{,}225\ (\mathrm{MPa})}$$

⑤ 그림을 그리기 위해서 정착활동이 끝나는 $x = 8.20$ m에서 긴장재의 응력 :

$$\therefore\ f_{p(x=7.88\,\mathrm{m})} = 1{,}376\,[e^{-0.00692(8.20)}] = 1{,}376(0.9448) = \underline{1{,}300\ (\mathrm{MPa})}$$

그림 3.12에는 탄성수축 손실이 일어나기 전에 정착장치의 활동(AS)으로 인해서 발생하는 응력의 변화를 표시하고 있다.

3.3.3 콘크리트의 탄성수축(ES, Elastic Shortening)

프리스트레스력이 부재에 전달되는 즉시 콘크리트에는 탄성수축이 발생하게 된다. 프리텐션 부재에 있어서 긴장력이 전달될 때 긴장재가 콘크리트에 부착되어 있으므로 긴장재의 도심축(center of gravity for prestressing, C.G.P.)에서의 긴장재의 변형율은 콘크리트의 압축변형률과 같으므로 이를 이용하여 탄성수축량을 계산하면 된다. 긴장재가 한 개인 포스트텐션 부재는 긴장력이 도입될 때 콘크리트의 탄성변형이 동시에 일어나므로 탄성수축에 대해서 보정할 필요가 없게 된다. 그러나 다수의 긴장재가 순차적으로 긴장될 때는 먼저 긴장된 긴장재는 후순위의 긴장재에 긴장력이 도입될 때 마다 탄성수축을 일으켜서 복잡한 상황이 발생하게 된다.

프리텐션 부재의 경우

프리스트레스트 강선에 의해서 압축력이 도입될 때 일시에 탄성변형이 나타나며, 긴장재의 변형률은 그 위치의 콘크리트 압축변형률과 같으므로, 이를 식으로 쓰면 다음과 같다.

$$\left(\epsilon_c = \frac{f_{cir}}{E_{ci}}\right) \equiv \left(\epsilon_p = \frac{\Delta f_{pES}}{E_{ps}}\right) \tag{3.25}$$

여기에서

f_{cir} = 도로기준이나 ACI 등에서는 프리스트레스 도입 직후 프리스트레스 힘 P_i 와 보의 고정하중에 의해 발생하는 긴강재 도심에서의 콘크리트의 순압축응력(MPa)으로 규정하고, CPCI에서는 프리스트레스 도입 직전의 프리스트레스 힘 P_0 와 보의 고정하중에 의해 발생하는 긴강재 도심에서의 콘크리트의 순압축응력으로 규정하고 있다. 따라서 도로기준이나 ACI에서는 탄성수축 ES가 아직 결정되지 않은 상황에서 P_i 를 적용하여야 하므로 ES를 가정하여 시행착오법(trial and error)을 이용하여 반복계산을 하여야 한다. AASHTO LRFD[2010]의 해설에서는 이런 반복계산을 피할 수 있도록 탄성수축 ES를 계산하는 식을 제안하고 있다.

Δf_{pES} = 탄성수축에 의한 긴강재의 인장응력 감소량, $\Delta f_{pES} \equiv ES$

E_{ci} = 긴장력이 도입될 때의 콘크리트의 탄성계수이다.

따라서 탄성수축량 ES는 다음 식으로 계산할 수 있다.

$$ES = \Delta f_{pES} = E_{ps}\frac{f_{cir}}{E_{ci}} = n_i f_{cir} \tag{3.26}$$

여기에서 탄성계수비 $n_i = E_{ps}/E_{ci}$ 이고, 대략 6 정도 된다.

포스트텐션 부재의 경우

많은 수의 긴장재가 순차적으로 도입되기 때문에 탄성변형도 순차적으로 나타난다(표 3.6 참고). 정확하게 계산하는 것이 간단하지 않으므로 실용적으로는 다음에 설명하는 것과 같이 제일 먼저 긴장한 긴장재의 감소량을 계산해서 그 값의 1/2을 모든 긴장재의 평균감소량으로 계산한다.

표 3.6에는 6개의 긴장재를 순차적으로 긴장하는 상황과 각 긴장재에 긴장력이 도입되면서 이전에 긴장한 긴장재에 탄성수축 Δx 가 발생하는 것을 보여주고 있다. 이런 경우에 전체 긴장재에 일어난 전체 Δx 를 세어보면 $15(\Delta x)$ 가 일어난 것을 알 수 있다. 평균수축량을 계산하기 위해서 전체 수축량을 긴장재의 수로 나누면, 이는 1번 긴장재의 수축량의 1/2과 같다.

$$\text{손실량 평균} = \frac{15(\Delta x)}{6} = 2.5(\Delta x) \equiv \text{1번 긴장재 손실량 } 5(\Delta x)\text{의 } 1/2$$

따라서 제일 먼저 긴장한 긴장재의 감소량을 계산하여 그 값의 1/2을 모든 긴장재의 평균감소량으로 계산하면 된다. 따라서 이를 계수(K_{es})로 고려하면 포스트텐션 부재에서 계수

값은 긴장하는 횟수와 긴장력의 크기에 따라 0.0~0.5로 변화하고, 프리텐션 부재에서는 1.0이 된다.

표 3.6 포스트텐션 부재에서 순차적으로 긴장할 때 탄성수축이 일어나는 상황

	1번 긴장	2번 긴장	3번 긴장	4번 긴장	5번 긴장	6번 긴장
1번 긴장재	감소 없음	Δx 손실	Δx	Δx	Δx	Δx
2번 긴장재		감소 없음	Δx	Δx	Δx	Δx
3번 긴장재			감소 없음	Δx	Δx	Δx
4번 긴장재				감소 없음	Δx	Δx
5번 긴장재					감소 없음	Δx
6번 긴장재						감소 없음

제안되고 있는 탄성수축량의 계산법을 정리하면 다음과 같다.

① **CPCI Design Manual 3.4.6** : CPCI에서는 식 (3.26)을 이용하여 ES를 구하고, f_{cir} 은 다음 식으로 제안되었다.

$$f_{cir} = \frac{P_0}{A_{tr}} + \frac{P_0}{I_{tr}} e_{tr}{}^2 - \frac{M_d}{I_{tr}} e_{tr} \approx P_0\left(\frac{1}{A_g} + \frac{e^2}{I_g}\right) - \frac{M_d}{I_g} e \tag{3.27}$$

여기에서

P_0 = **프리텐션 방식** : 긴장재의 릴랙세이션 손실 중에서 긴장력을 도입하기 전에 일어난 릴랙세이션(RE)에 의한 손실이 일어난 뒤의 긴장력 ; **포스트텐션 방식** : 마찰(FL)과 정착장치 활동(AS)로 인한 즉시손실이 일어난 뒤의 긴장력(즉, ES, CR, SH, RE가 일어나기 전 긴장력)이다. CPCI에서는 긴장력이 도입되기 전에 일어난 릴랙세이션을 구할 수 있도록 도표가 제시되어 있다 [CPCI 2007(3.4.3)].

$A_{tr} = A_c + n_i A_{ps} = A_g + (n_i - 1) A_{ps}$, 콘크리트와 긴장재의 환산단면적, 일반적으로 긴장재의 환산단면적을 무시하여 A_g 를 사용하여 계산한다.

I_{tr} = 콘크리트와 긴장재의 환산단면적에 대한 단면 2차 모멘트 ; 보통 긴장재의 환산단면적을 무시하여 I_g 를 사용하여 계산한다.

$e_{tr} = y_{b(tr)} - (h - d_p)$, 콘크리트 도심(C.G.C.)과 긴장재의 도심(C.G.P.) 간의 편심, 일반적으로 긴장재의 환산단면적을 무시하여 e 로 계산한다.

$y_{b(tr)}$ = 환산단면적에서 콘크리트의 도심(C.G.C.)에서 인장연단까지의 거리 ; 마찬가지로 긴장재의 환산단면적을 무시하고 구한 y_b 를 보통 계산에서 사용한다. 부

호규약은 그림 3.11을 참고한다.

I_g = 콘크리트의 도심(C.G.C.)에 대한 비균열 단면 2차 모멘트

M_d = 부재의 고정하중에 의한 휨모멘트

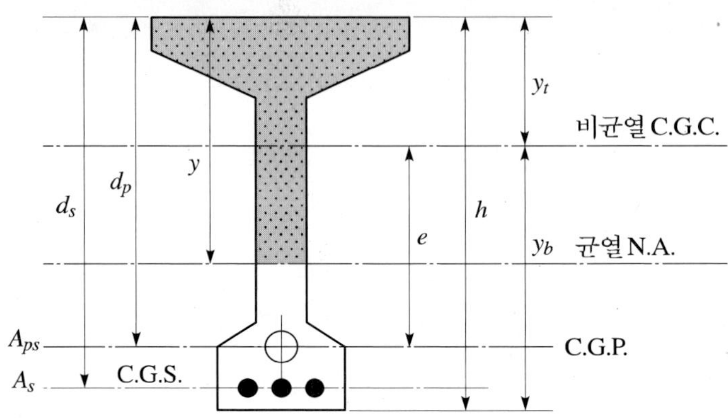

그림 3.11 단면의 기호표기 방법

예제 3.4

[프리텐션 부재의 탄성수축손실 계산]

프리텐션 부재에서 탄성변형으로 인한 손실량을 CPCI의 규정에 따라 결정하라. 콘크리트는 정사각형 단면으로 한 변의 길이는 380 mm이며, 긴장재의 도심과 단면의 도심은 서로 일치한다. 단, A_{ps} = 774 mm^2, f_{pj} = 1,050 MPa(jacking 응력), E_{ps} = 2.0 × 10^5 MPa, E_{ci} = 3.35 × 10^4 MPa이다.

① 탄성계수비(modular ratio) : $n_i = E_{ps}/E_{ci} = (2.0 \times 10^5) / (3.35 \times 10^4)$

$= 20/3.35 = 5.97$

② 환산단면적 : $A_{tr} = A_c + n_i A_{ps} = (380^2 - 774) + 5.97(774) = 148,247$ (mm^2)

[또는 $A_g + (n_i - 1) A_{ps}$]

③ 초기 프리스트레싱 힘 : 프리테션 부재에서 긴장력을 도입하기 전에 일어난 릴랙세이션은 3%~4%에 불과하므로 콘크리트구조기준 예제집(ACI Note)과 같이 안전 측으로 $P_0 \approx P_j$로 가정한다.

$P_0 \approx P_j = A_{ps} f_{pj} = (774)(1,050) = 812,700$ (N)

④ 콘크리트에 도입되는 압축응력 : $e = 0$ 이므로,

$f_{cir} = P_0 / (A_c + n_i A_{ps}) = 812,700 / 148,247 = 5.48$ (MPa)(압축)

⑤ 탄성변형 감소량 : $ES = n_i f_{cir} = (5.97)(5.48) = \underline{32.7\ (\text{MPa})}$

⑥ 잔류 인장응력(유효) : $f_{pe} = f_{pj} - ES = 1{,}050 - 32.7 = 1{,}017\ (\text{MPa})$

⑦ 유효율 : $\eta = f_{pe}/f_{pj} = 1{,}017/1{,}050 = 0.969$; 손실률 $= 1 - 0.969 = 0.031 = 3.1\ \%$

② **ACI Note 318-08** : ACI에서는 부착 긴장재와 비부착 긴장재로 구분하여 다음과 같이 제시하고 있다.

ⓐ 프리텐션 및 부착 긴장재(bonded tendon)가 배치되는 포스트텐션 방식 :

$$ES = K_{es}\frac{E_{ps}}{E_{ci}}f_{cir} = K_{es}n_i f_{cir} \tag{3.28}$$

$$f_{cir} = K_{cir}f_{cpi} + f_{cd} = K_{cir}\left(\frac{P_i}{A_g} + \frac{P_i e^2}{I_g}\right) - \frac{M_d}{I_g}e \tag{3.29}$$

K_{es} = 1.0(프리텐션 부재) ; 0.5(포스트텐션 부재), 0.0(포스트텐션 긴장재가 1개인 경우)

K_{cir} = 1.0(포스트텐션 부재) ; 0.9(프리텐션 부재)

f_{cpi} = 프리스트레스 도입 직후 프리스트레스 힘 P_i에 의해 발생하는 긴장재 도심에서의 콘크리트의 응력(MPa)

f_{cd} = 프리스트레스가 도입될 때 보의 고정하중으로 인해서 발생하는 긴장재 도심에서의 콘크리트의 응력(MPa)

ⓑ 비부착 긴장재(unbonded tendon)가 배치되는 포스트텐션 방식 :

$$ES = K_{es}\frac{E_{ps}}{E_{ci}}f_{cpa} = K_{es}n_i f_{cpa} \tag{3.30}$$

f_{cpa} = 프리스트레스 도입 직후 프리스트레스 힘 P_i와 보의 고정하중에 의해 발생하는 긴장재 도심에서 부재의 길이를 따라 콘크리트의 평균 압축응력(average compressive stress, MPa)으로 Collins는 마찰손실을 고려하여 구한 긴장력의 변화를 이용하여 평균값을 계산하고 있다[Collins 1987(50)].

③ **도로기준 4.6.3.4③** : ACI의 부착된 긴장재에 대한 식 (3.28)과 동일한 식을 이용하여 계산한다. 최대휨모멘트가 발생하는 단면 또는 단면들에서 계산되는 f_{cir} [2]은 식 (3.27)에서 P_0 대신에 $P_i = A_{ps}f_{pi}$를 이용하여 구하도록 제시하고 있다. 도입 직후의 초기 프

리스트레스 힘 P_i 를 구하기 위한 긴장재의 초기 응력 f_{pi} 는 다음과 같은 사항을 고려하여 결정하여야 하다.

ⓐ 프리텐션 부재 : 콘크리트의 탄성수축과 콘크리트 타설과 양생 도중 발생하는 긴장재의 릴랙세이션에 의한 감소를 고려하여 산정할 수 있으며, 표준적인 프리텐션 부재에 있어서 응력제거 강연선 $f_{pi} = 0.63 f_{pu}$; 저이완 강연선 $f_{pi} = 0.69 f_{pu}$ 로 취할 수 있다고 제시하고 있다(식 (3.5) 참고).

ⓑ 포스트텐션 부재 : 콘크리트의 탄성수축과 긴장재의 마찰을 고려하여 긴장재의 초기 응력을 산정하여야 한다.

도로기준에서는 콘크리트의 탄성수축에 의한 손실량을 구하는데 사용되는 초기 응력을 프리텐션과 포스트텐션에서 동일하게 탄성수축이 일어나서 이미 감소된 응력을 사용하도록 제안하고 있다. 이는 즉시손실이 일어난 뒤의 f_{pi} 를 사용하여 탄성수축량을 결정하여야 한다는 의미이므로 만약에 계산에 사용된 f_{pi} 와 탄성수축량을 계산해서 결정한 새로운 f_{pi} 값에 너무 큰 차이가 나면 시행착오법(trial and error)으로 재계산을 하여야 할 것이다. 이런 상황이 되지 않도록 AASHTO LRFD[2010]의 해설에서는 반복계산을 할 필요가 없는 탄성수축 ES를 계산하는 식을 아래와 같이 제안하고 있다.

④ AASHTO LRFD[2010, C5.9.5.2.3a] : LRFD 해설

ⓐ 프리텐션 부재 : 식 (3.28)에서 $K_{es} = 1.0$을 이용하여 계산할 수 있고 긴장력을 도입한 직후의 긴장력을 $P_i = 0.9 P_0$ 로 가정하여 반복계산을 통해서 요구되는 정확도를 얻어야 되며 이를 피하기 위해서 $P_0 = A_{ps} f_{p0}$ 와 다음 식을 이용하여 탄성수축 ES를 계산할 수 있도록 제시하고 있다.

$$ES = \Delta f_{pES} = \frac{A_{ps} f_{p0} (I_g + e_c{}^2 A_g) - e_c M_d A_g}{A_{ps} (I_g + e_c{}^2 A_g) + \dfrac{A_g I_g E_{ci}}{E_{ps}}} \tag{3.31}$$

여기에서

e_c = 경간 중앙에서의 프리스트레싱 긴장재의 평균 편심(average eccentricity) (mm)

2. 도로기준이나 AASHTO의 기호 해설에서 f_{cir} 을 평균 콘크리트응력(average concrete stress)으로 설명하고 있는데 오류로 보이며, AASHTO LRFD 2010에서 콘크리트응력(concrete stress)으로 수정되고 있다.

f_{p0} = 긴장력을 도입한 직후의 긴장재의 응력(표 2.16 참고)(MPa)

M_d = 부재의 고정하중으로 인한 경간 중앙에서의 모멘트(N·mm)

ⓑ 포스트텐션 부재 : 슬래브 시스템을 제외한 포스트텐션 부재에서 탄성수축 ES는 다음 식을 이용하여 구하도록 제안하고 있다.

$$ES = \Delta f_{pES} = \frac{N-1}{2N}\frac{E_{ps}}{E_{ci}}f_{cgp} \tag{3.32}$$

여기에서

N = 종류가 동일한 긴장재의 수(number of identical prestressing tendon)

f_{cgp} = 프리스트레스 도입 직후 프리스트레스 힘 P_i 와 최대휨모멘트가 발생하는 단면에서 부재의 고정하중으로 인해 긴장재의 도심에 발생하는 콘크리트의 압축응력의 합 ; 프리스트레스 힘 $P_i = P_0 - (ES + \Delta RE + FL)$ 로 계산할 수 있다. 부착 긴장재 : 단경간인 경우 경간의 중앙에서 또는 연속시공인 경우에 최대휨모멘트 단면에서 f_{cgp} 를 계산 ; 비부착 긴장재 : 긴장재의 도심에서 부재의 길이를 따라 구한 콘크리트 응력의 평균으로 f_{cgp} 를 계산한다.

슬래브 시스템 이외의 포스트텐션 부재에서 반복계산을 피하기 위해서 다음 식으로 탄성수축 ES를 구할 수 있도록 하고 있다.

$$ES = \Delta f_{pES} = \frac{N-1}{2N}\frac{A_{ps}f_{p0}(I_g + e_c{}^2A_g) - e_cM_dA_g}{A_{ps}(I_g + e_c{}^2A_g) + \dfrac{A_gI_gE_{ci}}{E_{ps}}} \tag{3.33}$$

여기에서 $f_{p0} = 0.74f_{pu}$ (저이완 강연선), 긴장력 도입 바로 직후의 긴장응력이다. 부착 긴장재에서 단경간인 경우 경간의 중앙에서 또는 연속시공인 경우에 최대휨모멘트 단면에서 Δf_{pES} 를 계산할 수 있고, 비부착 긴장재에서는 긴장재의 도심에서 부재의 길이를 따라 구한 콘크리트 응력의 평균으로 계산한다. 슬래브 시스템에 대해서는 식 (3.32)나 식 (3.33)으로 구한 값의 25%를 취하면 된다.

예제 3.5

[탄성수축으로 인한 손실 계산]

예제 3.2의 포스트텐션 T형 보에서 ① 도로교설계기준과 ② AASHTO LRFD에 따라 탄성수축으로 인한 손실량을 계산하고 응력한계와 비교하라. 단, 보통골재 콘크리트 단위질량 $\rho_c = 2{,}300$ kg/m^{3}이다.

① **도로기준에 따라 탄성수축 량 계산 :**

ⓐ 긴장력 도입 시 콘크리트의 탄성계수 및 탄성계수 비 계산 :

$f_{cu} = f_{ci} + \Delta f = 24.5 + 4 = 28.5$ (MPa)

식 (2.6) : $E_{ci} = 0.077\rho_c^{1.5}\sqrt[3]{f_{cu}} = 0.077(2{,}300^{1.5})\sqrt[3]{28.5} = 25{,}944$ (MPa)

긴장력 도입 시 탄성계수 비 : $n_i = E_{ps}/E_{ci} = 200{,}000/25{,}944 = 7.71$

ⓑ 거더의 고정하중 및 경간 중앙에서 휨모멘트 계산 :

거더의 고정 등분포 하중 :

$\therefore\ w_d = w_g = A_g\gamma_c = A_g(\rho_c g) = 625{,}000(2{,}300 \times 9.81)$

$= 625{,}000(22{,}563)/10^9 = 14.1$ (kN/m)

경간 중앙에서 휨모멘트 :

$M_d = w_d l^2/8 = w_d(18.6^2/8) = 14.1(43.245) = 609.8$ (kN.m)

ⓒ $x = 9.3$ m 경간 중앙에서의 탄성 손실 계산 :

거더 고정하중에 의한 긴장재 도심에서 콘크리트 응력 f_{cir} 계산 :

$e_c = y_b - (h - d_p) = 850 - 125 = 725$ (mm)

$f_{cd} = -e_c M_d/I_g = (725)(609.8 \times 10^6)/(125 \times 10^9) = -3.54$ (MPa)

콘크리트 단면에서 탄성수축 ES로 인한 손실량을 $ES_1 = 35$ MPa로 가정한다.

경간 중앙에서 P_i 계산 : $P_i = A_{ps}f_{pi} = 1{,}560\ (\underline{1{,}291} - 35)/10^3 = 1{,}959$ (kN)

식 (3.27) :

$$f_{cpi} = P_i\left(\frac{1}{A_g} + \frac{{e_c}^2}{I_g}\right) = (1{,}959 \times 10^3)\left(\frac{1}{625{,}000} + \frac{725^2}{125 \times 10^9}\right)$$

$f_{cpi} = (1{,}959 \times 10^3)(5.805 \times 10^{-6}) = 11.37$ (MPa)

$f_{cir} = f_{cpi} + f_{cd} = 11.37 - 3.54 = 7.83$ (MPa)

탄성수축 응력 ES 계산 :

$\therefore\ ES_2 = 0.5(E_{ps}/E_{ci})f_{cir} = 0.5(7.71)(7.83)$

$= 30.2$ (MPa) 가정한 값 35 MPa과 13.7% 오차

ES_2 = 30.2 MPa로 가정하여 다시 반복계산 수행,

$P_i = 1{,}560(1{,}291 - 30.2)\ /\ 10^3 = 1{,}966$ (kN)

$f_{cpi} = 11.37\ (1{,}966\ /\ 1{,}959) = 11.41$ (MPa)

$f_{cir} = 11.41 - 3.54 = 7.88$ (MPa)

$\therefore\ ES_3 = 0.5(E_{ps}/E_{ci})f_{cir} = 0.5(7.71)(7.88) = \underline{30.4\ (\text{MPa})}$

$\simeq [ES_2 = 30.2\ \text{MPa}]$ <OK>

ⓓ x = 0 m 인장단(live anchorage)에서 탄성 손실 계산 : 긴장재의 응력이 부재를 따라 변화하므로 ES도 변화한다.

ES로 인한 손실량을 ES_1 = 20 MPa로 가정한다.

$e_e = y_b - (h - d_p) = 850 - (350 + 125) = 375$ (mm)

인장단에서 P_i 계산 : $P_i = A_{ps} f_{pi} = 1{,}560(\underline{1{,}225} - 20)/10^3 = 1{,}880$ (kN)

식 (3.27) :

$$f_{cpi} = P_i\left(\frac{1}{A_g} + \frac{{e_e}^2}{I_g}\right) = (1{,}880 \times 10^3)\left(\frac{1}{625{,}000} + \frac{375^2}{125 \times 10^9}\right)$$

$f_{cpi} = (1{,}880 \times 10^3)(2.725 \times 10^{-6}) = 5.12$ (MPa)

$f_{cir} = f_{cpi} = 5.12$ MPa ; $M_d = 0.0$; $f_{cd} = 0.0$

인장단에서의 탄성수축 ES 계산 :

$ES_2 = 0.5(E_{ps}/E_{ci})f_{cir} = 0.5(7.71)(5.12) = 19.7$ (MPa)

가정한 값 20 MPa과 1.3% 오차가 나므로 ES_2 = 19.7 MPa로 가정하여 다시 반복계산을 수행하면, $P_i = 1{,}560(1{,}225 - 19.7)\ /\ 10^3 = 1{,}880$ (kN)

$f_{cir} = f_{cpi} = 5.12\ (1{,}880\ /\ 1{,}880) = 5.12$ (MPa)

$\therefore\ ES_3 = 0.5(7.71)(5.12) = \underline{19.8\ (\text{MPa})}\ \simeq [ES_2 = 19.7\ \text{MPa}]$ <OK>

ⓔ x = 18.6 m 고정단에서 탄성 손실 계산 : 긴장재의 응력이 부재를 따라 변화하므로 ES도 변화한다. 계산을 간단하게 하기 위해서 긴장력이 차이가 나서 ES도 얼마간 차이는 나지만 x = 0 m에서 구한 값을 그대로 고정단에 적용하도록 한다.

ES로 인한 손실량을 ES_1 = 20 MPa로 가정한다.

$e_e = y_b - (h - d_p) = 375$ (mm)

인장단에서 P_i 계산 : $P_i = A_{ps} f_{pi} = 1{,}560(\underline{1{,}210} - 20)/10^3 = 1{,}857$ (kN)

식 (3.27) : $f_{cpi} = (1{,}857 \times 10^3)(2.725 \times 10^{-6}) = 5.06$ (MPa)

$f_{cir} = f_{cpi} = 5.06$ MPa ; $M_d = 0.0$; $f_{cd} = 0.0$

인장단에서의 탄성수축 ES 계산 :

$ES_2 = 0.5(E_{ps}/E_{ci})f_{cir} = 0.5(7.71)(5.06) = 19.5$ (MPa)

가정한 값 20 MPa과 2.5% 오차가 나므로 $ES_2 = 19.5$ MPa로 가정하여 다시 반복계산을 수행하면, $P_i = 1{,}560(1{,}210 - 19.5) / 10^3 = 1{,}857$ (kN)

$f_{cir} = f_{cpi} = 5.06\ (1{,}857 / 1{,}857) = 5.06$ (MPa)

$\therefore\ ES_3 = 0.5(7.71)(5.06) = \underline{19.5\ (\text{MPa})} \simeq [ES_2 = 19.5\ \text{MPa}]$ <OK>

ⓕ 탄성수축 ES가 일어난 뒤 긴장재의 응력 계산 : 그림 3.10 참고

인장단 : $f_{p(x=0\,\text{m})} = 1{,}225 - 19.8 = \underline{1{,}205\ (\text{MPa})}$

정착장치 활동에 의한 손실구역 끝 부분(end of the pull-in zone) :

계산을 간단하게 하기 위해서 $ES_{(x=8.20\,\text{m})} \approx ES_{(x=9.3\,\text{m})}$로 가정한다.

$f_{p(x=8.20\,\text{m})} = 1{,}300 - 30.4 = \underline{1{,}270\ (\text{MPa})}$

경간중앙 : $f_{p(x=9.3\,\text{m})} = 1{,}291 - 30.4 = \underline{1{,}260\ (\text{MPa})}$

정착단(dead end) : $f_{p(x=18.6\,\text{m})} = 1{,}210 - 19.5 = \underline{1{,}191\ (\text{MPa})}$

그림 3.12에 탄성수축으로 인한 손실이 일어나고 난 뒤의 긴장재 응력의 분포도가 도시되어있다.

ⓖ 응력한계 검토 : 저이완 강연선

정착 직후 정착구에서 응력한계 (표 2.16 및 그림 2.28 참고) :

$f_{p(\text{허용})} = 0.70f_{pu} = 0.70(1{,}860) = 1{,}302\ (\text{MPa}) > f_{p(x=0\,\text{m})} = 1{,}205$ (MPa) <OK>

정착 직후 활동에 의한 손실구역 끝 부분 응력한계 :

$f_{p(\text{허용})} = 0.74f_{pu} = 0.74(1{,}860) = 1{,}376\ (\text{MPa}) > f_{p(x=8.20\,\text{m})} = 1{,}270$ (MPa) <OK>

② **AASHTO LRFD[2010]에 따라 탄성수축 계산 :**

ⓐ 긴장력 도입 바로 직전의 저이완 긴장재의 응력 계산 :

$f_{p0} = 0.74f_{py} = 0.74(1{,}860) = 1{,}376$ (MPa)

ⓑ 경간 중앙에서의 탄성수축 ES 계산 : 식 (3.33)

$$A_{ps}(I_g + e_c^2 A_g) = 1{,}560(125 \times 10^9 + 725^2 \times 625 \times 10^3)$$

$$= 1{,}560(453.5 \times 10^9) = 707.48 \times 10^{12}\ (\text{mm}^6)$$

$$e_c M_d A_g = 725(609.8 \times 10^6)(625 \times 10^3) = (276.33 \times 10^3) \times 10^{12}\ (\text{N.mm}^4)$$

$$\frac{A_g I_g E_{ci}}{E_{ps}} = \frac{A_g I_g}{n_i} = \frac{625 \times 10^3 \times 125 \times 10^9}{7.71} = 10{,}134 \times 10^{12}\ (\text{mm}^6)$$

긴장재에 대한 자료가 정확하지 않으므로 $(N-1)/2N \approx 0.5$ 로 보아 계산한다.

$$ES = (0.5)\frac{A_{ps}f_{p0}(I_g + e_c^2 A_g) - e_c M_d A_g}{A_{ps}(I_g + e_c^2 A_g) + A_g I_g E_{ci}/E_{ps}}$$

$$= (0.5)\left(\frac{707.48 \times 1,376 - 276.33 \times 10^3}{707.48 + 10,134}\right)$$

$\therefore\ ES_{(x\,=\,9.3\,\mathrm{m})} = (0.5)(64.33) = \underline{32.2\ (\mathrm{MPa})}$

도로기준의 ES = 30.4 MPa 에 비해서 5.9% 큰 값을 주고 있지만 반복계산을 할 필요가 없어서 간편하다.

ⓒ 인장단(live anchorage)에서의 탄성수축 ES 계산 :

$e_e = y_b - (h - d_p) = 850 - (350 + 125) = 375\ (\mathrm{mm})$

$A_{ps}(I_g + e_e{}^2 A_g) = 1,560(125 \times 10^9 + 375^2 \times 625 \times 10^3) = 1,560(212.89 \times 10^9)$

$= 332.11 \times 10^{12}\ (\mathrm{mm}^6)$

$e_c M_d A_g = 0.0$

$$ES = (0.5)\frac{A_{ps} f_{p0}(I_g + e_e{}^2 A_g)}{A_{ps}(I_g + e_e{}^2 A_g) + A_g I_g E_{ci}/E_{ps}} = (0.5)\left(\frac{332.11 \times 1,376}{332.11 + 10,134}\right)$$

$\therefore\ ES_{(x\,=\,0\,\mathrm{m})} = (0.5)(43.67) = \underline{21.8\ (\mathrm{MPa})}$

도로기준의 ES = 19.8 MPa 에 비해서 10.6% 큰 값을 주고 있지만 반복계산을 하지 않아도 된다.

3.4 프리스트레스의 시간적 손실(Time-dependent Loss)

콘크리트의 크리프나 건조수축 그리고 강재의 릴랙세이션에 의한 프리스트레스의 손실은 시간에 좌우될 뿐만 아니라 서로 상호간에도 의존한다[Lin 1981(96)]. 프리텐션 방식에서는 콘크리트의 재령이 아직 작을 때 프리스트레스가 도입되기 때문에 크리프나 건조수축으로 인해서 상대적으로 많은 손실이 발생할 수 있고, 포스트텐션 방식에서는 일반적으로 콘크리트의 재령이 어느 정도 되었을 때 프리스트레스가 도입되므로 이 기간 동안 콘크리트가 건조되어 크리프나 건조수축으로 인한 프리스트레스의 손실은 감소될 것이다.

3.4.1 콘크리트의 크리프로 인한 손실(CR, Creep of Concrete)

콘크리트는 압축하중이 작용하면 먼저 탄성변형이 일어나며, 하중이 제거되지 않고 지속적으로 작용하게 되면 상당한 기간 동안 변형이 늘어나는 **크리프(creep)**라고 하는 소성특성을 갖고 있다(그림 5.10 참고). 프리스트레스트 콘크리트 부재에서 긴장력으로 인한 콘크리트의 응력은 지속적으로 작용하게 되고 따라서 발생하는 콘크리트의 크리프는 긴장력의 손실에 중요한 원인이 된다[Nilson 1987(266)].

프리스트레스트 콘크리트 부재에서 크리프를 일으키는 압축력은 일정하지 않고 시간이 지남에 따라 콘크리트의 건조수축(shrinkage)과 강재의 릴랙세이션(relaxation) 뿐만 아니라 크리프로 인한 길이의 감소에 따라 감소하게 된다. 이렇게 서로 상호 의존하는 시간적 손실을 계산하기 위해서 PCI 등에서는 각 손실을 분리하여 단계별 계산(step-by-step approach)을 수행하고 있다.

콘크리트의 크리프 변형률은 크리프 계수 $K_{cr} = \epsilon_{cu}/\epsilon_{ci}$ 3를 이용하여 적으면, $K_{cr}\epsilon_{ci}$ 로 적을 수 있으므로, 긴장재에는 압축 변형률이 일어나서 인장응력이 감소하게 된다. 따라서 크리프로 인한 손실 CR은 다음과 같이 구할 수 있다.

$$CR = E_{ps}(K_{cr}\epsilon_{ci}) = E_{ps}\left(K_{cr}\frac{f_{ci}}{E_c}\right) \tag{3.34}$$

여기에서 크리프계수는 콘크리트가 고강도에서는 작은 값이 되고 저강도에서는 큰 값을 갖으며 대략 그 범위는 $K_{cr} = 1.6 \sim 2.4$정도가 된다[AASHTO LRFD 5.9.5.3, Nilson 1987(55, 266)]. 또한 ϵ_{ci}는 초기 탄성 변형률이고, ϵ_{cu}는 장기간에 걸쳐 발생하는 크리프로 인한 추가 변형률이다. AASHTO LRFD 5.4.2.3[2010]에서 크리프로 인한 길이의 감소는 하중이 재하될 때의 콘크리트의 재령에 따라 대략 탄성수축량의 0.5 ~ 4.0 배에 이른다고 보고하고 있다.

각종 기준에서 제안되고 있는 크리프로 인한 손실량에 대한 계산법을 정리하면 다음과 같다.

① **구조기준 예제집**(ACI Note 318-08)

ⓐ 프리텐션 및 부착 긴장재(bonded tendon)가 배치된 포스트텐션 부재 :

$$CR = K_{cr}\frac{E_{ps}}{E_c}(f_{cir} + f_{csd}) \tag{3.35}$$

K_{cr} = 2.0(프리텐션 부재), 1.6(포스트텐션 부재) ; 단, 경량콘크리트인 경우 0.8을 곱해준다.

f_{cir} = 식 (3.29) 참고, 프리스트레스 도입 직후 보의 고정하중과 프리스트레스 힘에 의해 발생하는 긴장재 도심에서의 콘크리트의 순압축응력(net compressive stress) (MPa)

$f_{csd} = -(M_{sd}/I_g)e$ 프리스트레스 도입 이후에 추가로 작용하는 모든 고정하중에 의

3. 2.1.12장에서는 크리프계수를 C_t 로 표기하였지만, 본 장에서는 구조기준 예제집의 기호인 K_{cr} 을 적용하였다.

해 발생하는 프리스트레스트 강재 도심에서의 콘크리트의 인장응력(MPa)

ⓑ 비부착 긴장재(unbonded tendon)가 배치되는 포스트텐션 부재 :

$$CR = K_{cr} \frac{E_{ps}}{E_c} f_{cpa} \tag{3.36}$$

f_{cpa} = 프리스트레스 도입 직후 보의 고정하중과 프리스트레스 힘에 의해 발생하는 긴장재 도심에서 부재의 길이를 따라 콘크리트의 평균 압축응력(average compressive stress)(MPa)

② 도로기준 4.6.3.4(AASHTO) : 프리텐션이나 포스트텐션 부재

$$CR = \Delta f_{pcr} = 12 f_{cir} + 7 f_{csd} \tag{3.37}$$

여기에서 f_{cir} 은 ACI에서 제시한 식 (3.29)를 사용하여 구할 수 있고, 앞에서 언급한 바와 같이 f_{cir} 은 최대휨모멘트가 발생하는 단면 또는 단면들에서 계산하여야 한다[도로기준 4.6.3.4(AASHTO-1994 9.16.2.1.2)]. f_{csd} 는 ACI와 동일한 식으로 정의되었다.

3.4.2 콘크리트의 건조수축으로 인한 손실(SH, Shrinkage Loss)

콘크리트는 시간이 지남에 따라 수화작용에 사용되지 않은 여분의 수분을 대기 중에 방출하여 체적이 감소하는 건조수축을 일으킨다. 이런 콘크리트의 건조수축 변형률로 인하여 긴장재에 같은 크기의 변형률이 감소하여 프리스트레싱을 잃게 된다. 이런 손실로 인한 긴장재의 응력감소는 전체 프리스트레스트의 손실량 중에서 매우 중요한 부분을 차지한다. 건조수축으로 인한 콘크리트의 최대변형률 $\epsilon_{sh} = 400 \times 10^{-6} \sim 600 \times 10^{-6}$ 정도이며[AASHTO 2010(5.9.5.3)], CPCI 3.4.6에서는 특정 지역에 건조수축 자료가 없는 경우에 $\epsilon_{sh} = 780 \times 10^{-6}$을 사용하도록 제안하고 있다[Nilson 1987(268), CPCI (3-33)]. 건조수축으로 인한 손실 SH는 다음과 같이 구 할 수 있다.

$$SH = E_{ps} \epsilon_{sh} \tag{3.38}$$

여기에서 건조수축 변형률에 영향을 미치는 요인으로는 상대습도(RH), 부재의 체적-표면적비(V/S ratio), 양생 방법, 골재의 종류와 비율, W/C 비, 건조환경에 노출되는 기간, 프리스트레싱 도입 시기 등이 있다[AASHTO 2010(5.4.2.3.3)]. 식 (3.38)을 설계목적을 위해서 적으면,

$$SH = K_{sh} (E_{ps} \epsilon_{sh}) \tag{3.39}$$

로 적을 수 있다. 여기에서 프리텐션 부재인 경우에 $K_{sh} = 1.0$이 되고, 포스트텐션 부재인 경우는 양생이 끝나고 프리스트레싱이 도입된 기간에 따라 변하는 값으로 표 3.7에 제시되어있다.

표 3.7 포스트텐션 부재의 K_{sh} (구조기준 예제집 표 9.1-1 ; ACI Note 표 24-2)

일*	1	3	5	7	10	20	30	60
K_{sh}	0.92	0.85	0.80	0.77	0.73	0.64	0.58	0.45

* 습윤양생이 끝나고 긴장력을 도입할 때까지의 경과시간(일)

① **구조기준 예제집**(ACI Note 318-08) :

$$SH = 8.2 \times 10^{-6} K_{sh} E_{ps}\left(1 - 0.0024\frac{V}{S}\right)(100 - RH) \ \ (\text{mm, MPa}) \tag{3.40}$$

여기에서

V/S = 체적-표면적 비, 보통 콘크리트의 총 단면적을 주변장으로 나누어서 구한다.

RH = 콘크리트 부재를 둘러싼 평균 상대습도(%)이다. AASHTO 5.9.5.3에서 상대습도는 대략 40%~100% 정도 된다고 제안하고 있다.

② **도로기준** 4.6.3.4(2) :

$$SH = \Delta f_{pSH} = \begin{cases} 119 - 1.05RH & : \text{프리텐션 부재} \\ 0.80\,(119 - 1.05RH) & : \text{포스트텐션 부재} \end{cases} \tag{3.41}$$

여기에서 RH = 주위의 연간 평균 상대습도(%)로 도로기준에서는 H_r 로 표시하고 있다.

3.4.3 강재의 릴랙세이션(RE, Relaxation)

비록 콘크리트의 크리프나 건조수축으로 인해서 프리스트레싱 긴장재의 길이가 얼마간 줄기는 하지만 본질적으로 긴장재의 길이는 거의 변하지 않고 긴장응력이 일정하다고 볼 수 있다. 이렇게 긴장재가 지속적인 변형률을 유지하게 되면 긴장재의 응력이 점진적으로 줄어들게 되며 이런 현상을 **릴랙세이션(relaxation)**[4]이라고 한다[Nilson 1987(269), Rajagopalan 2005(145)]. 릴랙세이션에 영향을 미치는 요인으로는 응력이 작용한 기간(duration)과 긴장재 응력의 강도(f_{pi}/f_{py} 비 : 강재 인장응력 / 항복강도 비) 등이 있다.

긴장재 응력의 릴랙세이션 RE는 설계목적을 위해서 아래의 식으로 표현될 수 있다.

4. 순 relaxation : 변형률을 일정하게 유지했을 때의 릴랙세이션
겉보기 릴랙세이션(apparent relaxation) : 건조수축나 크리프 때문에 주어진 변형률이 시간과 함께 감소하는 릴랙세이션

$$RE = \Delta f_{pRE} = f_{pi} \frac{\log_{10} t}{K_L} \left(\frac{f_{pi}}{f_{py}} - 0.55 \right) \tag{3.42}$$

여기에서 t = 프리스트레싱 후 계산 시까지의 시간 (단위 h) ; $K_L = 30$(저이완 강연선), 7(그 외의 강연선)(AASHTO 2010(5.9.5.4.2b)) ; $f_{pi}/f_{py} \geq 0.55$ 이어야 한다.

장기손실인 크리프와 건조수축으로 인해서 긴장재의 응력이 감소하게 되면 릴랙세이션 손실도 감소되게 된다. 이런 상관관계를 고려하기 위해서 근사적인 방법으로 f_{pi} 대신에 $0.9f_{pi}$를 사용하기도 한다[Nilson 1987(270)].

예제 3.6

제작 후 1년 된 저이완 강연선 포스트텐션 보에서 릴랙세이션 감소량을 구하라. 1년 뒤의 크리프와 건조수축으로 인한 장기손실로 10%를 고려한다. 단, $f_{py} = 0.90f_{pu} = 0.9(1,860) = 1,674$ MPa, $f_{pi} = 0.925(0.74f_{pu}) = 0.6845(1,860) = 1,273$ MPa, $K_L = 30$이다.

1년 뒤의 크리프, 건조수축으로 인한 손실량 10% 고려 : $0.9f_{pi} = 0.9(1,273) = 1,146$ (MPa)

$t = 1$ 년 $= 365 \times 24 = 8,760$ (h)

$\log_{10} t = \log_{10}(8,760) = 3.94$; $\log_{10} t / K_L = 3.94/30 = 0.131$

$0.9f_{pi}/f_{py} = 1,146/1,674 = 0.685 > 0.55$ <OK>

$0.9f_{pi}/f_{py} - 0.55 = 0.685 - 0.55 = 0.135$

$$\therefore \; RE = (0.9f_{pi}) \frac{\log_{10} t}{K_L} \left(\frac{0.9f_{pi}}{f_{py}} - 0.55 \right) = 1,146(0.131)(0.135) = 20.3 \text{ (MPa)}$$

① 구조기준 예제집(ACI Note 318-08)

$$RE = \Delta f_{pRE} = [K_{re} - J(SH + CR + ES)]\, C \tag{3.43}$$

여기에서 계수 K_{re} , J 및 C는 표 3.8과 표 3.9에 각각 주어졌다.

② 도로기준 4.6.3.4(2)③

Ⓐ 프리텐션 부재 : 인장강도 1,750 MPa~1,900 MPa인 강연선

$$RE = \Delta f_{pRE} = \begin{cases} 140 - 0.4ES - 0.2(SH + CR) & : \text{응력제거 강연선} \\ 35 - 0.1ES - 0.05(SH + CR) & : \text{저이완 강연선} \end{cases} \tag{3.44}$$

표 3.8 구조기준 예제집 표 9.1-2(ACI Note 318-08 표 24-3) : K_{re} 와 J값

긴장재의 종류		K_{re} (MPa)	J
응력제거	1,860 MPa 강연선, 강선	138	0.15
	1,720 MPa 강연선, 강선	127.6	0.14
	1,650 또는 1,620 MPa 강선	121.4	0.13
	1,000 또는 1,100 MPa 강봉	41.4	0.05
저이완	1,860 MPa 강연선	34.5	0.040
	1,720 MPa 강선	31.9	0.037
	1,650 또는 1,620 MPa 강선	30.3	0.035

Ⓑ 포스트텐션 부재 :

ⓐ 인장강도 1,750 MPa ~1,900 MPa인 강연선 :

$$RE = \Delta f_{pRE} = \begin{cases} 140 - 0.3FL - 0.4ES - 0.2(SH + CR) & : \text{응력제거 강연선} \\ 35 - 0.07FL - 0.1ES - 0.05(SH + CR) & : \text{저이완 강연선} \end{cases} \tag{3.45}$$

ⓑ 인장강도 1,680 MPa인 강선 :

$$RE = \Delta f_{pRE} = 126 - 0.3FL - 0.4ES - 0.2(SH + CR) \tag{3.46}$$

ⓒ 인장강도 1,015 MPa~1,120 MPa인 강봉 :

$$RE = \Delta f_{pRE} = 21 \text{ MPa} \tag{3.47}$$

여기에서 $FL = \Delta f_{pFL}$, 고려하는 받침점에서의 $0.7f_{pu}$ 수준 이하의 마찰손실에 의한 응력 감소로 긴장재와 쉬스 사이의 마찰에 의한 손실량을 이용하여 계산한다[5].

도로기준에서는 각각의 손실량을 $ES = \Delta f_{pES}$; $SH = \Delta f_{pSH}$; $CR = \Delta f_{pCR}$로 표기하고 있다.

따라서 프리텐션 방식과 포스트텐션 방식의 총 손실량 TL은 각각의 손실 다음과 같이 더하여 구하면 된다.

$$TL = \begin{cases} ES + (CR + SH + RE) & : \text{프리텐션 방식} \\ (FL + AS + ES) + (CR + SH + RE) & : \text{포스트텐션 방식} \end{cases} \tag{3.48}$$

5. AASHTO LRFD 5.9.5.4.4에서 "friction loss stress reduction below the level of $0.7f_{pu}$ at the point under consideration, computed according to Article 9.16.1 Friction Losses"로 표현되어 이를 번역하면 "고려하는 위치에서 $0.7f_{pu}$ 이하인 마찰손실 응력"으로 표현되면 이해하기가 쉽다.

표 3.9 ACI Note 318-08 표 24-4 : C값

f_{pi}/f_{pu}	응력제거 강연선 또는 강선	응력제거 강봉 또는 저이완 강연선 또는 강선
0.80		1.28
0.79		1.22
0.78		1.16
0.77		1.11
0.76		1.05
0.75	1.45	1.00
0.74	1.36	0.95
0.73	1.27	0.90
0.72	1.18	0.85
0.71	1.09	0.80
0.70	1.00	0.75
0.69	0.94	0.70
0.68	0.89	0.66
0.67	0.83	0.61
0.66	0.78	0.57
0.65	0.73	0.53
0.64	0.68	0.49
0.63	0.63	0.45
0.62	0.58	0.41
0.61	0.53	0.37
0.60	0.49	0.33

예제 3.7

[예제 3.2에 대해서 시간 장기손실량 계산] [Civil Engineering Bridge Structures, 3-52~3-57]
단순지지 된 포스트텐션 Tee형 보에서 도로교설계기준의 규정에 따라 시간적 장기손실량을 구하고 유효긴장력을 계산하라.

① 건조수축 손실 SH 계산 : 포스트텐션 부재 식 (3.41) 이용 ; $RH = 65\%$

$$SH = \Delta f_{pSH} = 0.80(119 - 1.05RH) = 0.80[119 - 1.05(65)] = 40.6 \text{ (MPa)}$$

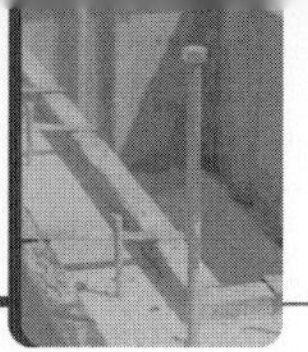

② 크리프로 인한 손실 CR 계산 : 포스트텐션 부재 식 (3.37) 이용

$CR = \Delta f_{pCR} = 12 f_{cir} + 7 f_{csd} = 12 f_{cir}$; 추가고정하중으로 인한 인장응력 무시, $f_{csd} = 0.0$

ⓐ 경간 중앙에서 CR :

경간 중앙 긴장재 도심에서의 ES가 고려된 콘크리트 응력 :

$f_{cir} = f_{cpi} + f_{cd} = 11.41 - 3.54 = 7.88$ (MPa)

$\therefore\ CR_{(x\,=\,9.3\,\mathrm{m})} = 12 f_{cir} = 12(7.88) = 94.5$ (MPa)

ⓑ 인장단에서 CR :

정착구 긴장재 도심에서의 ES가 고려된 콘크리트 응력 : $f_{cir} = f_{cpi} = 5.12$ MPa

$\therefore\ CR_{(x\,=\,0.0\,\mathrm{m})} = 12 f_{cir} = 12(5.12) = 61.5$ (MPa)

ⓒ 정착구에서 CR :

정착구 긴장재 도심에서의 ES가 고려된 콘크리트 응력 : $f_{cir} = f_{cpi} = 5.06$ MPa

$\therefore\ CR_{(x\,=\,0.0\,\mathrm{m})} = 12 f_{cir} = 12(5.06) = 60.7$ (MPa)

③ 릴랙세이션 손실 RE 계산 : 식 (3.45)의 FL에 대한 각주 참고

ⓐ 경간 중앙에서 마찰손실 FL 및 릴랙세이션 손실 RE 계산 :

$f_{p(\text{허용})} = 0.70 f_{pu} = 0.70(1,860) = 1,302$ MPa

$FL = f_{p(\text{허용})} - f_{p(x\,=\,9.3\,\mathrm{m})} = 1,302 - 1,291 = 11.4$ (MPa)

도로기준 식 (4.6.6d) : 식 (3.45) 저이완 강연선

$RE_{(x\,=\,9.3\,\mathrm{m})} = 35 - 0.07FL - 0.1ES - 0.05(SH + CR)$

$= 35 - 0.07(11.4) - 0.1(30.4) - 0.05(40.6 + 94.5) = \underline{24.4\ (\mathrm{MPa})}$

ⓑ 인장단(live anchorage)에서 마찰손실 FR 및 릴랙세이션 손실 RE 계산 :

$FL = f_{p(\text{허용})} - f_{p(x\,=\,0\,\mathrm{m})} = 1,302 - 1,225 = 76.9$ (MPa)

$RE_{(x\,=\,0\,\mathrm{m})} = 35 - 0.07(76.9) - 0.1(19.8) - 0.05(40.6 + 61.5) = \underline{22.5\ (\mathrm{MPa})}$

ⓒ 정착단에서 마찰손실 FR 및 릴랙세이션 손실 RE 계산 :

$FL = f_{p(\text{허용})} - f_{p(x\,=\,18.6\,\mathrm{m})} = 1,302 - 1,210 = 91.9$ (MPa)

$RE_{(x\,=\,0\,\mathrm{m})} = 35 - 0.07(91.9) - 0.1(19.5) - 0.05(40.6 + 60.7) = \underline{21.5\ (\mathrm{MPa})}$

④ 총 장기손실 계산 : $LT = CR + SH + RE$

ⓐ 경간 중앙에서 LT 계산 : $LT_{(x\,=\,9.3\,\mathrm{m})} = CR + SH + RE = 94.5 + 40.6 + 24.4$

$= \underline{159.5\ (\mathrm{MPa})}$

ⓑ 인장단에서 LT 계산 : $LT_{(x\,=\,0\,\mathrm{m})} = CR + SH + RE = 61.5 + 40.6 + 22.5$

$= \underline{124.6\ (\mathrm{MPa})}$

ⓒ 정착단에서 LT 계산 : $LT_{(x\,=\,18.6\,\mathrm{m})} = CR + SH + RE = 60.7 + 40.6 + 21.5$
$= \underline{122.9\ (\mathrm{MPa})}$

⑤ 장기손실이 일어난 뒤의 유효긴장응력 :

ⓐ 장기손실이 일어난 뒤의 유효긴장응력 계산 : 그림 3.12 참고

인장단 : $f_{p\,(x\,=\,0\,\mathrm{m})} = 1,205 - 124.6 = \underline{1,081\ (\mathrm{MPa})}$

경간중앙 : $f_{p\,(x\,=\,9.3\,\mathrm{m})} = 1,260 - 159.5 = \underline{1,101\ (\mathrm{MPa})}$

정착단(dead end) : $f_{p\,(x\,=\,18.6\,\mathrm{m})} = 1,191 - 122.9 = \underline{1,068\ (\mathrm{MPa})}$

정착장치 활동에 의한 손실구역 끝 부분(end of the pull-in zone) :

$f_{p\,(x\,=\,8.10\,\mathrm{m})} = 1,270 - 159.5 = \underline{1,111\ (\mathrm{MPa})}$ [경간 중앙의 장기손실과 같다고 가정]

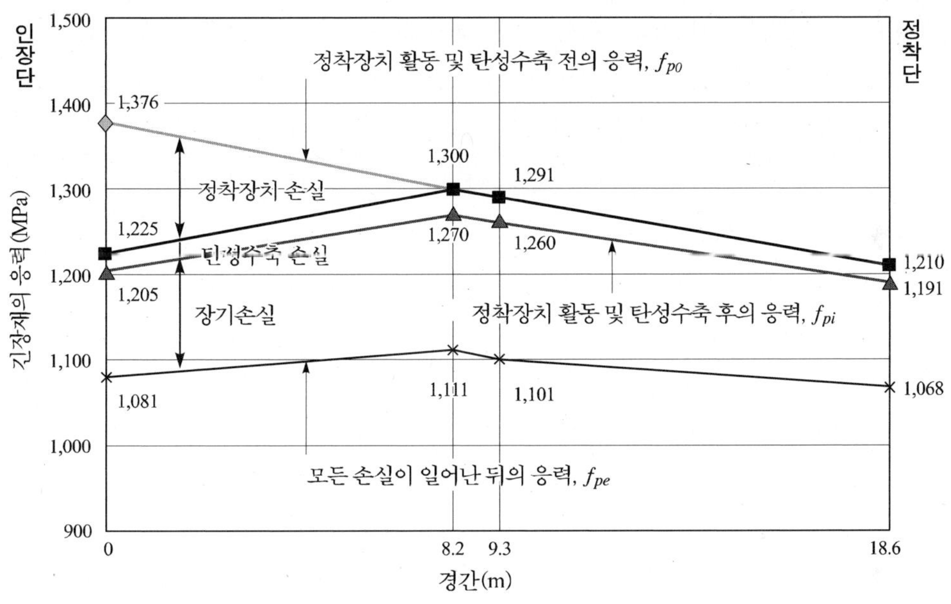

그림 3.12 보의 경간을 따라 각종 프리스트레스의 손실로 인한 긴장재의 응력변화

예제 3.8

[ACI Note 318-08(Ex. 24.1)]

그림 3.13에 보이는 단순지지 된 프리스트레스 더블 T형 부재에서 ACI Note의 상세식에 따라 프리스트레스의 손실을 계산하라. 시공지역의 년 평균상대습도 RH = 75%로 본다. 단, 등분포 활하중 = 2.9 kN/m^2(kPa), 추가고정하중 = 0.5 kPa × 3 m = 1.5 kN/m , 고정하중 = 2.3 kPa × 3 m = 6.9 kN/m, 경간 l = 15 m, f_{ci} = 25 MPa, f_{ck} = 35 MPa이다.

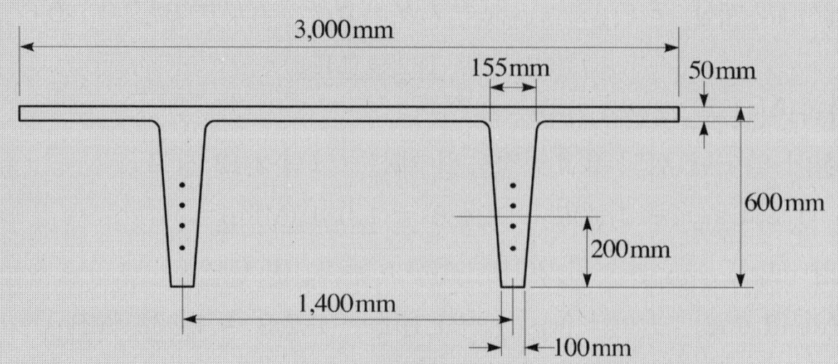

그림 3.13 예제 3.8의 단부(end face)의 더블 T형 단면

- 강선 자료 : 8개 직경 12.7 mm 저이완 강연선 단면적 $A_{ps} = 8(98.71\ \mathrm{mm}^2) = 790\ \mathrm{mm}^2$, 중앙에서 1점 절곡하여 배치된 긴장재의 편심 $e_e = 240$ mm, $e_c = 370$ mm이고, $f_{pu} = 1,860$ MPa, 긴장응력 $f_{p0} = 0.74 f_{pu} = 0.74(1,860) = 1,376$ MPa ; $f_{pi}/f_{pu} \approx f_{p0}/f_{pu} = 0.74$
- 탄성계수 가정 : 보통골재 콘크리트 단위질량 $\rho_c = 2,350\ \mathrm{kg/m^3}$
- 식 (2.6) : $f_{cui} = f_{ci} + 4 = 25 + 4 = 29$ (MPa) ; $E_{ci} = 0.077(\rho_c^{1.5})\sqrt[3]{f_{cui}} = 26,950$ MPa
- $f_{cu} = 35 + 4 = 39$ (MPa) ; $E_c = 0.077(\rho_c^{1.5})\sqrt[3]{f_{cu}} = 29,747$ MPa, $E_{ps} = 2.0 \times 10^5$ MPa
- 제 단면의 값 : $A_g = 290.25 \times 10^3\ \mathrm{mm}^2$, $I_g = 9,203.7 \times 10^6\ \mathrm{mm}^4$, $y_t = 160$ mm, $y_b = 440$ mm, $V/S = 35$ mm

① 탄성수축(Elastic Shortening, ES) : 프리텐션 부재 $K_{cir} = 0.90$

$P_0 = f_{p0} A_{ps} = (0.74 f_{pu}) A_{ps} = (1,376\ \mathrm{N/mm^2})(790\ \mathrm{mm^2}) = 1,087 \times 10^3\ \mathrm{N} = 1,087\ \mathrm{kN}$

$M_d = M_g = (6.9\ \mathrm{kN/m})(15\ \mathrm{m})^2 / 8 = 194.1\ \mathrm{kN \cdot m}$

[f_{cir} 은 프리스트레스 도입직후에 긴장재 도심에서 콘크리트의 응력으로 식 (3.29)에서와 같이 $P_i = A_{ps} f_{pi}$ 를 이용하여 구해야 하지만, ES를 모르기 때문에 P_i 를 알 수가 없다. ACI Note에서는 이런 문제를 피해가기 위해서 P_i 대신에 P_0 를 이용하여 다음과 같이 계산하고 있다.]

ⓐ $P_i \approx P_0$ 사용 : 식 (3.29)에서

$$f_{cir} = K_{cir} f_{cpi} + f_{cd} = K_{cir} P_0 \left(1/A_g + e_c{}^2/I_g\right) - M_d e_c / I_g$$

$$= 0.9\,(1,087 \times 10^3)\left(\frac{1}{290.25 \times 10^3} + \frac{370^2}{9,203.7 \times 10^6}\right) - \frac{(194.1 \times 10^6) \times 370}{9,203.7 \times 10^6}$$

$\therefore\ f_{cir} = 0.9(19.91) - 7.80 = 10.12$ MPa

프리텐션 부재 $K_{es} = 1.0$: $n_i = E_{ps}/E_{ci} = 200{,}000\ /\ 26{,}950 = 7.80$

$\therefore\ ES = K_{es}(E_{ps}/E_{ci})f_{cir} = 1.0(7.80)(10.12) = \underline{75.1\ (\text{MPa})}$

ⓑ 또는 P_i 를 가정하여 반복법으로 계산하여 검토해보면, 먼저 $ES_1 = 70$ MPa로 가정

$P_i = P_0 - A_{ps}(ES_1) = 1{,}087 - 790 \times 70\ /1{,}000 = 1{,}032$ (kN)

$f_{cir} = K_{cir}f_{cpi} + f_{cd} = K_{cir}P_i\left(1/A_g + e_c{}^2/I_g\right) - M_d e/I_g$

$= 0.9(1{,}032/1{,}087)(19.91) - 7.80 = 0.9(18.90) - 7.80 = 9.21$ (MPa)

$ES_2 = K_{es}(E_{ps}/E_{ci})f_{cir} = 7.80(9.21) = 68.3$ (MPa)

← 이 값으로 가정하여 다시 계산

$P_i = P_j - A_{ps}(ES_2) = 1{,}087 - 790 \times 68.3\ /1{,}000 = 1{,}033$ (kN)

$f_{cir} = 0.9(18.92) - 7.80 = 9.23$ (MPa)

$\therefore\ ES_3 = K_{es}(E_{ps}/E_{ci})f_{cir} = 7.80(9.23) = 72.0$ (MPa) ;

가정한 값과 5.4% 차이 <OK>

[$P_i \approx P_0$ 로 구한 $ES = 75.1$ MPa과는 4.1% 밖에 차이를 보이지 않고 안전 측의 계산이므로 일반직으로 반복계산을 피하기 위해서 $P_i \approx P_0$ 로 계산한다.]

② 콘크리트의 크리프 손실량(creep, CR) : $K_{cr} = 2.0$; $E_{ps}/E_c = 200{,}000/29{,}747 = 6.72$

지붕하중에 의한 추가 고정하중 : $M_{sd} = 1.5 \times 15^2\ /8 = 42.2$ (kN · m)

$f_{csd} = -e(M_{sd}/I_g) = -(370)(42.2 \times 10^6)/(9{,}203.7 \times 10^6) = -1.70$ (MPa)

$CR = K_{cr}(E_{ps}/E_c)(f_{cir} + f_{csd}) = (2.0)(6.72)(10.12-1.70) = \underline{113.3\ (\text{MPa})}$

③ 콘크리트의 건조수축에 의한 손실량(shrinkage, SH) : 체적-표면적 비 : V/S = 35 mm

RH = 75% ; 프리텐션 부재 : $K_{sh} = 1.0$

식 (3.40) : $SH = 8.2 \times 10^{-6} K_{sh}E_{ps}(1 - 0.0024\,V/S)(100 - RH)$

$= 8.2 \times 10^{-6}(1.0)(200{,}000)(1 - 0.0024 \times 35)(100-75)$

$= \underline{37.6\ (\text{MPa})}$

④ 긴강재의 릴랙세이션에 의한 손실량(relaxation, RE) :

표 3.8의 1,860 MPa 등급 저이완 강연선 : $K_{re} = 34.5$ MPa ; $J = 0.040$

표 3.9에서 저이완 강연선 : $f_{pi}/f_{pu} \approx f_{p0}/f_{pu} = 0.74$ 일 때 $C = 0.95$

$RE = [K_{re} - J(SH + CR + ES)]\,C$

$= [\,34.5 - 0.04(37.6 + 113.3 + 75.1)\,]\,0.95 = \underline{24.2\ (\text{MPa})}$

⑤ 총 프리스트레스의 손실량 :

$\therefore\ TL = ES + (CR + SH + RE) = 75.1 + 113.3 + 37.6 + 24.2$

$= 75.1 + 175.1 = \underline{250.1\ (\text{MPa})}$

⑥ ACI Note(24-7)에서 제시한 전체 손실량 추정값과 비교 : 프리텐션 부재 240 MPa로 제시되어 있다. 상세 계산한 값이 간략법으로 제시한 손실량과 $(250.1/240 - 1) \times 100 = 4.2\%$ 밖에 차이가 나지 않는다.

⑦ 긴장력을 도입한 뒤 즉시의 긴장력 P_i 와 유효응력 f_{pi} : 긴장력을 도입하기 전에 전체 릴랙세이션의 1/4이 일어난다고 가정한다.

$f_{pi} = 0.74 f_{pu} - (ES + RE/4) = 1{,}376 - (75.1 + 24.2/4) = 1{,}295\ (\text{MPa})\ (\approx 0.696 f_{pu})$

도로기준이나 CPCI에서 f_{pi} 를 $0.925 f_{p0} = 0.925(0.74 f_{pu}) = 0.6845 f_{pu} \approx 0.69 f_{pu}$ 로 제안하여 계산한 값이 안전 측의 즉시 탄성손실량을 보여 주고 있다.

$\therefore\ P_i = f_{pi} A_{ps} = 1{,}295 \times 790 / 10^3 = \underline{1{,}023\ (\text{kN})}$

⑧ 총 손실이 일어나고 난 뒤에 유효 프리스트레스 응력 f_{se} 와 유효 긴장력 P_e :

$f_{se} = 0.74 f_{pu} -$ 총 손실 $= 1{,}376 - 250.1 = 1{,}126\ (\text{MPa})$

$\therefore\ P_e = f_{se} A_{ps} = 1{,}126 \times 790 / 10^3 = \underline{889.3\ (\text{kN})}\ (\approx 0.478 f_{pu})$

유효계수 $\eta = 1{,}126/1{,}376 = 0.82$

3.5 참고문헌

- 구조기준. (2012). 콘크리트구조기준, 국토해양부 제정, 사단법인 한국콘크리트학회, 342 pp.
- 구조기준 해설. (2012). 콘크리트구조기준 해설, 2012년 개정, 한국콘크리트학회 편, 599 pp.
- 구조설계기준. (2003). 콘크리트구조설계기준, 건설교통부 제정, 한국콘크리트학회, 295 pp.
- 구조설계기준. (2007). 콘크리트구조설계기준, 건설교통부 제정, 사단법인 한국콘크리트학회, 327 pp.
- 도로기준. (2010). 도로교설계기준, 국토해양부 제정, 한국도로교통협회 발행.
- 도로기준 해설. (2008). 대한토목학회, 교량설계핵심기술연구단, 1,008 pp.
- 민창식. (2014). 철근콘크리트공학, 구미서관, 3판 2쇄, 1015 pp.
- 시방서. (2009). 콘크리트표준시방서, 국토해양부 제정, 사단법인 한국콘크리트학회, 360 pp.
- 신현묵. (2008). 프리스트레스트 콘크리트, 제10판, 동명사, 504 pp.
- ACI. (2008). 318-08 Building Code Requirements for Structural Concrete and Commentary, An ACI Standard, 465 pp.
- ACI Notes. (2008). Notes on ACI 318-08 Building Code Requirements for Structural

Concrete, Portland Cement Association(PCA).

- AASHTO LRFD. (2010). AASHTO LRFD Bridge Design Specification 5th Edition, 2010(SI Units 5th Edition).
- California Prestress Manual. (2005). A Guide for Field Inspection of Cast-in-place post-tensioned Structrures, State of California Department of Transportation Engineering Services, 75 pp.
- Civil Engineering Bridge Structures. (2000). Engineering Press, 3-122 pp.
- Collins, Michael P. and Mitchell, Denis. (1987). Prestressed Concrete Basics, CPCI, 1987, 614 pp.
- CPCI. (2007). Design Manual, 4th edition, CPCI(Canadian Precast/Prestressed Concrete Institute).
- Heading, J. (1970). Mathematical Methods in Science and Engineering, 2nd Edition, Edward Arnold Ltd., 692 pp.
- Libby, James R. (1984). Modern Prestressed Concrete, 3rd edition, Van Nostrand Reinhold Company Inc., 635 pp.
- Lin, T. Y. and Burns, Ned H. (1981). Design of Prestressed Concrete Structures, 3rd edition, John Wiley & Sons, 646 pp.
- Naaman, Antoine E. (2012). Prestressed Concrete Analysis and Design, 3rd edition, Techno Press 3000, 1,173 pp.
- Nawy, Edward G. (2010). Prestressed Concrete A Fundamental Approach, 5th Edition, Pearson Prentice Hall, 949 pp.
- Nilson, Arthur H. (1987). Design of Prestressed Concrete, 2nd Edition, John wiley & Sons, 591 pp.
- PCI Bridge Manual. (2003). Bridge Design Manual, 2nd Edition, Precast/Prestressed Concrete Institute(PCI), MNL-133-97.
- PCI Journal. (2009). PCI Journal, Fall 2009, Vol. 54, No. 4, pp. 132-159.
- PTI. (2006). Post-Tensioning Manual, 6th Edition, PTI(Post-Tensioning Institute), 354 pp.
- Rajagopalan, N. (2005). Prestressed Concrete, 2nd Edition, Alpha Science International Ltd. Harrow, U.K., 486 pp.
- Salas, Hille, Etgen. (2007). Calculus One and Several Variables, 10th Edition, John Wiley & Sons, Inc., 1,039 pp.
- Zia, P., Preston, H. K., and Workman, E. B. (1979). Estimating Prestress Losses, Concrete International : Design and Construction, Vol. 1, No. 6, June, pp. 32-38.

연습문제 | EXERCISE

3.1

[프리텐션 부재] 그림 P3.1(PCI 3,000 × 800)에 보이는 중앙에서 1점 절곡한 긴장재를 배치한 폭 3 m이고 높이는 800 mm인 단순지지 된 프리텐션 더블 T형 부재에서

(a) 간략화된 PCI 방법에 의한 총 손실량을 계산하라.

(b) $0.4l$ 의 위치에서 도로교설계기준의 상세식에 따라 총 프리스트레스의 손실량과 최종 긴장력을 계산하고 분포도를 그려라. 단, 시공지역의 년 평균상대습도 RH = 65%로 본다(긴장재를 1점 절곡한 부재에서 $0.4l$ 의 위치가 위험단면이 된다. 그림 4.4a 참고).

- 하중 : 등분포 고정하중 $w_d = w_g = 3.11$ kPa × 3.0 m = 9.33 kN/m, 등분포 추가 고정하중 $w_{sd} = 0.479$ kPa, 등분포 활하중 $w_l = 1.87$ kPa, 경간 $l = 21$ m, 프리스트레스 부재 단위중량 $\gamma_c = 23.5$ kN/m^3
- 콘크리트 : 보통중량골재 콘크리트의 단위질량 $\rho_c = 2{,}350$ kg/m^3, $f_{ci} = 25$ MPa, $f_{ck} = 35$ MPa
- 강연선 자료 : 12개 직경 12.7 mm 저이완 7연선 1,860 MPa B종 : $A_{ps} = 12(98.7) = 1{,}184$ mm^2, 긴장재는 중앙에서 1점 절곡으로 배치 : $e_e = 325$ mm, $e_c = 476$ mm, $f_{pu} = 1{,}860$ MPa, $f_{py} = 0.9f_{pu} = 1{,}674$ MPa, 긴장응력 $f_{p0} = 0.74f_{pu} = 1{,}376$ MPa ; $E_{ps} = 2.0 \times 10^5$ MPa,
- 단면 : $A_g = 397 \times 10^3$ mm^2, $I_g = 24.857 \times 10^9$ mm^4, $V/S = (10.08 \times 10^6) / (2.348 \times 10^5) = 42.9$ mm

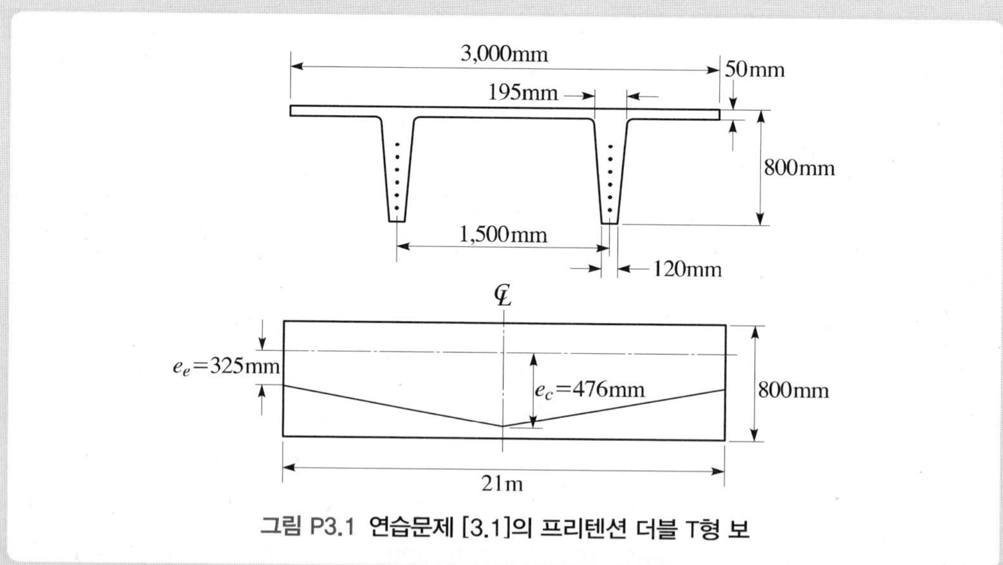

그림 P3.1 연습문제 [3.1]의 프리텐션 더블 T형 보

3.2

[프리텐션 부재] [PCI Bridge Design Manual (8.6.7.2)] 그림 P3.2에 보이는 단순 지지된 1경간 프리텐션 AASHTO-PCI Type III I형 보에서 도로교설계기준에 따라 긴장응력의 총 손실량을 결정하고 분포도를 그려라. 시공지역의 년 평균상대습도 RH = 70%로 본다.

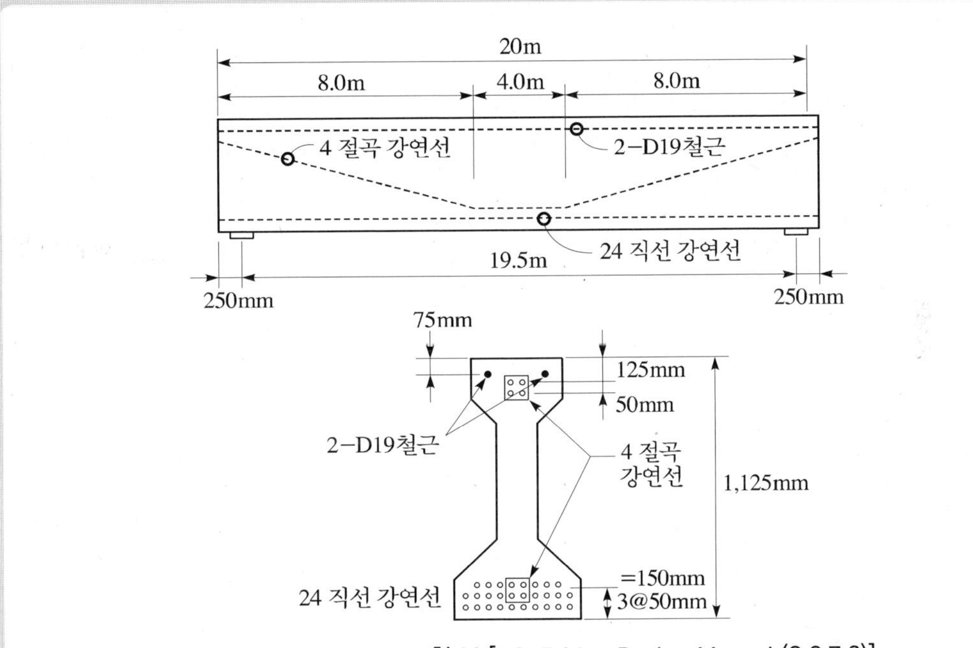

그림 P3.2 AASHTO-PCI Type III I형 보 [PCI Bridge Design Manual (8.6.7.2)]

- 강연선 : 직경 12.7 mm(단면적 98.7 mm^2) 1,860 MPa 등급 저이완 강연선 ; 긴장재는 중앙에 2점 절곡으로 배치 : e_e = 289 mm, e_c = 410 mm, A_{ps} = 28 (98.7) = 2,764 mm^2, f_{pu} = 1,860 MPa, $f_{py} = 0.9f_{pu}$ = 1,674 MPa, 긴장응력 $f_{p0} = 0.74f_{pu}$ = 1,376 MPa ; E_{ps} = 2.0 × 10^5 MPa
- 철근 : 400 MPa 등급 2-D19 철근
- 보 콘크리트 : 재령 18시간 f_{ci} = 30 MPa, E_{ci} = 8,500(34)^(1/3) = 27,537 MPa ; 재령 28일 f_{ck} = 45 MPa, E_c = 8,500(1.1 × 45)^(1/3) = 31,210 MPa, ϵ_{sh} = 0.0004 mm/mm, K_{cr} = 1.4
- 단면 : A_g = 350 × 10^3 mm^2, I_g = 48.98 × 10^9 mm^4, y_b = 507 mm
- 합성단면 : I_{com} = 149.36 × 10^9 mm^4, y_{bc} = 900 mm

- 상판 : 폭 = 2,600 mm, 두께 = 200 mm, 재령 28일 f_{ck} = 30 MPa, ϵ_{sh} = 0.0004 mm/mm, K_{cr} = 1.4
- 고정하중 : 보의 고정하중 = 8.51 kN/m, 상판 고정하중 = 12.66 kN/m, 헌치 하중 = 0.58 kN/m, 다이아푸램 하중 = 1.46 kN/m, 추가고정하중 = 5.26 kN/m

3.3

[포스트텐션 부재] [CPCI 2007(3-35, 3-118~3-122)] 그림 P3.3과 같이 경간 17 m인 2경간 현장치기(CIP, Cast-In-Place) 포스트텐션 T형 보(중심 간격 8 m로 배치)가 500 mm × 600 mm 기둥으로 지지되고 있다. 시공지역의 년 평균상대습도 RH = 60%로 보고, 도로교설계기준에 따라 다음을 계산하라.

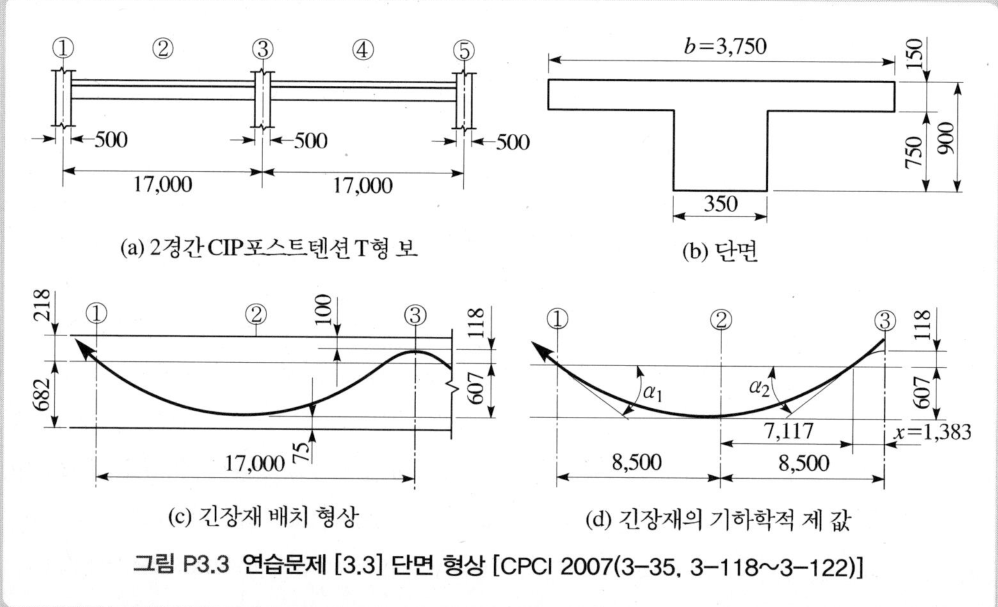

그림 P3.3 연습문제 [3.3] 단면 형상 [CPCI 2007(3-35, 3-118~3-122)]

(a) FL과 AS 손실에 의한 긴장응력의 변화를 ①~⑤ 단면에 대해서 분포도를 그려라.
(b) ES를 도로교설계기준에 따라 경간을 따라 분포도를 그리고 응력한계를 비교하라.
(c) 시간적 장기손실을 구하여 분포도를 그리고 응력한계를 검토하라.

- 보의 보통중량골재 콘크리트 : $f_{ci} = 25$ MPa, $f_{ck} = 35$ MPa, $\rho_c = 2{,}350$ kg/m^3
- 강연선 : 13개의 직경 15.2 mm(단면적 138.7 mm^2/강연선) 1,860 MPa 저이완 강연선 ; $\kappa = 0.0023$/m, $\mu = 0.18$/rad ; $f_{py} = 0.9f_{pu} = 1{,}674$ MPa, 긴장응력 $f_{p0} = 0.74f_{pu} = 1{,}376$ MPa ; $E_{ps} = 2.0 \times 10^5$ MPa
- 긴장재 배치 : 포물선형으로 배치, 그림 P3.3c의 ①번 단면에서 긴장하고 긴장이 끝난 뒤에는 그라우팅을 수행하여 부착시킨다.
- 하중 : 고정하중(전체 슬래브 포함) $w_d = 35.1$ kN/m ; 활하중 $w_l = 20.0$ kN/m
- 정착장치의 활동량 : $\Delta l = 14$ mm
- 단면 : $A_g = 3{,}750(150) + 350(750) = 562{,}500 + 262{,}500 = 825{,}000$ (mm^2)
- 바닥에서 중립축의 거리 $y_b = [562{,}500(750+150/2) + 262{,}500(750/2)] / 825{,}000 = 682$ (mm)

  $y_t = 900 - 682 = 218$ (mm)

  $I_g = (3{,}750)(150^3)/12 + (3{,}750)(150)(218-75)^2 + (350)(750^3)/12 + (350)(750)(682-375)^2$

  $I_g = (1{,}054.7 + 11{,}502.6 + 12{,}304.7 + 24{,}740.4) \times 10^6 = 49{,}602 \times 10^6$ (mm^4)

  $S_b = I_g/y_b = 49{,}602 \times 10^6 /682 = 72.74 \times 10^6$ (mm^3), $S_t = I_g/y_t =$

  $= 49{,}602 \times 10^6 / 218 = 227.5 \times 10^6$ (mm^3)

그림 P3.3d에서 포물선 배치 긴장재의 변곡점의 거리 × 계산 : 2 포물선의 기울기는 같으므로,

식 (3.12)에서 $\dfrac{(2)(118)}{x} = \dfrac{(2)(607)}{8{,}500 - x}$; $(236)(8{,}500 - x) = (1{,}214)x$

$2{,}006{,}000 = 1{,}214x + 236x$

$\therefore\ x = 2{,}006{,}000/(1{,}214+236) = 1{,}383$ (mm)

그림 P3.3d에서 각도 α_1과 α_2는 식 (3.12)로 쓰면 각각

$$\alpha_1 = \tan^{-1}\left(\frac{2e_1}{l_1}\right) = \tan^{-1}\left[\frac{(2)(607)}{8{,}500}\right] = 0.142\ (\text{rad})$$

$$\alpha_2 = \tan^{-1}\left[\frac{(2)(607)}{7{,}117}\right] = 0.169\ (\text{rad})$$

3.4

[포스트텐션 부재] [CPCI Example 3-35(3-118~3-122)] 그림 P3.4와 같이 경간의 길이가 18 m인 2경간 현장치기(CIP, Cast-In-Place) 포스트텐션 T형 보(중심 간격 8 m로 배치)가 500 mm × 600 mm 기둥으로 지지되고 있다. 시공지역의 년 평균상대습도 RH = 65%로 본다. 도로교설계기준의 규정에 따라 다음을 계산하라.

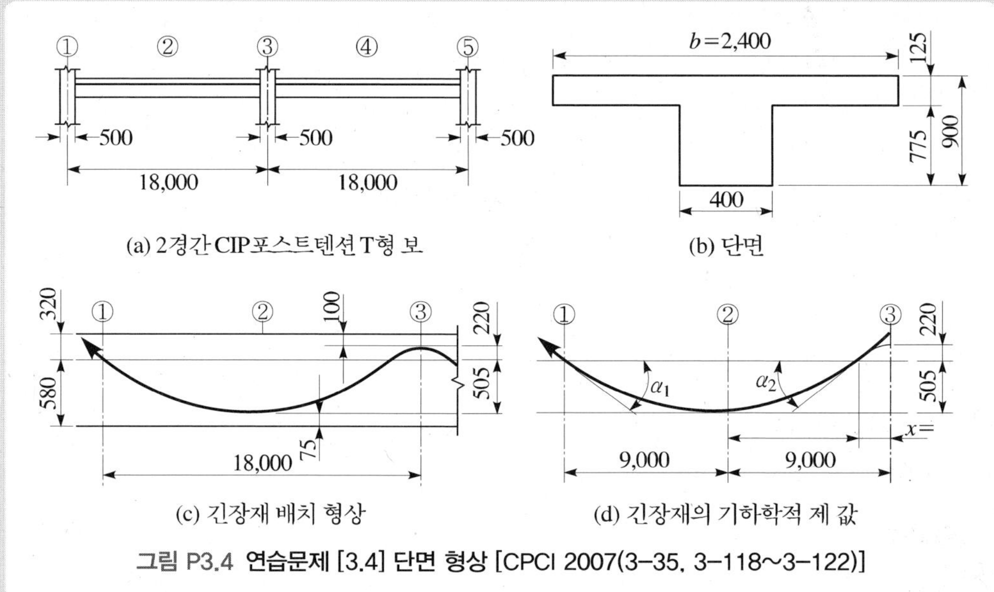

그림 P3.4 연습문제 [3.4] 단면 형상 [CPCI 2007(3-35, 3-118~3-122)]

(a) FL과 AS 손실에 의한 긴장응력의 변화를 ①~⑤ 단면에 대해서 분포도를 그려라.
(b) ES를 도로교설계기준에 따라 경간을 따라 분포도를 그리고 응력한계를 비교하라.
(c) 시간적 장기손실을 구하여 분포도를 그리고 응력한계를 검토하라.

- 보의 보통중량골재 콘크리트 : f_{ci} = 25 MPa, f_{ck} = 35 MPa, ρ_c = 2,400 kg/m^3
- 강연선 : 10개의 직경 15.2 mm(단면적 138.7 mm^2 강연선) 1,860 MPa 등급 저이완 강연선 ; κ = 0.0040/m, μ = 0.20/rad ; $f_{py} = 0.9f_{pu}$ = 1,674 MPa, 긴장응력 $f_{p0} = 0.74f_{pu}$ = 1,376 MPa ; $E_{ps} = 2.0 \times 10^5$ MPa
- 긴장재 배치 : 포물선형으로 배치, 그림 P3.4c의 ①번 단면에서 긴장하고 긴장이 끝난 뒤에는 그라우팅을 수행하여 부착시킨다.
- 하중 : 고정하중(전체 슬래브 포함) w_d = 25 kN/m ; 활하중 w_l = 15 kN/m
- 정착장치의 활동량 : Δl = 12 mm

• 단면 : A_g = 2,400(125) + 400(775) = 300,000 + 310,000 = 640,000 mm^2

• 바닥에서 중립축의 거리 : y_b = [300,000(775+125/2) + 310,000(775/2)] / 640,000 = 580 (mm)

y_t = 900 − 580 = 320 (mm)

3.5

[포스트텐션 2경간 연속 박스 거더] [California Prestressing Manual(64-67)] 그림 P3.5a와 같이 2경간 연속 박스 거더에서 1,860 MPa 등급 저이완 강연선(E_{ps} = 2.0 × 10^5 MPa)이 배치되었으며, 긴장력 도입 직후 응력 f_{p0} = 1,376 MPa로 그림에서와 같이 보의 한쪽 단에서 당겨서 정착하였다. 부재의 길이가 180 m보다 작으므로 곡률마찰계수 μ = 0.15/rad, 파상마찰계수 κ = 0.0066/m 그리고 정착장치의 활동량 Δl = 10 mm로 가정한다. 긴장재의 각 구간에 대한 수직각(α_{ab} 등)의 변화를 결정하고, 그림 3.12와 같이 전체 경간에 대한 마찰손실과 정착장치 손실로 인한 긴장재의 응력 분포도를 그려라.

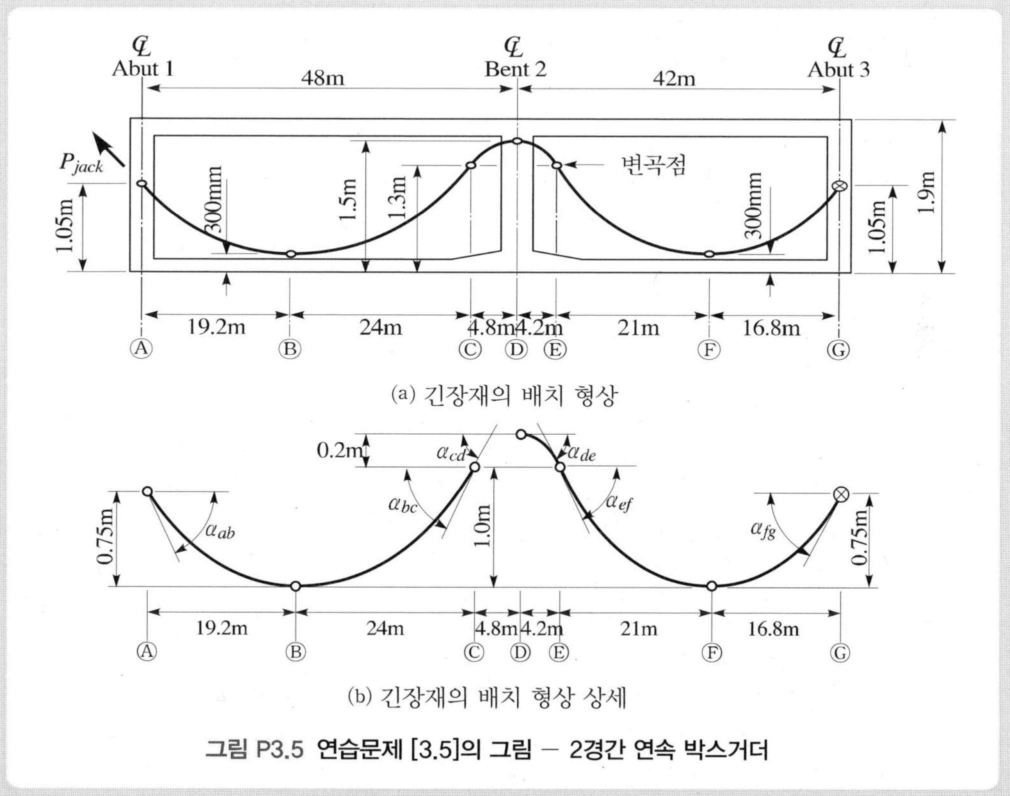

그림 P3.5 연습문제 [3.5]의 그림 − 2경간 연속 박스거더

3.6

[포스트텐션 바닥판 슬래브][Collins 1987(52)] 그림 P3.6과 같이 4경간 1방향 바닥판 슬래브에서 잭킹응력 $f_{p0} = 0.74 f_{pu}$ 로 동시에 보의 양단에서 당겨서 정착하였다. 곡률마찰계수 $\mu = 0.25/\text{rad}$, 파상마찰계수 $\kappa = 0.005/\text{m}$ 그리고 정착장치의 활동량 $\Delta l = 6$ mm로 가정한다.

(a) 긴장재의 긴장력을 그림에 보이는 단면 1.45, 2.0, 2.5 그리고 3.0에서 각각 구하라.

(b) 각 경간의 평균 긴장력을 계산하라. 단, 긴장력은 긴장재의 극한강도의 비로 표현하라.

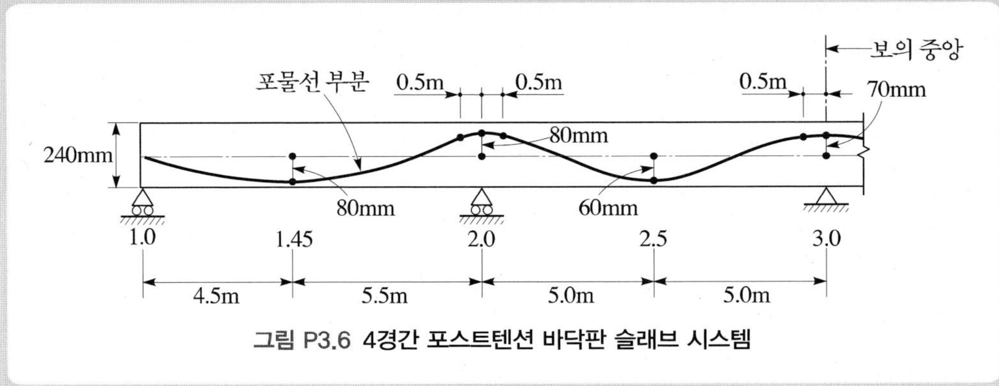

그림 P3.6 4경간 포스트텐션 바닥판 슬래브 시스템

3.7

[포스트텐션 원통형 탱크] [Collins 1987(52)] 곡률마찰계수 $\mu = 0.20/\text{rad}$, 파상마찰계수 $\kappa = 0.0046/\text{m}$ 그리고 정착장치의 활동량 $\Delta l = 0$ mm인 구경이 작은 반강체 덕트(semi-rigid duct)에 강연선을 배치하여 그림 P3.7과 같이 포스트텐션하려고 한다. 긴장재는 양단에서 동시에 $f_{p0} = 0.74 f_{pu}$ 까지 긴장하여 부벽(buttress)에 정착하려고 한다. 그림에서 보이는 바와 같이 긴장재의 반경이 20 m인 경우에 평균 긴장력이 $0.66 f_{pu}$ 이하가 되지 않기 위해서는 부벽의 거리가 얼마까지 떨어질 수 있나?

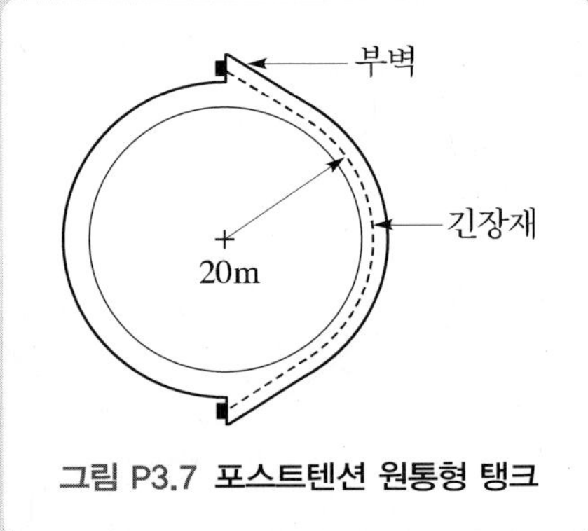

그림 P3.7 포스트텐션 원통형 탱크

3.8

[직선 포스트텐션 텐던] [Collins 1987(Problem 2.6)] 직선으로 배치되는 포스트텐션 긴장재의 파상마찰계수 $\kappa = 0.003/\mathrm{m}$이다. 긴장재는 긴장단(jacking end)에서 1,400 MPa로 긴장되어 장착되었다. 정착하는 과정에서 정착장치의 활동(wedge draw-in)으로 $\Delta l = 6$ mm가 이동(slip back)하였다.

(a) 이 정착장치의 활동으로 인해서 긴장응력이 감소하는 긴장재의 길이는 얼마인가?

(b) 정착을 완료한 즉시 긴장재에서 가장 높은 응력은 얼마인가?

(c) 정착단에서의 긴장재의 응력은 얼마인가? $E_{ps} = 200{,}000$ MPa로 본다.

휨부재의 해석 Flexural Analysis

철근콘크리트와 유사하게 프리스트레스트 콘크리트도 휨 거동에 상당한 다양성을 보여주고 있다. 설계 변수나 계수의 크기에 따라 프리스트레스트 콘크리트 부재는 균열이 일어나고 난 뒤에 파괴되기 전까지 상당한 연성을 가져서 상대적으로 큰 하중을 지지할 수도 있고, 아니면 균열 후에 바로 파괴로 이어져서 거의 연성을 갖지 못하고 상대적으로 작은 하중만을 지지할 수도 있게 된다. 따라서 높은 품질의 설계를 수행하기 위해서는 중요한 변수들이 공칭강도 상태(극한상태)에서 프리스트레스트 콘크리트 보의 거동에 어떠한 영향을 미치는지 이해하는 것이 중요하다[Naaman 2012(229)].

4.1 하중-처짐 곡선과 긴장재의 응력변화 (Load-deflection Response and Stress Variation of Tendon)

작용하는 하중이 점차적으로 증가하는 단순 지지된 프리스트레스트 콘크리트 보의 거동은 그림 4.1의 하중-처짐 곡선(load-deflection curve)과 보의 중앙에서 하중의 증가에 따른 긴장재 응력의 변화를 정량적으로 보여주는 그림 4.2의 긴장재 응력-하중 곡선을 이용하여 설명할 수 있다.

그림 4.1과 같은 전형적인 하중-처짐 곡선은 부착 긴장재가 배치된 인장지배 저보강 단면보(tension-controlled under-reinforced beam)에서 볼 수 있다[Naaman 2012(229-231)]. 그림은 하중이 증가하여 단면의 **공칭강도(nominal strength,** 압축연단의 콘크리트 변형률이 $\epsilon_{cu} = 0.003$에 도달한 상태)에 이를 때까지의 1~9 단계의 콘크리트의 응력 변화를 보여주고 있으며, 이를 설명하면 다음과 같다.

PSC 부재의 하중–처짐곡선

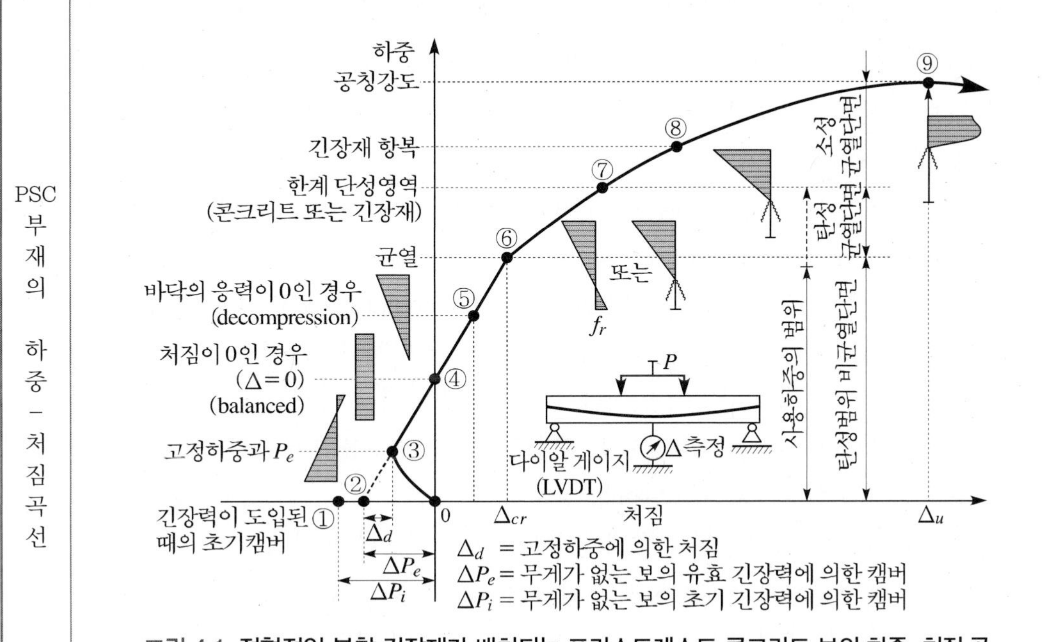

그림 4.1 전형적인 부착 긴장재가 배치되는 프리스트레스트 콘크리트 보의 하중–처짐 곡선 [Nilson 1987(122), Nawy 2010(109), Naaman 2012(230)]

하중–긴장재 응력곡선

응력
f_{pu}
f_{ps}
f_{py}
f_{pi}
f_{pe}
0
A
B
C
D
E
F
DL가 작용한 뒤의 긴장재 응력
$\Delta f_{pe} = n_p \Delta f_c$
부착 긴장재
비부착 긴장재
균열후의 긴장재 응력
비부착 긴장재
고정하중(M_d)
추가 고정하중
바닥에서 응력이 0인 상태
균열하중(M_{cr})
과하중으로 균열이 일어나는 한계
극한의 한계상태(M_n)
콘크리트의 인장응력이 0인 범위
사용하중 범위
균열 후 파괴까지의 범위
하중
보가 휨으로 인해서 인장응력 조금씩 증가

그림 4.2 하중이 증가하는 것에 따른 긴장재 응력의 변화 [Leet 1997, Nilson 1987(76)]

- 1–2 단계 : 이론적으로 무게가 없는 보에 긴장력이 도입될 때의 초기 및 유효 긴장력(P_i 및 P_e)에 의한 솟음(camber)이 일어나는 가상적인 단계
- 3 단계 : 보 자신의 고정하중 $w_d(= w_g)$ 가 작용하면서 모든 긴장력의 손실이 일시에 일어난다고 가정하는 단계
- 4 단계 : 작용하중이 점차 증가하면서 처짐이 0(변형률이 일정)인 응력이 일정한 상태로 **균형응력상태(balanced stress state)**라고 부르는 단계
- 5 단계 : 보의 바닥(하연)에서 응력이 0인 **감압상태(decompression)**로 만약에 콘크리트의 인장응력이 0이라고 가정하면 이 하중상태가 비균열 단면과 균열단면의 경계가 된다.
- 6 단계 : 단면에 처음으로 균열이 일어나서 균열단면이 되는 상태
- 7 단계 : 작용하중이 점차 증가하면서 콘크리트와 긴장재의 응력이 증가하여 두 재료 중에서 한 재료가 먼저 비선형거동에 도달하는 상태
- 8 단계 : 하중이 점차 증가하여 긴장재가 항복응력에 도달하는 상태
- 9 단계 : 최종적으로 보가 공칭강도에 도달하게 되면 보는 최대강도(M_n)에 도달하고 이 하중을 넘어서 얼마간 추가의 변형을 일으키면서 최종파괴가 일어나는 상태

이러한 단계 중에서 휨부재의 설계에서 검토해야 되는 응력이나 강도는 ① 프리스트레스 도입 직후 P_i 와 부분 고정하중 w_d 만 작용하는 경우 ; ② 유효 긴장력 P_e 와 전체 고정하중 $w_d + w_{sd}$ 이 작용하는 경우 ; ③ 손실 뒤의 유효 긴장력 P_e 와 사용하중(service load) $w_s = w_d + w_{sd} + w_l$ 이 작용하는 경우와 ④ 사용하중에 하중계수를 곱한 계수하중(factored load)이 작용하는 경우이다.

균열 전 단면 해석상의 가정

① 단면의 변형률은 중립축으로부터 거리에 비례한다(Plane sections remain plane after deformation.).

② 재료는 탄성재료로 본다($f = E\epsilon$).

③ 균열 전 단면으로 콘크리트의 전단면은 유효하다고 본다($A_g = bh$, $I_g = bh^3/12$).

④ 긴장재의 환산단면적의 영향은 무시한다.

⑤ 보의 길이에 따른 긴장재의 긴장력 변화는 무시한다.

콘크리트의 응력 계산 : 1.9장 참고

① 응력개념(stress concept) : 상세 해석에 적합하며, 식 (1.1)과 (1.2)를 같이 쓰면 아래와 같다.

$$\begin{cases} f_{t(\text{상연})} = \dfrac{P}{A_g} - \dfrac{Pe}{I_g} y_t + \dfrac{M}{I_g} y_t = \dfrac{P}{A_g} - \dfrac{Pe}{S_t} + \dfrac{M}{S_t} \\ f_{b(\text{하연})} = \dfrac{P}{A_g} + \dfrac{Pe}{I_g} y_b - \dfrac{M}{I_g} y_b = \dfrac{P}{A_g} + \dfrac{Pe}{S_b} - \dfrac{M}{S_b} \end{cases} \quad (1.1)\text{과 } (1.2)$$

여기에서 도입 직후 $P = P_i \approx 0.925P_0$ ($P_0 =$ 긴장력) ; 손실 후 유효긴장력 $P = P_e$ 이다.

② **내력 모멘트 개념**(internal couple concept) : 설계나 단면의 공칭강도를 구하는데 적합
③ **등가하중 개념**(equivalent load concept) : 긴장력을 등가의 하중으로 고려하는 개념

프리스트레스트 콘크리트 보의 거동은 또한 작용하는 하중이 증가하면 어떻게 긴장재 응력이 변화하는지를 고려해보면 알 수 있다. 보의 중앙에서 하중의 증가에 따른 긴장응력의 변화를 정량적으로 보여주고 있는 그림 4.2에서 보면 아래와 같은 응력의 변화가 일어나는 것을 알 수 있다.

① 긴장력이 도입되면서 재킹력 f_{p0} 는 탄성변형과 정착장치의 활동에 의한 즉시손실이 일어나서 A점의 f_{pi} 가 된다.
② 시간적 손실이 모두 일어난다고 가정하여 긴장재의 응력이 B점의 f_{pe} 가 되고, 이어서 동바리나 거푸집(falsework)이 제거되어 보의 고정하중이 작용해서 보가 휘게 되면 긴장재의 응력은 B점에서 C점으로 갑작스럽게 증가하게 될 것이다.
③ 보에 추가적인 고정하중과 활하중이 작용하게 되면 보는 얼마간 아래로 휘면서 인장연단 콘크리트에 인장응력이 증가하여 압축에서 인장으로 변화하지만, 아직 균열은 발생하지 않은 상태로 긴장재의 응력은 서서히 증가하게 된다. 균열 전 긴장재의 응력은 $f_p = f_{pe} + \Delta f_{pe}$ 로 표현될 수 있으며(그림 4.2 참고), 여기에서 Δf_{pe} 는 아래와 같이 구할 수 있다.

$$\Delta f_{pe} = \frac{E_{ps}}{E_c} \Delta f_c = n_p \left(\frac{\Delta M}{I_g} y \right) \quad (4.1)$$

여기에서 $\Delta f_c = (\Delta M) y / I_g$ 는 환산단면적 개념에 의한 긴장재 위치의 콘크리트의 응력이다. 이렇게 작용하는 하중에 의해서 보가 휘어서 발생하는 긴장력의 증가 Δf_{pe} 는 초기응력의 3% ~ 4% 밖에 안 되어 일반적으로 계산에서 무시한다[Nilson 1987(77)].
④ 사용하중이 점차 증가해서 보의 인장연단에 균열을 일으키는 균열하중(cracking load)에 도달하게 되면 콘크리트가 부담하던 인장응력이 긴장재로 전달되어 긴장재의 응력은 D점에서 갑작스럽게 E점으로 증가하게 된다.

⑤ 균열상태의 보에서 하중이 증가하게 되면 긴장재 응력은 훨씬 더 빠른 속도로 증가하게 된다. 하중이 증가하여 항복응력 f_{py} 에 도달하게 되면 긴장재는 비선형으로 점점 늘어나지만 여전히 응력-변형률 곡선의 형상(그림 2.9 참고) 때문에 증가된 하중을 지지할 수 있게 된다. 응력-하중 곡선은 기울기는 점차 감소하지만 여전히 증가하여 긴장재의 응력 f_{ps} 가 f_{pu} 에 접근하면서 보는 파괴될 것이다[Nilson 1987(77)].

4.1.1 비부착 긴장재의 인장응력의 변화(Stresses of Unbonded Tendons)

만약에 긴장재가 그라우트를 통해서 콘크리트에 부착이 되지 않은 경우에 휨 하중이 작용하게 되면 긴장재와 콘크리트 사이에는 미끄러짐이 일어나게 된다. 따라서 **부착 긴장재(bonded tendon)** 부재에서는 균열이 일어난 부분에 국한되는 긴장재의 늘어남이 **비부착 긴장재(unbonded tendon)**인 경우에는 전체 길이에 걸쳐서 나타나게 된다. 휨모멘트가 최대인 위험단면에서 부착 긴장재에 비해서 비부착 긴장재의 변형률과 응력의 증가는 느리게 나타나고 부재가 파괴될 때도 유효인장력 f_{pe} 보다 조금 더 증가하는데 그치고 만다(그림 4.2 참고). 이렇게 긴장재가 부착이 되지 않는 경우에 부재의 파괴는 그림 4.3b와 같이 상대적으로 폭이 넓은 균열이 나타나면서 일어나게 된다[Nilson 1987(90), Lin 1981(174)]. 이러한 균열의 발달은 콘크리트의 단면을 축소시켜서 압축영역이 감소되어 콘크리트의 **취성파괴(脆性, brittle failure)**가 일어나게 된다. 실험에 의하면 긴장재가 비부착인 경우에 부재의 파괴하중은 부착된 부재에 비해서 75% ~ 80% 밖에 되지 않는다고 보고하고 있다[Leonhadt 1964].

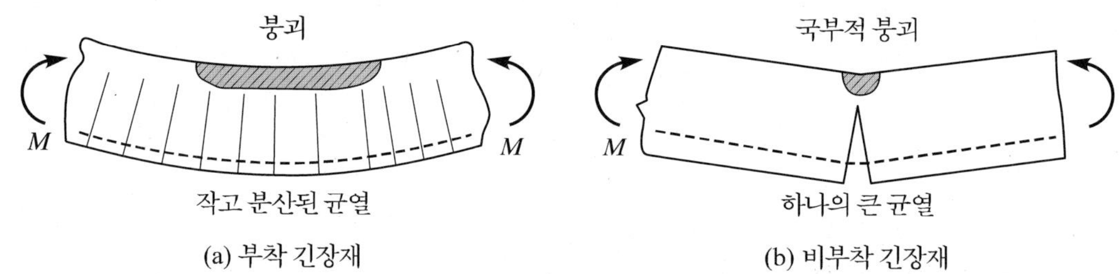

그림 4.3 긴장재가 부착된 경우와 비부착된 경우의 균열의 발생 [Gamble 2003(4-2)]

비부착 긴장재가 배치되는 보에 추가적인 보통 부착철근을 배치하게 되면 휨강도를 증가시킬 수 있다는 것이 실험에 의해서 증명되었다. 이러한 강도의 증가는 보통 부착철근의 저항력과 콘크리트에 발생하는 균열을 억제하거나 분포시키는 능력에 기인하는 것이다. 따라서 구조기준 9.5.3(ACI 18.8.3)에서는 비부착 긴장재가 배치되는 부재에서 공칭강도 상태에서 1~2개의 균열이 아니라 균열이 경간에 분포되어 발생할 수 있도록 최소 부착 철근을 배치하도록 규정하고 있다(4.7.1장 참고)[Lin 1981(140~142, 174)]

4.1.2 위험단면(Critical Section)

단순지지 되고 단면의 형상이 일정하면서(prismatic section) 부착철근이 배치된(non-prestressed) 부재에서 등분포 하중이 작용하면 휨 설계에 대한 위험단면(critical section)은 보통 경간의 중앙에서 일어난다. 배치된 보통철근이 적절히 정착되고(properly developed), 전단보강 철근이 적당히 배치되면(구조기준 8.5.1 휨철근의 정착 일반 참고) 받침부를 향해서 휨모멘트가 감소하므로 휨 보강재의 단면을 감소시킬 수 있다[PCI 2010(5.2.1.5), CPCI 2007(3.3.4, 3-14)].

등분포하중이 작용하는 프리스트레스 부재에서 긴장력이 도입될 때 지지되는 정착단(dead-end)의 응력을 제한하기 위해서 종종 긴장재를 1점이나 또는 2점 절곡(draped, depressed or harping)하여 경간을 따라 유효깊이 d_p 가 변하도록 배치하거나, 또는 정착단 부근의 긴장재 일부를 비부착(debond) 하기도 한다.

그림 4.4a와 같이 1점 절곡된 긴장재가 배치된 경우에 위험단면은 보통 경간의 0.4l 부근에서 나타나므로 0.4l 단면을 검토하게 된다(강연선의 응력 발달에 대한 그림 2.15 참고). 긴장재가 직선으로 배치되면서 등분포하중이 작용한다면 경간의 중앙에서 설계강도 ϕM_n 과 계수강도 M_u 를 비교 검토하면 충분하지만, 단부(end face) 부근에서 부분적으로 **비부착 긴장재(debonded strand)**가 배치하게 되면 그림 4.4b에서와 같이 추가적인 위험단면이 비부착 긴장재를 부착시키기 시작하는 부분에서 발생할 수 있다(2.2.3장 및 4.2.2장 참고).

집중하중이 존재하거나 긴장하지 않는 보통 부착철근이 배치되게 되면 위험단면이 변하므로, 이런 경우에는 컴퓨터 프로그램 등을 이용하여 경간을 짧은 길이로 잘라서 강도를 검토하여야 할 것이다.

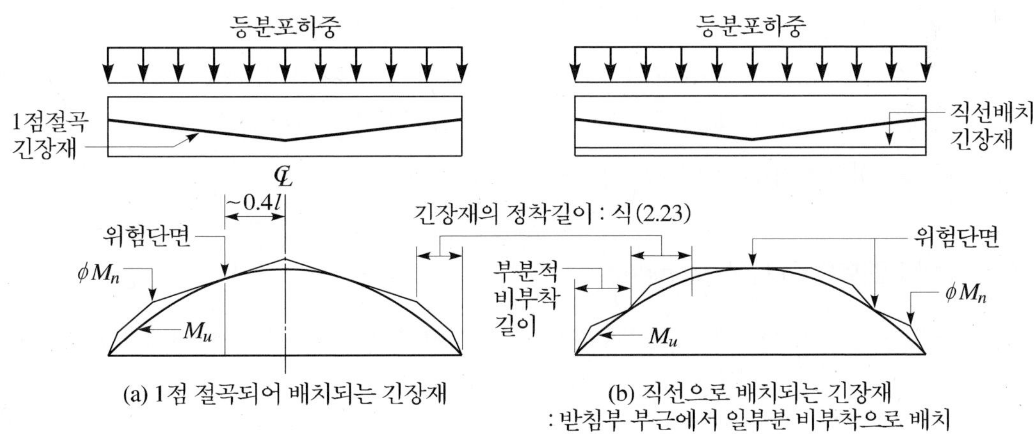

그림 4.4 단순지지 보의 휨 설계에 있어서 위험단면(critical section) [PCI 2010(5.2.4)]

긴장재의 **정착길이(development length)** l_d 는 식 (2.23)이나 식 (2.24)에서 보는 바와 같이 유효긴장응력 f_{pe} 가 발휘되기 위해 필요한 **전달길이(transfer length)**와 이 응력으로부터 공칭강도 f_{ps} 가 발휘되기 위해 필요한 **휨부착길이(flexural bond length)**로 구성되어있어서, 그림 4.4의 받침부에서 각 길이에 대한 부착응력 차이로 서로 다른 2 부분의 기울기가 존재하게 된다.

4.2 사용하중에 의한 응력 계산(Stresses Computation due to Service Loads)

구조기준 9.2.2(3)과 (4)(ACI 18.3.3)에서 프리스트레스트 콘크리트 휨부재는 미리 압축을 가한 인장구역에서 사용하중에 의한 인장연단응력 f_{ts} 에 따라 다음과 같이 3등급으로 구분하도록 규정하고 있다. 식 (2.47)을 다시 쓰면[1],

$$\begin{cases} \text{(1) 비균열등급(Class U)} : & & |f_{ts}| \le |-0.63\sqrt{f_{ck}}| \\ \text{(2) 부분균열등급(Class T)}: & |-0.63\sqrt{f_{ck}}| < & |f_{ts}| \le |-1.0\sqrt{f_{ck}}| \\ \text{(3) 완전균열등급(Class C)}: & & |f_{ts}| > |-1.0\sqrt{f_{ck}}| \end{cases} \qquad (2.47)$$

이 규정은 부착(bonded) 또는 비부착(unbonded) 방식 모두에 적용할 수 있으며, 2방향 프리스트레스트 콘크리트 슬래브는 $|f_{ts}| \le |-0.50\sqrt{f_{ck}}|$ 를 만족하는 비균열 등급 부재로 설계하여야 한다.

표 2.15에 사용성에 관한 설계요구 조건이 요약되어 있다. 표를 보면 사용하중이 작용할 때 응력 계산은 비균열(U)이나 부분균열(T) 등급인 경우에 전단면(uncracked section) I_g 를 이용하고, 균열 등급(C)인 경우에는 균열 단면 2차 모멘트(cracked transformed section) I_{cr} 을 사용하도록 제시하고 있다. 그러나 처짐을 계산하는 경우에는 비균열 등급(U)인 경우에 비균열 전단면 I_g 를 이용하고, 부분균열 등급(T)이나 균열 등급(C)인 경우에는 2개의 직선으로 구성되는 모멘트-처짐 관계나 유효 단면 2차 모멘트 I_e 를 이용하여 계산하도록 규정하고 있다(식 (5.3) 참고)[구조기준 4.3.3(2), ACI 9.5.4.2].

4.2.1 균열모멘트(Cracking Moment)

프리스트레스트 콘크리트 부재의 균열모멘트 M_{cr} 은 인장연단의 응력이 파괴계수 f_r [인장응

1. 프리스트레스트 부재의 등급판정에서 경량콘크리트(구조기준 3.3.3, ACI 8.6.1)에 대한 질량계수 λ 는 적용하지 않고 있다.

력, 식 (2.10)]에 도달하는데 필요한 휨모멘트이다. 따라서

$$f_r = \frac{P_e}{A_g} + \frac{P_e e}{I_g} y_b - \frac{M_{cr}}{I_g} y_b$$

M_{cr} 을 단면의 하연에 대한 단면계수 $S_b = I_g / y_b$ 를 이용하여 적으면,

$$M_{cr} = \begin{cases} \dfrac{I_g}{y_b}\left(\dfrac{P_e}{A_g} + \dfrac{P_e e}{I_g} y_b - f_r\right) = \dfrac{I_g}{y_b}\left(\dfrac{P_e}{A_g} + \dfrac{P_e e}{I_g} y_b + 0.63\lambda\sqrt{f_{ck}}\right) \\ S_b\left(\dfrac{P_e}{A_g} + \dfrac{P_e e}{S_b} - f_r\right) = S_b\left(\dfrac{P_e}{A_g} + \dfrac{P_e e}{S_b} + 0.63\lambda\sqrt{f_{ck}}\right) \end{cases} \tag{4.2}$$

로 쓸 수 있다. 여기에서 e = 콘크리트 단면의 도심에서 긴장재의 도심까지의 거리 ; y_b = 콘크리트 단면의 도심에서 하연까지의 거리이다.

복합단면(Composite Section)

PCI의 식 (4.2.1.4)(4-10)(Note 24-15)에서 복합단면의 하연에 대한 단면계수 $S_{bc} = I_{gc} / y_{bc}$ 와 복합단면으로 거동하기 전 보 자신의 무게와 고정하중이 작용할 때의 휨모멘트를 M_{nc} 라 하면, 아래와 같이 표현될 수 있다.

$$M_{cr} = \begin{cases} S_{bc}\left(\dfrac{P_e}{A_g} + \dfrac{P_e e}{S_b} - f_r\right) - M_{nc}\left(\dfrac{S_{bc}}{S_b} - 1\right) \\ S_b\left(\dfrac{P_e}{A_g} - f_r\right) + P_e e \ (\text{합성단면이 없는 경우}) \end{cases} \tag{4.3}$$

예제 4.1

[비균열 단면의 응력계산][Zia 1986]

단순 지지된 그림 4.5와 같은 T형 단면 보에서 단부(end face)에서는 편심 $e_e = -100$ mm(비균열 단면의 C.G.C.(Center of Gravity of Concrete Section) 위 100 mm에 배치)의 포물선 형상으로 긴장재가 배치된 경우에 다음 조건에 대해서 각각 콘크리트의 응력을 결정하라. 긴장력 도입직후와 총 설계하중이 작용할 때

① 보의 경간 중앙에서의 상연(上緣, top stress)과 하연(下緣, bottom stress)의 응력,

② 보의 끝(받침부)에서의 상연과 하연의 응력을 결정하라.

조건 : 보의 경간 l = 36 m ; 저이완 강연선 B종 f_{pu} = 1,860 MPa, 15개 직경 12.7 mm(A_b = 98.71 mm^2, $A_{ps} = 15A_b$ = 15(98.71) = 1,481 mm^2), 정착장치 정착 후 인장응력 $f_{p0} = 0.74 f_{pu}$ =

0.74(1,860) = 1,376 MPa ; 도입직후 즉시 손실량은 7.5%로 가정하고, 총 장기손실은 18%를 고려한다. 보통중량 콘크리트의 단위질량 ρ_c = 2,500 kg/m^3 ; 추가 등분포 고정하중 w_{sd} = 735 N/m ; 등분포 활하중 w_l = 686 N/m가 작용한다.

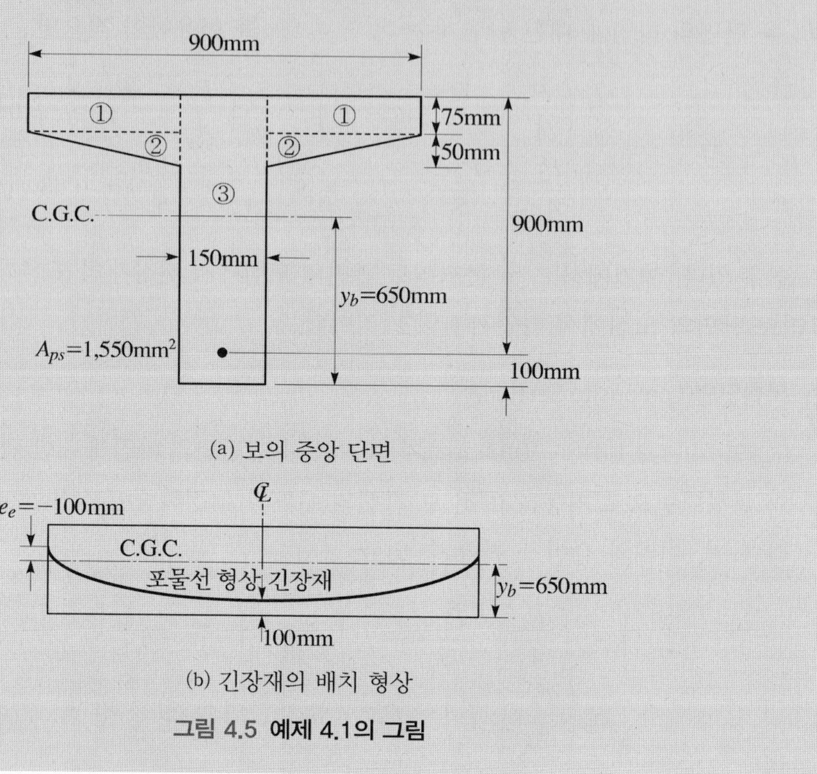

그림 4.5 예제 4.1의 그림

① 단면의 제값 계산(긴장재는 무시하고 계산) :

	면적(A_g)	바닥으로부터의 도심거리 y	$A_g \times y$	$y - y_b$	$A_g(y-y_b)^2$	I'
① 750 × 75	56,250	962.5	54,141 × 10^3	312.9	5,505 × 10^6	(750)(75^3)/12 = 26.367 × 10^6
② 750 × 50/2	18,750	908.3	17,031 × 10^3	258.7	1,255 × 10^6	(750)(50^3)/36 = 2.6042 × 10^6
③ 150 × 1,000	150,000	500	75,000 × 10^3	−149.7	3,359 × 10^6	(150)(1,000^3)/12 = 12,500 × 10^6
Σ	225,000		146,172 × 10^3		10,119 × 10^6	12,529 × 10^6

바닥으로부터의 중립축의 거리 $y_b = A_g y / A_g = 146,17 \times 10^3 / 225,000 = 649.7$ (mm)

$y_t = h - y_b = 1,000 - 649.7 = 350.3$ (mm)

$\therefore\ I_g = I_{g(\text{도심})} + A_g(y - y_b)^2 = (12,529 + 10,119) \times 10^6 = 22,648 \times 10^6\ (\text{mm}^4)$

$= 0.022648\ \text{m}^4$

② 하중 계산 :

ⓐ 고정 등분포하중 및 휨모멘트 :

$$w_d = w_g = \gamma_c A_g = (\rho_c g) A_g$$

$$= 2,500 \frac{\text{kg}}{\text{m}^3} \times 9.81 \frac{\text{m}}{\text{sec}^2} \times \left[225,000\ \text{mm}^2 \times \frac{1\ \text{m}^2}{(10^3\ \text{mm})^2}\right]$$

$$= \left(24,525\ \frac{\text{kg} \cdot \text{m}}{\text{sec}^2} / \text{m}^3\right) \times 0.225\ \text{m}^2 = 5,518\ \text{N/m} = 5.518\ \text{kN/m}$$

$M_d = w_d l^2/8 = (5.518)(36^2) / 8 = 893.9$ (kN · m)

ⓑ 추가 고정하중 : $M_{sd} = (893.9)(0.735/5.518) = 119.1$ (kN · m)

ⓒ 활하중 : $M_l = (893.9)(0.686/5.518) = 111.1$ (kN · m)

또는 $M_l = w_l l^2/8 = (0.686)(36^2) / 8 = 111.1$ (kN · m)

③ 긴장력 도입 직후의 응력 계산 : 긴장력 도입 직후의 긴장력 P_0 는 잭킹력 P_j 에서 정착손실이 일어나고 난 뒤의 긴장력이고, 즉시 탄성손실은 CPCI에 따라 7.5%의 손실을 고려하여 $P_i = 0.925 P_0$ 로 계산한다.

저이완 강연선, 표 2.16 : $f_{p0} = 0.74 f_{pu} = 0.74 \times 1,860 = 1,376$ (MPa)

$P_0 = A_{ps} f_{p0} = (1,481)(1,376)/1,000 = 2,038$ (kN)

$P_i = 0.925 P_0 = (0.925)(2,038) = 1,885$ (kN)

ⓐ 보의 중앙에서의 응력 계산 : 응력개념 해석, 식 (1.1) 및 (1.2) 참고

긴장재 편심 $e_c = 649.7 - 100 = 549.7$ (mm)

하연응력 :

$$f_b = P_i / A_g + (P_i e_c) y_b / I_g - M_d y_b / I_g$$

$$= \frac{1,885 \times 10^3}{225,000} + \frac{(1,885 \times 10^3)(550)}{22,648 \times 10^6}(649.7) - \frac{893.9 \times 10^6}{22,648 \times 10^6}(649.7)$$

$= 8.38 + 29.72 - 25.64 = 12.46\ (\text{N/mm}^2) = 12.46$ MPa (압축응력)

상연응력 :

$f_t = 8.38 - 29.72(350.3/649.7) + 25.64(350.3/649.7)$

$= 8.38 - 16.03 + 13.83 = 6.18$ (MPa) (압축응력) (그림 4.6a 참고)

ⓑ 보의 단부(받침부)에서의 응력 : 긴장재의 편심 $e_e = -100$ mm

하연응력 :

$$f_b = \frac{P_i}{A_g} + \frac{P_i e_e}{I_g} y_b = 8.38 + \frac{(1{,}885 \times 10^3)(-100)}{22{,}648 \times 10^6}(649.7)$$

$= 8.38 + (-5.41) = 2.97$ (MPa) (압축응력) (그림 4.6b 참고)

상연응력 :

$f_t = 8.38 - (-5.41)(350.3/649.7) = 8.38 + 2.92 = 11.29$ (MPa) (압축응력)

ⓒ 따라서 긴장력 도입 시 소요되는 콘크리트의 압축응력 계산 : 표 2.15 참고

부재 그 외의 경우 : 휨압축응력 한계 $\bar{f}_{ci} = 0.60 f_{ci}$

$\therefore\ f_{ci\,(소요)} \geq 12.46 / 0.6 = 20.8$ (MPa) (긴장력 도입시)

단순지지부재 단부의 경우 : 휨압축응력 한계 $\bar{f}_{ci} = 0.70 f_{ci}$

$\therefore\ f_{ci\,(소요)} \geq 11.29 / 0.7 = 16.1$ (MPa) (긴장력 도입시)

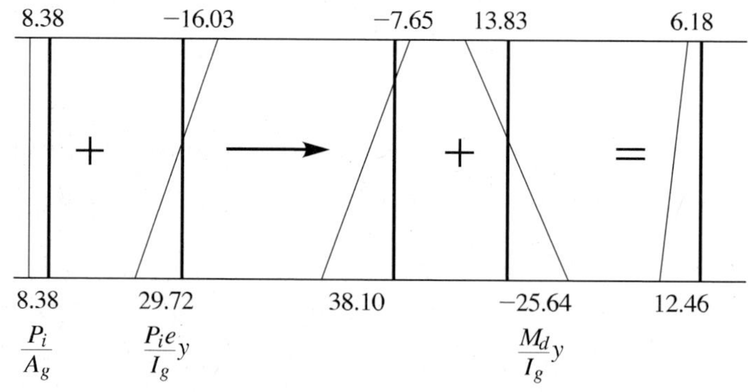

(a) 긴장력 도입직후 보 중앙에서 응력 분포도

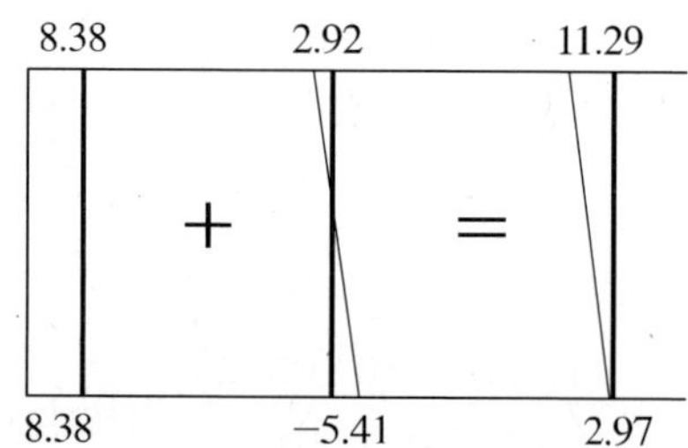

(b) 긴장력 도입직후 단부에서 응력 분포도

그림 4.6 보의 중앙과 단부에서 응력의 분포

④ 총 설계하중 하에서의 응력 계산 : 총 손실을 18%로 고려한다고 했으므로,

$P_e = (1 - 0.18) P_0 = (0.82)(2{,}038) = 1{,}671$ (kN)

유효계수 $\eta = P_e / P_i = 1{,}671 / 1{,}885 = 0.886$

ⓐ 보의 중앙에서 응력 : 추가고정하중과 활하중이 작용할 때도 비균열 단면으로 가정하여 계산하였다. 물론 M_{cr} 을 계산하여 $M_{cr} > M_d + M_{sd} + M_l$ 를 검토하고 계산하면 될 것이다.

(추가 고정하중 + 활하중)

하연응력 :

$$f_b = 8.38(0.886) + 29.72(0.886) - 25.64 - 25.64\,[(119.1 + 111.1)/893.9]$$
$$= 7.43 + 26.35 - 25.64 - 6.60 = 1.53\ (\text{MPa})\ (\text{압축응력})$$

상연응력 :

$$f_t = 7.43 - 16.03(0.886) + 13.83 + 13.83\,[(119.1 + 111.1)/893.9]$$
$$= 7.43 - 14.21 + 13.83 + 3.56 = 10.61\ (\text{MPa})\ (\text{압축응력})$$

ⓑ 소요 응력한계 계산 : 표 2.15에서 유효프리스트레스와 전체하중이 작용할 때 상연 압축연단 압축응력 한계 $\bar{f}_{cs} = 0.60 f_{ck}$ 이고, 식 (2.47)에서 비균열 등급 단면이기 위해서는 하연 인장연단의 최대 인장응력은 $f_{ts} = -0.63\sqrt{f_{ck}}$ 이하이어야 한다.

상연응력 : $f_{ck\,(\text{소요})} \geq 10.61 / 0.6 = 17.7$ (MPa)

하연응력 : $f_b = 1.53$ MPa로 압축응력이 작용하므로 비균열 등급 단면이다.

사용하중 하에서 ∴ $f_{ck\,(\text{소요})} \geq 17.7$ MPa 이상

본 예제에서는 [$f_{ci\,(\text{소요})} \geq$ <u>20.8 MPa</u>] > [$f_{ck\,(\text{소요})} \geq 17.7$ MPa]로 $f_{ci\,(\text{소요})}$ 값이 지배하고 있다.

ⓒ 보의 받침부에서 응력 :

하연응력 : $f_{b\,(\text{받침부})} = 2.97(0.886) = 2.63$ (MPa) (압축응력)

상연응력 : $f_{t\,(\text{받침부})} = 11.29(0.886) = 10.01$ (MPa) (압축응력)

긴장력이 18% 감소하므로 총 설계하중이 작용할 때 위험조건이 되지 않는다.

예제 4.2

[균열모멘트와 긴장재의 응력 계산] [Zia 1986]

예제 4.1에서 인장연단응력이 비균열 등급에서 부분균열 등급으로 변하는 임계값 $f_r = -0.63\sqrt{f_{ck}}$ 일 때의 균열모멘트 M_{cr} 을 결정하고 다음의 각 경우에 대해서 긴장재의 응력을 구하라(식 (2.47) 및 표 2.15 참고).

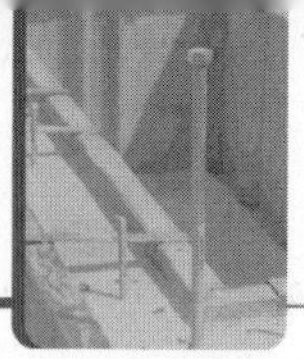

① 총 설계하중이 작용할 때의 긴장재의 응력,
② 균열 직전의 긴장재의 응력,
③ 균열 직후의 긴장재의 응력을 결정하라.

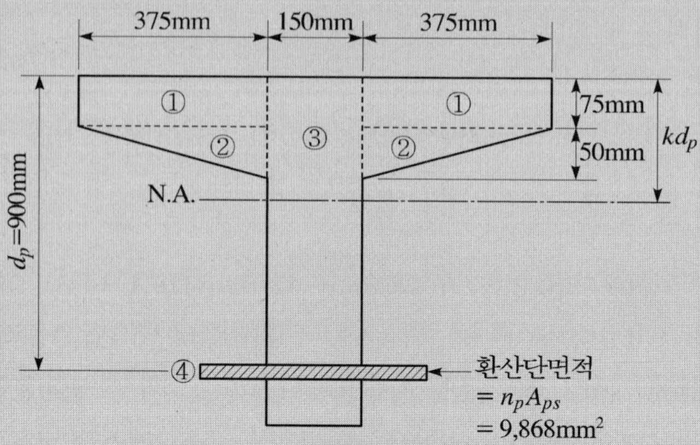

그림 4.7 예제 4.2의 단면

단, 보통중량 골재 콘크리트의 설계기준 압축강도 $f_{ck} = 40$ MPa을 사용하였고, $A_{ps} = 1{,}481\ \text{mm}^2$, $E_{ps} = 2.0 \times 10^5$ MPa, $y_{b(\text{비균열})} = 649.7$ mm, $I_g = 22{,}648 \times 10^6\ \text{mm}^4$, $E_c = 8{,}500\sqrt[3]{40+4} = 30{,}008$ MPa이다.

① 긴장재의 환산단면적 계산 : $n_p = E_{ps}/E_c = 200{,}000/30{,}008 = 6.66$
환산단면적 $n_p A_{ps} = 6.66 \times 1{,}481 = 9{,}868\ (\text{mm}^2)$

② 균열단면에서 중립축의 거리 kd_p 계산 : 압축과 인장 측의 단면 1차 모멘트 $\sum = 0$

$$150(kd_p)\frac{kd_p}{2} + 750(75)\left(kd_p - \frac{75}{2}\right) + \frac{1}{2}(50)(750)\left(kd_p - 75 - \frac{50}{3}\right)$$

$$= 9{,}868(900 - kd_p)$$

$$75\,(kd_p)^2 + 56{,}250\,kd_p - (2{,}109\times10^3) + 18{,}750\,kd_p - (1{,}719\times10^3) - (8{,}882\times10^3)$$

$$+ 9{,}868\,kd_p = 0$$

$$(kd_p)^2 + 1{,}131.6kd_p = 169.46\times10^3$$

$$(kd_p + 565.8)^2 = 169.46\times10^3 + 565.8^2 = 489.58\times10^3$$

$$kd_p + 565.8 = 699.7$$

$$\therefore\ kd_p = 699.7 - 565.8 = 133.9\ \text{mm}$$

③ 균열단면 2차 모멘트 I_{cr} 계산 :

ⓐ 단면 1 : $bh^3/12 + bh(kd_p - h/2)^2 = (750)(75^3)/12 + (750)(75)(133.9 - 75/2)^2$
$= 549.21 \times 10^6\ (\text{mm}^4)$

ⓑ 단면 2 : $(750)(50^3)/36 + (750)(50)(133.9 - 75 - 50/3)^2/2 = 360.64 \times 10^6\ (\text{mm}^4)$

ⓒ 단면 3 : $bh^3/3 = (150)(133.9^3)/3 = 120.06 \times 10^6\ (\text{mm}^4)$

ⓓ 단면 4 : $(9{,}868)(900 - 133.9)^2 = 574.17 \times 10^3\ (\text{mm}^4)$

$\therefore\ I_{cr} = (549.21 + 360.64 + 120.06 + 574.17) \times 10^6 = 6{,}497 \times 10^6\ (\text{mm}^4)$

④ 총 손실 후의 긴장재의 응력 : 총 손실 18%, $f_{pe} = 0.82 f_{p0} = (0.82)(1{,}376) = 1{,}128.6$ (MPa)

$\therefore\ P_e = (1{,}128.6)(1{,}481)/10^3 = 1{,}671$ (kN)

⑤ 균열모멘트 M_{cr} 계산 : 보통중량골재 $\lambda = 1.0$

파괴계수(modulus of rupture)

$f_r = -0.63\lambda\sqrt{f_{ck}} = -0.63(1.0)\sqrt{40} = -3.98$ (MPa)

$$f_r = \frac{P_e}{A_g} + \frac{P_e e_c}{I_g} y_b - \frac{M_{cr}}{I_g} y_b \ ;\ y_b = 649.7\ \text{mm}\ ;\ e_c = 649.7 - 100 = 549.7\ (\text{mm})$$

식 (4.2) : $M_{cr} = \dfrac{I_g}{y_b}\left(\dfrac{P_e}{A_g} + \dfrac{P_e e_r}{I_g} y_b - f_r\right)$ 또는 $S_b\left(\dfrac{P_e}{A_g} + \dfrac{P_e e_c}{S_b} - f_r\right)$

$$= \frac{22{,}648 \times 10^6}{649.7}\left[\frac{1{,}671 \times 10^3}{225{,}000} + \frac{(1{,}671 \times 10^3)(549.7)}{22{,}648 \times 10^6}(649.7) + 3.98\right]$$

$$= (34.85 \times 10^6)(7.43 + 26.35 + 3.98) = 1{,}316.4 \times 10^6\ (\text{N}\cdot\text{mm})$$

$$= 1{,}316.4\ \text{kN}\cdot\text{m}$$

$\therefore\ M_{cr} = 1{,}316.4\ \text{kN}\cdot\text{m}$

⑥ 총 설계하중 작용 시 긴장재 응력 계산 : $M_d + M_{sd}$ 가 작용하고, 총 손실 후에 활하중이 작용한다고 본다.

$M_d + M_{sd} = 893.9 + 119.1 = 1{,}013.0\ (\text{kN}\cdot\text{m})$

$M_d + M_{sd} + M_l = 1{,}013.0 + 111.1 = 1{,}124.1\ (\text{kN}\cdot\text{m}) < M_{cr} = 1{,}316.4\ \text{kN}\cdot\text{m}$

따라서 비균열 단면이므로 M_l 에 의한 긴장재의 응력을 계산하는데 I_g 를 사용하면 된다. 물론 인장연단응력이 부분균열 등급(T)과 균열 등급(c)의 임계값 $|-1.0\sqrt{f_{ck}}| = |-1.0\sqrt{40}| = 6.32$ (MPa) 보다 작은 경우에 I_g 를 사용하도록 구조기준 9.2.2(4)(ACI 18.3.4)에서 규정하고 있다(표 2.15 참고).

$$\Delta f_{ps(\text{활하중})} = \frac{M_l e_c}{I_g} \times \frac{E_{ps}}{E_c} = \frac{(111.1 \times 10^6)(549.7)}{22{,}648 \times 10^6}(6.66) = 17.98\ (\text{MPa})$$

$\therefore\ f_{ps\,(M_d+M_{sd}+M_l)} = 1{,}128.6 + 17.98 = 1{,}147$ (MPa)

⑦ 균열 직전의 응력 계산 : 균열 직전과 균열 직후의 긴장재 응력의 변화를 알아보기 위해서 검토해본다.

균열이 일어나는데 필요한 추가 활하중은,

$\Delta M_l = M_{cr} - (M_d + M_{sd}) = 1{,}316.4 - 1{,}013 = 303.4$ (kN · m) $= 303.4 \times 10^6$ (N · mm)

$$\Delta f_{ps} = \Delta f_c \frac{E_{ps}}{E_c} = \frac{(\Delta M_l)e_c}{I_g} n_p = \frac{303.4 \times 10^6}{22{,}648 \times 10^6}(549.7)(6.66) = 49.1\ (\text{MPa})$$

$\therefore\ f_{ps\,(\text{균열직전})} = 1{,}128.6 + 49.1 = 1{,}178$ (MPa)

⑧ 균열 직후의 응력 계산 : $e_{c(\text{균열})} = d_p - kd_p = 900 - 133.9 = 766.1$ (mm)

엄밀해석으로는 구조기준 4.3.3(2)(ACI 9.5.4.2)의 유효단면 2차 모멘트 I_e 나 2개의 직선으로 구성되는 모멘트-처짐 관계를 사용하여야 하지만(그림 5.8 참고), 약식으로 응력의 증가분을 구하기 위해서 ΔM_l 이 작용할 때 균열단면이라고 긴장재에 발생하는 응력을 구하면,

$$\Delta f_{ps} = \frac{(\Delta M_l)e_{c(\text{균열})}}{I_{cr}} n_p = \frac{303.4 \times 10^6}{6{,}497 \times 10^6}(766.1)(6.66) = 238.4\ (\text{MPa})$$

$\therefore\ f_{ps\,(\text{균열직후})} = 1{,}128.6 + 238.4 = 1{,}367$ (MPa)

균열 직전 $f_{ps\,(\text{균열직전})} = 1{,}178$ MPa에서 균열 직후 $f_{ps\,(\text{균열직후})} = 1{,}367$ MPa로 긴장재의 응력이 16.1%가 증가하였다.

⑨ 균열에 대한 안전율[신현묵 2007(157)] :

$\therefore\ F_{cr} = (M_{cr} - M_d - M_{sd})/M_l = \Delta M_l / M_l = 303.4 / 111.1 = 2.73$

균열에 대한 안전률 $F_{cr} = 2.73$으로 이는 활하중의 2.73배가 작용해야 단면에 균열이 발생한다는 것을 의미한다.

4.2.2 부분적 비부착 긴장재(Strand Debonding)

프리캐스트 프리텐션 방식에서 경제적인 이유 때문에 경간 중앙이나 양쪽 단부에서 $0.4l$ 떨어진 위치에서 절곡하는 방식 대신에 모든 긴장재를 직선으로 배치하는데, 이렇게 직선으로 긴장재를 배치하게 되면 단부에 너무 과도한 응력이 도입될 뿐만 아니라 또한 **솟음(camber)**을 조종하기 위해서 부재의 단부에서 얼마간의 긴장재를 부분적으로 비부착되는 방식을 채택하기도 한다[PCI 2010(5.2.3.1)]. 이러한 방식을 종종 **차폐(실딩, shielding)**라고 하는데 그 이유는 긴장재의 일정구간에 콘크리트와 부착을 방지하기 위해서 플라스틱 튜브나 실드를 씌워서 부분적 비부착을 달성하기 때문이다(그림 4.8 참고).

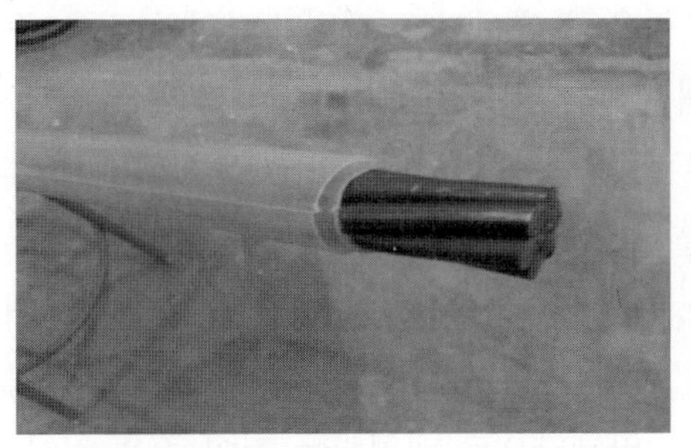

(a) 연질 폴리머 쉬스(soft polymer sheath)

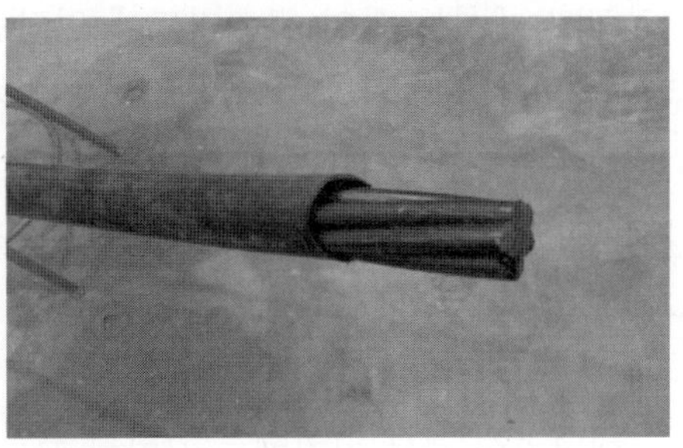

(b) 경질 폴리머 튜브(rigid polymer tube)

그림 4.8 부분적 비부착 효과를 얻기 위해서 피복을 씌운 긴장재 [Burgueno 2011]

MDOT(Michigan Department of Transportation)에 의하면 교량의 경간이 점차 길어지고 따라서 긴장재를 부분적으로 비부착하는 구간도 길어지면서 단부에서 예상하지 못한 균열이 종종 발견되었는데, 연구에 의하면 그동안 사용되어왔던 **연질 폴리머 쉬스(soft polymer sheath)** 가 콘크리트와 부착을 차단하여 예상하는 비부착 효과를 충분히 주지 못한 것이 균열의 원인이었다고 한다. MDOT에서는 연질 대신에 경질의 폴리머를 사용한 그림 4.8b의 **경질 폴리머 튜브(rigid polymer tube)**를 씌운 강연선이 예상하는 비부착 효과를 준다고 보고하고 있다[Kahl 2011, Burgueno 2011].

일단의 관계자들은 꼭 필요한 경우가 아니면 부분적 비부착 긴장재의 배치를 피하는 것이 좋다고 생각하여 오히려 단부에서 기준에서 규정한 값보다 약간 높은 응력이 도입되는 것을 허용하는 것이 더 나은 선택이라고 생각하고 있다. 하여튼 상당한 생산자들이 직선으로 배치되는 긴장재의 부분적 비부착을 피하기 위해서 단부에서 $0.4l$ 떨어진 위치를 절곡하여 제품을 생산하고 있다. 만약에 부분적 비부착이 요구될 때 다음과 같은 지침을 참고할 수 있다[PCI 2010(5.2.3.1)].

(1) 맨 바닥 층의 긴장재를 모두 비부착하지 말 것.
(2) 부재를 따라 전달길이 구간에서 부분적 비부착을 하나 건너 하나의 긴장재에 도입한다.
(3) **따낸 단부(dapped end)**에서 50% 이상의 긴장재를 비부착하지 않는다.
(4) 서로 근접하게 배치된 긴장재의 비부착은 피하는 것이 좋다.
(5) 부분적으로 비부착된 긴장재가 배치되는 구간에 최소의 전단 연직철근으로 용접철망, 스터럽 또는 지압판 정착장치를 배치한다(7.4.2장 참고).

그림 4.9의 내민보에서 받침부 사이의 경간에는 양의 휨모멘트가 발생하여 보가 아래로 휘므로 이에 대해서 긴장재는 음의 휨모멘트가 발생하도록 단면 바닥에 배치하여야 할 것이다(그림 4.11a 참고). 이렇게 바닥에 배치되는 긴장재는 캔틸레버 부분(우측 내민보 받침부의 음의

휨모멘트 구간)에서는 상연 콘크리트에 인장응력을 발생시키고 캔틸레버의 처짐을 증가시키기 때문에 전체 긴장재 중에서 얼마간의 긴장재는 비부착으로 배치하고, 그 외의 긴장재는 긴장력을 도입하거나 거푸집을 제거할 때 또는 보관, 운반 및 시공할 때 균열을 억제하기 위해서 전 구간에 걸쳐서 부착으로 배치하는 것이 좋을 것이다. 또한 내민보의 캔틸레버 부분을 받치는 받침부에서는 음의 휨모멘트가 발생하고 이를 상쇄시키기 위해서는 상부에 긴장재를 배치하여야 하는데, 이 긴장재도 받침부 사이 경간에서 하연에 인장응력을 증가시키므로, 이를 경감하기 위해서는 얼마간의 상부 긴장재도 상당한 구간을 비부착으로 배치하는 것이 좋을 것이다.

다음의 예제는 내민 캔틸레버 보에서 단면의 상부와 하부에 배치되는 긴장재에 필요한 비부착 구간을 결정하고, 긴장력이 도입될 때와 사용하중이 작용할 때의 소요 콘크리트 압축강도를 결정하는 예를 보여주고 있다.

예제 4.3

[부분적 비부착 긴장재] [CPCI 2007(3-52)]

보통중량 콘크리트로 제작된 400 mm × 600 mm의 직사각형 단면 캔틸레버 내민보(경간 = 단순지지 경간 6m + 캔틸레버 2m)에는 그림 4.9와 같이 직경 12.7 mm B종(f_{pu} = 1,860 MPa, A_b = 98.71 mm^2) 저이완 강연선이 상부에는 4개, 하부에는 7개가 배치되었다. 긴장력 도입 직전 $f_{p0} = 0.74 f_{pu} = 0.74(1{,}860) = 1{,}376.4$ MPa이고, 초기손실은 5%가 일어나고, 장기손실은 추가로 14.5%가 발생한다고 가정한다.

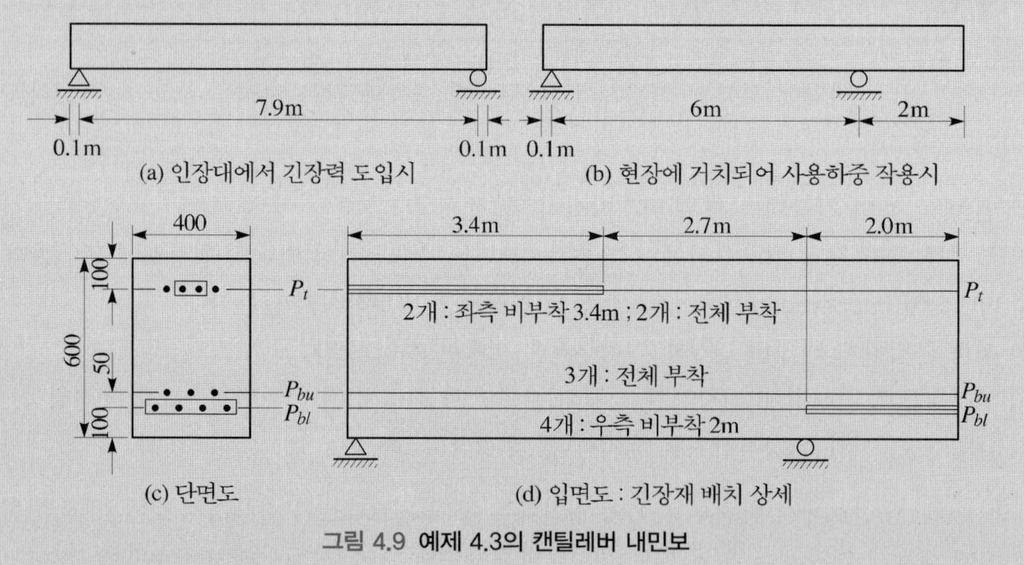

그림 4.9 예제 4.3의 캔틸레버 내민보

주어진 프리캐스트 프리스트레스트 보에서 긴장력이 도입될 때와 사용하중이 작용할 때 위험단면의 응력을 결정하여 소요 콘크리트 설계기준 압축강도를 결정하라.
단면 : $A_g = (400)(600) = 240,000\ \text{mm}^2$, $I_g = (400)(600^3)/12 = 7,200 \times 10^6\ \text{mm}^4$, $y_b = y_t = 300$ mm, $S_b = S_t = I_g/y = 24 \times 10^6\ \text{mm}^3$, 상부 긴장재 $e_t = -(300-100) = -200$ mm, 하부 위쪽의 긴장재 3개 $e_{bu} = 300 - 150 = 150$ mm, 하부 아래쪽의 긴장재 4개 $e_{bl} = 300 - 100 = 200$ mm
하중 : 보의 고정하중 $w_g = (2,500)(9.81)(400)(600)/10^6 = 5,886\ \text{(N/m)} = 5.886\ \text{kN/m}$; $w_{sd} = 35$ kN/m, $w_l = 26$ kN/m가 작용한다.

① 긴장력 계산 : $f_{p0} = 0.74 f_{pu} = 1,376.4$ MPa
강연선 개당 $P_0 = A_b f_{p0} = (98.71)(1,376.4)/10^3 = 135.9$ (kN)
강연선 개당 $P_i = (1-0.05)P_0 = 0.95P_0 = (0.95)(135.9) = 129.1$ (kN)
강연선 개당 $P_e = (1-0.145)P_i = 0.855P_i = (0.855)(129.1) = 110.4$ (kN)

② **전달길이(transfer length)** 계산 : $f_{pe} = 0.855 f_{pi} = (0.855)(0.95 \times 0.74 \times 1,860)$
$= 1,118$ (MPa)
식 (2.23) : $l_t = 0.145(f_{pe}/3)d_b = (0.145)(1,118/3)(12.7) = (54.0)(12.7) = 686$ (mm), 또는
구조기준 7.3.2(5) : 전달길이 $l_t = 50d_b = (50)(12.7) = \underline{635\ \text{(mm)}}$ ← 이 값을 적용
[물론 설계에서 안전 측의 긴 전달길이 686 mm를 선택하여야 하지만, 본 예제에서는 구조기준 7.3.2(5) 규정을 따라도 문제가 없다고 보아 $50d_b$로 설계하였다.]
구조기준 8.4(3)(ACI 12.9.3) : 비부착이 끝나고 부착된 위치, $l_{dt} = 2l_t = 2 \times 635 = \underline{1,270\ \text{(mm)}}$ (식 (2.25) 참고, 2배의 전달길이가 필요)

③ 긴장재의 부분적인 비부착 구간(length of debonding) 결정 : 그림 4.9d 참고
ⓐ 내민보의 바닥에 배치되는 P_{bu} 및 P_{bl} 긴장재 : 그림 4.11a의 휨모멘트도를 참고하여, 바닥에 배치되는 긴장재는 단순지지 보에 작용하는 상당한 크기의 휨모멘트를 상쇄시키는 역할을 하지만, 캔틸레버 보 부분에서는 반대로 상연에 인장응력을 발생시키고 처짐도 증가시키기 때문에 전체 7개 강연선 중에서 바닥에 배치되는 4개의 강연선은 캔틸레버 경간 <u>2.0 m 구간</u>에서 비부착(debonding) 하도록 한다. 나머지 3개의 강연선은 긴장력을 도입하거나 거푸집을 제거할 때 또는 보관, 운반 및 시공할 때 발생할 수 있는 균열을 억제하기 위해서 전 구간의 부착을 그대로 유지하도록 한다.
1) 부분적으로 비부착되는 바닥의 강연선 4개에 대한 전달길이(transfer length) 검토 :
부분적 비부착 긴장재는 부착이 되고 난 뒤로부터 단부에서 부착이 시작된 강연선

에 비해서 2배의 전달길이가 필요하다.

$l_{t(소요)} = 2l_t = 2 \times 635 = 1,270$ (mm)

대략 최대 휨모멘트가 경간 중앙에서 발생한다면,

배치 정착길이 $l_{t(배치)} = 3.0$ m $> l_{t(소요)} = 1.27$ m *<OK>*

2) 전달길이는 사용하중이 작용할 때 유효응력 f_{pe} 를 발달시키는 데 필요한 길이이고, 공칭인장강도 f_{ps} 를 발달시키기 위해서는 정착길이 $l_d = l_t + l_f$ 가 필요하게 된다. 이렇게 부분적 비부착 긴장재인 경우에 정착길이도 2배가 필요하므로 $f_{ps} \approx f_{pu} =$ 1,860 MPa로 가정하여 식 (2.23)을 이용해서 정착길이를 계산해보면

$f_{ps} - (2/3)f_{pe} = 1,860 - (2/3)1,108 = 1,121$ (MPa)

$\therefore\ l_d = 0.145\,[f_{ps} - (2/3)f_{pe}]\,d_b = (0.145)(1,121)(12.7) = (162.6)(12.7)$

$= 2,064$ (mm)

대략 최대 휨모멘트가 경간 중앙에서 발생한다면,

배치 정착길이 $l_{d(배치)} = 3.0$ m $< 2l_{d(소요)} = 2(2.1) = 4.2$ m *<NG, No Good>*

따라서 이 경우에 단순지지 경간 중앙에서 긴장재가 충분히 f_{ps} 를 발휘하지 못하므로 공칭강도를 계산할 때에는 이런 상황을 고려하여야 한다.

ⓑ 상부에 배치되는 P_t 긴장재 : 상부에 배치되는 긴장재는 받침부 사이 경간에서 하연에 인장응력을 증가시키므로, 이를 억제하기 위해서는 얼마간의 상부 긴장재도 상당한 구간에 비부착으로 배치하는 것이 좋을 것이다.

전체 4개의 강연선 중에서 절반인 2개를 좌측 연단에서 일정 구간을 비부착한다면, 이 긴장재는 우측 받침부 최대 휨모멘트 발생위치에서 f_{pe} 가 발휘되어야 하므로 부착이 시작된 위치에서 받침부까지의 길이가 2배의 전달길이를 충족하는지 검토하여야 한다. 전달길이 $l_{t(소요)} = 1.27$ m이므로 우측 받침부에서 대략 2배($1.27 \times 2 = 2.54$ m) 정도 부착길이를 확보한다고 보아 우측 받침부에서 2.7 m 떨어져서 부착을 시작하고, 비부착은 좌측 연단에서 <u>3.4 m (6.1 − 2.7 = 3.4 m) 구간을 유지</u>한다. 물론, 본 예제에서는 다루지 않고 있지만 f_{ps} 를 위한 정착길이는 위에서 다룬 것과 같이 대략 2×2.1 m $= 4.2$ m가 되고, 만약 이 길이를 만족하지 못하게 되면 이를 고려하여 감소된 f_{ps} 를 공칭강도 계산에 적용하여야 할 것이다[예제 4.9 참고].

④ 고정하중만 작용하고 긴장력 P_i 도입 시 응력분포 계산 : 그림 4.9a와 같이 프리캐스트 프리스트레스트 콘크리트 부재로 거푸집을 제거하고 인장대에서 양단에서 100 mm 떨어져 단순지지 된 상태에서 긴장력을 도입한다.

하연과 상연의 응력은 각각 아래의 식으로 계산한다. 식 (1.1) 및 (1.2) 참고

$$f_{t(상연)} = P_t\left(\frac{1}{A_g} - \frac{e_t}{S_t}\right) + P_{bu}\left(\frac{1}{A_g} - \frac{e_{bu}}{S_t}\right) + P_{bl}\left(\frac{1}{A_g} - \frac{e_{bl}}{S_t}\right) + \frac{M}{S_t}$$

$$f_{b(하연)} = P_t\left(\frac{1}{A_g} + \frac{e_t}{S_b}\right) + P_{bu}\left(\frac{1}{A_g} + \frac{e_{bu}}{S_b}\right) + P_{bl}\left(\frac{1}{A_g} + \frac{e_{bl}}{S_b}\right) - \frac{M}{S_b}$$

상부 긴장력 : $P_t = 2P_i = 2(129.1) = 258.1$ (kN) → 좌측 연단에서 3.4 m 지나서

$P_t = 4P_i = 516.3$ kN ; 그림 4.10a 참고

하부 위쪽 긴장재 : $P_{bu} = 3P_i = 3(129.1) = 387.2$ (kN) (전 구간)

하부 아래쪽 긴장재 : $P_{bl} = 4P_i = 4(129.1) = 516.3$ (kN)

→ 우측 연단에서 2.0 m 지나서 $P_{bl} = 0$

고정하중 휨모멘트 : 좌측 받침부에서 $M(x) = 3.95\,w_d\,x - w_d\,x^2/2$

좌측 단부에서 전달길이 0.635 m 떨어진 위치의 응력 계산 :

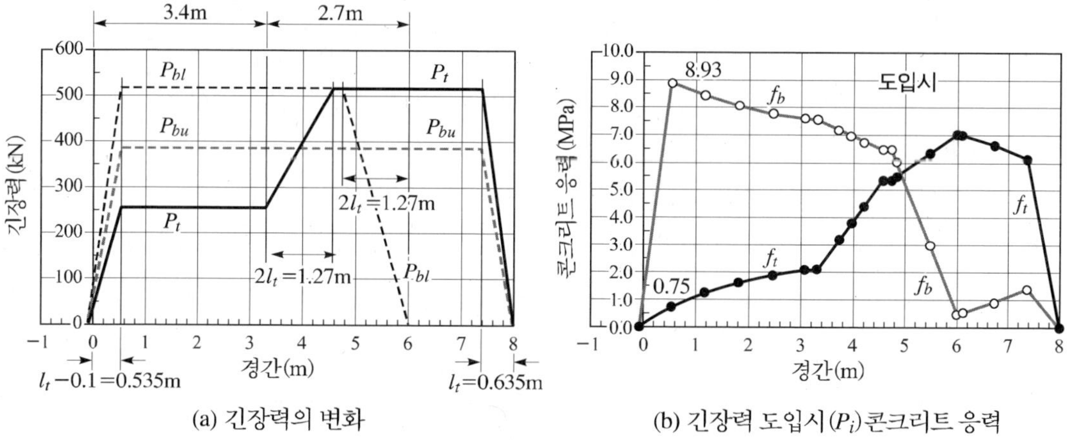

(a) 긴장력의 변화 (b) 긴장력 도입시(P_i)콘크리트 응력

그림 4.10 긴장력 도입시 : 긴장력과 콘크리트 응력의 변화

$P_t(1/A_g + e_t/S_b) = (258.1 \times 10^3)\,(1/240{,}000 + (-200)/(24 \times 10^6)) = -1.08$ (MPa)

$P_{bu}(1/A_g + e_{bu}/S_b) = (387.2 \times 10^3)\,(1/240{,}000 + 150/(24 \times 10^6)) = 4.03$ (MPa)

$P_{bl}(1/A_g + e_{bl}/S_b) = (516.3 \times 10^3)\,(1/240{,}000 + 200/(24 \times 10^6)) = 6.45$ (MPa)

$M(x = 0.535) = 3.95\,w_g\,x - w_g\,x^2/2 = 3.95(5.886)(0.535) - 5.886(0.535^2)/2$

$= 11.60$ (kN · m)

$-M/S_b = -(3.95\,w_g\,x - w_g\,x^2/2)/S_b = -11.60 \times 10^6 / (24 \times 10^6) = -0.48$ (MPa)

$\therefore\ f_b = -1.08 + 4.03 + 6.45 - 0.48 = \underline{8.93\ (\text{MPa})}$

$P_t(1/A_g - e_t/S_t) = (258.1 \times 10^3)\,(1/240{,}000 - (-200)/(24 \times 10^6)) = 3.23$ (MPa)

$P_{bu}(1/A_g - e_{bu}/S_t) = (387.2 \times 10^3)\,(1/240{,}000 - 150/(24 \times 10^6)) = -0.81$ (MPa)

$P_{bl}(1/A_g - e_{bl}/S_t) = (516.3 \times 10^3)(1/240{,}000 - 200/(24 \times 10^6)) = -2.15$ (MPa)

$M(x = 0.535) = 3.95 w_g x - w_g x^2/2 = 11.60$ kN·m

$M/S_t = 11.60 \times 10^6/(24 \times 10^6) = 0.48$ (MPa)

$\therefore\ f_t = +3.23 - 0.81 - 2.15 + 0.48 = \underline{0.75\ \text{(MPa)}}$

상연과 하연의 콘크리트 응력의 변화는 그림 4.10b를 참고한다.

⑤ 유효긴장력 P_e 와 사용하중이 작용할 때 응력분포 계산 : 보는 현장에 배치되어 그림 4.9b와 같이 내민보로 거동하며, 긴장력은 장기손실이 발생하여 유효긴장력 P_e 가 작용한다고 본다.

고정하중과 추가고정하중은 경간 전체에 걸쳐서 재하하고, 활하중은 구조기준 3.4.9(ACI 8.11)에 따라 해당 바닥판에만 재하되는 것으로 보아, (1) 캔틸레버를 제외한 좌측 경간에만 작용 ; (2) 캔틸레버 보에만 작용시켜서 해석하였다. 두 인접경간에 만재하는 전 구간의 활하중 재하는 가장 불리한 하중조합이 아니므로 생략하였다(그림 1.39 참고).

$P_t = 2P_e = 2(110.4) = 220.7$ (kN) ; $P_{bu} = 3P_e = 331.1$ kN ; $P_{bl} = 4P_e = 441.4$ (kN)

ⓐ 휨모멘트 방정식 : $w_d = w_g + w_{sd} = 5.886 + 35 = 40.886$ (kN/m)

1) 고정하중 :

좌측 받침부에서 우측으로 진행, $x = 0 \sim 6$ m : $M_d(x) = (8/3) w_d x - w_d x^2/2$

캔틸레버 우측 단부에서 좌측으로 진행, $x = 0 \sim 2$ m : $M_d(x) = -w_d x^2/2$

2) 활하중 1 : 좌측 받침부에서 우측으로 진행, $x = 0 \sim 6$ m : $M_l(x) = 3 w_l x - w_l x^2/2$

3) 활하중 2 : 좌측 받침부에서 우측으로 진행, $x = 0 \sim 6$ m : $M_l(x) = -w_l x/3$

캔틸레버 우측 단부에서 좌측으로 진행, $x = 0 \sim 2$ m : $M_l(x) = -w_l x^2/2$

ⓑ 최대 휨모멘트 위치 및 콘크리트 응력 계산

1) 활하중 1의 경우 :

좌측 받침부 반력 : $R_L = (8/3) w_d + 3 w_l = (8/3)(40.886) + 3(26)$

$= 187.03$ (kN)

전단력 0인 위치 : $x = R_L/(w_d + w_l) = 187.03/(40.886 + 26) = 2.80$ (m)

2) 좌측 받침부에서 2.80 m 떨어진 위치의 응력 계산 : 그림 4.11b 참고

$P_t(1/A_g + e_t/S_b) = (220.7 \times 10^3)(1/240{,}000 + (-200)/(24 \times 10^6))$

$= -0.92$ (MPa)

$P_{bu}(1/A_g + e_{bu}/S_b) = (331.1 \times 10^3)(1/240{,}000 + 150/(24 \times 10^6)) = 3.45$ (MPa)

$P_{bl}(1/A_g + e_{bl}/S_b) = (441.4 \times 10^3)(1/240{,}000 + 200/(24 \times 10^6)) = 5.52$ (MPa)

$M_d(x = 2.80\,\text{m}) = (8/3) w_d x - w_d x^2/2$

$= (8/3)(40.886)(2.80) - (40.886)(2.80^2)/2 = 145.0 \text{ (kN.m)}$

$M_l(x = 2.8\text{m}) = 3w_l x - w_l x^2/2 = 3(26)(2.80) - (26)(2.80^2)/2 = 116.5 \text{ (kN.m)}$

$M_t = M_d + M_l = 145.0 + 116.5 = 261.5 \text{ (kN.m)}$

$-M_t/S_b = -261.5 \times 10^6/(24 \times 10^6) = -10.90 \text{ (MPa)}$

$\therefore f_b = -0.92 + 3.45 + 5.52 - 10.90 = -\underline{2.85 \text{ (MPa)}}$

$P_t(1/A_g - e_t/S_t) = (220.7 \times 10^3)(1/240{,}000 - (-200)/(24 \times 10^6))$

$= 2.76 \text{ (MPa)}$

$P_{bu}(1/A_g - e_{bu}/S_t) = (331.1 \times 10^3)(1/240{,}000 - 150/(24 \times 10^6))$

$= -0.69 \text{ (MPa)}$

$P_{bl}(1/A_g - e_{bl}/S_t) = (441.4 \times 10^3)(1/240{,}000 - 200/(24 \times 10^6))$

$= -1.84 \text{ (MPa)}$

$M_t/S_t = 261.5 \times 10^6/(24 \times 10^6) = 10.90 \text{ (MPa)}$

$\therefore f_t = 2.76 - 0.69 - 1.84 + 10.90 = \underline{11.13 \text{ (MPa)}}$

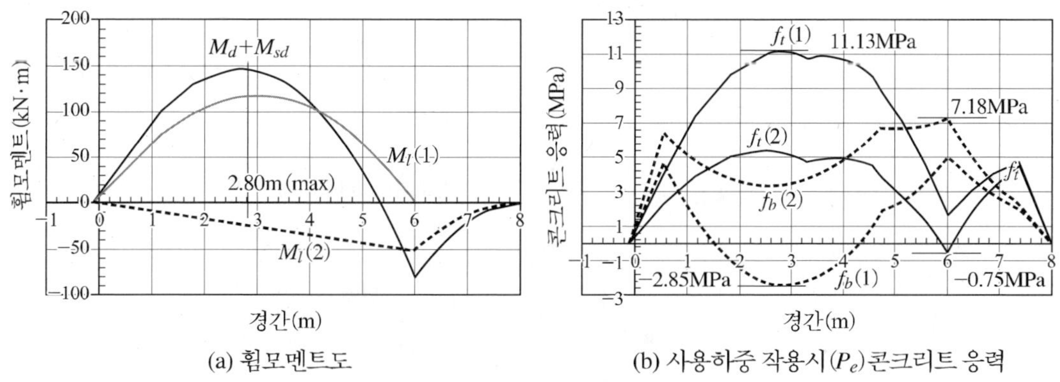

(a) 휨모멘트도 (b) 사용하중 작용시(P_e)콘크리트 응력

그림 4.11 사용하중 작용시 : 휨모멘트도와 콘크리트 응력의 변화

⑥ 표 2.15의 응력한계에 따라 설계기준 압축강도 결정 :

ⓐ 긴장력 도입시 : $f_{b(\max)} = 8.93$ MPa ; 압축응력 한계

$\bar{f}_{ca} = 0.60 f_{ci} \geq f_{b(\max)} = 8.93$ MPa

$\therefore f_{ci(소요)} \geq 8.93 / 0.6 = \underline{14.9 \text{ (MPa)}}$

ⓑ 사용하중 작용시 : $f_{t1(\max)} = 11.13$ MPa ; $f_{b1(\max)} = -2.85$ MPa

압축응력 한계 $\bar{f}_{cs} = 0.45 f_{ck} \geq f_{t1(\max)} = 11.13$ MPa

$\therefore f_{ck(소요)} \geq 11.13 / 0.45 = \underline{24.7 \text{ (MPa)}}$

식 (2.47)에서 비균열등급으로 보아

인장응력 한계 $|f_{ts} = -0.63\sqrt{f_{ck}}| \geq |f_{b1(max)} = -2.85\ \text{MPa}|$

$\therefore\ f_{ck(소요)} \geq (2.85\ /\ 0.63)^2 = 20.5\ (\text{MPa})$

ⓒ 사용하중이 작용할 때의 응력한계를 만족시키기 위해서 콘크리트 설계기준압축강도는 아래의 값을 선택한다.

$\therefore\ f_{ci(설계)} = \underline{20\ \text{MPa}} > f_{ci(소요)} = 14.9\ \text{MPa}$ <OK>

$\therefore\ f_{ck(설계)} = \underline{30\ \text{MPa}} > f_{ck(소요)} = 24.7\ \text{MPa}$ <OK>

4.3 파괴모드(Flexural Failure Modes)

그림 4.1에는 설계에서 추구하는 인장지배 단면의 연성거동을 하는 전형적인 프리스트레스트 콘크리트 보의 하중-처짐 관계곡선이 제시되어있다. 그러나 보에 작용하는 하중을 서서히 증가시키게 되면 보에 강재의 양이 얼마나 배치되었느냐에 따라 압축연단에서 콘크리트의 압축변형률이 구조기준에서 정한 한계변형률 0.003에 도달(공칭강도 상태)하기 전에 인장 측 보강재가 먼저 항복변형률에 도달하거나 또는 그 반대이거나 하여 그림 4.12와 같은 다양한 거동을 얻을 수 있다[Naaman 2012(235)].

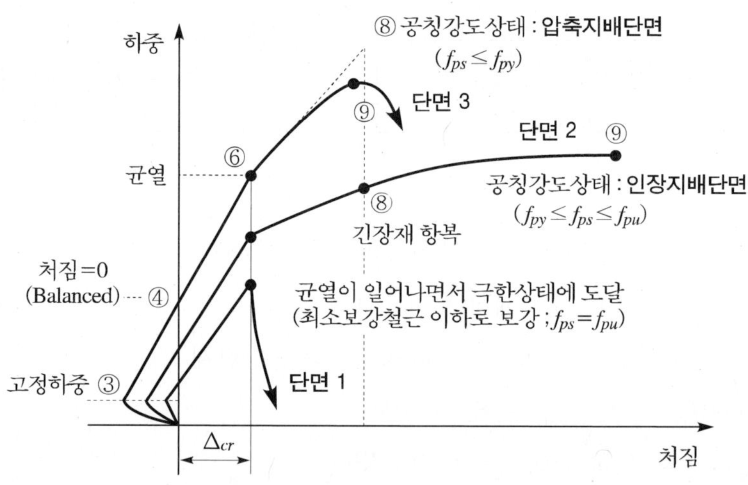

그림 4.12 보강재의 양이 증가함에 따라 변하는 응력-변형률 곡선 [Naaman 2012(235)]

- **단면 1 – 아주 저보강 단면(Lightly Reinforced Section)** : 콘크리트에 균열이 발생한 직후 강재가 급작스럽게 항복하여 붕괴하는 모드로 강재를 최소보강 강재보다 적게 배치한 경우에 이런 형태의 거동을 보일 수 있다. 일어나는 변형이 작고 경고의 시간이 없어서, 인장으로 파

괴는 되지만 설계에서 회피하여야 되는 **취성파괴(脆性, brittle failure)** 모드이다.

- **단면 2 – 인장지배 단면(Tension–Controlled Section)** : 적당하게 배치된 강재의 항복으로 시작하여 콘크리트의 붕괴가 일어나는 파괴로 이런 단면을 구조기준에서는 인장지배 단면(tension–controlled section)이라고 부른다. 변형이 크고 상당한 경고의 시간을 주는 인장 **연성파괴(延性, ductile failure)**가 일어나므로 설계에서 오직 받아들일 수 있는 설계모드이다.
- **단면 3 – 압축지배 단면(Compression–Controlled Section)** : 상대적으로 상당한 강재가 배치되어 강재가 항복에 이르기 전에 콘크리트가 붕괴하여 파괴하는 취성파괴 모드이다. 변형이 작고 붕괴과정이 갑작스러우므로 매우 위험해서 설계에서는 피해야 되는 파괴모드이다.

그림 4.12는 동일한 보에 강재의 양만을 증가시킨다고 보아 정량적으로 그린 도표이다. 안전과 연성을 고려할 때 단면 2가 설계에서 가정 적당한 파괴모드이다. 따라서 각종 설계기준이나 시방서에서 강재의 양이 너무 작거나 또는 양이 너무 많아서 갑작스러운 파괴가 일어나지 않도록 규정을 마련하고 있다. 공칭강도 상태에서 철근콘크리트 부재(RC)나 프리스트레스트 콘크리트 부재(PSC) 또는 부분 프리스트레스트 콘크리트 부재에서 파괴거동은 서로 차이가 있을 수 없다.

철근콘크리트 휨부재

철근콘크리트 휨부재인 경우에는 2003년 이전 기준에서는 **균형변형률 단면(balanced strain section)**[2]으로부터 구한 균형철근비 $\rho_b = A_{sb}/bd$ 의 0.75배 이하를 최대철근비로 규정하여 적당한 저보강 단면의 연성거동(ductile behavior)을 확보하였다. 그러나 2007년 개정된 구조기준에서는 **공칭강도(nominal strength)**[3]에서 최 외단 인장철근 층(extreme layer of tension steel)[4]의 **순인장변형률(net tensile strain)** ϵ_t 의 크기에 따라 단면을 압축지배 단면, 변화구간 단면, 인장지배 단면으로 구분하도록 제시하였다. 따라서 2007년에 개정된 구조기준에서는 최대철근비 개념으로부터 인장철근의 변형률에 대한 제한으로 변경한 것이다. 순인장변형률 ϵ_t 는 구조기준 3.1.2 및 6.2.2(3)(ACI 10.3.3)에서 작용하중 만으로 인한 보강재의 변형률로 프리스트레스트 힘이나 크리프, 건조수축 및 온도변화에 의한 변형률은 포함시키지 않도록 하고 있다.

---

2. 압축연단에서 콘크리트의 압축변형률이 극한변형률 $\epsilon_{cu} = 0.003$에 도달하면서 동시에 인장 측 보강철근이 항복변형률 ϵ_y 에 도달하는 단면을 **균형변형률 단면**(balanced strain section)이라고 한다.
3. **공칭강도**(nominal strength)란 압축연단의 콘크리트가 가정된 극한 공칭변형률 $\epsilon_{cu} = 0.003$에 도달한 상태를 말한다[구조기준 6.2.1(3), ACI 10.2.3].
4. 최 외단 인장철근 층은 압축연단으로부터 중립축에 직각으로 측정해서 가장 먼 곳에 위치한 보강철근의 층(layer)이나 철근을 의미하며 이때의 유효깊이를 d_t 로 표기한다.

프리스트레스트 콘크리트 휨부재

프리스트레스트 콘크리트 휨부재의 경우에는 그림 2.8에서 보는 바와 같이 고강도 강연선에는 보통 부착철근에서 나타나는 것과 같은 날카로운 항복점이 없어서 균형변형률 단면이라는 한계를 규정하기 어렵다. 따라서 2003년 이전 기준에서는 긴장재의 변형률 곡선이 기울기가 떨어지는 연성구간(그림 4.18 참고 ; Libby 1984(122))으로 접근하는 **강재지수 (reinforcement index)** $\omega_p = (A_{ps} f_{ps})/(b\, d_p f_{ck}) = \rho_p (f_{ps}/f_{ck})$ 를 기준으로 다음과 같이 규정하였다.

$$\text{2003년 이전 기준} \begin{cases} \text{저보강 연성파괴 단면} : \omega_p \le 0.36\beta_1 \\ \text{과보강 취성파괴 단면} : \omega_p > 0.36\beta_1 \end{cases} \tag{4.4}$$

여기에서 β_1 은 구조기준 6.2.1(7)③에 정의된 중립축 거리에 대한 등가 직사각형 응력블럭 깊이의 비로 보통강도 콘크리트의 0.85에서 고강도 콘크리트의 0.65로 변하며 다음과 같다.

$$\beta_1 = \begin{cases} f_{ck} \le 28\,\text{MPa인 경우} : 0.85 \\ 28\,\text{MPa} < f_{ck} \le 56\,\text{MPa 인 경우} : 0.85 - 0.007(f_{ck} - 28) \\ f_{ck} > 56\,\text{MPa 인 경우} : 0.65 \end{cases} \tag{4.5}$$

2007년 개정된 구조기준 6.2.2(3)(ACI 10.3.3)에서는 철근콘크리트에 대한 최 외단 인장철근(extreme layer of tension steel)의 순인장변형률 ϵ_t 의 규정을 프리스트레스트 콘크리트인 경우에는 **최 외단 긴장재의 순인장변형률로 조종**하였다. 따라서 그림 4.13에서 유효깊이에 대한 정의는

d_t = 최 외단 긴장재에 대한 압축연단에서의 유효깊이로 순인장변형률 ϵ_t 를 측정하는 기준이 되는 깊이,

d_p = 긴장재의 도심(Center of Gravity of Prestressed steel, C.G.P.)에 대한 압축연단에서의 유효깊이로 만약에 긴장재가 한 층으로 배치되었다면 $d_t = d_p$ 가 되며,

d_s = 보통 부착철근의 도심(Center of Gravity of Nonprestressed Conventional Steel, C.G.S.)에 대한 압축연단에서의 유효깊이,

d_e = 총 인장 보강재의 도심(Center of Gravity of Tensile Force Resultant in the Tension Reinforcement, C.G.R.)에 대한 압축연단에서의 유효깊이로 압축지배 단면에서 저항모메트를 계산하는 경우에 팔거리로 사용된다.

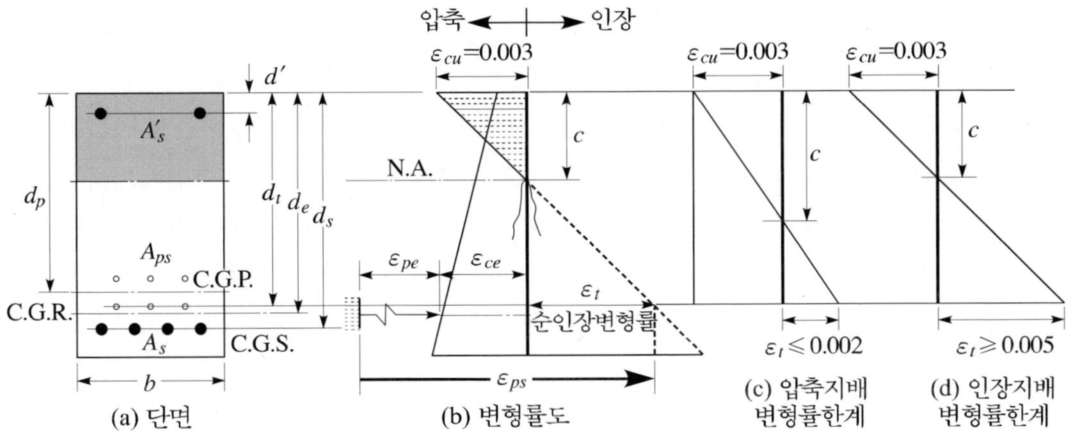

그림 4.13 압축지배와 인장지배 단면의 변형률 한계(순인장변형률은 최 외단 긴장재 층의 유효깊이 d_t 를 기준으로 한다.)

구조기준에서는 예상되는 파괴의 형태에 따라 다음과 같이 3종류의 단면으로 구분하고 있다.

4.3.1 압축지배 단면의 변형률 한계와 압축지배 파괴

(Strain Limit for Compression-Controlled Section and Compression-Controlled Failure)[구조기준 6.2.2(3), ACI 10.3.3]

휨부재에서 압축연단 콘크리트가 극한변형률 $\epsilon_{cu} = 0.003$인 공칭강도에 도달했을 때 최 외단 긴장재 층에 대한 유효깊이 d_t 에서 순인장변형률(net tensile strain) ϵ_t 가 다음 값을 만족하는 경우를 **압축지배 단면(compression-controlled section)**이라고 하고, 그 기준이 되는 변형률을 **압축지배 변형률 한계(compression-controlled strain limit)**라고 한다(그림 4.13c 참고).

$$\epsilon_t \le 0.002 \tag{4.6}$$

그림 4.13c에서 최 외단 긴장재에 대해서 변형률도의 닮은 삼각형 관계식을 적으면,

$$c : d_t = 0.003 : 0.003 + \epsilon_t$$

가 되고, 이 관계에 압축지배 변형률 한계 $\epsilon_t \le 0.002$를 대입하면서 부등호를 도입하면, 압축지배 단면을 만족하는 중립축의 깊이 비는

$$c \ge \frac{0.003}{0.003+\epsilon_t} d_t \quad \text{또는} \quad \frac{c}{d_t} \ge \frac{0.003}{0.003+\epsilon_t} = \frac{0.003}{0.005} = 0.600 \tag{4.7}$$

로 표현할 수 있고, 이 식을 변환하면 순인장변형률은 다음과 같이 구할 수 있다.

$$\epsilon_t = 0.003\left(\frac{d_t}{c} - 1\right) \tag{4.8}$$

순인장변형률 ϵ_t 는 구조기준 3.1.2 및 6.2.2(3)(ACI 10.3.3)에서 작용하중 만으로 인한 변형률로 프리스트레스 힘이나 크리프, 건조수축 및 온도변화에 의한 변형률은 포함시키지 않도록 규정하고 있다. 또한 구조기준이나 ACI Note에서는 그림 4.13b의 유효프리스트레싱으로 인한 압축변형률 ϵ_{ce} (또는 변형률이 0으로 돌아오기 위해서 필요한 변형률)를 무시하고(물론 크기는 상대적으로 매우 작아서, 예제 4.4에서 보면 ϵ_{ce} 는 ϵ_{pe} 의 4.1%에 불과) 단면이 휨강도에 도달한 상태에서의 긴장재의 변형률을

$$\epsilon_{ps} = \epsilon_{pe} + \epsilon_t \tag{4.9}$$

로 제시하고 있다. 이런 간략화는 2007년 개정된 구조기준의 근거인 ACI 318-2002의 제안자인 Robert Mast[1992]나 ACI Note도 역시 취하는 간략화이다[5].

최 외단 긴장재의 순인장변형률 $\epsilon_t \leq 0.002$ 이하인 단면은 보가 공칭강도에 도달했을 때 긴장재의 변형이 작아서 파괴형태는 취성파괴(brittle failure)로 일어나고 따라서 파괴에 대한 경고의 시간을 거의 주지 않는 압축지배 파괴가 일어나게 된다. 이 단면은 2003년 이전 기준에서는 **과보강 단면(over-reinforced section)**이라고 부르던 단면(그림 4.12의 단면 3)으로 구

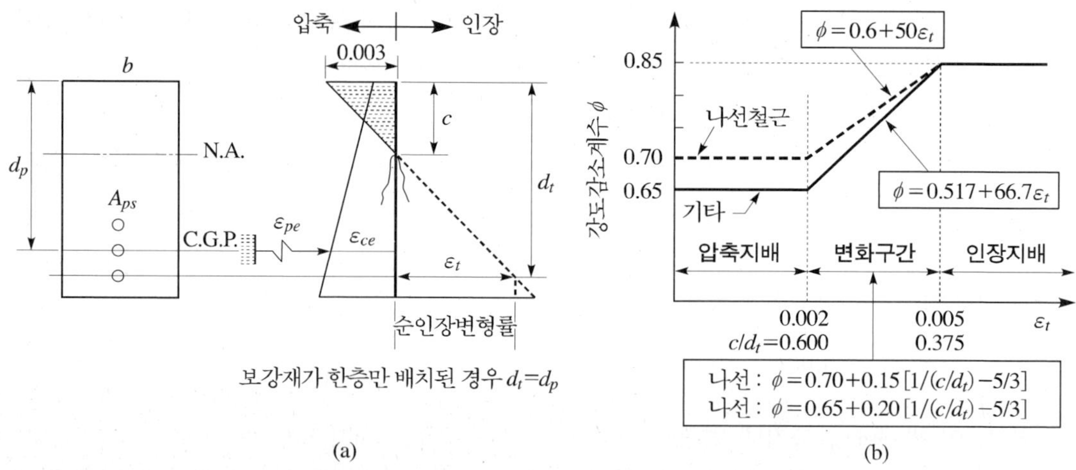

그림 4.14 보통 부착철근은 배치되지 않고 긴장재만 배치된 PSC 부재에서 순인장변형률(net tensile strain) ϵ_t 의 정의와 강도감소계수의 변화 [Naaman 2012(242)]

5. 휨에서는 실제로 ϵ_{ce} 를 무시해도 공칭강도 계산에 거의 문제가 되지 않을 정도이지만, 13장의 축방향 부재에서는 무시하지 않고 이를 계산에 포함시키고 있다.

조기준에서 보-기둥 거동을 통합하여 정리하면서 압축지배 단면으로 정의되었고, 이는 축압축력에 저항하는 기둥부재(column)를 의미한다. 따라서 구조기준에서는 압축지배 단면에 대해서 나선철근으로 보강된 부재의 강도감소계수는 0.70으로 하고, 그 외로 보강된(즉, 띠철근으로 보강) 부재인 경우에는 강도감소계수를 0.65로 하도록 규정하고 있다(그림 4.14b 참고).

4.3.2 인장지배 단면의 변형률 한계과 인장지배 파괴 (Strain Limit for Tension-Controlled Section and Tension-Controlled Failure)

구조기준 6.2.2(4)(ACI 10.3.4)에서 보가 공칭강도 상태에서 압축연단의 콘크리트가 극한변형률 $\epsilon_{cu} = 0.003$에 도달할 때 최 외단 긴장재의 순인장변형률 ϵ_t 가 다음 식을 만족하는 경우를 **인장지배 단면(tension-controlled section)**으로 규정하고 있다(그림 4.13d 참고).

$$\epsilon_t \geq 0.005 \tag{4.10}$$

식 (4.7)에 인장지배 변형률 한계 $\epsilon_t = 0.005$를 대입하면서, 인장지배 한계라는 의미로 아래첨자 't'를 도입하면,

$$\begin{cases} c_t = \dfrac{0.003}{0.003+\epsilon_t}\, d_t = \dfrac{0.003}{0.008}\, d_t = 0.375 d_t \quad \text{또는} \quad \dfrac{c_t}{d_t} \leq 0.375 \\ a_t = \beta_1 c_t \leq 0.375\, \beta_1 d_t \end{cases} \tag{4.11}$$

가 되어, 식 (4.10)이나 (4.11)의 부등식을 만족하면 인장지배 단면이 된다.

이 인장지배 단면은 2003년 이전 기준에서는 **저보강 단면(under-reinforced section)**이라고 부르던 단면이다(그림 4.12의 단면 2). 구조기준 3.3.3(2)(ACI 9.3.2)에서 인장지배 단면의 강도감소계수는 $\phi = 0.85$로 정의되며 순인장변형률이 인장지배 단면에서 압축지배 단면사이의 변형률에 대해서는 **변화구간(transition region)**으로 그림 4.14b와 같이 선형 변화하도록 규정하고 있다.

인장지배 한계 변형률로 0.005를 선택한 이유는 Mast[1992]에 의하면 프리스트레스트 보의 경우에 전형적인 잭킹력 $f_{pj} = 0.75 f_{pu} = 0.75(1{,}860) = 1{,}395$ (MPa)로 보고 긴장력의 손실을 310 MPa로 고려하면, 유효긴장응력 $f_{pe} = 1{,}085$ MPa이 되어 유효긴장 변형률 $\epsilon_{pe} = 1{,}085/200{,}000 = 0.00523$이 된다. 여기에 공칭강도 상태의 순인장변형률 $\epsilon_t = 0.005$를 더해주면, 식 (4.9)의 긴장재의 변형률 $\epsilon_{ps} = \epsilon_{pe} + \epsilon_t = 0.00523 + 0.005 = 0.01023$가 된다. 이 값은 ASTM에서 정의한 긴장재의 항복변형률 0.01을 조금 초과하는 값이다. Mast는 이렇게 공칭강도에서의 긴장재의 변형률이 항복변형률을 조금 초과한다고 하더라도 휨부재는 그

림 4.12의 단면 2와 같이 충분한 연성을 갖게 된다고 주장하면서, 실제에 있어서 사용하중이 작용할 때 철근콘크리트 부재에 비해서 프리스트레스트 부재에서 보강재의 변형률은 작게 나타나지만, 사용하중에서 공칭강도에 다다를 때 까지 변형률의 변화는 철근콘크리트에 비해서 프리스트레스트 콘크리트 경우가 더 크게 되므로 문제가 없다고 주장하고 있다.

4.3.3 변화구간 파괴(Transition Failure)

보가 공칭 휨강도에 도달했을 때 최 외단 긴장재의 순인장변형률이나 c/d_t 가 다음의 범위인 단면을 **변화구간 파괴(transition region failure)**에 이르렀다고 한다.

$$\begin{cases} 0.002 \ < \ \epsilon_t \ < \ 0.005 \\ \text{또는} \\ 0.600 \ > \ c/d_t \ > \ 0.375 \end{cases} \tag{4.12}$$

이 구간에 대한 강도감소계수는 인장지배 단면의 0.85에서 압축지배 단면인 경우에 나선철근으로 보강된 부재인 경우에는 0.70으로, 그 외의 방법으로 보강된 부재(띠철근 배치)인 경우에는 0.65이고, 이 두 단면의 사이 구간인 변화구간은 그림 4.14b와 같이 선형식을 이용하여 강도감소계수를 결정하도록 규정하고 있다.

이렇게 최외단 인장철근이나 철근 층의 순인장변형률의 크기에 따라 파괴의 종류를 분류하여 설계하는 방법은 1992년 Mast에 의해서 제안되었다. 그 뒤에 2002년 Darwin이나 2004년 Naaman 등에 의해서 토론되었는데, Naaman은 최외단 철근 층에 대한 d_t 나 ϵ_t 를 이용하여 단면의 파괴형태를 판단하면 이전 구조기준(ACI 1999)의 결과와 일치하지 않는 경우가 생기므로 대신에 전체 인장보강재의 도심에 대한 d_e 와 ϵ_{te} 를 설계에 도입하도록 제안하고 있다.

식 (4.11)에서와 같이 인장지배 단면의 한계 변형률 $\epsilon_t = 0.005$에서 $c/d_t \le 0.375$가 된다. 따라서 ϵ_t 를 이용하여 그림 4.14b의 기울기가 일정한 변화구간을 식으로 표현하기 위해서 나선철근으로 보강된 부재에 대해서 밑변의 길이가 $0.005 - 0.002 = 0.003$이고 높이의 길이가 $0.85 - 0.70 = 0.15$인 삼각형의 기울기는 $0.15/0.003 = 50$이 된다.

또한 그림 4.14b에서 c/d_t 를 이용하여 변화구간의 식을 구하기 위해서 도표의 기울기는 증가하는데 c/d_t 값은 감소하므로 역수를 취하여 계산하면, $1/0.6 = 5/3$가 되고 $1/0.375 = 8/3$이 된다. 따라서 띠철근으로 보강된 경우의 기울기는 $(0.85 - 0.65)/(8/3 - 5/3) = 0.20$이 되어 직선보간하는 식은 표 4.1에서와 같이 표현할 수 있다. 표 4.1에는 ϵ_t 또는 c/d_t 로 표현된 변화구간에 대한 직선보간 식이 제시되었다.

표 4.1 프리스트레싱 부재에 대한 변화구간에서 강도감소계수를 계산하는 직선보간 식(구조기준 3.3.3, ACI 9.3.2)

그 외의 부재(띠철근으로 보강된 부재)	나선철근으로 보강된 부재
$\phi = 0.65 + (\epsilon_t - 0.002)\dfrac{200}{3} = 0.517 + 66.7\,\epsilon_t$ 또는 $\phi = 0.65 + 0.20\left(\dfrac{1}{c/d_t} - \dfrac{5}{3}\right) = 0.317 + \dfrac{0.20}{c/d_t}$	$\phi = 0.70 + (\epsilon_t - 0.002)(50) = 0.60 + 50\,\epsilon_t$ 또는 $\phi = 0.70 + 0.15\left(\dfrac{1}{c/d_t} - \dfrac{5}{3}\right) = 0.450 + \dfrac{0.15}{c/d_t}$

4.4 휨강도 – 부착 긴장재(Flexural Strength – Bonded Tendon)

극한 또는 최대저항력에 대한 해석은 단면의 치수, 재료의 성질(그림 4.15 참고) 및 배치되는 보강재의 양이 주어질 때 단면의 공칭저항 휨모멘트 M_n을 결정하기 위해서 수행한다. 단면의 파괴는 장기변형인 크리프나 건조수축을 무시한 축력과 휨을 일으키는 순간하중에 의해서 일어난다고 가정하며, 휨강도를 계산하기 위해서 도입되는 가정은 아래와 같다[Naaman 2012 (250–253)].

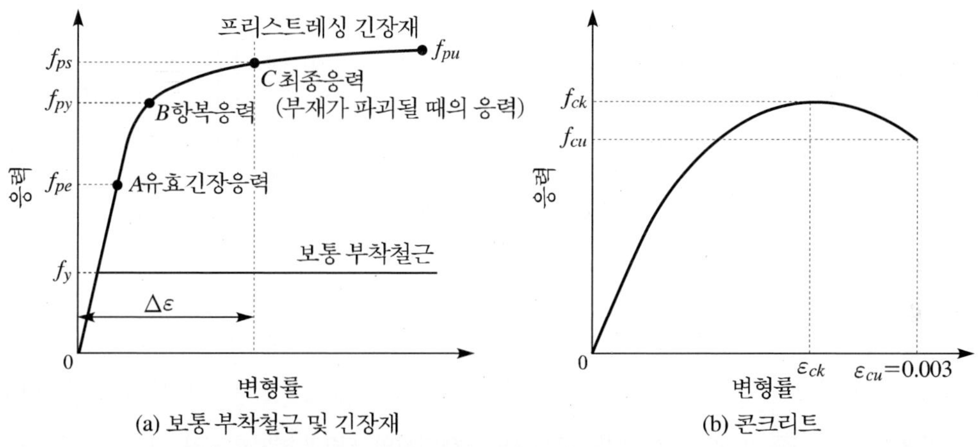

그림 4.15 보강재에 대해서 가정되는 전형적인 응력–변형률 곡선과 콘크리트의 응력 – 변형률 곡선 [Nilson 1987(81), Naaman 2012(252)]

해석상의 가정

① 축력과 휨모멘트가 작용할 때 변형 전에 평면인 단면은 변형 후에도 평면을 유지(plane sections remain plane under loading)한다고 가정한다. 이는 선형 변형률 분포를 가

정하는 것이고, 이런 변형률 분포는 탄성상태 뿐만 아니라 공칭강도 상태에서도 적용할 수 있다.

② 긴장재와 콘크리트는 완벽하게 부착되어있다(perfectly bond). 이는 작용하중으로 인해서 보강재에 일어나는 변형률의 변화는 동일한 위치의 콘크리트의 변형률과 같다는 가정의 결과이다. 비부착 긴장재인 경우에는 이 가정을 적용할 수 없으며, 부착 긴장재인 경우에는 그라우팅(grouting)을 하여 부착시킨다.

③ 공칭강도(nominal strength)에서 콘크리트 압축연단의 최대 변형률(limiting compressive strain of the concrete) $\epsilon_{cu} = 0.003$으로 본다. 이 가정은 콘크리트의 강도나 단면의 형상 또는 보강재의 양 등에 상관없이 적용할 수 있고, 또한 보통골재 콘크리트나 구조경량콘크리트에도 적용할 수 있다(그림 4.16b 참고).

④ 콘크리트의 인장강도는 무시한다(neglecting the tensile strength of concrete). 콘크리트의 인장강도는 탄성해석에서는 고려하였지만, 휨강도 계산에서는 균열 후 단면이 될 것이므로 무시한다.

⑤ 콘크리트의 압축저항력은 그림 4.16d에서와 같이 Whitney[1942]가 제안한 식 (4.5)로 주어지는 등가 직사각형 응력블럭을 이용해서 결정할 수 있다.

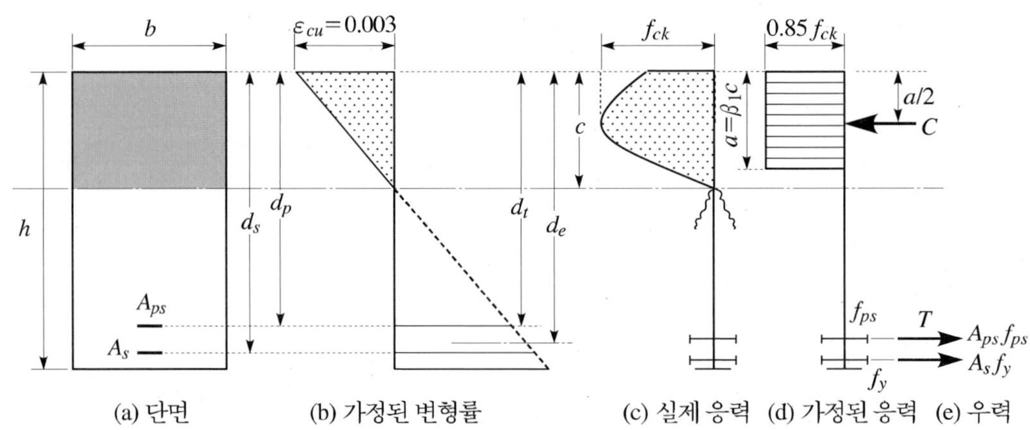

그림 4.16 구조기준(ACI)에서 가정하는 공칭강도 상태에서의 응력과 변형률 분포 [Naaman 2012(252)]

⑥ 그림 4.15a의 보통 부착철근의 응력-변형률 곡선은 **변형률 경화(strain hardening)** 구간을 무시하고 **탄성-완전소성(elastic-perfectly plastic)**으로 가정하여 극한상태에서 항복응력 f_y 에 도달한다고 가정한다. 이에 비해서 공칭강도 상태에서 도달되는 프리스트레싱 긴장재의 f_{ps} 는 미지의 값으로 구조기준에서는 이 값을 계산할 수 있는 근사식(식 (4.18) 참고)을 제안하고 있다. 사용되고 있는 재료에 대해서 도입한 가정들이 적절한지는

보통 부착철근이나 프리스트레싱 긴장재의 응력-변형률 곡선을 이용하여 변형률 적합 해석을 수행하면 검토할 수도 있을 것이다.

4.4.1 보통 부착철근의 역할(Contribution of Non-prestressed Reinforcement)

대부분의 프리스트레스트 콘크리트 구조물에서 설계에 적용된 전체하중이 동시에 작용하는 일은 거의 없을 것이다. 따라서 작용할 가능성은 적지만 규정된 최대하중이 작용하는 경우에 단면에 균열이 발생하는 것을 허용하도록 설계할 수 있을 것이다. 대부분의 구조물에 작용하는 고정하중과 활하중의 범위에 대해서 부재를 다음 식을 이용하여 단면을 선택하기도 한다 [CPCI 2007(3.4.8)].

$$M_{cr} > (M_d + M_{sd}) \tag{4.13}$$

이 식은 구조기준 등의 요구사항은 아니지만 설계에서 현명한 절차라고 할 수 있으며, 이 식은 또한 설계자가 긴장재 또는 보통철근을 적절하게 선택하도록 도와줄 수 있다.

이렇게 보통 부착철근(non-prestressed reinforcement)을 배치하는 프리스트레스트 콘크리트 부재를 **프리스트레스트 철근콘트리트 부재(prestressed reinforced concrete member)** 또는 **부분 프리스트레스트 콘크리트 부재(partially prestressed concrete member)**라고 부른다[Nilson 1987(90-91), 신현묵 2008(159)].

보통 부착철근을 배치하는 부분 프리스트레싱의 장점

① 초기 프리스트레싱으로 인한 솟음(camber)를 감소시킨다.
② 프리스트레싱 힘을 감소시켜서, 긴장재의 편심을 증가시킬 수 있도록 한다.
③ 긴장재의 긴장응력을 저감시켜서 크리프나 릴랙세이션(이완)으로 인한 프리스트레스트의 손실을 감소시킨다.
④ 포스트텐션 부재에 있어서 단부(end zone)의 균열을 감소시킨다.

부분 프리스트레싱을 도입하는 2가지 방법

① 프리스트레싱 긴장재에 더하여 보통 부착철근을 배치하는 방법 : 강도가 비슷한 부재를 길이가 긴 인장대에서 동시에 제작할 때 경제적으로 적용할 수 있다.
② 유효긴장응력을 한계값 밑으로 감소시켜서 하중이 증가하여 균열이 발생할 때 긴장재의 응력이 증가되어 저항하도록 하는 방법 : 보통 부착철근을 배치하기 어려운 프리텐션 시공에서 적용하기에 좋은 방법이다.

부분 프리스트레싱 부재의 균열에 대한 규정은 굵기가 가는 긴장재의 부식염려 때문에

철근콘크리트 부재에 비해서 얼마간 더 보수적이다. 구조기준 4.2에서는 구조기준 6.3.3(ACI 10.6) 보 및 1방향 슬래브의 휨철근 배치의 규정과 다른 모든 규정을 만족하면 균열에 대한 검토가 이루어진 것으로 간주할 수 있지만, 특별히 수밀성이 요구되는 구조이거나 미관이 중요한 구조는 허용균열폭을 설정하여 균열을 검토하여야 한다고 규정하고 있다.

구조기준 표 III.3.1 철근 콘크리트 구조물의 허용균열폭 w_a 는 건조환경인 경우에 0.2 mm 와 $0.005\,c_c$ 중 큰 값 이하이어야 하고, 습윤환경인 경우에는 0.2 mm 와 $0.004\,c_c$ 중 큰 값 이하로 하도록 규정하고, 여기에서 c_c 는 최 외단 주철근의 표면과 콘크리트 표면 사이의 콘크리트 최소 피복두께이다.

보통 부착철근을 배치하는 이유

① **스터럽** : 전단과 사인장 응력에 저항시키기 위해서 배치한다.

② **종방향 철근** : 플랜지 등의 내민 부분을 지지하기 위해서 배치하며, 시공 중 다른 철근의 위치를 확보하도록 한다.

③ 수축균열이나 휨균열을 제한하고 처짐을 조절(camber 양 감소)하기 위해서 굵기가 가느다란 철근을 곱게 배치한다.

④ 부분 프리스트레스트 콘크리트 보에서 휨강도를 보완하기 위해서 굵기가 굵은 부착철근을 배치한다.

긴장재의 유효응력이 f_{pe} 일 때 철근은 같은 위치에 있는 콘크리트 압축응력의 n배 압축응력 받는다. 그림 4.15a에서와 같이 긴장재가 공칭강도 f_{ps} 에 도달하여 $\Delta\epsilon$ 의 변형을 받을 때 부착철근은 보통 이미 f_y 이상의 응력을 받게 된다. 따라서 공칭강도 상태에서 긴장재 및 보통 부착철근은 둘 다 항복강도에 도달했다고 볼 수 있다.

보통 부착철근도 휨강도 계산 시 인장력을 발휘하는 것으로 보아 계산에 포함시킬 수 있다고 구조기준 9.5.1(5)(ACI 18.7.3)에서는 제시하면서, 인장력은 변형률 적합조건을 적용한 해석에 의해서 구한 철근의 응력에 근거하도록 규정하고 있다.

4.4.2 응력-변형률 곡선을 이용한 긴장재의 응력 f_{ps} 계산

그림 4.16e에서 단면에 연직하는 내부우력에 대해서 평형방정식 $\sum F = 0$ 를 쓰면, $C = T$ 로 표현된다. 따라서 등가 직사각형 응력블럭의 깊이 $a = \beta_1 c$ 는

$$(0.85 f_{ck})ab = A_{ps}f_{ps} + A_s f_y$$

$$a = \frac{A_{ps} f_{ps} + A_s f_y}{(0.85 f_{ck}) b} = \beta_1 c \tag{4.14}$$

로 쓸 수 있다. 이 공칭강도 상태에서 보통 부착철근의 응력은 그림 4.15a에서와 같이 f_y 로 가정한다. 내부우력이 형성하는 저항모멘트는 인장지배 단면으로 보아 압축력의 도심에서 모멘트를 취하면, 공칭모멘트 강도는

$$M_n = T\left(d_e - \frac{a}{2}\right) = A_{ps} f_{ps}\left(d_p - \frac{a}{2}\right) + A_s f_y\left(d_s - \frac{a}{2}\right) \tag{4.15}$$

가 된다. 식 (4.14)와 (4.15)에서 $f_{ps} = E_{ps}\epsilon_{ps}$ 가 미지이므로 a 도 역시 미지값이다. f_{ps} 를 구하기 위해서는 다음과 같은 절차를 밟아 ϵ_{ps} 를 결정하여야 한다(그림 4.17 참고).

단계 ①의 유효긴장력 계산 :

$$\epsilon_1 = \epsilon_{pe} = \frac{f_{se}}{E_{ps}} = \frac{P_e}{E_{ps} A_{ps}}$$

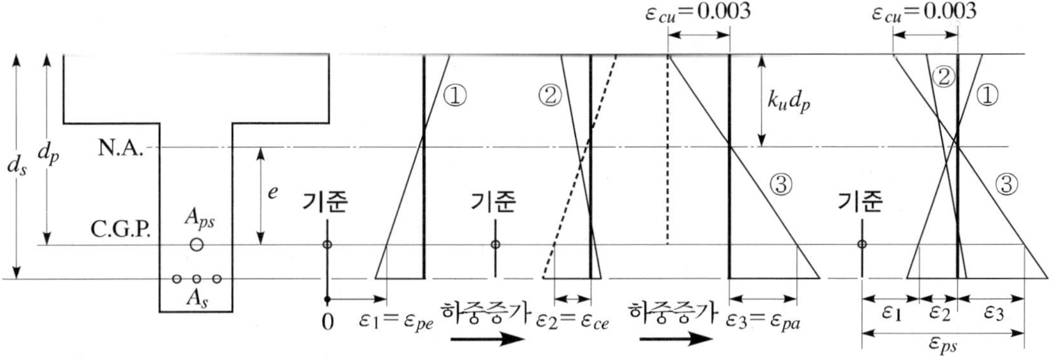

그림 4.17 단면이 공칭강도에 이를 때까지의 긴장재에 발생하는 변형률의 변화

단계 ②의 C.G.P.의 콘크리트 변형률 = 0인 가상적 단계의 변형률은

$$\epsilon_2 = \epsilon_{ce} = \frac{1}{E_c}\left(\frac{P_e}{A_g} + \frac{P_e e^2}{I_g}\right) = \frac{P_e}{A_g E_c}\left(1 + \frac{e^2}{r^2}\right)$$

로 쓸 수 있다. 여기에서 회전반경 $r = \sqrt{I_g / A_g}$ 이다. 따라서 긴장재의 총 변형률 ϵ_{ps} 는 단계 ③의 $\epsilon_3 = \epsilon_{pa}$ 를 더하여 아래와 같이 표현할 수 있다(그림 4.17e 참고).

$$\epsilon_{ps} = \epsilon_1 + \epsilon_2 + \epsilon_3 = \epsilon_{pe} + \epsilon_{ce} + \epsilon_{pa} \tag{a}$$

여기에서 $\epsilon_3 = \epsilon_{pa}$ 는 미지 값이다. 따라서 $c = k_u d_p$ 를 이용하여 내부우력의 평형방정식 $C = T$를 적으면서, 긴장재의 철근비 $\rho_p = A_{ps}/b d_p$ 를 이용하면, 중립축 깊이의 계수 k_u 는 아래와 같이 쓸 수 있다.

$$(0.85 f_{ck})(\beta_1 c) b = (0.85 f_{ck}) \beta_1 (k_u d_p) b \equiv A_{ps} f_{ps} = \rho_p b d_p f_{ps}$$

$$k_u = \frac{\rho_p f_{ps}}{(0.85 f_{ck}) \beta_1} \tag{4.16}$$

그림 4.17d의 단계 ③ 변형률도에서

$$k_u d_p : d_p = \epsilon_{cu} : \epsilon_{cu} + \epsilon_{pa}$$

$$k_u = \frac{\epsilon_{cu}}{\epsilon_{cu} + \epsilon_{pa}} \tag{b}$$

식 (4.16)과 (b)를 정리하면,

$$\frac{\rho_p f_{ps}}{(0.85 f_{ck}) \beta_1} = \frac{\epsilon_{cu}}{\epsilon_{cu} + \epsilon_{pa}}$$

$$f_{ps} = \frac{\beta_1 (0.85 f_{ck})}{\rho_p} \left(\frac{\epsilon_{cu}}{\epsilon_{cu} + \epsilon_{pa}} \right)$$

가 된다. 여기에서 식 (a)를 다음과 같이 다시 써서 대입하면,

$$\epsilon_{pa} = \epsilon_{ps} - \epsilon_{pe} - \epsilon_{ce}$$

$$f_{ps} = \frac{\beta_1 (0.85 f_{ck})}{\rho_p} \left(\frac{\epsilon_{cu}}{\epsilon_{cu} + \epsilon_{ps} - \epsilon_{pe} - \epsilon_{ce}} \right) \tag{4.17}$$

식 (4.17)의 좌변(f_{ps})과 우변(ϵ_{ps})에 미지의 값이 존재하므로 f_{ps} 값은 다음과 같이 시행착오법(trial-and-error)으로 구할 수 있다[Zia 1986, Nilson 1987(86~89)]].

해석과정

- 단계 1 : f_{ps} 가정 → k_u 계산 → ϵ_{pa} 와 ϵ_{ps} 계산 → ϵ_{ps} 와 f_{ps} 가 응력-변형률 곡선(그림 2.9)에서 적합한지 검토 → YES ⇒ M_n 계산 ; NO ⇒ 새로운 f_{ps} 가정해서 다시 계산한다.
- 단계 2 : 몇 개의 ϵ_{ps} 를 가정해서 f_{ps} 를 구하고, 긴장재의 응력-변형률 곡선에서 $\epsilon_{ps} - f_{ps}$ 곡선을 표시해서 응력-변형률 곡선과 만나는 점이 f_{ps} 이다.

예제 4.4

[응력-변형률 곡선을 이용한 f_{ps} 와 M_n 의 계산]

B종 (f_{pu} = 1,860 MPa, $f_{py} = 0.9f_{pu}$ = (0.9)1,860 = 1,674 MPa) 저이완 강연선의 유효긴장응력은 f_{pe} = 1,055 MPa($\approx 0.55f_{pu}$)이고, 보통중량골재 콘크리트의 설계기준압축강도 f_{ck} = 35 MPa이며, C.G.P.에서 콘크리트의 압축응력 f_{ce} = 6.28 MPa이다. 직사각형인 단면의 b = 300 mm, d_p = 640 mm, h = 760 mm이고, 긴장재의 단면적 A_{ps} = 592 mm^{2}이다. 저이완 강연선의 응력-변형률 곡선은 그림 2.9에 제시된 곡선을 이용하여 긴장재의 공칭인장강도 f_{ps} 와 단면의 공칭 휨모멘트 강도 M_n 을 계산하라.

① ϵ_{pe} 계산 : $\epsilon_{pe} = f_{pe}/E_{ps}$ = 1,055/(2 × 10^5) = 0.005275

② 콘크리트의 탄성계수 계산 : 식 (2.7) : $f_{cu} = f_{ck} + 4 = 35 + 4 = 39$ MPa

식 (2.6) : $E_c = 8{,}500\sqrt[3]{f_{cu}} = 8{,}500\sqrt[3]{39} = 28.8 \times 10^3$ (MPa)

③ ϵ_{ce} 계산 : $\epsilon_{ce} = f_{ce}/E_c$ = 6.28 / (28.8 × 10^3) = 0.0002179 [6]

$\epsilon_{pe} + \epsilon_{ce}$ = 0.005275 + 0.0002179 = 0.05493

④ $\rho_p = A_{ps}/b\,d_p$ = 592/(300 × 640) = 0.003083

⑤ ϵ_{ps} 결정 : $0.85f_{ck}$ = 0.85(35) = 29.75 (MPa)

- 1번째 시도 : $f_{ps} = f_{pu}$ = 1,860 MPa로 가정

  식 (4.5) : β_1 = 0.85 − 0.007(35 − 28) = 0.801 > 0.65 <OK>

  식 (4.16) : $k_u = \dfrac{\rho_p f_{ps}}{(0.85f_{ck})\beta_1} = \dfrac{(0.003083)(1{,}860)}{(29.75)(0.801)} = \dfrac{1{,}860}{7{,}729.4} = 0.2407$

  그림 4.17d :

  $$\epsilon_{pa} = 0.003\frac{d_p - k_u d_p}{k_u d_p} = 0.003\frac{1 - k_u}{k_u} = 0.003\frac{(1 - 0.2407)}{0.2407} = 0.00947$$

  ∴ $\epsilon_{ps} = \epsilon_{pe} + \epsilon_{ce} + \epsilon_{pa}$ = 0.005493 + 0.00947 = 0.01496

  그림 2.9의 응력-변형률 곡선에서 변형률-응력 (0.0150 − 1,860)의 점을 표시하면 응력이 너무 높다 (ϵ_{ps} = 0.01496 → f_{ps} = 1,830 MPa). 따라서 응력을 약간 줄여서 시행착오를 다시 시도한다.

- 2번째 시도 : f_{ps} = 1,750 MPa로 가정

  k_u = 1,750/7,729.4 = 0.2264 ; ϵ_{pa} = 0.01025 ; ∴ ϵ_{ps} = 0.01574

---

6. ϵ_{ce} 는 ϵ_{pe} 의 4.1%에 불과하다.

응력-변형률 곡선에서 (0.0157 - 1,750)의 점을 표시하면 응력이 낮으므로 이점과 앞에서 표시한 점을 직선으로 이어서 응력-변형률 곡선과 만나는 점의 값, f_{ps} = 1,830 MPa을 다음 응력 값으로 가정한다.

- 3번째 시도 : f_{ps} = 1,830 MPa로 가정

  k_u = 1,830/7,729.4 = 0.2368 ; ϵ_{pa} = 0.00967 ; ∴ ϵ_{ps} = 0.01516

  (0.0152 - 1,830)을 표시하면 응력-변형률 곡선에 가까게 근접하여 만족하므로 시행착오를 정지한다.

⑥ 공칭휨모멘트 강도 M_n 계산 :

식 (4.14) : $a = A_{ps} f_{ps} / (0.85 f_{ck} b)$ = (592)(1,830)/(29.75)(300) = 1,083,360 / 8,925 = 121.4 (mm)

$c = a/\beta_1$ = 121.4 / 0.801 = 151.5 (mm)

식 (4.15) : $M_n = A_{ps} f_{ps} (d_p - a/2)$ = (1,083,360)(640 − 121.4/2) = 627.6 × 10^6 (N · mm)

∴ M_n = 627.6 kN · m

4.4.3 부착 긴장재의 f_{ps} 를 계산하는 근사식

구조기준 9.5.1(3)(도로기준 4.6.3.5(4), ACI 18.7.2)에서는 유효긴장력 $f_{pe} \geq 0.5 f_{pu}$ 인 경우에 다음의 근사식으로 f_{ps} 를 구할 수 있도록 하고 있다.

$$f_{ps} = f_{pu}\left(1 - \frac{\gamma_p}{\beta_1}\,\omega_{eu}\right) = f_{pu}\left\{1 - \frac{\gamma_p}{\beta_1}\left[\omega_{pu} + \frac{d_s}{d_p}(\omega_s - \omega')\right]\right\} \tag{4.18}$$

압축철근이 배치되는 경우에는 f_{ps} 가 증가하는 것을 고려하기 위해서 아래의 조건들을 만족하여야 한다.

$$\left[\omega_{eu} = \omega_{pu} + \frac{d_s}{d_p}(\omega_s - \omega')\right] \geq 0.17 \quad \text{과} \quad d' \leq 0.15 d_p \tag{4.19}$$

그러나 만약에 압축철근의 유효깊이 d' 이 커서 $d' \leq 0.15 d_p$ 를 만족하지 못하는 경우에는 압축철근을 무시하고 $\omega' = 0$ 로 계산하며, 이때 $[\omega_{pu} + (d_s/d_p)\omega_s] \leq 0.17$이어도 된다[ACI R18.7.2].

식 (4.19)에서 $\omega_{pu} = \rho_p f_{pu}/f_{ck} = (A_{ps}/b d_p)(f_{pu}/f_{ck})$, $\omega_s = \rho_s f_y / f_{ck} = (A_s / b d_s)(f_y / f_{ck})$, $\omega' = \rho' f_y / f_{ck} = (A_s{}'/b d_s)(f_y/f_{ck})$ 이다. 프리스트레싱 긴장재의 종류에 따른 계수 γ_p 는

아래와 같다.

$$\begin{cases} (1)\ f_{py}/f_{pu} \geq 0.80\text{인 이형 강봉} & : \gamma_p = 0.55 \\ (2)\ f_{py}/f_{pu} \geq 0.85\text{인 응력제거 강선, 강연선 및 강봉} & : \gamma_p = 0.40 \\ (3)\ f_{py}/f_{pu} \geq 0.90\text{인 저이완 강선 및 강연선} & : \gamma_p = 0.28 \end{cases} \tag{4.20}$$

식 (4.18)은 압축철근이 항복한다는 가정 하에 마련된 규정으로 식 (4.19)를 반드시 만족하여야 한다. 식 (4.19)의 제한은 중립축이 압축연단에서 상당히 떨어져 존재하는 것을 만족시키는 규정으로 내부우력의 요소들에 대한 평형을 고려하여 유도할 수 있고, d' 에 대한 식은 압축철근이 변형률이 최대인 압축연단에 가깝게 위치하여 항복하는 것을 보증하는 규정이다[ACI R18.7.2, Leet 1997(470)].

그러나 이 근사식은 (1) 철근비가 너무 높은 보의 경우에는 과소평가할 염려가 있고, (2) 일부분의 긴장재가 압축영역(compression zone)에도 배치되는 경우에는 d_p 를 식 (4.18)에 포함하는 것이 부적절하므로, 신뢰성 있는 강도를 계산하기 위해서는 변형률 적합성과 평형방정식을 이용한 일반해석(general analysis)을 수행하여 휨강도를 계산하여야 한다고 제안하고 있다(예제 4.9 참고)[구조기준 해설, ACI R18.7.2, ACI Note 24-11].

보통 부착철근이 배치되지 않았거나, 배치했더라도 그 영향을 무시할 수 있는 경우(ω_s, $\omega' = 0$)에는, 저이완 강연선 $\gamma_p = 0.28$이고 $\beta_1 = 0.85$라면, 식 (4.18)은 아래와 같이 쓸 수 있다.

$$f_{ps} = f_{pu}\left(1 - \frac{\gamma_p}{\beta_1}\omega_{pu}\right) = f_{pu}\left(1 - \frac{0.28}{0.85}\omega_{pu}\right) = f_{pu}(1 - 0.33\,\omega_{pu}) \tag{4.21}$$

예제 4.5

예제 4.4에서 구조기준이 제시한 근사 계산식으로 f_{ps} 를 결정하라.

① $f_{py}/f_{pu} =$ 1,674/1,860 = 0.90 ≥ 0.90이므로 $\gamma_p = 0.28$이다.

② $\rho_p = A_{ps}/(b\,d_p) =$ 592/(300 × 640) = 0.003083

③ $\omega_{pu} = \rho_p f_{pu}/f_{ck} =$ 0.003083(1,860) / 35 = 0.1638

④ 식 (4.18)을 이용해서 f_{ps} 계산 : ω_s, $\omega' = 0$

$\therefore\ f_{ps} = f_{pu}\,[1 - (\gamma_p/\beta_1)\omega_{pu}\,] =$ 1,860 [1 −(0.28/0.801)(0.1638)]

= 1,860(0.943) = <u>1,753 (MPa)</u>

응력-변형률 곡선으로 구한 값, $f_{ps} =$ 1,830 MPa에 비해서 4.2%의 차이밖에 나지 않는다.

4.4.4 2003년 이전 구조기준의 강재지수의 한계값 $\omega_p \leq 0.36\beta_1$ (Limiting Value of the Reinforcing Index)

철근콘크리트에 사용되는 철근의 응력-변형률 곡선은 그림 4.15a와 같이 뚜렷한 항복점이 있어서 이를 기준으로 **균형변형률 단면(balanced strain section)**을 결정할 수 있었다. 그러나 고강도 긴장재는 뚜렷한 항복점이 없기 때문에 2003년 이전의 기준에서는 아래와 같은 절차에 따라 압축파괴와 인장파괴를 구분하였다.

일반적인 값인 $\epsilon_{cu} = 0.003$, $\beta_1 = 0.85$, $\epsilon_{pe} = 0.005$, $\epsilon_{ce} = 0.0004$를 식 (4.17)에 대입하면

$$f_{ps} = \frac{0.72 f_{ck}}{\rho_p}\left(\frac{0.003}{0.003 + \epsilon_{ps} - 0.005 - 0.0004}\right) = \frac{0.00216 f_{ck}}{\rho_p(\epsilon_{ps} - 0.0024)}$$

가 되므로, 이 식을 **강재지수(reinforcing index)** ω_p 에 대입하면,

$$\omega_p = \rho_p \frac{f_{ps}}{f_{ck}} = \rho_p \frac{\dfrac{0.00216 f_{ck}}{\rho_p(\epsilon_{ps} - 0.0024)}}{f_{ck}} = \frac{0.00216}{\epsilon_{ps} - 0.0024}$$

$$\epsilon_{ps} = \frac{0.00216}{\omega_p} + 0.0024$$

가 된다. 따라서 강재지수 ω_p 를 0.1, 0.2, 0.3 등으로 변화를 주어가면서 앞의 예제 4.4와 같이 f_{ps} 를 가정하여 ϵ_{ps} 를 구하여 이를 긴장재의 응력-변형률 곡선과 만나는 절단선을 그리면 그림 4.18과 같게 된다.

1977년 발행한 ACI 318에서는 안전 측으로 $f_{ck} = 35$ MPa일 때 $\omega_p = 0.3$을 기준으로 저보강과 과보강 부재의 경계를 제시하였다. 그러나 이 기준은 콘크리트의 설계강도가 35 MPa인 경우에만 적용되고 고강도 콘크리트인 경우에는 불안전 측이 되었다. 1983년 이후의 기준 9.5.2(1)(ACI 318-99 18.8.1)에서는 콘크리트강도의 증가를 고려하여 계수 β_1 을 추가하여 아래와 같이 표현하고 있다.

$$\text{2003년 이전 기준} \begin{cases} (1)\ \text{저보강 연성파괴} : \omega_p \leq 0.36\beta_1 \\ (2)\ \text{과보강 취성파괴} : \omega_p > 0.36\beta_1 \end{cases} \qquad (4.4)$$

β_1 (식 (4.5))을 도입함으로서 $f_{ck} = 28$ MPa인 경우에는 $\beta_1 = 0.85$가 되어 $\omega_p \leq 0.36(0.85) = 0.306$이 되고, $f_{ck} = 56$ MPa로 증가하게 되면 $\beta_1 = 0.65$가 되어 $\omega_p \leq 0.36(0.65) = 0.234$로 감소하게 된다.

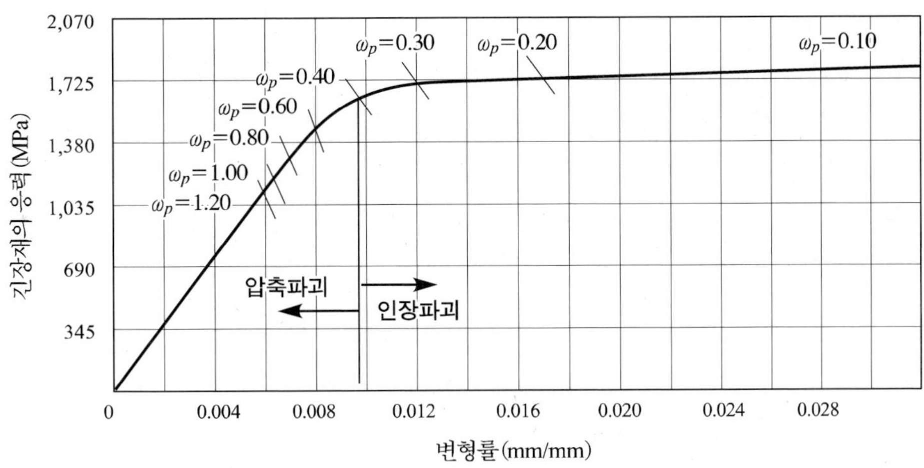

그림 4.18 f_{pu} = 1,860 MPa인 긴장재의 응력-변형률 곡선 $f_{ps} - \epsilon_{ps}$ 와 ω_p 값이 증가함에 따라 만나는 접선 [Libby 1984(122)]

이렇게 강재지수에 의해서 저보강 단면과 과보강 단면으로 구분은 하지만 프리스트레스트 콘크리트 부재에 있어서 인장파괴가 나타나도록 $\omega_p \leq 0.36\beta_1$ 을 만족시켜야 된다는 규정은 하지 않고 있다. 다만 2003년 기준 9.5.2(2)(ACI 318-99 18.8.2 휨부재의 보강에 대한 제한사항)에서 강재량에 따라 설계휨강도는 다른 식으로 계산하도록 제시하고 있다. 즉, 저보강으로 인장파괴인 경우에는 긴장재의 강도로 휨강도를 계산하고, 강재지수 $\omega_p > 0.36\beta_1$ 인 경우에는 **과보강 단면(over-reinforced section)**으로 구분하고 설계강도는 압축파괴를 기준으로 압축 측 내력으로 결정하도록 제시하였다[7]. 구조기준 해설 9.5.2[2003]에서는 과보강으로 압축 측 내력으로 휨강도를 구하는 간략식을 제시하면서 a 를 계산에서 소거하여 긴장재의 f_{ps} 를 계산할 필요가 없도록 하고 있다(식 (4.43) 참고).

4.4.5 최소강재량 배치(Minimum Reinforcement)

단면에 균열이 발생한 직후 갑작스런 휨 파괴를 방지하고자 구조기준에서는 균열을 일으키는 하중으로부터 휨강도에 이를 때까지 얼마간의 추가적인 하중이 요구되도록 규정하고 있다. 따라서 보가 상당히 휘면서 부재의 강도에 접근한다는 경고를 줄 수 있도록 규정하고 있다. 만약에 균열이 일어난 뒤에 여유 없이 휨강도에 도달하게 되면 경고를 주는 처짐이 발생하지 않게

7. 이렇게 구조기준에서 저보강 단면에 대한 한계 강재지수를 규정하지 않는 이유는 예를 들어서 ω_p = 0.5인 과보강 단면에서 그림 4.18을 보면 단면 파괴시의 변형률 $\epsilon_{ps} \approx 0.009$는 압축콘크리트 한계변형률 $\epsilon_{cu} = 0.003$의 3배에 이르러서 단면이 충분히 연성을 갖고 있다고 보아 어떤 제한을 하지 않은 것으로 보인다.

된다(ACI 318 R18.8.2).

따라서 구조기준 9.5.2(3)(ACI 18.8.3)에서는 프리스트레스트 콘크리트 휨부재에서는 사용하중이나 과하중이 작용하는 경우에 균열을 조종하기 위해서 철근이나 긴장재를 포함한 부착 보강재(bonded steel)의 일부 혹은 전부를 인장연단(tension face)에 가깝게 배치하도록 규정하고, 비부착 긴장재(unbonded tendon)를 갖는 경우에는 최소 부착 보강재(철근이나 긴장재, minimum bonded reinforcement, 4.7.1장 참고)를 배치하도록 규정하고 있다.

부착긴장재(bonded prestressed reinforcement)가 배치되는 부재

부착긴장재가 배치된 부재에 균열이 발생한 뒤에는 갑작스런 휨파괴가 일어나지 못하도록 구조기준 9.5.2(2)(ACI 18.8.2)에서는 보통 부착철근과 부착긴장재의 전체량은 콘크리트의 파괴계수 f_r 을 기초로 하여 계산된 균열하중의 1.2배 이상을 발휘하는데 충분하여야 한다고 규정하고 있다. 따라서 이를 표현하면,

$$\phi M_n \geq 1.2 M_{cr} \tag{4.22}$$

가 된다. 여기에서 M_{cr} 은 식 (4.2)에 제시되어 있으며, 파괴계수 $f_r = -0.63\lambda\sqrt{f_{ck}}$ 이고, λ = 콘크리트의 단위질량 계수로 보통중량 골재, 전경량 및 모래경량 골재를 사용한 콘크리트의 경우에 각각 1.0, 0.75, 0.85를 사용하고, 부분경량인 경우에는 직선 보간한 값을 사용한다.

그러나 이 규정은 특히 경간이 짧은 속빈 부재(hollow-core member)에서 너무 많은 보강재가 요구되는 경우가 종종 발생하여, 다음의 조건을 만족하는 경우에는 이 조건을 따르지 않아도 되도록 규정하고 있다.

설계강도가 계수 소요강도보다 2배 이상인 휨부재로,

$$\text{예외 규정} \begin{cases} \text{휨 강도} : \phi M_n \geq [2M_u = 2(1.2M_D + 1.6M_L)] \\ \text{전단강도} : \phi V_n \geq [2V_u = 2(1.2V_D + 1.6V_L)] \end{cases} \tag{4.23}$$

를 모두 만족하는 경우에는 $\phi M_n \geq 1.2M_{cr}$ 규정을 따르지 않아도 되도록 하고 있다[8].

비부착 긴장재(unbonded tendon)가 배치되는 부재

ACI 318의 해설(R18.8.2)에서는 긴장재가 비부착으로 배치되는 경우에는 균열이 일어난 뒤에 콘크리트로부터 긴장재로 갑작스러운 내력의 전달이 일어나지 않아 갑작스런 휨파괴

8. 철근콘크리트 부재 : $\phi M_n \geq 1.33 M_u$ 이면 휨부재의 최소철근량 규정을 적용하지 않아도 되도록 허용하고 있다[구조기준 6.3.2(3), ACI 10.5.3].

가 일어나지 않으므로 **비부착 긴장재(unbonded tendon)**인 경우에는 $\phi M_n \geq 1.2M_{cr}$ 규정을 적용할 필요가 없다고 제시하고 있다.

4.5 직사각형 단면 또는 중립축이 플랜지 내에 위치한 T형 단면의 휨강도 (Flexural Strength of Rectangular Section or T Section with Neutral Axis in the Flange)

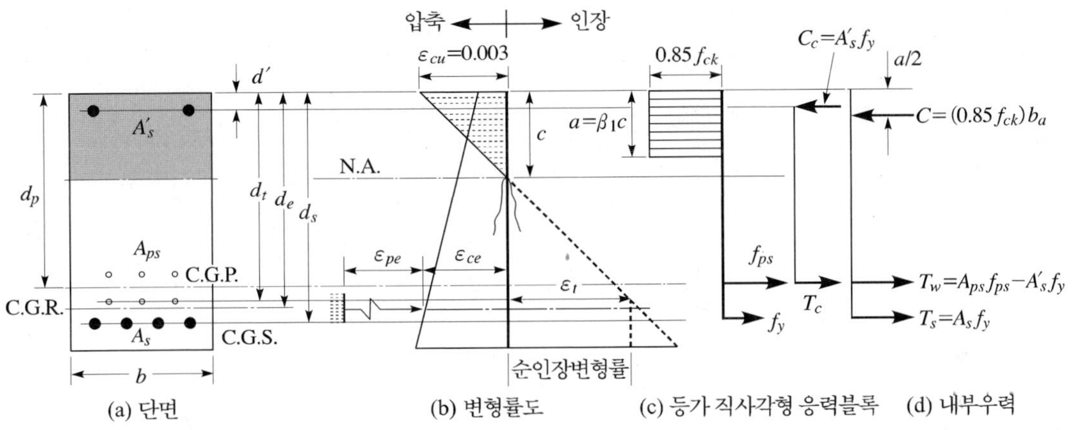

그림 4.19 부착긴장재가 배치되는 직사각형 단면 또는 중립축이 플랜지에 있는 T형 단면 보의 공칭강도 상태에서의 변형률도, 등가 직사각형 응력블럭 가정과 내부우력

4.5.1 인장지배 단면 한계(Limit for Tension-Controlled Section)

공칭강도 상태에서 긴장재는 f_{ps} 에 도달하고, 보통 부착 인장철근과 압축철근이 f_y 에 도달한다고 가정하여, 철근비 ρ 및 강재지수(reinforcement index) ω 를 각각에 대해서 적으면,

$$\rho_p = \frac{A_{ps}}{b\,d_p}\ ;\ \rho_s = \frac{A_s}{b\,d_s}\ ;\ \rho' = \frac{A_s'}{b\,d_s}$$

$$\omega_p = \rho_p \frac{f_{ps}}{f_{ck}} = \frac{A_{ps}}{b\,d_p}\frac{f_{ps}}{f_{ck}}\ ;\ \omega_s = \rho_s \frac{f_y}{f_{ck}} = \frac{A_s}{b\,d_s}\frac{f_y}{f_{ck}}\ ;\ \omega' = \rho' \frac{f_y}{f_{ck}} = \frac{A_s'}{b\,d_s}\frac{f_y}{f_{ck}}$$

가 된다. 단면에 연직하는 그림 4.19d의 내부우력에 대한 평형방정식을 적으면,

$$(0.85f_{ck})ba + A_s'f_y \equiv A_{ps}f_{ps} + A_sf_y$$
$$(0.85f_{ck})ba = A_{ps}f_{ps} - A_s'f_y + A_sf_y$$

가 되어, $T_w = A_{ps} f_{ps} - A_s{}' f_y$ 와 $T_s = A_s f_y$ 로 정리하면서 식 (4.11) 인장지배 단면의 한계상태 $a = 0.375\beta_1 d_t$ 를 대입하면,

$$C = (0.85 f_{ck}) b a = (0.85 f_{ck}) b (0.375\beta_1 d_t) = 0.319\beta_1 f_{ck} b d_t$$

$$T_w + T_s = A_{ps} f_{ps} - A_s{}' f_y + A_s f_y \equiv C = (0.85 f_{ck}) b a = 0.319\beta_1 f_{ck} b d_t \tag{4.24}$$

가 된다. 여기에서 등가직사각형 응력블럭의 깊이 a 는

$$a = \frac{A_{ps} f_{ps} + A_s f_y - A_s{}' f_y}{(0.85 f_{ck}) b} \tag{4.25}$$

로 쓸 수 있다. 전체 보강재에 대한 강재지수 ω_e 는

$$\omega_e = \omega_p + \frac{d_s}{d_p}(\omega_s - \omega') = \frac{A_{ps}}{b d_p}\frac{f_{ps}}{f_{ck}} + \frac{d_s}{d_p}\left(\frac{A_s}{b d_s}\frac{f_y}{f_{ck}} - \frac{A_s{}'}{b d_s}\frac{f_y}{f_{ck}}\right)$$

$$\omega_e = \omega_p + \frac{d_s}{d_p}(\omega_s - \omega') = \frac{A_{ps} f_{ps} + A_s f_y - A_s{}' f_y}{b d_p f_{ck}}$$

식 (4.24)를 대입하면 $\epsilon_t \geq 0.005$인 인장지배 단면의 ω_e 는

$$\omega_e = \omega_p + \frac{d_s}{d_p}(\omega_s - \omega') = \frac{A_{ps} f_{ps} + A_s f_y - A_s{}' f_y}{b d_p f_{ck}}$$

$$\omega_e = \frac{0.319\beta_1 f_{ck} b d_t}{b d_p f_{ck}} \approx 0.32\beta_1 \left(\frac{d_t}{d_p}\right) \tag{4.26}$$

가 되고, 식 (4.24)를 이용하여 철근비 ρ 를 표현하기 위해서 $b d_p$ 로 나누어 주고, 보통 부착철근 항의 밑변과 위변에 d_s 를 각각 곱해주면,

$$\frac{A_{ps}}{b d_p} f_{ps} + \frac{d_s}{d_p}\left(\frac{A_s}{b d_s} f_y - \frac{A_s{}'}{b d_s} f_y\right) = 0.319\beta_1 f_{ck}\frac{b d_t}{b d_p} \approx 0.32\beta_1 f_{ck}\left(\frac{d_t}{d_p}\right)$$

가 된다. 이 식을 f_{ps} 로 나누어 주면서 부등호를 도입하고, 긴장재가 한 층으로 배치되었거나 $(d_t = d_p)$ 또는 $d_t \approx d_p$ 로 보면 인장지배 단면의 한계 철근비 ρ_e 는

$$\left[\rho_e = \rho_p + \frac{d_s}{d_p}\left(\rho_s \frac{f_y}{f_{ps}} - \rho' \frac{f_y{}'}{f_{ps}}\right)\right] \leq 0.32\beta_1 \frac{f_{ck}}{f_{ps}}\left(\frac{d_t}{d_p}\right) \approx 0.32\beta_1 \frac{f_{ck}}{f_{ps}} \tag{4.27}$$

로 표현할 수 있다.

$a=\beta_1 c$ 와 식 (4.24)를 적으면서 $b\,d_p$ 로 나누어 주고 두 번째와 세 번째 항에 d_s 를 밑변과 위변에 곱해주고, f_{ck} 로 나누어 주면서 정리하면

$$\frac{A_{ps}\,f_{ps}}{b\,d_p}+\frac{d_s}{d_p}\left(\frac{A_s f_y}{b\,d_s}-\frac{A_s{}'f_y}{b\,d_s}\right)=\frac{(0.85f_{ck})\,b\,\beta_1\,c}{b\,d_p}$$

$$\frac{A_{ps}}{b\,d_p}\frac{f_{ps}}{f_{ck}}+\frac{d_s}{d_p}\left(\frac{A_s}{b\,d_s}\frac{f_y}{f_{ck}}-\frac{A_s{}'}{b\,d_s}\frac{f_y}{f_{ck}}\right)=(0.85\beta_1)\frac{c}{d_p}$$

$$\omega_e=\omega_p+\frac{d_s}{d_p}(\omega_s-\omega')=(0.85\beta_1)\frac{c}{d_p} \tag{c}$$

또는 $d_p\cong d_t$ 로 보면서 식 (4.11)을 이용하여 적으면,

$$\frac{c}{d_p}\approx\frac{c}{d_t}=\frac{\omega_e}{0.85\beta_1}=\frac{\omega_p+(d_s/d_p)(\omega_s-\omega')}{0.85\beta_1}$$
$$=\frac{0.003}{0.003+\epsilon_t}\left(=\frac{3}{8}=0.375\right) \tag{d}$$

로 표현된다. 식 (c)와 (d)에서 ϵ_t 를 구하기 위해서 정리하면,

$$\begin{cases}\epsilon_t=0.003\left(\dfrac{0.85\beta_1}{\omega_e}-1\right) \text{ 또는} \\ \epsilon_t=0.003\left(\dfrac{d_p}{c}-1\right)\approx 0.003\left(\dfrac{d_t}{c}-1\right) \quad ; \; d_p\cong d_t\end{cases} \tag{4.28}$$

가 된다. 또한 식 (4.26)과 (4.28)을 같이 쓰면서 직사각형 단면에서 인장지배 단면이기 위한 조건은 부등호를 도입하면서 긴장재의 $d_p\cong d_t$ 로 보고, 보통 부착 인장철근이나 압축철근이 배치되지 않는 경우를 각각 적으면,

$$\begin{cases}\left[\omega_e=\omega_p+\dfrac{d_s}{d_p}(\omega_s-\omega')=(0.85\beta_1)\dfrac{c}{d_p}=\dfrac{0.85a}{d_p}\right]\le 0.32\beta_1\left(\dfrac{d_t}{d_p}\right)\approx 0.32\beta_1 \\ \left[\omega_p=(0.85\beta_1)\dfrac{c}{d_p}=\dfrac{0.85a}{d_p}\right]\le 0.32\beta_1\left(\dfrac{d_t}{d_p}\right)\approx 0.32\beta_1 \quad ; \; w_s=0,\; w'=0\end{cases} \tag{4.29}$$

가 된다. 따라서 이 식을 만족하면 인장지배 단면이 될 것이다.

4.5.2 휨강도(Flexural Strength)

그림 4.19d의 내부우력에 대해서 평형방정식의 식 (4.25)와 (4.26)을 같이 쓰면서 $d_p \cong d_t$ 로 보면 등가직사각형의 깊이 a는 다음과 같이 표현할 수 있다.

$$a = \frac{A_{ps} f_{ps} + A_s f_y - A_s' f_y}{(0.85 f_{ck})\, b} = \frac{\omega_e (b\, d_p f_{ck})}{(0.85 f_{ck})\, b} \approx \omega_e \frac{d_t}{0.85} = 1.18\, \omega_e\, d_t \qquad (4.30)$$

압축철근 $f_s' = f_y$ 이기 위한 조건

그림 4.19b의 변형률도에서 $f_s' = f_y$ 이기 위해서는

$$\epsilon_s' = 0.003\, \frac{c - d'}{c} = 0.003 \left(1 - \frac{d'}{c}\right) \geq \epsilon_y = \frac{f_y}{E_s}$$

를 만족하여야 한다. $E_s = 2.0 \times 10^5$ MPa를 대입하면서 정리하면,

$$c \geq \frac{600}{600 - f_y} d' \quad \text{또는} \quad \frac{a}{\beta_1} \geq \frac{600}{600 - f_y} d' \qquad (4.31)$$

가 되어 이 관계식을 만족하게 되면 $f_s' = f_y$ 가 된다.

식 (4.31)을 식 (4.30)에 대입하면서 d_p 로 나누어 주고, 강재지수로 표현하기 위해서 f_{ck} 로 나누어 주면,

$$\frac{A_{ps} f_{ps} + A_s f_y - A_s' f_y}{b\, d_p} \geq \beta_1 (0.85 f_{ck}) \frac{d'}{d_p} \frac{600}{600 - f_y}$$

$$\frac{A_{ps} f_{ps}}{b\, d_p f_{ck}} + \frac{d_s}{d_p}\left(\frac{A_s f_y}{b\, d_s f_{ck}} - \frac{A_s' f_y}{b\, d_s f_{ck}}\right) \geq \beta_1 (0.85) \frac{d'}{d_p} \frac{600}{600 - f_y}$$

$$\omega_e = \omega_p + \frac{d_s}{d_p}(\omega_s - \omega') \geq \beta_1 (0.85) \frac{d'}{d_p} \frac{600}{600 - f_y} \qquad \text{(e)}$$

가 되어, 이 식 (e)를 만족하면 압축철근 $f_s' = f_y$ 가 된다. 또는 식 (4.29)를 대입하면

$$0.32\, \beta_1 \left(\frac{d_t}{d_p}\right) \geq \beta_1 (0.85) \frac{d'}{d_p} \frac{600}{600 - f_y}$$

가 되어 d' 으로 정리하고, 긴장재가 한 층으로 배치되었거나($d_t = d_p$) 또는 $d_t \approx d_p$ 로 보면,

$$d' \leq 0.375\, d_t \frac{600 - f_y}{600} = 0.375\, d_t \left(1 - \frac{f_y}{600}\right) \approx 0.375\, d_p \left(1 - \frac{f_y}{600}\right) \qquad (4.32)$$

로 정리된다. 따라서 식 (4.31)과 식 (4.32)에 $f_y = 400$ MPa, 500 MPa를 대입하여 $f_s' = f_y$ 를 만족시키는 조건을 적으면 각각 다음과 같게 된다.

$$\begin{cases} f_y = 400\,\text{MPa 인 경우}:\; c \geq 3d' \;\text{ 또는 }\; a \geq \beta_1(3d') \;\text{ 또는 }\; d_p \geq 8d' \\ f_y = 500\,\text{MPa 인 경우}:\; c \geq 6d' \;\text{ 또는 }\; a \geq \beta_1(6d') \;\text{ 또는 }\; d_p \geq 16d' \end{cases} \tag{4.33}$$

이렇게 식 (4.31)이나 식 (4.32)를 만족하게 되면 $f_s' \geq f_y$ 로 식 (4.30)을 쓸 수 있을 것이다. 전체 보강재의 도심(C.G.E.)에 대한 유효깊이 d_e 는

$$d_e = \frac{A_{ps} f_{ps} d_p + A_s f_y d_s}{A_{ps} f_{ps} + A_s f_y} \tag{4.34}$$

로 쓸 수 있다. 따라서 공칭 휨모멘트 강도와 설계휨모멘트 강도는 콘크리트 압축합력 C 의 작용점에서 모멘트를 취하거나 또는 압축연단에서 모멘트를 취하면 각각

$$\phi \begin{pmatrix} M_n = A_{ps} f_{ps}\left(d_p - \dfrac{a}{2}\right) + A_s f_y \left(d_s - \dfrac{a}{2}\right) + A_{s'f_y}\left(\dfrac{a}{2} - d'\right) \\ M_n = (A_{ps} f_{ps} + A_s f_y - A_s' f_y)\left(d_e - \dfrac{a}{2}\right) + A_s' f_y (d_p - d') \\ M_n = A_{ps} f_{ps} d_p + A_s f_y d_s - A_s' f_y d' - (0.85 f_{ck})\, a b \left(\dfrac{a}{2}\right) \end{pmatrix} \tag{4.35}$$

로 표현할 수 있다.

압축철근 $f_s' < f_y$ 인 경우

① 압축철근을 무시하거나(PCI 방법), 또는 ② 압축철근의 실제 응력을 구하여 포함시킬 수도 있다. 실제로 압축철근의 기여는 매우 적기 때문에 PCI와 같이 무시하면 식 (4.35)는

$$\begin{cases} \phi M_n = \phi\left[A_{ps} f_{ps}\left(d_p - \dfrac{a}{2}\right) + A_s f_y \left(d_s - \dfrac{a}{2}\right)\right] \\ \phi M_n = \phi (A_{ps} f_{ps} + A_s f_y)\left(d_e - \dfrac{a}{2}\right) \end{cases} \tag{4.36}$$

가 된다. 이 식을 강재지수로 표현하기 위해서 식 (4.30)을 2로 나누어 주고, 괄호 안을 각각 d_p 와 d_s 를 분자와 분모에 곱해주면,

$$\frac{a}{2} = \frac{1}{(0.85)(2)}\left(d_p \frac{A_{ps} f_{ps}}{b d_p f_{ck}} + d_s \frac{A_s f_y}{b d_s f_{ck}}\right) = 0.59(d_p \omega_p + d_s \omega_s)$$

가 되므로, 이 식을 식 (4.36)에 대입하면,

$$\phi M_n = \phi\{A_{ps} f_{ps}[d_p - 0.59(d_p \omega_p - d_s \omega_s)] + A_s f_y [d_s - 0.59(d_p \omega_p - d_s \omega_s)]\}$$

$$\phi M_n = \phi\left\{A_{ps} f_{ps} d_p \left[1 - 0.59\left(\omega_p + \frac{d_s}{d_p}\omega_s\right)\right] + A_s f_y d_s \left[1 - 0.59\left(\frac{d_p}{d_s}\omega_p + \omega_s\right)\right]\right\} \tag{4.37}$$

로 표현할 수 있다.

인장지배 단면에 대한 한계 공칭휨모멘트 강도

유효깊이 d_e 에서 휨모멘트를 취하면서 식 (4.30)을 이용하고 아래첨자 't'와 $d_e \cong d_p$ 로 보면,

$$M_{nt} = (0.85 f_{ck})\frac{\omega_e d_t}{0.85} b\left(d_e^{\ *} - \frac{\omega_e d_t}{2 \times 0.85}\right) \approx f_{ck} b d_t^{\ 2} \omega_e \left(1 - \frac{\omega_e}{1.7}\right)$$

$$= f_{ck} b d_t^{\ 2}[\omega_e(1 - 0.59\omega_e)]$$

공칭강도 M_{nt} 와 공칭저항강도 계수 R_{nt} 는 각각 다음과 같이 표현될 수 있다.

$$\begin{cases} M_{nt} = b d_t^{\ 2} f_{ck}[\omega_e(1 - 0.59\omega_e)] = (b d_t^{\ 2} f_{ck}) R_{nt} \\ R_{nt} = [\omega_e(1 - 0.59\omega_e)] = \dfrac{M_{nt}}{b d_t^{\ 2} f_{ck}} \end{cases} \tag{4.38}$$

이 식들은 긴장재가 한 층으로 배치되는 경우에는 $d_t = d_p$ 로 정리할 수 있다.

인장지배 단면의 한계 철근비 ρ_t 는 식 (4.27)을 다시 쓰면

$$\rho_e = \rho_p + \frac{d_s}{d_p}\left(\rho_s \frac{f_y}{f_{ps}} - \rho' \frac{f_y{}'}{f_{ps}}\right) \le 0.32\beta_1 \frac{f_{ck}}{f_{ps}}\left(\frac{d_t}{d_p}\right) \tag{4.27}$$

가 된다. 긴장재가 한 층으로 배치되어 $d_t = d_p$ 인 경우에 f_{ck} 를 변화시켜가면서 ω_t , ρ_t 및 R_{nt} 를 구한 값이 표 4.2에 제시되어 설계에 유용하게 사용될 수 있다. 표 4.2에서 저이완 강연선을 긴장시 $f_{p0} = 0.74 f_{pu}$ 로 긴장하고, 그 뒤에 20%의 손실이 일어난다고 보면, $f_{pe} = (0.8)0.74 f_{pu} = 0.592 f_{pu} = 0.6(1{,}860) = 1{,}101$ (MPa)이 된다. 따라서 식 (4.9)에 따라서 $\epsilon_{ps} = \epsilon_{pe} + \epsilon_t = 1{,}101/200{,}000 + 0.005 = 0.01051$이 되고, f_{ps} 는 그림 2.9에 따라 아래 식으로 구하였다.

$$\epsilon_{ps} > 0.0085 \text{ 인 경우 } : f_{ps} = 1{,}860 - \frac{0.27}{\epsilon_{ps} - 0.007}$$

표 4.2 직사각형 단면에 대한 인장지배 변형률 범위 $\epsilon_t = 0.005$에서의 설계계수($\phi = 0.85$) [ACI Note Table 24-5]

$f_{ck} =$	30	35	40	45	50	70	100	MPa
$\beta_1 =$	0.836	0.801	0.766	0.731	0.696	0.650	0.650	
$f_{pu} = 1{,}860$ MPa	1,860							MPa
$f_{se} = 0.592\, f_{pu}$	1,101							MPa
$\varepsilon_t = 0.005$	0.0050							
$\varepsilon_{ps} = f_{se}/E_{ps} + \varepsilon_t$	0.01051							
f_{ps} [식 (4.18)]	1,783							MPa
$\omega_p = 0.32\beta_1$	0.2675	0.2563	0.2451	0.2339	0.2227	0.2080	0.2080	
$R_{nt} = f_{ck}[\omega_p(1-0.59\,\omega_p)]$	6.76	7.61	8.39	9.07	9.67	12.77	18.25	MPa
$\Phi R_{nt} = 0.85 R_{nt}$	5.75	6.47	7.13	7.71	8.22	10.86	15.51	MPa
$\rho_p = \omega_p f_{ck}/f_{ps}$	0.00450	0.00503	0.00550	0.00590	0.00625	0.00817	0.01167	

4.5.3 변화구간(Transition Zone)

$0.002 < \epsilon_t < 0.005$ 또는 $0.600 > c/d_t > 0.375$인 변화구간의 단면인 경우는 압축연단의 콘크리트가 먼저 $\epsilon_{cu} = 0.003$에 도달하게 되어 휨강도는 콘크리트의 압축합력이 지배하게 된다. 압축철근이 배치되지 않았거나 또는 상대적으로 작다고 보아 $A_s' f_y$를 무시하여, 식 (4.25)를 강재지수로 표현하면,

$$a = \frac{A_{ps} f_{ps} + A_s f_y}{(0.85 f_{ck}) b} = \frac{A_{ps} f_{ps} + A_s f_y}{(b\, d_p f_{ck}) 0.85} d_p = \frac{\omega_p + \omega_s (d_s/d_p)}{0.85} d_p$$

인장지배에서 변화구간으로 변하는 구간이기 위한 조건식 $\omega_p + (d_s/d_p)\omega_s \geq 0.32\beta_1 (d_t/d_p)$를 대입하면서 긴장재의 유효깊이 $d_t \cong d_p$로 보면,

$$a = \frac{\omega_p + \omega_s (d_s/d_p)}{0.85} d_p = \frac{0.32\,\beta_1 (d_t/d_p)}{0.85} d_p = 0.375\,\beta_1 d_p \left(\frac{d_t}{d_p}\right) \approx 0.375\,\beta_1 d_p \quad (4.39)$$

$d_e \approx d_p$로 보고, 전체 인장재의 도심에서 모멘트를 취하여 공칭휨모멘트 강도를 구하고 a를 대입하면, 설계휨모멘트 강도는

$$M_n = (0.85 f_{ck})\, a\, b \left(d_e^{\ *} - \frac{a}{2}\right) \approx (0.85 f_{ck})(0.375\beta_1 d_p)\, b \left(d_p - \frac{0.375\beta_1 d_p}{2}\right)$$

$$\phi M_n = \phi f_{ck} b d_p^{\,2} (0.32\beta_1 - 0.06\beta_1^{\,2}) \tag{4.40}$$

이 된다[9].

인장지배 단면($\phi_f = 0.85$)과 나선철근으로 보강되거나($\phi_s = 0.70$) 또는 그 외의 방법으로 보강된(띠철근, $\phi_t = 0.65$) 압축지배 단면의 사이구간인 변화구간은 그림 4.14b나 표 4.1의 식을 이용하여 강도감소계수를 결정하여야 된다(구조기준 3.3.3, ACI 9.3.2). 표 4.1의 ϵ_t 와 c/d_t 를 이용한 식 이외에 $d_t = d_p$ 인 경우에 강재지수 ω_e 로 띠철근으로 보강된 부재에 대한 식을 표현하면 다음과 같다.

$$\phi = 0.65 + 0.172\left(\frac{1}{\omega_e} - 1.961\right) = 0.313 + \frac{0.172}{\omega_e} \tag{4.41}$$

따라서 2003년 이전의 기준 9.5.2(2)에서는 $\omega_e > 0.36\beta_1$ 인 과보강 단면에 대해서 다만 압축파괴를 기준으로 압축 측 내력인 콘크리트의 압축합력을 기준으로 설계강도를 구하도록 제시하고 있지만, 2007년 개정된 구조기준에 의하면 $\omega_e > 0.32\beta_1(d_t/d_p)$ (또는 $c/d_t > 0.375$) 인 변화구간에서 강도감소계수가 감소되어 설계강도가 감소하게 된다. 따라서 가능하면 인장지배 단면의 조건 $\omega_e \leq 0.32\beta_1(d_t/d_p)$ (또는 $c/d_t \leq 0.375$)를 만족시켜서 강도감소계수가 감소되지 않도록 하는 것이 현명할 것이다.

4.5.4 압축지배 단면(Compression-Controlled Section)

단면에서 압축연단 콘크리트가 극한변형률 $\epsilon_{cu} = 0.003$에 도달하여 공칭강도에 도달했을 때 최 외단 긴장재나 층에 대한 유효깊이 d_t 에서 순인장변형률(net tensile strain) ϵ_t 가 다음 값 이하인 경우를 압축지배 단면이라고 한다(그림 4.13c 참고). 앞에서 다루었던 식들을 다시 쓰면 아래와 같다.

$$\epsilon_t \leq 0.002 \tag{4.6}$$

또는 중립축의 깊이 비로 표현하면,

$$\frac{c}{d_t} \geq \frac{0.003}{0.003 + \epsilon_t} = 0.6 \tag{4.7}$$

9. 이 식은 2003년 기준 해설 9.5.2 및 PCI 5판에서 제시한 식을 압축지배 단면의 규정에 맞추어 조종한 식이다.

가 되고, 강재지수(reinforcement index)로 표현하기 위해서 식 (4.29)에 식 (4.7)을 대입하면서 압축지배 단면을 표현하기 위해서 부등호를 적용하면서 $d_t \cong d_p$ 로 보면,

$$\omega_e \geq (0.85\beta_1)\frac{0.003}{0.003+0.002} = 0.51\beta_1\left(\frac{d_t}{d_p}\right) \approx 0.51\beta_1$$

$$\begin{cases} \left[\omega_e = \omega_p + \dfrac{d_s}{d_p}(\omega_s - \omega') = (0.85\beta_1)\dfrac{c}{d_p} = \dfrac{0.85a}{d_p}\right] \geq 0.51\beta_1\left(\dfrac{d_t}{d_p}\right) \approx 0.51\beta_1 \\ \left[\omega_p = (0.85\beta_1)\dfrac{c}{d_p} = \dfrac{0.85a}{d_p}\right] \geq 0.51\beta_1\left(\dfrac{d_t}{d_p}\right) \approx 0.51\beta_1 \quad ; \quad \omega_s = 0,\ \omega' = 0 \end{cases} \tag{4.42}$$

가 된다. 따라서 이 식들을 만족하면 압축지배 취성파괴 단면이 된다.

최 외단 긴장재의 순인장변형률 $\epsilon_t \leq 0.002$ 이하인 단면은 보가 공칭강도에 도달했을 때 긴장재의 변형이 작아서 파괴형태는 취성파괴(brittle failure)로 일어나고 따라서 파괴에 대한 경고의 시간을 거의 주지 않는 압축지배 파괴가 일어나게 된다. 이 단면은 2003년 이전 기준에서는 **과보강 단면(over-reinforced section)**이라고 부르던 단면으로 구조기준에서 보-기둥 거동을 통합하여 정리하면서 압축지배 단면으로 정의한 축방향 하중에 저항하는 기둥부재를 의미한다. 따라서 구조기준에서는 그림 4.14b과 같이 압축지배 단면에 대해서 나선철근으로 보강된 부재의 강도감소계수는 0.70으로 하고, 그 외로 보강된(즉 띠철근으로 보강) 부재인 경우에는 강도감소계수를 0.65로 하도록 규정하고 있다(표 1.5 참고).

$\omega_e \geq 0.51\beta_1$ 또는 $c/d_t \geq 0.6$인 경우는 압축연단의 콘크리트가 먼저 $\epsilon_{cu} = 0.003$에 도달하게 되어 휨강도는 콘크리트의 압축합력이 지배하게 된다. 압축철근이 배치되지 않았거나 또는 $A_s' f_y$ 가 인장 보강재에 비해서 상대적으로 작아서 무시한 식 (4.39)를 쓰면서 압축지배 단면이기 위한 조건식 $\omega_p + (d_s/d_p)\omega_s \geq 0.51\beta_1(d_t/d_p)$ 를 대입하고 긴장재가 한 층으로 배치되었거나($d_t = d_p$) 또는 $d_t \approx d_p$ 로 보면,

$$a = \frac{\omega_p + (d_s/d_p)\omega_s}{0.85}d_p = \frac{0.51\beta_1(d_t/d_p)}{0.85}d_p = 0.6\beta_1 d_p\left(\frac{d_t}{d_p}\right) \approx 0.6\beta_1 d_p$$

$d_e \approx d_p$ 로 보고, 전체 인장재의 도심에서 모멘트를 취하여 공칭휨모멘트 강도를 구하고 a 를 대입하면, 설계휨모멘트 강도는 아래와 같다.

$$M_n = (0.85f_{ck})ab\left(d_e - \frac{a}{2}\right) \approx (0.85f_{ck})(0.6\beta_1 d_p)b\left(d_p - \frac{0.6\beta_1 d_p}{2}\right)$$

$$\phi M_n = \phi f_{ck} b d_p^{\,2}(0.51\beta_1 - 0.153\beta_1^{\,2}) \tag{4.43}$$

예제 4.6

구조기준에 따라 그림 4.20의 I형 단면에 대한 설계휨모멘트 강도 ϕM_n 을 결정하라. 긴장재로는 B종 (f_{pu} = 1,860 MPa) 응력제거 7연선으로 A_{ps} = 1,770 mm^2, $f_{p0} = 0.70 f_{pu}$ = 1,392 (MPa), 총 손실 13.5% 일어난다고 가정 ; $f_{pe} = (1-0.135) f_{p0}$ = 1,126 MPa이고 $f_{py} = 0.85 f_{pu}$ = 1,581 MPa이다. 또한 보통중량 콘크리트의 설계기준강도 f_{ck} = 50 MPa이다.

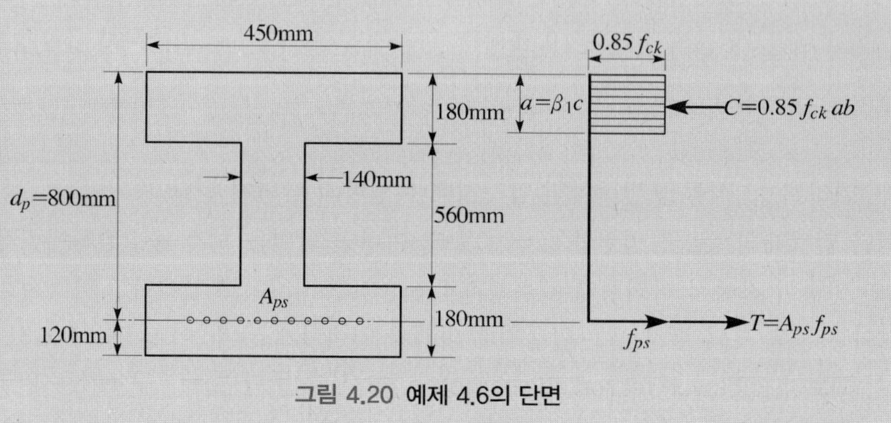

그림 4.20 예제 4.6의 단면

① 긴장재의 공칭응력 f_{ps} 계산 : 먼저 직사각형 단면으로 가정하여 계산을 시작한다.

$\rho_p = A_{ps}/b\,d_p$ = 1,770 /(450)(800) = 0.00492

$\omega_{pu} = \rho_p f_{pu}/f_{ck}$ = 0.00492(1,860/50) = 0.1830

식 (4.18) 근사식으로 f_{ps} 를 계산하기 위해서 $f_{pe}/f_{pu} \geq 0.5$ 검토 ; 1,126/1,860 = 0.61 > 0.5 ; 따라서 구조기준의 근사식을 사용할 수 있다.

식 (4.20) : f_{py}/f_{pu} = 1,581/1,860 = 0.85 $\geq$ 0.85 → γ_p = 0.4 (응력제거 강연선)

식 (4.5) : $\beta_1 = 0.85 - 0.007(f_{ck} - 28) = 0.85 - 0.007(50 - 28)$

$= 0.696 < 0.65$ <OK>

$f_{ps} = f_{pu}[1 - (\gamma_p/\beta_1)\omega_{pu}]$ = 1,860 [1 −(0.4/0.696)(0.1830)]

= 1,860(0.895) = 1,664 (MPa)

② 등가 직사각형 응력깊이 a 계산 : $0.85 f_{ck} = 0.85(50) = 42.5$ (MPa)

$A_{ps} f_{ps}$ = (1,770)(1,664) = 2.945 × 10^6 (N)

$$\therefore\ a = \frac{A_{ps} f_{ps}}{(0.85 f_{ck})b} = \frac{2.945 \times 10^6}{42.5(450)} = 154.0\ (\text{mm}) < h_f = 180\ \text{mm}$$

따라서 직사각형 단면으로 해석하면 된다.

③ 직사각형 단면으로 해석할 수 있으므로, 식 (4.29), $\omega_p \leq 0.32\beta_1(d_t/d_p)$ 인지 검토 :

$$\omega_p = \rho_p \frac{f_{ps}}{f_{ck}} = (0.00492)\left(\frac{1,664}{50}\right) = 0.163 < [(0.32)(0.696)(1) = 0.222] \quad <OK>$$

또는 식 (4.11) : $c/d_t = a/(\beta_1 d_p) = 154/(0.696 \times 800) = 0.277 < 0.375 \quad <OK>$

따라서 인장지배 단면으로 $\phi = 0.85$ 이며 인장 연성파괴를 일으킨다.

또는 최 외단 순인장 변형률 검토 : 식 (4.8)

$$\epsilon_t = 0.003\left(\frac{d_p}{c} - 1\right) \approx 0.003\left(\frac{d_t}{c} - 1\right) = 0.003\left(\frac{1}{0.277} - 1\right)$$

$$= 0.003(3.61 - 1) = 0.00783 > 0.005$$

④ 설계 휨모멘트 강도 ϕM_n 계산 : 식 (4.35)

$$\therefore \ \phi M_n = \phi A_{ps} f_{ps}\left(d_p - \frac{a}{2}\right) = (0.85)(2.945 \times 10^6)\left(800 - \frac{154}{2}\right)/10^6$$

$$= \underline{1,810 \ (\mathrm{kN \cdot m})}$$

4.5.5 저개발 긴장재와 부분적 비부착 긴장재 (Underdeveloped Strand and Debonded Strand)

경간이 짧아 충분히 정착하지 못하는 저발달 긴장재(underdeveloped strand)가 배치되는 부재의 공칭강도

구조기준 8.4(2)(ACI 12.9.1.1, 12.9.3)에서는 임의 단면에서 강연선의 설계응력이 공칭상태의 인장응력 f_{ps} 를 초과하지 않는다면 정착길이 l_d 보다 짧은 문힘길이를 허용한다고 규정하고 있다. 이런 상황은 부재의 전체 길이가 l_d 의 2배보다 짧은 프리캐스트 프리스트레스트 콘크리트 부재에서 발생할 수 있다. 이런 경우에 긴장재는 f_{ps} 를 완전히 발달시키지 못하고, 거더 단부에서 거리 l_x 떨어진(조건 : 전달길이 $l_t < l_x < l_d$) 긴장재에 발달하는 최대 응력 f_{pd} 는 식 (2.26)을 다시 쓰면(그림 2.15 참고)

$$f_{pd} = f_{pe} + \Delta f = f_{pe} + \frac{(f_{ps} - f_{pe})}{0.145(f_{ps} - f_{pe})d_b}\left(l_x - \frac{0.145 f_{pe}}{3}\right)d_b$$

$$= f_{pe} + \frac{l_x}{0.145 d_b} - \frac{f_{pe}}{3}$$

$$f_{pd} = \frac{l_x}{0.145 d_b} + \frac{2}{3} f_{pe} \tag{2.26}$$

가 된다. 이렇게 휨부재의 경간이 짧은 경우에 긴장재의 응력이 충분히 발휘하지 못하기 때문에 단면의 강도를 얻기 전에 미끄러짐 파괴(slip failure)가 일어날 수 있으므로 긴장

재의 낮아진 응력을 고려해서 감소된 단면의 강도를 구해야 한다[CPCI 2007(3-52)].

부착 미끄러짐(bond slip)으로 인한 파괴는 취성 전단파괴(brittle shear failure)와 유사해서 구조기준 3.3.3(2)⑦(ACI 9.3.2.7)에서 긴장재의 묻힘길이가 정착길이보다 짧은 프리텐션 부재의 휨단면에서 부재의 단부 ~ 전달길이 l_t 구간은 강도감소계수 0.75를 적용하고, $l_t \sim l_d$ 구간은 0.75~0.85까지 선형으로 증가시키도록 규정하고 있다(표 1.5 참고).

예제 4.7

[짧은 경간 속빈 슬래브 보의 설계강도 계산][PCI 2010(5.2.3.1, 5-37)]

그림 4.21에는 경간 3.6 m의 단순지지 보로 배치되는 폭 1,200 mm에 높이 200 mm의 속빈 슬래브 단면을 보여주고 있다. 속빈 단면에는 B종(f_{pu} = 1,860 MPa, $f_{pe} = 0.55 f_{pu}$ = 1,032 MPa), 지름 12.7 mm (A_b = 98.71 mm^2) 저이완 7연선 4개를 직선으로 배치하여 프리텐션으로 배치하였다. 단면의 설계휨강도를 계산하라. 단, f_{ck} = 40 MPa이다.

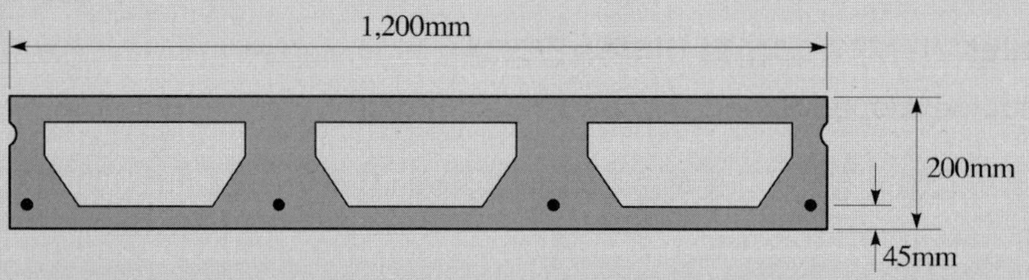

그림 4.21 폭 1,200 mm에 높이 200 mm의 속빈 슬래브(hollow-core slab)

① f_{ps} 계산 : 저이완 강연선 표 2.4에서 $f_{py} = 0.9 f_{pu}$

식 (4.20) : $f_{py}/f_{pu} = 0.9 \rightarrow \gamma_p = 0.28$

f_{ck} = 40 MPa : 식 (4.5),

$\beta_1 = 0.85 - 0.007(f_{ck} - 28) = 0.85 - 0.007(40 - 28) = 0.766$

$d_p = 200 - 45 = 155$ (mm)

$A_{ps} = 4(98.71) = 394.8$ (mm^2)

$\rho_p = A_{ps}/b\,d_p = 394.8/(1{,}200 \times 155) = 0.002123$

$\omega_{pu} = \rho_p f_{pu}/f_{ck} = 0.002123(1{,}860/40) = 0.0987$

식 (4.18) : $f_{ps} = f_{pu}\left[1 - (\gamma_p/\beta_1)\,\omega_{pu}\right] = 1{,}860\,[1 - (0.28/0.766)(0.0987)]$

$= 1{,}860(0.964) = 1{,}793$ (MPa)

② 보의 최대 정착길이 계산 : $l_x = l/2 = 3{,}600 / 2 = 1{,}800$ (mm)

③ 그림 2.16이나 식 (2.26)으로 강연선의 최대응력 계산 :

그림 2.16에서 직경 12.7 mm에 부착이 시작된 위치에서 거리 1,800 mm의 값을 읽으면 $f_{pd} \approx$ 1,660 MPa

또는 식 (2.26) : $f_{pd} = l_x / (0.145 d_b) + 2 f_{pe} / 3 =$ 1,800/(0.145 × 12.7) + 2(1,023)/3

= 1,659 (MPa)

④ 강도감소계수 ϕ 계산 : 구조기준 3.3.3(2)⑦(ACI 9.3.2.7)에서 강도감소계수는 전달길이까지는 0.75를 전달길이에서 정착길이까지는 0.75~0.85까지 선형으로 증가시켜야 한다고 규정하고 있다(표 1.5 및 그림 4.22 참고).

식 (2.23) : 전달길이 $l_t = 0.145 (f_{pe} / 3) d_b =$ 0.145(1,023/3) (12.7) = 628 (mm)

식 (2.23) : 정착길이 $l_d = l_t + l_f = l_t + 0.145 (f_{ps} - f_{pe}) d_b$

= 628 + 0.145(1,793 − 1,023) 12.7

= 628 + 1,418 = 2,046 (mm)

따라서 강연선이 공칭강도 상태의 긴장재의 인장응력 f_{ps} 를 발휘하기 위해서는 $l/2$ > 2,046 mm 이상이 되어야 한다. 본 예에서 $l_x = l/2 =$ 1,800 mm < $l_d =$ 2,046 mm 이므로 $f_{pd} =$ 1,659 MPa < $f_{ps} =$ 1,793 MPa 밖에 긴장재가 발휘하지 못한다. 따라서 $f_{pd} =$ 1,659 MPa일 때의 강도감소계수는 그림 4.22에서 가로축 값의 차이 1,793 − 1,023 = 770 (MPa) ; 세로축의 차이 0.85 − 0.75 = 0.10

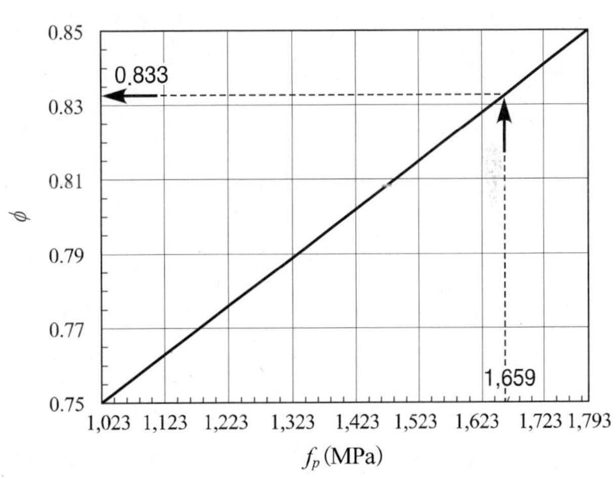

그림 4.22 강도감소계수와 긴장재 응력간의 관계 (구조기준 3.3.3(2))

∴ ϕ = 0.85 − (1,793 − 1,659) (0.10 /770) = 0.85 − 0.0174 = <u>0.833</u>

⑤ 콘크리트 등가 직사각형 응력블럭의 깊이 a 계산 : $0.85 f_{ck}$ = 0.85(40) = 34 (MPa)

f_{ps} 대신에 f_{pd} 적용 : $A_{ps} f_{pd}$ = 394.5(1,659) = 655,223 (N)

식 (4.25) : $a = A_{ps} f_{pd} / (0.85 f_{ck} b)$ = 655,223 / (34 × 1,200) = 16.1 (mm)

⑥ 단면의 설계휨강도 ϕM_n 계산 :

식 (4.35) : $\phi M_n = \phi [A_{ps} f_{pd} (d_p - a/2)]$

∴ ϕM_n = 0.833 [655,223(155 − 16.1/2) /10^6] = 0.833(96.3) = <u>80.2 (kN · m)</u>

부분적 비부착 긴장재(debonded strand)가 배치된 부재의 공칭강도

구조기준 8.4(3)(ACI 12.9.3)에서 단부에서 **부분적 비부착 강연선(debonded strand)**[10]인 경우 또는 인장응력 한계 ($-0.25\sqrt{f_{ci}}$ 또는 $-0.50\sqrt{f_{ci}}$, 표 2.15 참고)을 설계에서 고려하는 인장구역의 경우의 정착길이 l_{dt} 는 정착길이를 2배로 증가시키도록 규정하고 있다. 이 식을 다시 쓰면 아래와 같다.

$$l_{dt} = 2l_d = 2(l_t + l_f) = 2\left[0.145\left(\frac{f_{pe}}{3}\right)d_b + 0.145(f_{ps} - f_{pe})d_b\right] \tag{2.25}$$

이렇게 2배의 정착길이를 요구하는 이유는 단부에서 거리를 두고 정착이 시작되어 반력으로 인한 압축력이 주는 구속효과가 없어질 뿐만 아니라, 휨으로 인한 인장응력이 존재하여 긴장재와 콘크리트 사이의 응력전달 효율이 떨어지기 때문이다[Naaman 2012(205)]. 그림 2.16에서와 같이 부분적 비부착 긴장재인 경우에 정착길이는 비부착이 끝나고 부착된 위치로부터 정착길이 $l_{dt} = 2l_d$ 를 확보하여야 한다.

구조기준 8.4(4)(ACI 12.9.2)에서는 단면의 휨강도에 대한 검토는 계수하중이 작용할 때 전체 설계강도가 발휘되어야 하는 단면(단부에서 가까운 각각의 단면)에서 수행하면 되도록 허용하고 있다. 그러나 만약에 한 개 또는 그 이상의 강연선이 단부까지 부착되지 않았거나(**부분적 비부착 긴장재, debonding strand**) 또는 정착길이 내에 집중하중이 작용하는 경우에는 위험단면이 변할 수 있으므로 상세해석(detailed analysis)을 수행하거나, 또는 **부분적 비부착 긴장재(debond strand)**가 배치되는 경우에 긴장재의 변형률이 일률적이지 않아 변형률 적합성(stain compatibility)을 만족시키지 못하므로 정착길이 내에서 단면의 공칭강도를 계산하는데 안전 측으로 비부착 긴장재가 완전히 정착하기 전까지는 무시하여 고려하지 않는 방법도 제안하고 있다[PCI 2010(5.2.3.2)].

구조기준 해설 3.3.3(2)⑦(ACI R9.3.2.7)에서 만약에 긴장재가 부재의 단부에서부터 부분적으로 비부착되는 경우에 보다 정밀한 해석을 수행하는 것 대신에 아래와 같이 강도감소계수를 고려하는 것으로 대체할 수 있다고 제안하고 있다(표 1.5 참고).

---

10. "Debond"과 "unbond"라는 용어가 쓰이는데 콘크리트 용어집에서는 **"debonding"**을 **부착력 저하**로 **"unbonded tendon"**은 **비부착 텐던**으로 표현하고 있다. Debonding은 프리스트레싱의 단부에서 원하지 않는 응력이 발생하지 못하도록 하거나 또는 균열을 막고자 부착 긴장재 중에서 몇 개에 튜브를 씌워서 부착하지 못하도록 하는 방법이고, Unbonding은 포스트텐션 방식에서 덕트 속의 긴장재를 비부착 상태로 유지하기 위해서 그라우트를 하지 않는 방식을 말한다. 본 교재에서 "debonding"은 **"부분적 비부착 긴장재"**로 "unbonding"은 **"비부착 긴장재"**로 표기하였다.

부재 단부에서 가장 길게 비부착된 긴장재에 대한 전달길이($x = 0 \sim 2l_t$)가 끝나는 구간 : $\phi = 0.75$

이 지점 이후로부터 정착길이($x = 2l_t \sim 2l_d$)가 끝나는 구간에 대한 강도감소계수는 0.75~0.85를 선형으로 직선보간하여 적용하거나, 아니면 위에서 언급한 바와 같이 부분적 비부착 긴장재(debonded strand)가 완전히 정착될 때까지 계산에서 무시하는 방법도 있다. 부분적 비부착 긴장재의 정착은 비부착 시키기 위해서 씌운 폴리머 쉬스가 끝나는 지점으로부터 시작된다고 보고, 위에서 언급한 바와 같이 이 지점으로부터 2배의 정착길이가 확보되어야 한다.

예제 4.8

[부분적 비부착 긴장재가 배치되는 부재의 설계휨강도 계산] [CPCI 2007(Ex. 3-14b), PCI 2010 (5.2.3.2, 5-38)]

폭 b = 3.0 m의 더블티형 단면(double tee)에는 10개의 B종 직경 12.7 mm 저이완 강연선이 각각의 복부에 5개씩 배치되었다. 그림 4.23에서 아래에서 3번째 강연선은 단부에서 1,500 mm를 그림 4.8b와 같은 경질 폴리머 튜브(rigid polymer tube)를 씌워서 비부착으로 배치되었다.

문제 : 단부에서 3,500 mm 위치에 대한 단면의 설계휨모멘트강도 ϕM_n을 결정하라.

보통중량 콘크리트 압축강도 $f_{ck} = 35$ MPa ; $f_{cu} = f_{ck} + 4 = 39$ MPa, $E_c = 8{,}500\sqrt[3]{39} = 28{,}825$ (MPa) ; $f_{pu} = 1{,}860$ MPa, $f_{p0} = 0.74 f_{pu} = 1{,}376.4$ (MPa), $f_{pe} = 0.85 f_{p0} = 1{,}170$ MPa, $\epsilon_{pe} = f_{pe}/E_{ps} = 1{,}170 / 200{,}000 = 0.00585$, $E_{ps} = 200{,}000$ MPa(식 (2.20)), 강연선 단면적 $A_b = 98.71$ mm^2

① 완전하게 부착이 되었다고 가정하여 강연선의 공칭인장강도 f_{ps} 계산 :

저이완 강연선 표 2.4에서 $f_{py} = 0.9 f_{pu}$

식 (4.20) : $f_{py}/f_{pu} = 0.9 \rightarrow \gamma_p = 0.28$

$f_{ck} = 35$ MPa : 식 (4.5), $\beta_1 = 0.85 - 0.007(f_{ck} - 28) = 0.85 - 0.007(35 - 28) = 0.801$

$d_p = 650 - 150 = 500$ (mm)

$A_{ps} = 5(98.71) = 493.6$ (mm^2) (반쪽에 대해서 계산)

$\rho_p = A_{ps}/b d_p = 493.6 / (1{,}500 \times 500) = 0.000658$

$\omega_{pu} = \rho_p f_{pu}/f_{ck} = 0.000658(1{,}860/35) = 0.03498$

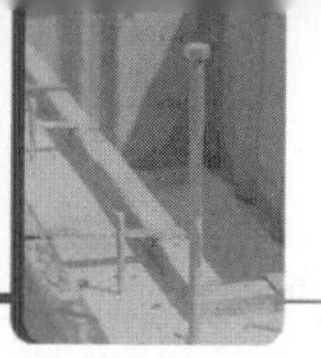

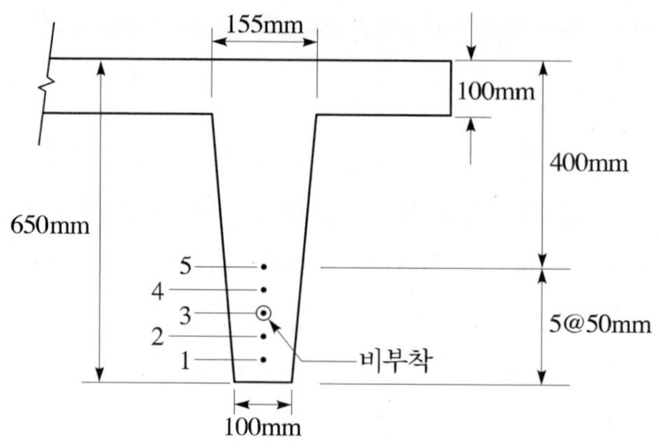

그림 4.23 폭 3,000 mm 더블티형 단면

식 (4.18) : $f_{ps} = f_{pu}\left[1-(\gamma_p/\beta_1)\omega_{pu}\right]$ = 1,860 [1 − (0.28/0.801)(0.03498)]

= 1,860(0.988) = 1,837 (MPa)

또는 약식으로 $f_{ps} = 0.98 f_{pu}$ = 1,823 (MPa)로 가정하여 계산할 수도 있다.

② 전달길이 l_t 및 정착길이 l_d 계산 : 식 (2.23)

부착 긴장재 : $l_t = 0.145(f_{pe}/3)d_b$ = 0.145(1,170/3)(12.7) = 718 (mm)

$$l_d = l_t + l_f = 0.145\left(\frac{f_{pe}}{3}\right)d_b + 0.145(f_{ps} - f_{pe})d_b$$

$$= 0.145[f_{ps} - (2/3)f_{pe}]d_b$$

$l_d = 0.145[f_{ps} - (2/3)f_{pe}]d_b$ = 0.145[1,837 − (2/3)(1,170)](12.7)

= 1,946 (mm)

부분적 비부착 긴장재 : 단부에서 **부분적 비부착 강연선(debonded strand)**인 경우 또는 인장응력 한계($-0.25\sqrt{f_{ci}}$ 또는 $-0.50\sqrt{f_{ci}}$, 표 2.15 참고)을 설계에서 고려하는 인장구역의 경우의 정착길이를 2배로 증가시키도록 규정하고 있다[구조기준 8.4(3), ACI 12.9.3].

l_t = 2(718) = 1,436 (mm) ; 그림 4.24 참고

l_d = 2(1,946) = 3,892 (mm)

③ 단부에서 3,500 mm 떨어진 위치에 발달하는 공칭인장강도 f_{pd} 및 합인장력 T 계산 :

부분적 비부착이 끝나는 위치로 부터의 길이 = 3,500 − 1,500 = 2,000 (mm)

부분적 비부착 긴장재의 정착길이 2,000 mm에서 공칭인장강도 f_{pd} 계산 :

그림 4.24에서 휨부착 부분의 기울기 : (1,837 − 1,170)/(3,892 − 1,436) = 0.2716

∴ f_{pd} = 1,170 + (0.2716)(2,000 − 1,436) = 1,170 + 153 = 1,323 (MPa)

또는 f_{pd} 를 식 (2.26)으로 계산 : 이 식은 부착 긴장재에 대한 식이므로 $l_x = 2{,}000/2 = 1{,}000$ (mm)로 계산

$\therefore\ f_{pd} = l_x/(0.145d_b) + (2/3)f_{pe} = 1{,}000(0.145 \times 12.7) + (2/3)1{,}170$

$= 543 + 780 = 1{,}323$ (MPa)

변형률 계산 : $\epsilon_{pd} = f_{pd}/E_{ps} = 1{,}323\ /\ 200{,}000 = 0.006615$

유효변형률 ϵ_{pe} 로부터 추가로 일어난 변형률 ϵ_{pa} 계산 :

$\epsilon_{pa} = \epsilon_{pd} - \epsilon_{pe} = 0.006615 - 0.00585 = 0.000765$

그림 4.25b에서 보는 바와 같이 긴장재가 등간격으로 배치되어 변형률의 변화가 긴장재의 응력에 미치는 영향은 거의 없다고 볼 수 있다. 따라서 긴장재의 응력이 모두 같다고 가정하고, 합인장력 T의 도심도 긴장재의 도심과 같다고 가정한다.

$A_{ps} = 10A_b = 10(98.71) = 987.1\ (\text{mm}^2)$

$\therefore\ T = A_{ps}f_{pd} = 987.1(1{,}323)/10^3 = 1{,}305.9$ (kN)

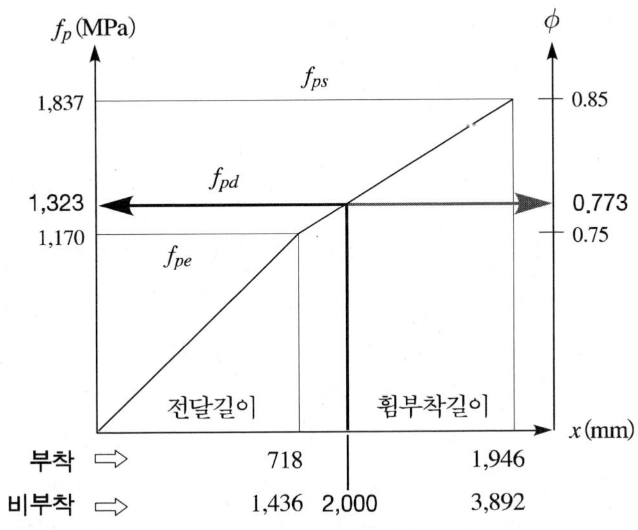

그림 4.24 부착 긴장재와 부분적 비부착 긴장재의 전달 및 정착길이

④ 압축연단 콘크리트 변형률 ϵ_c를 변화시켜서 압축합력 C ≅ T 되도록 C 계산 :

$\epsilon_c = \underline{0.00025213}$ (Excel 시트에서 C ≅ T 만족하는 가정 값) ≤ 0.003 <*OK*>

$\epsilon_c\ :\ \epsilon_c + \epsilon_{pa} = c\ :\ d_p$

$c = \dfrac{\epsilon_c}{\epsilon_c + \epsilon_{pa}} d_p = 500 \times 0.000252\ /\ (0.000252 + 0.000765) = 123.942$ (mm)

플랜지 상연의 응력 : $f_{c(t)} = \epsilon_c E_c = 0.000252(28{,}825) = 7.27$ (MPa)

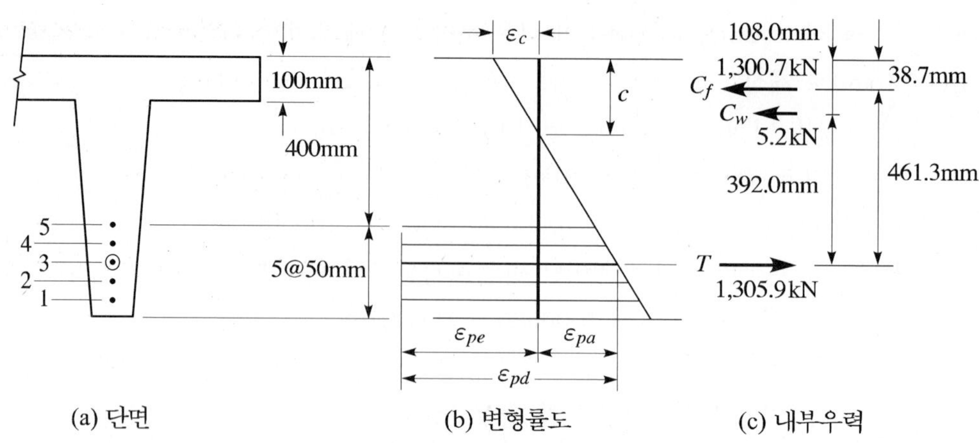

그림 4.25 변형률도 및 내부우력

플랜지 하연의 응력 : $f_{c(b)} = \dfrac{c-100}{c} f_{c(t)} =$ (23.942/123.942)(7.27) = 1.40 (MPa)

플랜지의 압축합력 : $C_f = b h_f (f_{c(t)} + f_{c(b)})/2$

= (3,000)(100)(7.27+1.40)/2/1,000 = 1,300.7 (kN)

c = 123.942 mm > h_f = 100 mm로 T형 단면 해석을 하여야 한다.

복부에서 응력분포는 삼각형이고 면적은 마름꼴이므로 그림 P9.5와 유사한 방법으로 계산하면 된다. 본 예제에서는 중립축 c가 자르는 복부의 두께를 구해서, 이 두께와 플랜지 접촉부분의 두께의 평균을 갖는 직사각형 단면으로 보아 계산하였다. 중립축 c가 자르는 복부의 두께를 계산하기 번거로우므로 PCI나 CPCI에서는 플랜지 접촉부분의 두께를 갖는 직사각형으로 보아 계산하고 있다.

중립축 c가 자르는 복부의 두께 : 100 + (55/550)(550 − (123.942 −100)) = 152.6 (mm)

복부 평균두께 : (152.6 + 155)/2 = 153.8 (mm)

복부(web)의 압축합력 : C_w = 2(153.8)(23.942)(1.40) /2 /1,000 = 5.2 (kN)

총 압축합력 $C = C_f + C_w$ = 1,300.7 + 5.2 = 1,305.9 (kN) ≈ T = 1,305.9 kN <*OK*>

⑤ 단부에서 3,500 mm 떨어진 위치의 공칭휨모멘트강도 M_n 계산 : 그림 4.25 참고

플랜지의 압축합력에 대한 상연으로부터 도심 거리 계산 : 응력분포가 마름모꼴로 2개의 삼각형으로 나누어 계산한다.

면적 = (100)(7.27 + 1.40) /2 = 433.6 (N/mm)

상연으로부터 단면 1차모멘트 : (100/3)(7.27 × 100)/2 + (2 × 100/3)(1.40 × 100/2)

= 12,116.7 + 4,666.7 = 16,783.4 (N)

상연으로부터 도심 거리 : 16,783.4 / 433.6 = 38.7 (mm)

복부 압축합력의 플랜지 하부 접촉부분으로부터의 도심 거리 : 400 − 23.942/3
= 392.0 (mm)

긴장재 도심에서 휨모멘트를 취하여 M_n 계산 :

$M_n = [\,C_f(500-38.7)+C_w(392.0)\,]/1{,}000 = 1{,}300.7(0.4613) + 5.2(0.392)$

∴ $M_n = 600.0 + 2.0 =$ <u>602.0 (kN · m)</u>

⑥ 방법 1 – 설계휨모멘트강도 ϕM_n 계산 : $x = 2l_t \sim 2l_d$ 구간의 강도감소계수는 0.75 ~ 0.85를 선형으로 직선보간하여 적용하도록 규정하고 있다[구조기준 해설 3.3.3(2)⑦, ACI R9.3.2.7]. 따라서 강도감소계수를 그림 4.24에서 구하면, 전달길이 l_t = 1,436 mm ; 정착길이 l_d = 3,892 mm

휨강도 계산하는 위치 l_x = 3,500 − 1,500 = 2,000 (mm)

ϕ = 0.75 + (2,000 − 1,436)(0.1 / (3,892 − 1,436)) = <u>0.773</u>

∴ ϕM_n = (0.773)(602.0) = <u>465.3 (kN · m)</u>

⑦ 방법 2 – 설계휨모멘트강도 ϕM_n 계산 : 부분적 비부착 긴장재(debonded strand)가 완전히 정착될 때까지 계산에서 무시하는 방법(긴장재 10 − 2 = 8개)을 이용하여 ϕM_n 을 계산한다[구조기준 해설 3.3.3(2)⑦, ACI R9.3.2.7].

$A_{ps} = 8A_b$ = 8(98.71) = 789.7 (mm^2)

$T = A_{ps}f_{ps}$ = 789.7(1,837)/10^3 = 1,450.6 (kN)

식 (4.25) : $a = \dfrac{A_{ps}f_{ps}}{0.85f_{ck}b} = \dfrac{1{,}450.6\times10^3}{0.85\times35\times3{,}000} = 16.3$ (mm)

< h_f = 100 mm ; 직사각형 단면으로 해석하면 된다.

식 (4.35) : $M_n = A_{ps}f_{pd}(d_p - a/2)$ = 1,450.6 (500 − 16.3/2) /1,000 = 713.5 (kN · m)

∴ ϕM_n = (0.85)(713.5) = <u>606.5 (kN · m)</u>

⑧ 방법 1의 상태에서 추가적으로 하중이 작용하게 되면 비부착 긴장재에는 미끄러짐(slip)이 발생하지만 부착된 8개의 긴장재는 공칭 인장강도에 이를 때까지 응력 재분배를 통해서 훨씬 높은 변형률과 응력에 저항할 수 있을 것이다. 부분적 비부착 긴장재를 무시하는 방법 2에서 더 높은 설계휨모멘트 강도를 얻어서 만약에 이 방법을 선택한다면 가장 취약한 단면의 강도를 기준으로 하는 설계개념에 위배되는 것 같이 보일 수 있다. 하지만, 도입한 가정 자체가 더 안전 측이므로 설계에서 이 방법을 선택해도 문제가 없을 것이다[PCI 2010(5−39)].

예제 4.9

[예제 4.3의 캔틸레버 보의 일반해석(general analysis)에 의한 설계휨강도 계산]

보통중량 콘크리트로 제작된 400 mm × 600 mm의 직사각형 단면 캔틸레버 보(경간 = 단순지지 경간 6m + 캔틸레버 2m)에는 직경 12.7 mm B종(f_{pu} = 1,860 MPa, A_b = 98.71 mm^2) 저이완 강연선이 상부에는 4개, 하부에는 7개가 배치되었다.

[문제] 그림 4.11a에 따라 최대 휨모멘트가 발생하는 좌측 받침부에서 2.8 m 떨어진 위험단면의 공칭휨모멘트강도를 결정하고, $M_n \geq M_u/\phi$를 만족하는지 검토하라.

- 단면 : A_g = 240,000 mm^2, I_g = 7,200 × 10^6 mm^4, $y_b = y_t$ = 300 mm, $S_b = S_t = I_g/y$ = 24 × 10^6 mm^3, 상부 긴장재 e_t = −200 mm, 하부 위쪽의 긴장재 3개 e_{bu} = 150 mm, 하부 아래쪽의 긴장재 4개 e_{bl} = 200 mm
- 긴장력 : $f_{p0} = 0.74 f_{pu}$ = 1,376.4 MPa, $f_{pi} = 0.95 f_{p0}$ = 1,308 MPa, $f_{pe} = 0.855 f_{pi} (\approx 0.60 f_{pu})$ = 0.855(1,308) = 1,118 (MPa)
- 콘크리트 : 보통중량골재 f_{ck} = 35 MPa, $0.85 f_{ck}$ = 29.75 MPa, β_1 = 0.85 − 0.007(35−28) = 0.801
- 하중 : w_d = 5.886 + 35 = 40.886 kN/m ; w_l = 26 kN/m가 작용한다.

  $M_d(x = 2.80\,\text{m}) = (8/3) w_d x - w_d x^2/2$ = 145.0 (kN.m)

  $M_l(x = 2.80\,\text{m}) = 3 w_l x - w_l x^2/2$ = 116.5 (kN.m)

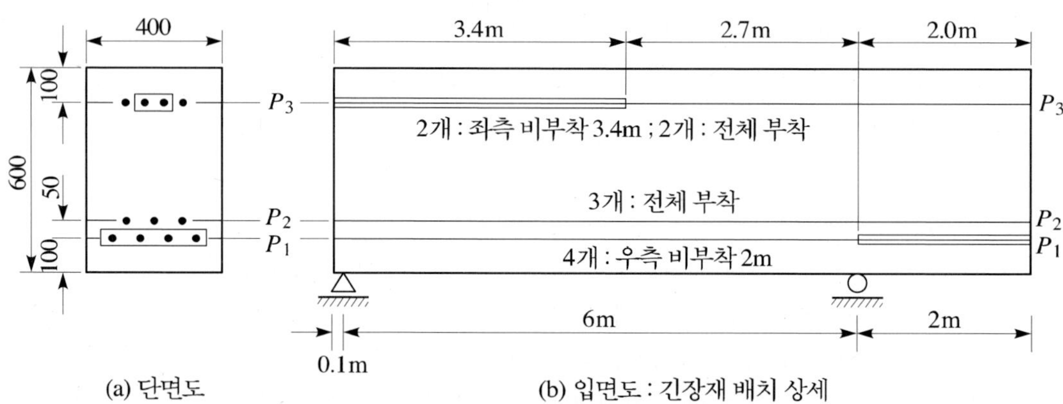

그림 4.26 내민보(캔틸레버 보)에 배치되는 긴장재의 상세

① 강연선의 공칭인장강도 f_{ps} 계산 : 근사 식 (4.18)은 압축영역에도 긴장재가 배치되어 적용할 수가 없고, 변형률 적합성과 평형방정식을 이용한 **일반해석(general analysis)**을 수행하여 휨강도를 계산하여야 한다[구조기준 해설, ACI, ACI Note 24-11, ACI Note Ex. 24.4].

부분적 비부착 긴장재는 2배의 정착길이가 필요하므로, 위험단면에 대해서 정착길이가 모자라서 f_{ps} 를 충분히 발휘하지 못하는 경우가 발생할 수 있으므로 이런 경우에 검토하여 f_{pd} 를 결정하여야 한다.

바닥에서 긴장재 도심 계산 : (3 × 150 + 4 × 100) / 7 = 121.4 (mm)

d_p = 600 − 121.4 = 478.6 (mm)

유효변형률 : $\epsilon_{pe} = f_{pe}/E_{ps}$ = 1,118 /200,000 = 0.00559

$c \approx d_p/3$ = 478.6/3 = 160 (mm)로 시작해서, c = 137.20 mm를 대입하여 수렴을 검토한다.

ⓐ 가장 아래에 배치된 긴장재의 공칭강도 변형률 $\epsilon_1 (= \epsilon_{pe} + \epsilon_{pa1})$ 와 f_{pd1} 계산 :

$0.003 : (\epsilon_{pa1} + 0.003) = c : 500$

$\epsilon_{pa1} = 0.003(500)/c - 0.003 = 1.5/c - 0.003 = 0.007933$

$\epsilon_1 = \epsilon_{pe} + \epsilon_{pa1} = 0.00559 + 0.007933 = 0.01352 > 0.0085$

그림 2.9 :

$f_{ps1} = 1{,}860 - 0.27/(\epsilon_1 - 0.007) = 1{,}860 - 0.27/(0.0128 - 0.007) = \underline{1{,}818.6}$ (MPa)

우측받침부에서 6.0 − 2.8 = 3.2 m 떨어진 위험단면에서 f_{ps1} 을 발휘할 수 있는지 검토 :

$l_t = 0.145(f_{pe}/3)d_b = 0.145(1{,}118/3)(12.7) = 686$ (mm)

$l_{d1} = 0.145[f_{ps1} - (2/3)f_{pe}]d_b = 0.145[1{,}818.6 - (2/3)(1{,}118)](12.7) = 1{,}976$ (mm)

부분적 비부착 : $2l_t$ = 2(686) = 1,373 (mm) ; $2l_{d1}$ = 2(1,976) = 3,953 (mm)

따라서 전체 필요한 정착길이 = 3,953 mm

우측받침부에서 위험단면의 거리는 6.0 − 2.8 = 3.2 m < 3.953 m 보다 작아서 긴장재 1이 2.8 m 지점에서 f_{pu1} 을 완전히 발휘하지 못하게 된다.

우측 받침부에서 3.2 m(= 좌측받침부에서 2.8 m) 떨어진 위치 : 그림 4.27 참고

기울기 : (1,818.6 − 1,118) / (3.953 − 1.373) = 271.6

∴ f_{pd1} = 1,118 + (3.2 − 1.373)(271.6) = 1,118 + 496.1 = 1,614.2 (MPa)

ⓑ 하부의 위에 배치된 긴장재의 공칭강도 변형률 $\epsilon_2 (= \epsilon_{pe} + \epsilon_{pa2})$ 와 f_{ps2} 계산 :

$0.003 : (\epsilon_{pa2} + 0.003) = c : 450$

$\epsilon_{pa2} = 0.003(450)/c - 0.003 = 1.35/c - 0.003 = 0.006840$

$\epsilon_2 = \epsilon_{pe} + \epsilon_{pa2} = 0.00559 + 0.006840 = 0.01243 > 0.0085$

그림 2.9 : $f_{ps2} = 1{,}860 - 0.27/(\epsilon_2 - 0.007)$

$= 1{,}860 - 0.27/(0.01243 - 0.007) = \underline{1{,}810.3}$ (MPa)

소요 정착길이 l_{d2} = 0.145[1,810.3 − (2/3)(1,118)](12.7) = 1,961 (mm)

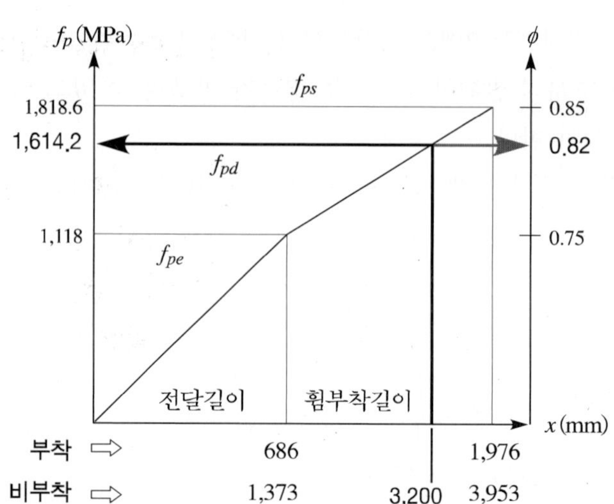

그림 4.27 f_{pd1} 과 ϕ 의 계산

배치 정착길이 : 2.8 m 위험단면에서 좌측으로 2.9 m > 1.961 m <OK>

우측으로 8.0 − 2.8 = 5.2 m > 1.961 m <OK>

따라서 위험단면에서 f_{ps2} 가 완전히 발휘된다.

ⓒ 상부에 배치된 긴장재의 공칭강도 변형률 $\epsilon_3 (= \epsilon_{pe} - \epsilon_{pa3})$ 와 f_{ps3} 계산 :

$0.003 : \epsilon_{pa3} = c : 100$

$\epsilon_{pa3} = 0.003(100)/c = 0.3/c = 0.002187$

$\epsilon_3 = \epsilon_{pe} - \epsilon_{pa3} = 0.00559 - 0.002187 = 0.003403 < 0.0085$

그림 2.9 : $f_{ps3} = \epsilon_3 E_{ps} = (0.003403)(200{,}000) = \underline{680.7\ (\text{MPa})}$

$f_{ps3} = 680.7\ \text{MPa} < f_{pe} = 1{,}118\ \text{MPa}$

소요 정착길이 $l_{t3} = 686\ (680.7\ /\ 1{,}118) = 418\ (\text{mm})$; 그림 4.27 참고

배치 정착길이 : 좌측 2.9 m, 우측 5.2 m > 0.418 m <OK>

ⓓ 내부우력에 대한 평형방정식 $C \approx T = T_1 + T_2 + T_3$ 검토 : 그림 4.28c 참고

$A_{ps1} = 4(98.71) = 394.8\ (\text{mm}^2)$;

$T_1 = A_{ps1} f_{pd1} = (394.8)(1{,}614.2)/1{,}000 = 637.3\ \text{kN}$

$A_{ps2} = 3(98.71) = 296.1\ (\text{mm}^2)$; $T_2 = A_{ps2} f_{ps2} = (296.1)(1{,}810.3)/1{,}000$

$= 536.1\ \text{kN}$

$A_{ps3} = 2(98.71) = 197.4\ (\text{mm}^2)$; $T_3 = A_{ps3} f_{ps3} = (197.4)(680.7)/1{,}000 = 134.4\ \text{kN}$

$a = \beta_1 c = 0.801(137.20) = 109.9\ (\text{mm})$;

$C = (0.85 f_{ck}) a b = 29.75(109.9)\ (400)/1{,}000 = 1{,}307.8\ (\text{kN})$

$T = T_1 + T_2 + T_3 = 1{,}307.8$ kN $\approx C = 1{,}307.8$ kN ; 수렴 <OK>

② 공칭 휨모멘트 강도 M_n 계산 : T1 위치에서 내부우력에 대한 휨모멘트를 취한다.

$M_n = C(500 - a/2) - T_3(500 - 100) - T_2(50)$

$= 1{,}307.8(500 - 109.9/2) - 134.4(400) - 536.1(50)$

$\therefore M_n = 582{,}035 - 53{,}751 - 26{,}804 = 501{,}480$ (N · mm) = 501.5 (kN · m)

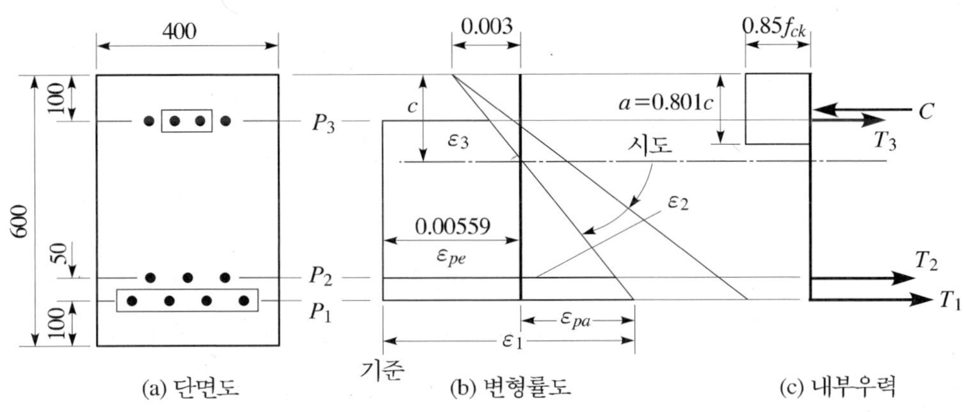

그림 4.28 압축 긴장재가 배치된 단면의 변형률 적합 해석

③ $M_n \geq M_u/\phi$ 검토 : 위험단면이 $2l_t \sim 2l_d$ 구간이므로 강도감소계수는 0.75 ~ 0.85를 선형으로 직선보간하여 적용한다.

ⓐ 강도감소계수 계산 : 그림 4.27 참고

전달길이 ~ 정착길이 = ($2l_t$ = 1.373 m) ~ ($2l_{d1}$ = 3.953 m)

구간 길이 = 3.953 − 1.373 = 2.58 (m)

우측받침부에서 위험단면의 거리는 6.0 − 2.8 = 3.2 m

전달길이를 빼고 남는 길이 : 3.2 − 1.373 = 1.827 (m)

강도감소계수 계산 : ∴ ϕ = 0.75 + (1.827) (0.1/2.58) = 0.82

ⓑ 계수 휨모멘트 강도 M_u 계산 :

$M_d(x = 2.80\,\text{m}) = 145.0$ kN · m ; $M_l(x = 2.80\,\text{m}) = 116.5$ kN · m

$M_u = 1.2M_d + 1.6M_l = 1.2(145.0) + 1.6(116.5) = 360.4$ (kN · m)

ⓒ $M_n = 501.5$ kN · m $> M_u/\phi = 360.4/0.82 = 439.1$ (kN · m) <OK>

④ 본 예제에서는 생략하지만 우측 받침부의 부 휨모멘트 강도도 검토하여야 하고, 또한 그림 4.4b에서 보면 부분적 비부착 긴장재를 부착하기 시작하는 위치(좌측 받침부에서 3.4 m 위치)에서 위험단면이 발생할 수 있으므로 이 위치의 설계강도도 검토하면 좋을 것이다.

4.6 중립축이 플랜지 밑에 위치하는 I형 또는 T형 단면의 휨강도 (I- or T-Section with Neutral Axis below the Flange)

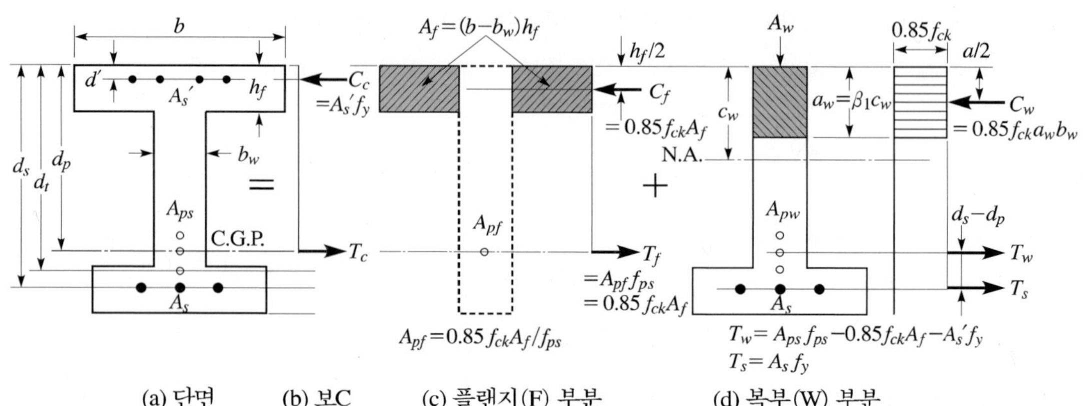

그림 4.29 부착 긴장재가 배치되는 중립축이 플랜지에 있는 I형 또는 T형 단면 보의 공칭강도 상태에서의 내부우력

4.6.1 인장지배 단면 한계(Limit for Tension-Controlled Section)

I형이나 T형 단면에서 등가 직사각형 응력블럭의 깊이 $a > h_f$ 인 경우에는 그림 4.29와 같이 내민 플랜지를 분리하여 고려하여야 한다. 단면에 연직하는 수평우력에 대한 평형방정식 $C_c + C_f + C_w \equiv T_c + T_f + T_w + T_s$ 에서 $C_c = T_c$ 이고 $C_f = T_f$ 이므로 $T_w + T_s = C_w$ 이고 식 (4.11)의 $a_t = a_w$ 이므로 이를 함께 적으면, $\epsilon_t \geq 0.005$인 인장지배 단면에 대해서

$$C_w = (0.85f_{ck})a_w b_w = (0.85f_{ck})(0.375\beta_1 d_t)b_w = 0.319\beta_1 f_{ck} b_w d_t$$
$$T_w = A_{ps}f_{ps} - (0.85f_{ck})A_f - A_s{}'f_y = A_{pw}f_{ps} - A_s{}'f_y$$
$$A_{pw}f_{ps} = A_{ps}f_{ps} - (0.85f_{ck})A_f$$

여기에서 플랜지의 내민부분의 면적 $A_f = (b-b_w)h_f$ 가 된다. 평형방정식을 쓰면,

$$\begin{cases} T_w + T_s = C_w, \quad \text{또는} \\ A_{pw}f_{ps} + A_s f_y - A_s{}'f_y = (0.85f_{ck})a_w b_w = 0.319\beta_1 f_{ck} b_w d_t \end{cases} \tag{f}$$

가 된다. 여기에서 등가직사각형 응력블럭의 깊이 a_w 는

$$a_w = \frac{A_{pw}f_{ps} + A_s f_y - A_s{}'f_y}{(0.85f_{ck})b_w} \tag{4.44}$$

로 표현할 수 있다. 공칭강도 상태에서 긴장재는 f_{ps} 에 도달하고, 보통 부착 인장철근과 압축철근이 f_y 에 도달한다고 가정하여, 철근비 ρ 및 강재지수 ω 를 T형 단면에 대해서 적으면, 직사각형 단면에서의 b 가 b_w 로 바뀌어,

$$\rho_{sw} = \frac{A_s}{b_w d_s} \quad ; \quad \rho_w{}' = \frac{A_s{}'}{b_w d_s}$$

$$\omega_{sw} = \rho_{sw}\frac{f_y}{f_{ck}} = \frac{A_s}{b_w d_s}\frac{f_y}{f_{ck}} \quad ; \quad \omega_w{}' = \rho_w{}'\frac{f_y}{f_{ck}} = \frac{A_s{}'}{b_w d_s}\frac{f_y}{f_{ck}}$$

로 쓸 수 있다. 긴장재와 내민플랜지 부분에 대해서는 $T_f = (0.85 f_{ck})(b - b_w) h_f$ 를 빼주기 위해서 ρ_{pw} 와 ω_{pw} 를 다음과 같이 정의한다.

$$\begin{cases} \rho_{pw} = \dfrac{A_{pw}}{b_w d_p} = \dfrac{A_{ps} - (0.85 f_{ck}) A_f / f_{ps}}{b_w d_p} \\ \omega_{pw} = \rho_{pw}\dfrac{f_{ps}}{f_{ck}} = \dfrac{A_{pw}}{b_w d_p}\dfrac{f_{ps}}{f_{ck}} = \dfrac{A_{ps} f_{ps} - (0.85 f_{ck}) A_f}{b_w d_p f_{ck}} \end{cases} \tag{g}$$

$\epsilon_t \geq 0.005$인 인장지배 단면의 전체 강재지수 ω_{ew} 는

$$\omega_{ew} = \omega_{pw} + \frac{d_s}{d_p}(\omega_{sw} - \omega_w{}') = \frac{A_{pw}}{b_w d_p}\frac{f_{ps}}{f_{ck}} + \frac{d_s}{d_p}\left(\frac{A_s}{b_w d_s}\frac{f_y}{f_{ck}} - \frac{A_s{}'}{b_w d_s}\frac{f_y}{f_{ck}}\right)$$

$$\approx \frac{A_{pw} f_{ps} + A_s f_y - A_s{}' f_y}{b_w d_p f_{ck}}$$

이 식에 식 (f)를 대입하면서 인장지배 단면의 한계를 표현하기 위해서 부등호를 도입하면, T형 단면이 인장지배 단면이기 위한 강재지수의 한계는

$$\omega_{ew} = \omega_{pw} + \frac{d_s}{d_p}(\omega_{sw} - \omega_w{}') = \frac{0.319 \beta_1 f_{ck} b_w d_t}{b_w d_p f_{ck}} \approx 0.32 \beta_1 \left(\frac{d_t}{d_p}\right) \tag{h}$$

와 같게 된다. 식 (f)를 이용하여 철근비를 표현하기 위해서 $b_w d_p$ 로 나누어 주고, 보통 부착철근 항의 밑변과 위변에 d_s 를 각각 곱해주면,

$$\frac{A_{ps} - (0.85 f_{ck}) A_f / f_{ps}}{b_w d_p} + \frac{d_s}{d_p}\left(\frac{A_s}{b_w d_s} f_y - \frac{A_s{}'}{b_w d_s} f_y\right) = 0.32 \beta_1 f_{ck} \frac{b_w}{b_w}\left(\frac{d_t}{d_p}\right)$$

이 식에서 $d_t \cong d_p$ 로, f_{ps} 로 나누어 주면서, 부등호를 도입하고 식 (g)를 이용하여 T형 단면에 대한 인장지배 단면의 한계 철근비 ρ_{ew} 를 적으면

$$\left[\rho_{ew}=\rho_{pw}+\frac{d_s}{d_p}\left(\rho_{sw}\frac{f_y}{f_{ps}}-\rho_w{}'\frac{f_y{}'}{f_{ps}}\right)\right]\leq 0.32\beta_1\frac{f_{ck}}{f_{ps}}\left(\frac{d_t}{d_p}\right)\approx 0.32\beta_1\frac{f_{ck}}{f_{ps}} \qquad (4.45)$$

와 같다. $a_w = c_w\beta_1$과 식 (f)를 적으면서 $b_w d_p$로 나누어 주고 정리하면

$$\frac{A_{pw}f_{ps}+A_s f_y - A_s{}' f_y}{b_w d_p} = \frac{(0.85 f_{ck}) b_w \beta_1 c_w}{b_w d_p}$$

$$\frac{A_{pw}f_{ps}+A_s f_y - A_s{}' f_y}{b_w d_p f_{ck}} = (0.85\beta_1)\frac{c_w}{d_p}$$

가 된다. 이 식을 강재지수로 표현하면서 식 (d)를 대입하고, 긴장재가 한 층으로 배치되었거나 $(d_p = d_t)$ 또는 $d_p \approx d_t$로 보면

$$\begin{cases} \omega_{ew}=\omega_{pw}+\dfrac{d_s}{d_p}(\omega_{sw}-\omega_w{}')=(0.85\beta_1)\dfrac{c_w}{d_p}=(0.85\beta_1)\dfrac{0.003}{0.003+\epsilon_t} \\ \dfrac{c_w}{d_p}\approx\dfrac{c_w}{d_t}=\dfrac{\omega_{ew}}{0.85\beta_1}=\dfrac{\omega_{pw}+(d_s/d_p)(\omega_{sw}-\omega_w{}')}{0.85\beta_1}=\dfrac{0.003}{0.003+\epsilon_t} \end{cases} \qquad \text{(i)}$$

로 표현된다. 식 (i)에서 ϵ_t를 구하기 위해서 정리하면, 각각 다음과 같이 적을 수 있다.

$$\begin{cases} \epsilon_t = 0.003\left(\dfrac{0.85\beta_1}{\omega_{ew}}-1\right) \\ \epsilon_t = 0.003\left(\dfrac{d_p}{c_w}-1\right)\approx 0.003\left(\dfrac{d_t}{c_w}-1\right) \end{cases} \qquad (4.46)$$

또한 식 (h)와 (i)를 같이 쓰면서 T형 단면에서 인장지배 단면이기 위한 조건은 부등호를 도입하면서, 긴장재 $d_t \cong d_p$로 보아 적은 아래의 식들을 만족하면 인장지배 단면이 될 것이다.

$$\begin{cases} \left[\omega_{ew}=\omega_{pw}+\dfrac{d_s}{d_p}(\omega_{sw}-\omega_w{}')=(0.85\beta_1)\dfrac{c_w}{d_p}=\dfrac{0.85\,a_w}{d_p}\right]\leq 0.32\beta_1\left(\dfrac{d_t}{d_p}\right)\approx 0.32\beta_1 \\ \left[\omega_{pw}=(0.85\beta_1)\dfrac{c_w}{d_p}=\dfrac{0.85\,a_w}{d_p}\right]\leq 0.32\beta_1\left(\dfrac{d_t}{d_p}\right)\approx 0.32\beta_1\ ;\ (\omega_{sw}=\omega_w{}'=0) \\ \text{또는}\ \dfrac{c_w}{d_t}=\dfrac{a_w}{\beta_1 d_t}\leq 0.375 \end{cases} \qquad (4.47)$$

4.6.2 휨강도(Flexural Strength)

(1) 압축철근 $\epsilon_s{}' \geq \epsilon_y$ 인지 검토 : 직사각형 단면의 식 (4.32)를 다시 쓰면,

$$d' \leq 0.375\, d_t\left(1 - \frac{f_y}{600}\right) \approx 0.375\, d_p\left(1 - \frac{f_y}{600}\right) \tag{4.32}$$

따라서 $f_y = 400$ MPa, 500 MPa인 경우에 각각 $d' \leq 0.125\, d_p$, $0.0625\, d_p$ 또는 $d_p \geq 8d'$, $16d'$ 이면, $f_s' \geq f_y$ 가 된다.

(2) $a \leq h_f$ 인지 검토 : 직사각형 단면으로 해석해도 되는지 또는 T형 단면으로 해석해야 하는지 검토한다. 먼저 직사각형 단면으로 가정하여 f_{ps} 를 구하여 등가 직사각형 응력블럭의 깊이 a 를 계산한다.

$$a = \frac{A_{ps} f_{ps} + A_s f_y - A_s' f_y}{(0.85 f_{ck})\, b} \leq h_f \Rightarrow \text{직사각형 단면으로 해석} \tag{4.30}$$

아니면 다음과 같이 T형 단면으로 해석하여야 한다(그림 4.34 참고).

(3) T형 단면 해석 :

ⓐ 직사각형으로 가정하여 구한 f_{ps} 와 a 를 이용하여 a_w 를 구하는 간략 방법 : 일반적으로 해석에서 적용하는 방법으로 a_w 를 아래와 같이 구한다.

$$a_w = A_w / b_w,\ \text{여기에서}\ A_w = A_{comp} - A_f = a\,b - (b - b_w)\, h_f \tag{4.48}$$

ⓑ T형 단면에 대한 f_{ps} 를 다시 구하여 아래의 식을 이용해서 a_w 를 구하는 방법 :

$$f_{ps} = f_{pu}\left(1 - \frac{\gamma_p}{\beta_1}\,\omega_{ewu}\right) = f_{pu}\left\{1 - \frac{\gamma_p}{\beta_1}\left[\omega_{pwu} + \frac{d_s}{d_p}(\omega_{sw} - \omega_w')\right]\right\} \tag{4.18}$$

여기에서 $\omega_{ewu} = \omega_{pwu} + \dfrac{d_s}{d_p}(\omega_{sw} - \omega_w') = \dfrac{A_{pw}}{b_w d_p}\dfrac{f_{pu}}{f_{ck}} + \dfrac{d_s}{d_p}\left(\dfrac{A_s}{b_w d_s}\dfrac{f_y}{f_{ck}} - \dfrac{A_s'}{b_w d_s}\dfrac{f_y}{f_{ck}}\right)$.

$$a_w = \frac{A_{ps} f_{ps} - (0.85 f_{ck}) A_f - A_s' f_y + A_s f_y}{(0.85 f_{ck}) b_w} = \frac{A_{pw} f_{ps} - A_s' f_y + A_s f_y}{(0.85 f_{ck}) b_w} \tag{4.44}$$

(4) 공칭 휨모멘트 강도와 설계 휨모멘트 강도의 계산 : 그림 4.29에서 각각의 내부우력 C_c 및 C_f 와 C_w 작용점에서 모멘트를 취하여 구한다.

압축철근 부분 : $C_c = A_s' f_y = T_c$; $M_{nc} = A_s' f_y (d_p - d')$

플랜지 부분 : $C_f = T_f$; $(0.85 f_{ck})(b - b_w)\, h_f = (0.85 f_{ck}) A_f = A_{pf} f_{ps}$;

$$A_{pf} = (0.85 f_{ck}) A_f / f_{ps}$$

$$M_{nf} = A_{pf} f_{ps}\left(d_p - \frac{h_f}{2}\right) = (0.85 f_{ck}) A_f \left(d_p - \frac{h_f}{2}\right)$$

복부 부분 :

$$M_{nw} = \begin{cases} [A_{ps} f_{ps} - (0.85 f_{ck}) A_f - A_s' f_y] \left(d_p - \dfrac{a_w}{2}\right) + A_s f_y \left(d_s - \dfrac{a_w}{2}\right), \text{ 또는} \\ [A_{pw} f_{ps} - A_s' f_y] \left(d_p - \dfrac{a_w}{2}\right) + A_s f_y \left(d_s - \dfrac{a_w}{2}\right) \end{cases}$$

단면에 대한 모든 휨모멘트를 더해주면, $M_n = M_{nc} + M_{nf} + M_{nw}$ 는 아래와 같게 된다.

$$M_n = \begin{cases} A_{s'} f_y (d_p - d') + A_{pw} f_{ps} \left(d_p - \dfrac{a_w}{2}\right) + A_s f_y \left(d_s - \dfrac{a_w}{2}\right) \\ - A_s' f_y \left(d_p - \dfrac{a_w}{2}\right) + (0.85 f_{ck}) A_f \left(d_p - \dfrac{h_f}{2}\right) \end{cases}$$

$$\phi M_n = \phi \left[A_{pw} f_{ps} \left(d_p - \frac{a_w}{2}\right) + A_s f_y \left(d_s - \frac{a_w}{2}\right) + A_s' f_y \left(\frac{a_w}{2} - d'\right) + (0.85 f_{ck}) A_f \left(d_p - \frac{h_f}{2}\right) \right] \qquad (4.49)$$

또는 압축연단에서 모멘트를 취하면,

$$\phi M_n = \phi \left[A_{ps} f_{ps} d_p + A_s f_y d_s - A_s' f_y d' - (0.85 f_{ck}) \left(A_f \frac{h_f}{2} + A_w \frac{a_w}{2} \right) \right] \qquad (4.50)$$

로 쓸 수 있다[그림 4.34 참고, PCI 2010(5.2.2, 5-4)].

(5) 압축철근 $f_s' < f_y$ 인 경우 : ① 압축철근을 무시하거나(PCI 방법), 또는 ② 압축철근의 실제 응력을 구하여 포함시킬 수도 있다. 실제로 압축철근의 기여는 매우 적기 때문에 PCI와 같이 무시하면 식 (4.49)는

$$\phi M_n = \phi \left[A_{pw} f_{ps} \left(d_p - \frac{a_w}{2}\right) + A_s f_y \left(d_s - \frac{a_w}{2}\right) + (0.85 f_{ck}) A_f \left(d_p - \frac{h_f}{2}\right) \right] \qquad (4.51)$$

가 된다. 이 식을 강재지수로 표현하기 위해서 식 (4.44)를 2로 나누어 주고, 괄호 안을 각각 d_p 와 d_s 를 분자와 분모에 곱해주면,

$$\frac{a_w}{2} = \frac{1}{(0.85)(2)} \left(d_p \frac{A_{pw} f_{ps}}{b_w d_p f_{ck}} + d_s \frac{A_s f_y}{b_w d_s f_{ck}} \right) = 0.59 (d_p \omega_{pw} + d_s \omega_{sw})$$

가 되므로, 이 식을 식 (4.51)에 대입하면, M_n 은 아래와 같이 표현할 수 있다.

$$M_n = A_{ps} f_{ps} [d_p - 0.59 (d_p \omega_{pw} - d_s \omega_{sw})] + A_s f_y [d_s - 0.59 (d_p \omega_{pw} - d_s \omega_{sw})]$$

$$+ (0.85 f_{ck}) A_f \left(d_p - \frac{h_f}{2} \right)$$

$$\phi M_n = \phi \begin{cases} A_{ps} f_{ps} d_p \left[1 - 0.59 \left(\omega_{pw} + \frac{d_s}{d_p} \omega_{sw} \right) \right] \\ + A_s f_y d_s \left[1 - 0.59 \left(\frac{d_p}{d_s} \omega_{pw} + \omega_{sw} \right) \right] + (0.85 f_{ck}) A_f \left(d_p - \frac{h_f}{2} \right) \end{cases} \tag{4.52}$$

4.6.3 변화구간(Transition Zone)

$0.32\beta_1 < \omega_{ew} < 0.51\beta_1$ 또는 $0.375 < c/d_t < 0.600$인 경우는 압축연단의 콘크리트가 먼저 $\epsilon_{cu} = 0.003$에 도달하게 되어 휨강도는 콘크리트의 압축합력이 지배하게 된다. 압축철근이 배치되지 않았거나 또는 $A_s' f_y$ 가 작아서 무시하여, 식 (4.44)를 강재지수로 표현하면,

$$a_w = \frac{A_{ps} f_{ps} - (0.85 f_{ck}) A_f + A_s f_y}{(0.85 f_{ck}) b_w} = \frac{A_{pw} f_{ps} + A_s f_y}{(b\, d_p f_{ck}) 0.85} d_p$$

$$a_w = \frac{\omega_{pw} + \omega_{sw} (d_s / d_p)}{0.85} d_p \tag{4.44}$$

인장지배에서 변화구간으로 변하는 구간이기 위한 조건식 $\omega_{pw} + (d_s / d_p) \omega_{sw} > 0.32\beta_1 (d_t / d_p)$를 대입하고 긴장재가 한 층으로 배치되었거나($d_t = d_p$) 또는 $d_t \approx d_p$로 보면

$$a_w = \frac{0.32\beta_1 (d_t / d_p)}{0.85} d_p = 0.375\beta_1 d_p \left(\frac{d_t}{d_p} \right) \approx 0.375\beta_1 d_p \tag{4.53}$$

$d_e \approx d_p$로 보고, 전체 인장재의 도심에서 모멘트를 취하여 공칭휨모멘트 강도를 구하고 a_w를 대입하면, 설계휨모멘트 강도는 다음과 같이 정리할 수 있다.

$$M_n \begin{cases} = (0.85 f_{ck}) a_w b_w \left(d_e - \frac{a_w}{2} \right) + (0.85 f_{ck}) A_f \left(d_p - \frac{h_f}{2} \right) \\ \approx (0.85 f_{ck}) (0.375\beta_1 d_p) b_w \left(d_p - \frac{0.375\beta_1 d_p}{2} \right) + (0.85 f_{ck}) A_f \left(d_p - \frac{h_f}{2} \right) \end{cases}$$

$$\phi M_n = \phi \left[f_{ck} b_w d_p^{\,2} (0.32\beta_1 - 0.06\beta_1^{\,2}) + (0.85 f_{ck})(b - b_w) h_f \left(d_p - \frac{h_f}{2} \right) \right] \tag{4.54}$$

인장지배 단면($\phi_f = 0.85$)과 나선철근으로 보강되거나($\phi_s = 0.70$) 또는 그 외의 방법으로 보강된(띠철근, $\phi_t = 0.65$) 압축지배 단면의 사이구간인 변화구간은 그림 4.14b나 표 4.1의 식을 이용하여 강도감소계수를 결정하여야 된다(구조기준 3.3.3, ACI 9.3.2). 표 4.1의 ϵ_t 와

c/d_t 를 이용한 식 이외에 강재지수 ω_{ew} 로 띠철근으로 보강된 부재에 대한 식은 식 (4.41)에 제시되었다.

앞에서 언급한 바와 구조기준에서 $\omega_{ew} > 0.32\beta_1(d_t/d_p)$ (또는 $c_w/d_t > 0.375$)인 변화구간에서 강도감소계수가 감소되어 설계강도가 감소하게 된다. 따라서 가능하면 인장지배 단면의 조건 $\omega_{ew} \leq 0.32\beta_1(d_t/d_p)$ (또는 $c_w/d_t \leq 0.375$)를 만족시켜서 강도감소계수가 감소되지 않도록 하는 게 현명할 것이다.

4.6.4 압축지배 단면(Compression-Controlled Section)

$\epsilon_t \leq 0.002$ 또는 $c_w/d_t \geq 0.006$인 경우는 압축연단의 콘크리트가 먼저 $\epsilon_{cu} = 0.003$에 도달하게 되어 휨강도는 콘크리트의 압축합력이 지배하게 된다. 강재지수(reinforcement index)로 표현하기 위해서 식 (i)에 식 (4.6)을 대입하고, 압축지배 단면을 표현하기 위해서 부등호를 적용하면 식 (4.47)은 긴장재가 한 층으로 배치되었거나($d_t = d_p$) 또는 $d_t \approx d_p$ 로 보면, 다음과 같이 표현할 수 있다. 이 식들을 만족하면 압축지배 취성파괴 단면이 된다.

$$\begin{cases} \left[\omega_{ew} = \omega_{pw} + \dfrac{d_s}{d_p}(\omega_{sw} - \omega_w{}') = (0.85\beta_1)\dfrac{c_w}{d_p} = \dfrac{0.85a_w}{d_p}\right] \\ \qquad \geq 0.51\beta_1\left(\dfrac{d_t}{d_p}\right) \approx 0.51\beta_1 \\ \left[\omega_{pw} = (0.85\beta_1)\dfrac{c_w}{d_p} = \dfrac{0.85a_w}{d_p}\right] \geq 0.51\beta_1\left(\dfrac{d_t}{d_p}\right) \approx 0.51\beta_1 \end{cases} \tag{4.55}$$

압축철근이 배치되지 않았거나 또는 $A_s{}'f_y$ 가 작아서 무시하여 적은 식 (4.44)에서 인장지배에서 변화구간으로 변하는 구간이기 위한 조건식 $\omega_{pw} + (d_s/d_p)\omega_{sw} \geq 0.51\beta_1(d_t/d_p)$을 대입하면서 긴장재가 한 층으로 배치되었거나($d_t = d_p$) 또는 $d_t \approx d_p$ 로 보면,

$$a_w = \frac{\omega_{pw} + \omega_{sw}d_s/d_p}{0.85}d_p = \frac{0.51\beta_1(d_t/d_p)}{0.85}d_p = 0.6\beta_1 d_p\left(\frac{d_t}{d_p}\right) \approx 0.6\beta_1 d_p$$

$d_e \approx d_p$ 로 보고, 전체 인장재의 도심에서 모멘트를 취하여 공칭휨모멘트 강도를 구하고 a_w 를 대입하면, 설계휨모멘트 강도는 아래와 같게 된다.

$$M_n \begin{cases} = (0.85f_{ck})a_w b_w\left(d_e - \dfrac{a_w}{2}\right) + (0.85f_{ck})A_f\left(d_p - \dfrac{h_f}{2}\right) \\ \approx (0.85f_{ck})(0.6\beta_1 d_p)b_w\left(d_p - \dfrac{0.6\beta_1 d_p}{2}\right) + (0.85f_{ck})A_f\left(d_p - \dfrac{h_f}{2}\right) \end{cases}$$

$$\phi M_n = \phi\left[f_{ck} b_w d_p{}^2 (0.51\beta_1 - 0.153\beta_1{}^2) + (0.85 f_{ck})(b - b_w) h_f \left(d_p - \frac{h_f}{2}\right)\right] \quad (4.56)$$

최 외단 긴장재의 순인장변형률 $\epsilon_t \le 0.002$ 이하인 단면은 보가 공칭강도에 도달했을 때 긴장재의 변형이 작아서 파괴형태는 취성파괴(brittle failure)로 일어나고 따라서 파괴에 대한 경고의 시간을 거의 주지 않는 압축지배 파괴가 일어나게 된다. 이 단면은 2003년 이전 기준에서는 휨에서 과보강 단면(over-reinforced section)이라고 부르던 단면으로 구조기준에서 보-기둥 거동을 통합하여 정리하면서 압축지배 단면으로 정의한 축방향 하중에 저항하는 기둥부재를 일컫는 것이다. 따라서 구조기준에서는 그림 4.14b와 같이 압축지배 단면에 대해서 나선철근으로 보강된 부재의 강도감소계수는 0.70으로 하고, 그 외로 보강된(즉 띠철근이나 스터럽으로 보강) 부재인 경우에는 강도감소계수를 0.65로 하도록 규정하고 있다.

예제 4.10

[T형 보의 설계휨강도 계산]

그림 4.30의 T형 단면 보의 설계휨강도 ϕM_n 을 구조기준의 규정에 따라 구하라. 긴장재로는 응력제거 7연선 지름 12.4 mm (SWPC7 A종, 표 2.5 참고) 6개를 배지하여 $A_{ps} = 6 \times 92.9 = 557.4\ \text{mm}^2$, $f_{pu} = 1{,}720$ MPa, 항복응력 $f_{py} = 0.85 f_{pu} = 1{,}462$ MPa, 도입직전 응력 $f_{p0} = 0.70 f_{pu} = 1{,}204$ MPa, 유효인장응력 $f_{pe} = 0.85 f_{p0} = 1{,}023$ MPa ; 보통 부착철근 A_s = 2-D25 = 1,013 mm^2, $A_s{}'$ = 2 − D10 = 143 mm^2, f_y = 400 MPa ; 보통골재 콘크리트 설계기준강도 f_{ck} = 30 MPa, 탄성계수 $E_c = 8{,}500 \times (30+4)^{(1/3)} = 27{,}537$ MPa이다.

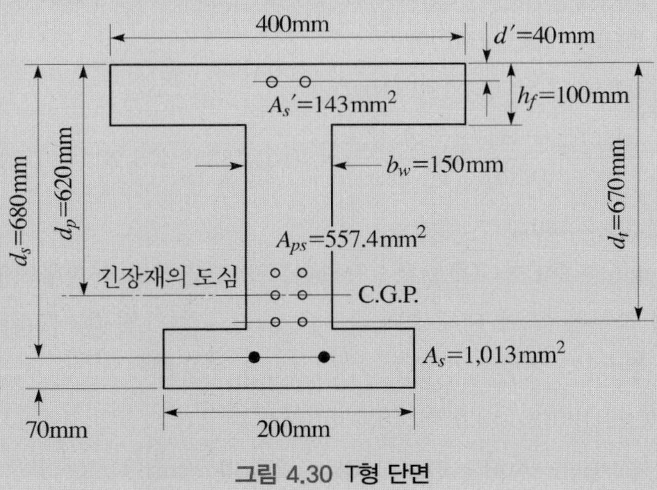

그림 4.30 T형 단면

① $f_{pe} > 0.5f_{pu}$ 검토 : $f_{pe}/f_{pu} = 1,023/1,720 = 0.59 > 0.5$

$\because$ f_{ps} 계산에 구조기준 근사식 사용가능

② ρ_p, ω_{pu}, ω_s, ω' 계산 : 먼저 직사각형 단면으로 가정하여 플랜지의 폭 b 에 대해서 구한다.

$\rho_p = A_{ps}/b\,d_p = 557.4/(400 \times 620) = 0.00225$

$\omega_{pu} = \rho_p f_{pu}/f_{ck} = 0.00225(1,720/30) = 0.1289$

$A_s f_y = 1,013(400) = 405,200$ (N) ;

$\omega_s = A_s f_y/b\,d_s f_{ck} = 405,200/(400 \times 680 \times 30) = 0.04966$

$A_s' f_y = 143(400) = 57,200$ (N) ;

$\omega' = A_s' f_y/b\,d_s f_{ck} = 57,200/(400 \times 680 \times 30) = 0.00701$

③ γ_p 결정 : 식 (4.20) 이용, $f_{py}/f_{pu} = 1,462/1,720 = 0.85 \geq 0.85$; $\therefore$ $\gamma_p = 0.4$

식 (4.5) : $\beta_1 = 0.85 - 0.007(30-28) = 0.836 < 0.85$ <OK>

④ f_{ps} 계산 : 식 (4.18), $f_{ps} = f_{pu}\left[1 - (\gamma_p/\beta_1)\{\omega_{pu} + (d_s/d_p)(\omega_s - \omega')\}\right]$

ⓐ 여기서 {…}의 값이 0.17보다 커야 하므로 검토 :

$0.1289 + (680/620)(0.04966 - 0.00701) = 0.176 > 0.17$ <OK>

ⓑ $d' \leq 0.15d_p$ 인지 검토 : ($d' = 40$ mm) < ($0.15 \times 620 = 93$ mm) <OK>

$\therefore$ $f_{ps} = 1,720[1 - (0.4/0.836)(0.176)] = 1,720(0.916) = \underline{1,575 \text{ (MPa)}}$

⑤ $f_s' = f_y$ 인지 검토 :

식 (4.33) : $d' = 40$ mm $< 0.125\,d_t = 0.125(670) = 83.8$ (mm) <OK>

따라서 $f_s' \geq f_y$ 가 된다.

⑥ 등가 직사각형 응력블럭 깊이 a 검토 : 직사각형 단면으로 가정했으므로

$0.85f_{ck} = 0.85(30) = 25.5$ (MPa)

$A_{ps}f_{ps} = 557.4(1,545) = 861,183$ (N)

식 (4.25) : $a = \dfrac{A_{ps}f_{ps} + A_s f_y - A_s' f_y}{(0.85f_{ck})b} = (861,183 + 405,200 - 57,200)/(25.5 \times 400)$

$= 120.2$ (mm)

$\therefore$ $a = 120.2$ mm $> h_f = 100$ mm ; 따라서 T형 단면으로 해석하여야 한다.

⑦ T형 단면이므로 복부폭 b_w 에 대해서 ρ_{pw}, ω_{pwu}, ω_{sw}, ω_w' 및 f_{ps} 를 계산하여 a_w 계산 :

ⓐ 방법 1 : f_{ps} 를 다시 계산하지 않고 식 (4.48)을 이용해서 $a_w = A_w/b_w$ 계산

$A_{comp} = ab = (120.2)(400) = 48,085$ (mm^2)

$A_f = (b - b_w)h_f = (400 - 150)(100) = 25,000$ (mm^2)

$A_w = A_{comp} - A_f = 48,085 - 25,000 = 23,085$ (mm^2)

$\therefore\ a_w = A_w / b_w = 23{,}085\ /\ 150 = \underline{153.9\ (\text{mm})}$

일반적으로 사용하는 방법으로 다음의 상세방법으로 구한 a_w 에 비해서 3.5%의 오차 밖에 나지 않는다.

ⓑ 방법 2 : T형 단면에 대한 f_{ps} 를 다시 계산해서 식 (4.44)로 a_w 계산

$A_{pw} = A_{ps} - (0.85 f_{ck}) A_f / f_{ps} = 557.4 - (25.5)(25{,}000)/1{,}575 = 152.8\ (\text{mm}^2)$

아직 f_{ps} 를 정확하게 모르므로, 직사각형 단면으로 가정하여 구한 f_{ps} 를 적용한다.

$\omega_{ewu} = \omega_{pwu} + (d_s / d_p)(\omega_{sw} - \omega_w{}')$

$\rho_{pw} = A_{pw} / b_w d_p = 152.8/(150 \times 620) = 0.00164$

$\omega_{pwu} = \rho_{pw} f_{pu} / f_{ck} = 0.00164(1{,}720/30) = 0.0942$

$\omega_{sw} = A_s f_y / b_w d_s f_{ck} = 405{,}200/(150 \times 680 \times 30) = 0.1324$

$\omega_w{}' = A_s{}' f_y / b_w d_s f_{ck} = 57{,}200/(150 \times 680 \times 30) = 0.01869$

$\omega_{ewu} = 0.0942 + (680/620)(0.1324 - 0.01869) = 0.219 > 0.17$ <OK>

$\therefore\ f_{ps} = f_{pu}\,[1 - (\gamma_p / \beta_1)\,\omega_{ewu}] = 1{,}720\ [1 - (0.4/0.836)(0.219)]$

$= 1{,}720(0.895) = \underline{1{,}540\ (\text{MPa})}$ [11]

식 (4.44) : $A_{ps} f_{ps} = 557.4(1{,}540) = 858{,}312\ (\text{N})$

$A_{pw} f_{ps} = A_{ps} f_{ps} - 0.85 f_{ck} A_f = 858{,}312 - 25.5(25{,}000) = 220{,}812\ (\text{N})$

$$\therefore\ a_w = \frac{A_{pw} f_{ps} + A_s f_y - A_s{}' f_y}{(0.85 f_{ck})\, b_w}$$

$= (220{,}812 + 405{,}200 - 57{,}200)/(25.5 \times 150) = \underline{148.7\ (\text{mm})}$

⑧ 인장지배 단면인지 강재지수 ω_{pw} 나 또는 c_w / d_p 로 검토 : 식 (4.47)

식 (g) : $\omega_{pw} = A_{pw} f_{ps} / b_w d_p f_{ck} = 202{,}812/(150 \times 620 \times 30) = 0.07914$

$(A_s - A_s{}') f_y = 405{,}200 - 57{,}200 = 348{,}000\ (\text{N})$

$$\frac{d_s}{d_p}(\omega_{ws} - \omega_w{}') = \frac{d_s}{d_p}\left\{\frac{(A_s - A_s{}') f_y}{b_w d_s f_{ck}}\right\} = (680/620)\,[348{,}000/(150 \times 680 \times 30)] = 0.1247$$

$\therefore\ \omega_{ew} = \omega_{pw} + (d_s / d_p)(\omega_{ws} - \omega_w{}') = 0.07914 + 0.1247 = 0.204$

$< 0.32\beta_1 (d_t / d_p) = (0.32)(0.836)(670/620) = 0.289$ <OK>

따라서 인장지배 연성파괴 단면으로 $\phi = 0.85$ 이다.

식 (4.46) : $\epsilon_t = 0.003\,(0.85\beta_1 / \omega_{ew} - 1) = 0.003(0.85 \times 0.836/0.204 - 1)$

$= 0.00746 > 0.005$

---

11. 직사각형 단면인 경우 $f_{ps} = 1{,}575$ MPa에 비해서 T형 단면인 경우에 2.2% 차이 밖에 나지 않으므로, 일반적으로 T형 단면에 대해서 f_{ps} 를 다시 계산하지 않고 직사각형의 값을 그대로 적용한다(그림 4.34 참고).

∵ 인장지배 단면

또는 $c_w = a_w/\beta_1 = 148.7/0.836 = 177.9$ (mm) ; $c_w/d_p = 177.9/620$

$= 0.287 < 0.375$ <OK>

또는 $\epsilon_t = 0.003\,[1/(c_w/d_p) - 1] = 0.003(1/0.287 - 1) = 0.00746$ <OK>

⑨ 설계 휨모멘트 강도 ϕM_n 계산 : 식 (4.49)

$a_w/2 = 148.7/2 = 74.4$ (mm)

$$\phi M_n = \phi\left[A_{pw}f_{ps}\left(d_p - \frac{a_w}{2}\right) + A_s f_y\left(d_s - \frac{a_w}{2}\right) + (0.85 f_{ck})A_f\left(d_p - \frac{h_f}{2}\right) + A_s' f_y\left(\frac{a_w}{2} - d'\right)\right]$$

$= 0.85\ [\ 220{,}812(620 - 74.4) + 405{,}200(680 - 74.4)$

$+ 637{,}500(620 - 50) + 57{,}200(74.4 - 40)\ ]$

$= 0.85\ [\ (120.5 + 254.4 + 363.4 + 1.97) \times 10^6\ ]\ /\ 10^6 = 0.85(731.2)$

$= 621.5$ (kN · m)

∴ $\phi M_n = \underline{621.5 \text{ kN} \cdot \text{m}}$

또는 식 (4.50)으로 구해보면, $A_w = a_w b_w = 118.8(150) = 17{,}820$ (mm^2)

$$\phi M_n = \phi\left[A_{ps}f_{ps}d_p + A_s f_y d_s - A_s' f_y d' - 0.85 f_{ck}\left(A_f\frac{h_f}{2} + A_w\frac{a_w}{2}\right)\right]$$

$= 0.85\ \{\ 858{,}312(620) + 405{,}200(680) - 57{,}200(40)$

$- 25.5\ [\ 25{,}000(50) + 17{,}820(74.4)\ ]\ \}$

$= 0.85\ (532.2 + 275.5 - 2.29 - 74.2) \times 10^6 = 0.85(731.2)$

$= 621.5$ (kN · m) <OK>

4.7 포스트텐션 비부착 긴장재의 휨강도 (Flexural Strength of Post-tensioned Unbonded Tendon)

4.1.1장에서 다룬바와 같이 플라스틱 쉬스에 그리스를 바른 긴장재가 배치되는 포스트텐션 시공인 경우 또는 그라우팅을 수행하기가 불가능한 높이가 낮은 박스 거더인 경우에 **비부착 긴장재(unbonded tendon)**로 시공되는 경우가 있다[Nilson 1987(90)]. 비부착 긴장재가 배치되는 경우에 실험결과도 물론 충분하지는 않지만, 부재가 붕괴될 때 긴장재의 응력을 정확하게 구하기 어려워서 휨강도 계산이 여의치 않게 된다. 일반적으로 비부착 긴장재가 배치되는 경우에 부착 긴장재에 비해서 공칭강도가 10~30% 정도 떨어진다고 알려져 있다[Lin 1981(173), Leonhadt 1964].

비부착 긴장재가 배치된 보의 강도가 낮은 이유로는 먼저 부착 긴장재가 배치되는 부재에서는 균열이 일어난 부분에 국한되는 긴장재의 늘어남이 비부착 긴장재인 경우에는 긴장재와 콘크리트 사이의 미끄러짐으로 인해서 전체 길이에 걸쳐서 나타난다는 것이다. 따라서 휨모멘트가 최대인 위험단면에서 부착 긴장재에 비해서 비부착 긴장재의 변형률과 응력의 증가가 더디게 나타나고 부재가 파괴될 때도 유효인장응력 f_{pe} 보다 조금 더 증가할 뿐이다. 또 다른 이유로는 이렇게 비부착 긴장재인 경우에 그림 4.3b와 같이 상대적으로 폭이 넓은 균열이 나타나면서 부재가 파괴된다는 것이다. 이러한 균열의 발달은 콘크리트 단면을 축소시켜서 압축영역이 감소되어 콘크리트의 취성파괴(brittle failure)가 일어나게 된다[Nilson 1987(90), Lin 1981(174)].

비부착 긴장재가 배치되는 보에 추가적인 보통 부착철근을 배치하게 되면 휨강도를 증가시킬 수 있다는 것이 실험에 의해서 증명되었다. 이러한 강도의 증가는 보통 부착철근의 저항력과 콘크리트에 발생하는 균열을 억제하거나 분포시키는 능력에 기인하는 것이다. 따라서 구조기준 9.5.3(ACI 18.9.1)에서는 비부착 긴장재가 배치되는 부재에서 극한 상태에서 1~2개의 균열이 아니라 균열이 경간에 분포되어 발생할 수 있도록 최소 부착 철근을 배치하도록 규정하고 있다[Lin 1981(174)].

비부착 긴장재가 배치되는 보의 설계휨강도를 계산할 때 긴장재의 응력 f_{ps} 를 구하는 일반식은 다음과 같이 표현할 수 있다.

$$f_{ps} = f_{pe} + \Delta f_{ps} \tag{4.57}$$

여기에서 f_{pe} 는 긴장재의 유효 프리스트레스 응력이고, Δf_{ps} 는 극한하중까지 작용하면서 증가하는 추가적인 긴장재의 응력이다. 구조기준 9.5.1(4)[ACI 18.7.2(b)]에서는 1969년경에 Mattock이 수행한 실험을 근거로 비부착 긴장재를 가진 부재에 대해서 $f_{pe}/f_{pu} \geq 0.5$ 인 경우에 f_{ps} 는 다음 식으로 구하도록 규정하고 있다[Mattock 1971].

$$\begin{cases} \dfrac{\text{경간}}{\text{깊이}} \leq 35 \text{ 보의 경우 :} \\ \qquad f_{ps} = f_{pe} + 70 + \dfrac{f_{ck}}{100\rho_p} \leq [f_{py} \text{ 또는 } (f_{pe} + 420)] \\ \dfrac{\text{경간}}{\text{깊이}} > 35 \text{ 슬래브의 경우 :} \\ \qquad f_{ps} = f_{pe} + 70 + \dfrac{f_{ck}}{300\rho_p} \leq [f_{py} \text{ 또는 } (f_{pe} + 210)] \end{cases} \tag{4.58}$$

모든 경간-깊이 비에 대해서 적용되었던 식(식 (4.58)에서 위식)은 1978년 Mojtahedi와 Gamble(1978)이 수행한 실험에 의해서 경간-깊이 비가 35 이상(1방향 슬래브, 플랫 플래이트, 플랫 슬래브 등)인 부재의 경우에 응력 증가량을 과대평가하여 식 (4.58)에서 아래 식으로 바뀌게 되었다. 그러나 원래의 식으로 설계된 깊이가 낮은 부재(shallow members)에 대한 휨 모멘트 강도는 요구되는 계수하중 강도를 만족은 시키고 있어서, 구조기준의 최소 부착철근의 규정과 보통 프리스트레싱력의 크기를 결정하는 콘크리트의 인장응력 제한에 대한 규정은 이를 반영하고 있다[구조기준해설 9.5.1(4), ACI R18.7.2].

CPCI[2007(1.3.2)]에서는 비부착 긴장재가 배치되는 포스트텐션 부재에서 부식(corrosion)에 대한 보호는 적어도 그라우트를 한 만큼은 보호되어야 하며, 이렇게 보호하기 위해서는 프리스트레싱 강재를 보호막으로 둘러싸서 보호(protective coating)하여야 하고, 장치하거나 또는 긴장할 때 보호막이 손상 받지 않도록 조심하여야 한다고 제안하고 있다.

4.7.1 최소 부착철근량(Minimum Bonded Reinforcement)

비부착 긴장재가 배치되는 부재가 공칭강도 상태에서 그림 4.3b와 같은 **타이-아치 거동(tied arch)**이 아니라 휨거동을 할 수 있도록 또한 사용하중이 작용하여 콘크리트의 인장응력이 파괴계수를 초과할 때 균열의 폭과 간격을 조종하기 위해서 최소 부착철근을 배치하도록 구조기준 9.5.2(3)(ACI 18.9.1)에서는 아래와 같이 규정하고 있다.

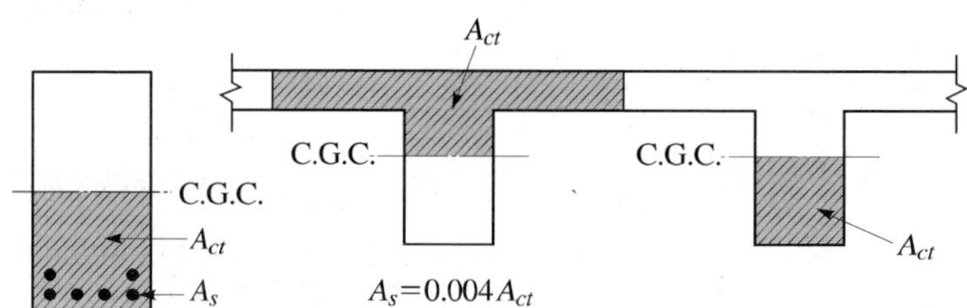

그림 4.31 휨부재의 최소 부착철근 [ACI Note(24-6)]

보와 1방향 슬래브의 경우

가능한 한 인장연단에 가깝게 인장영역(precompressed tension zone)에 균등하게 다음의 최소 부착철근을 배치하고, 이 최소 부착철근은 사용하중의 응력상태에 관계없이 배치하여야 한다[구조기준 9.5.3(2)].

$$A_s = 0.004A_{ct} \tag{4.59}$$

여기에서, A_{ct} 는 콘크리트 전체 단면의 도심 축과 인장연단 사이의 단면적이다(그림 4.31 참고).

두께가 일정한 2방향 플랫 슬래브(two-way flat slab system)[구조기준 9.5.3(3), ACI 18.9.3]

① **정모멘트 구역**(positive moment area) : 모든 프리스트레스 손실을 고려한 후 사용하중 하에서 계산된 콘크리트의 인장응력 $|f_{ts}| > |-0.17\sqrt{f_{ck}}|$ 을 초과하는 정모멘트 구역에 배치하는 최소 부착철근은

$$|f_{ts}| > |-0.17\sqrt{f_{ck}}| \text{ 인 경우 : } A_s = N_c/(0.5f_y) \tag{4.60}$$

여기에서, $f_y \leq$ 400 MPa이어야하고, N_c는 사용하중(D+L) 하에서 콘크리트의 총 인장력이다. 예를 들어서 받침부의 부모멘트 구간에서와 같이 인장을 받는 그림 4.32a의 경우에 단면의 폭 b이고 중립축에서 인장연단의 깊이 $(h-x)$이면, 총 인장력 $N_c = [b(h-x)]f_{ts}/2$ 가 된다. 계산된 최소 부착철근은 가능한 한 인장연단에 가깝게 인장영역(precompressed tensile zone)에 균등하게 배치하여야 하고, $|f_{ts}| \leq |-0.17\sqrt{f_{ck}}|$ 인 경우에는 부착철근을 배치할 필요가 없다.

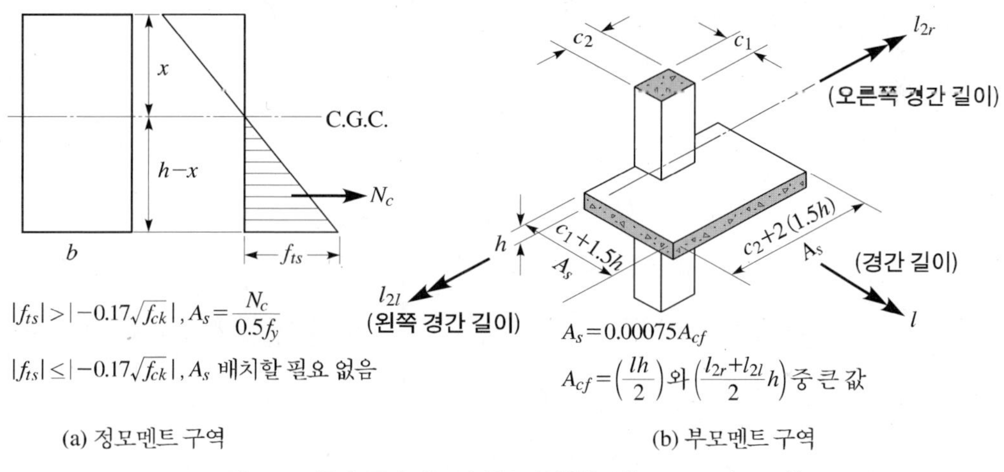

그림 4.32 플랫 플레이트의 최소 부착철근 [ACI Note(24-7)]

② **부모멘트 구역**(negative moment area) : 기둥받침부에서 발생하는 부모멘트 구역에서 다음의 최소 부착철근량을 각 방향으로 배치한다.

$$A_s = 0.00075A_{cf} \tag{4.61}$$

여기에서 그림 4.32b와 같이 A_{cf}는 2방향 슬래브의 기둥 위치에서 2개의 직교하는 등가골조 슬래브-보 설계대의 단면적(gross cross-sectional area of the slab-beam strips of the two orthogonal equivalent frames intersecting at a column of a

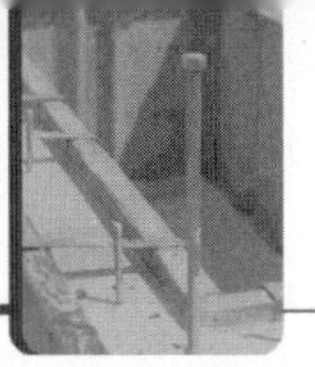

two-way slab) 중 큰 값으로 $A_{cf} = lh/2$ 와 $h(l_{2r} + l_{2l})/2$ 중 큰 값이고, h 는 슬래브의 두께이며, l 는 구하려는 보통 부착철근의 배치 방향과 평행한 방향의 경간 길이이다. 단, 이 부착철근은 기둥 받침부 전면에서 각각 $1.5h$ 떨어진 슬래브폭 내에 균등하게 4개 이상의 철근 또는 철선을 300 mm 이하의 간격으로 배치하여야 한다.

부착철근의 최소길이 규정[구조기준 9.5.3(4), ACI 18.9.4]

① **정모멘트 구역** : 그 구역 중간점의 양쪽으로 부착철근을 순경간 l_n 의 1/6 이상을 연장배치하여야 한다.

② **부모멘트 구역** : 받침부의 양쪽으로 부착철근을 순경간 l_n 의 1/6 이상을 연장하여야 한다.

③ 식 (4.60)에 따라 배치하는 부착철근의 최소길이는 "철근의 정착 및 이음" 규정도 따라야 한다.

예제 4.11

[비부착 긴장재의 휨강도][Lin 1981(5-8)]

그림 4.33의 비부착 응력제거 강연선이 배치되는 I형 보에 대해서 ① 구조기준의 규정에 따른 최소 부착철근량을 결정하고, ② 단면의 설계 휨강도 ϕM_n 을 계산하라. 단, 경간 l = 10 m, f_{pu} = 1,860 MPa, f_{py} = 0.85(1,860) = 1,581 (MPa), f_{pe} = 1,130 MPa, f_{ck} = 50 MPa, f_y = 400 MPa이다.

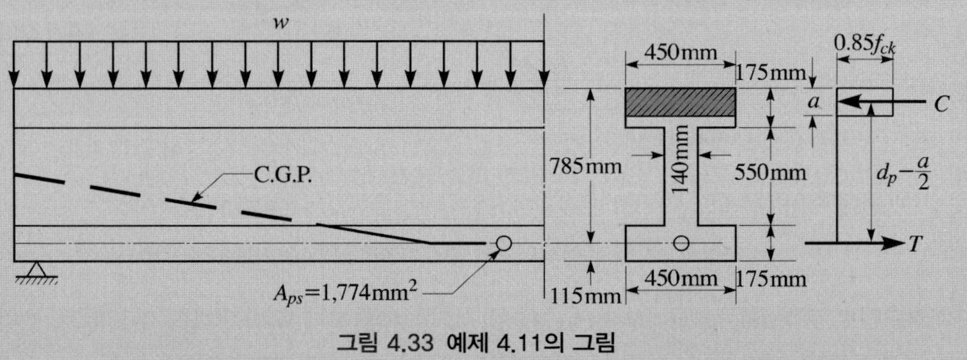

그림 4.33 예제 4.11의 그림

① $f_{pe}/f_{pu} \geq 0.5$인지 검토 : 1,130/1,860 = 0.61 > 0.5 <OK>
따라서 구조기준의 근사식을 사용할 수 있다.

② 직사각형 단면으로 가정하여 철근비 계산 : $\rho_p = A_{ps}/bd_p$ = 1,774/(450 × 785) = 0.00502

③ 경간/높이 비 검토 : h = 550 + 2(175) = 900 (mm)

10/0.90 = 11.1 < 35 ; 따라서 보로 해석하면 된다.

④ 식 (4.58)을 이용하여 f_{ps} 계산 :

$$f_{ps} = f_{pe} + 70 + \frac{f_{ck}}{100\rho_p} \leq \text{Min.}[f_{py},\ f_{pe} + 420]$$

f_{ps} = 1,130 + 70 + 50/(100 × 0.00502) = 1,130 + 70 + 99.6 = 1,300 (MPa)

< Min [f_{py} = 1,581 MPa, f_{pe} + 420 = 1,130 + 420 = 1,550 (MPa)] <OK>

∴ f_{ps} = 1,300 MPa

⑤ 보통 부착철근 설계, 식 (4.59) [구조기준 9.5.3(2)] : $A_s = 0.004A_{ct}$, 여기에서 A_{ct} = 콘크리트 전체 단면의 도심 축과 인장연단 사이의 단면적이다.

A_{ct} = (450 − 140)(175) + 140(900/2) = 117,250 (mm^2)

$A_{s(소요)} = 0.004A_{ct}$ = 0.004(117,250) = 469 (mm^2)

∴ $A_{s(배치)}$ = 4−D13 = 126.7 × 4 = 507 (mm^2) > $A_{s(소요)}$ = 469 (mm^2) <OK>

표 2.13에 따라 피복두께 40 mm + 13/2 = 46.5 mm ⇒ 인장연단에서 50 mm 거리에 배치한다.

$d_s = h - 50$ = 900 − 50 = 850 (mm)

⑥ 등가 직사각형 응력블럭의 깊이 a 계산 : $0.85f_{ck}$ = 0.85(50) = 42.5 (MPa)

식 (4.25) : $0.85f_{ck}ab = A_{ps}f_{ps} + A_sf_y$

$$a = \frac{A_{ps}f_{ps} + A_sf_y}{(0.85f_{ck})b} = \frac{(1{,}774)(1{,}300) + (507)(400)}{(42.5)(450)} = 131\ (\text{mm})$$

< h_f = 175 mm <OK> ; 따라서 직사각형 단면으로 해석하면 된다.

⑦ 식 (4.11)의 $c/d_t \leq 0.375$로 인장지배 단면 검토 :

또는 식 (4.29) : $\omega_e = \omega_p + (d_s/d_p)(\omega_s + \omega') \leq 0.32\beta_1(d_t/d_p)$ 인지

또는 식 (4.8) : $\epsilon_t = 0.003\,(d_t/c - 1) \leq 0.005$ 인지 검토

β_1 = 0.85 − 0.007(50−28) = 0.696 > 0.65

$c = a/\beta_1$ = 131 / 0.696 = 188 (mm) ; $d_t = d_p$ = 785 mm

∴ c/d_t = 188/785 = 0.240 < 0.375 <OK>

인장지배 단면으로 강도감소계수 ϕ = 0.85 이다.

$$\omega_p = \frac{A_{ps}}{b\,d_p}\frac{f_{ps}}{f_{ck}} = \frac{1{,}774}{450 \times 785}\frac{1{,}300}{50} = 0.00502 \times 26 = 0.131$$

$$\omega_s = \frac{A_s}{b\,d_s}\frac{f_y}{f_{ck}} = \frac{507}{450 \times 850}\frac{400}{50} = 0.00133 \times 8 = 0.0106\ ;\ \omega' = 0$$

$$\omega_e = \omega_p + \frac{d_s}{d_p}(\omega_s + \omega') = 0.131 + \frac{850}{785}(0.0106 + 0) = 0.142$$

$< 0.32\beta_1(d_t/d_p) = (0.32)(0.696)(1.0) = 0.223$ <OK>

또는 $\epsilon_t = 0.003(d_t/c - 1) \geq 0.005$ 로 검토해보면,

그림 4.33에서 $\epsilon_t = 0.003\left(\frac{d_t}{c} - 1\right) = 0.003\left(\frac{785}{188} - 1\right) = 0.00951 > 0.005$ <OK>

⑧ 설계 휨강도 ϕM_n 계산 : 식 (4.35)

$$\phi M_n = \phi\left[A_{ps}f_{ps}\left(d_p - \frac{a}{2}\right) + A_s f_y\left(d_s - \frac{a}{2}\right)\right]$$

$$= 0.85\left[(1{,}774)(1{,}300)\left(785 - \frac{131}{2}\right) + (507)(400)\left(850 - \frac{131}{2}\right)\right]$$

$$= 0.85(1{,}659.3 \times 10^6 + 159.1 \times 10^6)\ (\text{N} \cdot \text{mm})$$

$\therefore\ \phi M_n = 0.85(1{,}818.4) = \underline{1{,}546\ (\text{kN} \cdot \text{m})}$

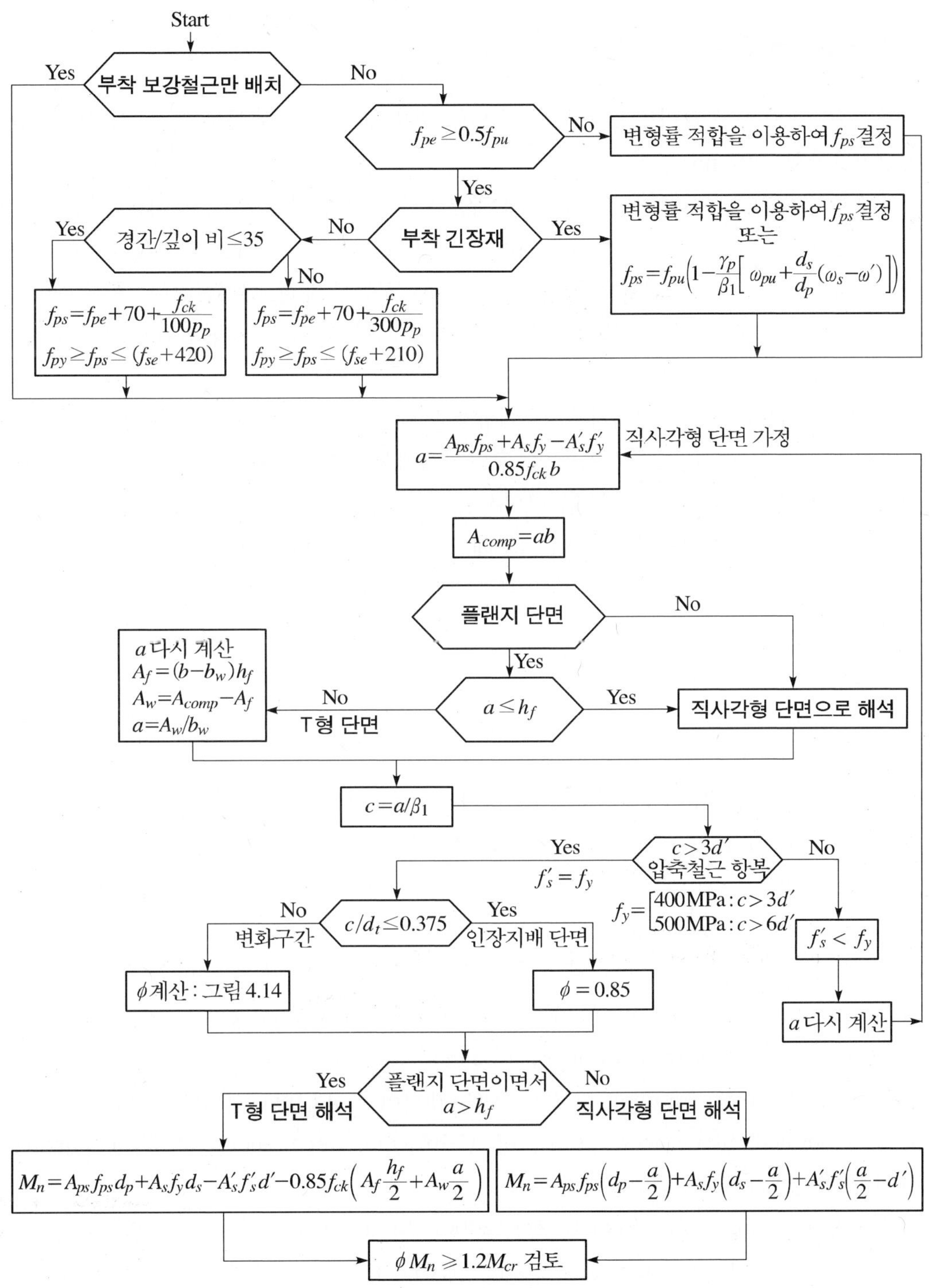

그림 4.34 휨에 대한 공칭강도를 계산하는 흐름도(flow chart) [PCI 2010(5-4), Naaman 2012(268)]

4.8 참고문헌

- 구조기준. (2007). 콘크리트구조설계기준 2007년도 개정, 건설교통부 제정, 사단법인 한국콘크리트학회, 327 pp.
- 구조기준. (2012). 콘크리트구조기준, 국토해양부 제정, 사단법인 한국콘크리트학회, 342 pp.
- 구조기준 해설. (2012). 콘크리트구조기준 해설, 2012년 개정, 한국콘크리트학회 편, 599 pp.
- 구조설계기준. (2003). 콘크리트구조설계기준, 건설교통부 제정, 한국콘크리트학회, 295 pp.
- 구조설계기준. (2007). 콘크리트구조설계기준, 건설교통부 제정, 사단법인 한국콘크리트학회, 327 pp.
- 도로기준. (2010). 도로교설계기준, 국토해양부 제정, 한국도로교통협회 발행.
- 도로기준 해설. (2008). 대한토목학회, 교량설계핵심기술연구단, 1,008 pp.
- 민창식. (2014). 철근콘크리트공학, 구미서관, 3판 2쇄, 1015 pp.
- 시방서. (2009). 콘크리트표준시방서, 국토해양부 제정, 사단법인 한국콘크리트학회, 360 pp.
- 신현묵. (2008). 프리스트레스트 콘크리트, 제10판, 동명사, 504 pp.
- ACI. (2005). Building Code Requirements for Structural Concrete and Commentary (ACI 318-05), ACI, 436 pp.
- ACI. (2008). 318-08 Building Code Requirements for Structural Concrete and Commentary, An ACI Standard, 465 pp.
- ACI Notes. (2008). Notes on ACI 318-08 Building Code Requirements for Structural Concrete, Portland Cement Association(PCA).
- AASHTO LRFD. (2010). AASHTO LRFD Bridge Design Specification 5th Edition, 2010(SI Units 5th Edition).
- Burgueno, Rigiberto and Sun, Yi. (2011). Research Report RC-1546, MODT (Michigan Department of Transportation), Effect of Debonded Strands on the Production and Performance of Prestressed Concrete Beams, 180 pp.
- California Prestress Manual. (2005). A Guide for Field Inspection of Cast-in-place post-tensioned Structures, State of California Department of Transportation Engineering Services, 75 pp.
- Civil Engineering Bridge Structures. (2000). Engineering Press, 3-122 pp.
- Collins, Michael P. and Mitchell, Denis. (1987). Prestressed Concrete Basics, CPCI, 1987, 614 pp.

- CPCI. (1996). Design Manual, 3rd Edition, Canadian Precast/Prestressed Concrete Institute(CPCI).
- CPCI. (2007). Design Manual, 4th edition, CPCI(Canadian Precast/Prestressed Concrete Institute).
- Darwin, David et al. (2002). "ACI 318-02 Discussions and Closure," Concrete International, Vol. 24, No. 1, January, pp. 93-103.
- Gamble, W. L. (2003). Prestressed Concrete, Lecture Notes for CEE 368, University of Illinois at Urbana-Champaign.
- Heading, J. (1970). Mathematical Methods in Science and Engineering, 2nd Edition, Edward Arnold Ltd., 692 pp.
- Kahl, Steve. (2011). Strand Debonding Helps Minimize Bridge Beam End Cracking, Research Spotlight, MDOT(Michgan Department of Transportation).
- Leet, Kenneth and Bernal, Dionisio. (1997). Reinforced Concrete Design, 3rd Edition, McGraw-Hill Companies.
- Leonhadt, F. (1964). Prestressed Concrete Design and Construction, 2nd Edition, Wilhelm Ernst and Son, Berlin.
- Libby, James R. (1984). Modern Prestressed Concrete, 3rd edition, Van Nostrand Reinhold Company Inc., 635 pp.
- Lin, T. Y. and Burns, Ned H. (1981). Design of Prestressed Concrete Structures, 3rd edition, John Wiley & Sons, 646 pp.
- Naaman, Antoine E. (2012). Prestressed Concrete Analysis and Design, 3rd edition, Techno Press 3000, 1,173 pp.
- Mast, Robert F. (1992). Unified Design Provisions for Reinforced and Prestressed Concrete Flexural and Compression Members, ACI Structural Journal, Vol. 89, No. 2, March-April, pp. 185-199.
- Mattock, A. H., Yamazaki, J. and Kattula, B. T. (1971). "Comparative Study of Prestressed Concrete Beams, with and without Bond," ACI Journal, Proceedings, V. 68, No. 2, Feb., pp. 116-125.
- Mojtahedi, S., and Gamble, W. L. (1978). "Ultimate Steel Stresses in Unbonded Prestressed Concrete," Proceedings, ASCE, V. 104, No. ST7, July, pp. 1159-1165.
- Nawy, Edward G. (2010). Prestressed Concrete A Fundamental Approach, 5th

Edition, Pearson Prentice Hall, 949 pp.

- Nilson, Arthur H. (1987). Design of Prestressed Concrete, 2nd Edition, John wiley & Sons, 591 pp.
- PCI Bridge. (2003). Bridge Design Manual, 2nd Edition, Precast/Prestressed Concrete Institute(PCI), MNL-133-97.
- PCI Journal. (2009). PCI Journal, Fall 2009, Vol. 54, No. 4, pp. 132-159.
- PCI. (2010). Design Handbook, 7th Edition, Precast/Prestressed Concrete Institute (PCI), MNL-120-10.
- PTI. (2006). Post-Tensioning Manual, 6th Edition, PTI(Post-Tensioning Institute), 354 pp.
- Rajagopalan, N. (2005). Prestressed Concrete, 2nd Edition, Alpha Science International Ltd. Harrow, U.K., 486 pp.
- Salas, Hille, Etgen. (2007). Calculus One and Several Variables, 10th Edition, John Wiley & Sons, Inc., 1,039 pp.
- Whitney, C. S. (1942). Plastic Theory of Reinforced Concrete Design, Proceedings ASCE, Dec., Transactions ASCE, Vol. 107, pp. 251-326.
- Zia, P., Preston, H. K., Scott, N. L., and Workman, E. B. (1979). Estimating Prestress Losses, Concrete International : Design and Construction, Vol. 1, No. 6, June, pp. 32-38.
- Zia, Paul. (1986). Theory and Design of Prestressed Concrete, Class Note of CE 536, Department of Civil Engineering, North Carolina State University.

4.1

그림 P4.1에는 CPCI에서 제시하는 단순지지 경간 25 m에 직경 12.7 mm의 저이완 강연선 14개를 배치하는 3,000 × 1,200 T형 단면을 보여주고 있다. 단부에서의 긴장재의 편심은 510 mm이고 경간 중앙에서의 편심은 793 mm이다. 경공업 시설물의 바닥시스템에 적용되는 T형 보는 등분포 활하중 $w_l = 3.3$ kN/m^{2}과 추가 고정하중 $w_{sd} = 0.5$ kN/m^{2}이 작용한다.

설계 자료 : $f_{ci} = 25$ MPa, $f_{ck} = 40$ MPa, $f_{ck(CIP)} = 25$ MPa, $A_{ps} = 14 \times 98.7 = 1{,}382$ mm^2, $f_{pu} = 1{,}860$ MPa, $f_{p0} = 0.74 f_{pu} = 0.74(1{,}860) = 1{,}376.4$ (MPa), $E_{ps} = 2.0 \times 10^5$ MPa ; 긴장력을 도입하는 과정의 초기손실은 7.5%로 가정하고, 추가로 일어나는 장기손실은 $\Delta f_p = 210$ MPa로 가정한다.

(1) 현장치기(CIP)를 제외한 T형 단면에 대해서 주어진 A_g, I_g 및 S_t와 S_b 값들이 정확한지 검토하라.

(2) 다음의 각 하중 단계에 대해서 위험단면인 단부와 경간 중앙에서 콘크리트의 응력이 구조기준 9.3.1(표 2.15)을 만족하는지 검토하라.

(a) 긴장력 도입 직후, (b) 총 손실 후 모든 설계하중이 작용하는 경우

(3) 균열 모멘트 M_{cr}을 계산하라.

(4) 다음의 경우에 대해서 긴장재의 응력을 계산하라.

(a) 총 설계하중이 작용할 때, (b) 균열이 일어나기 바로 전의 응력, (c) 균열이 일어난 뒤의 응력을 구하여 비교 검토하라.

(5) 구조기준에 따라 보의 경간 중앙 단면에서 $\phi M_n \geq (M_u$와 $1.2M_{cr})$과 경간 $0.4l = 10$ m에서 $\phi M_n \geq M_u$를 만족하는지 검토하라.

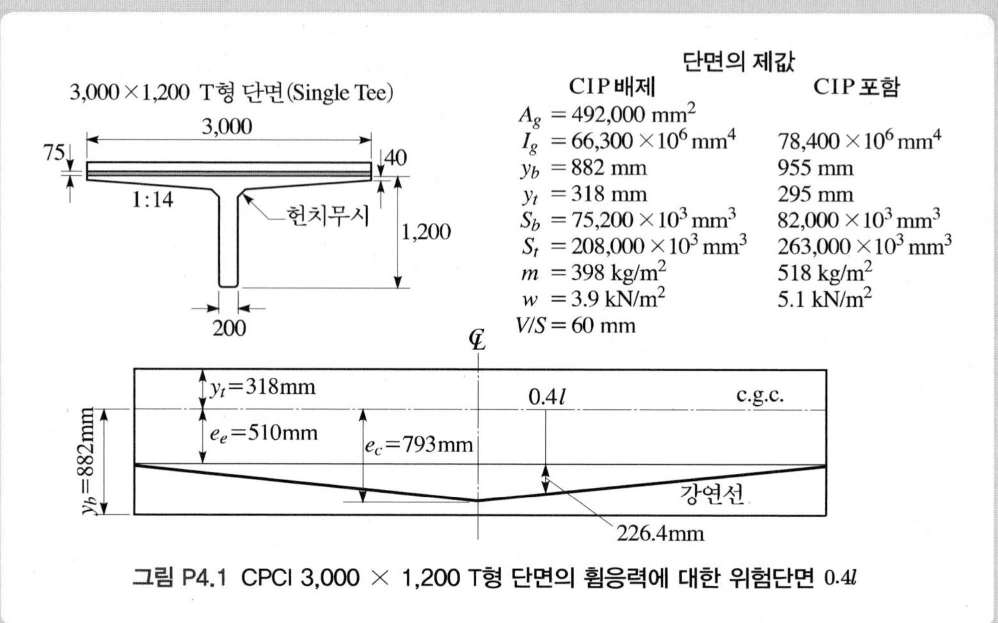

그림 P4.1 CPCI 3,000 × 1,200 T형 단면의 휨응력에 대한 위험단면 0.4l

4.2

그림 P4.2에는 CPCI에서 제시하는 단순지지 경간 15 m에 직경 12.7 mm의 저이완 강연선 12개를 배치하는 I형 단면을 보여주고 있다. 단부에서의 긴장재의 편심은 306 mm이고 경간 중앙에서의 편심은 328 mm로 1점 절곡하여 배치하였다. 교량의 바닥시스템에 적용되는 I형 보에는 등분포 활하중 w_l = 12.9 kN/m와 추가 고정하중 w_{sd} = 12.9 kN/m가 작용한다.

- 설계 자료 : f_{ci} = 30 MPa, f_{ck} = 40 MPa, A_{ps} = 12 × 98.7 = 1,184 mm^2, f_{pu} = 1,860 MPa, f_{p0} = 0.74f_{pu} = 0.74(1,860) = 1,376.4 (MPa), E_{ps} = 2.0 × 10^5 MPa ; 강연선은 긴장력을 전달하는 과정에서 7.5% 초기손실이 일어나고, 장기적으로 총 손실은 21%가 일어난다고 가정한다.
- 단면 : A_g = 218 × 10^3 mm^2, I_g = 19,300 × 10^6 mm^4, y_b = 398 mm, S_b = 48,600 × 10^3 mm^3, S_t = 38,400 × 10^3 mm^3, w_d = 5.13 kN/m.

(1) I형 단면에 대해서 A_g, I_g 및 S_t 와 S_b 값들이 정확한지 검토하라.

(2) 다음의 각 하중 단계에 대해서 단부와 경간중앙에서 콘크리트의 응력이 구조기준 9.3.1(표 2.15)을 만족하는지 검토하라.

(a) 긴장력 도입 직후, (b) 총 손실 후 모든 설계하중이 작용하는 경우

(3) 균열 모멘트 M_{cr} 을 계산하라.

(4) 다음의 경우에 대해서 긴장재의 응력을 계산하라.

(a) 총 설계하중이 작용할 때, (b) 균열이 일어나기 바로 전의 응력, (c) 균열이 일어난 뒤의 응력을 구하여 비교 검토하라.

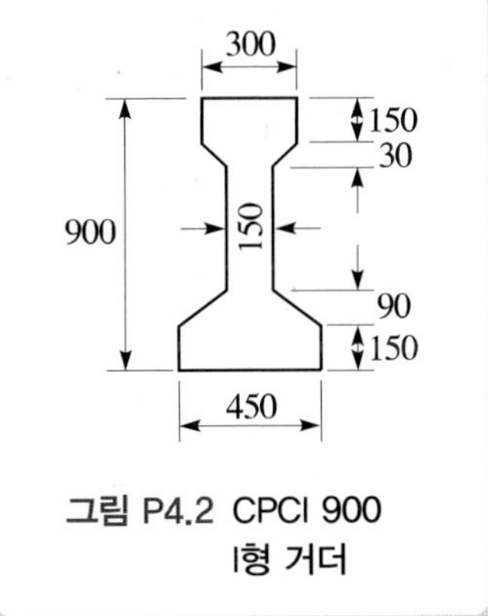

그림 P4.2 CPCI 900 I형 거더

(5) 구조기준에 따라 보의 경간 중앙 단면에서 $\phi M_n \geq (M_u$ 와 $1.2M_{cr})$과 경간 $0.4l = 6$ m에서 $\phi M_n \geq M_u$ 를 만족하는지 검토하라.

4.3

그림 P4.3의 경간 5 m의 1,220 × 203 중공슬래브(hollow-core slab)의 설계 휨모멘트 강도 ϕM_n 을 구조기준의 규정에 따라 구하고, 최소강재량 규정인 $\phi M_n \geq 1.2M_{cr}$ 을 만족하는지 검토하라. 6개의 B종 저이완 7연선 지름 12.7 mm($A_{ps} = 6 \times 98.7 = 592$ mm^2, $f_{pu} = 1,860$ MPa, $f_{py} = 0.90f_{pu} = 1,674$ MPa, $f_{p0} = 0.74f_{pu} = 1,367$ MPa, $f_{pe} = 0.75f_{p0} = 1,032$ MPa) 배치 ; 보통중량골재 콘크리트 설계기준압축강도 $f_{ck} = 40$ MPa, $A_g = 138,700$ mm^2, $S_b = S_t = 6,800 \times 10^3$ mm^3, $d_p = 203 - 45 = 158$ (mm), 상부 플랜지 두께 $h_f = (203 - 152)/2 = 25.5$ (mm)이다.

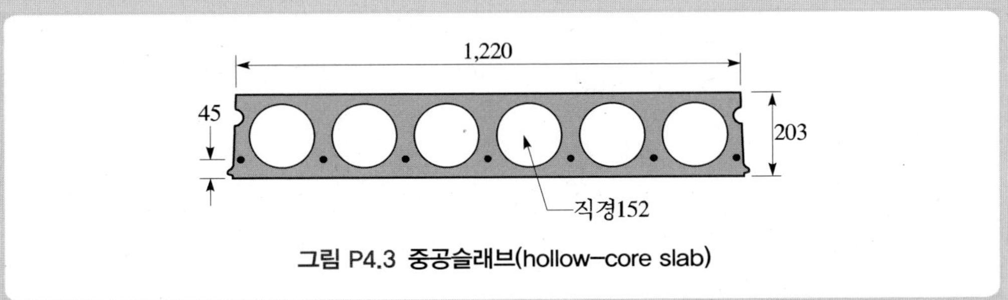

그림 P4.3 중공슬래브(hollow-core slab)

4.4

[부착 긴장재, Libby 1984(144)] 그림 P4.4에는 응력제거 B종 7연선이 배치된 T형 단면 보를 보여 주고 있다.

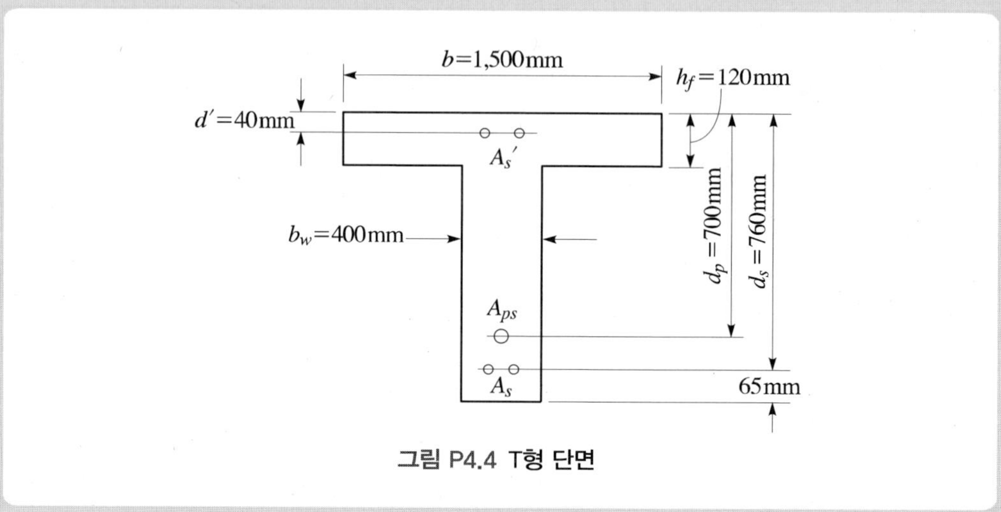

그림 P4.4 T형 단면

단, f_{ck} = 40 MPa, f_{pu} = 1,860 MPa, $f_{py} = 0.85f_{pu}$ = 1,581 MPa,
$f_{pe} = 0.55f_{pu}$ = 1,023 MPa,
A_{ps} = 22개 × 98.71 mm^2(지름 12.7 mm) = 2,172 mm^2, f_y = 400 MPa, A_s = 4-D29 = 2,570 mm^2, A_s' = 2-D19 = 573 mm^2.

(a) 부착 긴장재로 보아 T형 단면 보의 휨강도 ϕM_n 을 구조기준에 의하여 결정하라.

(b) 긴장재가 부착되지 않았다고 가정(비부착 긴장재)하여 보통 부착철근의 양을 설계하고, 설계 휨강도 ϕM_n 을 구하라. 모든 조건은 동일하다고 가정하라.

4.5

[프리텐션 부재] 그림 P4.5에 보이는 단순 지지된 1경간 프리텐션 AASHTO-PCI Type III I형 보에서 구조기준에 따라 보의 경간 중앙 단면에서 $\phi M_n \geq 1.2M_{cr}$ 을 만족하는지 검토하라.

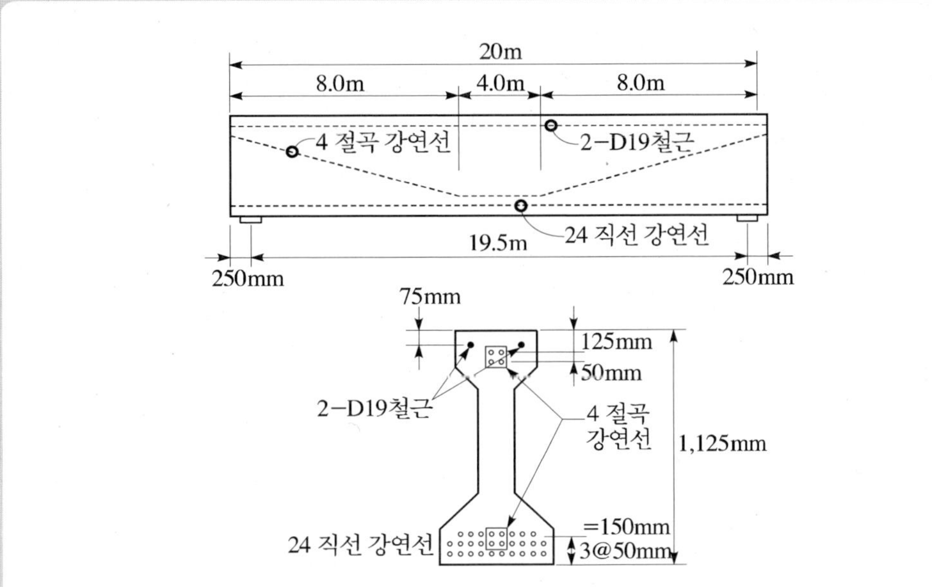

그림 P4.5 AASHTO-PCI Type III I-Beam [PCI Bridge 2003(8.6.7.2)]

- 강연선 : 28개의 직경 12.7 mm(단면적 98.7 mm^2) 1,860 MPa B종 저이완 7연선 ; 그 중에서 긴장재 4개는 중앙에 2점 절곡으로 배치 : e_e = 289 mm, e_c = 410 mm ; A_{ps} = 28(98.7) = 2,764 mm^2, f_{pu} = 1,860 MPa, $f_{py} = 0.9f_{pu}$ = 1,674 MPa, 긴장응력 $f_{p0} = 0.74f_{pu}$ = 1,376 MPa, 도입 직후 응력 $f_{pi} = 0.92f_{p0}$ = 1,266 MPa, 유효응력 $f_{pe} = 0.82f_{p0}$ = 1,129 MPa ; E_{ps} = 2.0 × 10^5 MPa ; 철근 : 400 MPa 등급, A_s' = 2-D19 철근
- 보통골재 콘크리트 : 재령 18시간 f_{ci} = 34 MPa, t_i = 18/24 = 0.75 일,

$$\beta_{cc}(0.75) = \exp[\beta_{cc}(1-\sqrt{28/t_i})] = \exp[0.15\,(1-\sqrt{28/0.75}\,)] = 0.465$$

$$E_{ci}(28) = 1.18E_c = 1,18(8,500\sqrt[3]{f_{cu}}\,) = 10,030\sqrt[3]{34+4} = 33,721 \text{ MPa}$$

$$E_{ci}(0.75) = \sqrt{\beta_{cc}(t)}\,E_{ci}(28) = \sqrt{0.465}\,(33,721) = 22,994 \text{ MPa}$$

연습문제 | EXERCISE

재령 28일 $f_{ck} = 50$ MPa, $f_{cu} = 1.1(50) = 55$ MPa, $E_c = 8,500\sqrt[3]{55} = 32,325$ MPa, $\epsilon_{sh} = 0.0004$ mm/mm

- 단면 : $A_g = 350 \times 10^3$ mm^2, $I_g = 48.98 \times 10^9$ mm^4, $y_b = 507$ mm
- 합성단면 : $I_{com} = 149.36 \times 10^9$ mm^4, $y_{bc} = 900$ mm
- 상판 : $b = 2,600$ mm, $h = 200$ mm, 재령 28일 $f_{ck} = 30$ MPa, $\epsilon_{sh} = 0.0004$ mm/mm
- 고정하중 : 보의 고정하중 8.51 kN/m, 상판 고정하중 12.66 kN/m, 헌치 하중 0.58 kN/m, 다이아푸램 하중 1.46 kN/m, 추가고정하중 5.26 kN/m.

4.6

[부분적 비부착 긴장재가 배치되는 부재의 설계휨강도 계산] 단부에서 100 mm 떨어져서 단순 지지되는 경간 15 m의 더블티형 보(double tee, 그림 P4.6)에는 10개의 B종 직경 12.7 mm 저이완 강연선이 직선으로 각각의 복부에 5개씩 배치되며, 그 중에서 그림 P4.7과 같이 아래에서 3번째 강연선은 양단에서 2 m를 경질 폴리머 튜브(rigid polymer tube)를 씌워서 비부착으로 배치되었다.

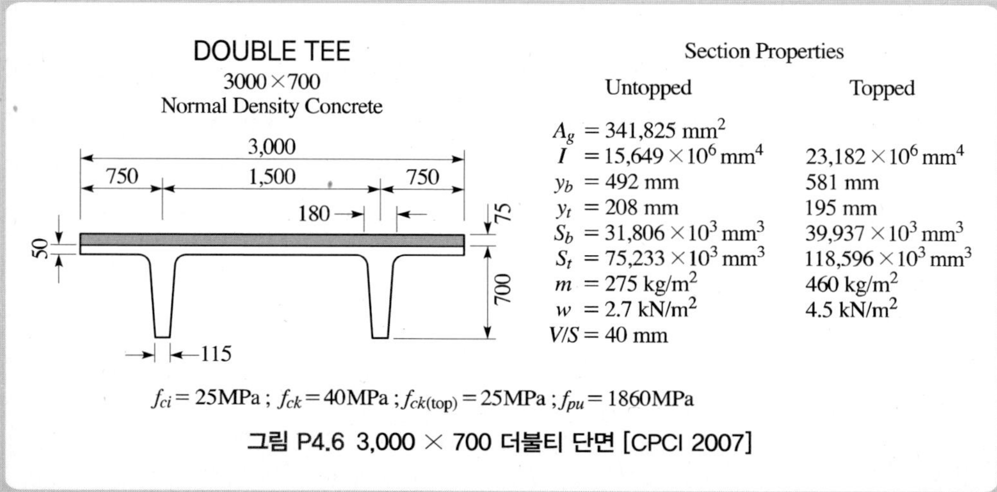

그림 P4.6 3,000 × 700 더블티 단면 [CPCI 2007]

- 보통중량 콘크리트 ; $f_{p0} = 0.74 f_{pu} = 1,376.4$ (MPa), $f_{pi} = 0.92 f_{p0} = 1,266$ MPa, $f_{pe} = 0.82 f_{p0} = 1,129$ MPa
- 하중 : 추가고정하중 $w_{sd} = 0.5$ kN/m^2, 활하중 $w_l = 3.6$ kN/m^2

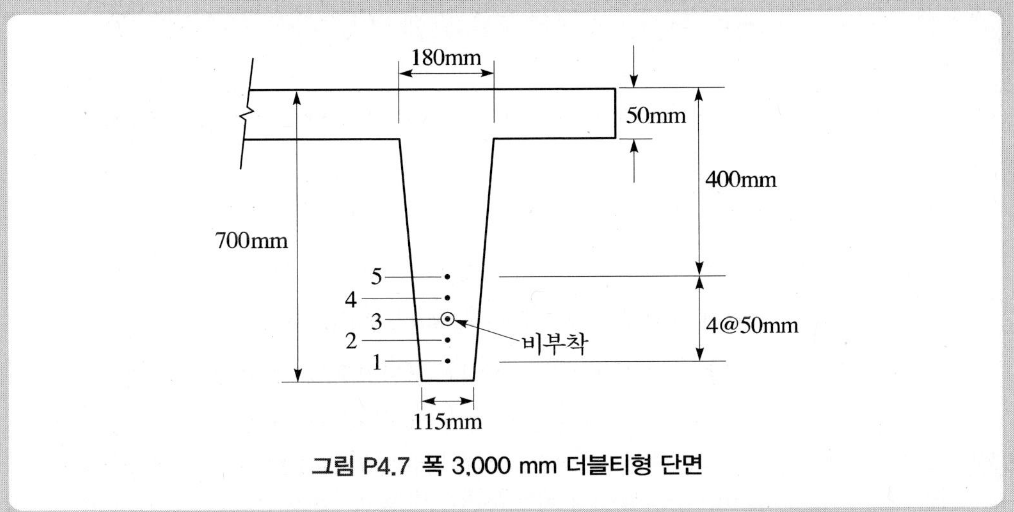

그림 P4.7 폭 3,000 mm 더블티형 단면

(1) 고정하중만 작용하고 긴장력이 도입될 때에 단부에서 전달길이 떨어진 위치와 경간 중앙에서 상연과 하연의 콘크리트 응력을 계산하여 표 2.15의 응력한계와 비교 검토하라.
(2) 사용하중이 작용하고 유효긴장력이 작용할 때 경간 중앙에서 상연과 하연의 콘크리트 응력을 계산하여 표 2.15의 응력한계와 비교 검토하라.
(3) 계수하중이 작용할 때 위험단면인 경간 중앙과 $0.4l = 6.0$ m에서 $M_n \geq M_u/\phi$을 검토하라.

CHAPTER 05

솟음과 처짐
Camber and Deflections

프리스트레스트 콘크리트 시공에서 고강도 재료의 사용은 상당히 큰 하중에 대해서 상대적으로 날렵한 단면으로 설계를 할 수 있도록 하고 있다. 적절하게 설계된 프리스트레스트 콘크리트 보는 일반적으로 동일한 경간에 대해서 철근콘크리트 보에 비해서 깊이를 감소시킬 수 있다. 예를 들어서 CPCI[2007(3-116)]에서 단순 지지되는 포스트텐션 프리스트레스트 바닥 보의 경간 대 깊이 비는 평균 25 정도(표 6.4 참고)이고, 철근콘크리트 보는 구조기준 표 4.3.1(처짐을 계산하지 않는 최소 두께)에서 제한하는 경간-깊이 비는 16으로 프리스트레스트 콘크리트를 적용할 때 깊이를 36% 정도 줄일 수 있는 것을 알 수 있다. 비록 깊이가 낮은 프리스트레스트 콘크리트 보가 적당한 휨강도로 긴 경간에 대한 경제적인 설계를 제공하지만, 길어진 경간으로 설계하중이 작용할 때 상당한 처짐이 발생할 수 있다. 프리스트레스트 콘크리트 부재가 적절한 휨강성(bending stiffness)을 가져서 추가로 부착되는 비구조적인 요소(nonstructural element, 칸막이, 배관 등)들에 손상이 일어나지 않도록 처짐이나 솟음이 허용한계를 만족하는지 검토하여야 할 것이다[Leet 1997(486)].

(a) 더블 T형 거더의 솟음(camber)

(b) AASHTO Type II 거더 : 처짐(deflection)

그림 5.1 전형적인 프리스트레스트 콘크리트 보의 솟음과 처짐[FHWA 2013]

경간 중앙의 수직처짐(vertical deflection), 보 끝의 회전(end rotation) 그리고 축방향 수축량(axial shorting) 등과 같은 보의 변형은 설계에서 관심을 기울여야 되는 사항이다. 이 중에서도 경간 중앙에서의 **처짐(deflection, 아래 방향으로 휨(아래로 볼록))** 또는 **솟음(camber, 위 방향으로 휨(위로 볼록))**은 가장 중요한 요소일 것이다(그림 5.1 참고). 바닥판이나 지붕 부재에서 과도한 처짐은 내부 치장이나 장비(finish and partition wall)에 손상을 주기도 하고, 지붕 부재의 과도한 처짐은 우수가 배수되지 못하면서 **연못 현상(water ponding problem)**을 일으키기도 한다. 교량에서는 시공 시 과도하거나 예상하지 못한 솟음으로 인해서 보의 상부 플랜지가 상판위로 올라오는 것을 방지하기 위해서 교량의 높이를 조종하여야하는 상황이 발생하기도 한다. 영구적인 고정하중과 활하중이 작용할 때 경간 중앙에서 최종적인 처짐의 검토는 부재나 교량의 사용성을 확보하기 위해서 필요하다[PCI Bridge 2003(8.7)].

보 끝의 회전은 현장치기 바닥판(CIP deck)을 시공해서 연속성을 도입하려는 경우에 중요한 고려사항이다. 이러한 회전이 인접 부재에 의해서 부분적으로 또는 완전히 구속되는 경우에 부재에 2차적인 시간의존 응력이 발생할 수도 있다. 이러한 응력은 연결부위를 설계하거나 보의 끝단에 대한 설계 상세에서 고려하여야 할 것이다. 축방향 수축량은 지압장치(bearing device)나 신축이음 장치(expansion device)를 설계할 때 고려하여야 할 것이다.

대부분의 프리캐스트 프리스트레스트 콘크리트 휨부재는 프리스트레스트를 도입할 때 긴장력에 편심을 주기 때문에 상향 솟음(camber)이 일어나게 된다. 지속하중에 의해서 부재의 응력분포가 어떻게 변하는가에 따라 솟음량은 시간이 지날수록 증가하거나 또는 반대로 감소하거나 한다. 솟음(camber)이나 처짐(deflection)은 작용하는 하중 및 고정하중의 크기와 경간 및 긴장력의 크기나 긴장재의 형상뿐 만아니라 콘크리트 혼합, 저장방법과 기간, 긴장력을 도입할 때의 콘크리트 강도, 추가 하중을 도입하는 시기, 상대습도 등 여러 변수의 영향을 받게 된다. 따라서 단기처짐 및 장기처짐에 대해서 상세 방법을 이용해서 계산된 값이 간단하게 추정한 값보다 더 정확하다고 말하기는 쉽지 않을 것이다. 칸막이나 접이식 문과 같이 솟음의 변화에 따라 영향을 받는 비구조적 요소들은 적절한 허용한계 내에서 배치하여야 할 것이다. 프리스트레스트 부재의 솟음은 설계모멘트와 사용하중에 의한 응력에 저항하기 위한 강연선의 배치에 따른 결과이므로, 소정의 솟음을 만들기 위해서 부재의 형태를 바꾸는 것은 실용적이지 않을 것이다[PCI 2010(5-87~88), CPCI 2007(3.5, 3-57~58)].

그림 5.2에는 단순지지 되는 프리스트레스트 콘크리트 보에 하중이 점진적으로 증가할 때 적당한 양의 부착된 긴장재(underreinforced bonded tendon)가 배치되는 보의 전형적인 하중-처짐 곡선을 보여 주고 있다. 점 1과 점 2는 프리스트레싱이 도입되는 과정에서 무게가 없다고 가정한 보의 이론적인 솟음(camber)을 표현하고, 프리스트레싱이 도입되면서 유효 프리

스트레싱 힘(P_e)과 보 자신의 고정하중이 작용하여 점 3의 솟음을 얻게 될 것이다. 추가적인 하중이 점차 증가하게 되면 단면에 균등한 응력 상태(uniform state of stress)가 되어 처짐이 0인 점 4를 통과하여, 인장연단에 균열이 발생하는 점 6을 지나서 압축연단의 콘크리트나 인장의 긴장재에 한계 탄성영역의 처짐은 점 7로 표시하고 있다[Naaman 2012(229–230)].

점차 하중이 증가하게 되면 긴장재(부착 긴장재인 경우)가 먼저 항복강도에 도달하여 점 8을 통과하고 최종적으로 보의 최대강도인 점 9에 이를 것이다. 단면이 저항할 수 있는 최대하중이 작용하는 점 9에서 압축연단 콘크리트의 변형률은 최대 변형률 $\epsilon_{cu} = 0.003$에 이르고 이때 단면의 공칭휨강도 M_n 에 도달하게 된다.

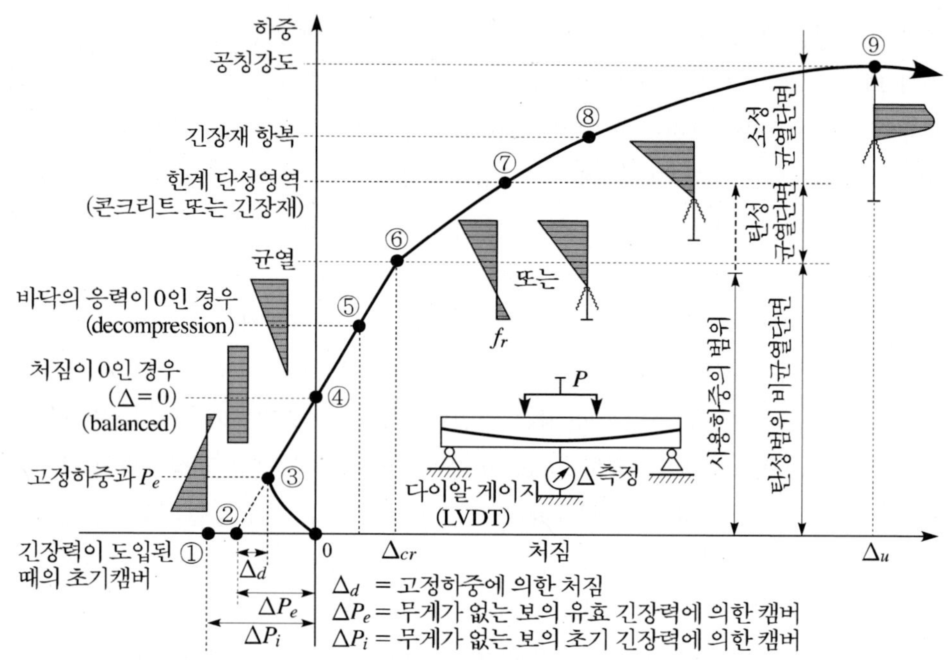

그림 5.2 부착된 긴장재를 가진 프리스트레스트 보의 전형적인 하중–변위곡선[Naaman 2012(230)]

그림 5.2에서 처짐을 검토하는 주요한 단계는 다음과 같다.

(1) **초기솟음**(Initial Camber) – 균열 전 단면 : 초기 긴장력이 도입될 때 아직 긴장력의 손실이 일어나기 전으로 도입되는 긴장력(P_i)은 최대이면서 콘크리트는 재령이 작아 아직 충분히 강도(f_{ci})를 발휘하지 못하는 상태인 점 2의 초기솟음 단계이다. 이때는 균열이 일어나기 전으로 **즉시처짐**(instantaneous deflection) 또는 **단기처짐**(short–term deflection)의 계산은 전체 단면이 유효하므로 콘크리트 전체 단면에 대해서 **공액보 방법**(conjugate–beam method)

이나 또는 그림 5.4의 도표를 이용해서 구할 수 있다.

(2) **탄성처짐(Elastic Deflection)** – 균열 후 단면 : 단면에 균열이 일어나고 난 뒤에 프리스트레스트 콘크리트 보의 거동은 거의 철근콘크리트 보와 유사하며 이 단계에서의 처짐은 균열단면에 대한 모멘트-처짐 관계(그림 5.8c 참고)를 이용하여 구할 수 있다(점 6 부근의 처짐).

(3) **장기처짐(Long-Term Deflection)** 단계 : **지속하중(sustained load)**으로 인한 콘크리트의 크리프나 건조수축은 장기처짐을 증가시킨다. 장기처짐은 단기처짐에 크리프 계수나 또는 승수(multipler)를 곱해서 경험적으로 계산한다.

5.1 초기 솟음 - 균열 전 단면(Initial Camber - Before Cracking Section)

긴장력으로 인한 솟음이나 처짐은 2 방법에 의해서 계산할 수 있다. 첫 번째 방법은 콘크리트를 긴장재와 분리시켜서 자유물체(free body)로 보고 긴장력은 콘크리트에 작용하는 하중으로 고려하여 처짐을 구하는 **등가하중개념(equivalent load concept)**이다(1.9.3장 참고). 두 번째 방법은 M/EI 도를 하중으로 간주하여 임의의 점의 기울기와 처짐은 각각 그 점의 전단력과 휨모멘트인 **모멘트 면적법(moment-area method)**을 적용할 수 있도록 고정단을 자유단으로 자유단은 고정단으로 변화시킨 가상적인 보(공액보)에 긴장재의 편심으로 인해서 발생하는 휨모멘트 ($M = Pe$)를 M/EI 도에 탄성하중으로 작용시켜서 처짐(= 구하려는 단면의 휨모멘트)을 구하는

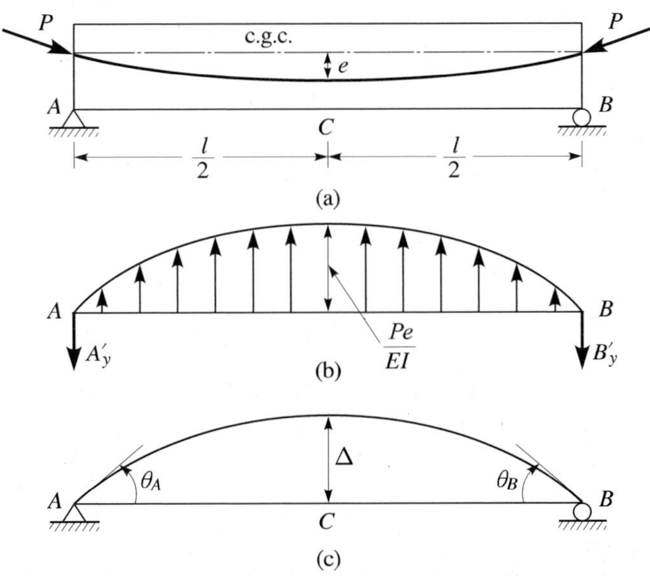

그림 5.3 프리스트레싱으로 인한 처짐 (a) 포물선으로 배치된 긴장재. (b) 탄성하중 Pe/EI가 작용하는 공액보. (c) 처짐 곡선[Nawy 2010(426)]

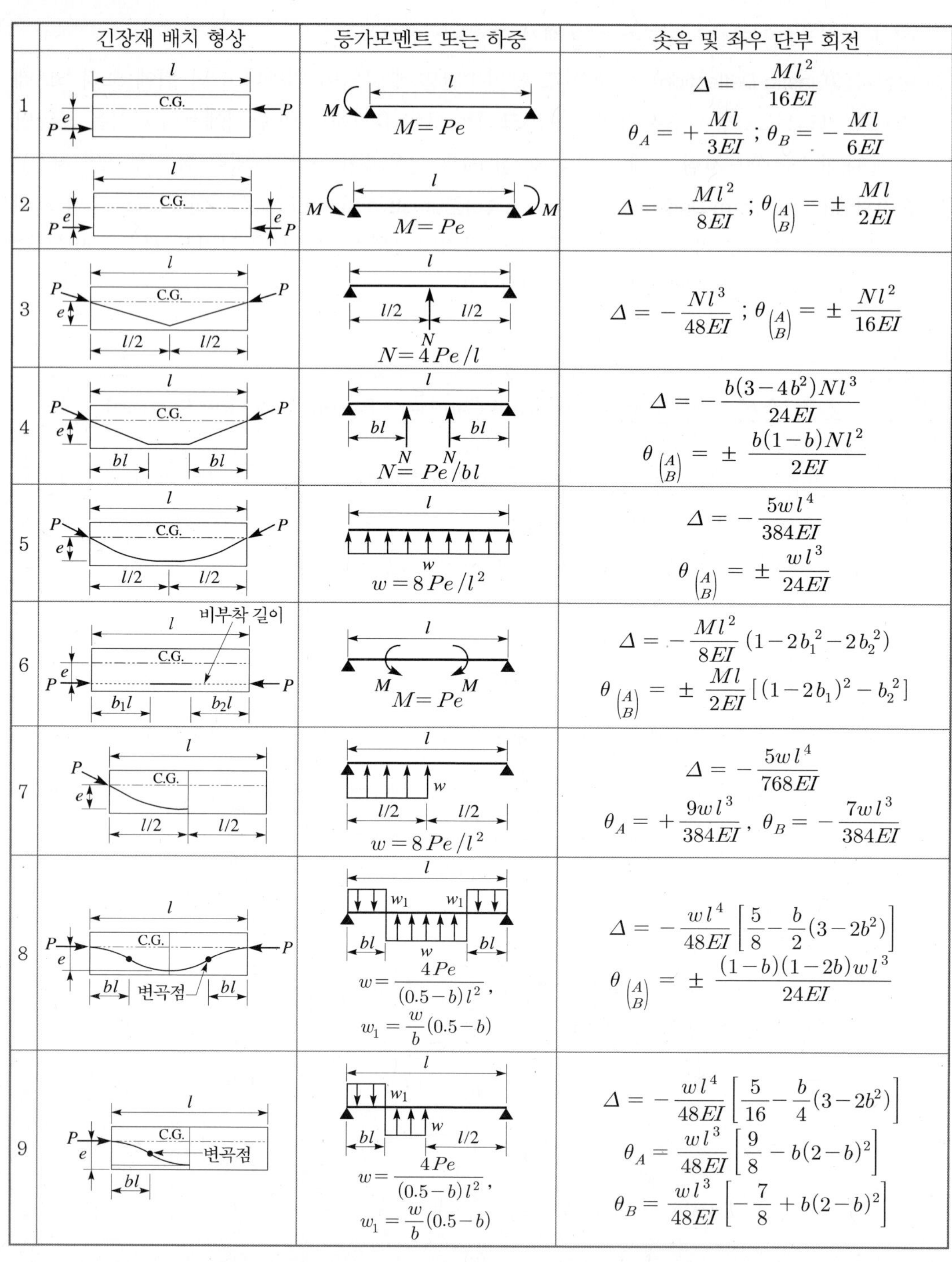

	긴장재 배치 형상	등가모멘트 또는 하중	솟음 및 좌우 단부 회전
1	l, C.G., P, e	$M = Pe$	$\Delta = -\dfrac{Ml^2}{16EI}$ $\theta_A = +\dfrac{Ml}{3EI}\ ;\ \theta_B = -\dfrac{Ml}{6EI}$
2	l, C.G., P, e	$M = Pe$	$\Delta = -\dfrac{Ml^2}{8EI}\ ;\ \theta_{\binom{A}{B}} = \pm\dfrac{Ml}{2EI}$
3	l, C.G., P, e, $l/2$, $l/2$	$N = 4Pe/l$	$\Delta = -\dfrac{Nl^3}{48EI}\ ;\ \theta_{\binom{A}{B}} = \pm\dfrac{Nl^2}{16EI}$
4	l, C.G., P, e, bl, bl	$N = Pe/bl$	$\Delta = -\dfrac{b(3-4b^2)Nl^3}{24EI}$ $\theta_{\binom{A}{B}} = \pm\dfrac{b(1-b)Nl^2}{2EI}$
5	l, C.G., P, e, $l/2$, $l/2$	$w = 8Pe/l^2$	$\Delta = -\dfrac{5wl^4}{384EI}$ $\theta_{\binom{A}{B}} = \pm\dfrac{wl^3}{24EI}$
6	l, 비부착 길이, C.G., P, e, b_1l, b_2l	$M = Pe$	$\Delta = -\dfrac{Ml^2}{8EI}(1-2b_1^2-2b_2^2)$ $\theta_{\binom{A}{B}} = \pm\dfrac{Ml}{2EI}[(1-2b_1)^2-b_2^2]$
7	l, C.G., P, e, $l/2$, $l/2$	$w = 8Pe/l^2$	$\Delta = -\dfrac{5wl^4}{768EI}$ $\theta_A = +\dfrac{9wl^3}{384EI},\ \theta_B = -\dfrac{7wl^3}{384EI}$
8	l, C.G., P, e, bl, 변곡점, bl	$w = \dfrac{4Pe}{(0.5-b)l^2}$, $w_1 = \dfrac{w}{b}(0.5-b)$	$\Delta = -\dfrac{wl^4}{48EI}\left[\dfrac{5}{8}-\dfrac{b}{2}(3-2b^2)\right]$ $\theta_{\binom{A}{B}} = \pm\dfrac{(1-b)(1-2b)wl^3}{24EI}$
9	l, C.G., P, e, 변곡점, bl	$w = \dfrac{4Pe}{(0.5-b)l^2}$, $w_1 = \dfrac{w}{b}(0.5-b)$	$\Delta = -\dfrac{wl^4}{48EI}\left[\dfrac{5}{16}-\dfrac{b}{4}(3-2b^2)\right]$ $\theta_A = \dfrac{wl^3}{48EI}\left[\dfrac{9}{8}-b(2-b)^2\right]$ $\theta_B = \dfrac{wl^3}{48EI}\left[-\dfrac{7}{8}+b(2-b)^2\right]$

그림 5.4 프리스트레스트 힘의 등가하중으로 인한 솟음(−)과 부재 끝의 회전(반시계 방향 +)을 구하는 계수(도표는 또한 등가하중의 방향을 바꾸면 작용하중에 대해서도 적용할 수 있다.)[PCI Bridge Design Manual 2003(8.7–1), CPCI 2007(8.1.6), PCI 2010(15.1.4)]

공액보 방법(conjugate-beam method)이 있다.

그림 5.3의 단순지지 경간 중앙에서 편심 e 인 포물선으로 배치되는 긴장재로 인해서 발생하는 휨모멘트 분포는 최대값 Pe 인 포물선 분포로 주어진다. 이 분포를 EI 로 나누어 M/EI 도(즉, Pe/EI 도)를 그려서 모멘트 면적법을 적용하면 경간 중앙에서의 최대 솟음은 경간 중앙의 휨모멘트로 구할 수 있으므로 받침부와 경간 중앙 사이의 자유물체 M/EI 도에 대해서 받침부에서 모멘트를 취하면,

$$\Delta = M_C' = \frac{M}{EI}\text{도 면적} \times \text{팔거리} = \left(\frac{Pe}{EI} \times \frac{l}{2} \times \frac{2}{3}\right)\left(\frac{5}{8} \times \frac{l}{2}\right)$$

$$= \frac{5}{48}\frac{Pe\,l^2}{EI} \ (\uparrow)\ (\text{솟음 } -)$$

가 된다. CPCI나 PCI에는 솟음/처짐을 구하는 계수를 그림 5.4와 같이 제시하고 있다. 그림 5.4(5)에서 보면 포물선으로 긴장재가 배치된 경우에 등가 등분포하중 $w = 8Pe/l^2$ 을 솟음을 구하는 식 $\Delta = 5wl^4/(384EI)$ 에 대입하면

$$\Delta = \frac{5wl^4}{384EI} = \frac{5\left(\dfrac{8Pe}{l^2}\right)l^4}{384EI} = \frac{5}{48}\frac{Pe\,l^2}{EI}$$

가 되어 공액보 방법으로 구한 값과 같게 된다. 그림 5.4에는 시작하는 단부 A와 끝나는 단부 B 절점의 회전각이 θ_A 와 θ_B 로 제시되었다. 회전각의 부호는 반시계방향 회전이 +이고 변위는 솟음(camber)이 −이다.

표 5.1에는 구조기준에서 제안하는 단면의 균열등급에 따라 솟음을 구하는 시점의 긴장력과 단면 2차 모멘트 및 탄성계수의 변화를 보여주고 있다(표 2.15 참고).

표 5.1 솟음/처짐을 구하는 시점에 따른 값들의 변화(구조기준 표 9.2.2.1)

	비균열등급(U)	부분균열등급(T)	완전균열등급(C)	긴장력 및 탄성계수
사용하중이 작용할 때 응력 계산	I_g		I_{cr}	긴장 시 : $P_0 \approx P_j$, E_{ci} 가설 시 : $P_i \approx 0.9P_0$ 또는 $P_i \approx 0.925P_0$, E_c 최종 : P_e, E_c
솟음/처짐 계산	I_g	2개의 직선으로 구성되는 모멘트-처짐 관계 또는 유효단면 2차 모멘트 I_e		

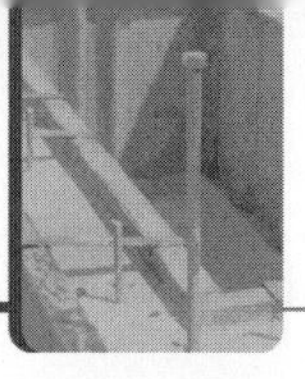

예제 5.1

[공액보 방법을 이용한 초기 솟음 계산] [Zia 1986]

그림 5.5에 보이는 긴장재가 2점 절곡되어 배치되는 프리스트레스트 콘크리트 단순지지 T형 보의 초기 솟음을 공액보 방법을 이용하여 계산하라. 긴장력이 도입 될 때 6%의 초기손실이 일어난다고 가정하라. 긴장재로는 SWPC 7B 지름 11.1 mm, 단면적 74.19 mm^2 강연선(표 2.5 참고)을 각각 86 kN ($A_b f_{p0} = A_b(0.62 f_{pu}) =$ 74.19 (0.62 × 1,860)/1,000 = 86 kN)으로 긴장하였다. 단, 경량골재 콘크리트 단위 질량 ρ_c = 2,000 kg/m^3, f_{ci} = 25 MPa, f_{ck} = 35 MPa, A_g = 57,000 mm^2, y_b = 261.8 mm, I_g = 696.74 × 10^6 mm^4, 경간 중앙의 편심 e_c = 166.6 mm, 단부에서의 편심 e_e = 61.8 mm, 고정 등분포하중 $w_d = w_g$ = 2,000 × 9.81 × 57,000 / 10^9 = 1.118 kN/m이다.

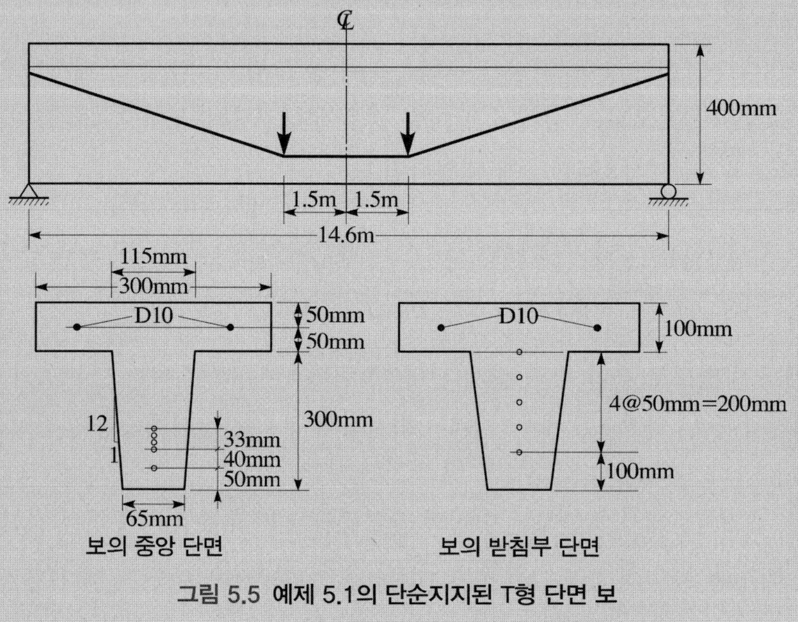

그림 5.5 예제 5.1의 단순지지된 T형 단면 보

① 공액보 방법을 이용하여 긴장력이 도입 될 때의 초기 솟음 계산 :

식 (2.6) : $E_{ci} = 0.077\,\rho_c^{1.5}\,\sqrt[3]{f_{cu}} = 0.077\,(2{,}000^{1.5})\,\sqrt[3]{25+4} = 21{,}159$ (MPa)

긴장력 도입 시에 손실이 6% 일어나므로, $P_i = 5 \times 86 \times (1-0.06) = 404.2$ (kN)

$P_i\,e_c = (404.2)(166.6\,/10^3) = 67.36$ (kN · m)

$P_i\,e_e = (404.2)(61.8\,/10^3) = 25.0$ (kN · m)

그림 5.6의 공액보에서 반력 계산 :

$E_{ci} I_g A_y{'} = (67.36)(1.5) + (25.0)(5.8) + (67.36-25.0)(5.8/2)$

$= 101.04 + 144.98 + 122.84 = 368.86$

$$\therefore\ A_y{}' = \frac{368.9}{E_{ci}I_g} = \theta_A\ (\hookrightarrow)$$

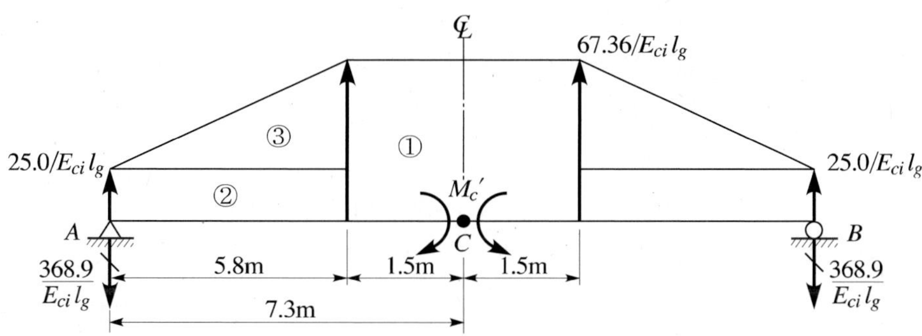

그림 5.6 공액보(conjugate-beam)

좌측 1/2 경간의 자유물체에 대해서 경간 중앙의 휨모멘트 $M_C{}'$ 을 구하기 위해서 좌측 받침부에서 모멘트를 취하면 $\hookrightarrow + \sum M = 0$: 면적 1 : (101.04)(5.8+1.5/2) = 661.8 ; 면적 2 : (144.98)(5.8/2) = 420.4 ; 면적 3 : (122.84)(2 × 5.8/3) = 475.0 ; 총계 : 1,557.2

$$\therefore\ M_C{}' = \Delta_{P_i} = \frac{1,557.2}{E_{ci}I_g}\ (\mathrm{kN\cdot m^3})$$

ⓐ 프리스트레싱에 의한 보의 중앙에서 솟음 계산 :

$$\Delta_{P_i} = -\frac{1,557.2}{E_{ci}I_g} = -\frac{1,557.2\ \mathrm{kN\cdot m^3}(10^{12})}{(21,159\ \mathrm{N/mm^2})(696.74\times10^6\ \mathrm{mm^4})}$$

$$= \underline{-105.6\ (\mathrm{mm})\ (\uparrow\ \text{솟음})}$$

ⓑ 고정하중에 의한 처짐 계산 :

$$\Delta_d = \frac{5w_d l^4}{384E_{ci}I_g} = \frac{(5)(1.118\ \mathrm{kN/m})(14.6^4\ \mathrm{m^4})(10^{12})}{(384)(21,159\ \mathrm{N/mm^2})(696.74\times10^6\ \mathrm{mm^4})}$$

$$= \underline{44.9\ (\mathrm{mm})\ (\downarrow\ \text{처짐})}$$

$$\therefore\ \Delta_i = \Delta_{P_i} + \Delta_d = -105.6 + 44.9 = \underline{-60.7\ (\mathrm{mm})\ (\uparrow\ \text{솟음})}\ \left(\equiv \frac{l}{240}\right)$$

② 그림 5.4를 이용하여 솟음을 계산하여 검토 : $e_c = 166.6$ mm, $e_e = 61.8$ mm

ⓐ 그림 5.4(4)를 이용 2점 절곡으로 인한 솟음 계산 :

$e = e_c - e_e = 166.6 - 61.8 = 104.8$ (mm) ; $P_i = 5 \times 86 \times (1-0.06)$

$= 404.2$ (kN)

$bl = 5.8$ m ; $b = bl/l = 5.8 / 14.6 = 0.397$

$N = Pe/bl = (404.2)(104.8)/5,800 = 7.303$ (kN)

$$\therefore \ \Delta_{P_i(\text{절곡})} = -\frac{b(3-4b^2)Nl^3}{24E_{ci}I_g} = -\frac{(0.397)[3-4(0.397^2)](7,303)(14,600^3)}{24(21,159)(696.74\times 10^6)}$$

$$= -60.4\ (\text{mm})\ (\uparrow)$$

ⓑ 그림 5.4(2) 이용 단부에서 편심 $e_e = 61.8$ mm로 인한 솟음 계산 :

$M = P_i e_e = 25.0$ kN · m

$$\therefore \ \Delta_{\pi(\text{편심})} = -\frac{Ml^2}{8E_{ci}I_g} = -\frac{(25.0\times 10^6)(14,600^2)}{8(21,159)(696.74\times 10^6)} = -45.2\ (\text{mm})\ (\uparrow)$$

ⓒ 프리스트레싱으로 인한 총 솟음 계산 :

$$\therefore \ \Delta_{P_i} = \Delta_{P_i(\text{절곡})} + \Delta_{P_i(\text{편심})} = -60.4 - 45.2 = \underline{-105.6\ (\text{mm})\ (\uparrow\ \text{솟음})}$$

①ⓐ에서 구한 값과 일치한다.

ⓓ 고정하중에 의한 처짐 계산 : $\Delta_d = (5w_d l^4)/(384E_{ci}I_g) = 44.9$ mm 를 더해주어 프리스트레싱 도입 시의 총 솟음을 구하면 된다.

예제 5.2

[솟음 계산의 등가하중 개념 적용 예]

그림 5.7에 보이는 단순지지 보에 긴장재가 그림과 같이 보의 단부에서 편심 e_e 와 보의 경간 중앙에서 편심 e_c를 갖고 포물선형으로 배치되었다. 등가하중 개념(equivalent load concept)을 이용하여 보의 경간 중앙에서의 솟음을 구하는 식을 유도하라.

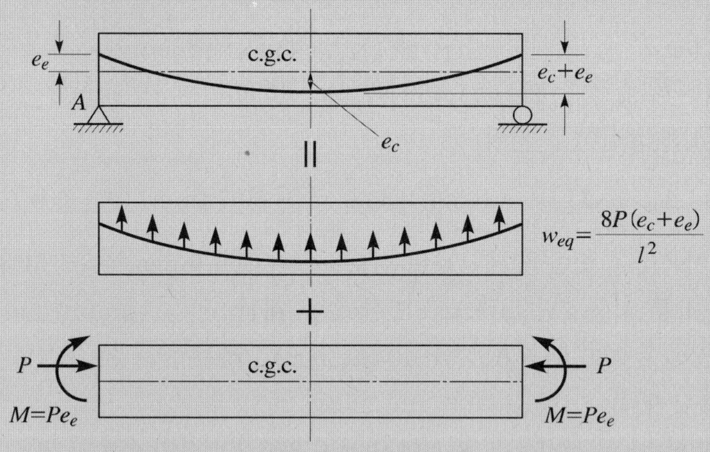

그림 5.7 포물선형으로 배치된 긴장재에 의한 처짐/솟음 계산

① 긴장재가 포물선 형상으로 배치되어 전체 편심은 $e = e_e + e_c$ 이므로, 긴장재의 상향력으로 인한 등가 등분포하중은 $M = Pe = wl^2/8$ 에서

$$w_{eq} = \frac{8Pe}{l^2} = \frac{8P(e_e + e_c)}{l^2} \tag{a}$$

로 쓸 수 있다. 따라서 이 등가 등분포 하중으로 인한 솟음은 아래와 같다.

$$\varDelta_P = -\frac{5w_{eg}l^4}{384E_cI_g} = -\frac{5Pel^2}{48E_cI_g} \tag{b}$$

② 보의 단부에서 긴장재가 C.G.C. 위로 −편심을 갖고 있으므로 이를 고려하기 위해서 단모멘트 $M = Pe_e$ 로 인한 처짐을 구한다. 이 단모멘트로 인한 처짐은 그림 5.4(2)에서 부호를 바꾸어 +(처짐)로 쓰면,

$$\varDelta_{e_e} = \frac{Ml^2}{8E_cI_g} = \frac{Pe_el^2}{8E_cI_g} \tag{c}$$

③ 보 자신의 고정 등분포하중 w_d 로 인한 처짐을 계산하면,

$$\varDelta_d = \frac{5w_dl^4}{384E_cI_g} \tag{d}$$

④ 모든 솟음/처짐을 더해주면 총 솟음/처짐은

$$\therefore\ \varDelta_n = \varDelta_P + \varDelta_d + \varDelta_{e_e} = \frac{5(-w_{eq} + w_d)l^4}{384E_cI_g} + \frac{Pe_el^2}{8E_cI_g} \tag{5.1}$$

로 표현할 수 있다.

5.2 균열 후 단면의 처짐 (Deflection After Cracking or Deflection of Partially Prestressed Beams)

프리스트레스트 콘크리트 부재에 균열이 발생하게 되면 경간을 따라 여러 군데에서 균열이 발생하게 된다. 이론적으로 균열 단면에서는 균열 단면 2차 모멘트 I_{cr} 를 적용하여야 하고 균열이 아직 일어나지 않은 단면에서는 전체 단면 2차 모멘트 I_g 를 적용하여야 한다(그림 5.8a 참고). 이 계산 방법은 철근콘크리트에서는 일반적으로 적용되는 방법이며 균열이 많이 일어난 프리스트레스트 콘크리트 부재에서도 적용될 수 있다[PCI 2010(5-88)].

추가 사용하중에 의한 순간처짐(instantaneous deflection)은 전통적인 방법으로 계산할

수 있다. 만약에 단순지지 된 부재의 바닥에서의 인장응력이 파괴계수 $f_r = -0.63\sqrt{f_{ck}}$ 를 초과하지 않게 되면 처짐은 전체 단면 2차 모멘트 I_g 를 이용하여 계산하면 된다[CPCI 2007 (3.5.2)].

구조기준 9.2.2(3)과 (4)(ACI 18.3.3)에서 프리스트레스트 콘크리트 휨부재는 미리 압축을 가한 인장구역에서 사용하중에 의한 인장연단응력 f_{ts} 에 따라 3등급으로 구분하는 식 (2.47)를 다시 적으면 아래와 같다.

$$\begin{cases} (1)\,\text{비균열등급(Class U)}: & |f_{ts}| \le \left|-0.63\sqrt{f_{ck}}\right| \\ (2)\,\text{부분균열등급(Class T)}: \left|-0.63\sqrt{f_{ck}}\right| < & |f_{ts}| \le \left|-1.0\sqrt{f_{ck}}\right| \\ (3)\,\text{완전균열등급(Class C)}: & |f_{ts}| > \left|-1.0\sqrt{f_{ck}}\right| \end{cases} \quad (2.47)$$

그림 5.8c의 모멘트-변위 관계에서 프리스트레스트 콘크리트 부재에 균열이 발생하게 되면 단면 2차 모멘트는 I_g 에서 기울기가 작아지며 I_{cr} 이 되는데, 이 관계는 또한 2 값의 평균값인 유효단면2차 모멘트 I_e 로 표현할 수도 있다(그림 b 참고). 그림 5.8c의 모멘트-변위 관계에서 유효 긴장력의 영향은 포함시키지 않고 작용하중에 대한 영향만을 고려하고 있다는 점을 주목하여야 한다[PCI 2010(5-88)].

구조기준 4.3.3(ACI 9.5.4)에서는 휨부재의 등급에 따라 다음과 같은 단면 2차 모멘트를 이용하여 부재의 처짐을 구하도록 하고 있다(표 5.1 참고).

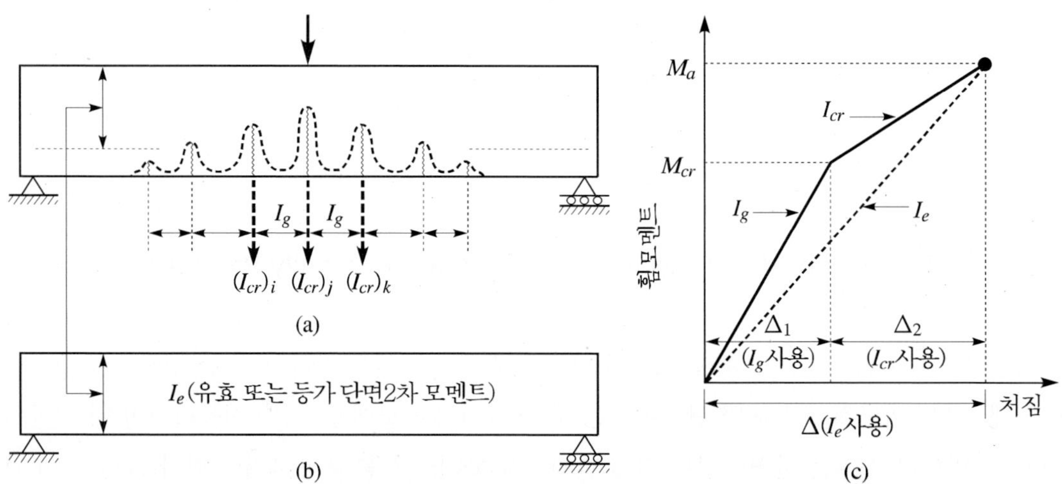

그림 5.8 (a) 균열 단면의 단면 2차 모멘트의 변화, (b) 유효 단면 2차 모멘트, (c) 개념적인 2개의 선형으로 이루어진 휨모멘트-처짐 관계(bilinear moment-deflection relationship)와 유효 단면 2차 모멘트(도표에 유효 긴장력의 영향은 포함되지 않고 있다.)[PCI 2010(5-88), Naaman 2012(441)]

① 비균열 등급(Class U) 휨부재 : 콘크리트 전체 단면의 단면 2차 모멘트 I_g 를 사용하여 처짐을 구한다.

② 부분균열 등급(Class T)과 완전균열 등급(Class C) 휨부재 : 균열환산단면 해석(cracked transformed section analysis)에 기초하여 2개의 직선으로 구성되는 모멘트–처짐 관계(bilinear moment–deflection relationship)(즉, 균열 전 I_g 와 균열 후 I_{cr} 을 이용하여 각각의 하중에 대해서 처짐을 구하는 방법)나 유효단면 2차 모멘트 I_e 를 적용하여 계산하도록 규정하고 있다.

5.2.1 방법 1 : 2개의 직선으로 구성되는 모멘트–처짐 관계 (Use of Bilinear Moment–Displacement Relationship)

이 방법은 2개의 직선으로 이루어진 모멘트–변위 관계(bilinear moment–deflection relationship) (그림 5.8c 참고)를 이용하여 균열이 일어나기 전에는 전체 단면 2차 모멘트 I_g 를 이용하여 처짐을 구하고, 인장응력이 파괴계수 $f_r = -0.63\sqrt{f_{ck}}$ 를 초과하는 하중에 대해서는 균열단면 2차 모멘트 I_{cr} 로 처짐을 구하는 방법이다 [구조기준 4.3.3(2), ACI 9.5.4.2, PCI 2010(5.8.3), CPCI 2007(3.5.2)].

CPCI 2007(3–58)(PCI 2010(5–90))에는 다음과 같이 균열단면 2차 모멘트 I_{cr} 를 계산하는 식(empirical expression)을 제시하고 있다. 일반적인 경우의 균열단면 2차 모멘트(partially prestressed) 식인 다음 식은 직사각형 단면에 대한 식으로 다른 형상의 단면에 대해서는 근사값을 준다.

$$\begin{cases} I_{cr} = n\rho b d_e^3 (1-k)\left(1-\dfrac{k}{3}\right) = C b d_e^3 \\ I_{cr} = n A_{ps} d_p^2 (1 - 1.67\sqrt{n\rho_p}) : \text{간략식(긴장재만 배치, 부분균열등급 } T) \end{cases} \tag{5.2}$$

여기에서

$$d_e = \frac{A_s E_s d_s + A_{ps} E_{ps} d_p}{A_s E_s + A_{ps} E_{ps}} \;;\; k = -n\rho + \sqrt{(n\rho)^2 + 2n\rho}$$

$$n\rho = \frac{A_s E_s + A_{ps} E_{ps}}{E_c b d_e} \;;\; C = n\rho(1-k)\left(1-\frac{k}{3}\right) \;;\; n\rho_p = \frac{E_{ps}}{E_c}\frac{A_{ps}}{b d_p}$$

CPCI 2007(3–62~64)에서는 부분 프리스트레스트 부재에서 Tadros 등[1985]이 제시한 도표를 이용하여 활하중으로 인한 처짐을 구하는 상세식도 제안하고 있다.

5.2.2 방법 2 : 유효단면 2차 모멘트를 사용하는 방법(Use of Effective Moment of Inertia)

구조기준 4.3.3(ACI 9.5.4)에서는 앞에서 다룬 방법이외에 유효 단면 2차 모멘트 I_e 를 이용하여 균열단면의 처짐을 구하도록 하고 있다(그림 5.8c 참고). 구조기준 4.3.1(3)(ACI 9.5.2.3)에서는 아래와 같이 유효 단면 2차 모멘트 I_e 를 계산하는 식을 제시하고 있다.

$$\left\{\begin{array}{l} I_e = \left(\dfrac{M_{cr}}{M_a}\right)^3 I_g + \left[1 - \left(\dfrac{M_{cr}}{M_a}\right)^3\right] I_{cr} \le I_g \\ I_e = I_{cr} + (I_g - I_{cr})\left(\dfrac{M_{cr}}{M_a}\right)^3 \le I_g \end{array}\right. \tag{5.3}$$

여기에서 균열모멘트 M_{cr} 은 식 (4.2)를 다시 적으면

$$M_{cr} = \frac{I_g}{y_b}(f_{ce} - f_r) = S_b\left(\frac{P_e}{A_g} + \frac{P_e e}{S_b} + 0.63\lambda\sqrt{f_{ck}}\right) \tag{4.2}$$

가 된다. 여기에서 y_b = 전체 단면의 도심(Center of Gravity of Section)으로부터 최 외단 인장연단까지의 거리 ; M_a = 처짐이 계산되는 단계에서의 부재의 최대모멘트 ; I_g = 철근을 무시한 전체 콘크리트의 단면 2차 모멘트 ; I_{cr} = 균열 단면적의 단면 2차 모멘트이다. 또한 λ 는 콘크리트의 비중을 고려하는 계수로 경량콘크리트에 대한 쪼갬인장강도(splitting tensile strength) f_{sp} 가 주어지지 않은 경우에, 보통중량골재 콘크리트에는 $\lambda = 1.0$이고, 모래경량골재(모래 +경량 굵은골재) 콘크리트에는 $\lambda = 0.85$이며, 전경량골재 콘크리트에는 $\lambda =$ 0.75가 된다. 만약에 부분적으로 경량골재가 섞인 경우에는 직선 보간한 값을 곱하여 보정하도록 규정하고 있다. 구조기준 4.3.1(4)에서는 또한 경량콘크리트에 대한 f_{sp} 값이 주어져 있으면 λ 대신에 $f_{sp}/(-0.56\sqrt{f_{ck}}) \le 1.0$ 을 대입하도록 규정하고 있다.

CPCI 2007(3-59)(PCI 2010(5-90))에서는 사용 활하중에 의한 처짐을 결정하는데 사용되는 M_{cr}/M_a 값을 구하는 식을 이래와 같이 제시하고 있다.

$$\frac{M_{cr}}{M_a} = 1 - \left(\frac{f_{tot} - f_r}{f_l}\right) \tag{5.4}$$

여기에서 f_{tot} = 부재에서 계산되는 최종 응력 ; f_l = 활하중에 의한 응력이다.

연속부재인 경우에 I_e 는 정모멘트 구역과 부모멘트 구역에서 상당히 다를 수 있다. 구조기준 4.3.1(4)(ACI 9.5.2.4)에서는 이런 경우에 정 및 부모멘트에 대한 위험단면의 유효단면 2차 모멘트를 식 (5.3)에 의해서 구하고 그 평균값을 사용할 수 있다고 제안하였다. ACI 318

9.5.2.4에서는 또한 단면이 일정한 연속보에서 단순 지지나 연속 부재에서는 보의 중앙에서, 캔틸레버인 경우에는 받침부에서 구한 값을 사용할 수 있다고 제안하고 있다.

예제 5.3

[단순지지 더블 T 형 보의 순간처짐 계산] [CPCI 2007(3-58~60)]

그림 5.9의 경간 l = 21.0 m의 단순지지 된 2,400 × 600 더블 T(DT)형 거더에서 활하중에 의한 총 순간처짐을 결정하라.

- 추가 고정하중 w_{sd} = (0.5 kN/m^2)(2.4 m) = 1.2 kN/m, 활하중 w_l = (1.75 kN/m^2)(2.4 m) = 4.2 kN/m
- 콘크리트 : 보통중량골재 사용 f_{ci} = 25 MPa, f_{ck} = 35 MPa, $w_d = w_g$ = (2.6 kN/m^2)(2.4 m) = 6.24 kN/m
- 긴장재 : 14 개 직경 12.7 mm, f_{pu} = 1,860 MPa 응력소거 7연선, A_{ps} = (14)(99) = 1,386 mm^2, 중앙 1점 절곡, $f_{p0} = 0.70 f_{pu}$ = 0.70(1,860) = 1,302 MPa, 긴장후 즉시손실 10%, 시간적 손실은 추가로 14% 발생한다고 가정 ; $E_{ps} = 2.0 \times 10^5$ MPa
- 단면의 제값 : A_g = 260,000 mm^2, $I_g = 8,580 \times 10^6$ mm^4, y_t = 176 mm, y_b = 424 mm, $S_t = I_g / y_t = 48,800 \times 10^3$ mm^3, $S_b = 20,200 \times 10^3$ mm^3

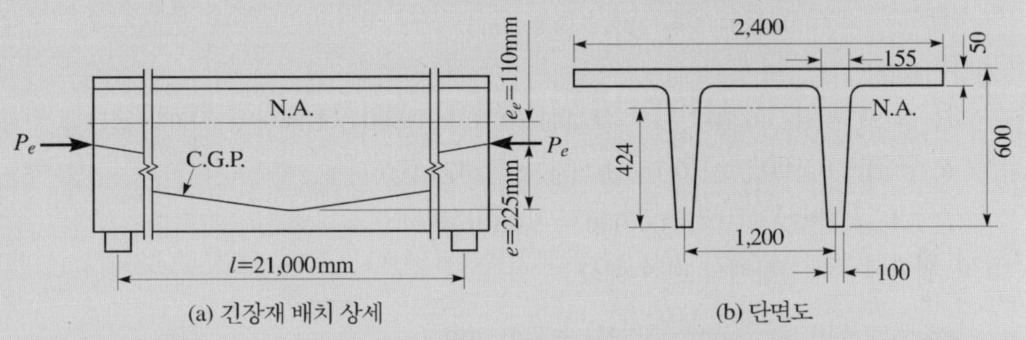

그림 5.9 단순지지 되고 중앙에서 1점 절곡된 긴장재가 배치되는 2400 × 600 더블 T형 부재

방법 1 : 2개의 직선으로 구성되는 모멘트-처짐 관계(Bilinear Moment-Displacement Relationship)

① I_{cr} 계산 : $d_p = e_c + y_t$ = (110 + 225) + 176 = 511 (mm)

식 (2.6) : $E_c = 8,500 \sqrt[3]{35+4} = 28,825$ (MPa)

$$n\rho = \frac{A_{ps} E_{ps}}{E_c b d_p} = \frac{(1,386)(200,000)}{(28,825)(2,400)(511)} = 0.00784 \;;\; n = \frac{E_{ps}}{E_c} = \frac{200,000}{28,825} = 6.94$$

$$k = -n\rho + \sqrt{(n\rho)^2 + 2n\rho} = -0.00784 + \sqrt{(0.00784^2) + 2(0.00784)} = 0.1176$$

$C = n\rho(1-k)(1-k/3) = (0.00784)(1-0.1176)(1-0.1176/3) = 0.00665$

식 (5.2) : $I_{cr} = Cbd_p^3 = (0.00665)(2{,}400)(511^3) = \underline{2{,}129 \times 10^6\ (\mathrm{mm}^4)}$

또는 아래 식을 계산해서 검토 :

$I_{cr} = nA_{ps}d_p^2(1-1.67\sqrt{n\rho}) = (6.94)(1{,}386)(511^2)(1-1.67\sqrt{0.00784})$

$= 2{,}137 \times 10^6\ (\mathrm{mm}^4)$ <close>

② 0.4l 위치에서의 응력 계산 : 그림 4.4에 따라 위험단면에서의 응력 계산

경간 중앙 :

$M_d = w_d l^2/8 = (6.24)(21^2)/8 = 344.0\ (\mathrm{kN \cdot m})$

$M_{sd} = w_{sd} l^2/8 = (1.20)(21^2)/8 = 66.2\ (\mathrm{kN \cdot m})$

$M_l = w_l l^2/8 = (4.20)(21^2)/8 = 231.5\ (\mathrm{kN \cdot m})$

0.4l 위치에서의 휨모멘트 계산 : $M_c = wl^2/8 = (0.125)(wl^2)$

$M_{(0.4l)} = (wl/2)(0.4l) - w(0.4l)^2/2 = (0.20-0.08)(wl^2) = 0.12(wl^2)$

$M_{(0.4l)} = \dfrac{0.12}{0.125} \times (0.125)(wl^2) = (0.96)M_c$

$M_{d\,(0.4l)} = (0.96)M_d = (0.96)344.0 = 330.2\ (\mathrm{kN \cdot m})$

$M_{sd\,(0.4l)} = (0.96)66.2 = 63.6\ (\mathrm{kN \cdot m})$

$M_{l\,(0.4l)} = (0.96)231.5 = 222.2\ (\mathrm{kN \cdot m})$

긴장력 계산 :

$P_0 \approx P_j = A_{ps}(0.70f_{pu}) = (1{,}386)(0.70 \times 1{,}860)/1{,}000 = 1{,}805\ (\mathrm{kN})$

$P_e = (1-0.24)P_0 = (0.76)(1{,}805) = 1{,}372\ (\mathrm{kN})$

$P_e/A_g = 1{,}372 \times 10^3/260{,}000 = 5.28\ (\mathrm{MPa})$

0.4l 위치에서의 긴장재의 편심 계산 :

$e_{(0.4l)} = 110 + \dfrac{335-110}{0.5l}(0.4l) = 290\ (\mathrm{mm})$

$P_e e_{(0.4l)}/S_b = (1{,}372 \times 10^3 \times 290)/(20{,}200 \times 10^3) = 19.70\ (\mathrm{MPa})$

$-M_{d(0.4l)}/S_b = -(330.2 \times 10^6)/(20{,}200 \times 10^3) = -16.35\ (\mathrm{MPa})$

$-M_{sd(0.4l)}/S_b = -(63.6 \times 10^6)/(20{,}200 \times 10^3) = -3.15\ (\mathrm{MPa})$

$f_l = -M_{l(0.4l)}/S_b = -(222.2 \times 10^6)/(20{,}200 \times 10^3) = -11.0\ (\mathrm{MPa})$

$f_{b\,(0.4l)} = \dfrac{P_e}{A_g} + \dfrac{P_e e_{(0.4l)}}{S_b} - \dfrac{M_{d(0.4l)}}{S_b} - \dfrac{M_{sd(0.4l)}}{S_b} - \dfrac{M_{l(0.4l)}}{S_b}$

$= 5.28 + 19.70 - 16.35 - 3.15 - 11.0 = -5.52\ (\mathrm{MPa})$ (인장응력)

③ 단면의 등급 결정 및 파괴계수 계산 :

$-0.63\sqrt{f_{ck}} = -0.63\sqrt{35} = -3.73\ (\mathrm{MPa})$

$|-3.73\ \mathrm{MPa}\ | < |\ f_{b(0.4l)} = -5.52\ \mathrm{MPa}\ | < |-1.0\sqrt{f_{ck}}$

$= -1.0\sqrt{35} = -5.92\ (\mathrm{MPa})|$

식 (2.47)에 따라 부분균열등급(Class T) 단면이 된다.

따라서 인장연단에서 균열이 일어나고 난 뒤에 작용하는 활하중 응력은 5.52 −3.73 = 1.79 MPa이다. 따라서 이 1.79 MPa이 발생하기 이전의 하중(3.73 MPa을 일으키는 하중)은 I_g 를 이용해서 처짐을 구하고, 응력 1.79 MPa에 상당하는 등분포하중은 I_{cr} 을 이용해서 처짐을 결정하거나 또는 유효단면 2차 모멘트 I_e 를 이용하여 계산한다.

④ 인장응력을 비교하여 비균열과 균열을 일으키는 등분포 활하중 분배 :

활하중으로 인한 하연의 응력 : $f_{bl} = -M_{l\,(0.4l)}/S_b = -11.0\ \mathrm{MPa}$

모든 작용력으로 인한 응력 $f_{b\,(0.4l)} = -5.52$ MPa에서 $-0.63\sqrt{f_{ck}} = -3.73$ MPa를 뺀 응력 부분, −5.52 −(−3.73) = −1.79 (MPa)이 균열 후의 단면에 작용하는 활하중으로 인한 응력이 되므로, 균열 전 단면에 작용하는 활하중으로 인한 응력은 −11.0−(−1.79) = −9.21 (MPa)이 된다. 따라서 이 응력에 대한 활하중은

$$\therefore\ w_{l\,(\text{균열전 단면})} = \frac{f_{bl\,(\text{비균열})}}{f_{bl\,(\text{전체})}} \times w_l = (-9.21/-11.0)(4.20) = \underline{3.52\ (\mathrm{kN/m})}$$

$$\therefore\ w_{l\,(\text{균열후 단면})} = 4.20 - 3.52 = \underline{0.68\ (\mathrm{kN/m})}$$

⑤ 활하중에 의한 순간처짐 계산 :

식 (2.6) : $E_c = 8{,}500\sqrt[3]{f_{cu}} = 8{,}500\sqrt[3]{39} = 28{,}825\ (\mathrm{MPa})$

$$\Delta_g = \frac{5w_l l^4}{384E_c I_g} = \frac{(5)(\underline{3.52})(21\times10^3)^4}{(384)(28{,}825)(8{,}580\times10^6)} = 36.0\ (\mathrm{mm})\ (\downarrow)$$

$$\Delta_{cr} = \frac{5w_l l^4}{384E_c I_{cr}} = \frac{(5)(\underline{0.68})(21\times10^3)^4}{(384)(28{,}825)(2{,}129\times10^6)} = 28.1\ (\mathrm{mm})\ (\downarrow)$$

$$\therefore\ \Delta_l = \Delta_g + \Delta_{cr} = 36.0 + 28.1 = \underline{64.1\ (\mathrm{mm})\ (\downarrow\ \text{처짐})}$$

방법 2 : 유효단면 2차모멘트(Effective Moment of Inertia)

최종 응력 $f_{tot} = f_b = -5.52\ \mathrm{MPa}$

활하중 응력 $f_l = f_{bl} = -11.0\ \mathrm{MPa}$

파괴계수 $f_r = -0.63\lambda\sqrt{f_{ck}} = -0.63(1.0)\sqrt{35} = -3.73\ (\mathrm{MPa})$

⑥ 식 (5.4)를 이용하여 (M_{cr}/M_a) 계산 :

$$\frac{M_{cr}}{M_a} = 1 - \left(\frac{f_{tot} - f_r}{f_l}\right) = 1 - \left(\frac{-5.52 - (-3.73)}{-11.0}\right) = 0.837$$

$$\left(\frac{M_{cr}}{M_a}\right)^3 = 0.837^3 = 0.587$$

⑦ 유효단면 2차 모멘트 I_e 계산 :

$I_g = 8{,}580 \times 10^6\ \mathrm{mm}^4$; $I_{cr} = 2{,}129 \times 10^6\,\mathrm{mm}^4$

식 (5.3) : $I_e = I_{cr} + (I_g - I_{cr})(M_{cr}/M_a)^3 \le I_g$

$\therefore\ I_e = [2{,}129 + (8{,}580 - 2{,}129)(0.587)](10^6) = \underline{5{,}915 \times 10^6\ (\mathrm{mm}^4)}$

$< 8{,}580 \times 10^6\ \mathrm{mm}^4$ <OK>

⑧ 활하중에 의한 순간처짐 계산 :

$$\therefore\ \Delta_l = \frac{5 w_l l^4}{384 E_c I_e} = \frac{(5)(4.20)(21.0\times 10^3)^4}{(384)(28{,}825)(5{,}915\times 10^6)} = \underline{62.4\ (\mathrm{mm})}\ (\downarrow\ \text{처짐})$$

⑨ 방법 1과 비교 : $\left[1 - \dfrac{\Delta_{l(I_e)}}{\Delta_{l(I_g\,\&\,I_{cr})}}\right] \times 100 = (1 - 62.4/64.1) \times 100 = 2.7\%$ 차이 밖에 나지 않는다.

5.3 장기 솟음/처짐 계산(Long-Term Camber/Deflection)

전형적인 보에서 긴장력의 도입은 상향 솟음(camber)를 일으키게 된다. 콘크리트의 건조수축과 크리프 및 강선의 이완 영향은 긴장력을 감소시켜서 솟음을 점진적으로 감소시키게 된다. 그러나 크리프 영향은 긴장력을 감소시켜서 솟음을 감소시키기도 하지만 동시에 긴장력으로 인한 크리프 변형률이 역곡률(negative curvature)을 증가시켜서 솟음을 증가시키기도 한다. 따라서 어떤 시간의존 변형이 나타날지는 설계 상세와 재료의 특징에 따라 좌우되게 된다[Nilson 1987(337)].

크리프와 건조수축으로 인한 솟음이나 처짐의 크기나 일어나는 속도는 상대습도나 온도와 같은 주변 환경에 영향을 받게 되는데, 앞에서 언급한 바와 같이 너무 많은 변수가 관련되어 있어서 설계자가 초기 솟음이나 시간에 따라 솟음의 증가를 적절하게 추정하는 일은 쉽지 않을 것이다. 따라서 이러한 영향에 대한 계산은 근사치를 구하는 일이라는 것을 이해하여야 한다[PCI 2010(5-87)].

구조기준 4.3.1(5)(ACI 9.5.2.5)에서는 철근콘크리트 부재에서 장기처짐을 추정하는 식으로 탄성처짐에 아래의 계수를 곱해서 구하는 간단한 식을 도입하고 있다.

$$\lambda_{\Delta} = \frac{\xi}{1 + 50\rho'} \tag{5.5}$$

여기에서 압축철근비 $\rho' = A_s'/bd$; ξ ('xi') = 지속하중에 대한 시간경과 계수로 표 5.2에 제시되어 있다. 총 장기처짐은 아래 식으로 구할 수 있다.

$$\Delta_t^{(su)} = \Delta_i + \lambda_{\Delta}\,\Delta_i^{(su)} \tag{5.6}$$

여기에서 Δ_i = 순간-탄성처짐, $\lambda_{\Delta}\,\Delta_i^{(su)}$ = 장기처짐, $\Delta_i^{(su)}$ = 지속하중(sustained loads)에 대한 순간처짐이다.

표 5.2 시간경과계수 ξ

기간(월)	1	3	6	12	18	24	36	48	60 이상
ξ	0.5	1.0	1.2	1.4	1.6	1.7	1.8	1.9	2.0

프리스트레스트 콘크리트 부재에서는 철근콘크리트와 같이 간단한 계수가 제시되지 않고 있다. 프리캐스트 프리스트레스트 콘크리트 부재에서 장기 솟음과 처짐을 구하는 것은 얼마간 복잡하며 그 이유로는

① 시간이 경과함에 따라 긴장력의 영향과 손실이 발생하게 되고,
② 긴장력이 도입된 뒤에 시간이 지남에 따라 콘크리트의 강도가 증가하며,
③ 긴장력이 도입될 때(initial)와 긴장력의 손실이 일어난 뒤(final)의 처짐이나 솟음도 중요하지만 대략 성형(casting)한 뒤의 30~60일에 실행되는 가설 시(at erection)의 처짐도 중요하다[CPCI 2007(3-60)].

프리캐스트 프리스트레스트 부재의 설계에서 일정한 시간이 경과한 뒤의 장기 솟음은 일반적으로 순간-탄성 솟음에 설계자의 경험에 근거한 어떤 계수를 곱해서 구하고 있다. 오직 솟음에만 영향을 미치는 긴장력의 손실을 적절히 승수(multiplier)를 이용해서 고려하기 위해서는 초기에 계산되는 탄성 처짐이나 솟음을 각각 분리해서 계산해야 할 것이다.

프리스트레스트 콘크리트 부재의 장기솟음/처짐을 구하는데 다음과 같은 4가지 방법을 이용할 수 있다.

① 크리프 계수를 이용하는 방법

② 승수(Multiplier)에 의한 방법

③ 개선 승수(Improved Multiplier)를 이용하는 방법 : 1985년 Tadros 등이 제안한 방법

④ 상세해석을 사용하는 방법(Detailed Analytical Method) : 솟음이나 처짐을 수치적분에 의해서 구하는 방법으로 특히 길이가 길고 단면이 작으면서 상당한 긴장력이 도입되어 시간의존 처짐에 매우 민감한 경우에 또는 장기 처짐의 계산이 요구되는 경우에 적용할 수 있다. PCI Bridge Design Manual 8.7.4[2003]에 제시되어 있으며 본 교재에서는 생략한다.

5.3.1 크리프 계수를 이용하는 방법

그림 5.10a에는 콘크리트 각주에 지속하중이 작용한다고 가정할 때 크리프 변형률의 변화를 보여주고 있다. 일정한 응력이 작용할 때 임의의 시간 t에 크리프 변형률은 다음과 같이 탄성-즉시 변형률 ϵ_{ci}에 크리프계수 $C(t)$를 곱해서 구할 수 있다[Lin 1981(300)].

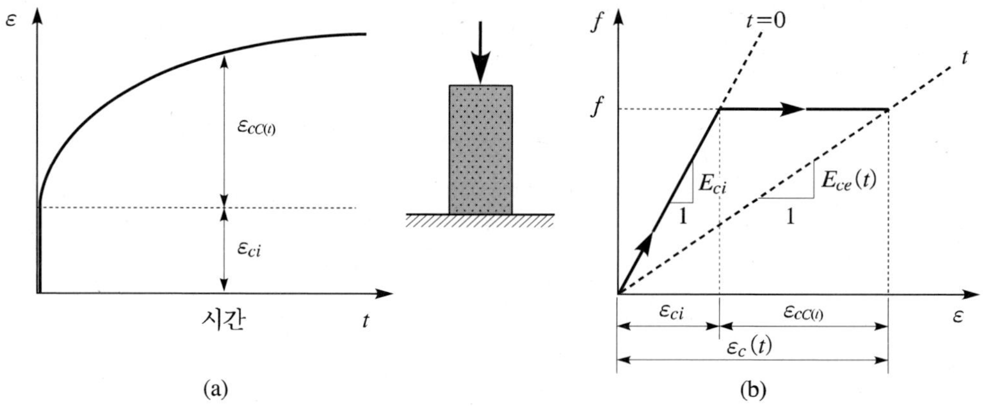

그림 5.10 (a) 시간에 따라 크리프 변형률의 변화, (b) 등가의 탄성계수 [Naaman 2012(446)]

$$\epsilon_{cC}(t) = \epsilon_{ci} \times C(t) \tag{5.7}$$

크리프의 영향을 포함하는 유효탄성계수 $E_{ce}(t)$는 그림 5.10b에서 적으면(식 (2.16) 참고),

$$E_{ce}(t) = \frac{f}{\epsilon_c(t)} = \frac{f}{\epsilon_{ci} + \epsilon_{cC}(t)} = \frac{f}{\epsilon_{ci}[1 + C(t)]} = \frac{E_{ci}}{1 + C(t)} \tag{5.8}$$

로 표현할 수 있다.

예를 들어서 등분포 하중이 작용하는 단순지지 보의 경간 중앙에서의 최대처짐을 구하는 식 $\Delta = (5wl^4)/(384EI)$에서 $K = (5wl^4)/(384I)$로 표현하면, $\Delta = K/E$가 되고, 하중이 작

용하는 즉시-탄성처짐과 시간의존 장기처짐은 각각

$$\Delta_i = \frac{K}{E_{ci}} \text{와 } \Delta(t) = \frac{K}{E_{ce}(t)} \tag{5.9}$$

로 쓸 수 있다. 식 (5.9)에 식 (5.8)을 대입하면,

$$\Delta(t) = \frac{K}{\dfrac{E_{ci}}{1+C(t)}} = \frac{K}{E_{ci}}[1+C(t)] = \Delta_i[1+C(t)] = \Delta_i + \Delta_i C(t) \tag{5.10}$$

여기에서 크리프 처짐을 구하려고 하는 시간의 크리프계수 $C(t) = C_t$ 라 하면 시간의존 장기처짐은

$$\Delta(t) = \Delta_i + \Delta_i C_t \tag{5.11}$$

로 표현할 수 있다.

예제 5.4

[크리프 계수 이용 장기처짐 계산]

크리프 계수를 이용하여 예제 [5.1]에서 대략 30일이 경과한 뒤 가설 시(at election) 추가 고정하중이 작용하는 시점(유효 긴장력이 작용할 때)에 장기 솟음/처짐을 크리프 계수 $C_t = 1.5$로 가정하여 계산하고, 90일이 지난 뒤 등분포 활하중이 작용했을 때 $C_t = 2.0$으로 가정하여 최종 처짐을 계산하라. 단, 30일이 경과한 뒤인 가설 시 총 손실은 18%가 일어난다고 가정하라. 고정 등분포하중 $w_d = 1.118$ kN/m이고, 가설 시에 추가 고정하중 $w_{sd} = 0.45$ kN/m가 작용하고, 등분포 활하중 $w_l = 1.0$ kN/m가 사용 중에 작용한다고 가정한다. 단, 경량골재 콘크리트 설계기준 압축강도 $f_{ck} = 35$ MPa, 단위 질량 $\rho_c = 2{,}000$ kg/m^{3}이다.

① 30일 경과한 뒤 가설 시(at erection) 사용하중이 작용하는 시점에서 장기처짐(final camber) 계산 : 프리스트레스의 손실은 솟음을 감소시키고, 지속하중으로 인한 크리프의 영향을 고려하면 솟음은 증가한다. 프리스트레스의 총 손실을 18%로 가정하고, 크리프계수 $C_t = \epsilon_{cC}/\epsilon_{ci} = 1.5$ 이다.

탄성계수 계산 식 (2.6) : $E_c = 0.077\,(2{,}000^{1.5})\sqrt[3]{35+4} = 23{,}356$ (MPa)

ⓐ 지속적인 프리스트레싱에 의한 솟음 계산 :

$\Delta_{(가설)} = \Delta_i + \Delta_i C_t = \Delta_i(1 + C_t)$

$$\Delta_{P_e(\text{가설})} = \Delta_{P_i}\left(\frac{1-0.18}{1-0.06}\right)\frac{E_{ci}}{E_c}(1+C_t)$$

$$= -105.6\left(\frac{1-0.18}{1-0.06}\right)\left(\frac{21,159}{23,356}\right)(1+1.5)$$

$$= (-105.6)(0.82/0.94)(0.906)(2.5) = -208.7\ (\text{mm})\ (\uparrow \text{ 솟음})$$

ⓑ 지속적인 자중에 의한 처짐 계산 : $\Delta_{d(\text{가설})} = 44.9(0.906)(2.5) = 101.6\ (\text{mm})\ (\downarrow \text{ 처짐})$

ⓒ 추가적인 고정하중 $w_{sd} = 0.45$ kN/m에 의한 처짐 계산 :

$$\Delta_{sd} = \Delta_d\left(\frac{w_{sd}}{w_d}\right)\frac{E_{ci}}{E_c} = (44.9)(0.45/1.118)(0.906) = 16.4\ (\text{mm})\ (\downarrow)$$

ⓓ 30일 뒤 솟음 계산 : $\therefore\ \Delta_{t(\text{가설})} = -208.7 + 101.6 + 16.4 = \underline{-90.7\ (\text{mm})\ (\uparrow \text{ 솟음})}$

② 90일이 지난 뒤에 등분포 활하중 $w_l = 1.0$ kN/m가 작용할 때의 최종 처짐 계산(Final) :

$C_t = \epsilon_{cC}/\epsilon_{ci} = 2.0$; $1 + C_t = 1 + 2.0 = 3.0$

ⓐ 지속하중 프리스트레스력과 자중에 의한 장기 솟음 계산 :

$$\Delta_{(P_e+d)(\text{최종})} = (-208.7 + 101.6)(3.0/2.5) = -128.5\ (\text{mm})\ (\uparrow)$$

ⓑ 추가적인 고정하중 $w_{sd} = 0.45$ kN/m에 의한 처짐 계산 :

$$\Delta_{sd} = (16.4)(3.0) = 49.1\ (\text{mm})\ (\downarrow)$$

ⓒ 등분포 활하중에 의한 처짐 계산 : 비균열 단면으로 가정하여 계산한다.

$$\Delta_l = \Delta_d\left(\frac{w_l}{w_d}\right)\frac{E_{ci}}{E_c} = (44.9)(1.0/1.118)(0.906) = 36.4\ (\text{mm})\ (\downarrow)$$

ⓓ 90일 경과한 뒤의 총 처짐 계산 :

$$\therefore\ \Delta_{t(\text{최종})} = \Delta_{(P_e+d+sd)(\text{최종})} + \Delta_l = -128.5 + 49.1 + 36.4$$

$$= \underline{-43.0\ (\text{mm})\ (\uparrow \text{ 솟음})}$$

③ 활하중이 작용할 때 비균열 단면(U)인지 경간 중앙에서 1.5 m 떨어진 위치(2점 절곡)에서 검토 : 그림 5.5 참고

받침부에서 5.8 m 떨어진 위치의 휨모멘트 계산 : 14.6/2 − 1.5 = 5.8 (m)

$$M_{(5.8\,\text{m})} = (w \times 14.6/2)(5.8) - w(5.8^2)/2 = 42.34w - 16.82w = 25.52w$$

$$M_{d\,(5.8\,\text{m})} = 25.52(1.118) = 28.5\ (\text{kN}\cdot\text{m})$$

$$M_{sd\,(5.8\,\text{m})} = 25.52(0.45) = 11.5\ (\text{kN}\cdot\text{m})$$

$$M_{l\,(5.8\,\text{m})} = 25.52(1.0) = 25.5\ (\text{kN}\cdot\text{m})$$

$$M_{s\,(5.8\,\text{m})} = M_d + M_{sd} + M_l = 28.5 + 11.5 + 25.5 = 65.5\ (\text{kN}\cdot\text{m})$$

긴장력 계산 :

$$P_0 = 5 \times 86 = 430\ (\text{kN})$$

$P_e = (1-0.18)P_0 = (0.82)(430) = 352.6$ (kN)

5.8 m 위치에서의 긴장재의 편심 계산 : $y_b = 261.8$ mm

$e_{(5.8\,\mathrm{m})} = 261.8 - [50 + (33/2 + 90)(4)]/5 = 261.8 - 476/5$

$= 261.8 - 95.2 = 166.6$ (mm)

하연의 단면계수 계산 : $S_b = I_g / y_b = (696.74 \times 10^6) / 261.8 = 2{,}661 \times 10^3$ (mm^3)

파괴계수 : $f_r = -0.63\lambda\sqrt{f_{ck}} = -0.63(0.75)\sqrt{35} = -2.80$ (MPa)

균열모멘트 계산 : 식 (4.2),

$$M_{cr} = \frac{I_g}{y_b}(f_{ce} - f_r) = S_b\left(\frac{P_e}{A_g} + \frac{P_e e}{S_b} + 0.63\lambda\sqrt{f_{ck}}\right)$$

$P_e / A_g = (352.6 \times 10^3) / 57{,}000 = 6.19$ (MPa)

$P_e e / S_b = (352.6 \times 10^3) \times 166.6 / (2{,}661 \times 10^3) = 22.1$ (MPa)

$$\therefore\ M_{cr} = S_b\left(\frac{P_e}{A_g} + \frac{P_e e}{S_b} + 0.63\lambda\sqrt{f_{ck}}\right)$$

$$= (2{,}661 \times 10^3)(6.19 + 22.1 + 2.80)/10^6 = 82.7\ (\mathrm{kN \cdot m})$$

$M_{cr} = 82.7\ \mathrm{kN \cdot m} > M_{s\,(5.8\,\mathrm{m})} = 65.5\ \mathrm{kN \cdot m}$;

따라서 비균열 단면(U)으로 가정을 만족한다.

5.3.2 승수(Multiplier)를 이용하는 방법

프리캐스트 프리스트레스트 부재에서 시간의존 장기 솟음/처짐을 구하는 가장 일반적인 방법은 CPCI나 PCI에서 제안하는 승수에 의한 방법일 것이다[Martin 1977]. 표 5.3에는 경간-깊이 비가 일반적인 전형적인 부재에서 장기 솟음이나 처짐을 구할 수 있도록 승수(multiplier)가 제시되어있다.

이 방법을 이용하면 상당히 근접하게 가설 시 솟음을 계산하도록 해주지만, 현장치기 슬래브(CIP)가 두꺼운 경우에 적절히 고려하기 어렵게 된다. 현장치기 슬래브나 바닥판이 배치되어 강도를 갖게 되면 부재의 강성이 변하여 프리캐스트 부재와 현장치기 부재의 변형이 상당히 변하게 된다. 따라서 이 승수방법은 구조적으로 현장치기 바닥판이 배치되는 교량보의 복합부재에는 사용되지 말아야 한다[PCI Bridge Design Manual 2003(8.7.1)]. 또한 PCI Bridge Design Manual에서는 표 5.3의 승수를 이용하여 계산된 솟음/처짐 값에 대해서 이 값을 줄이거나 또는 없애기 위해서 프리스트레싱 력을 조종하는 일은 추천하지 않는다고 언급하고 있다.

표 5.3 PCI에서 제시하는 전형적인 프리캐스트 프리스트레스트 부재의 장기 솟음과 처짐에 대한 승수(multiplier) [Martin 1977]

구 분		합성슬래브가 없는 경우	합성슬래브가 있는 경우
가설 시 (At erection, 약 재령 40일)	(1) 부재의 고정하중에 의한 탄성 처짐(긴장력이 도입될 때)에 곱해준다.	1.85	
	(2) 긴장력에 의한 탄성 솟음(긴장력이 도입될 때)에 곱해준다.	1.80	
최종 (Final)	(3) 부재의 고정하중에 의한 탄성 처짐(긴장력이 도입될 때)에 곱해준다.	2.70	2.40
	(4) 긴장력에 의한 탄성 솟음(긴장력이 도입될 때)에 곱해준다.	2.45	2.20
	(5) 추가 고정하중에 의한 탄성 처짐에 곱해준다.	3.00	
	(6) 합성 슬래브에 의한 탄성 처짐에 곱해준다.	–	2.30

철근콘크리트 부재에서와 같이 프리스트레스트 콘크리트 부재에서도 보통 부착철근(non-prestressed reinforcement)을 배치하게 되면 장기영향을 상당히 감소시킬 수 있다. Shaikh와 Branson[1970]은 보통 부착철근이 배치될 때 장기영향의 감소를 고려할 수 있도록 아래와 같은 **수정된 승수(revised multiplier)**를 제안하였다[PCI 2010(5-96), CPCI 2007(3-69)].

$$C_2 = \frac{C_1 + A_s/A_{ps}}{1 + A_s/A_{ps}} \tag{5.12}$$

여기에서 C_1은 표 5.3에서 읽는 승수이고, C_2는 수정된 승수(revised multiplier)이며, A_s는 보통 부착철근의 단면적이고 A_{ps}는 긴장재의 단면적이다.

예제 5.5

[승수 및 수정된 승수 방법에 의한 장기처짐 계산]

예제 [5.1]에 대해서 승수(multiplier) 및 수정된 승수 방법에 의해서 가설 시 및 최종 장기 솟음/처짐 량을 결정하라.

① **가설 시(at erection) 솟음 계산** : 부재의 제조 후 30~60일 사이

ⓐ 긴장력에 의한 장기솟음 : $\Delta_{P_e\,(가설)} = (1.80)(-105.6) = -190.1$ (mm) (↑)

ⓑ 고정하중에 의한 장기처짐 : $\Delta_{d\,(가설)} = (1.85)(44.9) = 83.0$ (mm) (↓)

ⓒ 추가적인 고정하중 $w_{sd} = 0.45$ kN/m에 의한 처짐 계산 : $\Delta_{sd} = 16.4$ mm (↓)

ⓓ 가설시의 총 장기솟음(처짐) : ∴ $\Delta_{t\,(가설)} = -190.1 + 83.0 + 16.4 = \underline{-90.7\ (mm)}$ <u>(↑ 솟음)</u>

ⓔ 크리프 계수로 구한 장기 솟음과 비교 : $\Delta_{t\,(creep)} = -90.7$ mm (↑)

본 예제에서 승수방법과 크리프 계수를 이용해서 구한 결과가 (1 − 90.7/90.7) × 100 = 0 %로 서로 일치하고 있다.

② **최종 장기처짐(final) 계산 :**

ⓐ 긴장력에 의한 장기솟음 : $\Delta_{P_e\,(최종)} = (2.45)(-105.6) = -258.8$ (mm) (↑)

ⓑ 자중에 의한 장기처짐 : $\Delta_{d\,(최종)} = (2.70)(44.9) = 121.2$ (mm) (↓)

ⓒ 추가적 사하중에 의한 장기처짐 : $\Delta_{sd\,(최종)} = (3.0)(16.4) = 49.1$ (mm) (↓)

ⓓ 활하중으로 인한 처짐 : $\Delta_l = 36.4$ mm (↓)

ⓔ 최종 장기처짐 :

$$\therefore\ \Delta_{t\,(최종)} = \Delta_{(P_e+d+sd)} + \Delta_l = -258.8 + 121.2 + 49.1 + 36.4$$
$$= \underline{-52.2\ (mm)\ (↑\ 솟음)}$$

ⓕ 크리프 계수로 구한 장기처짐과 비교 : $\Delta_{t\,(creep)} = -43.0$ mm (↑)

(1 − 52.2/43.0) × 100 = 21.3 % 차이가 나지만 서로 근접한 값을 주고 있다.

③ **수정 승수 방법** : 식 (5.12)

본 예제의 문제는 비균열 단면(U)이지만 보통 부착철근 A_s = 2−D10 = 2(71.3) = 142.6 (mm^2)을 상부 플랜지에 배치하고 있으므로 수정 승수방법을 적용해 보도록 한다.

$A_s / A_{ps} = 142.6 / (5 \times 74.19) = 142.6 / 371.0 = 0.384$

$1 + A_s / A_{ps} = 1.0 + 0.384 = 1.384$

ⓐ 가설시 긴장력에 의한 장기솟음 : $C_1 = 1.80$

식 (5.12) : $C_2 = \dfrac{C_1 + A_s/A_{ps}}{1 + A_s/A_{ps}} = (1.80 + 0.384) / (1.384) = 1.58$

$\Delta_{P_e\,(최종)} = (1.58)(-105.6) = -166.7$ (mm) (↑)

ⓑ 가설시 고정하중에 의한 장기솟음 : $C_1 = 1.85$; $C_2 = (1.85 + 0.384) / (1.384) = 1.61$

$\Delta_{d\,(최종)} = (1.61)(44.9) = 72.4$ (mm) (↓)

ⓒ 추가적인 고정하중 $w_{sd} = 0.45$ kN/m에 의한 처짐 계산 : $\Delta_{sd} = 16.4$ mm (↓)

ⓓ 가설시의 총 장기솟음(처짐) : ∴ $\Delta_{t\,(가설)} = -166.7 + 72.4 + 16.4$

$= \underline{-77.9\ (mm)\ (↑\ 솟음)}$

크리프 계수로 구한 장기 솟음과 비교 : $\Delta_{t\,(creep)} = -90.7$ mm (↑)

(1 − 77.9/90.7) × 100 = 14.1 %로 거의 차이가 나지 않고, 예제 [5.6]의 개선승수의 값과 상당히 근접한 값을 주고 있다.

ⓔ 최종 긴장력에 의한 장기솟음 : C_1 = 2.45 ; C_2 = (2.45 + 0.384) / (1.384) = 2.05

$\Delta_{P_e(최종)} = (2.05)(-105.6) = -216.3$ (mm) (↑)

ⓕ 최종 자중에 의한 장기처짐 : C_1 = 2.70 ; C_2 = (2.70 + 0.384) / (1.384) = 2.23

$\Delta_{d(최종)} = (2.23)(44.9) = 100.0$ (mm) (↓)

ⓖ 최종 추가적 사하중에 의한 장기처짐 : C_1 = 3.0 ; C_2 = (3.0 + 0.384) / (1.384) = 2.44

$\Delta_{sd(최종)} = (2.44)(16.4) = 40.0$ (mm) (↓)

ⓗ 활하중으로 인한 처짐 : Δ_l = 36.4 mm (↓)

ⓘ 최종 장기처짐 :

$$\therefore \Delta_{t(최종)} = \Delta_{(P_e+d+sd)} + \Delta_l = -216.3 + 100.0 + 40.0 + 36.4$$

$$= \underline{-39.9\ (\text{mm})\ (\uparrow\ 솟음)}$$

크리프 계수로 구한 장기처짐과 비교 : $\Delta_{t(creep)}$ = −43.0 mm (↑)

(1 − 39.9/43.0) × 100 = 7.2 % 밖에 차이가 나지 않는다.

5.3.3 개선 승수(Improved Multiplier)를 이용하는 방법

PCI Bridge Design Manual(8.7.2)에서 다루고 있는 표 5.4에 주어진 **개선 승수(improved multiplier)**는 Tadros 등[1985]이 제안한 방법으로 표 5.3의 승수를 이용하는 방법과 유사하지만 다음과 같이 개선되었다.

① 만약에 실제 콘크리트의 크리프 계수를 신뢰성 있게 산정할 수 있거나 또는 크리프 계수가 아주 낮은 고성능 콘크리트를 사용하는 경우에 좀 더 정확한 계수의 적용을 가능하게 한다.

② 실제적으로 계산된 손실량을 근거로 프리스트레스 손실로 인한 처짐을 계산할 수 있다(α 계수 적용).

표 5.4 PCI Bridge Design Manual(Table 8.7.2-1)에 제시된 개선 승수(improved multiplier)

하중 조건	가설 시(election time)		최종(final time)	
	식	평균	식	평균
초기 긴장력	$1+C_a$	1.96	$1+C_u$	2.88
긴장력 손실	$\alpha(1+\chi C_a)$	1.00	$(1+\chi C_a)$	2.32
자신의 고정하중	$1+C_a$	1.96	$1+C_u$	2.88
현장타설 슬래브가 시공되기 전의 고정하중	1.00		$1+C_u'$	2.50
현장타설 슬래브가 시공된 후의 고정하중	1.00		$1+C_u'$	2.50

C_u = 긴장력을 도입한 즉시 작용하는 하중에 대한 극한 크리프계수로 평균값은 1.88이다.

C_u' = 가설 시 작용하는 하중에 대한 극한 크리프계수로 평균값은 1.50이다.

C_a = 긴장력을 도입한 즉시 작용하는 하중과 가설 시 측정한 변형률에 대한 크리프계수로 평균값은 0.96이다.

α = 가설 시 시간의존 긴장력 손실 / 전체 시간의존 긴장력의 손실 값으로 평균값은 0.60이다.

χ ('chi') = Bazant의 **재령계수(aging coefficient)**로 평균값은 0.70이다.

여기에서 평균값은 상대습도 70% ; 보통의 부재 두께 ; 긴장력 도입은 콘크리트 재령 1~3일에 실시 ; 가설은 40~60일 실시

예제 5.6

[PCI 개선 승수 방법을 이용한 장기처짐 계산]

예제 [5.1]에 대해서 개선 승수 방법(improved multiplier method)에 의해서 가설 시 및 최종 장기 솟음/처짐량을 결정하라. 단, 크리프 계수 $C_u = 1.4$, $C_u' = 1.0$, $C_a = 0.84$로 재령계수 ('chi') $\chi = 0.7$, $\alpha = 0.6$으로 가정한다[PCI Bridge Design Manual 2003(8.7.3.2)].

① **가실 시(at erection) 솟음 게신 :**

ⓐ 초기 긴장력에 의한 장기솟음 :

$$\Delta_{P_i(\text{가설})} = \Delta_{P_i}(1 + C_a) = (1 + 0.84)(-105.6) = -194.4\ (\text{mm})\ (\uparrow)$$

ⓑ 긴장력 손실로 인한 처짐 및 장기 처짐 계산 : 예제 [5.4]에서

$$\Delta_{P_e(\text{손실})} = -\Delta_{P_i}\left[1 - \left(\frac{1-0.18}{1-0.06}\right)\frac{E_{ci}}{E_c}\right]$$

$$= -(-105.6)[1-(0.82/0.94)(0.906)] = 22.1\ (\text{mm})\ (\downarrow)$$

$$\Delta_{P_e(\text{가설}-\text{손실})} = \Delta_{P_e(\text{손실})}[\alpha(1 + \chi C_a)] = (22.1)[0.6(1 + 0.7 \times 0.84)]$$

$$= 21.1\ (\text{mm})\ (\downarrow)$$

ⓒ 자중에 의한 장기처짐 : $\Delta_{d(\text{가설})} = \Delta_d(1 + C_a) = (1.84)(44.9) = 82.6\ (\text{mm})\ (\downarrow)$

ⓓ 추가적 사하중에 의한 처짐 : $\Delta_{sd} = (1.0)(16.4) = 16.4\ (\text{mm})\ (\downarrow)$

ⓔ 가설시의 총 장기솟음 : $\therefore\ \Delta_{t(\text{가설})} = -194.4 + 21.1 + 82.6 + 16.4$

$$= \underline{-74.3\ (\text{mm})\ (\uparrow)}$$

ⓕ 크리프 계수로 구한 가설시의 장기솟음과 비교 : $\Delta_{t(\text{creep})} = -90.7\ \text{mm}\ (\uparrow)$

(1 − 74.3/90.7) × 100 = 18.1 %이지만, 예제 [5.5]의 수정승수로 구한 값과는 상당히 근접한 결과를 주고 있다.

② **최종 장기처짐(final) 계산 :**

ⓐ 초기 긴장력에 의한 장기솟음 :

$\Delta_{P_e(최종)} = \Delta_{P_i}(1 + C_u) = (-105.6)(1+1.4) = -253.5$ (mm) (↑)

ⓑ 긴장력 손실로 인한 처짐 및 장기 처짐 계산 : 예제 [5.4]에서

$\Delta_{P_e(손실)} = \Delta_{P_e(손실)}(1 + \chi C_a) = (22.1)[1 + 0.7(0.84)] = 35.2$ (mm) (↓)

ⓒ 자중에 의한 장기처짐 : $\Delta_{d(최종)} = \Delta_d(1 + C_u) = (44.9)(1+1.4) = 107.7$ (mm) (↓)

ⓓ 추가적 사하중에 의한 처짐 : $\Delta_{sd(최종)} = \Delta_{sd}(1 + C_u') = (16.4)(1+1.0)$

$= 32.7$ (mm) (↓)

ⓔ 활하중으로 인한 처짐 : $\Delta_l = 36.4$ mm (↓)

ⓕ 최종 장기솟음 :

$\therefore \Delta_{t(최종)} = -253.5 + 35.2 + 107.7 + 32.7 + 36.4 = \underline{-41.5}$ <u>(mm) (↑ 솟음)</u>

ⓖ 크리프 계수로 구한 장기처짐과 비교 : $\Delta_{t(creep)} = -43.0$ mm (↑)

(1 − 41.5/43.0) × 100 = 3.4 % 밖에 차이가 나지 않는다.

③ 각종 방법으로 구한 장기 솟음/처짐의 결과 비교 : 표 5.5에는 각종 방법으로 구한 장기 솟음/처짐 값의 비교가 제시되었다. 결과의 값들이 여러 변수에 따라 변하므로 단순 비교하기에는 무리가 있지만 여러 방법들이 서로 근접한 결과를 보여주고 있다.

표 5.5 각종 방법으로 구한 장기 솟음 값의 비교

방법	크리프 계수	승수(multiplier)	수정 승수 (revised multiplier)	개선 승수 (improved multiplier)
가설 시 − 추가 사하중 작용	−90.7 mm	−90.7 mm	−77.9 mm	−74.3 mm
	100 %	100 %	86 %	82 %
최종 − 활하중 작용	−43.0 mm	−52.2 mm	−39.9 mm	−41.5 mm
	100 %	121 %	93 %	97 %

5.3.4 허용 솟음 및 처짐(Allowable Camber and Deflections)

구조기준 4.3.3(4)(ACI 9.5.1)에서는 계산된 처짐이나 솟음이 표 5.6에서 제시하는 최대허용처짐 값(순간 처짐 및 장기 처짐/솟음)보다는 작도록 규정하고 있다. 여기에서 고려되는 처짐이나 솟음은 평평한 상태로부터 측정한 값이 아니라 하중이 작용하기 전(또는 시간)의 위치로부터 발생한 처짐이나 솟음에 대한 값이다[PCI 2010(5−87)]

작용하는 하중에 저항하기 위해서 편심으로 배치되는 긴장재로 인한 솟음(camber)을 조종하기 위해서 긴장재의 도심을 얼마간 높이거나 낮출 수는 있지만 이러한 작업은 휨부재의 강도와 응력을 만족시키는 범위 안에서만 실행가능하게 된다. 따라서 치장 표면 처리, 문틀 배치나 칸막이 또는 마감에 솟음을 고려하여야 하지만, 프리캐스트 프리스트레스트 요소의 제작 시(긴장력이 도입될 때)에 솟음에 대한 허용한계는 따로 규정하지 않고 있다[PCI 2010(5-87)]. 다만 제작할 때 계산하여 예측한 값과 측정값과의 허용한계는 PCI 2010(13-5)에서 대부분의 휨부재에 대해서 경간 3 m에 대해서 ± 6.4 mm(± 1/4 in.)에 최대로 ± 19 mm(± 3/4 in.)를 제안하고 있다. 또한 PCI 2010(13-5)는 현장에 배치된 뒤에 옆 부재와의 솟음 편차에 대한 허용한계도 같은 값으로 제안하고 있다. 현장에서 솟음을 측정할 때는 햇빛이 부재의 온도를 상승시키기 전인 이른 시각에 동시에 이루어져야 할 것이다.

표 5.6 최대 허용 처짐(Maximum Allowable Computed Deflection)(구조기준 표 4.3.2)

부재의 형태	고려해야 할 처짐	처짐 한계
과도한 처짐에 의해 손상되기 쉬운 비구조 요소를 지지 또는 부착하지 않는 평지붕구조 : **지붕(외부)**	**활하중** L에 의한 순간처짐(탄성처짐)	$\dfrac{l}{180}$[1)]
과도한 처짐에 의해 손상되기 쉬운 비구조 요소를 지지 또는 부착하지 않는 바닥구조 : **바닥(내부)**		$\dfrac{l}{360}$
과도한 처짐에 의해 손상되기 쉬운 비구조 요소를 지지 또는 부착한 **지붕 또는 바닥구조**	전체 처짐 중에서 비구조 요소가 부착된 후에 발생하는 처짐부분(모든 지속하중에 의한 장기처짐과 추가적인 활하중에 의한 순간처짐의 합)[3)]	$\dfrac{l}{480}$[2)]
과도한 처짐에 의해 손상될 염려가 없는 비구조 요소를 지지 또는 부착한 **지붕 또는 바닥구조**		$\dfrac{l}{240}$[4)]

1) 이 제한은 물 고임에 대한 안전성을 고려하지 않았다. 물 고임에 대한 적절한 처짐 계산을 검토하되, 고인 물에 대한 추가 처짐을 포함하여 모든 지속하중의 장기적 영향, 솟음, 시공 오차 및 배수설비의 신뢰성을 고려하여야 한다.
2) 지지 또는 부착된 비구조 요소의 피해를 방지할 수 있는 적절한 조치가 취해지는 경우에 이 제한을 초과할 수 있다.
3) 장기처짐은 비구조 요소의 부착 전에 생긴 처짐량을 감소시킬 수 있다. 이 감소량은 해당 부재와 유사한 부재의 시간-처짐 특성에 관한 적절한 기술자료를 기초로 결정하여야 한다.
4) 비구조 요소에 의한 허용오차 이하이어야 한다. 그러나 전체 처짐에서 솟음을 뺀 값이 이 제한 값을 초과하지 않도록 하면 된다. 즉 솟음을 했을 경우에 이 제한을 초과할 수 있다.

예제 5.7

[허용처짐 검토]

예제 [5.1]과 [5.4]에서 가설 시와 최종 처짐에 대해서 구조기준의 규정을 만족하는지 검토하라.

각 단계에 대한 표 5.6의 허용처짐 검토[구조기준 4.3.2(2)] :

① 긴장력의 시간적 손실이 일어나기 전 고정하중 만 작용할 때의 솟음 검토(at transfer) : 활하중에 의한 순간처짐에 대해서만 규정이 있으므로 검토할 수 없다.

$\Delta_i = \Delta_{P_i} + \Delta_d = -105.6 + 44.9 = -60.7$ (mm) (↑ 솟음) ($= l/240$)

② 30일이 경과한 뒤 시간적 손실이 일어난 뒤 가설 시 추가 고정하중이 작용했을 때의 솟음 검토(at erection) : 역시 구조기준에 따라 검토할 수 없다.

$\Delta_{t\,(가설)} = -90.7$ mm (↑ 솟음) ($= l/171$)

③ 활하중이 작용하는 순간-탄성처짐 검토 : 표 5.6 바닥구조(내부), $\Delta_{허용} \leq l/360$

$\Delta_l = 36.4$ mm (↓ 처짐) ($= l/402$)

$\therefore\ \Delta_l = 36.4 \text{ mm} < \Delta_{허용} = l/360 = 14{,}600/360 = 40.6$ (mm) <OK>

④ 지속하중에 의한 장기처짐과 추가적인 활하중에 의한 순간처짐이 작용할 때 :

$\Delta_{허용} \leq l/240$

$\Delta_{t\,(최종)} = \Delta_{(P_e + d + sd)(최종)} + \Delta_l = -128.5 + 49.1 + 36.4 = -43.0$ (mm) (↑ 솟음)

$\therefore\ \Delta_{t\,(최종)} = |-43.0 \text{ mm}| < \Delta_{허용} = l/240 = 14{,}600/240 = 60.8$ (mm) <OK>

5.4 도로교설계기준 콘크리트교의 처짐 제어

도로교설계기준 콘크리트 편[2010(4.4.9.5)]에서는 교량의 상부구조는 사용하중과 충격으로 인해 발생한 처짐 또는 변형이 구조물의 강도나 실제 사용에 해로운 영향을 주지 않도록 충분한 강성을 갖도록 설계되어야 한다고 규정하고 있다. 처짐 또는 변형은 하중 작용시 순간적으로 발생하는 단기변형과 장기간에 걸쳐서 지속적으로 일어나는 장기변형으로 구분하며, 장기변형은 총 변형에서 단기변형을 뺀 값이다. 부재의 길이가 단면의 깊이에 비해서 매우 짧은 경우에는 변형의 검토를 생략해도 좋다고 제안하지만, 콘크리트의 크리프 및 건조수축 등에 의한 장기변형을 무시할 수 없는 경우에는 장기변형에 대한 검토를 할 필요가 있다고 제안하고 있다.

(1) 상부구조물의 깊이 제한 : 처짐 계산에 의해 좀 더 작은 값을 사용할 수 있는 경우를 제외하고는 상부구조물의 최소 깊이는 표 5.7에 따라 정해도 된다고 제안하고 있다.

표 5.7 깊이가 일정한 콘크리트 도로교 상부구조 부재의 최소 깊이(도로교 표 4.4.5)

상부구조의 형식	최소 깊이 (m)	
	단순경간	연속경간
주철근이 차량 진행 방향에 나란한 교량 슬래브	$1.2(l+3)/30$	$(l+3)/30$
T형 거더	$0.070l$	$0.065l$
박스형 거더	$0.060l$	$0.055l$
보행구조 거더	$0.033l$	

(i) 변단면 부재가 사용되는 경우, 위의 값은 정모멘트와 부모멘트 단면에서의 상대강성의 변화를 고려하기 위해 수정될 수 있다.
(ii) l 는 경간 길이를 나타낸다(m).

(2) 상부구조물의 처짐제한 : 순간처짐은 탄성처짐 공식을 이용하여 구해야 되며, 강성을 정밀하게 구할 수 없을 때는 총단면적의 단면 2차 모멘트 I_g 나 식 (5.3)의 유효단면 2차 모멘트 I_e 를 사용하여 처짐을 구하여야 한다고 제안하고 있다. 처짐을 계산하는 경우에 허용처짐은 표 5.8과 같다.

표 5.8 콘크리트 도로교 상부구조물의 허용처짐[도로교 4.4.9.5(3) 및 구조기준 4.3.1(7)]

	사용 활하중과 충격으로 인한 처짐	
	그 외의 경우	부분적으로 보행자에 의해 사용되는 도시지역의 교량 또는 보행자 용도가 고려된 경우
단순 또는 연속경간을 갖는 부재	$\Delta_{(허용)} \leq l/800$	$\Delta_{(허용)} \leq l/1,000$
캔틸레버	$\Delta_{(허용)} \leq l/300$	$\Delta_{(허용)} \leq l/375$

5.5 참고문헌

- 구조기준. (2012). 콘크리트구조기준, 국토해양부 제정, 사단법인 한국콘크리트학회, 342 pp.
- 구조기준 해설. (2012). 콘크리트구조기준 해설, 2012년 개정, 한국콘크리트학회 편, 599 pp.
- 도로기준. (2010). 도로교설계기준, 국토해양부 제정, 한국도로교통협회 발행.
- 도로기준 해설. (2008). 대한토목학회, 교량설계핵심기술연구단, 1,008 pp.
- 민창식. (2014). 철근콘크리트공학, 구미서관, 3판 2쇄, 1,015 pp.

- ACI. (2008). 318-08 Building Code Requirements for Structural Concrete and Commentary, An ACI Standard, 465 pp.
- ACI Notes. (2008). Notes on ACI 318-08 Building Code Requirements for Structural Concrete, Portland Cement Association(PCA).
- CPCI. (2007). Design Manual, 4th edition, CPCI(Canadian Precast/Prestressed Concrete Institute).
- FHWA. (2013). Ultra-High Performance Concrete : A State-Of-The-Art Report, Chpt. 4 Structural Design and Structural Testing, Federal Highway Administration, FHWA-HRT-13-060, June.
- Leet, Kenneth and Bernal, Dionisio. (1997). Reinforced Concrete Design, 3rd Edition, McGraw-Hill Companies, 546 pp.
- Naaman, Antoine E. (2012). Prestressed Concrete Analysis and Design, 3rd edition, Techno Press 3000, 1,173 pp.
- Martin, L. D. (1977). A Rational Method for Estimating Camber and Deflection of Precast Prestressed Members, PCI Journal, Vol. 22, No. 1, Jan-Feb.
- Nawy, Edward G. (2010). Prestressed Concrete A Fundamental Approach, 5th Edition, Pearson Prentice Hall, 949 pp.
- Nilson, Arthur H. (1987). Design of Prestressed Concrete, 2nd Edition, John wiley & Sons, 591 pp.
- PCI Bridge Design Manual. (2003). 2nd Edition, Precast/Prestressed Concrete Institute(PCI), MNL-133-97.
- PCI. (2010). Design Handbook, 7th Edition, Precast/Prestressed Concrete Institute(PCI), MNL-120-10.
- PTI. (2006). Post-Tensioning Manual, 6th Edition, PTI(Post-Tensioning Institute), 354 pp.
- Rajagopalan, N. (2005). Prestressed Concrete, 2nd Edition, Alpha Science International Ltd. Harrow, U.K., 486 pp.
- Shaikh, A. F., and Branson, D. E. (1970). Non-tensioned Steel in Prestressed Concrete Beams, PCI Journal, Vol. 15, No. 1, Feb.
- Tadros, M. K. et al. (1985). Prestress Loss and Deflection of Precast Concrete Members, PCI Journal, Vol. 30, No. 1, pp. 114-141, Jan-Feb.
- Zia, Paul. (1986). Theory and Design of Prestressed Concrete, Class Note of CE 536, Department of Civil Engineering, North Carolina State University.

EXERCISE | 연습문제

5.1

그림 P5.1과 같이 포물선으로 배치한 긴장재를 갖는 직사각형 단순지지 보의 초기 처짐(솟음)을 긴장재의 편심을 실제 모멘트를 다루는 방법(공액보 방법)에 의해서 결정하라. 단, $e_c = 130$ mm, $e_e = 125$ mm, $l = 9.0$ m, 보통중량골재 콘크리트를 사용하였고, $w_d = 4.5$ kN/m, $f_{ci} = 27$ MPa, $A_{ps} = 1{,}639$ mm^2, $f_{pi} = 1{,}200$ MPa, $A_g = 232{,}300$ mm^2, $I_g = 6{,}081 \times 10^6$ mm^{4}이다.

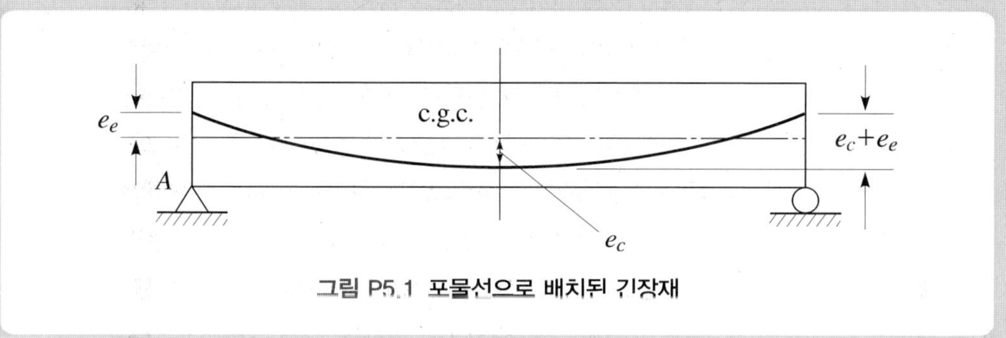

그림 P5.1 포물선으로 배치된 긴장재

5.2

예제 [5.1]에서 구한 좌측 받침부의 회전각 $\theta_A = 368.9/E_{ci}I_g$ (↪) 가 맞는지 그림 5.4를 이용하여 검토하라.

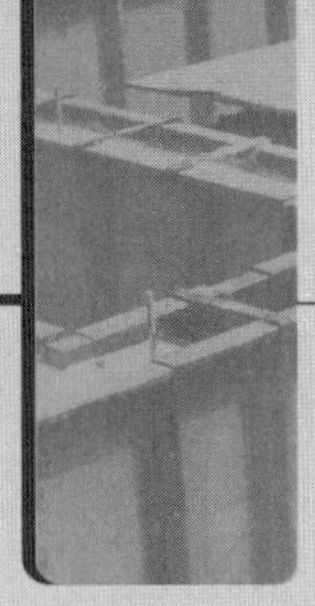

연습문제 | EXERCISE

5.3

[CPCI 2007(3-58)] 그림 P5.2의 경간 l = 21.0 m의 단순지지 된 2,400 × 600 더블 T형 거더에서 긴장력이 도입 될 때 긴장력에 의한 순간 솟음과 자신의 고정하중에 의한 순간 처짐을 구하여 총 순간 처짐은 얼마인지 결정하라.

추가 고정하중 w_{sd} = 1.2 kN/m, 활하중 w_l = 4.2 kN/m ; 보통중량골재 사용 f_{ck} = 35 MPa, f_{ci} = 25 MPa, w_d = 6.24 kN/m ; 긴장재 : 14 − 13 mm 1,860 MPa 응력소거 강연선 A_{ps} = (14)(99) = 1,386 (mm^2), 중앙 1점 절곡, $f_{pj} = 0.70 f_{pu}$ = 0.70(1,860) = 1,302 (MPa), 긴장시 즉시손실 10%, 시간적 손실 추가로 14% 발생 가정, $E_{ps} = 2 \times 10^5$ MPa ; 단면의 제값 : A_g = 260,000 mm^2, $I_g = 8{,}580 \times 10^6$ mm^4, y_t = 176 mm, y_b = 424 mm, $S_t = 48{,}800 \times 10^3$ mm^3, $S_b = 20{,}200 \times 10^3$ mm^3

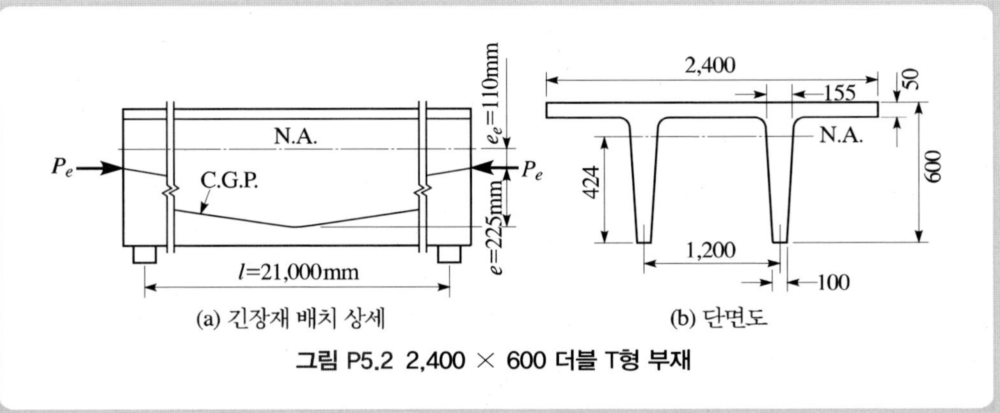

그림 P5.2 2,400 × 600 더블 T형 부재

5.4

연습문제 [5.3]에서 크리프 계수 C_t = 1.5일 때 (a) 크리프 계수를 사용하여 장기 솟음/처짐을 구하고, (b) PCI나 CPCI의 승수(multiplier) 방법에 의해서 장기 솟음/처짐을 구하여 서로 비교하라.

5.5

[ACI Note 2008(10.5)] 그림 P5.3의 경간 l = 28.0 m의 단순지지 된 3,000 × 1,200 T형(single tee) 거더에 대해서 아래의 값들을 결정하라.

(a) 위험단면 $0.4l$에 대해서 단면의 등급(U, T, C)을 결정하라.

(b) 긴장력이 도입될 때의 초기 솟음 Δ_i를 계산하라.

(c) 대략 장기처짐의 1/2이 발생하는 3개월이 경과한 뒤에 크리프 계수 C_t = 2.0으로 가정한 $\Delta_{t\,(최종)}$을 결정하라.

(d) 구조기준의 최대 허용 처짐(표 5.6)을 검토하라.

자신의 등분포 고정하중 $w_d = \gamma_c A_g = \rho_c g A_g$ = (2,400 kg/m^3 × 9.81 m/sec^2 / 1,000)(0.492 m^2) = (23.544 kN/m^3)(0.492 m^2) = 11.6 kN/m ; 추가 고정하중 w_{sd} = 1.5 kN/m ; 활하중 w_l = 9.6 kN/m

보통중량골재 콘크리트 설계기준압축강도 f_{ck} = 40 MPa, f_{ci} = 25 MPa ;

긴장재 : 18 − 12.7 mm 1,860 MPa 응력소거 강연선 A_{ps} = (18)(98.71) = 1,777 (mm^2), 중앙 1점 절곡, $f_{pj} = 0.70 f_{pu}$ = 0.70(1,860) = 1,302 (MPa) ; 긴장 시 10% 손실, $f_{pi} = 0.90(0.70 f_{pu})$ = 0.90(1,302) = 1,172 (MPa) ; 시간적 손실 추가로 12% 발생 가정, $f_{pe} = 0.78(0.70 f_{pu})$ = 0.78(1,302) = 1,016 (MPa) ; E_{ps} = 2 × 10^5 MPa

단면의 제값 : A_g = 492,000 mm^2, I_g = 66,300 × 10^6 mm^4, y_t = 318 mm, y_b = 882 mm, S_t = 208,000 × 10^3 mm^3, S_b = 75,200 × 10^3 mm^3

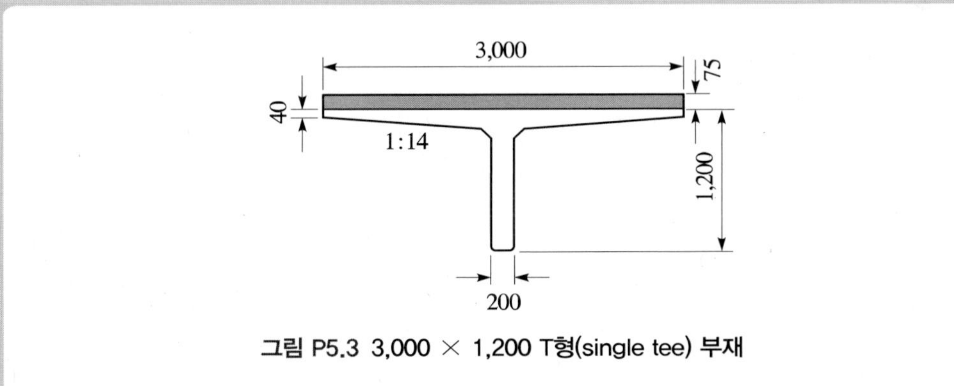

그림 P5.3 3,000 × 1,200 T형(single tee) 부재

연습문제 | EXERCISE

5.6

[단순지지 I형 거더 프리텐션 부재] 그림 P5.4에 보이는 단순 지지된 1경간 프리텐션 AASHTO-PCI Type III I-Beam에 대해서 다음의 사항들을 검토하라.

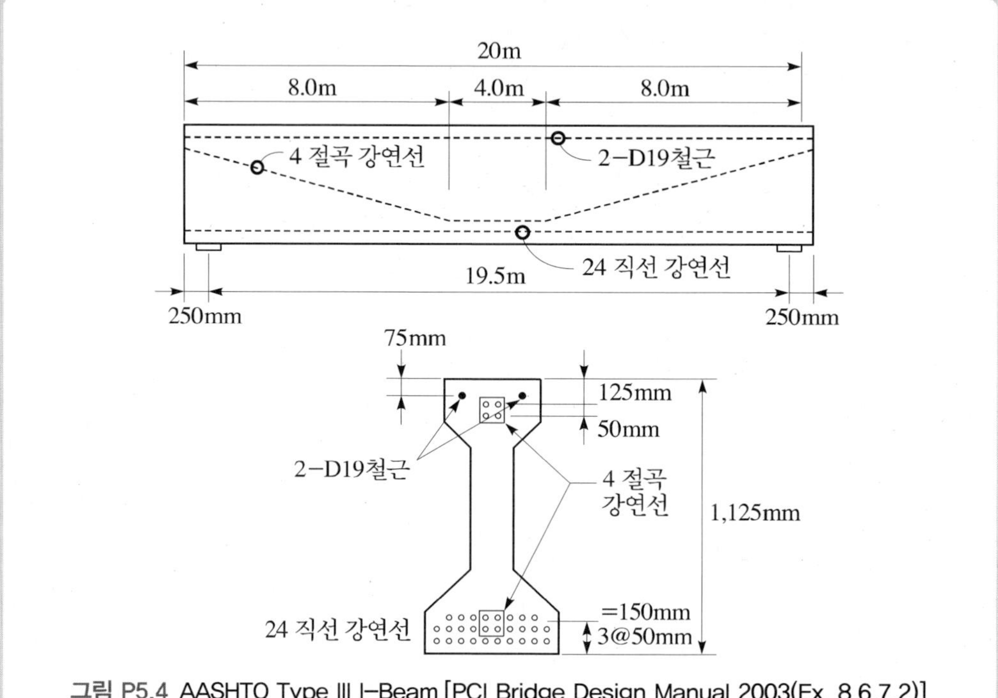

그림 P5.4 AASHTO Type III I-Beam [PCI Bridge Design Manual 2003(Ex. 8.6.7.2)]

(a) 긴장력 도입 시 9% 손실이 일어난다고 보아 초기 솟음을 계산하라.

(b) 추가로 시간적 손실이 16% 일어난다고 보고, 추가 고정하중 $w_{sd} = 5.26$ kN/m(가설 시 작용), 활하중 $w_l = 30.2$ kN/m(재령 90일에 재하)이 작용할 때 순간 총 처짐을 2개의 직선으로 구성되는 관계와 유효 단면 2차 모멘트를 이용하고 비교하라.

(c) 크리프 계수를 이용하여 재령 30일의 가설 시($C_t = 1.4$)와 재령 90일의 최종 솟음/처짐($C_t = 1.8$)을 결정하라.

(d) (c)를 승수를 이용하여 결정하라.

(e) (c)를 개선된 승수를 이용하여 결정하고 이를 서로 비교하라. 단, 크리프 계수 $C_u = 1.3$, $C_u{}' = 1.1$, $C_a = 0.86$으로 나이계수 $\chi = 0.7$('chi'), $\alpha = 0.6$으로 가정한다.

(f) (a~c)의 결과를 구조기준의 최대 허용처짐과 비교 검토하라.

- 보 단면 : $A_g = 347.3 \times 10^3$ mm^2 , $I_g = 48.797 \times 10^9$ mm^4, $y_b = 508.7$ mm, $y_t = 616.3$ mm, $S_b = I_g/y_b = 81.626 \times 10^6$ mm^3, $S_t = I_g/y_t = 67.364 \times 10^6$ mm^3, (단면에 대한 수치는 부록 그림 A29의 AASHTO I-Beams의 Type III 자료를 이용하라, 1 inch × 25 (mm/inch) = 25 mm로 변환하여 계산한다.)
- 강연선 : 직경 12.7 mm(단면적 98.71 mm^2) 1,860 MPa 등급 저이완 강연선 ; 긴장재는 중앙에 2점 절곡으로 배치하고 긴장력는 도입하기 전 18시간 전에 긴장하고 기다렸다 도입하였다.
  $A_{ps} = 28(98.71) = 2,764$ mm^2, $f_{pu} = 1,860$ MPa, $f_{py} = 0.9f_{pu} = 1,674$ MPa, 긴장응력 $f_{pj} = 0.74f_{pu} = 1,376.4$ MPa ; $E_{ps} = 2.0 \times 10^5$ MPa
- 긴장재의 편심 : $e_c = 508.7 - [(50+6.35)(10)+(100+6.35)(10)+(150+6.35)(8)]/28 = 508.7 - 102.8 = 405.9$ (mm)
  $e_e = 508.7 - [102.8(24) + (1,125-150)(4)]/28 = 508.7 - 227.4 = 281.3$ (mm)
- 철근 : 400 MPa 등급 2-D19 철근
- 보통중량골재 콘크리트 : 재령 18시간 $f_{ci} = 34$ MPa, $E_{ci} = 8,500\sqrt[3]{34+4} = 28,577$ (MPa) ; 재령 28일 $f_{ck} = 50$ MPa, $E_c = 8,500\sqrt[3]{1.1(50)} = 32,325$ (MPa)
- 고정하중 :
  보의 고정하중 $w_g = \gamma_c A_g = (\rho_c g)A_g = (2,500$ kg/m$^3)(9.81$ m/sec$^2)(0.3473$ m$^2) = 8,518$ (N/m) = 8.52 kN/m ; $M_g = 8.52(19.5^2)/8 = 405.0$ (kN · m)
  상판 고정하중 = 12.66 kN/m
  헌치 하중 = 0.58 kN/m
  다이아프램(축에 직각으로 배치하는 격벽) = 1.46 kN/m
  추가고정하중 $w_{sd} = 5.26$ kN/m
  가설 시에 보 + 상판 + 헌치 + 다이아프램 하중이 이미 작용한다고 가정하여 전체를 고정하중으로 고려한다.

CHAPTER 06 휨부재의 설계
Design of Sections for Flexure

철근콘크리트 부재의 설계는 사용되는 콘크리트와 철근(부착철근)의 한계상태(붕괴 파괴와 사용성)를 고려하여 설계하는 **강도설계법(strength design method)**과 사용하중이 작용할 때 예측한 부재의 응력을 기준으로 설계하는 **허용응력설계법(working stress design method)**이 있다. 철근콘크리트 부재에 하중이 작용할 때 만약에 콘크리트의 인장강도를 0이라고 가정하면 하중이 작용하면서 균열단면이 되어 철근이 모든 인장을 지지하게 되어 작용하중과 철근응력의 관계가 파괴하중(붕괴 한계상태)에 이르기까지 선형이 되게 된다(그림 6.1b 참고). 따라서 철근콘크리트 부재에서는 사용하중과 파괴하중(failure load 또는 collapse load)의 비를 알 수 있고 주어진 사용하중에 의한 응력으로부터 파괴하중이 작용할 때에 철근에 발생하는 응력을 예측할 수 있으므로 각각의 한계상태를 고려하여 강도설계법이나 허용응력설계법(대체설계법)을 사용하여 설계를 수행할 수 있다[Rajagopalan 2005(219–221)].

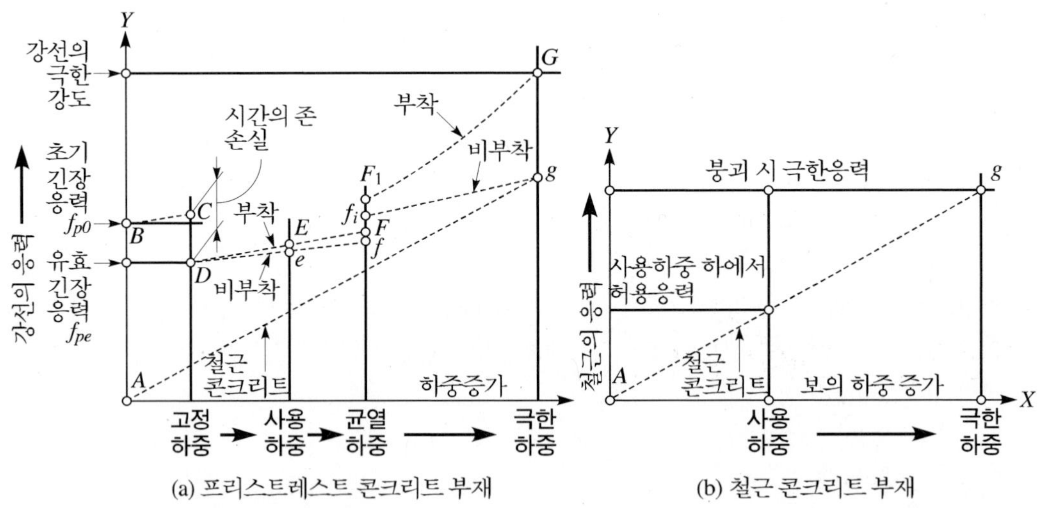

그림 6.1 휨 거동을 하는 (a) 프리스트레스트 콘크리트 부재와 (b) 철근콘크리트 부재에서 보강철근의 응력 변화 [Rajagopalan 2005(79, 220)]

그러나 프리스트레스트 콘크리트 부재의 경우에는 하중과 긴장재 응력의 관계가 선형도 아니며 그 시작점도 원점이 아니기 때문에 철근콘크리트와 같은 설계방법을 사용할 수 없게 된다(그림 6.1a 참고). 이런 점이 철근콘크리트 부재와 프리스트레스트 콘크리트 부재의 설계에 있어서 중요한 다른 점이다. 프리스트레스트 콘크리트 부재에 있어서 만약에 설계가 사용하중과 이에 대응하는 응력한계에 기초하여 수행되었다면 파괴에 대한 안전을 확보하기 위해서 주어진 재료의 강도를 근거로 단면의 공칭강도(nominal strength of the section)를 계산해서 단면의 소요강도(required strength)를 검토하여야 한다.

따라서 프리스트레스트 콘크리트 부재의 단면을 설계하기 위해서는 다음과 같은 2종류의 접근방법이 있을 수 있다.

첫 번째 접근방법은 사용하중이 작용할 때 발생하는 응력에 대해서 재료의 허용응력 개념으로 접근하는 설계방법으로 철근콘크리트에서의 **허용응력설계법(working stress design)**과 구분하기 위해서 Rajagopalan(라자고팔란)은 "**사용하중응력 접근(service load stress approach)**"이라는 용어를 사용하였다. 사용하중이 작용할 때 응력을 기준으로 단면을 결정하기 때문에 철근콘크리트의 허용응력설계법과 매우 유사하지만 프리스트레스트 콘크리트 부재의 설계에서 파괴하중에 안전계수를 이용하여 구한 허용응력이 아니라 사용하중이 작용할 때 부재의 사용성(serviceability)을 고려한 응력을 기준(**응력한계, stress limit**)으로 단면을 결정하므로 허용응력설계법으로 보아서는 안 된다고 Rajagopalan은 주장하고 있다[Rajagopalan 2005(221)]. 따라서 사용하중과 이에 대한 응력한계를 이용하여 단면을 설계하게 되면 단면의 공칭강도상태(극한상태)에 대한 안전을 검토하기 위해서 사용되는 재료의 강도를 이용하여 구한 공칭강도(nominal strength)와 단면에 소요되는 강도(required capacity of the section)를 비교하여야 한다.

두 번째 방법으로는 **한계상태개념(limit state concept)**으로 붕괴 한계상태와 사용성 한계상태(균열, 처짐, 내구성 등)를 만족하도록 사용하중에 계수를 곱한 계수하중이 작용할 때 부재가 파괴를 일으키는 하중을 예측하는 방법에 의해서 설계하는 방법으로 이는 철근콘크리트의 강도설계법과 같은 개념이므로 용어를 정리하기 위해서 "**강도설계법(strength design method)**"으로 부르도록 한다.

또한 프리스트레스트 콘크리트 부재의 설계방법으로 **하중평형방법(load balancing method)**을 사용할 수도 있는데 이 설계방법은 보에 고정하중과 활하중으로 발생하는 휨모멘트를 상쇄하기 위해서 긴장재를 배치하는 설계방법으로 연속보나 2방향 슬래브, 뼈대구조 또는 쉘 등의 설계에서 간편하게 사용될 수 있다(1.9.3장 참고).

6.1 프리스트레스트 콘크리트 부재의 설계 일반 (Design General for Prestressed Concrete members)

일반적으로 프리스트레스트 콘크리트 부재의 문제는 그림 6.2와 같이 해석(analysis) 또는 조사(investigation)와 설계(design)로 구분할 수 있다. 해석이나 조사에서는 모든 변수는 주어진다고 가정하지만 설계에서는 몇몇의 변수는 미지이므로 결정되어야 한다[Naaman 2012 (145–149)].

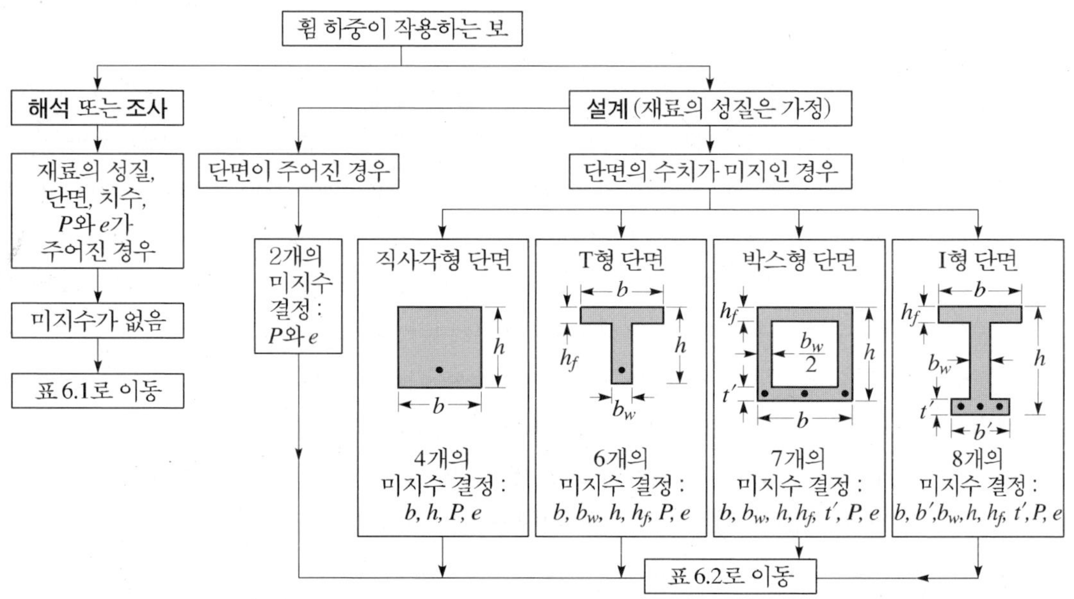

그림 6.2 프리스트레스트 콘크리트 부재의 휨 설계에 있어서 결정해야 되는 변수들 [Naaman 2012(146)]

표 6.1과 같이 해석이나 조사에서는 하중 조건, 경간, 단면의 치수, 긴장재나 콘크리트의 성질 등은 주어지므로 부재의 모든 단면에서 설계조건[휨, 전단, 균열, 솟음(camber), 처짐(deflection) 등의 조건]들을 만족하는지 검토하면 된다.

표 6.1 보를 해석하거나 조사할 때 검토해야 되는 주요 단계 [Naaman 2012(148)]

해석 또는 **조사** – 재료의 성질과 단면의 치수 및 보의 전 구간에 대한 P와 e가 주어진 경우
① 위험단면이나 단면에서 긴장력의 손실이나 또는 유효계수 $\eta = P_e / P_i$를 결정
② 초기와 최종 하중, 사용하중이나 중간하중이 작용할 때 모든 단면에서 응력한계의 조건을 만족하는지 검토
③ 위험단면이나 그 외의 단면에서 공칭 휨모멘트 강도가 만족하는지 검토

④ 위험단면이나 그 외의 단면에서 공칭강도에 대한 균열모멘트 강도 비가 만족하는지 검토
⑤ 전단보강 스터럽의 간격과 크기를 만족하는지 검토
⑥ 띠철근의 간격과 크기를 만족하는지 검토
⑦ 초기 및 장기하중에 대한 솟음과 처짐을 만족하는지 검토
⑧ 그 외의 특별한 조건들에 대해서 허용값을 만족하는지 검토
⑨ 단가를 검토하거나 개선사항의 제안

보의 설계에서도 단면의 형상과 치수 그리고 긴장력의 크기 및 배치위치 등을 결정하고 표 6.2와 같은 여러 단계를 거쳐야 한다. 그림 6.2와 같이 어떤 종류의 단면을 선택하느냐에 따라 변수가 증가하여 설계를 더욱 복잡하게 만든다. 만약에 직사각형 단면을 선택한다면 오직 4개의 변수(b, h, P와 e)만 결정하면 된다. 또한 만약에 표준단면을 이용하여 단면을 사전에 결정하였다면 2개의 변수, 긴장력 P와 긴장재의 편심 e만 결정하면 된다. 설계에서 긴장력 P를 결정하는 것은 긴장재의 소요면적을 결정하는 것과 같다.

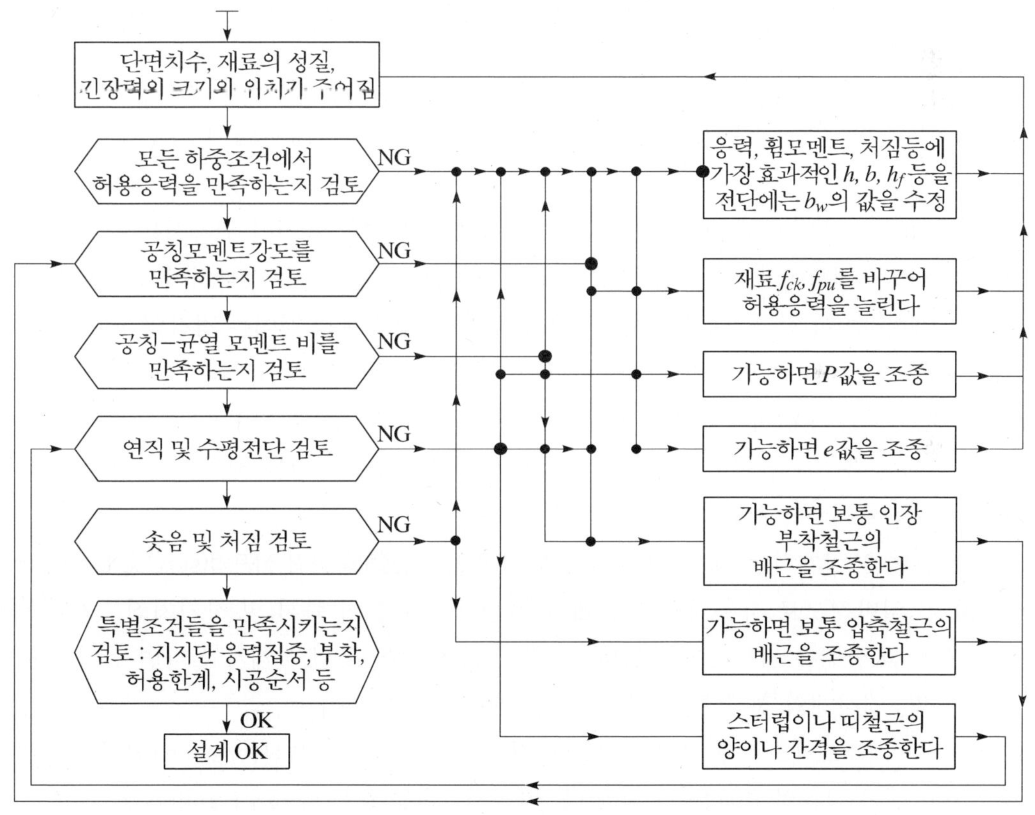

그림 6.3 휨 설계과정에 대한 반복계산 단계와 가능한 개선방법 [Naaman 2012(149)]

표 6.2 설계에 있어서 보 단면을 선택한 뒤에 주요 설계단계

① 재료의 성질에 대한 제값
② 긴장력의 손실을 계산하거나 유효계수 $\eta = P_e/P_i$를 가정
③ 초기와 최종하중 및 중간하중이 작용할 때 응력한계의 조건을 만족하도록 위험단면 및 전 단면에 대해서 P와 e 선택
④ 모든 위험단면에서 적용 가능한 한 쌍의 P와 e 선택(보의 경간에 따라 긴장력이 변해도 되는 설계인 경우에는 고려할 필요가 없다.)
⑤ 긴장재의 포락선(envelope)를 결정(긴장재의 한계영역(limit zone) 범위)
⑥ 보의 받침부에서 실용적인 e 결정(즉, 받침부에서의 긴장재의 배치)
⑦ 한계영역 안에서 긴장재의 배치(steel profile)
⑧ 휨에 대해서 계수 소요강도의 요구조건을 만족하는지 검토
⑨ 공칭강도에 대한 균열모멘트 강도 비가 만족하는지 검토
⑩ 전단강도와 스터럽의 배치를 검토
⑪ 합성단면인 경우에 수평전단 및 띠철근의 배치를 검토
⑫ 초기 및 장기하중에 대한 솟음과 처짐을 만족하는지 검토
⑬ 특별 조건들을 만족하는지 검토 - 부착, 받침부 응력 집중, 개구부, 시공순서, 허용값, 긴장재의 간격, 화재, 균열 등
⑭ 단가를 검토하여 가능하면 단가를 줄일 수 있는 방법을 제시하여 반복 작업 수행(단면의 치수나 형상 및 재료의 성질, 시공 순서 등)

표 6.1이나 표 6.2에서 보면 만족하면서 최적화에 가까운 결과를 얻기 위해서는 각각의 단계를 반복적으로 수행하여야 한다. 종종 설계자는 첫 번째 반복계산을 수행하기 위해서 몇몇의 미지 값을 가정하여야 한다. 예를 들어서 직사각형 단면에서 보의 깊이는 경간의 4%로 가정하고 보의 폭은 보 깊이의 1/2로 가정하곤 한다. 이렇게 단면을 가정하고 나면 설계문제는 P와 e만 결정하면 되는 상대적으로 간단한 문제가 된다[Naaman 2012(149)].

그림 6.3에는 표 6.1과 표 6.2를 연결하여 반복계산에서 문제점을 해결할 수 있는 순서도(flowchart)를 보여주고 있다.

근래에 단면을 설계하는 데는 탄성해석에 기초한 **"사용하중응력 접근법(service load stress approah)"**이 일반적으로 사용되므로 앞에서 언급한바와 같이 즉시 및 장기처짐, 균열 폭과 휨 파괴에 대한 안전을 검토하여야 한다. 이런 과정을 밟아서 휨 설계가 끝나면 전단과 비틀림, 부착응력, 긴장재의 정착 등을 검토하여 설계를 완성한다.

대부분의 프리스트레스트 콘크리트 보는 규격의 공장제품으로 생산(precast)되어 품질관리가 용이하고 단가 절감의 효과를 볼 수 있다. 따라서 CPCI(PCI Design Handbook, 부록 그림 A1~A33)와 같은 설계 핸드북에는 프리캐스트로 생산되는 각종 부재의 제원 및 특징을 제시하여 이를 이용하여 예제 6.2나 예제 6.3과 같이 설계할 수도 있고, 만약에 설계 핸드북에서 제시하는 표준단면(standard section)을 적용할 수 없을 경우에는 다음의 설계과정에 따라 단면을 결정하여야 한다.

6.1.1 구조기준의 설계원칙 및 주요 단계(General Design Rule and 3 Major Stage)

구조기준 9.2.1(ACI 18.2)에서는 프리스트레스트 콘크리트 부재의 설계에 대해서 다음과 같은 일반적인 설계원칙을 제시하고 있다.

(1) 프리스트레스트 콘크리트 부재는 구조기준의 강도요구 조건을 만족하여야 한다.
(2) 프리스트레스트 콘크리트 부재의 설계는 프리스트레스를 도입할 때부터 구조물 수명기간 동안 발생하는 모든 재하단계의 하중에 대하여 강도 및 사용조건에 따른 거동에 근거하여야 한다.
(3) 설계에서는 프리스트레스에 의해서 발생되는 응력집중을 고려하여야 한다.
(4) 프리스트레스에 의해서 발생되는 부재의 탄성변형, 소성변형, 처짐, 길이변화 및 비틀림 등에 의해 인접한 구조물에 미치는 영향과 더불어 온도와 건조수축의 영향도 고려하여야 한다.
(5) 덕트의 치수가 과대하여 긴장재와 덕트가 부분적으로 접촉하는 경우에 접촉하는 위치에 있어서 부재 좌굴과 얇은 복부 및 플랜지의 좌굴이 발생할 가능성을 검토하여야 한다.
(6) 긴장재가 부착되기 전의 단면특성을 계산할 경우에 덕트로 인한 단면적의 손실을 고려하여야 한다.

구조기준 해설 9.2.1(ACI R18.2.1~2)에서는 프리스트레스트 콘크리트 부재는 예상되는 모든 하중단계에 대해서 설계검토가 이루어져야 하고, 이를 수행할 때 고려하여야 할 3가지 주요 단계는 다음과 같다고 제시하고 있다.

㈎ **긴장 혹은 프리스트레스 도입 단계(Jacking Stage or Prestressing Transfer Stage)** : 긴장재의 인장력이 콘크리트에 전달될 때 응력이 콘크리트 강도에 비해서 상대적으로 높을 수 있다.
㈏ **사용하중 단계(Service Load Stage)** : 장기간의 체적변화가 발생된 후, 즉 프리스트레스 손실이 모두 발생된 후의 하중 단계
㈐ **계수하중 단계(Factored Load Stage)** : 부재의 공칭강도를 검토하는 하중 단계

이 외에도 균열하중 단계나 운반 및 조립할 때의 하중단계도 설계를 지배하는 경우가 있을 수 있으므로 검토하여야 할 것이다. 프리스트레스트 콘크리트 부재가 만족스러운 거동을 갖기 위

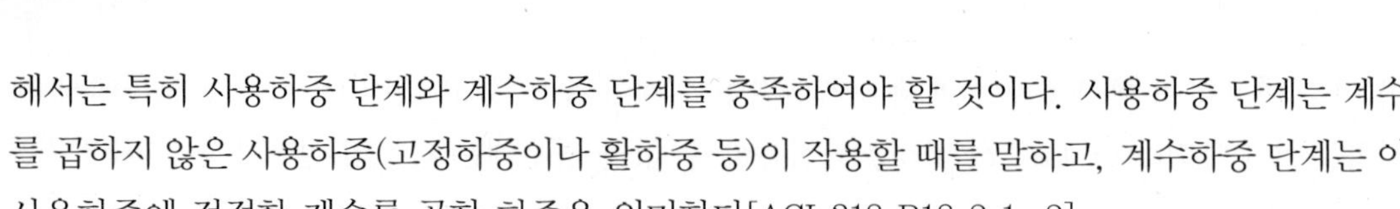

해서는 특히 사용하중 단계와 계수하중 단계를 충족하여야 할 것이다. 사용하중 단계는 계수를 곱하지 않은 사용하중(고정하중이나 활하중 등)이 작용할 때를 말하고, 계수하중 단계는 이 사용하중에 적절한 계수를 곱한 하중을 의미한다[ACI 318 R18.2.1~2].

6.1.2 콘크리트의 보호와 긴장재의 간격(Concrete Protection and Spacing of Tendons)

보강재의 피복두께

긴장재와 덕트 및 철근을 부식과 화재로부터 보호하기 위해서는 가장 바깥쪽에 배치되는 강재에 적절한 최소의 콘크리트 피복두께를 유지하여야 한다. 표 2.13에 제시된 구조기준 5.4(ACI 7.7)의 최소 피복두께 규정은 시공 방법과 노출의 정도에 따라 또한 부재의 종류와 보강 철근의 크기에 따라 다르게 제시하고 있다[Nilson 1987(163-164)].

포스트텐션 방식과 같이 긴장재가 덕트로 둘러 쌓여있는 경우에는 피복두께는 덕트와 지지단의 금속정착장치에 적용된다. 일반적으로 긴장재는 횡방향 스터럽 철근으로 둘러싸여 있는 경우에 피복두께는 스터럽의 표면으로부터의 거리이며 주보강재(긴장재나 철근)에 비해서 얼마간 감소된 피복두께를 배치한다[Nilson 1987(164)].

구조기준 5.4.6(2)③(ACI 7.7.6.1)에서 프리스트레스트 콘크리트 부재로서 구조기준 9.2.2(3)에 정의된 부분균열등급 또는 완전균열등급[식 (2.47) 참고]의 경우에는 표 2.13에 제시된 최소 피복두께를 50% 이상 증가시켜야 한다고 규정하고, 다만 프리스트레스트 인장영역이 지속하중을 받을 때 압축응력을 유지하고 있는 경우에는 최소 피복두께를 증가시키지 않아도 된다고 규정하고 있다.

보강재의 간격

일반적으로 평행하게 배치되는 긴장재나 부착 철근에서 주위에 묽은 콘크리트가 잘 배치될 수 있도록 최소 간격을 유지하여야 한다. 특히 철근 하부에 공극(air pocket)이 발생하지 않도록 하여 긴장재나 철근이 콘크리트와 완벽하게 부착되어 정착길이를 최소화 하도록 하여야 한다. 구조기준 5.3.2(1)(ACI 7.6.1)은 한 층에 배치되는 평행한 철근사이의 순간격은 철근의 공칭지름 d_b 이상 또는 25 mm 이상으로 배치되어야 한다고 규정하고 있다. 만약 여러 층으로 배치할 때는 동일 연직면 내에 배치되어야 하는 상하 철근의 순간격은 25 mm 이상이어야 한다고 규정하고 있다. 또한 철근, 긴장재 또는 덕트 사이의 최소 순간격은 굵은골재의 공칭 최대치수의 4/3배 이상이어야 한다[구조기준 2.2.1(2)④].

프리텐셔닝 부재 : 정착단에서는 프리스트레스 힘이 부착에 의해서 잘 전달될 수 있도록 간격이 얼마간 넓게 배치되도록 규정하고 있다[구조기준 5.3.2(7), ACI 7.6.7.1]. 긴장재의

최소 중심간격 규정 식 (2.33) 및 (2.34)를 다시 쓰면 아래와 같다.

ⓐ 부재단의 경우 { ① 강연선(strand) : $4d_b$ 이상 / ② 강선(wire) : $5d_b$ 이상 } (2.33)

단, 도입시 $f_{ci} \geq 27\,\text{MPa}$인 경우 { ① $d_b \leq 13\,\text{mm}$인 강연선 : 45 mm / ② $d_b \geq 15\,\text{mm}$인 강연선 : 50 mm }

(2.34)

ⓑ 경간 중앙부의 경우(middle portion of a span) : 긴장재의 수직 간격을 부재단의 경우보다 좁게 하거나 다발로 사용할 수 있도록 규정하여 긴장재를 수직 간격에 구애받지 않고 절곡해서 배치할 수 있도록 하고 있다.

포스트텐셔닝 부재 : 덕트를 다발로 배치하기 위해서는 다음과 같은 조건들이 만족되어야 한다. 덕트를 수직으로 근접하여 배치하고자 할 때는 긴장 시 강선이 덕트를 파손시키지 않도록 조치가 취해져야 하고 또한 덕트를 수평으로 근접하여 배치하고자 하는 경우에는 콘크리트 치기가 용이하도록 순간격이 확보되어야 한다[구조기준 해설 5.3.2(7)②]. 일반적으로 덕트간 순간격은 굵은골재 최대치수의 4/3 배 이상, 또한 25 mm 이상이면 만족한다. 정착단에 긴장재 또는 덕트가 집중되면 콘크리트 피복 면에 균열이 발생할 수 있으므로 철근으로 보강하여야 한다고 제안하고 있다(구조기준 해설 5.3.7②, 2.3.1장 참고).

6.1.3 단면의 핵(Central Kern or Core of a Section)

프리스트레싱 압축력이 단면에 단독으로 작용할 때 단면의 어떤 부분에도 인장응력을 발생시키지 않는 영역을 **단면의 핵(central kern or core)**이라고 부른다[Nilson 1987(68–69), Naaman 2012(189–190)].

그림 6.4b와 같이 상연의 응력이 0이 되려면

$$f_t = \frac{P_i}{A_g} - \frac{P_i\, e}{I_g} y_t = \frac{P_i}{A_g} - \frac{\frac{P_i}{A_g} e}{\frac{I_g}{A_g}} y_t = \frac{P_i}{A_g}\left(1 - \frac{e}{r^2} y_t\right) = 0$$

여기에서, 회전반경 $r = \sqrt{I_g/A_g}$; 상연의 응력이 0이기 위해서는 괄호 '( )'의 값이 0이어야 하며, $e = k_b$로 정의하면, 하핵의 거리 k_b는

$$e = \frac{r^2}{y_t} = \frac{I_g}{A_g\, y_t} = \frac{S_t}{A_g} = k_b \text{ (하핵의 거리)} \tag{6.1}$$

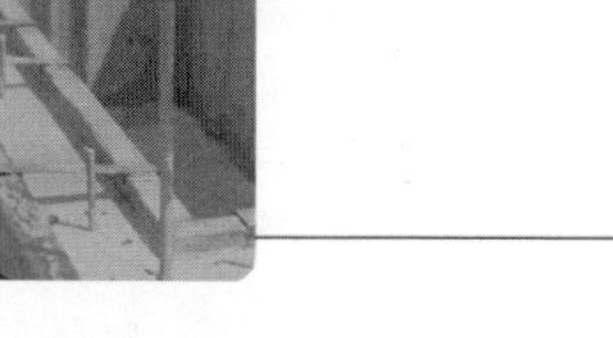

가 되고, 마찬가지로 상핵의 거리는

$$k_t = -\frac{r^2}{y_b} = -\frac{I_g}{A_g\,y_b} = -\frac{S_b}{A_g} \tag{6.2}$$

로 쓸 수 있다. 여기에서 −부호는 콘크리트 도심 축에서 아래 방향으로 +인 것을 암시하고 있다[Naaman 2012(153)].

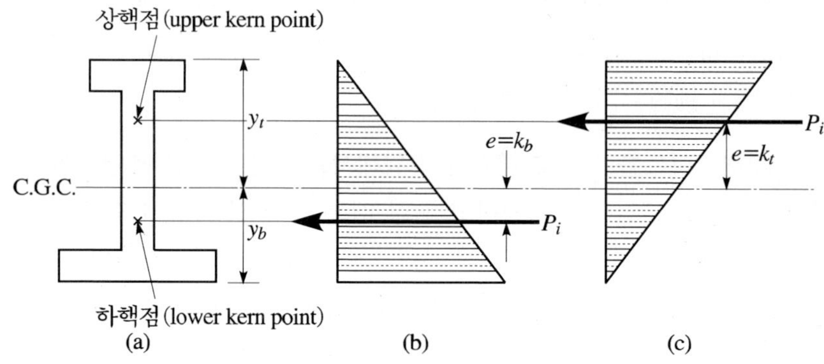

그림 6.4 단면의 핵(kern 또는 core)에 긴장력이 작용하는 경우의 응력의 분포

설계 시에 긴강재의 도심이 반드시 핵의 범위 안에 있을 필요는 없으나 설계의 참고가 된다. 만약 상핵 점 k_t 에 C 가 작용하고, 하핵 점 k_b 에 T 가 작용한다면, 상하 핵의 길이가 길수록 큰 저항 휨모멘트를 얻을 수 있어 경제적인 설계가 된다(그림 6.5 및 6.11 참고). 그림 6.5에서 보면 직사각형 단면 : T형 단면 : I형 단면을 보면 상하 핵의 거리가 대략 각각 0.333h : 0.38 h : 0.54h가 되어 이 단면 중에서 I형 단면이 가장 경제적이고 직사각형 단면의 경제성이 가장 떨어지는 것을 알 수 있다.

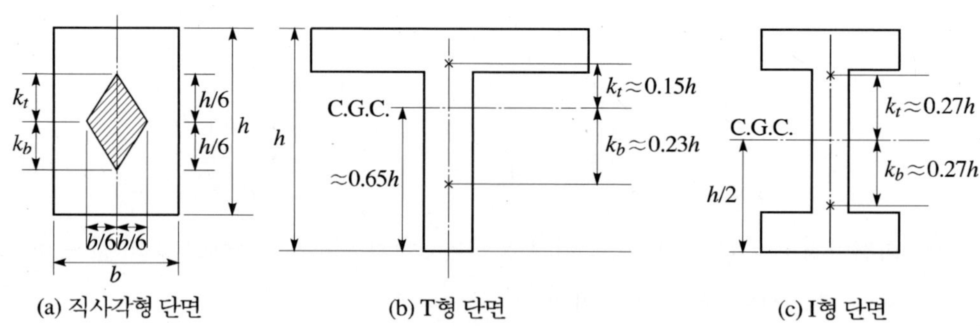

그림 6.5 각 단면의 형상에 따른 상핵점과 하핵점의 거리

6.1.4 C선 또는 압력선(Pressure Line or Trust Line)

만약에 보가 무게가 없다고(weigthless) 가정한다면 콘크리트에 발생하는 압축력 C는 긴장력 P와 크기나 작용하는 위치가 같으며 이때의 응력분포도는 그림 6.6a와 같게 된다. 만약에 보에 휨 모멘트가 작용하게 되면 그림 6.6b와 같은 응력분포가 발생하고, 이 2 응력의 분포를 더하게 되면 그림 6.6c와 같게 된다(인장응력이나 균열이 발생하지 않는다고 가정). 어떤 단면에서도 수평력의 합은 평형을 이루기 위해서 0 이어야 하므로 C의 크기는 변하지 않고 일정하지만(물론 보가 모멘트에 의해서 휘지만 이로 인한 P의 변화는 미미하므로 무시) 휨 모멘트의 변화에 저항하기 위해서 C와 P의 팔거리가 변하게 된다. 따라서 그림 6.6c의 C는 그림 a의 C와 크기는 같지만 작용위치는 P가 작용하는 선으로부터 거리 $\delta = M/P$ 떨어진 위치에 작용하게 된다. 압축력이 작용하는 편심을 e' 으로 적으면 긴장재의 편심 e와 비슷한 형식으로 표현할 수 있다. 주어진 부재의 각 단면에서 압축력이 작용하는 선을 **C선(C–line)** 또는 **압력선(Pressure Line 또는 Trust Line)**이라고 한다. 예를 들어서 단순지지 보인 경우에 직선으로 배치된 긴장재에 의한 긴장력과 보 자체의 등분포 고정하중이 작용하게 되면 고정하중에 의한 휨 모멘트의 분포가 포물선이므로 그림 6.6d과 같이 C선은 포물선으로 표현된다[Naaman 2012(151–152)].

Rajagopalan[2005(107)]은 이 C선을 내력개념(force concept)에 따라 **합력 압축선(resultant compression line)** 또는 **CGC 선(CGC line)**이라고 부르고 있다.

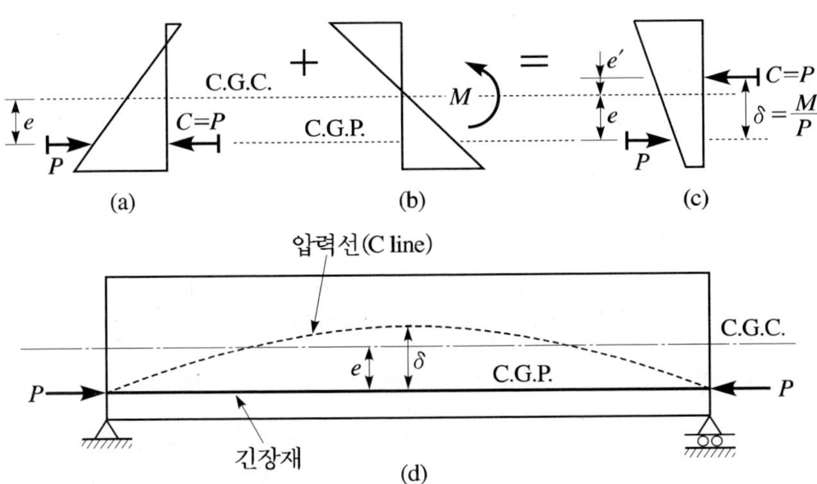

그림 6.6 프리스트레스트 콘크리트 부재에서 휨모멘트로 인한 응력의 변화와 경간에서 압력선 (C–line)의 형상 [Naaman 2012(151)]

6.2 단면의 선택과 휨 효율(Shape Selection and Flexural Efficiency)

프리스트레스 콘크리트 설계의 특이점은 단면의 치수나 크기를 요구되는 사항에 따라 자유롭게 선택할 수 있다는 것이다. 강구조물 설계에서는 대부분 공장에서 생산되는 대칭인 단면을 사용해서 설계하게 되며, 나무로 만드는 구조물은 거의 예외 없이 직사각형 단면이 사용된다. 그러나 프리스트레스 구조물에서는 부재의 깊이뿐만 아니라 복부의 두께나 플랜지의 폭과 두께도 주어진 설계조건에 최적인 보를 만들기 위해서 독자적으로 변화시킬 수 있다. 특히 중간이나 길이가 긴 경간의 포스트텐션 보에 있어서 단면을 결정하는 과정은 전체 설계과정에서 매우 중요한 한 부분을 차지하고 있다[Nilson 1987(159–160)].

보의 경간이 짧아서 전체 하중에서 보의 고정하중이 차지하는 부분이 작은 경우에는 거푸집의 비용을 절감할 수 있으므로 그림 6.7a에 보이는 직사각형 단면이 가장 경제적인 단면이 될 것이다. 그러나 직사각형 단면에서 상핵과 하핵 간의 거리(0.33h, 그림 6.11 참고)가 짧아서 외력이 증가함에 따라 필요한 압축합력 C가 작용할 수 있는 범위가 제한된다. 중간이거나 장경간인 경우에는 그림 6.7b~e와 같은 플랜지가 배치된 경제적인 단면이 경쟁력이 있을 것이다. 이러한 단면들에서 하중이 제거되는 경우에도 응력의 제한 값을 만족시키면서 긴장재의 도심(C.G.P.)을 최대한 아래에 위치시켜서 사용하중이나 계수하중이 작용하는 조건에서 인장과 압축의 내부 우력들의 팔거리를 최대가 되도록 배치할 수 있게 한다.

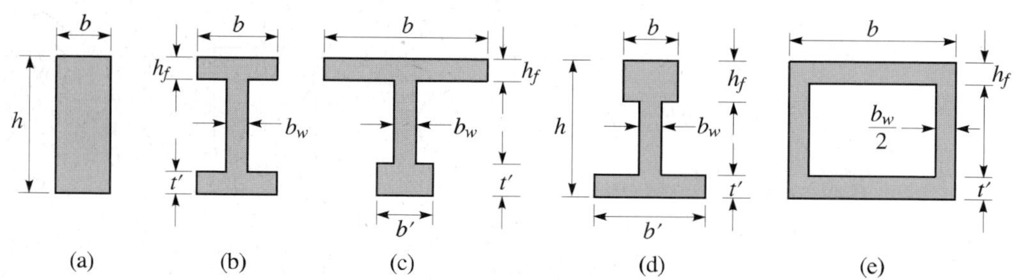

그림 6.7 여러 종류의 보의 단면. (a) 직사각형 보, (b) 대칭 I형 보, (c) T형 보, (d) 역 T형 보 (inverted T–beam), (e) 중공(속이 빈) 보(hallow–box beam) [Nilson 1987(160)]

단면을 선택하는데 있어서 가장 효율적인 방법은 요구되는 단면계수 S_t 나 S_b 에 가장 근접하는 적당한 단면(trial section)을 선택하여 설계를 시작하는 것이다. 단면을 선택하는데 있어서 표 6.3과 같이 주어진 단면의 제값을 이용하면 간편하다. 이렇게 선택된 단면은 설계조건에 맞도록 수정되어야 할 것이다. 요구되는 단면계수 S_t 와 S_b 에 대해서 일반적으로 6개의 독립된 단면변수를 결정하여야 하고(그림 6.7 참고), 따라서 여러 종류의 단면이 선택될 수 있으므로 설계자는 최선의 단면을 선택하여야 할 것이다.

표 6.3 대칭 I형이나 중공(속이 빈) 박스형 보 단면들의 제값[Nilson 1987(551)]

b_w/b	h_f/h	A_g	I_g	y_t	y_b	r^2
0.1	0.1	$0.280bh$	$0.0449bh^3$	$0.500h$	$0.500h$	$0.160h^2$
0.1	0.2	0.460	0.0671	0.500	0.500	0.146
0.1	0.3	0.640	0.0785	0.500	0.500	0.123
0.2	0.1	0.360	0.0492	0.500	0.500	0.137
0.2	0.2	0.520	0.0689	0.500	0.500	0.132
0.2	0.3	0.680	0.0791	0.500	0.500	0.117
0.3	0.1	0.440	0.0535	0.500	0.500	0.121
0.3	0.2	0.580	0.0707	0.500	0.500	0.122
0.3	0.3	0.720	0.0796	0.500	0.500	0.111
0.4	0.1	0.520	0.0577	0.500	0.500	0.111
0.4	0.2	0.640	0.0725	0.500	0.500	0.113
0.4	0.3	0.760	0.0801	0.500	0.500	0.105

S_t와 S_b의 조건을 언제나 완벽히 만족시킬 필요는 없다. 교량의 상판이나 빌딩의 바닥판 같은 경우에는 평평한 표면을 제공하도록 상부 플랜지의 폭을 넓히는 게 좋고, 부재의 휨강도를 고려할 때는 넉넉하게 상부 플랜지를 배치해서 보에 하중이 작용할 때 콘크리트의 응력이 적도록 유도해서 보가 긴장재의 항복에 의한 연성파괴가 일어나도록 유도하여야 한다. 이런 경우에 총 사용하중이 작용할 때 보의 상연 압축응력은 응력한계보다 훨씬 적게 된다. 추가하중에 비해서 자신의 고정하중 비가 큰 경간이 긴 보에서 긴장력이 도입될 때 압축을 받는 플랜지의 바닥에서 과응력이 작용할 위험은 거의 없으므로, 어떤 경우에는 하부 플랜지를 제거하여 T형 단면이 될 수도 있다.

실제 설계에 있어서 먼저 경간-깊이 비(span-depth ratio)나 건축적으로 요구되는 **형하공간**(clearance)이나 **머리 위 공간**(headroom) 등의 조건에 따라 보의 깊이를 제일 먼저 결정하게 된다. 프리스트레스 콘크리트 구조물의 경간/깊이 비는 철근콘크리트 구조물에 비해서 일반적으로 상당히 크게 된다. 표 6.4와 그림 6.8에는 PCI(CPCI)와 Collins와 Mitchell(CPCI)에 제시된 대략적인 경간/깊이 비가 제시되어 있다. 대부분의 경우에 있어서 연속 경간으로 설계하게 되면 단순지지 경간에 비해서 큰 경간/깊이 비로 설계할 수 있게 된다.

보의 깊이가 선택되면 단면에 대한 **상대적인 휨 효율**(relative flexural efficiency of the cross section)은 일반적으로 **콘크리트의 단면적에 대한 단면계수 비**(ratio of section modulus to concrete area) $S/A_g(\equiv k$ 핵거리$)$로 산정할 수 있다. S/A_g가 높은 보는 낮은 보에 비해서 재료가 효율적으로 사용되었다고 볼 수 있다.

표 6.4 PTI(9.3)나 CPCI(3.12.5)에서 제시하는 포스트텐션 부재의 전형적인 경간/깊이 비[PCI 2010(3-3) 참고]

1방향 슬래브	48
2방향 슬래브	45
지판이 있는 2방향 슬래프(최소 지판 각 방향 L/6)	50
2방향 보가 배치되는 2방향 슬래브	55
워플 슬래브(격자 1500 × 1500)	35
보, $b \approx h/3$	20
보, $b \approx 3h$	30

* 활하중이 고정하중보다 작은 경우에만 적용 가능함.

단면의 종류	활하중(kN/m²)	경간/깊이 l/h비	단면의 종류	활하중(kN/m²)	경간/깊이 l/h비
h	<고정하중	40	h	<고정하중	20
h	2.4	40−50			
	4.8	32−42			
h	2.4	20−30	h	<고정하중	30
	4.8	18−28	h	고속도로 하중	18
h	2.4	23−32			
	4.8	19−24			

그림 6.8 단순지지 되는 프리스트레스트 콘크리트 부재의 전형적인 경간/깊이 비
[Collins 1987(263), CPCI 2007(263)]

일반적인 비대칭 단면(unsymmetrical cross section)에 있어서 S_t/A_g 의 비와 S_b/A_g 의 비를 동시에 최대가 되도록 설계하면 가장 효율적인 단면이 될 것이다. 단면계수 $S_t = I_g/y_t$ 이고 $S_b = I_g/y_b$ 이므로, 이 비들을 다음과 같이 각각 쓸 수 있다.

$$k_b = \frac{S_t}{A_g} = \frac{I_g}{A_g y_t} = \frac{r^2}{y_t} \quad ; \quad k_t = -\frac{S_b}{A_g} = -\frac{I_g}{A_g y_b} = -\frac{r^2}{y_b} \tag{a}$$

따라서 주어진 y_t 과 y_b 에서 가장 효과적인 단면은 회전반경(r^2)이 가장 큰 단면으로 콘크리트가 실용적으로 가능한 한 상연과 하연에 모여 있는 단면이 될 것이다.

이 식 (a)에서 각각 우측 항들은 식 (6.1)과 (6.2)에서 제시된 단면의 하핵(lower kern)과 상핵(upper kern)의 거리이다. 식 (a)를 무차원으로 표현하기 위해서 각각 단면의 도심에서 상연과 하연까지의 거리 y_b 와 y_t 로 나누어 주면, 이 비들은 다음과 같이 각각 표현될 수 있다.

$$\frac{k_b}{y_b} = \frac{r^2}{y_t y_b} \quad ; \quad \frac{k_t}{y_t} = -\frac{r^2}{y_t y_b} \tag{b}$$

따라서 이 식들의 절대 값을 하나의 함수로 표현하면, **효율계수(efficiency factor)** Q는

$$Q = \frac{r^2}{y_t y_b} \tag{6.3}$$

가 되어 깊이가 주어지면 단면들의 휨 효율을 비교하는데 간편한 척도가 된다.

효율계수(efficiency factor) Q는 $h = y_t + y_b$를 이용하여 표현하면,

$$Q = \frac{r^2}{y_t y_b}\frac{y_t + y_b}{h} = \frac{k_b - k_t}{h} \tag{6.4}$$

가 되어, 효율계수 Q는 핵의 전체 길이에 대한 단면의 총 깊이에 대한 비가 된다[Nilson 1987(162)].

I형이나 T형 단면은 복부와 플랜지가 상대적으로 얇아서 단면이 굵은 부재에 비해서 큰 Q를 갖게 된다. 그러나 단면들이 얇아질수록 Q 값이 아무리 증가한다고 하더라도 사용가능한 얇은 부재의 상한한계가 실용적으로 존재할 것이다. 보의 치수를 선택하는데 있어서 만약에 수평 거동을 제어할 수 있는 부재에 연결되지 않는다면 하중이 작용하여 수평좌굴이 일어날 가능성을 고려하여 결정하여야 할 것이다. 이런 거동은 특히 프리캐스트 부재를 현장에서 이동할 때 고려하여야 할 사항이다. 얇은 압축 플랜지는 하중이 작용하면 국부적인 좌굴이 일어날 가능성이 있고 얇은 내민 플랜지 프리캐스트 부재는 현장에서 다룰 때 부서질 위험이 언제나 존재하므로 설계 시에 고려하여야 할 것이다.

복부의 최소두께는 종종 긴장재와 보조 철근의 최소 간격(minimum clearance)과 가장 바깥에 배치되는 강재의 피복두께에 좌우된다. 복부의 두께는 125 mm나 그 이하로도 적당한 전단철근을 배치만 하면 전단에는 만족시킬 수 있지만 이렇게 두께가 얇은 복부에 공극이나 공기구멍이 없이 콘크리트를 배치하기는 쉽지 않을 것이다. Libby[1984(95)]는 일반적인 상황에서 I형 단면의 복부 폭은 150 mm 이상인 것이 좋고, 포스트텐션 부재에서는 175 mm 이상으로 하도록 제안하고 있다.

Nilson[1987(162)]에 의하면 일반적으로 잘 설계된 I형 보의 효율계수 Q는 0.50에 가까우며 이 값이 0.45 이하가 되면 단면이 너무 무겁고, 0.55 이상이 되면 너무 단면이 가늘어서 실용성에 문제가 된다고 보고하고 있다. 상대적으로 Q가 낮은 T형($\approx$ 0.48) 또는 더블 T형 단면($\approx$ 0.4~0.44)들이 많이 사용되는데 그 이유는 이 단면들이 갖는 실용적인 이점 때문에 사용되고 있다.

예제 6.1

CPCI 900 I형 거더(부록 그림 A26 참고)의 효율계수 Q를 계산하라. 단면의 계수는 $A_g = 218{,}000\ \text{mm}^2$, $I_g = 19{,}300 \times 10^6\ \text{mm}^4$, $y_t = 502$ mm, $y_b = 398$ mm, $h = 900$ mm이다.

$$r^2 = I_g / A_g = (19{,}300 \times 10^6)/218{,}000 = 88{,}532\ (\text{mm}^2)$$

$$\therefore\ \text{효율계수}\ Q = r^2 / y_t y_b = 88{,}532/(502 \times 398) = 0.443$$

6.3 사용응력 탄성설계(Working Stress Elastic Design)

프리스트레스트 콘크리트 보를 설계하기 위해서는 단면의 치수, 재료의 성질, 긴장재의 위치와 긴장력, 부착 철근의 소요단면적과 이런 보강재들을 어떻게 배치하는지에 대한 설계상세를 결정하여야 한다. 설계된 단면은 응력의 한계 범위를 위반해서는 안 되며 처짐의 허용한계를 만족하여야 하고 또한 단면은 적절한 강도를 소유하여야 한다[Collins 1987(259- 286)].

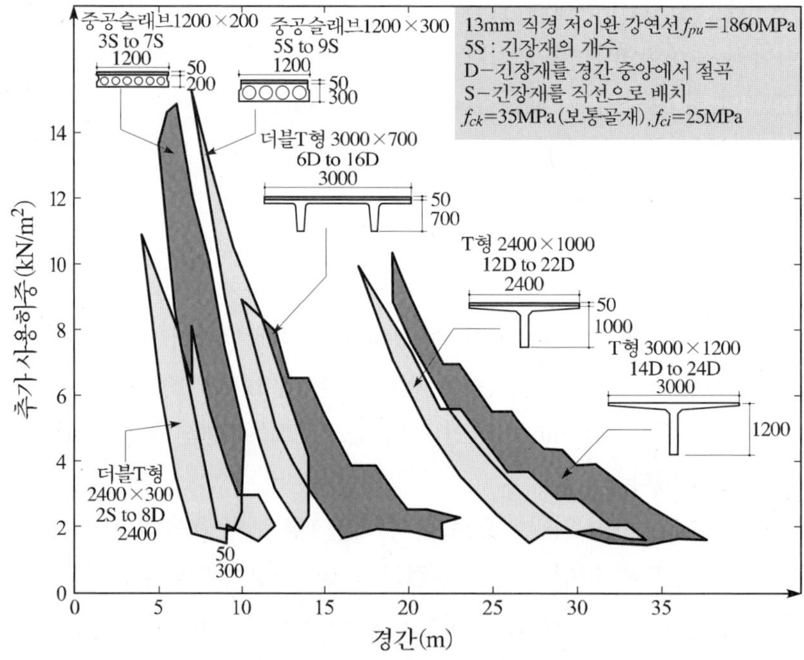

그림 6.9 표준 단면에 대한 경간-하중의 관계도 [Collins 1987(262)]

일반적으로 프리스트레스트 콘크리트 부재의 형식이나 시공순서 등은 초기의 개념설계에서 선택된다. 초기 단계에서 **표준 프리캐스트 프리텐션 단면(standard cross-section)**의 형식을 선택하는데 Collins-Mitchell이 제시한 설계도표인 그림 6.9를 이용할 수 있다.

부재의 형식을 선택하고 나면 그림 6.8의 전형적인 경간/깊이 비에 따라 부재의 깊이를 결정할 수 있다. 단면에 대한 초기선택을 하고나면 부재의 고정하중을 계산할 수 있으므로 이를 이용하여 다음 단계의 설계조건들을 검토할 수 있다.

6.3.1 응력한계 만족(Satisfying Stress Limits)

표 2.16에 제시된 긴장재의 **응력한계(stress limit)**는 긴장재를 긴장 시에 발생하는 응력이 규정되는 응력을 초과하지 않도록 보수적인 상한한계를 두어 선택하면 만족될 것이다. 표 2.15에 제시된 콘크리트의 응력한계를 만족하기 위해서는 보의 수명동안에 발생하는 여러 하중단계를 검토하여야 한다. 단순지지 된 보의 중앙에서 적어도 다음 2단계를 검토하여야 한다 :

(1) 긴장력이 도입된 직후 콘크리트의 강도가 아직 충분히 발휘되지 않은 f_{ci} 상태에서 긴장력은 가장 큰 P_i에 휨모멘트는 최소인 $M_{\min}(=M_d)$이 작용할 때 보의 상연에서 인장응력과 하연의 압축응력에 대한 한계를 만족하여야 하고,

(2) 최종 단계로 긴장력은 최소인 P_e가 되고 콘크리트의 강도는 f_{ck}에 도달한 상태에서 휨모멘트는 최대인 $M_{\max}(=M_t)$이 작용할 때 보의 상연에서 압축응력과 하연의 인장응력에 대한 한계를 만족하여야 한다. 일반적으로 응력한계(stress limit)를 만족시키는 긴장재의 긴장력과 편심의 크기를 결정하는 데에 있어서 콘크리트에 대한 인장응력의 한계가 중요한 역할을 하게 된다[Collins 1987(260)].

그림 6.10은 긴장력이 도입된 직후와 최종 손실이 일어난 뒤에 콘크리트에 인장응력이 발생하지 않도록 하는 조건을 보여주고 있다. 초기의 가장 작은 휨모멘트 $M_{\min}(=M_d)$은 긴장재의 초기 긴장력 P_i와 이에 대응하는 콘크리트의 압축력 C로 인해서 발생하는 내부 우력으로 평형을 유지한다. 단면의 상연에서 인장응력이 0인 상태를 만족하기 위해서는 압축합력이 **하핵점(bottom kern point,** $k_b=S_t/A_g$)에 작용하여 응력분포가 삼각형이 되어야 한다. 따라서 그림 6.10b에서 상연에 인장응력이 발생하지 않기 위해서는 $M_{\min}(=M_d)=P_i(e-k_b)$에서 부등호를 도입하여 적으면

$$P_i \le \frac{M_{\min}}{e-k_b} \tag{6.5}$$

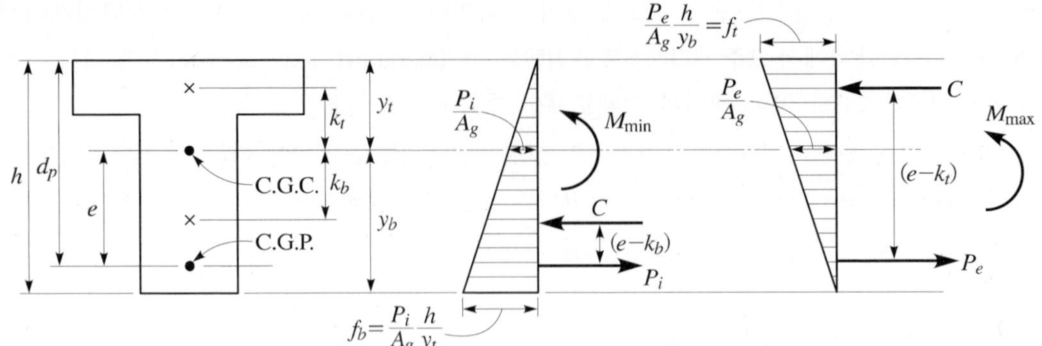

그림 6.10 콘크리트에 인장응력의 발생을 허용하지 않는 경우 : M_d/M_t의 비가 작을 때의 응력의 분포 [Collins 1987(264) ; Lin 1981(195)]

로 표현될 수 있다. 이 식의 부등호는 만약에 식 (6.5)로 계산된 P_i 값이 우측 항의 값보다 크게 되면 내부 우력 편심의 거리가 감소하고 따라서 C에 의한 압축응력의 분포가 그림 6.12b와 같이 상연에 인장응력이 존재하게 된다.

최종 손실이 일어난 뒤에 그림 6.10c의 경우에 최대 휨모멘트 $M_{max}(=M_t)$는 긴장재의 유효 긴장력 P_e와 콘크리트의 압축합력 C에 의해서 지지된다. 하연에서 콘크리트의 인장응력이 0이기 위해서는 압축합력이 **상핵점**(top kern point, $k_t = -S_b/A_g$)에 작용하여야 한다. 따라서 단면의 하연에 인장응력이 발생하지 않기 위한 조건을 식 (6.5)와 같이 쓰면 $M_{max}(=M_t) = P_e(e-k_t)$에서 부등호를 도입하게 되면 M_{min}의 경우와 반대방향이 되어

$$P_e \geq \frac{M_{max}}{e-k_t} \tag{6.6}$$

가 된다. 여기에서 거리 $e-k_t$은 내부우력의 팔거리이다. 이 팔거리가 길어지면 질수록 프리스트레싱 힘이 적게 요구되어 효율적인 설계가 된다. 그림 6.11에는 전형적인 프리스트레스트 콘크리트 단면의 대략적인 $e-k_t$ 값이 주어져서 기본설계에 유용하게 사용될 수 있다.

식 (6.5)와 (6.6)을 긴장재의 편심 e와의 관계를 이용하여 다시 정리하면

$$\frac{M_{min}}{P_i} + k_b \geq \frac{M_{max}}{P_e} + k_t \tag{c}$$

$$P_e(k_b - k_t) \geq M_{max} - \frac{P_e}{P_i}M_{min} \tag{6.7}$$

로 쓸 수 있다. 여기에서 $k_b - k_t$는 휨모멘트가 증가함에 따라 콘크리트의 압축합력 C가 콘

크리트에 인장응력을 발생시키지 않으면서 움직일 수 있는 거리를 의미하여 허용될 수 있는 휨모멘트 크기에 대한 기준이 된다.

단면의 형상	$e-k_t$	k_b-k_t
[h, e]	0.50 h	0.33 h
[h, e]	0.47 h	0.33 h
[h, e]	0.58 h	0.49 h
[h, e]	0.70 h	0.43 h

단면의 형상	$e-k_t$	k_b-k_t
[h, e]	0.76 h	0.48 h
[h, e]	0.64 h	0.51 h
[h, e]	0.82 h	0.56 h

그림 6.11 기본 사용하중 응력설계를 위한 대략적인 휨의 팔거리 [Collins 1987(265)]

단순지지 된 보의 경간 중앙에서 종종 한계응력조건은 최종 손실이 일어난 뒤에 하연에서 인장응력의 제한에 좌우된다. 이런 조건을 만족시키기 위해서는 단면에서 배치 가능힌 한 큰 편심을 주어 긴장재를 배치하는 것이 경제적이 된다. 보의 경간 중앙에서 편심을 선택하고 나면 식 (6.6)을 이용하여 요구되는 최소 긴장력을 계산할 수 있다.

그림 6.12는 콘크리트에 인장응력의 발생을 허용하는 경우에 어떻게 조종할 수 있는지를 보여주고 있다. 콘크리트에 인장응력의 발생을 허용하게 되면 초기의 긴장력이 도입된 직후에는 내부우력 모멘트의 팔거리가 감소하고, 최종 손실이 일어난 뒤에는 팔거리가 증가하여 더 큰 휨모멘트의 발생을 가능하게 한다.

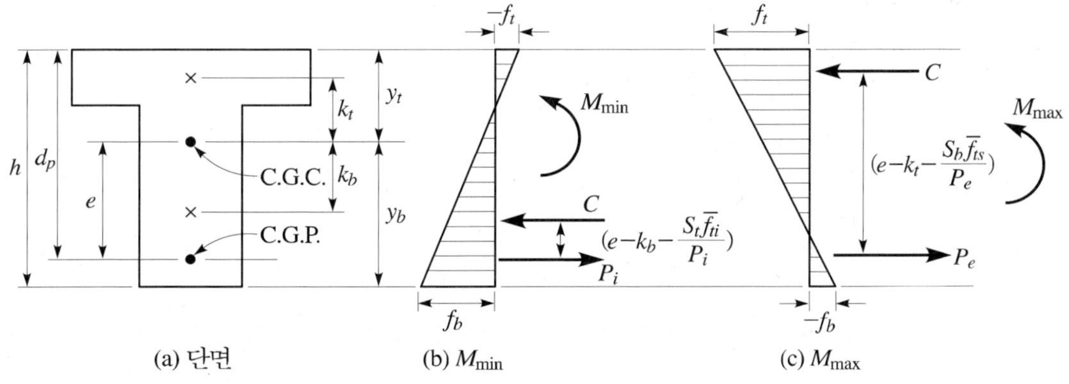

그림 6.12 콘크리트에 인장응력의 발생을 허용하는 경우 [Collins 1987(266) ; Lin 1981(204)]

그림 6.10b의 상연에 0 응력조건에서 그림 6.12b인 $M_{\min}(=M_d)$이 작용할 때 상연응력 f_t에 인장(−)의 발생을 허용하게 되면 압축합력 C의 위치를 e_1 만큼 아래로 이동할 수 있으며 이를 식으로 쓰면,

$$\text{상연 인장응력} : f_t \ \leq \ -\frac{P_i e_1}{I_g} y_t \tag{d}$$

$$e_1 \ \leq \ f_t \frac{I_g}{y_t} \frac{1}{P_i} = f_t \frac{S_t}{P_i} \tag{e}$$

로 쓸 수 있다(그림 6.12b 참고, 부등호는 인장응력의 −부호를 고려). 비슷한 방법으로 $M_{\max}(=M_t)$가 작용할 때 하연응력 f_b에 인장(−)의 발생을 허용한다면 압축합력 C의 위치를 e_2 만큼 위로 이동할 수 있으며 이를 식으로 쓰면,

$$\text{하연 인장응력} : f_b \ \leq \ -\frac{P_e e_2}{I_g} y_b \tag{f}$$

$$e_2 \ \leq \ f_b \frac{I_g}{y_b} \frac{1}{P_e} = f_b \frac{S_b}{P_e} \tag{g}$$

가 된다(그림 6.12c에서 P_e와 C의 팔거리 변화 참고). 하연 인장응력 f_b(−)를 초과되지 않도록 하는 식을 응력개념으로 적으면,

$$f_b \ \leq \ \frac{P_e}{A_g} + \frac{P_e e}{S_b} - \frac{M_{\max}}{S_b} \tag{6.8}$$

가 되어, 이를 설계식으로 정리하기 위해서 상핵점 $k_t = -S_b/A_g$로 적으면 아래와 같이 쓸 수 있다.

$$f_b \ \leq \ P_e\left(\frac{e-k_t}{S_b}\right) - \frac{M_{\max}}{S_b}$$

$$P_e \ \geq \ \frac{S_b}{e-k_t}\left(\frac{M_{\max}}{S_b} + f_b\right)$$

$$P_e \ \geq \ \frac{M_{\max} + S_b f_b}{e - k_t} \tag{6.9}$$

식 (6.9)를 이용하여 단면과 긴장재의 편심이 선택되면 소요 프리스트레싱 힘을 계산할 수 있다.

경간의 중앙에서 응력의 조건을 만족한 뒤에는 경간의 다른 부분에서 응력 조건들이 만족하는지 검토하여야 한다. 보의 끝인 단부(end face)에서는 상연에서 인장응력이 초과되지 않는지 검토하여야 한다. 상연 인장응력 f_t (−)의 한계에 대한 검토는 다음 식으로 수행할 수 있다.

$$f_t \le \frac{P_i}{A_g} - \frac{P_i e}{S_t} + \frac{M_{\min}}{S_t} \tag{6.10}$$

이 식을 긴장재의 편심을 구하는 식으로 다시 정리하면,

$$e \le k_b + \frac{M_{\min} - S_t f_t}{P_i} \tag{6.11}$$

가 된다. 이 식은 만약에 상연의 인장응력을 f_t 로 제한하고자 할 때 가능한 긴장재의 최대 편심을 계산하는데 사용될 수 있다. 만약에 적절한 **균열조종철근(crack control reinforcement)**을 배치한다면 더 큰 편심이 사용될 수도 있다. 구조기준 9.3.1(1)④(ACI 18.4.1)에서는 표 2.15의 휨인장응력 한계를 초과하는 구역에는 비균열 단면으로 가정하여 계산된 전체 인장력에 저항할 수 있는 추가 부착강재(긴장하지 않은 부착철근 또는 프리스트레싱 강재 : 균열조종철근)를 인장구역에 배치할 수 있도록 규정하여 실계에서 휨인장응력 한계를 초과하여 설계할 수 있도록 하고 있다(예제 6.3 참고).

그림 6.13에는 **응력한계(stress limits)**를 주는 긴장재 편심의 범위를 보여주고 있다. 그림에서 보면 만약에 경간의 전 구간에 걸쳐서 직선으로 긴장재를 배치하게 되면 응력한계를 침범하는

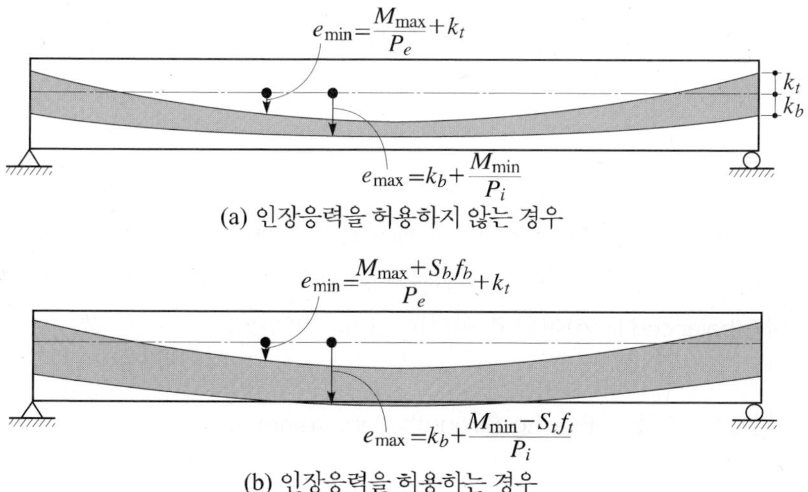

그림 6.13 응력한계(stress limit)를 만족시키는 긴장재의 편심 범위 (상핵점 k_t (−)) [Collins 1987(267)]

구간이 생기는 것을 알 수 있다. 포스트텐션 부재에 있어서 긴장재를 포물선으로 배치하게 되면 경간 중앙과 단부를 동시에 만족할 수 있게 된다. 프리텐션 부재에 있어서 이 응력한계를 만족시키기 위해서 중앙 경간에서 1점 절곡하여 배치하거나 또는 경간의 1/3 지점에서 2점 절곡하여 배치하면 만족한 결과를 얻을 수 있을 것이다.

6.3.2 처짐한계의 충족(Satisfying Deflection Limits)

단순 지지된 프리스트레싱 보에서 긴장력은 상향의 솟음(camber)을 고정하중과 활하중은 하향 처짐(deflection)을 발생시킨다. 긴장력에 의한 상향 솟음과 **중력하중(gravity load)**에 의한 처짐이 서로 상쇄될 수 있도록 긴장력의 크기나 긴장재의 위치를 결정할 수 있다. 만약에 예를 들어서 경간이 l 인 단순지지 보에서 등분포 고정하중 w_d 에 의한 처짐을 상쇄하기 위해서 단부에서는 편심이 0이고 중앙에서 1점 절곡된 프리텐션된 보에서 모든 손실이 일어난 뒤의 유효긴장력 P_e 와 경간 중앙에서의 편심 e 는 그림 5.4(3)과 등분포 하중이 작용할 때 처짐을 구하는 식과 비교하여 적으면,

$$\Delta = \frac{(4P_e e/l)l^2}{48EI} = \frac{2}{24}\frac{P_e e l^2}{EI} \equiv \frac{5}{384}\frac{w_d l^4}{EI} \tag{h}$$

로 쓸 수 있다. 이를 정리하면 내적 저항모멘트는 아래 식으로 표현할 수 있다.

$$P_e e = \frac{5}{32} w_d l^2 \tag{6.12}$$

긴장재가 포물선으로 배치된 포스트텐션 보에 있어서 비슷한 방법으로 긴장력과 편심을 표현하면,

$$P_e e = \frac{w_d l^2}{8} \tag{6.13}$$

가 된다. 따라서 본 예의 경우에 포물선으로 배치된 긴장재가 경간을 따라 작용하는 외력에 의한 휨을 상쇄하여 보는 처짐이 없이 직선을 유지하게 된다. 이렇게 보를 직선으로 유지시키는 외력을 **균형하중(balanced load)**이라고 한다[Collins 1987(266)].

6.3.3 소요강도의 충족(Satisfying Strength Requirements)

그림 6.14는 단순지지 보에서 휨강도를 검토하는 내용이 제시되었다. 단면의 휨강도 ϕM_n 은 보강재(긴장재와 비긴장 부착철근)의 인장력과 콘크리트의 압축력에 의한 내부우력으로 만들

어진다. 이 내부우력의 팔거리 jd는 단면의 휨효율(flexural efficiency)의 척도로 이용되며, 효율적인 단면인 T형이나 더블 T형 보에서는 대략 0.9h 정도가 되고, $f_{ps} \approx 0.95 f_{pu}$ 로 본다. 기본설계과정에서 보강재를 선택하는데 사용될 수 있는 간략식은

$$\phi M_n = \phi [A_{ps}(0.95 f_{pu}) + A_s f_y] 0.9h = 0.73 A_{ps} f_{pu} h + 0.77 A_s f_y h \tag{6.14}$$

로 표현할 수 있다. 여기에서 강도감소계수 ϕ는 최 외단 긴장재의 순인장변형률 ϵ_t에 따라 $\epsilon_t \geq 0.005$를 만족하는 인장지배 단면인 경우에는 0.85를 변화구간인 $0.002 < \epsilon_t < 0.005$인 경우에는 그림 4.14b에 따라 ϕ 값을 계산하여야 한다[Collins 1987(267)]. 경간 중앙에서 1점 절곡된 프리텐션 보에 있어서 휨강도를 검토하는데 그림 6.14와 같이 경간 중앙에서 보다 대략 경간의 40% 지점이 더 위험단면이 된다(그림 4.4 참고).

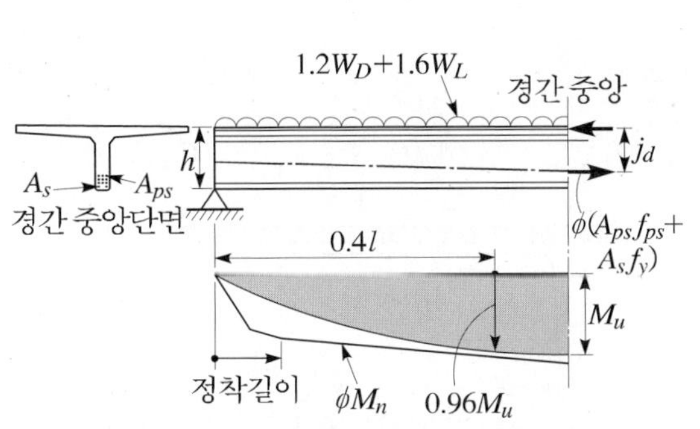

그림 6.14 단면의 설계강도 $\phi M_n \geq M_u$ 검토 [Collins 1987(268)]

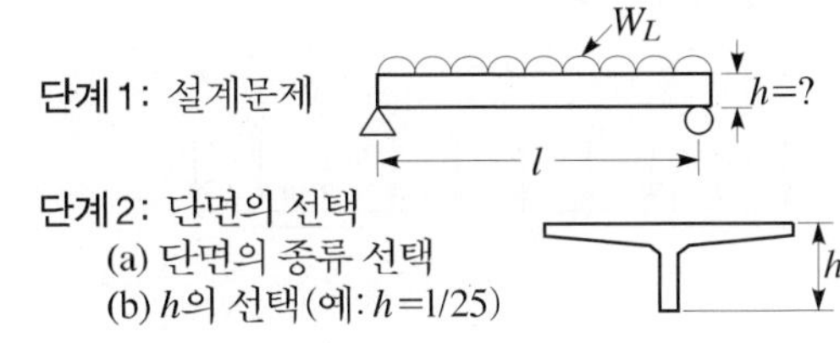

그림 6.15 기본설계과정 [Collins 1987(269)]

6.3.4 설계의 절차(Sequence of Design)

프리스트레스트 콘크리트 보의 설계는 다른 설계문제와 같이 먼저 초기에 단면적의 치수와 소요 긴장력을 산정하여 반복절차를 거쳐서 설계를 진행한다. 이 초기값들을 이용하여 다음 단계에서 상세한 설계검토를 진행하게 된다. 그림 6.15에는 기본설계과정의 절차가 제시되었다.

편심 e 인 직선으로 긴장재가 배치된 부재의 솟음을 등분포 고정하중으로 상쇄하는 상황을 고려하면, 식 (6.12)나 (6.13)과 같이 그림 5.4(2)에서 처짐 $\Delta = (Pe)l^2/8EI \equiv 5w_d l^4/384EI$ 이므로 내부저항 휨모멘트는 다음과 같이 표현할 수 있다.

$$Pe = \frac{5}{48} w_d l^2 \tag{6.15}$$

예제 6.2

[더블 T형 바닥부재의 설계 예(Design of Double-Tee Floor Member)] [Collins 1987(268-276)]
그림 6.16에 보이는 현장치기(CIP) 슬래브가 배치되지 않는 더블 T형(DT) 바닥부재를 설계하라. 사무실 건물로 단순지지 경간 l = 15 m이고, 등분포 사용 활하중 w_l = 2.8 kN/m²과 추가 고정하중 w_{sd} = 0.5 kN/m²이 재하 된다고 보아 설계하라.

등분포 활하중의 계산 : 부록 그림 A3의 CPCI 설계도표에서 보면 본 예제에서 다루는 경간 15 m의 2,400 × 700 더블 T형 슬래브에 6-D의 긴장재를 배치하는 경우에 재하할 수 있는 최대 추가하중은 3.9 kN/m²이고 여기에서 추가 고정하중 0.5 kN/m²을 빼면 추가 활하중은 3.4 kN/m²이 된다. 국내 구조기준의 강도감소계수의 감소 등을 고려하기 위해서 대략적으로 3.4 × 0.85/0.9 = 3.4 × 0.94 = 3.2 kN/m² → (x 0.875, 안전 측으로 12.5% 감소) 2.8 kN/m²로 고려하였다.

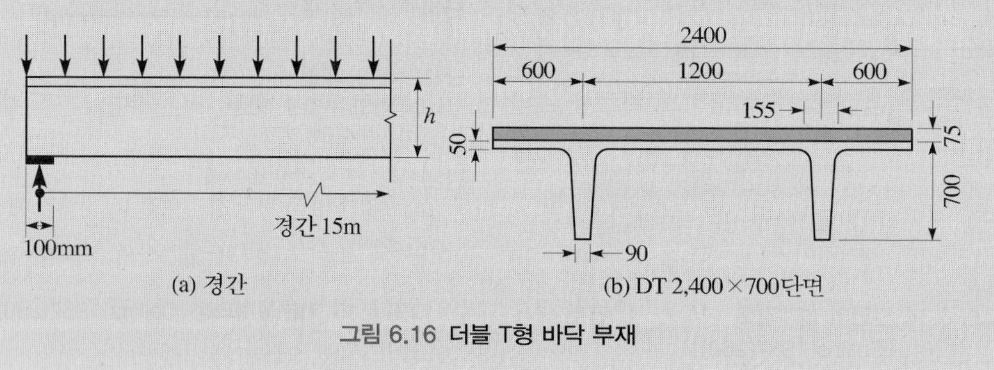

그림 6.16 더블 T형 바닥 부재

보통중량 골재를 사용한 콘크리트의 강도는 긴장력 도입시 f_{ci} = 25 MPa이고, 설계기준압축강도 f_{ck} = 40 MPa이다. 긴장재로는 d_b = 12.7 mm, A_b = 98.7 mm²의 저이완 7연선 B종 (f_{pu} = 1,860 MPa, $f_{py}/f_{pu} \geq$ 0.90로 γ_p = 0.28)을 배치하고, 긴장재의 긴장은 표 2.16의 구조기준 9.3.2(ACI 18.5.1)에 따라

ⓐ 긴장시의 응력 : $f_{p0} = 0.74 f_{pu}$ = 0.74 × 1,860 = 1,376.4 (MPa)

ⓑ 긴장이 끝난 뒤의 응력 : 저이완 강연선에서 7.5% 초기손실(응력제거 강연선 10% 초기손실)이 일어난다고 보아 $f_{pi} = 0.925 f_{p0}$ = 0.925 × 1,376.4 = 1,273.2 (MPa)

ⓒ 유효 긴장응력 : 표 3.2(도로교설계기준)에서 f_{ck} = 35 MPa인 경우 프리스트레스의 총 손실량을 315 MPa로 제시하므로 이를 고려하면 f_{pe} = 1,376.4 − 315 = 1,061.4 (MPa)이 된다.
[또는 안전 측으로 $f_{pe} = 0.55 f_{pu}$ = 0.55(1,860) = 1,023 MPa로 고려하기도 한다.]

더블 T형 보의 설계는 전통적인 방법에 따라 복부에 경간을 따라 종방향으로 프리스트레싱 긴장재를 배치하도록 한다.

① 단계 1 : 깊이 선택(Choose depth)

그림 6.8에서 등분포 활하중 $w_l = 2.8\ \text{kN/m}^2$이므로 근접한 $2.4\ \text{kN/m}^2$인 경우에 경간/깊이 비의 범위는 20~30이므로,

$h_{(소요)} \geq l/(20 \sim 30) = 15{,}000\ /\ (20\sim30) = 750 \sim 500$ (mm)가 된다.

부록 그림 A1~A4에는 CPCI에서 제시하는 폭이 2,400 mm이고 깊이가 각각 300 mm, 500 mm, 700 mm 및 900 mm의 더블 T(DT, Double Tee) 슬래브의 설계 자료가 주어졌다. 경간 15 m로 배치할 수 있는 DT는 깊이가 500 mm와 700 mm 뿐인데, 활하중 $w_l = 2.8\ \text{kN/m}^2$를 만족할 수 있는 경우는 DT 2,400 × 700인 경우 [재하 가능한 최대 활하중 $(3.9 - 0.5 = 3.4) \times 0.85/0.9 = 3.2\ \text{kN/m}^2 > 2.8\ \text{kN/m}^2$] 뿐이다. 따라서 DT 2,400 × 700 mm 슬래브를 선택하도록 한다.

단면 : $A_g = 279{,}250\ \text{mm}^2$, $I_g = 12.6 \times 10^9\ \text{mm}^4$, $y_t = 208$ mm, $y_b = 492$ mm, $S_t = 60.4 \times 10^6\ \text{mm}^3$, $S_b = 25.5 \times 10^6\ \text{mm}^3$

② 단계 2 : 프리스트레싱의 선택(Choose prestressing)

그림 6.15에 제시된 간략식을 이용하여 소요 프리스트레싱 긴장재의 단면적을 구한다.

ⓐ 총 사용 휨모멘트 $M_{max} (= M_t)$ 와 계수 휨모멘트 M_u 계산 :

보강콘크리트 단위질량 $\rho_c = 2{,}500\ \text{kg/m}^3$

보통중량 콘크리트의 단위무게 $\gamma_c = \rho_c\, g = 2.5 \times 9.81 = 24.53\ (\text{kN/m}^3)$

부재의 고정하중 $w_g = A_g \gamma_c = 0.279\ \text{m}^2 \times 24.53\ \text{kN/m}^3 = 6.85\ \text{kN/m}$

추가 고정하중 $w_{sd} = 0.5\ \text{kN/m}^2 \times 2.4\ \text{m} = 1.20\ \text{kN/m}$

활하중 $w_l = 2.8\ \text{kN/m}^2 \times 2.4\ \text{m} = 6.72\ \text{kN/m}$

$w_t = w_g + w_{sd} + w_l = 6.85 + 1.20 + 6.72 = 8.05 + 6.72 = \underline{14.77\ (\text{kN/m})}$

$M_{max(중앙)} = w_t l^2/8 = (14.77)(15^2)\ /\ 8 = \underline{415.4\ (\text{kN} \cdot \text{m})}$

$w_u = 1.2(6.85+1.20) + 1.6(6.72) = 20.4\ (\text{kN/m}) > 1.4(8.05) = 11.3\ (\text{kN/m})$ <OK>

$\therefore\ M_{u(중앙)} = [1.2(w_d + w_{sd}) + 1.6 w_l](l^2/8) = (20.4)(15^2)\ /\ 8 = \underline{574.0\ (\text{kN} \cdot \text{m})}$

ⓑ 소요 P_e 를 응력한계를 이용하여 결정 : 식 (6.9), $P_e \geq (M_{max} + S_b f_b)/(e - k_t)$ 이용

먼저 $e - k_t$ 를 결정 : 그림 6.11에서 더블 T형 부재의 $e - k_t \approx 0.70h = 0.70 \times 700 = 490$ (mm)

비균열 등급 단면으로 보아 사용하중에 의한 휨 인장응력 한계(표 2.15 참고)

$f_b \geq \overline{f}_{ts} = f_r = -0.63\sqrt{f_{ck}} = -0.63\sqrt{40} = -3.98$ (MPa)

식 (6.9) : $P_e \geq (M_{\max} + S_b f_b)/(e - k_t)$

$= [(415.4 \times 10^6) + (25,500 \times 10^3)(-3.98)] / 490 / 10^3 = 640.3$ (kN)

ⓒ 소요 A_{ps} 및 긴장재의 개수 결정 : 유효긴장응력 $f_{pe} = 1,061.4$ MPa

가) 응력한계 기준 : 소요 긴장재의 단면적 계산

$\therefore A_{ps\,(소요-응력)} \geq P_e / f_{pe} = 640.3 \times 10^3 / 1,061.4 = 603$ (mm²)

나) 공칭강도 기준 : 식 (6.14)에서 $c/d_t \leq 0.375$인 인장지배 단면으로 보아 $\phi =$ 0.85로 보고, 보통 부착철근은 배치되지 않으므로 $M_u \leq \phi M_n = 0.73 A_{ps} f_{pu} h$ 를 정리하면 강도한계에서

$\therefore A_{ps\,(소요-강도)} \geq M_u / (0.73 f_{pu} h) = 574.0 \times 10^6 / (0.73 \times 1,860 \times 700)$

$= 604$ (mm²) ← 지배

다) 소요 긴장재의 개수 계산 : 직경 12.7 mm 7연선의 단면적 98.71 mm²이므로, 긴장재 소요 개수 계산 : $A_{ps\,(소요-강도)} / A_b = 604 / 98.71 = 6.12$ (개)

각각의 복부에 같은 수의 긴장재를 배치하기 위해서 짝수의 긴장재를 배치하도록 한다.

기본설계에서 모든 계산에 안전계수가 적용되었으므로 7연선 6개를 최대 편심으로 배치하여 설계를 진행한다. 만약 만족하지 못하게 되면 7연선 8개를 배치하여야 한다.

따라서 직경 12.7 mm 7연선 B종을 복부 양쪽에 각각 3개 씩 6개를 배치하도록 한다.

$[A_{ps\,(배치)} = 6 \times 98.71 = 592 \text{ mm}^2] \approx [A_{ps\,(소요-강도)} = 604 \text{ mm}^2]$

<Close OK>

$\therefore P_{e\,(배치)} = A_{ps} f_{pe} = 592(1,061.4) = \underline{628.6 \text{ (kN)}}$ [$P_{e\,(소요)} = 640.3$ kN에 비해서 1.8% 부족하지만 편심을 구할 때 이를 고려하게 되므로 문제가 되지 않는다.]

③ 단계 3 : 긴장재의 배치(Choose tendon profile)

경간의 중앙에서 긴장재는 배치시킬 수 있는 최대 편심으로 배치하여야 하지만, 부재의 단부(end of member)에서는 상연의 인장응력이 휨 인장응력 한계 $\bar{f}_{ti} = -0.50\sqrt{f_{ci}} = -0.50\sqrt{25} = -2.5$ (MPa)를 초과하지 않도록 감소시켜야 한다(표 2.15 참고). 보의 단부(end face)에서 프리스트레싱 긴장재의 응력은 0이며 여기서부터 콘크리트의 부착력에 의해서 소정의 거리 떨어진 위치에서 비로소 프리스트레스 힘을 발휘하게 된다. 이 길이를 **전달길이(transfer length)** 또는 도입길이라고 한다. 구조기준 7.3.2(5)(ACI 11.3.4, CPCI 3.4.9)에서는 전달길이 $l_t = 50d_b$로 제안하고 있으므로, 보의 단부에서 $50d_b = 50 \times$

12.7 = 635 (mm) 떨어진 거리에서 응력조건을 검토하도록 한다. 이 위치는 단부가 아니므로 휨 인장응력 한계 $\bar{f}_{ti} = -0.25\sqrt{f_{ci}} = -0.25\sqrt{25} = -1.25$ (MPa)를 만족하여야 하므로 이 위치에서 긴장재의 최대 편심에 대한 한계를 구할 수 있다.

ⓐ 단부에서 635 mm 떨어진 위치에서 상연의 인장응력 한계를 만족시키기 위한 최대 편심 계산 :

식 (6.11) : $e_{max} \le k_b + (M_{min} - S_t f_t)/P_i$

하핵거리 식 (6.1) : $k_b = S_t/A_g = 60{,}400 \times 10^3/279{,}250 = 216.3$ (mm)

M_{min} = 보의 끝단(end face)에서 $l_t = 50d_b = 635$ mm 떨어진 위치에서 고정하중에 의한 휨모멘트(그림 6.16에서 보면 받침부의 폭 100 mm의 1/2을 빼주어야 하므로 635 − 50 = 585 mm 떨어진 거리에서 계산) $= (w_g\, l/2)x - w_g\, x^2/2 = 6.85 \times (15/2) \times 0.585 - 6.85 \times 0.585^2 / 2 = 28.9$ (kN · m)

$P_i = A_{ps} f_{pi} = 592 \times 1{,}273.2 = 754.0 \times 10^3 = 754.0$ (kN)

$f_t \ge \bar{f}_{ti} = -1.25$ MPa

$$e_{max} \le k_b + (M_{min} - S_t f_t)/P_i$$

$$= 216.3 + [\,28.9 \times 10^6 - (60.4 \times 10^6)(-1.25)\,] / (754.0 \times 10^3)$$

$\therefore\ e_{max} \le 216.3 + 138.4 = 354.7$ (mm)

이 위치에서 긴장재의 도심~ 표피까지의 최대 거리 : $y_b - e_{(한계\ max)} = 492 - 354.7 = 137.3$ (mm) 이상이어야 만족하게 된다.

ⓑ 피복두께 : 표 2.13에서 프리스트레스트 콘크리트 부재에서 옥외 공기나 흙에 직접 접하지 않는 콘크리트의 보나 기둥에서 주 보강재인 경우에 피복두께는 40 mm 이상이므로, 피복두께를 확보하기 위해서 <u>바닥에서 중심거리 50 mm에 첫 번째 긴장재를 배치</u>하면 피복두께 = 50 − 12.7/2 = 43.7 mm > 40 mm로 만족하게 된다.

ⓒ 부재 단부에서 긴장재의 중심간격 : 식 (2.33), $4d_b = 4(12.7) = 50.8$ mm 이상 [도입 시 $f_{ci} = 25$ MPa < 27 MPa이므로 식 (2.34) 규정은 적용할 수 없다.]

바닥에서 피복과 긴장재 중심간격 50 mm에 첫 번째 긴장재를 배치하고 그 위로 중심간격 51 mm로 배치하면 되지만, 만약에 51 mm 중심 간격으로 배치하게 되면(e_e = 492 − 50 − 51 = 391 mm, 이 값은 부록 그림 A3의 e_e와 같은 값이다.), 표 6.5로 계산한 $50d_b = 635$ mm 위치의 상연 인장응력이 $|f_{ts} = -1.74\ \text{MPa}| > |\bar{f}_{ti} = -1.25\ \text{MPa}|$ [④ⓐ 참고]이 되어 구조기준 9.3.1⑴②[ACI 18.4.1(c)]에 따라 비균열 단면으로 가정하여 계산된 전체 인장력을 저항할 수 있는 추가 부착철근이나 강재를 인장구역에 배치하여야 된다. 따라서 이를 피하기 위해서 <u>긴장재의 중심간격을 100 mm로 배</u>

치하고 맨 아래 긴장재를 바닥에서 중심간격 60 mm 떨어져서 배치하게 되면 상연에서의 인장응력 한계에 대한 조건을 표 6.5와 같이 **만족**하게 된다(그림 6.17 참고).

부재 단부에서의 편심 $e_{(단부)} = e_e = y_b - \underline{60} - \underline{100} = 492 - 160 = \underline{332\ (mm)}$

ⓓ 부재 중앙에서 긴장재의 배치 : 3개의 긴장재를 그림 6.17과 같이 경간의 중앙에서는 중앙 1점 절곡으로 첫 번째 긴장재는 바닥에서 피복과 중심간격 50 mm로 배치하고, 나머지 긴장재는 다발로 배치할 수 있으므로 일렬로 수직으로 배치한다.

경간 중앙에서의 편심 $e_{(경간\ 중앙)} = e_c = y_b - 50 - 12.7 = 492 - 62.7 = 429.3 \approx \underline{429\ (mm)}$

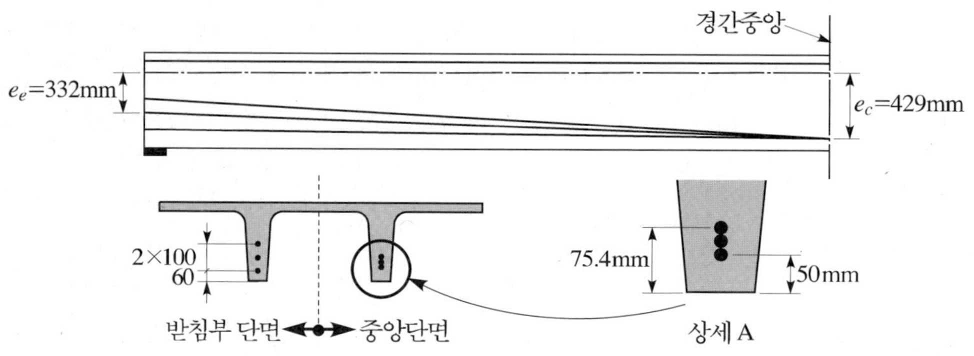

그림 6.17 긴장재의 배치 : CPCI DT 2,400 × 700

ⓔ 균열에 대한 휨부재의 검토 : 단계 4ⓒ에서 본 DT는 비균열등급으로 완전균열등급이 아니므로 휨 보강재 배치규정인 식 (2.37)을 만족할 필요는 없다.

기본설계가 끝났으므로 설계된 부재가 모든 상세 조건을 만족하는지 검토하여야 한다.

④ 단계 4 : 사용하중 하에서 콘크리트의 응력한계 검토(Check concrete stresses limit at service loads)

콘크리트의 응력은 경간을 따라 3 단면 : (1) 중앙, (2) $0.4l$, (3) $l_t = 50d_b = 50(12.7) = 635$ (mm)에서 각각 검토하도록 한다. 응력은 긴장력이 도입된 후 긴장력은 최대이면서 부재의 고정하중(w_g = 6.85 kN/m)만 작용하는 경우와 긴장력의 총 손실이 일어난 후에 총 사용하중(w_t = 14.77 kN/m)이 작용하는 경우를 검토한다.

긴장재의 정착길이 $l_t = 50d_b = 635$ mm에 대한 검토 위치 : 받침부 폭 100/2를 빼주면, $x = 635 - 50 = 585$ (mm)

ⓐ 도입직후 응력한계 : 표 2.15 참고

휨압축응력 : $\overline{f}_{ci} = 0.6f_{ci} = 0.6(25) = 15$ (MPa)

단부 휨인장응력 : $\overline{f}_{ti} = -0.5\sqrt{f_{ci}} = -0.5\sqrt{25} = -2.5$ (MPa)

이외의 휨인장응력 : $\bar{f}_{ti} = -0.25\sqrt{f_{ci}} = -0.25\sqrt{25} = -1.25$ (MPa)

ⓑ 손실이 일어난 후 응력한계 :

지속하중에 대한 휨압축응력 : $\bar{f}_{cs} = 0.45 f_{ck} = 0.45(40) = 18$ (MPa)

전체하중에 대한 휨압축응력 : $\bar{f}_{cs} = 0.60 f_{ck} = 0.60(40) = 24$ (MPa)

비균열 등급 인장응력 한계 : $\bar{f}_{ts} = f_r = -0.63\sqrt{f_{ck}} = -0.63\sqrt{40} = -3.98$ (MPa)

ⓒ 단면의 균열등급 판정 :

식 (4.2)에서 $f_r = -3.98$ MPa을 대입해서 구한 M_{cr} 이 $M_{max} < M_{cr}$ 이면 비균열 등급 단면이 되고, $M_{max} \geq M_{cr}$ 이 되면 부분균열 등급 단면이 된다.

$P_e / A_g = 628.6 \times 10^3 / 279{,}250 = 2.25$ (MPa)

$P_e e_c / S_b = (628.6 \times 10^3)(429.0) / (25.5 \times 10^6) = 10.6$ (MPa)

식 (4.2) : $M_{cr} = S_b\left(P_e / A_g + P_e e_c / S_b + 0.63\sqrt{f_{ck}}\right)$

$\therefore\ M_{cr} = (25.5 \times 10^6)[2.25 + 10.6 - (-3.98)]/10^6 = 428.7$ (kN · m)

$> M_{max(중앙)} = 415.4$ kN · m

표 6.5 사용하중이 작용할 때의 콘크리트의 응력한계 검토

		$50d_b$		At $0.4l$		At midspan		
		f_t	f_b	f_t	f_b	f_t	f_b	
	$x =$	585		6,000		7,500		mm
	$e =$	340.2		409.7		429.0		mm
	$M_{min} = M_d =$	28.9		184.9		192.6		kN · m
	$M_{max} = M_t =$	62.3		398.8		415.4		kN · m
도입 직후	$P_i / A_g =$	2.70						MPa
	$P_i e / S =$	−4.25	10.06	−5.12	12.12	−5.36	12.69	MPa
	$M_{min} / S =$	0.48	−1.13	3.06	−7.25	3.19	−7.55	MPa
	Total=	−1.07	11.63	0.65	7.56	0.53	7.83	MPa
	응력한계=	−1.25	15.00	−1.25	15.00	−1.25	15.00	MPa
	검토=	o.k.	o.k.	o.k.	o.k.	o.k.	o.k.	
손실 후	$P_e / A_g =$	2.25						MPa
	$P_e e / S =$	−3.54	8.39	−4.26	10.10	−4.46	10.58	MPa
	$M_{max} / S =$	1.03	−2.44	6.60	−15.64	6.88	−16.29	MPa
	Total=	−0.26	8.19	4.59	−3.29	4.66	−3.46	MPa
	응력한계=	24.00	−3.98	24.00	−3.98	24.00	−3.98	MPa
	검토=	o.k.	o.k.	o.k.	o.k.	o.k.	o.k.	

따라서 **비균열등급 단면**으로 응력계산은 전단면 2차 모멘트 I_g 로 구하면 된다.

또는 표 6.5에서 손실이 일어난 후 최대인장응력 $|f_b = -3.46 \text{ MPa}| < |-0.63\sqrt{f_{ck}} = -3.98 \text{ MPa}|$ 이므로 비균열등급(U) 단면이 된다.

만약에 $|f_b| > |-1.0\sqrt{f_{ck}} = -1.0\sqrt{40} = -6.32 \text{ MPa}|$ 를 초과하는 경우에는 완전균열등급(c) 단면으로 응력은 균열단면 2차 모멘트 I_{cr} 을 이용[식 (5.2) 참고]하여 계산하여야 한다.

표 6.5에는 위험단면에서 긴장력이 도입된 직후와 총 손실이 일어난 뒤의 응력한계를 검토한 표가 제시되었으며 모든 단면과 단계에서 응력한계를 만족하고 있다.

표 6.5에서 위험단면의 편심은 다음과 같이 계산되었다.

$0.4l = 6{,}050 \text{ mm} : [(429-332)/(7{,}550)](6{,}050) + 332 = 409.7 \text{ (mm)}$

$50d_b = 635 - 50 = 585 \text{ mm} : [(429-332)/(7{,}550)](635) + 332 = 340.2 \text{ (mm)}$

⑤ 단계 5 : **휨강도 검토**(Check Flexural Capacities)

부재의 휨강도는 경간의 중앙이나 $0.4l$ 에서 위험단면이 될 수 있다(그림 6.14 참고). 위험단면에 대한 유효깊이는 그림 6.18에 주어졌다.

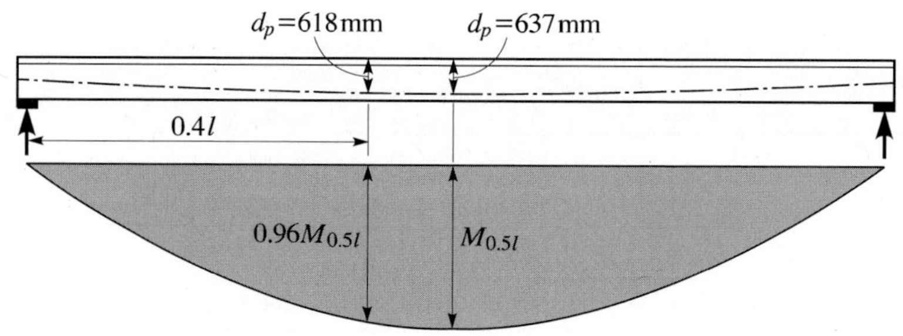

그림 6.18 프리스트레싱 긴장재의 유효깊이

$50d_b$ 위치는 f_{ps} 가 완전히 발달하지는 못하지만 휨모멘트는 작고 긴장재의 편심은 상당해서 굳이 검토할 필요는 없다(예제 4.7 참고)

$d_{p(\text{중앙})} = e_c + y_t = 429 + 208 = 637 \text{ (mm)}$

편심 차이 $= e_c - e_e = 429 - 332 = 97 \text{ (mm)}$

$d_{p(0.4l)} = (e_c - e_e)0.4/0.5 + e_e + y_t = 97(0.4)/0.5 + 332 + 208 = 618 \text{ (mm)}$

식 (4.20) : 저이완 강연선 $f_{py}/f_{pu} \geq 0.90 \ : \gamma_p = 0.28$

식 (4.5) : $\beta_1 = 0.85 - 0.007(40-28) = 0.766 > 0.65$ <OK>

$$\omega_s - \omega' = 0$$

ⓐ 위치 $0.4l$:

$M_{u(0.4l)} = (w_u l/2)x - w_u x^2/2 = (20.4)(15.0/2)(6.0) - (20.4)(6.0^2)/2$

$= 551.1$ (kN · m)

또는 $M_{u\,(0.4l)} = 0.96 M_{u\,(중앙)} = 0.96(574.0) = 551.1$ (kN · m)

$M_{u\,(중앙)} = 574.0$ kN · m

$$\rho_p = \frac{A_{ps}}{b d_p} = \frac{592}{2{,}400 \times 618} = 0.000400$$

$$\therefore\ f_{ps} = f_{pu}\left\{1 - \frac{\gamma_p}{\beta_1}\left(\rho_p \frac{f_{pu}}{f_{ck}}\right)\right\} = 1{,}860\left\{1 - \frac{0.28}{0.766}\left(0.000400\,\frac{1{,}860}{40}\right)\right\}$$

$= 1{,}847$ (MPa)

$$a = \frac{A_{ps} f_{ps}}{0.85 f_{ck} b} = \frac{592 \times 1{,}847}{0.85 \times 40 \times 2{,}400} = \frac{1{,}093 \times 10^3}{34.0 \times 2{,}400}$$

$= 13.4$ (mm) $< h_f = 50$ mm

따라서 직사각형 단면으로 해석하면 된다.

인장지배 단면인지 검토 : $c = a/\beta_1 = 13.4 / 0.766 = 17.5$ (mm)

맨 아래 긴장재는 그림 6.17과 같이 기울기를 갖는 직선으로 배치되었으므로,

경간 중앙 : $d_{t\,(중앙)} = 700 - 50 = 650$ (mm)

$0.4l$: $d_{t\,(0.4l)} = 700 - 50 - (60 - 50) \times 0.1/0.5 = 700 - 50 - 2 = 648$ (mm)

식 (4.11) : $c/d_t = 17.5/648 = 0.0270 < 0.375$

따라서 인장지배 단면으로 $\therefore\ \phi = 0.85$

또는 식 (4.8) : $\epsilon_t = 0.003\,(d_t/c - 1) = 0.003(648/17.5 - 1) = 0.1081 > 0.005$

$\therefore$ 인장지배 단면

또는 식 (4.29) : 강재지수 $\omega_p = \rho_p f_{ps}/f_{ck} = (0.000400)(1{,}847)/40 = 0.0185$

$< 0.32\beta_1 (d_t/d_p) = 0.32(0.766)(648/618) = 0.245(1.049) = 0.257$

$\therefore$ 인장지배 단면

설계휨모멘트 강도 검토 :

$$\phi M_n = \phi A_{ps} f_{ps}\left(d_p - \frac{a}{2}\right) = (0.85)(592)(1{,}847)\left(618 - \frac{13.4}{2}\right)/10^6$$

$= 568.1$ (kN · m)

$\therefore\ \phi M_n = 568.1$ kN · m $> M_{u\,(0.4l)} = 551.1$ kN · m <OK>

ⓑ 경간 중앙 : $d_{p\,(중앙)} = 637$ mm ; $M_{u\,(중앙)} = 574.0$ kN · m

$$\rho_p = \frac{A_{ps}}{b d_p} = \frac{592}{2,400 \times 637} = 0.000387$$

$$\therefore\ f_{ps} = f_{pu}\left\{1 - \frac{\gamma_p}{\beta_1}\left(\rho_p \frac{f_{pu}}{f_{ck}}\right)\right\} = 1,860\left\{1 - \frac{0.28}{0.766}\left(0.000387\frac{1,860}{40}\right)\right\}$$

$$= 1,848\ (\mathrm{MPa})$$

$$a = \frac{A_{ps} f_{ps}}{0.85 f_{ck} b} = \frac{592 \times 1,848}{0.85 \times 40 \times 2,400} = 13.4\ (\mathrm{mm}) < h_f = 50\ \mathrm{mm}$$; 직사각형 단면 해석

인장지배 단면인지 검토 :

$c = a/\beta_1 = 13.4/0.766 = 17.5\ (\mathrm{mm})$

$d_t = d_{p\,(중앙)} + d_b = 637 + 12.7 = 650\ (\mathrm{mm})$

$c/d_t = 17.5\ /\ 650 = 0.0269 < 0.375$; 따라서 인장지배 단면으로 $\phi = 0.85$

또는 $\epsilon_t = 0.003(d_t/c - 1) = 0.003(650/17.5 - 1) = 0.1083 > 0.005$

∴ 인장지배 단면

또는 $\omega_p = \rho_p f_{ps}/f_{ck} = (0.000387)(1,848)/40 = 0.0179$

$< 0.32\beta_1(d_t/d_p) = 0.32(0.766)(650/637) = 0.245(1.020) = 0.250$

∴ 인장지배 단면

설계휨모멘트 강도 검토 :

$\phi M_n = \phi A_{ps} f_{ps}(d_p - a/2) = (0.85)(592)(1,848)(637 - 13.4/2)$

$= 586.3\ (\mathrm{kN \cdot m})$

$\therefore\ \phi M_n = 586.3\ \mathrm{kN \cdot m} > M_{u\,(중앙)} = 574.0\ \mathrm{kN \cdot m}$ <OK>

⑥ 단계 6 : 균열이 일어난 뒤의 강도의 여분 $\phi M_n \geq 1.2 M_{cr}$ 검토(Check Reserve of Strength after Cracking)

M_{cr}은 파괴계수 $f_r = -0.63\lambda\sqrt{f_{ck}} = -0.63 \times 1.0 \times \sqrt{40} = -3.98\ (\mathrm{MPa})$을 식 (4.2)에 대입하여 구한 균열휨모멘트이다. M_{cr}에 대한 위험단면은 등분포하중이 작용하는 단순지지 보이므로 경간 중앙이 된다. 표 6.5에서 보면 총 손실이 일어난 뒤에 경간 중앙의 하연에서의 인장응력 $f_b = -3.46$ MPa이므로 균열을 일으키기 위해서 필요한 인장응력은 $-3.98 - (-3.46) = -0.52$ MPa이다. $-M/S_b = f_b$에서 -0.52 MPa을 일으키는 추가적인 휨모멘트는 $M_{(추가)} = -S_b f_b = -(25,500,000)(-0.52) = 13.32 \times 10^6\ (\mathrm{N \cdot mm})$이 필요하다.

$\therefore\ M_{cr} = M_{\max} + M_{(추가)} = 415.4 + 13.32 = 428.7\ (\mathrm{kN \cdot m})$

또는 식 (4.2)에서

$$M_{cr} = S_b\left(\frac{P_e}{A_g} + \frac{P_e e_c}{S_b} - f_r\right)$$

$$= (25{,}500\times10^3)\left[\frac{694.7\times10^3}{279{,}250} + \frac{694.7\times10^3\times429.0}{25{,}500\times10^3} - (-3.98)\right]$$

M_{cr} = (25,500 × 10^3) (2.25 + 10.58 + 3.98)/10^6 = 428.7 (kN · m)

∴ $\phi M_n / M_{cr}$ = 586.3 / 428.7 = 1.37 > 1.20 <OK>

⑦ 단계 7 : 처짐의 검토(Check Deflection)

표 5.1(또는 표 2.15 참고)에서 비균열등급(U) 단면이므로 처짐은 비균열 전단면 2차 모멘트 I_g 로 계산한다.

표 5.6의 허용처짐 규정에서 과도한 처짐에 의해서 손상되기 쉬운 비구조 요소를 지지한다고 보아 장기처짐은 처짐한계를 $l/480$ 로 순간처짐은 $l/360$ 로 본다[구조기준 4.3.2(2), ACI 9.5.1].

ⓐ 활하중에 의한 순간처짐 검토 : 처짐한계 $l/360$ = 15,000 / 360 = 41.7 (mm)

콘크리트의 탄성계수 : $f_{cu} = f_{ck} + 4 =$ 40 + 4 = 44 (MPa) ; ρ_c = 2,500 kg/m^3

식 (2.6) : $E_c = 0.077\rho_c^{1.5}\sqrt[3]{f_{cu}} = (0.077)(2{,}500^{1.5})\sqrt[3]{44} = 33{,}980$ (MPa)

$I_g = 12{,}600\times10^6$ mm^4

등분포 활하중으로 인한 경간 중앙에서의 처짐 :

$$\therefore\ \Delta_l = \frac{5}{384}\frac{w_l l^4}{E_c I_g} = \frac{5}{384}\frac{6.72\times15{,}000^4}{33{,}980\times12{,}600\times10^6} = 10.3\ (\text{mm})(\downarrow)(\text{처짐})$$

∴ Δ_l = 10.3 mm < 15,000/360 = 41.7 mm <OK>

ⓑ 도입 시, 가설 시 및 최종 장기처짐의 계산 : 긴장력이 도입될 때의 콘크리트의 탄성계수,

$E_{ci} = (0.077)(2{,}500^{1.5})\sqrt[3]{25+4} = 29{,}571$ (MPa)

㉠ 도입 시 솟음 계산 : 표 6.6 참고

등분포 고정하중으로 인한 경간 중앙에서의 처짐 :

$$\therefore\ \Delta_d = \frac{5}{384}\frac{w_d l^4}{E_{ci} I_g} = \frac{5}{384}\frac{6.57\times15{,}000^4}{29{,}571\times12{,}600\times10^6} = 12.1\ (\text{mm})(\downarrow)(\text{처짐})$$

초기 프리스트레싱에 의한 솟음(그림 5.4(2와 3) 참고) :

$N = 4Pe'/l = 4P(e_c - e_e)/l$; $M = Pe = Pe_e$

$$\Delta_p = \frac{Nl^3}{48EI} + \frac{Ml^2}{8EI} = \frac{\frac{4P(e_c-e_e)}{l}l^3}{48EI} + \frac{(Pe_e)l^2}{8EI}$$

$$= \frac{P(2e_c - 2e_e)l^2}{24EI} + \frac{P(3e_e)l^2}{24EI}$$

$$\Delta_p = -\frac{(2e_c + e_e)}{24}\frac{P_i l^2}{E_{ci} I_g}$$

$$= -\frac{(2 \times 429 + 332)}{24}\frac{(754.0 \times 10^3)(15,000^2)}{(29,571)(12,600 \times 10^6)} = -22.6\ (\text{mm})(\uparrow)$$

$\therefore\ \Delta_{(도입\ 시)} = \Delta_d + \Delta_p = 12.1 + (-22.6) = -\underline{10.5\ (\text{mm})\ (\uparrow\ 솟음)}$

ⓛ 가설 시 총 솟음 계산 : 표 5.3, PCI(CPCI)의 승수를 적용하여 장기처짐/솟음을 구한다.

추가 고정하중 $w_{sd} = 1.2\,\text{kN/m}$ 에 의한 탄성 처짐 계산 :

$$\Delta_{sd} = \frac{5}{384}\frac{(w_{sd})l^4}{E_c I_g} = \frac{5}{384}\frac{(1.2)15,000^4}{33,980 \times 12,600 \times 0^6} = 1.8\ (\text{mm})\ (\downarrow)$$

$\Delta_{(가설시)} = 1.85\,\Delta_d + 1.80\,\Delta_p + \Delta_{sd} = 1.85(12.1) + 1.80(-22.6) + 1.8$

$= -16.4\ (\text{mm})$

$\therefore\ \Delta_{(가설시)} = -\underline{16.4\ \text{mm}\ (\uparrow\ 솟음)}$

ⓒ 최종 처짐 계산 :

$\Delta_{(최종\ 솟음)} = 2.70\,\Delta_d + 2.45\,\Delta_p + 3.00\,\Delta_{sd}$

$= 2.70(12.1) + 2.45(-22.6) + 3.0(1.8) = -17.1\ (\text{mm})$

$\therefore\ \Delta_{(최종\ 솟음)} = -\underline{17.1\ \text{mm}\ (\uparrow\ 솟음)}$

활하중에 의해서 일어나는 즉시 처짐 계산 : $\Delta_l = 10.3\ \text{mm}\ (\downarrow)$

$\therefore\ \Delta_{(최종\ 처짐)} = -17.1 + 10.3 = -\underline{6.7\ (\text{mm})\ (\uparrow\ 솟음)}$

표 6.6 PCI(CPCI) 승수에 의한 장기 솟음 및 처짐 계산 예

	(1) 긴장 시	승수	(2) 가설 시	승수	(3) 최종
프리스트레싱 력	−22.6 ↑	1.80 × (1)	−40.6 ↑	2.45 × (1)	−55.3 ↑
w_d	12.1 ↓	1.85 × (1)	22.4 ↓	2.70 × (1)	32.7 ↓
(합계)	**−10.5 ↑**		−18.2 ↑		−22.6 ↑
w_{sd}			1.8 ↓	3.00 × (2)	5.5 ↓
(합계)			**−16.4 ↑**	최종 솟음 =	**−17.1 ↑**
w_l					10.3 ↓
(합계)					**−6.7 ↑**

ⓒ 부착물에 대한 장기처짐의 검토 : 가설 시에 부착된 부재에 대한 처짐을 검토하기 위해서 부착물이 부착되는 시점의 부재의 솟음/처짐을 계산하고, 이들 솟음/처짐에 대한 장기솟음/처짐은 PCI(CPCI)의 승수를 이용하여 구한다(표 5.3 참고).

㉠ 가설 후에 부착물을 부착한 뒤에 일어난 장기처짐 계산 :

$\Delta_{(net)} = \Delta_{(최종\ 솟음)} - \Delta_{(가설\ 시)} = -17.1 - (-16.4) = -0.7$ (mm) (↑솟음)

이 시점에 활하중으로 인한 순간처짐이 발생하므로, 부착물에 손상을 줄 수 있는 총 처짐은 $\therefore\ \Delta_{(부착물)} = \Delta_{(net)} + \Delta_l = -0.7 + 10.3 = 9.7$ (mm) (↓처짐)

㉡ 장기처짐에 대한 처짐한계 검토 : 표 5.6[구조기준 4.3.2(2)]에서 $\Delta_{all} = l/480$ 이므로, $\therefore\ \Delta_{(부착물)} = 9.7\ \text{mm} < l/480 = 15{,}000/480 = 31.3\ \text{mm}$ <*OK*>

⑧ **단계 8 : 전단의 검토(Check Shear Strength)**

본 예제에서 전단은 생략하고 예제 [7.3]에서 다루도록 한다.

⑨ **단계 9 : 작용시킬 수 있는 최대 활하중 계산**

본 예제에서 설계한 부재에 대해서 ⓐ 사용하중 하에서 콘크리트의 응력한계 조건, ⓑ $0.4l$의 위치에서 휨강도 및 ⓒ 경간 중앙에서의 휨 강도를 만족하면서 부재에 작용시킬 수 있는 최대 활하중을 계산해 보도록 한다.

단계 ①~⑦을 계산하도록 짠 스프레드시트(spreadsheet) 프로그램을 이용하여 위에서 언급하는 3부분의 한계상태(사용하중응력, $0.4l$ 의 공칭강도 및 경간 중앙에서의 공칭강도)를 만족하는 최대 활하중을 구하였으며 그 결과는 표 6.7과 같다.

표 6.7 2,400×700 더블 T형 보통골재 콘크리트 바닥부재(현장치기 슬래브는 배치되지 않은 경우)

1,860 MPa 등급 지름 12.7 mm 긴장재 6개를 각각의 복부에 3개를 경간 중앙에서 1점 절곡하여 배치한다(긴장재 배치 : 6-D).		
$f_{ci} = 25$ MPa ; $f_{ck} = 40$ MPa ; $\rho_c = 2{,}500\ \text{kg/m}^3$		
경간 l	15.0	m
단부에서 긴장재 편심 e_e	332	mm
중앙에서 긴장재 편심 e_c	429	mm
추가 사용하중 $w_{sd} + w_l$	0.5 + 2.913 = <u>3.413</u>	kN/m^2
가설 시 솟음	−16.4 (↑)	mm
총 장기 솟음	−17.1 (↑)	mm

예제 6.3

[표준단면을 이용한 I형 거더의 설계]

CPCI에서 제시한 표준형 I형 거더(부록 그림 A26~A27)를 이용하여 설계하라. 설계되는 구조물은 아파트형 공장 구조물로 완공 후에 대형기계들이 제작되는 공장용으로 사용될 예정으로 표 1.7[건축구조기준 2009(표 0303.2.1.), ASCE/SEI 7-10 2010(17)]에 따라 등분포 활하중 12.0 kN/m^{2}에 대해서 설계하도록 한다. 경간은 15 m이고, 간격을 3 m 이상으로 배치할 수 있는 I형 거더 중에서 높이가 최소인 단면을 선택하여 설계하라. 단, 거더 위에 배치되는 슬래브의 두께는 150 mm가 배치(콘크리트 단위질량 ρ_c = 2,400 kg/m^3)된다고 가정하여 추가 고정하중 w_{sd} = 2,400 × 9.81 × 0.15 /1,000 = 23,544 × 0.15 /1,000 = 3,532 /1,000 (N/m^2) = 3.53 kN/m^{2}가 작용하다고 보아 설계하라.

① 총 추가 등분포 하중 계산 : $w_t = w_{sd} + w_l$ = 3.53 + 12.0 = 15.53 (kN/m^2)

② 경간이 15 m이면서 간격을 3 m로 배치할 수 있는 단면을 선택하도록 요구했으므로 도표에서 읽을 수 있는 최대 추가 등분포 하중을 w_t = 15.53 kN/m^{2}로 나누어 배치할 수 있는 최대 간격을 계산한다.

부록 그림 A26~A27의 CPCI 설계도표에서 보면 본 예제에서 다루는 경간 15 m의 I형 거더는 깊이가 900 mm, 1,200 mm, 1,400 mm, 1,600 mm, 1,900 mm 및 2,300 mm가 제시되었다. 이중에서 경간 15 m로 배치할 수 있는 형식은 4종류(깊이 900 mm, 1,200 mm, 1,400 mm 1,600 mm)가 있지만 이 중에서 추가사용하중의 크기가 본 예제의 15.53 kN/m^2(만약 거리 3m로 배치하면, 15.53 × 3 = 46.6 kN/m)과 큰 차이가 나지 않는 깊이가 낮은 900 mm와 1,200 mm를 고려하여 설계하도록 한다.

고정하중과 활하중이 각각 50%인 재하 가능한 추가등분포 하중은 경간이 15 m인 경우에 각각 25.8 kN/m[1] 및 57.5 kN/m으로 표에 주어졌다. CPCI(강도감소계수 콘크리트 0.70, 긴장재 0.90, 부착철근 0.85 ; 하중계수 1.25D + 1.5L ≥ 1.4D)와 국내 구조기준(강도감소계수 콘크리트 0.85, 긴장재 0.85, 부착철근 0.85 ; 하중계수 1.2D + 1.6L ≥ 1.4D)의 차이를 고려하기 위해서 대략적으로 강도감소계수 및 하중계수의 차이를 고려하기 위한 계수 : 0.85/0.9 (강도감소계수 차이) × 0.875 (하중계수 차이 고려 안전 측으로 −12.5%) = 0.83

CPCI 900 : $w_{t\,(\text{재하가능한 최대사용하중})}$ = 25.8 × 0.83 = <u>21.4 kN/m</u>

CPCI 1,200 : $w_{t\,(\text{재하가능한 최대사용하중})}$ = 57.5 × 0.83 = <u>47.7 kN/m</u> 로 고려한다.

ⓐ CPCI 900을 선택하면 거더 간의 최대간격 :

1. 설계도표에서 최대 허용 추가사용하중의 단위는 kN/m^{2}로 되어있지만, 설계를 위해서 kN/m으로 보았다.

$$\text{거더 간의 간격} = \frac{w_{t\,(\text{재하가능한 최대사용하중})}}{w_{t\,(\text{소요하중})}} = \frac{21.4\text{ kN/m}}{15.53\text{ kN/m}^2} = 1.378\text{ m}$$

ⓑ CPCI 1,200을 선택하면 거더 간의 최대간격 :

$$\text{거더 간의 간격} = \frac{w_{t\,(\text{재하가능한 최대사용하중})}}{w_{t\,(\text{소요하중})}} = \frac{47.7}{15.53} = 3.071\text{ (m)}$$

따라서 CPCI 1,200을 선택하고 간격은 소요 간격 3.071 m > 3.0 m 간격으로 배치하도록 한다.

③ 폭 10 m에 대해서 거더의 소요 개수 계산 : 10 / 3.0 = 3.33 개 / 10 m

④ 경간 15 m의 CPCI 1,200에서 지름 12.7 mm(A_b = 98.71 mm^2) B종(f_{pu} = 1,860 MPa) 7연선 긴장재 20개 배치 : A_{ps} = 20 × 98.71 = 1,974 mm^{2}가 배치되며, 긴장재의 편심은 설계도표에 따르면 단부에서 e_e = 412 mm, 보의 중앙에서 e_c = 443 mm이 확보되어야 한다. 단부(end face)의 편심 e_e 는 응력한계에는 영향을 미치지만 부재의 강도에는 영향을 미치지 않으므로 필요에 따라 감소시킬 수 있다.

ⓐ 콘크리트 설계기준 압축강도 : 설계도표에 따라 적어도 f_{ci} = 30 MPa, f_{ck} = 40 MPa를 만족하여야 한다.

ⓑ 피복두께 : 표 2.13에서 프리스트레스하는 현장치기 콘크리트로 보아 보에서 40 mm가 요구되므로 긴장재의 중심위치는 바닥에서 40 + 12.7/2 = 40 + 6.35 = 46.4 mm 이상 떨어지면 된다. 따라서 일반적으로 중심간격 50 mm로 배치한다. 부재 단부에서 긴장재의 최소 중심간격은 f_{ci} = 30 MPa > 27 MPa이고, d_b = 12.7 mm < 13 mm이므로 45 mm 이상 배치하면 된다[식 (2.34) 참고].

ⓒ 경간 중앙에서 긴장재의 배치 : 긴장재는 바닥에서 50 mm(피복두께 + 긴장재의 직경/2) 떨어져서 배치하고, 중심간격 50 mm로 배치한다. 바닥에서 50 mm 떨어지고 양면에서 50 mm 떨어져서 550(바닥 폭) − 50 × 2 = 450 mm에 50 mm 간격으로 긴장재를 배치하면 450 / 50 = 9 칸이므로 아래 줄에 10개를 배치한다(그림 6.19 참고). 그 위에 50 mm 떨어져서 다시 10개를 배치하면, $e_c = y_b - 50 - 50/2 = 527 - 75 = 452$ mm가 된다. 설계도표에서는 452 − 9 = 443 mm로 배치하고 있다.

ⓓ 부재 단부에서 긴장재의 배치 : I형 거더의 f_{ci} = 30 MPa > 27 MPa이므로 $s_{(\min)} \geq$ 45 mm로 배치하면 되므로, 중심간격 50 mm로 배치하도록 한다.

좌측 경사면 꼭지점에서 수평면과 경사면의 사잇각은 $\tan^{-1}(30/50) = 30.964°$ 가 되어 좌측면에서 50 mm 떨어진 위치에서 경사면에 연직거리 50 mm 이상 떨어지기 위해서는 경사면의 위치(180 + 30 = 210 mm)에서 수평면과 연직거리 $x = 50/\cos 30.964$ = 58.31 (mm) 이상이 떨어지면 된다. 따라서 좌측 맨 위에 배치할 수 있는 긴장재의 위치

는 210 − 58.31 = 151.7 mm가 되어 그림 6.19a와 같이 이 값보다 작은 150 mm에 배치하도록 한다. $e_c = c_2 - 100 - 50/2 = 527 - 125 = \underline{402\ \text{mm}}$가 된다. 설계도표에서는 402 + 10 = 412 mm로 배치하고 있다.

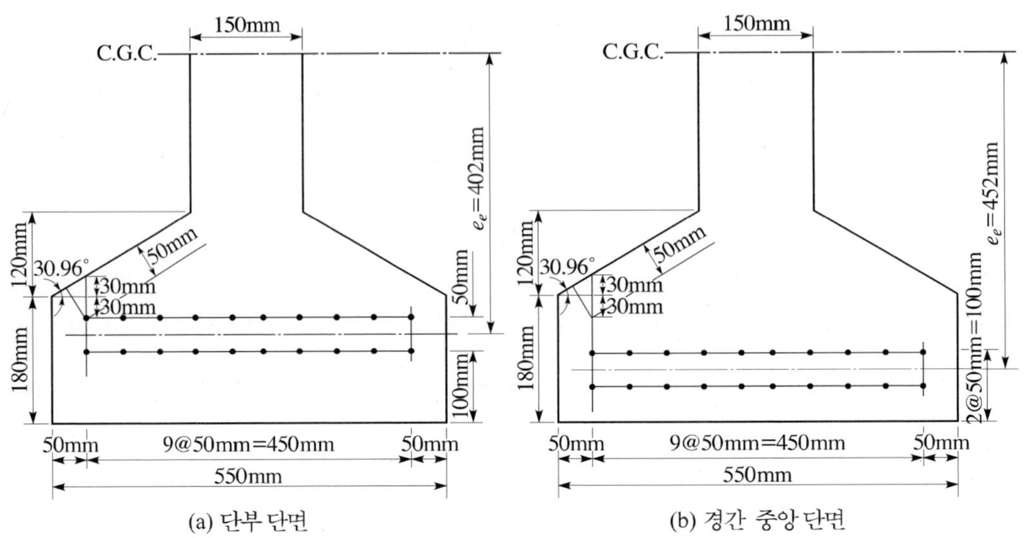

그림 6.19 긴장재의 배치

표 6.8 사용하중이 작용할 때의 콘크리트의 응력한계 검토

		$50d_b$		At $0.4l$		At midspan		
		f_t	f_b	f_t	f_b	f_t	f_b	
	$x=$	585		6,000		7,500		mm
	$e=$	406.2		442.1		452.0		mm
	$M_{\min}=M_d=$	31.8		203.4		211.9		kN·m
	$M_{\max}=M_t=$	233.0		1,492.0		1,554.2		kN·m
도입 직후	$P_i/A_g=$	7.85						MPa
	$P_ie/S=$	−12.76	9.98	−13.89	10.86	−14.20	11.11	MPa
	$M_{\min}/S=$	0.40	−0.31	2.54	−1.99	2.65	−2.07	MPa
	Total=	−4.51	17.52	−3.49	16.73	−3.70	16.89	MPa
	응력한계=	−1.37	18.00	−1.37	18.00	−1.37	18.00	MPa
	검토=	NG	o.k.	NG	o.k.	NG	o.k.	
손실 후	$P_e/A_g=$	6.55						MPa
	$P_ee/S=$	−10.64	8.32	−11.58	9.05	−11.84	9.26	MPa
	$M_{\max}/S=$	2.91	−2.28	18.65	−14.58	19.43	−15.19	MPa
	Total=	−1.18	12.59	13.62	1.02	14.14	0.61	MPa
	응력한계=	24.00	−3.98	24.00	−3.98	24.00	−3.98	MPa
	검토=	o.k.	o.k.	o.k.	o.k.	o.k.	o.k.	

⑤ 공칭강도에 대한 검토는 CPCI 설계도표를 이용하여 설계하였으므로 만족한다고 보아 생략하였다.

⑥ 긴장력이 도입될 때의 초기솟음은 30 mm이고 시간적 손실이 일어난 뒤의 장기솟음은 40 mm로 제시되었지만 상세 계산을 수행하여 처짐에 문제가 없는지 검토하여야 할 것이다.

⑦ 본 예제의 I형 거더에 대해서 표 6.5와 같은 과정을 통해서 (1) $l_t = 50d_b = 50(12.7) = 635$ (mm), (2) $0.4l$, (3) 중앙 단면에서 응력한계를 표 6.8에서 검토해보면, 단면의 상연에서 인장응력이 각각 $f_{t\,(50d_b)} = -4.51$ MPa(지배), $f_{t\,(0.4l)} = -3.49$ MPa과 $f_{t\,(중앙)} = -3.70$ MPa로 인장 응력한계 $\overline{f}_{ti} = -0.25\sqrt{30} = -1.37$ MPa를 초과하여 추가적인 부착강재를 배치하여야 한다.

ⓐ 인장연단 추가 부착철근 설계 [민창식 외 2005] : 구조기준 9.3.1(1)③(ACI 18.4.1)에서 계산된 인장응력이 값을 초과하는 구역에서는 비균열단면으로 가정하여 계산된 전체 인장력을 저항할 수 있는 추가 부착강재(긴장하지 않은 강재 또는 프리스트레싱 강재)를 인장구역에 배근하도록 규정하고 있다. 이때 철근의 인장응력 한계 $\overline{f}_s = 0.6f_y \le 210$ MPa로 할 수 있도록 규정하고 있다[구조기준 해설 9.3.1(1), ACI R18.4.1(c)].

표 2.15 : 도입직후 $f_{ci} = 30$ MPa ; $\overline{f}_{ci} = 0.6f_{ck} = 0.6(30) = 18.0$ MPa

SD400 부착강재 배치 : $\overline{f}_s = 0.6(400) = 240 \le 210$ MPa ; $\therefore\ \overline{f}_s = 210$ MPa

보통중량 골재 콘크리트 탄성계수 : $E_c = 8{,}500\sqrt[3]{30+4} = 27{,}537$ (MPa)

탄성계수비 $n = E_s/E_c = 200{,}000 / 27{,}537 = 7.26$

$n\overline{f}_{ci} = (7.26)(18.0) = 130.7$ MPa

$k_o = n\overline{f}_{ci}/(n\overline{f}_{ci} + \overline{f}_s) = 130.7/(130.7 + 210) = 0.384$

$j_o = 1 - k_o/3 = 1 - 0.384/3 = 0.872$

$d = 1{,}200 - 60 = 1{,}140$ mm [피복두께 40 + 29/2 = 54.5 < 60 mm 배치]

$j_o d = (0.872)(1{,}140) = 994$ mm

$M_s = f_t S_t = -4.51\,(80{,}000 \times 10^3) / 10^6 = -360.8$ (kN · m)

$\therefore\ A_{s\,(소요)} = M_s/(jdf_{sa}) = |-360.8 \times 10^6| / (994 \times 210) = 1{,}728$ (mm²)

$\therefore\ A_{s\,(배치)} = 3\text{–D29} = 3(642.4) = 1{,}927$ (mm²) $> A_{s\,(소요)} = 1{,}728$ mm² <OK>

비긴장 보강재(3–D29)는 I형 거더의 상부에 보의 전체 길이에 걸쳐서 배치한다. 피복두께 40 mm를 고려하여 상연에서 60 mm 떨어져서 배치하며, 좌우 면에서도 피복두께 40 mm를 고려하여 60 mm 떼어서 등간격으로 일렬로 배치한다.

ⓑ 휨철근의 간격 검토 :

중심간격 $s_{(배치)} = [\,400 - 2(60)\,] / 2 = 280 / 2 = 140$ (mm)

식 (2.36) 균열조절 철근의 배치 검토 : $f_s = (2/3)f_y =$ (2/3) 400 = 267 (MPa)

순피복두께 $c_c =$ 60 − 29/2 = 45.5 (mm)

건조환경 이외의 환경에 노출된다고 보아 $k_{cr} = 210$

$s_{(\max)} = 375(k_{cr}/f_s) - 2.5c_c =$ 375(210/267) − 2.5(45.5) = 182 (mm)

$< 300(k_{cr}/f_s) =$ 300(210/267) = 236 (mm) <OK>

$\therefore\ s_{(\max)} = 182$ mm $> s_{(\text{배치})} = 140$ mm <OK>

철근의 순간격 검토 : 식 (2.42) - 굵은골재 최대치수 = 20 mm로 가정

$s_c =$ 140 − 29 = 111 (mm) > [25 mm, $d_b =$ 29 mm, (4/3)20 = 27 mm] <OK>

ⓒ 비긴장 보강재의 겹침이음 길이 계산 : A급 이음을 하기 위한 조건(배치된 철근량이 소요철근량의 2배 이상(← 불만족)이고 겹침이음된 철근량이 전체 철근량의 1/2 이하인 경우)을 만족하지 못하므로, B급 이음 $1.3l_d$로 겹침이음한다.

D29 철근의 정착길이 l_d 계산 :

순간격 계산 : 140 − 29 = 111 mm > $2d_b =$ 2(29) = 58 (mm) <OK>

피복두께 배치 60 − 29 / 2 = 45.5 (mm) > $d_b =$ 29 mm <OK>

따라서 조건 2를 만족하므로 간편식으로 정착길이 계산한다.

조건 2의 정착길이 계산 : 표 2.9 참고, $f_{ck} =$ 40 MPa, $f_y =$ 400 MPa

$l_d = 37.9d_b =$ 37.9(28.6) = 1,084 (mm)

따라서 D29 철근의 겹침이음길이 : $1.3l_d =$ 1.3(1,084) = 1,409 (mm) 이상을 확보한다.

6.4 응력부등식을 이용한 단면설계 (Use of the Stress Inequality Conditions for the Design of Section Properties)

1960년경에 Guyon에 의해서 제안되고, 그 뒤에 Nilson[1987(125−129)] 등에 의해서 다루어진 **응력 부등조건(stress inequality condition)**을 이용한 설계방법은 4개의 응력 부등조건을 이용하여 4개의 미지 값, 즉 긴장력 P, 편심 e 및 단면의 기하학적 특성 값인 단면계수 S_t과 S_b를 결정하는 설계방법이다. 단면계수를 다루기 때문에 본 설계방법을 통하여 가장 효율적인 단면(최소의 단면계수)을 선택할 수 있고, 단면을 선택한 뒤에는 긴장재의 편심을 최대로 배치하여 소요 프리스트레싱 힘이 최소가 되도록 할 수 있다[Naaman 2012(178−189)].

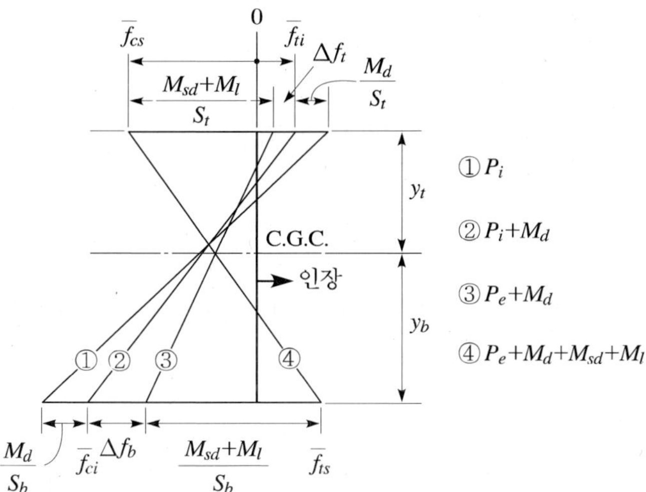

그림 6.20 하중 단계에 따른 단면의 휨응력 분포의 변화[Nilson 1987(125)]

상연응력에 의한 S_t 의 한계 : 그림 6.20의 ②로 표시된 응력분포인 초기 하중단계인 P_i 와 $M_{\min} = M_d$ 이 작용하는 도입직후 상연응력은 아래와 같이 휨인장응력 한계 $\bar{f}_{ti}$ (−)를 만족하여야 한다.

$$\frac{P_i}{A_g}\left(1 - \frac{eA_g}{S_t}\right) + \frac{M_{\min}}{S_t} \geq \bar{f}_{ti} \tag{6.16}$$

이 식에서 부등호는 인장응력의 부호(−)를 인식하여 표시하고 있다. 이때 모든 손실이 동시에 일어난다고 가정하고 **유효계수**(effectiveness ratio 또는 loss factor) $\eta = P_e/P_i$ 로 표현하면, $P_e = \eta P_i$ 가 되므로[식 (3.6) 참고)], 이 상태의 유효긴장력이 작용할 때 상연응력 f_t 는

$$\frac{\eta P_i}{A_g}\left(1 - \frac{eA_g}{S_t}\right) + \frac{M_{\min}}{S_t} = f_t$$

로 쓸 수 있다.

Rajagopalan[2005(224)]은 유효계수 η 는 프리텐션 방식에서는 0.75~0.80 정도이고, 포스트텐션 방식은 0.80~0.85 정도가 된다고 언급하고 있다. 이 식을 다시 정리하면

$$\eta\left[\frac{P_i}{A_g}\left(1 - \frac{eA_g}{S_t}\right) + \frac{M_{\min}}{S_t}\right] - \frac{\eta M_{\min}}{S_t} + \frac{M_{\min}}{S_t} = f_t$$

가 되어, 식 (6.16)을 이 식에 대입하면 아래 식과 같이 쓸 수 있다.

$$\eta \bar{f}_{ti} + \frac{M_{\min}(1-\eta)}{S_t} = f_t \tag{i}$$

이 상태에서 추가 휨모멘트 $\Delta M = M_{sd} + M_l$ 이 작용하면 이로 인한 상연응력은

$$\Delta f_t = \frac{\Delta M}{S_t} = \frac{M_{sd} + M_l}{S_t} \tag{j}$$

만큼 증가하게 된다. 이렇게 총 손실 후 전체 하중이 작용할 때 상연의 응력은 압축상태가 되어 압축응력 한계 $\bar{f}_{cs}$ 의 제한을 받게 된다. 따라서

$$f_t + \Delta f_t \le \bar{f}_{cs}$$

를 만족하여야 한다. 이 식에 식 (i)와 (j)를 대입하면

$$\eta \bar{f}_{ti} + \left[\frac{M_{\min}(1-\eta) + \Delta M}{S_t}\right] \le \bar{f}_{cs}$$

에서, $M_{\max} = M_{\min} + \Delta M$ 이므로 이 식을 다시 정리하면 아래와 같이 정리할 수 있다.

$$\eta \bar{f}_{ti} + \left(\frac{-\eta M_{\min} + M_{\max}}{S_t}\right) \le \bar{f}_{cs}$$

$$\bar{f}_{cs} - \eta \bar{f}_{ti} \ge \left(\frac{-\eta M_{\min} + M_{\max}}{S_t}\right)$$

$$S_t \ge \frac{M_{\max} - \eta M_{\min}}{\bar{f}_{cs} - \eta \bar{f}_{ti}} \tag{6.17}$$

하연응력에 의한 S_b 의 한계 : P_i 와 $M_{\min}$ 이 작용하는 도입직후 하연응력은 아래와 같이 휨압축응력 한계 $\bar{f}_{ci}$ 를 만족하여야 한다.

$$\frac{P_i}{A_g}\left(1 + \frac{e A_g}{S_b}\right) - \frac{M_{\min}}{S_b} \le \bar{f}_{ci} \tag{6.18}$$

모든 손실이 동시에 일어난다고 가정하고 유효계수 $\eta = P_e / P_i$ 로 표현하면 하연응력 f_b 는

$$\frac{\eta P_i}{A_g}\left(1 + \frac{e A_g}{S_b}\right) - \frac{M_{\min}}{S_b} = f_b$$

이 식을 다시 쓰면

$$\eta\left[\frac{P_i}{A_g}\left(1+\frac{e\,A_g}{S_b}\right)-\frac{M_{\min}}{S_b}\right]+\frac{\eta\,M_{\min}}{S_b}-\frac{M_{\min}}{S_b}=f_b$$

식 (6.18)을 이 식에 대입하면

$$\eta\bar{f}_{ci}+\frac{M_{\min}(1-\eta)}{S_b}=f_b \tag{1}$$

이 상태에서 추가 휨모멘트 $\Delta M = M_{sd}+M_l$ 이 작용하면 이로 인한 하연응력은

$$\Delta f_b=\frac{\Delta M}{S_b}=\frac{M_{sd}+M_l}{S_b} \tag{m}$$

가 된다. 이렇게 모든 손실이 일어난 뒤에 총 하중이 작용할 때 하연의 응력은 인장상태가 되어 인장응력 한계 $\bar{f}_{ts}$ [2] (−)의 제한을 받게 된다. 따라서

$$f_b+\Delta f_b\ \geq\ \bar{f}_{ts}$$

를 만족하여야 한다. 이 식에 식 (l)과 (m)을 대입하면 아래와 같이 정리할 수 있다.

$$\eta\bar{f}_{ci}+\left[\frac{M_{\min}(1-\eta)+\Delta M}{S_b}\right]\ \geq\ \bar{f}_{ts}$$

$M_{\max}=M_{\min}+\Delta M$ 이므로 이 식을 다시 정리하면,

$$\eta\bar{f}_{ci}+\left(\frac{-\eta\,M_{\min}+M_{\max}}{S_b}\right)\ \geq\ \bar{f}_{ts}$$

$$\eta\bar{f}_{ci}-\bar{f}_{ts}\ \geq\ \left(\frac{\eta\,M_{\min}-M_{\max}}{S_b}\right)$$

$$S_b\ \geq\ \frac{M_{\max}-\eta\,M_{\min}}{\eta\bar{f}_{ci}-\bar{f}_{ts}} \tag{6.19}$$

설계에서는 단면적의 크기(거더 고정하중 $M_d=M_g$)와 관련이 없는 $\Delta M = M_{sd}+M_l$ 로 식 (6.17)과 식 (6.19)를 표현하는 게 편리하므로 다시 쓰면,

2. 비균열 등급 휨부재일 때 상연 인장응력은 $f_t\ \geq\ -0.63\sqrt{f_{ck}}$ 로 제한 받는다.

$$\begin{cases} S_t \geq \dfrac{\Delta M + (1-\eta)M_{\min}}{\bar{f}_{cs} - \eta \bar{f}_{ti}} \\ \\ S_b \geq \dfrac{\Delta M + (1-\eta)M_{\min}}{\eta \bar{f}_{ci} - \bar{f}_{ts}} \end{cases} \tag{6.20}$$

가 된다. 이 식들을 이용하고 추가로 다른 2개의 부등식(식 (6.9) 및 (6.11))을 이용하여 S_t, S_b, P와 e를 결정할 수 있다 Naaman[2012(181)].

식 (6.17)과 식 (6.19)에서 보면 소요 단면계수 S_t와 S_b는 단면의 고정하중인 $M_{\min}$ ($= M_d$) 의 함수로 설계를 시작할 때는 단면을 가정하여 시작하고 반복계산에 의해서 수렴 해를 구해야 할 것이다. 직사각형이 아닌 단면에서 단면계수 S_t와 S_b를 선택하는 일은 매우 시간이 걸리는 일이다. Naaman[2012(183)]은 이상화된 I형, 박스형, T형 그리고 역 T형 단면에 대해서 단면계수를 구하는데 사용될 수 있는 도표를 제시하고 있다.

본 장에서 다루는 내용이 가장 효율적인 단면(즉 말하자면 가장 가벼운 보)을 구하려는 방법이지만 이 방법이 가장 싼 가격의 설계가 되지 않을 경우도 있다. 근래에 프리스트레스트 콘크리트 부재의 가격은 전형적인 긴장재나 콘크리트의 가격에 좌우되므로 본 접근방법이 최소가격에 접근하는 해를 줄 것이다.

예제 6.4

[주어진 보 자료에서 최적화된 보 단면의 선택(Selection of optimum beam from a given set of beams)] [Naaman 2012(187-189)]

그림 6.21에는 공장 생산되는 표준형 프리텐션 더블 T형(DT) 단면(폭 $b = 2{,}400$ mm)으로 경간 $l = 18.0$ m에 단순지지 되어 슬래브 바닥판으로 사용될 예정이다. 전형적인 단면과 생산 가능한 크기가 표 6.9에 주어졌다. 유효계수 $\eta = P_e/P_i = 0.85$에 $f_{pe} = 1{,}069$ MPa이며 추가고정하중과 활하중 $w_{sd} + w_l = 3.71$ kN/m^{2}이 작용하고, 직경 1.27 mm, 단면적 $A_b = 98.7$ mm^{2}인 긴장재를 경간중앙에서 1점 절곡하여 배치한다. 보는 단위질량 $\rho_c = 2{,}400$ kg/m^{3}인 보통중량골재 콘크리트로 만들어졌으며 $f_{ci} = 25$ MPa, $f_{ck} = 40$ MPa이고 응력한계는 다음과 같이 주어졌다.

보통중량 골재 콘크리트 사용 : $\lambda = 1.0$ (표 2.15 참고)

도입 직후 $\begin{cases} \bar{f}_{ci} = 0.6 f_{ci} = 0.6(25) = 15.0 \text{ (MPa)} \\ \bar{f}_{ti} = -0.25\sqrt{f_{ci}} = -0.25 \times \sqrt{25} = -1.25 \text{ (MPa)} \end{cases}$

비균열 등급 부재로 보아 하연 인장응력의 한계는 파괴계수 $f_r = -0.63\sqrt{f_{ck}}$ 로 가정한다.

총 손실 후 $\begin{cases} \overline{f_{cs}} = 0.6f_{ck} = (0.6)(35) = 21.0\ (\text{MPa}) \\ \overline{f_{ts}} = -0.63\sqrt{f_{ck}} = -0.63\sqrt{35} = -3.73\ (\text{MPa}) \end{cases}$

휨에 대해서 응력한계를 만족하는 무게가 최소인 단면을 선택하고 경간 중앙에서 P_e와 e를 결정하라.

① $M_{\min}$과 ΔM 계산 :

$$M_{\min} = M_d = w_d l^2/8 = w_d(18.0^2)/8 = 40.5\,w_d\,(\text{kN}\cdot\text{m})$$
$$= (40.5\times10^6)\,w_d\,(\text{N}\cdot\text{mm})$$
$$M_{\max} = M_t = M_d + M_{sd} + M_l = M_d + \Delta M$$

$w_{sd} + w_l = 3.71\ \text{kN/m}^2$; 선하중으로 변환 $w_{sd} + w_l = (3.71\ \text{kN/m}^2)(2.4\ \text{m}) = 8.904\ \text{kN/m}$

$$\Delta M = (w_{sd} + w_l)\,l^2/8 = 8.904\times18.0^2/8 = 360.6\ (\text{kN}\cdot\text{m})$$

② 소요 S_t과 S_b 계산 : 식 (6.20)에서

$$S_t \geq \frac{\Delta M + (1-\eta)M_{\min}}{\overline{f_{cs}} - \eta\overline{f_{ti}}} = \frac{360.6\times10^6 + (1-0.85)M_d}{21.0-(0.85)(-1.25)}$$
$$= \frac{360.6\times10^6 + 0.15M_d}{22.06}$$
$$\geq \frac{360.6\times10^6 + 0.15\times40.5\times10^6 w_d}{22.06} = 16.346\times10^6 + (275.39\times10^3)\,w_d$$
$$S_b \geq \frac{\Delta M + (1-\eta)M_{\min}}{\eta\overline{f_{ci}} - \overline{f_{ts}}} = \frac{360.6\times10^6 + (1-0.85)M_d}{0.85(15.0)-(-3.73)}$$
$$= \frac{360.6\times10^6 + 0.15M_d}{16.48}$$
$$\geq \frac{360.6\times10^6 + 0.15\times40.5\times10^6 w_d}{16.48} = 21.881\times10^6 + (368.63\times10^3)\,w_d$$

표 6.9 CPCI의 표준 더블 T형 2,400 단면의 제값(보통중량 콘크리트)(b_t = 복부 상부의 폭)

h (mm)	b_t (mm)	b_w (mm)	A_g (mm^2)	I_g (mm^4) x 10^6	y_t (mm)	y_b (mm)	S_t x 10^3 (mm^3)	S_b x 10^3 (mm^3)	w_d (kN/m)
300	155	130	191,250	1,350	80	220	16,880	6,130	4.56
500		110	239,000	5,390	143	357	37,600	15,100	5.52
700		90	279,250	12,600	208	492	60,400	25,500	6.48
900	205	120	396,000	30,500	313	587	97,600	25,500	9.36

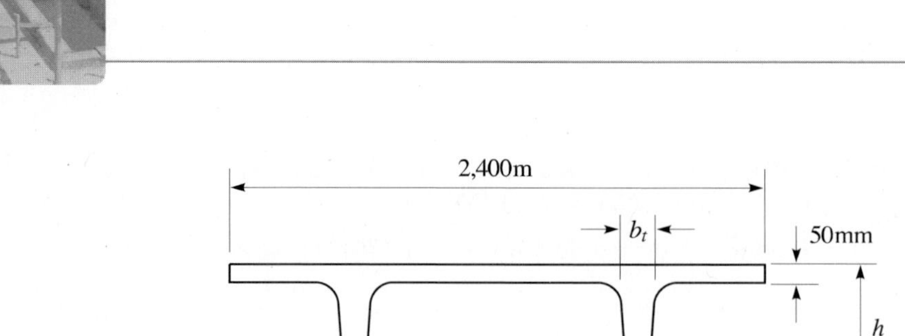

그림 6.21 CPCI 표준형 더블 T형(DT)

표 6.9(그림 6.21 참고)의 계산 예를 보이기 위해서 h = 300 mm인 경우(w_d = 4.56 kN/m)를 계산해 보면

$$S_{t(소요)} = 16.346 \times 10^6 + 275.39 \times 10^3(4.56) = 17{,}602 \times 10^3 \,(\text{mm}^3)$$

$$> S_{t(배치)} = 16{,}880 \times 10^3 \,\text{mm}^3 \quad \langle NG \rangle$$

$$S_{b(소요)} = 21.881 \times 10^6 + 368.63 \times 10^3(4.56) = 23{,}562 \times 10^3 \,(\text{mm}^3)$$

$$> S_{b(배치)} = 6{,}130 \times 10^3 \,\text{mm}^3 \quad \langle NG \rangle$$

그 외 단면의 계산은 표 6.10을 참고하라. 표에서 보면 h = 700 mm인 경우에

$$[S_{b(소요)} = 24{,}270 \times 10^3 \,\text{mm}^3] < [S_{b(배치)} = 25{,}500 \times 10^3 \,\text{mm}^3] \quad \langle OK \rangle$$

$$[S_{t(소요)} = 18{,}131 \times 10^3 \,\text{mm}^3] < [S_{t(배치)} = 60{,}400 \times 10^3 \,\text{mm}^3] \quad \langle OK \rangle$$

만족되므로, $\boldsymbol{h}$ = 700 mm 더블 T형 단면을 선택한다.

③ 소요 P_e 및 e 계산 :

상핵점 k_t 계산 :

$$k_t = -I_g / A_g y_b = -(12{,}600 \times 10^6)/(279{,}250 \times 492) = -91.7 \,(\text{mm})$$

긴장재의 최대편심은 피복두께 40 mm에 경간 중앙에서 긴장재 5개(가정)를 종방향으로 일렬로 배치한다고 보아 바닥에서 긴장재 중심까지의 거리는 40 + 2.5(12.7) = 72 mm가 된다.

표 6.10 단면계수 계산 표

h	w_d	소요 S_b	배치 S_b	판단	소요 S_t	배치 S_t	판단
		x 10^3	x 10^3		x 10^3	x 10^3	
300	4.56	23,562	6,130	NG	17,602	16,880	NG
500	5.52	23,916	15,100	NG	17,866	37,600	OK
700	6.48	24,270	25,500	OK	18,131	60,400	OK
900	9.36	25,331	25,500	OK	18,924	97,600	OK

본 예제에서는 충분히 바닥과 긴장재 중심을 확보하기 위해서 90 mm 떨어진다고 보아 설계하였다 [설계도표 부록 그림 A3에서는 $e_{(경간\ 중앙)} = e_c = 492 - 76 = 416$ mm로 제시하고 있다].

$e = y_b - 90 = 492 - 90 = 402$ (mm)

$M_{\max} = M_d + \Delta M = 40.5 \times 6.48 + 360.6 = 262.4 + 360.6 = 623.0$ (kN · m)

식 (6.9) : $P_{e(소요)} \geq \dfrac{M_{\max} + S_b \overline{f_{ts}}}{e - k_t} = \dfrac{623.0 \times 10^6 + (25,500 \times 10^3)(-3.73)}{402 - (-91.7)}$

$= 1,069 \times 10^3$ (N)

직경 12.7 mm 긴장재의 개수 계산 :

$$\frac{P_{e(소요)}}{f_{pe} A_b} = \frac{1,069 \times 10^3}{1,069 \times 98.7} = \frac{1,069 \times 10^3}{105,510} = 10.1 \approx 10\ (개)$$

배치하는 긴장재 개수 : 각각의 복부에 5개씩 10개를 배치하도록 한다.

본 예에서는 $e_{\max}$를 이용하여 계산하였지만 식 (6.11)을 이용하거나 또는 다음 장에서 다룬 것과 같이 e_u와 e_l을 구하여 긴장재의 편심이 $e_u \leq e \leq e_l$ 되도록 편심을 구하여 소요 P_e를 구할 수도 있다.

6.5 경간을 따라 긴장재의 편심제한(Limiting the Eccentricity Along the Span)

위험단면에서 소요 프리스트레싱 힘과 긴장재의 편심이 결정되면 일반적으로 경간을 따라 동일한 긴장력으로 긴장하게 되므로 응력한계를 위반하지 않도록 경간을 따라 편심의 한계를 결정할 필요가 있다. 앞의 예제 6.2에서는 경간을 따라 위험단면인 ① $50d_b$, ② $0.4l$, ③ 경간중앙에 대해서 각각의 단면에 대해서 응력한계를 검토하여 긴장재의 배치가 전체 경간에 걸쳐서 만족함을 보여 주었다. 본 장에서는 체계적으로 경간을 따라 응력한계를 만족시키는 영역(**한계 영역, limit zone**)을 구하여 이 구간 안에 긴장재가 배치되면 응력한계를 위반하지 않고 긴장재를 배치할 수 있는 방법을 다룬다. 특히 이런 긴장재가 배치될 수 있는 영역을 구하는 방법은 부정정 연속경간에서 긴장재를 배치할 때 유용하게 사용될 수 있다[Naaman 2012(189)].

6.5.1 한계 핵(Limit Kern)

앞에서 다룬 그림 6.4의 **단면의 핵(central kern)**은 작용하는 압축력이나 응력한계의 크기에는 영향을 받지 않고 오직 단면의 기하학적인 특징에 따라 좌우된다. 그러나 한계 핵(limit kern)은 이런 변수들에 영향을 받으며 주어진 크기의 축방향 압축력이 단면에 작용할 때 응력(인장응력과 압축응력)의 한계를 침범하지 않는 영역을 **한계 핵(limit kern)**이라 한다. 만약에 단면의 크기나 형상, 긴장력, 응력한계, 모멘트의 부호가 동일한 단면에서는 경간을 따라 한계 핵은 일정하게 된다. 한계 핵은 보의 경간을 따라 압축합력(C-line 또는 **압력선**)이 배치될 수 있는 기하학적인 영역으로 볼 수 있다(그림 6.6 참고)[Naaman 2012(190)].

(a) **도입 직후 상연응력**(그림 6.20에서 ②번 응력상태) : 긴장력을 도입 직후 상연응력이 인장응력 한계 $\bar{f}_{ti}$ 를 초과해서는 안 되므로 식 (6.16)을 다시 쓰면,

$$f_t = \frac{P_i}{A_g} - \frac{P_i e}{S_t} + \frac{M_{\min}}{S_t} \geq \bar{f}_{ti} \tag{6.16}$$

여기에서 단면계수 $S_t = I_g / y_t$, 거더의 고정하중에 의한 휨모멘트 $M_{\min} = M_d = M_g$ 이다. 인장응력(−)의 부호를 고려하여 부등호를 표현하였다.

$$\frac{P_i}{A_g} - \frac{P_i e}{\dfrac{I_g}{y_t}\left(\dfrac{A_g}{A_g}\right)} + \frac{M_{\min}}{S_t} = \frac{P_i}{A_g}\left(1 - \frac{e}{\dfrac{I_g}{A_g y_t}}\right) + \frac{M_{\min}}{S_t} \geq \bar{f}_{ti}$$

식 (6.1)의 하핵거리 $k_b = I_g / A_g y_t$ 이므로, 양변에 A_g / P_i 를 곱해주고 정리하면

$$\frac{k_b - e}{k_b} + \frac{M_{\min}}{S_t}\frac{A_g}{P_i} \geq \bar{f}_{ti}\frac{A_g}{P_i}$$

$$k_b - e + \frac{M_{\min}}{S_t}\frac{A_g}{P_i}\frac{I_g}{A_g y_t} \geq \bar{f}_{ti}\frac{A_g}{P_i}\frac{I_g}{A_g y_t}$$

따라서 이 식을 정리하면 그림 6.12에서 구한 식 (6.11)과 같으며, 이 식을 다시 쓰면 아래와 같다.

$$e \leq k_b + \frac{M_{\min} - S_t \bar{f}_{ti}}{P_i} \tag{6.11}$$

내력모멘트 개념에서 압축합력 $C = P$[3]이고 모멘트의 팔거리$= M/P$ 이므로(그림 6.6 참고) C선(압력선)의 편심 $e' = e - M/P$가 된다. 따라서 식 (6.11)에서 $M_{\min}/P_i$를 부등호의 좌측으로 이동하면,

3. 압축력의 작용선을 C 선 또는 **압력선**(pressure line 또는 thrust line)이라 부른다.

$$e' = e - \frac{M_{min}}{P_i} \leq k_b - \bar{f}_{ti}\frac{S_t}{P_i}$$

가 된다. 단면계수 $S_t = I_g/y_t$ 로 쓰고, 우측항의 분모와 분자에 A_g 를 각각 곱해주면,

$$e' = e - \frac{M_{min}}{P_i} \leq k_b - \bar{f}_{ti}\frac{1}{P_i}\frac{I_g}{y_t}\frac{A_g}{A_g} = k_b\left(1 - \frac{\bar{f}_{ti}}{P_i/A_g}\right)$$

$P_i/A_g = f_{gi}$ 로 쓰면, 아래와 같이 표현할 수 있다.

$$e' = e - \frac{M_{min}}{P_i} \leq k_b\left(1 - \frac{\bar{f}_{ti}}{f_{gi}}\right) \tag{6.21}$$

(b) **도입 직후 하연응력**(그림 6.20에서 ②번 응력상태) : 긴장력을 도입 직후 하연응력이 압축응력 한계 $\bar{f}_{ci}$ 를 초과해서는 안 되므로, 식 (6.18)을 다시 쓰면,

$$f_b = \frac{P_i}{A_g} + \frac{P_i e}{S_b} - \frac{M_{min}}{S_b} \leq \bar{f}_{ci} \tag{6.18}$$

여기에서 단면계수 $S_b = I_g/y_b$ 이고, 식 (6.11)과 같이 표현하기 위해서,

$$\frac{P_i}{A_g} + \frac{P_i e}{\frac{I_g}{y_b}\left(\frac{A_g}{A_g}\right)} - \frac{M_{min}}{S_b} = \frac{P_i}{A_g}\left(1 + \frac{e}{\frac{I_g}{A_g y_b}}\right) - \frac{M_{min}}{S_b} \leq \bar{f}_{ci}$$

식 (6.2), 상핵거리 $k_t = -I_g/A_g y_b$ 이므로, 양변에 A_g/P_i 를 곱해주고 정리하면,

$$\frac{-k_t + e}{-k_t} - \frac{M_{min}}{S_b}\frac{A_g}{P_i} \leq \bar{f}_{ci}\frac{A_g}{P_i}$$

$$-k_t + e - \frac{M_{min}}{S_b}\frac{A_g}{P_i}\frac{I_g}{A_g y_b} \leq \bar{f}_{ci}\frac{A_g}{P_i}\left(\frac{I_g}{A_g y_b}\right)$$

$$e \leq k_t + \frac{M_{min} + S_b\bar{f}_{ci}}{P_i} \tag{6.22}$$

가 되고 M_{min}/P_i 를 이동하고 정리하여 적으면

$$e' = e - \frac{M_{min}}{P_i} \leq k_t + \bar{f}_{ci}\frac{1}{P_i}\frac{I_g}{y_t}\frac{A_g}{A_g} = k_t\left(1 - \frac{\bar{f}_{ci}}{P_i/A_g}\right)$$

$$e' = e - \frac{M_{\min}}{P_i} \leq k_t \left(1 - \frac{\bar{f}_{ci}}{f_{gi}}\right) \tag{6.23}$$

가 된다. 따라서 **한계 핵의 하한 한계(lower limit of limit kern)** k_b' 은 식 (6.21)과 식 (6.23)을 이용하여 아래와 같이 표현할 수 있다.

$$k_b' = \text{대수적으로 둘 중 작은 값} \begin{cases} k_b\left(1 - \bar{f}_{ti}/f_{gi}\right) \\ k_t\left(1 - \bar{f}_{ci}/f_{gi}\right) \end{cases} \tag{6.24}$$

(c) **총 손실 후 전체하중 작용 시 상연응력**(그림 6.20에서 ④번 응력상태) : 총 손실후 전체하중 (P_e 와 $M_{\max}$)이 작용할 때의 상연의 압축응력 f_t 는 휨압축응력 한계 $\bar{f}_{cs}$ 보다 작아야 하므로 이를 관계식으로 적으면,

$$f_t = \frac{P_e}{A_g} - \frac{P_e e}{S_t} + \frac{M_{\max}}{S_t} \leq \bar{f}_{cs}$$

여기에서 $M_{\max} = M_t = M_d + M_{sd} + M_l$ 이고, $S_t = I_g/y_t$ 이다. 식 (6.11)과 같이 표현하기 위해서,

$$\frac{P_e}{A_g} - \frac{P_e e}{\frac{I_g}{y_t}\left(\frac{A_g}{A_g}\right)} + \frac{M_{\max}}{S_t} = \frac{P_e}{A_g}\left(1 - \frac{e}{\frac{I_g}{A_g y_t}}\right) + \frac{M_{\max}}{S_t} \leq \bar{f}_{cs}$$

하핵거리 $k_b = I_g/A_g y_t$ 로 정리하고 양변에 A_g/P_e 를 곱해주면

$$\frac{k_b - e}{k_b} + \frac{M_{\max}}{S_t}\frac{A_g}{P_e} \leq \bar{f}_{cs}\frac{A_g}{P_e}$$

k_b 를 곱해주면서 정리하면,

$$k_b - e + \frac{M_{\max}}{S_t}\frac{A_g}{P_e}\frac{I_g}{A_g y_t} \leq \bar{f}_{cs}\frac{A_g}{P_e}\frac{I_g}{A_g y_t}$$

$$e \geq k_b + \frac{M_{\max} - S_t \bar{f}_{cs}}{P_e}$$

$$e' = e - \frac{M_{\max}}{P_e} \geq k_b\left(1 - \frac{\bar{f}_{cs}}{f_g}\right) \tag{6.25}$$

여기에서 $f_g = P_e/A_g$ 이다.

(**d**) **총 손실후 전체하중 작용시 하연응력**(그림 6.20에서 ④번 응력상태) : 하연의 인장응력 f_b 는 휨인장응력 한계 $\bar{f}_{ts}$ 보다 작아야 하므로 이를 관계식으로 적으면

$$f_b = \frac{P_e}{A_g} + \frac{P_e e}{S_b} - \frac{M_{\max}}{S_b} \geq \bar{f}_{ts} \tag{6.26}$$

여기에서 $\bar{f}_{ts}$ 는 총 손실 후 전체하중이 작용할 때의 휨인장응력 한계로 비균열 등급 단면에서 $-0.63\lambda\sqrt{f_{ck}}$ 로 본다. 이 식을 정리하면,

$$\frac{P_e}{A_g} + \frac{P_e e}{\dfrac{I_g}{y_b}\left(\dfrac{A_g}{A_g}\right)} - \frac{M_{\max}}{S_b} = \frac{P_e}{A_g}\left(1 + \frac{e}{\dfrac{I_g}{A_g y_b}}\right) - \frac{M_{\max}}{S_b} \geq \bar{f}_{ts}$$

하핵거리 $k_t = -I_g/A_g y_b$ 이므로, 정리하면서 양변에 A_g/P_e 를 곱해주면

$$\frac{-k_t + e}{-k_t} - \frac{M_{\max}}{S_b}\frac{A_g}{P_e} \geq \bar{f}_{ts}\frac{A_g}{P_e}$$

$-k_t$ 를 곱해주면서 정리하면,

$$-k_t + e - \frac{M_{\max}}{S_b}\frac{A_g}{P_e}\frac{I_g}{A_g y_b} \geq \bar{f}_{ts}\frac{A_g}{P_e}\frac{I_g}{A_g y_b}$$

$$e \geq k_t + \frac{M_{\max} + S_b \bar{f}_{ts}}{P_e} \tag{6.27}$$

$$e' = e - \frac{M_{\max}}{P_e} \geq k_t\left(1 - \frac{\bar{f}_{ts}}{f_g}\right) \tag{6.28}$$

따라서 **한계 핵의 상한 한계(upper limit of limit kern)** $k_t{}'$ 은 식 (6.25)와 식 (6.28)을 같이 쓰면,

$$k_t{}' = \text{대수적으로 둘 중 큰 값} \begin{cases} k_b\left(1 - \bar{f}_{cs}/f_g\right) \\ k_t\left(1 - \bar{f}_{ts}/f_g\right) \end{cases} \tag{6.29}$$

가 된다. 따라서 압축합력 C의 편심범위는

$$k_t{}' \leq e' \leq k_b{}' \tag{6.30}$$

로 구할 수 있다. 따라서 이 식은 축방향 압축력이 한계 핵(limit kern)에 들어오도록 설계해야 되는 기준이 된다(그림 6.22a 참고).

그림 6.22b와 같이 일반적으로 주어진 긴장력 P와 편심 e에서 압축합력 C의 편심 e'의 실제적인 상·하한 한계, e_u'과 e_l'은 한계 핵 안에 들어오게 된다. 식 (6.24)와 (6.29)는 $M_{\min}$과 $M_{\max}$가 아래로 볼록한 양의 휨모멘트로 가정하여 구한 값이므로 음의 휨모멘트가 작용하는 경우에는 조종하여야 한다[Naaman 2012(192)].

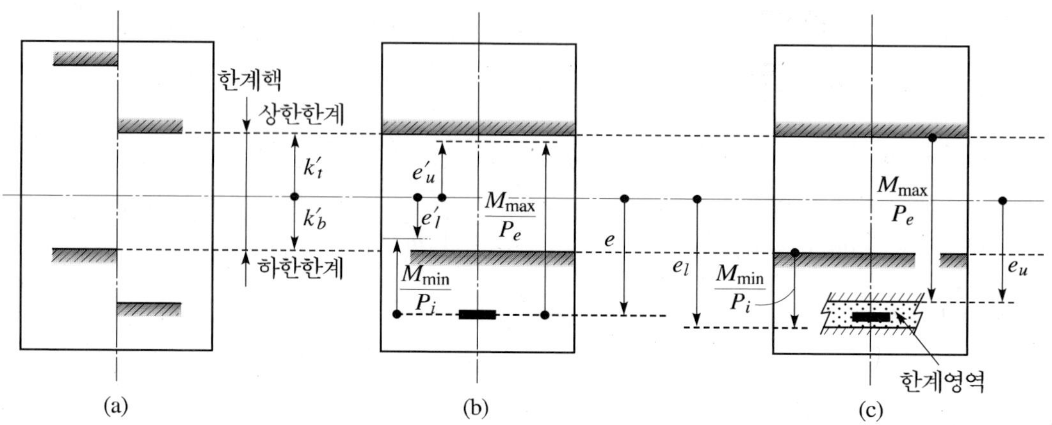

그림 6.22 (a) 한계 핵의 결정, (b) 주어진 긴장재의 편심 e에서 C선의 상한과 하한 한계, (c) 프리스트레싱 긴장재의 한계 영역(limit zone) ($M_{\min} = M_d$, $M_{\max} = M_t$) [Naaman 2012(192)]

6.5.2 긴장재의 포락선과 한계 영역 (Steel Envelopes and Limit zone)[Naaman 193–198]

요구되는 긴장력과 편심은 경간의 위험단면에 의해서 결정된다. 긴장력 P는 일정하지만 외력에 의해서 발생하는 휨 모멘트는 경간을 따라 변하기 때문에 일반적으로 긴장재의 편심도 변하게 된다. 이때의 문제는 주어진 긴장력은 일정하지만, 경간을 따라 작용하는 휨 모멘트가 변할 때 응력한계를 위반하지 않도록 긴장재의 편심 한계를 정하는 것이다. 긴장재 편심의 상하한계를 **긴장재의 포락선(steel envelope)**이라 하고, 그 영역을 **한계영역(limit zone)**이라 한다.

그림 6.6에서 보면 압축합력 C의 편심 e'과 긴장재의 편심 e와는 $e' = e - M/P$의 관계가 있으므로, 식 (6.24)와 (6.29)의 한계 핵의 거리 k_t'와 k_b'에 대한 부등식을 이용하여 e'에 대한 관계식을 쓰면,

$$\begin{cases} e' = e - M_{\min}/P_i \le k_b' \\ e' = e - M_{\max}/P_e \ge k_t' \end{cases} \tag{6.31}$$

가 된다. 이 식을 이용하여 긴장재의 편심 e에 대한 관계식을 적으면

$$k_t' + \frac{M_{\max}}{P_e} \le e \le k_b' + \frac{M_{\min}}{P_i} \tag{6.32}$$

로 표현할 수 있다. 휨 모멘트 $M_{\min}(=M_d)$과 $M_{\max}(=M_t)$는 받침부으로부터 거리 x의 함수이므로 긴장재의 편심과 휨 모멘트를 $e(x)$, $M_{\min}(x)$, $M_{\max}(x)$로 표현하면 편리하다 [Nilson 1987(137)]. 따라서 $e(x)$의 상하경계는(그림 6.22c 참고)

$$\begin{cases} e_u(x) = e_{(상한한계)}(x) = k_t' + M_{\max}(x)/P_e \\ e_l(x) = e_{(하한한계)}(x) = k_b' + M_{\min}(x)/P_i \end{cases} \tag{6.33}$$

가 된다. 경간에 따라 휨 모멘트의 값이 변하기 때문에 한계영역, $e_u(x)$과 $e_l(x)$는 그림 6.23과 같이 변하게 된다. 이렇게 **한계영역(limit zone)**이 결정되면 이 영역 안에 긴장재를 배치하면 된다.

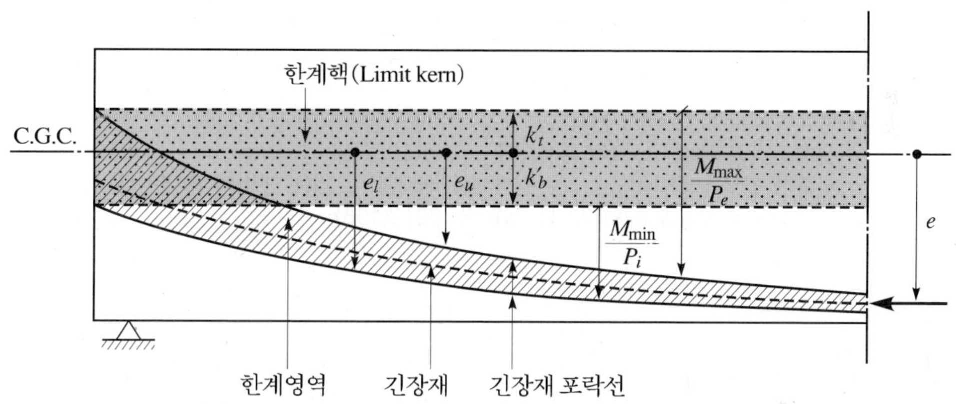

그림 6.23 한계핵(limit kern)과 한계영역(limit zone)의 관계 [Naaman 2012(194)]

그림 6.24에는 전형적인 **한계영역(limit zone)**을 보여주고 있다. (a) 경우에는 가장 일반적인 경우로 선택한 콘크리트의 단면이 적당하여 긴장재의 포락선이 배치 가능한 최대 편심을 포함하고 있으며 구간도 충분한 경우이다. (b)의 경우는 경간 중앙에서 오직 한 조의 P와 e를 배치할 수 있는 최적화된 설계이다. (c)의 경우는 전형적인 기본설계과정에서 일어날 수 있는 경우로 콘크리트의 단면이 부족하여 한계영역이 단면을 벗어나 형성되어 긴장재를 단면 속에 배치할 수 없는 경우로 이를 극복하기 위해서 단면을 확대하여야 할 것이다.

기본설계 과정에서는 **한계영역(limit zone)**을 몰라도, 보의 중앙에 편심 e를 주는 포물선 배치를 하거나 또는 경간의 1/3 점을 2점 절곡하여 기본설계를 수행한다. 일반적으로 휨 강도와 균열 모멘트를 검토하고 난 뒤에 한계영역을 고려하여 설계한다.

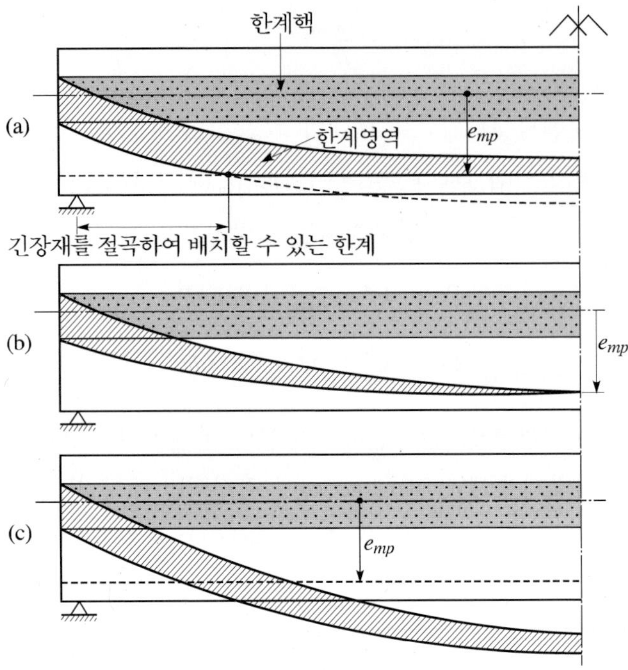

그림 6.24 한계영역(limit zone)의 전형적인 형상. (a) 가장 일반적인 설계 상황(하한 한계가 최대 설계 편심을 지배), (b) 최적 설계상태(오직 하나의 P와 e가 가능), (c) 콘크리트의 단면이 부족한 경우 [그림에서 e_{mp}는 긴장재를 배치할 수 있는 단면의 최대편심(maximum practical eccentricity) 이다.] [Naaman 2012(195)]

예제 6.5

[한계핵 및 한계영역 결정]

[Naaman 2012(196-199)]

그림 6.25의 경간 l = 21 m 싱글 T형 보에서 한계 핵(limit kern)과 한계영역(limit zone)을 결정하라. 2점 절곡으로 긴장재를 배치하며 절곡점은 한계영역으로 결정한다[4]. 긴장재로는 저이완 7연선 B종(f_{pu} = 1,860 MPa, 긴장응력 $f_{p0} = 0.74 f_{pu}$ = 1,376.4 MPa, 초기손실 10% $f_{pi} = 0.9 f_{p0}$ = 1,238.8 MPa, 추가 손실 17% $f_{pe} = 0.83 f_{pi}$ = 1,028.2 MPa) 직경 12.7 mm(A_b = 98.71 mm^2) 10개를 배치하며, 그림 6.26과 같이 6개의 강연선은 절곡하여 배치하고, 나머지 4개는 직선으로 배치한다. 보통 중량골재 콘크리트 f_{ci} = 28 MPa, f_{ck} = 35 MPa이 사용된다.

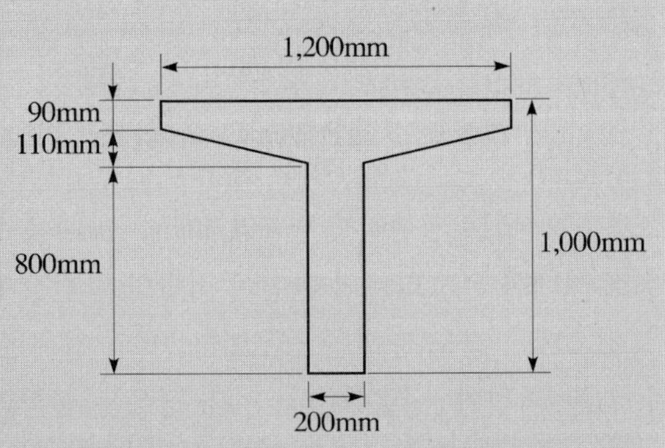

그림 6.25 단순지지 프리텐션 T형 단면 보

단면의 제값 : 보강콘크리트 $\rho_c = 2{,}500\ \text{kg/m}^3$

$A_g = 345 \times 10^3\ \text{mm}^2$, $y_t = 322\ \text{mm}$, $y_b = 678\ \text{mm}$, $I_g = 26{,}274 \times 10^6\ \text{mm}^4$, $S_t = 81.60 \times 10^6\ \text{mm}^3$, $S_b = 38.75 \times 10^6\ \text{mm}^3$

상핵거리 $k_t = -I_g/A_g y_b = -(26{,}274 \times 10^6)/(345 \times 10^3 \times 678) = -112\ (\text{mm})$

하핵거리 $k_b = I_g/A_g y_t = (26{,}274 \times 10^6)/(345 \times 10^3 \times 322) = 236\ (\text{mm})$

$$f_{ci} = 28\ \text{MPa} \ : \ \begin{cases} \bar{f}_{ci} = 0.6 f_{ci} = 0.6(28) = 16.8\ (\text{MPa}) \\ \bar{f}_{ti} = -0.25\sqrt{f_{ci}} = -0.25\sqrt{28} = -1.32\ (\text{MPa}) \end{cases}$$

비균열 등급 부재로 보아 하연 인장응력의 한계는 파괴계수 $f_r = -0.63\sqrt{f_{ck}}$ 로 가정한다.

$$f_{ck} = 35\ \text{MPa} \ : \ \begin{cases} \bar{f}_{cs} = 0.6 f_{ck} = (0.6)(35) = 21.0\ (\text{MPa}) \\ \bar{f}_{ts} = -0.63\sqrt{f_{ck}} = -0.63 \times \sqrt{35} = -3.73\ (\text{MPa}) \end{cases}$$

고정하중 $w_d = w_g = \left(\dfrac{345 \times 10^3}{10^6}\ \text{m}^2\right)\left(2{,}500\ \dfrac{\text{kg}}{\text{m}^3}\right)\left(9.807\ \dfrac{\text{m}}{\text{sec}^2}\right)/1{,}000 = 8.46\ (\text{kN/m})$

추가 고정하중 $w_{sd} = 0.479\ \text{kN/m}^2$; $w_{sd} = (0.479\ \text{kN/m}^2)(1.20\ \text{m}) = 0.575\ \text{kN/m}$

활하중 $w_l = (4.79\ \text{kN/m}^2)(1.20\ \text{m}) = 5.75\ \text{kN/m}$

$\therefore\ w_t = w_d + w_{sd} + w_l = 8.46 + 0.575 + 5.75 = 14.78\ (\text{kN/m})$

긴장력은 초기 손실량 10%와 추가로 손실량 17%가 일어난다고 가정했으므로 :

$P_i = A_{ps} f_{pi} = 10 \times 98.71 \times 1{,}238.8\ /\ 1{,}000 = 1{,}223\ (\text{kN})$

$P_e = 0.83 P_i = 0.83 \times 1{,}223 = 1{,}015\ (\text{kN})$

① 콘크리트 단면의 압축응력 f_g 계산 :

$$\begin{cases} f_{gi} = P_i/A_g = (1{,}223 \times 10^3)/(345 \times 10^3) = 3.54\ (\text{MPa}) \\ f_g = P_e/A_g = (1{,}015 \times 10^3)/(345 \times 10^3) = 2.94\ (\text{MPa}) \end{cases}$$

② 하핵점의 경계(lower Limit of the limit kern) k_b' 계산 :

식 (6.24) : $k_b' = k_b\left(1 - \bar{f}_{ti}/f_{gi}\right)$ 또는 $k_t\left(1 - \bar{f}_{ci}/f_{gi}\right)$ 중 대수적으로 작은 값

ⓐ $k_b\left(1 - \bar{f}_{ti}/f_{gi}\right) = 236[1 - (-1.32/3.54)] = \underline{324\ (\text{mm})}$ ← 작은 값 지배

ⓑ $k_t\left(1 - \bar{f}_{ci}/f_{gi}\right) = -112(1 - 16.8/3.54) = 419\ (\text{mm})$

$\therefore\ k_b' =$ <u>324 mm (하핵점 경계)</u>

③ 상핵점의 경계 (upper limit of limit kern) k_t' 계산 :

식 (6.29) : $k_t' = k_b\left(1 - \bar{f}_{cs}/f_g\right)$ 또는 $k_t\left(1 - \bar{f}_{ts}/f_g\right)$ 중 대수적으로 큰 값

4. 프리텐션 형식은 일반적으로 직선이나 1점 또는 2점 절곡으로 배치하고, 포스트텐션은 포물선 배치가 사용된다.

ⓐ $k_b(1-\bar{f}_{cs}/f_g) = 236(1-21.0/2.94) = -1,449$ (mm)

ⓑ $k_t(1-\bar{f}_{ts}/f_g) = -112[1-(-3.73/2.94)] = -\underline{254 \text{ (mm)}}$ ← 대수적으로 큰 값 지배

$\therefore\ k_t' = -\underline{254 \text{ mm (상핵점 경계)}}$

④ 지점으로부터 거리 x 에 대한 휨모멘트 계산 :

$$+\sum M_s = 0\ ;\ \frac{wl}{2}(x) - \frac{w}{2}x^2 - M_s(x) = 0\ ;\ M_s(x) = w\frac{x(l-x)}{2}$$

$l = 21$ m ; $x = 2 \quad 4 \quad 6 \quad 8 \quad 10.5$; $x(l-x)/2 = 19 \quad 34 \quad 45 \quad 52 \quad 55.125$

⑤ 한계영역 계산 : 표 6.11 참고

(1) 지점으로부터의 거리 $x = 2$ m

(2) $x(l-x)/2 = 2(21-2)/2 = 19\ \text{m}^2$

(3) $M_{\min}(=M_d) = w_d[x(l-x)/2] = 8.46 \times 19 = 160.7$ (kN·m)

표 6.11 한계영역 및 긴장재의 배치

(1) 받침부로부터 거리 (m)	0.0	2.0	4.0	6.0	8.0	10.5
(2) $x(l-x)/2$ (m^2)	0.0	19.0	34.0	45.0	52.0	55.1
(3) $M_{\min}(=M_d)$ (kN·m)	0.00	160.7	287.6	380.6	439.8	466.3
(4) $M_{\max}(=M_t)$ (kN·m)	0.00	280.8	502.6	665.2	768.6	814.8
(5) $M_{\min}/P_i$ (mm)	0.00	131.4	235.2	311.2	359.6	381.3
(6) $M_{\max}/P_e$ (mm)	0.00	276.7	495.1	655.3	757.3	802.8
(7) $e_u = k_t' + M_{\max}/P_e$ (mm)	−254.0	22.7	241.1	401.3	503.3	548.8
(8) $e_l = k_b' + M_{\min}/P_i$ (mm)	324.0	455.4	559.2	635.2	683.6	705.3
(9) 긴장재의 배치 : 편심 e (mm)	200.0	287.5	375.0	462.5	550.0	550.0

(4) $M_{\max}(=M_t) = w_t[x(l-x)/2] = 14.78 \times 19 = 280.8$ (kN·m)

(5) $M_{\min}/P_i = 160.7 \times 10^3 / 1,223 = 131.4$ (mm)

(6) $M_{\max}/P_e = 280.8 \times 10^3 / 1,015 = 276.7$ (mm)

(7) $e_u = k_t' + M_{\max}/P_e = -254 + 276.7 = 22.7$ (mm)

(8) $e_l = k_b' + M_{\min}/P_i = 324 + 131.4 = 455.4$ (mm)

따라서 긴장재는 $e_u < e < e_l$ 사이에 배치하면 된다.

C.G.C.에서 하연까지의 거리가 678 mm이므로, 받침부에서 6 m를 초과하는 구간에서 $e_l = 635.2$ mm > 680 mm가 된다. 따라서 C.G.C.에서 긴장재가 배치될 수 있는 최 하부의 거리는 피복(긴장재 중심에서 표피까지의 거리)을 60 mm로 하면 678 − 60 = 618 mm가 된다(표 2.13 구조기준 5.4.3 최소피복두께 참고). 따라서 보의 중앙에서 긴장재는 도심

축 C.G.C.에서 $e_{u\,(x\,=\,10.5\,\mathrm{m})} = 548.8\ \mathrm{mm} \sim 618\ \mathrm{mm}$ 떨어진 사이에 배치하여야 한다. 실제 배치는 경간 중앙에서 그림 6.26과 같이 긴장재를 배치한다면 $e_{(\text{보의 중앙})} = 550\ \mathrm{mm} > 548.8\ \mathrm{mm}$에 배치하고, 중앙에서 2.5 m 떨어진 점($x = 8$ m)에서 절곡하여 보의 받침부에서는 $e_{(\text{단부})} = 200\ \mathrm{mm}$로 직선 배치하도록 한다(그림 6.27 참고).

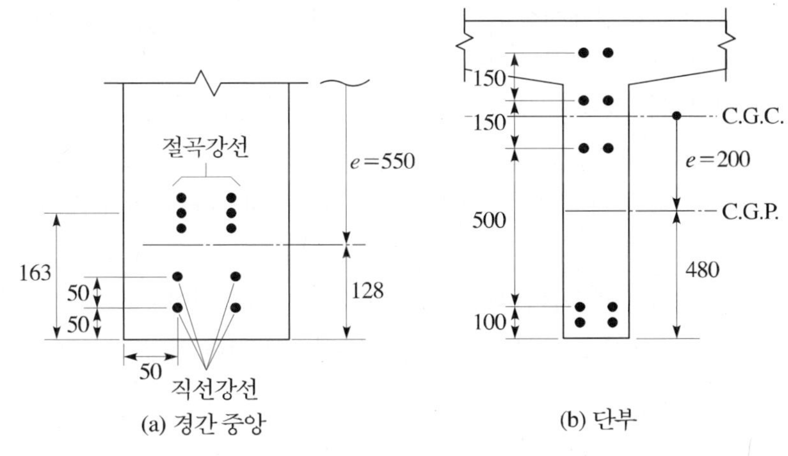

그림 6.26 긴장재의 배치 : (a) 보 중앙, (b) 단부

따라서 긴장재의 편심 $e(x)$는 다음과 같다.

$$\begin{cases} e(x) = 550\ \mathrm{mm} & : 8 \le x \le 10.5\ \mathrm{m} \\ e(x) = 200 + \dfrac{350}{8}x\ (\mathrm{mm}) & : x \le 8\ \mathrm{m} \end{cases}$$

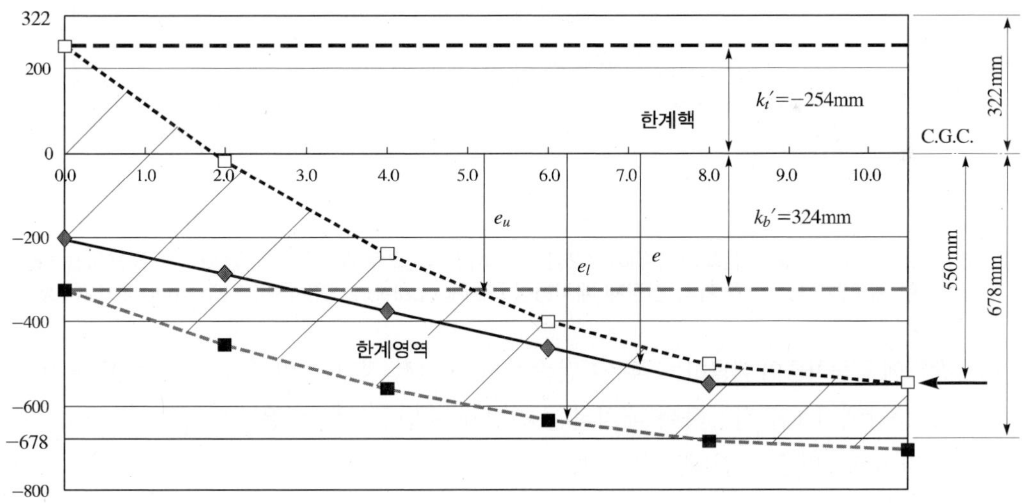

그림 6.27 한계영역과 2점 절곡 긴장재의 배치

6.6 하중평형에 의한 휨 설계(Load Balancing as a Design Tool)

등가하중개념(equivalent load concept)은 소요 긴장력과 긴장재의 편심을 결정할 수 있는 또 다른 설계방법으로 프리스트레스 힘과 긴장재의 배치를 조종하여 긴장재에 의한 연직력으로 작용하는 외력을 완전히 상쇄시킬 수 있는 설계방법이다. 따라서 설계된 특정한 외력에 대해서는 축압축력만 작용하고 휨 모멘트는 작용하지 않게 된다. 어떤 외력을 상쇄할 것인지는 설계자의 판단에 따르지만 종종 고정하중과 추가고정하중을 더한 값을 선택하여 긴장력으로 상쇄시킨다[Nilson 1987(164–171) ; Lin 1981(392–427)]

본 설계방법은 Lin(1963년)에 의해서 소개된 설계방법으로 **하중–평형 설계방법(load– balancing method)**이라고 불리고 있다.

등분포 하중을 상쇄하기 위한 포물선 배치 긴장재 : 그림 1.36과 같이 $w_p = w_d + w_{sd} + k_b w_l$ 이 작용하는 단순지지 보에서 포물선으로 배치한 긴장재에 의한 상향 등분포 하중은 식 (1.7)을 다시 쓰면 다음과 같다(그림 5.4(5) 참고).

$$w_p = \frac{8Pe}{l^2} \quad \text{또는} \quad P = \frac{w_p l^2}{8e} \tag{1.7}$$

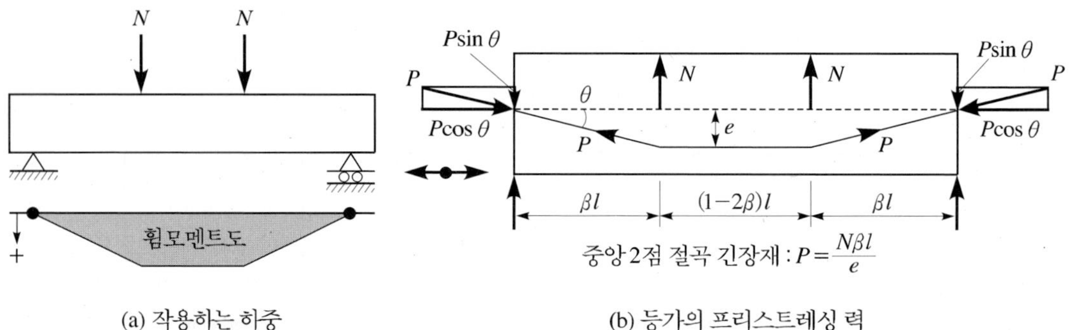

그림 6.28 2개의 집중하중을 상쇄하기 위해서 2점 절곡하여 직선으로 배치하는 긴장재 : (a) 작용하는 하중에 의한 휨모멘트도, (b) 등가의 긴장재 배치형상 [Rajagopalan 2005(116) ; Naaman 2012(136)]

- **경간 중앙에 집중하중이 작용하는 경우 :** 단순지지 보에서 경간 중앙에 집중하중 N가 작용하는 경우에 중앙에서 1점 절곡하여 배치하는 긴장재로 인한 상향력은 식 (1.13)을 다시 쓰면(그림 5.4(3) 참고) 다음과 같다.

$$N = \frac{4Pe}{l} \quad \text{또는} \quad P = \frac{Nl}{4e} \tag{1.13}$$

- **2개의 집중하중이 작용하는 경우 :** 단순지지 보의 βl 점에 집중하중 N가 각각 작용하는 경우에 그림 6.28b와 같이 2점 절곡으로 긴장재를 배치하면 등가의 상향력 N를 얻을 수 있다(그림 5.4(4) 참고)[Rajagopalan 2005(Table 4.1, 116)]. 전체 보에 대한 그림 6.28b의 자유물체도에서 연직방향에 대한 평형방정식을 쓰면, 아래와 같이 쓸 수 있다.

$$2N = 2P\sin\theta \approx 2P\tan\theta = 2P\frac{e}{\beta l}$$

$$N = \frac{Pe}{\beta l} \quad \text{또는} \quad P = \frac{N\beta l}{e} \tag{6.34}$$

- **3등분점에 집중하중이 작용하는 경우 :** 식 (6.34)의 $\beta = 1/3$ 가 되어 다음과 같이 표현될 것이다.

$$N = \frac{3Pe}{l} \quad \text{또는} \quad P = \frac{Nl}{3e} \tag{6.35}$$

- **등분포 하중이 작용하는 캔틸레보 보의 경우 :** 또는 양단 내민 보인 경우에는 그림 6.29b의 A점에서 모멘트에 대한 평형방정식을 적으면, 아래와 같이 표현할 수 있다.

$$Pe \equiv \frac{w_p l^2}{2}$$

$$w_p = \frac{2Pe}{l^2} \quad \text{또는} \quad P = \frac{w_p l^2}{2e} \tag{6.36}$$

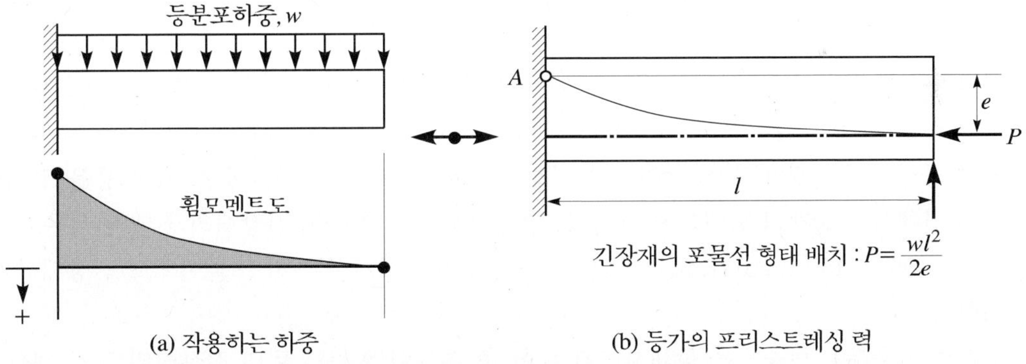

그림 6.29 등분포 하중이 작용하는 캔틸레버 보에 등가의 포물선 형태 긴장재 배치 : (a) 작용하는 하중에 의한 휨모멘트도, (b) 등가의 긴장재 배치형상 [Naaman 2012(136, 671~679, 734~735) ; Lin 1981(396), Nilson 1987(166), Rajagopalan 2005 (116)]

예제 6.6

[하중평형에 의한 보의 설계] [Nilson 1987(168-171) ; Nilson 1986(674-676)]

그림 6.30과 같이 등분포 하중을 지지하는 단순 지지된 경간 $l = 9$ m인 직사각형 포스트텐션 보를 설계하라. 보 자신의 고정하중 이외에 추가 고정하중 $w_{sd} = 2.2$ kN/m, 활하중 $w_l = 8.8$ kN/m가 작용한다. 단위중량 $\gamma_c = 2{,}400 \times 9.81 = 23{,}544$ (N/m^2)인 보통중량골재 콘크리트 $f_{ck} = 27$ MPa, $f_{ci} = 21$ MPa를 사용하였고, 유효계수 $\eta = P_e / P_i = 0.80$이고 평형하중을 결정하기 위한 활하중의 계수는 $k_b = 0.25$를 사용한다. 긴장재로는 직경 11.1 mm($A_b = 74.2$ mm^2, 표 2.5 참고), $f_{pu} = 1{,}860$ MPa 응력제거 7연선을 배치한다. 즉시손실은 10%를 고려한다.

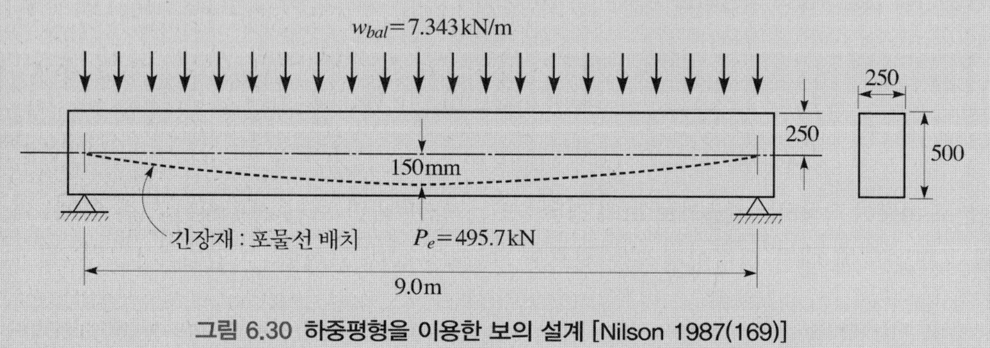

그림 6.30 하중평형을 이용한 보의 설계 [Nilson 1987(169)]

① 단면의 선택 : 임의로 경간/깊이 비 18에 대해서 깊이를 선택하여 설계를 시작하거나, 그림 6.8에 따라 경간/깊이 비 20을 적용한다면 $h \geq l/20 = 9{,}000/20 = 450$ (mm)이므로, $h_{(선택)} =$ 500 mm를 선택하여 설계를 시작한다. 단면의 폭은 0.5h로 보아 $b =$ 250 mm로 설계를 시작한다.

② 고정하중 및 총 균형하중 계산 : $w_d = \gamma_c b h = 23{,}544 \times 250 \times 500 / 10^6 = 2{,}943$ (N/m)

$\therefore\ w_{bal} = w_d + w_{sd} + k_b w_l = 2.943 + 2.2 + 0.25 \times 8.8 = 7.343$ (kN/m)

③ 경간 중앙에서 긴장재의 최대 편심과 긴장재의 배치 결정 : 피복두께 40 mm 등을 고려하여 하연에서 긴장재의 도심까지의 거리는 100 mm로 배치하면 긴장재의 최대 편심은 $e = 250 - 100 = 150$ (mm)가 되고, 등분포 하중을 상쇄하기 위해서 포물선으로 긴장재를 배치한다.

지속적인 등분포 하중들을 상쇄시키기 위한 총 손실이 일어난 뒤의 긴장력의 크기 계산 :

식 (1.6) : $P_e = w_{bal} l^2 / (8e) = 7.343 \times 9^2 / (8 \times 150/1{,}000) = 495.7$ (kN)

이에 대한 P_i는 $P_i = P_e / \eta = 495.7/0.80 = 619.6$ (kN)

긴장력 도입 직후 응력 한계 : 표 2.16

$f_{p0} = 0.70 f_{pu} = 0.70 \times 1860 = 1,302$ (MPa)

$f_{pi} = 0.9 f_{p0} = 0.9 \times 1,302 = 1,172$ (MPa)

$\therefore\ A_{ps(소요)} = P_i / f_{pi} = 619.6 \times 10^3 / 1,172 = 529$ (mm^2)

직경 11.1 mm 긴장재 소요 개수 $\geq A_{ps(소요)} / A_b = 529 / 74.2 = 7.1$ 개

따라서 직경 11.1 mm 강연선 7개를 배치한다.

배치하는 긴장재의 단면적 :

$A_{ps(배치)} = 7 \times 74.2 = 519.4$ (mm^2) $\lesssim A_{ps(소요)} = 529$ mm^2 <Close OK>

④ 사용하중이 작용할 때 각 단계의 응력한계 검토 :

⑤ 휨강도 및 전단강도 검토 : $\phi M_n \geq M_u$

⑥ 균열에 대한 강도의 여분 검토 : $\phi M_n \geq 1.2 M_{cr} = 1.2 [(P_e / A_g + P_e e / S_b - f_r) S_b]$

⑦ 솟음 및 처짐을 검토하여 설계를 수행한다.

6.7 참고문헌

- 건축구조기준. (2009). 국토해양부 고시, 대한건축학회, 772 pp.
- 구조기준. (2012). 콘크리트구조기준, 국토해양부 제정, 사단법인 한국콘크리트학회, 342 pp.
- 구조기준 해설. (2012). 콘크리트구조기준 해설, 2012년 개정, 한국콘크리트학회 편, 599 pp.
- 도로기준. (2010). 도로교설계기준, 국토해양부 제정, 한국도로교통협회 발행.
- 도로기준 해설. (2008). 대한토목학회, 교량설계핵심기술연구단, 1,008 pp.
- 민창식 외. (2005). 철근콘크리트공학, 1판, 구미서관, 1,054 pp.
- 민창식. (2014). 철근콘크리트공학, 구미서관, 3판 2쇄, 1,015 pp.
- 신현묵. (2008). 프리스트레스트 콘크리트, 제10판, 동명사, 504 pp.
- ACI. (2008). 318-08 Building Code Requirements for Structural Concrete and Commentary, An ACI Standard, 465 pp.
- ACI Notes. (2008). Notes on ACI 318-08 Building Code Requirements for Structural Concrete, Portland Cement Association(PCA).
- ASCE/SEI 7-10. (2010). Minimum Design Loads for Buildings and Other Structures, American Society of Civil Engineers STANDARD, New York, 608 pp.
- Collins, Michael P. and Mitchell, Denis. (1987). Prestressed Concrete Basics, CPCI,

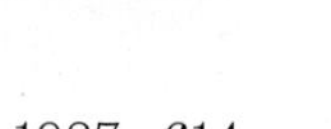

1987, 614 pp.

- CPCI. (2007). Design Manual, 4th edition, CPCI(Canadian Precast/Prestressed Concrete Institute).
- Guyon, Y. (1960). Prestressed Concrete, Vol. 1. New York : John Wiley & Sons.
- Leet, K., and Bernal, D. (1997). Reinforced Concrete Design, 3rd Edition, McGraw-Hill Com., 546 pp.
- Libby, James R. (1984). Modern Prestressed Concrete, 3rd edition, Van Nostrand Reinhold Company Inc., 635 pp.
- Lin, T. Y. and Burns, Ned H. (1981). Design of Prestressed Concrete Structures, 3rd edition, John Wiley & Sons, 646 pp.
- Magnel, M. (1954). Prestressed Concrete, New York : MacGraw-Hill Book Co., 345 pp.
- Naaman, Antoine E. (2012). Prestressed Concrete Analysis and Design, 3rd edition, Techno Press 3000, 1,173 pp.
- Nawy, Edward G. (2010). Prestressed Concrete A Fundamental Approach, 5th Edition, Pearson Prentice Hall, 949 pp.
- Nilson, Arthur H. and Winter, G. (1986). Design of Concrete Structures, 10th Edition, McGraw-Hill, New York.
- Nilson, Arthur H. (1987). Design of Prestressed Concrete, 2nd Edition, John wiley & Sons, 591 pp.
- PCI Bridge. (2003). Bridge Design Manual, 2nd Edition, Precast/Prestressed Concrete Institute(PCI), MNL-133-97.
- PCI. (2010). Design Handbook, 7th Edition, Precast/Prestressed Concrete Institute (PCI), MNL-120-10.
- PTI. (2006). Post-Tensioning Manual, 6th Edition, PTI(Post-Tensioning Institute), 354 pp.
- Rajagopalan, N. (2005). Prestressed Concrete, 2nd Edition, Alpha Science International Ltd. Harrow, U.K., 486 pp.

6.1

(a) 표 6.9에 제시된 CPCI 더블 T형 단면의 효율계수 Q를 계산하여 비교 검토하라.

(b) 부록 그림 A26에 제시된 CPCI의 I형 거더의 효율계수 Q를 계산하여 비교 검토하라.

6.2

[T형 설계(Design of Single-Tee Roof Member)] [CPCI 2007(7-17)] 부록 그림 A15에 보이는 현장치기 슬래브(톱핑, topping)가 배치되지 않는 프리텐션 싱글 T형(single tee) 바닥부재를 설계하라. 지붕 건물로 단순지지 되는 경간 $l = 21$ m이고, 등분포 사용 활하중 $w_l = 5.1$ kN/m^{2}과 추가 고정하중 $w_{sd} = 0.5$ kN/m^{2}이 재하 된다고 보아 콘크리트구조기준의 규정에 따라 설계하라.

- 보통중량 골재를 사용한 콘크리트의 강도는 긴장력 도입시 $f_{ci} = 25$ MPa이고, 설계기준 압축강도 $f_{ck} = 40$ MPa이다. 긴장재로는 지름 12.7 mm의 저이완 B종($f_{pu} = 1,860$ MPa) 7연선을 배치하였다.
- 경간/깊이 비는 그림 6.8을 참고하고 부록 그림 A15의 표준단면을 사용하기 위하여 경간/깊이 비를 17.5를 사용한다.
- 경간 중앙에서 1점 절곡하여 긴장재를 배치하며 긴장재의 편심은 14-D인 경우에는 $e_{(경간\ 중앙)} = e_c = y_b - 50 - 3d_b = 882 - 50 - 3(12.7) = 793.9 \approx 793$ (mm) ; 단부에서의 편심은 부록 그림 A15에서와 같이 $e_{(단부)} = e_e = 510$ mm가 된다고 가정한다(긴장재 간의 중심간격은 100 mm로 배치한다고 가정한다).
- 16-D인 경우에는 $e_e = 425$ mm, $e_c = 787$ mm로 배치하고, 받침대는 그림 6.16과 동일한 지압 패드 받침을 사용한다.
- 만약에 응력한계를 만족시키지 못하면 만족하도록 활하중을 감소시키면서 설계를 진행하라. 단, 주어지지 않은 자료는 예제 [6.2]의 자료를 참고한다.
- 모든 과정은 스프레드시트(Excel이나 Math CAD 등)를 이용하여 구성해서 추후에 전단설계도 수행할 수 있도록 고려하라.

6.3

연습문제 [6.2]의 T형 보에서 한계 핵과 한계영역을 결정하고 적당한 긴장재의 포락선(steel profile)을 선택하라. 계산은 스프레드시트(Excel이나 Math CAD 등)로 정리하고 결과를 그림 6.27과 같이 그려서 제출하라.

6.4

[Naaman 2012(208)] 그림 P6.1의 보에는 고정하중이외에 등분포 활하중 $3.0\ \mathrm{kN/m^2}$ 이 작용한다. 단, $f_{ci} = 30\ \mathrm{MPa}$, $f_{ck} = 40\ \mathrm{MPa}$, $\rho_c = 2{,}400\ \mathrm{kg/m^3}$ 의 콘크리트에 긴장재로는 $f_{pu} = 1{,}860\ \mathrm{MPa}$ 인 B종 직경 12.7 mm 저이완 7연선 3개를 배치하여, $A_{ps} = 3 \times 98.71 = 296.13\ \mathrm{mm^2}$ 이고, $f_{p0} = 0.74 f_{pu} = 1{,}376.4$ (MPa)이며, 긴장 시에 7.5% 손실이 일어나고 총 손실은 추가로 17%가 일어난다고 가정한다.

(a) 한계 핵(limit kern)을 결정하라.

(b) 한계영역(limit 3one)을 결정하고 적당한 긴장재의 포락선(steel profile)을 결정하라.

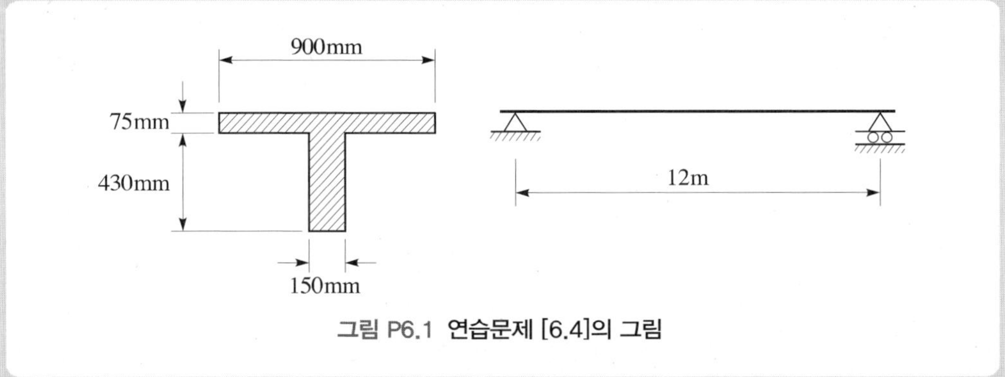

그림 P6.1 연습문제 [6.4]의 그림

6.5

공장 생산되는 표준형 프리텐션 더블 T형(DT) 단면으로 경간 $l=18.0$ m에 단순지지 되어 그림 P6.2와 같이 역으로 배치되어 육교 바닥판으로 사용될 예정이다. 전형적인 단면과 생산 가능한 크기가 표 6.9에 주어졌다(표에서 $y_t \Leftrightarrow y_b$, $S_t \Leftrightarrow S_b$ 는 서로 교환되어야 한다. 부록 그림 A1~A4 참고). 보는 단위질량 $\rho_c = 2{,}400$ kg/m^{3}인 보통중량골재 콘크리트로 만들어졌고, $f_{ci} = 25$ MPa, $f_{ck} = 40$ MPa이다. 유효계수 $\eta = P_e / P_i = 0.80$에 $f_{pe} = 1{,}069$ MPa이며 추가고정하중과 활하중을 더해서 $w_{SL} = 7.41$ kN/m가 작용하고, 긴장재는 B급 저이완 7연선 직경 12.7 mm, 단면적 $A_b = 98.71$ mm^{2}를 최대 편심 $e_{mp} = y_b - 50$ mm로 배치하도록 한다.

휨에 대해서 응력한계를 만족하는 무게가 최소인 단면을 선택하고 경간 중앙에서 P_e 와 e 를 결정하라.

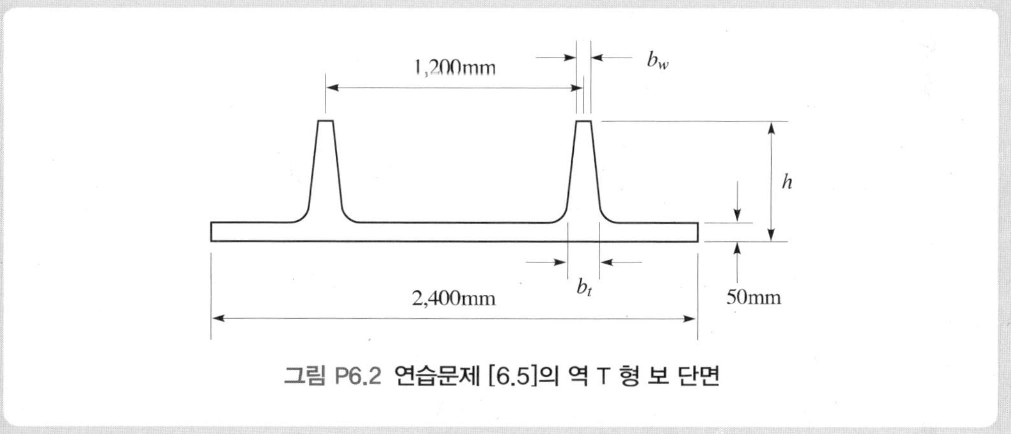

그림 P6.2 연습문제 [6.5]의 역 T 형 보 단면

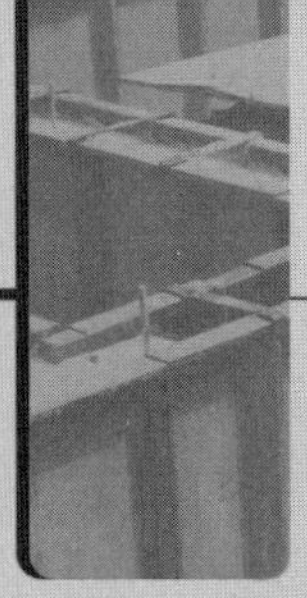

6.6

[Lin 1981(397-398)] 그림 P6.3에 보이는 양단 캔틸레버 보에서 총 등분포 하중 $w_t = 23.3$ kN/m가 작용할 때 완벽한 균형이 잡히도록 긴장재에 소요되는 긴장력을 결정하라. 설계에서 최소의 긴장재가 사용되도록 설계하고, C.G.P.는 긴장재를 보호할 수 있도록 긴장재의 중심에서 피복두께로 75 mm를 확보하도록 한다. 그리고 설계된 보에 집중활하중 $P_l = 62$ kN이 보의 중앙에 작용한다면 이때 경간 중앙에서 최대 상연 및 하연 응력을 계산하라.

[힌트] 먼저 캔틸레버의 받침부에서 C.G.C.에서 최대로 편심을 주어 배치할 수 있는 C.G.P.의 위치를 결정하여 식 (6.36)을 이용하여 소요 $P_{(소요)}$를 결정하고, 이어서 이를 이용하여 부재의 중앙에서 소요 편심을 식 (1.13)을 이용하여 설계한다.

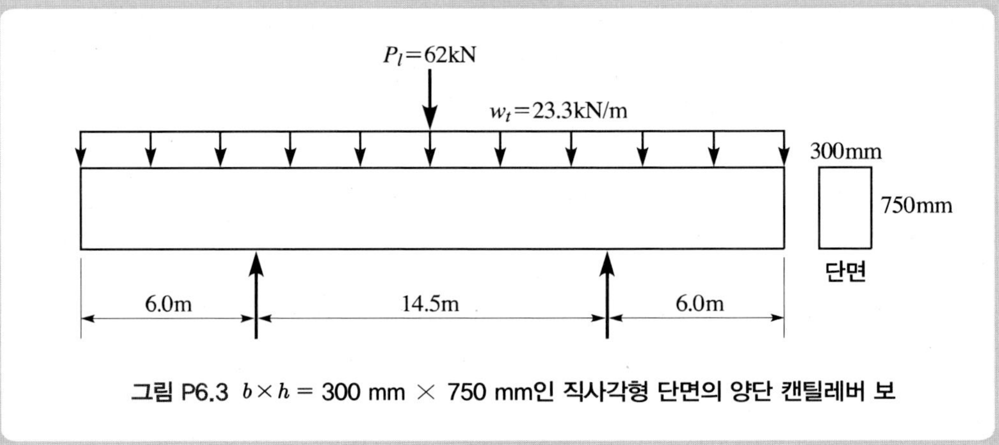

그림 P6.3 $b \times h$ = 300 mm × 750 mm인 직사각형 단면의 양단 캔틸레버 보

6.7

[Leet 1997(460)] 그림 P6.4에서 자신의 고정하중은 무시하고 작용하는 2개의 집중하중에 대해서 긴장재로 등가의 상향력을 발휘하여 처짐이 발생하지 않도록 그림 P6.4a와 같이 긴장재를 배치하려고 한다. B점에서 긴장재의 편심 e = 375 mm로 배치한다면, 소요 긴장력과 C점에서의 편심을 결정하라. 또한 보의 B점과 C점에서 발생하는 응력을 결정하라.

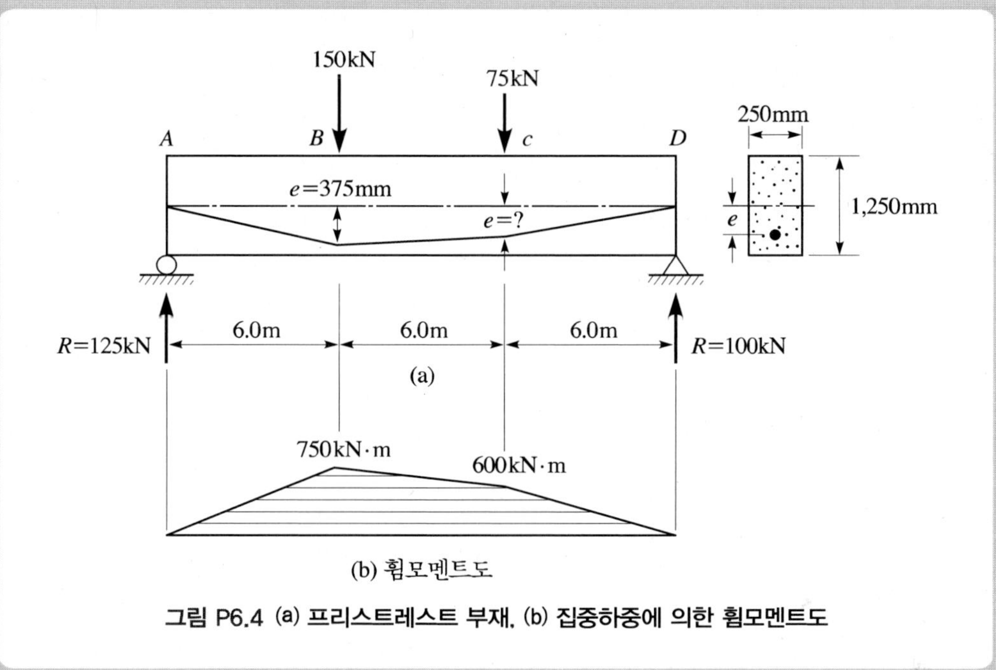

그림 P6.4 (a) 프리스트레스트 부재, (b) 집중하중에 의한 휨모멘트도

CHAPTER 07

전단 설계 Design for Shear

보(beam)와 같이 길이가 긴 부재의 축 방향에 연직한 방향으로 외력이 작용하게 되면 보에는 외력을 받침부나 또는 다른 부재와 만나는 절점에 전달하기 위해서 내적으로 휨모멘트에 의한 휨응력뿐 만 아니라 동시에 전단응력도 발생하게 된다(그림 7.4 참고)[Lin 1981(241-243) ; Naaman 2012(331-338)]. 이렇게 단면에 발생하는 전단응력이 문제가 되는 것은 이 전단응력만으로 또는 종방향 연직응력과 더해져서 **사인장응력(diagonal tension stress, 경사인장 응력)**이라고 부르는 **주인장응력(principal tensile stress)**이 발생하기 때문이다. 콘크리트의 인장강도는 압축강도에 비해서 1/8 ~ 1/10 정도 밖에 안 되기 때문에 이 사인장응력으로 인해서 그림 7.1과 같이 경사균열이 발생할 수 있고 이어서 매우 갑작스럽고 위험한 전단-압축 파괴(shear-compression failure)가 일어날 수 있다. 따라서 설계에서 단면의 휨강도가 충분히 발달하기 전에 전단으로 인한 갑작스러운 붕괴파괴를 방지하기 위해서 일반적으로 스터럽(stirrup)이나 타이(tie)로 배치되는 횡방향 보강철근(transverse reinforcement)을 배치하여야 한다(그림 2.21 참고).

그림 7.1 복부보강철근이 배치되지 않는 프리스트레스트 콘크리트 보의 전단파괴 (200 mm × 200 mm, 경간 4 m) [YouTube 자료, SEL 2013]

프리스트레스트 콘크리트 부재의 전단설계는 콘크리트의 공칭전단강도 V_c 를 계산하는 식이나 최소 전단철근에 대한 규정 그리고 스터럽의 최대 간격에 대한 규정이 약간 다른 점을 제외하고는 철근콘크리트와 거의 유사하다. 철근콘크리트에 비해서 프리스트레스트 콘크리트의 장점으로 프리스트레싱 긴장재에 의해서 단면에 도입되는 축방향 압축응력 때문에 전단설계에 있어서 약간 서로 다르게 된다. 축방향 압축응력이 전단에 의해서 발생하는 사인장응력을 감소시켜서 콘크리트 단면의 전단저항력을 증가시키게 된다. 또한 종방향 압축응력은 주인장응력의 보에 대한 축방향 각도를 작게(축에 눕게) 만들어서 발생할 가능성이 있는 사인장균열을 가로지르도록 배치하는 스터럽의 최대간격을 증가시킬 수 있다(그림 7.5 참고)[Leet 1997]. 프리스트레스트 콘크리트의 장점은 또한 텐던이나 긴장재가 경사를 갖고 배치되었을 때 긴장력의 연직분력이 전단을 상쇄(counteract)시킨다는 점이다(그림 7.2 참고)[Hewson 2012(88)]. 단면에 작용하는 전단력은 그림 7.2와 같이 하중에 의한 전단력 $V_{(하중)}$ 에서 긴장재의 상향 전단분력 $V_p = P\sin\theta_p$ 을 뺀 전단력으로 감소하게 되어 이를 식으로 쓰면 다음과 같이 표현할 수 있다.

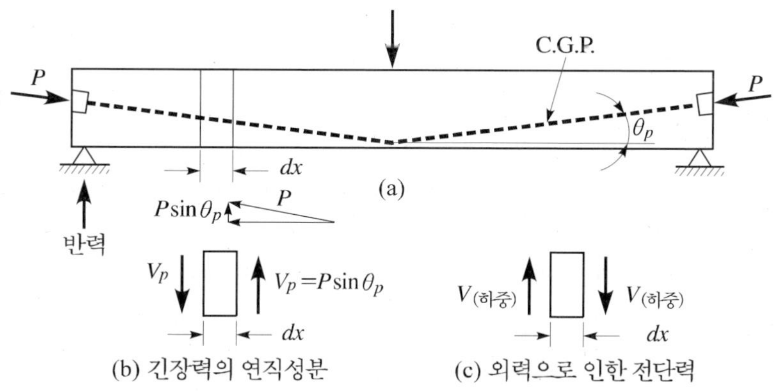

그림 7.2 경사 긴장재가 순 전단력을 감소시키는 효과 [Nilson 1987(210)]

$$V_{(net)} = V_{(하중)} - V_p = V_{(하중)} - P\sin\theta_p \qquad (7.1)$$

프리스트레스트 콘크리트 부재에서 프리스트레싱 텐던으로 전단력을 상쇄하는 장점은 그림 7.3과 같이 **하중평형개념(load-balancing concept)**에 의해 주어진 조건에서 단면에 전단력이 아예 작용하지 않도록 설계할 수도 있다. 그림 7.3a에서 만약에 단순지지 보에 등분포하중 w 가 작용한다면 포물선 형상으로 배치된 텐던의 중앙에서의 편심은 식 (1.7)을 약간 변형하여 다시 적으면 다음과 같다(그림 1.36 참고).

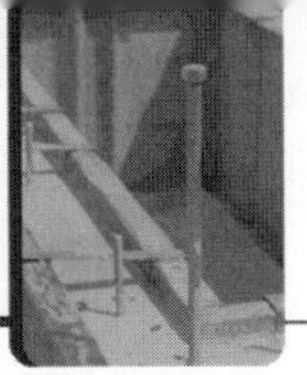

$$e = \frac{wl^2}{8P} \tag{1.7}$$

여기에서 P는 텐던의 긴장력으로 보의 경간을 따라 긴장재의 연직성분이 그 단면의 전단력과 같게 되면 콘크리트에는 전단력이 작용하지 않게 된다. 등분포하중 w는 사용하중이므로 계수하중의 상태에서는 물론 콘크리트는 전단을 지지하여야 할 것이다. 그림 7.3b와 같이 보가 집중하중을 지지하거나 연속보인 경우에 집중하중이 작용하는 점의 이론적인 전단 변화와 같이 텐던을 날카롭게 굽힐 수가 없으므로 문제는 훨씬 더 복잡하게 된다[Lin 1981(243)].

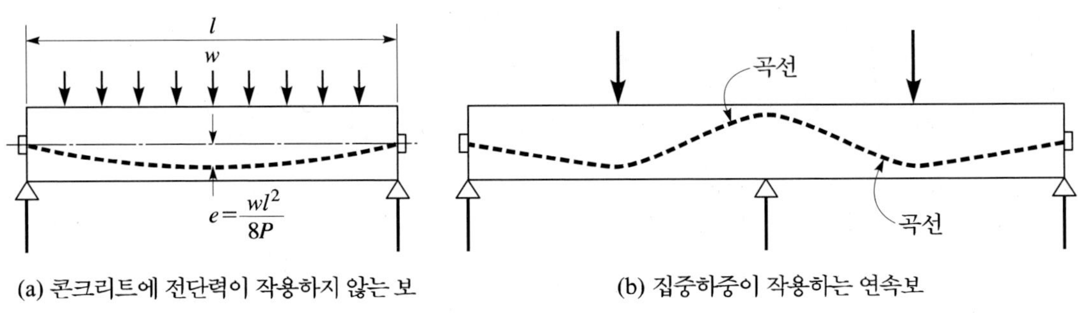

(a) 콘크리트에 전단력이 작용하지 않는 보 (b) 집중하중이 작용하는 연속보

그림 7.3 전단을 상쇄하기 위해서 배치하는 여러 종류의 텐던 [Lin 1981(243)]

7.1 비균열 단면의 사인장(Diagonal Tension in Uncracked Sections)

상대적으로 작은 하중이 프리스트레스트 콘크리트 보에 작용하게 되면 콘크리트에는 아직 균열이 발생하지 않으면서 거의 탄성으로 거동하게 된다. 이런 상황에서 전단응력과 휨응력 그리고 이런 응력들에 의해서 발생하는 **주응력(principal stress)**은 역학의 기본 식들로 구할 수 있다. 그림 7.4와 같은 균질한 보의 y–y 면에서 전단응력은

$$v = \frac{V_{(\mathrm{net})}Q}{I_g b} \tag{7.2}$$

로 적을 수 있다. 여기에서 $V_{(\mathrm{net})}$는 하중과 긴장력에 의해서 단면에 작용하는 순 전단력(net shear force) ; Q는 고려하는 전단 면(shear plane)에서 최외단까지의 면적에 대한 중립축으로부터 정적모멘트(static moment), $Q = \int y\,dA_c$ (A_c는 그림 7.6 참고) ; I_g는 단면 2차 모멘트 ; b는 고려하는 전단 면의 단면의 폭이다.

y–y 단면에 대한 콘크리트의 휨 연직응력을 구하는 식 (1.1)과 (1.2)를 같이 쓰면,

$$f_{\binom{t}{b}} = \frac{P}{A_g} \mp \frac{Pe}{I_g}y \pm \frac{M}{I_g}y \qquad (1.1)과\ (1.2)$$

와 같다. 여기에서 P는 프리스트레싱 힘 ; e는 단면의 도심 축에서 아랫방향으로 + 부호인 프리스트레스트 힘의 편심 ; y는 도심 축으로부터 계산하는 면까지의 거리 ; A_g는 콘크리트의 단면적 ; M는 작용하는 하중에 의한 휨 모멘트이다.

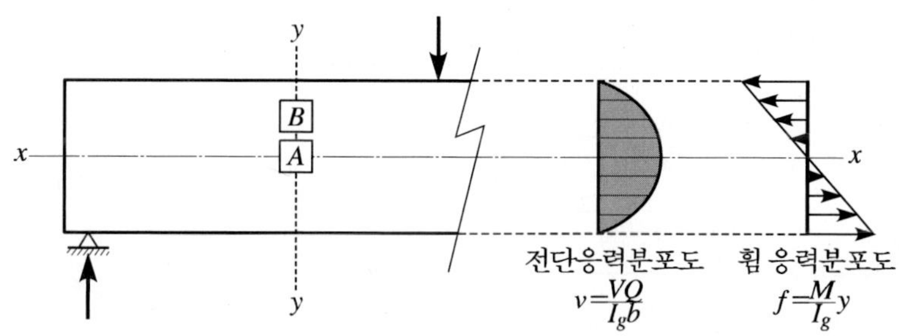

그림 7.4 전형적인 직사각형 단면 콘크리트 보에서 y–y 면에 발생하는 전단응력과 휨응력의 분포도 [Naaman 2012(334)]

철근콘크리트나 또는 보강재가 배치되지 않는 무보강 부재에서 그림 7.4와 같이 중립축에 있는 미소요소 A를 고려하면 미소요소에는 전단응력만 작용하고 연직응력은 0가 된다. 만약에 보에 프리스트레싱이 도입된다면 미소요소 A에는 축 압축력이 작용하게 되고 이는 마치 철근콘크리트나 무근 부재에서 미소요소 B나 마찬가지 상태가 될 것이다.

보에서 미소요소를 따라 주응력(principal stress)의 크기를 계산하기 위해서는 미소요소의 Mohr도를 그리면 쉽게 구할 수 있다. 그림 7.4에서 A 요소와 같이 전단응력만 작용하는 경우를 그리면 그림 7.5a와 같이 연직면에는 $+v$가 작용하고 수평면에는 $-v$가 작용하게 된다. 이 응력상태에 대한 주응력을 구하기 위해서 Mohr도를 그리면 그림 7.5b와 같게 된다. 그림 7.5b에서 보면 주인장응력(principal tension) f_1의 크기는 절대 값으로 전단응력과 같고 방향은 보의 축에 45° 방향으로 작용하며, 주압축응력 f_2의 크기는 같지만 방향은 f_1에 직각방향으로 작용하게 된다(그림 7.5c 참고). 이 주인장응력이 콘크리트의 인장강도를 초과하게 되면 주인장응력 방향에 연직하게 균열이 발생하며 이 균열을 **사인장균열(diagonal tension crack)** 이라고 부른다[Nilson 1987(209)].

프리스트레스트 콘크리트 보의 응력상태와 유사한 그림 7.4의 미소요소 B에 대한 응력도가 그림 7.5d에 주어졌으며 이 미소요소에는 전단응력 v와 축방향 압축응력 f가 작용하고 있다. 그림 7.5e의 Mohr도를 보면 축방향 압축응력이 없는 경우에 비해서 Mohr도가 왼쪽의 압축영역으로 이동하여 주인장응력 f_1의 값이 상당히 감소하고 방향은 보의 축 방향에 훨씬 큰 각도

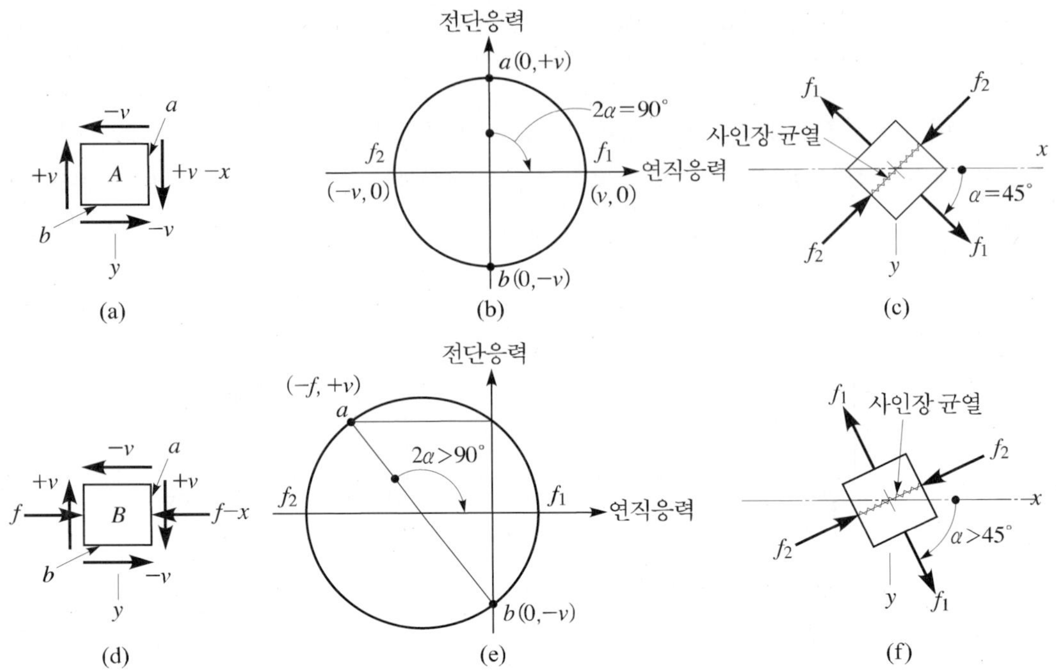

그림 7.5 미소요소에 대한 Mohr 도 : 사인장응력과 균열에 대한 축방향 프리스트레싱의 영향(인장을 연직응력 축의 ＋방향으로 표시) [Nilson 1987(208)]

로 작용하게 된다. 따라서 사인장균열의 각도는 축방향 압축응력이 없을 때의 45°에서 감소하여 눕게 된다.

그림 7.5b와 e의 Mohr 도에서 보면 축방향 압축응력이 얼마나 크던지 간에 수직 압축력이 도입되기 전에는 사인장응력을 완전히 제거할 수 없다는 것을 알 수 있다. 그림 7.5e에서 보면 미소요소 b에 종방향 압축응력이 작용하여 b의 좌표가 $(-f, -v)$가 되어 상당히 좌측으로 이동하기 전에는 언제나 주인장응력 f_1 이 존재하게 된다.

그림 7.6에는 프리스트레스트 콘크리트에 일반적으로 사용되는 단면들에 대한 전단응력의 분포도와 최대 전단응력이 발생하는 위치를 보여주고 있다. 직사각형 단면의 보에서 부재의 깊이에 따른 전단응력의 분포는 그림 7.4나 그림 7.6a와 같이 포물선 분포를 하고 있으면서 상연과 하연에서는 0이고 단면의 도심에서 최대값이 된다. 전형적인 프리스트레스트 콘크리트 보의 단면인 I형 단면에서는 플랜지에서 복부로 변할 때 단면의 폭이 급격히 감소하기 때문에 전단응력이 갑작스럽게 증가한다. 그림 7.6c 및 7.7b에는 전형적인 I형 단면의 전단응력의 분포도에서 복부의 깊이를 따라 거의 일정한 전단응력 v 값을 보여주고 있다. I형 보에서 주인장응력은 그림 7.7b의 전단응력 분포로부터 구할 수 있으며, 그림 7.7c에 보이는 축방향 연직응력은 일반적인 사용하중이 작용할 때의 분포도를 보여주고 있다.

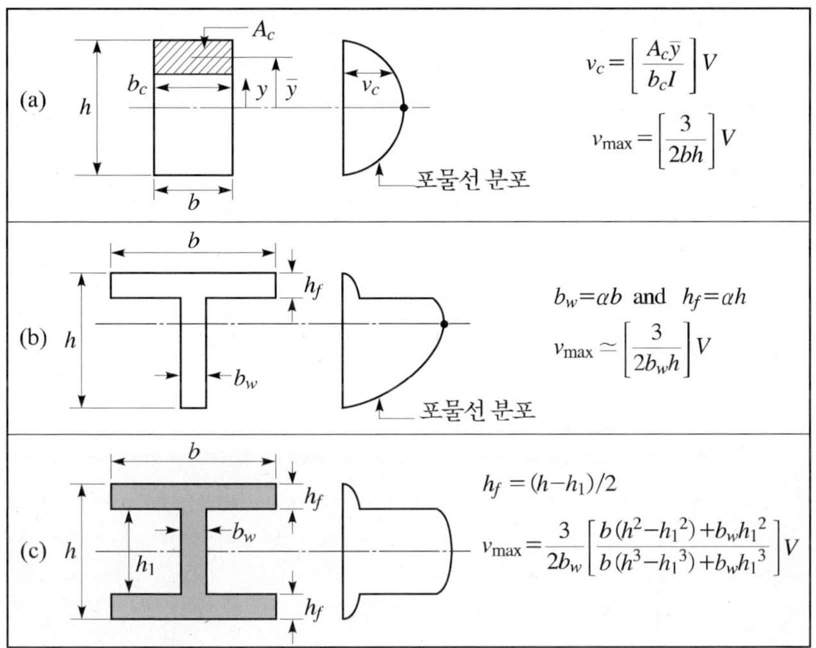

그림 7.6 여러 종류의 단면에 대한 전단응력 분포와 최대 전단응력의 위치 [Naaman 2012(339)]

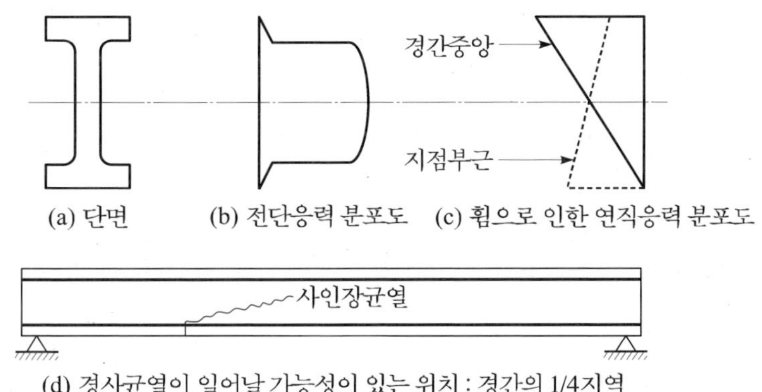

그림 7.7 프리스트레스트 콘크리트 I형 보에서 응력분포도와 사인장균열이 일어날 가능성이 있는 부분 [Nilson 1987(210)]

전형적으로 이런 I형 보에서 최대 주인장응력은 전단응력이 최대인 중립축에서 발생하지 않고, 전단응력은 높으면서 작용하는 하중 때문에 축방향 압축응력이 감소하는 복부와 하부 플랜지의 접합부에서 발생한다. 또한 비록 지점부근에서 순 전단력이 최대이지만 사인장(diagonal tension)의 위험단면은 지점부근이 아니라 얼마간 떨어진 부분에서 발생하게 되는데 그 이유는 프리스트레싱에 의한 축방향 압축응력을 작용하중에 의한 휨이 거의 감소시키지 못하기 때문이다. 그림 7.7c의 점선으로 표시된 휨응력은 전형적인 지점부근에서의 연직응력 분포를 보여주고 있다. 지점부근에서의 상당한 축방향 압축응력은 이 부분에서 주인장응력을 감소시키고, 게다가 지점에 발생하는 연직 압축반력으로 인해서 지점에 가깝게 사인장균열이 발생하는 것을 방지하게 된다.

따라서 단순 지지되고 균등한 등분포 하중이 작용하는 프리스트레스트 I형 보에서 사인장균열은 순 전단력이 상대적으로 높은 경간의 1/4 지역에 전단응력은 높으면서 축방향 압축응력은 낮은 복부와 하부 플랜지 부근에서 발생할 가능성이 높다. 그림 7.8의 1983년 Vrana의 프리텐션 I형 거더의 실험에서 보여주는 바와 같이 만약에 사인장 균열이 발생한다면 그림 7.7d와 같은 이상화된 형상을 보일 것이다[Nilson 1987(210)].

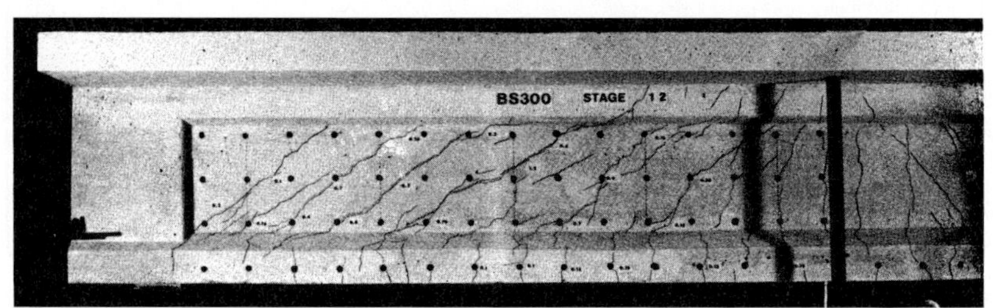

그림 7.8 프리텐션 I형 거더에 발생하는 사인장 균열 [Collins 1987(287) ; Vrana 1983]

7.2 전단 균열 거동(Shear Cracking Behavior)

광범위한 실험에 의하면 프리스트레스트 콘크리트나 철근콘크리트 보에서 다음과 같이 2 종류의 **사인장 균열(diagonal cracking)**이 일어난다고 보고되고 있다(그림 7.9 참고).

7.2.1 휨-전단 균열(Flexure-Shear Cracking)

휨 모멘트로 인해서 인장 측에 발생한 연직의 휨 균열이 서서히 경사진 사인장 균열로 발달하면서 발생하는 균열로(그림 7.9의 단면 2-2), 만약에 복부 전단보강철근을 배치하지 않게 되면 이 균열은 발달해서 다음과 같은 형태의 붕괴파괴를 일으키게 된다. 전단에 의한 파괴형태는 보의 기하학적인 형상과 작용하는 하중의 형태에 따라 좌우되지만 균등한 등분포 하중이 작용한다고 가정하면 보의 깊이, 복부의 두께, 그리고 축방향 보강재의 비율 및 부착강도가 파괴형상을 좌우한다[Rajagopalan 2005(257-259)]. 휨-전단 균열에 대한 프리스트레스트 콘크리트 부재의 전단강도를 구조기준에서는 V_{ci} 로 표기한다.

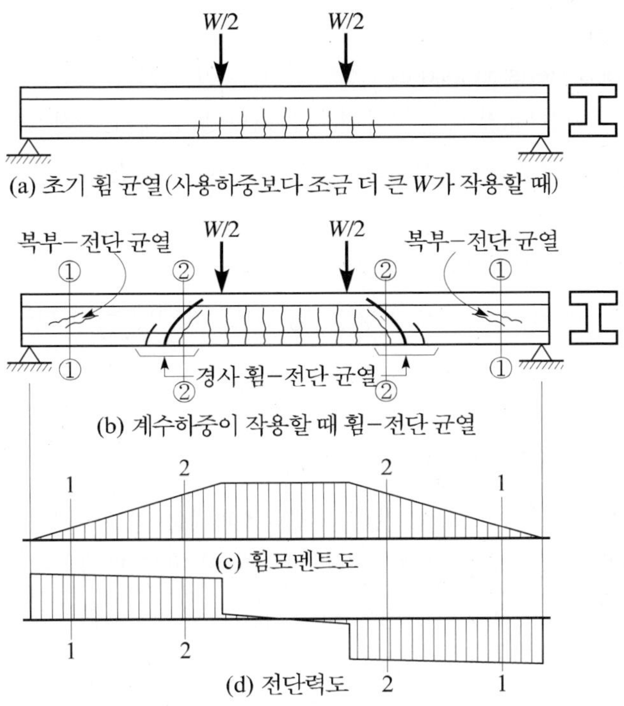

그림 7.9 전단 균열의 발달 [Lin 1981(244)]

① **사인장 파괴(diagonal-tension failure)** : 상대적으로 전단경간/깊이 비(shear span-to-depth ratio, a/d = M/Vd ; 단면 2-2인 경우 전단경간 a는 좌측 받침부에서 단면 2까지의 거리)가 3 ~ 6정도의 보인 경우에 휨 균열이 사인장 균열로 발전하여 하중이 작용하는 지점을 향해서 전진하면서 콘크리트의 휨압축 영역으로 균열이 갑작스럽게 침투하여 일어나는 파

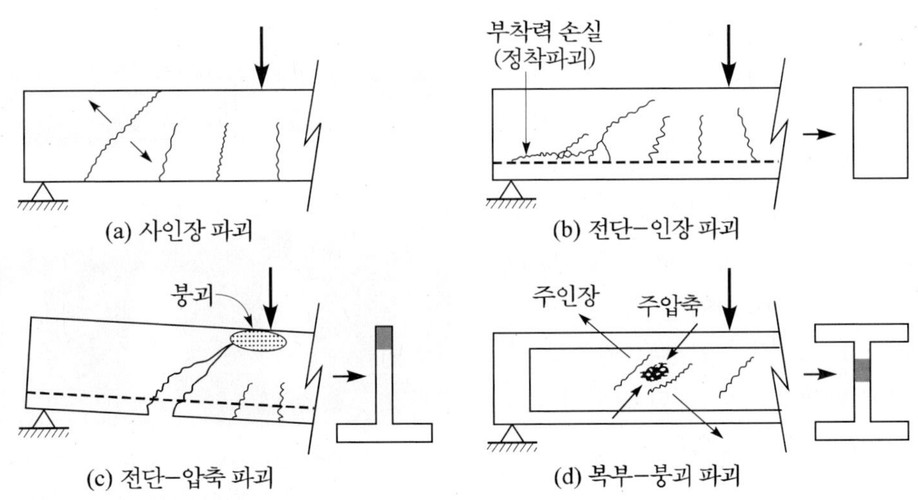

그림 7.10 전단 파괴의 종류 [Naaman 2012(341)]

괴(그림 7.10a 참고)

② **전단-인장 파괴(shear-tension failure)** : 전단경간/깊이 비가 1 ~ 2.5인 깊은 보에서 받침부 부근에 2차적인 사인장 균열이 발생하면서 축방향 보강재의 부착력이 손상되어 정착파괴(anchorage failure)가 일어나거나 또는 복부로부터 인장플랜지가 분리되면서 일어나는 파괴(그림 7.10b 참고)

③ **전단-압축 파괴(shear-compression failure)** : 경사균열이 균열이 아직 일어나지 않은 휨압축 영역을 향해서 전진하면서 휨압축 영역이 감소하여 종래에 이 영역의 붕괴로 일어나는 압축파괴(그림 7.10c)

7.2.2 복부-전단 균열(Web-Shear Cracking)

전단에 의한 주인장응력이 콘크리트의 인장강도를 초과하는 경우에 발생하며, 특히 복부의 두께가 얇은 I 형 단면에서 받침부 부근에 긴장력이 상당히 많이 도입된 부분에서 복부-전단 균열이 일어난다(그림 7.9의 단면 1-1). 이런 종류의 균열은 매우 갑작스럽게 나타나고 파괴는 휨-전단 균열에 의해서 일어나는 3가지 종류의 파괴형태이외에 경사균열 사이의 높은 압축력으로 인해서 복부의 붕괴로 일어나는 **복부-붕괴 파괴(web-crushing failure)**가 일어날 수 있다(그림 7.10d 참고).

이런 갑작스러운 복부-붕괴 파괴는 복부에서 주압축응력이 한계 값을 초과할 때 일어나며 이런 파괴는 복부에서 인장파괴가 일어나지 않도록 잘 보강되었을 때 일어나게 된다. 이런 파괴를 피하기 위해서는 최대로 배치하는 복부 보강철근에 대한 한계(너무 주인장 저항력이 커지지 않도록)를 두어 복부에서 주압축력이 압축강도에 도달하지 않도록 하여야 한다. 구조기준에서는 이런 파괴가 발생하지 않도록 전단보강철근이 저항할 수 있는 전단강도에 대한 상한한계를 두어 간접적으로 달성하고 있다(식 (7.38) 참고)[Rajagopalan 2005(259)]. 복부-전단 균열에 대한 프리스트레스트 콘크리트 부재의 전단강도를 구조기준에서는 V_{cw} 로 표기한다. 그림 7.11에는 PCA(Portland Cement Association)에서 수행한 스터럽(stirrup)으로 전단 보강된 연속 프리텐션 보에 발생한 복부-전단 균열과 휨-전단 균열을 보여주고 있다.

그림 7.11 연속 프리스트레스트 콘크리트 보에 발생한 복부-전단 균열과 휨-전단 균열 [Portland Cement Association, Nilson 1987 (213)]

7.3 구조기준의 콘크리트 전단강도 - 상세식(Elaborate Shear Strength of Concrete)

프리스트레스트 콘크리트 휨 부재에서 2 종류의 사인장 균열이 부재의 경간을 따라 각각 다른 위치에서 발생하므로 구조기준에서는 휨-전단 균열강도는 V_{ci}로, 복부-전단 균열강도는 V_{cw}로 표기하여 각각의 강도를 구하는 상세식을 다음과 같이 제시하고 있다. 이렇게 경간을 따라 구한 V_{ci}와 V_{cw} 중에서 작은 값의 전단력이 작용할 때 단면에는 균열이 발생하므로 임의의 단면에서 다음과 같은 조건일 때 휨-전단 균열이나 또는 복부-전단 균열이 발생하게 된다.

$$\begin{cases} (1)\ V_{ci} > V_{cw} \text{ 인 경우 } \Rightarrow V_{cw} \text{ 지배 : 복부 – 전단 균열 발생} \\ (2)\ V_{ci} < V_{cw} \text{ 인 경우 } \Rightarrow V_{ci} \text{ 지배 : 휨 – 전단 균열 발생} \end{cases}$$

따라서 주어진 콘크리트 단면의 공칭전단강도(nominal shear strength) V_c는 V_{ci}와 V_{cw} 중에서 작은 값이 지배하여 아래와 같이 적을 수 있다.

$$V_c = \text{작은 값 } (V_{ci} \text{ 와 } V_{cw}) \tag{7.3}$$

7.3.1 휨-전단 균열(flexure-Shear cracking, V_{ci})

실험에 의하면 휨-전단 균열의 경우에 보의 강도를 감소시킬 수 있는 사인장균열의 수평길이는 적어도 보의 유효깊이 d 만큼 되어야 하는 것으로 밝혀졌다. 따라서 고려하는 단면에서 휨모멘트가 감소하는 방향으로 거리 d 안에 발생하는 휨 균열이 휨-전단 파괴와 관련이 있게 된다[Nilson 1987(214-216)].

그림 7.12에는 휨과 전단의 영향으로 발생한 휨-전단 균열을 이상화하여 보여주고 있다(그림 7.9의 단면 2-2 참고). 사인장 균열은 단면 C로부터 거리 d 떨어진 곳에 발생한 휨 균열의 끝에서부터 시작될 것이다. 실험에 의하면 사전에 형성된 휨 균열 사이의 1/2 거리(즉, C 단면으로부터 $d/2$ 떨어진 거리)에 발생하는 추가적인 휨 균열이 종래에 보의 붕괴를 일으키는 것으로 보고 되었다. 따라서 사인장 균열을 일으키는 하중의 크기를 알기 위해서는 추가적으로 $d/2$ 거리에 휨 균열을 일으키는 전단력을 예측하여야 한다. 그림 7.12b와 c에서 보여주는 것과 같이 단면 C의 전단력과 휨모멘트는 V와 M이고 단면 B에서는 V_{cr}과 M_{cr}이다. 그림 7.12에서 보여주는 전단력과 휨모멘트는 고정하중과 프리스트레스 힘에 의한 응력은 제외하고 오직 추가고정하중과 활하중에 의한 값이다.

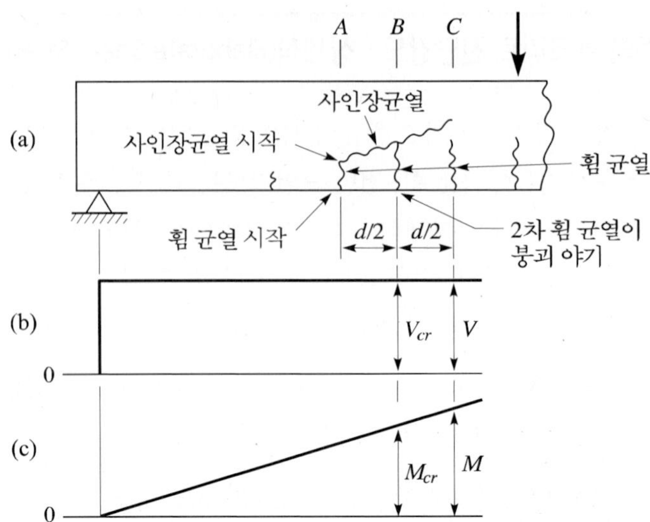

그림 7.12 휨-전단 균열 : (a) 이상화된 균열 패턴, (b) 전단력도, (c) 휨모멘트 도 [Nilson 1987(214)]

단면 B와 C 사이의 휨모멘트의 차이는 2 단면의 전단력도의 면적과 같으므로

$$M_C - M_B = M - M_{cr} = \int_B^C V dx = \frac{V + V_{cr}}{2}\left(\frac{d}{2}\right)$$

로 쓸 수 있다. 거리 $d/2$ 떨어진 두 단면에서 전단력의 변화는 매우 작으므로 $V_{cr} \approx V$로 보아 간략화하면

$$M - M_{cr} = \frac{Vd}{2} \quad \text{또는} \quad \frac{M}{V} - \frac{M_{cr}}{V} = \frac{d}{2}$$

가 된다. 이를 V로 정리하면,

$$V = \frac{M_{cr}}{\dfrac{M}{V} - \dfrac{d}{2}} \tag{7.4}$$

이 식은 추가고정하중과 활하중이 작용할 때 단면 B의 휨모멘트가 M_{cr}일 때 단면 C에서의 전단력을 구할 수 있는 식이다. 이 식에서 보면 V가 식의 좌측과 우측에 동시에 나타나지만 M/V 비는 작용하는 추가하중(추가고정하중과 활하중)이 변하더라도 일정한 비율로 증가한다면 비는 변하지 않고 일정하기 때문에 문제가 되지 않는다.

단면 B에 휨 균열이 발생할 때 단면 C의 총 전단력은

① 식 (7.4)의 전단력(추가고정하중과 활하중)

② 고정하중으로 인한 전단력 V_d

③ 경사 긴장재의 수직분력 V_p

④ 휨 균열이 발생한 뒤에 사인장 균열로 발전하기 위해서는 전단력 $(0.05\sqrt{f_{ck}})b_w d_p$ 가 필요한 것이 실험에 의해서 밝혀졌다. 여기에서 b_w 는 복부의 폭이며, d_p 는 긴장재 도심까지의 유효깊이이다.

따라서 휨-전단 파괴를 일으키는 총 전단력 V_{ci} 는 다음과 같이 표현할 수 있다.

$$V_{ci} = (0.05\sqrt{f_{ck}})b_w d_p + \frac{M_{cr}}{\dfrac{M}{V} - \dfrac{d}{2}} + V_d + V_p$$

휨-전단 균열이 일어나는 부분의 경간에서 긴장재의 경사는 매우 작을 것이므로 안전 측으로 V_p 를 무시하고, 균열모멘트를 4장의 M_{cr} (식 (4.2))과 구분하기 위해서 M_{cre} 로 표현하면,

$$V_{ci} = (0.05\sqrt{f_{ck}})b_w d_p + \frac{M_{cre}}{\dfrac{M}{V} - \dfrac{d}{2}} + V_d \tag{7.5}$$

로 쓸 수 있다. 이 식에서 균열모멘트 M_{cre} 은 고정하중에 더하여 작용하는 추가고정하중과 활하중에 의한 휨모멘트(즉, $M_{cre} = M_{cr} - M_d$)로 단면의 하연 인장응력이 콘크리트의 파괴계수(modulus of rupture)인 경우를 구하면 된다. 구조기준 7.3.2(2)(ACI 11.3.3.1)에서는 프리스트레스트 콘크리트 부재에서 파괴계수로 철근콘크리트에서의 파괴계수 $f_r = |-0.63\lambda\sqrt{f_{ck}}|$ 보다 약 20% 감소한 안전 측의 $f_r = |-0.5\lambda\sqrt{f_{ck}}|$ 를 사용하도록 제안하고 있다[1]. 따라서 단면 하연에 균열이 일어나기 위한 인장응력은

$$\frac{M_d}{I_g}y_b + \frac{M_{cre}}{I_g}y_b - \left(\frac{P_e}{A_g} + \frac{P_e e}{I_g}y_b\right) = 0.5\lambda\sqrt{f_{ck}}$$

또는 단면계수 $S_b = I_g/y_b$ 로 쓰면서 정리하면,

$$M_{cre} = S_b\left[0.5\lambda\sqrt{f_{ck}} + \frac{P_e}{A_g}\left(1 + \frac{e A_g}{S_b}\right)\right] - M_d = \frac{I_g}{y_b}\left(0.5\lambda\sqrt{f_{ck}} + f_{pe} - f_d\right) \tag{7.6}$$

1. CPCI 2007(3.6.4)에서는 파괴계수로 철근콘크리트와 같은 $f_r = |-0.60\lambda\sqrt{f_{ck}}|$의 사용을 제안하고 있다. 또한 인장응력의 부호(−)를 생략하고 구조기준과 같이 절대값으로 표현하였다.

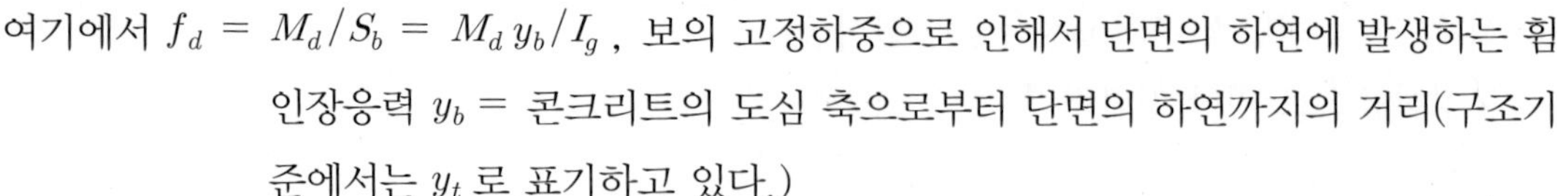

여기에서 $f_d = M_d/S_b = M_d y_b/I_g$, 보의 고정하중으로 인해서 단면의 하연에 발생하는 휨 인장응력 y_b = 콘크리트의 도심 축으로부터 단면의 하연까지의 거리(구조기준에서는 y_t 로 표기하고 있다.)

I_g = 콘크리트 단면의 단면 2차 모멘트

$f_{pe} = P_e/A_g + P_e e/S_b$, 유효 프리스트레스 힘 P_e 에 의해서 단면의 하연에 발생하는 휨 압축응력 [구조기준 식 (7.3.9)에서는 f_{pe} 를 f_{pcc} 로 표기하고 있다.]

λ = 콘크리트의 비중을 고려하는 계수(식 (2.11) 참고)

고정하중과 그 외의 하중들(추가고정하중과 활하중)을 분리해서 다루는 이유는 일반적으로 고정하중은 균등한 등분포로 작용하지만 추가하중들은 임의의 분포로 작용할 수 있기 때문이다. 하중들을 이렇게 분리함으로서 식 (7.5)의 M/V 비(즉, 전단경간/깊이의 비)가 비록 추가하중들이 증가하거나 하중계수에 따라 변하지 않고 일정하게 된다. 또한 Naaman[2012]에 의하면 이렇게 분리해서 다룸으로서 합성부재(composite member)에도 식 (7.5)를 적용할 수가 있는데 이런 경우 V_d 에는 보의 고정하중과 현장치기 슬래브(cast-in-place slab)도 포함시켜야 한다고 제시하고 있다.

뒤에서 다루는 현행 복부 전단철근에 대한 설계가 계수하중에 의한 소요강도로 설계되지만 사인장 균열을 예측하는데 적용되는 보 자체의 고정하중에 대한 V_d 와 f_d 는 하중계수를 곱하지 않은 사용하중이 적용된다는 점을 주의하여야 한다.

식 (7.5)로 구한 값과 실험을 통해서 구한 값의 비교가 그림 7.13에 주어졌다. 식 (7.5)로 계산하여 구한 V_{ci} 는 직선으로 표시되어 점으로 표시된 실험 값들의 아래 한계선을 그어 안전 측임을 보여주고 있다.

그림 7.13 식 (7.5)와 실험 결과의 비교 [Nilson 1987(217), ACI-SP10 1965]

구조기준 해설 7.3.2(ACI R11.3.2)에서는 (7.5)를 설계에 적용하기 위해서 먼저 M/V 비는 등분포 하중이 작용하는 단순 지지된 보에서 받침부에서 거리 x 떨어진 단면에서 휨 모멘트와 전단력은 각각(그림 7.14a 참고)

$$M = \frac{wl}{2}x - \frac{wx^2}{2} \text{ 와 } V = \frac{wl}{2} - wx$$

$$\frac{M}{V}=\frac{\frac{wl}{2}x-\frac{wx^2}{2}}{\frac{wl}{2}-wx}=\frac{\frac{wlx-wx^2}{2}}{\frac{wl-2wx}{2}}=\frac{lx-x^2}{l-2x} \tag{7.7}$$

가 되고, 만약에 그림 7.14b와 같이 집중하중이 작용하는 경우에는 다음과 같이 적을 수 있다.

$$\frac{M}{V}=\frac{Rx}{R}=x \tag{7.8}$$

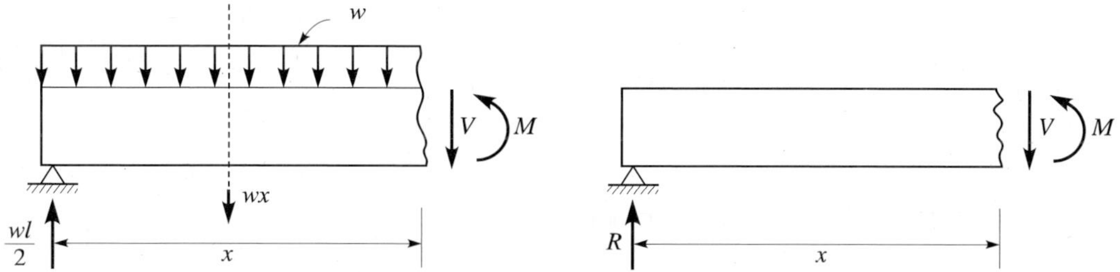

(a) 단순 지지되고 등분포하중이 작용하는 보의 자유물체도 (b) 단순 지지되고 집중하중이 작용하는 보의 자유물체도

그림 7.14 단순 지지된 보에서 등분포 하중과 집중하중이 작용할 때 M/V 비

식 (7.8)에서 보면 $M/V=x$ 에서 x 는 휨-전단을 고려하는 단면에서 받침부까지의 거리로 전단경간(shear span)과 유사한 역할을 하고, 식 (7.7)에서 보면 밑변 $(l-2x)$ 는 매우 작을 수 있으므로 $M/V \gg d/2$ 가 되어, 구조기준에서는 식 (7.5)에서 상대적으로 크기가 작은 $d/2$ 를 무시하여 안전 측으로 식 (7.9)와 같이 간략화 하면서, 경량콘크리트에 대한 비중계수 λ 를 도입하고, 계산된 전단강도는 $V_{ci} \geq (0.17\lambda\sqrt{f_{ck}})b_w d$ 이어야 한다고 제한하고 있어서 이를 같이 쓰면,

$$V_{ci}=(0.05\lambda\sqrt{f_{ck}})b_w d_p+\frac{V_i M_{cre}}{M_{\max}}+V_d \geq (0.17\lambda\sqrt{f_{ck}})b_w d \tag{7.9}$$

가 된다. 여기에서 또한 구조기준 7.3.2(3)②와 7.4.1(4)에서는 (d 또는 d_p) $\geq 0.8h$ 이상이어야 한다고 규정하고 있다. 긴장재의 위치가 어디이던지 간에 (d 또는 d_p) $\geq 0.8h$ 의 적용은 프리스트레스 힘에 의해서 도입되는 압축력으로 대부분의 단면이 비균열 단면으로 전단을 전달할 수 있다는 점을 고려했다고 볼 수 있다[Leet 1997(81)]. 식 (7.9)에서 V_i 와 $M_{\max}$ 는 추가고정하중과 활하중에 의해서 고려하는 단면의 발생하는 계수 전단력과 휨모멘트이고, V_d 는 하중계수를 곱하지 않은 고정하중에 의해서 단면에 발생하는 전단력이다.

식 (7.9)에서 $(0.05\lambda\sqrt{f_{ck}})$ 항에는 긴장재의 유효깊이 d_p가 적용되고, 전단력의 한계에는 전체 인장 보강재의 유효깊이 d (4장에서는 d_e 로 표기)가 적용되고 있다.

균등한 등분포하중이 작용하는 비합성 보(noncomposite beam)인 경우에는 식 (7.9)를 다음과 같이 변환하여 적을 수 있다[구조기준 해설 7.3.2(2)①].

$$V_{ci} = (0.05\lambda\sqrt{f_{ck}})\,b_w d_p + \frac{V_u M_{ct}}{M_u} \geq (0.17\lambda\sqrt{f_{ck}})\,b_w d \tag{7.10}$$

여기에서 $M_{ct} = (I_g/y_b)\left(0.5\lambda\sqrt{f_{ck}} + f_{pe}\right) = S_b\left(0.5\lambda\sqrt{f_{ck}} + f_{pe}\right)$ 로 식 (7.6)의 M_{cre} 와는 다른 값으로 고정하중을 포함한 인장연단에 균열을 일으키는 총 모멘트이다. M_u 와 V_u 는 고려하는 단면에 작용하는 총 하중(고정하중, 추가고정하중과 활하중을 포함한)에 의한 계수 휨모멘트와 계수 전단력이다.

7.3.2 복부-전단 균열(web-shear cracking, V_{cw})

두 번째 종류의 균열은 복부-전단 균열로 전단과 휨응력에 의한 최대 주인장응력이 콘크리트의 인장강도를 초과할 때 발생하게 된다. 콘크리트는 인장으로 균열이 일어나기 전까지는 거의 탄성거동을 하므로 계산은 일반적인 탄성론의 식을 사용하여 수행할 수 있다[Nilson 1987 (217-218)].

주응력 계산과 전형적인 보의 실험에 의하면 복부-전단 균열은 콘크리트 단면의 도심 축이나 약간 아래쪽에 나타나는 것으로 예상할 수 있다(그림 7.8 참고). 만약에 최대 주인장응력이 도심 축의 아래 부분에서 나타난다면 복부-전단 균열보다는 휨 균열이 일어나면서 휨-전단 균열로 발전할 가능성이 크게 된다. 따라서 복부-전단 균열을 발생시키는 전단은 단면의 도심 축의 주인장응력을 근거로 산정하는 것이 타당할 것이다[Nilson 1987(217)].

부재의 전단강도는 주인장응력 f_1 이 콘크리트의 직접인장강도 f_t 와 같은 때일 것이다. 따라서 그림 7.5e의 Mohr 도에서 주인장응력을 구하는 식을 쓰면,

$$\sqrt{{v_{cw}}^2 + \left(\frac{f_{pc}}{2}\right)^2} - \frac{f_{pc}}{2} = f_t \tag{7.11}$$

여기에서 $v_{cw} = V_{cw}/b_w d$ 모든 하중이 작용할 때의 콘크리트의 공칭전단응력이고 ; f_{pc} 는 유효 프리스트레스트 힘으로 인한 콘크리트 단면 도심 축에서의 압축응력, 또는 합성단면의 중심이 플랜지 내에 위치할 경우는 복부와 플랜지 교차점에서 압축응력으로 각각 다음과 같이 적을 수 있다[ACI Note 2008(25-13)].

$$\begin{cases} f_{pc} = P_e / A_g\,, \quad \text{또는} \\ f_{pc} = P_e / A_g - (P_e e) c / I_g + M_d c / I_g \quad (\text{합성단면}) \end{cases} \tag{7.12}$$

여기에서 $c = y_{bc} - y_b$ 이고, y_{bc} 는 합성단면의 도심에서 하연까지의 거리이다. 식 (7.11)을 정리하면,

$$v_{cw}{}^2 + \left(\frac{f_{pc}}{2}\right)^2 = f_t{}^2 + \left(\frac{f_{pc}}{2}\right)^2 + f_t f_{pc}$$

$$v_{cw} = f_t \sqrt{1 + \frac{f_{pc}}{f_t}}$$

가 된다. 구조기준 7.3.2(ACI 11.3)에서는 직접 인장강도를 안전 측으로 구조기준의 파괴계수 $f_r = |-0.63\lambda\sqrt{f_{ck}}|$ 의 약 46%인 $f_t = |-0.29\lambda\sqrt{f_{ck}}|$ 로 고려하여 다음과 같이 상세식과 간략식을 제시하였다.

$$\begin{cases} v_{cw} = 0.29\lambda\sqrt{f_{ck}}\sqrt{1 + \dfrac{f_{pc}}{0.29\lambda\sqrt{f_{ck}}}}\,, \quad \text{또는} \\ v_{cw} = 0.29\lambda\sqrt{f_{ck}} + 0.3 f_{pc} \quad (\text{간략식}) \end{cases} \tag{7.13}$$

그림 7.15의 상세식과 간략식의 비교에서 보면 서로 상당히 근접하게 거동하는 것을 보여주고 있다. 따라서 구조기준에서는 간략식를 이용하여 설계하도록 제시하면서, 복부-전단 균열에 대한 전단강도 V_{cw} 는 유효 프리스트레스트 힘 P_e 의 수직성분 만큼 증가되기 때문에 더해주면 구조기준 7.3.2⑵②(ACI 11.3.3.2)에서 제시하는 다음 식으로 표현될 수 있다.

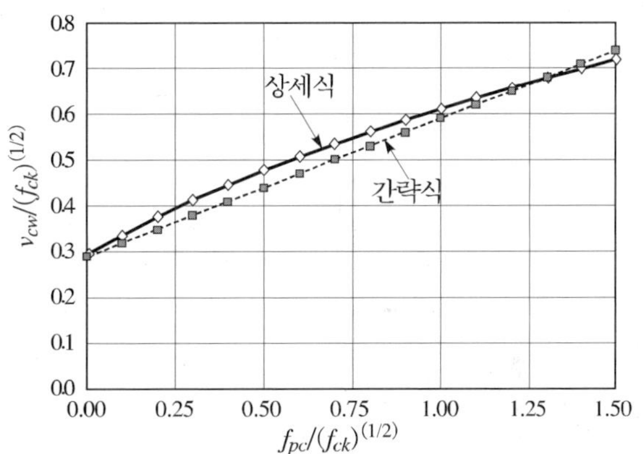

그림 7.15 복부-전단균열을 일으킬 때의 공칭전단 응력 v_{cw} 의 비교 [ACI-SP10 1965]

$$V_{cw} = \left(0.29\lambda\sqrt{f_{ck}} + 0.3 f_{pc}\right) b_w d_p + V_p \tag{7.14}$$

여기에서 $V_p = P_e \sin\theta_p$ 이고, $d_p \geq 0.8h$ 이어야 한다.

그림 1.36에서 보는바와 같이 등분포하중이 작용하는 단순지지 보에서 포물선 분포의 휨모멘트로 인한 응력을 상쇄하는데 포물선 형상으로 긴장재를 배치하는 것이 가장 효과적이다. 프리스트레싱인 경우에는 **꺽쇠볼트(hold down bolt)**를 이용해서 긴장재를 포물선 형상으로 만

들기 어렵기 때문에 긴장재를 경간의 중앙에서 1점이나 또는 2점 절곡하여 배치하게 된다. 이에 비해서 포스트텐션인 경우에는 속이 빈 덕트(duct)를 배치하고 콘크리트에 강도가 생기면 덕트 사이로 긴장재를 삽입하여 긴장하고 그라우트를 주입하여 일체로 만들므로 상대적으로 덕트를 포물선 형상으로 배치하기 쉽게 된다.

포스트텐션 형식에서 일반적으로 배치되는 포물선 형상의 긴장재의 방정식은 아래 식을 이용하여 결정할 수 있다.

$$y = ax^2 + bx + c \tag{a}$$

그림 7.16에서 3점을 통과하는 포물선의 방정식을 구하기 위해서 A점 좌표 (0, 0), B점 좌표 (L/2, $\delta = e_c + e_e$)와 A점의 거울 대칭점의 좌표 (L, 0)를 각각 식 (a)에 대입하여 계수 a, b와 c를 결정하면,

$$a = -\frac{4\delta}{L^2}, \quad b = \frac{4\delta}{L}, \quad \text{and} \quad c = 0 \tag{b}$$

가 된다. 식 (b)를 식 (a)에 대입하면 긴장재의 포물선의 편심 방정식은

$$e(x) = -4\delta\left(\frac{x}{L}\right)^2 + 4\delta\left(\frac{x}{L}\right) \tag{7.15}$$

가 된다. 이 식을 미분하여 기울기 θ_p를 결정하면,

$$\theta_p(x) = -\frac{8\delta}{L^2}x + \frac{4\delta}{L} \tag{7.16}$$

가 되어 이 식들을 이용하여 포스트텐션 방식에서 긴장재가 포물선 형상으로 배치되는 경우에 $V_p(x) = P_e \sin\theta_p(x)$를 계산할 수 있다.

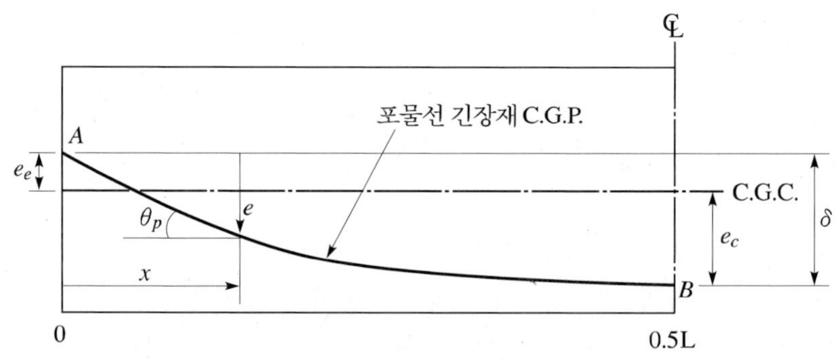

그림 7.16 포물선으로 배치하는 긴장재

7.3.3 V_{cw}를 구하는 다른 방법

구조기준 7.3.2(2)②(ACI 11.3.3.2)에는 또한 식 (7.14)를 대신하여 V_{cw}는 부재의 도심 축에서 또는 도심 축이 플랜지 내에 있을 때는 플랜지와 복부의 교차선에서 $\lambda\sqrt{f_{ck}}/3$ 의 주인장응력이 일으키는 고정하중과 활하중에 해당되는 전단력으로 구할 수 있다고 제안하면서, 합성부재에서 주인장응력은 활하중을 저항하는 단면을 사용하여 구하여야 한다고 규정하고 있다.

전단응력은 식 (7.2)의 $v = VQ/I_g b_w = (V/I_g b_w)\int c\,dA_c$로 쓰고, 식 (7.11)에서 주인장응력이 $\lambda\sqrt{f_{ck}}/3$ 일 때의 전단력으로 구할 수 있다고 했으므로, 이 식에 $f_t = |-\lambda\sqrt{f_{ck}}/3|$를 대입하여 표현하면,

$$\frac{\lambda\sqrt{f_{ck}}}{3} = -\frac{f_{pc}}{2} + \sqrt{\left(\frac{V_c' Q}{I_g b_w}\right)^2 + \left(\frac{f_{pc}}{2}\right)^2}$$

가 된다. 따라서 이 식을 정리하여 전단력 V_c'를 구하면,

$$\therefore\ V_c' = \frac{I_g b_w}{Q}\frac{\lambda\sqrt{f_{ck}}}{3}\sqrt{1 + \frac{f_{pc}}{\lambda\sqrt{f_{ck}}/3}} \tag{7.17}$$

가 된다. 따라서 식 (7.14)와 같이 복부-전단 강도 V_{cw}를 적으면,

$$V_{cw} = V_c' + V_p = \frac{I_g b_w}{Q}\frac{\lambda\sqrt{f_{ck}}}{3}\sqrt{1 + \frac{f_{pc}}{\lambda\sqrt{f_{ck}}/3}} + V_p \tag{7.18}$$

로 표현된다. 이 식을 응력단위로 적으면 아래와 같이 적을 수 있다.

$$v_{cw} = \frac{V_c' + V_p}{b_w d} \tag{7.19}$$

7.4 전단설계 규정(Shear Design Criteria)

7.4.1 V_c를 구하는 간략식

구조기준 7.3.2(1)(ACI 11.3.2)에는 유효 프리스트레스 힘이 휨 철근 인장강도의 40% 이상을 작용하는 부재, 즉 $f_{pe} \geq 0.4 f_{pu}$ 인 경우2에 다음과 같은 간략식을 사용해서 콘크리트 단면

의 공칭전단강도를 구할 수 있도록 제시하고 있다.

$$V_c = \left(0.05\lambda\sqrt{f_{ck}} + 4.9\frac{V_u d_p}{M_u}\right)b_w d \ ; \quad \text{단}, \ \frac{V_u d_p}{M_u} \le 1.0 \tag{7.20}$$

여기에서 긴장재와 철근 도심의 유효깊이 $d \ge 0.8h$ 이상으로 제한되어있지만, 긴장재의 유효깊이 d_p 는 아무런 제한을 하지 않고 있다[3]. V_c 에는 다음과 같은 상하한계가 규정되어있고, 이 식을 전단강도와 응력 식으로 각각 쓰면 아래와 같다.

$$\begin{cases} \left(\dfrac{\lambda\sqrt{f_{ck}}}{6}\right)b_w d \le V_c \le \left(\dfrac{5\lambda\sqrt{f_{ck}}}{12}\right)b_w d \\ \text{또는} \\ \left(0.17\lambda\sqrt{f_{ck}}\right) \le \dfrac{V_c}{b_w d} \le \left(0.42\lambda\sqrt{f_{ck}}\right) \end{cases} \tag{7.21}$$

7.4.2 프리텐션 부재의 단부에서 긴장력의 전달로 인한 긴장력의 감소 고려 [구조기준 7.3.2(4~5), ACI 11.3.4, 11.3.5]

콘크리트 속에 매립된 긴장재의 프리스트레스 힘은 긴장재와 콘크리트 사이에 발달하는 **부착응력(bond stress)**에 의해서 콘크리트에 전달되어야 한다. 잘려진 긴장재가 배치되는 프리텐션 부재의 단부(end face) 부근에서 유효긴장응력 f_{pe} 가 발달하기 위해서는 최소의 매립길이가 필요하며, 이 매립길이를 **전달길이(transfer length)**라고 한다.

긴장재의 부착 전달길이를 구조기준 7.3.2(4~5)(ACI 11.3.4 및 11.3.5)에서는

$$\text{전달길이 } l_t = \begin{cases} \text{강연선} & : \ 50\,d_b \\ \text{단일 강선} & : \ 100\,d_b \end{cases} \tag{7.22}$$

로 가정할 수 있도록 제시하고, 프리스트레스 힘은 긴장재 끝에서는 영이고, 전달길이 떨어진 거리에서 최대 값으로 선형적으로 변화(vary linearly)하도록 가정하고 있다. 구조기준 8.4 (ACI 12.9)에서는 전달길이로 $l_t = 0.145(f_{pe}/3)d_b$ 로 제시되었다(식 (2.23) 참고). 만약에 유효긴장응력 $f_{pe} \approx 0.55f_{pu} = 0.55(1,860) = 1,023$ (MPa)라면 $l_t = 0.145(1,023/3)d_b = 49.4d_b \approx 50d_b$ 가 된다.

구조기준 7.3.2(4~5)(ACI 11.3.4 및 11.3.5)는 프리텐션 부재의 단부에서 전단강도를 계산

2. 휨에서 f_{ps} 를 구하는 근사식을 적용하는 한계는 $f_{pe} \ge 0.5f_{pu}$ 로 제시하고 있다.

3. ACI NOTE Example 25-1에서 보면 $V_u d_p/M_u$ 를 계산하는 경우에 d_p 는 실제 유효깊이를 적용하여야 된다고 언급하고 있다.

하는데 긴장재의 전달길이(transfer length)로 인한 긴장력의 변화를 고려하여야 한다고 규정하고 있다.

프리텐션 부재에서 ① 받침부의 안쪽 면에서 h/2 거리(위험단면)에 있는 단면부터 부재의 단부까지 거리가 긴장재의 전달길이보다 짧은 경우[즉, (단부에서 받침부 안쪽 면까지의 길이 + h/2) < 전달길이] 또는 ② **비부착 긴장재(debonding tendon)**가 있거나 또는 부착이 부재 단부까지 연장되어 있지 않은 긴장재가 배치된 경우에 감소된 프리스트레스 힘을 고려하여 간략식을 사용하여 V_c를 계산할 때에도 식 (7.14)의 V_{cw}로 V_c를 계산하여야 하고, 이때 전달길이에서의 전단강도는 $V_{cw} \leq (5\lambda\sqrt{f_{ck}}/12)b_w d$로 하여야 한다[구조기준 7.3.2(1)]는 규정이다.

7.4.3 고강도 콘크리트에 대한 규정[구조기준 7.2.1(4), ACI 11.1.2]

현재 보에 대한 전단강도의 지식은 대부분 압축강도가 56 MPa(8,000 psi) 이하의 콘크리트로 만든 보를 실험한 결과에 의존하고 있다. 56 MPa보다 높은 고강도의 콘크리트에 대한 실험에서 콘크리트의 전단강도를 과대평가하는 것으로 판명되어, 구조기준 7.2.1(4)(ACI 11.1.2)에서 $\sqrt{f_{ck}}$가 8.4 MPa을 초과할 수 없도록 규정하고 있다. 이 값은 $f_{ck} \leq$ 70 MPa(10,000 psi)에 상당한다.

$$\sqrt{f_{ck}} \leq 8.4\,\text{MPa} \tag{7.23}$$

그러나 구조기준에서는 식 (7.24)로 제시되는 최소전단철근 이상을 배치한 보에서는 $\sqrt{f_{ck}}$에 대한 제한을 받지 않아도 되도록 하고 있다. 실험에 의하면 고강도 콘크리트로 만든 보에서 추가의 전단보강이 사인장 파괴(brittle diagonal tension failure)를 방지하여 감소되는 전단강도를 보상해 주는 것이 관찰되었다. 구조기준 7.4.3(3)과 (4) 최소전단철근량 규정과 7.6.4 최소 비틀림철근량 규정에서 요구되는 최소 복부철근이 배치된 철근콘크리트 또는 프리스트레스트 콘크리트 보와 콘크리트 장선구조에 있어서 V_c를 계산할 때는 $\sqrt{f_{ck}}$ 값이 8.4 MPa을 초과할 수 있다고 규정하고 있다. 따라서 구조기준은 고강도 콘크리트에 대해서 최소전단철근이 배치되면, $\sqrt{f_{ck}} >$ 8.4 MPa(즉, $f_{ck} >$ 70 MPa)의 적용을 허용하고 있다.

구조기준 7.4.3(4)(ACI 11.4.6.4)의 유효 프리스트레스트 힘이 휨철근 인장강도의 40% 이상이 작용($f_{pe} \geq 0.4 f_{pu}$)하는 프리스트레스트 콘크리트 부재에 대한 구조기준의 최소 전단철근에 대한 규정을 적으면,

$$A_{v(\min)} = \left[\left(0.0625\sqrt{f_{ck}} \geq 0.35\right)\frac{b_w s}{f_{yt}} \leq \frac{A_{ps}}{80}\frac{f_{pu}}{f_{yt}}\frac{s}{d}\sqrt{\frac{d}{b_w}} \right] \qquad (7.24)$$

로 표현된다. 여기에서 $d \geq 0.8h$ 이상이어야 하고[구조기준 7.4.1(4), ACI 11.4.3], 전단철근으로 용접 이형철근망을 사용하지 않는 한 $f_{yt} \leq$ 500 MPa이어야 하며, s는 스터럽의 간격으로 이미 정해진 간격에 대해서 최소 전단철근량을 계산하는 식이 된다. 실험에 의하면 프리스트레스트 힘에 의해서 콘크리트에 도입되는 압축응력이 부재의 전단강도를 증가시키며 식 (7.24)에서 우측 항은 이를 고려하여 제시된 식이다.

7.4.4 경량콘크리트에 대한 규정(Lightweight Concrete)[구조기준 3.4.4, ACI 8.6.1]

경량콘크리트가 사용되는 경우에 발생하는 인장강도의 감소를 보정을 하기 위해서 콘크리트의 비중을 고려하는 계수 λ를 도입하였다. 만약에 경량콘크리트에 대한 **쪼갬인장강도(splitting tensile strength)** f_{sp} (−)값이 주어지면 식에서 λ 대신에 $f_{sp}/(-0.56\sqrt{f_{ck}}) \leq 1.0$로 대체하도록 규정하고 있다. 만약에 f_{sp} 값이 규정되어 있지 않을 때에는

(1) 보통중량골재 콘크리트(normal-weight concrete) : $\lambda = 1.0$
(2) 모래경량골재 콘크리트(sand-lightweight concrete) : $\lambda = 0.85$
(3) 전경량골재 콘크리트(all-lightweight concrete) : $\lambda = 0.75$

를 곱해서 사용하도록 규정하고 있으며, 부분적으로 경량골재를 섞은 경우에는 경량골재로 치환하는 체적비에 따라 직선보간한 값을 곱하여 보정하도록 제안하고 있다.

7.4.5 전단에 대한 위험단면(Critical Section for Shear)

그림 7.17에는 전형적인 철근콘크리트 부재의 받침부에서 받침부에 가장 가깝게 형성되는 경사균열이 상향으로 대략 거리 d 떨어진 위치의 **압축대(compression zone)**로 연결되는 것을 보여주고 있다. 그림 7.17a와 같이 하중이 기둥면과 거리 d 사이에 작용하게 되면 이 하중은 부재에 **압축팬(compression fan)**을 형성하며 직접적으로 받침부에 전달된다(ACI R11.1.3.1). 따라서 구조기준 7.2.2(2)①(ACI 11.1.3.1)에서는 철근콘크리트 부재의 경우 받침부 내면에서 d 거리 이내에 위치한 단면은 d 거리에서 구한 전단력 V_u의 값으로 설계할 수 있도록 규정하고 있다. 그림 7.17에는 또한 비록 전단설계는 거리 d 떨어진 위치의 V_u 값으로 설계하지만 전단보강철근은 받침부로부터 거리 d 사이에도 배치해야 되는 것을 암시하고 있다.

그러나 프리스트레스트 콘크리트 부재에서는 유효깊이 d가 종종 변하므로 임의로 받침부

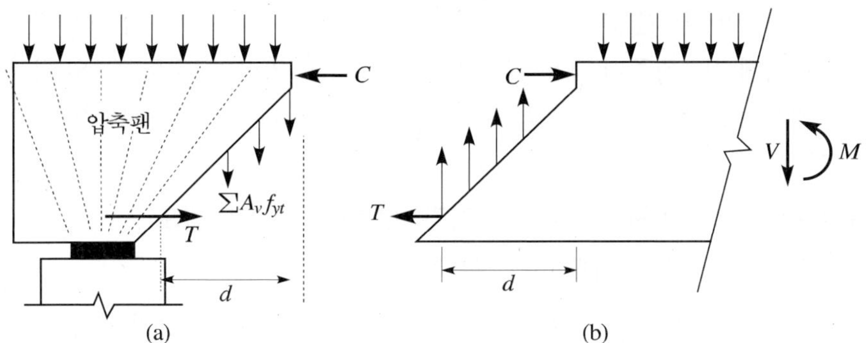

그림 7.17 보의 받침부에서의 자유물체도 : 철근콘크리트 부재에서 받침부에 형성되는 경사전단균열은 상향으로 대략 d 떨어진 위치에 도달하여 압축팬을 형성 [Naaman 2012 (356) ; ACI R11.1.3.1]

면에서 거리 h/2 떨어진 위치를 위험단면(critical section)으로 정하여(구조기준 7.2.1(5)③, ACI 11.1.3.2), 받침부 내면에서 h/2 거리 이내에 위치한 단면은 h/2 거리에서 구한 것과 동일한 계수전단력 V_u 의 값으로 설계할 수 있도록 규정하였다.

그림 7.18에는 프리스트레스트 콘크리트 부재의 전단설계에 있어서 첫 번째 위험단면의 위치를 좌우하는 전형적인 받침조건들이 제시되었다. 그림 a와 같이 부재의 밑에서 지압에 의해서 지지되는 부재거나 또는 그림 b와 같이 거더에 연결된 부재의 경우 또는 그림 c와 같이 다른 부재와 일체로 시공된 부재의 경우에 받침부로 부터 거리 h/2의 계수전단력으로 설계할 수 있다.

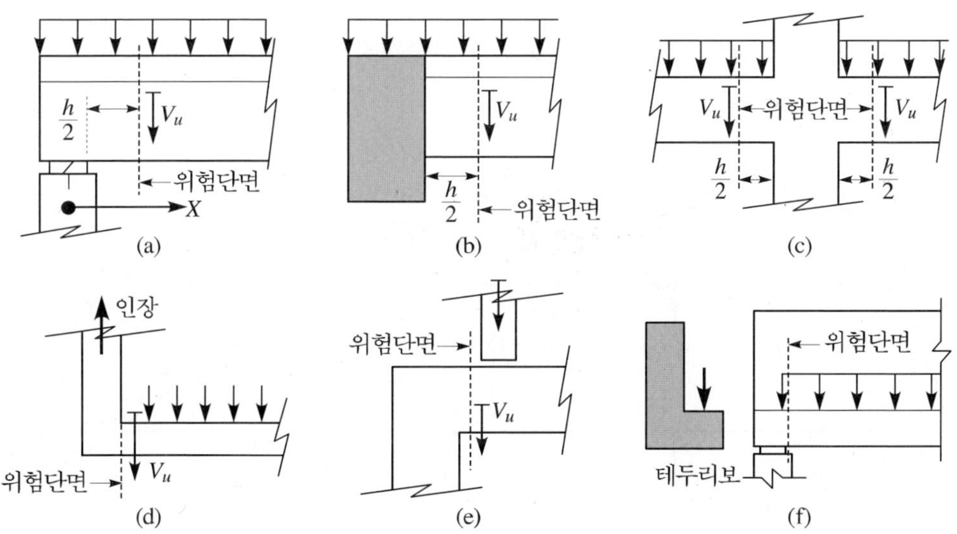

그림 7.18 프리스트레스트 콘크리트 부재의 전단설계에 있어서 받침조건에 따라 고려해야 되는 위험단면 [구조기준해설 그림 7.2.1.3 ; Naaman 2012(356)]

그러나 그림 d와 같이 인장을 받는 부재와 일체로 되는 부재거나 또는 그림 e와 같이 받침부에서 거리 h/2 사이에 집중하중이 작용하는 경우 또는 그림 f와 같이 테두리보의 하부 인장플랜지에 하중이 작용하는 경우에는 받침부 면에서의 V_u 를 설계에 적용하여야 한다.

7.4.6 등분포 하중이 작용하는 보에서 경간 중앙에서의 전단강도 (Shear at Midspan of Uniformly Loaded Beam)

등분포하중이 작용하는 보에서 고정하중(dead load)은 언제나 보의 전체 경간에 걸쳐서 작용하지만, 활하중(live load)은 경간 전체에 걸쳐서 작용할 수도 있고 또는 경간 중에서 일부분에만 작용할 수도 있다. 단면에 발생하는 최대 전단력은

① **받침부에서 최대 전단력** : 전체하중(고정하중+활하중) $w_u = w_{Du} + w_{Lu} = 1.2w_D + 1.6w_L$ 을 경간 전체에 걸쳐서 작용하면, 받침부에서 전단력은 최대값으로 아래 값이 된다.

$$V_{u\ @\ 받침부} = \frac{w_u l}{2} = \frac{(w_{Du} + w_{Lu})l}{2} \tag{7.25}$$

② **경간 중앙에서 최대 전단력** : 고정하중은 전체경간에 작용하고, 활하중은 경간의 좌측이나 우측의 절반에 작용시키면 경간 중앙에서 전단력은(우측 절반에 작용할 때 + ; 좌측 절반 −)

$$V_{u\ @\ 중앙} = -\left(\frac{w_{Du} l}{2} + \frac{3w_{Lu} l}{8}\right) + \left(\frac{w_{Du} l}{2} + \frac{w_{Lu} l}{2}\right) = \frac{w_{Lu} l}{8} = 0.125(w_{Lu} l) \tag{7.26}$$

가 된다. 경간 다른 부분의 전단력은 이 2 최대값을 직선으로 연결하는 선형으로 분포한다고 보면 그림 7.19c와 같은 분포가 된다. 이 관계는 단순지지 보에서 유도했지만 연속보에도 적용할 수 있을 것이다[Wight 2012(279−280)].

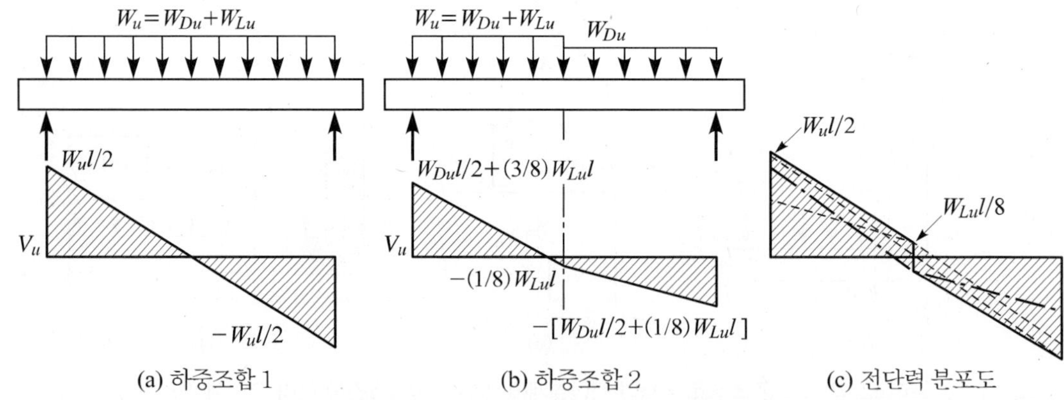

그림 7.19 등분포하중이 작용할 때 전단력 분포 포락선 [Wight 2012(281)]

그림 7.19c를 M/V 관계 식 (7.7)에 적용하면,

$$\frac{M}{V} = \frac{\frac{w_u l}{2}x - \frac{w_u x^2}{2} + \frac{w_{Lu} x^2}{8}}{\frac{w_u l}{2} - w_u x + \frac{w_{Lu} x}{4}} = \frac{lx - x^2 + \frac{w_{Lu}}{w_u}\frac{x^2}{4}}{l - 2x + \frac{w_{Lu}}{w_u}\frac{x}{2}} \tag{7.27}$$

가 된다. 이 관계를 예제 7.1에 적용해보면 경간 중앙으로 갈수록 영향이 커지지만 $V_{c(\min)}$ 이 지배하는 x = 3,500 mm 정도(그림 7.21 참고)에서 식 (7.7) 대신에 식 (7.27)을 적용하는 것으로 V/M 이 6.2%의 감소를 가져오기는 하지만 식 (7.7)을 그대로 적용해도 그 차이가 미비하고 또한 안전 측의 결과를 얻을 수 있으므로 문제가 되지 않을 것이다.

예제 7.1

[콘크리트 단면의 공칭 전단강도 계산] [Lin 1981(255-257, 260-263)]

아래 그림 7.20에 보이는 프리스트레스트 콘크리트 보에서 간략식과 상세식을 이용하여 (1) 받침부 안쪽 면에서 거리 h/2 떨어진 단면 1-1과 (2) 단면 2-2에서 콘크리트 단면의 공칭 전단강도 V_c를 계산하라. 보통중량골재 콘크리트 f_{ck} = 50 MPa, $\overline{f}_{ci} = 0.6 f_{ck}$ = 0.6(50) = 30 MPa를 사용하였고 프리스트레스트 콘크리트의 비중 ρ_c = 2,500 kg/m^{3}이다. 긴장재로는 B종(f_{pu} = 1,860 MPa) 지름 12.7 mm 저이완 7연선 18개를 12개는 직선으로 6개는 그림 7.20c과 같이 절곡하여 배치하였다. 총 손실이 일어나고 난 뒤 $f_{pe} = 0.55 f_{pu}$ = 0.55(1,860) = 1,023 MPa로 가정한다. A_{ps} = 18 × 98.7 = 1,777 mm^2 ; P_e = 1,023 × 1,777 /10^3 = 1,818 (kN)이고, 계수등분포하중 w_u = 68 kN/m가 작용한다.

f_{pe} = 1,023 MPa > $0.4 f_{pu}$ = 0.4(1,860) = 744 (MPa)이므로 간략식이나 상세식을 이용할 수 있다.

A_g = 450 × 900 − 550 × (450−150) = 240,000 (mm^2)

I_g = (450 × 900^3 − 300 × 550^3) / 12 = 23.18 × 10^9 (mm^4)

단면계수 $S_b = I_g / y_b$ = 27.33 × 10^9 / 450 = 51.51 × 10^6 (mm^3)

단면 바닥으로부터 C.G.P. 계산 : 부재 단부에서 7연선 긴장재의 중심간격은 50 mm로 배치하였다. 식 (2.34)[구조기준 5.3.2(7), ACI 7.6.7.1]에 따라 f_{ci} = 30 MPa > 27 MPa이고 d_b = 12.7 mm > 13 mm이므로, 중심간격 = 50 mm > 45 mm를 만족한다.

단면 1-1 바닥으로부터 C.G.P. = (6 × 50 + 6 × 100 + 6 × 300) /18 = 150 (mm) (그림 7.20c 참고)

단면 2-2 바닥으로부터 C.G.P. = (6 × 50 + 6 × 100 + 6 × 150) /18 = 100 (mm) (그림

7.20e 참고)

$e_{(\text{단면 } 2-2)} = 450 - 100 = 350$ (mm)

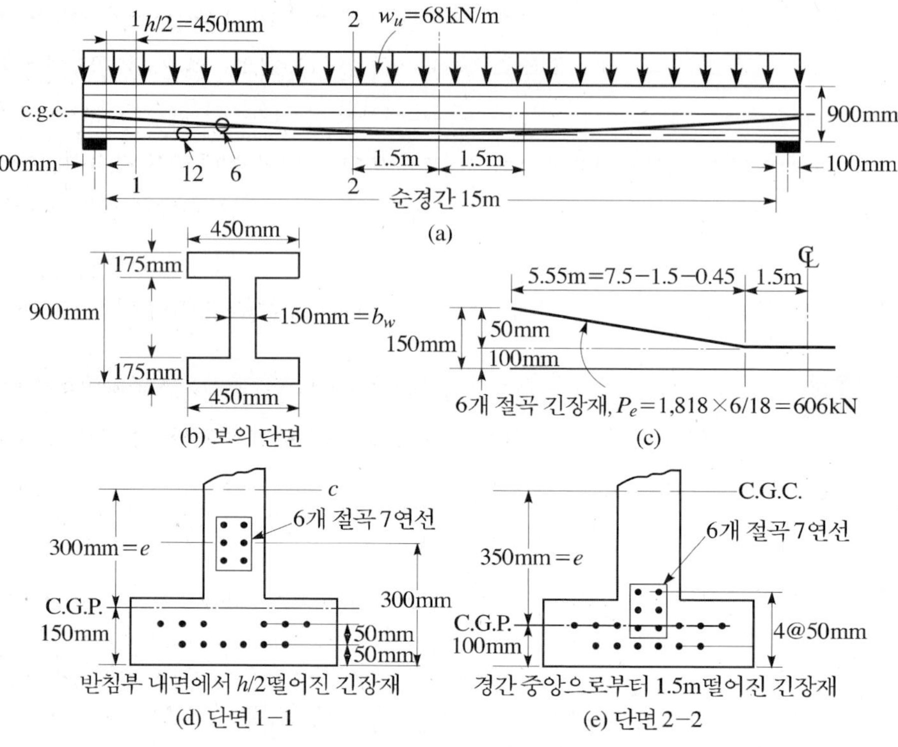

그림 7.20 예제 [7.1]의 긴장재 배치 상세 [Lin 1981(256)]

(1) **간략식으로 전단강도 계산** : 보통중량골재 콘크리트 : $\lambda = 1.0$

단순지지 보에 등분포하중이 작용하므로 식 (7.20)은 식 (7.7)과 같이 쓰면

식 (7.20) :

$$V_c = \left(0.05\lambda\sqrt{f_{ck}} + 4.9\frac{V_u d_p}{M_u}\right)b_w d = \left[0.05\lambda\sqrt{f_{ck}} + 4.9\,d_p\frac{(l-2x)}{x(l-x)}\right]b_w d$$

식 (7.21) : $\left(\dfrac{\lambda\sqrt{f_{ck}}}{6}\right)b_w d \le V_c \le \left(\dfrac{5\lambda\sqrt{f_{ck}}}{12}\right)b_w d$

① 단면 1-1에서 계산 : $x = h/2 = 900/2 = 450$ (mm)

$e_{(x=450\,\text{mm})} = 450 - 150 = 300$ (mm)

$d_{p(x=450\,\text{mm})} = 450 + 300 = 750$ (mm)

$d = d_p = 750$ mm

$d_{(x=450\,\text{mm})} = 750 \text{ mm} > [0.8h = 0.8(900) = 720 \text{ (mm)}]$ <OK>

$V_u/M_u = (l-2x)/[x(l-x)]$ = (15,000 −2 × 450)/[450 × (15,000 −450)]
= 0.002153

[V_u/ϕ 계산에서 식 (7.25)와 식 (7.26)을 적용하게 되면 식 (7.27)을 사용하여야 하지만 그 차이가 크지 않으므로 영향을 무시하고 식 (7.7)을 이용하여 V_u/M_u 비를 계산하였다.]

$V_u d_p/M_u = (V_u/M_u)d_p$ = 0.002153 (750) = 1.615 < 1.0을 적용하면,

$V_u d_p/M_u$ = 1.0이 된다.

$0.05\lambda\sqrt{f_{ck}}$ = 0.05(1.0)(√50) = 0.354

(7.20) : V_c = [0.354 + 4.9(1.0)](150)(750) / 1,000
= (0.354 + 4.9)(112.5) = (5.254)(112.5)

∴ $V_{c(x=450\,\text{mm})}$ = 591.0 kN

② V_c 의 한계 검토 :

식 (7.21) : $(\lambda\sqrt{f_{ck}}/6)b_w d \le V_c \le (5\lambda\sqrt{f_{ck}}/12)b_w d$

$V_c \ge (\lambda\sqrt{f_{ck}}/6)b_w d$ = (1.0 × √50/6)(150)(750)/1,000 = 132.6 (kN)

$V_c < (5\lambda\sqrt{f_{ck}}/12)b_w d$ = (5.0 × 1.0 × √50/12)(150)(750)/1,000 = 331.5 (kN)

[$(\lambda\sqrt{f_{ck}}/6)b_w d$ = 132.6 kN] ≤ [V_c = 591.0 kN] ≤ [$(5\lambda\sqrt{f_{ck}}/12)b_w d$ =
= 331.5 kN] <N.G.>

∴ $V_{c(x=450\,\text{mm})}$ = 331.5 kN

③ 단부에서 전달길이 영향 고려 :

전달길이 $l_t = 50d_b$ = 50(12.7) = 635 (mm)

받침부의 길이 = 100 mm (단부에서 받침부 안쪽 면까지의 거리)

(100 + $h/2$) = 100 + 450 = 550 (mm) < l_t = 635 mm

따라서 단부에서 전달길이 635 mm 떨어진 구간의 V_c 계산에서 긴장력의 감소를 고려하여야 한다.

전달길이를 고려할 때에 V_c 는 식 (7.15)의 V_{cw} 로 계산하도록 구조기준 7.3.2(1)에서 규정하고 있다. 따라서 간략식으로 계산하더라도 전달길이 구간의 감소된 긴장력을 고려하는 경우에는 식 (7.15), $V_c = V_{cw} = (0.29\lambda\sqrt{f_{ck}} + 0.3f_{pc})b_w d_p + V_p$ 로 계산하여야 한다.

받침부 안쪽 면의 $V_{c(0\,\text{mm})}$ 계산 : 단부에서 전달길이 떨어진 위치에서 비로소 유효긴장력이 발휘되므로 감소된 긴장력을 고려하여야 한다.

d_p 계산 : 긴장재의 기울기 = 150/5,550 = 0.02703

바닥에서 절곡긴장재 편심 = 150 + 0.02703(6,000) = 150 + 162 = 312 (mm)

바닥으로부터 C.G.P. = (6 × 50 + 6 × 100 + 6 × 312) /18 = 154 (mm) (그림 7.20c 참고)

d_p = 900 − 154 = 746 (mm) > (0.8h = 720 mm) <OK>

$P_{e\,(\text{단부에서 받침부 길이 떨어진 위치 } 100\,\text{mm})}$ = (100/635)(1,818) = 286.3 (kN)

$f_{pc} = P_e/A_g$ = 286,300/240,000 = 1.193 (MPa)

$0.29\lambda\sqrt{f_{ck}}$ = 0.29(1.0)($\sqrt{}$50) = 2.051

$V_p = P_e \sin\theta_p \approx P_e \tan\theta_p$ = (286.3 × 6/18)(150/5,550)

= (95.4)(0.02703) = 2.579 (kN)

식 (7.15) : $V_c = V_{cw} = \left(0.29\lambda\sqrt{f_{ck}} + 0.3f_{pc}\right)b_w d_p + V_p$

= [2.051+0.3(1.193)](150)(746) + 2,579

∴ $V_{c\,(0\,\text{mm})}$ = 272.1 kN

받침부 안쪽 면에서 전달길이의 위치 x = 635 − 100 = 535 mm의 $V_{c\,(535\,\text{mm})}$ 계산 :

이 위치에서의 V_{cw} 계산은 간략식 V_c 계산에서 적용한 상한 한계로 하도록 규정하고 있다.

따라서 $V_c = V_{cw} = \left(5\lambda\sqrt{f_{ck}}/12\right)b_w d$ 로 계산한다.

d_p 계산 : 긴장재의 기울기 = 150/5,550 = 0.02703

경간 중앙 1.5 m에서 떨어진 거리 : 7,500 − 1,500 − 535 = 5,465 (mm)

바닥에서 절곡긴장재 편심 = 150 + 0.02703(5,465) = 150 + 148 = 298 (mm)

바닥으로부터 C.G.P. = (6 × 50 + 6 × 100 + 6 × 298) /18 = 149 (mm) (그림 7.20c 참고)

d_p = 900 − 149 = 751 (mm) > [0.8h = 0.8(900) = 720 (mm)] <OK>

∴ $V_{c\,(535\,\text{mm})} = \left(5\lambda\sqrt{f_{ck}}/12\right)b_w d$ = [5(1.0) $\sqrt{}$50 /12](150)(751) /1,000

= 331.8 (kN)

이 2점 사이는 선형으로 변한다.

④ V_u/ϕ 분포 계산 : 식 (7.25) 및 식 (7.26) 참고

받침부 안쪽 면에서 계수 전단강도 :

$V_u = w_u l/2$ = 68(15)/2 = 510 (kN) ; V_u/ϕ = 510 / 0.75 = 680 (kN)

경간 중앙에서 $V_u = w_{Lu} l/8$ 계산 : 계수 활하중을 구하기 위해서 먼저 w_{Du} 계산

$w_{Du} = 1.2w_D$ = 1.2(2,500 × 9.801 × 240,000/10^9) = 1.2(5.88) = 7.06 (kN/m)

$w_u - w_{Du}$ = 68 − 7.06 = 60.94 (kN/m)가 된다. 이중에서 1/2은 추가고정하중

표 7.1 간략식을 이용하여 계산한 콘크리트 단면의 전단강도(Excel worksheet 이용)

f_{ck} =	**50**	MPa	λ =	**1.0**		Φv =	**0.75**					
P_e =	1,817,871	N	w_u =	**68.0**	N/mm	L_g =	**15,000**	mm				
b_w =	**150**	mm	b =	450	mm	hf =	175	mm	h =	900	mm	
A_g =	240,000	mm²	Ig =	2.318E+10	mm⁴	S_b =	**5.151E+07**	mm³	w_d =	**5.88**	kN/m	
	내면	단면 h/2								단면 2-2	중앙	
x =	0	**450**	**535**	918	**1,300**	1,500	2,000	3,000	4,000	**6,000**	7,500	mm
e =	295.9	**300.0**	**300.8**	**304.2**	**307.7**	309.5	314.0	323.0	332.0	**350.0**	350.0	mm
d_p =	745.9	750.0	750.8	754.2	757.7	759.5	764.0	773.0	782.0	**800.0**	800.0	mm
V/M =	0.00E+00	2.15E-03	1.80E-03	1.02E-03	6.96E-04	5.93E-04	4.23E-04	2.50E-04	1.59E-04	5.56E-05	0.00E+00	
Vd_p/M =	0.000	**1.615**	**1.351**	0.768	0.528	0.450	0.323	0.193	0.124	0.044	0.000	
$0.05\lambda\sqrt{f_{ck}}$ =	0.354	0.354	0.354	0.354	0.354	0.354	0.354	0.354	0.354	0.354	0.354	
Vc(간략식) =	0.0	930.1	785.5	466.0	**333.9**	**291.5**	**222.0**	**150.8**	113.0	68.6	42.4	kN
$V_{c\,(min)}$ =	131.9	132.6	132.7	134.4	134.4	134.4	135.1	135.1	**139.7**	**141.4**	**141.4**	kN
$V_{c\,(max)}$ =	329.7	**331.5**	331.8	335.9	335.9	335.9	337.8	337.8	349.1	353.6	353.6	kN
V_c =	**277.2**	**323.1**	331.8	335.9	**333.9**	**291.5**	**222.0**	**150.8**	**139.7**	**141.4**	**141.4**	kN

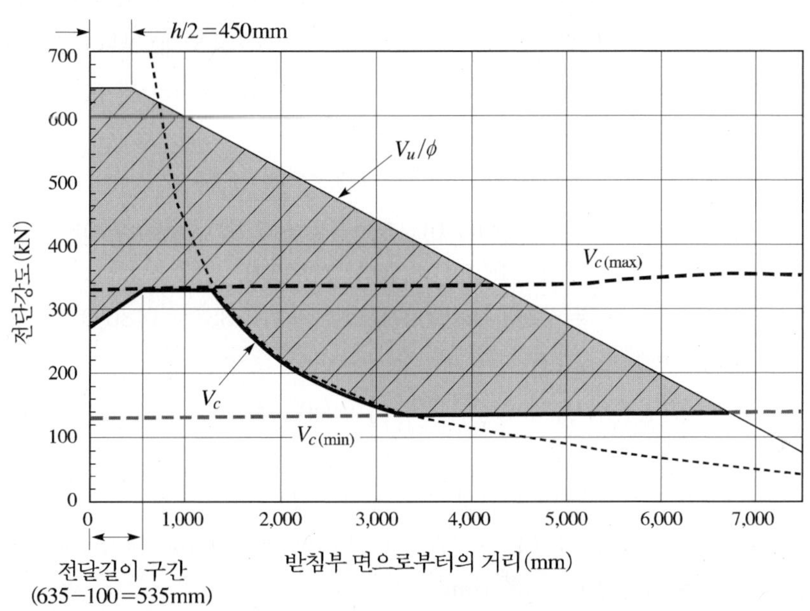

그림 7.21 간략식을 이용하여 구한 콘크리트 단면의 전단강도 분포도(빗금친 영역에는 전단보강 Vs가 필요하므로 전단보강 스터럽 등을 배치하여야 한다.)

으로 고려하고 나머지 1/2을 활하중으로 고려한다.

$\therefore\ w_{Lu} = 60.94\ /\ 2 = 30.47\ \text{(kN/m)}$

$\therefore\ V_{u\,(@\,중앙)}/\phi = (w_{Lu}\,l/8)/\phi = -(30.47 \times 15/8)/0.75 = 57.13\,/\,0.75 = 76.2\,\text{(kN)}$

$\therefore\ V_{u(@\,중앙)}/\phi = (w_{Lu}l/8)/\phi = (30.47 \times 15/8)/0.75 = 57.13\,/\,0.75 = 76.2\ \text{(kN)}$

$\therefore\ V_{u(@\,중앙)}/\phi = (w_{Lu}l/8)/\phi = (30.47 \times 15/8)/0.75 = 57.13\,/\,0.75 = 76.2\ \text{(kN)}$

$h/2 = 450$ mm 떨어진 위치의 전단강도 :

$\therefore\ V_{u(450\,\text{mm})}/\phi = 680 - 450(680 - 76.2)/7{,}500 = 680 - 36.23 = 643.8\ \text{(kN)}$

⑤ 표 7.1과 그림 7.21에는 각각 간략식을 이용하여 콘크리트 단면의 전단강도를 계산한 Excel worksheet와 콘크리트 단면의 전단강도 분포도가 제시되었다.

(2) **상세식을 이용하여 전단강도 계산** : 식 (7.9) 및 (7.14)

㈎ **단면 1-1의 공칭 전단강도 계산** : 단면 1-1은 휨 균열이 발생하지 않는 복부전단 구역이므로 V_{cw}를 계산한다.

① 식 (7.12) : $f_{pc} = \dfrac{P_e}{A_g} = \dfrac{1{,}818 \times 10^3\ \text{N}}{240{,}000\ \text{mm}^2} = 7.57\ \dfrac{\text{N}}{\text{mm}^2} = 7.57\ \text{MPa}\ \ (\because\ c = 0)$

② 복부전단강도 계산 : 보통중량골재 콘크리트 $\lambda = 1.0$

d_p 검토 : $d_p = 900 - 150 = 750\ \text{(mm)} > [0.8h = 0.8(900) = 720\ \text{(mm)}]$ <OK>

V_p는 전체 긴장재 18개 중에서 6개의 절곡한 긴장재로부터 발생하므로,

$\therefore\ V_p = P_e \sin\theta_p \approx P_e \tan\theta_p = (1{,}818 \times 6/18)(150/5{,}550)$

$= (606)(0.02703) = 16.38\ \text{(kN)}$

식 (7.14) : $V_{cw} = \left(0.29\lambda\sqrt{f_{ck}} + 0.3 f_{pc}\right) b_w d_p + V_p$

$= \{[0.29(1.0)\sqrt{50} + 0.3(7.57)](150)(750) + (16.38 \times 10^3)\}\,/\,1{,}000$

$= (2.05 + 2.27)112.5 + 16.38 = (486.3 + 16.38)\ \text{(kN)}$

$\therefore\ V_{cw} = \underline{502.7\ \text{kN}}$

③ 또는 주인장응력 $f_t = \lambda\sqrt{f_{ck}}/3$ 이 일어나는 전단력 값 검토[구조기준 7.3.2⑵②, 식 (7.18)] :

ⓐ C.G.C.에서 단면 1차 모멘트 계산 : 그림 7.20b 참고

$Q = (450)(175)(450 - 175/2) + (450 - 175)(150)(450 - 175)/2$

$= 34.219 \times 10^6\ (\text{mm}^3)$

ⓑ 전단응력 계산 : 식 (7.2),

$$v = \frac{V_c'\,Q}{I_g b_w} = \frac{V_c'\,(34.219 \times 10^6\ \text{mm}^3)}{(23.18 \times 10^9\ \text{mm}^4)(150\ \text{mm})} = (9.842 \times 10^{-6})\,V_c'\ \frac{\text{N}}{\text{mm}^2}$$

ⓒ 식 (7.11) : $f_t = \sqrt{v^2 + (f_{pc}/2)^2} - f_{pc}/2$

$(1.0)\sqrt{50}/3 = \sqrt{[(9.842 \times 10^{-6})V_c']^2 + (7.57/2)^2} - 7.57/2$

$(2.357 + 3.785)^2 = [(9.842 \times 10^{-6})V_c']^2 + (3.785)^2$

$$\therefore\ V_c' = \sqrt{\frac{23.41}{(9.842 \times 10^{-6})^2}} = 491.6 \times 10^3\ (\text{N}) = 491.6\ \text{kN}$$

ⓓ 식 (7.18) : $\therefore\ V_{cw} = V_c' + V_p = 491.6 + 16.38 = \underline{508.0\ (\text{kN})}$

식 (7.14)로 구한 V_{cw} = 502.7 kN과 1.0% 차이로 계산과정에서 발생할 수 있는 오차 값으로 어떤 방법을 사용하던지 동일한 결과를 얻는 것을 알 수 있다.

④ 단부에서 전달길이 영향 고려 :

ⓐ 전달길이의 영향으로 고려하여야 하는지 검토 :

전달길이 $l_t = 50d_b = 50(12.7) = 635$ (mm)

받침부의 길이 = 100 mm

$(100 + h/2) = 100 + 450 = 550\ (\text{mm}) < l_t = 635$ mm

따라서 단부에서 전달길이 635 mm 떨어진 구간의 V_{cw} 계산에서 긴장력의 감소를 고려하여야 한다.

ⓑ 받침부 안쪽 면의 $V_{cw\,(0\,\text{mm})}$ 계산 : 전달길이 떨어진 위치에서 유효긴장력이 발휘된다.

간략식에서 계산한 결과와 같으므로 생략한다.

$V_{cw\,(0\,\text{mm})} = \left(0.29\lambda\sqrt{f_{ck}} + 0.3f_{pc}\right)b_w d_p + V_p = 272.1$ kN

ⓒ 받침부 안쪽 면에서 전달길이 떨어진 위치 $x = 635 - 100 = 535$ mm 떨어진 위치(즉, 단부에서 전달길이 떨어진 위치)의 $V_{cw\,(535\,\text{mm})}$ 계산 :

d_p 계산 : 긴장재의 기울기 = 150/5,550 = 0.02703

경간 중앙 1.5 m에서 떨어진 거리 : 7,500 − 1,500 − (635+100) = 5,465 (mm)

바닥에서 절곡긴장재 편심 = 150 + 0.02703(5,465) = 150 + 148 = 298 (mm)

바닥으로부터 C.G.P. = (6 × 50 + 6 × 100 + 6 x298) /18 = 149 (mm) (그림 7.20c 참고)

$d_p = 900 - 149 = 751\ (\text{mm}) > [\ 0.8h = 0.8(900) = 720\ (\text{mm})\ ]$ <*OK*>

$f_{pc} = 7.57$ MPa

식 (7.14) : $V_{cw} = \left(0.29\lambda\sqrt{f_{ck}} + 0.3f_{pc}\right)b_w d_p + V_p$

$= [\ 2.051 + 0.3(7.57)\ ](150)(751) + (16.38 \times 10^3)$

$\therefore\ V_{cw\,(535\,\text{mm})} = \underline{503.2\ \text{kN}}$

이 2점 사이의 변화는 선형으로 변한다.

ⓓ 단면 1−1 $x = 450$ mm 위치의 $V_{cw\,(450\,\text{mm})}$ 계산 :

$V_{cw\,(450\,\text{mm})} = 277.2 + 450\ (503.2 - 277.2)\ /\ 535$

$= 277.2 + 190.1 = \underline{467.3\ (\mathrm{kN})}$

⑤ 단면 1-1에서 스터럽의 소요 전단강도 계산 : 식 (7.34) 참고

$\therefore\ V_s \geq V_u/\phi - V_{cw} = 643.8 - 467.3 = 176.5\ (\mathrm{kN})$

㈏ **단면 2-2에서의 공칭 전단강도 계산** : 단면 2-2는 휨-전단 균열이 지배하는 위치이므로 V_{ci}를 계산한다.

① 고정 등분포하중 w_d 계산 :

$$w_d = \gamma_c A_g = (\rho_c g) A_g = \left(2{,}500\frac{\mathrm{kg}}{\mathrm{m}^3} \times 9.807\frac{\mathrm{m}}{\mathrm{sec}^2}\right) \times 240{,}000\ \frac{\mathrm{mm}^2}{\mathrm{m}}$$

$$= \left(24{,}518\frac{\mathrm{N}}{\mathrm{m}^2}\right) \times \left(240{,}000\ \mathrm{mm}^2 \frac{1\ \mathrm{m}^2}{10^6\ \mathrm{mm}^2}\right)/\mathrm{m}$$

$$= 5{,}884\ \mathrm{N/m} = 5.88\ \mathrm{kN/m}$$

② 휨압축응력 $f_{pe} = P_e/A_g + P_e e/S_b$ 계산 :

$$e_{(\text{단면 } 2-2)} = 450 - 100 = 350\ (\mathrm{mm})$$

$$f_{pe} = \frac{P_e}{A_g} + \frac{P_e e}{S_b} = \frac{1{,}818 \times 10^3\ \mathrm{N}}{240{,}000\ \mathrm{mm}^2} + \frac{(1{,}818 \times 10^3\ \mathrm{N})(350\ \mathrm{mm})}{51.51 \times 10^6\ \mathrm{mm}^3}$$

$$= (7.57 + 12.35)\ \mathrm{N/mm}^2 = 19.93\ \mathrm{N/mm}^2 = 19.93\ \mathrm{MPa}$$

③ 고정하중으로 인한 휨인장응력 f_d 계산 : 구조기준 7.1.2에서 f_d 의 계산은 하중계수를 곱하지 않은 고정하중으로 인하여 인장연단에 생긴 응력을 말하므로, 받침부로부터 거리 $x = 15/2 - 1.5 = 6.0\ (\mathrm{m})$

$$M_d = \frac{w_d l}{2}(x) - w_d x \frac{x}{2} = \frac{(5.88)(15)}{2}(6) - \frac{(5.88)(6^2)}{2}$$

$$= 264.8 - 105.9 = 158.9\ (\mathrm{kN \cdot m})$$

$$\therefore\ f_d = M_d/S_b = 158.9/51.51 = 3.08\ (\mathrm{MPa})$$

④ M_{cre} 계산 : 식 (7.6),

$$M_{cre} = (I_g/y_b)(0.5\lambda\sqrt{f_{ck}} + f_{pe} - f_d) = S_b(0.5\lambda\sqrt{f_{ck}} + f_{pe} - f_d)$$

$$M_{cre} = 51.51 \times 10^6\ (0.5 \times 1.0 \times \sqrt{50} + 19.93 - 3.08)$$

$$= 51.51 \times 10^6\ (3.54 + 19.93 - 3.08)$$

$$= 1{,}050 \times 10^6\ (\mathrm{N \cdot mm}) = 1{,}050\ \mathrm{kN \cdot m}$$

⑤ 사용 고정하중으로 인한 전단력 V_d 계산 :

$$V_d = w_d(l/2 - x) = 5.88(7.5-6) = (5.88\ \mathrm{kN/m})(1.5\ \mathrm{m}) = 8.826\ \mathrm{kN}$$

⑥ V_i/M_{max} 계산: 식 (7.7),

$$M_{max}/V_i = x(l-x)/(l-2x) = 6(15-6)/[15-2(6)] = 18\ (\mathrm{m}) = 18{,}000\ (\mathrm{mm})$$

⑦ 단면 2-2의 d 및 d_p 계산 : $d_p = 900 - 100 = 800$ (mm) $= d$

(긴장재 외에는 인장재가 배치되지 않았으므로 $d = d_p$)

d_p 검토 : $d_p = 800$ mm > [$0.8h = 0.8(900) = 720$ (mm)] <OK>

⑧ V_{ci} 계산 : 식 (7.9), $V_{ci} = 0.05\lambda\sqrt{f_{ck}}\,b_w d_p + V_d + V_i M_{cre}/M_{\max}$

$$V_{ci} = \left[0.05(1.0)\sqrt{50}\ (\mathrm{N/mm^2})\right](150\ \mathrm{mm})(800\ \mathrm{mm})$$
$$+ (8{,}826\ \mathrm{N}) + (1{,}050 \times 10^6\ \mathrm{N \cdot mm})/(18{,}000\ \mathrm{mm})$$
$$= (42{,}426 + 8{,}826 + 58{,}312)\ \mathrm{N} = 109.6\ \mathrm{kN}$$
$$> 0.17\lambda\sqrt{f_{ck}}\,b_w d = 0.17(1.0)\sqrt{50}(150)(800)/10^3 = 144.3\ (\mathrm{kN})$$ <N.G>

$\therefore\ V_{ci} = 144.3$ kN

⑨ 단면 2-2에서 계수 전단강도 계산 :

$$\therefore\ V_u/\phi = 680 - 6{,}000(680 - 76.2)/7{,}500 = 680 - 483.0 = 197.0\ (\mathrm{kN})$$
$$> V_c = V_{ci} = 144.3\ \mathrm{kN}$$

따라서 단면 2-2에 전단보강 스터럽을 배치하여야 한다.

⑩ 등분포하중이 작용하는 비합성보이므로 식 (7.10)을 이용하여 검토 :

$$M_{ct} = (I_g/y_b)(0.5\lambda\sqrt{f_{ck}} + f_{pe}) = 51.51 \times 10^6\ (3.54 + 19.93)$$
$$= 1{,}209 \times 10^6\ (\mathrm{N \cdot mm}) = 1{,}209\ \mathrm{kN \cdot m}$$

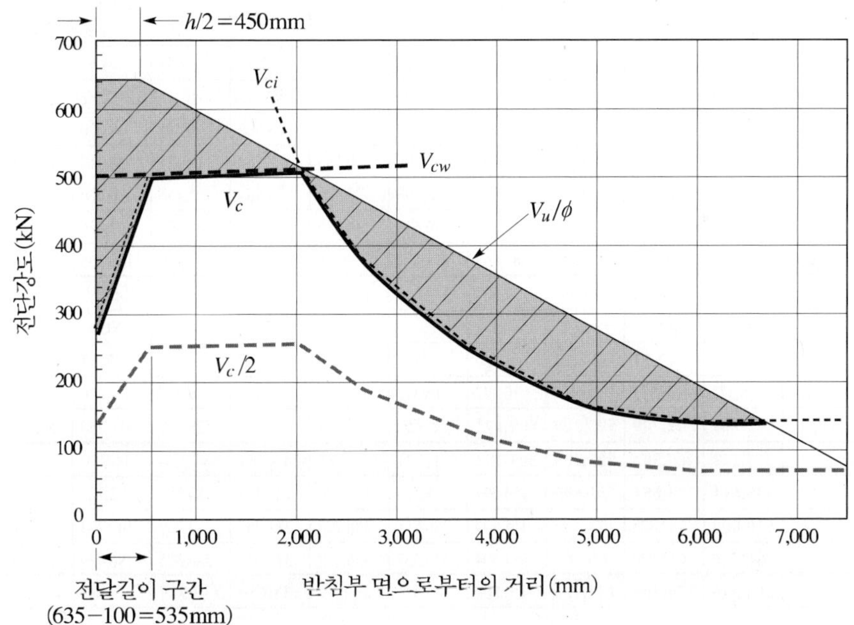

그림 7.22 상세식을 이용하여 구한 콘크리트 단면의 전단강도 분포도(빗금친 영역에는 전단보강 Vs가 필요하므로 전단보강 스터럽 등을 배치하여야 한다.)

$M_u / V_u \approx M_{max} / V_i = 18,000$ mm

$$V_{ci} = 0.05\lambda\sqrt{f_{ck}}\, b_w d_p + (V_u / M_u) M_{ct} = 42,426 + 1,209 \times 10^6 / 18,000$$

$$= 42,426 + 67,167 = 109.6 \times 10^3 \text{ (N)} = 109.6 \text{ kN}$$

따라서 동일한 결과가 된다.

표 7.2와 그림 7.22에는 각각 상세식을 이용하여 콘크리트 단면의 전단강도를 계산한 Excel worksheet와 콘크리트 단면의 전단강도 분포도가 제시되었다. 각 단면에서의 계산이 반복계산이므로 Excel과 같은 spreadsheet를 사용하면 간편하게 구성할 수 있을 것이다.

표 7.2 상세식을 이용하여 계산한 콘크리트 단면의 전단강도(Excel worksheet 이용)

f_{ck} =	50	MPa	λ =	1.0		Φv =	0.75					
P_e =	1,817,871	N	w_u =	**68.0**	N/mm	L_g =	**15,000**	mm				
b_w =	**150**	mm	b =	450	mm	hf =	175	mm	h =	900	mm	
A_g =	240,000	mm^2	Ig =	2.318E+10	mm^4	S_b =	**5.151E+07**	mm^3	w_d =	**5.88**	kN/m	
	내면	단면 **h/2**							단면 **2-2**		중앙	
x =	0	**450**	**535**	1,560	**2,045**	2,670	3,780	4,890	**6,000**	6,750	7,500	mm
e =	295.9	300.0	300.8	310.0	314.4	320.0	330.0	340.0	350.0	350.0	350.0	mm
$d_p \geq 0.8h = 720$	745.9	750.0	750.8	760.0	764.4	770.0	780.0	790.0	800.0	800.0	800.0	mm
f_{pe} =	18.02	18.16	18.19	18.52	18.67	18.87	19.22	19.57	19.93	19.93	19.93	MPa
M_d =	0.0	19.3	22.8	61.7	77.9	96.9	124.8	145.5	158.9	163.8	165.5	kN.m
f_d =	0.0	0.37	0.44	1.20	1.51	1.88	2.42	2.82	3.08	3.18	3.21	MPa
$0.5\lambda\sqrt{f_{ck}}$ =	3.54	3.54	3.54	3.54	3.54	3.54	3.54	3.54	3.54	3.54	3.54	
M_{cre} =	1.11E+09	1.10E+09	1.10E+09	1.07E+09	1.07E+09	1.06E+09	1.05E+09	1.04E+09	1.05E+09	1.04E+09	1.04E+09	N.mm
M_{max} / V_i =	0	464.4	555.5	1,765	2,428	3,408	5,700	9,471	18,000	37,125	0	mm
$M_{cre}(V_i/M_{max})$ =	**0**	2,365,268	1,973,238	608,606	438,896	310,185	183,732	110,324	58,312	**28,139**	0	N
V_d =	44,132	41,484	40,983	34,952	32,098	28,421	21,889	15,358	8,826	4,413	0	N
$0.05\lambda\sqrt{f_{ck}}b_w d_p$ =	39,560	39,775	39,815	40,305	40,537	40,835	41,366	41,896	42,426	42,426	42,426	N
V_{ci} =	83,691	2,446,526	2,054,037	683,863	511,531	**379,441**	**246,987**	**167,578**	109,565	74,979	42,426	N
$\geq 0.17\lambda\sqrt{f_{ck}}b_w d$ =	134,503	135,234	135,372	137,037	137,825	138,840	140,644	142,447	**144,250**	**144,250**	**144,250**	N
	<NG>	**<o.k.>**	**<o.k.>**	<o.k.>	<o.k.>	<o.k.>	<o.k.>	<o.k.>	**<NG>**	<NG>	<NG>	
f_{pc} =	7.57	**7.57**	**7.57**	7.57	7.57	7.57	7.57	7.57	**7.57**	7.57	7.57	MPa
V_p =	16,377	16,377	16,377	16,377	16,377	16,377	16,377	16,377	0	0	0	N
V_{cw} = …+V_p	**502,709**	**502,709**	**503,205**	**509,193**	**512,027**	515,678	522,162	528,647	518,754	518,754	518,754	N
$V_c = _{Min(Vci,Vcw)}$ =	**277,222**	**467,302**	**503,205**	**509,193**	**511,531**	**379,441**	**246,987**	**167,578**	**144,250**	**144,250**	**144,250**	N
$V_c / 2$ =	**138,611**	**233,651**	**251,603**	254,597	255,766	189,720	123,493	83,789	72,125	72,125	72,125	N
V_u =	**510,000**	482,828	477,695	415,803	386,518	348,778	281,754	214,729	147,704	102,417	**57,130**	N
V_u / Φ =	643,770	643,770	636,927	554,404	515,357	465,038	375,672	286,305	196,939	136,556	76,174	N
$V_s = V_u/\Phi - V_c$ =	**366,548**	**176,469**	**133,722**	**45,211**	3,826	**85,597**	**128,685**	**118,727**	**52,689**	-7,693	-68,076	N

7.5 세장보의 전단거동에 대한 트러스 모델 (Truss Model of the Behavior of Slender Beams Failing in Shear)

콘크리트에 균열이 일어나기 전까지 복부의 전단은 그림 7.5c나 f와 같이 한 쌍의 경사압축응력과 이 응력에 90도 방향으로 작용하는 경사인장응력에 의해서 지지된다. 콘크리트에 사인장균열이 발생하면 적절한 보강철근이 배치되지 않는 한 콘크리트가 주인장응력을 전달할 수 있는 능력은 급격하게 감소되어 종래에는 붕괴파괴로 이어진다. 균열이 일어나고 난 뒤에 적절하게 배치된 전단보강철근이 새로운 내적저항력을 발휘해서 부재가 계속해서 전단에 저항할 수 있도록 해야 한다. 전단설계의 목적은 설계된 부재의 전단강도가 충분히 강해서 그림 7.10과 같은 갑작스러운 전단 붕괴파괴가 일어나는 것을 방지하여 연성의 휨 파괴가 일어나도록 하는 것이다[Collins 1987(297−298)].

구조기준(ACI 318)에서는 휨과 전단은 주어진 단면(즉, 단면법, sectional method)에서 가장 나쁜 조건의 휨과 전단의 조합에 대하여 각각 분리하여 설계할 수 있다고 가정하고 있다[구조기준 3.3.1, ACI 9.1, Note 5−4]. 휨과 전단의 상호작용은 휨철근의 절단에 대한 설계상세를 이용하여 간접적으로 다루고[구조기준 8.5.1(2), ACI 12.10.3], 부재에서 콘크리트의 응력을 제한하는 것으로 부재가 충분히 연성거동(ductile behavior)을 하도록 하여 사용하중이 작용할 때 경사균열의 폭이 한계 안에 들도록 하고 있다.

7.5.1 45도 트러스 모델(The 45° Truss Model)

1899년 Ritter는 복부철근을 가진 보강콘크리트 보의 해석과 설계에 대한 개념적인 기구로 그림 7.23과 같은 **트러스 모델(truss analogy model)**을 제시하였다. 이 트러스 모델에서는 점선으로 표시된 콘크리트의 경사압축력이 트러스에서 경사부재의 역할을 하고 스터럽은 연직 인장부재의 역할을 하며, 종방향 주인장 보강재는 트러스의 바닥 하현재(bottom chord)를 구성하고, 보의 휨압축 영역은 상현재(top chord)로 역할을 한다고 보는 것이다[4][Collins 1987 (301)].

1902년 Mörsch는 이 트러스 모델을 좀더 상세하게 설명하면서, 1922년에 출판된 Mörsch의 교재에서는 불연속의 경사압축대(discrete diagonal compression struts)보다는 전단에 저항하는 경사압축대의 연속된 장(continuous field of diagonal compression)으로 트러스 모델을 일반화하여 제시하였다.

---

4. 보에서 트러스 메카니즘이 작동을 하기 위해서는 그림 7.24에서와 같이 경사균열이 형성된 뒤에야 일어날 수 있다(즉, 콘크리트에서 사인장응력이 사라진 뒤라는 의미이다).

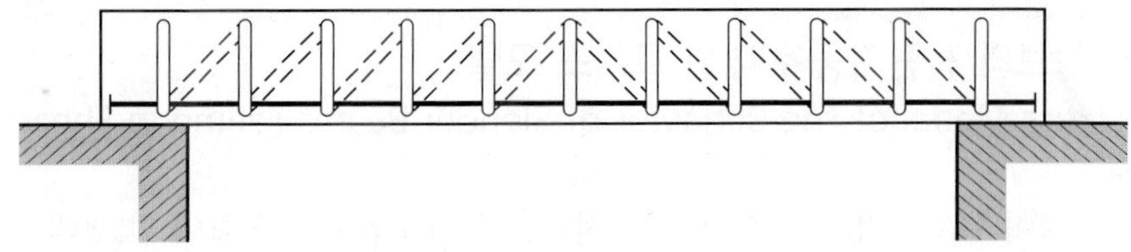

그림 7.23 1899년 Ritter가 제시한 전단에 대한 트러스 유사(truss analogy)

Mörsch는 스터럽의 설계에 있어서 2차 경사균열(secondary inclined cracks)의 각도를 수학적으로 결정하기는 불가능하므로 실용적으로 경사각을 초기 전단균열 각도인 $\theta = 45^o$ 로 가정하였다. Mörsch가 언급하는 2차 경사균열은 그림 7.8이나 그림 7.11에서 보의 파괴직전에 보여주는 경사각이 낮은 균열을 말하는 것이다. 만약에 스터럽을 이 경사각이 낮은 각도에 대해서 설계한다면 상대적으로 작은 수의 스터럽이 필요하지만, 당시에는 경사각을 결정하는 어떤 실용적인 방법도 찾아내지 못하였다. 45도의 선택이 너무 안전 측의 설계는 되지만, 상대적으로 설계를 간단하게 하여 현행 구조기준(즉 ACI)에서도 채택하는 규정이다.

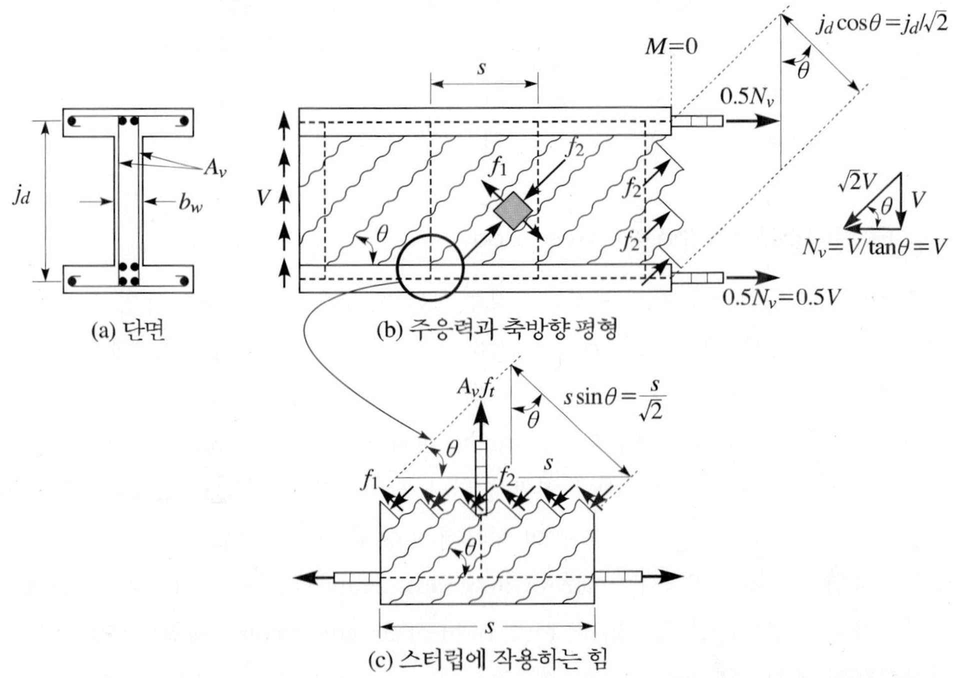

그림 7.24 경사균열이 일어난 부재에서 $\theta = 45^o$ 트러스의 평형조건 [Naaman 2012(372)]

Ritter와 Mörsch가 사용한 평형조건이 그림 7.24에 요약되어 있다. 만약에 전단응력이 유효전단면적, 즉 폭 b_w 와 깊이 jd 에 균등하게 분포된다고 가정하면(그림 7.24a 참고), 그림 7.

24b의 자유물체도에서 요구되는 주압축응력의 크기를 결정할 수 있다. 45도 경사방향에 평형을 이루기 위해서 내적인 총 경사압축 저항력 $f_2 b_w (jd\cos\theta)$ 와 외적인 전단력 $\sqrt{2}\,V$는 같아야 할 것이다. 따라서 주압축응력은

$$f_2 b_w (jd\cos\theta) = f_2 b_w (jd\cos 45^o) = f_2 b_w \left(\frac{jd}{\sqrt{2}}\right) \equiv \sqrt{2}\,V$$

$$f_2 = \frac{2V}{b_w jd} \tag{7.28}$$

로 표현될 수 있다. 그림 7.24b와 같이 경사압축력의 축방향 분력은 V가 되고, 이 힘은 축방향 철근에서 크기가 같은 N_v 로 지지되어야 한다. 따라서 전단에 의해서 축방향 철근에 발생하는 인장력은

$$N_v = \frac{V}{\tan\theta} = \frac{V}{\tan 45^o} = \frac{V}{1} = V \tag{7.29}$$

로 주어진다. 스터럽을 포함하는 미소요소에 대한 그림 7.24c의 자유물체도에서 경사압축력, $f_2 b_w (s/\sqrt{2})$ 는 아래의 식과 같이 정리하면 $f_2 b_w s/2$ 의 수직분력을 갖으며, 이 힘은 스터럽의 인장력 $A_v f_t$ 에 의해서 평형을 이루어야만 한다. 위의 f_2 를 대입하고 정리하면서 $\theta = 45^o$ 를 대입하면,

$$A_v f_t \equiv f_2 b_w \frac{s}{\sqrt{2}}(\cos\theta) = f_2 b_w \frac{s}{\sqrt{2}} \frac{1}{\sqrt{2}} = \left(\frac{2V}{b_w jd}\right) b_w \frac{s}{2} = \frac{V}{jd} s$$

$$\frac{A_v f_t}{s} = \frac{V}{jd} \tag{7.30}$$

가 되며, 여기에서 A_v 는 스터럽 다리 전체의 단면적(U형 스터럽이면 양쪽 다리의 단면적)이고, s 는 스터럽의 간격이며, f_t 는 횡방향 철근(스터럽)의 인장응력이다.

7.5.2 구조기준의 $V_c + V_s$ 설계방법(Traditional $V_c + V_s$ approach)

1904년에서 1922년 사이에 미국 일리노이 대학의 Talbot와 위스콘신 대학의 Moritz와 Whithey는 수백 개의 철근콘크리트 보를 실험하였다[Hognestad 1952]. 이런 초기의 실험에서 얻은 스터럽의 응력이 45도 트러스 모델이 예측한 값에 비해서 상당히 작다는 것이 발견되었다(그림 7.25 참고)[Collins 1987(302)].

45도 트러스 모델이 실험에 비해서 큰 값(과도한 안전 측)을 주는 이유는 균열이 일어나기

전의 콘크리트의 인장강도를 무시하였고 압축대의 경사각을 45도로 선택하기 때문이다. 45도 트러스 모델에서는 식 (7.30)에서와 같이 복부전단철근이 배치되어 있지 않으면 전단강도는 0이 된다. 그러나 앞에서 다룬 바와 같이 보는 경사균열이 형성되기 전까지는 파괴되지 않고 전단에 저항하게 된다.

ACI는 45도 트러스 모델이 균열 전 콘크리트의 전단저항력을 무시하는 것으로 인한 너무 안전 측의 결과를 보완하기 위한 방법으로 이 45도 트러스 모델의 전단철근 저항력 V_s 에 전단철근으로 보강되지 않은 콘크리트 부재가 균열 전 전단에 저항하는 저항력 V_c (V_{ci} 와 V_{cw} 중 작은 값)를 더하여 보완하였다. 국내의 구조기준과 ACI 318의 전단설계는 따라서 균열 전 콘크리트가 전단에 저항하는 콘크리트 분담(concrete contribution) V_c 와 나머지를 복부철근이 저항하는 철근분담(steel contribution) V_s 의 형식이 되어,

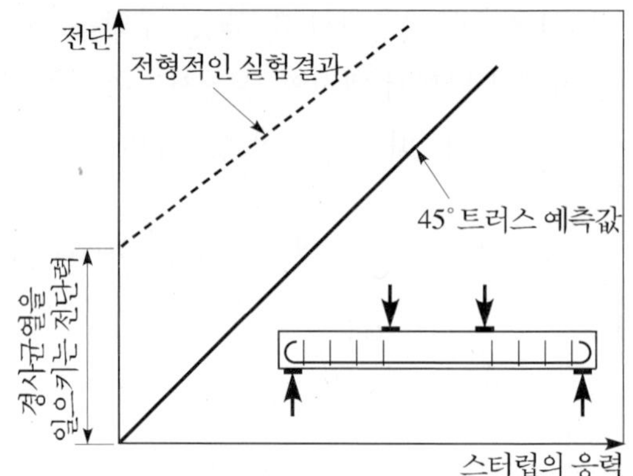

그림 7.25 작용하는 전단력에 대한 스터럽의 응력 변화 [Collins 1987(304)]

$$V_n = V_c + V_s \tag{7.31}$$

로 표현되었다. 콘크리트의 분담 V_c 는 경사균열이 일어나기 직전의 전단강도를 취하며, 프리스트레스트 콘크리트 보에서는 식 (7.9)의 V_{ci} 와 식 (7.14)의 V_{cw} 중에서 작은 값을 취하거나 아니면 간략식 (7.20)으로 구한 값이어야 한다. 철근의 분담 V_s 는 45도 트러스 방정식을 이용하여 계산할 수 있으며, 스터럽이 축방향에 연직하게 배치되고 한계상태에서 전단보강 철근이 항복(즉, $f_t \rightarrow f_{yt}$)하고, $j \approx 1.0$ 로 본다면 식 (7.30)은 아래와 같이 정리할 수 있다.

$$V_s = \frac{A_v f_{yt} d}{s} \tag{7.32}$$

1950년대 이전의 설계방법(ACI 318)에서 소요전단강도가 콘크리트의 전단강도 V_c 를 초과해야만 스터럽을 배치하도록 하였다. 따라서 그 당시에 북미지역의 많은 철근콘크리트나 프리스트레스트 콘크리트 보가 스터럽이 없이 시공되었다. 1955년 미국 오하이오 주, 쉘비(Shelby)의 윌킨스 공군부대에서 발생한 창고의 전단파괴로 전통적인 ACI 전단설계 과정에 대한 의문이 제기되면서 이를 보완하기 위해서

$$V_u > (0.5\phi V_c) \tag{7.33}$$

인 경우에는 최소전단철근을 배치하도록 하였다. 복부철근이 배치되지 않은 보는 초기 경사균열(first diagonal crack)이 형성된 뒤에 갑작스런 붕괴파괴로 붕괴될 수 있다. 여기에서 전단강도 감소계수 $\phi = 0.75$ 이다.

7.5.3 전단설계의 발전 방향

근래에 여러 설계 규정이 스터럽 철근을 경제적으로 설계하기 위해서 개발되었다. 그 중에 한 설계방법이 구조기준 및 ACI 318에서와 같이 45도 트러스로 가정하면서 전단보강철근의 철근력을 결정하는데 콘크리트의 분담을 추가하는 방법이다. 다른 설계방법에서는 경사압축대의 경사각이 변하는 트러스(variable angle of inclination of the diagonals)로 가정하여 접근하고 있다. 트러스 경사재의 경사각은 소성이론에 근거를 두어 제한적으로 주어진 범위 내에서 45도와 다른 값을 가질 수 있도록 허용되었다. 이 접근 방법은 종종 **콘크리트의 분담을 고려하지 않는 표준 트러스모델(standard truss model with no concrete contribution)**이라고 불리며, 균열 내의 골재의 맞물림과 다월력이 압축대가 더 작은 경사각을 갖도록 하면서 스터럽 철근의 역할은 더욱더 증대하게 된다. 콘크리트 분담을 포함하는 변각 트러스모델(variable-angle truss model)도 제안되었으며, 이 모델을 **수정 트러스모델(modified truss model)**이라고 부른다. 이 모델에서는 경사압축대의 경사각이 변하는 것에 더하여 프리스트레싱이 안된 보에서 전단응력의 크기에 따라 콘크리트의 분담이 감소되도록 하고 있다. 반면에 프리스트레스트 콘크리트 부재에서는 전단응력의 크기에 따라 콘크리트의 분담이 변하지는 않으며, 콘크리트의 분담은 프리스트레스 힘의 크기와 인장 연단의 응력의 함수로 표시되고 있다.

앞에서 다룬바와 같이 트러스 모델은 골재의 맞물림, 축방향 철근의 다월작용 및 균열 전 콘크리트의 전단저항력 등과 같은 전단파괴 메카니즘의 요소들을 직접적으로 고려하지 않고 있다. 프리스트레스트 콘크리트 보에서 프리스트레스 힘이 클수록 초기 균열의 경사각은 작아진다. 프리스트레싱에 의한 압축응력의 크기에 따라 프리스트레스 보는 파괴 시에 프리스트레싱이 안된 보에 비해서 통상 훨씬 작은 경사각을 보이며, 따라서 적은 양의 스터럽이 요구된다.

1987년 Schlaich 등은 균일하게 분포된 압축경사대를 갖는 보로 이 트러스 모델을 확대하여 구조물의 모든 부분을 **스트럿-타이 모델(STM, strut-and-tie model)**로 구성하였다. 이 접근방법은 특히 변형률의 분포가 깊이에 따라 상당하게 비선형으로 변하는 구조물의 설계에 있어서 적당한 방법이다. Schlaich 등은 D 구역과 B 구역의 개념을 소개했는데, 여기서 D는 Discontinuity 나 Disturbed의 의미이고 B는 Beam 또는 Bernoulli를 의미한다. D 구역에서 변형율의 분포는 비선형인데 비해, B구역에서는 선형으로 분포한다. 하나의 콘크리트 부재가 완전히 D 구역에 속할 수도 있지만, 종종 한 부재에 D 구역과 B 구역이 함께 존재한다(그림 7.

26 참고). 이 예에서, D 구역은 단면이 변하거나 집중하중이 작용하는 부분과 같은 비연속 구간에서 부재의 깊이만큼 연장된 길이의 영역을 포함하게 된다. 전형적인 세장보(slender beam)에서 D 구역사이의 부분이 B 구역이 된다.

1964년에 Kupfer는 콘크리트의 인장강도는 무시하고 선형탄성부재로 가정하여 트러스 모델을 이용하여 변각 경사균열에 대한 해를 제시하였다. Collins와 Mitchell[1980]은 선형탄성 가정을 무시하고 비틀림과 전단이 작용하는 부재에 대한 **압축장이론(CFT, compression field theory)**을 개발하였다.

그 후 광범위한 실험을 통하여 Vecchio와 Collins[1986]는 균열콘크리트 사이의 **인장강성(tension stiffening)**을 모델에 포함하여 **수정압축장이론(MCFT, modified compression field theroy)**을 제시하였다. 비록 CFT 모델이 보통 또는 많은 축방향 철근이 배치된 보에서는 잘 거동했지만, MCFT가 축방향 철근의 양에 관계없이 또는 전단보강철근이 전혀 배치되지 않은 보에서도 실질적인 예측을 가능하게 하였다.

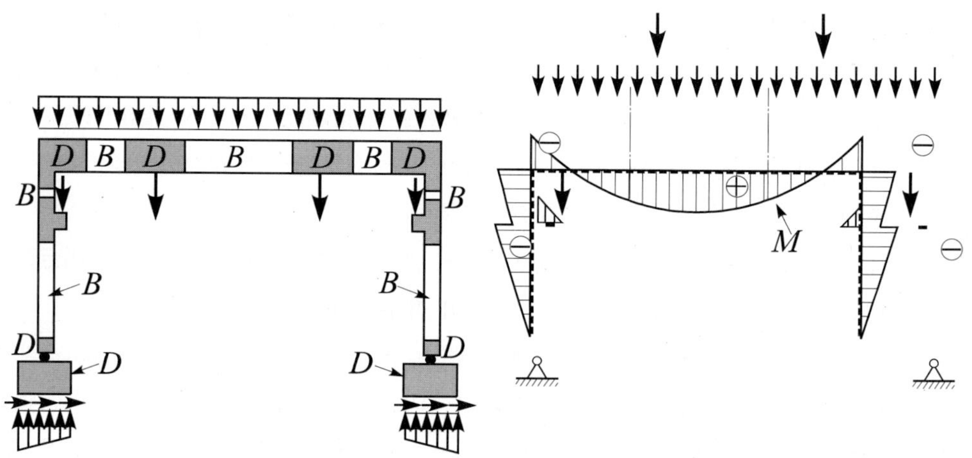

그림 7.26 상당한 B구역을 갖고 있는 뼈대구조물, 정력학적인 시스템과 휨모멘트도 [Schlaich 등, 1987]

휴스턴 대학의 Hsu 등[1995]은 경사균열이 발생된 콘크리트에서 인장응력을 고려하기 위해서 다소 다른 모델을 개발하였다. 이 모델을 **회전경사각 연성 트러스 모델(RA-STM, rotating-angle softened-truss model)**이라고 부른다. MCFT와 마찬가지로 RA-STM도 균열콘크리트에서 주응력의 경사각 θ 가 주변형률의 방향과 일치한다고 가정하였다. 전형적인 부재에서 전단이 증가할수록 이 경사각은 감소하게 되어 **회전경사각(rotating-angle)**이란 이름이 붙게 되었다.

7.6 구조기준에 의한 전단보강 철근의 설계 (Shear Design Criteria of the Current Design Code)

스터럽은 일반적으로 한 종류의 철근(보통 D10 ~ D16 이형철근)으로 배치하며, 계수전단력 V_u 가 부재의 길이를 따라 변화하므로 요구되는 스터럽의 양에 따라 스터럽의 간격을 조절하여 배치하면 된다. 최대전단력 구간에서 스터럽의 간격을 결정하여 설계자의 판단에 따라 전단력이 상당히 감소되어 스터럽의 간격이 크게 증가하는 구간까지 일반적으로 같은 간격의 스터럽을 배치하여 안전 측의 설계가 되도록 한다. 일반적으로 전단이 충분히 감소하여 스터럽의 간격이 50 mm ~ 100 mm 이상 변화하는 단면까지는 동일한 간격을 사용하곤 한다. 철근 사이에 묽은 콘크리트의 배치를 쉽게 하기 위해서 가능하면 스터럽의 간격은 75 mm 이하로 배지하지 않는 것이 좋다. 만약에 처음에 선택한 철근으로 계산한 간격이 너무 가깝게 되면 직경이 굵은 철근을 사용하거나 다리가 여러 개인 스터럽을 사용하여 간격이 어느 정도 벌어지도록 해야 한다(그림 7.28 참고).

구조기준 7.4.1(1)(ACI 11.4.1.1)에서는 아래와 같은 형태를 전단보강철근으로 배치할 수 있도록 규정하고 있다.

① 부재축에 직각인 스터럽(stirrup)
② 부재축에 직각으로 배치한 용접철망(WWR, welded wire reinforcement)
③ 나선철근, 원형 띠철근, 또는 후프철근(spiral, circular tie, hoop)

그림 7.28과 같이 인장철근을 둘러싸고 압축영역에 정착하는 부재 축에 직각으로 배치되는 단일 U형 또는 다중 U형 스터럽(stirrup) 철근(135도나 90도 갈고리 장착)이 가장 일반적으로 사용되지만 프리캐스트, 프리스트레스트 콘크리트 분야에서는 배치하는 시간을 절약하고 공기를 단축할 수 있는 용접철망이나 나선철근 등의 사용이 증가하고 있다. 구조기준 7.4.1(3)에서는 전단철근의 설계기준 항복강도 $f_{yt} \leq 500$ MPa를 초과할 수 없고, 용접 이형철망을 사용하는 경우 $f_{yt} \leq 600$ MPa을 초과할 수 없다고 규정하고 있다.

프리스트레스트 콘크리트 부재에 대해서는 경사스터럽이나 굽힘철근(bend bar)을 전단보강철근으로 배치하지 않도록 제한하고 있다[구조기준 7.4.1(2), ACI 11.4.1]. 만약에 비틀림 모멘트가 존재하는 경우에는 비틀림 설계를 수행하여 그림 7.30c나 d와 같은 **폐쇄스터럽(closed stirrup)**을 배치해야 할 것이다(그림 2.21 참고).

경사균열(diagonal cracking)이 일어나기 전까지는 스터럽은 본질적으로 응력을 받지 않고 경사균열이 일어나고 난 뒤에 균열 전 콘크리트가 받던 하중의 일부분을 지지하게 되어 비로

소 스터럽의 응력이 증가하게 된다. 콘크리트에 균열이 일어난 뒤에 전단의 일부분에 저항하는 것 이외에 스터럽은 경사균열의 길이를 억제하여 전단에 저항할 수 있는 콘크리트의 면적을 증진시키고, 또한 주된 경사인장균열이 형성된 뒤에 부재를 결속해서 보의 연성을 증진시킨다.

7.6.1 스터럽의 항복에 의한 파괴(Failure due to Yielding of the Stirrups)

앞에서 다룬바와 같이 구조기준(ACI 318)의 전단설계는 균열 전 콘크리트가 전단에 저항하는 콘크리트 분담(concrete contribution) V_c (상세식의 경우 V_{ci} 와 V_{cw} 중 작은 값)와 나머지를 복부철근이 저항하는 철근분담(steel contribution) V_s 의 형식으로 되어 있다. 따라서 전단이 작용하는 단면에 대한 설계식을 식 (7.31)을 이용하여 다시 적으면,

$$[\, V_n = V_c + V_s \,] \ge V_u/\phi \quad \text{또는} \quad V_s \ge V_u/\phi - V_c \tag{7.34}$$

가 된다. 여기에서 계수전단력 $V_u = 1.2\,V_D + 1.6\,V_L \ge 1.4\,V_D$ 이고, 전단에 대한 강도감소계수 $\phi = 0.75$로 제시되고 있다(표 1.4 참고).

식 (7.32)는 또한 그림 7.27a와 같은 경사균열 면을 자른 보의 자유물체도를 이용해서 구할 수도 있다. 균열 면의 수평투영 길이를 d 로 보고 스터럽의 간격이 s 라면 균열 면에 따라 절단되는 스터럽의 개수는 d/s 가 된다. 파괴 시에 모든 스터럽이 항복한다고 가정하면, 전단력과 스터럽간의 평형을 이용하여 적으면 아래와 같이 적을 수 있다.

$$\frac{V_s}{\dfrac{d}{s}} \equiv A_v f_{yt} \quad \text{또는} \quad V_s = \frac{A_v f_{yt}\, d}{s} \tag{7.32}$$

이 식은 설계를 위해서 식 (7.34)와 같이 적으면 다음과 같이 표현할 수 있다.

$$s_{(\text{소요})} \le \frac{A_v f_{yt}\, d}{V_u/\phi - V_c} \tag{7.35}$$

경사균열을 지나가도록 스터럽이 배치되지 않으면 전단에 저항할 수 없다. 이런 이유 때문에 구조기준 7.4.2(1)①(ACI 11.4.5.1)에서는 부재 축에 직각인 전단철근의 최대간격은 $0.75h$ 또는 600 mm 이하가 되도록 규정[5]하여 균열 면에 적어도 하나의 스터럽이 지나도록 하여, 스터

5. 배치되는 스터럽이 적어도 하나의 경사균열을 가로지르도록 배치하는 규정으로 간격제한이 $s \le 0.75h$ 라는 의미는 경사균열의 각도가 $\theta = \tan^{-1}(0.5h/0.75h) = 33.7^o$가 된다.

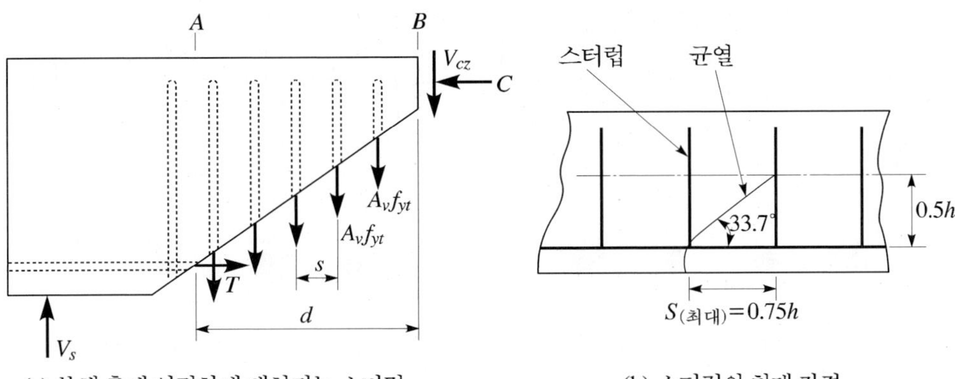

그림 7.27 스터럽에 의해서 저항되는 전단강도(V_{cz} = 비균열 휨압축 영역의 전단강도)와 스터럽의 최대간격 규정 [Wight 2012(271)]

럽 사이에서 발달하는 수평으로 진행하는 경사균열로 부재가 2조각으로 분리되는 파괴가 일어나지 않도록 하는 규정이다(그림 7.27b 참고)[Leet 1997(148)]. 철근콘크리트 부재에서의 $d/2$ 규정보다 프리스트레스트 콘크리트 부재의 경우에 약간 폭이 넓은 $0.75h$ 의 적용은 프리스트레스트 부재에서 전단에 의한 경사균열의 각도가 낮아지는 현상을 고려한 규정이다[ACI Note 2008(25-9)]. 만약에 V_s 가 다음 식을 초과하는 경우에는 위에서 규정한 스터럽의 최대 허용 간격을 1/2로 줄여야 한다[구조기준 7.4.2(3) ; ACI 11.5.4.3].

$$V_u/\phi - V_c = V_s > \left(\frac{\lambda\sqrt{f_{ck}}}{3}\right) b_w d \tag{7.36}$$

따라서 수직 스터럽의 간격은 $0.375h$ 또는 300 mm 이하이어야 한다. 이렇게 스터럽의 최대 간격이 절반으로 강화되어 발생 가능한 경사균열에 대해서 대략 3개의 스터럽이 가로질러서 배치될 수 있도록 규정하고 있다[Leet 1997(148)]. 이 규정은 또한 스터럽을 촘촘하게 배치하면 경사균열의 폭이 줄어들 뿐만 아니라, 스터럽의 간격이 좁을수록 경사압축대의 하부에 좋은 정착력을 제공할 수 있기 때문이다.

보의 폭이 넓은 보에서 그림 7.28a와 같이 단면의 주변을 따라 스터럽이 배치되면 복부의 경사압축대는 스터럽의 모서리에 배치된 축방향 철근에 의해서만 지지되게 된다. 이런 상황은 그림 7.28b와 같이 스터럽의 다리가 2개 이상이 되면 상당히 개선되게 된다. ACI 해설 R11.4.7에서는 폭이 넓은 보의 전단거동이 단면에서 스터럽의 횡방향 거리(transverse spacing of stirrup legs across the section)를 제한하면 증진된다고 제시하고 있다. 또한 CEB-FIP 시방서(CEB-FIP Model Code)에서는 스터럽 다리의 횡방향 간격(transverse spacing of legs)을 $(2/3)d$ 또는 800 mm 중 작은 값 이하로 제한하도록 하고 있다[CEB-FIP Model Code 1993 (9.2.2.2)].

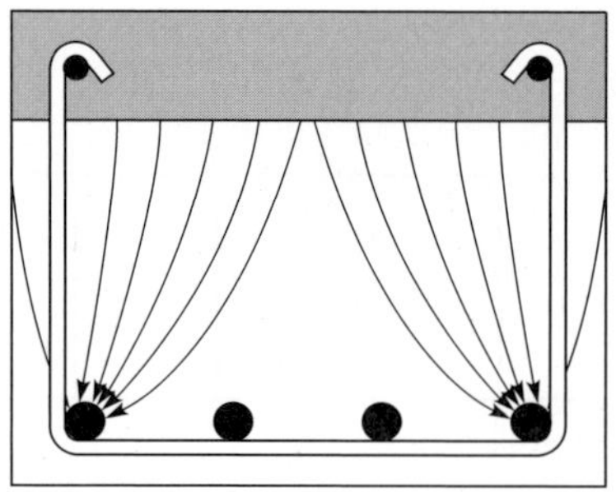

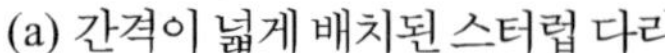

(a) 간격이 넓게 배치된 스터럽 다리

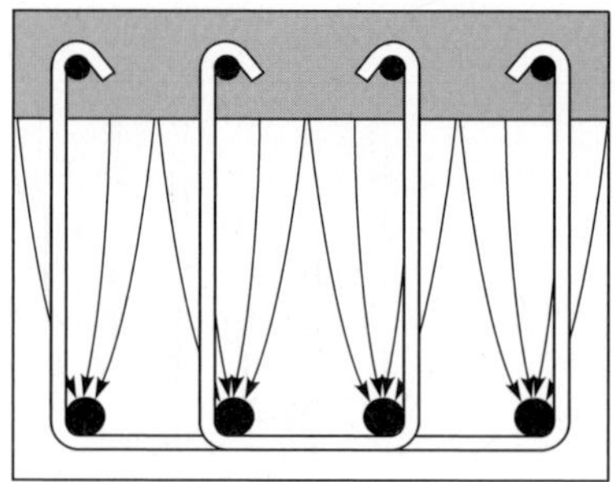

(b) 간격이 좁게 배치된 스터럽 다리

그림 7.28 스터럽이 배치된 보에서 경사압축력의 흐름

7.6.2 스터럽 정착의 파괴로 시작되는 전단파괴 (Shear Failure Initiated by Failure of the Stirrup Anchorages)

식 (7.32)와 식 (7.36)은 극한상태에서 스터럽이 항복한다는 가정 하에서 구한 식이며, 이 가정은 스터럽이 안정되게 정착된 경우에만 사실이 될 것이다. 일반적으로 경사균열의 상부 끝은 보의 압축영역에 그림 7.29와 같이 매우 가깝게 접근한다. 극한상태에서 경사균열 면을 통과하는 스터럽의 응력은 항복강도 f_{yt} 에 근접하거나 도달했을 것이다. 따라서 그림 7.29에서 검은 부분은 f_{yt} 를 발휘할 수 있도록 정착되어야 한다. 이러한 이유 때문에 구조기준 8.5.4(1)(ACI 12.13.1)에서는 스터럽이 피복두께 요구조건과 다른 철근과의 간격이 허용하는 한 부재의 압축면과 인장면 가까이까지 연장되어야 한다고 규정하고, 스터럽을 정착하기 위해서 갈고리의 형태를 제시하고 있다. 그림 7.30은 구조기준에서 스터럽의 정착에 대한 요구조건을 보여주고 있다.

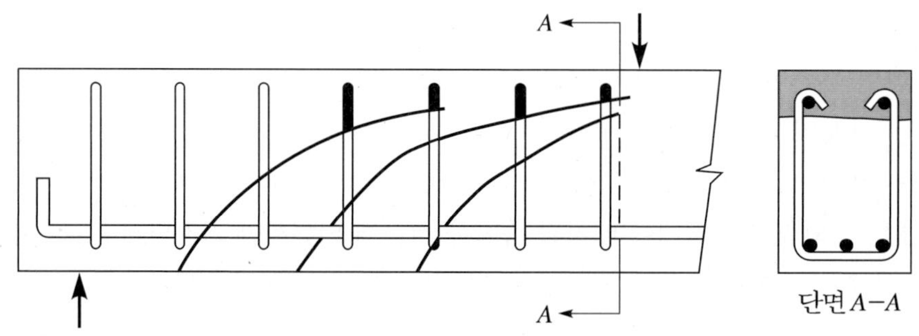

그림 7.29 스터럽의 정착

① 구조기준 8.5.4(3)(ACI 12.13.3)에서 그림 7.28과 같이 단일 U형 또는 다중 U형 스터럽의 양 정착단 사이의 연속구간 내에서 구부리는 부분(변곡부)은 종방향 철근을 둘러싸야 한다

고 규정하고 있다.

② 항복강도에 관계없이 D16 이하 철근 또는 지름 16 mm 이하 철선에 대해서는 구조기준 8.5.4(2)(ACI 12.13.2.1)에서는 특별한 정착길이를 요구하지 않고 종방향 철근을 둘러싸는 표준갈고리를 사용할 수 있도록 허용하고 있다. 표준갈고리는 그림 7.30b와 같은 135° 나 90° 표준갈고리가 사용된다(그림 2.22 참고).

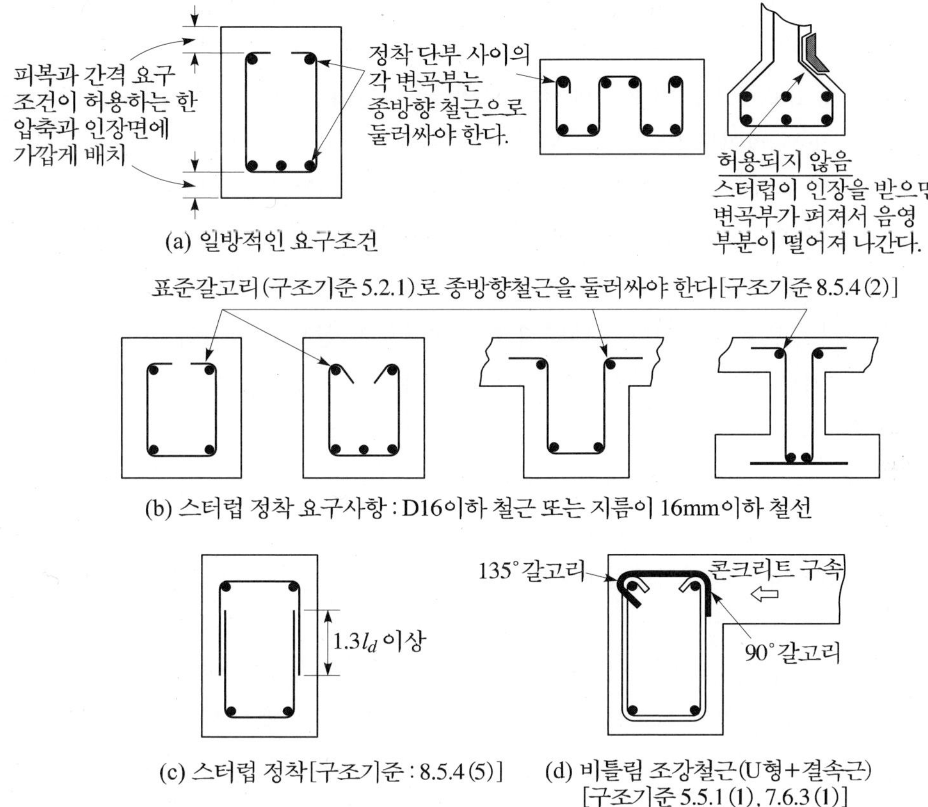

그림 7.30 스터럽 상세에 대한 요구조건 [Wight 2012(274), Naaman 2012(346)]

③ $f_{yt} \geq$ 300 MPa인 D19, D22 및 D25 스터럽은 종방향 철근을 둘러싸는 표준갈고리 외에 추가로 부재의 중간 깊이에서 갈고리 단부의 바깥까지 $l_l = 0.17 d_b f_{yt} / \sqrt{f_{ck}}$ 이상의 묻힘 길이를 확보하여 정착하여야 한다[구조기준 8.5.4(2)② ; ACI 12.13.2.2][6]. 표준갈고리 이외에 일정한 정착길이를 요구하는 이 규정은 D19 ~ D25 철근을 종방향 철근 주위에 굽혀서 단단하게 정착하기(tightly around) 어려울 뿐만 아니라 항복강도도 높기 때문에, 스터럽

6. 말하자면, $h/2$ – (표준갈고리의 피복두께) $\geq l_l = 0.17 d_b f_{yt} / \sqrt{f_{ck}}$ 를 만족하여야 한다는 의미이다.

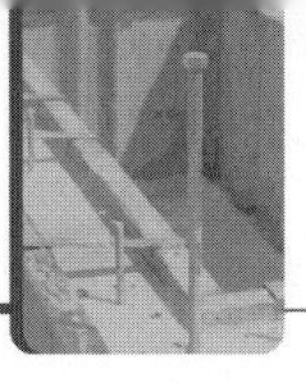

의 정착은 갈고리에 의한 저항과 정착길이로 인한 저항밖에 없기 때문에 마련된 규정이다.

④ 깊이가 깊은 부재는, 특히 깊이가 점진적으로 변하는 경우에는 구조기준 8.5.4(5)(ACI 12.13.5)에서 제시하는 그림 7.30c와 같은 **겹침이음 스터럽(lap spliced stirrup)**을 사용하는 것이 유리하다. 그러나 지진지역에는 취약한 것으로 판명되었다. 여기에서 l_d 는 정착길이이다.

⑤ 구조기준 5.5.1(ACI 7.11)에서는 압축철근이 배치된 보나 응력의 반전(stress reversal)이 있는 보 또는 비틀림을 받는 보는 **폐쇄스터럽(closed stirrup)**을 배치하도록 규정하고 있다. 구조기준 5.8.1(2)(ACI 7.13.2.2)에서는 보의 끝 부분이나 테두리보(spandrel beam)에는 폐쇄스터럽 또는 적어도 135° 의 구부림을 갖는 표준갈고리를 배치하도록 하고 있다. 폐쇄스터럽은 그림 7.30d와 같이 배치할 수도 있지만, 구조기준 5.8.1(2)와 (3)의 구조 일체성을 확보하기 위한 요구조건의 규정은 만족시키기 어려울 것이다.

그림 2.22에 보이는 표준 스터럽 갈고리는 보통 철근의 구부림보다 작은 직경의 핀 둘레로 구부려 져서 D16 이하에서는 내면지름 $D = 4d_b$ 이상으로 하여야 하고, D19 ~ D25인 경우에 내면지름 $D = 6d_b$ 이상으로 하여야 한다[구조기준 5.2.2, ACI 7.2.2].

고강도 강재는 구부리는 과정에 미세한 균열이 발생할 수 있다. 이 미세 균열은 철근이 항복강도를 충분히 발휘하기 전에 철근에 파단이 일어나는 원인이 될 수 있다. 이러한 이유와 또한 경사균열의 폭(inclined-crack width)을 조절하기 위해서 구조기준 7.4.1(3)(ACI 11.4.2)에서는 설계기준항복강도를 500 MPa로 제한을 두고 있으며, 용접 이형강선망을 사용할 경우 설계기준항복강도를 600 MPa까지 할 수 있도록 규정하였다.

구조기준 해설 7.3.4(3)에서는 ACI의 420 MPa 제한값을 국내 실험결과에 따라 500 MPa로 상향 조종하였고(ACI R11.5.2), 또한 용접이형철망에 대해서는 실제 부재의 실험결과에서 사용하중에 대한 경사 균열폭이 스터럽(400 MPa 강도)을 사용한 부재보다 용접철망(500 MPa 강도)을 사용한 부재가 더 좁게 형성되는 것이 관찰되었기 때문에 스터럽의 설계기준항복강도를 500 MPa로 상향 조종하면서 용접이형철망도 600 MPa로 조종하였다고 한다.

7.6.3 용접철망(WWR, Welded Wire Reinforcement)

스터럽을 배치하는 데에는 인건비가 많이 들므로 프리캐스트 프리스트레스트 콘크리트 제품에는 종종 그림 7.31과 그림 7.32와 같이 **원형 또는 이형 용접철망(plain or deformed welded wire reinforcement)**을 배치한다. 그림 7.32e의 용접철망 스터럽의 정착상세는 인장철근 위치에서 쪼개지는 것(splitting problem)을 피하기 위해서 휨철근과 같은 깊이에 종방향 철선(longitudinal wire)을 배치하도록 한 것이다[구조기준 해설 8.5.4(2)④, ACI R12.13.2.4]. 그림 7.31에는 용접철망을 이용하여 보강하는 구조물들의 예를 보여주고 있다. 용접철망을 이용하게 되면 철근을 가공하고 배치하는 시간이 절략되어 공기를 단축하여 공사비를 절약할 수 있다. 예를 들면 32층 사무실 건축물의 슬래브 시공현장에서 전단보강 철근으로 스터럽 대신에 용접철망으로 대체하면서 한 층의 슬래브를 시공하는데 10일에서 6일로 공기가 단축되었다고 한다[WWR 400-R-03(9)]

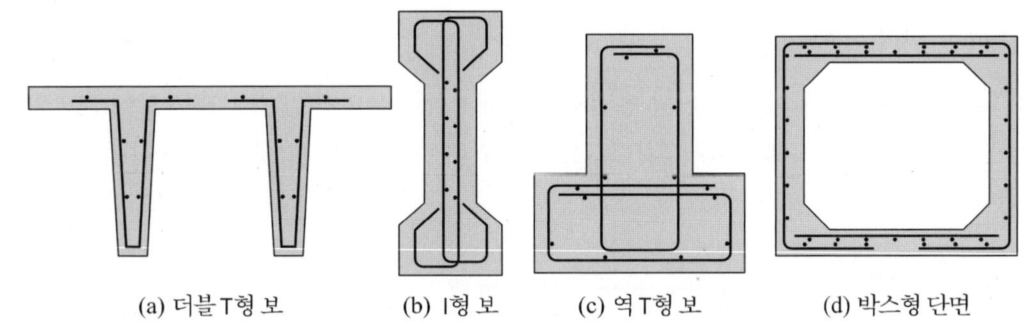

그림 7.31 용접철망을 이용하여 시공하는 예[www.wirereinforcementinstitute.com]

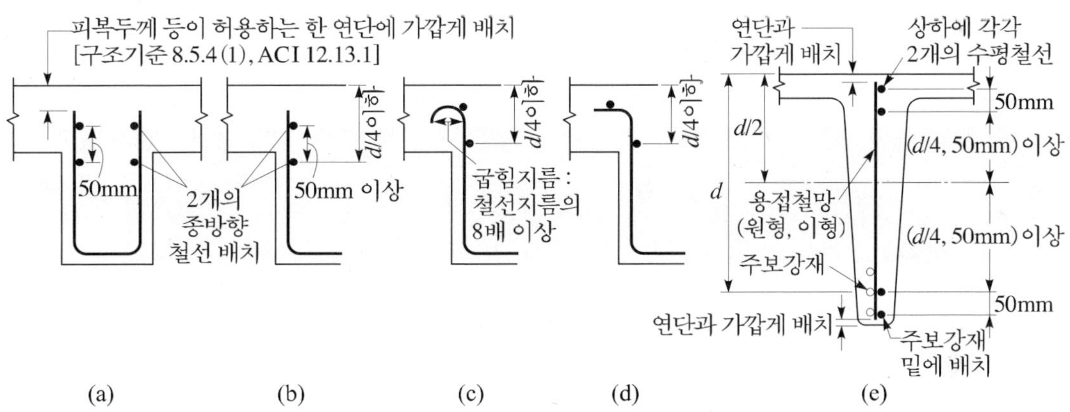

그림 7.32 (a~d) 원형 용접철망 스터럽의 정착 [구조기준 8.5.4(2)③, ACI 12.13.2.3] ; (e) 한 가닥의 원형 또는 이형 용접철망 스터럽의 정착 [구조기준 8.5.4(2)④, ACI 12.13.2.4]

용접철망의 규격은 나비 1 m × 길이 2 m 및 나비 2 m × 길이 4 m로 KS에 제안되어 있으나 통상 시장에서는 평의 개념으로 1.8 m × 1.8 m(한 평)로 유통되고 있다고 한다. 물론 프리스트레스나 프리캐스트 제품에 적용하기 위해서는 원하는 규격으로 주문 생산할 수 있고 이를 **디자인 원형용접철망(WFP-D, Welded Fabric Plain - Designed)**이라고 한다.

용접기계의 이송방향과 평행하게 배치되는 철선을 **세로선(transverse wire)**이라고 하고, 제조방향과 직각방향의 철선을 **가로선(longitudinal wire)**이라고 한다(그림 2.23 참고). 일반적으로 가로선과 세로선은 동일한 굵기의 철선을 이용한다.

제품의 표기 방법은 아래와 같다.

예 1) **WFP, 6.00, 100x100, 1000x2000** (Welded Fabric Plain 레귤러 원형용접철망, 선지름 6 mm, 가로망눈 치수 100 mm, 세로망눈 치수 100 mm, 나비 1,000 mm, 길이 2,000 mm)

예 2) **WFR-D, CD5, 100x100, 660x5000** (Welded Fabric Ribbed - Designed 디자인 이형용접철망, 공칭 선지름 5 mm, 가로망눈 치수 100 mm, 세로망눈 치수 100 mm, 나비 660 mm, 길이 5,000 mm)

표 7.3은 전단보강을 위해서 한 가닥 용접철망을 배치한 경우의 전단보강 표를 보여주고 있다. 용접철망은 등간격으로 배치되게 되므로 설계를 위해서는 식 (7.35)를 다음과 같이 변형하여야 한다.

$$\left(\frac{A_v f_{yt}}{s}\right)_{(소요)} \geq \frac{V_u/\phi - V_c}{d} \ (\mathrm{N/mm}) \qquad (7.37)$$

만약에 U형으로 배치하게 되면 표 7.3의 값에 계수 2를 곱해서 사용하면 된다. 표 7.3은 예를 들면 $A_b f_y$/눈망치수 = (5.3)(400)/50 = 42.5 (N/mm)가 된다.

표 7.3 f_y = 400 MPa의 용접철망 전단강도[PCI 20120(Design Aid 5.14.9) 참고]

용접철망 전단강도 : $(V_u/\Phi - V_c)/d$ (N/mm)									
공칭 선지름(mm)		공칭 단면적 (mm²)	표준 눈망치수(mm)						
원형철선	이형철선		50	75	100	150	200	250	300
2.60		5.3	42.5	28.3	21.2	-	-	-	-
3.20		8.0	64.3	42.9	32.2	21.4	-	-	-
4.00	CD4	12.6	101	67.0	50.3	33.5	-	-	-
5.00	CD5	19.6	157	105	78.5	52.4	39.3	-	-
5.50	CD5.5	23.8	190	127	95.0	63.4	47.5	-	-
6.00	CD6	28.3	226	151	113	75.4	56.5	45.2	-
7.00	CD7	38.5	-	205	154	103	77.0	61.6	-
8.00	CD8	50.3	-	268	201	134	101	80.4	67.0
9.00	CD9	63.6	-	-	254	170	127	102	84.8
10.00	CD10	78.5	-	-	314	209	157	126	105
13.00	CD13	13278	-	-	531	354	265	212	177
16.00	CD16	201.1	-	-	804	536	402	322	268
18.00		254.5	-	-	1,018	679	509	407	339

7.6.4 사용성 한계상태(Serviceability Failure due to Excessive Crack Widths at Service Loads)

과도한 균열폭으로 인한 사용성 손상(Serviceability failure due to excessive crack widths at service loads) : 보에 폭이 넓은 균열이 발생하면 보기 좋지 않을 뿐만 아니라 물이 침투하여 철근을 부식시킬 수 있다. 구조기준 7.4.4.(9)(ACI 11.4.7.9)에서는 스터럽에 의해서 저항되는 최대전단력을 아래와 같이 제한하여 균열의 폭이 과도하지 않게 제한하고 있다.

$$V_{s\,(\max)} \le \frac{2}{3}\sqrt{f_{ck}}\,b_w\,d \tag{7.38}$$

ACI-ASCE 426 위원회에 의하면 $V_{s\,(\max)}$의 전단보강철근이 배치된 보에서 사용하중이 작용할 때 스터럽의 응력이 234 MPa에 이르렀고 이때의 균열폭은 0.36 mm이었다. 비록 이 제한이 대부분의 경우에 만족할만한 결과를 주지만, 스터럽의 간격을 좁게 배치하고 보의 복부에 **표피철근**(skin reinforcement)을 표면에 가깝게 배치하면 균열폭을 제한하는데 효과적이다(식 (2.36) 참고)[구조기준 6.3.3(6), ACI 10.6.7].

복부의 콘크리트 파쇄에 의한 전단파괴(Shear failure due to crushing of the web) : 45도 트러스 모델을 다룰 때 암시한 바와 같이 복부의 경사압축대에는 압축응력이 존재한다. 복부의 두께가 얇은 보는 이 압축응력에 의해서 복부가 붕괴할 수도 있다(그림 7.33 참고). 구조기준에서는 앞에서 사용하중이 작용할 때 균열을 제한하기 위해서 제시된 식 (7.38)의 최대전단력 규정이 복부 균열파괴에 대해서도 적당한 안전을 제공한다고 보고 있다. 이 규정은 단면이 받는 전단력의 강도를 제한하여 보의 중간 깊이에서 전단에 의해서 생기는 경사압축응력이 콘크리트의 압축강도보다 작게 하여 복부의 압축파괴를 방지하도록 하는 것이다.

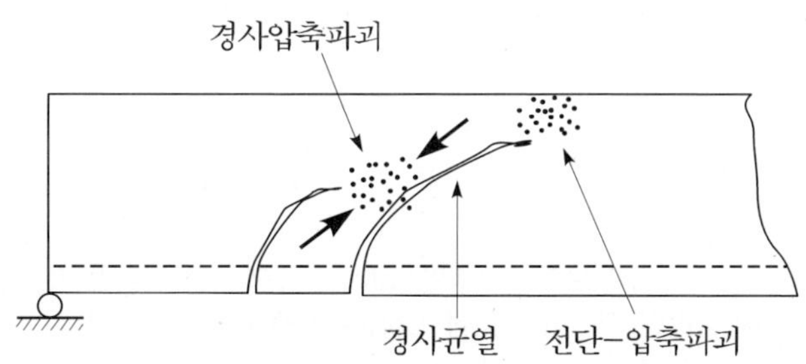

그림 7.33 높은 전단응력 때문에 발생할 수 있는 붕괴파괴 모드

인장 보강재의 파괴에 의한 전단파괴(Shear failure initiated by failure of the tension chord) : 트러스 모델의 전단경간에서 임의의 위치에서의 축방향 인장철근력은 단면에서 최대모멘트가 발생하는 단면 방향으로 대략 거리 d만큼 떨어진 단면의 휨모멘트의 함수임을 보여주었다(그림

7.27a 참고). 부분적으로 이런 이유 때문에 구조기준 8.5.1(2)(ACI 12.10.3)에서는 휨철근을 더 이상 요구되지 않는 점을 지나서 d 또는 $12\,d_b$ 이상을 연장하도록 규정하고 있으며, 다만, 단순경간의 받침부와 캔틸레버의 자유단에서 이 규정은 적용되지 않아도 된다고 제안하고 있다.

7.6.5 최소복부철근(Minimum Web Reinforcement)

과거의 ACI 설계방법에서는 소요전단강도가 V_c를 초과할 때만 스터럽을 배치하도록 하였다. 이러한 규정 때문에 북미지역에서 설계된 대부분의 철근콘크리트 보나 프리스트레스트 콘크리트 보에는 스터럽이 배치되지 않게 되었다. 만약에 보에 복부보강이 되어있지 않으면 경사균열이 형성되면서 갑작스럽게 붕괴파괴가 일어날 수 있다(그림 7.34 참고). 보의 전단강도는 또한 반복하중이 작용하여 균열을 진행시키거나 인장강도를 저하시키는 것과 같은 요소에 의해서 상당히 감소될 수 있다.

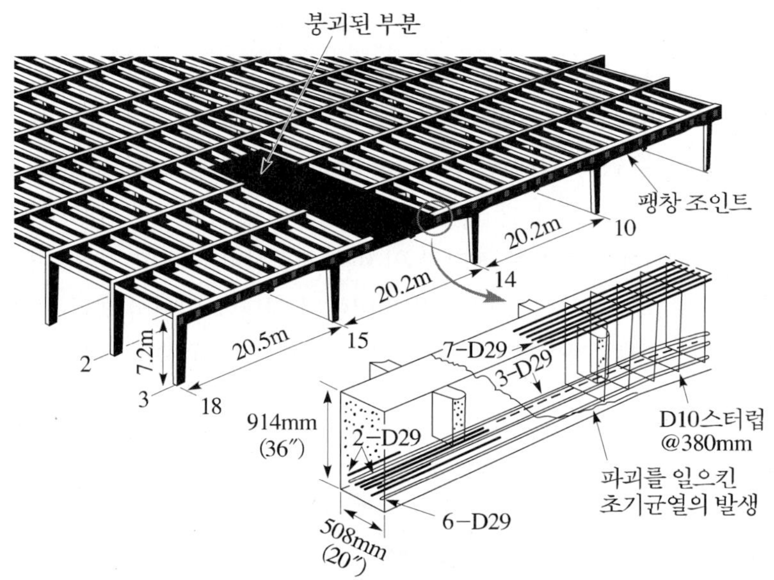

그림 7.34 1955년 미국 오하이오주의 Wilkins 공군 비행장 창고건물의 지붕보에 나타난 전단파괴 형상 [Collins 1991(Fig. 7-18)]

1955년 미국 공군의 창고건물 지붕보에 일어난 전단파괴는 ACI의 전단설계가 안전하지 않음을 보여주었다(그림 7.34 참고). 보는 고정하중에 의해서 파괴되었으며, 당시에 ACI의 허용전단응력이 0.6 MPa이고 이 값에 대응하는 파괴 전단응력은 대략 1.1 MPa인데도 불구하고, 작용하는 전단응력이 오직 0.52 MPa 밖에 되지 않았는데 파괴가 일어난 것이었다. Elstner와

Hognestad[1957]의 조사에 의하여 북미 설계규정에 대해서 다음과 같은 보완을 제시하였다.

① 최소복부 전단철근을 배치하여야 한다.
② 휨철근은 변곡점(contraflexure)을 넘어서 충분히 연장되어야 한다.
③ 구속에 의해서 발생하는 인장(건조수축 등)은 설계에서 고려되어야 한다.

이러한 보완책을 고려하여, 구조기준 7.4.3(1)(ACI 11.4.6.1)에서는 철근콘크리트 및 프리스트레스트 콘크리트 휨부재는 $V_u/\phi > (0.5V_c)$ 인 경우에 최소복부 전단철근을 배치하도록 규정하고 있다. 복부철근이 배치되어 있지 않은 보의 전단파괴는 경고 없이 갑작스럽게 붕괴파괴(brittle)로 일어나기 때문에 최소전단철근의 배치는 예상치 않은 인장력이 작용하거나 과하중이 작용하는 경우를 대비해서 중요할 뿐만 아니라, 또한 설계방정식에서 제시하는 전단강도도 실제 전단파괴하중과 상당한 편차를 보이기 때문에 최소전단철근의 배치는 중요하다고 할 수 있다. 구조기준에서는 아래의 예외에는 최소전단철근을 배치하지 않아도 되도록 규정하고 있다.

① 슬래브(solid slab)와 기초판(footing),
② 구조기준(3.4.11)에서 규정한 콘크리트 장선구조(joist construction),
③ 단독 보인 경우 : 전체 깊이 $h \le 250$ mm 이하인 경우,
④ 슬래브와 일체로 시공된 보(즉 I형 또는 T형 보)의 경우 : $h \le$ 큰 값 (플랜지 두께의 2.5배 또는 복부 폭의 1/2) 이하인 경우,
⑤ 교대 벽체 및 날개벽, 옹벽의 벽체, **암거(culvert)** 등과 같이 휨이 주거동인 판 부재인 경우,
⑥ 순 단면(total untopped depth)의 깊이가 315 mm를 초과하지 않는 프리스트레스트 속빈 부재(prestressed hollow-core unit)이거나 또는 프리스트레스트 속빈 부재에 작용하는 계수전단력이 $V_u < 0.5\phi V_{cw}$ 인 경우,
⑦ 강섬유콘크리트 보(fiber-reinforced concrete beam)에서 보의 깊이 $h \le 600$ mm이고, $f_{ck} \le 40$ MPa이면서 작용하는 계수전단력 $V_u \le \phi(\sqrt{f_{ck}}/6)b_w d$ 인 경우.

이들 예외는 각각 부재의 폭을 따라 또는 장선구조인 경우에 인접한 부재에, 하중의 재분배가 일어날 가능성(load shearing between weak and strong area)이 있기 때문에 규정을 완화시킨 것이다. 또한 구조기준 7.4.3(2)(ACI 11.4.6.2)에서는 최소전단철근이 없어도 계수휨모멘트와 계수전단력에 저항할 수 있다는 것이 실험에 의해서 확인된다면 최소전단철근 규정을 적용하지 않아도 되도록 허용하고 있다(실제 부재의 치수와 재료의 강도를 이용하여 실험하고 강도감소계수가 1인 공칭강도 값을 비교하여야 한다).

구조기준 해설 7.4.3(ACI R11.4.6)에서는 복부가 얇은 모든 프리스트레스트 프리캐스트 부

재(장선구조, 2방향 장선 슬래브, 보, T형 보 등)에서 비록 $V_u/\phi < (0.5V_c)$ 인 경우에도 복부철근을 배치할 것을 권장하고 있다. 이렇게 배치되는 복부철근은 긴장재가 설계된 위치로부터 국부적으로 이탈하여 발생할 수 있는 인장응력에 대해서 보강재의 역할을 하고 또한 시공과정에서 긴장재의 위치를 확보할 수 있도록 도와준다. 만약 긴장재가 설계에서 요구하는 부드러운 포물선형으로 잘 받쳐져 있지 않게 되면 콘크리트 타설 단계에서 측방향으로 파상곡률이나 국부적 이탈이 발생할 수도 있다. 이런 상황에서 긴장력을 도입하게 되면 긴장재는 곧게 펴지면서 복부에 큰 인장응력을 발생시켜서 만약에 복부철근이 배치되어 있지 않은 경우에는 심각한 균열이 발생할 수도 있다. 의도하지 않는 긴장재의 곡률과 이로 인한 복부의 인장응력은 긴장재를 스터럽에 단단하게 결속하여 최소화할 수 있을 것이다. 이런 경우에 스터럽의 간격은 1.5h 나 1.2 m 중 작은 값을 초과하지 않아야 한다고 제안하고 있다.

구조기준 5.8.1(3)(ACI 7.13.2.2)에서는 **주변 보(perimeter beams)**나 **테두리 보(spandrel beams)**에서 상부철근 둘레에 135도 구부림을 갖는 스터럽이나 폐쇄스터럽을 배치하도록 규정하고 있다. 테두리 보에서 이러한 스터럽은 상부와 하부철근과 같이 작용하여 건물의 주위에 인장타이 역할을 해서 내부 보의 파괴에 따른 붕괴가 발전되지 못하도록 하려는 것이다[ACI 318 R7.13.2].

구조기준 7.4.3(3)(ACI 11.4.6.4)에서는 스터럽이 충분한 인장강도를 가져서 경사인장 균열에 의해 콘크리트의 붕괴파괴가 일어나지 않도록 휨철근 인장강도의 40% 이상의 유효 프리스트레스 힘(즉, $f_{pe} \geq 0.4 f_{pu}$)이 작용하는 프리스트레스트 콘크리트 부재에 대한 전단철근의 최소 단면적은 앞에서 제시했던 식 (7.24) 중에서 작은 값 이상을 배치하도록 제시하고 있다.

$$A_{v(\min)} = \text{Min}\begin{cases} \text{Max}\begin{cases} \left(0.0625\sqrt{f_{ck}}\right)\dfrac{b_w s}{f_{yt}} \\ (0.35)\dfrac{b_w s}{f_{yt}} \end{cases} \\ \dfrac{A_{ps}}{80}\dfrac{f_{pu}}{f_{yt}}\dfrac{s}{d}\sqrt{\dfrac{d}{b_w}} \end{cases} \tag{7.24}$$

여기에서 $d \geq 0.8h$ 이상이어야 하고[구조기준 7.4.1(4), ACI 11.4.3], 전단철근으로 용접 이형철근망을 사용하지 않는 한 $f_{yt} \leq$ 500 MPa이어야 하며, s 는 스터럽의 간격이다. 실험에 의하면 식 (7.24) 중에서 작은 값의 최소전단철근을 배치해도 프리스트레스트 힘에 의해서 콘크리트에 도입되는 압축응력이 부재의 전단강도를 증가시켜서 충분히 연성거동을 일으키는 것이 확인되었다[7].

7. 식에서 가장 작은 값이 지배하므로 예를 들어서 A_{ps} 값이 작아질 때 우측 항이 지배하게 되고, 많아질 때

식 (7.9)나 (7.14)로 계산되는 고강도 콘크리트 부재의 전단강도가 과대평가되는 것을 방지하기 위하여 구조기준 7.2.1(4)(ACI 11.1.2)에서는 식 (7.24)를 만족하는 최소전단철근을 배치하지 않는 한 $\sqrt{f_{ck}}$ 가 8.4 MPa을 초과할 수 없도록 규정하고 있다. 이 값은 설계기준 압축강도 $f_{ck} \le$ 70 MPa이하여야 된다는 것을 의미한다.

지진지역에서는 지진에 의해서 발생하는 전단력이 전체 전단력의 1/2이상을 초과할 때는 $V_c = 0$ 로 간주하여 복부철근을 배치하여야 한다고 구조기준 부록 II.4.4(2)(ACI 21.5.4.2)에서 제시하고 있다.

7.7 구조기준의 전단설계과정(Summary of the Design Procedures for Shear)

아래에는 구조기준에서 제시하는 전단보강을 배치하는 보의 전단설계 과정이 제시되었고, 그림 7.35에는 흐름도(flow chart)가 제시되어 있다.

(1) 단계 1 : 계수하중을 사용해서 전단력 분포도(V_u/ϕ)와 휨모멘트 분포도(M_u/ϕ)를 그린다.

(2) 단계 2 : 콘크리트의 전단강도 V_c 를 계산한다.

① 상세식 (7.9)와 식 (7.14)로 구한 각각의 V_{ci} ($\ge 0.17\lambda\sqrt{f_{ck}}\,b_w d$) 와 V_{cw} 중에서 작은 값이 V_c ; $(d,\ d_p) \ge 0.8h$

② 간략식 (7.20)을 사용 :

$d \ge 0.8h$; $V_u d_p / M_u \le 1$; $0.17\lambda\sqrt{f_{ck}}\,b_w d \le V_c \le 0.42\lambda\sqrt{f_{ck}}\,b_w d$

다음 조건을 만족하지 않는 한, $\sqrt{f_{ck}} \le$ 8.4 MPa로 제한 : $f_{pe} \ge 0.4 f_{pu}$

식 (7.24) : $A_{v(\min)} \ge \left[\left(0.0625\sqrt{f_{ck}} \ \ge\ 0.35\right)\dfrac{b_w s}{f_{yt}} \ \le\ \dfrac{A_{ps}}{80}\dfrac{f_{pu}}{f_{yt}}\dfrac{s}{d}\sqrt{\dfrac{d}{b_w}}\right]$

(3) 단계 3 : 깊이가 얕지 않은 보는 $V_u/\phi > 0.5V_c$ 인 경우에 전단철근을 배치해야 한다. 스터럽의 간격은 V_u/ϕ 와 V_c 의 상대적인 강도의 함수이다.

① $0.5V_c < V_u/\phi < V_c$ 인 경우 : 콘크리트의 전단강도가 계수전단력을 초과하는 경우에 최소전단철근을 배치한다. 설계에서 대부분 먼저 $A_v = 2A_b$ (U형 스터럽인 경우)가 결정되므로 식 (7.24)의 최소전단철근식을 아래와 같이 최대중심 간격 $s_{(\max)}$ 식으

는 오히려 좌측 항들이 지배하게 된다. 프리스트레스 힘으로 인한 압축력을 고려한다고 생각하면 반대의 상황이 발생하는 것 같다. 예제 7.2에서 보면 $A_{ps} = 956\ \text{mm}^2$보다 작으면 우측 항이 지배하고, 이 보다 커지면 좌측 항들이 지배하게 된다.

로 쓰면 편리하다.

$$f_{pe} \geq 0.4 f_{pu} \text{인 경우} \ : \ s_{(\max)} \leq \text{Max} \begin{cases} \text{Min} \begin{cases} \dfrac{A_v f_{yt}}{0.0625\sqrt{f_{ck}}\, b_w} \\ \dfrac{A_v f_{yt}}{0.35 b_w} \end{cases} \\ \dfrac{A_v}{A_{ps}} \dfrac{f_{yt}}{f_{pu}} (80\sqrt{b_w d}) \end{cases} \tag{7.39}$$

$$f_{pe} < 0.4 f_{pu} \text{ 인 경우} : s_{(\max)} \leq \text{Min}\left(\frac{A_v f_{yt}}{0.0625\sqrt{f_{ck}}\, b_w},\ \frac{A_v f_{yt}}{0.35 b_w} \right) \text{ 이하로 배치}$$

$$s_{(\text{배치})} \leq \text{Min}[\, s_{(\max)},\ 0.75h,\ 600 \text{ mm}\,]$$

만약에 휨부재에 반복하중(cyclic loading)이 작용하면 V_u 가 $(0.5\phi V_c)$ 이하가 되더라도 구조기준해설 7.4.3(1)(ACI R11.4.6.1)에서는 최소전단철근을 배치하는 것이 현명하다고 제안하고 있다. 이는 반복하중이 작용하는 부재에서는 단면의 전단강도를 저하시키는 사인장균열(diagonal tension cracks)이 정하중에 의한 응력보다도 낮은 응력에서 발생할 수 있기 때문이다.

② $V_u/\phi \geq V_c$ 이고 $V_s \leq (2\sqrt{f_{ck}}/3)\, b_w d$ 인 경우 : 식 (7.34)를 사용해서 스터럽의 소요전단강도 계산, $V_{s(\text{소요})}$ 가 계산되면, 식 (7.35)로 스터럽의 간격을 계산한다. 스터럽은 $s_{(\max)}$ 이하로 배치한다.

㉠ $V_s \leq (\lambda\sqrt{f_{ck}}/3)\, b_w d$ 인 경우 : 식 (7.39)의 $s_{(\max)}$ 를 포함하여,

$$s_{(\text{배치})} \leq \text{Min}[\, s_{(\max)},\ 0.75h,\ 600 \text{ mm}\,]$$

㉡ $V_s > (\lambda\sqrt{f_{ck}}/3)\, b_w d$ 인 경우 : 식 (7.39)의 $s_{(\max)}$ 를 포함하여,

$$s_{(\text{배치})} \leq \text{Min}[\, s_{(\max)},\ 0.375h,\ 300 \text{ mm}\,]$$

③ 단면의 적합성 검토 : 만약에 $V_s > (2\sqrt{f_{ck}}/3)\, b_w d$ 이면 단면이 너무 작다. 높은 전단에 의한 파괴모드를 방지하기 위해서 단면적을 증가시켜야 한다.

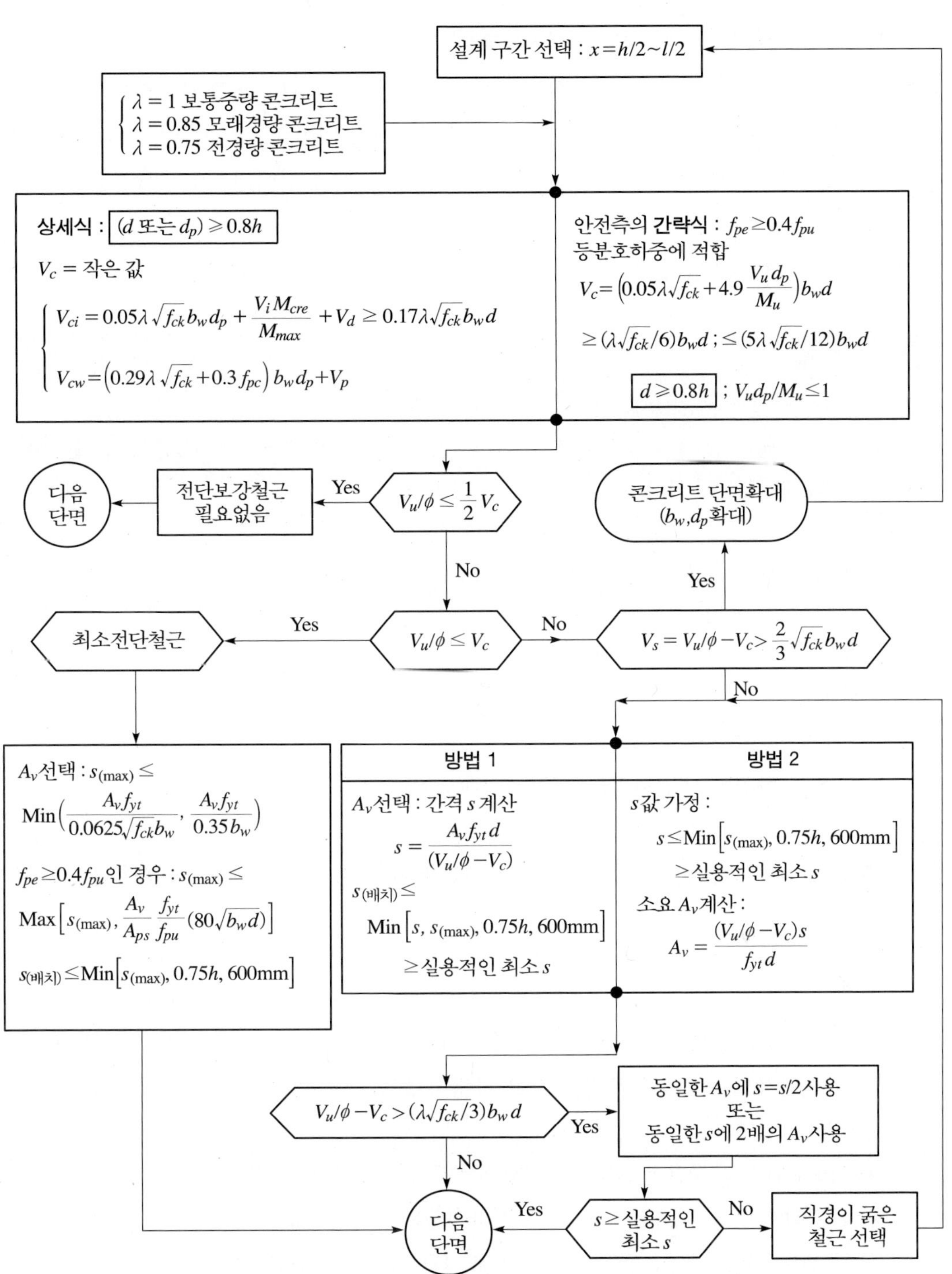

그림 7.35 프리스트레스트 콘크리트 보의 전단보강철근 설계에 대한 흐름도(flow chart)
[Naaman 2012(359), Nawy 2010(248)]

(4) 단계 4 : 단부보강철근(end zone reinforcement) 설계

① 프리텐션 부재의 경우 : 식 (2.27), $A_{vt} = 0.021(P_0 h)/(\bar{f}_s l_t)$를 단부에서 h/5 거리에 연직으로 균등하게 배치한다. 여기에서 응력제거 강연선 $P_0 = A_{ps}(0.70f_{pu})$, 저이완 강연선 $P_0 = A_{ps}(0.74f_{pu})$ 이고, $\bar{f}_s$ = 207 MPa(30 ksi)이며, 전달길이 $l_t = 50d_b$로 고려한다.

② 포스트텐션 부재의 경우 : 9장에서 다루는 정착구역 설계를 수행한다.

예제 7.2

[전단보강철근의 설계] [Lin 1981(255-257, 260-263)]

예제 [7.1]에 대해서 f_{yt} = 400 MPa인 U형 D10 철근($A_v = 71.33 \times 2 = 142.7\ \text{mm}^2$)을 이용하여 전단보강철근을 설계하라.

(1) 간략식 (7.20)으로 V_c를 계산한 경우의 전단보강철근 설계 :

받침부에서 $x = h/2$ = 450 mm 떨어진 위치의 전단보강철근 설계 예 : 다른 위치의 설계는 표 7.4의 Excel 표에 제시되었다.

① V_s 계산 :

전달길이 $l_t = 50d_b = 50(12.7) = 635$ (mm)

단부에서 받침부 내면까지의 거리 = 100 mm

$(100 + h/2) = 100 + 450 = 550\ (\text{mm}) < l_t = 635\ \text{mm}$

따라서 단부에서 전달길이 635 mm 떨어진 위치의 V_c 계산에서 긴장력의 감소를 고려하여야 한다.

x = 450 mm < [전달길이 − 단부길이 = 635 − 100 = 535 mm]로 전달길이 구간으로 단부에서 긴장재의 감소영향을 고려하여야 한다(구조기준 7.3.2(4), ACI 11.3.5). x = 0 mm에서 V_c = 277.2 kN ; x = 535 mm에서 V_c = 331.8 kN이고 전달길이 구간의 전단강도는 선형으로 변한다고 가정하므로 x = 450 mm에서 V_c를 보간법으로 구하면,

$V_{c\,(450\,\text{mm})} = 277.2 + 450 \times (331.8-277.2) / 535 = \underline{323.1\ (\text{kN})}$

식 (7.25) : $V_{u\,(@\,\text{support})} = w_u l/2 = 68(15/2) = 510\ (\text{kN})$

식 (7.26) : $V_{u\,(@\,\text{center})} = w_{Lu} l/8 = 30.47(15/8) = 57.1\ (\text{kN})$

$V_u = V_{u\,(@\,\text{support})} - x[V_{u\,(@\,\text{support})} - V_{u\,(@\,\text{center})}]/(l/2)$

$= 510 - 0.45(510-57.1)/7.5 = 482.8\ (\text{kN})$

$V_u/\phi = 482.8/0.75 = 643.8$ (kN)

$\therefore \ V_{s\,(450\,mm)} = V_u/\phi - V_c = 643.8 - 323.1 = \underline{320.6 \text{ (kN)}}$

② U형 스터럽의 소요 중심간격 계산 :

식 (7.35) : $\therefore \ s_{(소요)} \le A_v f_{yt} d / V_s = (142.7)(400)(750)/(320.6 \times 10^3) = 133$ (mm)

③ 최소철근량 규정에 의한 철근 중심간격 검토 :

$A_v f_{yt} / b_w = (142.7)(400)/150 = 380.53$

ⓐ $V_s = 316.1$ kN $< (\lambda \sqrt{f_{ck}}/3) b_w d = (1.0 \times \sqrt{50}/3)(150)(750)/10^3$

$= 265.2$ (kN) <*OK*>

따라서 간격 규정을 1/2로 줄일 필요가 없다.

또한(물론) $V_s = 316.1$ kN $< (2\sqrt{f_{ck}}/3) b_w d = (2)(265.2) = 530.4$ (kN) <*OK*>

따라서 단면의 크기는 적당하다. 식 (7.39)로 검토한다.

ⓑ $s_1 = (A_v f_{yt}/b_w)/(0.0625\sqrt{f_{ck}}) = 380.53/(0.0625\sqrt{50}) = 380.53/0.442$

$= 861$ (mm)

ⓒ $s_2 = (A_v f_{yt}/b_w)/0.35 = 380.53/0.35 = 1{,}087$ (mm)

ⓓ $s_{(max)} \le \text{Min}(s_1, s_2) = \text{Min}(\underline{861}, 1087)$ mm $= 861$ mm

ⓔ $f_{pe} = 1{,}023$ MPa $> 0.4 f_{pu} = 0.4(1{,}860) = 744$ (MPa)

$s_3 = A_v f_{yt} (80\sqrt{b_w d})/(A_{ps} f_{pu})$

$= (142.7)(400)[80\sqrt{(150 \times 750)}]/(1{,}777 \times 1{,}860) = 463$ (mm)

$\therefore \ s_{(max)} \le \text{Max}[s_{(max)}, s_3] = \text{Max}(861, 463) = \underline{861 \text{ mm}}$

ⓕ 최대간격 제한 : $0.75h = 0.75(900) = 675$ (mm)

$s_{(max)} \le \text{Min}[s_{(max)}, 0.75h, 600 \text{ mm}] = \text{Min}(861, 675, \underline{600}) = \underline{600 \text{ mm}}$

$\therefore \ s_{(max)} = 600$ mm $> s_{(소요)} = \underline{133 \text{ mm}}$ <*OK*>

④ 스터럽의 배치 :

프리스트레스트 콘크리트 부재가 실외에서 옥외 공기에 직접 노출된다고 보아 피복두께 40 mm(표 2.13)를 고려 ; 콘크리트 표피 ~ 스터럽의 중심간격 = 40 + 9.53/2 ≈ 45 mm 이상 만족

부재 내부에서 스터럽의 순간격은 구조기준에서 따로 규정하지는 않고 있지만 압축부재의 축방향 철근과 같은 방향으로 배치되므로 이 규정을 적용하면 식 (2.43) : Max [40 mm, $1.5 d_b = 1.5(9.53) = 15$ (mm), $(4/3) a_{max} = (4/3)(19) = 25$ (mm)] = 40 mm 이상이면 만족한다. 따라서 최소 중심간격은 40 + 9.53 = 50 (mm) 이상이면 된다.

ⓐ 첫 번째 스터럽의 배치 : 본 예제에서 받침부(힌지 받침부 가정)에서 단부까지의 거

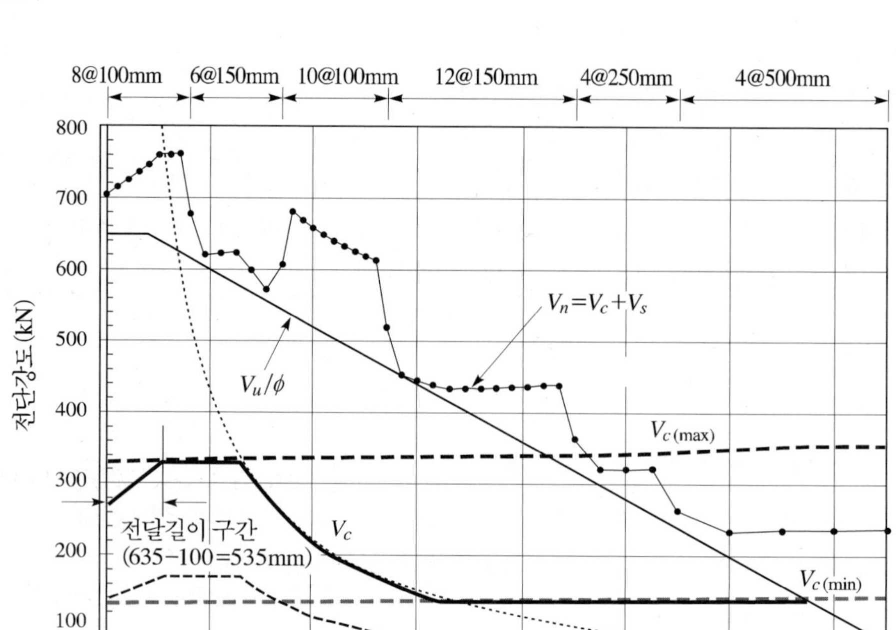

그림 7.36 간략식을 이용하여 설계한 전단보강철근 배치도

리가 100 mm이므로 받침부 위에 첫 번째 스터럽을 배치하면 피복두께는 100 − 9.53/2 = 95 mm (> 40 mm)로 충분하다.

ⓑ 간격 100 mm로 배치하는 구간 : 이로부터 100 mm (> 50 mm) 간격으로 8개의 스터럽을 배치한다(그림 7.36 참고). 구간은 8 × 100 mm = 800 mm가 된다.

ⓒ 이어서 간격 150 mm로 배치 : 6개 스터럽 배치 ; 구간 = 6 × 150 = 900 mm

ⓓ 이어서 간격 100 mm로 배치 : 10개 스터럽 배치 ; 구간 = 10 × 100 = 1,000 mm

ⓔ 이어서 간격 150 mm로 배치 : 12개의 스터럽을 배치한다. 구간 = 12 × 150 = 1,800 mm가 된다.

ⓕ 이어서 간격 250 mm로 배치 : 4개의 스터럽을 배치한다. 구간 = 4 × 250 = 1,000 mm가 된다.

ⓖ 간격 500 mm로 배치하는 구간 : 최대 중심간격이 600 mm이므로 500 mm로 배치하도록 하고, 간격을 조종하는데 어려움이 있으니 경간 중앙에서 시작해서 500 mm 간격으로 4개를 배치하도록 한다. 250 mm 구간에 이어서 500 mm로 4개를 배치한다. 구간은 4 × 500 = 2,000 mm가 된다.

ⓗ 전체 스터럽의 개수 계산 : 2 × (1 + 8 + 6 + 10 + 12 + 4 + 4 = 45) − 1 = <u>89개</u>

D10 U형 스터럽을 배치한다.

ⓘ D10 U형 스터럽 1개의 길이 계산 : 양쪽에 135도 갈고리를 장착하기 위해서 갈고리(그림 2.22 A 또는 G로 표기)의 길이 = $d_b + 2d_b + 6d_b = 9d_b = 9(9.53) = 86 \approx$ 90 mm

양쪽 팔의 길이(B나 D로 표기) = 900 − 2(40, 피복두께) = 720 mm

하부의 길이(C로 표기) = 150 − 2(40) = 70 mm

스터럽 1개의 총 길이 = 2(90 + 720) + 70 = 1,690 mm

ⓙ D10 스터럽 철근의 소요 총 길이 = 1.69 × 89 = 150.41 m 소요

표 7.4 간략식을 이용한 전단보강철근의 설계

f_{ck} =	**50**	MPa	λ =	**1.0**		$Φ_v$ =	**0.75**		Av =	142.66	mm²	
P_e =	1,817,871	N	w_u =	**68.0**	N/mm	L_g =	**15,000**	mm	fyt =	**400**	MPa	
b_w =	**150**	mm	b =	450	mm	Aps =	1,777	mm	fpu =	1,860	MPa	
	받침부	단면 h/2								단면 2-2	중앙	
(1) x =	0	**450**	**535**	918	**1,300**	1,500	2,000	3,000	4,000	**6,000**	7,500	mm
(2) e =	295.9	**300.0**	**300.8**	**304.2**	**307.7**	309.5	314.0	323.0	332.0	**350.0**	350.0	mm
(3) d_p =	745.9	750.0	750.8	754.2	757.7	759.5	764.0	773.0	782.0	**800.0**	800.0	mm
(4) V/M =	0.00E+00	2.15E-03	1.80E-03	1.02E-03	6.96E-04	5.93E-04	4.23E-04	2.50E-04	1.59E-04	5.56E-05	0.00E+00	
(5) Vd_p/M =	0.000	**1.615**	**1.351**	0.768	0.528	0.450	0.323	0.193	0.124	0.044	0.000	
(6) $0.05λ\sqrt{f_{ck}}$ =	0.354	0.354	0.354	0.354	0.354	0.354	0.354	0.354	0.354	0.354	0.354	
(7) $V_{c\,(간략식)}$ =	0.0	930.1	785.5	466.0	**333.9**	**291.5**	**222.0**	**150.8**	113.0	68.6	42.4	kN
(8) $V_{c\,(min)}$ =	131.9	132.6	132.7	134.4	134.4	134.4	135.1	135.1	**139.7**	**141.4**	**141.4**	kN
(9) $V_{c\,(max)}$ =	329.7	**331.5**	331.8	335.9	335.9	335.9	337.8	337.8	349.1	353.6	353.6	kN
(10) V_c =	**277.2**	**323.1**	**331.8**	**335.9**	**333.9**	**291.5**	**222.0**	**150.8**	**139.7**	**141.4**	**141.4**	kN
(11) $V_c/2$ =	138.6	161.6	165.9	167.9	167.0	145.7	111.0	75.4	69.8	70.7	70.7	
(12) V_u =	482.8	482.8	477.7	454.6	431.5	419.4	389.2	328.9	268.5	147.7	57.1	kN
(13) $V_u/Φ$ =	643.8	643.8	636.9	606.1	575.3	559.2	519.0	438.5	358.0	196.9	76.2	kN
(14) $V_{s\,(소요)}$ =	366.5	320.6	305.1	270.3	241.4	267.7	297.0	287.7	218.3	**55.5**	**-65.2**	kN
(15) **s** $_{(소요)}$ =	**116**	**133**	**140**	**159**	**179**	**162**	**147**	**153**	**204**	**822**	**-700**	mm
(16) s_1 =.../0.0625√	861	861	861	861	861	861	861	861	861	861	861	mm
(17) s_2 = .../$0.35b_w$	1,087	1,087	1,087	1,087	1,087	1,087	1,087	1,087	1,087	1,087	1,087	mm
(18) Min (16, 17) =	861	861	861	861	861	861	861	861	861	861	861	mm
(19) s_3 =.. $80\sqrt{b_w}d$	462	463	464	465	466	466	468	470	473	479	479	mm
(20) Max (18, 19) =	**861**	**861**	**861**	**861**	**861**	**861**	**861**	**861**	**861**	**861**	**861**	mm
(21) s_4 = 0.75h	675	675	675	675	675	675	675	675	675	675	675	mm
(22) s_5 = 600 mm	600	600	600	600	600	600	600	600	600	600	600	mm
(23) **s** $_{(소요)}$ = Min(15, 20~22)=	**116**	**133**	**140**	**159**	**179**	**162**	**147**	**153**	**204**	**600**	**600**	mm
(23) **s** $_{(배치)}$ =	**100**	**100**	**100**	**150**	**150**	**150**	**100**	**150**	**150**	**500**	**500**	mm

⑤ 스터럽을 배치하지 않아도 되는 $V_u/\phi < V_c/2$ 구간 검토 : 그림 7.36에서 보면 전 경간에 걸쳐서 $V_u/\phi > V_c/2$ 이므로 전 경간에 걸쳐서 스터럽을 배치하였으므로 만족한다.

⑥ 표 7.4와 그림 7.36에는 간략식을 이용하여 전단강도를 구하고 이를 이용하여 수행한 전단보강철근의 설계를 보여주고 있다.

⑦ **단부보강철근(end zone reinforcement) 설계** : 경간 15 m의 프리텐션 부재로 보아 PCI의 식 (2.27)을 적용한다.

저이완 강연선 : $P_0 = A_{ps}(0.74f_{pu}) = 1{,}777(0.74 \times 1{,}860) = 2{,}436.2 \times 10^3$ (N)

h = 900 mm ; $\bar{f}_s = 207$ MPa(30 ksi) ; $l_t = 50d_b = 635$ mm

$\therefore\ A_{vt\,(소요)} = 0.021(P_0 h)/(\bar{f}_s l_t) = 0.021(2{,}436.2 \times 10^3)(900)/(207 \times 635)$

$= 350\ (\text{mm}^2)$

D10 스터럽 다리 개수 = 350 / 71.3 = 4.9 개가 소요되므로 그림 7.20b 단면에서 상하부 플랜지 및 복부에 각각 긴장재를 둘러싸도록 D10 폐쇄스터럽(다리 6개 배치)을 단부에서 h/5 = 900/5 = 180 mm 떨어진 위치에 배치한다.

(2) 상세식 (7.9) 및 (7.14)를 이용하여 V_c를 계산한 경우의 전단보강철근 설계 :

받침부에서 $x = h/2 = 450$ mm 떨어진 위치의 전단보강철근 설계 예 : 다른 경간의 설계는 표 7.5의 Excel 표에 제시되었다.

① V_s 계산 :

전달길이 $l_t = 50d_b = 50(12.7) = 635$ (mm) ;

단부에서 받침부 내면까지의 거리 = 100 mm

$(100 + h/2) = 100 + 450 = 550\ (\text{mm}) < l_t = 635$ mm

따라서 단부에서 전달길이 635 mm 떨어진 위치의 V_c 계산에서 긴장력의 감소를 고려하여야 한다.

$x = 450$ mm < [전달길이 − 단부길이 = 635 − 100 = 535 mm]로 전달길이 구간으로 단부에서 긴장재의 감소영향을 고려하여야 한다(구조기준 7.3.2(4), ACI 11.3.5). $x = 0$ mm에서 $V_{cw} = 277.2$ kN ; $x = 535$ mm에서 $V_{cw} = 503.2$ kN(계산은 예제 7.1 참고)이고 전달길이 구간의 전단강도는 선형으로 변한다고 가정하므로 $x = 450$ mm에서 V_{cw}를 보간법으로 구하면,

$V_{c\,(450\,\text{mm})} = 277.2 + 450 \times (503.2 - 277.2) / 535 = \underline{467.3\ (\text{kN})}$

식 (7.25) : $V_{u\,(@\,\text{support})} = w_u l/2 = 68(15/2) = 510$ (kN)

식 (7.26) : $V_{u\,(@\,\text{center})} = w_{Lu} l/8 = 30.47(15/8) = 57.1$ (kN)

$V_u = V_{u\,(@\,\text{support})} - x\,[\,V_{u\,(@\,\text{support})} - V_{u\,(@\,\text{center})}]/(l/2)$

$= 510 - 0.45(510 - 57.1)/7.5 = 482.8$ (kN)

$V_u/\phi = 482.8/0.75 = 643.8$ (kN)

$\therefore\ V_{s\,(450\,mm)} = V_u/\phi - V_c = 643.8 - 467.3 = \underline{176.5\ (kN)}$

② U형 스터럽의 소요 중심간격 계산 :

$\therefore\ s_{(소요)} \le A_v f_{yt} d / V_s = (142.7)(400)(750)/(176.5 \times 10^3) = 243$ (mm)

③ 최소철근량 규정에 의한 철근 중심간격 검토 : $A_v f_{yt}/b_w = (142.7)(400)/150 = 380.53$

ⓐ $V_s = 171.9$ kN $< (\lambda\sqrt{f_{ck}}/3)b_w d = (1.0 \times \sqrt{50}/3)(150)(750)/10^3$

$= 265.2$ (kN) <OK>

따라서 간격 규정을 1/2로 줄일 필요가 없다.

또한(물론)

$V_s = 171.9$ kN $< (2\sqrt{f_{ck}}/3)b_w d = (2)(265.2) = 530.4$ (kN) <OK>

따라서 단면의 크기는 적당하다. 식 (7.39)로 검토한다.

ⓑ $s_1 = (A_v f_{yt}/b_w)/(0.0625\sqrt{f_{ck}}) = 380.53/(0.0625\sqrt{50})$

$= 380.53/0.442 = 861$ (mm)

ⓒ $s_2 = (A_v f_{yt}/b_w)/0.35 = 380.53/0.35 = 1{,}087$ (mm)

ⓓ $s_{(max)} \le \text{Min}(s_1,\ s_2) = \text{Min}(\underline{861},\ 1087)$ mm $= 861$ mm

ⓔ $f_{pe} = 1{,}023$ MPa $> 0.4f_{pu} = 0.4(1{,}860) = 744$ (MPa)

$s_3 = A_v f_{yt}(80\sqrt{b_w d})/(A_{ps} f_{pu})$

$= (142.7)(400)[80\sqrt{(150 \times 750)}]/(1{,}777 \times 1{,}860) = 463$ (mm)

$\therefore\ s_{(max)} \le \text{Max}[s_{(max)},\ s_3] = \text{Max}(861,\ 463) = \underline{861\ mm}$

ⓕ 최대간격 제한 : $0.75h = 0.75(900) = 675$ (mm)

$s_{(max)} \le \text{Min}[s_{(max)},\ 0.75h,\ 600\ mm] = \text{Min}(861,\ 675,\ \underline{600}) = \underline{600\ mm}$

$\therefore\ s_{(max)} = 600\ mm > s_{(소요)} = \underline{243\ mm}$ <OK>

④ 스터럽의 배치 :

프리스트레스트 콘크리트 보 부재가 실외에서 옥외 공기에 직접 노출된다고 보아 피복두께 40 mm(표 2.13)를 고려하면 콘크리트 표면에서 스터럽의 중심간격은 40 + 9.53/2 = 45 mm 이상이면 된다.

부재 내부에서 스터럽의 순간격은 구조기준에서 따로 규정하지는 않고 있지만 압축부재의 축방향 철근과 같은 방향으로 배치되므로 이 규정을 적용하면 식 (2.43) : Max [40 mm, $1.5d_b = 1.5(9.53) = 15$ (mm), $(4/3)a_{max} = (4/3)(19) = 25$ (mm)] = 40 mm 이상이면 만족한다. 따라서 최소 중심간격은 40 + 9.53 = 50 (mm) 이상이면 된다.

ⓐ 첫 번째 스터럽의 배치 : 본 예제에서 받침부(힌지 받침부 가정)에서 단부까지의 거리가 100 mm이므로 받침부 위에 첫 번째 스터럽을 배치하면 피복두께는 100 − 9.53/2 = 95 mm(> 40 mm)로 충분하다.

ⓑ 간격 100 mm로 배치하는 구간 : 이로부터 100 mm (> 50 mm) 간격으로 3개의 스터럽을 배치한다(그림 7.37 참고). 구간은 3 × 100 mm = 300 mm가 된다.

ⓒ 이어서 간격 200 mm로 배치하는 구간 : 2개의 스터럽을 배치한다. 구간은 2 × 200 = 400 mm가 된다.

ⓓ 이어서 간격 500 mm로 배치하는 구간 : 최대 중심간격이 600 mm이므로 500 mm로 배치하도록 하고, 4개의 스터럽을 배치한다. 구간은 4 × 500 = 2,000 mm가 된다.

ⓔ 이어서 간격 200 mm로 배치하는 구간 : 5개의 스터럽을 배치한다. 구간은 5 × 200 = 1,000 mm가 된다.

ⓕ 이어서 간격 100 mm로 배치하는 구간 : 1개를 배치한다. 구간은 1 × 100 = 100 mm가 된다. 이렇게 배치하지 않으면 $V_n < V_u/\phi$ 구간이 발생하게 된다(그림 7.37 참고). 이렇게 배치하면 경간 중앙에서 300 mm 간격이 발생하게 된다.

ⓖ 이어서 간격 200 mm로 배치하는 구간 : 8개의 스터럽을 배치한다. 구간은 8 × 200 = 1,600 mm가 된다.

ⓗ 이어서 간격 300 mm로 배치하는 구간 : 1개의 스터럽을 배치한다. 구간은 1 × 300 = 300 mm가 된다.

ⓘ 이어서 간격 500 mm로 배치하는 구간 : 3개의 스터럽을 배치한다. 구간은 3 × 500 = 1,500 mm가 된다.

ⓙ 전체 스터럽의 개수 계산 : 2 × (1 + 3 + 2 + 4 + 5 + 1 + 8 + 1 + 3 = 28) = <u>56개 D10 U형 스터럽을 배치</u>하면 된다. 간략식의 89개와 비교해볼 때 (1 − 56/89) × 100 = 37%를 절약하고 있다.

ⓗ D10 U형 스터럽 1개의 길이 계산 : 양쪽에 135도 갈고리를 장착하기 위해서 갈고리(그림 2.22 A 또는 G로 표기)의 길이 = $d_b + 2d_b + 6d_b = 9d_b$ = 9(9.53) = 86 ≈ 90 mm
양쪽 팔의 길이(B나 D로 표기) = 900 − 2(40, 피복두께) = 720 mm
하부의 길이(C로 표기) = 150 − 2(40) = 70 mm
스터럽 1개의 총 길이 = 2(90 + 720) + 70 = 1,690 mm

ⓘ D10 스터럽 철근의 소요 총 길이 = 1.69 × 56 = 94.64 m 소요

⑤ 스터럽을 배치하지 않아도 되는 $V_u/\phi < V_c/2$ 구간 검토 : 그림 7.37에서 보면 $V_u/\phi < V_c/2$ 되는 구간은 없으므로 전 구간에 걸쳐서 전단보강 철근을 배치하였으므로 문제가 없다.

⑥ 표 7.5와 그림 7.37에는 상세식을 이용하여 전단강도를 구하고 이를 이용하여 수행한

전단보강철근의 설계를 보여주고 있다. 그림 7.37은 스터럽의 간격을 함수로 하여 수행한 전단강도 분포를 이용하여 그린 그림이다. 표 7.5에서 결정한 스터럽의 배치간격과 그림 7.37의 간격은 계산되는 간격이 서로 차이가 있어서 다르게 나타나는 부분도 있다[8].

⑦ 단부보강철근(end zone reinforcement) 설계 : 경간 15 m의 프리텐션 부재로 보아 PCI의 식 (2.27)을 적용한다. (1)⑦의 간략식에서와 동일하므로 세부 계산은 생략한다.

$\therefore\ A_{vt\,(소요)} = 0.021(P_0 h)/(\bar{f}_s l_t) = 350\ \text{mm}^2$

D10 스터럽 다리 개수 = 350 / 71.3 = 4.9 개가 소요되므로 그림 7.20b 단면에서 상하부 플랜지 및 복부에 각각 긴장재를 둘러싸도록 D10 폐쇄스터럽(다리 6개 배치)을 단부에서 h/5 = 900/5 = 180 mm 떨어진 위치에 배치한다.

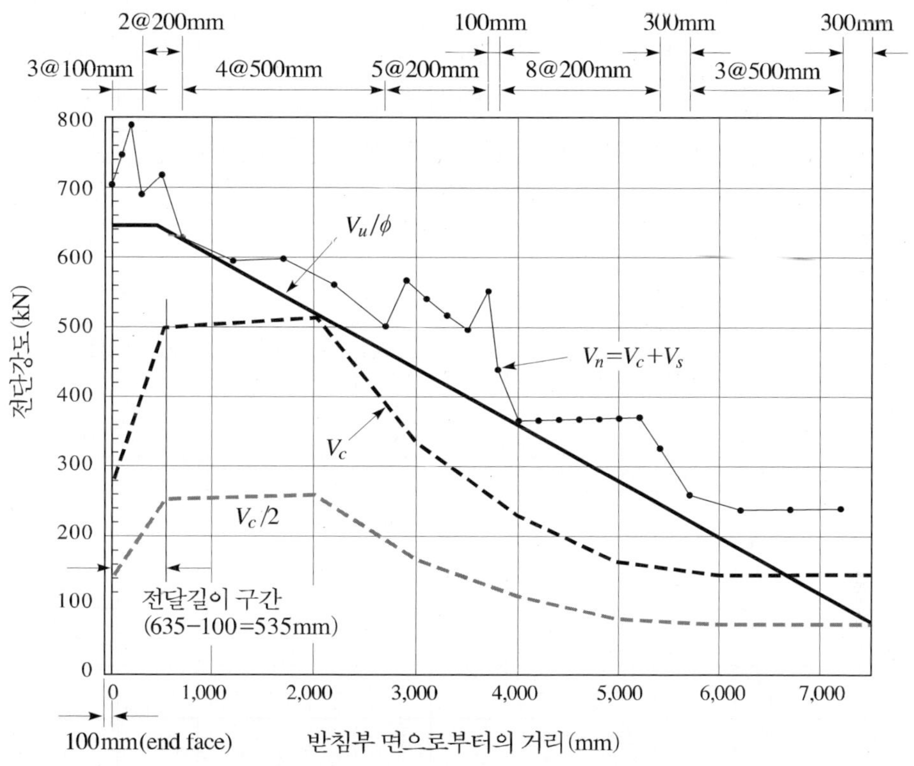

그림 7.37 상세식을 이용하여 설계한 전단보강철근 배치도

---

8. 그림 7.37에 공칭전단강도 $V_n = V_c + V_s$와 계수 전단강도 V_u/ϕ를 그림으로 그려보니 의외로 이 2값의 상대적인 변화가 상당히 예민하여 대표적인 값을 구하여 전체 경간에 스터럽을 일률적으로 배치하는 일반적인 설계방법이 과연 이 2식의 관계식을 만족하며 안전할 수 있을지 의구심이 생긴다.

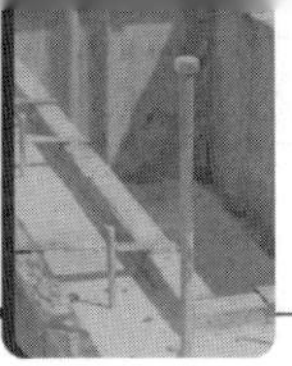

표 7.5 상세식을 이용한 전단보강철근의 설계

f_{ck} =	50	MPa	λ =	1.0		Φv =	0.75		Av =	142.66	mm^2	
P_e =	1,817,871	N	w_u =	**68.0**	N/mm	L_g =	**15,000**	mm	fyt =	**400**	MPa	
b_w =	**150**	mm	b=	**4.500E+02**	mm	Aps =	1,777	mm	fpu =	1,860	MPa	
A_g =	240,000	mm^2	Ig =	2.318E+10	mm^4	S_2 =	**5.151E+07**	mm^3	w_d =	**5.88**	kN/m	
	받침부	단면 h/2							단면 2-2		중앙	
(1) x =	0	**450**	**535**	1,560	**2,043**	3,000	4,000	5,000	**6,000**	6,750	7,500	mm
(2) e =	295.9	300.0	300.8	310.0	314.4	323.0	332.0	341.0	350.0	350.0	350.0	mm
(3) $d_p \geq 0.8h$=720	745.9	750.0	750.8	760.0	764.4	773.0	782.0	791.0	800.0	800.0	800.0	mm
(4) f_{pe} =	18.02	18.16	18.19	18.52	18.67	18.97	19.29	19.61	19.93	19.93	19.93	MPa
(5) M_d =	0.0	19.3	22.8	61.7	77.9	105.9	129.5	147.1	158.9	163.8	165.5	kN.m
(6) f_d =	0.0	0.37	0.44	1.20	1.51	2.06	2.51	2.86	3.08	3.18	3.21	MPa
(7) $0.5\lambda\sqrt{f_{ck}}$=	3.54	3.54	3.54	3.54	3.54	3.54	3.54	3.54	3.54	3.54	3.54	
(8) M_{cre} =	1.11E+09	1.10E+09	1.10E+09	1.07E+09	1.07E+09	1.05E+09	1.05E+09	1.05E+09	1.05E+09	1.04E+09	1.04E+09	N.mm
(9) M_{max}/V_i =	0	464.4	555.5	1,765	2,425	4,000	6,286	10,000	18,000	37,125	0	mm
(10) $M_{cre}(V_i/M_{max})$=	**0**	2,365,268	1,973,238	608,606	439,432	263,362	166,455	104,501	58,312	**28,139**	0	N
(11) V_d =	44,132	41,484	40,983	34,952	32,110	26,479	20,595	14,711	8,826	4,413	0	N
(12) $0.05\lambda\sqrt{f_{ck}}b_wd_p$=	39,560	39,775	39,815	40,305	40,536	40,993	41,471	41,949	42,426	42,426	42,426	N
(13) $\mathbf{V_{ci}}$ =	83,691	2,446,526	2,054,037	683,863	512,078	**330,834**	**228,521**	**161,161**	109,565	74,979	42,426	N
(14) $\geq 0.17\lambda\sqrt{f_{ck}}b_wd$=	134,503	135,234	135,372	137,037	137,822	139,376	141,001	142,625	**144,250**	**144,250**	**144,250**	N
	<NG>	**<o.k.>**	**<o.k.>**	<o.k.>	<o.k.>	<o.k.>	<o.k.>	<o.k.>	**<NG>**	<NG>	<NG>	
(15) f_{pc} =	7.57	**7.57**	**7.57**	7.57	7.57	7.57	7.57	7.57	**7.57**	7.57	7.57	MPa
(16) V_p =	16,377	16,377	16,377	16,377	16,377	16,377	16,377	16,377	0	0	0	N
(17) $\mathbf{V_{cw}}$ = …+V_p	**502,709**	**502,709**	**503,205**	**509,193**	**512,015**	517,606	523,447	529,289	518,754	518,754	518,754	N
(18)V_c=Min(13,17)=	**277,222**	**467,302**	**503,205**	**509,193**	**512,015**	**330,834**	**228,521**	**161,161**	**144,250**	**144,250**	**144,250**	N
(19) V_c / 2 =	**138,611**	**233,651**	**251,603**	254,597	256,007	165,417	114,260	80,580	72,125	72,125	72,125	N
(20) V_u =	482,828	482,828	477,695	415,803	386,638	328,852	268,469	208,087	147,704	102,417	57,130	N
(21) V_u /Φ =	**643,770**	643,770	636,927	554,404	515,518	438,469	357,959	277,449	196,939	136,556	76,174	N
(22) V_s =V_u/Φ-V_c=	**366,548**	**176,469**	**133,722**	**45,211**	3,503	**107,635**	**129,439**	**116,289**	52,689	-7,693	-68,076	N
(23) **s** (소요) =	116	243	320	959	12,452	410	345	388	866	**-5,934**	**-671**	mm
(24) s_1 =.../0.0625√	861	861	861	861	861	861	861	861	861	861	861	mm
(25) s_2 =.../$0.35b_w$	1,087	1,087	1,087	1,087	1,087	1,087	1,087	1,087	1,087	1,087	1,087	mm
(26) Min (24, 25) =	861	861	861	861	861	861	861	861	861	861	861	mm
(27) s_3 =.. $80\sqrt{b_w}d$	462	463	464	466	468	470	473	476	479	479	479	mm
(28) Max (28, 29) =	**861**	**861**	**861**	**861**	**861**	**861**	**861**	**861**	**861**	**861**	**861**	mm
(29) s_4 = 0.75h	675	675	675	675	675	675	675	675	675	675	675	mm
(30) s_5 = 600 mm	600	600	600	600	600	600	600	600	600	600	600	mm
(31) s (소요) = Min (23,28~30) =	**116**	**243**	**320**	**600**	**600**	**410**	**345**	**388**	**600**	**600**	**600**	mm
(32) **s** (배치) =	**100**	**200**	**200**	**500**	**500**	**200**	**200**	**200**	**500**	**500**	**500**	mm
	<o.k.>	<o.k.>	<o.k.>	<o.k.>	<o.k.>	<o.k.>	<o.k.>	<o.k.>	<o.k.>	<o.k.>	<o.k.>	

예제 7.3

[더블 T형 바닥부재의 전단설계]

예제 [6.2]에서 설계한 DT 2,400 × 700 mm에 대해서 전단강도를 검토하고 필요하면 전단보강철근을 설계를 하라. 경간 l = 15 m이고, 등분포 사용 활하중 $w_l = 2.8\ \mathrm{kN/m^2} \times 2.4\ \mathrm{m} = 6.72$ kN/m와 고정하중 $w_g = A_g \gamma_c = 0.279\ \mathrm{m^2} \times 24.53\ \mathrm{kN/m^3} = 6.85$ kN/m와 추가 고정하중 $w_{sd} = 0.5\ \mathrm{kN/m^2} \times 2.4\ \mathrm{m} = 1.20$ kN/m이 재하된다. 긴장재로는 직경 12.7 mm 7연선 B종 (f_{pu} = 1,860 MPa, f_{pe} = 1,061.4 MPa, $A_{ps} = 6 \times 98.71 = 592.3\ \mathrm{mm^2}$, $P_e = 592.2 \times 1,061.4/1,000 = 628.6$ kN)을 복부 양쪽에 각각 3개 씩 6개를 배치하도록 한다.

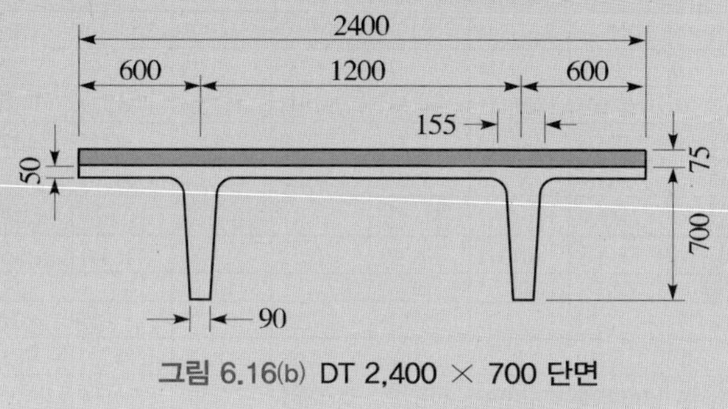

그림 6.16(b) DT 2,400 × 700 단면

① 전달길이 구간의 V_c 계산 및 전단보강 설계 : 표 7.6 및 그림 7.38 참고

전달길이 $l_t = 50d_b = 50(12.7) = 635$ (mm) ; 단부에서 받침부 중심까지의 거리 = 50 mm[9]

$(50 + h/2) = 50 + 350 = 400\ (\mathrm{mm}) < l_t = 635$ mm

따라서 단부에서 전달길이 635 mm 떨어진 위치의 V_c 계산에서 긴장력의 감소를 고려하여야 한다(구조기준 7.3.2(4), ACI 11.3.5).

ⓐ 받침부 중심에서 $V_{c\,(0\,\mathrm{mm})}$ 계산 및 전단보강 철근 설계 : 그림 6.17에서 긴장재의 단부에서의 편심 e_e = 332 mm는 받침부 중앙에서의 값으로 고려한다.

d_p 계산 : $d_p = y_t + e_e = 208 + 332 = 540 \geq 0.8h = 0.8(700) = 560$ (mm) <N.G.>

$\therefore\ d_p = 560$ mm

$P_{e\,(\text{단부에서 50 mm 떨어진 위치})} = (50/635)(628.6) = 49.5$ (kN)

$f_{pc} = P_e/A_g = 49,500/279,250 = 0.177$ (MPa)

$0.29\lambda\sqrt{f_{ck}} = 0.29(1.0)(\sqrt{40}) = 1.834$

9. 그림 6.16a에서는 받침부의 폭이 100 mm로 되어 있어서 받침부 내측면까지 100 mm를 고려하여야 하지만, 받침부 중앙에서부터 경간이 표시되어 계산의 복잡함을 피하기 위해서 단부~순경간의 길이를 50 mm로 고려하였다.

표 7.6 예제 6.2의 DT 2,400 × 700 mm의 전단 보강 용접철망 설계

f_{ck} =	40	MPa	λ =	**1.0**		Φ =	**0.75**		Aps =	592.3	mm^2
P_e =	628,561	N	w_u =	**20.4**	N/mm	S_2 =	**2.550E+07**	mm^3	w_d =	**6.85**	kN/m
A_g =	279,250	mm^2	b_w =	**180**	mm	L_g =	**15,000**	mm			
	받침부	단면 **h/2**								단면 중앙	
(1) x =	0	**400**	**635**	1,350	**2,575**	3,685	4,795	**6,000**	6,750	7,500	mm
(2) e =	**332.0**	**337.2**	340.2	349.5	365.3	379.7	394.0	**409.6**	419.3	**429.0**	mm
(3) $d_p \geq 0.8h=560$	560.0	560.0	560.0	560.0	573.3	587.7	602.0	617.6	627.3	637.0	mm
(4) f_{pe} =	10.43	10.56	10.64	10.86	11.26	11.61	11.96	12.35	12.59	12.83	MPa
(5) M_d =	0.0	20.0	31.2	63.1	109.6	142.8	167.6	184.9	190.7	192.6	kN.m
(6) f_d =	0.0	0.8	1.22	2.47	4.30	5.60	6.57	7.25	7.48	7.55	MPa
(7) $0.5\lambda\sqrt{f_{ck}}$=	3.16	3.16	3.16	3.16	3.16	3.16	3.16	3.16	3.16	3.16	
(8) M_{cre} =	3.47E+08	3.30E+08	3.21E+08	2.95E+08	2.58E+08	2.34E+08	2.18E+08	2.11E+08	2.11E+08	2.15E+08	N.mm
(9) M_{max}/V_i =	0	196.2	314	671	1,284	1,839	2,394	**2,996**	3,371	3,746	mm
(10) $M_{cre}/(V_i/M_{max})$	**0**	1,682,000	1,022,121	438,884	201,048	127,204	91,128	**70,282**	**62,559**	**57,410**	N
(11) V_d =	51,365	48,625	47,016	42,119	33,729	26,127	18,525	10,273	5,136	0	N
(12) $0.05\lambda\sqrt{f_{ck}}b_w d_p$=	31,876	31,876	31,876	31,876	32,633	33,450	34,267	**35,154**	35,707	36,259	N
(13) $\mathbf{V_{ci}}$ =	83,240	1,762,500	1,101,012	512,878	267,410	**186,782**	**143,921**	**115,709**	103,402	93,669	N
(14) $\geq 0.17\lambda\sqrt{f_{ck}}b_w d$	**108,378**	108,378	108,378	108,378	110,952	113,731	116,509	119,525	**121,402**	**123,279**	N
	NG	OK	OK	OK	OK	OK	OK	NG	NG	NG	
(15) f_{pc} =	0.177	2.25	2.25	2.25	2.25	2.25	2.25	**2.25**	2.25	2.25	MPa
(16) V_p =	640	8,129	8,129	8,129	8,129	8,129	8,129	8,129	8,129	8,129	N
(17) $\mathbf{V_{cw}}$=…+V_p	**261,076**	**261,076**	**261,076**	**261,076**	**267,085**	273,569	280,054	**287,093**	291,474	295,856	N
(18) $\mathbf{V_c}$=Min(13,17)	**190,879**	**235,097**	**261,076**	**261,076**	**267,085**	**186,782**	**143,921**	**115,709**	**121,402**	**123,279**	N
(19) $V_c/2$ =	95.4	117.5	130.5	130.5	133.5	93.4	72.0	57.9	60.7	61.6	kN
(20) V_u =	145,915	145,915	141,753	129,088	107,390	87,729	68,069	46,725	33,441	20,156	N
(21) V_u/Φ =	**194,553**	**194,553**	**189,003**	**172,118**	**143,187**	**116,973**	**90,758**	**62,300**	**44,588**	**26,875**	N
(22) $V_s=V_u/\Phi-V_c$	3,674	-40,544	-72,072	-88,958	-123,898	-69,809	-53,163	-53,409	-76,815	-96,404	N
(23) $V_s=V_u/\Phi-V_c/2$	**99,114**	**77,005**	**58,466**	**41,580**	9,645	23,582	18,798	4,445	-16,114	-34,765	N
(24) 0.35bw =	63.0	63.0	63.0	63.0	63.0	63.0	63.0	63.0			N/mm
(25) $0.00625\sqrt{f_{ck}}b_w$=	**71.2**	**71.2**	**71.2**	**71.2**	**71.2**	**71.2**	**71.2**	**71.2**			N/mm
(26) 최소 $A_{ps}f_{pu}\sqrt{(d/b_w)}/(80d)$=	**43.4**	**43.4**	**43.4**	**43.4**	**42.9**	**42.3**	**41.8**	**41.3**			N/mm
(27) CD3.2(50mm 간격) =	**64.3**	**64.3**	**64.3**	**64.3**	**64.3**	**64.3**	**64.3**	**64.3**			N/mm
	OK	OK	OK	OK	OK	OK	OK	OK			

$$V_p = P_e \sin\theta_p \approx P_e \tan\theta_p = (49.5)[(429-332)/7,500] = (49.5)(0.01293) = 0.64 \text{ (kN)}$$

$$V_c = V_{cw} = \left(0.29\lambda\sqrt{f_{ck}} + 0.3 f_{pc}\right) b_w d_p + V_p$$

$$= [1.834 + 0.3(0.177)](180)(560)/1,000 + 0.64$$

$$\therefore \ V_{c\,(0\,\mathrm{mm})} = 190.3 + 0.64 = \underline{190.9 \text{ kN}}$$

식 (7.25) : $V_{u\,(@\,\mathrm{support})} = w_u l/2 = 20.4(15/2) = 153.0$ (kN)

식 (7.26) : $V_{u\,(@\,\mathrm{center})} = w_{Lu} l/8 = (1.6 \times 6.72)(15/8) = 10.75(15/8) = 20.16$ (kN)

$$V_u = V_{u\,(@\,\mathrm{support})} - x\,[\,V_{u\,(@\,\mathrm{support})} - V_{u\,(@\,\mathrm{center})}]/(l/2)$$

$$= 153.0 - (0.35+0.05)\ (153.0 - 20.16)\ /\ 7.5 = 145.9 \text{ (kN)}$$

$V_u / \phi = 145.9 \ / \ 0.75 = 194.6$ (kN)

$\therefore \ V_{s\,(0\,\mathrm{mm})} = V_u / \phi - V_c = 194.6 - 190.9 = \underline{3.67 \text{ (kN)}}$

따라서 전단보강을 하여야 한다.

ⓑ 단부에서 $V_{c\,(635\,\mathrm{mm})}$ 계산 및 전단보강 철근 설계 : 받침부 중앙에서 거리 = 635 − 50 = 585 mm

$e_{(635\,\mathrm{mm})} = 332 + (429-332)(635)/7{,}500 = 340.2$ (mm)

d_p 계산 : $d_p = y_t + e_e = 208 + 340.2 = 548.2 \geq 0.8h = 0.8(700) = 560$ (mm) <N.G.>

$\therefore \ d_p = 560$ mm

$P_e = 628.6$ kN ; $f_{pc} = P_e / A_g = 628{,}600/279{,}250 = 2.25$ (MPa)

$V_p = P_e \sin\theta_p \approx P_e \tan\theta_p = (628.6)[(429-332)/7{,}500] = (628.6)(0.01293)$

$= 8.13$ (kN)

$V_c = V_{cw} = \left(0.29\lambda\sqrt{f_{ck}} + 0.3 f_{pc}\right) b_w d_p + V_p$

$= [1.834 + 0.3(2.25)](180)(560)/1{,}000 + 8.13$

$\therefore \ V_{c\,(635\,\mathrm{mm})} = 252.9 + 8.13 = \underline{261.1 \text{ kN}}$

$x = 0$ mm에서 $V_{cw} = 190.9$ kN ; $x = 635$ mm에서 $V_{cw} = 261.1$ kN이고 전달길이 구간의 전단강도는 선형으로 변한다고 가정하므로 $x = 400$ mm에서 V_{cw} 를 보간법으로 구하면,

$\therefore \ V_{c\,(400\,\mathrm{mm})} = 190.9 + 400 \times (261.1-190.9) \ / \ 635 = \underline{235.1 \text{ (kN)}}$

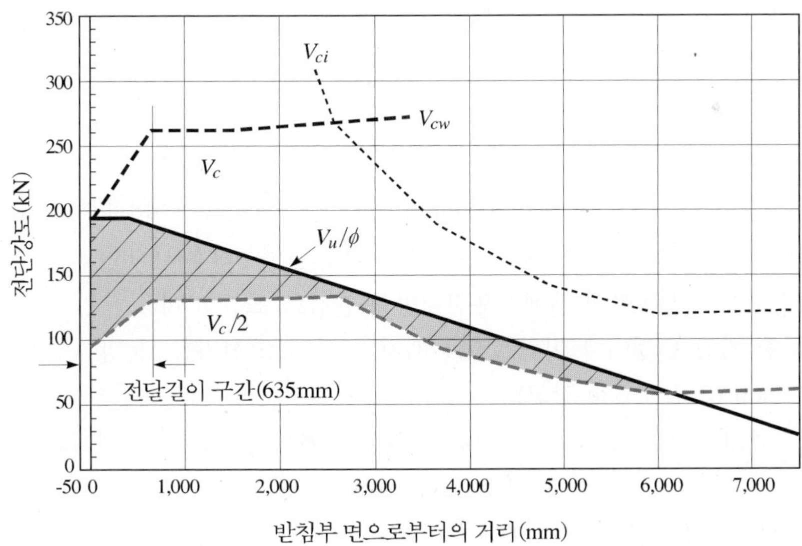

그림 7.38 상세식을 이용하여 계산한 전단강도 분포도(빗금친 부분은 최소전단철근 배치구역)

$V_u = V_{u(@\,support)} - x\,[\,V_{u(@\,support)} - V_{u(@\,center)}]/(l/2)$

$= 153.0 - 0.635\,(153.0 - 20.16)\,/\,7.5 = 141.8$ (kN)

$V_u/\phi = 141.8\,/\,0.75 = 189.0$ (kN)

$\therefore\ V_{s\,(635\,mm)} = V_u/\phi - V_c = 189.0 - 261.1 = \underline{-72.1\ (kN)}$; 따라서 전단보강을 할 필요가 없다.

그러나 $V_u/\phi = 189.0$ kN $> V_c/2 = 261.1/2 = 130.5$ (kN)이므로 최소전단철근을 배치하여야 한다.

② **전단보강 용접철망 설계** : 가장 좁은 복부의 폭이 90 mm 이므로 U형 스터럽을 양쪽으로 피복두께를 각각 10 mm(표 2.13 프리캐스트 콘크리트 가정)를 유지하면 90 − 20 = 70 mm가 남는데 이 공간에서 스터럽을 2번 구부리기는 불가능하고 볼 수 있다. 따라서 그림 7.32e와 같이 상하에 각각 2개의 수평철선을 배치한 **용접철망(WFR, welded fabric reinforcement)**을 배치하기로 한다.

ⓐ 소요 전단철근 계산 :

식 (7.37) : $(A_v f_{yt}/s)_{(소요)} = (V_u/\phi - V_c)/d = 3.67/0.56 = 6.6$ (N/mm)

ⓑ 소요 최소전단철근 계산 :

1) $A_v f_{yt}/s = 0.0625\sqrt{f_{ck}}\,b_w = 0.0625(\sqrt{40})(180) = 71.2$ (N/mm)

2) $A_v f_{yt}/s = 0.35 b_w = 0.35(180) = 63.0$ (N/mm)

3) $(A_v f_{yt}/s)_{(최소)} = \text{Max}\,(71.2,\ 63.0) = 71.2$ N/mm

4) $f_{pe} = 1{,}061$ MPa $> 0.4 f_{pu} = 0.4(1{,}860) = 744$ MPa

$A_v f_{yt}/s = A_{ps} f_{pu}/(80\sqrt{b_w d}) = (592.2)(1{,}860)/[80 \times \sqrt{(180 \times 560)}] = 43.4$ (N/mm)

5) $(A_v f_{yt}/s)_{(최소)} = \text{Min}\,(71.2,\ 43.4) = \underline{43.4\ N/mm}$

ⓒ $\therefore\ (A_v f_{yt}/s)_{(소요)} = (V_u/\phi - V_c)/d$

$= 6.6$ N/mm $> (A_v f_{yt}/s)_{(최소)} = 43.4$ N/mm <*N.G.*>

따라서 $\therefore\ (A_v f_{yt}/s)_{(소요)} = (A_v f_{yt}/s)_{(최소)} = \underline{43.4\ N/mm}$

ⓓ 전단보강 용접철망의 설계 : 용접철망 전단강도 표 7.3 이용

1) 한 가닥 원형이나 이형철망을 배치 : 3.2 mm 선지름, 눈망치수 50 mm × 50 mm (그림 7.32e 참고)

$(A_v f_{yt}/s)_{(배치)} = (8.04)(400)/500 = 64.3$ N/mm $> (A_v f_{yt}/s)_{(소요)}$

$= 43.4$ N/mm <*OK*>

2) 전단보강재 최대 간격 검토 :

s_{max} = 작은 값[0.75h = 0.75(700) = <u>525</u> ; 600] = 525 (mm) >

$s_{(배치)}$ = 50 mm <OK>

따라서 망눈의 치수 50 mm × 50 mm에 f_{yt} = 400 MPa인 WFP 3.2(Welded Fabric Plain 원형철선 공칭 선지름 3.2 mm, 공칭단면적 8.04 mm^2)나 또는 WFR CD5(Welded Fabric Ribbed 이형철선 공칭 선지름 3.2 mm, 공칭단면적 8.04 mm^2)인 레귤러 원형 또는 이형 용접철망을 배치하기로 한다.

ⓒ 따라서 WFP 3.2, 50 × 50 (또는 WFR CD3.2, 50 × 50)을 양쪽 복부에 1장씩을 단부에서 피복두께를 유지하고 100 mm ~ 6,000 mm 구간에 배치하면 되지만 전 구간에 걸쳐서 배치하기로 한다. 따라서 전체 길이 = 15.0 − 0.2 = 14.8 (m)가 필요하다. 특히 인장연단에서 맨 아래 수평철선을 주보강 긴장재 밑에 배치해야 되는 점을 유의하여야 힌다(그림 7.32e 참고). 철망은 상하면에 가능한 한 가깝게 배치하여야 하므로 각각 피복두께 20 mm를 떼어서 전체 용접철망의 폭은 700 − 2(20) = 660 mm로 배치하도록 한다.

한쪽 복부 : (나비 0.66 m × 길이 4.0 m) × 4 장 ; 최소이음길이 200 mm 씩 배치하도록 하다. 4장에 대한 총 겹침이음길이 = 2장 (이음길이 0.2) + 2장 (2 × 이음길이 0.2) = 1.2 m

(4 × 4 m = 16 m) − (이음길이 1.2 m) = 14.8 (m) [≥ 소요 14.8 m] <OK>

WFP 3.2, 50 × 50 용접철망 총 소요 양 : 2 × 4장 × (나비 0.66 m × 길이 4.0 m) = 8장 (0.66 m × 4.0 m)

ⓓ 만약에 한 가닥 철근의 배치를 고려한다면, 정착하기 위해서 종방향 철근을 둘러싸는 표준갈고리를 배치하여야 되는데 상부에서는 90도 갈고리를 배치하면 문제가 없지만 하부에서는 표준갈고리를 배치할 공간이 부족하다. 따라서 하부에 정착을 위해서 철근 끝에 종방향 철근을 이어대서 용접을 하는 방법을 사용할 수도 있을 것이다.

③ 단부보강철근(end zone reinforcement) 설계 : 경간 15 m의 프리텐션 부재이므로 PCI의 식 (2.27)을 적용

저이완 강연선 : $P_0 = A_{ps}(0.74 f_{pu})$ = 592.2(0.74 × 1,860) = 815.1 × 10^3 (N)

h = 700 mm ; $\bar{f}_s$ = 207 MPa(30 ksi) ; $l_t = 50 d_b$ = 635 mm

∴ $A_{vt\,(소요)} = 0.021(P_0 h)/(\bar{f}_s l_t)$ = 0.021(815.1 × 10^3)(700)/(207 × 635)

= 91.2 (mm^2)

D10 스터럽 다리 개수 = 91.2 / 71.3 = 1.3 개가 소요되므로 그림 6.16b 단면에서 각각의 복부에 D10 철근(다리 2개 배치)을 단부에서 h/5 = 700/5 = 140 mm 떨어진 위치에 배치한다.

7.8 참고문헌

- 구조기준. (2012). 콘크리트구조기준, 국토해양부 제정, 사단법인 한국콘크리트학회, 342 pp.
- 구조기준 해설. (2012). 콘크리트구조기준 해설, 2012sus 개정, 한국콘크리트학회 발행, 599 pp.
- ACI. (2008). ACI 318-08 Building Code Requirements for Structural Concrete and Commentary, An ACI Standard, 465 pp.
- ACI Notes. (2008). Notes on ACI 318-08 Building Code Requirements for Structural Concrete and Commentary, Portland Cement Association(PCA).
- ASCE-ACI Committee 426. (1973). The Shear Strength of Reinforced Concrete members – Chpt. 1 to 4, J. of the Structural Division, 99(ST6), 1091-1187, June.
- CEB-FIP Model Code 1990. (1993). Comite Euro-International du Beton, Thomas Telford House, 437 pp.
- Collins, M. P., and Mitchell, D. (1980). "Shear and Torsion Design of Prestressed and Non-Prestressed Concrete Beams," PCI Journal, Vol. 25, No. 5, 32-100.
- Collins, Michael P. and Mitchell, Denis. (1987). Prestressed Concrete Basics, CPCI, 614 pp.
- Collins, Michael P. and Mitchell, Denis. (1991). Prestressed Concrete Structures, Prentice Hall, 766 pp.
- CPCI Design Manual. (2007). 4th Edition, Canadian Precast/Prestressed Concrete Institute(CPCI).
- Elstner, R.C., and Hognestad, E. (1957). : "Laboratory Investigation of Rigid Frame Failure," ACI Journal, Vol. 53., No. 1, Jan., pp. 637-668.
- Hewson, Nigel. (2012). Prestressed Concrete Bridges: Design and Construction, 2nd Edition, ICE Publishing, London, 412 pp.
- Hognestad, E. (1952). What Do We Know About Diagonal Tension and Web Reinforcement in Concrete, University of Illinois Engineering Experiment Station, Circular Series No. 64, 47 pp.
- Hsu, T. T. C., and Belarbi, A. (1995). "Constitutive laws of softened concrete in biaxial tension-compression." ACI Struct. J., 92(5), 562-573.
- Kupfer, H. (1964). "Generalization of Mörsh's truss analogy using the principle of minimum strain energy." Comité Euro-International du Beton, Bulletin d'Information,

No 40, CEB. Paris, pp. 44-57.

- Leet, Kenneth and Bernal, Dionisio. (1997). Reinforced Concrete Design, 3rd Edition, McGraw-Hill Companies.
- Lin, T. Y. and Burns, Ned H. (1981). Design of Prestressed Concrete Structures, 3rd Edition, John Wiley & Sons, 646 pp.
- Mörsch, E. (1902). Concrete-Steel Construction, McGraw-Hill Book Co., New York, 368 pp. (English translation by E.P. Goodrich of 3rd ed. of Der Eisenbetonbau, 1st ed.)
- Mörsch, E. (1922). Reinforced Concrete Construction, Verlag von Konrad Wittwer, Stuttgrat, Germany, 460 pp.
- Naaman, Antoine E. (1982). Prestressed Concrete Analysis and Design, 1st Edition, McGraw-Hill Company, 670 pp.
- Naaman, Antoine E. (2004). Prestressed Concrete Analysis and Design, 2nd Edition, Techno Press 3000, 1,072 pp.
- Naaman, Antoine E. (2012). Prestressed Concrete Analysis and Design, 3rd Edition, Techno Press 3000, 1,173 pp.
- Nilson, Arthur H. (1987). Design of Prestressed Concrete, 2nd Edition, John Wiley & Sons, 591 pp.
- PCI Design Handbook. (2101). Precast/Prestressed Concrete Institute(PCI), 7th Edition, MNL 120-04.
- Rajagopalan, N. (2005). Prestressed Concrete, 2nd Edition, Alpha Science International Ltd. Harrow, U.K., 486 pp.
- Ritter, W. (1899). "Die Bauweise Hennebique"(Construction Techniques of Hennebique), Schweizerische Bauzeitung, Zurich, Feb.
- Schlaich, J., Sch fer, I., and Jennewein, M. (1987). "Towards a consistent design of structural concrete." J. Prestressed Concrete Inst., 32(3), 74-150.
- Vecchio, F. J., and Collins, M. P. (1986). "The modified compression field theory for reinforced concrete elements subjected to shear." J. Am. Concrete Inst., 83(2), 219-231.
- Vrana, J. (1983). The Behavior and Repaire of Prestressed Bridge Girders in Shear, Department of Civil Engineering and Applied Mechanics, McGill University, Project Report No. G83-9, August, 87 pp.

- Wight, James K., and MacGregor, James, G. (2012). Reinforced Concrete Mechanics and Design, 6th Edition, Pearson Prentice-Hall, Inc., 1,157 pp.
- WWR 400-R-03. Bending Welded Wire Reinforcement, Wire Reinforcement Institute (WRI).

7.1

[공칭 전단강도 분포도] [CPCI 2007(Ex. 3-20)] 그림 P7.1에 보이는 단순 지지된 경간 $l = 21$ m인 T형 단면 보에는 고정하중 $w_d = 11.7$ kN/m, 추가 고정하중 $w_{sd} = 1.5$ kN/m, 활하중 $w_l = 22.5$ kN/m이 작용한다. 다음의 사항들을 수행하라.

(1) 전단강도의 분포도를 스프레드시트(Excel 등)를 이용해서 간략식과 상세식으로 그리고, 전단보강이 필요한 영역을 표시하라.

(2) 각각에 대해서 $f_{yt} = 400$ MPa U형 D10 전단 보강철근을 설계하고 전단강도 분포도를 그려라.

(3) 각각의 경우에 $f_{yt} = 400$ MPa인 용접철망을 이용하여 전단보강을 설계하고, 분포도를 그려라.

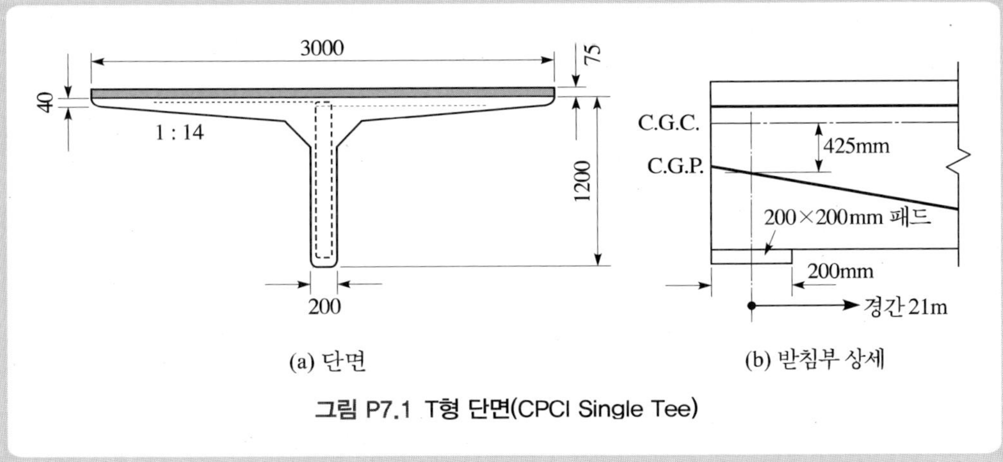

그림 P7.1 T형 단면(CPCI Single Tee)

단면(현장치기 슬래브 포함하지 않음) : $A_g = 492{,}000$ mm^2 ; $I_g = 66{,}300 \times 10^6$ mm4 ; $y_b = 882$ mm ; 보통중량골재 콘크리트의 설계기준압축강도 $f_{ck} = 40$ MPa, $f_{ci} = 25$ MPa ; 긴장재로는 16개의 직경 12.7 mm B종 저이완 7연선, $f_{pu} = 1{,}860$ MPa를 배치하고, 긴장은 f_{pu} 의 74%까지 하고 프리스트레스 총 손실은 21%가 발생한다고 가정한다. 긴장재는 중앙 1점 절곡(one point harping, $e_e = 425$ mm, $e_c = 787$ mm)하여 직선으로 배치한다.

연습문제 | EXERCISE

7.2

그림 P7.2에는 단순지지 경간 15 m에 배치되는 프리텐션 콘크리트 T형 보를 보여주고 있다. 보는 자신의 고정하중에 더하여 추가고정하중 $w_{sd} = 4$ kN/m와 등분포 활하중 $w_l = 10$ kN/m를 지지하도록 설계되었다. 프리텐션 긴장재로는 직경 15.2 mm($A_b = 138.7$ mm^2) 7연선 A종($f_{pu} =$ 1,720 MPa) 14개를 직선으로 배치하였고, 그림 P7.2b와 같이 받침부 중심에서 2 m까지 7개의 7연선은 비부착(debonded strand)으로 배치하고 나머지 7개만 전구간 부착 긴장재(bonded strand)로 배치하였다.

설계자료 : 유효긴장력 $f_{pe} = 0.58 f_{pu} =$ 998 MPa, 보통중량골재 콘크리트 $f_{ck} =$ 50 MPa(단위질량 $\rho_c =$ 2,400 kg/m^3), $A_g = 5.08 \times 10^5$ mm^2, $I_g = 134 \times 10^9$ mm^4, $y_b = 912$ mm, 전단보강철근 $f_{yt} =$ 400 MPa이다.

(1) 전단강도의 분포도를 간략식과 상세식으로 그리고(Excel 등을 이용), 전단보강이 필요한 영역을 표시하라.
(2) U형 D10 전단 보강철근을 설계하고 전단강도 분포도를 그려라.
(3) $f_{yt} =$ 400 MPa인 용접철망을 이용하여 전단보강 용접철망을 설계하고, 분포도를 그려라.

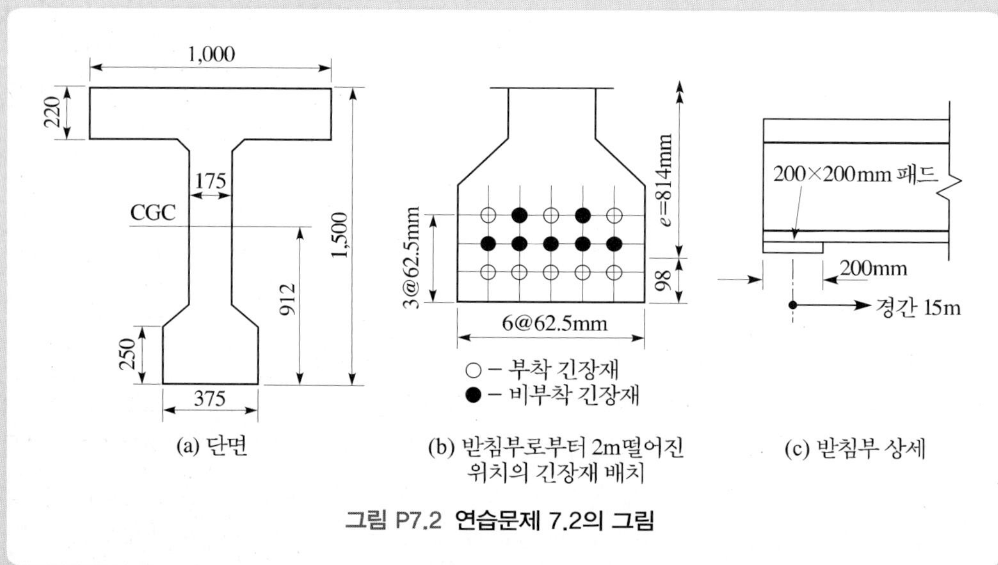

그림 P7.2 연습문제 7.2의 그림

7.3

그림 P7.3에는 단순지지 경간 21 m 보에 배치되는 T형 보(single Tee)에 대해서 전단강도의 분포도를 Excel 등의 스프레드시트(spreadsheet)를 이용해서 그리면서 전단보강이 필요한 영역을 표시하고, U형 D10 전단 보강철근을 설계하고 분포도를 그려라.

- 단면 : $A_g = 347{,}500\ \text{mm}^2$, $I_g = 32{,}171 \times 10^6\ \text{mm}^4$, $y_t = 318\ \text{mm}$, $y_b = 682\ \text{mm}$, $S_t = 101.17 \times 10^6\ \text{mm}^3$, $S_b = 47.17 \times 10^6\ \text{mm}^3$, 하핵거리 $k_b = I_g/(A_g y_t) = 291.1\ \text{mm}$, 상핵거리 $k_t = I_g/(A_g y_b) = 135.7\ \text{mm}$
- 등분포 하중 : $w_d = 347{,}500 \times 2{,}400 \times 9.81 / 10^6 = 8.18\ \text{kN/m}$, $w_{sd} = 0.6\ \text{kN/m}$, $w_l = 5.8\ \text{kN/m}$
- 콘크리트 : 보통중량골재 설계기준압축강도 $f_{ck} = 35\ \text{MPa}$
- 긴장재 : 10개의 12.7 mm B종 7연선을 2점 절곡하여 배치, $f_{pu} = 1{,}860\ \text{MPa}$, $A_{ps} = 10(98.71) = 987\ \text{mm}^2$, $f_{pe} = 0.56 f_{pu} = 1{,}042\ \text{MPa}$

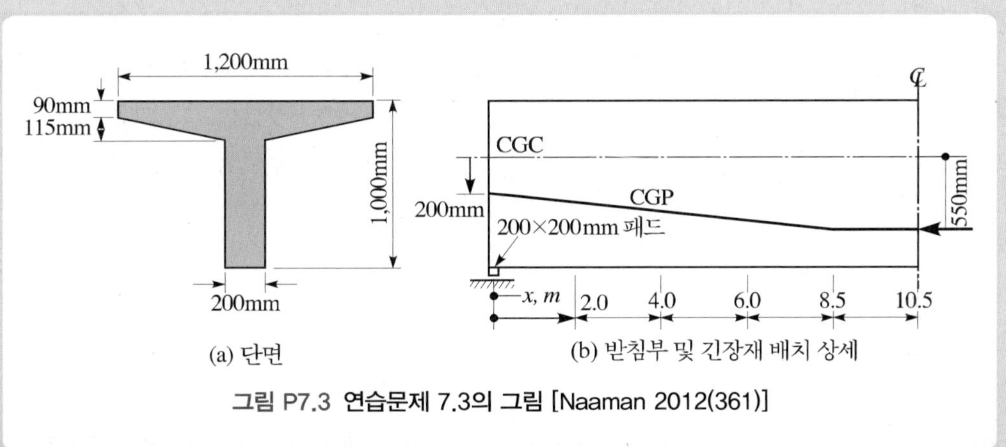

그림 P7.3 연습문제 7.3의 그림 [Naaman 2012(361)]

CHAPTER 08

비틀림 설계 Design for Torsion

외력이 작용하는 부재에는 휨과 전단력뿐만 아니라 부재의 축을 따라 비트는 비틀림모멘트(torsional moment)도 발생할 수 있다. 전단이 힘(force)이라면 비틀림은 **비틀림모멘트(twisting moment)**이지만 비틀림에 의해서도 전단과 유사한 **비틀림 전단응력(torsional shear stress)**이 생성되어 이로 인한 사인장응력이 콘크리트에 균열을 일으킬 수 있다. 이런 균열이 경고의 시간을 거의 주지 않는 붕괴파괴(brittle failure)로 발전되는 걸 막기 위해서는 전단과 비틀림에 충분히 저항할 수 있도록 적절한 조치를 취해야 할 것이다. 비틀림에 대한 보강철근의 배치는 여러 면에서 전단보강 철근과 유사하며 전단보강에는 보통 횡방향 보강철근(transverse reinforcement)인 U형 스터럽을 배치한다면 비틀림에는 **폐쇄스터럽(closed stirrup)**(그림 8.24a 참고)과 **종방향 보강철근(longitudinal reinforcement)**을 배치하여야 한다[Nilson 1987].

보는 보통 휨모멘트와 함께 전단력의 영향을 받는다. 기둥의 경우에 있어서도 축하중 외에 종종 휨모멘트와 전단력이 작용한다. 프리스트레스트 콘크리트 부재에는 이러한 힘들 이외에 길이 방향의 축을 중심으로 부재를 비트는 비틀림모멘트가 작용할 수 있다. 비틀림모멘트는 일반적으로 휨모멘트나 전단력과 동시에 작용하며, 특수한 경우에는 축하중도 작용할 수 있다.

과거에는 비틀림모멘트를 2차적인 영향으로 간주하여, 부재 설계에서도 비틀림모멘트를 제외한 힘들에 대해서 상대적으로 넉넉한 안전계수로 설계하여 비틀림모멘트의 영향이 포함될 수 있도록 하고, 이로써 비틀림모멘트에 대한 직접적인 설계는 피하였다[Nilson 2003]. 그러나 근래에 들어와서 많은 예에 있어서 비틀림모멘트에 대한 설계가 필요하고 보강철근을 배치하여 비틀림강도를 증가시켜야 할 상황이 발생하였다. 이러한 변화에는 2 가지 이유를 들 수 있다. 첫째는, 발달된 구조해석 방법과 정교한 설계방법에 따라 작용하는 하중의 효과를 좀더 정확하게 평가함으로서 전체적인 안전계수의 감소와 이에 따른 부재단면의 축소를 들 수 있다. 둘째로는, 비틀림의 영향이 큰 부재의 사용이 점차 증가하게 되었다. 예를 들면, 그림 8.1과 같이 편심하중이 작용하는 송전탑 기둥, T형이나 더블 T형 보를 지지하는 L형 보 또는 편심

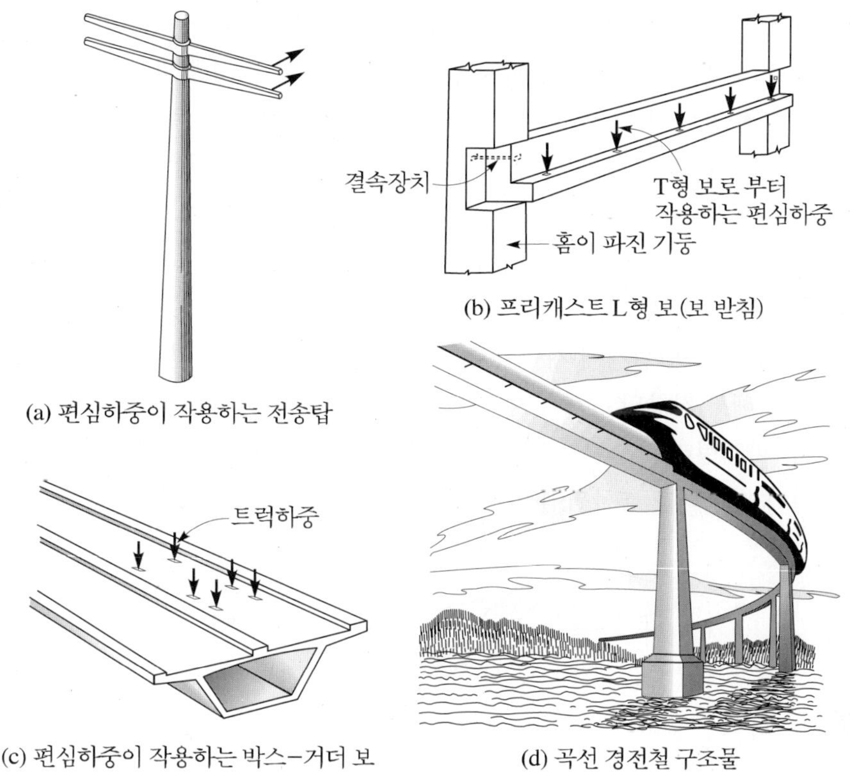

그림 8.1 보강콘크리트 부재에 상당한 비틀림모멘트가 작용하는 예 [Collins 1987(354)]

하중을 받는 박스형 보, 곡선 교량의 거더나 나선형의 계단 슬래브 등은 비틀림모멘트에 대한 설계를 수행하여야 할 것이다.

그림 8.2에서와 같이 순수비틀림을 받는 부재는 전단이 작용할 때와 유사하게 전단응력이 발생하며, 이 전단응력은 축방향에 45° 방향의 **사인장응력**(diagonal tension stress)으로 경사균열을 발생시킨다. 전단과 다른 점은 비틀림모멘트가 작용할 때는 그림 8.2c와 같이 균열이 부

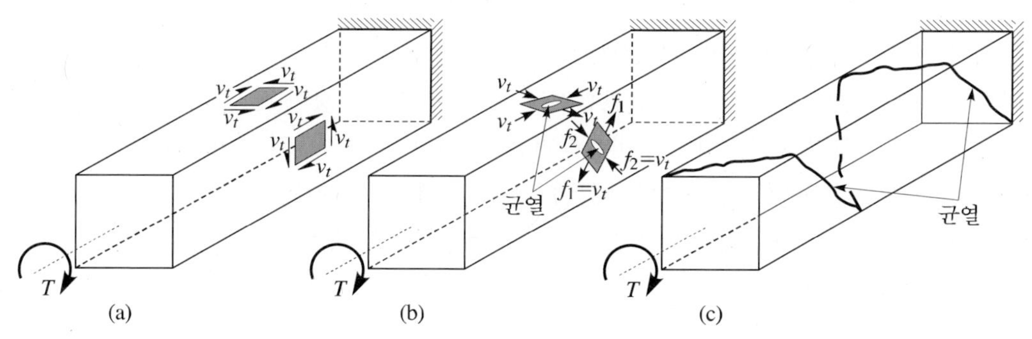

그림 8.2 순수비틀림에 의한 주응력과 균열 [Lampert 1970]

재를 돌아가면서 나선형으로 발생한다는 점이다. 만약 부재가 비틀림에 대해서 폐쇄스터럽과 종방향 철근으로 적당하게 보강되어 있지 않으면 갑작스런 취성(脆性, brittle) 파괴가 일어날 수 있다. 보강철근을 배치함으로서 사용하중이 작용할 때 균열폭을 줄이고 비틀림강도를 증진시킬 뿐만 아니라 극한상태에서 연성(延性)을 갖도록 할 수 있을 것이다.

보강콘크리트 부재에 대한 비틀림모멘트 강도를 구하는 데는 2 가지 서로 다른 이론이 사용되고 있다. 먼저, Lessig[1959]에 의해서 제안되고 Hsu[1968]에 의해서 발전된 **경사휨 이론(skew bending theory)**으로서 1989년과 1996년의 콘크리트표준시방서(1971년부터 1989년의 ACI 318 시방서)의 비틀림설계에 채택된 이론이다. 이 이론에 의하면 전단과 비틀림의 일부분은 콘크리트에 의해서 저항되고 나머지는 전단과 비틀림철근에 의해서 저항된다는 가정에 기초하고 있으며, 파괴형태는 그림 8.3에서 보여주는 바와 같이 직사각형 부재에서 3면을 따라 나선형의 균열이 발달하는 경사휨에 의하여 나타난다고 가정하고 있다.

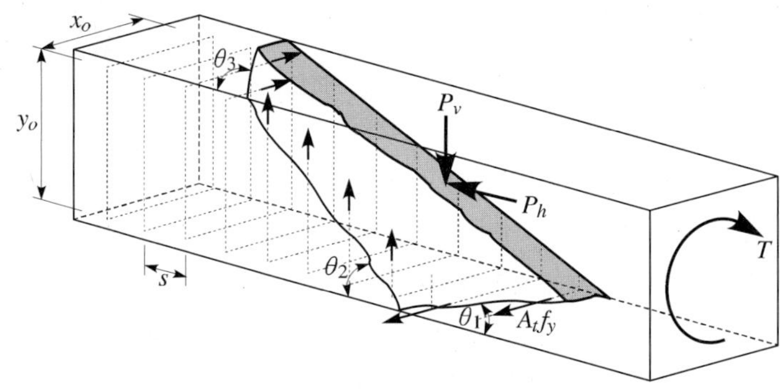

그림 8.3 경사 휨 파괴면

두 번째 이론은 **박벽관(箔壁管, 얇은 벽 튜브)/공간 트러스 모델(thin-walled tube/plastic space truss model)**에 근거를 두고 있다(그림 8.5 참고). 이 이론은 Lampert와 Collins[1970, 1971, 1972]에 의해서 개발되었고, 2003년 이후의 콘크리트구조기준(이하 '구조기준')과 CEB-FIP 시방서, Canadian 시방서, 95년 이후의 ACI 318 시방서에서 다루고 있다.

앞에서 언급한 바와 같이 전단과 휨모멘트 그리고 비틀림모멘트는 동시에 나타나기 때문에 합리적인 설계에서는 이 3 힘들의 상관관계를 고려하여야 할 것이다. 그러나 예측하기 거의 불가능한 균열의 상태와 콘크리트의 비탄성거동, 그리고 이 3 힘들의 상호작용에 의해서 발생하는 매우 복잡한 응력상태 등의 이유 때문에 정확한 해석을 하기는 거의 불가능하다. 비틀림모멘트에 대한 현행 설계방법인 박벽관/공간 트러스 모델 이론은 아래의 단순화 가정에 근거를 두고 있다[Leet 1997].

① 휨과 전단 그리고 비틀림 사이에 서로 상호작용은 없다고 가정한다. 따라서 각각의 힘에

대해서 보강철근을 설계하여 최종적으로 서로 더해준다.

② 전단과 비틀림이 동시에 작용할 때, 비틀림은 콘크리트의 공칭전단강도 V_c 에 영향을 미치지 않는다고 가정한다. 이때, 콘크리트의 비틀림강도는 0으로 가정한다.

③ 전단과 비틀림에 대한 스터럽 철근은 각각 설계하여 더해준다.

④ 비틀림응력은 보가 박벽관(속이 비고 두께가 얇은 튜브)이라고 가정하여 구한다.

⑤ 비틀림철근의 설계는 가상적이고 3차원인 공간 트러스에 의해서 힘이 전달된다는 가정 하에 구한다. 공간 트러스에서 균열사이의 나선형 경사 콘크리트 부분(압축대)은 압축력에 저항하고 보강철근은 인장부재로서 역할을 한다고 가정한다(그림 8.5c 참고).

따라서 구조기준에서 단면에 균열이 일어나기 전에 콘크리트에 의해서 저항되는 비틀림강도는 단면이 박벽관(속이 빈 난먼, thin-walled tube analogy)으로 되어 있다고 가정(속이 빈 단면이나 속이 찬 단면 모두 얇은 벽의 튜브로 고려)하여, 일정한 비틀림모멘트가 작용할 때 이 얇은 벽을 따라 균일한 **전단흐름(shear flow q)**가 발생하여 저항한다는 가정 하에서 구한다(그림 8.5a 참고). 그러나 그림 8.4에서 보는 바와 같이 가운데가 빈 단면에 초기 균열을 일으키는 비틀림모멘트는 속찬 단면에 비해서 감소되므로 2007년 개정된 구조기준에서는 이를 고려하기 위해서 속빈 단면에 대해서 콘크리트로 둘러싸인 전체 단면 A_{cp} 대신에 콘크리트만의 단면 A_g 를 적용할 수 있도록 조정하였다(식 (8.8) 참고)[구조기준 7.5.1(1), ACI 11.5.1].

그림 8.4에는 단면의 크기가 같고 점차 종방향과 스터럽철근의 단면적을 증가시킨 속이 찬 단면과 속이 빈 단면의 비틀림강도를 비교하였다. 비록 속이 빈 단면의 초기 균열을 일으키는 비틀림모멘트은 속이 찬 단면에 비해서 작지만 같은 단면크기에 동일한 보강철근을 배치한 상태에서 공칭 비틀림강도는 비슷하게 나타났다. 만약 단면이 적절하게 보강되었다면 초기균열이 일어났다고 해서 즉시파괴로 이어지지 않고 다만 내부응력의 재분배가 일어날 것이다. 이러한 결과는 비틀림에 의해서 초기 균열이 일어난 후에는 공간 트러스와 유사한 구조시스템에 의해서 비틀림모멘트가 전달되고, 이 트러스의 강도는 저보강 부재의 경우 보강철근에 의해서 좌우되며 경사 콘크리트 압축대는

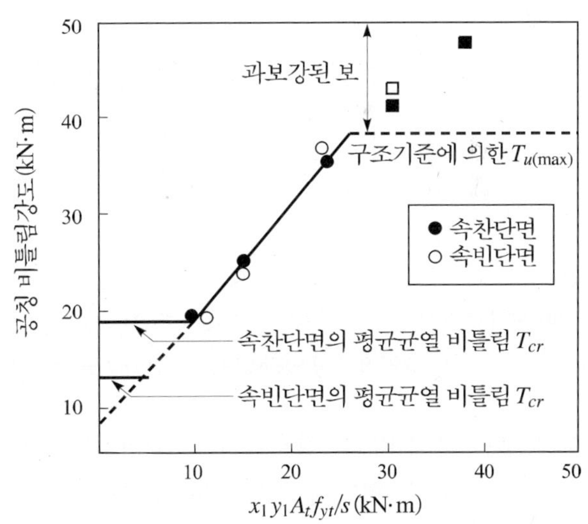

그림 8.4 같은 크기의 속찬 단면과 속빈 단면의 비틀림 강도 비교 [Lampert 1970]

거의 영향이 없다는 것을 보여주고 있다.

균열이 일어난 후에는 그림 8.5c와 같이 박벽관은 가상적인 공간 트러스 상사 이론에 따라 속이 빈 트러스로 이상화하고 이 트러스는 인장력에 저항하는 폐쇄스터럽(closed stirrup)과 모서리의 종방향 철근(longitudinal bar) 그리고 압축력에 저항하는 경사 콘크리트 압축대(concrete compression diagonal strut)로 구성되어 있다. 구조기준 7.6.2(2)(ACI 11.5.3.6)에서는 균열사이의 콘크리트 경사 압축대의 균열 경사각은 $30^o \leq \theta \leq 60^o$ 로 프리스트레스 힘이 주철근 인장강도의 40% 미만인 경우는 45° 로 취할 수 있고, 프리스트레스 힘이 주철근 인장강도의 40% 이상인 경우에는 37.5° 를 취할 수 있도록 제안하고 있다.

8.1 박벽관/공간 트러스 방법 (Thin-Walled Tube/Plastic Space Truss Method)

한국콘크리트학회와 대한건축학회는 1999년도에 각각 사용하던 기준을 통합하여 설계편의 콘크리트구조설계기준을 출판하고 이어서 2003년도에는 단위를 국제단위계(일명 SI 단위계)로 변환하여 출판하고, 2007년도에는 ACI 318-05를 참조하여 개정하였다. 구조기준(ACI 318)에서는 비틀림 설계기준으로 세계적인 설계방법의 발달 추세에 맞추어 **박벽관(箔壁管)/소성 공간 트러스 모델(thin-walled tube/plastic space truss model)**에 근거한 설계방법을 채택하였다.

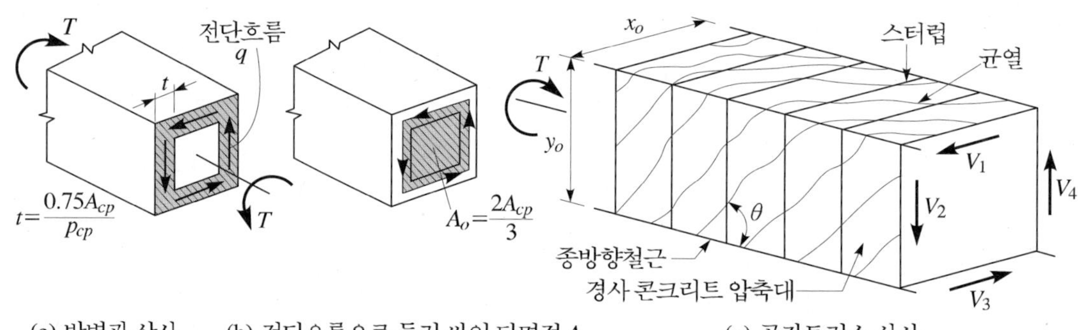

그림 8.5 박벽관(얇은 벽 튜브) / 공간 트러스 모델 [ACI Notes 2008(13-2)]

이 모델은 보의 비틀림강도를 박벽관 상사와 전단에서 다루는 트러스 모델을 복합한 것이다(그림 8.5 참고). 역학에 근거를 둔 이 모델은 파괴모델을 가시화하기 쉽고 그림 8.3의 경사휨 모델 이론보다 계산하기 쉬운 장점이 있다. 이 이론에서는 균열이 일어나기 전에는 속이 빈 단면이나 속이 찬 단면 모두 박벽관(얇은 벽의 튜브)으로 고려하여 접근하고, 속이 빈 단면에 대해서 균열을 일으키는 비틀림모멘트가 감소하는 것을 고려하기 위해서 둘러싸인 전체 면적 A_{cp} 대신에 콘크리트만의 면적 A_g 를 사용할 수 있도록 조종하였다[식 (8.8) 참고].

균열이 일어난 후 튜브는 가상적인 공간 트러스 상사 이론에 따라 속이 빈 공간 트러스로 이상화하고 이 트러스는 인장력에 저항하는 폐쇄스터럽과 종방향 철근 그리고 압축력에 저항하는 경사 콘크리트 압축대로 구성되어 있다고 본다.

8.2.1 비틀림 설계를 고려하는 한계(Lower Limit on Consideration of Torsion)

만약 비틀림 균열이 일어나지 않는다면 비틀림 보강철근은 필요가 없을 것이다. 순수비틀림에서 주인장응력 f_1 은 전단응력 v_t 와 같으므로(그림 8.2 참고) 얇은 벽의 튜브(전단흐름, $q = v_t t$)에서

$$f_1 = v_t = \frac{q}{t} = \frac{T}{2A_0 t} \tag{8.1}$$

로 표현되며, 여기에서 T는 비틀림모멘트, A_0 는 벽의 두께 중심선으로 둘러싸인 면적, t 는 전단응력을 계산하는 부분의 벽의 두께이다. 식 (8.1)을 속이 찬 단면에 적용하기 위해서는 균열에 대해서 동일한 두께를 갖는 튜브로 전환해야 할 것이다. Canadian 시방서[CAN3-A23.3-M84 1984]에서 균열이 일어나기 전에 벽의 두께 t 를 실험에 근거하여 $(3A_{cp}/4p_{cp})$ 와 같다고 보았다[1]. 여기에서 p_{cp} 는 콘크리트 단면의 둘레의 길이이고, A_{cp} 는 이 p_{cp} 로 둘러싸인 전체 단면적이다. A_0 를 구조기준에서 $(2/3)A_{cp}$ 로 취하면 식 (8.1)은

$$f_1 = v_t = \frac{T}{2A_0 t} = \frac{T}{2\left(\frac{2}{3}A_{cp}\right)\frac{3A_{cp}}{4p_{cp}}} = T\left(\frac{p_{cp}}{A_{cp}^2}\right) \tag{8.2}$$

가 된다. 비틀림균열은 주인장응력이 2축 인장-압축에서 $\sqrt{f_{ck}}/3$ (MPa)로 취하는 콘크리트의 인장응력에 이를 때 균열이 일어난다고 가정하고[Wight 2012(327)], 프리스트레스트 부재에서는 프리스트레싱이 없는 부재에 균열을 일으키는 균열모멘트에 $\sqrt{1 + 3f_{pc}/\sqrt{f_{ck}}}$ 를 곱해주어야 균열을 일으키므로[식 (7.13) 및 (7.17) 참고], 이를 대입하면 균열을 일으키는 비틀림모멘트는 다음과 같이 표현할 수 있다.

1. 아래첨자 c는 concrete로 p는 perimeter(둘레)로 보면 기억하기 쉽다.

$$T_{cr} = \frac{\sqrt{f_{ck}}}{3}\sqrt{1+\frac{f_{pc}}{\sqrt{f_{ck}}/3}}\left(\frac{A_{cp}^2}{p_{cp}}\right) \tag{8.3}$$

인장강도로 취한 $\sqrt{f_{ck}}/3$ 은 통상 취한 $\sqrt{f_{ck}}/2$ 보다 작은데 이는 2축 상태에서의 인장강도는 1축 강도에 비해서 작기 때문이다[ACI Notes(13-4)]. 여기에서 f_{pc} 는 유효 프리스트레스트 힘으로 인한 콘크리트 단면의 중심에서의 압축응력($= P_e/A_g$)이고, 단면의 중심이 플랜지 내에 위치할 경우에는 복부와 플랜지 교차점에서의 압축응력이다.

전단과 비틀림이 동시에 작용할 때 비틀림 균열하중은 원형 상관관계를 따르며, $0.25\,T_{cr}$ 가 존재할 때 V_{cr} 은 대략 3% 감소하게 된다[Wight 2012(327)]. 구조기준에서는 T_u 가 $0.25\,T_{cr}$ 을 초과하는 경우에 비틀림에 대해서 설계하도록 제시하고 있다. 따라서 비틀림에 대해서 설계할 필요가 없는 **한계 비틀림 모멘트(threshold torsion)**를 아래와 같이 제시하고 있다[구조기준 식 (7.5.2)].

$$\frac{T_{cr}}{4} = \frac{\sqrt{f_{ck}}}{12}\sqrt{1+\frac{f_{pc}}{\sqrt{f_{ck}}/3}}\left(\frac{A_{cp}^2}{p_{cp}}\right) \tag{8.4}$$

식 (8.4)는 식 (8.3) T_{cr} 의 25%에 해당한다. 하중계수를 곱한 비틀림모멘트가 식 (8.4)의 값보다 작은 경우에는 단면의 전단강도나 휨모멘트 강도를 감소시키지 않는 것이 실험에 의하여 관찰되었다.

독립된 보에서 A_{cp} 는 주변장 p_{cp} 로 둘러싸인 면적(속이 빈 단면의 면적도 포함)이다. 내민 플랜지에서 보와 일체로 되거나 완전한 합성구조로 시공되었다면 구조기준 10.5.5(1)③(ACI 13.7.5.1)에서 슬래브의 위와 아래에서 슬래브가 접합되는 두께(h_f)를 제외한 보의 각각의 위쪽과 아래쪽 남은 높이(h_b)만큼의 플랜지 길이(위와 아래쪽에서 긴 높이 고려)를 A_{cp} 와 p_{cp} 의 계산에 포함시킬 수 있다고 제시하고 있다(그림 8.6 참고). 계산에 포함하는 내민 플랜지의 길이는 어느 쪽에서든지 슬래브 두께의 4배를 초과할 수 없다.

그러나 구조기준 7.5.1(2)(ACI 11.5.1.1)에서는 플랜지를 갖는 독립부재이거나 슬래브와 일체로 친 부재에 있어서 플랜지를 포함하여 산정한 ${A_{cp}}^2/p_{cp}$ 값이 플랜지를 포함하지 않은 경우의 값보다 작은 경우에는 설계에서 비틀림을 고려할 필요가 없는 식 (8.4)의 한계비틀림을 계산할 때 그림 8.6과 같은 플랜지 부분을 계산에서 포함하지 않아도 된다고 규정하고 있다.

경량콘크리트(Lightweight Concrete) : 구조기준에서는 비틀림모멘트에 의해서 발생하는 응력이 전단과 같으므로 비틀림 강도를 계산할 때도 경량골재 콘크리트에 대한 보정계수 λ 를 콘크리트 인장강도에 곱하도록 규정하고 있다. 만약에 경량골재 콘크리트에 대한 평균 **쪼갬인장강**

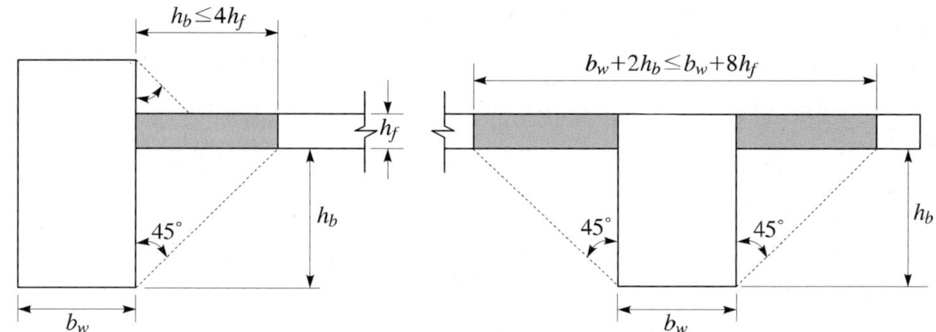

그림 8.6 완전한 합성구조에서 보의 비틀림 계산에 포함시킬 수 있는 슬래브의 부분(음영 부분) [구조기준 10.5.5(1)③ ; ACI 13.7.5.1(c)]

도(split-cylinder tensile strength) f_{sp} (−)의 값이 주어진 경우에 λ를 $f_{sp}/(-0.56\sqrt{f_{ck}})$ $\le$ 1.0로 대체하고(식 (2.11) 참고)[구조기준 4.3.1, ACI 8.6], 만약에 f_{sp} 의 값이 주어지지 않는 경우에는 전경량골재 콘크리트인 경우에는 $\lambda = 0.75$가 되고, 모래경량 콘크리트(부분경량골재 콘크리트)는 0.85, 보통중량골재 콘크리트인 경우에는 $\lambda = 1.0$ 이 된다. 일부의 모래만이 경량골재로 치환된 경우에는 체적비에 따라 직선보간법을 사용하여야 한다.

따라서 경량콘크리트계수 λ를 도입하고, 상도감소계수 $\phi = 0.75$를 도입하여 **한계비틀림모멘트(threshold torsion)** T_{th} 를 적으면 단면에 균열을 일으키는 비틀림모멘트와 비틀림의 영향을 무시할 수 있는 계수 비틀림모멘트의 한계는 각각 다음과 같이 쓸 수 있다.

$$\text{균열 비틀림모멘트}: T_{cr} = \frac{\lambda\sqrt{f_{ck}}}{3}\sqrt{1+\frac{f_{pc}}{\lambda\sqrt{f_{ck}}/3}}\left(\frac{A_{cp}^2}{p_{cp}}\right) \tag{8.5}$$

$$\text{한계 비틀림모멘트}: T_{th} = \frac{\phi T_{cr}}{4} = \phi\frac{\lambda\sqrt{f_{ck}}}{12}\sqrt{1+\frac{f_{pc}}{\lambda\sqrt{f_{ck}}/3}}\left(\frac{A_{cp}^2}{p_{cp}}\right) \tag{8.6}$$

따라서 이를 식 (1.15)의 강도설계 방정식으로 써서 아래 조건을 만족하게 되면 비틀림모멘트에 대한 설계를 하지 않아도 된다.

$$\text{비틀림 설계 무시}: T_u < \left(T_{th} = \phi T_{cr}/4\right) \tag{8.7}$$

8.1.2 비틀림 강도에 대한 속이 빈 단면의 영향(Influence of hollow section on Torsional Strength)

비틀림에 있어서 속이 빈 부재(hallow member)는 단독 또는 여러 개의 공동이 배치되는 상자형 보(box girder)와 같이 종방향으로 구멍이 있는 부재를 일컫는다. 속이 빈 단면에서 비틀림과 전단의 상호관계는 공동이 작은 경우에는 타원형 상관곡선에서 벽의 두께가 얇은 박벽관 단면(thin-walled section)인 경우에는 직선형 상관곡선으로 변하게 된다. 비틀림 설계의 가정이었던 박벽관 단면의 직선형 상관관계에서 $0.25T_{cr}$ 의 비틀림이 경사균열전단(inclined cracking shear)을 대략 25% 정도 감소시키는데 이는 일반적인 보강콘크리트 단면에서는 너무 과도한 것으로 판단되었다.

따라서 2007년 개정된 기준(ACI 318-02)에서는 속이 빈 단면에서 균열을 일으키는 비틀림 모멘트 값의 감소를 고려하기 위해서 다음과 같이 2가지 내용에 대해서 조종하였다. 첫 번째로는 속이 찬 보와 속이 빈 보의 실험에서 단면의 크기가 같은 경우에 속이 빈 보에 균열을 일으키는 비틀림이 대략적으로 속이 찬 보에 (A_g/A_{cp}) 를 곱한 값과 비슷하여 식 (8.5)에 (A_g/A_{cp}) 를 한번 곱해주고(그림 8.4 참고), 두 번째로는 균열 비틀림을 계산할 때 (A_g/A_{cp}) 를 다시 한 번 곱해서 전단과 비틀림에 대한 속이 찬 단면의 원형 상관관계와 박벽관 단면의 직선형 상관관계와의 변화구간을 고려하고자 한 것이다. 따라서 식 (8.6)의 비틀림을 설계에서 고려할지를 판정하기 위한 한계(threshold torsion)의 계산에 $A_g/A_{cp} < 0.95$ 를 만족하는 속이 빈 단면인 경우에 A_{cp} 대신에 A_g (공동의 단면적은 포함시키지 않은 콘크리트만의 단면적)를 사용할 수 있도록 규정하였다[구조기준 7.5.1(1), ACI 11.5.1].

$$\frac{A_g}{A_{cp}} < 0.95 \text{인 경우} : \quad T_{th} = \phi \frac{\lambda\sqrt{f_{ck}}}{12}\sqrt{1+\frac{f_{pc}}{\lambda\sqrt{f_{ck}}/3}}\left(\frac{A_g^{\ 2}}{p_{cp}}\right) \tag{8.8}$$

그러나 그라우트 되지 않는 포스트텐션 덕트가 배치되는 부재와 같이 비틀림을 고려하는 전체 단면(A_{cp})에 대한 콘크리트 단면(A_g)의 비가 0.95 이상인, 즉 $A_g/A_{cp} \le 0.95$ 로 종방향 공동의 비가 작은 경우에는, A_{cp} 대신에 A_g 를 대신 사용할 필요가 없다고 제안하였다[구조기준 해설 7.5.1(1), ACI R11.5.1].

적합비틀림(compatibility torsion)으로 부재에 균열이 일어난 뒤에 응력의 재분배(redistribution of internal force)가 일어나는 부정정 구조물의 경우에 식 (8.5)로 구한 T_u 로 감소시켜서 설계할 수 있도록 하는 규정에서, 속이 빈 단면에 대해서 A_{cp} 대신에 A_g 를 대신 사용해서는 안 된다는 구조기준 7.5.2(2)(ACI 11.5.2.2)의 규정은 A_g 대신에 A_{cp} 를 그대로 사용함으로서 재분배한 뒤의 계수비틀림 모멘트 값이 너무 작아지지 않아서 안전 측의 설계가 되도록 하려는 것이다.

예제 8.1

[설계에서 비틀림 고려여부를 판정하기 위한 한계 검토]

그림 8.7의 캔틸레버 보에는 보의 중심으로부터 125 mm 떨어져서 계수집중하중 34 kN이 작용하고 있다. 비틀림모멘트가 설계에서 고려해야 되는지를 구조기준의 규정에 따라 판단하라. 다만, 보통중량골재 콘크리트의 설계기준압축강도 $f_{ck} = 27$ MPa이다. 긴장재는 단면의 도심에 위치하고 $f_{pu} = 1,860$ MPa인 B종 7연선에 직경 13 mm인 1개의 강연선을 배치하였고 $P_e = 106$ kN이다.

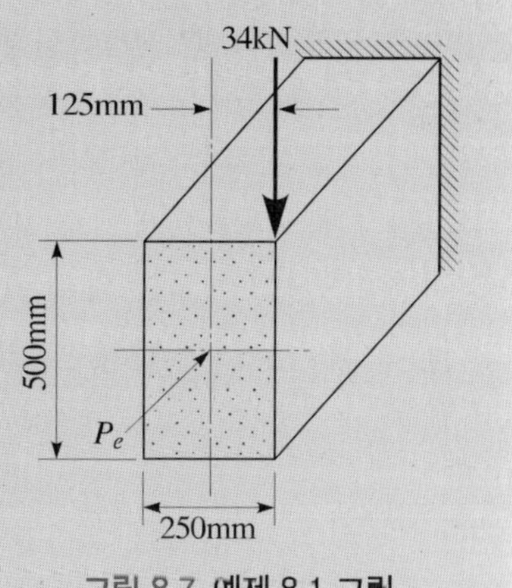

그림 8.7 예제 8.1 그림

① 전체 단면적을 이용하여 A_{cp}와 p_{cp}를 계산한다.

$A_{cp} = b \cdot h = 250(500) = 125,000 \ (\text{mm}^2)$

$p_{cp} = 2(b+h) = 2(250 + 500) = 1,500 \ (\text{mm})$

$A_{cp}{}^2/p_{cp} = (b^2 \cdot h^2)/[2(b+h)] = 125,000^2 \ / \ 1,500 = 10.42 \times 10^6 \ (\text{mm}^3)$

$f_{pc} = P_e/A_g = 106 \times 10^3 \ / \ 125,000 = 0.85 \ (\text{MPa})$

② 식 (8.6)으로 단면의 한계 비틀림모멘트 값을 계산 : 보통중량골재 콘크리트 $\lambda = 1.0$
전단 및 비틀림모멘트 강도감소계수 $\phi = 0.75$ (표 1.5 참고)

$$T_{th} = \phi \frac{\lambda\sqrt{f_{ck}}}{12}\sqrt{1+\frac{f_{pc}}{\lambda\sqrt{f_{ck}}/3}}\left(\frac{A_{cp}^2}{p_{cp}}\right)$$

$$= (0.75)\frac{(1.0)\sqrt{27}}{12}\sqrt{1+\frac{0.85}{(1.0)\sqrt{27}/3}}\,(10.42\times 10^6)$$

$$= (0.75)(0.433)(1.22)(10.42 \times 10^6) = (0.75)(5.51 \times 10^6) \ (\text{N}\cdot\text{mm}) = 4.13 \ (\text{kN}\cdot\text{m})$$

③ 작용하는 계수 비틀림모멘트의 값을 구하여 비교한다.

식 (8.7) : $T_u = (34 \text{ kN})(0.125 \text{ m}) = 4.25 \text{ kN}\cdot\text{m} > T_{th} = 4.13 \text{ kN}\cdot\text{m}$

④ 따라서 비틀림에 대해서 설계를 수행하여야 한다.

예제 8.2

[박스형 단면 보의 설계에서 비틀림 고려여부 판단]

그림 8.8의 박스형 단면의 보에서 비틀림에 대한 위험단면에서 비틀림을 설계에서 고려하여야 되는지 판단하라. 단, 보통중량골재 콘크리트 $f_{ck} = 35$ MPa을 사용하였다. 긴장재로는 4개의 직경 9.5 mm의 B종($f_{pu} = 1{,}860$ MPa) 응력저감 7연선이 각 모서리에 대칭으로 배치되어 $P_e = 0.82P_i = (0.82)(4 \times 54.8)(0.7 \times 1{,}860)/10^3 = 234$ (kN)이다.

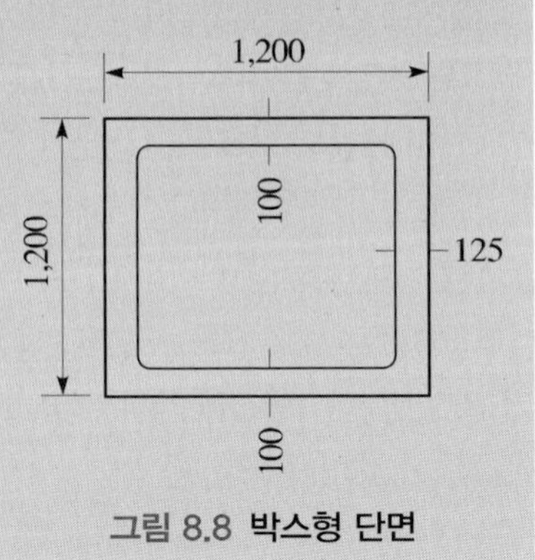

그림 8.8 박스형 단면

① A_{cp} 와 p_{cp} 를 계산 :

$A_{cp} = b \cdot h = (1{,}200)(1{,}200) = 1{,}440 \times 10^3 \ (\text{mm}^2)$

$p_{cp} = 2(b+h) = 2(1{,}200+1{,}200) = 4{,}800 \ (\text{mm})$

속이 빈 단면이므로 A_g 를 검토 :

$A_g = 2(1{,}200 - 2 \times 125)(100) + 2(1{,}200)(125) = 490 \times 10^3 \ (\text{mm}^2)$

$A_g / A_{cp} = (490 \times 10^3)/(1{,}440 \times 10^3) = 0.340 < 0.95$

구조기준 7.5.1(1)(ACI 11.5.1)에 따라 그림 8.8의 박스형 단면은 속이 빈 단면으로 A_{cp} 대신에 A_g 를 사용할 수 있다.

$A_g{}^2 / p_{cp} = (490 \times 10^3)^2/(4{,}800) = 50.02 \times 10^6 \ (\text{mm}^3)$

$f_{pc} = P_e / A_g = (234 \times 10^3)/490{,}000 = 0.48 \ (\text{MPa})$

② 식 (8.6)으로 단면의 한계 비틀림모멘트 값 계산 : 보통중량골재 콘크리트 $\lambda = 1.0$

$$\frac{T_{th}}{\phi} = \frac{\lambda\sqrt{f_{ck}}}{12}\sqrt{1+\frac{f_{pc}}{\lambda\sqrt{f_{ck}}/3}}\left(\frac{A_g^{\,2}}{p_{cp}}\right)$$

$$= \frac{(1.0)\sqrt{35}}{12}\sqrt{1+\frac{0.48}{(1.0)\sqrt{35}/3}}\,(50.02 \times 10^6)$$

$= (0.493)(1.12)(50.02 \times 10^6) = 27.6 \times 10^6 \ (\text{N} \cdot \text{mm}) = \underline{27.6 \ (\text{kN} \cdot \text{m})}$

③ A_g 를 사용하지 않고 A_{cp} 를 그냥 사용한다고 가정하여 계산 :

$A_{cp}{}^2 / p_{cp} = (1{,}440 \times 10^3)^2/(4{,}800) = 432.0 \times 10^6 \ (\text{mm}^3)$

$$\frac{T_{th}}{\phi} = \frac{\lambda\sqrt{f_{ck}}}{12}\sqrt{1+\frac{f_{pc}}{\lambda\sqrt{f_{ck}}/3}}\left(\frac{A_{cp}^{\,2}}{p_{cp}}\right)$$

$$= 27.6\left(\frac{432.0}{50.02}\right) = 27.6(8.64) = \underline{238.6\ (\text{kN}\cdot\text{m})}$$

속이 빈 단면을 고려하지 않은 A_{cp}로 구한 한계 비틀림 모멘트 값은 속이 빈 단면(A_g)을 고려한 값에 비해서 8.64배에 이르러 상당한 비틀림에 대해서도 설계를 할 필요가 없는 상황이 발생하고 있다.

예제 8.3

[비틀림을 설계에서 고려하지 않아도 되는 편심 계산]

그림 8.9에 보이는 경간 10 m의 T형 보에서 받침부 A는 비틀림에 대해서 완전히 구속되고, 받침부 B는 자유단으로 설계되었다. 연직하중에 대해서 보는 양단 단순 지지된 보로 고려할 수 있다. 추가등분포 하중으로 보의 자중에 더하여 계수 등분포 활하중 w_{Lu} = 12 kN/m가 작용하고 있다. 구조기준에 따라 설계에서 비틀림에 대한 고려를 하지 않기 위해서는 최대 편심 e를 얼마까지 허용할 수 있는가? 보통중량골재 콘크리트 f_{ck} = 21 MPa이고, 유효깊이 d = 540 mm이다. 포물선으로 배치된 긴장재는 2개의 직경 12.7 mm 응력저감 7연선 B종 1,860 MPa를 배치하여, $P_e = 0.82P_i = A_{ps}(0.82)(0.7f_{pu}) - (2\times 99)(0.574\times 1{,}860)/10^3 = (198)(1{,}068)/10^3$ = 211.4 (kN)이 된다.

단면에 비틀림모멘트를 발생시키지 않기 위해서는 합력이 단면의 **전단중심(shear center)**을 통과하여야 할 것이다. 전단 중심은 언제나 대칭축에 존재하므로 보의 고정하중에 의한 연직하중은 보의 전단중심을 통과하므로 비틀림모멘트를 발생시키지 않을 것이다(물론 전단력과 휨모멘트는 존재). 비틀림모멘트는 오직 계수 등분포 활하중 w_{Lu} = 12 kN/m의 편심에 의해서 발생하며, 그림 8.9b에 비틀림모멘트 분포도로 주어졌다. 구조기준 7.5.2(5)에서 프리스트레스트 부재에서 비틀림에 대한 위험단면은 받침부에서 거리 $h/2$ 떨어진 위치로 하도록 제안하고 있다.

① 받침부에서 거리 $h/2$ = 600/2 = 300 mm 떨어진 위치에서의 계수 비틀림모멘트를 계산 :

$T_{u\,(@\,h/2)} = w_{Lu}(l-0.3)\times e$ = (12 kN/m)(10 m − 0.30 m)(e mm) = 116.4 e kN·mm

$T_{u\,(@\,h/2)}/\phi$ = 116.4 e / 0.75 = 155.2 e (kN·mm)

여기에서 편심 e의 단위는 mm이다. 식 (8.6)에 주어진 값을 초과하지 않으면 설계에서 비틀림모멘트를 고려할 필요는 없다.

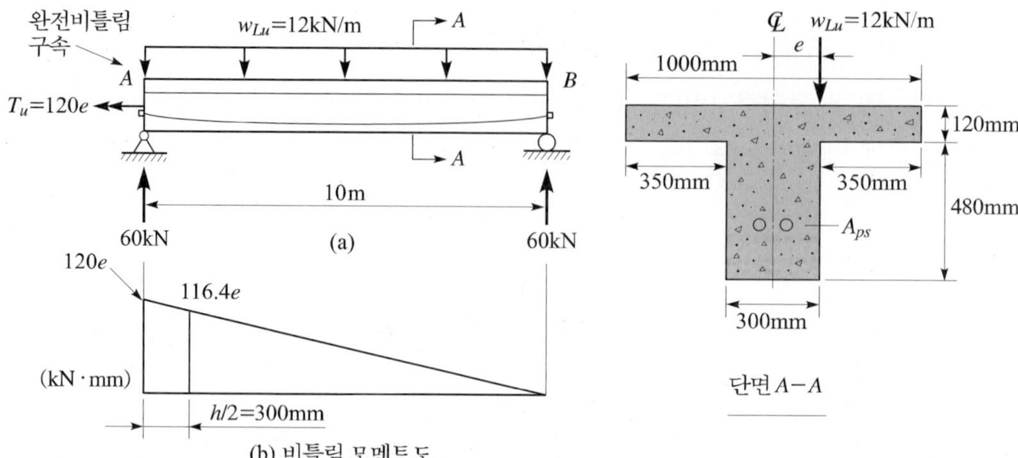

그림 8.9 예제 8.3 그림

② 전체 T형 단면의 값 A_{cp} 와 p_{cp} 를 계산 :

합성구조 T형 보이므로 그림 8.6과 같이 플랜지 부분을 비틀림 계산에 포함시킬 수 있다.

$h_b = 480\text{ mm} \leq 4h_f = 4(120) = 480\text{ (mm)}$ <OK>

그러나 플랜지의 내민길이가 350 mm 밖에 안 되므로 단면 A−A의 전체단면이 유효하다.

$A_{cp} = 480(300) + 120(1{,}000) = 264.0 \times 10^3\ (\text{mm}^2)$

$p_{cp} = 2(480 + 350 + 120) + 300 + 1{,}000 = 3{,}200\ (\text{mm})$

$\therefore\ (A_{cp}{}^2/p_{cp})_{(T형\ 단면)} = (264.0 \times 10^3)^2 / 3{,}200 = \underline{21.78 \times 106\ (\text{mm}^3)}$

③ 플랜지를 제외한 복부 단면에 대해서 A_{cp}와 p_{cp}를 계산 : 구조기준 7.5.1(2)에서 플랜지를 포함하지 않은 $A_{cp}{}^2/p_{cp}$ 를 계산해서 만약에 이 값이 큰 경우에는 플랜지 부분을 계산에 포함시키지 않아도 되므로,

$A_{cp} = (480 + 120)(300) = 180.0 \times 10^3\ (\text{mm}^2)$

$p_{cp} = 2(120 + 480 + 300) = 1{,}800\ (\text{mm})$

$(A_{cp}{}^2/p_{cp})_{(복부)} = (180.0 \times 10^3)^2 / 1{,}800 = 18.0 \times 10^6\ (\text{mm}^3)$

$[\ (A_{cp}{}^2/p_{cp})_{(T형\ 단면)} = \underline{21.78 \times 106\ \text{mm}^3}\ ] > [\ (A_{cp}{}^2/p_{cp})_{(복부)} = 18.0 \times 10^6\ \text{mm}^3\ ]$

따라서 플랜지를 포함하여 계산한 값을 사용한다.

$f_{pc} = P_e / A_{cp} = (211.4 \times 10^3)/(264.0 \times 10^3) = 0.801\ (\text{MPa})$

④ 식 (8.6)으로 단면의 한계 비틀림모멘트 값을 계산 :

$$\frac{T_{th}}{\phi} = \left(\frac{\lambda\sqrt{f_{ck}}}{12}\right)\frac{A_{cp}^2}{p_{cp}}\sqrt{1+\frac{f_{pc}}{\sqrt{f_{ck}}/3}} = \frac{(1.0)\sqrt{21}}{12}(21.78 \times 10^6)\sqrt{1+\frac{0.801}{\sqrt{21}/3}}$$

$$\frac{T_{th}}{\phi} = (0.382)(21.78 \times 10^6)(1.235) \ / \ 10^3 = 10,272 \ (\text{kN} \cdot \text{mm})$$

⑤ 작용하는 계수 비틀림모멘트 값과 비교하여 최대편심 e 의 값을 결정한다.

식 (8.7) : [$T_{u\ (@\ h/2)}/\phi = 155.2$ e kN · mm] $\leq$ [$T_{th}/\phi = 10,272$ kN · mm]

$\therefore$ e $_{(max)} \leq 10,272 \ / \ 155.2 = \underline{66\ (mm)}$

8.1.3 폐쇄스터럽의 단면적(Area of Closed Stirrups)

순수 비틀림을 받고 있는 보는 그림 8.5c와 같은 공간 트러스 상사 모델(space truss analogy)을 이용하여 상사할 수 있다. 간략화를 하기 위해서 직사각형 단면을 이용하지만 어떤 단면에도 적용할 수 있다. 보는 공간 트러스로 이상화하고 이 공간 트러스는 모서리에 배치되는 종방향 철근과 횡방향으로 배치되는 폐쇄스터럽 그리고 균열사이에 보를 나선형으로 감싸고 있는 콘크리트 압축대로 구성되어 있다. 트러스 높이와 폭은 폐쇄스터럽의 모서리간의 중심간 거리로 y_0 와 x_0 로 표시되어 있다. 프리스트레싱이 도입되지 않는 경우에 균열각도 θ 는 초기에는 거의 45° 이지만 비틀림모멘트가 증가할수록 작아질 것이다[Wight 2012(328)].

비틀림에 의한 전단응력 v_t 와 전단흐름 q 의 관계는 $v_t = q/t$ 이므로 식 (8.1)을 다시 적으면

$$q = \frac{T}{2A_0} \tag{8.1}$$

가 된다. 트러스에 윗면과 아래면 그리고 좌측과 우측면의 전단흐름에 의해서 발생하는 총 전단력을 쓰면 각각 다음과 같이 쓸 수 있다.

$$\begin{cases} V_1 = V_3 = qx_0 = (T/2A_0)x_0 \\ V_2 = V_4 = qy_0 = (T/2A_0)y_0 \end{cases} \tag{8.9}$$

트러스의 우측 아래 모서리를 기준으로 내부 비틀림모멘트를 구하고, 이 식을 대입하면

$$T = V_1 y_0 + V_2 x_0 = \left(\frac{T}{2A_0}x_0\right)y_0 + \left(\frac{T}{2A_0}y_0\right)x_0 = \frac{2T(x_0 y_0)}{2A_0}$$

$x_0 y_0 = A_0$ 이므로 내력 $V_1 \sim V_4$ 와 외력 T 가 서로 평형을 이루는 것을 알 수 있다.

그림 8.10은 그림 8.5c에서 연직면의 한 부분을 보여주고 있다. 경사균열은 n_2 개의 스터럽을 절단하며 스터럽의 간격을 s 로 적으면 $\tan\theta = y_0/x$ 에서 $n_2 = (y_0 \cot\theta)/s$ 로 적을 수 있다. 스터럽에서 저항하는 힘 T_s 는 평형상태를 유지하기 위해서 전단력 V_2 와 평형을 이루

어야 할 것이다. 스터럽이 극한상태에서 모두 항복(f_{yt} = 스터럽의 항복응력)한다고 가정하여 균열단면에서 스터럽의 저항력을 쓰고, 이 저항력과 외력 V_2와 평형방정식을 쓰면서, 식 (8.9)를 쓰면 다음과 같이 쓸 수 있다.

$$\text{스터럽 저항력 : } (A_t n_2) f_{yt} = A_t f_{yt} \left(\frac{y_0 \cot\theta}{s} \right)$$

$$\left(V_2 = q y_0 = \frac{T}{2A_0} y_0 \right) \equiv A_t f_{yt} \left(\frac{y_0 \cot\theta}{s} \right)$$

여기에서 T를 공칭 비틀림강도 T_n으로 표시하면 다음과 같이 구조기준의 식으로 쓸 수 있다 [구조기준 식 (7.6.4)].

$$T_n = \frac{2A_0 A_t f_{yt}}{s} \cot\theta \tag{8.10}$$

구조기준 7.6.2(2)(ACI 11.5.3.6)에서 θ는 30°에서 60°까지 어떤 값이던지 사용할 수 있도록 제시하고 있다. 프리스트레싱되지 않는 부재나 프리스트레스 힘이 긴장재 인장강도의 40% 미만인 경우에는 전단과 같이 45° 로 취하고, 프리스트레스 힘이 긴장재의 인장강도의 40% 이상인 경우는 37.5° 로 취할 수 있다고 제안하고 있다.

균열이 일어난 뒤에 공간 트러스에서 비틀림저항은 벽으로 구성되는 관에 의해서 생기므로 구조기준 7.6.2(2)에서는 $A_0 = 0.85A_{0h}$로 취할 수 있도록 제시하고 있다. A_{0h}는 가장 바깥측의 비틀림보강 폐쇄스터럽의 중심으로 둘러싸인 면적이다(그림 8.21 참고).

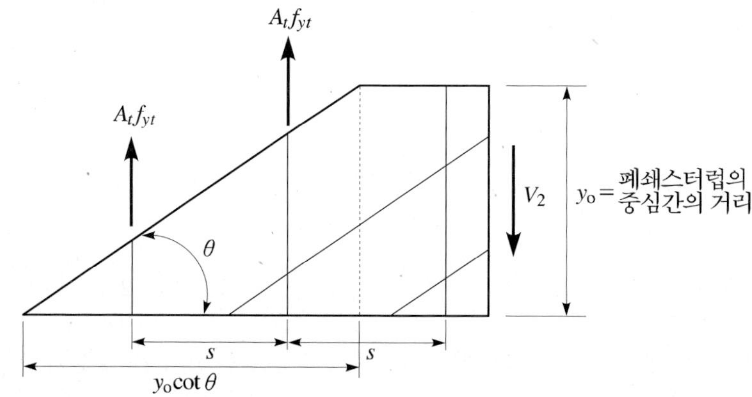

그림 8.10 폐쇄스터럽에 발생하는 연직력에 대한 자유물체도 [Wight 2012(329)]

8.1.4 종방향 철근의 단면적(Area of Longitudinal Reinforcement)

그림 8.11에는 그림 8.5c에서 임의의 벽 'i'에 대한 수평방향 자유물체도를 보여주고 있다. 힘의 삼각형에서 전단력 V_i는 콘크리트 압축대에 평행한 경사 압축력 D_i와 축방향 인장력 N_i로 나눌 수 있고, 각각 다음과 같이 표현된다.

$$D_i = V_i/\sin\theta \tag{8.11}$$

$$N_i = V_i\cot\theta \tag{8.12}$$

V_i가 작용하는 i 측면(그림 8.5c 참고)을 따라 전단흐름 q는 모든 점에서 일정하므로 N_i는 i 측면의 중심축을 따라서 작용할 것이다. i 측면의 위와 바닥 모서리에 종방향 철근이 배치된 보에서 N_i의 1/2이 각각의 모서리 철근에 의해서 지지될 것이다. 유사한 방법에 의해서 트러스의 각 면에 대한 힘의 분배가 일어날 것이다. 그림 8.5c에 있는 직사각형 단면에서 총 축방향 힘은

$$\sum N_i = \sum V_i\cot\theta$$

가 된다. 식 (8.12)에 식 (8.9)를 대입하고, T를 T_n으로 쓰면,

$$\sum N_i = \sum V_i\cot\theta = \sum q y_i\cot\theta = \frac{T_n}{2A_0}\cot\theta\sum y_i$$

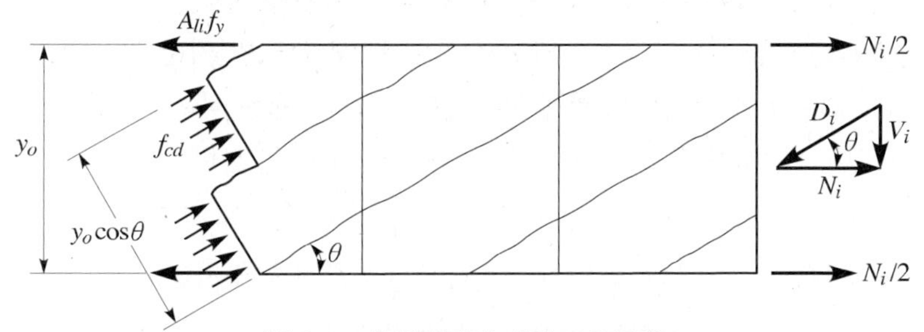

그림 8.11 축방향력에 대한 자유물체도

여기에서 폐쇄스터럽 중심선의 둘레길이인 $\sum y_i = 2(x_0 + y_0) = p_h$가 된다(그림 8.5c 참고). 종방향 힘 $\sum N_i$에 저항하기 위해서 전체 단면적이 A_l인 종방향 철근이 배치되어야 할 것이다. 종방향 철근이 극한상태에서 항복한다고 가정하고 이때의 항복응력을 f_y라 하면, $A_l f_y = \sum N_i$가 되어야 한다. 따라서 이 식을 정리하면, 아래와 같이 표현할 수 있다.

$$A_l f_y = \sum N_i = \frac{T_n}{2A_0}\cot\theta \sum y_i$$

$$T_n = \frac{2A_0 A_l f_y}{2(x_0+y_0)\cot\theta}$$

설계를 위해서 이 식을 폐쇄스터럽 철근의 단면적을 이용하여 간단히 적기 위해서 $p_h = 2(x_0+y_0)$ 로 쓰고 A_l 로 식을 정리하면,

$$A_l = \frac{T_n}{2A_0}\frac{p_h}{f_y}\cot\theta \tag{8.13}$$

가 된다. 이 식을 폐쇄스터럽 A_t 에 대한 식과 연관시키기 위해서 식 (8.10)을 정리하면

$$\frac{T_n}{2A_o} = \frac{A_t}{s} f_{yt}\cot\theta$$

가 되며, 이 식을 식 (8.13)에 대입하면, 아래와 같이 정리할 수 있다[구조기준 식 (7.6.5)].

$$A_l = \left(\frac{A_t}{s}\right) p_h \left(\frac{f_{yt}}{f_y}\right)\cot^2\theta \tag{8.14}$$

벽에 작용하는 인장력 N_i 가 각 면의 중심축을 따라 작용하므로 합력 $\sum N_i$ 는 전체 단면의 중심축을 따라 작용하게 될 것이다. 따라서 종방향 비틀림철근은 단면의 둘레에 고르게 배치하여 단면의 중심축과 종방향 보강철근의 중심축이 대략 서로 일치하도록 하여야 한다. 폐쇄스터럽의 모서리에는 적어도 하나의 종방향 철근이나 긴장재를 배치하여 스터럽을 콘크리트 압축대에 정착하여 충분히 항복강도를 발현하도록 하여야 한다[구조기준 7.6.4(5), ACI 11.5.6.2]. 구조기준 7.6.2(3)에서 식 (8.14)의 θ 값은 식 (8.10)의 폐쇄스터럽 A_t 을 계산할 때의 θ 값과 동일한 값을 사용하도록 하였다. 그 이유는 θ 값이 감소하면 $\cot\theta$ 값이 증가하여 A_t 는 감소하고, 반대로 A_l 은 증가하는 것을 피하기 위해서이다.

만약 종방향 철근과 스터럽의 항복강도가 같고(즉, $f_y = f_{yt}$), θ 는 프리스트레스트 힘이 주철근 인장강도의 40% 이상인 경우에 프리스트레스트 콘크리트 부재에서 구조기준에서 제시하는 37.5° 를 취하면 식 (8.14)는 아래와 같이 간단하게 적을 수 있다.

$$A_l = 1.70\left(\frac{A_t}{s}\right)p_h = 3.40\left(\frac{A_t}{s}\right)(x_0+y_0) \tag{8.15}$$

8.1.5 전단력과 비틀림 모멘트의 조합(Combined Shear and Torsion)

7.5.2장 구조기준의 전단 설계방법에서 보면 균열이 일어난 뒤의 단면에 대한 전단강도를 적절하게 표현하기 위해서 철근분담 V_s 에 콘크리트 분담 V_c 를 더하여 단면의 공칭전단강도 V_n 를 정하였다.

$$V_n = V_c + V_s \tag{7.31}$$

그러나 비틀림모멘트에 대한 식 (8.10)의 의미는 비틀림강도에 대해서 콘크리트 분담 T_c 는 존재하지 않고 철근분담 T_s 만 존재하여 단면의 공칭 비틀림강도를 아래와 같이 쓴다는 것을 알 수 있다.

$$T_n = T_c + T_s = 0 + T_s \tag{8.16}$$

이렇게 비틀림 설계방법에서 V_c 와 T_c 사이에 서로 상호작용이 없다는 가정은 콘크리트 단면의 강도는 전단을 계산하면서 이미 고려하였으므로 비틀림에 대해서는 중복으로 고려하지 않기 위한 가정으로 이전의 구조기준(ACI 318−1995 이전 시방서)에 비해서 상당히 계산을 간단하게 해주는 이점이 있다.

따라서 식 (1.15)의 강도설계법 설계식을 비틀림 모멘트에 대해서 쓰면 다음과 같이 쓸 수 있다.

$$T_u/\phi \le (T_n = T_c + T_s = 0 + T_s) \tag{8.17}$$

이 식에 식 (8.10)을 대입하여 선택된 폐쇄스터럽 다리 하나의 단면적 A_t 에 대한 간격으로 표현하면서 정리하면 다음과 같이 스터럽의 소요간격 $s_{(소요)}$ 에 대한 설계식을 적을 수 있다.

$$T_u/\phi \le \left(T_n = \frac{2A_0 A_t f_{yt}}{s}\cot\theta\right)$$

$$s_{(소요)} \le \left(\frac{2A_0 f_{yt}\cot\theta}{T_u/\phi}\right)A_t \tag{8.18}$$

8.1.6 균열폭의 제한(Crack Width Limit)

구조기준 7.4.4(9)(ACI 11.4.7.9)에서는 사용하중에 의한 전단력에서 과도한 균열의 폭을 제한하기 위해서 스터럽에 의해서 전달되는 최대전단력을 $V_{s(최대)} = (2\sqrt{f_{ck}}/3)b_w d$ (식 (7.38))로 제한하였다. 비틀림에 대해서도 구조기준 7.6.1(ACI 11.5.3)에서는 전단과 마찬가지로 접근하면서 표현은 응력값으로 하였다. 식 (8.1)에서 균열이 일어난 뒤에 A_0 는 구조기준에 따라 $0.85A_{0h}$ 를 취하고, 박벽의 벽두께 $t \approx A_{0h}/p_h$ 로 보면, 비틀림에 의한 전단응력은 식 (8.1)에서

$$v_{tu} = \frac{T_u}{2A_0 t} = \frac{T_u}{2(0.85A_{0h})t} = \frac{T_u}{1.7A_{0h}(A_{0h}/p_h)} = \frac{T_u\, p_h}{1.7A_{0h}^2}$$

와 같이 표현된다. 그림 8.12a에서 보는 바와 같이 **속빈 단면(hollow section)**의 A점에서 비틀림에 의한 전단응력과 전단력에 의한 전단응력을 서로 더해서 균열에 대한 제한 식을 표현하면 된다. 응력을 검토하는 벽에서 만약에 벽의 두께 t가 (A_{oh}/p_h)보다 작게 되면, 구조기준 7.6.1(3)에서는 (A_{oh}/p_h) 대신에 실제 벽의 두께를 사용하여 비틀림에 의한 전단응력식의 항을 $(T_u/1.7A_{oh}t)$로 취하도록 규정하므로 이를 표현하면 다음과 같이 쓸 수 있다.

$$\text{속빈 단면}\begin{cases} t \geq \dfrac{A_{oh}}{p_h} \text{ 인 경우 : } \dfrac{V_u}{b_w d} + \dfrac{T_u p_h}{1.7A_{oh}^2} \leq \phi\left(\dfrac{V_c}{b_w d} + \dfrac{2\sqrt{f_{ck}}}{3}\right) \\ t < \dfrac{A_{oh}}{p_h} \text{ 인 경우 : } \dfrac{V_u}{b_w d} + \dfrac{T_u}{1.7A_{oh}t} \leq \phi\left(\dfrac{V_c}{b_w d} + \dfrac{2\sqrt{f_{ck}}}{3}\right) \end{cases} \quad (8.19)$$

구조기준 7.6.1(2)에서는 만약 속빈 단면에서 벽의 두께가 변한다면 이 식은 좌변이 최대가 되는 위치에서 계산하라고 제시되어 있다. 일반적으로 이러한 위치는 비틀림과 전단응력이 더해지는 위치이며 그림 8.12a에서는 A점이 될 것이다. 만약 위나 아래의 플랜지가 연직 복부 벽보다 얇게 되면 그림 8.12a의 플랜지에서도 식 (8.19)를 검사하여야 하지만 플랜지에서 전단력에 의한 전단응력은 보통 무시할 정도이다.

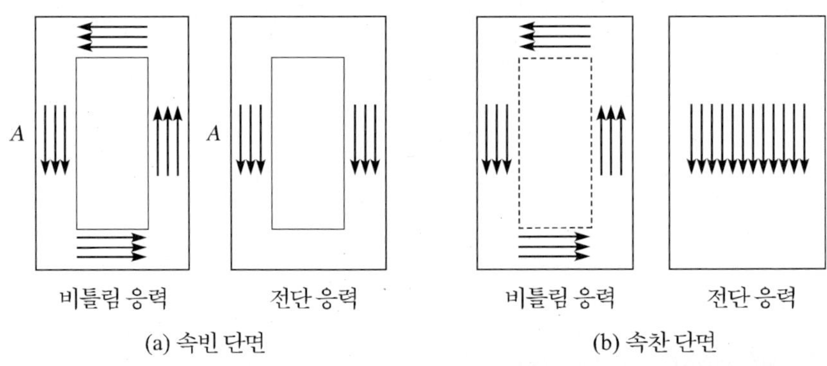

그림 8.12 전단과 비틀림의 조합을 받는 부재의 전단응력 [ACI 318(R11.5.3.1)]

속찬 단면(solid section)에서 직접전단에 의한 전단응력은 단면의 폭에 균등하게 분포되었다고 보고 비틀림 전단응력은 그림 8.12b에서와 같이 두께가 얇은 박막으로 보아 벽에만 존재한다고 가정하므로 두 응력을 그냥 더하면 너무 안전측이 되므로(또한 전단과 비틀림에 대한 실험에서 보면 속찬 단면의 강도가 속빈 단면보다 크므로), 그대로 더하지 않고 제곱한 값을 더한 뒤에 제곱근을 취하여 구하도록 하였다. 이는 직각 사각형에서 사변의 길이를 구하는 것과 같은 방법으로 비틀림에 의한 전단응력과 전단력에 의한 전단응력을 각각 변의 길이로 생각한 것이다. 따라서 **속찬 단면(solid section)**의 균열에 대한 제한 식은[구조기준 식 (7.6.1)] 아래와 같이 표현하고 있다.

$$\text{속찬 단면 : } \sqrt{\left(\frac{V_u}{b_w d}\right)^2 + \left(\frac{T_u p_h}{1.7 A_{oh}^2}\right)^2} \le \phi\left(\frac{V_c}{b_w d} + \frac{2\sqrt{f_{ck}}}{3}\right) \tag{8.20}$$

8.1.7 복부 콘크리트의 분쇄파괴에 대한 제한(Web Crushing Limit)

박벽으로 구성된 관에서 비틀림에 의한 파괴는 또한 균열사이의 경사 콘크리트 압축대의 분쇄로 나타날 수도 있다. 그림 8.11에서 콘크리트 압축대에 평행한 경사 압축력은 식 (8.11)로 주어졌다. 이 힘은 그림 8.11에서 볼 수 있는 것과 같이 폭 $y_o \cos\theta$ 에 작용하므로 압축응력의 합 $D_i = t\,(y_o \cos\theta) f_{cd}$ 에서

$$f_{cd} = \frac{V_i}{t\, y_o \cos\theta \sin\theta}$$

로 쓸 수 있다. 여기에 식 (8.9)를 대입하고, $A_0 = 0.85 A_{0h}$ 와 $t \simeq A_{0h}/p_h$ 를 대입하면 f_{cd} 는 다음과 같이 쓸 수 있다.

$$f_{cd} = \frac{T_u p_h}{1.7 A_{oh}^2 \cos\theta \sin\theta}$$

전단력에 대해서도 유사한 방법으로 적으면 압축응력은

$$f_{cd} = \frac{V_u}{b_w d \cos\theta \sin\theta}$$

로 적을 수 있다. 속찬 단면의 식 (8.20)과 같이 제곱한 값을 더한 뒤에 제곱근을 구하면

$$f_{cd} = \sqrt{\left(\frac{V_u}{b_w d \cos\theta \sin\theta}\right)^2 + \left(\frac{T_u p_h}{1.7 A_{oh}^2 \cos\theta \sin\theta}\right)^2} \tag{8.21}$$

로 표현할 수 있다. f_{cd} 가 균열이 일어난 콘크리트의 분쇄강도 f_{ce} 를 초과하지 말아야 될 것이다. Collins와 Mitchell[1987]은 f_{ce} 를 시험체의 종방향과 횡방향 철근의 변형률과 연관을 시켜서 $\theta = 45°$ 이고 종방향과 횡방향 변형률이 0.002이며 철근의 항복강도가 414 MPa인 경우에 $f_{ce} = 0.55 f_{ck}$ 로 제시하였다. 이 f_{ce} 를 식 (8.21)의 f_{cd} 와 같다고 보고 $\theta = 45°$ 를 적용하

여 $\cos\theta\sin\theta = 0.5$ 가 되어, 전단과 비틀림이 동시에 작용할 때 콘크리트의 분쇄파괴가 일어나지 않도록 하는 상한 한계를 다음과 같이 정할 수 있다.

$$\sqrt{\left(\frac{V_u}{b_w d}\right)^2 + \left(\frac{T_u p_h}{1.7A_{oh}^2}\right)^2} \le \phi(0.55f_{ck}/2) = \phi(0.275f_{ck}) \tag{8.22}$$

식 (8.19)와 (8.20)에서 $v_c = (1/6)\sqrt{f_{ck}}$ 로 볼 수 있으므로(식 (7.21) 참고) 균열폭의 제한값은 $\phi(5/6)\sqrt{f_{ck}}$ 이 될 것이다. 만약에 $f_{ck} > 9.2$ MPa인 경우에는 언제나 식 (8.22)의 $\phi(0.275f_{ck}) = \phi(0.275 \times 9.2) = \phi(2.53)$ 값이 $\phi 5\sqrt{f_{ck}}/6 = \phi(5\sqrt{9.2}/6) = \phi(2.528)$ 을 초과하게 된다. 일반적으로 콘크리트의 압축강도가 9.2 MPa을 초과하므로 구조기준에서는 식 (8.19)와 (8.20)의 균열폭을 제한하는 식만을 포함하게 되었다[MacGregor 1995].

8.1.8 휨모멘트와 비틀림의 조합(Combined Moment and Torsion)

식 (8.12)에서 보는 바와 같이 비틀림이 축방향 인장력 $N = \sum N_i$ 를 발생시킨다. 이 축방향 인장력이 공간 트러스에서 그림 8.13a와 같이 1/2이 모서리의 상현재에 작용하고 나머지 1/2은 모서리의 하현재에 작용한다고 가정할 수 있다. 그림 8.13b는 휨에 의한 압축력과 인장력으로 $C = T = M_u/jd$ 로 표현되었다. 구조기준 7.6.2(4)(ACI 11.5.3.8)에서는 그림 8.13c에서 볼 수 있는 바와 같이 휨과 비틀림을 조합하기 위해서 휨인장력 T 에 대한 철근과 비틀림에 의하여 하현재에 작용하는 $N/2$ 에 대한 철근을 서로 더해주도록 규정하고 있다.

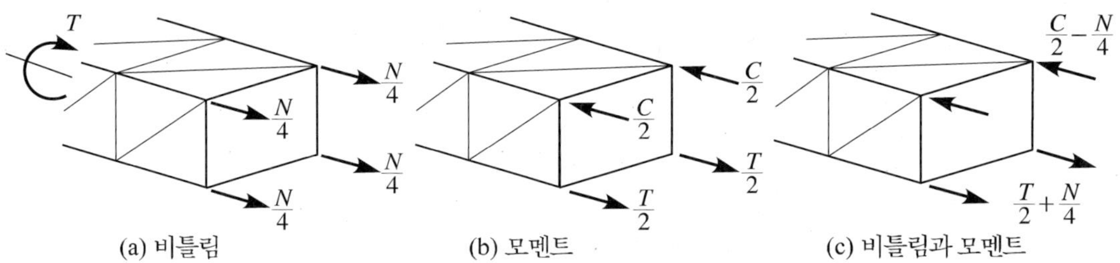

그림 8.13 비틀림모멘트와 휨모멘트의 조합에 의한 내력

휨 압축영역에서 압축력 C 는 $N/2$ 에 의해서 얼마간 상쇄될 것이다. 구조기준 7.6.2(5)(ACI 11.5.3.9)에서는 압축영역에서 종방향 철근의 면적을 $M_u/(0.9df_y)$ 만큼 감소시킬 수 있다고 하였다. 여기에서 M_u 는 T_u 와 함께 단면에 작용하는 계수모멘트이다. 휨모멘트가 부재의 길이에 따라 변화하므로 여러 단면에서 검토하여야 할 것이다. 만약 여러 하중조합에 대해서 설계하여야 하는 경우에는 M_u 와 T_u 는 동일한 하중일 때에 대해서 다루어야 한다. 일반적으로 압축철근의 감소는 설계에 그렇게 큰 영향을 미치지 않게 된다.

8.1.9 평형과 적합 비틀림(Equilibrium and Compatibility Torsion)

비틀림 하중은 다음과 같이 2 종류로 구분할 수 있다.

① **평형비틀림(equilibrium torsion)** : 구조물의 평형조건을 만족시키기 위해서 비틀림모멘트가 요구되는 경우(그림 8.14 참고)와

② **적합비틀림(compatibility torsion)** : 부재가 접합되는 부분에서의 변형의 적합성을 만족시키기 위해서 비틀림모멘트가 요구되는 경우이다(그림 8.15 및 8.16 참고).

그림 8.14a는 편심을 주는 집중하중 W에 의해서 비틀림을 받는 캔틸레버 보를 보여주고, 그림 8.14b는 프리캐스트 슬래브를 지지하고 있는 역 T형 보를 보여주고 있다. 슬래브에 의한 A와 B의 고정하중이 크기가 다르거나 활하중이 한쪽에만 작용하는 경우에 비틀림모멘트가 발생할 것이다.

그림 8.14a와 b에서 보가 평형상태에 있기 위해서는 구조시스템이 비틀림모멘트에 저항하여야 할 것이다. 만약 비틀림에 대해서 저항하지 못하면 보들은 축에 따라 회전하여 결국에는 붕괴될 것이다. 그림 8.14c의 차양(canopy)에서도 보 AB에 비틀림이 작용하므로 이 비틀림모멘트에 저항할 수 있어야 하고 기둥은 휨모멘트에 저항할 수 있어야 할 것이다.

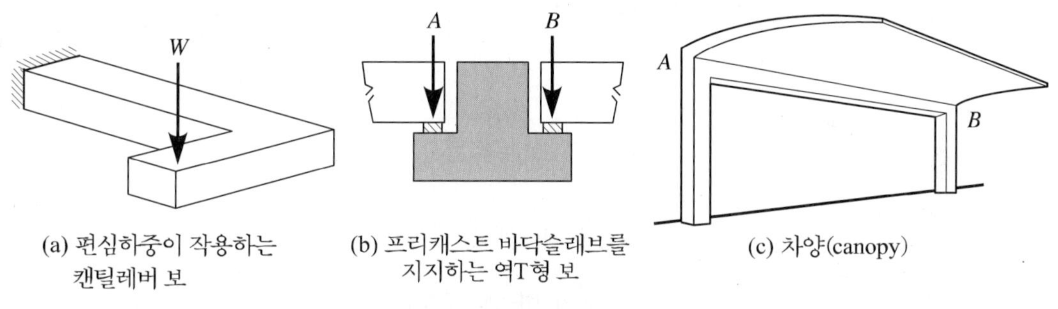

(a) 편심하중이 작용하는 캔틸레버 보
(b) 프리캐스트 바닥슬래브를 지지하는 역T형 보
(c) 차양(canopy)

그림 8.14 평형비틀림 상태의 예

그림 8.15a에서 보 A–B는 하중이 작용하면 보가 휘면서 그림 8.15b에 있는 휨모멘트가 발생할 것이다. 그림 8.15c에서와 같이 만약 A 지점이 십자 보 C–D에 일체로 연결되었다면 보 A–B의 A점이 회전하기 위해서는 보 C–D가 축방향으로 비틀림이 일어나야 한다. 만약 C와 D 지점이 비틀림에 대해서 구속되어 있다면 그림 8.15d에서와 같이 보 C–D의 A점에 비틀림모멘트 T 가 작용하게 되고, 크기가 같고 방향이 반대인 휨모멘트 M_A 가 보 A–B에 작용하게 될

것이다.

이러한 모멘트들의 크기는 보 C–D의 비틀림강성과 보 A–B의 휨강성의 상대적인 크기에 의해서 좌우될 것이다. 만약 C–D가 자신의 축에 대해서 자유롭게 회전한다면 T는 0이 될 것이고, 만약 C–D가 회전하지 못하도록 구속되어 있고 C–D의 비틀림강성이 A–B의 휨 강성에 비해서 매우 크다면 휨모멘트 M_A는 최대가 되고 그 값은 마치 A지점이 고정단일 때의 값에 접근하게 될 것이다. 휨모멘트 M_A와 비틀림모멘트 T는 보 A–B의 A지점과 보 C–D의 A점의 적합성에 영향을 받게 된다. 그림 8.15e에서 보는 바와 같이 휨모멘트 M_A는 보 A–B의 중심에서의 모멘트 크기를 감소시킨다는 것을 알 수 있다.

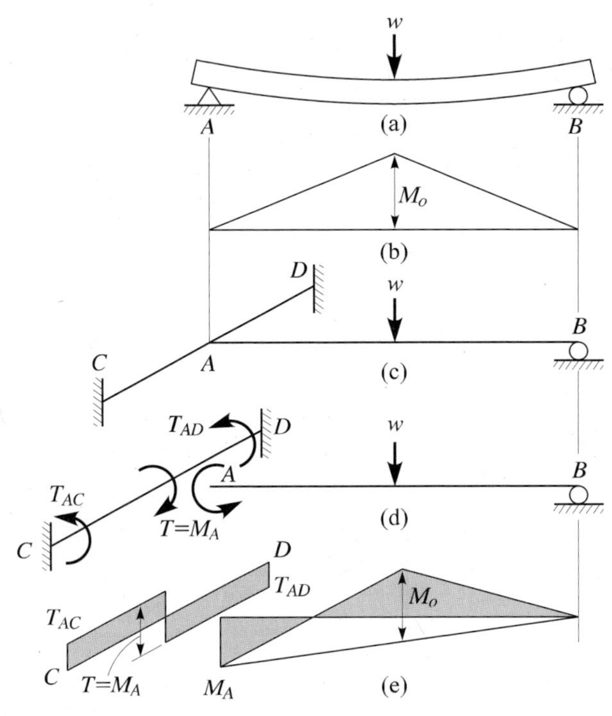

그림 8.15 적합비틀림 상태의 예 [Wight 2012(337)]

비틀림에 의해서 보에 균열이 발생하면 보의 비틀림강성은 급격하게 감소하게 될 것이다. 만약 보 A–B에 하중이 작용하면 비틀림에 의해서 보 C–D에 균열이 일어나기 전까지는 비틀림모멘트가 증가하게 될 것이다. 균열이 일어나면서 C–D의 비틀림강성은 감소하게 되고 비틀림모멘트 T와 휨모멘트 M_A도 감소하게 될 것이다. 이때에 보 A–B의 중심에서의 모멘트 값이 증가하여 균열로 인한 감소분을 부담하여야 할 것이다. 이러한 현상은 Collins와 Lampert[1973]에 의해서 다루어졌으며, 구조기준 7.5.2(ACI 11.5.2) 계수비틀림모멘트 계산과 7.6.1(ACI

11.5.3) 비틀림모멘트가 작용하는 경우 단면치수의 제한에 대한 근거가 되고 있다.

평형비틀림인 경우에는 계수비틀림모멘트 T_u 가 비틀림을 설계에서 고려할 필요가 없는 식 (8.6) 보다 큰 T_u 에 대해서 비틀림설계를 하도록 제시하고, 적합비틀림에 대해서는 적합성에 의해서 **내력의 재분배**(redistribution of internal forces)가 일어나므로 구조기준 7.5.2 (ACI 11.5.2)에서는 지점으로부터 거리 $h/2$ 떨어진 단면에서의 T_u 를 ϕT_{cr} 으로 아래와 같이 감소시킬 수 있다고 제시하고 있다[2].

$$\frac{T_u}{\phi} \equiv T_{cr} = \frac{\lambda\sqrt{f_{ck}}}{3}\left(\frac{A_{cp}^2}{p_{cp}}\right)\sqrt{1+\frac{f_{pc}}{\lambda\sqrt{f_{ck}}/3}} \tag{8.5}$$

이 값은 순수 비틀림을 받을 때 단면에 균열을 일으키는 비틀림 값으로 이 비틀림모멘트가 작용되어 변형된 상태에서 인근 부재로 모멘트 재분배가 일어날 수 있다. 회전에 의하여 과도한 균열이 발생할 수 있지만 균열폭은 간격을 좁게 배치한 폐쇄스터럽 철근에 의해서 제한할 수 있을 것이다.

구조기준 7.5.1(1)(ACI 11.5.1)에서는 속이 빈 단면에 대해서 식 (8.6)을 이용하여 비틀림 영향을 고려해야 되는 한계 비틀림모멘트를 계산할 때 A_{cp} 대신에 A_g 를 대신 사용할 수 있다고 규정하지만, 구조기준 7.5.2(2)(ACI 11.5.2.2)에서 식 (8.5)로 계수비틀림모멘트 T_u 를 감소시키는 경우에는 A_{cp} 대신에 A_g 를 대신 사용해서는 안 된다고 규정하고 있다. 이는 앞에서 설명한 바와 같이 A_g 대신에 A_{cp} 를 그대로 사용함으로서 재분배되는 계수비틀림모멘트 값이 너무 작아지지 않도록 하여 안전 측의 설계가 되도록 하는 것이다[ACI Notes(13-5)].

그림 8.16의 테두리 보(spandrel beam)와 같이 비틀림에 대해서 꼭 설계해야 되는 부재에 대해서 이 규정은 종종 계수비틀림모멘트 T_u 를 축소시켜 단면을 감소시킬 수 있으므로 설계에서 건축상의 제한에 능동적으로 대처할 수 있도록 한다(예제 8.8 참고).

8.1.10 비틀림모멘트의 계산(Calculation of Torsional Moments)

1) **평형비틀림 – 정정구조물인 경우 :** 그림 8.14a와 같이 비틀림에 대해서 정정구조물인 경우에 어떤 단면에서의 비틀림모멘트는 그 단면을 절단한 자유물체도로부터 구할 수 있다.
2) **평형비틀림 – 부정정구조물인 경우 :** 그림 8.14c에서 보에 전달되는 보 A–B의 단위길이당 비틀림모멘트 t 는 연직반력이 작용하는 라인에 대한 단위폭의 차양 돌출부분의 고정하중에

2. 비틀림모멘트 재분배에 대한 이 개념은 구조기준 3.4.2(ACI 8.4)에서 다루는 연속휨부재의 부모멘트 재분배와 연관되는 개념이다.

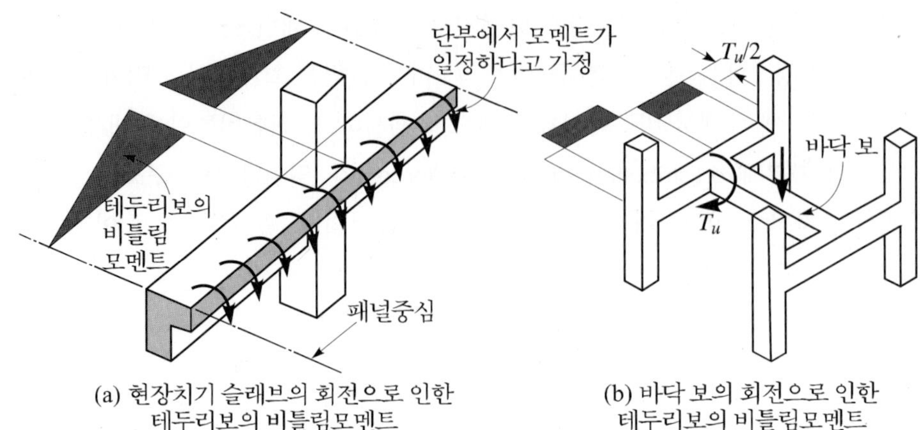

그림 8.16 구조기준 7.5.2에 따라 계수비틀림모멘트 T_u를 감소시킬 수 있는 부정정 적합 비틀림의 예 [Collins 1987(376)]

의해서 발생하는 모멘트가 될 것이다. 보 A–B를 따라 등분포 비틀림모멘트는

$$\text{기둥의 A와 B 사이에서의 비틀림 각의 변화} = \int_A^B \frac{t\,dx}{GI_p}$$

여기에서 G는 전단탄성계수이고, I_p는 **극관성모멘트(polar moment of inertia)**이다. 만약 비틀림 각의 변화가 0이고 부재를 따라 GI_p의 분포가 보의 중심에 대칭이면 A점과 B점에서의 비틀림모멘트는 $\pm tl/2$가 될 것이다(그림 8.17a 참고). 만약 기둥 B의 휨 강성이 기둥 A보다 작게 되면, B점에서의 비틀림각이 A점에서 보다 더 커지며 비틀림모멘트 분포도 대칭이 아니라 휨강성이 큰 A점에 더 많은 비틀림모멘트가 발생할 것이다. 그러나 A점에서의 비틀림모멘트의 증가는 A점에 일찍 비틀림균열을 발생시킬 것이다. 이렇게 A점에서 균열이 발생하면 A 지역의 유효비틀림강성 GI_p가 감소하게 되어 A점에서의 강성이 줄어들게 될 것이다. 이런 상황이 발생하면 보를 따라 비틀림모멘트의 재분배가 발생하고 따라서 최종의 비틀림모멘트의 분포는 대칭에 접근하게 될 것이다.

보를 따라 비틀림모멘트 T와 기둥의 강성 K_c 그리고 비틀림강성 K_t 사이의 상관관계 때문에 부정정구조물인 경우에 비틀림모멘트의 분포를 정확하게 산정하기는 매우 어렵다. 하여튼 보는 작용하는 하중에 균형을 이룰 수 있도록 전체 비틀림모멘트에 대해서 설계되어야 할 것이다. 설계에서 보가 적당한 연성을 갖게만 된다면, 작용하는 하중에 균형을 이루는 어떤 비틀림모멘트의 분포도 안전한 설계가 될 것이다. 한쪽 끝에서 비틀림모멘트는 $T = tl$로 부터 $T = 0$까지 변하는 값을 가질 수 있다(그림 8.17b 참고). 이러한 경우에 T를 0으로 가정한 끝에서는 초기 비틀림모멘트가 0이 되기 위해서 비틀림이 일어나야 되므로 상당한 비틀림균열이 발생하게 될 것이다. 대부분의 경우에 이런 경우의 보에서 그림 8.17a에서 보여주는 바와 같이 한쪽 끝에서 $T = \pm tl/2$ 의 분포로 폐쇄스터럽을 설계하면 충분하다[Wight 2012(339)].

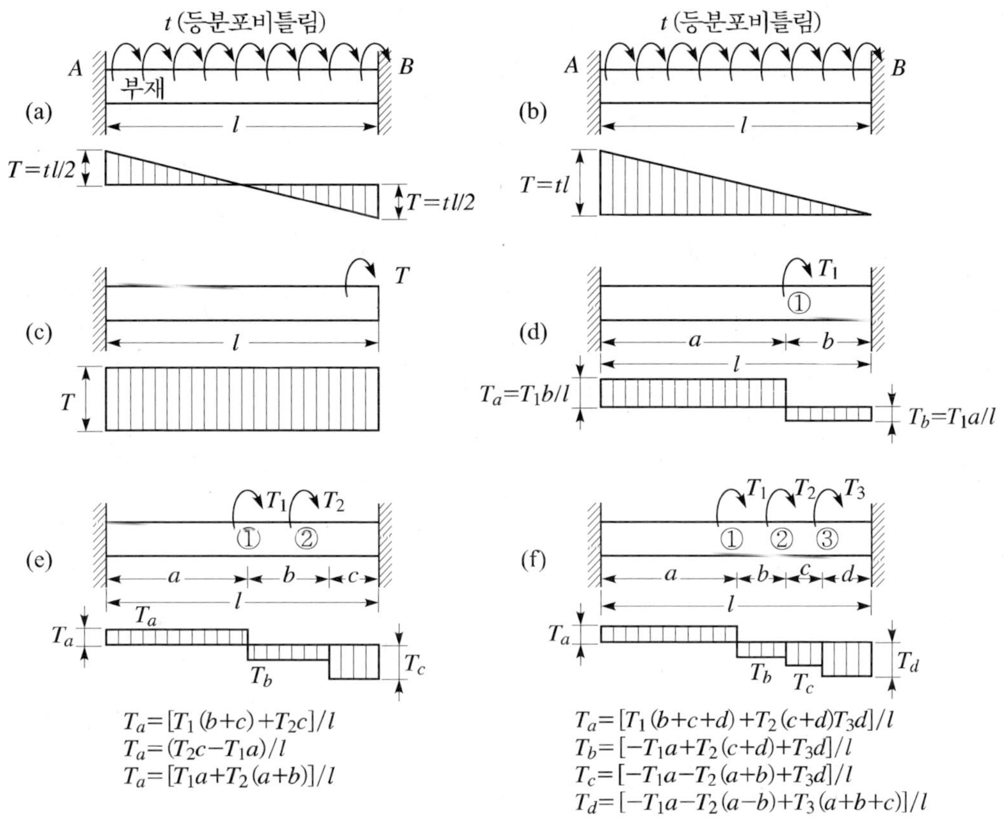

그림 8.17 비틀림 모멘트 분포도 [PCI 2010(15.1.6), CPCI 2007(8.1.5)]

예제 8.4

[테두리 보의 비틀림 응력 계산]

그림 8.18에 보이는 슬래브의 두께 $h_f = 120$ mm이고 순경간 $l_n = 3{,}600$ mm인 단부패널 S1의 불연속단에 발생하는 휨모멘트가 $M_u = -w_u l_n^2/24$(1방향 슬래브 단부 모멘트)일 때, 순경간이 9,100 mm인 테두리보 B2에 발생하는 최대 비틀림 전단응력(maximum torsional shear stress)이 얼마인지 계산하라. 슬래브에 작용하는 등분포 사용 고정하중과 활하중은 각각 $w_d = 4.8$ kN/m^{2}과 $w_l = 2.7$ kN/m^{2}이다. 기둥의 크기는 450 mm × 450 mm로 가정한다. 단, 보통중량골재 콘크리트의 설계기준압축강도 $f_{ck} = 21$ MPa이다.

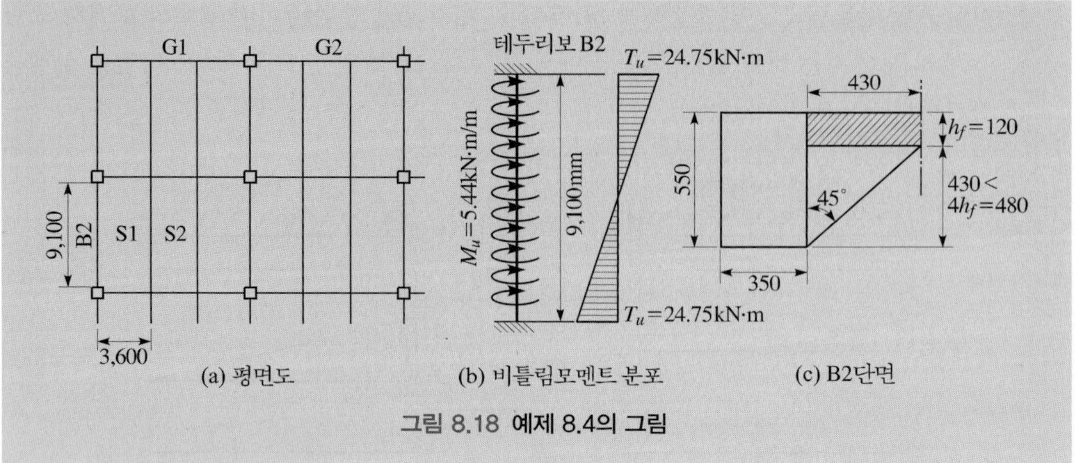

그림 8.18 예제 8.4의 그림

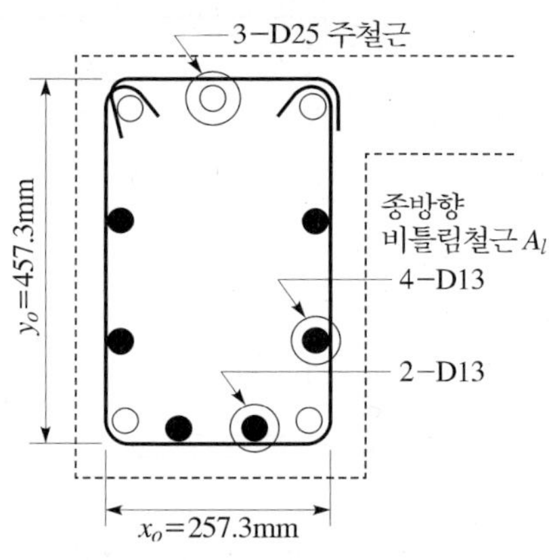

그림 8.19 예제 8.4의 테두리보 B2 단부의 대략적인 철근 배근도

① 바닥판의 계수 등분포하중 w_u, 불연속 단부의 부휨 모멘트 M_u 및 테두리보에 작용하는 비틀림모멘트 T_u 계산 : 그림 8.18b 참고

$w_u = 1.2(4.8) + 1.6(2.7) = 10.08\ (\text{kN/m}^2)$

$\quad > 1.4(4.8) = 6.72\ (\text{kN/m}^2)$ <OK>

$M_u = w_u l_{n1}^2/24 = (10.08)(3.6^2) / 24$

$\quad = 5.44\ (\text{kN}\cdot\text{m/m})$

$T_u = M_u l_{n2}/2 = (5.44)(9.1) / 2$

$\quad = 24.75\ (\text{kN}\cdot\text{m})$

② 비틀림에 관련된 계수 계산 : $p_h = 2(x_o + y_o)$ 계산 (그림 8.19 참고 ; 플랜지에 폐쇄스터럽이 배치되지 않았으므로 플랜지 내민부분을 비틀림 계산에서 포함시키지 않고 계산하여야 한다.)

폐쇄스터럽으로 D13(d_b = 12.7 mm) 철근을 배치하고, 피복두께 40 mm를 확보한다고 보아

$x_0 = 350 - 2(40+12.7/2) = 257.3\ (\text{mm})$

$y_0 = 550 - 2(40+12.7/2) = 457.3\ (\text{mm})$

$p_h = 2(x_0 + y_0) = 2(257.3+457.3) = 1{,}429\ (\text{mm})$

$A_{0h} = x_0 y_0 = (257.3)(457.3) = 117.7 \times 10^3\ (\text{mm}^2)$

③ 최대 비틀림응력 계산 : 식 (8.1) 참고

식 (8.19) : 비틀림 응력

$v_{tu} = T_u/(2A_o t) = T_u/[2(0.85A_{oh})(A_{oh}/p_h)] = T_u p_h/(1.7A_{oh}^2)$

$\therefore\ v_{tu} = T_u p_h/(1.7A_{oh}^2) = (24.75 \times 10^6)(1{,}429) / [1.7 \times (117.7 \times 10^3)^2] = \underline{1.50\ (\text{MPa})}$

8.2 비틀림, 전단과 휨에 대한 설계(Design for Torsion, Shear, and Moment)

비틀림과 전단 그리고 휨이 조합되어 작용하는 경우에 설계는 먼저 휨모멘트에 대해서 설계하고, 이어서 적당한 전단강도와 비틀림강도를 가질 수 있도록 폐쇄스터럽과 종방향 철근을 배치한다. 기본 설계 방정식[구조기준 식 (7.2.1)과 (7.6.3)]은 아래와 같이 쓸 수 있다.

$$V_u \le \phi V_n = \phi(V_c + V_s) \quad \text{또는} \quad V_u/\phi \le V_n = V_c + V_s \tag{7.34}$$

$$T_u \le \phi T_n = \phi T_s \quad \text{또는} \quad T_u/\phi \le T_n = T_s \tag{8.17}$$

여기에서 전단력과 비틀림모멘트에 대한 강도감소계수는 0.75이고 T_n 은 식 (8.10)에 주어졌다.

비틀림모멘트는 균열이 일어나기 전에는 전단응력에 의해서 저항되고, 균열이 일어난 뒤에는 전단흐름 힘(그림 8.5c의 $V_1 \sim V_4$)에 의해서 저항된다. 따라서 최대의 효율을 갖기 위해서는 전단응력과 전단흐름 힘들이 부재를 둘러싸면서 원형의 분포를 갖고 동시에 단면의 축에서 멀어질수록 유리할 것이다. 그러므로 폐쇄된 정사각형 단면이 열린 U형 단면보다 비틀림에 유리하고, 같은 단면적일 때는 박벽관이 속이 찬 단면보다는 효과적이다.

비록 구조기준에서 속빈 단면의 내부모서리에 **헌치(haunch 또는 fillet)**을 배치하도록 제시하지는 않고 있지만 거푸집을 제거하기 쉽고 내부모서리에 경사압축력 때문에 발생하는 응력집중을 완화시킬 수 있으므로 헌치를 배치하면 좋을 것이다. 콘크리트표준시방서[1996(5.6.1(2))]에서는 박스단면에서 단면에 종방향 비틀림철근이 8개보다 적은 경우에는 각각의 내부모서리에 최소 길이가 $x/6$ 인 헌치를 두어야 한다고 제시하고 있다(그림 8.20 참고). 여기에서 x 는 직사각형 단면의 짧은 면의 길이이다. 만약 종방향 비틀림철근이 8개 이상인 경우에 헌치는 최소 길이 $x/12$ 를 가져야 하지만 100 mm를 넘을 필요는 없다고 규정하고 있다.

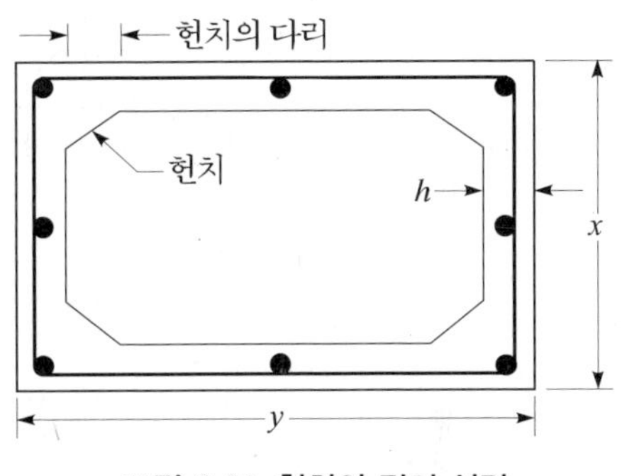

그림 8.20 헌치의 길이 설명

비틀림에 대한 위험단면의 위치(Location of Critical Sections for Torsion) : 프리스트레스트 콘크리트 부재의 전단에서의 위험단면은 지점으로부터 거리 $h/2$ 떨어진 위치이다[구조기준 7.2.1(5)③, ACI 11.1.3.2]. 전단에서와 같이 구조기준 7.5.2(5)(ACI 11.5.2.5)에서는 받침부로부터 $h/2$ 이내에 위치한 단면을 설계할 때에, $h/2$ 에서 계산된 T_u 와 같은 값으로 설계해도 된다고 제시하고 있다. 만약 $h/2$ 이내에 집중 비틀림이 발생하면 설계시 위험단면은 받침부의

내부 면이 될 것이다.

A_{cp} 와 p_{cp} 의 정의 : A_{cp} 는 단면에서 외부 둘레로 둘러싸인 전체면적으로 이 면적 속에 포함되는 속빈 단면도 포함시켜야 한다. 내민 플랜지에서 보와 일체로 시공되었다면 A_{cp} 에 구조기준 10.5.5(1)(ACI 13.7.5.1)에서 규정한 보의 양쪽편의 슬래브의 면적도 포함시켜야 한다고 제시하고 있다(그림 8.6 및 8.21 참고). p_{cp} 는 A_{cp} 를 둘러싸는 주변장으로 플랜지 부분도 포함한다.

그러나 구조기준 7.5.1(2)(ACI 11.5.1.1)에서는 플랜지를 갖는 독립부재이거나 슬래브와 일체로 친 부재에 있어서 플랜지를 포함하여 산정한 $A_{cp}{}^2/p_{cp}$ 값이 플랜지를 포함하지 않은 경우의 값보다 작은 경우에는 설계에서 비틀림을 고려할 필요가 없는 식 (8.6)의 한계비틀림을 계산할 때 그림 8.6과 같은 플랜지 부분을 계산에서 포함하지 않아도 된다고 규정하고 있다.

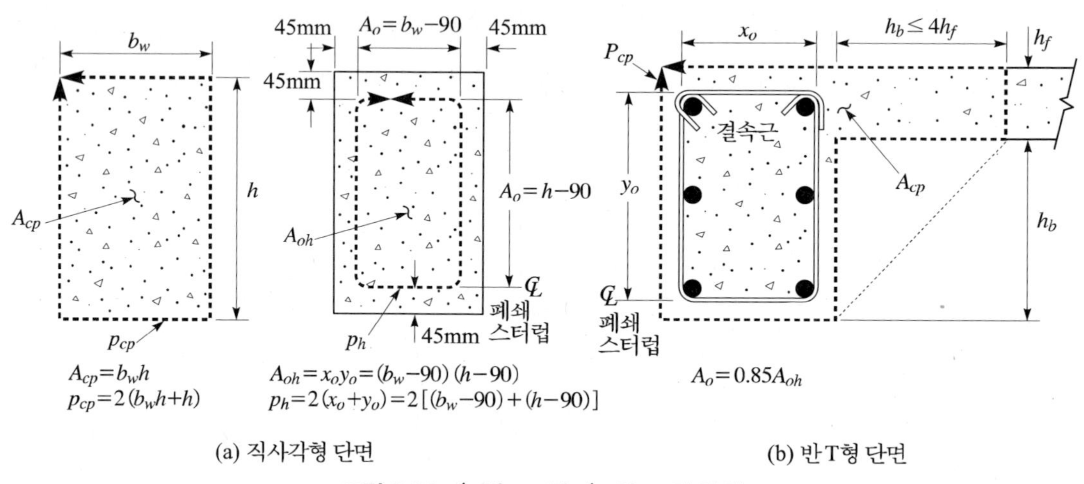

그림 8.21 A_{cp}와 p_{cp} 및 A_{0h}와 p_h의 정의

A_{0h} 의 정의 : A_0 는 전단흐름도에 따라 폐쇄된 단면적으로 구조기준 7.6.2(2)(ACI 11.5.3.6)에서는 $A_0 = 0.85A_{0h}$ 로 취할 수 있도록 제시하고 있다. 그림 8.21에서 보면 A_{0h} 는 가장 바깥의 비틀림보강 폐쇄스터럽의 중심선으로 둘러싸인 면적이다. 따라서 A_0 가 크기 위해서는 폐쇄스터럽으로 둘러싸인 면적 A_{0h} 가 커야 되므로 정사각형 단면이나 폭이 넓은 단면이 비틀림 저항에 우월할 것이다.

8.2.1 비틀림 보강철근 계산 : 소요단면적 또는 소요간격

비틀림 보강철근은 식 (8.10)의 폐쇄스터럽과 식 (8.14)의 종방향 철근으로 구성되어 있다. 구조기준 7.6.2(4)에서 비틀림모멘트에 의해 요구되는 철근은 비틀림모멘트와 조합하여 작용하는 전단력과 휨모멘트 및 축력에 의해서 요구되는 철근을 추가하여야 한다고 규정하고 있다. 또한 구조기준 7.6.2(5)에서 휨 압축영역에 있는 종방향 철근의 면적을 감소시킬 수 있다고 규정하고 있다(그림 8.13 참고).

전단을 설계할 때에 U형으로 두 다리의 단면적 A_v 를 선택한 경우에 스터럽의 간격 s (식 (7.35))를 결정하게 된다. 설계에서 전단력과 비틀림모멘트의 조합을 고려할 때 전단력에 의해서 요구되는 스터럽과 비틀림에 의해서 요구되는 스터럽을 더해야 한다. 전단과 비틀림에 대한 스터럽의 면적은 통상적으로 각각 A_v/s 와 A_t/s 로 표시되며 단위는 보의 길이에 대한 mm^2/mm가 된다. U형 스터럽인 경우에 A_v 는 양쪽 다리의 단면적을 표시하고 A_t 는 한쪽 다리의 단면적을 표시하므로, 총 스터럽의 단위 길이 당 단면적 A_{v+t}/s (전단스터럽을 기준으로 표기하는 경우)는

$$\frac{A_{v+t}}{s} = \frac{A_v}{s} + \frac{2A_t}{s} \quad \text{(단위길이 당 스터럽의 단면적)} \tag{8.23}$$

로 표현될 수 있다. 여기에서 철근 한 가닥으로 만들어진 폐쇄스터럽인 경우에 A_{v+t} 는 스터럽의 양쪽 다리의 단면적이다. 만약에 보의 폭이 넓어서 전단에 대한 보강 스터럽의 다리가 2개 이상일 경우에는 맨 바깥 편에 있는 다리만을 식 (8.23)의 계산에 적용시켜야 한다.

식 (8.23)을 이용하여 A_{v+t} 를 선택하고 간격 s 를 결정할 수 있다. 그러나 일반적인 설계과정에서 스터럽을 먼저 선택하여 철근 한 가닥의 단면적 A_b (U형 스터럽인 경우 $A_v = 2A_b$)가 결정되어 전단에 의한 스터럽의 간격은 식 (7.35)로 결정되고, 비틀림모멘트에 대한 폐쇄스터럽의 간격은 식 (8.18)로 결정되게 된다. 따라서 설계과정에서 A_v/s 와 A_t/s 는 단위길이당 단면적으로 설계자가 스터럽의 간격 등에 대해서 직관적으로 판단하기 쉽지 않게 된다.

스터럽의 간격 s 를 식 (7.35)로 결정한 전단에 의해서 소요되는 간격은 s_v 로 표현하고, 식 (8.18)로 결정되는 비틀림모멘트에 의해서 소요되는 간격을 s_t 로 표현하여 이를 식 (8.23)에 대입하고 $A_v = 2A_b$ 로 나누어 주면서, 정리하면[민창식 2014(576-583)]

$$\frac{2A_b}{s_{(소요)}} = \frac{2A_b}{s_v} + \frac{2A_b}{s_t} \quad \text{또는} \quad \frac{1}{s_{(소요)}} = \frac{1}{s_v} + \frac{1}{s_t}$$

$$s_{(소요)} = \frac{s_v\, s_t}{s_v + s_t} \tag{8.24}$$

가 된다. 따라서 식 (8.24)를 사용하게 되면 식 (8.23)을 적용하기 위해서 소요 스터럽의 단면적을 단위 길이로 변형할 필요 없이 직접 스터럽의 소요 간격을 계산할 수 있을 것이다.

8.2.2 비틀림 보강철근의 종류와 정착

비틀림에서는 그림 8.5c에서와 같이 경사 균열이 보의 모든 면을 따라 나선형으로 발달하므로 모든 면에 스터럽이 필요하다. 이러한 이유 때문에 구조기준 7.6.3(1)에서는 종방향 철근에 더하여

① 부재축에 수직인 폐쇄스터럽(closed stirrup) 또는 폐쇄띠철근(closed tie),
② 부재축에 수직인 횡방향 강선으로 구성된 폐쇄용접철망(WWR), 또는
③ 나선철근(spiral reinforcement) 중에서 한 방법으로 보강하도록 하고 있다.

보강철근은 피복두께에 대한 규정이 허용하는 한에 있어서 최대로 바깥쪽에 배치하여 A_{0h} 가 최대가 되도록 하여야 할 것이다. **속빈 단면(hollow section)**에서 폐쇄스터럽은 유효 벽두께를 A_{0h}/p_h 로 보았을 때 횡방향 비틀림철근의 중심선으로부터 내부 벽면까지의 두께가 이 값의 1/2, 즉 $0.5A_{0h}/p_h$ 이상으로 설계하도록 규정하고 있다[구조기준 7.6.3(4), ACI 11.5.4.4].

예제 8.5

[박스형 단면 보의 복부와 플랜지 두께의 검토]

그림 8.8 박스형 단면 폐쇄스터럽이 둘러싸는 면적이 가능한 한 최대가 되도록 최소 피복두께 40 mm(표 2.13 참고)를 고려하여 D16 철근이 횡방향 비틀림철근으로 배치되었을 때 배치된 폐쇄스터럽이 구조기준 7.6.3(4)(ACI 11.5.4.4)에 따라 내부 벽면의 두께가 $(0.5A_{oh}/p_h)$이상이 되는지 검토하라.

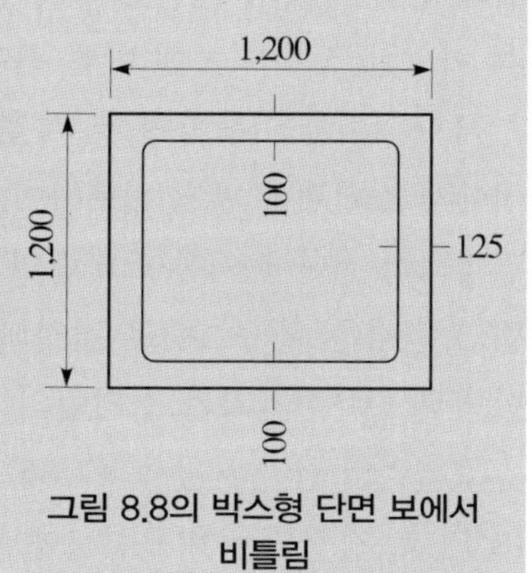

그림 8.8의 박스형 단면 보에서 비틀림

① 비틀림 계수 계산 : D16 철근의 지름 $d_b = 15.9$ mm

$$x_0 = 1{,}200 - 2(40 + 15.9/2) = 1{,}200 - 2(48)$$
$$= 1{,}200 - 96 = 1{,}104\ (\text{mm}) \equiv y_0$$
$$p_h = 2(x_0 + y_0) = 2(2 \times 1{,}104) = 4{,}416\ (\text{mm})$$
$$A_{oh} = x_0 y_0 = 1{,}104^2 = 1{,}219 \times 10^3\ (\text{mm}^2)$$

② $0.5A_{oh}/p_h$ 계산 : $A_{oh}/p_h = 1{,}219 \times 10^3/4{,}416 = 276\ (\text{mm})$

$$0.5A_{oh}/p_h = 276/2 = 138\ (\text{mm})$$

③ 플랜지와 복부의 두께 검토(각각의 두께 100 mm와 125 mm) :

폐쇄스터럽의 중심에서 내부 벽면까지의 두께 검토

복부 : 125 − 40 − 15.9/2 = 125 − 48 = 77 mm < 138 mm <*NG*>

플랜지 : 100 − 48 = 52 mm < 138 mm <*NG*>

따라서 플랜지와 복부의 두께는 138 + 40 + 16/2 = 186 mm 이상이 되어야 한다.

④ 본 예제의 정사각형 박스형 단면 보에서 한 변의 길이가 480 mm이면 $0.5A_{oh}/p_h$ = 48 mm로 D16 폐쇄스터럽에 최소피복두께 40 mm가 내부 벽면의 두께 규정을 만족하는 경우가 되어, 이때의 복부나 플랜지의 두께는 40 + 48 + 16/2 = 96 mm 이상이면 된다. 따라서 한 변이 길이가 480 mm 이상이 되면 본 예제와 같이 $(0.5A_{oh}/p_h)$가 지배하게 되어 최소 피복두께보다 두꺼운 피복을 하여야 한다.

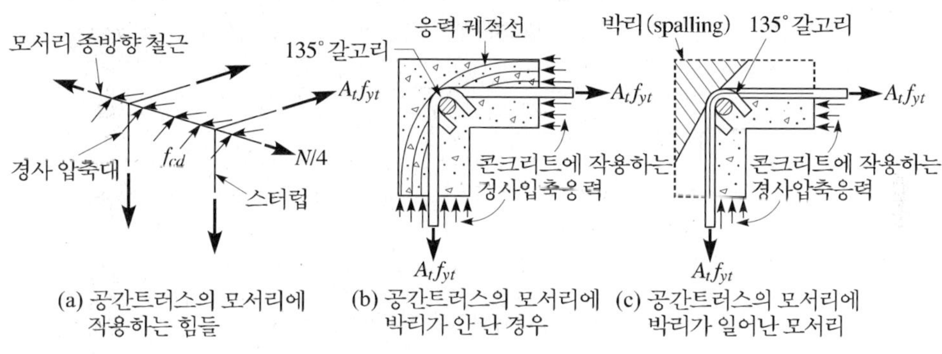

그림 8.22 순수비틀림에 의한 주응력과 콘크리트 피복의 박리현상 [Wight 2012(342)]

그림 8.22a는 그림 8.5c의 공간트러스 모델에서 한쪽 모서리를 보여주고(그림 8.23 참고), 그림 8.22b에는 콘크리트의 경사 압축응력 f_{cd} 중에서 윗면과 옆면에 평행하게 발달되는 분력이 표시되어 있다. 모서리를 향해서 작용하는 콘크리트 압축응력은 스터럽의 인장응력에 의해서 상쇄되게 된다[Mitchell과 Collins 1976]. 따라서 철근을 둘러싸고 있는 콘크리트는 일반적으로 제대로 구속되어 있지 않기 때문에 모서리 부분의 압축력이 너무 크게 되면 그림 8.22c의

그림 8.23 비틀림에 의한 콘크리트 피복의 박리 [Collins 1987(361)]

빗금인 모서리 부분이 떨어져 나가는 **박리(spalling)**가 발생하게 된다(그림 8.23 참고). 구조기준 7.6.3(2)에서는 만약 모서리에 박리현상이 나타날 수 있는 경우에 스터럽은 종방향 철근 주위로 135° 표준갈고리에 의해서 정착되어야 한다고 규정하고 있다. 만약 스터럽을 둘러싸고 있는 콘크리트가 플랜지나 슬래브 또는 비슷한 역할을 하는 부재에 의해서 구속되어 박리가 일어나지 않을 경우에는 구조기준 7.6.3(2)에서 그림 8.24a와 같이 90도 갈고리의 **결속근(crosstie)**으로 정착을 할 수 있도록 하고 있다.

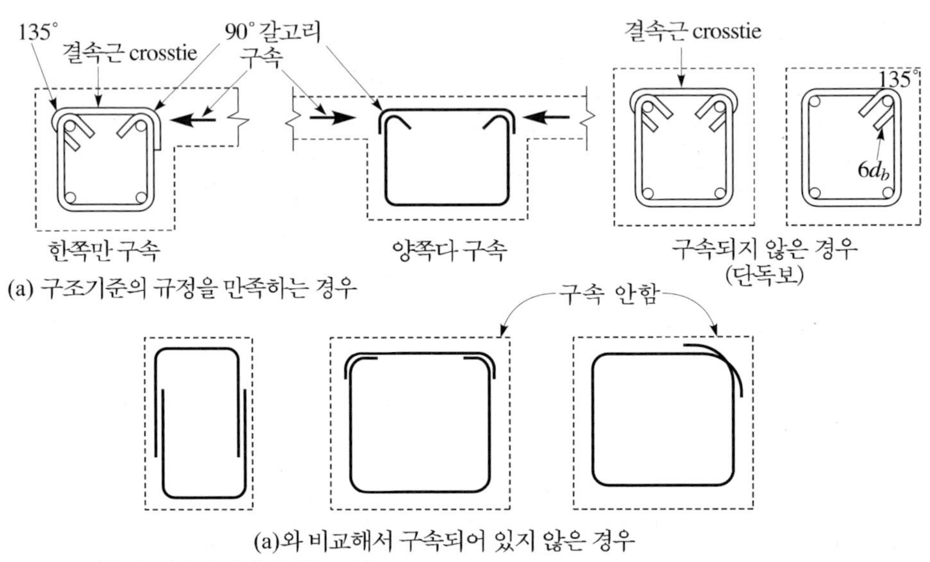

그림 8.24 폐쇄스터럽의 정착 [구조기준 7.6.3(2), ACI 11.5.4.2]

구조기준 7.6.3(3)(ACI 11.5.4.2)에서는 비틀림에 대한 종방향 비틀림철근은 양쪽 끝 모두에서 항복강도가 발달(developed)되어야 한다고 규정하고 있다. 일반적으로 최대 비틀림모멘트가 보의 양끝에서 발생하므로 종방향 철근이 보의 받침부에서 항복강도를 발휘할 수 있도록 갈고리를 장치하여야 한다. 구조기준 8.5.2(1)(ACI 12.11.1)에서 제시하는 것과 같이 정모멘트 철근을 받침부내로 150 mm 이상 연장하여야 한다는 규정은 종방향 비틀림철근의 정착에는 부족하므로 적용해서는 안 될 것이다.

8.2.3 최소 비틀림 보강철근(Minimum Torsional Reinforcement)

평형비틀림에서 계수 비틀림모멘트가 아래 값보다 크게 되면[구조기준 식 (7.5.2), ACI 11.5.1]

$$T_{th} = \frac{\phi T_{cr}}{4} = \phi \frac{\lambda \sqrt{f_{ck}}}{12} \sqrt{1 + \frac{f_{pc}}{\lambda \sqrt{f_{ck}}/3}} \left(\frac{A_{cp}^2}{p_{cp}} \right) \tag{8.6}$$

다음 둘 중에서 큰 값의 비틀림 보강철근을 배치하여야 한다. ① 구조기준 7.6.2(ACI 11.5.3) 규정에 따른 비틀림 보강철근, 또는 ② 구조기준 7.6.4(ACI 11.5.5)의 최소 비틀림철근을 배치하여야 한다.

속이 빈 단면에 대해서 $A_g / A_{cp} < 0.95$ 인 경우에 A_{cp} 대신에 A_g 를 사용할 수 있다. A_g 는 공동의 면적을 포함하지 않은 순 콘크리트만의 단면적이다. 또한 구조기준 7.5.1(2)(ACI 11.5.1.1)에서는 플랜지를 갖는 독립부재이거나 슬래브와 일체로 친 부재에 있어서 그림 8.6과 같이 플랜지를 포함하여 산정한 $A_{cp}{}^2/p_{cp}$ 값이 플랜지를 포함하지 않은 경우의 값보다 작은 경우에는 설계에서 비틀림을 고려할 필요가 없는 한계비틀림을 계산할 때 플렌지 부분을 계산에서 포함하지 않아도 된다고 규정하고 있다.

폐쇄스터럽의 최소 철근량은 구조기준 식 (7.6.6)에서 아래와 같이 제시되고 있다(식 (7.24) 참고)[3].

$$(A_v + 2A_t)_{(\min)} = \mathrm{Max} \begin{cases} (0.0625\sqrt{f_{ck}})\dfrac{b_w s}{f_{yt}} \\ (0.35)\dfrac{b_w s}{f_{yt}} \end{cases} \tag{8.25}$$

Hsu[1968]가 수행한 순수 비틀림을 받는 직사각형 철근콘크리트 부재의 실험에 의하면 2개의 보가 균열 비틀림하중에 의해서 파괴되었다. 이들 보의 전체 콘크리트 체적에 대한 스터럽과 종방향 철근의 체적비는 0.80%와 0.88%이었다. 체적비가 1.07%인 보는 균열 비틀림하중의 1.08배의 하중에서 파괴되었다. Hsu가 실험한 다른 모든 보들의 체적비는 1.07% 이상이었으며 파괴는 균열 비틀림하중의 1.2배 이상에서 일어났다. 따라서 Hsu의 실험결과가 균열 비틀림하중을 지지하기 위해서는 비틀림철근의 체적비가 0.9% ~ 1.0% 이상을 배치하면 가능하다는 것을 보여주었다. 따라서 최소 체적비를 1%로 하고 정리하면

$$\frac{A_{l(\min)}s}{A_{cp}s} + \frac{A_t p_h}{A_{cp}s} \geq 0.01$$

$$A_{l(\min)} = 0.01A_{cp} - \frac{A_t p_h}{s}$$

---

3. 전단철근의 최소 단면적 식에서 보면 유효 프리스트레스 힘($f_{pe} \geq 0.4f_{pu}$)이 작용하는 경우를 고려하는 식 $A_{v(\min)} \leq (A_{ps}f_{pu}s/80f_{yt}d)\sqrt{d/b_w}$ 이 제시되고 있으나, 비틀림인 경우에는 생략되고 있다.

가 된다. 만약 상수 0.01을 공시체 강도의 함수로 생각하여 $0.63\sqrt{f_{ck}}/f_y$ 로 쓰고 이 항에 비틀림에 대한 종방향 보강철근과 전단에 대한 보강철근간의 차이를 완화시키기 위해 실용적으로 2/3를 곱해주고, 오른쪽 두 번째 항에 철근의 항복강도(f_{yt}/f_y)를 포함시켜서 적으면 다음과 같은 구조기준 식 (7.6.7)이 된다.

$$A_{l(\min)} = \frac{0.42\sqrt{f_{ck}}\,A_{cp}}{f_y} - \left(\frac{A_t}{s}\right)p_h\,\frac{f_{yt}}{f_y} \tag{8.26}$$

여기에서 A_t/s 는 식 (8.25)의 최소철근량 규정에 따라 $A_t/s \geq 0.175b_w/f_{yt}$ 이상으로 취해야 한다[Wight 2012(344)].

8.2.4 비틀림 보강철근의 간격(Spacing of Torsional Reinforcement)

그림 8.22에서와 같이 보의 모서리철근이 균열사이의 콘크리트 압축대의 정착을 도와주게 된다. 만약 스터럽의 간격이 너무 멀거나 종방향 철근의 지름이 너무 작으면 압축력은 종방향 철근을 바깥쪽으로 휘게 만들어서 보를 약하게 만든다. 구조기준 7.6.4(4)(ACI 11.5.6.1)에서는 폐쇄스터럽의 간격이 $p_h/8 \leq$ 300 mm이어야 한다고 규정하고 있다. p_h 는 가장 바깥에 위치한 폐쇄스터럽 중심선의 둘레길이[$p_h = 2(x_0 + y_0)$]이다(그림 8.21 참고).

비틀림모멘트에 의해서 보의 축을 따라 나타나는 축력 N 때문에 구조기준 7.6.4(5)(ACI 11.5.6.2)에서는 배치한 종방향 철근의 도심이 횡단면의 도심과 비슷하도록 종방향 철근을 폐쇄스터럽을 따라 둘레에 균등하게 분포하여 배치하도록 규정하고 있다. 종방향 철근의 최대간격은 300 mm 이하이고 스터럽의 내부에 배치해야 하며, 스터럽의 각 모서리에는 최소한 하나의 종방향 철근이나 긴장재가 배치되어야 한다. 종방향 철근의 직경은 스터럽 간격의 1/24, 즉 $d_b \geq s/24$ 이상이어야 하며, 또한 D10 철근 이상이어야 한다. Mitchell과 Collins[1976]의 실험에서 종방향 철근의 직경이 스터럽 간격의 1/31일 때 종방향 철근이 바깥쪽으로 휘면서 파괴되는 것이 관찰되었다.

구조기준 7.6.4(6)(ACI 11.5.6.3)에서 비틀림 보강철근은 비틀림 보강철근이 필요 없는 식 (8.6)의 $0.25T_{cr}$ 구간을 넘어서 $(b_t + d)$ 만큼 연장하여 배치하도록 하였다. 여기에서 b_t 는 폐쇄스터럽을 포함하는 단면의 폭으로 일반적인 경우에 b_w 와 같다고 볼 수 있다. 이 연장길이는 비틀림균열이 보를 따라 나선형으로 발달되는 현상에 근거한 것이다.

비틀림 보강철근의 설계 최대항복응력 : 구조기준 7.6.1(4)(ACI 11.5.3.4)에서는 비틀림철근의 설계기준항복강도를 500 MPa로 제한하고 있으며, 이는 사용하중 하에서 균열의 폭을 제한하고자 하는 규정으로 이해할 수 있다.

8.2.5 고강도 및 경량콘크리트(High-Strength and Lightweight Concrete)

구조기준 7.2.1(4)(ACI 11.1.2.1)에서는 고강도 콘크리트에 대한 전단이나 비틀림에 대한 실험 결과가 전무하여 구조기준의 전단과 비틀림 계산에서 $\sqrt{f_{ck}}$ 의 값을 8.4 MPa로 제한하였다. 이는 $f_{ck} \leq$ 70 MPa로 제한하는 격이 된다. 그러나 실험에 의하면 고강도 콘크리트로 만든 보에서 추가의 전단보강이 사인장 파괴(brittle diagonal tension failure)를 방지하여 감소되는 전단강도를 보상해 주는 것이 관찰되어 이를 보완하기 위해서, 식 (7.24)의 최소 전단철근(구조기준 7.4.3, ACI 11.4.6) 이상으로 전단 보강한 보나 장선구조(joist) 또는 프리스트레스트 콘크리트 보에서 V_c 나 V_{ci} 및 V_{cw} 를 계산할 때에 $\sqrt{f_{ck}}$ 값이 8.4 MPa을 초과할 수 있도록 하고 있다.

구조기준에서는 비틀림 모멘트에 의해서 발생하는 응력이 전단과 같으므로 비틀림 강도를 계산할 때도 **경량골재 콘크리트(lightweight concrete)**에 대한 보정계수 λ 를 콘크리트 인장강도에 곱하도록 규정하고 있다. 만약에 경량골재 콘크리트에 대한 평균 **쪼갬인장강도(split-cylinder tensile strength)** f_{sp} (−)의 값이 주어진 경우에 λ 를 $f_{sp}/(-0.56\sqrt{f_{ck}}) \leq 1.0$ 로 대체하고(식 (2.11) 참고)[구조기준 4.3.1, ACI 8.6], 만약에 f_{sp} 의 값이 주어지지 않는 경우에는 전경량골재 콘크리트인 경우에는 $\lambda = 0.75$가 되고, 모래경량 콘크리트(부분경량골재 콘크리트)는 0.85, 보통중량골재 콘크리트인 경우에는 1.0이 된다. 일부의 모래만이 경량골재로 치환된 경우에는 체적비에 따라 직선보간법을 사용하여야 한다.

8.2.6 용접철망(WWR, Welded Wire Reinforcement)

구조기준 7.6.3(1)(ACI 11.5.4.1(b))에서는 비틀림 보강철근은 종방향철근(longitudinal bar) 또는 긴장재(tendon)와 부재 축에 수직인 횡방향 강선으로 구성된 **폐쇄용접철망(closed cage of welded wire reinforcement)**을 배치할 수 있도록 규정하고 있다. 그림 2.23에서 보는바와 같이 용접철망은 **가로선(longitudinal wire)**과 이에 연직하게 배치하는 **세로선(transverse wire)**을 전기저항 용접하여 나비 × 길이가 1 m × 2 m 또는 2 m × 4 m 크기로 제작된다.

비틀림보강철근으로 폐쇄용접철망을 케이지(cage, 골조)와 같이 구부려서 배치(그림 7.31 참고)하게 되면, 길이 방향으로 배치되는 가로철선은 폐쇄스터럽의 역할을 하고, 나비 방향으로 배치되는 세로철선은 종방향철근 역할을 할 수 있게 되어 용접철망을 배치하는 것으로 동시에 비틀림보강철근을 배치할 수 있게 된다. 따라서 철근을 가공하고 배치하는 시간이 절약되어 공기를 단축하고 따라서 공사비를 절약할 수 있을 뿐만 아니라 현장에서 철근을 요구하는 위치에 정확하게 배치할 수 있어서 구조물의 신뢰성을 확보할 수 있도록 할 수 있다.

물론 가로철선(폐쇄스터럽)과 세로철선(종방향철근)은 각각 굵기도 다르거나 또는 눈망치수(spacing of wire)도 다를 수 있다. 이는 원하는 규격으로 주문 생산하는 **디자인 원형용접철망(WFP-D, Welded Fabric Plain-Designed)**을 통해서 해결할 수 있을 것이다.

폐쇄스터럽의 단면적 A_t 를 용접철망으로 설계하기 위해서는 식 (7.37)과 같은 형태로 식 (8.18)을 전환하여 다음과 같이 표현할 수 있다.

$$\left(\frac{A_t f_{yt}}{s_t}\right)_{(소요)} \geq \frac{(T_u/\phi)\tan\theta}{2A_0} \tag{8.27}$$

일반적인 설계에서 전단과 비틀림모멘트가 동시에 작용하고 이 2 영향을 더하여 스터럽을 배치하게 된다. 따라서 식 (7.37)과 식 (8.27)을 더해주기 위해서는 전단스터럽이 만약에 다리 2개로 고려되었다면, $A_v = 2A_t$ 가 되어 식 (8.27)의 값에 2를 곱해주고 더해야 된다. 이렇게 하여 구한 N/mm 단위의 전단강도는 용접철망 한 장에 대한 값이므로 만약에 U형(2장)으로 배치하게 되면 이 값을 2로 나누어 한 장에 대한 소요 전단강도를 구해서 표 7.3을 이용하여 설계하면 된다.

종방향 철근에 대해서도 식 (8.13)을 식 (7.37)과 동일한 형태로 전환하면,

$$\left(\frac{A_l f_y}{p_h}\right)_{(소요)} \geq \frac{T_u/\phi}{2A_0\tan\theta} \tag{8.28}$$

가 된다. 여기에서 가장 바깥에 배치하는 폐쇄스터럽의 중심선의 둘레길이 p_h 는 직사각형 단면인 경우에 $p_h = 2(x_o + y_o)$ 로 쓸 수 있고, 전단흐름에 의해 닫쳐진 단면적 A_0 는 스터럽의 중심으로 닫쳐진 단면적 $A_{0h} = x_0 y_0$ 의 0.85배가 되어, $A_0 = 0.85A_{0h} = 0.85(x_0 y_0)$ 가 된다(그림 8.21 참고). 또는 식 (8.14)를 이용하여 다음과 같이 표현할 수도 있다.

$$\left(\frac{A_l f_y}{p_h}\right)_{(소요)} \geq \frac{A_t f_{yt}\cot^2\theta}{s_t} \tag{8.29}$$

8.2.7 대체 비틀림 설계법(Alternative Design for Torsion)

구조기준 7.6.5(ACI 11.5.7)에서는 단면형상비가 $h/b_t \geq 3$ 이며 기존의 설계기준의 범위에 포함되는 속이 찬 단면의 비틀림 설계는 해석 및 실험적으로 검증된 다른 방법으로 수행할 수 있다고 제안하였다. 그러나 구조기준이나 해설 또는 홍성걸 등[2007]의 콘크리트학회지 특집에서도 대체 비틀림 설계법에 대한 언급을 찾을 수는 없다. 다만 현 구조기준의 근간이 되는 ACI 318(R11.6.7)에서 PCI(Precast and Prestressed Concrete Institute)에 Zia와 Hsu[2004]

가 소개한 설계방법을 대체 비틀림 설계법이라고 암시하고 있으며, ACI Note[2008(13-8~11)]에서는 프리스트레스가 도입되는 또는 되지 않는 속이 찬 부재의 비틀림 설계에 적용할 수 있는 Zia-Hsu 대체 비틀림 설계법을 소개하고 있다.

8.3 비틀림설계(Design Procedure for Torsion)

1) 단계 1 : M_u 를 계산하여 휨모멘트도를 작성하고 최대 휨모멘트를 기준으로 b 와 d 그리고 h 를 선택한다.

2) 단계 2 : b 와 h 를 근기로 최종적인 전단력도, 휨모멘트도 및 비틀림모멘트도를 그리고, 만약 필요하면 처짐을 검토하고 깊이를 조정한다. 전단응력이 너무 크게 되면 단면을 다시 선택하여야 한다. 휨에 대해서 소요철근을 계산한다. 비틀림모멘트에는 정사각형 단면이 가장 우수하다.

3) 단계 3 : 비틀림을 설계에서 고려하여야 되는지 검토한다. 아래 식을 만족하면 비틀림을 설계에서 고려할 필요는 없다.

$$\text{비틀림 설계 무시 : } \frac{T_u}{\phi} < \left[\frac{T_{cr}}{4} = \frac{\lambda\sqrt{f_{ck}}}{12}\sqrt{1+\frac{f_{pc}}{\lambda\sqrt{f_{ck}}/3}}\left(\frac{A_{cp}^{\;2}}{p_{cp}}\right)\right] \tag{8.7}$$

여기에서 $\phi = 0.75$이고 $f_{ck} \leq 70$ MPa이다. 직사각형 단면에서 $A_{cp}^{\;2} = (x_1 \cdot y_1)^2 = b^2 \cdot h^2$으로 쓰고 $p_{cp} = 2(x_1+y_1) = 2(b+h)$ 로 쓰면 식은 아래와 같이 쓸 수 있다.

$$\text{직사각형 단면 : } \frac{T_u}{\phi} < \frac{\lambda\sqrt{f_{ck}}}{24}\sqrt{1+\frac{f_{pc}}{\lambda\sqrt{f_{ck}}/3}}\left(\frac{b^2 \cdot h^2}{b+h}\right) \tag{8.30}$$

4) 단계 4 : 평형비틀림 상태인지 적합비틀림 상태인지 결정 - 만약 적합비틀림이면 받침 면에서 거리 $h/2$ 떨어진 위치의 계수 비틀림모멘트를 식 (8.5)로 감소시킬 수 있다. 이런 경우에는 다른 부재의 휨모멘트, 전단력, 비틀림모멘트도 역시 조종해야 한다.

$$\frac{T_u}{\phi} = T_{cr} = \frac{\lambda\sqrt{f_{ck}}}{3}\sqrt{1+\frac{f_{pc}}{\lambda\sqrt{f_{ck}}/3}}\left(\frac{A_{cp}^{\;2}}{p_{cp}}\right) \tag{8.5}$$

$$\text{직사각형 단면 : } \frac{T_u}{\phi} = T_{cr} = \frac{\lambda\sqrt{f_{ck}}}{6}\sqrt{1+\frac{f_{pc}}{\lambda\sqrt{f_{ck}}/3}}\left(\frac{b^2 \cdot h^2}{b+h}\right) \tag{8.31}$$

5) 단계 5 : 비틀림에 대해서 단면의 크기가 적당한지 검사한다. 각각의 단면에서, 만약

$$\text{속빈 단면}\begin{cases} t \geq \dfrac{A_{oh}}{p_h} \text{ 인 경우 : } \dfrac{V_u}{b_w d} + \dfrac{T_u p_h}{1.7A_{oh}^2} \leq \phi\left(\dfrac{V_c}{b_w d} + \dfrac{2\sqrt{f_{ck}}}{3}\right) \\ t < \dfrac{A_{oh}}{p_h} \text{ 인 경우 : } \dfrac{V_u}{b_w d} + \dfrac{T_u}{1.7A_{oh}t} \leq \phi\left(\dfrac{V_c}{b_w d} + \dfrac{2\sqrt{f_{ck}}}{3}\right) \end{cases} \tag{8.19}$$

$$\text{속찬 단면 : } \sqrt{\left(\dfrac{V_u}{b_w d}\right)^2 + \left(\dfrac{T_u p_h}{1.7A_{oh}^2}\right)^2} \leq \phi\left(\dfrac{V_c}{b_w d} + \dfrac{2\sqrt{f_{ck}}}{3}\right) \tag{8.20}$$

를 불만족하면, 단면의 크기를 증가시켜야 한다. 전단과 비틀림에 대한 위험단면은 받침면으로부터 거리 $h/2$ 떨어진 위치이다. 여기에서 V_c = 작은 값 (V_{ci} 또는 V_{cw}) 이거나 또는 식 (7.20)의 V_c 이다.

6) 단계 6 : 전단에 대한 스터럽의 소요 단면적을 결정한다. 전단 보강철근은 A_v/s (단위길이당 스터럽의 면적)로 표현하여 비틀림에서 요구되는 스터럽과 더 할 수 있도록 한다.

$V_s = V_u/\phi - V_c$ 와 $A_v/s = V_s/f_{yt}d$ 를 계산한다. 여기에서 $f_{yt} \leq$ 500 MPa이다. 만약에 V_s 가 $(2\sqrt{f_{ck}}/3)b_w d$ 를 초과하면 단면이 너무 작으므로 단면을 증가시켜야 하며, 이때 단계 5도 동시에 만족시킬 수 있다.

7) 단계 7 : 비틀림모멘트에 대한 폐쇄스터럽의 소요 간격을 계산한다. 여기에서 폐쇄스터럽이 철근 한 가닥으로 구성되어있으면 $A_t = A_b$ 이다.

$$s_{t(\text{소요})} \leq \left(\frac{2A_0 f_{yt}\cot\theta}{T_u/\phi}\right)A_t = \left[\frac{2(0.85A_{0h})f_{yt}\cot 37.5^o}{T_u/\phi}\right]A_t = \left(\frac{2.215A_{0h}f_{yt}}{T_u/\phi}\right)A_t \tag{8.18}$$

이 식에서 유효 프리스트레스 응력 $f_{pe} \geq 0.4f_{pu}$ 인 경우 $\theta = 37.5^o$ 이고 $f_{yt} \leq$ 500 MPa를 사용한다. A_0 는 가장 바깥쪽 폐쇄스터럽의 중심선으로 둘러싸인 단면적 A_{0h} 의 0.85배이다.

8) 단계 8 : 전단에서 소요되는 간격 $s_{v(\text{소요})}$ 와 비틀림모멘트에서 소요되는 스터럽의 간격 $s_{t(\text{소요})}$ 를 더하여 최종 폐쇄스터럽의 소요 간격을 결정한다.

$$\left[s_{(\text{소요})} = \frac{s_v s_t}{s_v + s_t}\right] \leq (p_h/8 \text{ 또는 } 300\,\text{mm}) \tag{8.24}$$

만약 2개 이상의 스터럽 다리가 필요하게 되면 가장 바깥쪽에 있는 스터럽만 폐쇄하면 된다. 비틀림 보강철근은 더 이상 배치할 필요가 없는 비틀림모멘트가 식 (8.7)인 점을 지나서 적어도 $(b_t + d)$ 이상을 연장하여야 한다.

또한 전단에 대한 스터럽의 최대간격은(구조기준 7.4.2, ACI 11.4.5)

$V_s \le (\lambda\sqrt{f_{ck}}/3)b_w d$ 인 경우 : $s_{(\max)} = 0.75h \le 600\,\text{mm}$ 이하

$V_s > (\lambda\sqrt{f_{ck}}/3)b_w d$ 인 경우 : $s_{(\max)} = 0.375h \le 300\,\text{mm}$ 이하

9) 단계 9 : 폐쇄스터럽의 최소철근 단면적 검토 : A_v/s 와 A_t/s 는 단계 6과 7에서 계산되었다.

$$(A_v + 2A_t)_{(\min)} = \frac{b_w s_{(\text{배치})}}{f_{yt}} \times \text{Max}\begin{cases} 0.0625\sqrt{f_{ck}} \\ 0.35 \end{cases} \tag{8.25}$$

이 식은 또한 $s_{(\max)}$ 제한에 대한 다음 식으로 쓸 수도 있다.

$$s_{(\max)} = \frac{A_v f_{yt}}{b_w} \times \text{Min}\begin{cases} 1/0.0625\sqrt{f_{ck}} \\ 1/0.35 \end{cases} \tag{8.32}$$

10) 단계 10 : 비틀림에 대한 종방향 철근의 단면적 계산 :

$$A_l = \text{Max}\begin{cases} \left(\dfrac{A_t}{s}\right)p_h\left(\dfrac{f_{yt}}{f_y}\right)\cot^2\theta \\ \dfrac{0.42\sqrt{f_{ck}}\,A_{cp}}{f_y} - \left(\dfrac{A_t}{s}\right)p_h\dfrac{f_{yt}}{f_y} \;;\quad \dfrac{A_t}{s} \ge \dfrac{0.175b_w}{f_{yt}} \end{cases} \quad \text{(8.14)와 (8.26)}$$

종방향 철근은 폐쇄스터럽을 따라 둘레에 균등하게 최대 간격이 300 mm 이하로 분포하여 배치하고 종방향 철근의 직경 $d_b = s/24 \ge D10$ 철근 직경 이상이어야 한다. $f_y = f_{yt}$ 이고(일반적인 경우) 구조기준에서 제시하는 것과 같이 $\theta = 37.5^o$ 로 취하면 식 (8.14)는 아래와 같이 간단하게 적을 수 있다.

$$A_l = 1.70\left(\frac{A_t}{s}\right)p_h = 3.40\left(\frac{A_t}{s}\right)(x_0 + y_0) \tag{8.15}$$

11) 단계 11(선택사항) : 압축영역에 있는 비틀림 보강 종방향 철근의 단면적을 $M_u/(0.9df_y)$ 만큼 감소시킬 수 있다.

12) 단계 12 : 비틀림과 휨모멘트에 의해서 요구되는 각각의 종방향 철근의 단면적을 더해서 구하고 철근의 크기를 선택한다. 만약 필요하면 철근의 정착에 대해서 검토한다.

예제 8.6

[박스형 단면 보의 비틀림 설계]

받침부에서 거리 $h/2$ 떨어진 위험단면에서 계수(전단력, 비틀림모멘트, 휨모멘트 : V_u, T_u, M_u) = (213.8 kN, 40.7 kN·m, 1,250 kN·m)가 그림 8.25의 박스 단면 보에 작용하고 있다. 이 박스형 직사각형 보에는 포스트텐션으로 12개 12.7 mm B종(f_{pu} = 1,860 MPa, A_{ps} = 12 × 98.71 = 1,184.5 mm^2) 저이완 7연선을 각 모서리에 직경 50 mm의 덕트에 3개씩 배치하였고 유효 프리스트레싱 응력 f_{pe} = 1,040 MPa이다. 모든 면에서 단면의 두께는 130 mm이다. 구조기준에 따라 전단력과 비틀림모멘트에 의해서 요구되는 D10 폐쇄스터럽의 간격과 종방향 철근의 단면적을 구하고 배치하라. 단, $f_y = f_{yt}$ = 400 MPa, 모래경량골재 콘크리트의 설계기준강도 f_{ck} = 40 MPa이다.

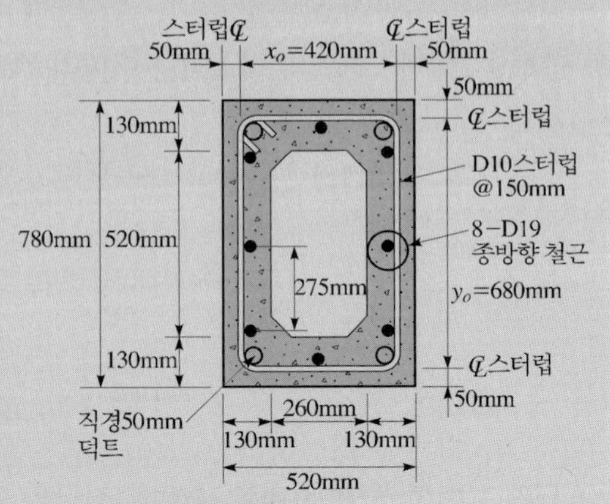

그림 8.25 박스형 단면 보의 폐쇄스터럽과 종방향철근 배근상세

① 요구되는 콘크리트 박스 보의 제값 계산 :

모래경량골재 콘크리트 – 쪼갬인장강도 f_{sp} 가 주어지지 않았으므로, λ = 0.85

직경 50 mm 덕트 안에 3개의 12.7 mm 저이완 7연선을 배치하므로, 유효깊이는

d_p = 780 −(50 + 10/2 + 50/2) = 780 −80 = 700 (mm) > 0.8h = 0.8(780) = 624 (mm) <OK>

b_w = 260 mm ; b = 520 mm

$p_{cp} = 2(b+h) = 2(520+780) = 2{,}600$ (mm)

$A_{cp} = bh = 520(780) = 405.6 \times 10^3$ (mm^2)

속이 빈 단면이므로 A_g 를 계산하여 검토 :

$A_g = 2\,[(520)(130)+(780-260)(130)] = 270.4 \times 10^3$ (mm^2)

$A_g / A_{cp} = (270.4 \times 10^3)/(405.6 \times 10^3) = 0.67 < 0.95$;

따라서 A_{cp} 대신에 A_g 를 사용할 수 있다.

$A_g{}^2/p_{cp} = (270.4 \times 10^3)^2/2{,}600 = 28.12 \times 10^6$ (mm^3)

x_0 = 520 −2(50) = 420 (mm) ; y_0 = 780 −2(50) = 680 (mm)

$p_h = 2\,(x_0 + y_0) = 2(420+680) = 2{,}200$ (mm)

$A_{0h} = x_0 \cdot y_0 = 420(680) = 285.6 \times 10^3\,(\text{mm}^2)$

$A_0 = 0.85A_{0h} = 0.85(285.6 \times 10^3) = 242.8 \times 10^3\,(\text{mm}^2)$

D10 폐쇄스터럽의 단면적 : $A_t = 71.3\,\text{mm}^2$; $A_v = 142.6\,\text{mm}^2$

② 폐쇄스터럽 중심선에서 내부 벽면까지의 피복두께 검토[구조기준 7.6.3(4), ACI 11.5. 4.4] :

속빈 단면(hollow section)에서 횡방향 비틀림 폐쇄스터럽의 중심선으로부터 내부 벽면까지의 두께는 $0.5A_{oh}/p_h$ 이상이 되도록 설계하여야 한다.

$A_{oh}/p_h = x_0 \cdot y_0/[2(x_0+y_0)] = 285.6 \times 10^3/2{,}200 = 130\,(\text{mm})$

$0.5A_{oh}/p_h = 0.5 \times 130 = 65\,(\text{mm})$

플랜지와 복부 두께 검토 : 130 − 50 = 80 (mm) > 65 mm <*OK*>

플랜지와 복부의 두께가 구조기준의 최소피복두께 규정과 폐쇄스터럽의 비틀림에 의한 콘크리트 피복의 박리에 대해서 만족한다.

③ 비틀림모멘트를 설계에 고려해야 하는지 여부 검토 :

$P_e = A_{ps}f_{pe} = (12 \times 98.7)(1{,}040) = 1{,}184(1{,}040)/10^3 = 1{,}232\,(\text{kN})$

$f_{pc} = \dfrac{P_e}{A_g} = \dfrac{1{,}232 \times 10^3}{270.4 \times 10^3} = 4.56\,(\text{MPa})$; $\dfrac{\lambda\sqrt{f_{ck}}}{3} = \dfrac{0.85\sqrt{40}}{3} = 1.792$;

$\dfrac{\lambda\sqrt{f_{ck}}}{12} = 0.448$

$$\sqrt{1+\frac{f_{pc}}{\lambda\sqrt{f_{ck}}/3}} = \sqrt{1+\frac{4.56}{1.792}} = 1.88$$

$$T_{th} = \phi\frac{\lambda\sqrt{f_{ck}}}{12}\left(\frac{A_g^{\,2}}{p_{cp}}\right)\sqrt{1+\frac{f_{pc}}{\lambda\sqrt{f_{ck}}/3}} = 0.75(0.448)(28.12 \times 10^6)(1.88)/10^6$$

$= 17.78\,(\text{kN} \cdot \text{m})$

$T_u = 40.7\,\text{kN} \cdot \text{m} > T_{th} = 17.78\,\text{kN} \cdot \text{m}$ 이므로 비틀림모멘트를 설계에 고려해야 된다.

④ 사용성 검토 :

유효 프리스트레싱 힘 $f_{pe} = 1{,}040\,\text{MPa} > 0.4f_{pu} = 0.4(1{,}860) = 744\,(\text{MPa})$

만족하므로 프리스트레스트 콘크리트 단면으로 해석

식 (7.20) : $0.05\lambda\sqrt{f_{ck}} = 0.05(0.85)\sqrt{40} = 0.269$

$V_u d_p/M_u = 213.8 \times 700\,/\,(1{,}250 \times 1{,}000) = 0.120 < 1.0$ <*OK*>

$v_c = V_c/(b_w d) = 0.05\lambda\sqrt{f_{ck}} + 4.9(V_u d_p/M_u) = 0.269 + 4.9(0.120) = 0.86\,(\text{MPa})$

상하한 한계검토 : $(\lambda\sqrt{f_{ck}}/6 = 0.90) < (v_c = 0.86\,\text{MPa}) < (5\lambda\sqrt{f_{ck}}/12 = 2.24)$ <*NG*>

$\therefore\ v_c = 0.90\,\text{MPa}$

$v_s = 2\sqrt{f_{ck}}/3 = 2\sqrt{40}/3 = 4.22$

$\phi(v_c + v_s) = 0.75(0.90 + 4.22) = 3.83$ (MPa)

식 (8.19) : $v_u + v_{tu} = V_u/b_w d + T_u p_h/1.7A_{0h}^2 \le \phi(v_c + v_s)$

$$v_u + v_{tu} = \frac{213.8 \times 10^3}{(260)(700)} + \frac{(40.7 \times 10^6)(2,200)}{1.7(285.6 \times 10^3)^2} = 1.17 + 0.65 = 1.82$$

$\therefore\ v_u + v_{tu} = 1.82$ MPa $<$ 3.83 MPa <*OK*>

∴ 단면의 크기는 적당하다.

⑤ **연직 전단에 요구되는 스터럽의** A_v/s **또는** s_v **계산** : $\lambda = 0.85$

$V_c = v_c b_w d = 0.90(260)(700)/1,000 = 163.1$ (kN)

$V_s \ge V_u/\phi - V_c = 213.8/0.75 - 163.1 = 285.1 - 163.1 = 122.0$ (kN)

$< (2\sqrt{f_{ck}}/3)b_w d = 4.22(260)(700)/1,000 = 767.4$ (kN) <*OK*>

$$\frac{A_v}{s} = \frac{V_s}{f_{yt} d_p} = \frac{120.0 \times 10^3}{(400)(700)} = \underline{0.436\ (\text{mm}^2/\text{mm})}\ \text{(다리 2개의 단면적)}$$

또는 식 (7.35) : $\therefore\ s_{v(소요)} \le \dfrac{A_v f_{yt} d}{V_s} = \dfrac{(143)(400)(700)}{120.0 \times 10^3} = \underline{327\ (\text{mm})}$

⑥ **비틀림모멘트에 대한** A_t/s **또는** s_t **계산** : $T_u/\phi = 40.7 / 0.75 = 54.3$ (kN·m)

$f_{pe} = 1,040$ MPa $> 0.4f_{pu} = 0.4(1,860) = 744$ (MPa)을 만족하므로 $\theta = 37.5^o$

식 (8.10) :

$$\frac{A_t}{s} = \frac{T_u \tan\theta}{\phi 2 f_{yt} A_0} = \frac{(40.7 \times 10^6)(\tan 37.5^o)}{0.75(2)(400)(242.8 \times 10^3)} = 0.279(0.767) = 0.214\ (\text{mm}^2/\text{mm})$$

(다리 1개에 대한 값)

또는 식 (8.18) :

$$s_{t(소요)} \le \left(\frac{2A_o f_{yt} \cot\theta}{T_u/\phi}\right) A_t = \left[\frac{(2)(242.8 \times 10^3)(400)(1.304)}{54.3 \times 10^6}\right](71.3) = \underline{333\ (\text{mm})}$$

⑦ **소요 스터럽의 간격 계산** : 전단과 비틀림모멘트에 대한 스터럽의 값을 전단철근을 기준으로 다리 2개에 대해서 계산한다.

$$\frac{A_{v+t}}{s} = \frac{A_v}{s} + 2 \times \frac{A_t}{s} = 0.436 + 2 \times 0.214 = 0.864\ (\text{mm}^2/\text{mm})$$

D10 폐쇄스터럽(다리 2개의 전단철근으로 보아 계산 : $A_v = 2 \times 71.3 = 142.6\ \text{mm}^2$)을 배치하면

$$\therefore\ s_{(최대)} \le \frac{A_v}{0.864} = \frac{142.6}{0.864} = 165\ (\text{mm})$$

또는 식 (8.24) : ∴ $s_{(소요)} = \dfrac{s_v s_t}{s_v + s_t} = \dfrac{327(333)}{327+333} = 165\ (\text{mm})$

⑧ **폐쇄스터럽의 최대간격 검토 :**

전단의 최대 간격 : $V_s = 122.0\ \text{kN} < (\lambda\sqrt{f_{ck}}/3)b_w d = 0.85(767.4)/2 = 326.1\ (\text{kN})$

$s_{(max)} \le \text{Min}\ (d/2,\ 600) = \text{Min}\ (700/2 = 350,\ 600) = 350\ (\text{mm})$

∴ $s_{(소요)} = 165\ \text{mm} < s_{(max)} = 350\ \text{mm}$ <OK>

비틀림의 최대 간격 : $s_{(max)} \le \text{Min}\,(p_h/8,\ 300\ \text{mm}) = \text{Min}\ (2{,}200/8 = 275, 300) = 275\ (\text{mm})$

∴ $s_{(소요)} = 165\ \text{mm} < s_{(max)} = 275\ \text{mm}$ <OK>

∴ $s_{(배치)} = \underline{150\ \text{mm}} < s_{(소요)} = 165\ \text{mm}$ <OK>

⑨ **최소 스터럽 소요량 검토 :**

식 (8.25) : $(A_v + 2A_t)_{(min)} = \text{Max}\ (0.0625\sqrt{40},\ 0.35)\dfrac{b_w s_{(배치)}}{f_{yt}}$

$= \text{Max}\ (\underline{0.395,}\ 0.35)\dfrac{260 \times 150}{400} = 38.5\ (\text{mm}^2)$

∴ $(A_v + 2A_t)_{(min)} = 38.5\ \text{mm}^2 < (A_v + 2A_t)_{(배치)} - 142.6\ \text{mm}^2$ <OK>

또는 식 (8.32) : $A_v f_{yt}/b_w = (142.6)(400)/260 = 219.4\ (\text{N/mm})$

$s_{(max)} = \dfrac{A_v f_{yt}}{b_w} \times \text{Min}\left(\dfrac{1}{0.0625\sqrt{f_{ck}}}\ ;\ \dfrac{1}{0.35}\right) = 219.4 \times \text{Min}\ (\underline{2.53}\ ;\ 2.86)$

∴ $s_{(max)} = 555\ \text{mm} > s_{(배치)} = 150\ \text{mm}$ <OK>

현장에서 폐쇄스터럽을 배치하는데는 어려움이 많으므로 보통 U형 스터럽에 결속근(cross-tie)를 씌워서 배치한다. 본 예의 경우에서 특히 단독 박스형 보로 구속하는 플랜지 콘크리트가 없으므로 양단에 모두 135도 갈고리를 장착하여야 한다(그림 2.21d 참고).

⑩ **종방향 철근 검토 :**

식 (8.14) : $A_t/s = 0.214\ \text{mm}^2/\text{mm}$; $p_h = 2{,}200\ \text{mm}$; $f_{yt}/f_y = 1.0$

$\cot^2\theta = (1/\tan 37.5^o)^2 = (1/0.767)^2 = (1.303)^2 = 1.70$

$A_{l(소요)} = \left[\dfrac{A_t}{s}\ p_h\ \dfrac{f_{yt}}{f_y}\right]\cot^2\theta = [\,0.214(2{,}200)(1.0)\,]\,(1.70) = [\,471\,]\,(1.70) = 802\ (\text{mm}^2)$

식 (8.26) 최소 종방향 철근의 단면적 검토 : $A_{cp} = 405.6 \times 10^3\ \text{mm}^2$

$A_t/s = 0.214 > 0.175 b_w/f_{yt} = 0.175(260)/400 = 0.114$ <OK>

$0.42\sqrt{f_{ck}}\,A_{cp}/f_y = 0.42(\sqrt{}40)(405.6 \times 10^3)/400 = 2{,}694\ (\text{mm}^2)$

$$A_{l\,(\min)} = \frac{0.42\sqrt{f_{ck}}A_{cp}}{f_y} - \left(\frac{A_t}{s}\right)p_h\frac{f_{yt}}{f_y} = 2,694 - 471 = 2,222\ (\text{mm}^2)$$

$\therefore\ A_{l\,(\min)} = 2,222\ \text{mm}^2 > A_{l(소요)} = 802\ \text{mm}^2$ <N.G.>

따라서 종방향 철근으로 $A_{l\,(소요)} = A_{l\,(\min)} = 2,222\ \text{mm}^2$을 폐쇄스터럽 주위에 고르게 분배하여 배치하여야 한다.

⑪ 종방향 철근의 배치 및 간격 검토 : $p_h = 2,200$ mm

최대 간격 300 mm 이하이므로 최소 철근의 개수 = (2,200 / 300) = 7.3 (개) 이상 배치

1개 철근 소요단면적 $A_{b(소요)} = A_{l\,(소요)}$ / 7.3 = 2,222 / 7.3 = 303 (mm²) > D19 = 286.5 mm²

D19 철근을 선택, 소요 개수 계산 : 2,222 / 286.5 = 7.8 (개) 소요 ; 8개의 D19 배치

$\therefore\ A_{l\,(배치)}$ = 8−D22 = 6(286.5) = 2,292 (mm²) > $A_{l\,(소요)}$ = 2,222 mm² <OK>

배치 간격 = 2,200 / 8 = 275 (mm) < 300 mm <OK>

D19 철근 : d_b = 19.1 mm > $s/24$ = 150/24 = 6.25 (mm) <OK>

> D10 이상 <OK>

폐쇄스터럽 모서리에 종방향 철근이나 긴장재를 배치하여 스터럽의 정착을 돕는 것이 좋다. 본 예에서 모서리에 긴장재가 이미 배치되어있으므로 그림 8.25와 같이 종방향철근을 모서리에 중복하여 배치하지 않아도 될 것이다[구조기준 7.6.4(5), ACI 11.5.6.2].

예제 8.7

[L형 테두리 보의 전단 및 비틀림 설계] [CPCI 2007(3-74~79)]

그림 8.26에 보이는 전형적인 프리스트레스 L형 테두리보(spandrel beam)는 경간이 18 m인 2,400 × 600 더블 T형 주차장 바닥판을 지지하고 있다. 주차장 바닥판의 하중은 고정하중 4.4 kN/m²과 활하중 2.4 kN/m²이 작용한다. 다음의 내용을 단계별로 수행하라. 1) 휨모멘트, 전단 및 비틀림모멘트 분포도를 그리고, 2) 단면의 휨강도를 검토하고, 3) D10 폐쇄스터럽과 D13 종방향 철근을 이용해서 전단 및 비틀림모멘트에 대해서 설계하여, 대략적인 배근도를 그리고, 4) 또한 전단 및 비틀림모멘트에 대해서 용접철망을 이용하여 설계하라.

- 테두리 보는 기둥중심에서 기둥중심까지 8.4 m에 2.4 m 폭 더블 T형 보가 3.5개가 배치되어 순경간은 l_n = 8,400 − 2(300) − 2(25) = 7,750 (mm)이다.
- 테두리 보의 제 값 : A_g = 435,000 mm², w_d = 10.2 kN/m, 보통중량골재 콘크리트의 설계기준 압축강도 f_{ck} = 35 MPa, y_b = 827 mm, $I_g = 141 \times 10^9\ \text{mm}^4$, $S_b = 170 \times 10^6\ \text{mm}^3$, 스터

럽의 피복두께 = 25 mm ; 보통부착 인장철근 A_s = 6−D16 = 6 × 198.6 = 1,192 mm^2, d_s = 1,750 mm ; 압축철근 $A_s{}'$ = 2−D16 = 2 × 198.6 = 397 mm^2, d' = 25 + 10 + 16/2 = 43 mm, $f_y = f_{yt}$ = 400 MPa.

- 프리스트레스 긴장재 : 직경 12.7 mm, 1,860 MPa 등급 저이완 7연선 4개를 직선으로 배치, A_{ps} = (4)(99) = 396 mm^2, d_p = 1,725 mm, e = 677 mm, f_{pe} = 1,030 MPa.

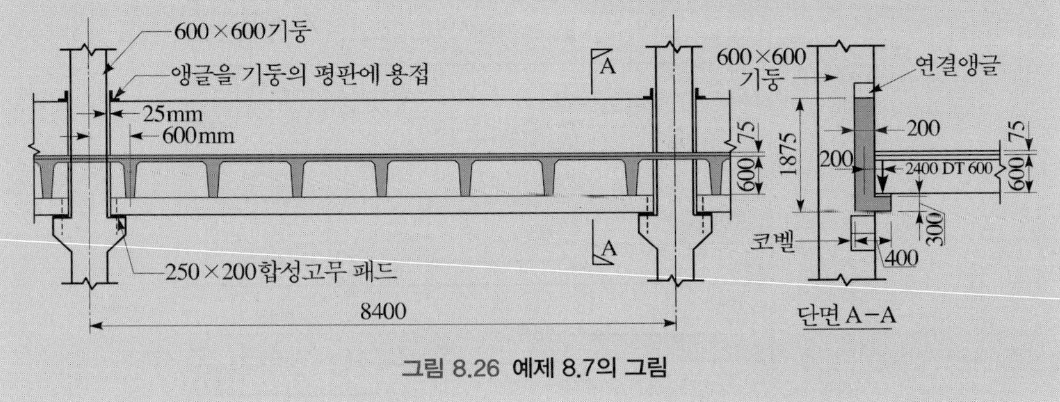

그림 8.26 예제 8.7의 그림

① 테두리보에 작용하는 계수하중 계산 :

보의 고정하중 : $w_{Du\,(보)}$ = (1.2)(10.2) = 12.24 (kN/m)

바닥판의 고정하중 : $w_{Du\,(deck)}$ = (1.2) [(4.4)(2.4/2)(18/2)] = 57.02 (kN/복부)

바닥판의 활하중 : w_{Lu} = (1.6) [(2.4)(1.2)(9.0)] = 41.47 (kN/복부)

바닥판의 등분포 하중이 더블 T를 통해서 테두리보에 작용하는 집중하중 :

∴ W_u = 57.02 + 41.47 = 98.5 (kN/복부) < 1.4w_d = (1.4/1.2)(57.02)
= 66.52 (kN/복부) <OK>

② 휨모멘트, 전단력 및 비틀림 모멘트 분포도 계산 : 그림 8.27 참고

내민받침(corbel)에 작용하는 반력 계산 : R = 98.5(7/2) + 12.24(7.75/2) = 344.8 + 47.43 = 392.2 (kN)

휨모멘트 계산 : 표 8.1 참고 ; 인장지배 단면으로 가정 ϕ = 0.85

패드 중심에서 첫 번째 더블 T 복부까지의 거리 : 600 − (600/2) − 25 − (250/2) = 150 mm

150 mm 떨어진 곳의 휨모멘트 : M_u = (392.2)(0.15) = 58.8 (kN·m) ; M_u/ϕ = 58.8/0.85
= 69.2 (kN·m)

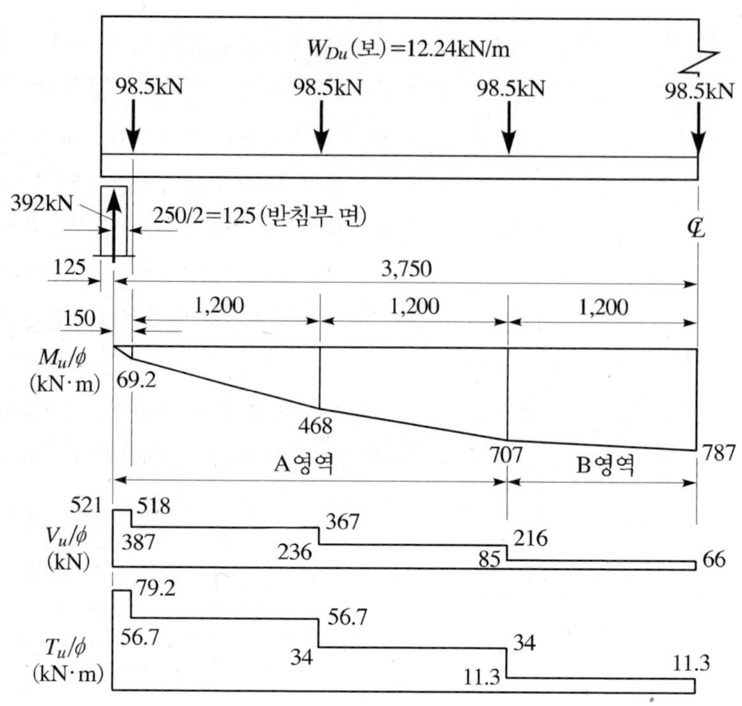

그림 8.27 예제 8.7의 M, V 및 T의 분포도

받침부에서 2번째 복부 밑에서의 휨모멘트 :

패드 중심에서 2번째 복부까지의 거리 : 150 + 1,200 = 1,350 mm

2번째 복부까지의 순경간 : 1,800 − 300 − 25 = 1,475 mm

M_u = 392.2(1.35) − 98.5(1.2) − 12.24(1.475²)/2 = 397.9 (kN · m) ;

M_u/ϕ = 397.9/0.85 = 468 (kN · m)

받침부에서 3번째 복부 밑에서의 휨모멘트 :

M_u = 392.2(2.55) −98.5(3.6) −12.24(2.675²)/2 = 601.7 (kN · m) ;

M_u/ϕ = 601.7/0.85 = 707 (kN · m)

받침부에서 4번째 복부 밑에서의 휨모멘트 :

M_u = 392.2(3.75) −98.5(7.2) −12.24(3.875²)/2 = 669.6 (kN · m) ;

M_u/ϕ = 669.6/0.85 = 787 (kN · m)

전단력 계산 :

받침부의 중앙에서 전단력 계산 : V_u = 392.2 −12.24(0.125) = 390.7 (kN) ;

V_u/ϕ = 390.7/0.75 = 521 (kN)

거리 150 mm 떨어진 복부의 좌측 위치 : 125 + 150 = 275 mm ;

좌측 : $V_u = 392.2 - 12.24(0.275) = 388.8$ (kN) ; $V_u/\phi = 388.8/0.75 = 518$ (kN)

우측 : $V_u = 388.8 - 98.5 = 290$ (kN) ; $V_u/\phi = 290/0.75 = 387$ (kN)

2번째 복부

좌측 : $V_u = 392.2 - 12.24(1.475) - 98.5 = 275.6$ (kN) ; $V_u/\phi = 275.6/0.75 = 367$ (kN)

우측 : $V_u = 275.6 - 98.5 = 177.1$ (kN) ; $V_u/\phi = 177.1/0.75 = 236$ (kN)

3번째 복부

좌측 : $V_u = 392.2 - 12.24(2.675) - 98.5(2) = 162.4$ (kN) ; $V_u/\phi = 162.4/0.75$
$= 216$ (kN)

우측 : $V_u = 162.4 - 98.5 = 63.9$ (kN) ; $V_u/\phi = 63.9/0.75 = 85$ (kN)

4번째 복부의 좌측 위치 : $V_u = 392.2 - 12.24(3.875) - 98.5(3) = 49.3$ (kN) ;
$V_u/\phi = 49.3/0.75 = 66$ (kN)

비틀림 모멘트 계산 : 테두리보는 비틀림으로 인한 회전이 일어나지 않도록 적절히 구속되었다고 가정한다.

L형 테두리보의 도심계산 : 테두리보의 좌측면에서 단면의 도심 계산(그림 8.26 단면 A-A 참고)

$$\mathrm{CGC} = \frac{(1{,}875)(200)(100) + (300)(200)(300)}{(1{,}875)(200) + (300)(200)} = 127.6\ (\mathrm{mm})$$

더블 T의 집중하중이 작용하는 점으로부터 L형 테두리보의 도심까지의 거리 : 300 − 127.6 = 172.4 (mm)

받침부에서 4번째 복부의 비틀림 모멘트 계산 :

$T_u = 98.5(0.1724)/2 = 16.98/2 = 8.5$ (kN·m) ; $T_u/\phi = 8.5/0.75 = 11.3$ (kN·m)

받침부에서 3번째 복부의 비틀림 모멘트 계산 :

$T_u = 16.98 + 8.5 = 25.5$ (kN·m) ; $T_u/\phi = 25.5/0.75 = 34$ (kN·m)

받침부에서 2번째 복부의 비틀림 모멘트 계산 :

$T_u = 16.98(2) + 8.5 = 42.5$ (kN·m) ; $T_u/\phi = 42.5/0.75 = 56.7$ (kN·m)

받침부에서 1번째 복부의 비틀림 모멘트 계산 :

$T_u = 16.98(3) + 8.5 = 59.4$ (kN·m) ; $T_u/\phi = 59.4/0.75 = 79.2$ (kN·m)

③ 휨강도($M_n \geq M_u/\phi$) 및 최소 휨강도($M_n \geq 1.2M_{cr}/\phi$) 검토 : 보통골재 콘크리트 $\lambda = 1.0$

ⓐ 경간 중앙 단면 검토 :

$P_e = A_{ps} f_{pe} = (396)(1{,}030)/1{,}000 = 408$ (kN)

식 (4.2) : $f_b = \dfrac{P_e}{A_g} + \dfrac{P_e e}{S_b} = \dfrac{408 \times 10^3}{435{,}000} + \dfrac{(408 \times 10^3)(677)}{170 \times 10^6}$

$= 0.938 + 1.625 = 2.56\ (\mathrm{MPa})$

$M_{cr} = S_b\,(0.63\lambda\sqrt{f_{ck}} + f_b) = 170 \times 10^6\,[0.63(1.0)\sqrt{35} + 2.56]/10^6$

$= 1{,}069\ (\mathrm{kN \cdot m})$

$1.2M_{cr} = 1.2(1{,}069) = 1{,}283\ (\mathrm{kN \cdot m})$

휨강도 계산 : $\beta_1 = 0.85 - 0.007(35-28) = 0.801 > 0.65$ <OK>

$\rho_p = A_{ps}/bd_p = 396\ /\ (200 \times 1{,}725) = 0.00115$

$\omega_{pu} = \rho_p f_{pu}/f_{ck} = 0.00115\ (1{,}860/35) = 0.0610$

$\omega_s = \rho_s\,(f_y/f_{ck}) = (A_s/b\,d_s)(f_y/f_{ck})$

$= [1{,}192/(200 \times 1{,}750)](400/35) = 0.0389$

$\omega' = \rho'(f_y/f_{ck}) = (A_s'/b\,d_s)(f_y/f_{ck})$

$= [397/(200 \times 1{,}750)](400/35) = 0.0130$

저이완 강연선, 식 (4.20) : $\gamma_p = 0.28$

식 (4.18) : $f_{ps} = f_{pu}\left[1 - \dfrac{\gamma_p}{\beta_1}\left\{\omega_{pu} + \dfrac{d_s}{d_p}(\omega_s - \omega')\right\}\right]$

$= 1{,}860\left[1 - \dfrac{0.28}{0.801}\left\{0.0610 + \dfrac{1{,}750}{1{,}725}(0.0389 - 0.0130)\right\}\right]$

$= 1{,}803\ (\mathrm{MPa})$

식 (4.30) : $a = \dfrac{A_{ps}f_{ps} + A_s f_y - A_s' f_y}{0.85 f_{ck} b}$

$= \dfrac{396(1{,}803) + 1{,}192(400) - 397(400)}{0.85(35)(200)} = 173\ (\mathrm{mm})$

단면 구분, 식 (4.29) : $0.85\,a/d_p = 0.85(173)/1{,}725 = 0.085 < 0.32\beta_1$

$= 0.32(0.801) = 0.26$ <OK>

따라서 인장지배 단면이다. $\therefore\ \phi = 0.85$ (앞에서 한 가정 <OK>

식 (4.35) : $M_n = \left[A_{ps}f_{ps}\left(d_p - \dfrac{a}{2}\right) + A_s f_y\left(d_s - \dfrac{a}{2}\right) + A_s' f_y\left(\dfrac{a}{2} - d'\right)\right]$

$= \left[(396)(1{,}803)\left(1{,}725 - \dfrac{173}{2}\right) + (1{,}192)(400)\left(1{,}750 - \dfrac{173}{2}\right)\right.$

$\left. + (397)(400)\left(\dfrac{173}{2} - 43\right)\right]$

$M_n = (1{,}170 + 793.2 + 6.91) \times 10^6 = 1{,}970 \times 10^6 = 1{,}970\ (\mathrm{kN \cdot m})$

$> M_u/\phi = 787\ \mathrm{kN \cdot m}$ <OK>

$> 1.2M_{cr}/\phi = 1{,}283\ /\ 0.85 = 1{,}509\ (\mathrm{kN \cdot m})$ <OK>

ⓑ 긴장재의 전달길이(transfer length) $50d_b = 50(12.7) = 635$ (mm)에서 $M_n \geq 1.2M_{cr}/\phi$ 검토 :

단부에서 전달길이 $50d_b$ 떨어진 위치에서 M_n은 긴장재의 응력이 완전히 발달하지 못하여 감소하는데 직선으로 배치한 긴장재로 인해서 M_{cr}은 변하지 않으므로 이 단면에서는 $M_n \geq 1.2M_{cr}/\phi$만 검토하면 된다.

구조기준 8.4, 7.3.2(4) 프리스트레싱 강연선의 정착 : 식 (2.23)에서 첫 번째 항은 강연선의 **전달길이(transfer length)** 즉 강연선에서 프리스트레스 f_{pe}를 발휘하기 위해서 묻혀야 하는 길이이고, 둘째 항은 부재가 공칭강도를 발휘하기 위해서 강연선에서 f_{ps}를 얻는데 필요한 **휨부착길이(flexureal bond length)**이다. 긴장재의 응력이 전달길이에서 $f_{pe} = 1,030$ MPa이고 보의 중앙에서 $f_{ps} = 1,803$ MPa로 선형으로 변한다고 보아 계산한다.

$$M_n \approx \left[\frac{1,030}{1,803}(1,170) + 793.2 + 6.91\right] = 1,468\ (\text{kN}\cdot\text{m}) < 1.2M_{cr}/\phi$$

$$= 1,509\ \text{kN}\cdot\text{m} \quad \text{<N.G.>}$$

주인장 부착철근을 6-D16에서 7-D16으로 증가시킨다면

$A_s = 7 \times 198.6 = 1,390\ \text{mm}^2$;

$$\omega_s = \rho_p \frac{f_y}{f_{ck}} = \frac{A_s}{b\,d}\frac{f_y}{f_{ck}} = \frac{1,390}{(200)(1,750)}\frac{400}{35} = 0.0454$$

$$f_{ps} = f_{pu}\left[1 - \frac{\gamma_p}{\beta_1}\left\{\omega_{pu} + \frac{d_s}{d_p}(\omega_s - \omega')\right\}\right]$$

$$= 1,860\left[1 - \frac{0.28}{0.801}\left\{0.0610 + \frac{1,750}{1,725}(0.0454 - 0.0130)\right\}\right] = 1,799\ (\text{MPa})$$

$$a = \frac{A_{ps} f_{ps} + A_s f_y - A_s' f_y}{0.85 f_{ck} b}$$

$$= \frac{396(1,799) + 1,390(400) - 397(400)}{0.85(35)(200)} = 186\ (\text{mm})$$

$$M_n = [A_{ps} f_{ps}(d_p - a/2) + A_s f_y (d_s - a/2) + A_s' f_y (a/2 - d')]$$

$$= [(396)(1,799)(1,725 - 93) + (1,390)(400)(1,750 - 93) + (397)(400)(93 - 43)]$$

$$= (1,163 + 921 + 7.94) \times 106 = 2,092 \times 106 = 2,092\ (\text{kN}\cdot\text{m})$$

$$> 1.2M_{cr}/\phi = 1,283 / 0.85 = 1,509\ (\text{kN}\cdot\text{m}) < \text{경간 중앙 단면} \quad \text{<OK>}$$

$$M_n \approx \left[\frac{1,030}{1,799}(1,163) + 921 + 7.94\right] = 1,594\ (\text{kN}\cdot\text{m}) > 1.2M_{cr}/\phi$$

$$= 1,509\ (\text{kN}\cdot\text{m}) \quad \text{<OK>}$$

따라서 주인장 부착철근을 원래의 설계에서 1개 더 증가시켜서 7-D16을 배치하도록 한다.

④ 비틀림모멘트 보강철근이 필요한지 검토 :

위험단면 : 받침부에서 거리 $h/2$ = 1,875 / 2 = 938 (mm) 떨어진 위치를 위험단면으로 고려할 수 있지만, $h/2$ =938 mm 이내에 집중 하중이 작용하므로 위험단면은 받침부 안쪽 면이 되어야 한다.

그림 8.27에서 읽으면 T_u/ϕ = 79.2 kN.m

$f_{pc} = P_e/A_g = 408 \times 10^3 / 435{,}000 = 0.938$ (MPa)

$p_{cp} = 1{,}875 + 400 + 300 + 200 + 1{,}575 + 200 = 4{,}550$ (mm) ;

$A_{cp} = A_g = 435{,}000$ mm^2

$\lambda\sqrt{f_{ck}}/3 = (1.0)\sqrt{35}/3 = 1.97$; $A_{cp}^2/p_{cp} = (435{,}000^2)/4{,}550 = 41.59 \times 10^6$ (mm^3)

식 (8.5) :

$$T_{cr} = \left(\lambda\sqrt{f_{ck}}/3\right)(A_{cp}^2/p_{cp})\sqrt{1+f_{pc}/(\lambda\sqrt{f_{ck}}/3)} = (1.97)(41.59\times10^6)\sqrt{1+0.938/1.97}$$

$\therefore\ T_{cr} = 1.97(41.59 \times 10^6)(1.215) = 99.62 \times 10^6 = 99.62$ (kN.m)

$\therefore\ T_{cr}/4 = 99.62/4 = 24.9$ (kN.m) $< T_u/\phi = 79.2$ kN.m ;

비틀림 보강철근을 배치하여야 한다.

> 받침부 안쪽 면에서 비틀림 모멘트 강도 검토 : $f_{pc} = P_e/A_g$ 이므로 P_e 가 발달되는 단부의 전달길이 구간에서 영향을 받을 것이다. 비록 구조기준에서는 비틀림모멘트 강도에 대해서 이 영향을 고려하도록 규정하지 않고 있지만 검토해 보도록 한다.
>
> $P_e = (250/635)(408) = 160.6$ (kN)
>
> $f_{pc} = P_e/A_g = 160{,}600 / 435{,}000 = 0.369$ (MPa)
>
> $T_{cr} = 1.97(41.59 \times 10^6)(1.090)/10^6 = 89.36$ (kN.m)
>
> $\therefore\ T_{cr}/4 = 89.36/4 = 22.34$ (kN.m) $< T_u/\phi = 79.2$ kN.m
>
> 따라서 비틀림 보강철근을 배치하여야 한다. 단면의 비틀림 강도가 10.3% 감소하게 된다.

⑤ 단면의 크기가 적당한지 검토 :

위험단면 : $h/2$ = 938 mm 이내에 집중된 비틀림모멘트가 작용하므로 위험단면은 받침면이 되어야 한다.

받침면에서의 V_u 와 T_u 를 그림 8.27에서 읽으면, V_u/ϕ = 518 kN, T_u/ϕ = 79.2 kN·m

스터럽의 중심에서 표피까지의 두께 = (피복두께 = 25 mm) + 9.53/2 ≈ 30 mm

$$A_{0h} = [200-2(30)][1{,}875-2(30)] + (200)(300-60) = (140)(1{,}815) + (200)(240) = 302{,}000\ (\text{mm}^2)$$

$p_h = (140 + 1{,}815)(2) + (200)(2) = 4{,}310$ (mm)

식 (8.20) : $\sqrt{\left(\dfrac{V_u/\phi}{b_w d}\right)^2 + \left(\dfrac{(T_u/\phi)p_h}{1.7A_{oh}^{\;2}}\right)^2} \le \left(\dfrac{V_c}{b_w d} + \dfrac{2\sqrt{f_{ck}}}{3}\right)$

식 (7.21) : 콘크리트 전단강도는 하한한계 값이 지배하므로 이 값을 적용한다.

따라서 $V_c = (\lambda\sqrt{f_{ck}}/6)b_w d$ (표 8.1 참고)

$\left(V_c/b_w d + 2\sqrt{f_{ck}}/3\right) = (1/6 + 2/3)\sqrt{35} = (5/6)\sqrt{35} = 4.93$ (MPa)

$$\sqrt{\left[\frac{518\times10^3}{200(1,750)}\right]^2 + \left[\frac{79.2\times10^6(4,310)}{1.7(302,100^2)}\right]^2} = \sqrt{(2.190 + 4.841)}$$

$= 2.65$ (MPa) < 4.93 MPa <OK>

⑥ **전단과 비틀림 보강철근 설계** : $A_0 = 0.85A_{0h} = 0.85(302,000) = 256,785$ (mm^2)

ⓐ 비틀림에 대한 횡방향 보강 스터럽 설계 : $A_t = A_v/2 = 2\text{-D10}/2 = 71.3$ mm^2 배치

$f_{pe} = 1,030$ MPa $> 0.4f_{pu} = 0.4(1,860) = 744$ (MPa) $\rightarrow \theta = 37.5^o$

$T_u/\phi = 79.2$ kN·m :

$$s_{t\,(소요)} \le \frac{2A_0 f_{yt}\cot\theta}{T_u/\phi}A_t = \frac{2(256,785)(400)}{79.2\times10^6(\tan 37.5^o)}71.3 = 241 \text{ (mm)}$$

$T_u/\phi = 56.7$ kN·m : $s_{t\,(소요)} \le 337$ mm

$T_u/\phi = 34.0$ kN·m : $s_{t\,(소요)} \le 561$ mm

$T_u/\phi = 11.3$ kN·m $< T_{cr}/4 = 24.9$ kN·m ; 이 구간은 비틀림 보강 철근을 배치할 필요가 없다.

ⓑ 폐쇄스터럽의 최대 중심간격 검토 : 식 (8.24), 간격이 가장 좁은 241 mm에 대해서 검토

$s_{(소요)} = 241$ mm $<$ Min $[p_h/8 = 4,310/8 = 539,\ \underline{300}] = \underline{300\text{ mm}}$ <OK>

따라서 폐쇄스터럽의 중심간격은 0 ~ 275 mm 구간은 241 mm 이하로 배치하여야 하고, 275 ~ (3,750 − 1,200 = 2,550) mm 구간은 최대 중심간격이 지배하게 되어 300 mm 이하로 배치하고, 나머지 2,550 ~ 3,750 mm 구간은 비틀림 보강철근을 배치할 필요가 없다.

ⓒ 전단에 대한 횡방향 보강 스터럽 설계 : 표 8.1 참고

식 (4.34) : $d_e = \dfrac{A_{ps}f_{ps}d_p + A_s f_y d_s}{A_{ps}f_{ps} + A_s f_y}$

$$= \frac{396(1,799)(1,725) + 1,390(400)(1,750)}{396(1,799) + 1,390(400)} = 1,736 \text{ (mm)}$$

$> 0.8h = 0.8(1,875) = 1,500$ (mm) <OK>

$d_p = 1,725$ mm

표 8.1 간략식을 이용하여 구한 콘크리트 단면의 전단강도 V_c

f_{ck} =	35	MPa	R =	392.2		Φv =	0.75		A_v =	142.6	mm^2				
P_e =	408,000	N	w_u =	12.24	kN/m	L_g =	7,500	mm	f_{yt} =	400	MPa				
b_w =	200	mm	b =	2,400	mm	A_{ps} =	396	mm	f_{pu} =	1,860	MPa				
	받침중앙	받침안쪽	복부하중	전달길이		복부하중		복부하중						중앙	
(1) x =	0	125	**150**	**510**	1,000	**1,350**	2,240	**2,550**	2,700	2,900	3,000	3,150	3,400	3,750	mm
(2) d ≥ 0.8h = 1,500	1,736	1,736	1,736	1,736	1,736	1,736	1,736	1,736	1,736	1,736	1,736	1,736	1,736	1,736	
(3) d_p =	1,725	1,725	1,725	1,725	1,725	1,725	1,725	1,726	1,726	1,727	1,727	1,727	1,725	1,725	mm
(4) V_u =	390.7	389.1	**388.8**	**285.9**	279.9	**275.6**	166.2	**162.4**	62.1	59.7	58.4	56.6	53.5	**49.3**	
(5) M_u =	0.0	49.0	**58.8**	**162.1**	300.7	**397.9**	550.7	**601.7**	611.1	623.3	629.2	637.8	651.6	**669.6**	
(6) $V_ud_p/M_u \le 1.0$	0.000	1.000	1.000	1.000	1.000	1.000	0.521	0.466	0.175	0.165	0.160	0.153	0.142	0.127	
(7) $0.05\lambda\sqrt{fck}$ =	0.296	0.296	0.296	0.296	0.296	0.296	0.296	0.296	0.296	0.296	0.296	0.296	0.296	0.296	
(8) $V_{c\,(간략식)}$ =	**611.0**	**630.1**	**633.9**	**1,804**	1,804	1,804	989	895.5	401.1	383.9	375.5	363.4	343.8	318.6	kN
(9) $V_{c\,(min)}$ =	342.3	342.3	342.3	342.3	342.3	342.3	342.3	342.3	342.3	342.3	342.3	342.3	342.3	342.3	kN
(10) V_c=Max[8, 9] =	611.0	630.1	633.9	1,804	1,804	1,804	989	895.5	401.1	383.9	375.5	363.4	343.8	342.3	kN
(11) $V_{c\,(max)}$ =	855.8	855.8	855.8	855.8	855.8	855.8	855.8	855.8	855.8	855.8	855.8	855.8	855.8	855.8	kN
(12) V_c=Min[10, 11]=	**611.0**	**630.1**	**633.9**	**855.8**	**855.8**	**855.8**	**855.8**	**855.8**	**401.1**	**383.9**	**375.5**	**363.4**	**343.8**	**342.3**	kN
(13) $V_c/2$ =	305.5	315.1	317.0	427.9	427.9	427.9	427.9	427.9	200.5	191.9	187.8	181.7	171.9	171.2	kN

가) 단부에서 전달길이 영향 고려 : $l_t = 50d_b = 50(12.7) = 635$ (mm) (단부에서 거리)

단부에서 받침부 안쪽 면까지의 거리(폭 250 mm 합성고무 패드 배치) : 250 mm

단부에서 첫 번째 복부 집중하중이 작용하는 거리 : 600 − 300 − 25 = 275 mm ← 위험단면

∴ 위험단면 275 mm < l_t = 635 mm <OK>

따라서 콘크리트의 전단강도 계산에 전달길이 영향을 고려하여야 한다.

나) 받침부 안쪽 면에서 전단강도 검토 : 받침부 중앙에서 x = 125 mm ; 단부에서 125 + x = 250 mm

$P_e = (250/635)(408) = 160.6$ (kN)

$f_{pc} = P_e / A_g = 160{,}600 / 435{,}000 = 0.37$ (MPa)

$0.29\lambda\sqrt{f_{ck}} = 0.29(1.0)\sqrt{35} = 1.716$

$V_p = P_e \sin\theta = 408(0) = 0$ [직선 긴장재 배치]

$$V_c = V_{cw} = (0.29\lambda\sqrt{f_{ck}} + 0.3 f_{pc}) b_w d_p + V_p$$

$$= (1.716 + 0.3 \times 0.37)(200)(1{,}725)/10^3 = 630 \text{ (kN)}$$

$V_u/\phi = [392 - 12.24(0.25)] / 0.75 = 388.9 / 0.75 = 518.6$ (kN)

∴ $V_s = V_u/\phi - V_c = 518.6 - 630 = -111.4$ (kN) ; 전단보강철근을 배치할 필요가 없다.

$V_u/\phi = 518.6$ kN $> V_c/2 = 630 / 2 = 315$ (kN)

구조기준 7.4.3(1)(ACI 11.4.6.1)에 따라 최소전단보강 철근을 배치하여야 한다.

다) 첫 번째 복부 집중하중이 작용하는 위치의 전단강도 검토 : 단부에서 거리 275 mm

받침부 중앙에서 $x = 275 - 125 = 150$ mm

$P_e = (275/635)(408) = 176.7$ (kN)

$f_{pc} = P_e / A_g = 176{,}700 \ / \ 435{,}000 = 0.41$ (MPa)

$V_c = V_{cw} = (0.29\lambda\sqrt{f_{ck}} + 0.3 f_{pc}) b_w d_p + V_p$

$= (1.716 + 0.3\text{x}0.41)(200)(1{,}725)/10^3 = 634$ (kN)

$\therefore \ V_s = V_u/\phi - V_c = 518 - 634 = -116$ (kN) ; 전단보강철근을 배치할 필요가 없다.

$V_u/\phi = 518$ kN $> \ V_c/2 = 634 \ / \ 2 = 317$ (kN) *<OK>*

이 구간은 최소전단보강 철근을 배치하여야 한다(그림 8.28 참고).

라) 단부에서 전달길이 635 mm 떨어진 위치의 전단강도 : 받침부 중앙에서 $x = 635 - 125 = 510$ mm

$f_{pe} = 1{,}030$ MPa $> 0.4 f_{pu} = 744$ MPa ; 간략식 (7.20)을 이용하여 V_c를 계산한다.

$V_u = R - w_u(x + 0.125) - P_u = 392.2 - 12.24(0.51 + 0.125) - 98.5 = 285.9$ (kN)

$\therefore \ V_u/\phi = 285.9/0.75 = 381.3$ (kN)

$M_u = Rx - P_u(x - 0.15) - w_u(x + 0.125)^2/2$

$= 392.2(0.51) - 98.5(0.51 - 0.15) - 12.24(0.51 + 0.125)^2/2$

$= 162.1$ (kN.m)

$V_u d_p / M_u = 285.9(1.725)/162.1 = 3.04 < 1.0$; $\therefore \ V_u d_p / M_u = 1.0$

$0.05\lambda\sqrt{f_{ck}} = 0.05(1.0)\sqrt{35} = 0.296$

$V_c = (0.05\lambda\sqrt{f_{ck}} + 4.9 V_u d_p / M_u) b_w d = [0.296 + 4.9(1.0)](200)(1{,}736)/10^3$

$= 1{,}804$ (kN)

$> V_{c\,(\min)} = (\lambda\sqrt{f_{ck}}/6) b_w d = (1.0\sqrt{35} \ / \ 6)(347.2) = 342.3$ (kN) *<OK>*

$< V_{c\,(\max)} = (5\lambda\sqrt{f_{ck}}/12) b_w d = [5(1.0)\sqrt{35}/12](347.2) = 855.8$ (kN) *<NG>*

$\therefore \ V_c = V_{c\,(\max)} = 855.8$ kN $> \ V_u/\phi = 381.3$ kN ; 전단보강철근을 배치할 필요가 없다.

$V_c/2 = 855.8/2 = 427.9$ kN $< \ V_u/\phi = 381.3$ kN ; 최소전단보강철근을 배치할 필요가 없다[4].

4. 본 예제에서 보면 콘크리트의 전단강도 V_c가 상당히 커서 V_u/ϕ의 2.2배(= 855.8/381.3)에 이르고 있

마) 최소 전단 철근 규정 : 식 (7.39)

D10 U형 스터럽(다리 2개) $A_v = (2)(71.3) = 143\ (\mathrm{mm}^2)$을 배치한다고 가정한다.

$$s_{v1} = \frac{A_v f_{yt}}{0.0625\sqrt{f_{ck}}\, b_w} = \frac{143(400)}{0.0625\sqrt{35}(200)} = 773\ (\mathrm{mm})$$

$$s_{v2} = \frac{A_v f_{yt}}{0.35\, b_w} = \frac{143(400)}{0.35(200)} = 817\ (\mathrm{mm})$$

$s_{v(\max)} = \mathrm{Min}\ (773,\ 817) = 773\ (\mathrm{mm})$

유효 프리스트레싱 힘 $f_{pe} = 1{,}030$ MPa $> 0.4 f_{pu} = 0.4(1{,}860) = 744$ (MPa)를 만족

$d = d_e = 1{,}736$ mm $> 0.8h = 0.8(1{,}875) = 1{,}500$ (mm) <OK>

$$s_{v3} = \frac{A_v}{A_{ps}}\frac{f_{yt}}{f_{pu}}(80\sqrt{b_w d}) = \frac{143}{396}\frac{400}{1{,}860}(80\sqrt{200 \times 1{,}736}) = 3{,}661\ (\mathrm{mm})$$

$\therefore\ s_{v(\max)} = \mathrm{Max}\left[s_{v(\max)},\ s_{v3} \right] = \mathrm{Max}\ (773,\ 3{,}661) = \underline{3{,}661\ (\mathrm{mm})}$ [5]

바) 최대 중심간격 규정 :

스터럽의 최대 중심간격 : $0.75h = 0.75(1{,}875) = 1{,}406$ (mm) 또는 600 mm 이하가 지배한다.

따라서 스터럽의 최대 중심간격은 600 mm 이하이어야 한다.

그러나 ⑥-ⓑ의 비틀림에서 최대 중심간격은 300 mm 이하로 배치하는 규정이 지배하여 만족하므로 이 규정을 고려할 필요는 없다.

사) 나머지 구간은 표 8.1을 참고하고 상세 계산은 생략한다.

아) 따라서 그림 8.28에서 최소전단보강철근이 필요한 받침부 중앙에서 대략 500 mm 구간에 최소전단철근 규정으로 구한 $s_{v(소요)} = \underline{3{,}661\ \mathrm{mm}}$ 간격으로 스터럽을 배치하도록 한다.

ⓓ 횡방향 스터럽의 간격 결정 : 식 (8.24), $s_{(소요)} = \dfrac{s_v s_t}{s_v + s_t}$ 적용

가) 받침부 중앙에서 500 mm 구간 설계 : 최소전단보강철근이 필요한 구간

$s_v = 0$이므로

다. 구조기준의 규정에 따라 전단과 비틀림의 설계식이 분리되어 이 여분의 콘크리트 전단강도는 비틀림 모멘트에는 전혀 기여를 할 수가 없게 되었다.

5. $A_{ps} = 396\ \mathrm{mm}^2$로 감소하면서 s_{v3} 식이 최소전단철근을 지배하게 된다. 프리스트레스트 콘크리트 보에 이렇게 최소전단철근이 상당하게 감소(3,661 / 773 = 4.7배 감소)해도 안전에 문제가 없는지 의구심이 든다.

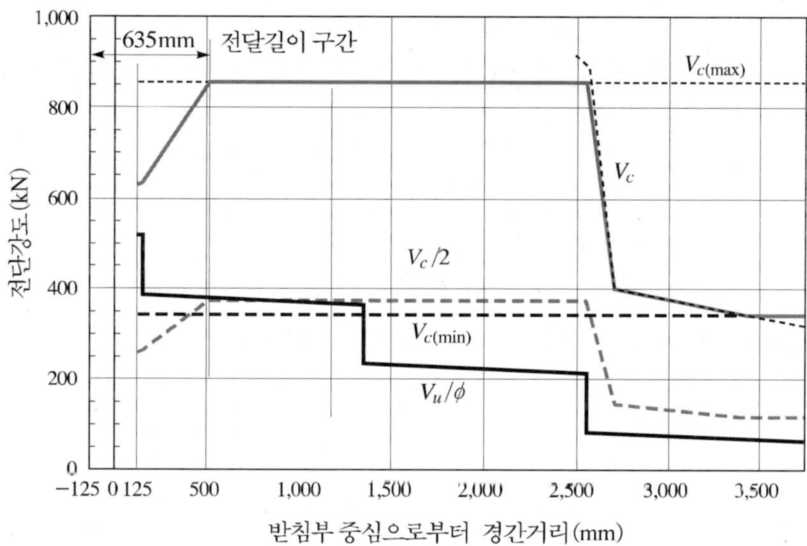

그림 8.28 간략식을 이용하여 구한 콘크리트 단면의 전단강도 분포도

$\therefore\ s_{(소요)} = s_{t(소요)} = \underline{241\ \text{mm}}$

배치 : 단부에서 100 mm 떼어서 첫 번째 스터럽을 배치하고 이어서 $s_{(배치)} = $ <u>200 mm 간격으로 3개를 배치</u>한다. 100 + 3 × 200 = 100 + 600 = <u>700 mm</u> ; 스터럽 1 + 3 = <u>4 개</u>

나) 700 mm ~ (8,400/2 − 300 − 25 = 3,875 mm) − 1,200(기둥의 폭) = 2,675 mm 구간 설계 :

구조기준 7.6.4(6) : 비틀림 보강철근은 더 이상 필요없는 위치를 넘어서 $(b_t + d)$ 이상을 연장하여야 하므로, 추가 배치 구간 : $b_t + d$ = 200 + 1,736 = 1,936 (mm)가 된다.

따라서 2,675 + 1,936 = 4,611 mm > 3,875 mm 이므로 나머지 전체 구간 700 mm ~ 3,875 mm에 비틀림보강철근을 배치하도록 한다. 전단보강철근은 배치할 필요가 없다.

이 구간은 $s_{t(max)} = 300$ mm가 지배한다.

$\therefore\ s_{(소요)} = s_{t(소요)} = 300\ \text{mm}$

필요한 폐쇄스터럽의 개수 : (3,875 − 700 = 3,175) / 300 = 10.6 개가 필요하다.

다) 최소 폐쇄스터럽 철근량 검토 : 식 (8.25)

f_{ck} = 35 MPa > 31.36 MPa이므로 $0.0625\sqrt{f_{ck}}$ 항이 지배한다.

$$s_{(max)} \le \frac{f_{yt}(A_v + 2A_t)}{0.0625\sqrt{f_{ck}}\, b_w} = \frac{400(143)}{0.0625\sqrt{35}\,(200)} = 773\ (\text{mm})$$

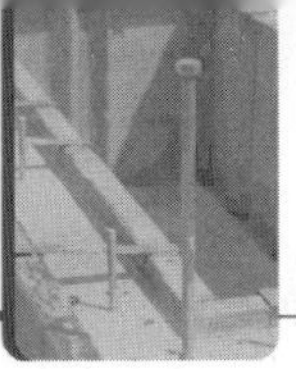

$> s_{(배치)} = 300$ mm <OK>

라) 최종 배치 : 경간 중앙에서 150 mm 떼어서 첫 번째 스터럽을 배치하고 이어서 간격 300 mm로 10개를 배치한다. 배치 범위 = 150 + 10 × 300 = 3,150 mm
경간 중앙으로부터 3,150 mm에서 시작해서 200 mm 간격으로 3개를 배치한다. 배치범위 = 3,150 + 3 × 200 = 3,750 mm가 된다. 따라서 단부로부터 첫 번째 스터럽의 위치는 중심간격 125 mm(받침부의 중앙)로 배치하게 된다.

마) 총 폐쇄스터럽의 개수 계산 : (1 + 10 + 3 = 14 개) × 2 = 28 개

ⓔ 종방향 보강철근의 설계 : 식 (8.14)와 식 (8.26)

$$A_l = \left(\frac{A_t}{s}\right)p_h\left(\frac{f_{yt}}{f_y}\right)\cot^2\theta = \left(\frac{71.3}{241}\right)(4{,}310)(1.0)\left(\frac{1}{\tan 37.5^o}\right)^2$$

$$= (0.296)(4{,}310)(1.0)(1.70) = 2{,}167\ (\text{mm}^2)$$

최소 종방향 철근 검토 :

$A_t / s = 0.296 > 0.175b_w/f_{yt} = 0.175(200)/400 = 0.0875$ <OK>

$$A_{l\,(\min)} = \frac{0.42\sqrt{f_{ck}}}{f_y}A_{cp} - \left(\frac{A_t}{s}\right)p_h\left(\frac{f_{yt}}{f_y}\right)$$

$$= \frac{0.42\sqrt{35}}{400}(435{,}000) - (0.296)(4{,}310)(1.0)$$

$$= 2{,}702 - 1{,}276 = 1{,}426\ (\text{mm}^2)$$

$\therefore\ A_{l(소요)} = 2{,}167\ \text{mm}^2 > A_{l\,(\min)} = 1{,}426\ \text{mm}^2$ <OK>

종방향 철근의 양은 경간 중앙으로 갈수록 감소시킬 수 있는지 최소 비틀림 철근이 배치된 구간을 검토해본다.

$s_{t\,(\max)} = 300$ mm로 배치하는 구간 :

$A_l = (A_t/s)p_h(f_{yt}/f_y)\cot^2\theta = (0.238)(4{,}310)(1.0)(1.70) = 1{,}741\ (\text{mm}^2)$

$> A_{l(\min)} = 2{,}702 - (0.238)(4{,}310)(1.0) = 1{,}676\ (\text{mm}^2)$ <OK>

이 구간의 소요 철근량이 $A_{l(소요)} = 2{,}167\ \text{mm}^2$의 80.3%가 되어, 종방향 철근의 양을 경간 중앙으로 갈수록 감소시키지 않고 그대로 전 경간에 배치하도록 한다.

종방향 철근으로 D13 철근($A_b = 126.7\ \text{mm}^2$)을 배근한다면 2,167 / 126.7 = 17.1 개 소요 ≈ 18 개 배치

$\therefore\ A_{l\,(배치)} = (18)(126.7) = 2{,}281\ \text{mm}^2 > A_{l\,(소요)} = 2{,}167\ \text{mm}^2$ <OK>

주철근의 피복두께는 스터럽의 피복두께 25 mm + D10 스터럽의 직경 10 mm = 35 mm의 피복두께를 확보한다(프리캐스트 콘크리트로 고려 : 표 2.13 참고).

종방향 철근(D13)이 배치되는 순간격 : h − 2 × 30 − 13 = 1,875 − 73 = 1,802 mm

이므로

D13 종방향 철근의 중심간격 : 1,802 / (18/2 −1) = 225 (mm)

< 종방향 철근의 최대간격 300 mm 이하 <*OK*>

따라서 종방향 철근으로 D13 철근을 18개 배치하도록 한다.

종방향 철근의 지름 검토 : $d_{b(\min)} \geq s/24 = 200/24 = 8.3$ (mm) 또는 D10 (지름 9.53 mm) 이상

종방향 철근으로 D13 철근을 배근 : ∴ $d_{b(배치)} = 12.7$ mm > $d_{b(\min)} = 9.53$ mm <*OK*>

종방향 철근으로 18−D13 철근을 1,875 × 200 mm 단면에 배치한다.

맨 윗줄의 2개는 압축철근에 더해서 배치하고, 맨 아래 2줄(4개)은 인장철근에 더해서 배치한다.

ⓕ 주인장 철근 설계 : (6 + 1) D16이 배치되어야 하고, 높이 300 mm 내민받침에 스터럽의 모서리 안쪽에 주철근을 배치한다고 보아 종방향 철근 4−D16을 더해주면,

$A_{s(소요)}$ = (7−D16)+(4−D13) = 7(198.6) + 4(126.7) = 1,897 (mm^2)

5−D22를 주철근으로 배근 :

∴ $A_{s(배치)}$ = 5(387.1) = 1,936 (mm^2) > $A_{s(소요)}$ = 1,897 mm^2 <*OK*>

ⓖ 압축철근 설계 : 2−D16의 압축철근 위치에 추가로 종방향철근 2−D13이 배치되므로

$A_{s(소요)}$ = (2−D16) + (2−D13) = 2(198.6) +2(126.7) = 651 (mm^2)

2−D22를 압축철근으로 배근 :

∴ $A_{s(배치)}$ = 2(387.1) = 774 (mm^2) > $A_{s(소요)}$ = 651 mm^2 <*OK*>

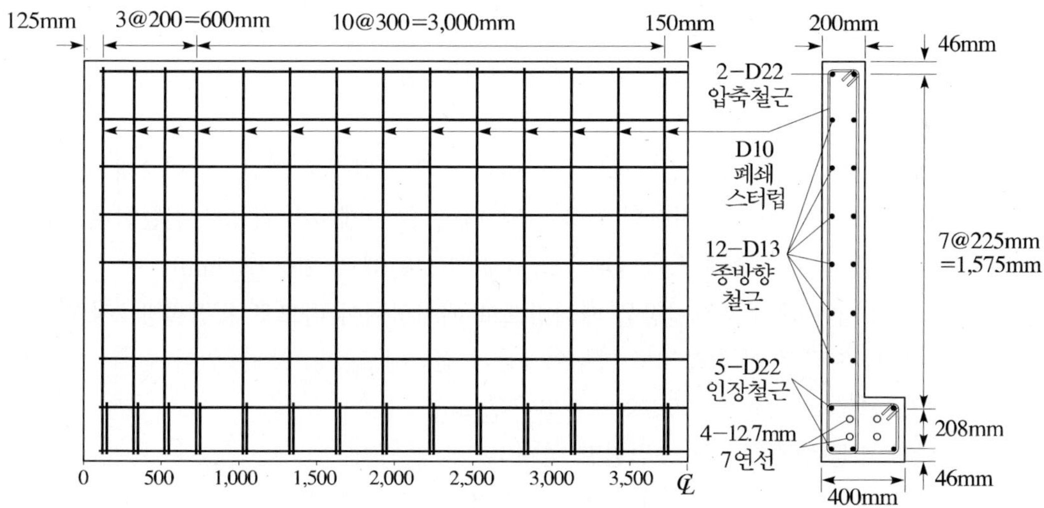

그림 8.29 예제 8.7의 철근 배근도

ⓗ 압축영역 철근 감소 검토 : 압축철근을 $M_u/(0.9df_y)$ 만큼 감소시킬 수 있다.

스터럽 모서리에 최소 $d_{b(\min)} > 12.5$ mm을 배치하여야 하고, 휨모멘트가 경간을 따라 변하므로 생략한다.

철근배근 상세도는 그림 8.29를 참고하라.

⑦ 다음에 대한 추가의 보강이 필요한지 검토하여 최종적으로 철근의 배치가 조종되어야 할 것이다.

ⓐ L형 내민받침에 대해서 지압 반력(end bearing reaction), 작용하는 집중하중(ledge point load), 집중하중에 대한 걸이철근(hanger steel at ledge point load) 및 종방향 철근(longitudinal reinforcement) 설계

ⓑ 받침부의 평형비틀림에 대한 반력(end torsional equilibrium reaction)

ⓒ 단부에서의 종방향 철근의 정착(anchorage of longitudinal bars at end)[CPCI 2007(3-79)]

⑧ 전단과 비틀림 보강 용접철망(WWR) 설계 :

단계 6의 설계와 그림 8.29에서 보는바와 같이 폐쇄스터럽과 종방향 철근을 배치하는데 상당한 노력을 필요로 하고 시간도 많이 걸려 공사기간이 길어질 수밖에 없다. 이런 경우에 그림 7.31과 같이 용접철망(WWR, welded wire reinforcement)을 배치하게 되면 철근을 조립하거나 배치하는 과정이 상당부분 생략되어 효과적이면서 신뢰성있는 구조물을 시공할 수 있다. 이러한 상황을 염두에 두어 용접철망의 설계를 다루었다.

ⓐ 전단에 대해서 최소전단철근을 배치하는 $s_{v(\max)} = 3{,}661$ mm 구간 설계 :

식 (7.37) : $A_v f_{yt}/s_{v(\max)} = (142.6 \times 400) / 3{,}661 = 15.6$ (N/mm)

ⓑ 비틀림 모멘트에 대해서 설계 :

식 (8.27) : $A_t f_{yt}/s_t = (T_u/\phi)\tan\theta/(2A_0) = (79.2 \times 10^6 \times \tan 37.5^\circ)/(2 \times 256{,}785) = 118.3$ (N/mm)

ⓒ 전단과 비틀림 용접철망 전단강도를 더하여 소요 전단강도 계산 : 다리 2개 U형 스터럽으로 $A_v = 2A_t$ 이므로 전단의 값을 그냥 더할 수 있게 $2A_t$ 식으로 전환한다.

$\therefore\ (A_v f_{yt}/s_v) + 2(A_t f_{yt}/s_t) = 15.6 + 2(118.3) = \underline{252\ (\text{N/mm})}$

그림 7.31c와 같이 용접철망을 폐쇄형으로 배치하여야 하므로 용접철망 2장이 배치되게 된다. 따라서 이 값을 2로 나누어 1장의 전단강도를 구할 수 있다.

$\therefore\ (A_v f_{yt}/s)_{(\text{소요})} = 252/2 = \underline{126\ (\text{N/mm})}$

ⓓ 전단과 비틀림에 대해서 용접철망 설계 :

표 7.3에서 소요 $(V_u/\phi - V_c)/d = 126$ N/mm 이상인 철망은 직경 5.50 mm(단면적 23.8 mm²)를 눈망치수 75 mm로 배치할 때의 127 N/mm이다. 따라서 이 철망을 선택

한다.

배치 철망 : 원형용접철망 WFP 5.50, 눈망치수 75 mm 또는 이형용접철망 WFD CD5.50, 눈망치수 75 mm

ⓔ 종방향 철근 설계 :

식 (8.28) : $A_l f_y / p_h = (T_u/\phi)/(2A_o \tan\theta) = (79.2 \times 10^6) / (2 \times 256{,}785 \tan 37.5^\circ) = 201$ (N/mm)

또는 식 (8.29) : $A_l f_y / p_h = A_t f_{yt} \cot^2\theta / s_t = (71.3 \times 400) / (241 \times \tan^2 37.5^\circ) = 201$ (N/mm)

표 7.3에서 보면 선지름 8.00 mm에 눈망치수 100 mm일 때 201 N/mm 가 되므로 이를 선택한다.

ⓕ 최종 용접철망 설계 :

가) 겹침이음 길이 계산 : 식 (2.29)[구조기준 8.3.1, ACI 12.7]

선지름 CD5.50(이형철선) :

$l_{db} = 0.6 d_b f_y / (\lambda \sqrt{f_{ck}}) = 0.6(5.5)(400)/(1.0\sqrt{35}) = 223$ (mm)

철망계수 = Max $[(f_y - 245)/f_y = (400-245)/400 = 0.39$;

$5d_b/s = 5(5.5)/50 = \underline{0.55}] \leq 1.0$

l_d = 철망계수 $\times\, l_{db} = 0.55(223) = 123$ (mm)

소요 As / 배근 As ≡ 126/127 = 0.992

정착길이 $l_d = l_d$(소요 A_s/배근 A_s) = 123(0.992) = 122 (mm)

겹침이음길이 : (1) $1.3 l_d = 1.3(101) = 131$ (mm) ; (2) <u>200 mm</u> 중 가장 큰 값

선지름 5.50(원형철선) : 구조기준 8.3.2(ACI 12.8)

$$\text{정착길이 } l_d = 3.23 \frac{A_w}{s}\left(\frac{f_y}{\lambda\sqrt{f_{ck}}}\right) \times \left(\frac{\text{소요 } A_s}{\text{배근 } A_s}\right)$$

$$= 3.23(23.8/75)[400/(1.0 \times \sqrt{35})](0.992) = 69 \text{ (mm)}$$

겹침이음길이 : (1) 눈망치수 + 50 = 75 + 50 = 125 (mm) ;

(2) $1.5 l_d = 1.5(69) = 104$ (mm) ; (2) <u>150 mm</u> 중 가장 큰 값

따라서 선지름 5.50인 경우에 원형이나 이형 모두 겹침이음 길이 200 mm를 확보하면 만족된다. 선지름 8 mm인 경우도 동일한 겹침이음길이가 필요하다.

나) 길이방향 총 길이 계산 : 5.50 선지름 배치

1) L형 케이지 형태로 가공 : 단면의 전체 둘레 길이는 L형 단면에서 단면의 상부로부터 왼쪽방향으로 더해주면, 140 + 1,815 + 340 + 240 + 200 + 1,575 = <u>4,310 (mm)</u>가 된다. 따라서 길이방향 총 길이는 겹침이음길이 200 mm를 더해

주어 총 길이 4,510 mm로 주문한다.

2) 2개의 폐쇄된 직사각형 형태로 가공 : 전체 길이 = 2(140+1,815) + 2(340+240) = 5,070 (mm)가 된다. 이 경우는 2번의 겹침이음길이를 더해주어 총 길이 5,470 mm로 주문한다.

다) 나비방향 길이 : 8.00 선지름 배치

나비방향의 폭은 2.0 m에서 최대 2.5 m까지 제작 가능하다고 한다. 테두리보의 길이는 8,400 − 2(300+25) = 7,750 mm이고, 겹침이음길이 200 mm(원형철선 및 이형철선)로 배치하면 총 소요길이는 7,750 + 3(200) = 8.350 (mm)가 된다. 나비 2,100 mm 짜리 4개를 주문해서 217 mm씩 겹쳐서 배치한다.

라) 디자인 원형용접철망 WFP−D : 가로철선(폐쇄스터럽 − 길이 방향) 5.50, 눈망치수 75 mm ; 세로철선(종방향철근 − 나비 방향) 8.00, 눈망치수 100 mm ; 나비 × 길이 = 4장 (2,100 × 4,510 또는 2,100 × 5,470) (이 길이로 제작가능하다고 가정한다.) 또는 가로와 세로 모두 8.00 철선을 이용하고, 눈망치수는 가로 150 mm, 세로 100 mm로 배치하여 제작한다.

마) 또는 디자인 이형용접철망 WFR−D : 가로철선(폐쇄스터럽 − 길이 방향) CD5.5, 눈망치수 75 mm ; 세로철선(종방향철근 − 나비 방향) CD8, 눈망치수 100 mm ; 나비 × 길이 = 4장 (2,100 × 4,510 또는 2,100 × 5,470)

예제 8.8

[적합비틀림 상태를 고려한 설계 예]

그림 8.30의 1방향 슬래브에는 균등한 계수등분포하중 w_u = 14.3 kN/m^{2}이 작용하고 있다. 1번과 3번 선을 따라 배치되는 보는 b = 300 mm, d = 380 mm, h = 460 mm이고, 보통골재 콘크리트의 설계기준압축강도 f_{ck} = 21 MPa을 사용하였고, 기둥의 단면은 300 × 300 mm이다. 테두리보에 4개의 12.7 mm 응력저감 7연선 B종 1,860 MPa급 긴장재를 배치하여, $P_e = 0.82P_i = A_{ps}(0.82)(0.7f_{pu})$ = (4 × 99)(0.82 × 0.70 × 1,860)/1,000 = (396) (1,068) /1,000 = 423 (kN)이다. 전형적인 슬래브 1 m 폭에 작용하는 휨모멘트를 결정하고, 1번과 3번 선을 따라 위치하는 테두리 보(spandrel beam)를 설계하는데 필요한 최대 비틀림모멘트와 등분포하중을 다음의 2 경우에 대하여 각각 구하라.

(a) 1번과 3번 선을 따라 배치된 기둥과 아래에 제시된 계수 부모멘트를 받는 슬래브에 의해서 구속된 경우 :

순경간 l_n = 4.57 − 0.3 = 4.27 (m)

불연속 단부 부모멘트 : $w_u l_n^2/24$ = 14.3(1 m/단위폭)(4.27^2)/24 = 10.86 (kN · m/m)

(b) 적합비틀림 상태로 위험단면의 비틀림모멘트를 한정할 수 있는 경우 :

식 (8.5) : $T_{cr} = \phi(\lambda\sqrt{f_{ck}}/3)(A_{cp}^2/p_{cp})\sqrt{1+f_{pc}/(\lambda\sqrt{f_{ck}}/3)}$

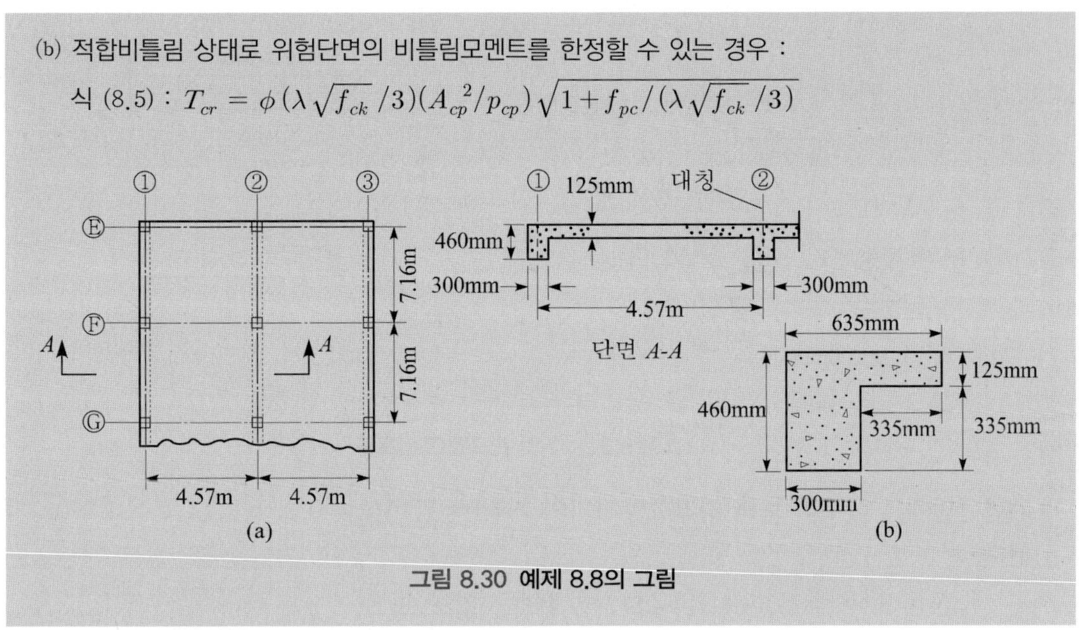

그림 8.30 예제 8.8의 그림

① 균열 비틀림모멘트 계산에 포함시킬 수 있는 단면에 대한 제값들 계산 : 그림 8.6 및 구조기준 10.3.1(4) 및 10.5.5.(1) 참고, 보통중량골재 콘크리트 $\lambda = 1.0$

$h_b = 460 - 125 = \underline{335}$ (mm) $< 4h_f = 4(125) = 500$ (mm) <OK>

그림 8.30b와 같이 플랜지 부분 포함 :

$$A_{cp} = 300(460) + 125(335) = 179.9 \times 10^3\ (\mathrm{mm}^2)$$

$$p_{cp} = 460 + 300 + 2(335) + 125 + 635 = 2{,}190\ (\mathrm{mm})$$

$$A_{cp}^2/p_{cp} = (179.9 \times 10^3)^2/2{,}190 = 14.78 \times 10^6\ (\mathrm{mm}^3)$$

구조기준 7.5.1(2)에서 플랜지를 포함하지 않은 A_{cp}^2/p_{cp}를 계산해서 만약에 이 값이 큰 경우에는 플랜지 부분을 계산에 포함시키지 않아도 되므로, 플랜지를 제외한 직사각형 단면에 대해서 A_{cp}와 p_{cp}를 계산 :

$$A_{cp} = 300(460) = 138.0 \times 10^3\ (\mathrm{mm}^2)\ ;\ p_{cp} = 2(460 + 300) = 1{,}520\ (\mathrm{mm})$$

$$(A_{cp}^2/p_{cp})_{직사각형} = (138 \times 10^3)^2/1{,}520 = 12.53 \times 10^6\ (\mathrm{mm}^3)$$

$$A_{cp}^2/p_{cp} = 14.78 \times 10^6\ \mathrm{mm}^3 > (A_{cp}^2/p_{cp})_{직사각형} = 12.53 \times 10^6\ \mathrm{mm}^3$$

따라서 플랜지를 포함하여 계산한 값을 사용한다.

② (a)의 경우 : 슬래브와 보 사이에 10.86 kN · m/m 부 휨모멘트가 작용하므로, 기둥면으로부터 $h/2 = 460/2 = 230$ (mm) 떨어진 위험단면의 계수 비틀림모멘트 T_u 계산(그림 8.31a 참고) :

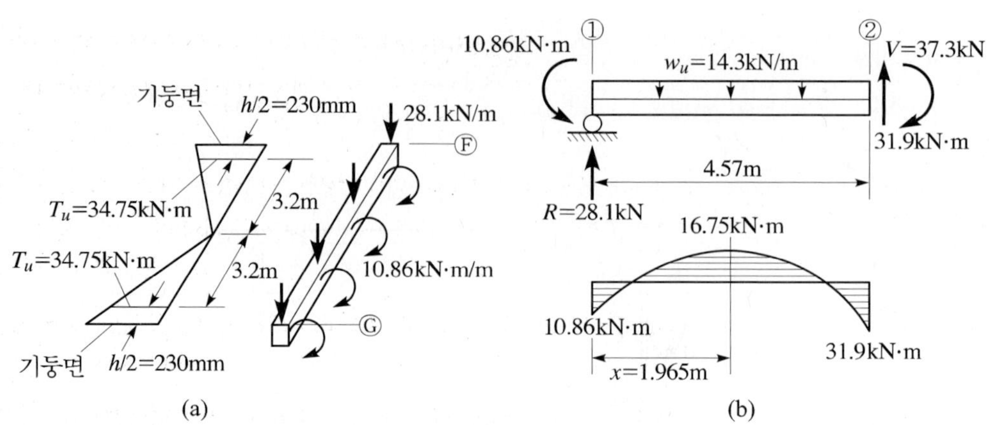

그림 8.31 T_u **및 휨모멘트 분포도**

위험단면에서 테두리 보의 경간중앙까지의 거리 = 7.16/2 − 0.3/2 − 0.23 = 3.2 (m)가 된다.

$$T_u = (10.86\ \mathrm{kN \cdot m/m})(3.2\ \mathrm{m}) = \underline{34.75\ (\mathrm{kN \cdot m})}$$

계수 등분포하중 $14.3\ \mathrm{kN/m^2}$ 와 단모멘트 $10.86\ \mathrm{kN \cdot m/m}$ 가 작용하는 단위 1 m당 연속슬래브의 해석은 아래와 같이 모멘트분배법을 이용하여 구할 수 있으며 그림 8.31에 주어졌다.

2번 지점의 고정단 모멘트(타단이 힌지인 경우) :

$$FEM = w_u l^2/8 = 14.3(4.57^2)/8 = 37.33\ (\mathrm{kN \cdot m})$$

표 8.2를 이용하여 모멘트 분배를 수행한다.

표 8.2 적합비틀림을 고려하지 않는 경우의 모멘트 분배

지점	①	②		③
FEM	−10.86	37.33	−37.33	10.86
전달모멘트		−5.43	5.43	
ΣM	−10.86	31.9	−31.9	10.86

1번 지점의 반력 계산 : $R = [10.86 + 14.3(4.57^2)/2 - 31.9]/4.57 = \underline{28.1\ (\mathrm{kN})}$

모멘트가 0인 위치는 1번 지점으로부터 전단력이 0인 지점이므로,

최대 모멘트가 일어나는 위치 : $x = 28.1/14.3 = 1.965\ (\mathrm{m})$

$$M_{max} = 28.1(1.965) - 10.86 - 14.3(1.965^2)/2 = 16.75\ (\mathrm{kN \cdot m})$$

③ (b)의 적합비틀림인 경우 : 위험단면의 비틀림모멘트는 다음과 같이 취할 수 있으므로[구조기준 7.5.2(2), ACI 11.5.2]

$A_g = bh = 300(460) = 138 \times 10^3\ (\mathrm{mm}^2)$;

$f_{pc} = P_e / A_g = (423 \times 10^3)/138{,}000 = 3.07\ (\mathrm{MPa})$

$$\sqrt{1+\frac{f_{pc}}{\lambda\sqrt{f_{ck}}/3}} = \sqrt{1+\frac{3.07}{1.0\sqrt{21}/3}} = \sqrt{3.01} = 1.73\ ;$$

$$\frac{\lambda\sqrt{f_{ck}}}{3} = \frac{1.0\sqrt{21}}{3} = 1.53$$

$$T_u = T_{cr} = \phi\frac{\lambda\sqrt{f_{ck}}}{3}\left(\frac{A_{cp}^2}{p_{cp}}\right)\sqrt{1+\frac{f_{pc}}{\lambda\sqrt{f_{ck}}/3}}$$

$$= 0.75(1.53)(14.78 \times 10^6)(1.73)/10^6 = \underline{29.3\ (\mathrm{kN \cdot m})}$$

슬래브가 테두리 보에 모멘트를 균등하게 분배하여 작용한다고 보면, 단위길이 당 모멘트는 아래와 같이 계산할 수 있다.

$M_u = T_u / 3.2 = 29.3\ \mathrm{kN \cdot m}/3.2\ \mathrm{m} = 9.17\ \mathrm{kN \cdot m/m}$

슬래브에 전체 계수하중과 단모멘트 9.17 kN·m/m를 작용하여 표 8.3으로 다시 해석하면 그림 8.32의 단위폭에 대한 모멘트 분포도를 구할 수 있다.

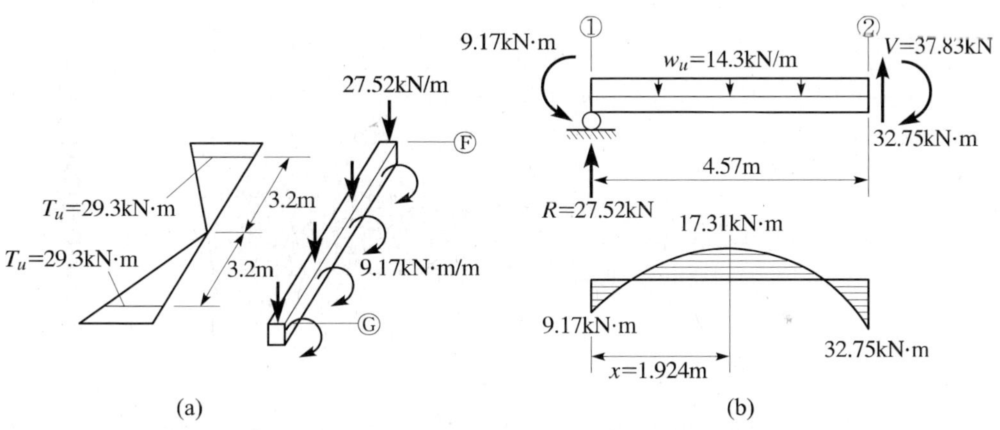

그림 8.32 T_u 및 휨모멘트 분포도 : 적합비틀림 고려

표 8.3 적합비틀림을 고려하는 경우의 모멘트 분배

지점	①	②		③
FEM	−9.17	37.33	−37.33	9.17
전달모멘트		−4.59	4.59	
ΣM	−9.17	32.75	−32.75	9.17

1번 지점의 반력 :

$$R = [9.17 + 14.3(4.57^2)/2 - 32.75]/4.57 = 125.7/4.57 = \underline{27.52\ (\text{kN})}$$

모멘트가 0인 위치는 1번 지점으로부터 전단력이 0인 지점,

$$x = 27.52/14.3 = 1.924\ (\text{m})$$

$$M_{max} = 27.52(1.924) - 9.17 - 14.3(1.924^2)/2 = 17.31\ (\text{kN}\cdot\text{m})$$

그림 8.31과 8.32에서 두 방법을 비교해보면, 적합비틀림 해석을 하면 테두리보의 비틀림 모멘트와 연직하중을 감소시킬 수 있음을 보여주고 있다. 이렇게 설계하중들을 감소시켜서 단면이 작은 테두리 보를 사용할 수가 있게 된다. 테두리 보에서 하중의 감소는 내부슬래브에서 얼마간의 정모멘트와 부모멘트의 증가로 상쇄되며, 이러한 증가는 슬래브 보강철근의 양에는 거의 영향을 미치지 않게 된다.

8.4 참고문헌

- 구조기준. (2012). 콘크리트구조기준, 국토해양부제정, 한국콘크리트학회 발행, 342 pp.
- 구조기준 해설. (2012). 2012년도 개정 콘크리트구조기준·해설, 한국콘크리트학회 편, 599 pp.
- 민창식. (2014). 철근콘크리트공학, 3판, 2쇄, 구미서관, 1015 pp.
- 시방서. (1996). 콘크리트표준시방서, 건설교통부제정, 대한토목학회 발행.
- 시방서. (2009). 콘크리트표준시방서, 국토해양부제정, 한국콘크리트학회 발행, 360 pp.
- 홍성걸, 김우, 이정윤. (2007). "전단 및 비틀림 모멘트와 스트럿-타이 모델," 콘크리트학회지, Vol. 19, No.4(통권 99호), 7월, pp. 32-36.
- ACI 315. (2004). ACI Committee 315, ACI Detailing Manual - 2004, ACI Publication SP-66(04), American Concrete Institute, Detroit, 212 pp.
- ACI 318. (1995). ACI Committee 318, Building Code Requirements for Structural Concrete(ACI 318-95) and Commentary(ACI 318R-95), American Concrete Institute, Farmington Hills.
- ACI 318. (2008). ACI Committee 318, Building Code Requirements for Structural Concrete(ACI 318-08) and Commentary(ACI 318R-08), American Concrete Institute, Farmington Hills.

- ACI Notes. (2008). ACI Noters on ACI 318-08, Building code requirements for structural concrete with design applications, Portland Cement Association, 5420 Old Orchard Road, Skokie, Illinois 60077-1083.
- CAN3-A23.3-M84. (1984). Design of Concrete Structures for Building, Canadian Standards Association, Rexdale, Ontario, 280 pp.
- CEB-FIP Model Code. (1993). Design Code, Comité Euro-International du Béton, Ch1015 Lausanne, 437 pp.
- Collins, Michael P. and Lampert, Paul. (1973). "Redistribution of Moments at Cracking - The Key to Simpler Torsion Design?" Analysis of Structural Systems for Torsion, ACI Publication SP-35, American Concrete Institute, Detroit, pp. 343-383.
- Collins, Michael P., and Mitchell, Denis. (1987). Prestressed Concrete Basics, CPCI (Canadian Prestressed Concrete Institute), 614 pp.
- Gere, James M. (2001). Mechanics of Materials, Brooks/Cole Thomson Learning, 5th Edition, 926 pp.
- Hsu, Thomas T. C. (1968). "Torsion of Structural Concrete-Behavior of Reinforced Concrete Rectangular Members," Torsion of Structural Concrete, ACI Publication SP-18, American Concrete Institute, Detroit, pp. 261-306.
- Lampert, Paul. (1970). Torsion und Biegung von Stahlbetonbalken(Torsion and Bending of Reinforced Concrete Beams), Bericht 27, Institute für Baustatik, Zurich, January 1970.
- Lampert, Paul. and Thürlimann, Bruno. (1971). "Ultimate Strength and Design of Reinforced Concrete Beams in Torsion and Bending," Publications, International Association for Bridge and Structural Engineering, Zurich, Vol. 31-I, 1971, pp. 107-131.
- Lampert, Paul, and Collins, Michael P. (1972). "Torsion, Bending, and Confusion - An Attempt to Establish the Facts," ACI Journal, Proceeding, Vol. 69, No. 8 August 1972, pp. 500-504.
- Leet, Kenneth and Bernal, Dionisio. (1997). Reinforced Concrete Design, The McGraw-Hill Com., Inc., 3rd Edition, 546 pp.
- Lessing, N. N. (1959). Determination of the Load Carrying Capacity of Reinforced

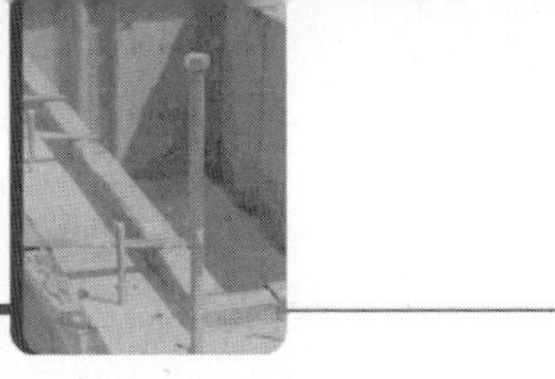

Concrete Elements with Rectangular Cross–Section Subjected to Flexure with Torsion, Work 5. Institute Betona i Zhelezobetona, Moscow, pp. 4–28.

- MacGregor, James G. and Ghoneim, Mashour G. (1995). "Design for Torsion," ACI Structural Journal, Vol. 92, No. 2, March–April 1995, pp. 211–218.
- Mitchell, Denis and Collins, Michael P. (1976). "Detailing for Torsion," ACI Journal, Proceedings, Vol. 73, No.9, September 1976, pp. 506–511.
- Nilson, A. H., Darwin, D., and Dolan, C. W. (2003). Design of Concrete Structures, McGraw–Hill Com., Inc., 13th Edition, 779 pp.
- Wight, James K. and MacGregor, James G. (2012). Reinforced Concrete Mechanics and Design, 6th Edition, Pearson Prentice–Hall, Inc., 1157 pp.
- Zia, P., and Hsu, T. T. C. (2004). "Design for Torsion and Shear in Prestressed Concrete Flexural Members," PCI Journal, Vol. 49, No. 3, May–June 2004, pp. 34–42.

8.1

그림 P8.1의 각각의 단면에 대한 A_{cp} (속빈 단면 A_g), p_{cp}, A_{0h}와 p_h를 계산하라. 단, 그림에 규정이 되어있지 않으면 피복두께는 40 mm로 하라.

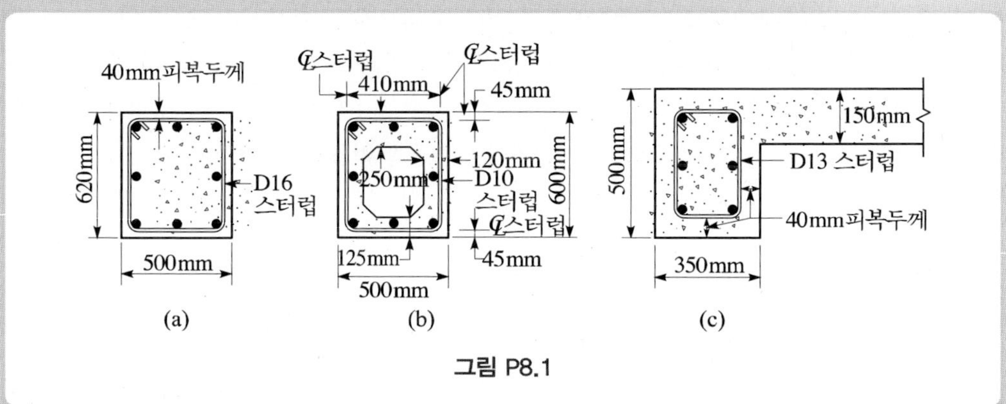

그림 P8.1

8.2

그림 P8.2의 프리스트레스트 콘크리트 보에는 D13(d_b = 12.7 mm, f_{yt} = 400 MPa) 폐쇄스터럽으로 비틀림모멘트에 대해서 보강되었다. 시험체 P3, P1 및 P5 보의 균열 비틀림모멘트를 구하여, 실험에서 구한 값과 비교하고 검토하라. 단, 모든 콘크리트는 보통중량 골재로 만들어졌다.

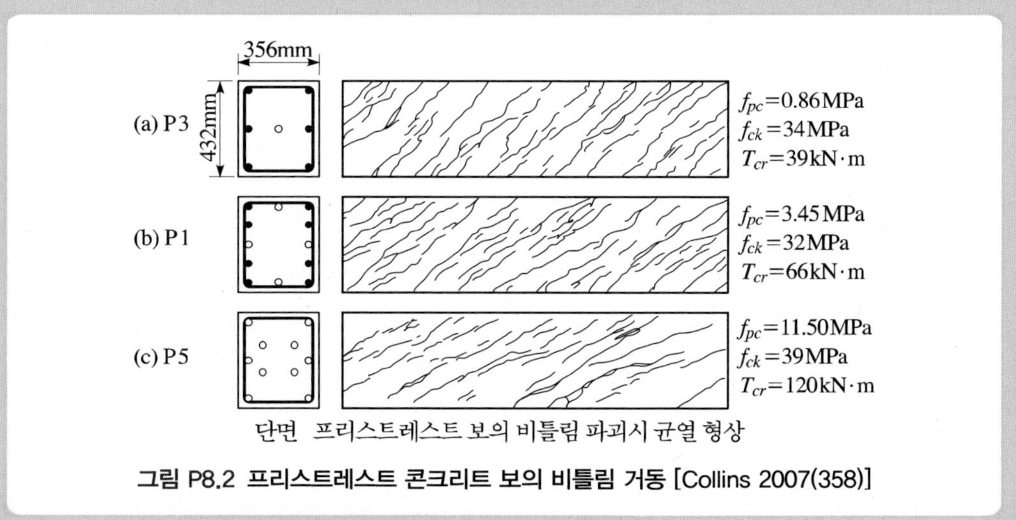

그림 P8.2 프리스트레스트 콘크리트 보의 비틀림 거동 [Collins 2007(358)]

8.3

포스트텐션 박스형 거더 단면에는 계수 휨모멘트 $M_u = -4,500$ kN · m 가 작용하여 그림 P8.3의 상부에 보이는 직경 50 mm의 4개의 덕트에 각각 8개의 지름 12.7 mm 저이완 7연선($f_{pu} =$ 1,860 MPa, $f_{pe} =$ 1,080 MPa)이 배치되었다. 이 위험단면에는 계수 $V_u =$ 650 kN과 $T_u =$ 240 kN · m가 작용한다. 사용되는 재료는 설계기준압축강도 $f_{ck} =$ 40 MPa의 보통중량골재 콘크리트와 철근의 항복강도 $f_y = f_{yt} =$ 400 MPa이다. 구조기준에 따라 비틀림 설계를 수행하여야 되는지 판단하고, D10 폐쇄스터럽 및 D13 종방향 철근을 이용하여 설계하라.

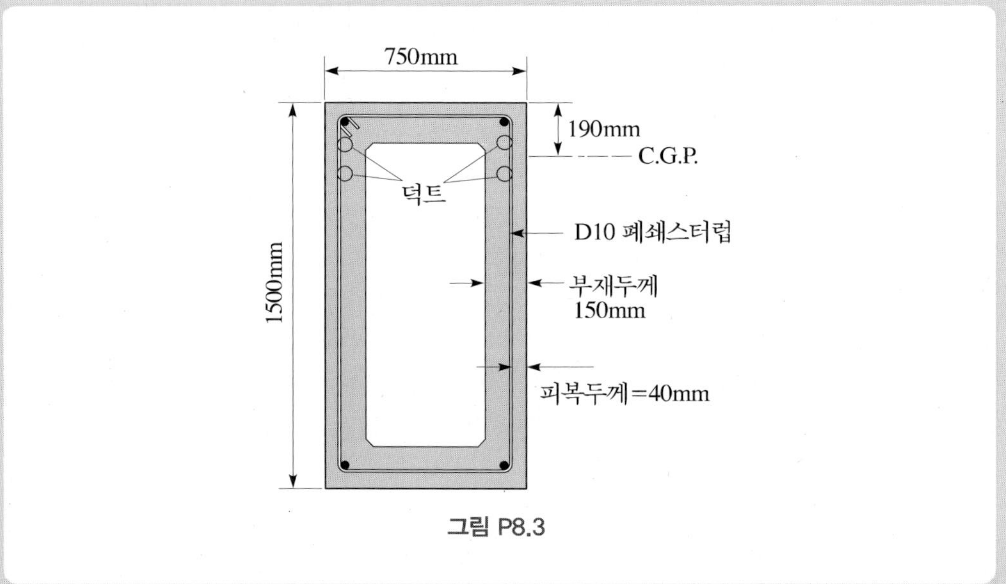

그림 P8.3

8.4

[L형 프리스트레스트 콘크리트 테두리 보의 비틀림 설계] [Collins 1987(384)] 그림 P8.4에는 프리캐스트 프리스트레스트 콘크리트 L형 테두리 보(spandrel beam)(또는 장선받이, ledge beam)를 보여주고 있다. L형 보는 기둥에 비틀림에 대해서 구속되었고, 긴장재로는 16개 직경 12.7 mm 저이완 7연선 B종(f_{pu} = 1,860 MPa, $f_{pe} = 0.55f_{pu}$ = 1,023 MPa) 긴장재가 직선으로 배치되었다. 보통중량골재 f_{ck} = 35 MPa의 콘크리트가 사용되었다.

길이 15 m에 500 mm 깊이의 더블 T형 보에는 토핑을 포함하여 고정 등분포하중 3.5 kN/m^{2}이 작용하고, 추가 고정 등분포하중으로 1.0 kN/m^2, 그리고 등분포 활하중으로 2.4 kN/m^{2}이 작용한다. $f_y = f_{yt}$ = 400 MPa로 가정하여 L형 테두리보의 휨, 전단 및 비틀림모멘트에 대해서 설계하라.

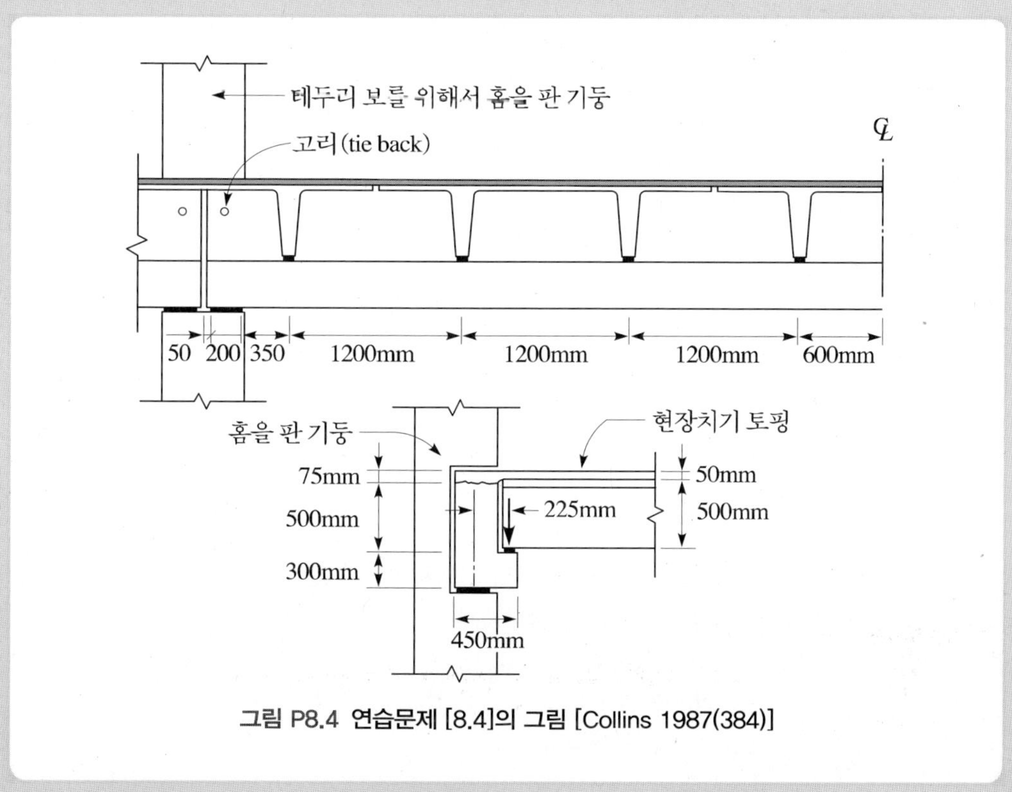

그림 P8.4 연습문제 [8.4]의 그림 [Collins 1987(384)]

연습문제 | EXERCISE

8.5

[L형 프리스트레스트 콘크리트 테두리 보의 비틀림 설계] [Naaman 2012(425-426)] 그림 P8.5에 보이는 프리캐스트 프리스트레스트 콘크리트 L형 테두리보(spandrel beam)(또는 장선받이, ledge beam)는 주차장 구조물의 일부로 설계된다. 테두리보는 자신의 고정하중에 더하여 바닥시스템의 일부인 더블 T형 보의 반력을 지지해야 한다. 테두리보의 기둥간의 경간은 9.6 m이고 더블 T형 보의 경간은 13.2 m이다. 더블 T형 보에는 50 mm의 토핑이 배치되어 합성단면이 되며, 토핑으로 1.2 kN/m^{2}의 고정하중이 증가하여 각 보에는 $1.2 \times 2.4 = 2.88$ kN/m의 하중이 작용한다. 테두리보에는 더블 T형 보의 복부로 전달되는 집중하중이 작용하고, 각 더블 T형 보의 고정하중은 4.7 kN/m이다.

- 바닥판의 등분포 활하중 : $w_l = 5.75$ kN/m^{2}은 더블 T형 보에는 등가로 $5.75 \times 2.4 = 13.8$ kN/m로 작용한다.
- 응력한계(표 2.15 참고) : $\bar{f}_{cs} = 0.6 f_{ci} = 21$ MPa ; $\bar{f}_{ti} = -0.25\sqrt{f_{ci}} = -1.48$ MPa ; 지속하중 $\bar{f}_{cs} = 0.45 f_{ck} = 22.5$ MPa ; 전체하중 $\bar{f}_{cs} = 0.60 f_{ck} = 30$ MPa ; $\bar{f}_{ts} = -0.63\sqrt{f_{ck}} = -4.45$ MPa
- 보통중량골재 콘크리트 : $f_{ck} = 50$ MPa ; $f_{ci} = 35$ MPa ; 토핑 $f_{ck} = 25$ MPa
- 보강재-긴장재 : 저이완 7연선 B종 직경 15.2 mm ; $f_{pu} = 1{,}860$ MPa ; $f_{py} = 0.9 f_{pu} = 1{,}674$ MPa ; $f_{pe} = 0.554 f_{pu} = 1{,}030$ MPa ; $e_{e(\text{받침부})} = 165$ mm ; 부착 철근 : $f_y = f_{yt} = 400$ MPa

(1) 보통 부착철근은 배치하지 않고, 7개의 긴장재 중에서 5개는 직선으로 배치하고, 2개는 경간 중앙에서 허용 가능한 최대 편심을 갖고 1점 절곡하여 배치할 때 긴장재의 긴장력에 문제가 없는지 검토하여 조종하고, 중요 단면에 대해서 긴장재를 배치하라.

(2) 전단력 분포도를 그려서 더블 T형 보의 복부(다리)에서 전단을 검토하고, 다리 2개의 D10 U형 스터럽을 배치한다고 보아 전단에 대해서 설계하라.

(3) 테두리보의 끝은 비틀림모멘트로 인해서 회전하지 않도록 구속되었다고 가정하고, 비틀림모멘트 분포도를 그리고, 횡방향 비틀림 보강철근(D10 폐쇄스터럽)과 종방향 보강철근을 설계하라. 주요 단면에 대해서 상세 배근도를 그려라.

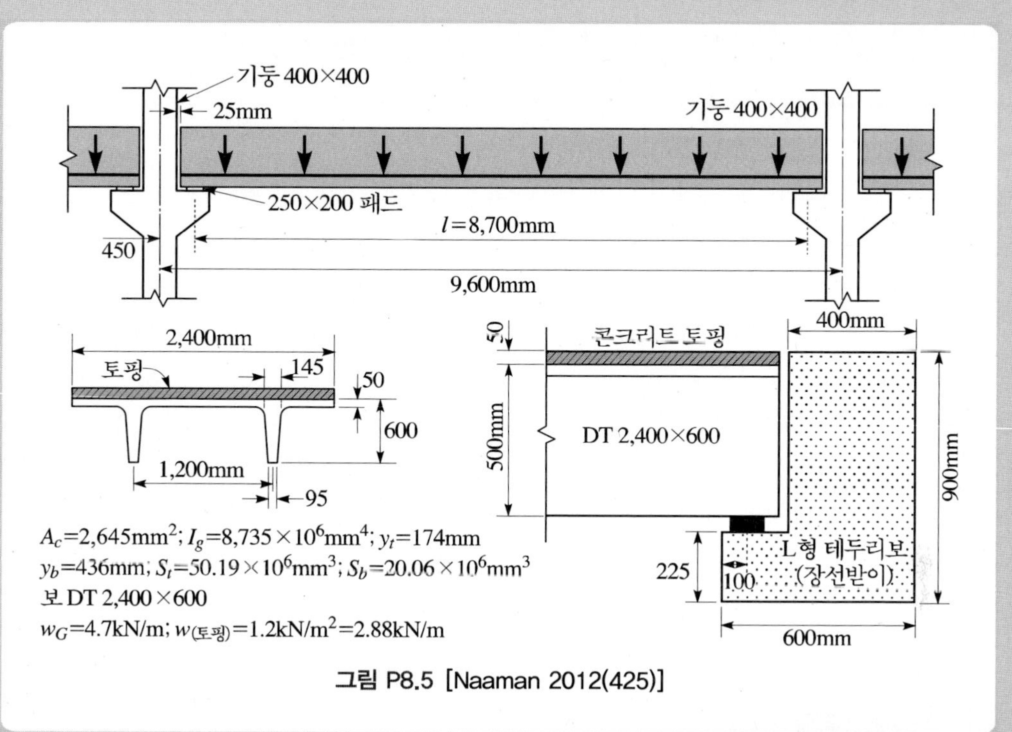

그림 P8.5 [Naaman 2012(425)]

CHAPTER 09

정착구역의 설계
Design of Anchorage Zone

긴장재와 콘크리트 사이에서 긴장력(prestressing force)의 전달(transmission)은 프리텐션 콘크리트 부재에서는 부착력(bond stress)을 통해서 전달되고(2.2.3장 4.2.2장, 7.4.2장 참고), 포스트텐션 콘크리트 부재에서는 외적인 정착장치(external anchorage system)를 통해서 전달되게 된다. 긴장재의 긴장력은 지압판 뒤의 콘크리트에 집중 압축응력으로 작용하여 지압판으로부터 얼마간의 거리가 떨어져서 보의 전체 단면으로 확산되어 분포하중으로 작용하게 된다(그림 9.2 참고). 이 영역을 프리텐션 부재에서는 **전달구역(transmission zone)**이라고 하고, 포스트텐션 부재에서는 **정착구역(anchor zone)**이라고 한다[Rajagopalan 2005(304)].

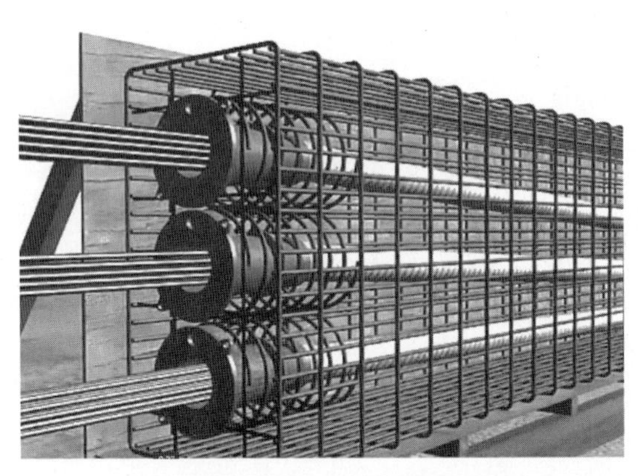

그림 9.1 교량 거더의 다발 정착장치

상당히 큰 집중 긴장력을 구조물 내부로 도입해야 되는 포스트텐션 콘크리트에서 전형적인 교량 긴장재에는 19개의 직경 15.2 mm 강연선이 배치되고, 이런 경우에 긴장력은 거의 4,000 kN($19 \times 138.7 \times 0.8 \times 1,860 / 10^3 = 3,921$ kN)에 도달하여 전체 하중은 DB-18 하중의 총하중 324 kN에 12배에 이르게 된다. 더군다나 교량의 거더에서 몇몇의 길이가 긴 긴장재는 그림 9.1과 같이 촘촘하게 그룹으로 배치되기도 한다[PTI 2000(1.1)].

만약에 정착장치가 파괴되는 경우에 긴장재에 축적되어있던 상당한 크기의 탄성 에너지(spring energy)가 갑작스럽게 방출되어 대형 붕괴사고로 이어질 수도 있을 것이다. 따라서 이렇게 큰 긴장력을 구조물에 전달하기 위해서는 정착장치를 설계하거나 실험하는데 또한 정착구역을 설계하고 설계상세를 검토하고 시공하는데 상당한 주의를 기울여야 한다.

그림 9.2a에는 직사각형 단면 보에 집중 긴장력이 작용하는 경우의 주응력 궤적도를 보여주고 있다. **지압판(bearing plate)** 전면(ahead of, 용어정의 : 그림 9.3b 참고)에 작용하는 집중 압축응력은 보에 분산되어 지압판으로 부터 얼마간의 거리를 지나서는 일정한 등분포응력 분포(즉, $f_x = P/bh$ 인 상태)에 이르게 된다. 이렇게 응력이 분산되는 구역을 **정착구역(anchorage zone)**이라고 한다. Saint-Venant 원리에 따라 이 구역의 범위는 제한되는데 실용적인 목적을 위해서 일반적으로 부재의 가장 큰 단면 치수와 같은 거리로 취하게 된다(그림 9.3a 참고).

압축응력이 구조물 내부로 분산되기 위해서는 응력흐름이 긴장력과 평행한 방향으로부터 벗어나야 되고 이러한 응력 흐름의 방향전환이 그림 9.2b와 같이 지압판의 전면에서는 횡방향 압축응력을 발생하게 하고, 얼마간 거리가 떨어져서는 횡방향 인장응력을 발생하게 한다. 이렇게 지압판에서 얼마간 거리를 두고 발생하는 횡방향 인장응력을 보통 **파열력(bursting force)**이라고 부르고, 이 횡방향 인장력은 부재에 축방향을 따라 축방향 균열을 일으킬 수 있다. 그림 9.2c와 d에는 선형-탄성 주압축응력과 주인장응력 등고선을 보여주고 있다. 이 등고선으로부터 다음과 같은 사항을 알 수 있다.

(1) 지압판 바로 전면에는 큰 지압과 압축응력이 작용하게 된다.
(2) 파열력이 작용하는 **파열구역(bursting zone)**은 지압판의 전면에서 얼마간의 거리를 두고 존재하며 횡방향 인장 파열응력이 작용한다.

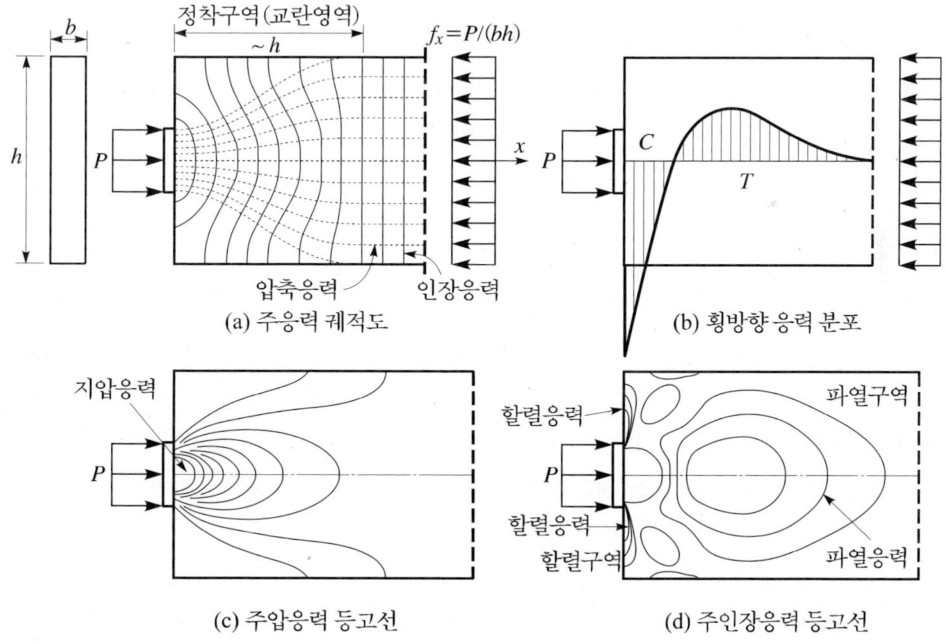

그림 9.2 포스트텐션 부재의 정착구역(교란영역)에서 응력의 흐름과 주응력 등고선 [PTI 2000(1-2)]

(3) 지압력이 작용하는 부재의 단부(loaded edge) 주위에 작은 인장응력이 집중되는 구역이 존재한다. 이 응력을 보통 **할렬응력(spalling stress)**이라고 부른다.

긴장재 정착구역은 정착장치 바로 전면의 높은 압축응력이 작용하는 구역을 **국소구역(local zone)**으로, 정착장치와 얼마간 거리가 떨어져서 할렬력과 파열력이 작용하는 구역을 **일반구역(general zone)**으로 설계를 위해서 구분하고 있다(그림 9.3a 참고). 이렇게 두 구역으로 구분하여 설계자나 정착장치 제작자에게 명확하게 작업의 범위와 책임을 정의할 수 있을 것이다. 간단하게 말해서 설계자는 일반구역의 설계에 책임을 지고, 정착장치 제작자는 국소구역의 설계와 성능을 책임지게 되는 것이다.

정착구역 설계의 목적은 사용하중이 작용할 때 균열의 폭을 적당하게 조종하면서 긴장력을 구조물에 안전하게 도입하는 것이다. 정착구역 설계에 있어서 가장 자주 발생하는 문제는 복잡한 보강재로 인해서 국소 구속철근을 배치하는데 어려움이 있거나 또는 콘크리트를 타설할 때 다짐(consolidation)에 어려움이 있는 것이다[NCHRP 356]. 따라서 정착구역에 보강재는 적절하게 배치하는 것이 매우 중요하다.

종종 보고되는 또 다른 문제는 특히 긴장재를 따라 콘크리트에 일어나는 종방향 균열문제이다. 그림 9.2b와 d에서 보면 이런 균열이 일어날 것을 예상할 수 있다. 그러나 이런 균열이 일어났다고 해서 구조물의 성능이 저하됐다는 것을 의미하지는 않는다. 설계의 목적은 이런 균열의 발생을 억제하기 보다는 균열이 발생할 때 그 폭이나 범위를 조종하는 것이라고 볼 수 있다. **긴장재를 따라 발생하는 균열(tendon path cracking)**이 일어나지 못하도록 방지하기 위해서는 **횡방향 긴장재(transverse post-tensioning)**를 배치하거나 아니면 인장응력이 최소가 되도록 정착장치를 배치하거나 긴장순서를 결정하여야 한다.

불필요하게 너무 안전 측의 설계가 되어 보강재가 너무 복잡하게 배치되지 않도록 다음과 같은 사항을 고려하여야 한다[PTI 2000(2), VSL 1991(5)].

(1) 일반적으로 긴장재를 긴장할 때 긴장력이 가장 높기 때문에 정착장치에 대해서 하중 시험을 수행하는 것과 같게 된다. 긴장 작업을 멈추기 전(lock-off)에 최대 긴장응력은 보통 긴장재의 최대 인장강도의 80%($0.80f_{pu}$)로 제한되고, 정착 과정이 수행되면 즉시 $0.70f_{pu}$ 이하로 감소하게 되고(표 2.16 참고), 시간이 지남에 따라 콘크리트의 크리프와 건조수축 및 긴장재의 **릴랙세이션(relaxation, 이완)** 때문에 긴장력은 더욱 감소하게 된다(최종 유효긴장응력 f_{pe}).

(2) 긴장 작업을 할 때에 긴장력은 긴장장치(stress jack)의 수압력과 긴장재의 늘어난 길이를 측정하는 방법을 통하여 2중으로 관측하게 되므로 예기치 않은 과다긴장(over-stressing)

이 발생하기는 거의 불가능하게 된다. 더군다나 만약에 과다 긴장이 일어나서 긴장재가 과다하게 늘어나면 긴장재의 응력이 항복응력 범위로 들어가게 되므로 추가적인 경고를 주게 된다.

(3) 긴장재의 긴장력은 **정착장치 효율(anchorage efficiency)**에 따라 제한 받게 된다. **긴장재의 최대 저항력(maximum tendon capacity)**은 대략 $0.95f_{pu}$ 로 이 한계에 이르면 쐐기(wedge)는 풀리기 시작하고 각각의 강연선은 끊어지려 시작하게 된다(**긴장재의 파단강도, breaking strength of a tendon**).

(4) 일반적으로 콘크리트 강도를 확인한 뒤에 긴장력을 도입하고, 긴장 작업은 보통 재령이 작은 초기에 수행하므로 콘크리트 강도가 28일 압축강도의 80% 정도일 때 도입되게 된다. 따라서 긴장력을 도입한 뒤에 콘크리트 압축강도의 증가로 추가적인 안전을 확보하게 된다.

(5) 부착 긴장재에서 그라우트를 수행하게 되면 추가적인 긴장재 정착장치 메커니즘이 발달하게 된다.

정착구역에서 보강재가 과도하여 복잡하게 배치되는 것은 피해야 되지만, 이 구역이 전체 구조물에 비해서 아주 작은 일부분으로 정착구역에 보강재를 최소화하여 얻는 이점은 전체적으로 볼 때 그렇게 크지 못하다는 점을 기억하여야 한다.

지압판(bearing area)에 작용하는 집중하중으로 인한 높은 국부적 응력으로 인해서 응력분포는 교란(disturbed) 되어있고, 이런 **교란구역(disturbed region, D 구역)**에 대한 설계는 이러한 응력의 분포를 좀 더 정확하게 예측하는 절차를 통해서 이루어져야 한다. 1987년 Schlaich 등[1987]은 소위 말해서 '설계상세', '과거의 경험' 또는 '좋은 관행'에 따른 적절하지 않고 일관적이지도 않은 교란영역의 처리가 구조물의 성능을 저하시키거나 또는 구조물을 파괴까지 일으키는 주요한 원인중의 하나라고 언급하고 있다.

9.1 정착구역의 설계 일반(General Design Criterion for Anchorage Zone)

구조기준 9.9.1(ACI 18.13)에서 포스트텐션 부재의 정착구역은 정착장치에 집중된 프리스트레스 힘을 횡방향으로 분산시켜서 단면 전체에 선형의 응력 분포가 되도록 하는 구역을 말하고, 정착구역의 길이는 Saint-Venant 원리에 따라 단면의 깊이(h) 또는 폭(b) 중에서 큰 값으로 취하는데 연장되는 길이는 횡방향 규격의 1.5배 보다 커서는 안 된다고 규정하고 있다(그림 9.3a 참고)[ACI 18.13.1, 도로기준 4.6.3.9(1)].

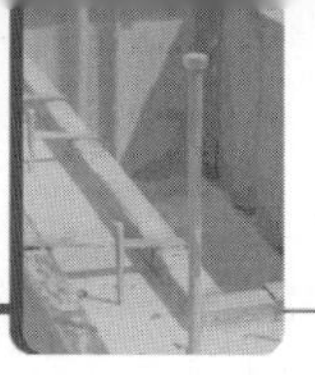

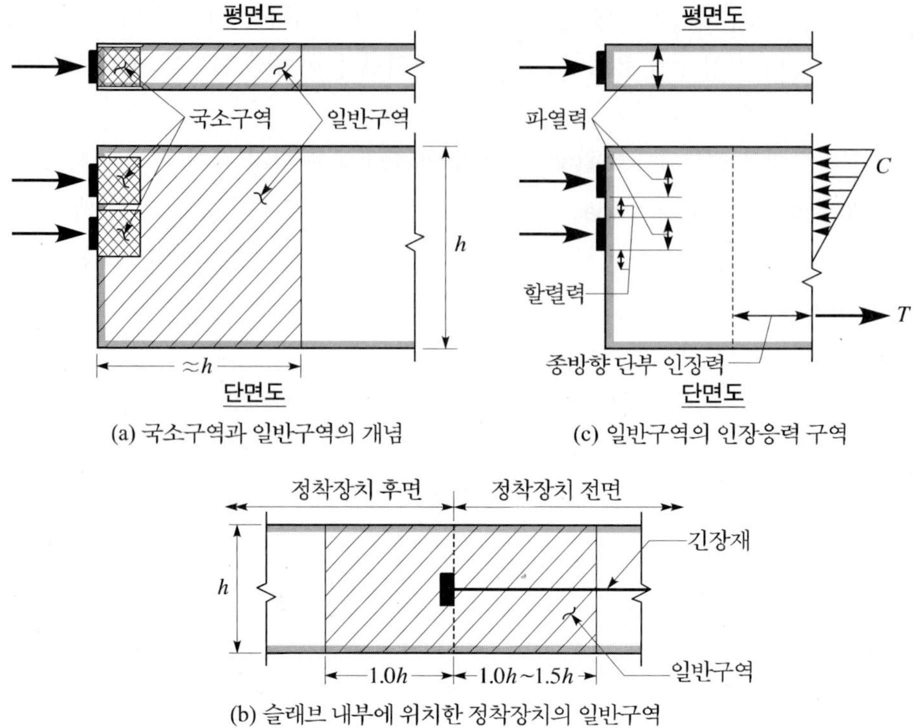

그림 9.3 정착구역(= 국소구역 + 일반구역) [ACI R18.13.1, ACI 2014(R25.9.1.1)

정착구역(anchorage zone)은 그림 9.3a와 같이 설계를 위해서 **국소구역**(local zone)과 **일반구역**(general zone)으로 나누며, 국소구역은 구속철근을 포함한 정착장치와 이들을 둘러싸고 있는 콘크리트 사각기둥으로 정의하고(만약에 형상이 원형 또는 타원형인 경우에 등가의 사각형으로 고려), 일반구역은 국소구역을 포함하는 정착구역으로 정의한다. 정착구역(국소구역 및 일반구역)은 최대 프리스트레싱 강재의 긴장력에 대해서 하중계수 1.2(표 1.4 참고, 구조기준 3.3.2(5), ACI 9.2.5, 도로기준 4.6.3.2)에, 포스트텐션 정착구역의 강도감소계수 0.85(표 1.5 참고, 구조기준 3.3.3(2)⑤, ACI 9.3.2.5)를 적용하여 설계하여야 하므로, 계수긴장력(factored prestressing force) P_{pu} 는 표 2.16의 긴장시 최대긴장력 $P_{jack} = (0.80 f_{pu}) A_{ps}$ 를 도입하여 아래와 같이 표현할 수 있다.

$$P_{pu} = (1.2) P_{jack} = (1.2)(0.80 f_{pu} A_{ps}) = 0.96 f_{pu} A_{ps} \tag{9.1}$$

그러나 도로기준 4.6.3.2(3)에서는 정착구역에 대해서 보통 콘크리트인 경우에 강도감소계수 0.80을 경량콘크리트인 경우에는 0.65를 제시하고 있다.

구조기준 9.9.1(4)(ACI 18.13.4, 도로기준 4.6.3.9(3)②)에서 정착구역에서 인장재의 공칭인장강도를 아래와 같이 제한하고 있다(식 (4.58) 참고).

$$\begin{cases} \text{부착철근} & : f_s \le f_y \\ \text{부착긴장재} & : f_{ps} \le f_{py} \\ \text{비부착긴장재} & : f_{ps} \le f_{pe} + 70 \end{cases} \tag{9.2}$$

구조기준 6.4.2(3)(ACI 10.9.3)을 만족하는 나선철근[1]이나 띠철근으로 구속되는 경우를 제외하고 일반구역의 콘크리트 공칭압축강도(nominal compressive strength) $(f_{ci})_n$ 는 아래 값 이하이어야 한다.

$$(f_{ci})_n = 0.7\lambda f_{ci} \tag{9.3}$$

여기에서 콘크리트 질량계수 λ 는 전경량골재 콘크리트 = 0.75, 모래경량골재(부분경량골재) 콘크리트 = 0.85, 보통중량골재 콘크리트 = 1.0을 적용하고, 골재를 부분적으로 치환하는 경우에는 체적비에 따라 직선보간 하여야 한다. 만약에 경량골재 콘크리트에 대한 쪼갬인장강도 f_{sp} (−)가 주어지면 $\lambda = f_{sp}/(-0.56\sqrt{f_k}) \le 1.0$ 을 대입하여야 한다(식 (2.11) 참고).

위에서 언급한 바와 같이 포스트텐션 정착구역에서 강도감소계수 0.85를 적용하므로 구속되지 않은 일반구역의 유효 설계강도(effective design strength)는

$$(f_{ci})_D = \phi(f_{ci})_n = \phi(0.7\lambda f_{ci}) = 0.85(0.7\lambda f_{ci}) = 0.6\lambda f_{ci} \tag{9.4}$$

로 표현할 수 있다. 식 (9.3)은 구속에 의해서 콘크리트의 압축강도가 증가한다는 것을 암시하고 있다. 구조기준 해설 9.9.1(4)③(ACI R18.13.4.3)에서 언급하는 바와 같이 1994년 Breen 등의 실험은 주 긴장재의 축에 직각으로 보조 긴장재를 배치하여 압축응력을 도입하는 것이 정착구역의 강도를 증가시키는데 효과적이라는 것을 보여주고 있다[NCHRP 356].

구조기준 9.9.1(4)③(ACI 18.13.4.3)에서는 포스트텐션을 도입할 때의 콘크리트 압축강도는 설계도서에 명시하여야 하며, 낮은 압축강도를 보상하기 위해서 접촉면적이 넓은 크기가 큰 정착장치를 사용하거나 또는 최종 프리스트레스 힘의 50%를 초과하지 않는 힘으로 단계적으로 긴장하는 경우를 제외하고는 콘크리트의 압축강도가 다발강연선에 대해서는 적어도 28 MPa, 단일강연선이나 강봉에 대해서는 17 MPa이 되기 전에는 프리스트레스를 도입해서는 안 된다고 규정하고 있다.

1. 구조기준 6.4.2(3)(ACI 10.9.3)의 최소나선철근비 규정 : $\rho_s = 0.45(A_g/A_{ch} - 1)(f_{ck}/f_{yt})$

9.2 지압판의 설계(Design of Bearing Plates)

정착장치로부터 콘크리트로의 긴장력의 전달은 종종 상표 등록된 **특수 지압판**(special bearing plate)을 사용하여 얻어진다. 형상이 상당히 복잡한 특수 지압판은 보통 콘크리트에 작용할 수 있는 압력보다 상당히 높은 지압력에 저항하기 위해서 그림 9.4나 그림 9.13과 같이 **구속철근**(confinement reinforcement)을 장착하게 된다.

특수 지압판은 대부분 상당히 높은 지압력에 저항할 수 있도록 개발되고 있다. 긴장력이 도입될 때 원주형 공시체 압축강도가 25 MPa인 콘크리트에 지압응력은 65 MPa을 초과하기도 한다. 아직은 이러한 특수 지압판의 거동을 해석적으로 분석하지 못하므로 실험을 통해서 성능을 검토하여야 한다.

기본적인 지압판은 지압응력(bearing pressure limit)과 강도(strength) 그리고 강성(stiffness)을 만족하면 되므로 굳이 실험을 할 필요는 없다.

아래에 소개되는 기본 지압판 설계식은 PTI(1999)에서 소개된 방법으로 AASHTO 규정에서 도입하면서 약간 수정되었다.

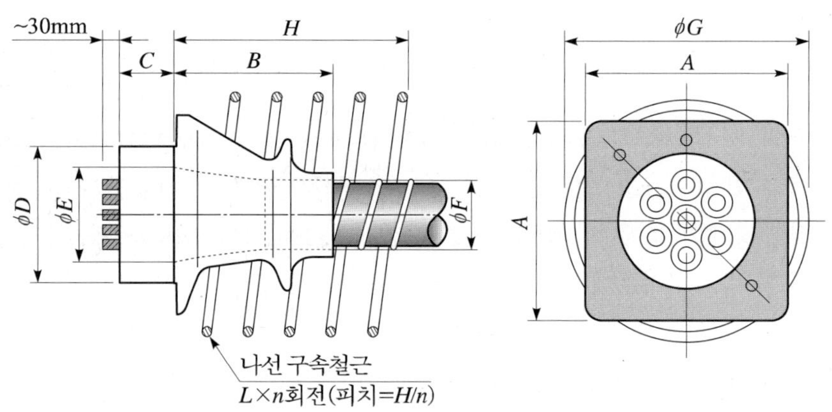

그림 9.4 특수 지압판 [VSL Type EC]

9.2.1 PTI 기본 지압판 설계 규정(Basic Bearing Plate Design Provisions)[PTI 2000(3.2.1)]

(1) **허용 지압응력(allowable bearing stress) f_{cpi}** : 최대 긴장력 $P_{jack} = (0.8f_{pu})A_{ps}$ 이 작용할 때 허용 지압응력은 다음과 같다.

$$f_{cpi} = \begin{cases} 0.5f_{ci}\sqrt{A/A_g} \le 1.0f_{ci} & : \ \rho_s = 0\,\% \\ 0.75f_{ci}\sqrt{A/A_g} \le 1.5f_{ci} & : \ \rho_s > 2\,\% \end{cases} \tag{9.5}$$

여기에서 f_{cpi} = 긴장력이 도입될 때 허용 지압응력 ; f_{ci} = 긴장력이 도입될 때 콘크리트의 실린더 압축강도 ; $A = a_x \times a_y$ **분포 면적(distribution area)**(그림 9.5 참고) ; $A_g = b_x \times b_y$ 총 지압판 면적 ; ρ_s = 국소구역의 체적 철근비(volumetric reinforcement ratio)로 긴장재 방향에 연직하게 전체 국소구역에 2 직각방향으로 분포하여 배치하여야 한다. 식 (9.5)와 (9.6)은 보통중량 콘크리트에 적용하며, 경량콘크리트인 경우에는 허용지압응력을 적어도 18% 감소시켜야 한다.

(2) 만약에 $0\% < \rho_s \leq 2\%$ 의 최소 국소구역 보강재가 배치되는 경우 : 허용 지압응력(allowable bearing stress)은 식 (9.5)의 두 값을 선형 보간(linear interpolation)하여 결정한다.

(3) 설계식 : 최대 긴장력 $P_{jack} = (0.8f_{pu})A_{ps}$ 이 작용할 때 평균 지압응력에 대한 설계식은 다음과 같다.

$$f_{bi} = \frac{P_{jack}}{A_b} = \frac{(0.8f_{pu})A_{ps}}{A_b} \leq f_{cpi} \tag{9.6}$$

여기에서 유효 지압면적 $A_b = A_g - A_a$ (덕트 개구부 단면적)이다(그림 9.7 및 예제 9.1 참고).

(4) **분포면적(distribution area)** A 는 정착장치의 전체 지압면적 A_g 와 도심은 일치하여야 하지만, 그림 9.5와 같이 주어진 한계 안에서 각 방향의 비율은 다르게 적용될 수 있다.

(5) **국소구역 구속보강재(local zone confinement reinforcement)**는 구속되지 않은 콘크리트의 허용 압축응력을 초과하는 콘크리트의 전체 체적에 배치하여야 한다. 이 보강재는 국소구역 전체에 x 방향과 y 방향에 고르게 분포하여 배치하여야 한다.

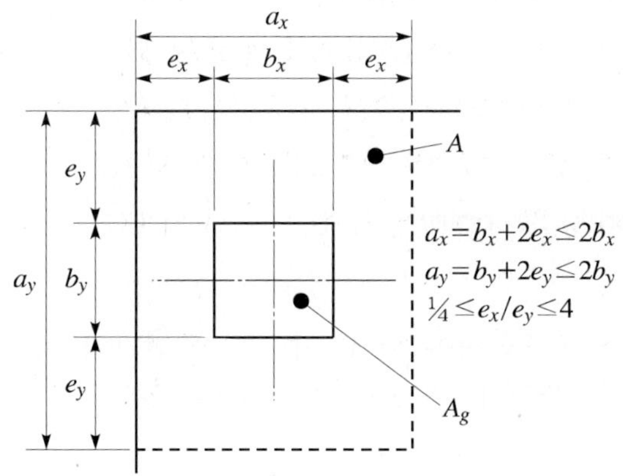

그림 9.5 지압판 분포면적 A [PTI 2000(4)]

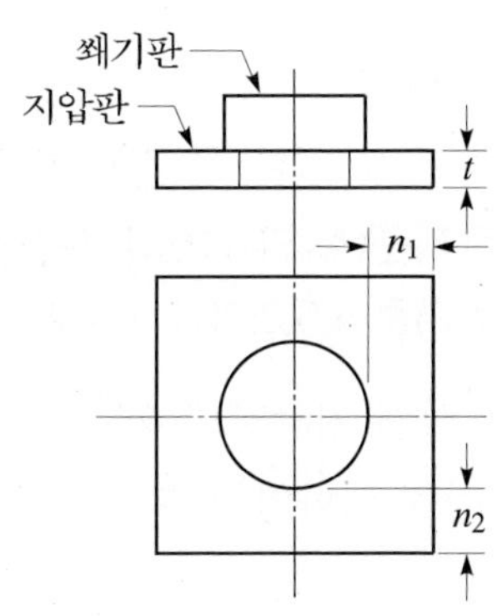

그림 9.6 지압판의 돌출길이 n [PTI 2000(5)]

(6) **강도 조건(strength requirement) :** 최대 긴장력 P_{jack}가 작용할 때 지압판의 휨응력(bending stress)은 아래 식을 초과할 수 없다.

$$f_s = 3f_{bi}(n/t)^2 \le 0.8f_{sy} \tag{9.7}$$

여기에서 n = **지압판(bearing plate)**의 끝에서 **쐐기판(wedge plate)** 끝까지의 가장 긴 길이(돌출길이, overhang ; 그림 9.6 참고) ; t = 지압판 두께 ; f_s = 지압판 휨응력 ; f_{sy} = 지압판의 항복강도이다.

(7) **강성 조건(stiffness requirement) :** 최대 긴장력 P_{jack}가 작용할 때 지압판의 두께는 아래 식을 만족하여야 한다.

$$n/t \le 0.08\sqrt[3]{E_s/f_{bi}} \tag{9.8}$$

여기에서 E_s = 지압판의 탄성계수이다.

(8) 지압판과 쐐기판 사이의 허용 지압응력 : 최대 긴장력 P_j가 작용할 때 지압판과 쐐기판 사이의 허용 지압응력은 다음 식을 만족하여야 한다.

$$f_{sbi} \le 1.5f_{sy} \tag{9.9}$$

여기에서 f_{sbi} = 최대 긴장력 $P_{jack} = (0.8f_{pu})A_{ps}$ 이 작용할 때 쐐기판 밑의 지압응력이다. 전형적인 A36(~국내 SS400) 강재 지압판에서 긴장력을 도입할 때에 27.5 MPa에서 강도 조건이 설계를 지배하며, 강성 조건은 더 강도가 높은 재료에서 지배하게 된다. 일반적으로 고강도 재료를 사용한다고 해서 경제적인 설계가 되지는 못한다.

식 (9.9)는 쐐기판과 지압판 사이의 지압응력을 제한하고 있다. 이런 지압응력은 아주 높은 응력을 받지만 작용하는 부분이 매우 제한적이어서 항복응력보다 큰 응력이 문제가 되지는 않는다.

9.2.2 도로기준(AASHTO)의 지압강도(Bearing Strength) [도로기준 4.6.3.9(7), AASHTO 5.10.9.7.2]

콘크리트의 설계 지압강도 ϕf_{cpi}는 다음 식을 만족하여야 하며, 이 식은 일반구역(general zone)에 보강철근(파열 및 할렬 보강철근)이 배치[2]되거나 또는 정착장치 앞 긴장재 축으로의

2. PTI 2000(3.2.2)에서는 전체 체적에 대해서 적어도 2%의 철근비를 긴장재가 배치되는 방향에 연직해서 일반구역에 배치(각 방향으로 1%씩 배치)하도록 제안하고 있다.

콘크리트 연장이 국소구역 길이의 최소 2배 이상일 경우에만 적용할 수 있다.

$$\phi f_{cpi} \le \phi(0.7f_{ci})\sqrt{\frac{A}{A_g}} \le \phi(2.25f_{ci})\ ;\ (\text{즉},\ \sqrt{\frac{A}{A_g}} \le \frac{2.25}{0.7} = 3.214) \qquad (9.10)$$

여기에서 포스트텐션 정착구역에 대한 강도감소계수 $\phi = 0.85$이고, 지압판과 도심이 동일하면서 기하학적으로 닮은꼴의 최대 콘크리트 면적 $A = (na)(nb)$ (na = n배의 횡방향 폭 a, nb = n배의 종방향 폭 b)[3], 유효지압면적 $A_b = A_g - A_a$ (덕트 개구부 단면적), 총지압면적 $A_g = ab$ 이다(그림 9.7 참고). 계수긴장력이 작용할 때 지압판 재료가 충분히 견고해서 항복하지 않는 경우에는 전체 지압판의 면적을 A_g 와 A_b 계산에 사용할 수 있다.

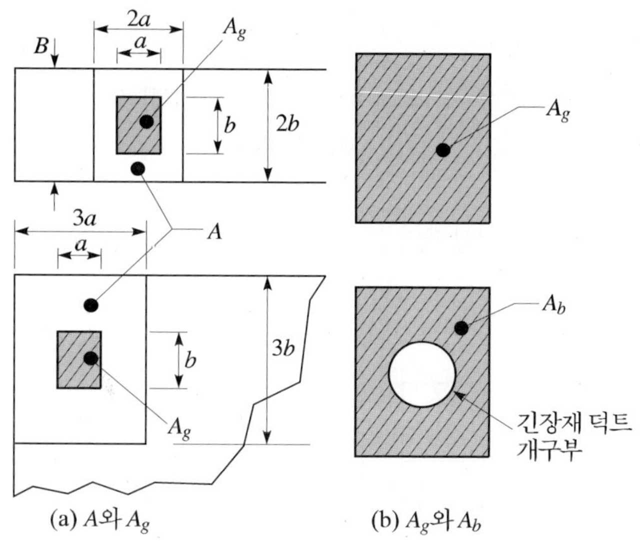

그림 9.7 AASHTO(C5.10.9.7.2.1)의 A, A_g 및 A_b 정의

예제 9.1

[지압판의 설계] [PTI 2000(6.1.1)]

원자력 발전소 격납구조물의 링빔(ring beam)은 55개의 직경 12.7 mm 7연선으로 그림 9.8과 같이 포스트텐션 되었다. 긴장재는 $P_{jack} = (0.8f_{pu})A_{ps} = (0.8 \times 1,860)(55 \times 98.71) = (1,488)$

---

3. 분포면적 A에 대한 정의가 PTI와 도로기준(AASHTO)에서 서로 약간 차이가 난다. 도로기준(AASHTO)에서는 닮은꼴로 지압판 면적을 확대할 수 있고, PTI에서는 실험을 통하여 꼭 닮은꼴일 필요(some distortion)는 없다고 언급하고 있다[PTI 2000(3.2.2)].

$(5,429)/10^3 = 8,078$ (kN)으로 긴장되었다. 지압판은 A36(~ SS400) 강재($f_{sy} =$ 248 MPa) 로 제작되었다. 아래 사항을 PTI 2000 규정에 따라 수행하라.

(a) 쐐기판과 지압판 사이의 지압응력을 검토하라.

(b) 지압판의 두께를 결정하라.

(c) 긴장력을 도입할 때 콘크리트의 소요 강도를 결정하라.

(a) 쐐기판과 지압판 사이의 지압응력 검토 :

① 쐐기판과 지압판이 접촉하는 면적 계산 : 쐐기판의 직경 290 mm에서 덕트의 직경 230 mm를 뺀 면적이 접촉 면적이다.

$A_w = 3.14\ (290^2 - 230^2)\ /4 = 24,492\ (\text{mm}^2)$

② 지압응력 검토 : 식 (9.9)

$f_{sbi} = P_{jack}/A_w = 8,078 \times 10^3 / 24,492 = 330$ (MPa)

$< 1.5 f_{sy} = 1.5(248) = 372$ (MPa) <OK>

(b) 지압판의 두께 결정 :

① 그림 9.8의 단면 A에서 지압판의 돌출길이 n은 105 mm이다.

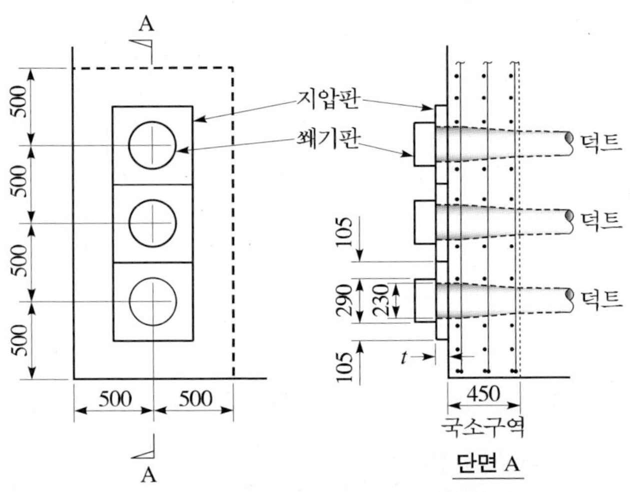

그림 9.8 기본 지압판의 설계 [PTI 2000(27)]

② 긴장력 도입할 때 콘크리트에 작용하는 지압응력 : 식 (9.6)

유효 지압판 면적 : $A_b = 500^2 - (230^2 \times 3.14\ /4) = 208,452\ (\text{mm}^2)$

$\therefore\ f_{bi} = P_{jack}/A_b = 8,078 \times 10^3\ /\ 208,452 = \underline{38.6\ (\text{MPa})}$

③ 강도조건에 다른 소요 두께 계산 :

식 (9.7) : $f_s = 3f_{bi}(n/t)^2 \le 0.8f_{sy}$

$$t_1 \ge n/\sqrt{\frac{0.8f_{sy}}{3f_{bi}}} = 105/\sqrt{\frac{0.8\times248}{3\times38.6}} = 105/1.306 = 80.4\ (\text{mm})$$

④ 강성조건에 다른 소요 두께 계산 : $E_s = 205,000$ MPa (도로기준 2.3.3)

식 (9.7) : $n/t \le 0.08\sqrt[3]{E_s/f_{bi}}$

$$t_2 \ge n/\left(0.08\sqrt[3]{E_s/f_{bi}}\right) = 105/\left(0.08\sqrt[3]{205,000/38.6}\right) = 105/1.40 = 75.2\ (\text{mm})$$

⑤ 지압판의 소요 두께 결정 :

$(t_1 = 80.4\text{ mm}) > (t_2 = 75.2\text{ mm})$; $t_1 = 80.4$ mm 지배

$\therefore\ t_{(설계)} \ge t_1 = \underline{80.4\text{ mm}}$

(c) 긴장력을 도입할 때 콘크리트의 소요 강도를 결정 :

① 지압판 전체 면적 A_g 계산 : $A_g = 3\times(500\times500) = 750,000\ (\text{mm}^2)$

② 지압판의 도심이 같은 분포면적 A 계산 : 그림 9.8a 참고

그림 9.5 :

짧은 변 : 긴장재 도심에서 좌측의 경계면까지 분포면적에 포함 : $e_x = 250$ mm

긴 변 : 하부 경계면까지 포함 : $e_y - 250$ mm

$0.25 < (e_x/e_y = 250/250 = 1.0) < 4$ <OK>

짧은 변 : $a_x = b_x + 2e_x = 500 + 2(250) = 1,000$

$\le 2b_x = 2(500) = 1,000$ <OK>

긴 변 : $a_y = b_y + 2e_y = 1,500 + 2(250) = 2,000$

$< 2b_y = 2(1,500) = 3,000$ <OK>

$A = a_x a_y = (1,000)(2,000) = 2,000\times10^3\ (\text{mm}^2)$

$\sqrt{A/A_g} = (2,000/750)^{(1/2)} = 1.633$

③ 그림 9.8b와 같이 구속철근이 $\rho_s > 2\%$ 이상 배치된다고 보아 식 (9.5) 중에서, $f_{cpi} = 0.75f_{ci}\sqrt{A/A_g}$ 를 적용한다.

식 (9.6) 설계식 : $f_{bi} \le f_{cpi} = 0.75f_{ci}\sqrt{A/A_g}$

$\therefore\ f_{ci(소요)} \ge f_{bi}/(0.75\sqrt{A/A_g}) = 52.2/(0.75\times1.633) = 42.6\ (\text{MPa})$

$\therefore\ f_{ci(설계)} = \underline{43\text{ MPa}} > f_{ci(소요)} = 42.6$ MPa <OK>

9.3 국소구역의 설계(Design of Local Zone)

국소구역(local zone)은 정착장치의 전면(ahead of)과 이를 둘러싸는 콘크리트 구역으로, 구속되지 않은 콘크리트에 허용되는 압축응력을 초과하는 구역이다. 이 구역의 설계나 상세에서 가장 주된 사항은 매우 높은 압축응력을 고려하는 것이다[PTI 2000(4.1)].

만약에 횡방향으로 구속되게 되면 콘크리트의 압축강도는 증가하게 된다(식 (9.12) 참고). 이러한 횡방향 구속은 기둥의 나선철근 영향과 같이 아주 촘촘하게 배치되는 보강재로부터 얻을 수 있다. 긴장재의 정착구역에서 압축응력은 매우 빠르게 분산되므로, 정착구역 전면 부분의 아주 작은 국소구역에만 구속철근을 배치하면 된다.

만약에 지압판의 면적이 지지하는 콘크리트의 면적에 비해서 아주 작은 경우에는 둘러싸는 콘크리트가 구속력을 주게 된다. 이런 경우에 특별하게 설계된 국소 구속철근이 필요하지 않을 수도 있지만 일반구역에 대한 보강철근 규정은 반듯이 만족시켜야 한다.

포스트텐션 시스템 공급자는 긴장재 정착장치 요소의 설계와 실험에 대한 책임을 지게 된다. 이런 책임에는 지압판과 국소구역 구속 철근이 적절한 성능을 발휘하는 내용도 포함되어야 된다. 국소 구속철근(local zone confinement reinforcement)은 정착장치의 한 부분으로 전체 시스템에 좌우되므로 포스트텐션 시스템 공급자가 반듯이 공급하여야 한다.

기본 지압판(basic bearing plate)은 따로 실험을 할 필요는 없는데 그 이유는 지압응력과 강도 및 강성에 대한 규정에 따라 설계한 기본 지압판은 일반 정착구역이 적절하게 설계만 되었다면 만족한 성과를 얻을 수 있기 때문이다.

구조기준 해설 9.9.1(2)에서는 국소구역의 설계는 최종적으로 특정한 정착장치가 선택될 때까지 완료되지 못하는 경우도 있다고 언급하며, 만약에 특수한 정착장치가 사용되는 경우에 공급자는 장치가 **품질인증기준**[4]을 만족한다는 시험정보와 사용할 때 필요한 조건을 제출하여야 한다고 규정하고 있다.

또한 구조기준 9.9.1(2)②(ACI 18.13.2.2)에서는 정착장치의 적절한 기능수행을 위하여 필요한 위치에 국소구역 보강을 하여야 한다고 규정하고, 특수한 정착장치가 사용된 경우에는 정착장치에 명시되어 있는 구속철근과는 별도로 **표피철근(skin reinforcement)**[5]을 정착구역에 배치하여야 하며, 이 추가 철근은 정착장치의 품질 인증시험에서 사용된 표피철근량에 상응하는

4. ACI 318에서는 AASHTO LRFD 5.10.9.7.2로 제시하고, 도로기준 4.6.3.9(7)에서는 “국소구역의 규격”을 제시하고 있고, 구조기준에서는 따로 언급하지는 않고 있다.
5. 표피철근(skin reinforcement) : 국부적인 균열의 폭과 간격을 제한하기 위하여 정착구역의 전면(ahead of)에 가깝게 배치하는 철근으로 일반구역에서 다른 용도(휨, 전단, 수축 등)로 사용된 철근을 이 목적을 위해서 사용할 수도 있다.

철근비 이상이어야 하며 배치형태도 유사하게 하여야 한다고 제안하고 있다(그림 9.12 참고).

9.3.1 국소구역의 규격(Dimensions of the Local Anchorage Zone)[PTI 2000(4.3)]

단독 또는 간격이 넓게 배치된 다중 정착장치

(1) 횡방향 규격(transverse dimension)[도로기준 4.6.3.9(7)①, AASHTO 5.10.9.7.1), PTI 2000(4.3.1)] : 특수 정착장치에 대해서 독립적으로 보증된 제작자의 연단거리 제시가 없는 경우에는 각 방향으로의 국소구역의 횡방향 규격은 사용하는 정착장치와 주변 환경을 고려하여

① 제작자의 보증된 연단거리의 제시가 없는 경우 : 지압판 규격에 콘크리트 최소 피복두께의 2배를 더한 값과 구속 철근의 외곽 치수에 콘크리트 피복두께를 더한 값 중에서 큰 값을 취한다(그림 9.9a 참고).

② 제작자의 보증된 연단거리가 제시된 경우 : 다발로 배치되는 경우에 제작자가 규정한 연단거리의 2배 또는 중심 간의 간격 중에서 작은 값을 취한다(그림 9.9b 참고).

(2) 축방향 길이(length of local zone) : 다음 중에서 큰 값을 취하며, 국소구역 폭의 1.5배 이하이어야 한다.

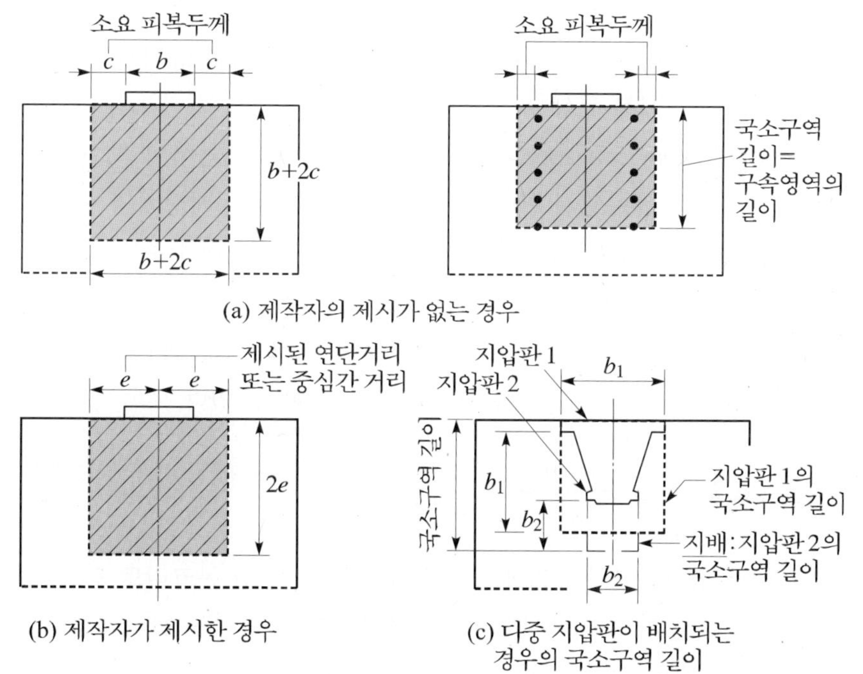

그림 9.9 국소구역의 규격 [AASHTO C5.10.9.7.1.1, PTI 2000(10)]

① 국소구역의 최대 폭, ② 정착장치 구속철근의 길이(그림 9.9a 참고) 및 ③ 다중 지압면을 갖는 경우에 가장 내부에 위치하는 지압판의 바닥까지의 깊이에 해당 지압면의 최대치수를 더한 값(그림 9.9c 참고)

(3) 정착구가 인접하여 배치되어 있는 경우에는 개별 정착구 전체를 포함하는 확장된 국소구역도 고려되어야 한다(그림 9.11 참고).

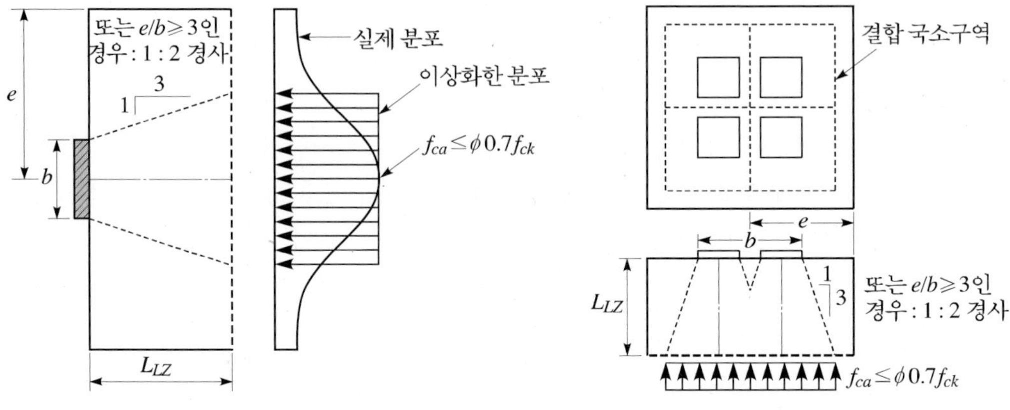

그림 9.10 지압판 전면의 응력 분산 [PTI 2000(11)]

그림 9.11 간격이 좁게 배치되는 지압판의 국소구역[PTI 2000(11)]

따라서 국소구역의 규격은 포스트텐션 공급자가 제공하는 규격과 특징에 따라 좌우되게 된다. 설계과정에서 통상 공급자는 아직 알 수 없으므로 아래의 간단한 식은 **최소 국소구역 면적(minimum local zone area, 분산면적)** A_{LZ} 를 가늠하여 최소 단부 거리나 중심간의 거리를 산정할 수 있게 한다. 이러한 사항은 실제 정착장치의 형상에는 영향을 받지 않지만 긴장력의 크기는 반듯이 알아야 한다[PTI 2000(4.3.1)].

공칭 긴장강도는 1.2(하중계수) × $0.8A_{ps}f_{pu}$ / 0.85(강도감소계수) = $1.13A_{ps}f_{pu} \approx 1.15A_{ps}f_{pu}$ 를 긴장시의 콘크리트 공시체의 압축강도 f_{ci} 로 나누어 주면 $A_{LZ} = a_x a_y$ (분산면적, distribution area)을 아래와 같이 구할 수 있다.

$$A_{LZ} = a_x a_y = \frac{1.15A_{ps}f_{pu}}{f_{ci}} \tag{9.11}$$

이 식은 국소 정착구역의 규격에 구속된 구역 바로 밖의 콘크리트 강도(즉 구속되지 않은 콘크리트 강도)가 하한한계(lower bound)로 작용한다는 관측에 근거를 두고 있다. 국소구역의 길이(length of the local zone)는 또한 국소구역의 경계에서 응력한계 안에 들어야 한다는 조건으로 결정할 수도 있다. 사용하중이 작용할 때 콘크리트의 허용응력으로는 $0.5f_{ci}$ 를 추천하는데 이 값은 도로기준(AASHTO)에서 콘크리트의 설계강도가 $\phi 0.7f_{ci} = 0.85 \times 0.7f_{ci} = 0.6f_{ci}$ (식 (9.10))가 되고, 여기에 하중계수 1.2로 나누어 주면 $0.5f_{ci}$ 가 된다.

국소구역 끝의 콘크리트 압축강도는 긴장력을 유효 콘크리트 면적으로 나누어 구할 수 있다. 유효면적의 크기는 연단 거리와 장치 중심 간의 거리에 영향을 받는 압축응력을 분산하는 효과에 좌우된다. 그림 9.10에서와 같이 분산비(a rate of dispersal)는 전형적으로 1 : 3으로 가정하며, 이 가정으로 계산되는 압축응력은 선형-탄성 응력 분포와 근접한 결과를 얻을 수 있다[NCHRP 356]. 만약에 연단거리가 지압판 폭보다 3배 이상(e/b ≥ 3) 떨어져 있어서 정착장치가 간격을 두고 배치되는 경우에는 좀더 가파른 분산비 1 : 2로 가정할 수도 있다.

간격이 좁게 배치된 다중 정착장치[PTI 2000(4.3.2)]

여러 개의 정착장치를 각각의 국소구역이 중복되게 가깝게 배치하는 경우가 발생할 수 있다. 이런 경우에 그림 9.11과 같이 각각의 국소구역을 모두 포함하는 확장된 결합 국소구역도 고려하여야 한다. 이런 확장된 국소구역 단면적은 각 정착장치의 국소구역 단면적을 더한 값과 같아야 하고, 확장된 국소구역의 길이는 개개의 국소구역 길이보나 길어야 히는데 그 이유는 개개의 지압판일 때보다 응력의 분산이 더디기 때문이다.

9.3.2 국소구역 보강재의 배치(Local Zone Reinforcement)[PTI 2000(4.4)]

종종 정착구역에서 보강철근의 배치를 잘못하거나 또는 콘크리트를 잘못 배치하고 제대로 진동다짐을 하지 못할 때 문제가 발생할 수 있다. 이러한 문제들의 근원은 보강철근이 너무 복잡하게 배치될 때 발생할 수 있다[NCHRP 356]. 국소구역에는 보강철근이 상당히 많이 배치되기 때문에 모든 보강철근과 정착장치 부품을 보여주는 완벽한 상세 도면을 준비하여야 한다. 특히 국소구역에서 보강철근 및 정착장치 부품 등과 콘크리트는 어떻게 배치하고 다져야 하는지에 대해서 명확하게 제시하여 한다. 국소구역 철근은 아래에 언급하는 바와 같이 정확한 위치에 배치하는 것이 매우 중요하다.

식 (9.5)의 $\rho_s = 0\%$의 기본 지압판(basic bearing plate)에는 국소구역 구속철근을 배치할 필요는 없지만 개개의 국소구역을 서로 묶거나 표면균열을 억제(control surface crack)하기 위해서 기본 보강 철근을 배치하는 것이 좋다. 다음 장에서 다루는 일반구역 보강철근(general zone reinforcement)을 이런 목적을 위해서 사용된다고 보면 될 것이다.

식 (9.5)의 $\rho_s \geq 2\%$인 경우에는 기본 지압판(basic bearing plate)에 국소구역 구속철근을

2% 배치하여야 한다. 이 철근은 보통 나선철근을 배치하지 않고 직교하는 띠철근을 배치하는데 그 이유는 기본 지압판의 지압응력이 상대적으로 작아서 구속력이 더 효과적인 나선철근을 굳이 배치할 필요는 없기 때문이다.

최소 국소구역 구속철근은 긴장재의 방향에 연직하게 x 방향 및 y 방향으로 각각 1%씩을 직교하여 분산 배치하여야 한다. 띠철근 중심 간의 거리는 100 mm 이상 떨어지지 않는 것이 좋고, 철근은 국소구역을 넘어서 정착할 수 있도록 충분히 연장되어야 한다. 일반구역에서 배근되는 철근을 이 2% 철근의 계산에 포함할 수도 있다.

상당한 집중 압축력에 대비하도록 제작되는 특수 지압판(special bearing plate, 그림 9.4 참고)은 대부분 가장 구속력에 효과적인 나선철근을 장착하고 있다. 그러나 이런 경우에도 일반구역과 국소구역을 묶거나 또는 표면균열을 억제하기 위해서 띠철근을 배치하여야 한다. 이렇게 서로 직교하여 배치된 철근은 일반구역의 보강재 계산에 포함시킬 수 있어서, 종종 나선철근과 직교하는 띠철근을 혼합하여 사용한다.

구속철근으로 배치하는 나선철근과 직교하는 띠철근의 등급은 적어도 SD400(f_y = 400 MPa) 이상이어야 하고, 나선철근의 직경은 전체 국소구역을 포함할 수 있을 정도로 커야 하며, 나선피치(spiral pitch)는 45 mm ~ 75 mm 범위에 들어야 한다. 나선철근(코일철근)은 정착장치와 중심이 같도록 지압판에 가능한 가깝게 배치하여야 하고, 나선철근의 첫 번째 회전은 정착장치의 지압표면에서 25 mm 이상 떨어지지 않아야 한다.

띠철근은 중심간격 150 mm 이하로 배치하여야 하고, 첫 번째 띠철근은 지압판 전면에서 25 mm 이상 떨어지지 않아야 한다.

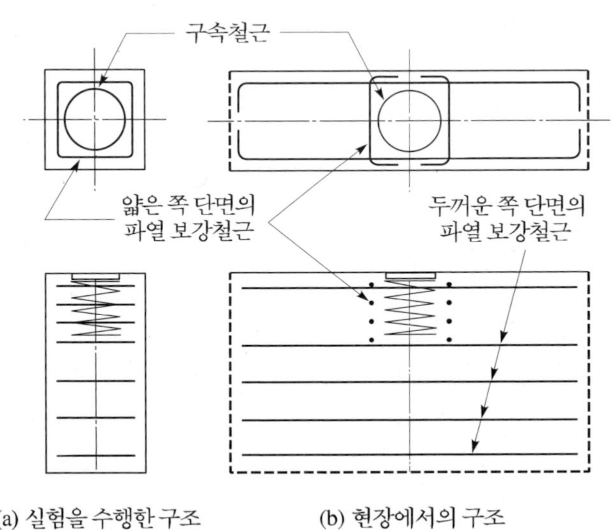

그림 9.12 국소 보강철근에 대한 실험과 현장 배치의 융통성 [PTI 2000(12)]

특수 지압판에 대한 국소구역 철근은 공급자가 제시한 보강철근과 등가(equivalent)이면서 유사(similar)하게 배치하여야 한다. 인증실험에 의해서 적정성을 만족시킨 보강철근의 배치는 현장의 실제 구조가 시험한 공시체의 구조와 꼭 일치하지 않더라도 그림 9.12와 같이 적당히 변경하여 적용할 수도 있다. 예를 들어서 부수적인 표면철근을 약간 수정하여 일반구역의 전체 구역에 연장하여 배치하는 변경은 충분히 받아들일 수 있는 상황이다(그림 9.12 참고).

9.3.3 구속철근으로 인한 지압강도의 증가 (Bearing Strength by Confinement Reinforcement)

대부분의 포스트텐션 시스템에는 그림 9.13과 같이 국소영역의 콘크리트를 구속하여 지압강도를 증가시키기 위해서 나선철근(코일철근)을 배치하고 있다. 이러한 나선철근은 전형적인 다발 정착장치에서 지압응력이 콘크리트의 지압강도(식 (9.10))를 안전하게 지지하지 못하는 경우에 배치할 수 있다.

구속철근이 지압강도에 미치는 효과는 1928년 Richart 등이 그림 9.14와 같이 수압으로 구속응력 f_3 를 도입하여 수행한 시험에서 구속력이 축응력 f_1 을 식 (9.12)와 같이 증가시키는 효과가 있다는 것을 증명하였다. Richart 등은 또한 수압 대신에 구속철근을 배치해도 이 식이 유효하다는 것을 보여주었다.

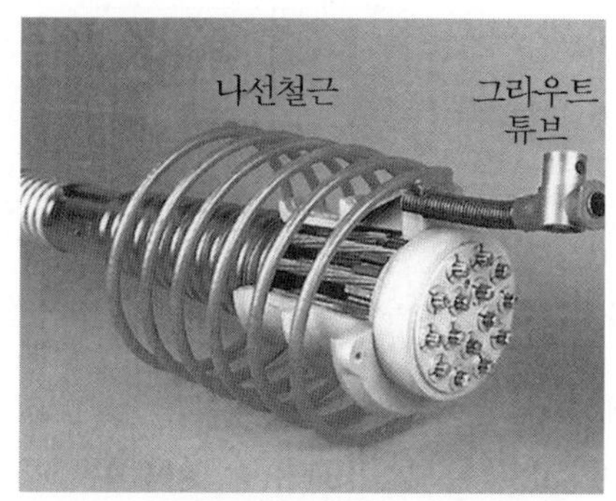

그림 9.13 전형적인 포스트텐션 앵커의 국소구역에 배치되는 나선철근 [Dywidag]

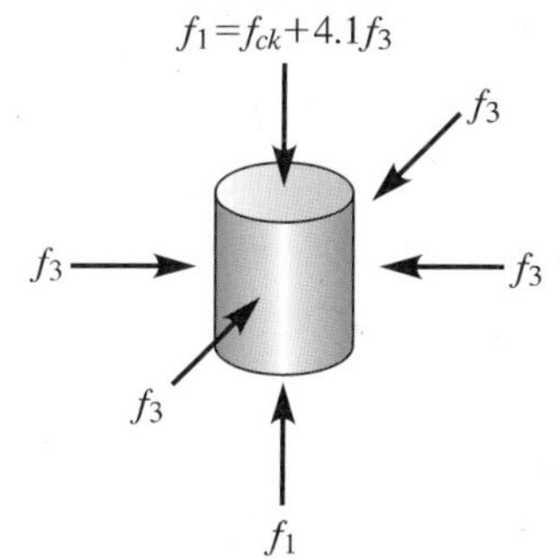

그림 9.14 수압에 의한 구속응력 f_3 의 도입 [Richart 1928]

$$f_1 = f_{ck} + 4.1f_3 \tag{9.12}$$

나선철근이 배치될 때 이 구속철근으로 인해서 증가하는 구속응력 f_3 를 그림 9.15b 자유물체도의 절단면에 대한 힘의 평형을 적으면,

$$d_c s(f_3) \equiv \sum T = (2A_{bar})f_{yt} = A_s f_{yt}$$

$$f_3 = \frac{A_s f_{yt}}{d_c s}$$

여기에서 d_c = 나선철근 바깥 표면을 기준으로 하는 직경 ; s = 나선철근의 간격(pitch) ; A_{bar} = 나선철근의 단면적 ; f_{yt} = 나선철근의 설계기준 항복강도이다.

따라서 이 식을 식 (9.12)에 대입하여 구속철근으로 인해서 증가되는 구속력 $f_{cc} \times A_{core}$ 를 구하면서, 코어에 배치되는 덕트의 면적 $A_{(덕트)}$ 를 빼주면 다음과 같이 표현할 수 있다(그림 9.15c 참고).

$$P_{cc} = f_{cc} A_{core} = 4.1 \frac{A_s f_{yt}}{d_c s} A_{core} = 4.1 \frac{A_s f_{yt}}{d_c s} \left[\frac{\pi d_c^{\,2}}{4} - A_{(덕트)} \right] \tag{9.13}$$

여기에서

$$\text{원형 단면} \ : \ A_{core} = \frac{\pi d_c^{\,2}}{4} - A_{(덕트)} \tag{9.14}$$

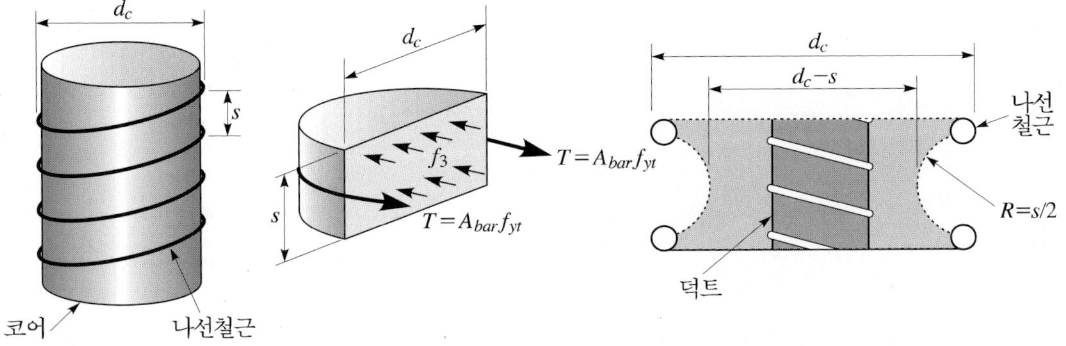

그림 9.15 나선철근으로 보강된 국소구역과 자유물체도 [Axson 2008]

그러나 그림 9.15c에서 보는 바와 같이 구속철근의 구속력은 철근과 철근 사이에서 감소하게 되어 코어의 면적이 감소하게 된다[Roberts 1990]. 따라서 이를 고려하기 위해서 나선철근의 직경 d_c 대신에 $d_c - s$ 를 대입하면,

$$\frac{\pi}{4}(d_c - s)^2 - A_{(덕트)} = \frac{\pi d_c^{\,2}}{4}\left(\frac{d_c - s}{d_c}\right)^2 - A_{(덕트)} = \frac{\pi d_c^{\,2}}{4}\left(1 - \frac{s}{d_c}\right)^2 - A_{(덕트)}$$

가 된다. 이 식을 식 (9.13)과 비교하면서, $(1-s/d_c)^2$ 를 유효계수로 표현하면 다음과 같이 쓸 수 있다.

$$\frac{\pi d_c^{\ 2}}{4}\left(1-\frac{s}{d_c}\right)^2 - A_{(덕트)} \approx \left(\frac{\pi d_c^{\ 2}}{4} - A_{(덕트)}\right)\left(1-\frac{s}{d_c}\right)^2 = A_{core}\left(1-\frac{s}{d_c}\right)^2$$

따라서 이 식을 식 (9.13)에 대입하면, 구속력은

$$P_{cc} = 4.1\frac{A_s f_{yt}}{d_c s}\left(1-\frac{s}{d_c}\right)^2 A_{core}$$

가 되어 구속철근으로 인해서 증가되는 구속응력 f_{cc} 는 다음과 같게 된다.

$$f_{cc} = 4.1\frac{A_s f_{yt}}{d_c s}\left(1-\frac{s}{d_c}\right)^2 \tag{9.15}$$

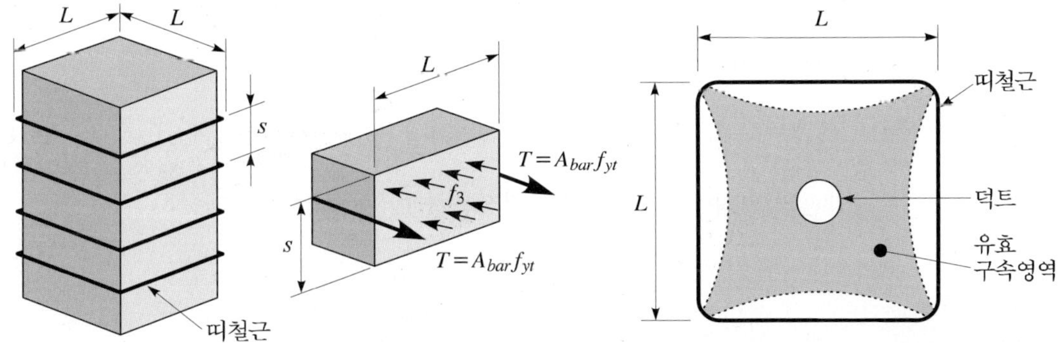

(a) 구속된 콘크리트 코어 (b) 한 피치에 대한 자유물체도 (c) 철근의 Bowing 작용으로 구속영역 감소

그림 9.16 띠철근으로 보강된 정사각형 단면의 국소구역 [Axson 2008]

띠철근이 배치되는 사각형 단면에 대해서는 그림 9.16c와 같이 직선부분 철근의 구속력이 철근의 휘는 작용(bowing action)으로 인해서 감소하여 나선철근에 비해서 효율이 1/2로 감소하는 것이 보고되었다. 이를 고려하기 위해서 식 (9.15)에서 계수 4.1을 k 로 표현하여 다시 적으면,

$$f_{cc} = k\frac{A_s f_{yt}}{d_c s}\left(1-\frac{s}{d_c}\right)^2 \tag{9.16}$$

여기에서 설계를 위해서 간략화하여 나선철근인 경우 $k = 4.0$으로, 띠철근인 경우 $k = 2.0$을 적용하고, 정사각형 단면에 대해서 d_c 대신에 한 변의 길이 L을 적용하여 계산한다.

$A_s = 2A_{bar}$ 이고, s 는 횡방향 철근의 간격(pitch)이고, f_{yt} 는 횡방향 철근의 설계기준 항복강도이다. 띠철근으로 보강된 정사각형 국소구역의 A_{core} 는 다음과 같이 표현할 수 있다.

$$\text{정사각형 단면} \ : \ A_{core} = L^2 - A_{(\text{덕트})} \tag{9.17}$$

따라서 식 (9.10)의 콘크리트 지압강도와 구속철근에 의해서 지압강도의 증가부분인 식 (9.16)을 더하여 적으면 구속철근이 배치되는 경우에 국소구역의 설계 지압강도를 얻게 된다[NCHRP 356].

$$\phi(f_{cpi} + f_{cc}) = \phi\left[(0.7f_{ci})\sqrt{\frac{A}{A_g}} + k\,\frac{A_s f_{yt}}{d_c s}\left(1 - \frac{s}{d_c}\right)^2\right] \tag{9.18}$$

단, $\sqrt{A/A_g} \le 2.25/0.7 = 3.214$; 나선철근 $k = 4.0$, 띠철근 $k = 2.0$이고, $A_s = 2A_{bar}$, 강도감소계수 $\phi = 0.85$이다.

국소구역의 설계는 포스트텐션 정착부에 있어서 최대 프리스트레싱 강재의 긴장력에 대하여 하중계수 1.2를 적용하도록 제시하고 있으므로 계수 지압강도(응력) P_{bu} 를 이용하여 설계식을 적으면 다음과 같게 된다.

$$\phi(P_{cpi} + P_{cc}) = \phi A_b(f_{cpi} + f_{cc}) \ge P_{pu} = 1.2P_{jack} = 1.2(f_{pj}A_{ps}) \tag{9.19}$$

여기에서 A_b 는 지압판의 면적이고, 긴장시의 긴장응력 $f_{pj} = 0.8f_{pu}$ 이다.

예제 9.2

[국소구역의 설계] [Collins 1987(394-396)]

그림 9.17a에는 포스트텐션 보의 정착구역을 보여주고 있다. 각각의 정착장치에는 14개의 B종(f_{pu} = 1,860 MPa) 직경 12.7 mm($A_{ps} = 14 \times 98.71 = 1{,}382$ mm^2) 저이완 강연선이 직경 100 mm 덕트 속에 배치되었다. 긴장 시에 강연선은 인장응력한계 $f_{pj} = 0.80f_{pu} = 0.80 \times 1{,}860 = 1{,}488$ MPa(표 2.16 참고)로 조종하였고, 콘크리트의 압축강도 f_{ci} = 35 MPa로, 횡방향 철근의 항복강도 f_{yt} = 400 MPa로 가정한다.

도로기준 4.6.3.9(7)에 따라 콘크리트의 지압강도를 검토하고, 그림 9.17b와 같이 나선철근으로 국소구역이 보강되었다고 가정하여 구속철근에 의해서 증가하는 지압강도 f_{cc} 를 계산하라.

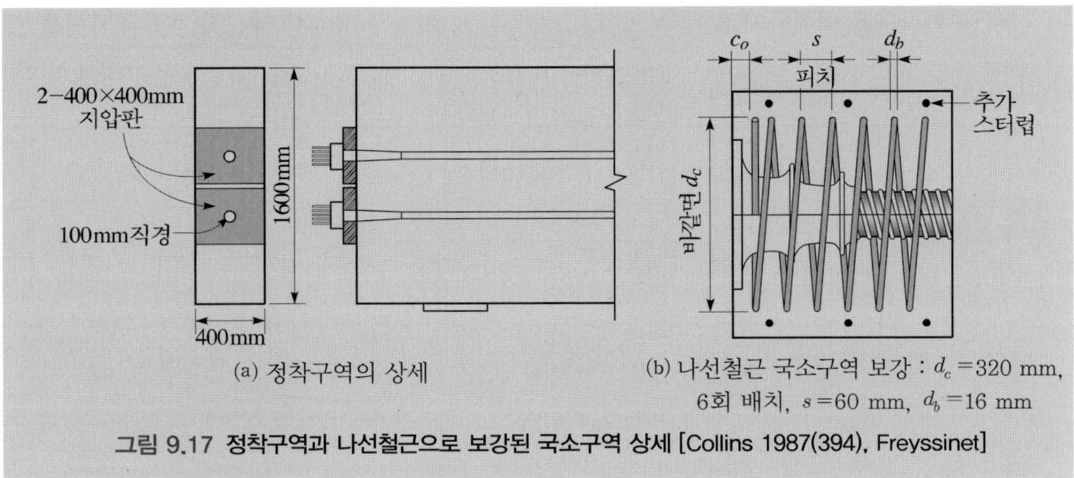

(a) 정착구역의 상세

(b) 나선철근 국소구역 보강 : d_c =320 mm, 6회 배치, s =60 mm, d_b =16 mm

그림 9.17 정착구역과 나선철근으로 보강된 국소구역 상세 [Collins 1987(394), Freyssinet]

① 긴장시에 지압판에 작용하는 긴장력 계산 : $P_{jack} = (0.80 f_{pu}) A_{ps} = (1,488)(1,382)/10^3$ $= 2,056$ (kN)

계수 긴장력 $P_{pu} = 1.2 P_{jack} = 1.2(2,056) = 2,468$ (kN)

② 덕트의 면적 계산 : $A_a = \pi d_a^{\,2}/4 = \pi (100^2)/4 = 7,854$ (mm^2)

③ 각 지압판의 유효지압면적 계산 :

$A_b = A_g - A_a = 400 \times 400 - 7,854 = 160,000 - 7,854 = 152,146$ (mm^2)

④ 계수 지압강도(응력) 계산 : $f_{bu} = P_{pu} / A_b = (2,468 \times 10^3) / 152,146 = 16.2$ (MPa)

⑤ 콘크리트의 지압강도 검토 : 식 (9.18)과 (9.19), 구속철근이 배치되지 않았으므로 $f_{cc} = 0$

도심이 동일한 닮은꼴의 최대 콘크리트 면적 $A \equiv A_g = 160,000\ \mathrm{mm}^2$

$\sqrt{A/A_g} = \sqrt{160,000/160,000} = 1.0 < 3.214$ <OK>

콘크리트의 설계 지압강도 $\phi f_{cpi} = \phi (0.7 f_{ci}) \sqrt{A/A_g} = 0.85(0.7 \times 35)(1.0)$

$= 0.85(24.5) = 20.8$ (MPa) $> f_{bu} = 16.2$ MPa <OK>

⑥ 그림 9.17b와 같이 국소구역이 나선철근으로 보강되었다면 지압강도는 얼마나 증가하는지 검토 :

나선철근 $k = 4.0$; $A_s = 2A_{bar} = 2(198.6) = 397$ (mm^2)

$(1 - s/d_c)^2 = (1 - 60/320)^2 = 0.8125^2 = 0.66$

식 (9.16) : $f_{cc} = k \dfrac{A_s f_{yt}}{d_c s} \left(1 - \dfrac{s}{d_c}\right)^2 = (4.0)[397 \times 400/(320 \times 60)](0.66)$

$= 4.0 \times 8.27\ (0.66) = 21.8$ (MPa)

공칭 지압강도 $\phi f_{cc} = 0.85(21.8) = 18.6$ (MPa)이 구속철근을 배치하여 증가하게 된다. 따

라서 구속철근을 배치하지 않을 때의 $\phi f_{cpi} =$ 20.8 MPa에 비해서 나선철근을 배치했을 경우에 공칭 지압강도 $\phi(f_{cpi} + f_{cc}) =$ 20.8 + 18.6 = 39.4 (MPa)로 89%가 증가하게 된다.

예제 9.3

[국소구역 보강철근의 설계] [PTI 2000(6.1.1)]

예제 [9.1]의 원자력 발전소 격납구조물의 링빔(ring beam) 정착장치 문제에 대해서 국소구역 보강철근(local zone reinforcement)을 설계하라. 전체 3개인 텐던은 각각 $P_{jack} = (0.8f_{pu})A_{ps} =$ (0.8 × 1,860) (55 × 98.71) = (1,488)(5,429)/10^3 = 8,078 (kN)으로 긴장되었다. 긴장시의 콘크리트 실린더 압축강도 $f_{ci} =$ 43 MPa로 가정한다.

예제 [9.1]에서 국소구역에 단부의 단면에서 x 방향과 y 방향에 구속철근이 $\rho_s > 2\%$ 이상 배치된다고 가정하였다. PTI에 따라 국소구역의 단면적은 구속되지 않은 콘크리트의 허용압축응력 $0.5f_{ci}$ 를 초과하지 않아야 된다는 조건으로 결정할 수 있다.

① 전체 긴장재에 대해서 지압판의 소요 분산단면적(distribution area) 계산 :

$0.5f_{ci} =$ 0.5 × 43 = 21.5 (MPa)

전체 긴장력 $3P_{jack}$ = 3(8,078) = 24,234 (kN)

소요 분산 단면적 24,234 × 10^3 / 21.5 = 11,272 × 10^3 (mm^2)

② 국소구역의 길이 L_{LH} 산정 : 그림 9.11과 그림 9.18에서

b = 1,000 mm, e = 750 mm

e/b = 750/1,000 = 0.75 < 3.0 ; 따라서 응력 분산비는 1 : 3으로 고려하여야 한다.

지압판의 길이 : 폭 b_x = 500 mm ; 높이 a_x = 1,500 mm

국소구역의 길이를 구하기 위해서 지압판에서 1 : 3으로 분산되어 만드는 분산단면적이 소요 분산 단면적보다 크게 되면 이 분산단면적에 발생하는 지압응력이 구속되지 않은 콘크리트의 허용 압축응력보다 작게 되어 만족하게 된다.

덕트 3개의 단면적 : $A_{duct} = 3 \times 230^2 \pi/4$ = 124,643 (mm^2)

$L_{LZ} = x$라 놓으면,

A = (500 + $2x/3$)(1,500 + $2x/3$) −124,643 ≡ 11,272 × 10^3 mm^2 → x = 338.23 mm

y 방향 구역 한계 검토 : 338/3 = 113 (mm) < 250 mm (좌우로의 확산 범위) <*OK*>

∴ L_{LZ} = <u>339 mm</u> 로 결정한다.

③ 구속철근의 배치(그림 9.18b 참고) : D19(A_b = 286.5 mm^2) C(또는 U)자 형태 철근을 배

치하기로 한다.

x 방향이나 y 방향에서 철근 중심 간의 거리를 s라 하고, 축방향으로도 철근 중심간의 거리를 동일하게 s라고 가정한다. 즉 배치되는 철근의 중심 간의 거리를 좌우와 앞뒤를 모두 s로 본다는 것이다.

각 방향으로 최소 체적 철근비 1% : 1 % = A_b/s^2

$\therefore\ s_{(소요)} = \sqrt{A_b/0.01} = \sqrt{286.5/0.01} = 169\ (\mathrm{mm})$

따라서 D19 철근을 간격 169 mm 이하로 배치하면 되지만, PTI 2000(4.4)에서 중심간격을 150 mm 이하로 배치하고, 첫 번째 철근은 지압판 전면에서 25 mm 이상 떨어지지 않도록 제안하고 있다. 이를 고려하여 중심간격 150 mm로 배치하기로 한다[구조기준에서는 피복두께 40 mm를 확보하도록 규정하고 있다(표 2.13 참고)].

(L_{LZ} = 339) / 150 = 2.26 개가 소요되므로, 3층으로 배치하기로 한나.

- x 방향 철근의 가닥 수 : (전체 폭 = 1,000 mm) / ($s_{(소요)}$ = 169 mm) = 5.9 개 소요
  따라서 폭 1,000 mm에 2가닥의 철근을 C자 형태로 가공하여 3그룹(2 × 3 = 6가닥)을 배치한다.
- y 방향 철근의 가닥 수 : (전체 폭 = 2,000 mm) / ($s_{(소요)}$ = 169 mm) = 11.8 개 소요
  따라서 폭 2,000 mm에 2가닥의 철근을 C자 형태로 가공하여 6그룹(2 × 6 = 12가닥)을 배치한다.
- x–z 방향 배치 : 지압판 전면에서 25 mm 떨어져서 y 방향 D19 철근을 배치하고 그 뒤에 붙여서 × 방향 철근을 배치하면 지압판 전면에서 거리 = 25 + 19 + 19/2 = 53.5 ≈ 54 mm 떨어져서 첫 번째 철근이 배치되고 이어서 중심간격 150 mm 씩 떨어져서 2가닥이 배치된다.
  총 배치 범위 = 54 + 2(150) = 354 (mm)
  구속철근이 배치되는 국소구역 L_{LZ} = 54 + 2(150) + 75(철근 한 가닥의 영향길이/2)
  = <u>429 (mm)</u> > 339 mm <*OK*>
- y–z 방향 배치 : 지압판 전면에서 25 mm 떨어져서 y 방향 D19 철근을 배치하고 그 뒤에 붙여서 × 방향 철근을 배치하면 지압판 전면에서 거리 = 25 + 19/2 = 34.5 ≈ 35 mm 떨어져서 첫 번째 철근이 배치되고 이어서 중심간격 150 mm 씩 떨어져서 2가닥이 배치된다.
  총 배치 범위 = 35 + 2(150) = 335 (mm)
  구속철근이 배치되는 국소구역 L_{LZ} = 35 + 2(150) + 75(철근 한 가닥의 영향길이/2)
  = <u>410 (mm)</u> > 339 mm <*OK*>

  또는 국소구역 길이는 각 방향의 평균을 사용할 수도 있다.
  $\therefore\ L_{LZ}$ = (429 + 410) /2 = <u>420 (mm)</u>

④ 구속철근의 체적 철근비 검토 : 그림 9.18b 참고

- x-z 방향 : 전체 국소구역 단면적 A_x = 1,000 × 420 = 420,000 (mm^2)

  배치한 전체 철근 단면적 A_{sx} = (6 가닥) × (286.5 mm^2) × (3 층) = 5,157 mm^2

  ∴ $\rho_{sx} = A_{sx}/A_x$ = (5,157 / 420,000) × 100 = 1.22 % > 1.0 % <OK>

- y-z 방향 : 전체 국소구역 단면적 A_y = 2,000 × 420 = 840,000 (mm^2)

  배치한 전체 철근 단면적 A_{sy} = (12 가닥) × (286.5 mm^2) × (3 층) = 10,314 mm^2

  ∴ $\rho_{sy} = A_{sy}/A_y$ = (10,314 / 840,000) × 100 = 1.23 % > 1.0 % <OK>

⑤ 철근의 길이 계산 : 표 2.9 참고

D19 철근의 정착길이 = 30.4 d_b = 30.4(19.1) = 580 (mm) (f_{ci} ≈ 40 MPa으로 가정)

- 직경 230 mm 덕트를 둘러싸고 배치되는 철근의 폭(b) 계산 :

  덕트 양옆으로 연직철근의 수평간격은 구조기준 5.3.2(7)② 해설에 따라 최대 값 [25 mm ; (4/3)a_{max} = (4/3)15 = 20 mm] = 25 mm를 유지하여야 한다.

  덕트를 둘러싸는 철근의 중심간격 : (25 + 19/2) + 230 + (25 + 19/2) = 35 + 230 + 35 = 300 (mm)

  폭(b)의 길이 : 300 mm로 배치한다.

- x 방향 배치 : D19 철근

  길이(A 또는 G) : 2,000 − 40(피복두께, 표 2.13) + 580 = 2,540 (mm)

  폭 길이(b) : 150 또는 300

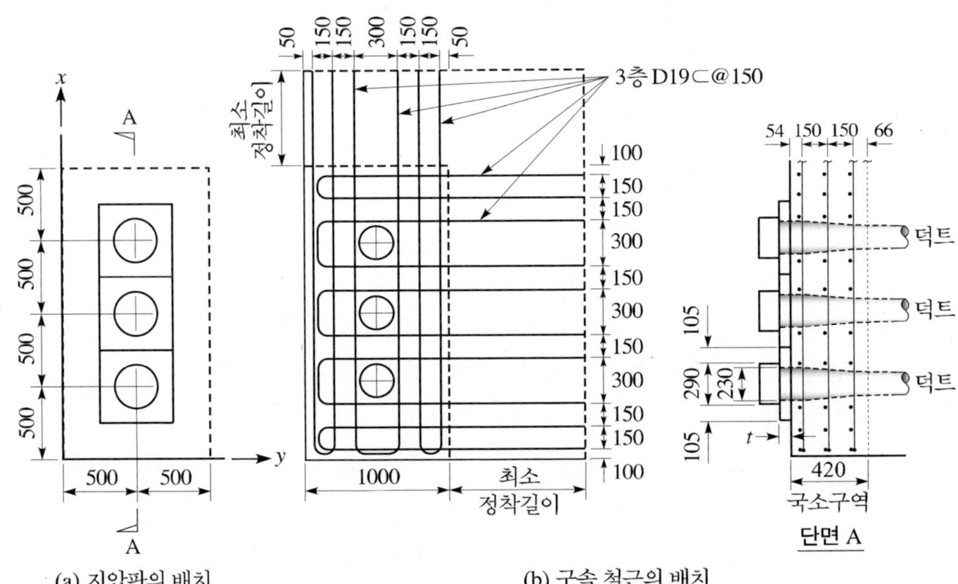

(a) 지압판의 배치 (b) 구속 철근의 배치

그림 9.18 기본 지압판의 설계 [PTI 2000(27)]

전체 길이(A−B−G) = 2(2,540) + (150 또는 300) = (5,230 또는 5,380) (mm)

총 소요 철근 길이 : [(2 벌) (5,230) + 5,380] × (3층) = 15,840 × 3 = 47,520 (mm)

• y 방향 배치 : D19 철근

길이(A 또는 G) : 1,000 − 40(피복두께) + 580 = 1,540 (mm)

폭 길이(b) : 150 또는 300

전체 길이(A−B−G) = 2(1,540) + (150 또는 300) = (3,230 또는 3,380) (mm)

총 소요 철근 길이 : [(2 벌) (3,230) + (3 벌) 3,380] × (3층) = 16,600 × 3 = 49,800 (mm)

총 D19 철근 소요 길이 : 47,520 + 49,800 = 97,320 (mm)

⑥ 본 예제에서 $0.5f_{ci}$ 를 적용하는 허용응력 설계방법을 사용하였다. 그러나 강도설계 방법을 적용하기 위해서 식 (9.10)을 이용하여 설계식을 적으면

$\phi f_{cpi} A_b = \phi(0.7f_{ci}) A_b = 0.85(0.7f_{ci})A_b = 0.6f_{ci} A_b \geq P_{pu} = 1.2P_{jack}$

$(0.6/1.2)f_{ci} A_b = 0.5f_{ci} A_b \geq P_{jack}$ 가 되어 본 예제의 설계와 동일한 결과를 얻게 된다.

9.4 일반구역의 설계(Design of General Zone)

정착장치의 일반구역(general anchorage zone)은 긴장재 정착장치의 전면(ahead of)과 후면(behind) 영역으로 집중 긴장력으로 인해서 보 이론을 적용할 수 있는 선형 응력 분포가 교란된 영역이다. 일반구역은 국소구역과 중복된다[PTI 2000(5.1)].

보 형태의 부재에서 일반구역의 범위는 (1) 부재 단면의 가장 큰 치수와 같은 길이 또는 (2) 부재의 깊이 또는 폭과 같은 길이이다.

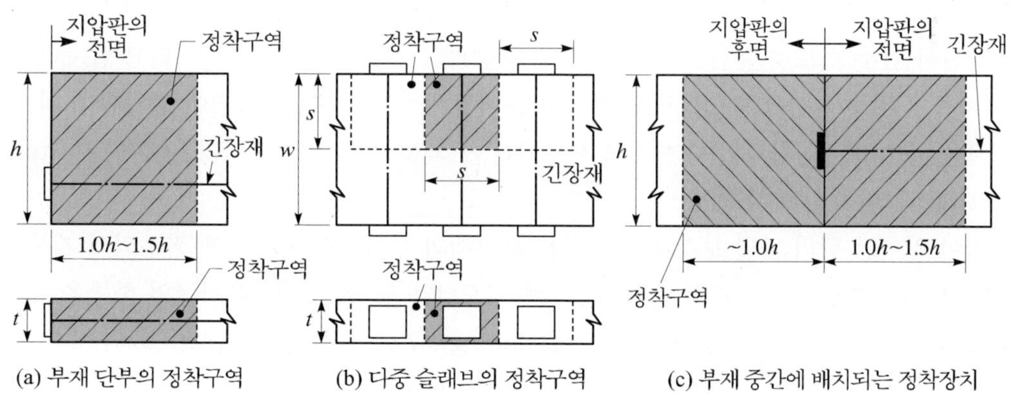

그림 9.19 일반구역(정착구역)의 범위 예 [PTI 2000(13)]

그림 9.19에는 전형적인 일반 정착구역의 예를 보여주고 있다(그림 9.3 참고).

일반구역의 거동은 긴장력의 크기와 배치 그리고 긴장하는 순서 및 구조물의 형상이나 반력과 같은 하중 등에 영향을 받고, 이런 모든 사항들은 설계자에 의해서 조종될 수 있다.

포스트텐션 시스템 공급자는 정착장치와 장치의 일부분인 구속철근의 설계에 책임을 지지만, 일반구역의 설계에는 설계자가 적절성에 대해서 책임을 져야 할 것이다. 일반구역의 보강재는 포스트텐션 시스템의 일부분이 아니기 때문에 파열 보강재 및 할렬 보강재외에 모든 보강재를 포함하여야 한다.

일반구역의 설계에서 주된 고려 사항은 집중하중으로 작용하는 긴장력이 구조물에서 잘 분산되도록 응력과 힘의 흐름을 결정하고 또한 결정한 흐름이 일어나도록 하는 것이다. 정착구역에서 인장력에 저항하도록 보강재를 설계하거나 균열을 조종하는 일뿐 만 아니라 국소구역과의 접합면이나 하중이 작용하는 위치 또는 기하학적으로 불연속인 위치에서의 압축응력을 검토하는 일도 포함되어 있다[PTI 2000(5.3)].

정착구역의 응력 상태는 매우 복잡하지만 보통 정착구역을 설계하기 위해서 간단하면서 안전 측의 설계모델이 적용된다. 대부분의 구조물에서 정착구역의 보강재는 전체에 배치되는 보강재에 비해서 미미한 부분을 차지하기 때문에 복잡한 상세모델의 적용이 주는 이점은 거의 없다고 볼 수 있다. 앞으로 다뤄질 설계개념은 다음의 2 이유로 인해서 본질적으로 안전 측이라고 할 수 있다.

(1) 휨 부재와 같지 않게 정착구역에서 인장에 대한 비균열 콘크리트의 기여는 상당하지만 콘크리트의 인장응력은 무시한다.
(2) 균열로 인한 응력의 재분배(stress redistribution)는 보통 무시한다.

그림 9.20은 이러한 안전 측 설계의 근원을 보여주고 있다. 파열균열(bursting crack)이 일어나기 전의 콘크리트의 강도는 정착구역의 강도에 상당한 기여를 하게 된다. 균열이 발달하여 전진하면서 압축 스트럿은 점점 가파르게(축 방향과의 기울기가 작아지고) 되고 압축력의 방향을 바꾸기 위해서 필요한 인장력도 따라서 줄어들게 된다. 따라서 균열이 발달함에 따라 파열균열을 일으키는 인장력의 증가는 점차 감소하게 되고 결국에는 균열이 멈추게 된다(self-arresting, 그림 9.20a 참고).

균열이 일어난 뒤의 파열 보강재의 응력은 보강재의 부착특성과 강성에 좌우되어 계산하기가 쉽지 않게 된다. 그러나 파열 보강재는 항복강도에 도달한 뒤에도 추가적인 하중을 지지할 능력을 갖고 있어서(변형률 강화(strain hardening) 구간이 존재), 그림 9.20b와 같이 압축 스트럿은 압축파괴가 일어나기 전까지 점진적으로 가파르게 된다.

정착구역에서 파열균열은 횡방향 파열력을 감소시키면서 동시에 지압응력이 분산되는 비를 감소시키는 원인이 된다. 이러한 과정에서 지압판 앞의 압축응력이 높은 영역(즉, 국소영역)이 점차 증가하게 된다. 따라서 국소구역이나 부근의 구역과 같은 위험한 영역에 대해서 세심한 설계상세가 필요하게 된다.

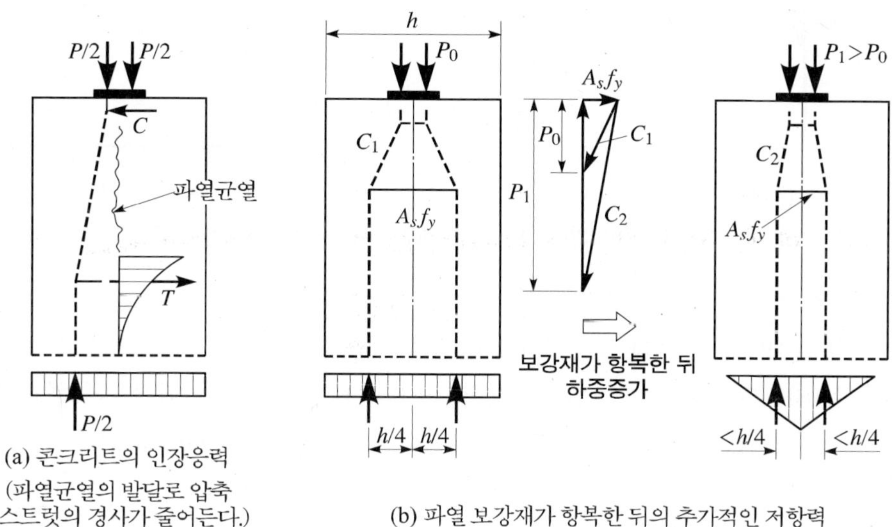

(a) 콘크리트의 인장응력 (파열균열의 발달로 압축 스트럿의 경사가 줄어든다.)

(b) 파열 보강재가 항복한 뒤의 추가적인 저항력

그림 9.20 정착구역에서 일어나는 응력 재분배 [PTI 2000(14)]

앞으로 다루는 일반구역에 대한 설계과정은 구조기준(ACI)나 도로기준(AASHTO)에서 제시한 강도설계법으로, 긴장력($= 0.80 f_{pu} A_{ps}$ 로 제한, 표 2.16 참고)에 대한 하중계수 1.2와 강도감소계수 0.85를 적용하게 된다. 계수를 곱하지 않은 하중이 작용하는 상태에서 보강재의 응력은 긴장시에 $(0.85/1.2)f_y = 0.7f_y$ 가 되고, 정착직후 정착장치의 응력한계($0.70 f_{pu} A_{ps}$)로 12.5% 감소하는 것을 고려하여 대략 $0.6f_y$ 가 된다. 일반적인 철근콘크리트($\sim 0.5f_y$)에 비해서는 높은 이러한 응력한계는 앞에서 언급한 안전측 설계가정의 도입으로 용인되고 있는 상황이다.

외적 긴장재의 정착장치와 같이 응력 재분배가 일어나지 않아 파열균열이 멈추지 않는 경우에는 보강재를 좀 더 안전측으로 전형적인 철근콘크리트 설계에 적용되는 응력한계를 적용해서 설계할 필요가 있다.

구조기준 9.9.1⑶②(ACI 18.13.3.2)에서 일반구역의 설계는 정착장치에 의해서 발생하는 **파열력(bursting)**, **할렬력(spalling)** 및 **종방향 단부 인장력(longitudinal edge tension force)**(그림 9.3c참고) 등의 모든 인장응력을 고려하여 보강철근을 배치하도록 규정하고 있다. 구조기준에서는 그림 9.21과 같이 단면의 급격한 변화가 파열력(bursting)의 크기에 영향을 미치므로 고려하여야 한다고 제안하고 있다. 만약에 정착장치가 부재의 내부에 위치하는 그림 9.3b와 같

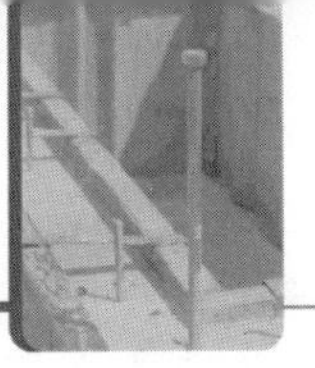

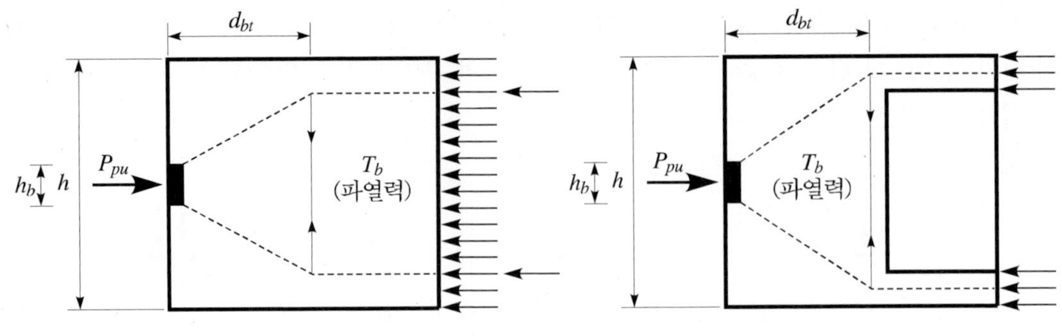

(a) 직사각형 단면(T_b~$0.25P_{pu}$) (b) 단부 격벽을 갖는 플랜지 단면(T_b~$0.50P_{pu}$)

그림 9.21 단면의 급격한 변화가 파열력의 크기에 미치는 영향 [구조기준 해설 그림 9.9.1.2]

은 경우는 정착장치 후면의 압축강도도 검토하여야 한다.

일반구역의 설계에는 다음과 같은 3가지 방법을 적용할 수 있다고 구조기준 9.9.1(5)①(ACI 18.13.5.1, AASHTO 5.10.9.3.1)에서 제시하고 있다. Breen 등은 실험결과와 비교하여 제시된 설계방법들이 안전 측의 강도를 예측하는 것을 보여 주었다[Breen 1991].

(가) 유한요소 또는 유사해석을 이용한 선형응력 해석,
(나) 평형조건에 근거한 소성모델인 스트럿-타이 모델,
(다) 근사해법 : 단면이 직사각형인 경우, 일반구역 또는 인접한 부위의 불연속으로 인해 힘의 흐름 경로에 변화를 유발하지 않는 경우, 최소 단부거리가 단부 방향의 정착장치 치수의 1.5배 이상인 경우, 중심선의 간격이 정착장치 폭의 1.5배를 초과하지 않아서 여러 개의 정착장치를 서로 근접한 한 개의 정착장치로 볼 수 있는 경우에만 적용할 수 있다(그림 9.46 참고).

도로기준 4.6.3.9(3)①(가)(AASHTO 5.10.9.3.1)에서 설계에는 긴장 순서의 영향과 집중 긴장력의 3차원적인 영향을 고려하여야 한다고 제안하고 있다. 3차원적 영향은 3차원적 해석을 이용해서 해석(외적 긴장재가 장착되는 격벽 등)하거나, 아니면 개략적으로 연관관계를 고려하여 2개 또는 그 이상의 평면에 대하여 분리된 모델(I형 보의 파열력 해석에 대해 복부에 대한 모델과 플랜지에 대한 모델로 나누어 해석, 예제 9.4 참고)을 이용하여 해석하여야 하고, 이때 작용시키는 하중과 해석 결과는 일관성이 있어야 한다고 언급하고 있다. 또한 정착장치의 긴장 순서는 일반구역의 응력에 큰 영향을 미치므로 긴장력 도입순서를 고려하여 설계하고, 도입순서를 설계도면에 명시하도록 규정하고 있다[구조기준 9.9.1(5)③, ACI 18.13.5.3].

9.4.1 파열력(Bursting Force) 보강재의 배치 및 정착 [도로기준 4.6.3.9⑶④(라~마), AASHTO 5.10.9.3.2]

파열력에 저항하기 위해서 나선형이나 폐쇄된 원형 또는 사각형 띠 형태의 철근 또는 프리스트레스트 긴장재를 배치한다.

(1) 보강재는 피복두께를 만족하는 범위에서 단면의 전체 폭과 깊이에 걸쳐서 배치되어야 하고, 표면에 가깝게 정착되어야 한다.

(2) 파열 보강재는 다음이 정하는 구역에 d_{bt} (그림 9.21 참고 : 경사 압축 스트럿의 축방향 길이)와 도심이 일치하도록(즉, 대칭이 되도록) 배치하여야 한다(그림 9.22 참고).

파열 보강재 배치 구역

$$= \begin{cases} e \neq 0 & : \ 2.5\,d_{bt} = 2.5\,[\,0.5(h-2e) + 5e\,\sin\alpha\,] \le 1.5\,h \\ e = 0 & : \ 1.25h \end{cases} \tag{9.20}$$

여기에서 e 는 그림 9.9b의 제작자가 제시한 연단거리이고, α 는 부재 도심에 대한 긴장재의 경사각으로, 긴장력이 단면의 도심을 향하는 경우에는 + 이고, 멀어지는 경우 − 이다. PTI 2000(5.7, Fig. VIII-36) : 파열 보강재를 0.1 h ~ 1.0 h 구간에 배치하도록 제안하고 있다.

(3) 파열 보강재의 간격은 (300 mm, $24\,d_b$) 이하이어야 한다.

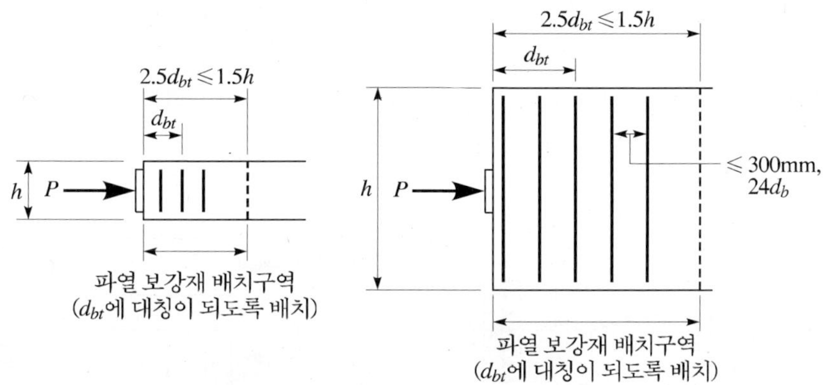

그림 9.22 파열 보강재의 배치 [도로기준 4.6.3.9⑶④(마), AASHTO C5.10.9.3.2-1]

9.4.2 단부 인장력(Edge Tension Force) 보강재의 배치 및 정착 [도로기준 4.6.3.9⑶④(바~자), AASHTO 5.10.9.3.2]

그림 9.2d의 선형 탄성해석을 보면 지압력이 작용하는 단부의 상부와 하부에 인장응력 구역이

존재하는 것을 알 수 있다. 단면의 중심 부근에 하나의 지압판이 위치하게 되면 소위 말해서 **할렬응력**(spalling stress)이 **변형 적합성**(deformation compatibility)을 만족하기 위해서 발생하게 된다. 이러한 할렬응력의 크기는 상당하지만 발생하는 구역이 제한적이어서 전체를 더한 할렬력의 크기는 작게 된다. 이러한 인장응력이 발생하는 구역의 깊이는 종종 철근에 대한 소요 피복두께보다 얇게 되어 이 구역에 보강철근을 배치하는 것이 불가능하게 된다. 이러한 종류의 할렬응력은 변형 적합성으로 인해서 발생하기 때문에 미세한 표면균열만 발생해도 사라지게 된다[PTI 2000(5.4.2)].

이렇게 횡방향 단부를 따라 작용하는 인장력은 **할렬력**(spalling force)이라하고, 종방향 단부를 따라 발생하는 인장력은 **종방향 단부 인장력**(longitudinal edge tension force)이라 한다. 단부 인장력에 저항하도록 철근 또는 프리스트레스트 긴장재를 종방향과 횡방향 단부에 가깝게 배치한다(그림 9.23 참고).

(1) 슬래브의 단일 강연선이거나 또는 해석에 의해 보강이 필요치 않은 경우를 제외하고 아래의 계수긴장력의 2%에 상당하는 할렬력 T_{su} 에 대해서 배면에 평행하고 인장력에 직교하는 방향으로 최소철근을 배치하여야 한다(식 9.1 참고).

$$T_{su} = 0.02\, P_{pu} = 0.02\,(1.2\, P_{jack}) \tag{9.21}$$

그림 9.23a와 같이 다발 정착장치가 간격이 넓게 배치되는 경우에 평형을 유지하기 위해서 단부의 지압면을 따라 인장타이가 형성되는 경우에는 이 최소철근을 배치하면 될 것이다. 정착구역에서 가장 큰 긴장력에 대한 2%로 설계하면 되고, 굳이 긴장력을 모두 더해서 구하지 않아도 된다. AASHTO 5.10.9.3.2에서는 중심간격이 단면 깊이의 0.4배 미만인 다발 정착구에만 식 (9.21)을 적용하도록 제한하고 있다.

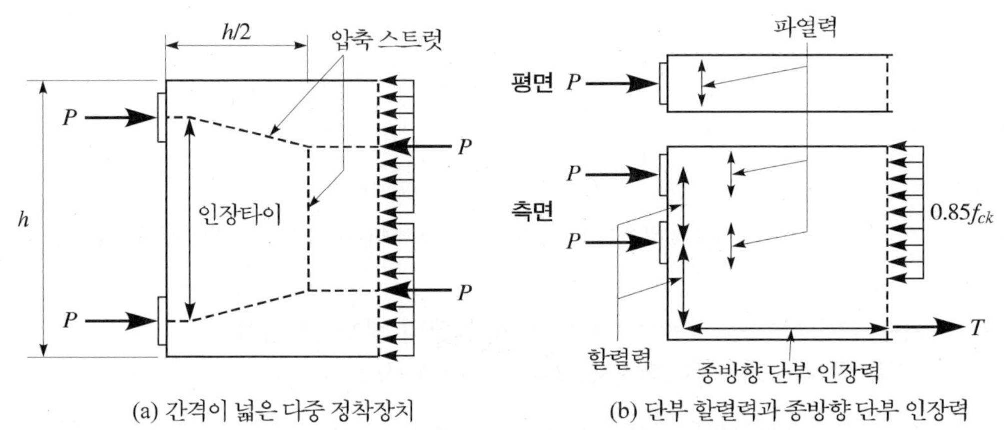

그림 9.23 간격이 넓은 다발 정착장치의 인장타이와 종방향 단부 인장력 [AASHTO C5.10.9.3

(2) 할렬 보강재는 부재의 전체 폭에 걸쳐서 배치되어야 하고, 다발 정착장치를 효과적으로 묶어야 한다(그림 9.24b 참고).

(3) 정착장치가 단면에 편심을 갖고 배치된 경우에 할렬 보강재와 종방향 단부 인장보강재는 그림 9.24c와 같이 단면 전체 높이와 정착구역 전 길이에 걸쳐서 연속되게 배치되어야 한다.

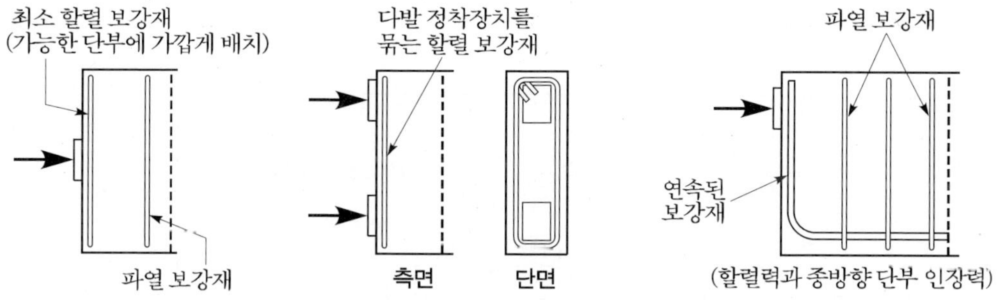

그림 9.24 단부 인장력(할렬력과 종방향 단부 인장력)에 대한 보강철근의 배치 [AASHTO C5.10.9.3.2-4]

9.5 선형응력 해석을 이용한 일반구역 설계 (General Zone Design by Linear Stress Analysis)

균열이 일어나기 전에 교란된 정착구역(disturbed region)에서 응력분포는 탄성해석(elastic analysis)을 이용하여 이해할 수 있다. 탄성해석은 콘크리트의 어디에서 그리고 언제 첫 번째 균열이 일어날지를 예측하는데 사용할 수 있는 아주 우수한 도구이다. 그러나 균열이 일어나고 난 뒤에는 내부 응력의 재분배(redistribution of internal stress)가 상당히 일어나고 이런 상황은 전통적인 탄성해석으로 예측할 수는 없게 된다. 이렇게 균열후의 상태에 대해서 알 수는 없지만 탄성해석은 어느 위치에 얼마만큼의 보강철근을 배치해야 되는지 알 수 있게 한다[Collins 1987(387)].

전통적으로 포스트텐션 부재의 정착구역은 탄성해석의 결과를 이용하여 설계되었다[Guyon 1951]. 파열력(bursting force)을 조종하기 위해서 배치하는 보강철근은 그림 9.25와 같은 탄성응력 분포를 이용하여 결정하였다. 횡방향 철근은 인장응력 분포를 적분하여 구한 인장력을 지지할 수 있도록 선택하면 된다. 당시에 허용응력설계법에서 철근의 허용응력은 $f_{sa} = 0.5f_y$로 제한하여 설계하고, 보강 철근은 인장응력이 발생하는 구역에 고르게 분포하여 배치하였다. 파열응력을 적분하여 구하는 총 횡방향 파열 인장력 T_b를 구하는 간단한 식을 Morsch와

Leonhardt가 지압판의 크기를 기준으로 직사각형 단면에 대해서 다음과 같이 제안하고 있다 [Morsch 1924, Guyon 1951, Leonhardt 1964, Collins 1987(387)].

$$\begin{cases} h_b/h \le 0.2 : & T_b = 0.3P\,(1 - h_b/h) \\ h_b/h > 0.2 : & T_b = 0.25P\,(1 - h_b/h) \end{cases} \tag{9.22}$$

여기에서 P는 포스트텐션으로 인한 최대 긴장력, h_b는 지압판의 깊이, h는 부재의 깊이이다.

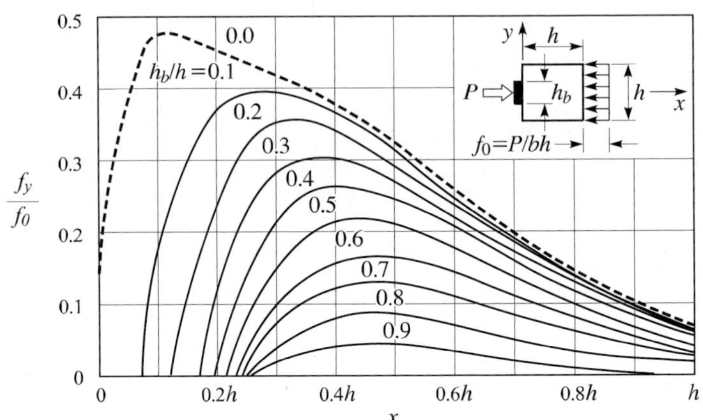

그림 9.25 파열구역(bursting zone)의 횡방향 인장응력 분포도
[CPCI 2007(3.12.11), Iyengar 1962]

할렬영역(spalling zone)에서 인장응력은 매우 높지만 그림 9.2d에서 보는 바와 같이 발생하는 구역이 제한적이기 때문에 할렬 인장력은 그렇게 크지 않게 된다.

그림 9.26에는 단면과 정착장치의 위치에 따라 변화하는 횡방향 인장응력 궤적도를 보여주고 있다. 그림 9.26b에서 보면 프리텐션 긴장재와 같이 지압판을 사용하지 않고 부착력에 의해서 긴장력을 콘크리트 단면에 전달하게 되면 할렬력(spalling force)이 거의 발생하지 않는 것을 알 수 있다. 그림 9.26c나 d에서 보면 지압판을 단면의 상면과 하면에 가깝게 배치하게 되면 상대적으로 짧은 구간에 상당한 인장응력이 지압판 사이에 발생하게 된다. 지압판이 복부의 중앙에 배치되는 그림 9.26e의 I형 단면에서 보면 상당한 부분의 압축력이 상하 플랜지에 분산되어 전달되기 위해서 상대적으로 긴 구간에 확산되어 큰 횡방향 인장응력이 전체 복부에 걸쳐서 나타나게 된다.

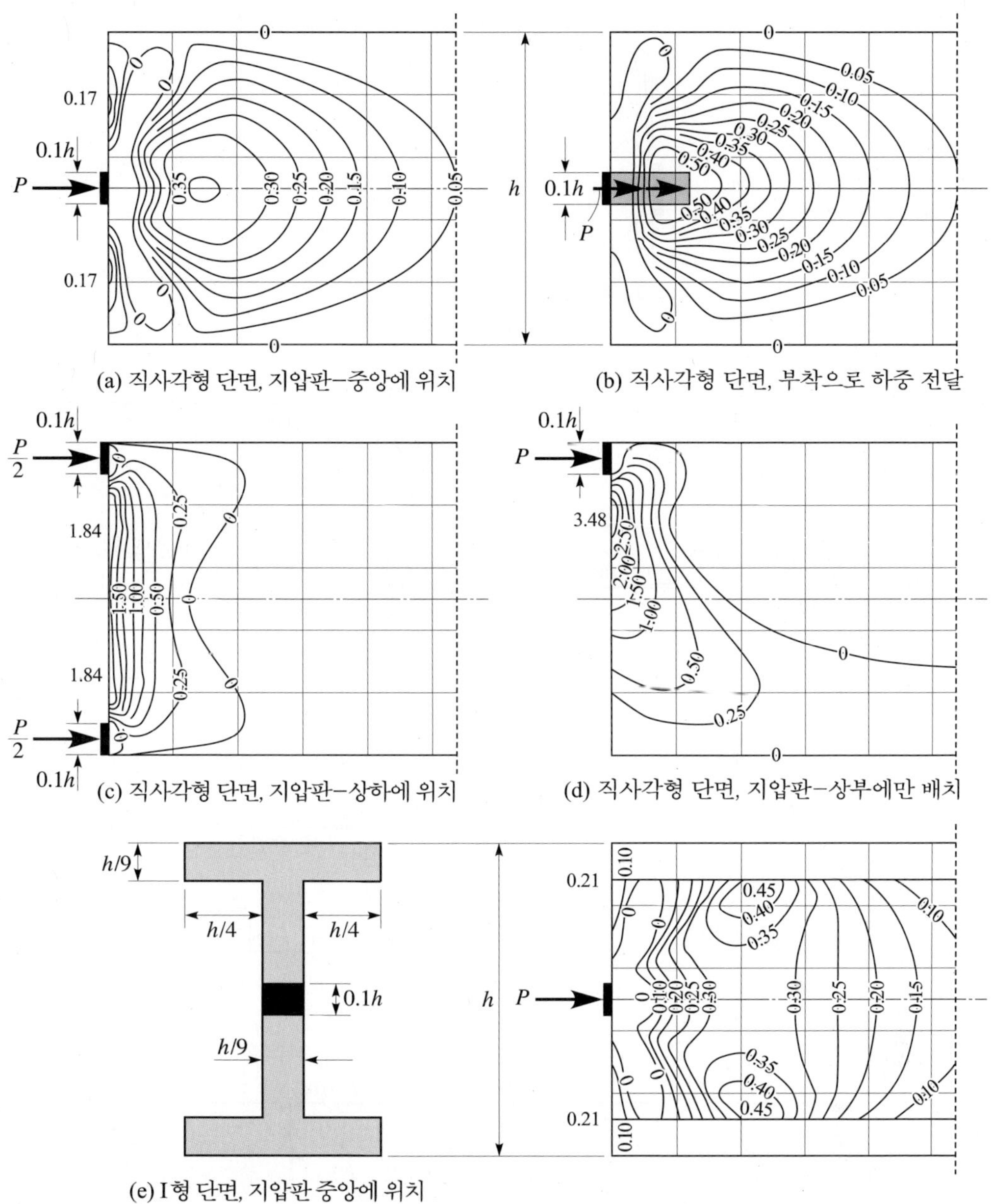

그림 9.26 정착장치의 위치에 따른 횡방향 인장응력의 궤적도 [Kammenhuber와 Schneider 1974, Collins 1987(391)]

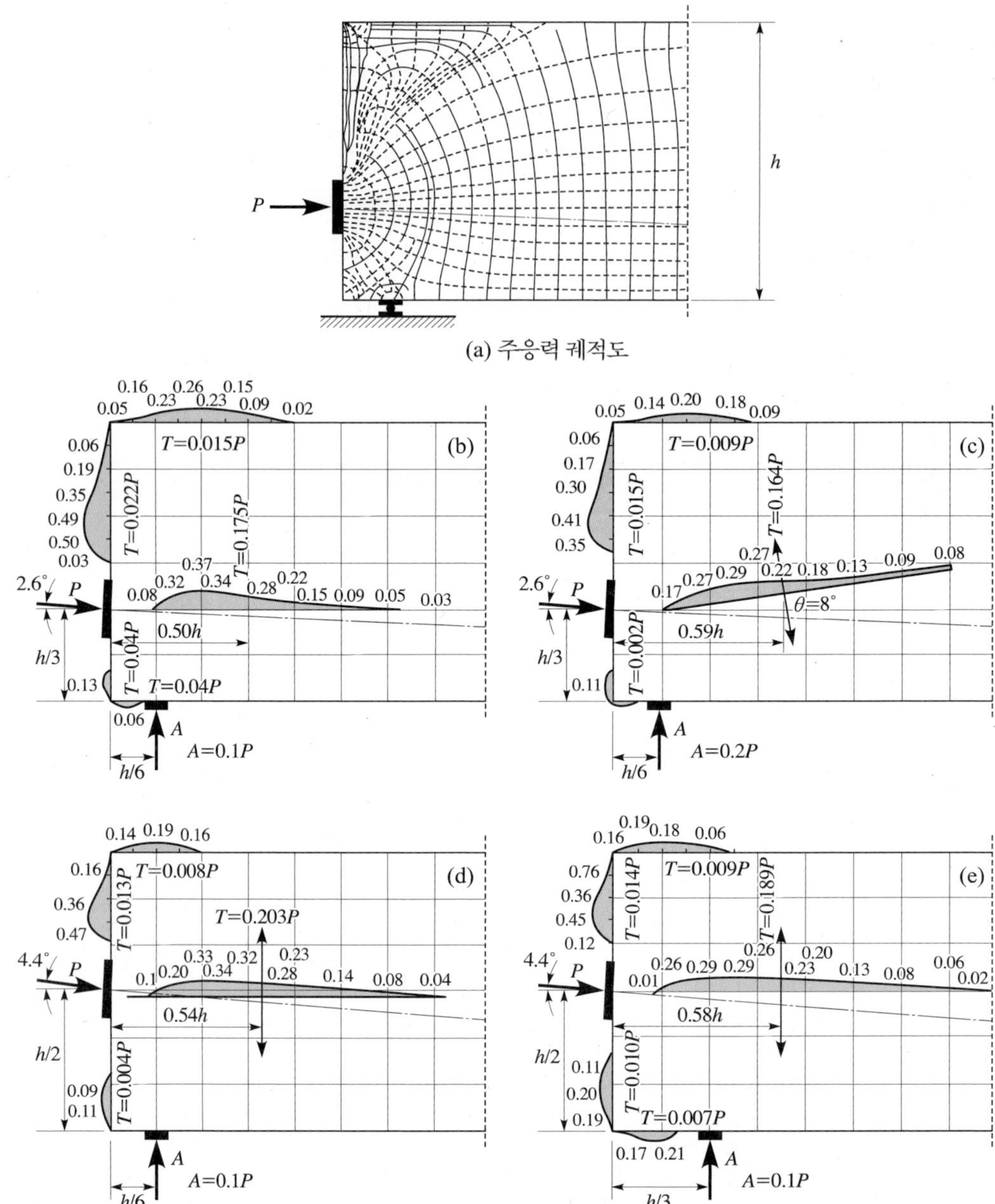

그림 9.27 반력의 크기와 위치 그리고 경사 정착장치의 위치가 인장응력과 인장력에 미치는 영향 [Sargios 1960, Mehlhorn 1980, Collins 1987(392)]

그림 9.27에는 반력이 인장응력 분포와 인장합력 T에 미치는 영향을 보여주고 있다. 그림 9.27b에서 보면 상대적으로 작은 반력이 존재하는 경우에 긴장재 위 할렬영역의 인장력은 대략 0.022P 정도가 되고(식 (9.21) : $T_s = 0.02P$ 참고), 반력의 크기가 증가하게 되면(그림 9.27

c) 인장력은 감소하게 된다. 또한 정착장치가 부재 깊이의 중앙에 배치되면 할렬력(spalling force)은 감소하지만 파열력(bursting force)은 증가하게 된다[Collins 1987(389)].

예제 9.4

[탄성해석을 이용한 일반구역의 설계] [Collins 1987(394-396)]

예제 [9.2]의 그림 9.17a에는 포스트텐션 보의 정착구역을 보여주고 있다. 각각의 정착장치에는 14개의 B종(f_{pu} = 1,860 MPa) 직경 12.7 mm (A_{ps} = 14 × 98.71 = 1,382 mm^2) 저이완 7연선이 배치되었다. 긴장 시에 7연선은 인장응력 한계 $f_{pj} = 0.80 f_{pu}$ = 0.80 × 1,860 = 1,488 MPa (표 2.16 참고)로 긴장하였고, 콘크리트의 압축강도 f_{ci} = 35 MPa로, 횡방향 철근의 항복강도 f_{yt} = 400 MPa로 가정한다.

식 (9.22)를 이용하여 일반구역의 파열력(bursting force)과 할렬력(spalling force)(식 (9.21))에 대한 설계하라.

① **횡방향 인장력의 결정** : 2개의 지압판이 붙어서 위치하므로 하나의 집중 긴장력으로 고려하여 계산한다.

긴장력 : $P_{jack} = (0.80 f_{pu}) A_{ps} = (1,488)(1,382)/10^3 = 2,056$ (kN)

총 계수 긴장력 : $P_{pu} = 1.2(2P_{jack}) = 1.2(2 \times 2,056) = 1.2(4,112) = 4,934$ (kN)

식 (9.22) : $h_b/h = (2 \times 400)/1,600 = 0.5 > 0.2$

계수 파열력 $T_{bu} = 0.25 P_{pu}(1 - h_b/h) = 0.25(4,934)(1-0.5) = 0.25(4,934)(0.5)$

$= 616.8$ (kN)

② **파열력(bursting force)에 대한 횡방향 철근의 선택** : 설계식, $\phi T_n = \phi A_s f_{yt} \geq T_{bu}$

소요 철근 단면적 : $A_{s(소요)} = T_{bu}/(\phi f_{yt}) = (616.8 \times 10^3)/(0.85 \times 400) = 1,814$ (mm^2)

D13 폐쇄스터럽($A_s = 2A_b = 2(126.7) = 253$ (mm^2))을 배치한다면

소요 스터럽의 개수 계산 : $A_{s(소요)}$/(스터럽 한개의 단면적 A_s) = 1,814 / 253

= 7.2 개 소요

③ **파열 보강재의 배치** : 식 (9.20)과 그림 9.22 참고

경사 압축 스트럿의 축방향 길이 : $d_{bt} = 0.5h = 0.5(1,600) = 800$ (mm) ; $e = 0$

파열 보강재 배치 구역 : $2.5 d_{bt} = 2.5(800) = 2,000$ (mm)이고, 이때 보강재는 d_{bt} 와 도심이 일치하도록 배치하여야 하므로 d_{bt} = 800 mm에서 대칭으로 배치하기 위해서 같은 거리 800 mm를 더하면 전체 배치해야 하는 구간은 0 ~ 1,600 mm 구간이 된다[도로기준 4.6.3.9(3)④(마), AASHTO 5.10.9.3.2][6].

지압판의 단부에서 피복두께를 떼고 첫 번째 철근은 할렬 보강재를 배치하므로 이를 고려하기 위해서 대략 100 mm 정도를 뗀다고 보면 배치구간은 1600 − 2(100) = 1,400 (mm)가 된다.

스터럽의 소요 간격 : 1,400 mm / (소요 스터럽 7.2 개) = 194 (mm)

현장에서 작업의 수월성을 위해서 100, 150, 200 mm 등으로 스터럽을 배치하므로, 150 mm 간격으로 배치하도록 한다.

d_{bt} = 800 mm를 중심으로 대칭으로 배치하여야 하므로 d_{bt} 에서 좌측으로 4개를 배치하면 800 − 150(4) = 200 (mm)가 되고, d_{bt} 에서 우측으로 역시 4개를 배치하면 800 + 150(4) = 1,400 (mm)가 된다.

따라서 규정을 만족시키기 위해서 단부에서 200 mm 떼어서 4+1+4 = <u>9개 D13 폐쇄스터럽</u>(U형 스터럽 + C형 결속근(cross-tie, 135도 갈고리 장착))을 150 mm 간격으로 배치하도록 한다.

④ **파열 보강재의 철근 길이 계산 :**

단면의 상하면까지 연장되는 철근의 길이 계산 : 40 mm(피복두께, 표 2.13 참고) + 13(스터럽 직경) + 13/2(걸이철근 직경) = 59.5 ≈ 60 mm ; 한 가닥 철근의 총 연직 길이 = 1,600 − 2(60) = 1,480 (mm)

파열 보강재의 단부 표피에서 중심거리 : 40 + 13/2 = 46.5 ≈ 50 (mm)

수평길이 = 400 − 2(50) = 300 (mm)

135도 스터럽 갈고리 길이 : D13 철근, 그림 2.22 참고

$6d_b$(꼬리 길이) + $(3.14 \times 4d_b)/4$ (굽히는 길이) $\approx 9d_b = 9(13) = 117 \approx 120$ (mm)

D13 열린 U형 스터럽 한 개의 길이 = 2(1,480) + 300 + 2(120) = <u>3,500 (mm)</u>

C형 135도 갈고리 결속근(cap tie) 길이 = 300 + 2(120) = <u>540 (mm)</u>

⑤ **할렬력(spalling force)에 대한 표피철근의 선택(그림 9.2d 참고) :**

AASHTO 5.10.9.3.2(도로기준 4.6.3.9(3)④(아), 4.6.3.9(6)④(가)) : 중심간격이 단면 깊이의 0.4배 미만인 다발 정착구 : 중심간격 400 / 1,600 = 0.25 < 0.4 *<OK>*

식 (9.21) : 계수 할렬력 $T_{su} = 0.02 P_{pu}$ = 0.02(4,934) = 98.7 (kN)

소요 철근 단면적 : $A_{s(\text{소요})} = T_{su}/(\phi f_{yt})$ = (98.7 × 10^3) / (0.85 × 400) = 290 (mm^2)

D13 철근(A_b = 126.7 mm^2)을 배치한다면

소요 철근의 개수 계산 : $A_{s(\text{소요})}/A_b$ = 290 / 126.7 = 2.3 개 소요

단면 중앙에 직경 100 mm의 덕트가 위치하므로 덕트 좌우로 대칭이 되도록 2개씩 4개를

6. 물론 PTI 2000(5.7)에 따르면 간단하게 0.1h ~ 1.0h, 즉 160 mm ~ 1,600 mm 구간에 배치하면 된다.

배치하도록 한다.

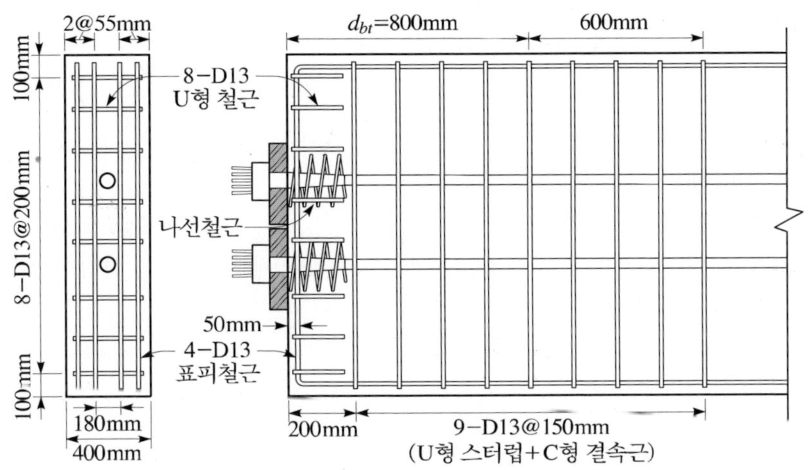

그림 9.28 정착구역의 보강철근 상세 [Collins 1987(396)]

⑥ **할렬 보강재의 배치** : 굵은골재 최대치수 a_{max} = 15 mm 가정

할렬 보강재의 단부 표면에서 중심거리 : 40 + 13/2 = 46.5 ≈ 50 (mm)

배치 위치(폭 400 mm 방향) : 덕트 양옆으로 연직철근의 수평간격은 구조기준 5.3.2(7)② 해설에 따라 최대 값 [25 mm ; $(4/3)a_{max}$ = (4/3)15 = 20 mm] = 25 mm를 유지하여야 한다.

덕트를 배치하는 데 필요한 철근의 중심 수평간격 : 100(덕트 직경) + 2(25) + 13 = 163 mm 배치하고 남는 폭의 간격은 (400 − 163)/4 = 59 mm이므로 철근은 <u>55 mm 간격</u>으로 배치하도록 한다. 덕트가 배치되는 위치의 중심 간격은 400 − 4(55) = <u>180 mm</u>가 된다. 따라서 4개 D13 철근을 단부 면에서 중심간격 (55 + 55 + 180 + 55 + 55) = 400 mm로 배치한다.

⑦ **할렬 보강재의 길이 계산** : 단면의 상하면까지 연장되는 철근의 길이 계산, 40 mm(피복두께) + 13(스터럽 직경) + 13/2 = 59.5 ≈ 60 mm ; 한 가닥 철근의 총 길이 = 1,600 − 2(60) = 1,480 (mm)

이 철근 중에서 맨 바깥 좌우 면에 배치되는 2줄의 철근은 9-D13 폐쇄스터럽에 대한 모서리 종방향 걸이철근(hanger reinforcement)으로 상부와 하부에서 각각 연장하여 배치한다. 나머지 2줄의 철근은 정착을 위해서 90도 표준갈고리를 양단에 배치하고 연장길이(A 또는 G 길이)는 $12d_b + 3d_b + d_b = 16d_b$ = 16(13) = 208 ≈ 210 mm를 확보하여, 총 길이는 1,480 + 2(210) = <u>1,900 mm</u>가 된다.

⑧ **수평 표피철근의 배치** : 그림 9.2d나 그림 9.26에서 보는 바와 같이 할렬력은 단면의 깊이

방향뿐만 아니라 폭 방향으로 균열을 발생시키기 때문에 이를 억제하기 위해서 또한 할렬 표피철근의 정착을 돕기 위해서 이 표피철근에 직각방향으로 U형 수평 표피철근을 배치하도록 한다. 상부와 하부에 각각 4-D13 철근을 U형으로 총 8-D13 철근을 배치한다. 바닥에서 100 mm 떨어져서 배치하고, 이어서 7개를 200 mm 간격으로 총 8개를 배치한다.
U형 철근의 길이 계산 : (400 − 2(60−13)) + 2(210, 꼬리 길이)) = 726 (mm)
철근의 배치 상세는 그림 9.28을 참고한다.

⑨ 물론 철근을 현장에서 조립할 필요가 없는 용접철망(WFR-D, CD13, 150 × 150, 1,500 × 3,300)(표 2.12 및 표 7.3 참고)을 배치하면 보강철근 배치 작업을 정확하면서 수월하게 할 수 있을 것이다.

9.6 하중경로 방법을 이용한 일반구역 설계 (General Zone Design by Force Path Method) [PTI 2000(5.5)]

오늘날 어렵지 않게 선형 탄성 유한요소해석 컴퓨터 프로그램을 접할 수 있지만, 해석 결과를 보강철근 설계로 전환하는 것은 여전히 어려움이 있다. 더군다나 상대적으로 적은 양의 철근과 콘크리트가 연관되는 정착구역의 설계에 상세한 고급설계를 수행하는 노력을 들일 필요가 있는지 의구심이 생기지 않을 수 없다. 이러한 이유들 때문에 긴장재의 정착장치 설계에 간단하게 **평형을 근거로 하는 설계방법(equilibrium based method)**이 더 적절하다고 여겨지고 있다 [PTI 2000(5.5)].

하중경로 방법(force path method)은 평형 조건을 만족시켜야 하지만 선형-탄성 해석의 필요조건인 변형률 적합(strain compatibility)은 고려할 필요가 없다. 따라서 하중경로 방법은 균열 후 콘크리트와 같이 비 균질재료에서 내력의 흐름을 시각화하는데 적절한 방법이라고 할 수 있다. 균열 후 콘크리트의 응력은 응력의 재분배로 인해서 탄성해석과는 상당히 다를 수 있다.

콘크리트에 균열이 일어나게 되면, 응력의 재분배로 인해서 하중의 흐름은 가장 가파른 경로(stiffest load path)를 따르게 된다(말하자면, 하중과 반력의 최단 거리). 물론 이 가파른 하중경로가 유일한 것은 아니고, 보강재의 양과 배치 상황에 따라 변하게 된다. 하중경로 방법은 정착구역의 평형조건을 만족시킬 수 있는 매우 실용적인 설계방법이며, 이 방법은 하중의 흐름이 어떻게 될 것이라는 감각과 어떤 하중 경로와 보강철근의 배치가 가장 적절할 것이라는 공학적 판단력이 있어야 한다.

하중경로 방법에는 정착구역과 깊은 보의 유사성을 이용하는 **깊은 보 유사방법(deep beam analogy)** 과 비교적 근래에 발달한 절점으로 연결되는 스트럿과 타이의 시스템으로 하중의 흐름을 체계적으로 접근하여 시각화하는 설계방법인 **스트럿-타이 모델(strut-and-tie model)** 방법이 있다.

깊은 보 유사방법(deep beam analogy)에서 긴장재의 긴장력은 반력으로 보고 일반구역 끝에 선형으로 분포되는 등분포 응력을 작용하는 하중으로 고려하는 것이다. 그림 9.29에는 집중하중이 작용하는 플랜지 거더 단면을 이용하여 이 개념을 소개하고 있다[PTI 2000(5.5.3)]. 정착구역(일반구역)에 대한 이 설계방법은 1954년 Magnel(모니엘)이 제안하고 1967년 Gergely와 Sozen이 추가로 개발한 방법이다[Collins 1987(9.4)].

그림 9.29와 그림 9.30에서 보여주는 깊은 보 유사 설계방법의 절차는 다음과 같다. (1) Saint-Venant의 원리에 따라 단면의 깊이를 정착구역(일반구역)(교란영역, D 영역)의 길이로 보고, 정착구역을 넘어선 단면에는 선형으로 응력이 분포한다고 가정하여 등분포 응력($f_d = P/A_g$)의 크기를 계산 ; (2) 깊은 보에서와 같이 긴장력(반력)과 일반구역 경계에 작용하는 등분포 하중을 이용하여 휨모멘트 분포를 결정(그림 9.29 경우에 최대 휨모멘트 : 단면의 도심에서 상부나 하부에 대해서 각각 평형방정식) ; (3) 횡방향 인장력과 압축력의 거리인 내력의 팔거리를 결정($z \approx 0.5h$) ; (4) 파열력 계산($T_b = M_{max}/z$) ; (5) 파열력에 대해서 소요 철근 단면적을 계산하여 인장력이 발생하는 영역에 고르게 배치한다.

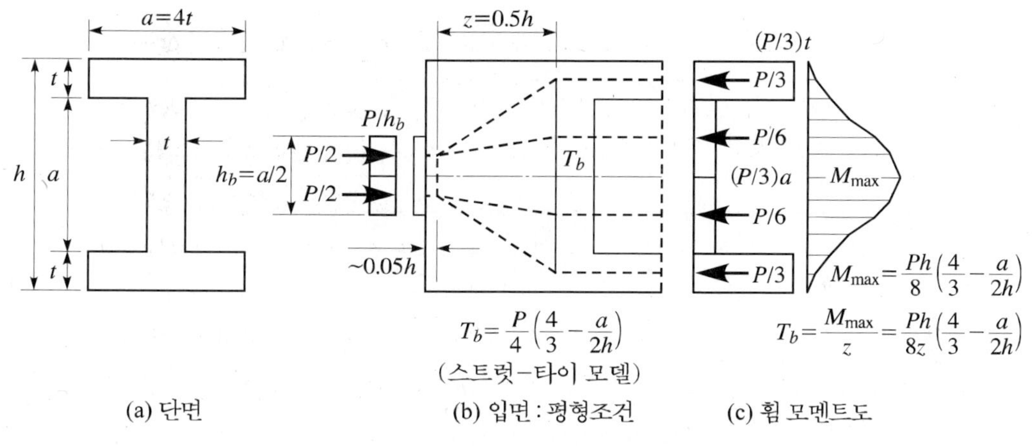

(a) 단면 (b) 입면 : 평형조건 (c) 휨 모멘트도

그림 9.29 깊은 보 유사 [PTI 2000(18)]

그림 9.29b에는 깊은 보 유사의 이해를 돕기 위해서 압축부재는 점선으로, 인장부재는 실선으로 표시한 플랜지 거더에 대한 스트럿-타이 모델을 보여주고 있다. 내적 팔거리 z는 고정된 값이 아니라 설계자는 선형 탄성해석 등의 결과를 고려하여 선택할 수 있다. 만약에 깊은 보 유사에서 내적 팔거리를 그림 9.29b의 스트럿-타이 모델과 같이 $z = 0.5h$를 선택하게 되면 2 경우의 파열력 T_b는 크기가 같은 값을 얻게 된다.

플랜지 단면의 파열력은 식 (9.22)의 직사각형 단면에 대해서 구한 파열력에 비해서 상당히 증가하는 것을 알 수 있다. 그림 9.29에서 $T_b =$ (P/4)(4/3 −4t/12t) = P/4이고 식 (9.22)로 구한 직사각형 단면의 파열력은 $T_b =$ (P/4)(1 −2t/6t) = (P/4)(2/3) = P/6로 플랜지 단면일 때 파열력이 1.5배가 된다(예제 9.5 참고, 또한 그림 9.21 참고). 그 이유는 압축응력이 플랜지로 전달되기 위해서 더 큰 연직파열력이 발생하기 때문이다. 그림 9.29에서는 보여주지 않고 있지만 플랜지의 수평면에 추가적인 파열력이 존재하게 된다[PTI 2000(5.5.3), 예제 9.6 및 그림 9.39 참고].

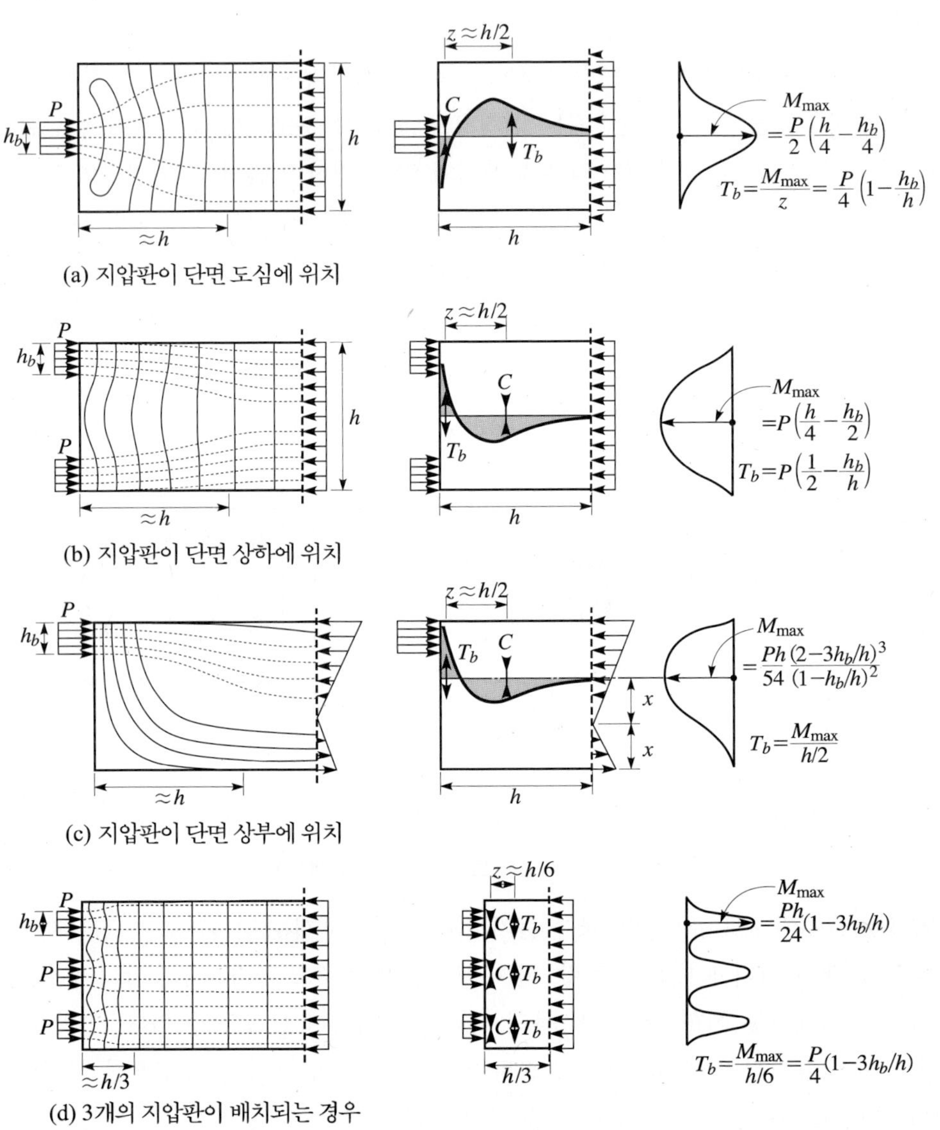

그림 9.30 직사각형 보의 정착구역에 대한 깊은 보 유사 설계방법 [Gergely-Sozen 1967, Collins 1987(397)]

그림 9.30에는 직사각형 단면 보에 지압판이 여러 형상으로 배치되는 경우에 깊은 보 유사 설계방법을 적용한 해가 제시되었다. 지압판이 단면의 도심에 위치하는 경우인 그림 9.30a를 보면 깊은 보 유사방법으로 구한 파열인장력이 식 (9.22)로 구한 값과 동일한 것을 알 수 있다.

예제 9.5

[깊은 보 유사방법을 이용한 일반구역의 설계]

그림 9.31(그림 9.29 참고)의 포스트텐션 플랜지 거더의 정착구역에는 2개의 t × t 정사각형 지압판이 단면 도심에 대칭으로 상하에 붙여서 배치되었고, 각각의 지압판에는 P/2의 긴장력이 작용한다. 플랜지와 복부의 두께 $t=(1/4)a$, 단면의 깊이 $h=(3/2)a$ 이고, 지압판의 총 길이 $h_b=2t=(2/4)a$ 이다. 깊은 보 유사방법을 이용하여 파열력 T_b를 결정하고 설계하라.

Saint-Venant의 원리에 따라 정착구역(일반구역, 즉 교란영역)의 길이는 단면의 깊이와 같다고 보고, 이 원리에 따라 지압력이 깊이만큼의 거리를 지나면 확산되어 선형 등분포 하중으로 단면에 작용한다고 가정한다.

① 선형 등분포 하중 계산 : 긴장력이 단면의 도심에 대칭으로 작용하므로 균등한 등분포 하중이 작용하게 된다.

플랜지의 단면적 : $A_f = at = a(1/4)a = (1/4)a^2$

복부의 단면적 : $A_w = at = a(1/4)a = (1/4)a^2$

전체 콘크리트 단면적 계산 : $A_g = 2A_f + A_w = 3(1/4)a^2 = (3/4)a^2$

선형 등분포 응력 계산 : $\therefore\ f_d = \dfrac{P}{A_g} = \dfrac{P}{(3/4)a^2} = \dfrac{4}{3}\dfrac{P}{a^2}$

② 계산을 위해서 등분포 하중을 각 단면에 작용하는 집중하중으로 계산 :

플랜지에 작용하는 집중하중 : $F_f = f_d\,A_f = \left(\dfrac{4P}{3a^2}\right)\left(\dfrac{a^2}{4}\right) = \dfrac{P}{3}$

복부에 작용하는 집중하중 : $F_w = f_d\,A_w = \left(\dfrac{4P}{3a^2}\right)\left(\dfrac{a^2}{4}\right) = \dfrac{P}{3}$

복부에 작용하는 F_w 는 복부의 전체 길이 a 를 1/2로 나누어 절반씩 나누어진 단면의 도심에 작용한다고 보면, $F_w/2 = P/6$ 가 작용하게 된다.

③ 지압력은 반력이고 등분포하중은 외력이 작용하는 깊은 보로 고려하여 단면의 도심에서 최대 휨모멘트의 계산 : 단면의 도심에서 상부에 대해서 평형방정식을 써서 구한다.

$F_w/2$ 의 팔거리 $= a/4$; F_f 의 팔거리 $= h/2 - a/8$; $P/2$ 의 팔거리 $= a/8$

최대 휨모멘트 : $M_{\max} = \dfrac{F_w}{2}\dfrac{a}{4} + F_f\left(\dfrac{h}{2} - \dfrac{a}{8}\right) - \dfrac{P}{2}\dfrac{a}{8}$

$$M_{\max} = \frac{P}{6}\frac{a}{4} + \frac{P}{3}\left(\frac{h}{2} - \frac{a}{8}\right) - \frac{P}{2}\frac{a}{8} = \frac{P}{6}\left(\frac{a}{4} + \frac{2h}{2} - \frac{2a}{8} - \frac{3a}{8}\right)$$

$$\therefore\ M_{\max} = \frac{P}{6}\left(h - \frac{3a}{8}\right) = \underline{\frac{Ph}{8}\left(\frac{4}{3} - \frac{a}{2h}\right)}$$

$h = \left(\dfrac{3}{2}\right)a$ 를 대입 : $M_{\max} = \dfrac{P(3a/2)}{8}\left(\dfrac{4}{3} - \dfrac{a}{2(3a/2)}\right) = \dfrac{3}{16}Pa$

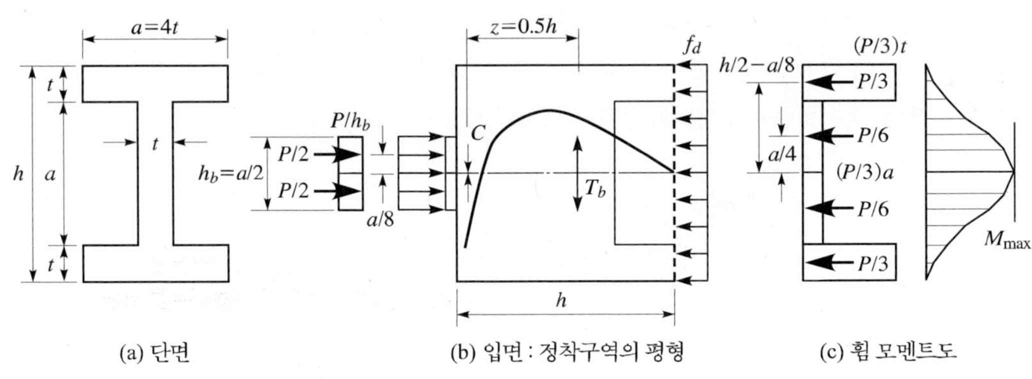

(a) 단면 (b) 입면 : 정착구역의 평형 (c) 휨 모멘트도

그림 9.31 깊은 보 유사 [PTI 2000(18)]

④ 횡방향 인장력과 압축내력의 팔거리를 결정 : 일반구역 길이의 1/2을 팔거리로 가정한다.

$\therefore\ z = 0.5h$

⑤ 파열력 계산 : $\therefore\ T_b = \dfrac{M_{\max}}{z} = \dfrac{\dfrac{Ph}{8}\left(\dfrac{4}{3} - \dfrac{a}{2h}\right)}{\dfrac{h}{2}} = \underline{\dfrac{P}{4}\left(\dfrac{4}{3} - \dfrac{a}{2h}\right)}$

$h = \left(\dfrac{3}{2}\right)a$ 를 대입 : $\therefore\ T_b = \dfrac{P}{4}\left(\dfrac{4}{3} - \dfrac{a}{2(3a/2)}\right) = \dfrac{P}{4}$

⑥ 소요 철근 단면적 계산 :

계수 파열력 : $T_{bu} = 1.2\,T_b = 1.2(P/4)$

$\therefore\ A_{s(\text{소요})} = T_{bu}/(\phi f_{yt}) = 1.2\,T_b/(\phi f_{yt}) = 1.2(P/4)/(\phi f_{yt})$

여기에서 $\phi = 0.85$이다.

식 (9.20) :

경사 압축 스트럿의 축방향 길이 : $d_{bt} = 0.5h = 0.5(3/2)a = 0.75a$; $e = 0$

파열 보강재 배치 구역 : $2.5d_{bt} = 1.25h = (5/4)(3/2)a = (15/8)a = 1.875a$

소요 철근단면적을 계산하여 예제 9.2와 같이 폐쇄스트럽(U형 스터럽 + 결속근)을 $d_{bt} = 0.75a$

에 대칭이 되도록 $0 \sim 2d_{bt} = 1.5a$ 구간에 고르게 분배하여 배치한다.

⑦ 플랜지의 파열력에 대한 소요 철근 단면적 계산(예제 9.4 및 그림 9.41c 참고) : 복부의 단부에서 출발한 집중하중은 복부를 타고 플랜지 중앙에 도착하면 플랜지에서도 폭 방향으로 확산되어야 한다. 단부에서 플랜지의 중앙에 도착하는데 필요한 길이는 내력 팔거리 0.5h로, 플랜지 중앙에서 플랜지 전체로 분산되기 위해서 필요한 거리를 플랜지 폭의 1/2(즉, a/2)로 보고 설계한다. 플랜지 중앙에 도착한 집중하중의 1/2씩, 즉 P/6가 복부 폭의 1/4 위치에 각각 작용(중심에서 거리 a/16)하고, 이 집중하중이 거리 a/2 떨어져서 플랜지의 1/4 위치(폭 방향 길이 a/4 −a/16 = (3/16)a)로 각각 분산된다고 본다.

플랜지의 파열력 $T_b = \dfrac{(3/16)a}{(1/2)a}\dfrac{P}{6} = \dfrac{P}{16}$가 된다. 이 플랜지의 파열력에 소요되는 보강철근은 단부에서 0.5h 떨어져서 플랜지에 배치하기 시작해서 플랜지의 폭 a 만큼의 구간에 고르게 분포하여 배치한다.

9.7 스트럿-타이 모델을 이용한 설계 (General Zone Design by Strut-and-Tie Model)

정착구역과 같은 교란영역의 설계에서 적절한 보강철근을 배치하여 균열을 억제하고 소요 하중경로(force path)가 형성되어 정착력이 단면에 전달되는데 무리가 없도록 하여야 한다. 탄성해석이 어디에서 균열이 시작되는지를 예측할 수는 있지만, 균열이 일어나고 난 뒤에 균열이 확대되어 강성이 변할 때의 응력의 흐름에 대해서는 오직 대략적인 예측만을 할 수 있게 한다[Collins 1987(396)].

비선형 유한요소해석(non−linear finite element analysis)은 교란영역에서 균열이 일어나고 난 뒤의 거동을 조사하는데 사용할 수 있는 강력한 도구로, 1967년 Ngo와 Scordelis가 처음으로 보강 콘크리트의 균열 후 거동을 예측하는데 유한요소해석을 사용하였다. 이러한 해석에서는 균열 콘크리트의 응력과 변형률의 관계가 가장 중요한 부분으로 많은 연구자들에 의해서 다루어져 왔으며, 그 후에 상당한 발전이 이루어 졌다. 그러나 이러한 모델들은 간략한 설계방법으로 설계된 구조물의 거동을 검토하는데 적절하고 일상적인 설계에 적용하기는 너무 시간을 소모하는 모델이라고 볼 수 있다[Collins 1987(396)].

앞에서 다룬 **깊은 보 유사(deep beam analogy)** 방법도 정착구역의 평형조건(equilibrium condition)을 다루는 방법으로 이런 설계방법을 **하중경로 방법(load path method)**이라고 하고,

이 방법에는 비교적 근래에 발달한 절점으로 연결되는 스트럿과 타이의 시스템으로 하중의 흐름을 체계적으로 접근하여 시각화하는 설계방법인 **스트럿-타이 모델(strut-and-tie model)** 방법이 있다.

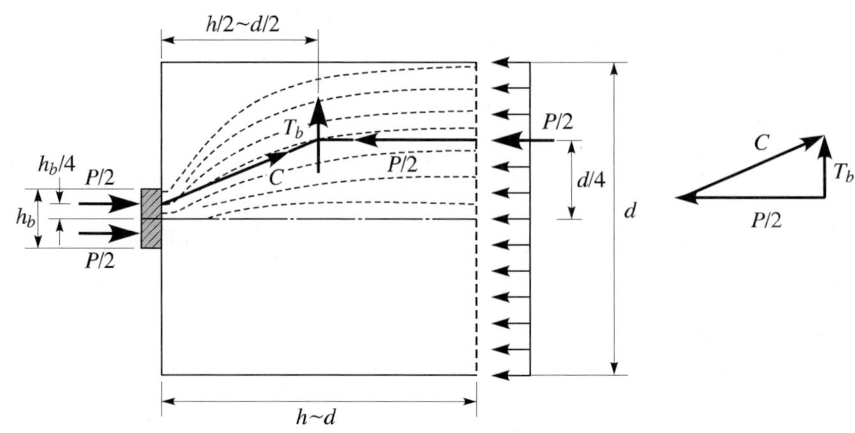

그림 9.32 Morsch의 하중경로 모델 [1924, PTI 2000(17)]

이 하중경로 방법은 물론 평형조건을 만족시켜야 하지만 선형-탄성해석의 필요조건인 변형률 적합은 고려하지 않아도 된다. 따라서 하중경로 방법은 균열 후 콘크리트와 같이 비 균질재료에서 내력의 흐름을 시각화하는데 적절한 방법이라고 할 수 있다. 하중경로 방법은 정착구역의 평형조건을 만족시킬 수 있는 매우 실용적인 설계방법이며, 이 방법은 하중의 흐름이 어떻게 될 것이라는 감각과 어떤 하중 경로와 보강철근의 배치가 가장 적절할 것이라는 공학적 판단력이 있어야 한다.

1924년 Morsch는 그림 9.32와 같이 집중력이 작용하는 부재에서 하중경로를 시각화하여 보여주는 **평형을 근거로 하는 모델(equilibrium based model)**을 소개하였다. Morsch는 2개의 직선으로 작용하는 압축력으로 압축응력의 흐름을 표시하였고, 평형조건을 이용하여 횡방향 인장력(파열력 T_b)의 크기를 산정하였다. Morsch의 모델이 선형-탄성 해석 식 (9.22)의 근거가 되었다.

균열이 발생한 보강 콘크리트의 복잡한 응력 흐름을 축력만 작용하는 트러스로 간단하게 모델링하는 1924년도의 Morsch의 하중경로 모델로부터 현대적인 스트럿-타이 모델 개념이 발달되기 시작하였다. 1987년 Schlaich 등에 의해서 제안된 **스트럿-타이 모델(strut-and-tie model)**은 구조물에서 하중의 흐름을 절점(node)으로 연결된 **스트럿(strut, 압축부재)**과 **타이(tie, 인장부재)**의 시스템으로 단순화하였고, 각 부재의 내력은 평형조건으로 결정하였다[PTI 2000(5.5.2)].

균열이 일어난 뒤에 보강 콘크리트는 콘크리트의 압축응력과 보강 철근의 인장응력으로 저항하게 된다. 상당한 균열이 일어나고 난 뒤에 콘크리트의 주압축응력의 궤적은 직선이 되려는 경향(가장 효율적인 하중경로)을 보이므로 직선 압축 스트럿으로 간략화 할 수 있다. 그림 9.33에 보이는 다양한 **교란영역(disturbed region, D 영역)**에서 내적인 힘의 흐름은 콘크리트 압축 스트럿과 주철근의 인장타이, 그리고 스트럿과 타이가 만나는 절점(여러 방향의 응력이 작용하는 콘크리트 구역)을 이용하여 모델링할 수 있다[Collins 1987(401)].

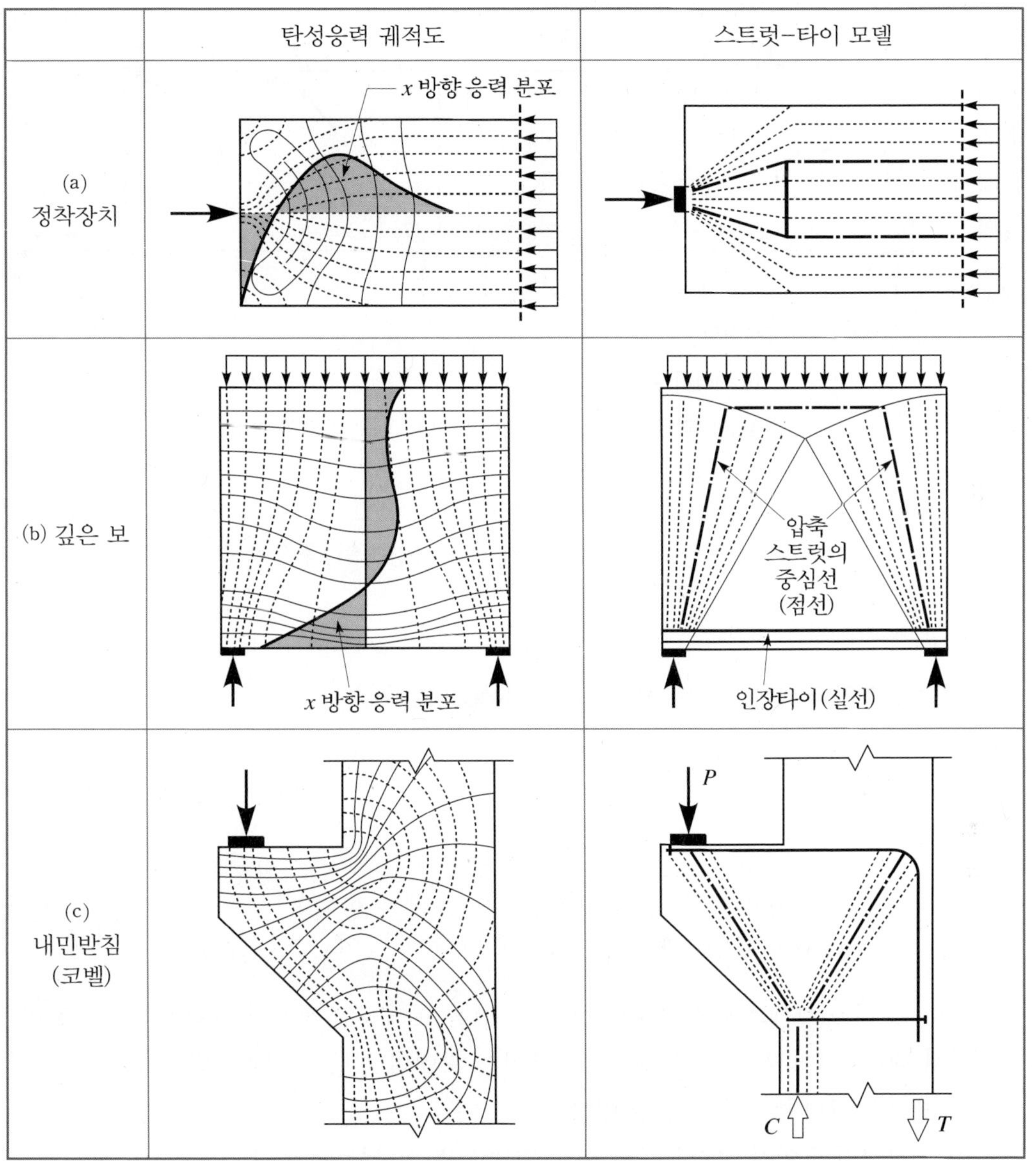

그림 9.33 다양한 교란영역(D 영역)에 대한 스트럿-타이 모델 [Collins 1987(402)]

근래에 와서 교란영역에 대한 탄성응력 흐름을 상세한 스트럿과 타이를 이용하여 모델링하는 스트럿-타이 모델이 더욱더 발달하게 되었다[Schlaich 1987]. 1985년 Marti는 압축 스트럿과 인장타이의 실제 크기를 고려하는 것이 스트럿-타이 모델을 구성하는데 매우 중요하다고 지적하였다[Collins 1987(401)].

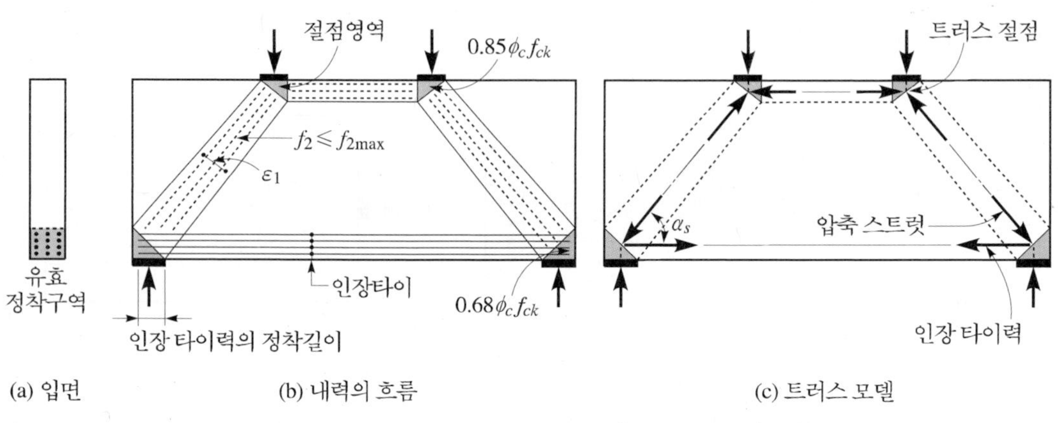

그림 9.34 깊은 보의 스트럿-타이 모델 [Collins 1987(403)]

그림 9.34b와 같은 깊은 보의 교란영역을 설계하기 위해서 먼저 내력의 흐름을 스케치하고 절점영역을 배치하게 된다. 절점영역은 충분히 커서 절점영역의 응력이 구조기준 등의 규정을 만족할 수 있어야 한다.

9.7.1 절점영역의 유효압축강도(Strength of Nodal Zones)

구조기준 I.5.3(ACI A.5.2)에서 절점영역 콘크리트의 유효압축강도를 아래와 같이 제시하고 있다.

$$f_{ce} = \begin{cases} 0.85(1.0)f_{ck} = 0.85f_{ck} \text{ (지지판과 스트럿으로 형성)} \\ 0.85(0.8)f_{ck} = 0.68f_{ck} \text{ (하나의 타이가 연결)} \\ 0.85(0.6)f_{ck} = 0.51f_{ck} \text{ (두 개 이상의 타이가 연결)} \end{cases} \tag{9.23}$$

다음 단계는 트러스 모델의 형상을 결정하는 일이다. 트러스의 절점은 그림 9.34c와 같이 절점영역에서 내력이 만나는 교차점이 된다. 트러스 모델의 형상이 결정되면 정역학을 통해서 스트럿과 타이의 단면력을 결정할 수 있다.

단면력이 결정되면 인장 보강철근의 소요 단면적을 계산할 수 있다. 인장타이 보강철근은 소요 인장강도를 절점영역에 전달할 수 있도록 정착되어야 하고, 콘크리트 유효면적(= 인장 타이력 / 절점영역 응력 한계)에 인장 타이 보강철근을 분포하여 배치하여야 한다. 콘크리트의 유효면적은 그림 9.34a와 같이 인장타이와 같은 도심을 갖는 인장타이를 둘러싼 면적이다. 트러스의 형상이나 정역학은 부재의 크기에 영향을 받으므로 스트럿-타이 모델을 이용한 설계는 시행착오(trial and error)의 과정을 밟게 된다.

9.7.2 스트럿-타이 모델의 설계식(Design Equation of Strut-and-tie Model)

구조기준 I.2.3(ACI A.2.6)에서 스트럿-타이 모델의 설계식을 아래와 같이 제시하고 있다.

$$\phi F_n \geq F_u \tag{9.24}$$

여기에서 F_u는 계수하중에 의한 스트럿과 타이의 단면력 또는 절점 영역의 한 면에 작용하는 단면력이고, F_n은 스트럿, 타이 및 절점영역의 공칭축강도이며, ϕ는 강도감소계수로, 콘크리트 스트럿의 강도감소계수 $\phi_c = 0.75$이고, 보강재 타이의 강도감소계수 $\phi_t = 0.85$를 적용한다.

9.7.3 스트럿의 유효압축강도(Effective Compressive Strength of Concrete)

콘크리트 스트럿의 압축응력은 구조기준 등에 주어진 다음의 한계강도를 초과해서는 안 된다. 구조기준 I.3.2(ACI A.3.2)에서 콘크리트 스트럿의 유효압축강도를 아래와 같이 제시하고 있다.[7]

$$f_{ce} = \begin{cases} 0.85 f_{ck} & (\text{단면적이 일정한 경우}) \\ 0.64 f_{ck} & (\text{병모양 스트럿 : 최소보강철근을 배치}) \\ 0.51 \lambda f_{ck} & (\text{병모양 스트럿 : 최소보강철근을 배치하지 않은 경우}) \\ 0.51 f_{ck} & (\text{기타의 모든 경우}) \\ 0.34 f_{ck} & (\text{인장요소, 인장플랜지 스트럿인 경우}) \end{cases} \tag{9.25}$$

여기에서 콘크리트 질량계수 λ는 전경량골재 콘크리트 = 0.75, 모래경량골재(부분경량골재) 콘크리트 = 0.85, 보통중량골재 콘크리트 = 1.0을 적용하고, 골재를 부분적으로 치환하는 경우에는 체적비에 따라 직선보간 하여야 한다. 만약에 경량골재 콘크리트에 대한 쪼갬인장강도 f_{sp} (—)가 주어지면 $\lambda = f_{sp}/(-0.56\sqrt{f_k}) \leq 1.0$ 을 대입하여야 한다(식 (2.11) 참고).

7. 이러한 콘크리트 스트럿의 압축강도는 식 (9.3)의 $f_{ce} = 0.7\lambda f_{ck}$와 연관성을 찾기 어렵고, 강도감소계수도 스트럿-타이 모델은 콘크리트 0.75와 보강재 0.85를 사용하고, 포스트텐션 정착구역는 0.85를 적용하고 있다.

9.7.4 균열조절철근(Crack Control Reinforcement)

교란영역에는 주인장 타이 보강철근 외에 균열의 폭을 조종하고 연성을 확보하기 위해서 일반적으로 균등하게 분산된 최소철근을 배치하게 된다. 구조기준 I.3.3(ACI A3.3)에서는 **구속철근**(confinement reinforcement) [또는 **균열조절철근**(crack control reinforcement), 또는 **표면철근**(surface reinforcement)]이라고 불리는 최소철근은 다음 식을 만족하도록 규정하고 있다.

$$f_{ck} \le 40\,\mathrm{MPa}\text{인 경우}:\ \sum \frac{A_{si}}{b_s s_i}\sin^2\gamma_i = \frac{A_{s1}}{b_s s_1}\sin^2\gamma_1 + \frac{A_{s2}}{b_s s_2}\sin^2\gamma_2 \ge 0.003 \qquad (9.26)$$

여기에서 A_{si}는 그림 9.35와 같이 스트럿의 축과 각 γ_i이고 간격 s_i로 배치된 균열조절철근(표면철근)의 총 단면적을 의미하고, 아래 첨자 1과 2는 각각 수직과 수평 철근을 표시하여 s_1과 s_2는 수직 및 수평철근의 간격을, γ_1과 γ_2는 그림 9.35에서와 같이 각각 스트럿의 축과 수직 및 수평철근과의 사이각을, A_{s1}과 A_{s2}는 수직 및 수평철근량을 의미한다. 또한 b_s는 스트럿의 두께(thickness)이다. 구조기준 I.3.3(3)(ACI A.3.2)에서는 균열조절 표면철근은 그림 9.35와 같이 스트럿 축에 각각 γ_1과 γ_2 각을 갖도록 직각방향으로 배치하거나, 또는 한 방향으로 배치하려면 $\gamma \ge 40^o$ 이상 되도록 배치하여야 한다고 규정하고 있다.

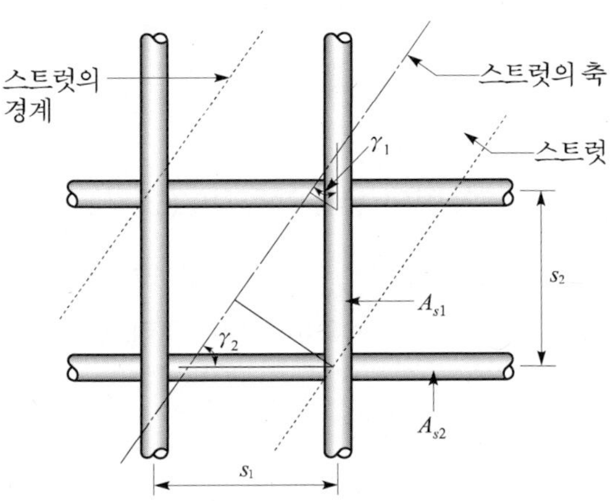

그림 9.35 스트럿을 가로지르는 균열조절철근(구속철근)

9.7.5 스트럿-타이 모델 예(Examples of Strut and Tie Models)

그림 9.36에는 다양한 스트럿-타이 모델과 개구부 주변에 대한 응력흐름을 보여주고 있다. 그림 9.36b의 깊은 보에서 보면 보의 바닥 부근의 주인장력 타이에 더하여 병모양 스트럿에 종방향 균열이 발생할 수 있고 이를 억제하기 위해서 식 (9.26)의 균열조절철근을 잘 분산하여 배치하는 이유를 보여주고 한다. 그림 9.36e와 f에는 개구부 주변에 응력의 흐름을 모델링하는 스트럿-타이 모델의 힘을 보여주고 있다.

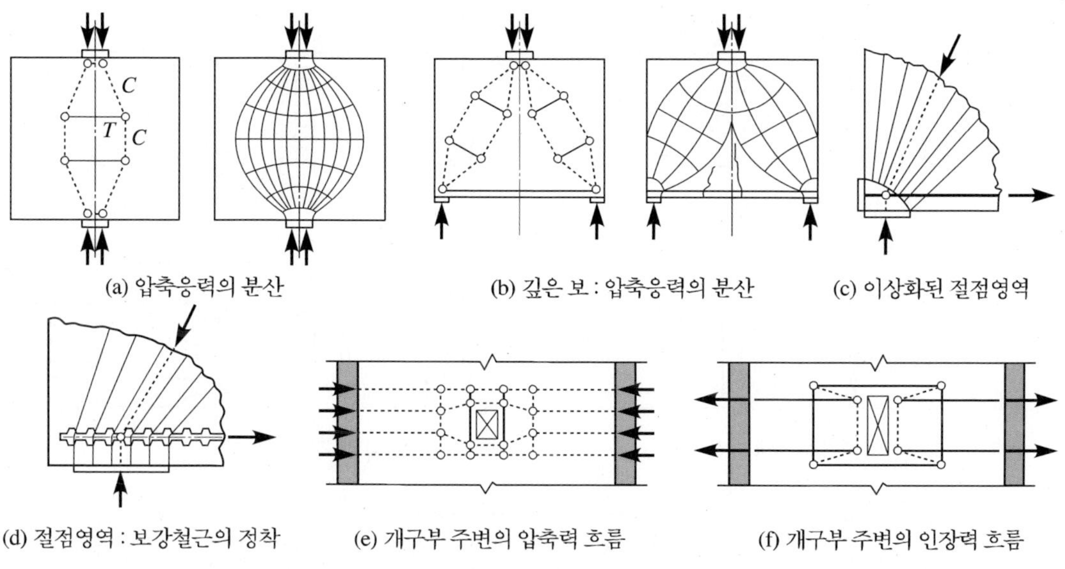

(a) 압축응력의 분산 (b) 깊은 보 : 압축응력의 분산 (c) 이상화된 절점영역

(d) 절점영역 : 보강철근의 정착 (e) 개구부 주변의 압축력 흐름 (f) 개구부 주변의 인장력 흐름

그림 9.36 다양한 스트럿-타이 모델과 응력 흐름의 예 [Schlaich 등 1987, Collins 1987(405)]

그림 9.37에는 프리스트레스트 콘크리트 보의 정착구역에 대한 스트럿-타이 모델을 보여 주고 있다. 스트럿-타이 모델을 이용한 정착구역의 설계과정은 다음과 같다.

(1) 지압력을 구조물에 분산시키기 위해서 필요한 일반구역(교란영역)을 결정한다.

(2) 지압판 밑의 절점영역에 대한 응력을 검토한다.

(3) 일반구역(교란영역)의 경계를 넘어선 구역에서 선형으로 변하는 등분포 응력을 계산한다.

(4) 그림 9.37과 같이 지압력과 등분포 하중 사이를 스트럿-타이 모델로 힘의 흐름을 시각화한다. 트러스와 유사한 스트럿-타이 시스템은 반드시 평형을 이루어야 한다. 설계자는 자유롭게 트러스의 형상을 선택할 수 있지만, 일반적으로 선형-탄성 해석의 응력 궤적도와 유사한 스트럿-타이 모델을 선택하는 것이 좋다.

(5) 트러스의 정역학을 이용하여 스트럿과 타이의 부재력을 계산한다.

(6) 결정된 타이의 부재력에 저항하는 인장철근의 소요 단면적을 결정한다. 배치하는 철근의 도심은 반드시 모델의 인장타이의 도심과 일치하여야 하고, 내력의 흐름에 문제가 없는지 철근 상세를 검토한다.

(7) 압축 스트럿의 폭을 정하여 압축응력을 검토한다. 스트럿의 폭은 지압판의 크기에 좌우되며, 스트럿은 반드시 구조물의 경계 안에 배치할 수 있어야 한다.

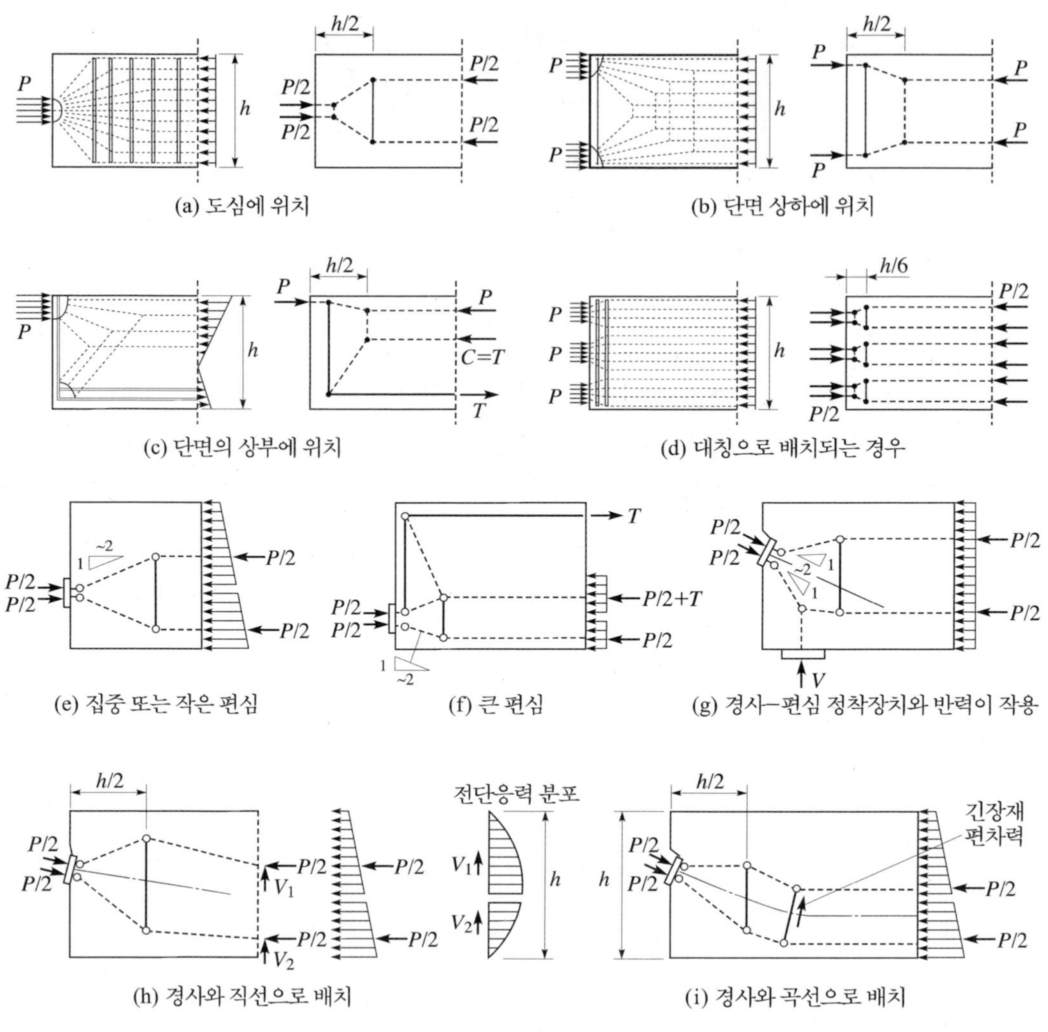

그림 9.37 정착구역의 스트럿–타이 모델 [Collins 1987(414) ; AASHTO C5.10.9.4.1–2]

그림 9.38에는 편심을 갖고 긴장재가 배치되는 정착장치의 상세한 스트럿–타이 모델을 보여주고 있다. 일반구역 경계의 응력 분포는 계수하중이 작용하는 강도상태(극한상태)에서 균열단면이고 직사각형 압축응력 블록를 가정하여 구한 것이다. 단면 하부의 실제 응력분포는 삼각형 분포이지만 이렇게 직사각형 응력 블록으로 가정하여 압축 반력 C의 크기와 위치를 알 수 있고, 또한 인장 반력 T의 크기와 위치도 알 수 있도록 해준다. 내적인 반력 C와 T는 외적인 긴장력 P와 균형을 이루게 된다. 그림 9.38에서 보면 보강재가 지압판에 의해서 정착되는 것을 보여주고 있다. 실제 구조물에서 보강재는 절점영역의 면에서 충분히 정착시키기 위해서 충분한 정착길이를 확보하거나 아니면 표준갈고리를 부착하는 등의 설계상세에 주의를 기울여야 한다[TPI 2000(17)].

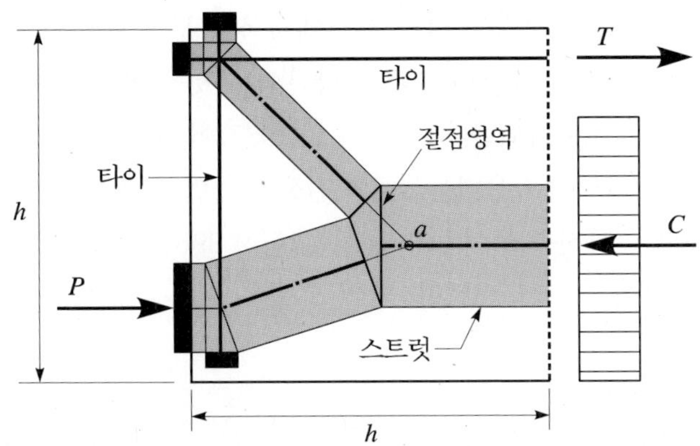

그림 9.38 편심을 갖고 배치되는 긴장재의 스트럿-타이 모델 [PTI 2000(17)]

스트럿의 폭은 스트럿의 응력이 일정하다는 가정에서 결정한다. 이런 가정에 따라 **절점(node)** 은 **정수압 응력상태(hyrdostatic state of stress)** 가 되고 절점의 경계는 스트럿에 대해서 언제나 연직하게 된다. 따라서 스트럿의 응력상태는 1축(uniaxial)이고 스트럿의 폭에 대해서 일정하게 된다.

P, C와 T의 크기과 작용 위치를 알게 되면 하중이 작용하는 지압면과 평행하게 발달하는 타이 인장력은 중심 절점 a에 대해서 모멘트를 취하여 구할 수 있다. 이 절점은 대략적으로 지압면에서 거리 h/2 떨어졌다고 가정하였다.

포스트텐션이 도입되는 많은 예에서 부재의 단면이 단순한 직사각형이 아닌 경우가 많다. 오히려 두께가 얇은 직사각형 단면으로 가정할 수 있는 여러 개 요소들로 구성되는 경우가 보통이다. 전체적으로 구조물이 3차원이라고 하더라도 국소구역이나 각 요소의 접점을 제외하고 각 요소의 응력상태는 기본적으로 평면인 상태가 대부분이다[NCHRP 356(37)].

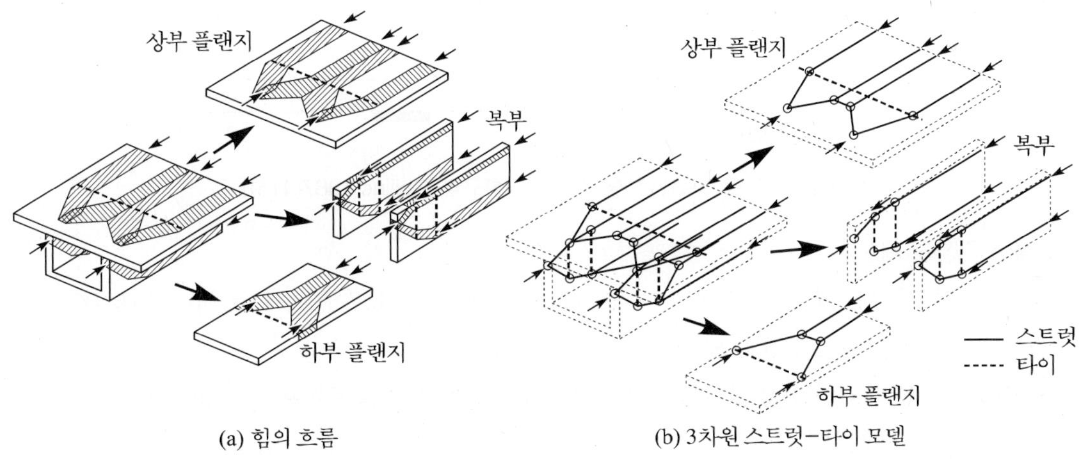

그림 9.39 단면이 직사각형이 아닌 경우 예 : 박스거더 정착구역의 3차원 스트럿-타이 모델 [NCHRP 356(1994)]

예를 들어서 그림 9.39와 같은 교량의 박스 거더에서 상하부 플랜지와 복부는 각각을 직사각형 단면으로 고려하여 긴장력이 각각의 요소로 확산되는 것을 분리하여 검토할 수 있다. 이렇게 단면을 평면 요소로 나누는 방법은 Schlaich 등(1987)이 제안한 방법으로 성공적으로 적용되고 있다. 그림 9.39a는 복부에 작용하는 2개의 긴장력이 먼저 복부에 분산되고 이어서 상부와 하부의 플랜지로 분산되는 과정을 보여주고 있고, 그림 9.39b는 복잡한 3차원 구조물을 간단하게 각각의 요소로 분리하여 구성한 스트럿-타이 모델을 보여 주고 있다[NCHRP 356(67)].

예제 9.6

[스트럿-타이 모델을 이용한 일반구역(정착구역, D 영역)의 설계] [Collins 1987(415-418)]

그림 9.40에는 포스트텐션 I형 거더의 정착구역을 보여주고 있다. 각각의 긴장재는 4개의 B종 (f_{pu} = 1,860 MPa) 직경 12.7 mm(A_{ps} = 4 × 98.71 = 394.8 mm^2) 저이완 7연선이 배치되었다. 긴장시에 7연선의 최대응력은 한계값인 0.80f_{pu} (표 2.16 참고)보다 6.25% 적은 0.75f_{pu} = 0.75 (1,860) = 1,395 (MPa)로 긴장하였다. 긴장할 때의 콘크리트의 강도는 f_{ci} = 40 MPa이다. 일반구역의 정착 보강철근을 스트럿-타이 모델을 이용해서 설계하라.

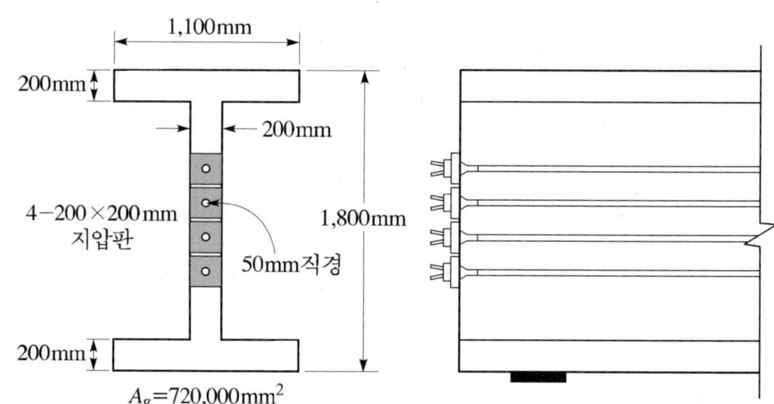

그림 9.40 포스트텐션 I형 거더의 정착구역 [Collins 1987(415)]

① 계수 긴장력 계산 :

$$P_{jack} = (0.75f_{pu})A_{ps} = (1,395 \times 98.71 / 10^3) \times 4 = 137.7 \times 4 = 550.8 \text{ (kN)}$$

$$P_{pu} = 1.2P_{jack} = 1.2(550.8) = 661.0 \text{ (kN)}$$

② 단부에서 단면의 깊이 이상 떨어진 교란영역(일반구역) 밖의 선형 등분포 하중 및 경계에서 스트럿에 작용하는 계수 압축력 계산 : 긴장력이 단면의 도심에 대해서 대칭으로 작용하므로 균등한 등분포 하중이 작용하게 된다.

플랜지의 단면적 : A_f = (1,100)(200) = 220 × 10^3 (mm^2)

복부의 단면적 : A_w = (1,400)(200) = 280 × 10^3 (mm^2)

전체 콘크리트 단면적 계산 : $A_g = 2A_f + A_w$ = [2(220) + 280] × 10^3 = 720 × 10^3 (mm^2)

선형 등분포 응력 계산 : ∴ $f_{du} = 4P_{pu}/A_g$ = 4 × 661.0 × 10^3 / (720 × 10^3) = 3.67 (MPa)

플랜지에 작용하는 계수 압축력 : $P_{fu} = A_f f_{du}$ = (220 × 10^3)(3.67) / 10^3 = 807.8 (kN)

복부에 작용하는 계수 압축력 : $P_{wu} = A_w f_{du}$ = (280 × 10^3)(3.67) / 10^3 = 1,028.2 (kN)

복부에서는 전체 깊이 1,400 mm /2 = 700 mm의 중심에 $P_{wu}/2$ = 1,028.2 / 2 = 514.1 (kN)이 각각 작용하는 것으로 구성한다.

③ 스트럿-타이 모델의 구성 :

- 단부에서 압축력(절점 A나 B)의 y축 위치 결정 : 지압판 응력은 균등하게 작용하므로 단면 도심에서 긴장력으로 인한 휨 모멘트 : P_{pu}(300) + P_{pu}(100) = 661.0(400) = 264,400 (kN · mm)

  지압판에서 집중 압축력 807.8 kN과 514.1 kN의 거리는 원래의 긴장재의 거리와 같이 200 mm 떨어진다고 고려하면, 807.8(x + 200) + 514.1(x) ≡ 264,400

  (807.8 + 514.1) x = 1,321.9 x = 264,400 − 161,560 = 102,840

  ∴ x = 102,840 / 1,321.9 = 77.8 ≈ 78 (mm)

  따라서 단면의 도심에서 78 mm 떨어져서 514.1 kN을 배치하고 이어서 200 mm 떨어져서 807.8 kN을 배치한다(그림 9.41b 참고). 단부에서 압축 스트럿의 폭은 514.1 kN이 도심에 작용하여야 하므로 78 + 78 = 156 (mm)가 되고, 807.8 kN 스트럿의 폭은 (78 − 156 = 122) × 2 = 244 (mm)가 된다(그림 9.43 참고)

  절점 A와 D의 z축 위치 : 단부에서 절점 A와 D의 위치는 PTI 2000에서 대략 0.05h = 0.05(1,800) = 90 (mm)로 제시하고 있다. 이 값은 피복두께 40 mm + (표피철근의 직경/2)을 고려할 때 적당하다고 볼 수 있다. 절점 A의 위치는 또한 절점영역의 응력에 이상이 없는지 검토하여 최종적으로 결정된다.

- 절점 B와 C의 z축 위치 : A나 D와 같은 z축 위치에 배치하게 되면 절점영역과 스트럿이 중복되어 모델을 구성할 수가 없게 된다. 따라서 A나 D의 절점영역의 z축 길이 90 × 2 = 180 mm에 [156 × (180/244) = 115]/2 = 57.5 (mm)를 떼어서 배치한다(그림 9.43 참고). z축 거리 180 + 57.5 = 237.5 (mm)

- 절점 E와 F의 y축 위치 : 절점 F는 복부 깊이 1,400 mm /2의 중심 1/2에 위치, 단면의 도심에서 700/2 = 350 (mm)에 위치 ; 절점 E는 플랜지 두께 200 mm /2의 중심 1/2에 위치, 절점 F에서 350 + 100 = 450 (mm) 떨어져서 위치

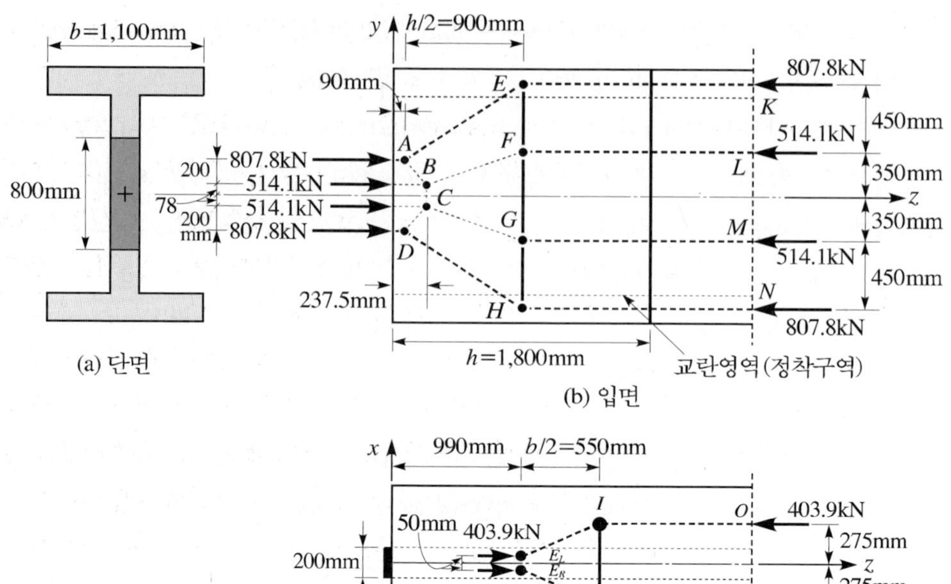

그림 9.41 스트럿-타이 모델 : 복부와 플랜지로의 하중의 분산(하중 경로도) [Collins 1987(416)]

- 절점 E~H의 z축 위치 : 절점 A나 D에서 수평거리 h/2 = 900 (mm) 떨어져서 절점 E~H가 위치한다고 가정한다.

  플랜지에서 절점 I나 J의 위치(그림 9.41c 참고) : z축 위치 - 절점 E에서 수평거리 b/2 = 550 (mm) 떨어져서 절점 I나 J가 위치한다고 가정 ; x축 위치 - 플랜지의 b/4 = 275 (mm)에 위치한다고 가정한다.

④ **정역학으로 타이 및 스터럿의 계수 부재력 계산** : 그림 9.42 참고

- 절점 E에 대한 자유물체도 : $\sum F_y = 0$; $F_{EF} = (522/900)(807.8) = 468.5$ (kN)(인장)

  스트럿 AE의 계수 부재력 : $F_{AE} = (807.8^2 + 468.5^2)^{1/2} = 933.9$ (kN)(압축)

- 절점 F에 대한 자유물체도 :

  $\sum F_y = 0$; $F_{FG} = 468.5 + [(350-78)/(900-90-115/2)](514.1)$

  $= 468.5 + (272/752.5)(514.1) = 468.5 + 185.8 = 654.3$ (kN)(인장)

  스트럿 BF의 계수 부재력 : $F_{BF} = (514.1^2 + 185.8^2)^{1/2} = 546.6$ (kN)(압축)

- 절점 I에 대한 자유물체도 : $\sum F_y = 0$; $F_{IJ} = (225/550)(403.9) = 165.2$ (kN)(인장)

  스트럿 E_L I의 계수 부재력 : $F_{E_L I} = (403.9^2 + 165.2^2)^{1/2} = 436.4$ (kN)(압축)

• 절점 A에 대한 자유 물체도 : $\sum F_y = 0$; AB의 길이 = $[200^2 + (90+115/2)^2]^{1/2}$

$= 248.5$ (mm)

스트럿 AB의 계수 부재력 : $F_{AB} = (248.5/200)(468.5) = 582.1$ (kN)(압축)

스트럿 BC의 계수 부재력 : $\sum F_y = 0$; $F_{BC} = 468.5 + 185.8 = 654.3$ (kN)(압축)

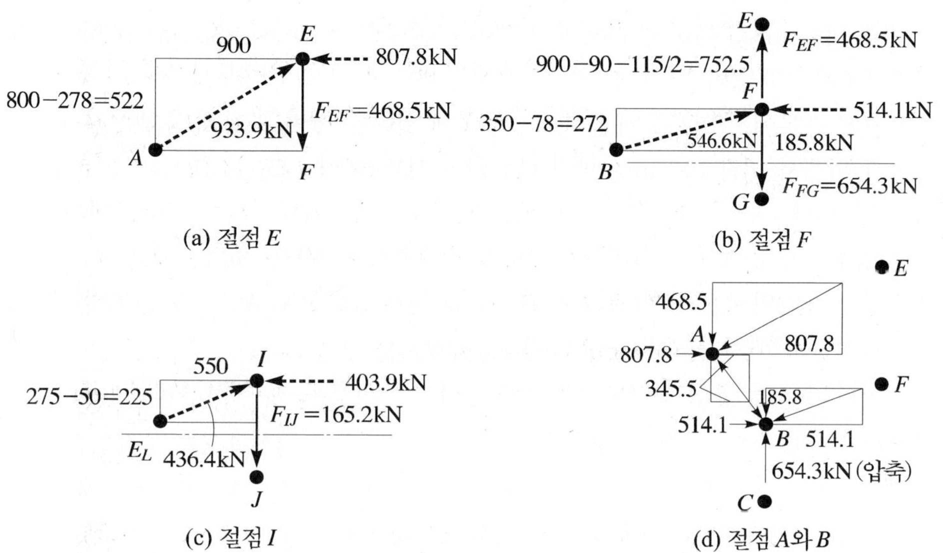

그림 9.42 각 절점들의 자유물체도

⑤ 복부에서 할렬력(spalling force)에 대한 표피철근 설계 : 도로기준 4.6.3.9⑶④(아)(AASHTO C5.10.9.3.2)

• 식 (9.21) : 계수 할렬력 $T_{su} = 0.02 P_{pu} = 0.02(661.0) = 13.22$ (kN)

• 소요 철근 단면적 : $A_{s(소요)} = T_{su}/(\phi_s f_{yt}) = 13.22 \times 10^3 / (0.85 \times 400) = 38.9$ (mm²)

D13 폐쇄스터럽을 배치, $A_s = 2 \times 126.7 = 253.4$ (mm²) $> A_{s(소요)} = 38.9$ mm²

<OK>

표 2.13에서 옥외공기에 직접 접하는 프리스트레스트 콘크리트의 피복두께 40 mm

단부에서 첫 번째 폐쇄스터럽의 위치 : 40 + 13/2 = 46.5 → 50 mm에 위치

⑥ 복부의 파열력(bursting force)에 대한 인장타이 설계 :

D10 폐쇄스터럽을 배치한다면, $A_s = (2$: 다리 개수$) \times (126.7) = 253.4$ (mm²)

폐쇄스터럽 1개의 설계강도 : $\phi_t F_{nt} = \phi_t A_s f_{yt} = (0.85)(253.4)(400)$

$= (0.85)(101,360) = 86,156$ (N)

소요 개수 계산 : $F_{FG} = T_{bu}$; $T_{bu} / \phi_t F_{nt} = 654.3 / 86.16 = 7.6$ (개) 소요

⑦ **파열 보강재의 배치** : 식 (9.20)와 그림 9.22 참고

- 단부에서 경사 압축 스트럿의 축방향 위치 : $d_{bt} = 0.5h + 90 = 900 + 90 = 990$ (mm) ; $e = 0$
- 파열 보강재 배치 구역 : $2.5\,d_{bt} = 2.5(990) = 2,475$ (mm)이고, 이때 보강재는 d_{bt} 와 도심이 일치하도록 배치하여야 하므로 $d_{bt} = 990$ mm에서 대칭으로 배치하기 위해서 같은 거리 990 mm를 더하면 전체 배치해야 하는 구간은 0 ~ 1,980 mm 구간이 된다[도로기준 4.6.3.9(3)④(마), AASHTO 5.10.9.3.2][8].
  지압판의 단부에서 피복두께를 떼고 첫 번째 철근은 할렬 보강재를 배치하므로 이를 고려하기 위해서 대략 100 mm 정도를 뗀다고 보면 배치구간은 1,980 − 2(100) = 1,780 (mm)가 된다.
- 스터럽의 소요 간격 : 1,780 mm / (소요 스터럽 7.6 개) = 234 (mm)
  현장에서 작업의 수월성을 위해서 100, 150, 200 mm 등으로 스터럽을 배치하므로, 200 mm 간격으로 배치하도록 한다(그림 9.44 참고).
  $d_{bt} = 990$ mm를 중심으로 대칭으로 배치하여야 하므로 d_{bt} 에서 좌측으로 4개를 배치하면 990 − 200(4) = 190 (mm)가 되고, d_{bt} 에서 우측으로 역시 4개를 배치하면 990 + 200(4) = 1,790 (mm)가 된다.

따라서 규정을 만족시키기 위해서 단부에서 190 mm 떼어서 4+1+4 = 9개 D13 폐쇄스터럽(U형 스터럽 + C형 결속근(cross-tie, 90도 갈고리 장착))을 200 mm 간격으로 배치하도록 한다(그림 9.44 참고).

⑧ **파열 보강재의 철근 길이 계산** :

단면의 상하면까지 연장되는 철근의 길이 계산 : 40 mm(피복두께) + 13(스터럽 직경) + 13/2(걸이철근 직경) = 59.5 ≈ 60 mm ; 한 가닥 철근의 총 연직 길이 = 1,800 − 2(60) = 1,680 (mm)

파열 보강재의 단부 표피에서 중심거리 : 40(표 2.13 참고) + 13/2 = 46.5 ≈ 50 (mm)

수평길이 = 200 − 2(50) = 100 (mm)

D13 스터럽 90도 갈고리 길이 : 그림 2.22 참고

$6d_b$(꼬리 길이) + $4d_b/2$(반경) + $d_b \approx 9d_b = 9(13) = 117 \approx 120$ (mm)

D13 열린 U형 스터럽 한 개의 길이 = 2(1,680) + 100 + 2(120) = 3,700 (mm)

C형 D13 90도 갈고리 결속근(cross-tie) 길이 = 100 + 2(120) = 340 (mm)

⑨ **플랜지에서 파열력(bursting force)에 대한 인장타이 설계** :

다리 한 개의 D13 철근을 배치한다면, $A_s = 126.7\ \text{mm}^2$

---

8. 물론 PTI 2000(5.7)에 따르면 간단하게 0.1h ~ 1.0h, 즉 180 mm ~ 1,800 mm 구간에 배치하면 된다.

철근 1개의 설계강도 : $\phi_s F_{nt} = \phi_s A_s f_{yt} =$ (0.85)(126.7)(400) = (0.85)(50,680)
= 43,078 (N)

소요 개수 계산 : $F_{IJ} / \phi_s F_{nt}$ = 165.2 / 43.1 = 3.8 (개) 소요

$d_{bt} = b/2 =$ 550 mm ; 따라서 배치구간은 1,100 mm이다.

스터럽의 소요 간격 계산 : 1,100 / 3.8 = 289 (mm)

시공을 위해서 단순하게 복부의 폐쇄스터럽과 동일한 간격(200 mm)으로 배치하도록 한다. 단부에서 990 + 13 = 1,003 mm 떨어져서 첫 번째 철근을 배치하고 이어서 4개를 200 mm 간격으로 배치한다(그림 9.44 참고).

배치구간 : 1,003 mm ~ (1,003 + 4 × 200 = 1,803 mm) ; 총 D13 C형 철근 5개를 배치한다.

배치하는 철근의 도심 = 1,003 + 400 = 1,403 mm로 990 + 550 = 1,540 mm와 차이가 있지만 단순화하기 위해서 배치를 유지한다.

⑩ **플랜지 파열 보강재의 철근 길이 계산 :**

한 가닥 철근의 길이 = 1,100 − 2(40 피복두께) = 1,020 (mm)

- 90도 표준 갈고리 검토 : 그림 2.20 참고

  A 또는 G 길이 =

  $12d_b$(꼬리 길이) + $3d_b$(반경) + d_b(직경) = $16d_b$ = 16(13) = 208 ≈ 210 (mm)

  플랜지의 두께가 200 mm이므로 배치할 수 없게 된다.

- 180도 표준 갈고리 검토 :

  배치 공간 J = $6d_b$(굽힘 직경) + $2d_b$(직경) = $8d_b$ = 8(13) = 104 ≈ 110 (mm)

  피복두께 (200 − 110 = 90)/2 = 45 (mm) > 40 mm (소요 피복두께) <*OK*>

  180도 표준갈고리를 장착하기로 한다.

  A 또는 G 갈고리 길이 =

  60 + $(3.14 \times 9d_b/4)$(원주/4) ≈ 60 + $7d_b$ = 60 + 91 = 151 ≈ 155 (mm)

- D13 양단에 180도 갈고리를 장착한 철근 한 개의 길이 = 1,020 + 2(155) = 1,330 (mm)

⑪ **절점 및 스트럿의 강도 검토 : 그림 9.43 참고**

- 스트럿 EK의 소요 폭 계산 : 두께 b_s = 200 mm ; F_{EK} = 807.8 kN

  단면적 일정 : $\phi_c f_{ce} = \phi_c (0.85 f_{ck}) =$ (0.75)(0.85)(40) = 25.5 (MPa)

- 스트럿 EK의 소요 폭 $w_{s(EK)} = F_{EK} / (\phi_c f_{ce} \times b_s)$ = 807.8 × 103 /(25.5 × 200) = 158 (mm)

  배치 폭 200 mm <*OK*>

- 스트럿 FL의 소요 폭 계산 : 두께 b_s = 200 mm ; F_{EK} = 514.1 kN

  단면적 일정 : $\phi_c f_{ce} = \phi_c (0.85 f_{ck}) =$ (0.75)(0.85)(40) = 25.5 (MPa)

- 스트럿 FL의 소요 폭 $w_{s(FL)} = F_{FL} / (\phi_c f_{ce} \times b_s) =$ 514.1 × 103 /(25.5 × 200) = 101 (mm) < 배치 폭 200 mm로 가정(스트럿-타이 모델을 구성하기 편하게 선택) <OK>
- 타이 EF 및 FG의 폭도 동일한 200 mm로 가정한다. 실제 보강재는 $2d_{bt} = 2(0.5h + 90) = 2(990) = 1{,}980$ (mm) 폭에 넓게 분포되어 배치되지만 스트럿-타이 모델을 구성하기 위해서 스트럿의 폭과 같은 두께로 가정한다.
- 스트럿 AE의 경사각 계산 : $\tan^{-1}(800-156-244/2)/900 = \tan^{-1}(522/900) = 30.11°$
- 스트럿 BF의 경사각 계산 : $\tan^{-1}(350-78)/(900-147.5) = \tan^{-1}(272/752.5) = 19.87°$
- 절점 A와 E에서 스트럿 AE에 연직한 폭 계산 :

  $w_{s(A)} = l_s \sin\theta + w_s \cos\theta = 180 \sin(30.11) + 244 \cos(30.11) = 301.4$ (mm)

  $w_{s(E)} = l_s \sin\theta + w_s \cos\theta = 200 \sin(30.11) + 200 \cos(30.11) = 273.3$ (mm)
- 절점 B와 F에서 스트럿 BF에 연직한 폭 계산 :

  $w_{s(B)} = l_s \sin\theta + w_s \cos\theta = 115 \sin(19.87) + 156 \cos(19.87) = 185.8$ (mm)

  $w_{s(F)} = l_s \sin\theta + w_s \cos\theta = 200 \sin(19.87) + 200 \cos(19.87) = 256.1$ (mm)

표 9.1에는 절점과 스트럿의 콘크리트 압축강도에 대한 검토가 주어졌다. 플랜지에 대한 검토는 폭이 넓어져서 지배하지 못하므로 생략하였다.

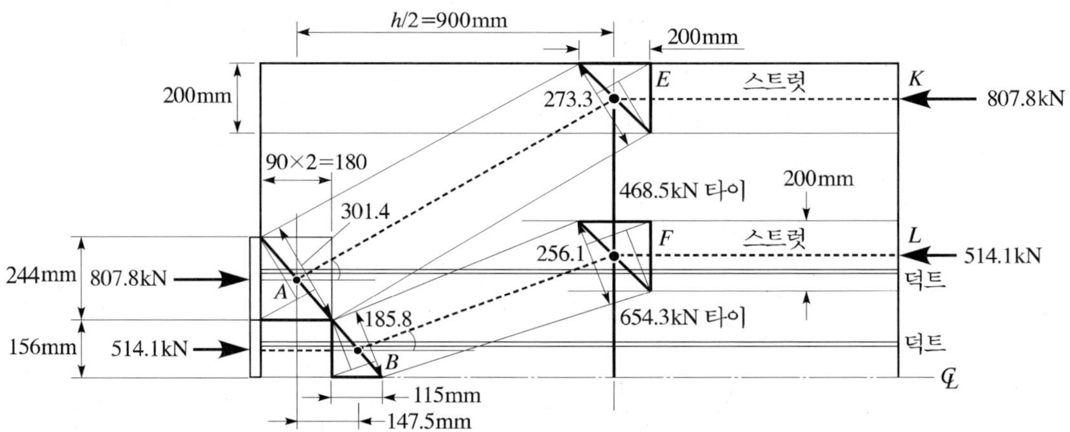

그림 9.43 스트럿-타이 모델의 스트럿 설계 상세

표 9.1 압축 스트럿의 설계

		f_{ce}		두께	폭	설계강도	소요강도	검토
				b_s	w_n	$\phi_c f_{ce} A_{nc}$	$\geq F\_u$	
절점	A	$0.68f_{ck}$	27.2	200	244	995.5	807.8	<OK>
	B	$0.68f_{ck}$	27.2	200	156	636.5	514.1	<OK>
	E	$0.68f_{ck}$	27.2	200	200	816.0	807.8	<OK>
	F	$0.68f_{ck}$	27.2	200	200	816.0	514.1	<OK>
스트럿	AE-A	$0.85f_{ck}$	34.0	200	301.4	1,537.0	933.9	<OK>
	AE-E	$0.85f_{ck}$	34.0	200	273.3	1,394.1	933.9	<OK>
	BF-B	$0.85f_{ck}$	34.0	200	185.8	947.6	546.6	<OK>
	BF-F	$0.85f_{ck}$	34.0	200	256.1	1,306.0	546.6	<OK>
	EK	$0.85f_{ck}$	34.0	200	200	1,020.0	807.8	<OK>
	FL	$0.85f_{ck}$	34.0	200	200	1,020.0	514.1	<OK>

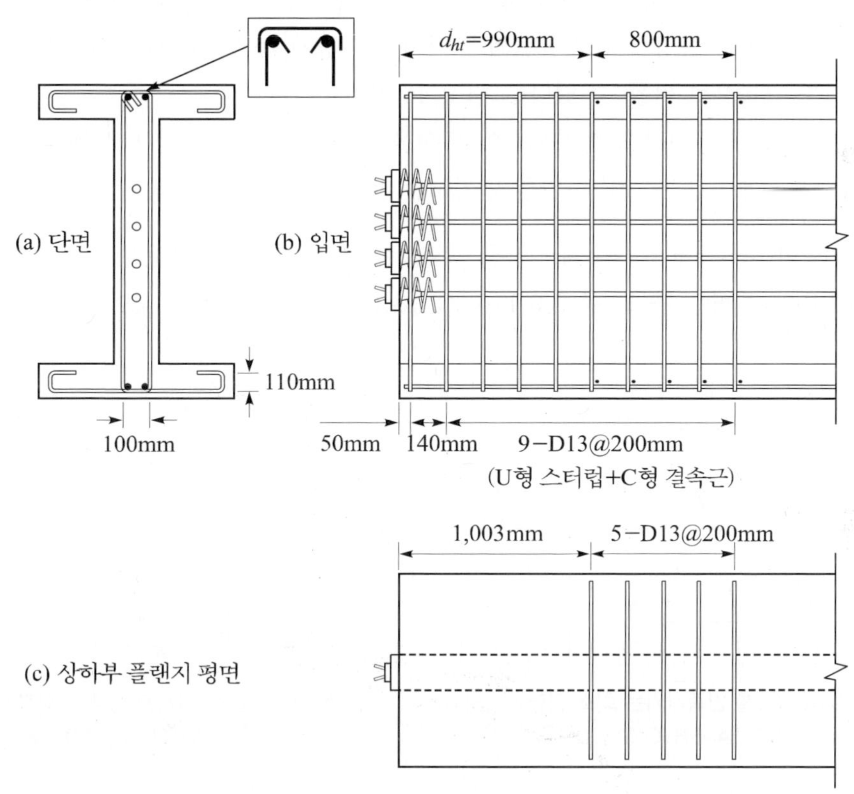

그림 9.44 I형 거더의 정착구역 철근배치 상세 [Collins 1987(417)]

9.8 근사해법을 이용한 설계(Approximate Stress Analysis and Design)

도로기준 4.6.3.9(7)(AASHTO 5.10.9.6, 구조기준 9.9.1(5)②, ACI 18.13.5.2)에서는 다음과 같은 조건에 적합할 경우에 보다 정확한 해석 대신에 **근사해법(approximate stress analysis)**으로 일반구역을 설계할 수 있다고 제안하면서, 상당한 콘크리트가 둘러싸고 있는 대다수의 정착구역에서 효율적으로 사용될 수 있다고 언급하고 있다.

(가) 부재의 단면이 직사각형인 경우,

(나) 일반구역이나 부근의 단면에 변화가 없어서 힘 흐름의 경로(force flow path)에 변화가 없는 경우(그림 9.21b 참고),

(다) 단부의 최소치수가 정착장치의 같은 방향 길이의 1.5배 이상인 경우,

(라) 한 개의 정착장치 또는 다발 정착장치가 분산 배치되지 않아 그룹으로 볼 수 있는 경우 : 정착장치는 고려되는 방향으로 중심선의 간격이 정착장치 폭의 1.5배를 초과하지 않는 경우 정착장치를 그룹으로 다룰 수 있다(그림 9.46 참고).

(마) 부재 중심선에 대한 긴장재의 경사각이 도심을 향하는 + 경사각과 도심에서 벗어나는 − 경사각인 경우에 −5° ~ 20° 범위를 만족하는 경우[도로기준 4.6.3.9(6)①(마)].

이런 조건들을 만족하는 많은 경우에 적용할 수 있는 근사해법을 도로기준 2010(AASHTO LRFD 2010, NCHRP 356) 또는 구조기준 9.9.1(5)(ACI 18.13.5.2)에서 아래와 같이 제안하고 있다.

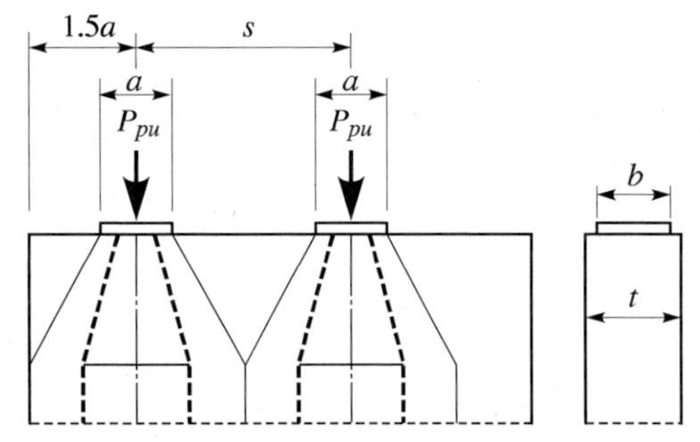

그림 9.45 f_{ca}를 만족시키는 최소 연단거리와 표기[AASHTO C5.10.9.6.1−2]

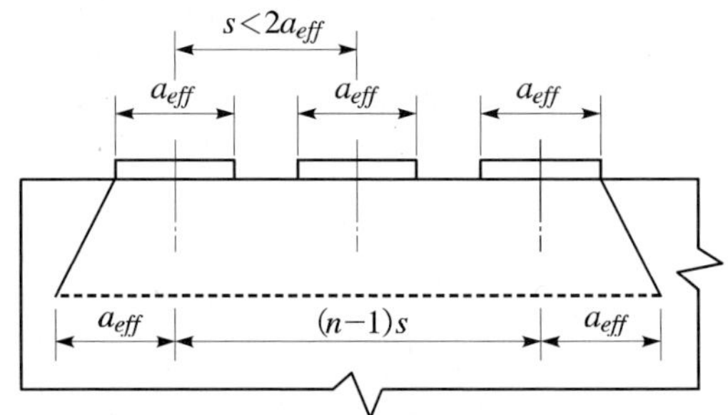

그림 9.46 근접 배치된 다발 정착장치 [AASHTO C5.10.9.6.2−2]

9.8.1 압축응력(Compressive Stress)[도로기준 4.6.3.9(6)②, AASHTO 5.10.9.6.2]

정착장치 전면(ahead of)의 콘크리트 압축응력은 아래 식으로 계산할 수 있고, 이 값은 식 (9.4)를 초과해서는 안 된다. 만약에 식 (9.10)을 만족시키는 기본 정착장치는 아래 식으로 다시

검토할 필요는 없다. 이 식은 긴장력이 모든 방향으로 분산될 수 있다는 가정으로 구한 식으로 최소 연단거리에 대한 그림 9.45를 만족하여야 한다[Burdet 1990].

$$f_{ca} = \kappa\left(\frac{0.6P_{pu}}{A_b}\right)\left(\frac{1}{1+l_c\left(\frac{1}{b_{eff}}-\frac{1}{t}\right)}\right) \tag{9.27}$$

만약에 다발 정착장치에서 정착장치의 간격 $s < 2a_{eff}$로 가깝게 배치되는 경우에 다음과 같은 수정계수(correction factor) κ를 곱해 주어야 하고(그림 9.46 참고), 양방향으로 정착장치가 배치되는 경우에는 각 방향의 수정계수 κ를 곱한 값(product of the correction factor)을 사용하여야 한다.

$$\kappa = \begin{cases} 1+\left(2-\frac{s}{a_{eff}}\right)\left(0.3+\frac{n}{15}\right) & : s < 2a_{eff} \\ 1 & : s \geq 2a_{eff} \end{cases} \tag{9.28}$$

여기에서

a_{eff}, b_{eff} = 단면 치수가 큰 쪽과 작은 쪽 방향으로 측정한 유효 지압면적(구속된 국소구역 면적)의 치수(즉, 높이 × 폭)(그림 9.47 참고)

t = 부재의 두께

s = 정착장치의 중심간 거리

n = 한 줄로 배치되는 정착장치의 개수

l_c (국소구역의 구속철근이 배치된 구역(길이)) $\leq$ Max $[1.15a_{eff},\ 1.15b_{eff}]$ (그림 9.47 참고)

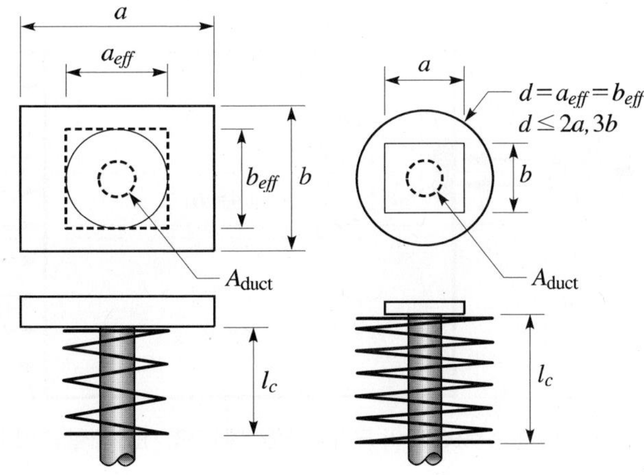

그림 9.47 유효 지압면적과 l_c 길이 [AASHTO C5.10.9.6.2–3]

A_b (유효 지압판 면적) $=$ Max $(A_{plate} = ab\ ;\ A_{conf} = a_{eff} b_{eff}) - A_{duct}$

A_{plate} (정착장치 지압판의 면적) $=$

$ab \le (4/\pi) A_{conf} = 1.273 A_{conf} = 1.273\,(a_{eff} b_{eff})$

A_{conf} (국소구역의 구속된 콘크리트의 지압면적) $= a_{eff} b_{eff}$ 이고, 아래의 조건을 만족시키지 못하면 $A_b = A_{plate}$ 가 된다(그림 9.47 참고).

$$\text{만족 조건 : Max}\,[a_{eff},\ b_{eff}] \le \begin{cases} (2a,\ 3b) & : \ a \ge b \\ (3a,\ 2b) & : \ a < b \end{cases} \tag{9.29}$$

9.8.2 파열력(Bursting Force)

[도로기준 4.6.3.9(6)③, AASHTO 5.10.9.6.3, 구조기준 해설 9.9.1(5)①]

선형 탄성해석을 근거로 Burdet[1990]은 아래와 같이 파열 관계식을 제시하였다. 그림 9.48의 스트럿-타이 모델에서 **병모양 스트럿(bottled-shape strut)**에 대해서 경사압축대의 경사를 1 : 2로, 길이는 대략 $d_{bt} \approx 0.5h$ 로 보고 긴장재의 경사각 α 를 고려하여 정착장치에서 파열력 T_b 의 도심까지의 거리 d_{bt} 를 다음과 같이 제안하고 있다(식 (9.20) 참고).

$$d_{bt} = 0.5(h - 2e) + 5\,e \sin\alpha \tag{9.30}$$

여기에서 e = 정착장치 또는 근접한 정착장치 그룹의 단면 중심에 대한 편심(양의 부호, mm)이고(그림 9.48 참고), α = 부재의 중심에 대한 긴장재의 경사각(도심을 향할 때 + 경사각과 도심에서 벗어 날 때 − 경사각)으로 $-5° \sim 20°$ 범위를 만족하여야 한다[AASHTO 5.10.9.6.1] (그림 9.49 참고).

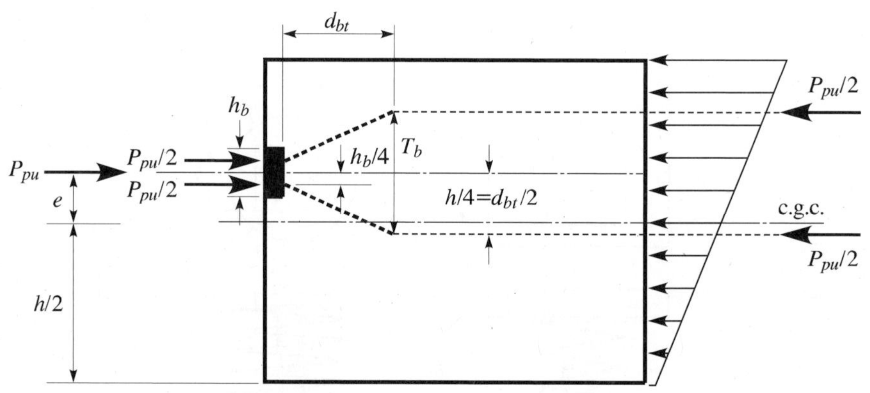

그림 9.48 스트럿-타이 모델의 적용 예 [구조기준 해설 그림 9.9.1.3]

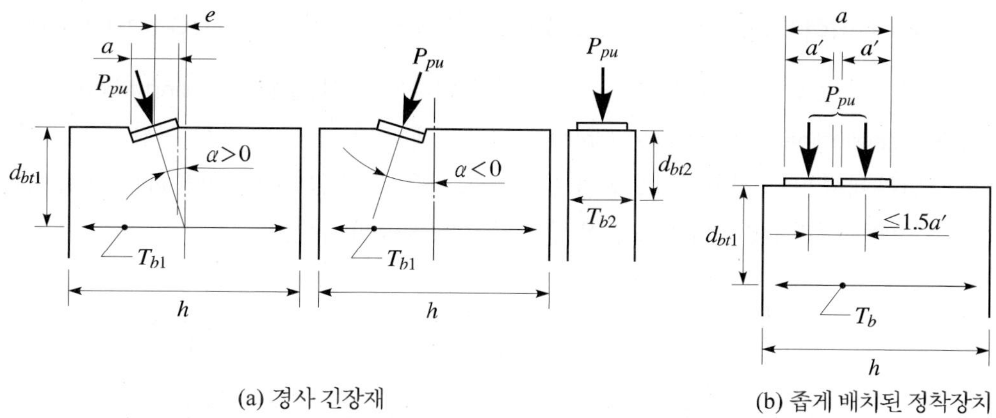

그림 9.49 경사 긴장재와 좁게 배치된 정착장치 [AASHTO C5.10.9.6.3-1]

그림 9.48에서 d_{bt} 떨어진 곳에서의 횡방향 인장력 T_b는 스트럿-타이 모델에서 집중 긴장력이 2개로 나뉘어 지압판 절반의 중심 1/4 위치에 각각 작용한다고 보아, T_b가 작용하는 절점에 대해서 힘의 평형방정식을 적으면서 e와 $\alpha = 0$으로 가정하고 $d_{bt} = 0.5h$를 대입하면,

$$d_{bt} \ : \ \frac{d_{bt}}{2} - \frac{h_b}{4} = \frac{P_{pu}}{2} \ : \ T_b$$

$$T_b = \frac{P_{pu}}{2}\left(\frac{d_{bt}/2 - h_b/4}{d_{bt}}\right) \ \rightarrow \ T_b = \frac{P_{pu}}{2}\left(\frac{0.5h/2 - h_b/4}{0.5h}\right)$$

$$T_b = \frac{P_{pu}}{4}\left(1 - \frac{h_b}{h}\right) \quad \text{또는} \quad T_b = 0.25\sum P_{pu}\left(1 - \frac{h_b}{h}\right)$$

가 되고, 이 식에 긴장재의 경사각 α에 대한 항을 추가하면,

$$T_b = 0.25\sum P_{pu}\left(1 - \frac{h_b}{h}\right) + 0.5\left|\sum P_{pu}\sin\alpha\right| \tag{9.31}$$

가 된다. 이 파열 인장력 T_b는 콘크리트에 횡방향 인장응력을 발생시켜서 균열을 유발시킬 수 있으며, 그림 9.2b의 응력분포도와 같이 횡방향으로 분포하게 된다.

선형 응력 설계식 (9.22)와 근사 해법식을 비교해보면 $h_b/h > 0.2$인 경우와 같은 식이므로 예제 9.4와 같은 설계문제에서 긴장재의 경사각 $\alpha = 0$일 때 같은 결과를 얻게 될 것이다.

9.8.3 단부 인장력(Edge Tension Force)[도로기준 4.6.3.9(6)④, AASHTO 5.10.9.6.4]

만약에 긴장재의 도심이 단면의 핵(kern) 밖에 위치하게 되면 **할렬력(spalling force)**과 **종방향 단부 인장력(longitudinal edge tension force)**이 발생하게 된다. 종방향 단부 인장력은 긴장력이 작용하는 단부에서 단면 깊이의 1/2 만큼 들어간 부분을 축하중과 휨이 작용하는 보로 보아 결정할 수 있으며, 그림 9.50a나 b와 같은 응력분포를 사용할 수 있다.

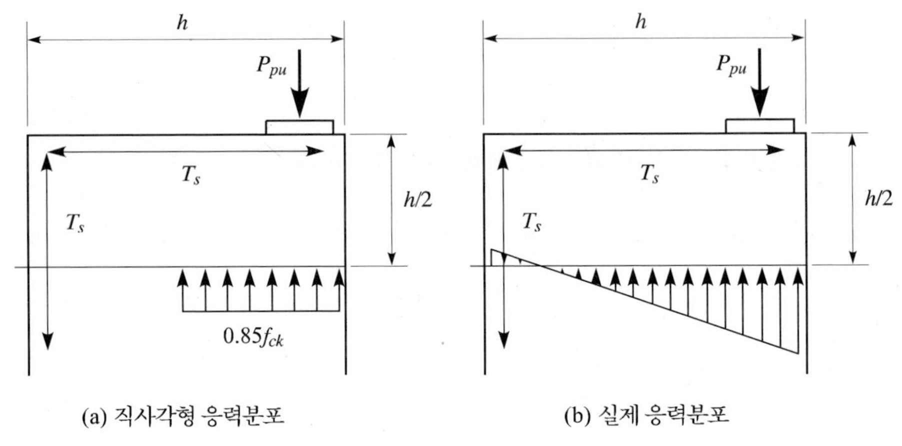

그림 9.50 편심 정착장치에 대한 연단 인장력의 결정[AASHTO C5.10.9.6.4-1]

다발 정착장치에서 정착구역이 평형을 유지하기 위해서 이 철근의 역할이 매우 중요하다. 따라서 일시적으로 편심하중을 일으킬 수도 있으므로 긴장하는 순서를 설계에서 고려하는 것은 매우 중요하다[AASHTO C5.10.9.6.4].

도로기준 4.6.3.9(6)④(가)(구조기준 해설 9.9.1(5)①, AASHTO 5.10.9.6.4)에서는 중심 간격이 단면의 0.4배보다 큰 다발 정착장치를 제외하고, 중심선이 단면의 핵(kern) 내에 위치하는 긴장재의 할렬력 T_s 는 식 (9.21)과 같이 총 계수 긴장력의 2%로 계산할 수 있다고 하고, 간격이 더 넓은 경우나 긴장재의 중심선이 핵 바깥에 위치하는 경우에는 상세해석을 수행하도록 요구하고 있다. 이런 제한에 더해서 단면이 얇은 경우, 플랜지 단면 및 불규칙한 단면이거나 또는 일반구역에서 긴장재가 상당한 곡률을 갖고 있는 경우에는 좀 더 일반적인 9.4장의 선형 응력 해석 또는 9.7장 스트럿-타이 모델방법을 이용하여야 한다.

9.9 특별한 경우(Special Cases)[PTI 2000(5.6)]

9.9.1 반력의 영향(Influence of Reaction Force)

그림 9.51은 정착구역에서 반력의 영향에 대한 선형-탄성 유한요소 해석 결과를 보여주고 있다[NCHRP 356]. 그림 9.51b를 보면 다양한 반력 V/P 비에 대한 파열력 T_b의 분포와 크기를 보여 주고 있다. 정착구역에 반력이 존재하게 되면 최대 파열응력은 오히려 감소하고, 또한 파열 합력에 미치는 영향은 매우 미미하다는 것을 알 수 있다.

그림 9.51c는 반력이 있는 정착구역에 대한 스트럿-타이 모델을 보여주고 있다(그림 9.37g 참고).

일반적으로 아래의 모든 조건들이 만족되는 경우에 정착구역의 파열력에 대한 반력의 영향은 무시할 수 있다.

(1) 반력이 긴장력의 15%를 초과하지 않는 경우(계수를 곱하지 않은 값),
(2) 모든 긴장력의 합력이 단면의 도심에 대해서 경사각 5° 이하인 경우,
(3) 긴장력의 편심이 일반구역 안에서 단면의 핵(kern)보다 작은 경우,
(4) 반력이 거더의 바닥에서 도입되는 경우.

이런 조건들을 모두 만족하는 경우에는 전단 보강철근과 파열력 보강철근 중에서 큰 값만큼의 보강철근을 배치하면 된다. 이런 조건을 만족하지 못하는 경우에는 9.9.5장과 같이 반력의 영향을 고려하여 정착구역을 설계하여야 한다.

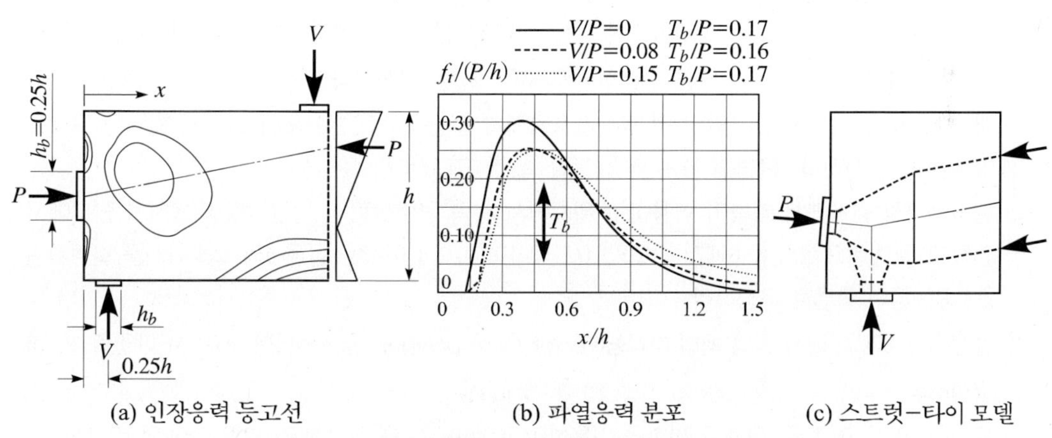

그림 9.51 반력이 정착구역에 비치는 영향 [PTI 2000(19)]

9.9.2 경사 긴장재(Inclined Tendons)

긴장재의 경사(tendon inclination)로 인한 연직력이 정착구역의 횡방향 인장력을 증가시키게 된다. 스트럿-타이 모델의 그림 9.52에서 문제를 단순화하기 위해서 단부의 도심에 배치되는 긴장재는 일반구역의 경계에서 **상핵점**(upper kern point, 단면의 도심에서 h/6 점)을 통과하여 경사각은 $\tan^{-1}(1/6) = 9.46°$가 되고, 따라서 바닥에서 응력은 0이고, 상연에서 최대 값이 되어 삼각형 분포를 갖게 된다.

정착구역의 경계에서 전단력이 존재하기 때문에 스트럿-타이 모델의 구성이 복잡하게 된다. 이런 경우에 휨응력 뿐만 아니라 전단응력을 각각의 응력블럭에서 통합하여 정착구역 경계(끝)에서 합력의 방향과 크기 및 위치를 결정하여야 한다.

그림 9.52와 같이 경사 긴장재가 배치되는 경우에 일반구역의 경계(끝)에는 수평력(축응력) 및 연직력(전단응력)이 작용하고 이런 합력들은 축응력 분포도나 전단분포도에서 긴장재가 자르는 윗부분과 아래 부분을 각각 적분하여 구할 수 있고, 이 합력들은 각각 응력분포도의 도심에 작용하게 된다. 이 수평력과 연직력의 비가 스트럿들의 경사를 결정하게 된다.

파열력의 위치는 지압판에서 연직하게 0.05h 들어가서 종방향으로 h/2 떨어진 위치로 가정하고, 각각의 스트럿과 h/2 연직선분이 만나는 위치를 절점으로 결정하면, 완전한 스트럿-타이 모델을 구성할 수 있다.

예제 9.7

[경사 긴장재가 배치된 일반구역] [PTI 2000(5.6.2)]

그림 9.52의 직사각형 포스트텐션 보에는 경사 1 : 6을 갖고 단부의 도심으로부터 일반구역의 경계(거리 h)에서는 상핵점(h/6)을 통과하도록 직선으로 배치한 긴장력 P가 작용하고 있다. 다음과 같은 절차를 밟아서 스트럿-타이 모델을 구성하고 파열력 T_b를 결정하라.

(1) 교란영역이 끝나는 일반구역의 경계에서 축응력과 전단응력의 분포도를 그려서 합력을 구하고 그 위치를 결정하라. 단면의 폭 b = 1(단위 폭)로 고려한다.

(2) 일반구역의 경계에서 축력이 작용하는 위치에서 축력과 수평력의 기울기를 이용하여 단부에서 긴장재 축 방향으로 0.05h에서 병모양이 시작하여 h/2 떨어지는 절점 a와 b의 위치를 결정하여 스트럿-타이 모델을 구성하라.

(3) 절점 a와 b에 대해서 **힘의 벡터 다각형**(vector force polygon)을 축적으로 그려서 파열력 T_b를 결정하라.

(4) 트러스 절점 c에 대한 모멘트 평형을 이용하여 파열력 T_b를 결정하고, (3)의 결과와 비교하라.

(5) 근사해법의 식 (9.31)을 이용하여 파열력 T_b를 결정하라.

(1) 교란영역이 끝나는 일반구역의 경계에서 축응력과 전단응력의 분포도를 그려서 합력을 구하고 그 위치를 결정하라. 단면의 폭 $b = 1$로 고려한다. 일반구역 경계에서 긴장력 P는 상핵점 $h/6$에 작용한다.

① 축응력 분포와 합력 및 작용위치 계산 : $b = 1.0$

상연과 하연 응력 : $f = \dfrac{P}{bh} \pm \dfrac{P(h/6)}{bh^3/12}y = \dfrac{P}{h} + \dfrac{2P}{h^2}\left(\pm\dfrac{h}{2}\right) = P\left(\dfrac{2}{h}\right)$ 또는 0

(삼각형 분포)

긴장재가 통과하는 상핵점 $y = h/6$ 응력 : $f = P/h + (2P/h^2)(h/6) = P(4/3h)$

긴장재가 통과하는 상핵점 아래 부분의 합력 : $P_1 = P(4/3h) \times (2h/3) \times (1/2) = \underline{(4/9)P}$

합력 P_1의 작용위치 : 하연에서 $(h/2 + h/6) \times (2/3) = (4/9)h = \underline{0.444h}$; 도심에서 $h/2 - (4/9)h = \underline{h/18}$

긴장재가 통과하는 상핵점 위 부분의 합력 : $P_3 = P(2/h + 4/3h) \times (h/3) \times (1/2) = \underline{(5/9)P}$

상연에서 합력 P_3의 작용위치 : [$P(2/h) \times (h/3) \times (1/2) \times (h/9) + P(4/3h) \times (h/3) \times (1/2) \times (2h/9)$] / $(5/9)P = Ph(1/27 + 4/81) / (5/9)P = (21/135)h = \underline{0.156h}$

② 전단응력 분포와 합력 및 작용위치 계산 : 전단력 $V = P/6$; 직사각형 보의 전단응력 $v = VQ/Ib$

중립축으로부터 단면 1차 모멘트 $Q = \displaystyle\int_y^{h/2} y\,dA = b\int_y^{h/2} y\,dy = \frac{b}{2}\left[\left(\frac{h}{2}\right)^2 - y^2\right]$

$$v = \frac{VQ}{Ib} = \frac{\dfrac{P}{6} \times \dfrac{b}{2}}{\dfrac{bh^3}{12}b}\left[\left(\frac{h}{2}\right)^2 - y^2\right] = \frac{P}{h^3}\left(\frac{h^2}{4} - y^2\right) \; ; b = 1.0$$

긴장재가 통과하는 상핵점 $y = h/6$ 전단응력 :

$v = (P/h^3)(h^2/4 - y^2) = (P/h^3)(h^2/4 - h^2/36) = (2/9)(P/h)$

도심 $y = 0$ 전단응력(최대 값) : $v_{max} = (P/h^3)(h^2/4 - y^2) = (P/h^3)(h^2/4)$
$= (1/4)(P/h)$

긴장재가 통과하는 상핵점 위 부분의 합력 : 적분 범위 $y = h/2 \sim h/6$

$V_3 = (P/h^3)(yh^2/4 - y^3/3) = (P/h^3)$ [$(h^2/4)(h/2) - (h^3/8)/3 - (h^2/4)(h/6) + (h^3/6^3)/3$] $= P(1/8 - 1/24 - 1/24 + 1/(216 \times 3)) = (7/162)P = \underline{0.043P}$

단면의 도심에서 V_3 력의 도심 거리 :

$$\overline{y} = \frac{(P/h^3)}{A}\int_0^{h/3} y\left(\frac{h^2}{4} - y^2\right)dy = \frac{P}{Ah^3}\int_0^{h/3}\left(\frac{yh^2}{4} - y^3\right)dy$$

$$\overline{y} = \frac{P}{Ah^3}\left(\frac{y^2h^2}{2\times 4} - \frac{y^4}{4}\right) = \frac{P}{(0.043P)h^3}\left(\frac{y^2h^2}{8} - \frac{y^4}{4}\right) \; ; \; V_3 = 0.043P$$

적분 범위 $y = h/2 \sim h/6$

$$\overline{y} = \frac{1}{0.043h^3}\left(\frac{y^2h^2}{8} - \frac{y^4}{4}\right)$$

$$= (1/0.043h^3)((h^2/8)(h^2/4) - (h^4/16)/4 - (h^2/8)(h^2/36) + (h^4/1296)/4)$$

$$= (h/0.043)(1/32 - 1/64 - 1/288 + 1/5184) = 0.287h$$

(단면 중심에서 도심거리)

상연에서 $\overline{y} = 0.5h - 0.287h = \underline{0.213h}$

긴장재가 통과하는 상핵점 아래 부분의 합력 : 적분 범위 $y = h/6 \sim -h/2$

$$V_1 = (P/h^3)(yh^2/4 - y^3/3)$$

$$= (P/h^3)[(h^2/4)(h/6) - (h^3/6^3)/3 - (h^2/4)(-h/2) + (-h^3/8)/3\ ]$$

$$= P(1/24 - 1/648 + 1/8 - 1/24) = (10/81)P = \underline{0.123P}$$

검토 $V = P/6 = 0.167\ P \approx (V_3 + V_1 = 0.043P + 0.123P = 0.166P)$ <OK>

단면의 도심에서 V_1 력의 도심 거리 :

적분 범위 $y = h/6 \sim -h/2$

$$\overline{y} = \frac{1}{0.043h^3}\left(\frac{y^2h^2}{8} - \frac{y^4}{4}\right)$$

$$= (1/0.043h^3)((h^2/8)(h^2/36) - (h^4/1296)/4 - (h^2/8)(h^2/4) + (h^4/16)/4)$$

$= (h/0.043)(\ 1/288 - 1/5184 - 1/32 + 1/64\ ) = -0.1h$ (단면 중심에서 도심거리)

하연에서 $\overline{y} = 0.5h - 0.1h = \underline{0.4h}$

(2) 일반구역의 경계에서 축력이 작용하는 위치에서 축력과 수평력의 기울기를 이용하여 단부에서 긴장재 축 방향으로 $0.05h$ 에서 병모양이 시작하여 $h/2$ 떨어지는 절점 a와 b의 위치를 결정하여 스트럿-타이 모델을 구성하라.

스트럿 C_3의 기울기 : $0.043\ /\ (5/9) = 0.0774\ ;\ \tan^{-1}(0.0774) = 4.43^{\circ}$

스트럿 C_1의 기울기 : $0.123/(4/9) = 0.277\ ;\ \tan^{-1}(0.277) = 15.48^{\circ}$

파열력의 위치는 지압판에서 연직하게 $0.05h$ 들어가서 종방향으로 $h/2$에 위치한다고 가정하여, 스트럿 C_3와 C_1과 $h/2$ 연직선분이 만나는 위치를 절점 a와 b로 결정하면, 완전한 스트럿-타이 모델을 구성할 수 있다.

상연으로부터 압축합력 $P_3 = (5/9)P$의 거리는 $0.156h$이므로, 절점 a의 위치는 스트럿 C_3의 기울기 0.0774에 거리 $0.5h$를 곱해서 구하면 된다.

상연에서 절점 a의 연직 거리 : $0.156h + 0.0774(0.5h) = \underline{0.195h}$ (도심에서 $\underline{0.305h}$)

압축합력 $P_1 = (4/9)P$의 위치가 도심에서 거리 $= h/2 - (2/3)(2/3)h = h/18$이고, 스트럿 C_1의 기울기는 0.277이므로,

도심에서 절점 b의 연직거리 : $h/18 + 0.277(0.5h) = 0.0555h + 0.1385h$

$= \underline{0.194h}$ (하연에서 $\underline{0.306h}$)

일반구역 경계에서 축하중이 작용하는 점과 절점 a 및 b 그리고 지압판의 절점($P/2$ 하중이 연직하게 $0.05h$ 들어가서 좌우로 $(h/5)/4$ 위치에 각각 작용)과 연결하면 스트럿-타이 모델을 구성할 수 있다.

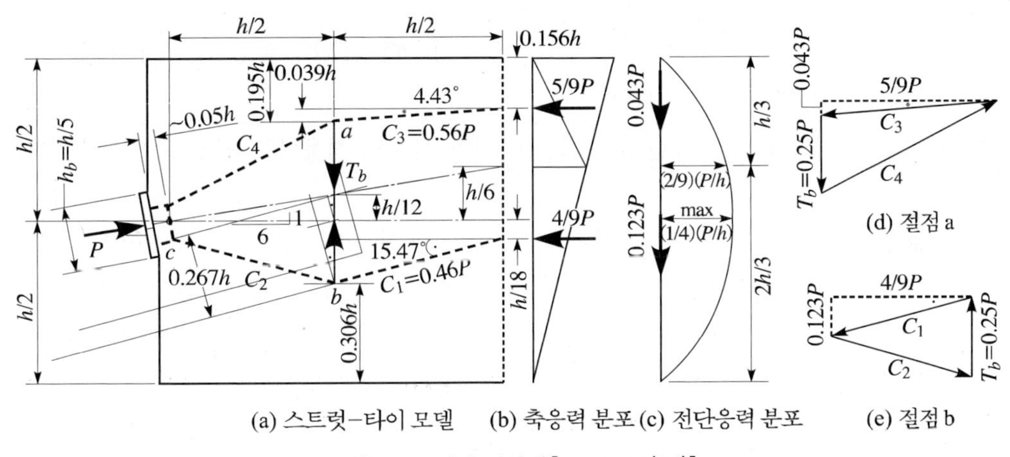

(a) 스트럿-타이 모델 (b) 축응력 분포 (c) 전단응력 분포 (e) 절점 b

그림 9.52 경사 긴장재 [PTI 2000(20)]

(3) 절점 a와 b에 대해서 **힘의 벡터 다각형(vector force polygon)**을 축적으로 그려서 파열력 T_b를 결정하라. 그림 9.52d나 e와 같이 축척의 벡터 다각형을 그려서 부재력을 구할 수도 있다.

스트럿 C_1 부재력 : $P(0.123^2 + (4/9)^2)^{1/2} = 0.46P$

스트럿 C_3 부재력 : $P(0.043^2 + (5/9)^2)^{1/2} = 0.56P$

본 예제에서는 부재력 C_1과 C_3는 삼각형 빗면의 길이로 계산하여 구하였지만, 역시 힘의 다각형으로 구할 수 있다.

힘의 다각형에서 C_1과 C_3를 구했으면, 각각의 자유물체도에 C_4와 C_2를 그려넣어 각각 T_b를 구할 수 있다. $T_b \approx 0.25P$가 된다.

(4) 트러스 절점 c에 대한 모멘트 평형을 이용하여 파열력 T_b를 결정하라.

스트럿 C_1의 연장선분에서 절점 c의 연직거리 $= (0.194h + h/12)\cos(15.47) = 0.267h$

이므로, 파열력 T_b는 다음과 같이 구할 수 있다.

$$\therefore \ T_b = \frac{0.46P \times 0.267h}{0.5h} = 0.25P$$

(3)번의 $T_b = 0.25P$와 같은 값으로 어떤 과정을 밟아 계산해도 문제가 되지 않는다. 힘의 벡터 다각형을 그려서 구하게 되면 복잡한 계산을 피할 수는 있지만 축척의 그림으로 구하기 때문에 정확성이 떨어질 수도 있다.

스트럿 C_4 부재력 : $P((0.043+0.25)^2 + (5/9)^2)^{1/2} = 0.63P$

스트럿 C_2 부재력 : $P((0.123-0.25)^2 + (4/9)^2)^{1/2} = 0.46P$

(5) 근사해법의 식 (9.31)을 이용하여 파열력 T_b를 결정하라.

식 (9.31)(도로기준 식 (4.6.30), AASHTO 식 (5.10.9.6.3-1))을 적용하면,

$\tan^{-1}(1/6) = 9.46^\circ$; $\sin(9.46) = 0.164$

$T_b = 0.25P(1 - h_b/h) + 0.5|P\sin\alpha| = 0.25P(1-(1/5)) + 0.5P(0.164)$

$= (0.2+ 0.082)P = 0.28P$

> $T_b = 0.25P$로 12% 증가한 파열력을 주지만 설계의 적용에는 안전 측으로 문제가 되지 않는다.

식 (9.31)에서 첫 번째 항은 식 (9.22)의 Guyon이 제시한 식으로 집중하중이 작용하는 정착구역에 대한 파열력을 고려한 것이고, 두 번째 항은 경사 긴장재로 인해서 정착구역 경계에서 긴장재 위치의 아래 부분에 작용하는 전단력을 고려한 식이다. 파열력에 대해서는 배치하는 이 보강철근은 긴장재가 통과하는 부분 위의 콘크리트에 잘 정착되어야 한다.

9.9.3 곡선 긴장재(Curved Tendon)

곡선 긴장재(curved tendon)는 긴장력이 작용하게 되면 직선이 되려는 경향이 있어서, 곡률 안쪽으로 긴장재 축의 연직한 방향으로 **편차력(deviation force)**을 발생시킨다[9]. 단위 길이에 대한 편차력은 다음과 같이 표현할 수 있다(식 (3.10) 참고).

$$q = \frac{P}{R} \tag{9.32}$$

여기에서 q = 단위 길이에 대한 편차력이고, P = 긴장력, R = 긴장재의 곡률 반경이다.

9. 이런 **긴장재의 곡률효과(tendon curvature effect)**는 포물선으로 긴장재를 배치해서 다른 하중을 상쇄시키는 방향으로 편차력을 콘크리트에 도입하는 포스트텐션 콘크리트의 장점 중에 하나이다(1.9.3장의 하중평형 개념 참고).

일반적으로 적어도 편차력의 25%에 대해서 긴장재 곡률 밖의 콘크리트에 묶기 위해서 보강 철근을 배치하게 된다.

그림 9.53은 횡방향 보강철근의 요구에 대한 곡선 긴장재의 영향을 보여 주고 있다. 특별하게 긴장재는 일반구역을 수평으로 통과하고, 편차력은 파열력의 위치와 같은 장소에 일어나도록 배치하였다.

등분포 편차력은 파열력 위치에서 $P/3$로 표시되었다. 긴장력의 수평분력은 일반구역의 경계에서 긴장재가 통과하는 위치의 아래와 위의 합력으로 평형을 이루고 있다. 긴장재 위치의 위부분의 횡방향 인장력은 긴장재 곡률영향과 파열력을 더해주기 때문에 상대적으로 커지게 되어 $T_{b1} = 0.32P$가 되고, 긴장재의 아래 부분에서는 파열력과 곡률 안쪽의 압축이 서로 거의 상쇄되어 $T_{b2} = 0.01P$ 밖에 되지 않게 된다.

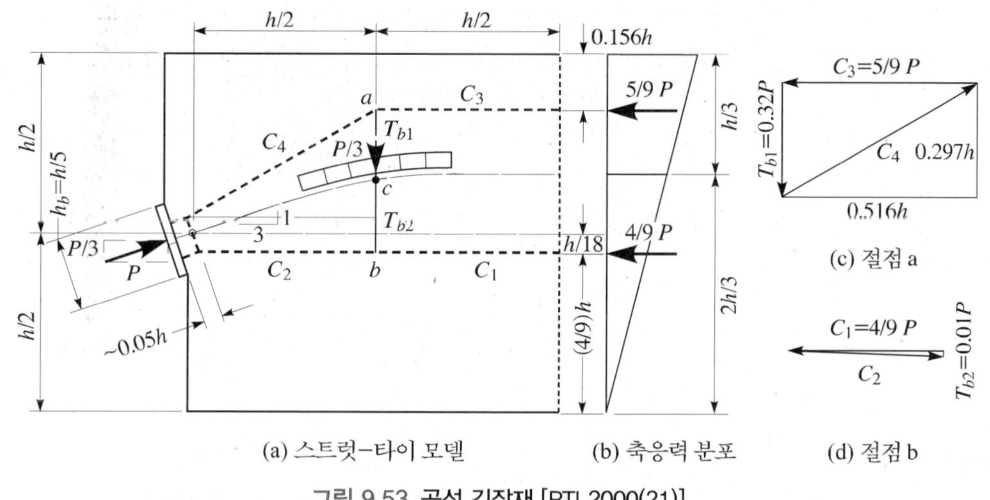

그림 9.53 곡선 긴장재 [PTI 2000(21)]

지압판의 경사는 $\tan^{-1}(1/3) = 18.43°$가 된다. 스트럿 C_4가 만드는 삼각형의 높이는 $0.5h - 0.156h - (h/20)\cos(18.43°) = 0.297h$가 되고, 밑변의 길이는 $0.5h + (h/20)\sin(18.43°) = 0.516h$이다. 따라서 절점 a에 대한 힘의 벡터 다각형에서 $T_{b1} = (5/9)P(0.297h/0.516h) = 0.32P$가 된다. 스트럿 C_2가 만드는 삼각형의 높이는 $h/18 - (h/20)\cos(18.43°) = (8.12 \times 10^{-3})h$가 되고, 밑변의 길이는 $0.5h - (h/20)\sin(18.43°) = 0.484h$이다. 따라서 절점 b의 힘의 다각형에서 $T_{b2} = (4/9)P(0.00812h/0.484h) = 0.007P \approx 0.01P$가 된다.

절점 a와 절점 b 사이에 편차력으로 인한 절점 c를 고려한다면, 절점 b에서 $0.01P$가 인장력으로 절점 a 방향으로 당길 때 절점 c에서 편차력 $0.33P$가 압축력으로 작용하여 차이 $0.32P$가 절점 a에서 인장력으로 평형을 이루게 된다.

스트럿 C_4의 부재력은 $P((5/9)^2 + 0.32^2)^{1/2} = 0.64P$가 되고, 스트럿 C_2의 부재력은 P

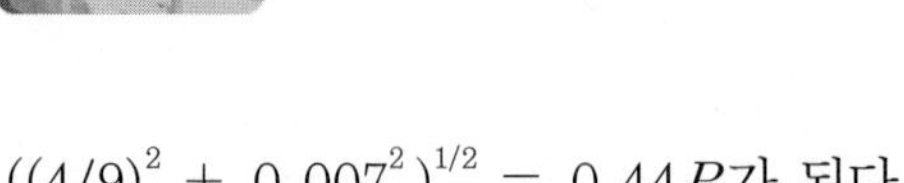

$((4/9)^2 + 0.007^2)^{1/2} = 0.44P$가 된다.

큰 파열인장력 T_{b1}에 대해서 연직방향 보강철근을 배치하여야 하고, 이 철근은 긴장재의 위 부분과 아래 부분을 서로 잘 묶기 위해서 부재의 전체 깊이에 걸쳐서 배치하여야 한다.

9.9.4 루프 정착장치(Loop Anchor)

루프 정착장치(loop anchor)는 특별한 형태의 곡선 긴장재이다. 그림 9.54a나 b에서와 같이 전형적으로 곡률 반경이 매우 작은 파이프나 또는 크기가 아주 큰 덕트로 180도 굽은 단면을 갖게 배치한다. 루프 긴장재는 일반적으로 루프 안에서 미끄러짐이 최소가 되도록 양단에서 동시에 긴장하게 된다.

루프 정착장치는 정착장치를 설치하거나 긴장할 수 있는 공간이 부족할 때 사용된다. 예를 들어서 루프 긴장재는 교량 교각의 연직 긴장재에서 기초에 루프로 배치되거나, 상대적으로 길이가 짧은 **교각두부(pier cap)**에서 정착장치 수를 감소시키기 위해서 사용된다.

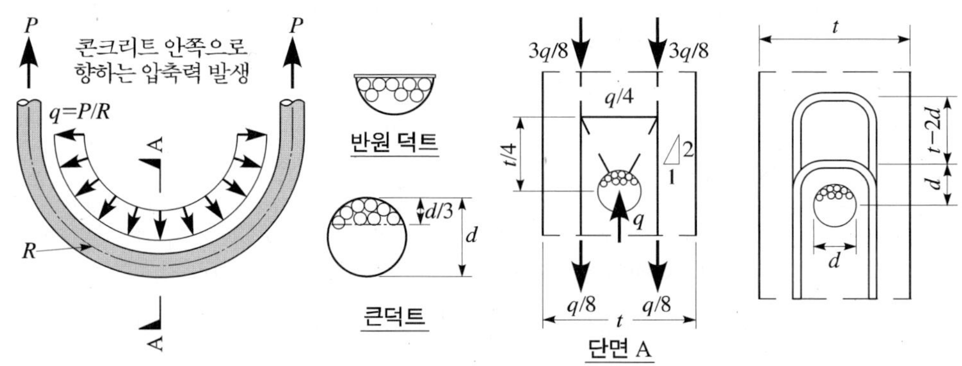

그림 9.54 루프 정착장치 [VSL 1991, PTI 2000(22)]

루프 정착장치는 곡선 긴장재에서 언급한 것과 같이 긴장력의 25% 정도에 대한 보강철근을 루프의 후면 콘크리트에 배치해서 잘 묶어야 한다(VSL 1991). 게다가 상당히 큰 파열력(또는 **쪼갬력(splitting force)**)이 루프 평면에 연직하게 발생하므로 이에 대비하여 보강철근을 배치하여야 한다(그림 9.54 및 9.55 참고).

파열력을 억제하기 위해서는 크기가 충분히 큰 덕트를 사용하거나 아니면 그림 9.54b와 같이 반원 덕트를 사용하여야 한다. 루프의 평면에 연직한 총 파열력 T_b는 다음 식으로 결정할 수 있다. 이 식을 적용하기 위해서는 원형 덕트에서는 강연선이 전체 단면적의 1/3 이상 차지하지 않아야 되고, 반원 덕트에서는 강연선을 2층 이상으로 배치하지 않아야 한다(그림 9.54b 참고).

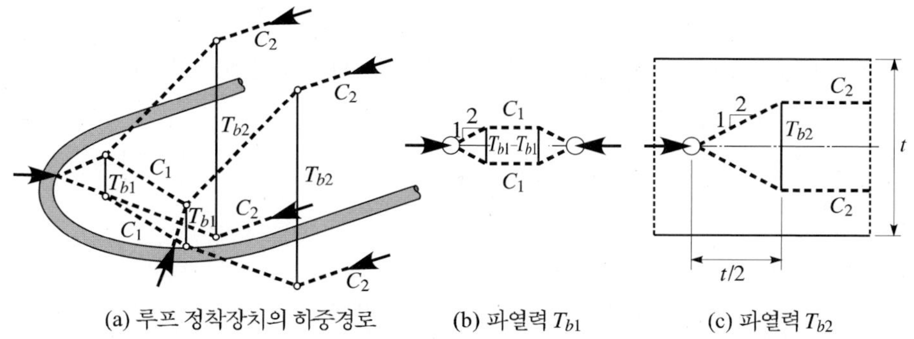

(a) 루프 정착장치의 하중경로　　(b) 파열력 T_{b1}　　(c) 파열력 T_{b2}

그림 9.55 루프 정착장치에 대한 스트럿-타이 모델 [PTI 2000(22)]

$$T_b = q\left(\frac{R\pi}{4}\right) = \frac{P}{R}\left(\frac{R\pi}{4}\right) = P \times \frac{\pi}{4} = 0.79\,P \tag{9.33}$$

$t \leq 4d$ 인 상대적으로 부재의 두께가 얇은 경우에 보강철근의 배치를 그림 9.54d는 보여 주고 있다. 부재의 두께가 충분한 경우에 파열력에 대한 보강철근은 그림 9.55의 하중경로와 일치하도록 배치하여야 한다. 이 경우에 있어서 파열력은 두 요소로 구성되어있는데, 루프를 따라 발생하는 파열력 T_{b1} 에 대한 보강재는 두께가 얇은 부재에 배치하는 그림 9.54d와 유사한 보강재를 배치하면 된다. 수평 압축력 C_1은 루프의 안쪽에서 서로 균형을 이루고(그림 9.55b 참고), 파열력 T_{b2} 는 압축력 C_2 = P/2를 분산시키기 위해서 필요하며, 위치는 단면의 두께에 좌우되게 된다.

VSL 1991(Detailing For Post-Tensioned)에 의하면 긴장재의 최소 곡률반경(m)은 간략식으로

$$R_{\min} = 3\sqrt{f_{pu}/1{,}000} \geq 2.5\text{ m} \tag{9.34}$$

로 구할 수 있고, f_{pu} = 1,860 MPa인 경우에 $R_{\min}$ = 4.09 m가 된다. 두께가 두껍고 매끄러운 강재 덕트 또는 고밀도 폴리에틸렌 덕트가 배치되거나 아니면 강연선과 덕트 사이의 상대움직임이 적으면서 직경이 굵은 덕트를 배치되는 특수한 경우에는 곡률반경을 1/2로 줄일 수 있다고 언급하고 있다.

9.9.5 큰 편심으로 배치되는 긴장재 정착장치(Tendon Anchorage with Large Eccentricity)

단면의 핵을 벗어나 긴장력이 작용하게 되면 휨인장응력이 발생할 뿐만 아니라 그림 9.56a와 같이 긴장력이 작용하는 단부를 따라 인장력이 발생하게 된다. 단부를 따라 발생하는 이 인장력은 평형을 이룰 수 있도록 보강재를 반듯이 배치하여야 한다. 이 보강재는 활렬 보강재

(spalling reinforcement)와 다른 목적을 위해서 배치된다는 점을 주목하여야 한다. 변형 적합성(deformation compatibility)으로 인한 활렬응력과 보강철근의 배치에 대한 내용은 9.4.2장에서 다루었다.

그림 9.56과 같은 스트럿-타이 모델을 개발하기 위해서는 다음과 같은 단계를 밟아야 한다.

(1) 일반구역의 경계에서 인장력 T를 계산한다.

(2) 응력 분포도에서 C_3 = T를 만족하도록 압축응력의 범위를 선택한다.

(3) 긴장재 축을 중심으로 아래 응력분포도에 대해서 합력 C_1을 계산하고, 이 합력의 도심에 C_1을 위치시킨다.

(4) 그리고 나머지 응력분포도의 합력과 도심을 구해서 C_2를 위치시킨다.

(5) 지압판 전면의 절점에서 h/2 떨어져서 절점 b의 위치를 정한다.

(6) **대칭 프리즘 방법**(symmetrical prism approach)에 따라 파열력 타이는 지압판 전면의 국소구역 절점에서 거리 e 떨어져서 위치한다.

(7) 1-6 단계를 이용하여 스트럿-타이 모델을 구성하고 각 부재력을 계산한다.

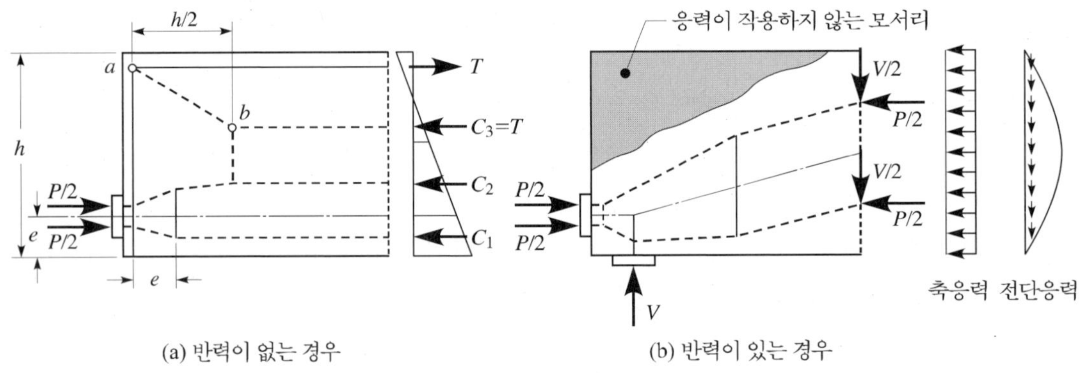

그림 9.56 큰 편심으로 배치된 정착장치의 스트럿-타이 모델 [PTI 2000(22)]

그림 9.56a의 스트럿-타이 모델을 보면 절점 a에는 평형을 이루기 위해서 좌측 상부 모서리에서 연속하여 보강철근이 배치되어야 하고, 정착장치 전면에는 식 (9.22)의 파열 보강재를 배치하여야 한다.

그림 9.56b에는 비교를 위해서 정착구역에 추가적인 반력이 작용하는 경우의 스트럿-타이 모델을 보여주고 있다. 정착구역 경계에서 균등한 축응력 분포도가 되도록 모델을 간략하게 조종하였다. 이 모델을 보면 큰 편심으로 배치되는 정착구역에서 반력의 영향을 무시할 수 없다는 것을 보여주고 있다.

그림 9.56b는 또한 평형조건을 만족시키기 위해서 스트럿이나 타이가 필요 없는 **응력이 작용하지 않는 모서리**(unstressed corner)가 존재하는 것을 암시하고 있다. 이러한 구역에는 긴장재

가 지나가는 응력을 많이 받는 구역과 응력이 낮은 부분 사이에 발생할 수 있는 균열을 억제하기 위해서 적당한 철근을 배치하여야 한다(9.9.8장 참고).

9.9.6 간격이 넓게 배치되는 정착장치(Widely Spaced Anchorage)

슬래브 다발 정착장치(multiple slab anchorage)와 같이 정착장치가 넓은 간격을 두고 배치되는 경우에 긴장력이 작용하는 면을 따라 인장력이 발생한다. 그림 9.57a는 이런 조건을 보여 주고 있다. 편심을 갖고 배치되는 경우의 조건과 유사하게 이 인장력은 평형을 이루기 위해서 필요하기 때문에 반듯이 보강철근을 배치해야 한다. 그러나 적합성을 위해서 배치되는 2% 할렬 보강재에 추가로 이 보강철근을 배치할 필요는 없다(식 (9.21) 참고).

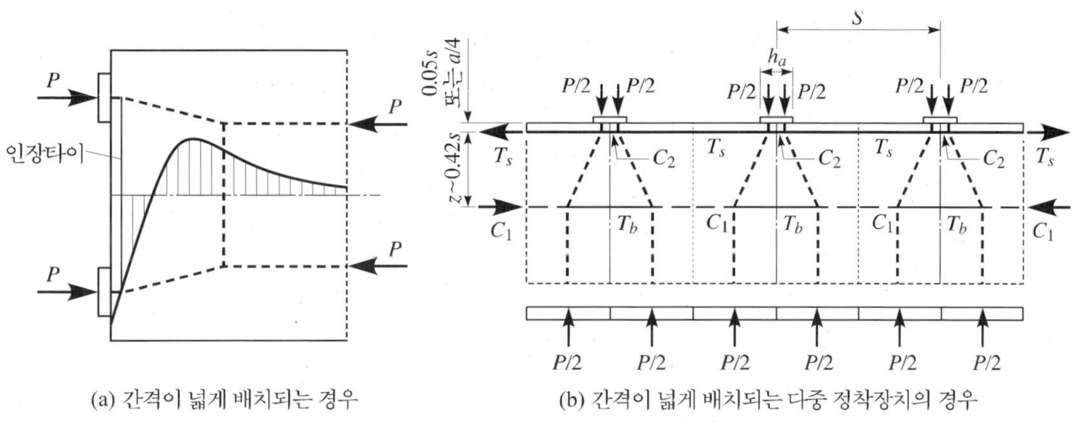

그림 9.57 스트럿-타이 모델 : 간격이 넓게 배치되는 다발 정착장치 [PTI 2000(23)]

그림 9.57b는 포스트텐션 교량 바닥판이나 슬래브 등에 횡방향으로 간격이 넓게 배치되는 다발 정착장치에 대한 하중경로를 보여주고 있다.

정착장치의 지압면을 따라 단부 인장력 T_s 와 각각의 정착장치 전면에는 파열력 T_b 가 존재한다. T_s 와 T_b 는 각각 다음 식으로 계산할 수 있다[도로기준 4.6.3.9(3)⑦, AASHTO 5.10.9.3.6-1, 2].

$$T_s = 0.10 P_{pu} \left(1 - h_a / s\right) \tag{9.35}$$

$$T_b = 0.20 P_{pu} \left(1 - h_a / s\right) \tag{9.36}$$

그림 9.58은 슬래브 다발 정착장치에서 이러한 보강철근의 배치를 보여 주고 있다. 이 식들은 정착장치가 5개 이하로 배치되거나 또는 다발로 배치되는 경우에 처음의 정착장치 3개에 대해서는 적용하지 않는 것이 좋다. 왜냐하면 마지막 정착장치가 배치되는 슬래브의 돌출부분

(overhang)이 결과에 큰 영향을 미치기 때문이다. 이런 조건일 경우에는 분리된 스트럿-타이 모델을 개발하여야 한다[PTI 2000(23)].

그림 9.58의 **슬래브 다발 정착장치(multiple slab anchorage)**에는 종종 생략되기도 하는 슬래브 두께 방향의 파열력과 연단거리가 지압판 폭의 두 배 또는 슬래브 두께 미만인 정착장치에 계수긴장력의 25%에 저항하는 **머리핀 형태(hairpin)** 단부 인장철근을 정착장치 전면에 지압판 폭만큼의 깊이에 분포하여 배치하도록 하는 도로기준 4.6.3.9⑶⑦(AASHTO 5.10.9.3.6)의 규정을 보여 주고 있다.

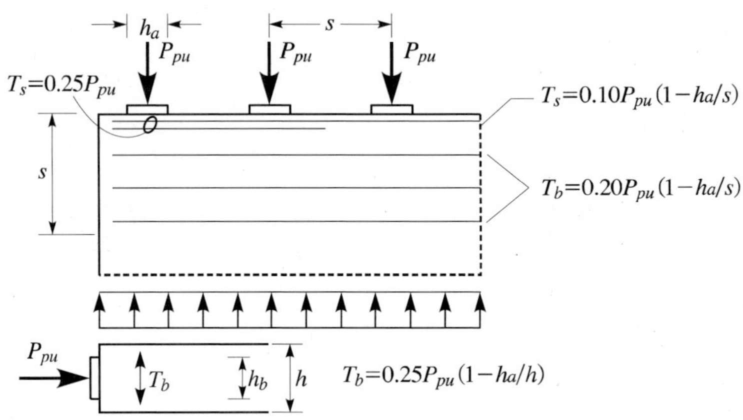

그림 9.58 슬래브 다발 정착장치의 보강철근 요구 사항 [도로기준 4.6.3.9⑶⑦, AASHTO 5.10.9.3.6, NCHRP 356]

9.9.7 중간 정착장치(Intermediate Tendon Anchorage)

세그먼트 시공(segment construction) 등에서 종종 긴장재를 구조물의 중간 부분에 정착해야 될 때가 있다. 중간 정착장치는 그림 9.59a나 b와 같이 긴장재를 설치하고 긴장할 수 있도록 보통 복부의 전체 길이에 튀어나오는 **리브(rib, recess pocket)**나 모서리 등에 배치되는 **블리스터(blister, 돌출부)** 등의 형태로 만들고, 중간 정착장치를 이 부분에 매립하여 시공하게 된다[PTI 2000(24)].

중간 정착장치에서 정착장치의 전면과 후면에서 변형률 적합성을 유지하기 위해서 상당한 인장응력을 콘크리트에 발생시킨다. 그림 9.59c는 매립된 지압판의 후면에 발생하는 종방향 응력을 보여 주고 있다. 이러한 응력은 지압판의 후면에서 인장응력이 콘크리트로 전달될 수 있다는 이상적인 조건에서 선형-탄성 해석으로 구한 응력이다. 실제에 있어서 이런 일은 일어날 수 없을 것이다. 따라서 매립된 지압판의 단부에는 상당한 집중 인장응력이 발생하게 된다. 정착 블리스터(anchorage blister)에서도 정착장치 후면에 원래의 단면과 접합하는 요각부분(reentrant corner)에 비슷한 집중 인장응력이 발생하게 된다(그림 9.60 참고).

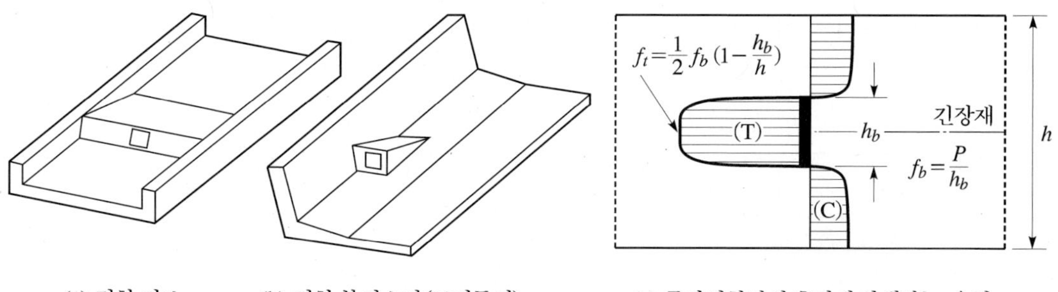

(a) 정착 리브 (b) 정착 블리스터(표면돌기) (c) 중간정착장치 후면에 발생하는 응력

그림 9.59 중간 긴장재 정착(intermediate tendon anchorage) [PTI 2000(24)]

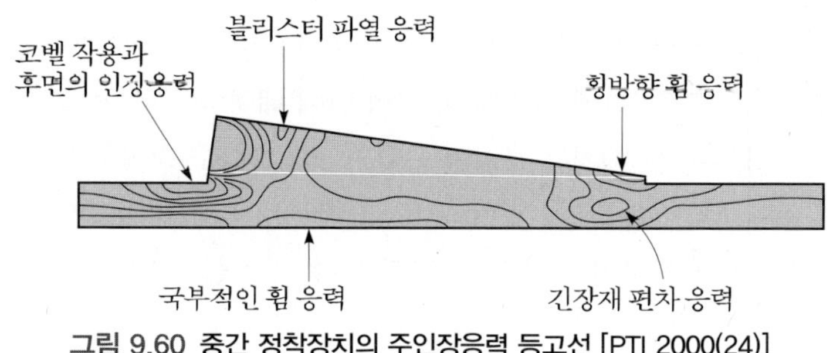

그림 9.60 중간 정착장치의 주인장응력 등고선 [PTI 2000(24)]

균열이 일어나지 않는 재료에 대한 선형-탄성 해석에서 h/h_b 비가 5 이상일 때 40% ~ 50%의 긴장력이 지압판 후면에 인장응력으로 전달되었다. 그러나 이 인장응력은 **자체이완**(self-relieving) 응력으로 콘크리트에 균열이 발생하면 저절로 소멸되는 응력이다. 따라서 이렇게 높은 응력이 집중되기 때문에 국부적으로 균열이 발생하지만, 구조물의 강도에는 거의 영향을 주지 않는다고 볼 수 있다. 하여튼 균열을 억제하기 위해서 적당한 보강철근을 배치하여야 할 것이다.

AASHTO 5.10.9.3.4b에서는 중간 정착장치에 작용하는 계수를 가하지 않은 프리스트레스트 힘의 25%($0.25P_p$)를 후방 콘크리트로 전달하기 위해서 부착 **연결보강재**(tie-back)을 배치하여야 하고, 이 부착된 보강재의 최대 응력은 $0.6f_y$ 또는 250 MPa을 초과해서는 안 된다고 규정하고 있다(도로기준 4.6.3.9⑶⑤(나)에서는 $0.35P_{pu}$로 제시하고 있다.). 또한 도로기준(AASHTO)에서는 다른 하중에 의해서 정착부 후방에 영구적으로 압축응력이 발생하는 경우에는 다음 식을 이용하여 감소시킬 수 있도록 하고 있다.

$$T_{ia} = 0.25P_p - f_{cb}A_{cb} \tag{9.37}$$

여기에서 T_{ia} = 중간 정착장치의 **연결 인장력**(tie-back tension force), P_p = 계수를 곱하지 않은 최대 긴장력, f_{cb} = 정착부 후방의 계수를 곱하지 않은 고정하중으로 인한 압축응력,

A_{cb} = 지압판의 측면을 연장한 부분의 단면(그림 9.61 참고)이다.

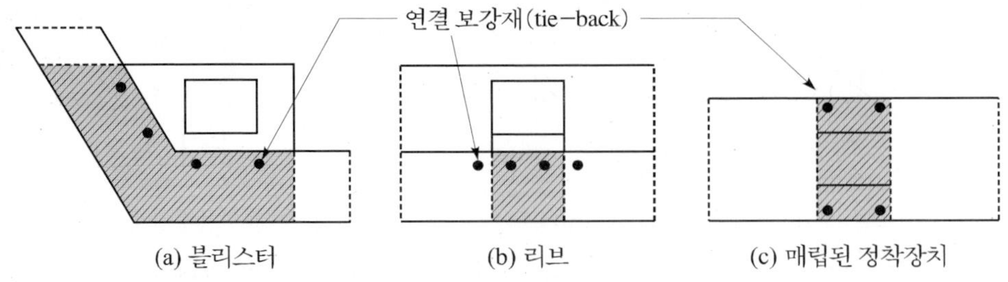

그림 9.61 중간 정착장치 후방의 면적 A_{cb} 에 대한 정의 [NCHRP 356]

그림 9.59c나 9.60에서 보는 바와 같이 정착장치 후방의 인장응력은 지압판의 폭 내에 집중되어있다. 따라서 연결보강철근은 지압판에 가깝게 이 구역 안에 배치하여야 한다. 균열의 폭과 진행을 억제하기 위해서 이 보강철근을 배치는 하지만 균열의 발생 자체를 지연시키지는 못하게 된다.

도로기준 4.6.3.9(3)⑤(다)(AASHTO 5.10.9.3.4b)에서는 후방 연결보강재는 긴장재 축에서 지압판의 폭 이내 거리에 배치하여야 하고, 지압판의 폭 또는 블리스터(돌출부)나 리브 길이의 1/2 거리에서 항복강도가 발달될 수 있도록 정착장치의 전방과 후방에서 충분히 정착되어야 한다고 제안하고, 그림 9.61과 같이 부착 연결보강재의 도심은 긴장재 축과 일치하고 블리스터나 리브가 붙어있는 단면에 가깝게 연속하여 배치하도록 규정하고 있다.

또 다른 위험구역은 블리스터(돌출부)의 발 부분으로 긴장재가 블리스터 안으로 굽으면서 긴장재 위의 콘크리트에 편차력(deviation force)을 가하게 된다(그림 9.60 참고). 단위길이에 대한 편차력은 곡률 반경 R이 일정하다는 가정으로 식 (9.32)로 구할 수 있다. 그러나 설계에서 가정한 일정한 곡률을 현장에서 달성하기는 거의 불가능하므로 연결철근의 설계는 안전측으로 하는게 좋고, 배치는 긴장재가 이론적으로 직선이 되는 부분까지 연장하여야 한다.

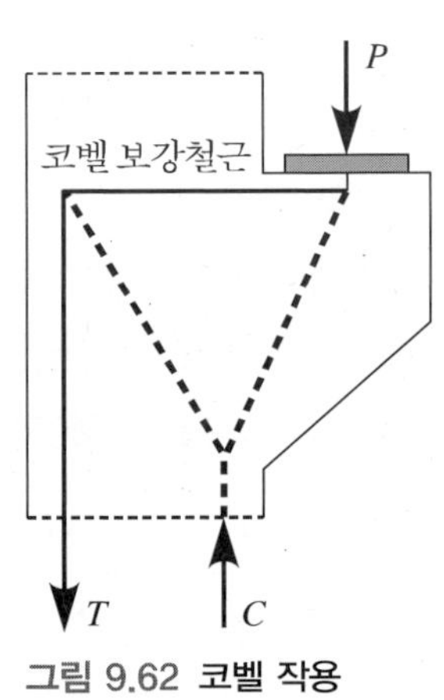

그림 9.62 코벨 작용 [PTI 2000(25)]

정착장치의 블리스터나 리브에서 보강철근은 블리스터를 복부나 슬래브에 연결하기 위해서 지압판 전면의 바로 앞에 배치하여야 하고, 이러한 배치는 코벨(corbel)과 유사한 블리스터의 거동에 근거를 두고 있다. 이러한 유사성은 외적 긴장재를 배치하는 블리스터 설계에는 유효하지만, 내적 긴장재는 상황이 다르게 된다.

그림 9.62에서 보는 바와 같이 코벨은 **코벨 보강철근(cobel reinforcement)**이 배치되지 않으면 안정적인 하중경로를 구성하지 못하게 된다. 그러나 그림 9.63a의 내적 긴장재가 정착하는

블리스터에서 보면 내적인 힘과 외적인 힘이 코벨 보강철근이 없어도 서로 평형을 이루게 된다. 이러한 일은 원형 탱크 벽체와 같이 내적 긴장재로 축방향 프리스트레싱을 받는 두께가 얇고 휘는 단면에서 긴장력과 둘러싸는 콘크리트의 응력이 서로 균형을 이루는 경우와 비슷한 상황이다.

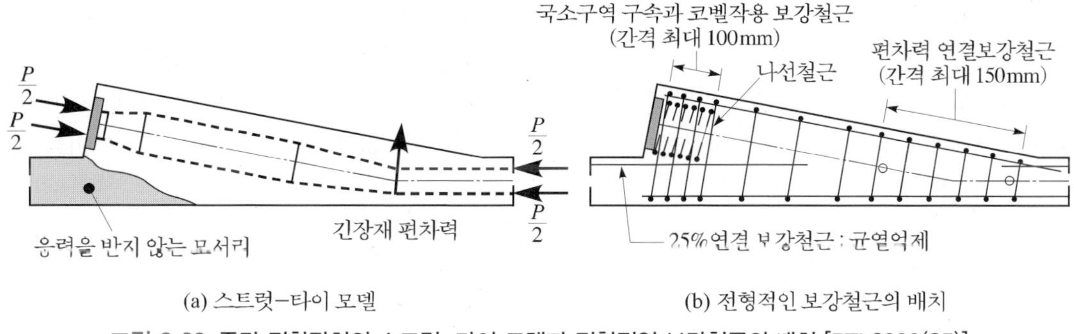

(a) 스트럿–타이 모델 (b) 전형적인 보강철근의 배치

그림 9.63 중간 정착장치의 스트럿–타이 모델과 전형적인 보강철근의 배치 [PTI 2000(25)]

내적인 긴장재의 평형을 위해서 코벨 보강철근은 필요 없다고 하더라도 지압판의 전면에는 횡방향 보강철근을 배치하여야 한다. 이 보강철근을 설계하기 위해서 안전 측으로 **코벨 작용모델**(corbel action model)을 사용할 수 있을 것이다. 그림 9.63b는 전형적인 블리스터 보강철근의 배치를 보여 주고 있다.

이 예는 내적 긴장재를 장착한 블리스터에 대한 내용이고, 강도증진이나 보수보강 등을 위해서 외적 긴장재의 블리스터를 배치하는 경우에는 코벨 작용을 고려하여 훨씬 더 조심해서 설계하여야 한다(그림 9.64 참고).

그림 9.64 박스거더 내부에 강도증진(보수보강 등)을 위해서 배치되는 외적 긴장재 [VSL]

9.9.8 응력을 받지 않는 모서리(Unstressed Corners)

그림 9.56b와 같이 높은 응력이 작용하는 부분과 낮은 응력이 작용하는 경계에서는 변형률 적합을 위해서 높은 국부적인 인장응력이 발생하게 된다. 정착장치를 적절하게 배치하여 응력을 받지 않는 모서리를 최대한 줄일 수는 있지만 완전하게 피할 수는 없게 된다. 따라서 응력을 받지 않는 부분에 최소의 보강철근을 배치해서 응력이 높은 부분에 잘 연결하여 균열의 폭을 억제하여야 한다.

균열조종 보강철근은 균열이 발생하려 할 때 철근이 항복하지 않도록 선택하여야 하며, 아래의 식을 이용해서 최소 보강철근을 결정할 수 있다. 이 식들은 0.5% ~ 0.8%의 철근비를 배치하게 된다.

$$A_s f_y = A_{ct} f_{ct}$$

$$\rho = \frac{A_s}{A_{ct}} = \frac{f_{ct}}{f_y} \tag{9.38}$$

여기에서 A_s = 보강철근의 단면적, A_{ct} = 인장응력이 작용하는 콘크리트의 면적, f_{ct} = 긴장력이 도입될 때 콘크리트의 인장강도, f_y = 철근의 항복강도이다. 예를 들으면, 철근비는 $\rho = f_{ct}/f_y = 0.5\sqrt{f_{ci}}/f_y = [\,0.5(30)^{1/2}\,/\,400\,] \times 100 = 0.7\%$가 된다.

9.10 참고문헌

- 구조기준(콘크리트구조기준). (2012). 국토해양부 제정, 사단법인 한국콘크리트학회, 342 pp.
- 구조기준해설(콘크리트구조기준 해설). (2012). 2012년 개정, 사단법인 한국콘크리트학회, 599 pp.
- 도로기준(도로교설계기준). (2010). 국토해양부 제정, 한국도로교통협회.
- 민창식. (2014). 철근콘크리트공학, 구미서관, 제3판 2쇄, 1015 pp.
- AASHTO LRFD. (2010). Bridge Design Specification. SI Units 5th Edition, AASHTO.
- ACI 318-08. (2008). Building Code Requirements for Structural Concrete and Commentary(ACI 318-08), ACI, 465 pp.
- Axson, Daniel P. (2008). Untimate Bearing Strength of Post-tensioned Local Anchorage Zones in Lightweight Concrete, Master Thesis, Virginia Polytechnic Institute and State University, 92 pp.

- Breen, J. E., Burdet, O., Roberts, C., Sanders, D., Woollmann, G., and Falconer. (1991). Anchorage Zone Requirements for Post-Tensioned Concrete Girders, Final Report for NCHRP, The University of Texas at Austin, Austin, TX 78712, 516 pp.
- Burdet, O. L. (1990). Analysis and Design of Anchorage Zones in Post-Tensioned Concrete Bridges, Ph. D. diss., University of Texas, Austin, TX, May 1990.
- Collins, Michael P. and Mitchell, Denis. (1987). Prestressed Concrete Basics, CPCI, 1987, 614 pp.
- CPCI Design Manual. (2007). 4th edition, Canadian Precast/Prestressed Concrete Institute(CPCI).
- Freyssinet Prestressing System Manual, Freyssinet, 35 pp.
- Gergley, P. and Sozern, M. A. (1967). Design of Anchorage Zone Reinforcement in Prestressed Concrete Beams, Journal of Prestressed Concrete Institute, Vol. 12, No. 2, April, pp. 63-75.
- Guyon, Y. (1951). Prestressed Concrete, John Wiley and Sons, New York, 1960.
- Iyengar, K. T. S. R. (1962). Two-Dimensional Theories of Anchorage Zone Stresses in Post-Tensioned Prestressed Beams, Journal of the American Concrete Institute, Vol. 59, No. 10, Oct., pp. 1443-1446.
- Kammenhuber, J. and Schneider, J. (1974). Notes on the Design of Prestressed Concrete Construction, Ra-Verlag, Rapperswil, Switzerland, 197 pp.
- Leonhardt, F. (1964). Prestressed Concrete-Design and Construction, Wilhelm Ernst and Sohn, Berlin-Munich, English Translation, Second Edition, 677 pp.
- Magnel, G. (1954). Prestressed Concrete, Third Edition, McGraw-Hill Book Company, New York, 345 pp.
- Marti, P. (1985). Basic Tools of Reinforced Concrete Beam Design, ACI Journal, Vol. 82, No. 1, January-February, pp. 45-56.
- Mehlhorn, G. (1980/18). Principles of Structures II, Technische Hochschule, Darmstadt, Winter semester.
- Morsch, E. (1964). Design of Joints, Beton und Eisen, No. 12., pp. 156-161.
- N Krishna Raju. (2007). Prestressed Concrete, Fourth edition, Tata McGraw-Hill Publishing Company Limited, 783 pp.
- Naaman, Antoine E. (2012). Prestressed Concrete Analysis and Design, 3rd edition, Techno Press 3000, 1,176 pp.
- NCHRP 356. (1994). Report, Breen, J. E., Burdet, O., Roberts, C., Sanders, D.,

Woollmann, G., and Falconer, B., Anchorage Zone Requirements for Post-Tensioned Concrete Girders, Transportation Research Board, National Academy Press, Washington, D.C.

- Ngo., D. and Scordelis, A. C. (1967). Finite Element Analysis of Reinforced Concrete Beams, Journal of the American Concrete Institute, Vol. 64. No. 3, March.
- PCI Design Manual. (2010). 7th Edition, Precast/Prestressed Concrete Institute(PCI).
- PTI. (1999). Acceptance Standards for Post-Tensioning Systems.
- PTI. (2000). Anchorage Zone Design, Chapter VIII, Wollmann, G. P, and Roberts-Wollman, C. L., Post- Tensioning Institute(PTI), 45 pp.
- PTI. (2006). Post-Tensioning Manual, 6th Edition, Post-Tensioning Institute(PTI), 354 pp.
- Rajagopalan, N. (2005). Prestressed Concrete, 2nd Edition, Alpha Science International Ltd. Harrow, U.k., 486 pp.
- Richart, F. E., Brandtzaeg, A., and Brown, R.L. (1928). "A Study of the Failure of Concrete under Combined Compressive Stresses," Bulletin No. 185, Engineering Experimental Station, University of Illinois, 104 pp.
- Roberts, C. L. (1990). "Behavior and Design of the Local Anchorage Zone of Posttensioned Concrete Members," Master Thesis, University of Texas at Austin, May.
- Rogowsky, D. M. and Marti, P. (1991). "Detailing for post-tensioning," VSL Report Series, No. 3, VSL.
- Sargious, M., (1960). Determination of Tension Forces in the End Region of Concrete Beams, Doctoral Diss., Technical Univ. of Stuttgart.
- Schlaich, J., Schäfer, K. and Jennewein, M. (1987). "Toward a consistent design of structural concrete," Journal of the Prestressed Concrete Institute, Vol. 32, No. 3, May-June, 74-150.
- Stone, W. C., and Breen, J. E. (1984). Behavior of Post-Tensioned Girder Anchorage Zones, Journal of the Prestressed Concrete Institute, Vol. 29, No. 1, Jan./Feb., pp. 64-109.
- VSL (1991). Rogowsky, D. M. and Marti, P. Detailing for Post-Tensioning, VSL International, Berne, Switzerland.

EXERCISE | 연습문제

9.1

그림 P9.1에는 포스트텐션 보의 정착구역을 보여주고 있다. 각각의 정착장치에는 14개의 B종 (f_{pu} = 1,860 MPa) 직경 12.7 mm($A_{ps} = 14 \times 98.71 = 1,382$ mm^2) 저이완 7연선이 배치되었다. 긴장 시에 7연선은 인장응력 한계 $f_{pj} = 0.80 f_{pu} = 0.80 \times 1,860 = 1,488$ MPa(표 2.16 참고)로 긴장하였고, 콘크리트의 압축강도 f_{ci} = 35 MPa로, 횡방향 철근의 항복강도 f_{yt} = 400 MPa로 가정한다.

9.9.1장의 제한을 만족한다고 보아 반력은 무시하고 스트럿-타이 모델을 이용하여 일반구역의 파열력(bursting force)과 할렬력(spalling force)에 대한 설계를 하라.

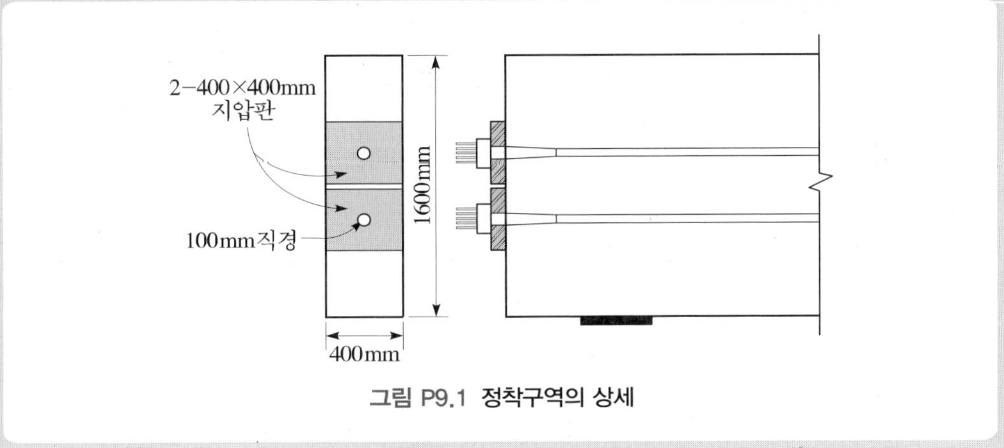

그림 P9.1 정착구역의 상세

9.2

400 mm × 1,600 mm 직사각형 단면 보에 2개의 2,500 kN 포스트텐션 긴장력이 각각 300 × 300 지압판에 정착되었다. 그림 P9.2와 같이 정착장치는 각각 1,200 mm와 400 mm가 떨어져서 배치되었다. 설계는 f_y = 400 MPa의 D16 나선철근과 D16 철근을 사용한다.

(1) 지압판의 설계를 검토하고 지압판의 두께와 f_{ci}를 결정하라. 17개의 12.7 mm 강연선이 배치되는 덕트의 직경은 200 mm로 가정하고, 지압판은 SS400 강재(E_s = 205,000 MPa ; f_{sy} = 245 MPa(두께 16 mm 이하), f_{sy} = 235 MPa(17 ~ 40 mm), f_{sy} = 215 MPa(41 ~ 100 mm), f_{sy} = 215 MPa(101 mm 이상))를 사용한다고 가정한다.

(2) 국소구역을 결정하고 그림 P9.3을 참고하여 국소구역을 설계하라.
(3) ⓐ 선형-탄성 해석, ⓑ 스트럿-타이 모델, ⓒ 근사해법을 이용하여 일반구역을 설계하고, 그림 P9.3을 참고하여 철근 배근도를 그려라.

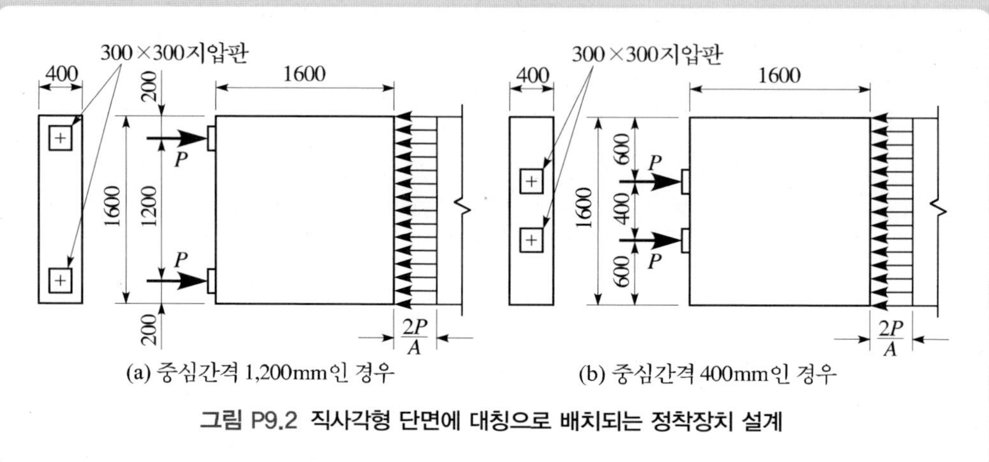

그림 P9.2 직사각형 단면에 대칭으로 배치되는 정착장치 설계

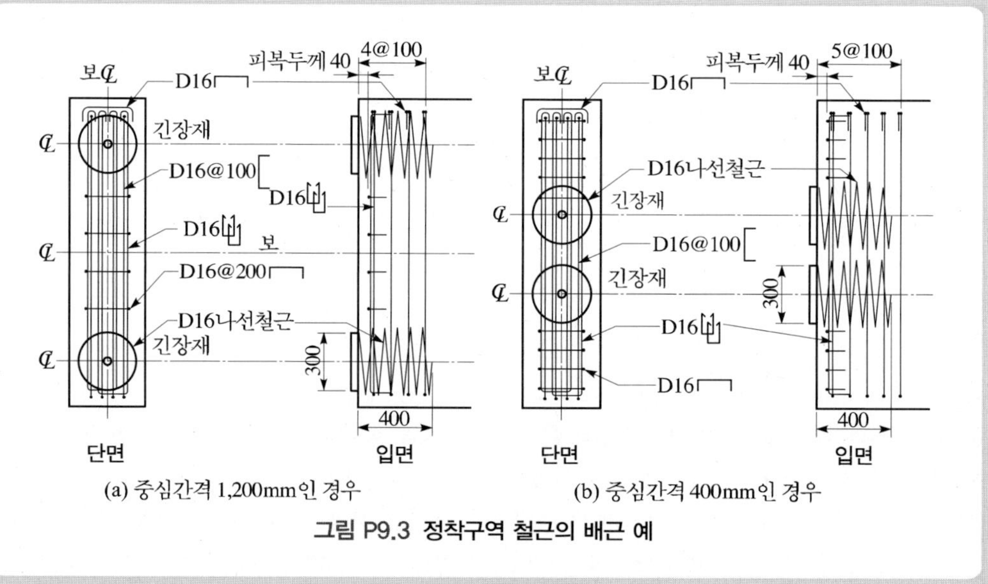

그림 P9.3 정착구역 철근의 배근 예

9.3

[Naaman 2012(1087-1096)] 그림 P9.4의 포스트텐션된 경간 l = 21 m 싱글 T형 단면 보에서 6개의 강연선은 절곡하여 배치하고, 나머지 4개는 직선으로 배치되었다. 강연선은 B종(f_{pu} = 1,860 MPa) 직경 12.7 mm(A_{ps} = 10 × 98.71 = 987.1 mm^2) 저이완 7연선이 배치되고, 보통중량 골재 콘크리트 f_{ci} = 28 MPa, f_{ck} = 35 MPa이 사용된다. 그림 P9.6의 스트럿-타이 모델에서 각 스트럿이나 타이의 부재력을 결정하고, 인장타이 철근을 설계하여 그림 P9.7과 같이 철근 배치도를 그려라.

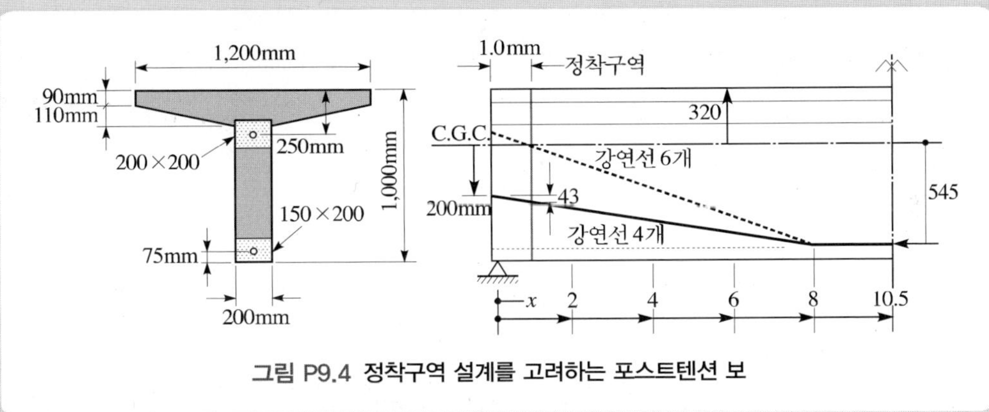

그림 P9.4 정착구역 설계를 고려하는 포스트텐션 보

[단면의 제값]

긴장 시 응력 $f_{pj} = 0.80 f_{pu} = 0.80(1,860) = 1,488$ (MPa)

$P_{jack} = f_{pj} A_{ps} = 1,488 \times 987.1 / 1,000 = 1,469$ (kN) ; $P_{pe} = 0.83 P_{jack} = 1,219$ kN

단면의 제값 : $A_g = 345 \times 10^3$ mm^2, $I_g = 32,106 \times 10^6$ mm^4, $y_t = 320$ mm, $y_b = 680$ mm, $S_t = 100.33 \times 10^6$ mm^3, $S_b = 47.22 \times 10^6$ mm^3

고정하중 $w_d = \left(\dfrac{345 \times 10^3}{10^6} \text{ m}^2 \right) \left(2,500 \dfrac{\text{kg}}{\text{m}^3} \right) \left(9.81 \dfrac{\text{kg} \cdot \text{m}}{\text{sec}^2} \right) = 8,461$ N/m = 8.46 kN/m

추가 고정하중 $w_{sd} = (0.48 \text{ kN/m}^2)(1.2 \text{ m}) = 0.576$ kN/m

활하중 $w_l = (4.8 \text{ kN/m}^2)(1.2 \text{ m}) = 5.76$ kN/m

$\therefore \; w_t = w_d + w_{sd} + w_l = 8.46 + 0.576 + 5.76 = 14.80$ (kN/m)

[문제 해설]

① 스트럿-타이 모델에서 반력의 영향을 무시할 수 있는 조건 검토 : 9.9.1장 참고

다음의 조건들이 모두 만족되는 경우에 정착구역의 설계에 반력의 영향을 무시할 수 있다.

(1) 반력이 긴장력의 15%를 초과하지 않는 경우(계수를 곱하지 않은 값)

긴장 시 : R = 8.46 (21)/2 = 88.8 (kN) < $0.15P_{pj}$ = 0.15(1,469) = 220.4 (kN) <OK>

사용하중 작용 시 : R = 14.80 (21)/2 = 155.4 (kN) < $0.15P_{pe}$ = 0.15(1,219) = 182.9 (kN) <OK>

(2) 모든 긴장력의 합력이 단면의 도심에 대해서 경사각 5° 이하인 경우

$\tan^{-1}(545-200)/8{,}000 = \tan^{-1}(345/8{,}000) = 2.47^\circ < 5^\circ$ <OK>

(3) 긴장력의 편심이 일반구역 안에서 단면의 핵(kern)보다 작은 경우 : 하핵의 거리, 식 (6.1) 참고

$\therefore\ k_b = S_t/A_g = (100.33 \times 10^6)\ /\ (345 \times 10^3) = 290.8\ (\text{mm}) > 243\ \text{mm}$ <OK>

(4) 반력이 거더의 바닥에서 도입되는 경우 : 바닥에서 도입되므로 OK.

조건들을 모두 만족하므로 스트럿-타이 모델을 구성하는 데 반력의 영향을 무시할 수 있다.

② 단부에서 긴장재의 도심 계산 : C.G.C.로부터 거리

강연선 6개 : 도심 = 320 − 250 = 70 (mm) ; 4개 도심 = 680 − 75 = 605 (mm)

도심 = (−70 × 6 + 605 × 4) / 10 = 200 (mm)

정착구역 길이 h = 1,000 mm에서 전체 긴장재의 도심 계산 : 200 + [(545−200)/8] × 1 = 243 (mm)

③ 정착구역 경계 h = 1,000 mm에서 축응력 계산 : 그림 P9.5b 참고

$f_{top} = P_{jack}/A_g - (P_{jack}e/I_g)y$

$f_{top} = (1{,}469 \times 10^3)\ /\ (345 \times 10^3) - (1{,}469 \times 10^3)(243)(320)\ /\ (32{,}106 \times 10^6)$

$= 4.26 - 3.56 = 0.7\ (\text{MPa})$

$f_{bottom} = 4.26 + 3.56(680/320) = 4.26 + 7.57 = 11.82\ (\text{MPa})$

$f_{flange} = 4.26 - 3.56(320-200)/320 = 4.26 - 1.34 = 2.92\ (\text{MPa})$

$f_{(90)} = 4.26 - 3.56(320-90)/320 = 4.26 - 2.56 = 1.70\ (\text{MPa})$

④ 축 압축력 C_1의 크기와 작용범위 결정 : 그림 P9.5에서 축 압축력 $C_1 \approx$ <u>587.5 kN</u>(강연선 4개의 긴장력)이라고 가정한다.

축응력 분포도에서 C_1을 담당하기 위한 응력블럭의 깊이 × 계산 :

$f_x = 11.82 - x\ (11.82 - 0.7)/1{,}000$

$C_1 = 200 \times (11.82 + f_x)/2 = 200 \times (11.82 + 11.82 - 11.12 \times /1000)/2 = 587.5 \times 10^3$

$C_1 = 100 \times (23.64 - 11.12 \times /1000) = 587.5 \times 10^3$

$C_1 = 2{,}364\ x - 1.112\ x^2 = 587.5 \times 10^3$

$x^2 - 2125.9 \times + 528{,}327 = 0$

$\therefore\ x = \underline{287.4\ \text{mm}}$

$\therefore\ f_x = 11.82 - x(11.82-0.7)/1{,}000 = 11.82 - 287.4(11.12)/1000 = \underline{8.62\ (\text{MPa})}$

바닥에서 C_1의 도심 계산 :

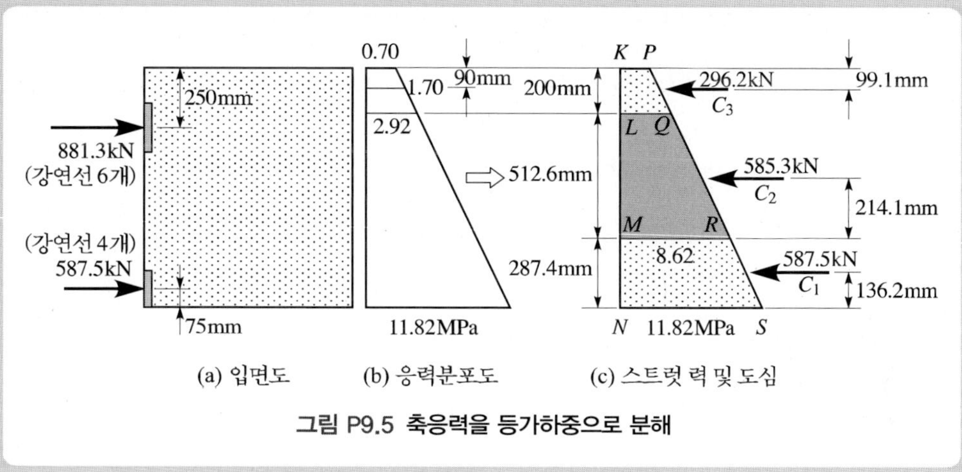

그림 P9.5 축응력을 등가하중으로 분해

면적 = 287.4 (8.62 + 11.82)/2 = 2,937.2

도심 = [(287.4)(2/3)(287.4)(8.62) /2 + (287.4)(1/3)(287.4)(11.82) /2] / 2,937.2

= <u>136.2 (mm)</u>

⑤ 축 압축력 C_3의 크기와 작용 위치 계산 : 그림 P9.5에서 축 압축력 C_3는 플랜지가 저항하는 압축력이라고 가정하여, C_3와 도심을 구한다(그림 P9.5c 참고).

응력도 기울기 = (2.92 − 0.70)/200 = 0.0111

플랜지 직사각형 부분 1 무게 = (1,200)(90)[0.7 + 0.0111(90/2)] = 129,546 (N)

플랜지 복부부분 직사각형 2 무게 = (200)(110)[1.70 + 0.0111(110/2)] = 50,831 (N)

나머지 삼각형 면적 : (1,200 − 200)/2 = 500 (mm)

면적을 함수 x로 표현 : 500 − (500/110)x = 500 − 4.545x (x = 0 ~ 110 mm)

응력도 : 1.70 + 0.0111x

1개의 삼각형 무게 : $\int_0^{110}(500-4.545x)(1.70+0.0111x)\,dx$

$$= \int_0^{110}(850-7.727x+5.55x-0.0504x^2)\,dx$$

$$= \int_0^{110}(850-7 = \int_0^{110}(850-2.177x-0.0504x^2)\,dx$$

$$= 850 \times 110 - 2.177 \frac{110^2}{2} - 0.0504 \frac{110^3}{3}$$

$= 93{,}500 - 13{,}170 - 22{,}360 = 57{,}970$ (N)

2개의 무게 = 2(57,970) = 115,940 (N)

C_3 = (129,546 + 50,831 + 115,940)/1,000 = 296.2 (kN)

직사각형 1 도심 $= \int_0^{90} x(0.70 + 0.0111x)\,dx$ / (90)[(0.7+1.7)/2]

$$= \int_0^{90} (0.70x + 0.0111x^2)\,dx \;/108$$

$$= (0.70(90^2)/2 + 0.0111(90^3)/3) \;/108$$

= 5,532/108 = 51.3 (mm)

직사각형 2 도심 $= 90 + \int_0^{110} x(1.70 + 0.0111x)\,dx$ / (110)[(1.7+2.92)/2]

$$= 90 + \int_0^{110} (1.70x + 0.0111x^2)\,dx \;/254.1$$

$= 90 + (1.70(110^2)/2 + 0.0111(110^3)/3 / 254.1$

= 90 + 15,209.7/254.1 = 90 + 59.86 = 149.9 (mm)

2개의 삼각형 도심 : $\int_0^{110} x(500 - 4.545x)(1.70 + 0.0111x)\,dx$

$$= \int_0^{110} (850x - 7.727x^2 + 5.55x^2 - 0.0504x^3)\,dx$$

$$= \int_0^{110} (850x - 2.177x^2 - 0.0504x^3)\,dx$$

$$= 850 \times \frac{110^2}{2} - 2.177 \frac{110^3}{3} - 0.0504 \frac{110^4}{4}$$

$= 5{,}142{,}500 - 965{,}862 - 1{,}844{,}766 = 2{,}331{,}872$

도심 = 90 + 2(2,331,872) / 115,940 = 90 + 40.2 = 130.2 (mm)

상연에서 도심거리 : [(129,546)(51.3) + (50,831)(149.9) + (115,940)(130.2)] / 296,200
= 99.1 (mm)

⑥ 축 압축력 C_2 및 도심 계산 : C_1과 C_3를 제외한 나머지

$C_2 = P_{pj} - C_1 - C_3$ = 1,469 − 587.5 − 296.2 = 585.3 (kN)

M-R에서 도심 계산 : [$(2.92)(512.6^2)(2/6)$ + $(8.62)(512.6^2)/6$] (512.6(2.92+8.62)/2)
= 214.1 (mm)

교란영역(정착구역)은 작용하는 힘과 모멘트에 대해서 평형을 이루어야 한다. 반력이나 다른 외력을 무시는 무시했지만 평형이 만족되는지 확인하여야 한다. 단면의 도심으로부터 긴장재의 편심이 단부(e_o = 200 mm)와 일반구역 경계(e_o = 243 mm)에서 차이가 나서 **가상의 모멘트 (fictitious moment)**가 발생하게 된다.

ΔM_P = 1,469,000 (243 − 200) = 63.167 × 10^6 (N · mm)(시계방향)

이 가상 모멘트에 평형을 이루기 위해서 압축력 C_1과 C_3에 작용하는 반시계방향 우력으로 대체하도록 한다.

팔거리 = 1,000 − 99.1 − 136.2 = 764.7 (mm)

이 우력으로 인한 축 압축력 = 63.167 × 10^6 / 764.7 = 82,603 (N) = 82.6 kN

반시계방향 우력이므로 C_1에는 축 압축력을 빼주고, C_3에는 더해준다.

∴ C_1 = 587.5 − 82.6 = 504.9 (kN)

∴ C_3 = 296.2 + 82.6 = 378.8 (kN)

⑦ 스트럿-타이 모델에서 절점의 위치 결정(그림 P9.6 참고) : 굵은골재 최대치수 a_{max} = 19 mm로 가정 ; 프리캐스트 제작 가정

절점 a와 b를 단부에서 75 mm 떨어져서 배치하면, 보는 프리캐스트 제작으로 보아 피복두께 30 mm(D16 이하 철근, 표 2.13 참고)한다. 스트럿 ab에서 D13 스터럽을 3개 배치한다고 가정하면, 철근의 순간격 = 75 − (30 + 13 + 13/2) = 25.5 (mm)

> Max [25 mm, d_b, $(4/3)a_{max}$] = Max [25, 13, (4/3)19 = 25.3] = 25.3 mm <*OK*>

절점 c~e의 위치 : 절점 a와 c의 연직거리가 150.9 mm이고, 절점 c가 상연 표면으로 제한되어 있으므로 경사비 1 : 2로 스트럿이 확산된다면 절점 ac의 수평거리 = 150.9 × 2 = 301.8 (mm)가 되므로 절점 ac의 수평거리는 300 mm로 결정하여, 절점 c~e의 단부에서 거리는 75 + 300 = 375 (mm)로 한다.

절점의 경사각도 계산 :

$\theta_2 = \tan^{-1}(61.2/300) = 11.53^o$

$\theta_3 = \tan^{-1}(150.9/300) = 26.70^o$

$\theta_4 = \tan^{-1}(248.5/300) = 39.64^o$

$\theta_5 = \tan^{-1}(365.3+61.2)/300 = 54.88^o$

⑧ 그림 P9.7을 참고하여 인장 타이에 대한 설계를 수행한다.

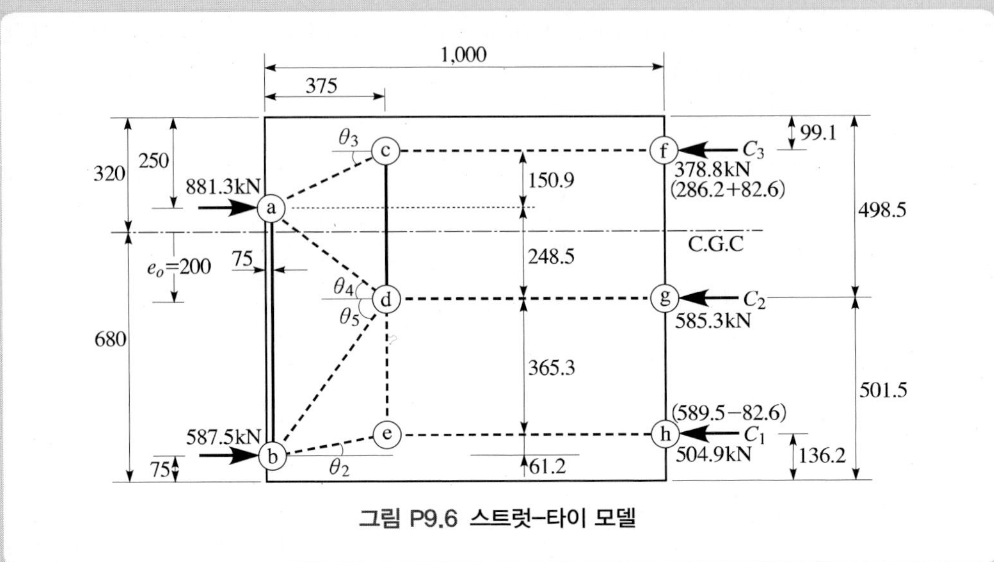

그림 P9.6 스트럿-타이 모델

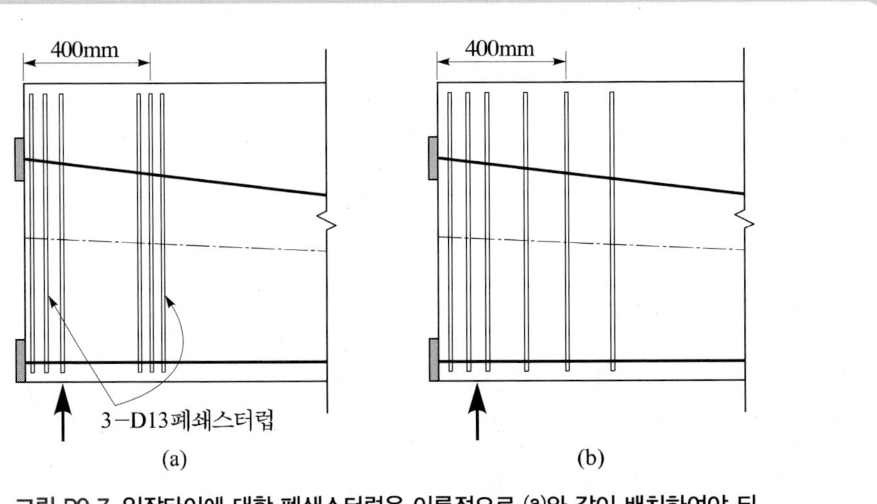

그림 P9.7 인장타이에 대한 폐쇄스터럽은 이론적으로 (a)와 같이 배치하여야 되지만, 실무적으로 (b)와 같이 분포하여 배치한다.

9.4

[Naaman 2012(1097)] 그림 P9.8의 포스트텐션 경간 l = 21 m 싱글 T형 단면 보에는 각각 5개의 강연선은 각각의 받침부에서 8 m 떨어진 위치에서 절곡(2점 절곡)하여 배치되었고, 2개의 175 mm × 200 mm 지압판은 복부 중앙부근에 붙여서 배치되었다. 강연선은 B종(f_{pu} = 1,860 MPa) 직경 12.7 mm(A_{ps} = 10 × 98.71 = 987.1 mm^2) 저이완 7연선이 배치되고, 보통중량골재 콘크리트 f_{ci} = 28 MPa, f_{ck} = 35 MPa이 사용된다. 그 외에 설계에 필요한 모든 자료는 문제 [9.3]과 동일하다. 그림 P9.8의 스트럿-타이 모델을 이용하여 각 스트럿과 인장타이의 부재력을 결정하고, 인장타이 철근을 설계하여 그림 P9.7과 같이 철근 배치도를 그려라.

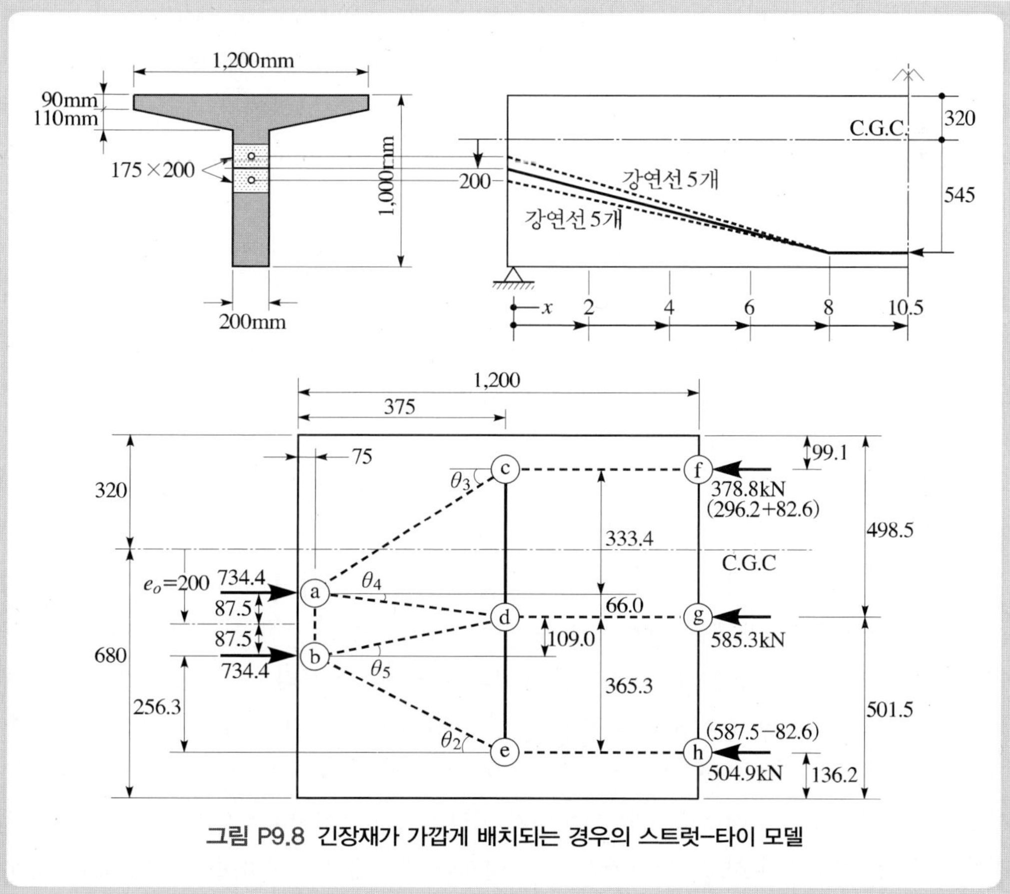

그림 P9.8 긴장재가 가깝게 배치되는 경우의 스트럿-타이 모델

CHAPTER 10

합성시공 Composite Construction

일반적으로 **합성시공(composite construction)**은 하나의 구조물을 형성하기 위해서 2종류 이상의 재료(강재-콘크리트 보나 기둥, 샌드위치 패널 등)가 사용되는 것을 말하는데, 프리스트레스트 콘크리트에서는 프리캐스트 프리스트레스트 부재(precast prestressed member, PC)와 현장치기 콘트리트 부재(cast-in-place(CIP) concrete element)를 합성하여 시공하는 것을 말한다(그림 10.1 참고). 프리캐스트 부재에 프리스트레싱을 가하면 부재의 크기를 가능한 축소시켜 가볍게 제작할 수 있으므로 운반하는데 큰 이점이 있게 된다[Rajagopalan 2005(333)].

프리캐스트 부재의 크기가 작은 경우에는 한번에 전체 프리스트레싱(full prestressing)을 가하지만, 부재의 크기가 큰 경우에 프리스트레싱의 도입을 2단계 또는 그 이상으로 나누어 도입한다. 프리캐스트 부재 자신의 고정하중과 얼마간의 추가 하중에 대해서 프리스트레싱을 도입하며 이 단계를 **1단계 프리스트레싱(first stage of prestressing)**이라고 한다. 현장치기 콘크리트가 프리캐스트 부재에 배치되어 경화하게 되면 사용하중이 작용할 때 이 2 부재는 일체로 합성거동을 하게 된다. 일반적으로 프리캐스트 부재는 압축강도가 높은 콘크리트가 사용되고 현장치기 콘크리트에는 낮은 압축강도의 콘크리트가 사용된다. 현장치기 콘크리트가 배치되고 난 뒤에 여러 하중단계에서 응력이 허용한계를 넘지 않도록 단면은 추가의 프리스트레싱을 하는데 이를 **2단계 프리스트레싱(second stage prestressing)**이라고 한다. 이 2단계 프리스트레싱에서도 먼저 현장치기 슬래브의 고정하중을 상쇄하기 위해서 프리스트레싱을 가하고, 시공의 순서에 따라 활하중이외에도 마모층 포장이나 연석(curb) 또는 난간 등의 추가고정하중 등과 같은 합성작용이 일어난 뒤에 작용하는 하중들에 대해서 추가의 프리스트레싱이 필요하게 된다. 따라서 프리캐스트 프리스트레스트 보와 현장치기 콘크리트의 합성시공에서는 언제나 단계적으로 프리스트레싱을 가하여야 하고, 이러한 단계를 설계나 해석에서 고려하여야 한다[Rajagopalan 2005(333)].

합성시공은 비록 현장에서 시공이 불가능은 하지 않더라도 어려운 경우에 적용할 수 있는 시공기법으로 현장에서 품질을 보장하기 어려운 경우에 또는 시공 속도가 결정적인 요소일 때 우선적으로 적용할 수 있는 시공방법이다.

현장치기 콘크리트와 프리캐스트 프리스트레스트 콘크리트 보의 합성시공에 대한 장점은 아래와 같다[Naaman 2012(566-568), PCI 2010(1-4)]].

(1) 공장에서 거푸집을 반복적으로 사용하여 생산되는 프리캐스트 부재를 사용함으로서 전체 시공시간을 절약할 수 있다. 특히 교통을 오랜 시간동안 통제하기 어려운 교량 시공에서 간단하면서 빠르게 작업을 진행할 수 있도록 한다.

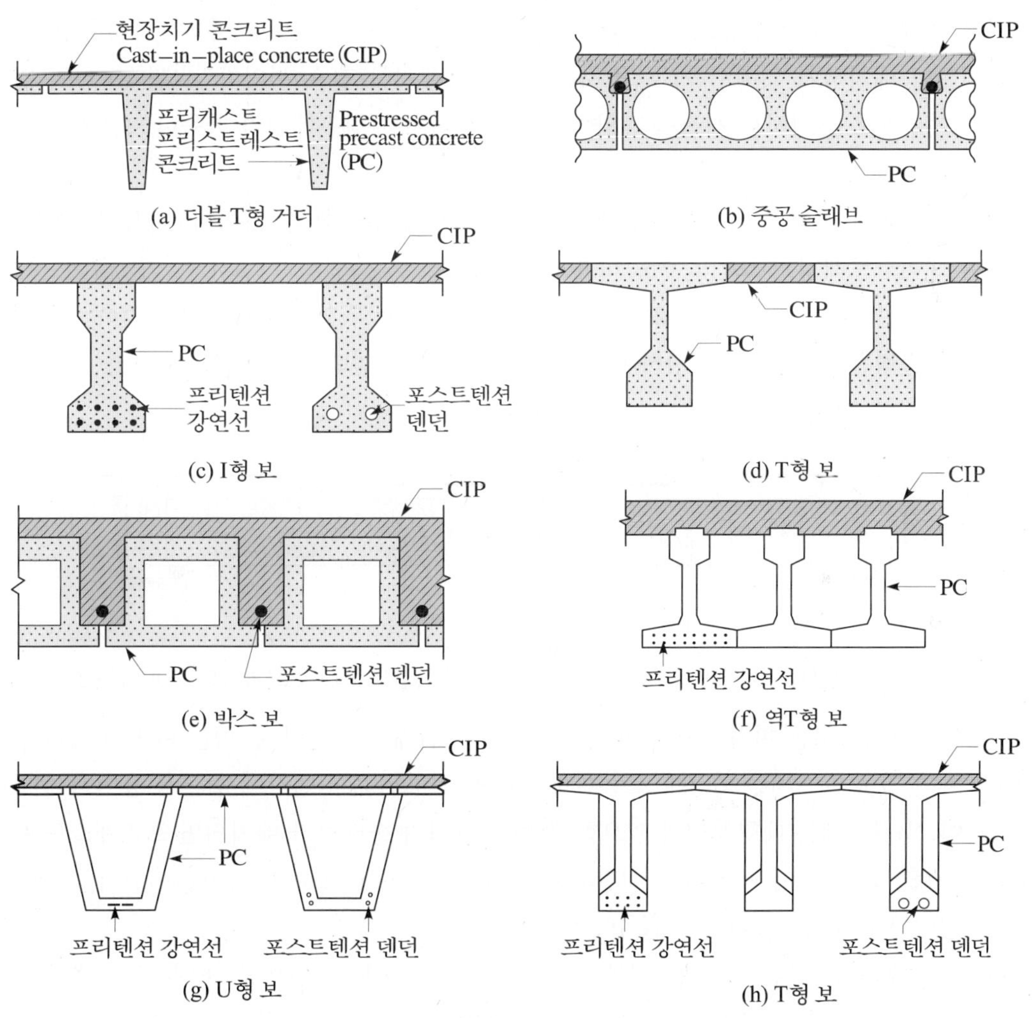

그림 10.1 합성보의 전형적인 단면들 [Naaman 2102(566), Hewson 2012(175)]

(2) 공장에서 프리텐션하는 방법이 현장에서의 포스트텐션보다 경제적이다. 현장에서의 작업을 최소화 하여 경제성을 확보할 수 있다. 공장에서는 적은 비용으로도 적극적인 품질관리를 하고 규격의 철근을 사용하여 고품질을 달성할 수 있기 때문이다.

(3) 합성부재가 된 뒤에 인장을 받는 프리캐스트 프리스트레스트 부재에는 고강도의 콘크리트(45 MPa ~ 70 MPa)를 적용하고, 압축을 받는 슬래브의 현장치기 콘크리트는 고강도일 필요가 없으므로 현장에서 생산하는데 문제가 없는 중간정도의 강도(21 MPa ~ 27 MPa 정도)이면 충분하므로 적절한 강도의 콘크리트를 적재적소에 사용하여 효율적인 구조물을 만들 수 있다. 또한 현장치기 콘크리트로 경량콘크리트와 같이 다른 재료를 사용할 수 있어서 구조물의 고정하중을 줄이거나 하여 전체적으로 좀더 경제적일 수 있다.

(4) 많은 예에 있어서 프리캐스트 프리스트레스트 부재를 받침 부재로 사용하여 현장치기 콘크리트를 배치하기 위해서 거푸집(formwork)을 배치할 필요가 없다. 그림 10.1g와 같이 종종 거푸집을 제거하는 시간을 절약하고자 거푸집으로 영구배치가 가능한 프리캐스트 패널을 적용하기도 한다.

(5) 앞에서 언급한 바와 같이 프리스트레싱을 단계적으로 수행할 수 있어서, 사용하중에만 필요한 프리스트레싱의 도입을 가능하게 한다.

(6) 현장치기 콘크리트를 그림 10.2에서와 같이 프리캐스트 부재의 받침부에서 연속하여 타설하여 단순경간 구조를 추가 사하중과 활하중에 대하여 연속 구조화할 수 있다.

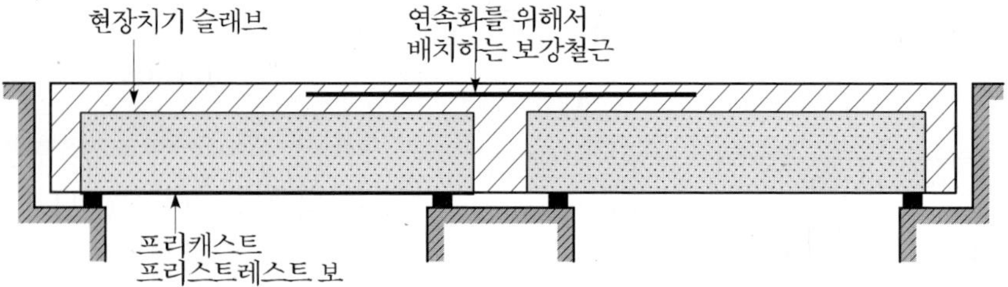

그림 10.2 현장치기 콘크리트 슬래브에 의한 연속구조화 [Naaman 2012(568), Taly 1998]

합성구조의 단점으로는 현장까지 운반하고 배치하기 위해서 생산할 수 있는 단면의 크기나 무게에 제한이 있을 수 있고, 프리캐스트 부재를 배치하기 위해서 현장에 접근이 용이하여야 하며 경간이 긴 경우에는 대형장비가 필요한 점과 현장치기 슬래브가 배치되면 프리캐스트 부재의 프리스트레스 손실이 증가하여 시간의존 처짐(time-dependent deflection)이 증가하게 된다는 점이다[Branson 1977, Taly 1998].

그림 10.1에는 전형적인 프리스트레스트 콘크리트 합성보의 단면을 보여주고 있다. 그림 10.1에서 보면 현장치기 슬래브를 프리캐스트 부재의 상부에 치는 경우와 사이에 치는 경우 또는 상부와 사이에 모두 치는 것을 볼 수 있다. 그림 10.1a의 더블 T형 보나 b의 중공 슬래브는

전형적으로 건축물에서 짧은 경간이나 중간 길이 경간의 지붕이나 바닥재에 적용된다. 그림 10.1c의 I형 거더나 d의 T형 단면은 짧은 경간에서 중간 길이 경간의 고속도로 교량에 많이 사용되고, 비대칭 I형 거더는 바닥판 슬래브를 장착하여 bulb-T형 거더(AASHTO-PCI Bulbs-Tees, 부록 그림 A30~A31 참고)로 만들기도 한다. 그림 10.1e와 f는 단경간의 교량에 적용되기도 하고, 그림 g와 h는 일반적으로 장경간의 교량에 적용되는 단면들이다.

프리캐스트 부재와 현장치기 콘크리트가 합성거동을 하기 위해서는 두 부재 사이의 부착력이 가장 중요한 요소가 된다. 휨 전단은 이 두 요소사이의 면을 따라 수평방향 미끄러짐을 일으키게 된다(그림 10.19 참고). 이 미끄러짐에 대해서 현장치기 콘크리트와 프리캐스트 부재 사이에 자연적인 부착력과 마찰력이 상당한 저항력을 가져서 접합하는 면이 넓은 그림 10.1a나 b와 같은 경우에는 표면에 특별한 조치를 취하지 않아도 충분하다. 그러나 그림 10.1c와 같이 접합면은 작으면서 하중이 큰 교량인 경우에는 프리캐스트 보의 전단철근을 돌출하도록 배치하여 미끄러짐에 대해서 다월작용을 하도록 하여 최대의 마찰 저항력이 발휘되도록 하여야 한다[Nilson 1987(280)].

그림 10.3에 보면 CEB/FIP에서 발행한 Bulletin 29 – Precast concrete bridges[fib 29]에 제시된 합성단면의 형식에 대해서 적용 가능한 경간의 길이를 제시하고 있다. 그림 10.3의 맨 아래에 보이는 속찬 슬래브 형식은 프리캐스트 패널위에 현장치기 슬래브를 배치하거나 또는 그림 10.1f와 비슷한 형식의 프리캐스트 역 T형 보위에 현장치기 슬래브를 배치하여 구성하는 합성단면으로 경간은 대략 5m ~20 m 정도까지 적용가능하며, 박스형 단면(또는 그림 10.1e나 g의 U형 보)은 경간 20m ~ 50m 정도의 교량에 적용할 수 있을 것이다. 거더 교량으로서 프리캐스트 역 T형 보(그림 10.1f 참고)를 배치하는 경우에는 대략 경간 15m ~ 45m 정도까지 가능하고, 그림 10.1c의 I형 거더는 경간 15m ~ 55m 정도까지 배치할 수 있다. 단일

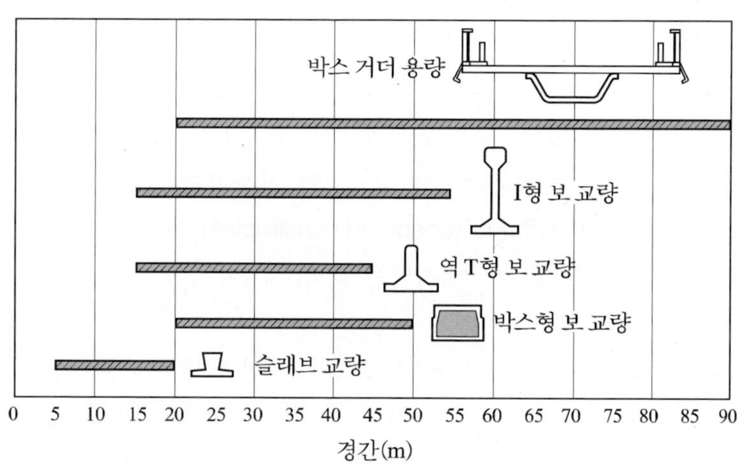

그림 10.3 프리캐스트 교량의 단면 형식과 경간의 관계 [fib 29]

박스 거더(Mono box girder)형식인 경우에는 최대로는 90m까지 설치하기도 하지만 운반을 하거나 다루기 위해서는 대략 45 m 정도로 제한하고 만약에 더 긴 경간이 필요하면 여러 조각으로 나누어 제작하여 포스트텐션으로 연속거동을 하도록 만들기도 한다.

10.1 프리스트레스트 합성보 설계와 특이점 (Particular Design Aspects of Prestressed Composite Beams)

프리스트레스트 합성 보의 설계는 비합성 부재로 거동하는 보와 합성 부재로 거동하는 보에 대한 차이점을 이해하고 이를 적절히 고려하기만 한다면 비합성 보의 설계 문제가 된다. 따라서 설계에서 고려하여야 되는 특이사항은 아래와 같이 열거할 수있 다.

① 보가 비합성 단면으로 거동하는지 아니면 합성단면으로 거동하는지를 고려하는 하중단계와 서로의 관계,
② **환산 유효 플랜지 폭**(transformed effective flange width)과 환산단면의 성질,
③ 충분히 합성거동이 일어나도록 프리캐스트 보와 현장치기 슬래브 사이의 접합면에서의 **수평전단**(horizontal shear) 등이다.

이러한 특이사항이외에 휨에 대한 응력한계나 강도, 전단, 비틀림모멘트, 처짐 등에 대한 고려는 합성거동을 하지 않는 일반 보의 설계와 유사하다.

10.1.1 비지주 또는 지주 보의 하중단계 (Loading Stages of Shored Versus Unshored Beams)

합성 보에 영향을 미치는 하중단계는 프리캐스트 단면만의 하중단계와 합성거동을 하는 단면에 대한 하중단계로 구분할 수 있다. 설계를 위해서는 각각의 경우에 최소 및 최대 하중을 구분하여야 할 것이다. 프리캐스트 프리스트레스트 보에 작용하는 하중들은 프리스트레싱 힘, 보 자신의 고정하중과 만약에 **비지주 시공**(unshored construction, 동바리 없이 시공)(그림 10.4 참고)이라면 현장치기 슬래브와 동시에 배치되는 격벽(다이아프램, diaphragm) 등의 하중이 작용하게 된다.

합성보의 시공은 그림 10.4와 같이 프리캐스트 보를 배치한 뒤에 현장치기 콘크리트 슬래브의 경화 시 슬래브 하중을 지지하는 동바리를 받쳐 시공하는 **지주 시공**(shoring construction)과 동바리 없이 시공하는 경우(비지주 시공)로 구분할 수 있다. 지주 시공인 경우에 슬래브가 경화

한 뒤에 지주를 제거하면 슬래브 하중이 보에 이동되면서 합성보 거동을 하여 추가의 고정하중이나 활하중을 지지할 수 있게 된다. 표 10.1에는 지주 시공과 비지주 시공에서의 하중단계의 차이를 보여주고 있다.

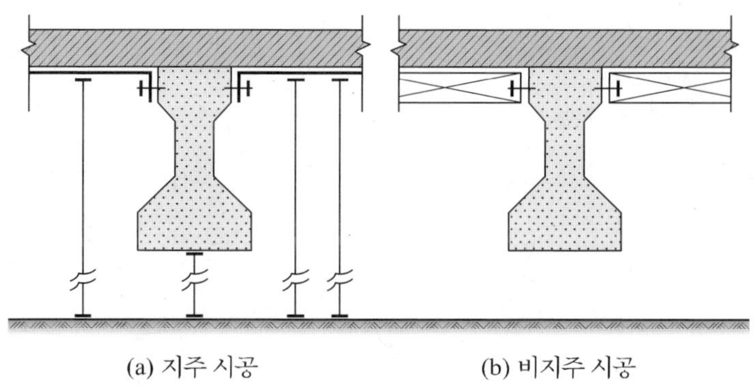

(a) 지주 시공 (b) 비지주 시공

그림 10.4 전형적인 지주 시공과 비지주 시공 [Naaman 2012(570)]

표 10.1 프리스트레스트 합성보의 하중단계[Naaman 2012(570)]

저항단면	하중단계	하중조건	
		비지주 시공(unshored construction)	지주 시공(shored construction)
프리캐스트 단면	1	$P_i + w_G$	$P_i + w_G$
	2	$P_e + w_G + w_S$	$P_e + w_G$
합성단면	3	–	w_S
	4	$w_{SD} + L + I$	$w_S + w_{SD} + L + I$

P_i = 초기 프리스트레스싱 힘 ; P_e = 유효 프리스트레싱 힘 ; w_G = 프리캐스트 거더의 고정하중; w_S = 현장치기 슬래브의 고정하중과 슬래브와 함께 작용하는 추가 고정하중(diaphragm 등) ; w_{SD} = 추가 고정하중 ; L = 활하중 ; I = 충격하중

10.1.2 유효 플랜지 폭(Effective Flange Width)

이론적으로 보에 길이가 무한대로 긴 플랜지가 일체로 배치되는 경우에 휨하중이 작용하면 상부 연단의 압축응력은 그림 10.5a와 같이 **전단지연(shear leg)**로 알려진 현상으로 일정하지 않고 횡방향으로 변하게 된다. 응력은 복부의 면에서 최대이고 복부로부터 멀어질수록 감소하게 된다. 플랜지에서 이론적으로 응력의 변화를 구하는 일은 복잡하므로, 설계에서는 유효플랜지 폭 b_e 에 휨응력이 횡방향으로 균등하게 작용한다는 단순화를 도입하고 있다. 주어진 단면에서의 유효플랜지의 폭은 실제 응력분포에서 플랜지가 저항하는 하중을 지지할 수 있는 등가의

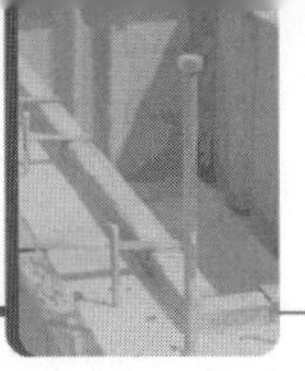

폭으로 결정하면 될 것이다. 이론적으로 유효폭은 그림 10.5b와 같이 경간 길이에 따라 변하며, 집중하중인지 등분포 하중인지에 따라, 슬래브와 보의 상대강성과 받침부의 조건에 따라 또한 콘크리트의 크리프나 처짐에 따라 변하게 된다[Naaman 2012(520-521)].

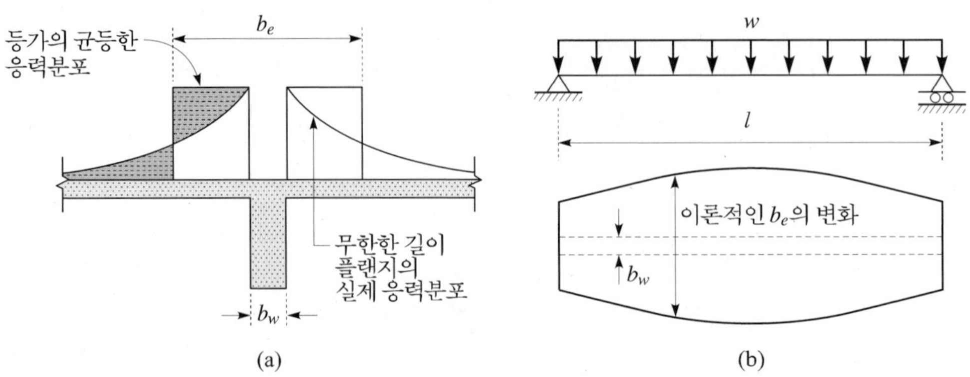

그림 10.5 유효폭 b_e 와 플랜지가 배치되는 보에서의 압축응력의 분포 [Naaman 2012(571)]

설계에서는 경간에 따라 유효폭을 일정하다고 가정하여 설계하게 된다. T형 보-슬래브 시공인 경우에 구조기준 3.4.10(1)(ACI 8.12)에서는 압축영역인 슬래브의 유효폭을 내부 보와 같은 T형 보와 테두리보와 같은 반 T형 보의 경우로 다음과 같이 제시하고 있다(그림 10.6 참고).

$$\begin{cases} T\text{형 보} : \quad b_e \le \text{Min}\begin{cases} \text{(가) 양쪽으로 각각 내민 플랜지 두께의 8배씩, } 8(h_{f1}+h_{f2})+b_w \\ \text{(나) 양쪽 슬래브의 중심 간 거리, } (x_1+x_2)/2+b_w \\ \text{(다) 보 경간의 1/4, } l/4 \end{cases} \\ \text{반 } T\text{형 보} : b_e \le \text{Min}\begin{cases} \text{(가) } 6h_f+b_w \\ \text{(나) 인접 보와의 내측거리의 1/2, } x/2+b_w \\ \text{(다) 보 경간의 1/12, } l/12+b_w \end{cases} \end{cases} \tag{10.1}$$

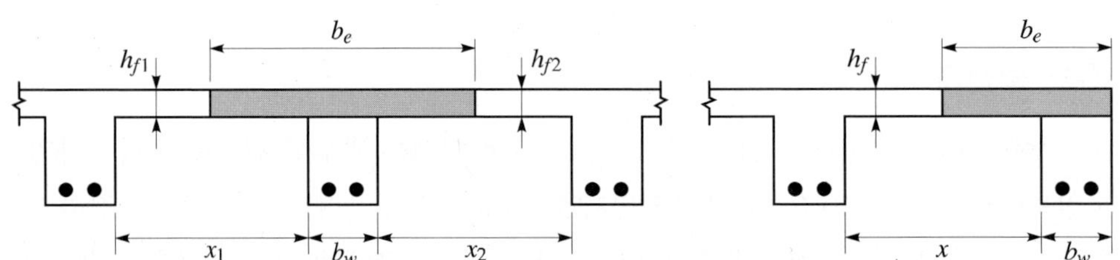

(a) 슬래브가 양쪽에 배치되는 T형 보의 유효폭 (a) 슬래브가 한쪽에만 배치되는 반T형 보의 유효폭

그림 10.6 T형 보와 반 T형 보에서의 플랜지의 유효폭

여기에서 h_f (구조기준에서는 t_f 로 표기)는 슬래브의 두께이다. 또한 독립 T형 보인 경우에

플랜지 두께는 $h_f \geq (1/2)b_w$ 이어야 하고, 유효폭 $b_e \leq \text{Min}(4b_w,\ b_f)$ 로 취하도록 규정하고 있다[구조기준 3.4.10(2), ACI 8.12.4]. 여기에서 b_f 는 독립된 플랜지의 폭이다.

10.1.2 환산 플랜지 폭(Transformed Flange Width)

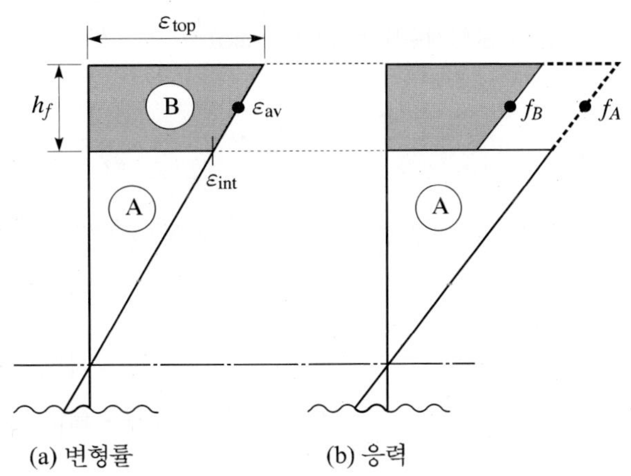

그림 10.7 재료 B를 등가의 재료 A로 환산할 때 응력에 미치는 영향 [Naaman 2102(573)]

프리스트레스트 합성 보는 사용하중이 작용할 때 탄성적으로 거동한다고 가정한다. 따라서 휨 모멘트에 의한 전 단면의 변형률은 선형분포를 하고 이때의 응력은 탄성계수를 이용(Hooke's law)하여 구할 수 있다. 서로 다른 두 재료가 연관되어 프리캐스트 보와 현장치기 슬래브는 탄성계수가 서로 다르게 된다. 설계에서는 이를 극복하기 위해서 한쪽의 탄성계수를 가상적으로 다른 탄성계수와 같은 재료로 환산하여 적용하고, 이 개념을 **환산단면 개념(concept of transformed section)**이라고 한다[Naaman 2012(573)]. 프리스트레스트 합성보에서는 일반적으로 현장치기 슬래브를 프리캐스트 보와 같은 콘크리트(즉, 탄성계수)로 만든 가상적인 슬래브로 환산한다. 이를 설명하기 위해서 그림 10.7을 이용하면서 재료 A의 탄성계수가 재료 B의 탄성계수보다 크다고 가정하면, $\epsilon_{av} = \epsilon_A = \epsilon_B$ 이고 $f_A = E_A \epsilon_A$, $f_B = E_B \epsilon_B$ 가 되고, 슬래브의 유효폭이 b_e 에서 b_{tr} 로 환산된다고 보면, 플랜지의 압축합력이 환산한 뒤에도 동일한 값이 되기 위해서는

$$f_B(h_f b_e) \equiv f_A(h_f b_{tr})$$

를 만족하여야 된다. 이 식에 f_A 와 f_B 를 대입하고 양변에 h_f 를 소거하면, $E_B \epsilon_B (b_e) = E_A \epsilon_A (b_{tr})$가 된다. 여기에서 $\epsilon_A = \epsilon_B$ 이므로 역시 소거하면, 환산 플랜지 폭 b_{tr} 은 다음과 같이 표현할 수 있다.

$$b_{tr} = \frac{E_B}{E_A} b_e$$

프리스트레스트 합성보에 적용하기 위해서 프리캐스트 거더에 대해서는 $E_A = (E_c)_{girder}$ 로

쓰고, 현장치기 슬래브에 대해서는 $E_B = (E_c)_{slab}$로 쓰면, 이 식은 아래와 같이 쓸 수 있다(그림 10.8 참고).

$$b_{tr} = \frac{(E_c)_{slab}}{(E_c)_{girder}} b_e = n_c b_e \tag{10.2}$$

여기에서 **탄성계수비(modula ratio)** $n_c = (E_c)_{slab}/(E_c)_{girder}$가 된다.

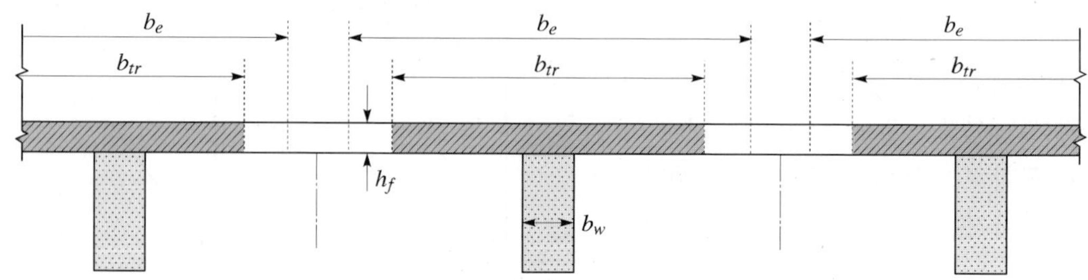

그림 10.8 환산 대 유효 플랜지 폭 [Naaman 2012(574)]

10.2 단면의 성질 및 합성단면의 응력 (Section Properties and Elastic Flexural Stresses)

환산 플랜지 폭 b_{tr}의 적용은 탄성계수는 프리캐스트 거더와 같고 동일한 강도를 갖는 가상적인 슬래브가 되므로, 합성단면을 프리캐스트 거더의 강도와 탄성계수가 같은 동일한 재료의 단면으로 고려할 수 있다[Nilson 1987(281)]. 합성단면의 응력을 계산하기 위해서는 표 10.1과 같이 프리캐스트 거더와 현장치기 콘크리트가 배치된 후에 완전한 합성거동을 하는 단면에 작용하는 하중을 구분하여야 한다. 합성단면의 휨에 의해서 발생하는 응력은 프리캐스트 부분에 이미 발생한 응력에 직접적으로 더해주면 된다. 각각의 경우에 그림 10.9와 같이 중립축이 변하게 되므로 다른 단면의 값을 사용하여야 한다.

그림 10.9와 같이 합성단면에는 아래첨자 'c'를 첨부하여 표기하였다. 어떤 하중 단계에서의 탄성응력은 1장이나 4장에서 다룬 방법으로 구할 수 있으며, 모든 계산하는 단면은 비균열 단면으로 가정하게 된다. 표 10.1에서 보는바와 같이 비지주 시공과 지주 시공에서 작용하는 하중이 서로 다르므로 이를 구분하여 적으면 다음과 같다.

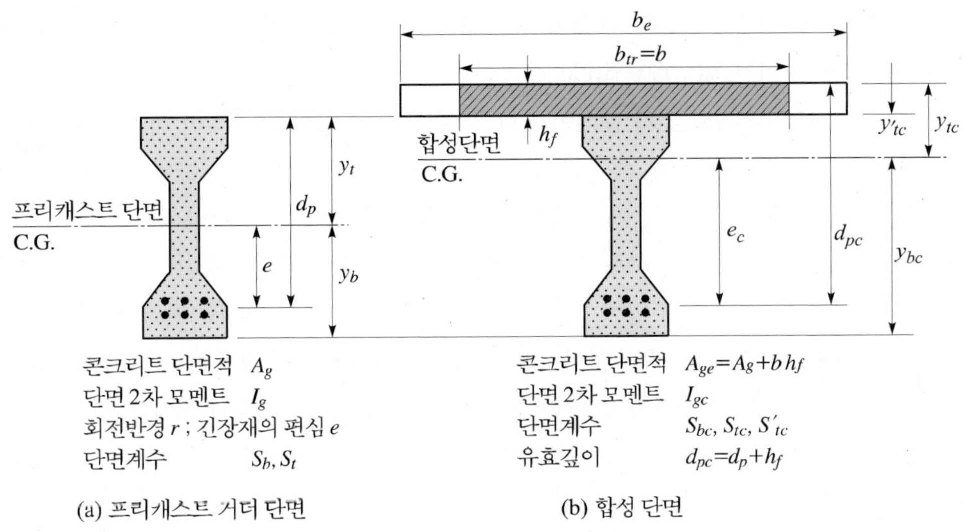

그림 10.9 프리캐스트 단면(PC) 및 합성단면(CIP)의 특성값 [Nilson 1987(282)]

10.2.1 비지주 시공(Unshored Construction, 동바리 없이 시공)

1 단계 : 긴장력이 도입된 직후 PC 거더의 고정하중만 작용하는 경우에 PC 거더의 상연응력 및 하연응력은 각각 다음과 같이 쓸 수 있다(그림 10.10 참고).

$$P_i \ : \begin{cases} \text{상연응력} \ : \ f_t = \dfrac{P_i}{A_g}\left(1 - \dfrac{e\,y_t}{r^2}\right) + \dfrac{M_G}{S_t} \\ \text{하연응력} \ : \ f_b = \dfrac{P_i}{A_g}\left(1 + \dfrac{e\,y_b}{r^2}\right) - \dfrac{M_G}{S_b} \end{cases} \tag{10.3}$$

여기에서 M_G는 프리캐스트 거더 자신의 고정하중이고, 회전반경 $r^2 = I_g/A_g$ 이고, 단면계수 $S_t = I_g/y_t$ 및 $S_b = I_g/y_b$ 이다. 모든 시간의존 손실이 이 단계에 일어나서 P_i가 서서히 P_e로 변한다고 가정한다.

2 단계 : 프리캐스트 보위에 젖은 슬래브의 콘크리트가 배치되는 경우에 보는 프리캐스트 단면의 중립축을 기준으로 휘므로 PC 거더의 상연과 하연 응력은 각각

$$P_e \ : \begin{cases} \text{상연응력} \ : \ f_t = \dfrac{P_e}{A_g}\left(1 - \dfrac{e\,y_t}{r^2}\right) + \dfrac{M_G + M_S}{S_t} \\ \text{하연응력} \ : \ f_b = \dfrac{P_e}{A_g}\left(1 + \dfrac{e\,y_b}{r^2}\right) - \dfrac{M_G + M_S}{S_b} \end{cases} \tag{10.4}$$

로 구할 수 있다. 여기에서 M_S 는 현장치기 슬래브로 배치되는 젖은 콘크리트와 이를 배치하기 위한 거푸집으로 인한 휨모멘트이다.

슬래브의 굳지 않은 콘크리트가 굳어가면서 강도를 갖게 되면 도심축이 합성단면에 대한 유효 도심 축으로 상향 이동하면서 추가적인 모든 하중에 의한 휨은 합성단면에 대해서 나타나게 된다. 슬래브가 강도를 갖은 뒤에 작용하는 추가적인 하중으로는 교량에서는 포장, 파이프 하중 및 인도(sidewalk)로 인한 하중이 포함되고, 건축물에서는 마감표면, 지붕과 그 외의 설비시설 등에 의한 고정하중을 포함한다. 활하중은 거의 대부분이 합성단면 거동을 할 때 작용하지 그전에 작용하는 경우는 거의 없다. 합성단면에 추가적으로 작용하는 하중에 의해서 증가하는 응력은 프리캐스트 단면에 발생한 응력에 더해지게 된다. 슬래브에는 이전의 응력이 없으므로 프리캐스트와 현장치기 사이에 비연속 응력 구간이 나타나게 된다.

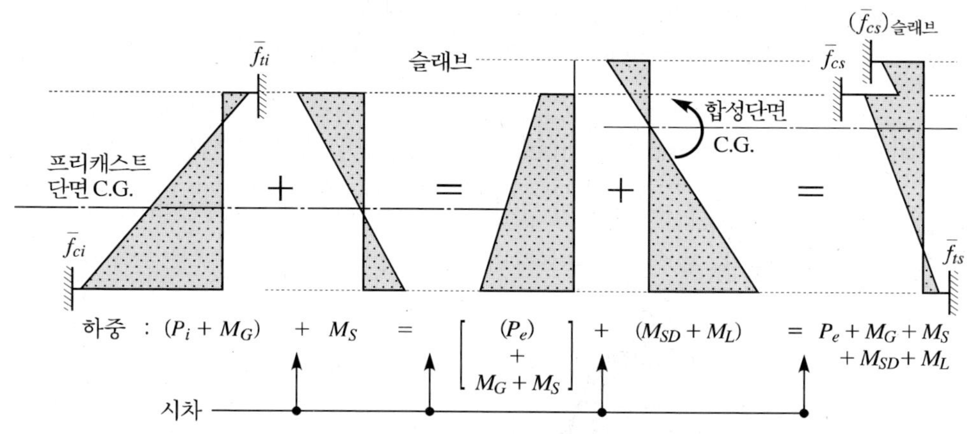

그림 10.10 비지주 시공에서 합성보의 응력변화 [Naaman 2012(587)]

3 단계 : 합성거동을 시작한 뒤에 추가 고정하중과 활하중이 작용하는 경우의 프리캐스트 단면의 상연과 하연의 응력 및 슬래브의 상연과 하연의 응력은 각각 다음의 식으로 구할 수 있다.

$$\text{CIP 시공}\begin{cases}\text{슬래브}\begin{cases}\text{상연} : f_{tc} = \dfrac{M_{SD}+M_L}{S_{tc}}(n_c) \\ \text{하연} : f_{tc\,(s)}' = \dfrac{M_{SD}+M_L}{S_{tc\,(s)}'}(n_c)\end{cases} \\ \text{거더}\begin{cases}\text{상연} : f_{tc\,(g)}' = \dfrac{P_e}{A_g}\left(1-\dfrac{e\,y_t}{r^2}\right)+\dfrac{M_G+M_S}{S_t}+\dfrac{M_{SD}+M_L}{S_{tc\,(g)}'} \\ \text{하연} : f_{bc} = \dfrac{P_e}{A_g}\left(1+\dfrac{e\,y_b}{r^2}\right)-\dfrac{M_G+M_S}{S_b}-\dfrac{M_{SD}+M_L}{S_{bc}}\end{cases}\end{cases} \tag{10.5}$$

여기에서 M_{SD} 는 합성거동이 시작된 뒤에 작용하는 추가고정하중에 의한 휨모멘트이고, M_L 은 추가로 작용하는 활하중에 의한 휨모멘트이다. 식 (10.2)의 탄성계수비 $n_c = (E_c)_{slab} / (E_c)_{girder}$ 이고, 단면계수 $S_{tc} = I_{gc}/y_{tc}$, $S_{bc} = I_{gc}/y_{bc}$ 이고, 거더 상연과 슬래브 하연이 높이가 같은 $y_{tc}'{}_{(s)} = y_{tc}'{}_{(g)} = y_{tc}'$ 인 경우에는 $S_{tc}'{}_{(s)} = S_{tc}'{}_{(g)} = S_{tc}' = I_{gc}/y_{tc}'$ 이고 예제 10.1과 같이 슬래브 속에 거더가 배치되어 $y_{tc}'{}_{(g)} \neq y_{tc}'{}_{(s)}$ 인 경우에는 $S_{tc}'{}_{(g)} = I_{gc}/y_{tc}'{}_{(g)}$ 와 $S_{tc}'{}_{(s)} = I_{gc}/y_{tc}'{}_{(s)}$ 가 된다.

본 장에서 제시되는 응력을 구하는 식들은 프리캐스트 부재와 현장치기 슬래브의 건조수축 차이나 크리프 변형률을 무시하고 제시된 것이다. 일반적으로 현장치기 슬래브를 배치하여 프리캐스트 부재에 접착한 뒤에 어떤 시간에서든지 만약에 2 부재가 완전히 접착되어 있지 않다면, 슬래브 바닥에서의 건조수축과 크리프를 합한 값이 프리캐스트 단면의 상연에서의 값보다는 크게 된다(그림 10.14 참고). 이로 인해서 2 부재의 접촉면에 추가적인 종방향 전단응력(longitudinal shearing stress)이 발생하며, 편심을 갖는 이 종방향 힘은 보의 중앙을 향해서 작용하여 위에서 구한 응력을 변하게 할 뿐만 아니라 추가적인 하향 처짐도 발생하게 한다. 이러한 영향은 특정한 응력 값에서 건조수축이나 크리프가 얼마이냐에 따라, 또한 어떠한 과정으로 건설되느냐에 따라, 동바리가 배치되느냐 아니냐에 따라 또한 구속력으로 인해서 슬래브에 균열이 발생하느냐 아니냐에 따라 변하게 된다[Nilson 1987(285), Branson 1977].

10.2.1 지주 시공(Shored Construction, 동바리를 받쳐 시공)

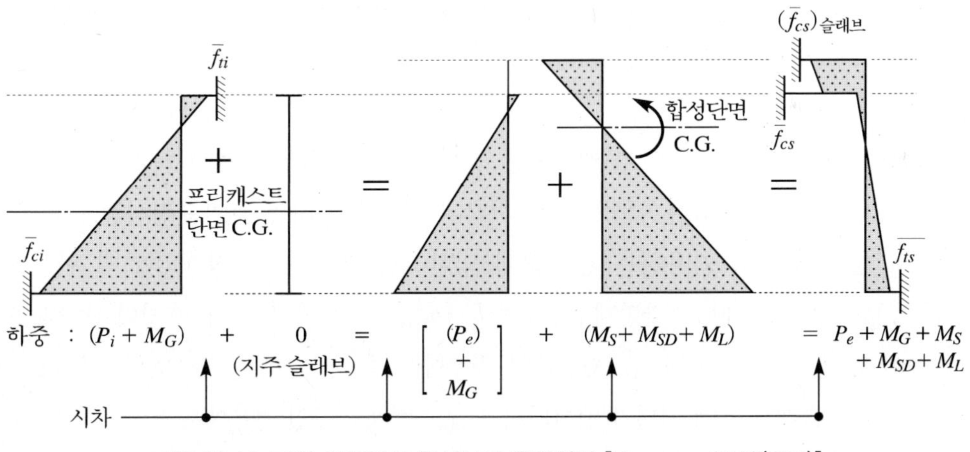

그림 10.11 지주 시공에서 합성보의 응력변화 [Naaman 2012(587)]

1 단계 : 긴장력이 도입된 직후 프리캐스트 부분의 고정하중만 작용하는 경우에 PC 거더의 응력은

$$P_i \; : \begin{cases} \text{상연응력} \; : \; f_t = \dfrac{P_i}{A_g}\left(1 - \dfrac{e\,y_t}{r^2}\right) + \dfrac{M_G}{S_t} \\ \text{하연응력} \; : \; f_b = \dfrac{P_i}{A_g}\left(1 + \dfrac{e\,y_b}{r^2}\right) - \dfrac{M_G}{S_b} \end{cases} \tag{10.6}$$

모든 시간의존 손실이 이 단계에 일어난다고 가정하여 P_i는 서서히 P_e로 변하게 된다.

2 단계 : 프리캐스트 보위의 슬래브에 젖은 콘크리트는 동바리를 통해서 지지되므로 PC 거더의 상연과 하연의 응력은 각각 다음과 같이 적을 수 있다.

$$P_e \; : \begin{cases} \text{상연응력} \; : \; f_t = \dfrac{P_e}{A_g}\left(1 - \dfrac{e\,y_t}{r^2}\right) + \dfrac{M_G}{S_t} \\ \text{하연응력} \; : \; f_b = \dfrac{P_e}{A_g}\left(1 + \dfrac{e\,y_b}{r^2}\right) - \dfrac{M_G}{S_b} \end{cases} \tag{10.7}$$

3 단계 : PC 거더의 상연과 하연 응력 및 슬래브의 상연과 하연의 응력은 각각 다음의 식으로 구할 수 있다.

$$\text{CIP 시공} \begin{cases} \text{슬래브} \begin{cases} \text{상연} \; : \; f_{tc} = \dfrac{M_S + M_{SD} + M_L}{S_{tc}}(n_c) \\ \text{하연} \; : \; f_{tc}{'}_{(s)} = \dfrac{M_S + M_{SD} + M_L}{S_{tc}{'}_{(s)}}(n_c) \end{cases} \\ \text{거더} \begin{cases} \text{상연} \; : \; f_{tc}{'}_{(g)} = \dfrac{P_e}{A_g}\left(1 - \dfrac{e\,y_t}{r^2}\right) + \dfrac{M_G}{S_t} + \dfrac{M_S + M_{SD} + M_L}{S_{tc}{'}_{(g)}} \\ \text{하연} \; : \; f_{bc} = \dfrac{P_e}{A_g}\left(1 + \dfrac{e\,y_b}{r^2}\right) - \dfrac{M_G}{S_b} - \dfrac{M_S + M_{SD} + M_L}{S_{bc}} \end{cases} \end{cases} \tag{10.8}$$

여기에서 M_S는 현장치기 슬래브로 배치되는 젖은 콘크리트와 이를 배치하기 위한 거푸집으로 인한 휨모멘트이고, M_{SD}는 합성거동이 시작된 뒤에 작용하는 추가고정하중에 의한 휨모멘트이고, M_L은 추가로 작용하는 활하중에 의한 휨모멘트이다. 식 (10.2)의 탄성계수비 $n_c = (E_c)_{slab}/(E_c)_{girder}$ 이고, 단면계수 $S_{tc} = I_{gc}/y_{tc}$, $S_{bc} = I_{gc}/y_{bc}$ 이고, 거더 상연과 슬래브 하연이 높이가 같은 $y_{tc}{'}_{(s)} = y_{tc}{'}_{(g)} = y_{tc}{'}$ 인 경우에는 $S_{tc}{'}_{(s)} = S_{tc}{'}_{(g)} = S_{tc}{'} = I_{gc}/y_{tc}{'}$ 이고 예제 10.1과 같이 슬래브 속에 거더가 배치되어 $y_{tc}{'}_{(g)} \neq y_{tc}{'}_{(s)}$ 인 경우에는 $S_{tc}{'}_{(g)} = I_{gc}/y_{tc}{'}_{(g)}$ 와 $S_{tc}{'}_{(s)} = I_{gc}/y_{tc}{'}_{(s)}$ 가 된다.

예제 10.1

[교량 거더의 탄성응력 계산] [Nilson 1987(286-289)]

깊이가 900 mm인 프리캐스트 프리스트레스트 CPCI 900(AASHTO I형 거더 Type II, 부록 그림 A 29 참고)이 150 mm × 2,400 mm의 현장치기 슬래브와 합성보를 구성하여 단순지지 경간 16.0 m에 배치되었다. 그림 10.12 단면의 프리캐스트 보는 보통중량골재 설계기준 압축강도 $f_{ck} = 40$ MPa ($f_{ci} = 30$ MPa)에 탄성계수 $(E_c)_{girder} = 8,500\sqrt[3]{40+4} = 30,008$ MPa[식 (2.6) 참고]이고, 슬래브 콘크리트는 $f_{ck} = 24$ MPa에 탄성계수 $(E_c)_{slab} = 8,500\sqrt[3]{24+4} = 25,811$ MPa이다. 프리캐스트 보의 중앙에서 편심 $e = 328$ mm 떨어져 배치되는 13개의 12.7 mm B종($f_{pu} = 1,860$ MPa) 저이완 7연선($A_{ps} = 13 \times 98.71 = 1,283$ mm^2)의 초기 긴장응력 $f_{p0} = 0.74 f_{pu} =$ 1,376.4 (MPa), 즉시손실 7.5%가 일어난 뒤 $P_i = 0.925 P_0 = (0.925)(1,376.4)(1,283)/10^3 = 1,634$ (kN)이고, 시간의존 손실 18%가 일어나고 난 뒤에 유효 긴장력 $P_e = 0.82 P_i = 0.82(1,634) = 1,340$ (kN)이 되었다. 각종 하중과 이에 대한 경간 중앙에서의 최대 휨모멘트는 다음과 같이 주어졌다.

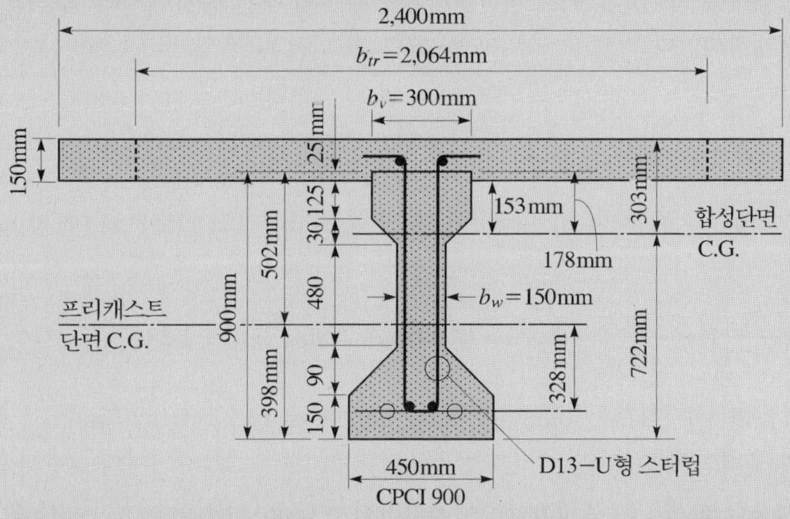

그림 10.12 CPCI 900 I형 교량 거더(AASHTO Type II)의 경간 중앙에서의 합성 단면 [Nilson 1987(286)]

프리캐스트 거더 : $w_G = 5.13$ kN/m ; $M_G = (5.13)(16^2)/8 = 164.2$ (kN · m)

현장치기 슬래브 : $w_S = 8.48$ kN/m ; $M_S = (8.48)(16^2)/8 = 271.4$ (kN · m)

추가 고정하중 : $w_{SD} = 2.7$ kN/m ; $M_{SD} = (2.7)(16^2)/8 = 86.4$ (kN · m)

등분포 활하중 : $w_L = 16.9$ kN/m ; $M_L = (16.9)(16^2)/8 = 540.8$ (kN · m)

비지주 시공(unshored construction)으로 가정하여 다음의 하중조합들에 대해서 경간의 중앙에서 단면에 작용하는 휨응력을 결정하고, 각각의 경우에 있어서 표 2.15의 응력한계를 검토하라.

(1) 초기 긴장력과 프리캐스트 거더의 고정하중이 작용하는 경우,
(2) 유효 긴장력과 합성작용을 하지 않는 모든 고정하중이 작용하는 경우,
(3) 유효 긴장력과 전체 사용하중이 작용하는 경우.

CPCI 900(AASHTO Type II) 프리캐스트 I형 거더에 대한 CPCI Design Manual[2007]의 자료는 부록 A26에 제시되어 있으며 다음과 같다.
프리캐스트 거더 : $A_g = 218 \times 10^3 \text{ mm}^2$; $y_t = 502 \text{ mm}$; $y_b = 398 \text{ mm}$
$I_g = 19{,}300 \times 10^6 \text{ mm}^4$; $r^2 = I_g / A_g = 88.53 \times 10^3 \text{ mm}^2$
$S_t = 38.4 \times 10^6 \text{ mm}^3$; $S_b = 48.6 \times 10^6 \text{ mm}^3$

(1) 초기 긴장력과 프리캐스트 거더의 고정하중이 작용하는 경우 : 프리캐스트 거더의 상연과 하연의 휨응력을 식 (10.3)으로 계산한다. 이 경우의 경간 중앙에서의 휨응력 분포는 그림 10.13a에 제시되었다.
상연응력 :

$$f_t = \frac{P_i}{A_g}\left(1 - \frac{e\,y_t}{r^2}\right) + \frac{M_G}{S_t} = \frac{1{,}634\,(10^3)}{218\,(10^3)}\left[1 - \frac{328\,(502)}{88.53\,(10^3)}\right] + \frac{164.2\,(10^6)}{38.4\,(10^6)}$$

$$= 7.49\,(1 - 1.86) + 4.28 = -6.44 + 4.28 = -2.17 \text{ (MPa) (인장)}$$

하연응력 :

$$f_b = \frac{P_i}{A_g}\left(1 + \frac{e\,y_b}{r^2}\right) - \frac{M_G}{S_b} = 7.49\left(1 + 1.86\,\frac{398}{502}\right) - 4.28\,\frac{38.4}{48.6}$$

$$= 7.49\,(1 + 1.47) - 3.38 = 18.55 - 3.38 = 15.2 \text{ (MPa) (압축)}$$

표 2.15의 응력한계 검토 :

휨압축응력 한계 : $\bar{f}_{ci} = 0.60 f_{ci} = 0.6\,(30) = 18.0 \text{ (MPa)} > f_b = 15.2 \text{ MPa}$ <OK>

휨인장응력 한계 : $\bar{f}_{ti} = -0.25\sqrt{f_{ci}} = -0.25\sqrt{30} = -1.37 \text{ (MPa)}$

$> f_t = -2.17 \text{ MPa}$ <N.G>

따라서 비균열 단면으로 가정하여 계산된 전체 인장응력을 저항할 수 있는 추가 부착강재를 인장구역에 배치하여야 한다(그림 4.32 참고, $A_s = N_c / f_y$).

(2) 유효 긴장력과 합성작용을 하지 않는 모든 고정하중이 작용하는 경우 : 현장치기 슬래브로 인해서 $M_{dp} = 271$ kN · m 가 작용하므로 프리캐스트 거더의 상연과 하연의 휨응력은 식 (10.4)로 계산한다. 경간 중앙에서의 휨응력 분포는 그림 10.13b에 제시되었다.

$$f_t = \frac{P_e}{A_g}\left(1 - \frac{e\,y_t}{r^2}\right) + \frac{M_G + M_S}{S_t} = 7.49\,\frac{1{,}340}{1{,}634}\,(1-1.86) + \frac{(164.2+271.4)(10^6)}{38.4(10^6)}$$

$$= 6.15(1-1.86) + 11.34 = -5.28 + 11.34 = 6.06\ (\text{MPa})\ (\text{압축})$$

$$f_b = \frac{P_i}{A_g}\left(1 + \frac{e\,y_b}{r^2}\right) - \frac{M_G + M_S}{S_b} = 6.15\,(1 + 1.47) - 11.34\,\frac{38.4}{48.6}$$

$$= 15.21 - 8.96 = 6.25\ (\text{MPa})\ (\text{압축})$$

표 2.15의 응력한계 검토 :

휨압축응력 한계 : $\bar{f}_{cs} = 0.45 f_{ck} = 0.45(40) = 18.0\ (\text{MPa}) > f_b = 6.25\ \text{MPa}$ <OK>

휨인장응력 한계 : $\bar{f}_{ts} = -0.63\sqrt{f_{ck}} = -0.63\sqrt{40} = -3.98\ (\text{MPa})$

$< f_t = 6.06\ \text{MPa}$ <OK>

(3) 유효 긴장력과 전체 사용하중이 작용하는 경우 : 현장치기 슬래브가 완전히 강도를 가져서 합성거동을 할 때 추가 고정하중과 활하중이 작용할 때 프리캐스트 거더의 상연과 하연의 휨응력은 식 (10.5)로 계산

식 (10.2)로 탄성계수비와 환산플랜지 폭 b_{tr} 계산 :

$$n_c = (E_c)_{slab}/(E_c)_{girder} = 25{,}811/30{,}008 = 0.860$$

그림 10.12 참고 : $b_{tr} = n_c b_e = 0.860(2{,}400) = 2{,}064\ (\text{mm})$

$$A_{tr} = h_f b_{tr} = 150(2{,}064) = 309.7 \times 10^3\ (\text{mm}^2)$$

합성단면의 전체 단면적 계산 : $A_{gc} = A_{gp} + A_{tr}$

$$= (218 + 309.7) \times 10^3 = 527.7 \times 10^3\ (\text{mm}^2)$$

합성단면의 도심을 구하기 위해서 슬래브 상연에서 모멘트를 취하면 (그림 10.9b 참고),

$$y_{tc} = \frac{(218\times10^3)(502-25+150)+(309.6\times10^3)(150/2)}{(218+309.6)(10^3)}$$

$$= \frac{218(627)+309.6(75)}{527.6} = 303\ \text{mm}$$

$$y_{bc} = 900+150-25-y_{tc} = 1{,}025 - 303 = 722\ (\text{mm})$$

$$y_{tc}'{}_{(g)} = y_{tc} - (150-25) = 303 - 125 = 178\ (\text{mm})$$

$$y_{tc}'{}_{(s)} = y_{tc} - 150 = 303 - 150 = 153\ (\text{mm})$$

환산단면 플랜지의 도심에 대한 단면 2차 모멘트 계산 :

$$I_{gf(tr)} = b_{tr} h_f^{\,3}/12 = (2{,}064)(150^3)/12 = 0.5806\times10^9\ (\text{mm}^4)$$

평행축 정리(parallel axis theorem)에 의해서 합성단면 전체의 단면 2차 모멘트 계산 :

$$I_{gc} = I_g + A_g\,\bar{y}^{\,2} + I_{gf(tr)} + A_{tr}\,\bar{y}^{\,2}$$

$= 19.3(10^9) + 218(10^3)(722-398)^2 + 0.5806(10^9) + 309.6(10^3)(303-75)^2$

$= 58.86\times10^9\ (\mathrm{mm}^4)$

$S_{tc} = I_{gc}/y_{tc} = (58.86\times10^9)/(303) = 194.2\times10^6\ (\mathrm{mm}^3)$

$S_{tc}'{}_{(s)} = I_{gc}/y_{tc}'{}_{(s)} = (58.86\times10^9)/(153) = 384.6\times10^6\ (\mathrm{mm}^3)$

$S_{tc}'{}_{(g)} = I_{gc}/y_{tc}'{}_{(g)} = (58.86\times10^9)/(178) = 330.6\times10^6\ (\mathrm{mm}^3)$

$S_{bc} = I_{gc}/y_{bc} = (58.86\times10^9)/(722) = 81.53\times10^6\ (\mathrm{mm}^3)$

합성거동을 한 뒤에 작용하는 추가 고정하중과 활하중이 작용할 때의 프리캐스트 거더의 상연과 하연에 추가적으로 발생하는 휨응력 계산 :

거더 상연 : $f_{tc}'{}_{(g)} = \dfrac{M_{SD}+M_L}{S_{tc}'{}_{(g)}} = \dfrac{(86.4+540.8)(10^6)}{330.6(10^6)} = 1.90\ (\mathrm{MPa})$ (압축)

거더 하연 : $f_{bc} = -\dfrac{M_{SD}+M_L}{S_{bc}} = -1.90\dfrac{330.6}{81.53} = -7.70\ (\mathrm{MPa})$ (인장)

이 값을 원래 발생했던 휨응력에 더해주면, 프리캐스트 거더의 상연과 하연의 응력은

거더 상연 : $f_{tc}'{}_{(g)} = 6.06 + 1.90 = 7.96$ (MPa) (압축)

거더 하연 : $f_{bc} = 6.25 - 7.70 = -1.45$ (MPa) (인장)이 되고, 합성단면의 휨응력 분포는 그림 10.13c에 제시되었다.

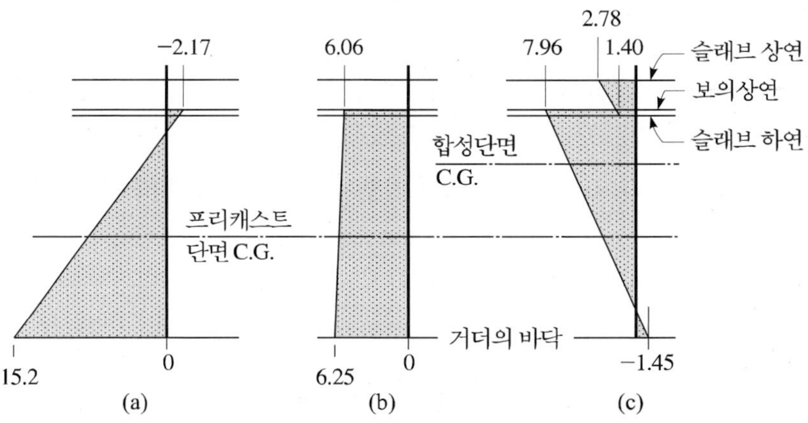

그림 10.13 비지주 시공의 합성단면의 경간 중앙에서의 휨응력의 변화
(a) $P_i + M_G$, (b) $P_e + M_G + M_S$, (c) $P_e + M_G + M_S + M_{SD} + M_L$

현장치기 슬래브의 상연과 하연에 발생하는 휨응력은 식 (10.5)를 이용하여 구하면 된다.

$$f_{tc} = \frac{M_{SD}+M_L}{S_{tc}}(n_c) = 1.90\frac{330.6}{194.2}(0.860)$$

$$= 3.23\,(0.860) = 2.78\ (\mathrm{MPa})\ (\text{압축})$$

$$f_{tc}{'}_{(s)} = \frac{M_{SD} + M_L}{S_{tc}{'}_{(s)}} (n_c) = 1.90 \frac{330.6}{384.6} (0.860)$$

$$= 1.63(0.860) = 1.40 \text{ (MPa) (압축)}$$

표 2.15의 프리캐스트 거더 부분에 대한 응력한계 검토 :

$\bar{f}_{cs} = 0.60 f_{ck} = 0.60(40) = 24 \text{ (MPa)} > f_{tc}{'}_{(g)} = 7.96 \text{ MPa}$ <*OK*>

$\bar{f}_{ts} = -0.63\sqrt{f_{ck}} = -0.63\sqrt{40} = -3.98 \text{ (MPa)} < f_b = -1.45 \text{ MPa}$ <*OK*>

현장치기 슬래브 부분에 대한 응력한계 검토 :

$\bar{f}_{cs} = 0.60 f_{ck} = 0.6(24) = 14.4 \text{ (MPa)} > f_{tc} = 2.78 \text{ MPa}$ <*OK*>

$\bar{f}_{ts} = -0.63\sqrt{f_{ck}} = -0.63\sqrt{24} = -3.09 \text{ (MPa)} < f_{tc}{'}_{(s)} = 1.40 \text{ MPa}$ <*OK*>

10.3 합성시공에서 크리프와 건조수축의 영향 (Creep and Shrinkage Effects in Composite Construction)

이미 얼마간 크리프와 건조수축이 일어난 프리캐스트 보위에 현장치기 콘크리트를 배치하게 되면 각각 재령이 다른 콘크리트가 일체로 거동하면서 서로 다른 크리프와 건조수축(differential creep and shrinkage)을 일으키게 된다. 이렇게 두 부재에서 일어나는 크리프와 건조수축이 서로 다르지만 합성거동으로 서로 미끄러짐이 방지되면서 콘크리트 접촉면에는 마찰력이 발생하게 된다[Rajagopalan 2005(345)].

그림 10.14a에서와 같이 이미 재령이 상당하여 크리프나 건조수축이 진행된 프리캐스트 보가 만약에 구속이 안 되었다고 가정하면 일어날 자유 변형률 ϵ_{girder} 는 현장에 바로 배치되는 현장치기 슬래브의 자유 변형률 ϵ_{slab} 에 비해서 상당히 작게 되고 이 두 부재의 변형률의 차이(differential creep and shrinkage strain)는

$$\Delta\epsilon = \epsilon_{slab} - \epsilon_{girder} \tag{10.9}$$

로 쓸 수 있다. 이 두 부재는 실제에 있어서 합성거동으로 일체로 거동하여 현장치기 슬래브가 $\Delta\epsilon$ 만큼 늘어나도록 그림 10.14b와 같이 현장치기 슬래브의 도심에 인장력 P_f 가 작용하게 된다.

$$P_f = [\Delta\epsilon\,(E_c)_{slab}](b h_f) = f_f (b h_f) \tag{10.10}$$

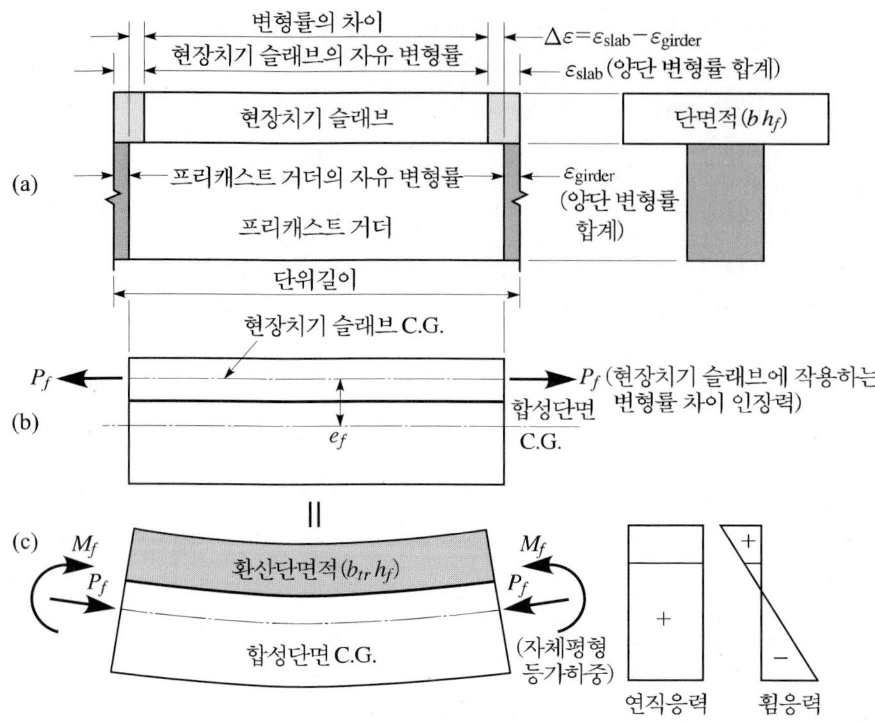

그림 10.14 합성단면에서 프리캐스트 부재와 현장치기 슬래브 사이에 크리프와 건조수축의 차이로 인해서 발생하는 휨응력 [Rajagopalan 2005(345)]

합성단면에는 어떠한 외력도 작용하지 않으므로 이러한 변형률의 **자체평형 특성(slef-quilibrating nature)**으로 크기는 같고 방향은 반대인 압축력 P_f가 현장치기 슬래브 도심에 작용하여 내적으로 평형을 이루어야 한다[Raju 2007(402)]. 현장치기 슬래브의 도심에 작용하는 압축력 P_f는 등가로 그림 10.14c와 같이 합성단면의 도심에는 압축력 P_f와 현장치기 콘크리트와 합성단면의 도심 차이인 편심 e_f로 인한 휨모멘트 M_f가 작용하게 된다[Williams 2000(3-57)].

$$M_f = e_f P_f = e_f \left[\Delta\epsilon \, (E_c)_{slab} \right] (b h_f) \tag{10.11}$$

여기에서 $(E_c)_{slab}$는 현장치기 슬래브 콘크리트의 탄성계수이다. 따라서 변형률의 차이 $\Delta\epsilon$로 인해서 각 단면의 상연과 하연에 발생하는 응력은 아래의 식으로 구할 수 있다.

여기에서 합성단면의 회전반경 $r_c^{\,2} = I_{gc}/A_{gc}$이고, $A_{gc} = A_g + (b_{tr} h_f)$이다. 현장치기 슬래브의 상연과 하연의 응력은 식 (10.2)의 탄성계수비 $n_c = (E_c)_{slab}/(E_c)_{girder}$를 이용하고 이미 존재하는 인장응력을 더해서 구한 것이다.

$$\begin{cases} CIP\ \text{슬래브} \begin{cases} \text{상연} : f_{tc} = \dfrac{P_f}{A_{gc}}\left(1 - \dfrac{e_f\, y_{tc}}{{r_c}^2}\right)n_c + \Delta\epsilon\,(E_c)_{slab} \\ \text{하연} : f_{tc}{'}_{(s)} = \dfrac{P_f}{A_{gc}}\left(1 - \dfrac{e_f\, y_{tc}{'}_{(s)}}{{r_c}^2}\right)n_c + \Delta\epsilon\,(E_c)_{slab} \end{cases} \\ PC\ \text{거더} \begin{cases} \text{상연} : f_{tc}{'}_{(g)} = \dfrac{P_f}{A_{gc}}\left(1 - \dfrac{e_f\, y_{tc'_{(g)}}}{{r_c}^2}\right) \\ \text{하연} : f_{bc} = \dfrac{P_f}{A_{gc}}\left(1 + \dfrac{e_f\, y_{bc}}{{r_c}^2}\right) \end{cases} \end{cases} \tag{10.12}$$

예제 10.2

[합성부재의 크리프 및 건조수축 응력 계산] [Zia 1986, Rajagopalan 2005(346), Raju 2007 (402-403)]

그림 10.15b의 $b_w \times h = 150\ \text{mm} \times 450\ \text{mm}$인 프리캐스트 프리스트레스트 직사각형 보가 $b_e \times h_f = 900\ \text{mm} \times 100\ \text{mm}$의 현장치기 슬래브와 합성보를 구성하여 단순지지 경간에 배치되었다. 프리캐스트 보의 재령이 35일에 현장치기 슬래브가 현장에 배치되어 3일 뒤부터 합성거동이 시작되었다고 가정하여 38일이 지나서 일어날 전체 수축 변형률 $(\epsilon_{sh})_{girder} = 0.00025$이고 현장치기 슬래브에 일어나는 건조수축 변형률 $(\epsilon_{sh})_{slab} = 0.00060$이다. 합성거동이 시작될 때 프리캐스트 보는 보통중량골재의 설계기준 압축강도 $(f_{ck})_{girder} = 40\ \text{MPa}$이고, 슬래브 콘크리트는 합성거동이 시작될 때 재령 3일의 강도는 습윤양생으로 $(f_{ci})_{slab} = 0.7(f_{ck})_{slab} = 0.7(21) = 14.7\ \text{MPa}$이 되었다. 표 10.2에는 재령에 의한 각종 값들의 변화를 보여주고 있다.

표 10.2 시간의존 변형률의 변화 및 콘크리트 압축강도

	재령 38일 이후 발생하는 변형률 값 및 강도		
	건조수축 변형률	크리프 계수	압축강도
프리캐스트 거더	0.00025	1.8 − 1.0 = 0.8	40 MPa
현장치기 슬래브	0.00060	2.0	14.7 MPa

먼저 모든 부재에서 식 (2.14)의 크리프 계수 $C_t = 0$로 보아 각 연단에서 건조수축 변형률의 차이로 인해서 발생하는 응력을 결정하고, 재령 38일에 합성거동이 시작되는 시점까지 프리캐스트 보에 일어나는 크리프는 $C_t(38)_{girder} = 1.0$으로 전체 크리프 1.80에서 합성거동 이후에 일어나는 크리프는 $(C_t)_{girder} = 1.80 - 1.0 = 0.80$이며, 현장치기 슬래브의 전체 크리프는 $(C_t)_{slab} = 2.0$로 가정하여 시간이 경과하여 고려하는 크리프가 모두 일어난 경우에 단면의 응력이 어떻게 변하는지 결정하라.

① 단면의 제값 계산 :

거더의 탄성계수 계산 : 식 (2.6), $(E_c)_{girder} = 8{,}500\sqrt[3]{40+4} = 30{,}008$ MPa

CIP 슬래브의 탄성계수 계산 : $(E_c)_{slab} = 8{,}500\sqrt[3]{21+4} = 24{,}854$ MPa

탄성계수비 $n_c = (E_c)_{slab}/(E_c)_{girder} = 24{,}854 \ / \ 30{,}008 = 0.828$

환산 플랜지의 폭 $b_{tr} = (n_c)b_e = 0.828(900) = 745$ (mm)

프리캐스트 보의 단면적 $A_g = b_w h = 150(450) = 67{,}500$ (mm^2)

환산 플랜지의 단면적 $A_{tr} = b_{tr}h_f = 745(100) = 74{,}500$ (mm^2)

합성단면의 단면적 $A_{gc} = A_g + A_{tr} = 67{,}500 + 74{,}500 = 142{,}000$ (mm^2)

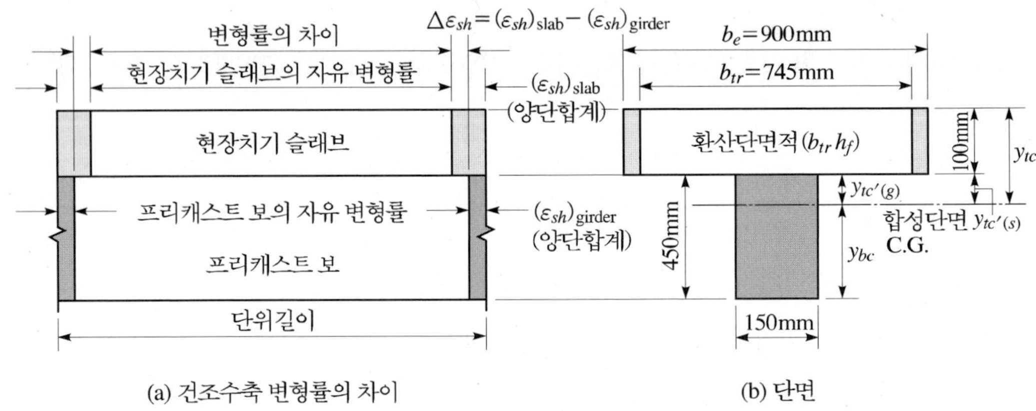

(a) 건조수축 변형률의 차이 (b) 단면

그림 10.15 예제 10.2의 그림

② 합성단면의 도심에서 각 단면의 연단까지의 거리 및 단면 2차 모멘트 계산 :

거더 하연 : $y_{bc} = [A_g(h/2) + A_{tr}(h + h_f/2)]/A_{gc}$

$= [\ 67{,}500(450/2) + 74{,}500(450+100/2)\ ]\ /142{,}000 = 369$ (mm)

거더 상연 : $y_{tc}'_{(g)} = h - y_{bc} = 450 - 369 = 81$ (mm)

슬래브 하연 : $y_{tc}'_{(s)} = y_{tc}'_{(g)} = 81$ mm

슬래브 상연 : $y_{tc} = y_{tc}'_{(s)} + h_f = 81 + 100 = 181$ (mm)

$I_g = b_w h^3/12 = 150(450^3)/12 = 1{,}139\times10^6$ (mm^4)

$I_{gf(tr)} = b_{tr}h_f^3/12 = 745(100^3)/12 = 62.1\times10^6$ (mm^4)

$I_{gc} = I_g + A_g(y_{bc} - h/2)^2 + I_{gf(tr)} + A_{tr}(y_{tc} - h_f/2)^2$

$= 1{,}139\ (10^6) + 67{,}500(369 - 450/2)^2 + 62.1(10^6) + 74{,}500(181 - 100/2)^2$

$= 3{,}880\times10^6$ (mm^4)

$r_c^{\,2} = I_{gc}/A_{gc} = 3{,}880(10^6)\ /\ 142{,}000 = 27{,}316$ (mm^2)

③ 건조수축 변형률 차이로 인해서 현장치기 슬래브에 발생하는 응력 계산 : 식 (10.9)~(10.11) 참고

$\Delta\epsilon_{sh} = (\epsilon_{sh})_{slab} - (\epsilon_{sh})_{girder} = 0.00060 - 0.00025 = 0.00035$ [← 인장변형률 −]

$f_f = \Delta\epsilon_{sh}(E_c)_{slab} = -0.00035(24,845) = -8.70$ (MPa) (인장응력)

$P_f = (-f_f)(bh_f) = -(-8.70)(900)(100) = 782,906$ (N) (압축력)

$e_f = y_{tc}{'}_{(s)} + h_f/2 = 81 + 100/2 = 131$ (mm) [중립축에서 상향편심이므로 − 부호임.]

$M_f = e_f P_f = -131(783,000) = -102.3\times10^6$ (N·mm)

④ 프리캐스트 거더의 상연과 하연에서의 응력 계산 : 식 (10.12) 참고

상연 : $f_{tc}{'}_{(g)} = \dfrac{P_f}{A_{gc}}\left(1 - \dfrac{e_f y_{tc}{'}_{(g)}}{r_c^{\,2}}\right) = \dfrac{782,906}{142,000}\left[1 - \dfrac{(-131)(81)}{27,316}\right]$

$= 5.51(1 + 0.39) = 7.64$ (MPa)

하연 : $f_{bc} = \dfrac{P_f}{A_{gc}}\left(1 + \dfrac{e_f y_{bc}}{r_c^{\,2}}\right) = 5.51\left[1 + \dfrac{(-131)(369)}{27,316}\right]$

$= 5.51(1 - 1.77) = -4.23$ (MPa)

단면에 대한 응력의 분포는 그림 10.16a에 제시되었다.

⑤ 현장치기 슬래브의 상연과 하연에서의 응력 계산 : 식 (10.12) 참고

상연 :

$f_{tc} = \dfrac{P_f}{A_{gc}}\left(1 - \dfrac{e_f y_{tc}}{r_c^{\,2}}\right)n_c + \Delta\epsilon_{sh}(E_c)_{slab} = 5.51(0.828)\left[1 - \dfrac{(-131)(181)}{27,316}\right] - 8.70$

$= 4.57(1 + 0.86) - 8.70 = -0.19$ (MPa) (인장)

하연 :

$f_{tc}{'}_{(s)} = \dfrac{P_f}{A_{gc}}\left(1 - \dfrac{e_f y_{tc}{'}_{(s)}}{r_c^{\,2}}\right)n_c + \Delta\epsilon_{sh}(E_c)_{slab} = 4.57\left[1 - \dfrac{(-131)(81)}{27,316}\right] - 8.70$

$= 4.57(1 + 0.39) - 8.70 = -2.37$ (MPa) (인장)

⑥ 재령 38일에 합성거동을 시작한 뒤에 크리프의 영향으로 인한 단면의 응력 변화 계산 [Zia 1986] :

유효탄성계수 및 탄성계수 비 계산 : 식 (2.16) 참고

프리캐스트 거더 : $(E_{ce})_{girder} = \dfrac{(E_c)_{girder}}{1 + (C_t)_{girder}} = \dfrac{30,008}{1 + 0.80} = 16,671$ (MPa)

CIP 슬래브의 재령 3일의 탄성계수 계산 :

$(E_{ci})_{slab} = 8,500\sqrt[3]{14.7 + 4} = 22,561$ (MPa)

현장치기 슬래브 : $(E_{ce})_{slab} = \dfrac{(E_{ci})_{slab}}{1+(C_t)_{slab}} = \dfrac{22,561}{1+2.0} = 7,520$ (MPa)

탄성계수 비 : $n_{ce} = (E_{ce})_{slab}/(E_{ce})_{girder} = 7,520 / 16,671 = 0.451$

$b_{tr} = (n_{ce})b_e = 0.451(900) = 406$ (mm)

$A_{tr} = b_{tr}h_f = 406(100) = 40,600$ (mm^2)

합성단면의 단면적 $A_{gc} = A_g + A_{tr} = 67,500 + 40,600 = 108,100$ (mm^2)

$y_{bc} = [A_g(h/2)+A_{tr}(h+h_f/2)]/A_{gc}$

$= [\ 67,500(450/2) + 40,600(450-100/2)\ ] / 108,100 = 328$ (mm)

$y_{tc}'{}_{(g)} = h - y_{bc} = 450 - 328 = 122$ (mm) ; $y_{tc}'{}_{(s)} = y_{tc}'{}_{(g)} = 122$ mm

$y_{tc} = y_{tc}'{}_{(s)} + h_f = 122 + 100 = 222$ (mm)

$I_{gf(tr)} = b_{tr}h_f{}^3/12 = 406(100^3) / 12 = 33.8\times10^6$ (mm^4)

$I_{gc} = I_g + A_g(y_{bc} - h/2)^2 + I_{gf(tr)} + A_{tr}(y_{tc} - h_f/2)^2$

$= 1,139(10^6) + 67,500(328 - 450/2)^2 + 33.8(10^6) + 40,600(222 - 100/2)^2$

$= 3,090\times10^6$ (mm^4)

$r_c{}^2 = I_{gc}/A_{gc} = 3,090(10^6) / 108,100 = 28,586$ (mm^2)

$f_f = \Delta\epsilon_{sh}(E_{ce})_{slab} = -0.00035(7,520) = -2.63$ (MPa) (인장응력)

$P_f = f_f(bh_f) = -(-2.63)(900)(100) = 236,895$ (N)

$e_f = y_{4c} + h_f/2 = 122 + 100/2 = 172$ (mm) [중립축에서 상향편심이므로 − 부호임.]

$M_f = e_fP_f = -172(236,895) = -40.7\times10^6$ (N · mm)

거더의 응력 계산 :

상연 : $f_{tc}'{}_{(g)} = \dfrac{P_f}{A_{gc}}\left(1 - \dfrac{e_f\,y_{tc}'{}_{(g)}}{r_c{}^2}\right) = \dfrac{236,895}{108,100}\left[1 - \dfrac{(-172)(122)}{28,586}\right]$

$= 2.19(1 + 0.73) = 3.79$ (MPa)

하연 : $f_{bc} = \dfrac{P_f}{A_{gc}}\left(1 + \dfrac{e_f\,y_{bc}}{r_c{}^2}\right) = 2.19\left[1 + \dfrac{(-172)(328)}{28,586}\right]$

$= 2.19(1 - 1.97) = -2.13$ (MPa)

슬래브의 응력 계산 :

상연 : $f_{tc} = \dfrac{P_f}{A_{gc}}\left(1 - \dfrac{e_f\,y_{tc}}{r_c{}^2}\right)n_c + \Delta\epsilon_{sh}(E_c)_{slab}$

$= 2.19(0.451)\left[1 - \dfrac{(-172)(222)}{28,586}\right] - 2.63$

$$= 0.99(1 + 0.73) - 2.63 = -0.92 \text{ (MPa)}$$

$$\text{하연 : } f_{tc}{}'_{(s)} = \frac{P_f}{A_{gc}}\left(1 - \frac{e_f\, y_{tc}{}'_{(s)}}{r_c{}^2}\right)n_c + \Delta\epsilon_{sh}(E_c)_{slab}$$

$$= 0.99\left[1 - \frac{(-172)(122)}{28{,}586}\right] - 2.63$$

$$= 0.99(1 + 1.33) - 2.63 = -0.33 \text{ (MPa)}$$

크리프 영향을 고려한 해석에 대한 단면 응력의 분포는 그림 10.16b에 제시되었다. 그림 10.16에서 보면 크리프로 인해서 건조수축 변형률의 차이로 인한 응력을 얼마간 이완하여 재분배하는 효과를 주는 것을 알 수 있다. 시간의존 변형(time dependent deformation)인 건조수축과 크리프를 고려하는 좀더 상세한 해석은 구조기준 2.2.2(5)와 (6)을 이용하여 수행하거나, 또는 CPCI Design Manual의 3.4.6과 3.4.7를 적용하여 수행할 수도 있다.

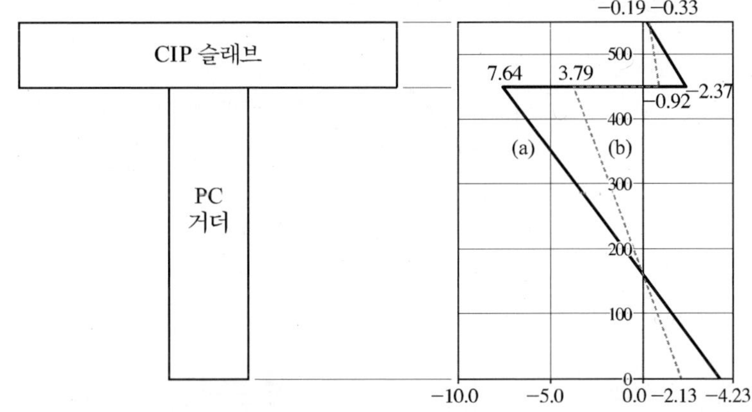

그림 10.16 (a) 크리프의 영향을 무시하고 건조수축 변형률의 차이로 인해서 발생하는 연직응력의 분포와 (b) 크리프를 고려한 경우의 연직응력의 분포의 비교(단위 : MPa)

10.4 합성보의 휨강도(Flexural Strength of Composite Beams)

합성부재에서 하중이 증가하여 파괴할 때 종종 프리캐스트 보와 현장치기 슬래브 사이의 접촉면에서 과도한 미끄러짐이 일어나지만, 합성부재 사이의 수평전단이 적절히 전달(transfer of horizontal shear forces)되도록 조치를 취한 경우에는 휨강도를 계산하는데 있어서 전단면이 유효한 것으로 보아 동일한 재료로 만들어진 비합성 부재의 경우와 같이 구하면 된다 [Naaman 2012(597), Nilson 1987(290)].

합성단면의 중립축의 깊이 $c < h_f$ 인 경우로 직사각형 단면으로 고려할 수 있는 경우에는 유효 플랜지 폭 b_e 에 슬래브의 설계기준 압축강도 $(f_{ck})_{slab}$ 를 이용하여 단면의 공칭 휨강도 M_n 을 구하면 되지만, Naaman[2012(598)]은 슬래브를 환산 플랜지 폭 b_{tr} 로 전환하여 프리캐스트 보와 동일한 재료인$(f_{ck})_{girder}$ 를 적용하면 오차도 그렇게 크지 않으면서 휨강도를 구할 수 있다고 제안하고 있다.

$c > h_f$ 인 T형 단면인 경우에는 슬래브를 환산 플랜지 폭 b_{tr} 로 전환하고 프리캐스트 보와 동일한 재료로 가정하여 $(f_{ck})_{girder}$ 를 적용하여 M_n 을 구하면 간단하게 휨강도를 구할 수 있다. 이때 b_{tr}/b_e 은 강도비가 아니고 탄성계수비(n_c)이기 때문에 약간의 오차가 있을 수 있지만 단면의 휨강도가 강재의 공칭강도와 중립축의 위치에 좌우되므로 도입되는 오차는 크지 않게 된다. 이 경우에 비합성 단면의 d_e 대신에 합성단면의 d_{ec} 를 적용하기만 하면 해석과 설계는 4장에서 다룬 비합성 단면과 같이 수행하면 된다.

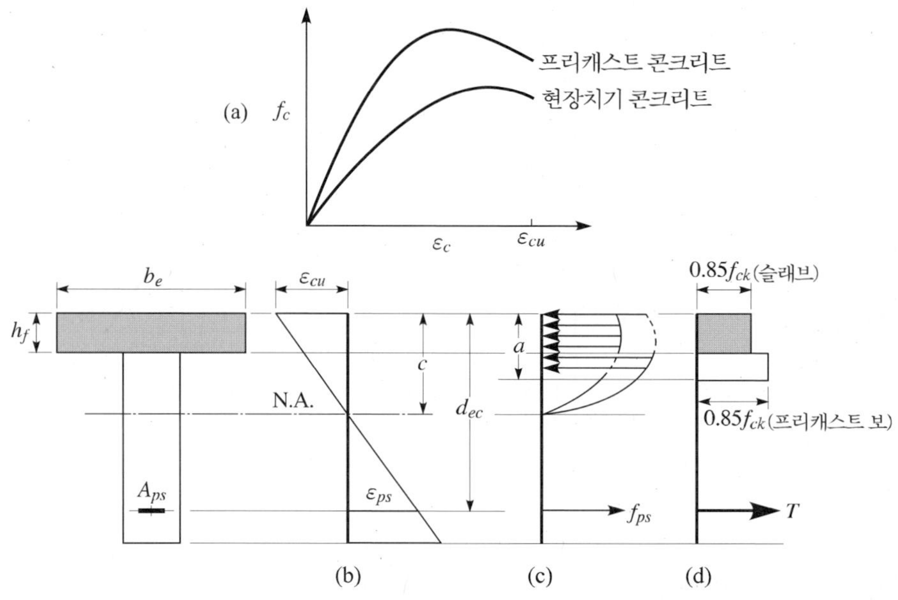

그림 10.17 극한상태에서 합성부재의 변형률과 응력의 분포도 (a) 응력–변형률 곡선의 비교, (b) 공칭 강도상태에서의 변형률 분포, (c) 공칭강도 상태에서의 응력의 분포 [Nilson 1987(290)]

그림 10.17a와 b에는 각각 전형적인 프리캐스트 콘크리트와 현장치기 콘크리트의 압축응력–변형률 곡선과 단면에서 파괴 직전의 변형률의 분포를 보여주고, 그림 10.17c의 콘크리트 압축응력 분포도는 주어진 변형률로 그림 10.17a의 응력–변형률 곡선에서 각각의 응력 값을 읽어서 그릴 수 있다. 그림 10.17c에서와 같이 주어진 변형률에서 두 재료의 접합면에서 콘크리트의 압축응력에는 불연속이 나타나고 이를 구조기준의 등가직사각형 응력블럭으로 표시하면

그림 10.17d와 같게 된다. 물론 이렇게 2개의 크기가 다른 응력블럭으로 해석할 수도 있지만 너무 복잡할 뿐만 아니라 도입하는 간략화로 인한 오차가 그렇게 크지 않기 때문에 일반적으로 위에서 언급한 바와 같이 b_{tr} 에 $(f_{ck})_{girder}$ 를 적용하여 해석하게 된다.

그림 10.18과 같이 프리캐스트 T형 단면에 현장치기 슬래브가 치장표면 처리(topping)로 배치되는 경우에는 슬래브의 폭을 먼저 b_{tr} 로 전환하고 휨강도 계산에서 적용하는 플랜지의 폭은 $(b_e + b_{tr})/2$ 로 구하고 플랜지의 두께는 프리캐스트 T형 보의 플랜지 두께에 치장표면 처리의 두께를 더하여 계산한다.

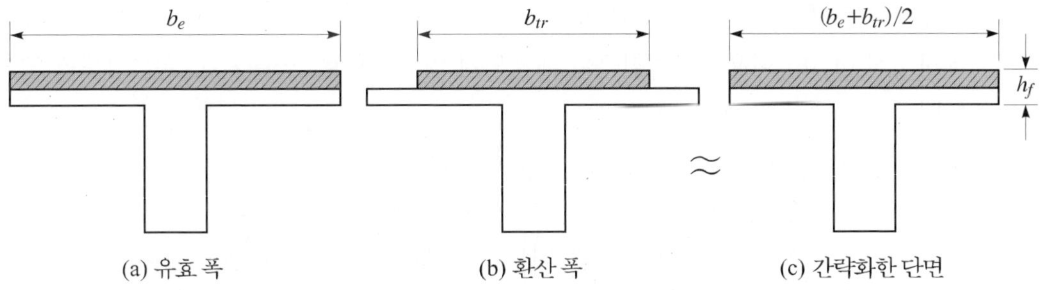

그림 10.18 프리캐스트 T형 단면의 유효 플랜지의 폭 및 두께 [Naaman 21012(598)]

예제 10.3

[휨강도 검토] [Nilson 1987(291)]

예제 10.1의 합성보(그림 10.12 참고)에서 단면의 휨강도 $\phi M_n > M_u$ 를 구조기준의 규정에 의하여 검토하라. 긴장재로는 저이완 7연선 지름 12.7 mm (SWPC7 B종, 표 2.5 참고) 13개를 배치하여 $A_{ps} = 13 \times 98.71 = 1{,}283\ \text{mm}^2$, $f_{pu} = 1{,}860$ MPa, 항복강도 $f_{py} = 0.90 f_{pu} = 0.90(1{,}860) = 1{,}674$ MPa이다.

① 독립 T형 보에서 유효 플랜지 폭을 식 (10.1)로 계산 :

$$b_e \le \text{Min}\begin{cases} ① \ 2(8 \times 150) + 300 = 2{,}700\ (\text{mm}) \\ ② \ 16{,}000/4 = 4{,}000\ (\text{mm}) \\ ③ \ \underline{2{,}400\ \text{mm}} \qquad \leftarrow \text{지배} \end{cases}$$

② $f_{pe} > 0.5_{pu}$ 검토 : 시간의존 손실 18%

$$f_{pe} = 0.82(0.925 \times 0.74 f_{pu}) = 0.82(1{,}273) = 1{,}044\ (\text{MPa})$$

$$\frac{f_{pe}}{f_{pu}} = \frac{1{,}044}{1{,}860} = 0.56 > 0.5$$; 구조기준 근사식 (4.18)을 사용할 수 있다.

③ ρ_p, ω_s, ω' 계산 : 먼저 직사각형 단면으로 가정하여 플랜지의 유효폭 b_e 에 대해서 구한다.

A_s 가 배치되지 않았으므로 $d_{ec} = d_{pc}$ 가 되고, 긴장재는 수평으로 배치되었다고 가정한다.

$$d_{pc} = 900 + (150 - 25) - (398 - 328) = 1{,}025 - 70 = 955\ (\text{mm})$$

$$> 0.8h = 0.8\,(900 + 150 - 25) = 0.8(1{,}025) = 820\ (\text{mm}) \quad \langle OK \rangle$$

$$\rho_p = \frac{A_{ps}}{b_e\, d_{pc}} = \frac{1{,}283}{(2{,}400)(955)} = 0.000560$$

$$\omega_s = \frac{A_s f_y}{b_e\, d_{sc} f_{ck}} = 0\ ;\ \omega' = \frac{A_s' f_y}{b_e\, d_{sc} f_{ck}} = 0$$

④ 식 (4.20) 이용 γ_p 결정 : $f_{py}/f_{pu} = 0.9 \geq 0.90$; 저이완 강연선 $\therefore\ \gamma_p = 0.28$

슬래브 콘크리트 $f_{ck} = 24$ MPa 이므로 $\beta_1 = 0.85$

⑤ f_{ps} 계산 : 식 (4.18) 이용 ; 압축철근이 배치되지 않았으므로 $\{\cdots\} > 0.17$은 검토할 필요가 없다.

$$f_{ps} = f_{pu}\left[1 - \frac{\gamma_p}{\beta_1}\left\{\rho_p \frac{f_{pu}}{f_{ck}} + \frac{d_{sc}}{d_{pc}}(\omega_s - \omega')\right\}\right]$$

$$= 1{,}860\left\{1 - \frac{0.28}{0.85}\left(0.000560\frac{1{,}860}{24}\right)\right\} = 1{,}860(0.986) = 1{,}833\ (\text{MPa})$$

⑥ 등가 직사각형 응력블럭 깊이 a 검토 : 직사각형 단면으로 가정했으므로

$0.85f_{ck} = 0.85(24) = 20.4$ (MPa)

식 (4.25) : $a = \dfrac{A_{ps} f_{ps}}{(0.85 f_{ck}) b_e} = \dfrac{(1{,}283)(1{,}833)}{(20.4)(2{,}400)} = \dfrac{2.352 \times 10^6}{48{,}960} = 48.0\ (\text{mm})$

$\therefore\ a = 48.0\ (\text{mm}) < h_f = 150$ mm ; 따라서 직사각형 단면 가정에 문제가 없다.

⑦ 인장지배 단면인지 강재지수 ω_p 나 또는 c/d_{pc} 로 검토 : $d_{tc} = d_{pc} = 955$ mm

식 (4.29) :

$$\omega_p = \frac{A_{ps} f_{ps}}{b_e\, d_{pc} f_{ck}} = \rho_p \frac{f_{ps}}{f_{ck}} = 0.000560\,\frac{1{,}833}{24} = 0.000560(76.4) = 0.0428$$

$$< 0.32\beta_1\left(\frac{d_{tc}}{d_{pc}}\right) = (0.32)(0.85)\left(\frac{955}{955}\right) = 0.272 \quad \langle OK \rangle$$

따라서 인장지배 연성파괴 단면으로 $\phi = 0.85$ 이다.

또는

식 (4.28) : $\epsilon_t = 0.003\left(\dfrac{0.85\beta_1}{\omega_p} - 1\right) = 0.003\left(\dfrac{0.85 \times 0.85}{0.0428} - 1\right) = 0.0476 > 0.005$

$\because$ 인장지배 단면

또는

$c = a/\beta_1 = 48.0/0.85 = 56.5$ (mm) ; $c/d_{ec} = 56.5/955 = 0.059 < 0.375$ <OK>

또는 식 (4.8) : $\epsilon_t = 0.003\left(\dfrac{1}{c/d_{pc}} - 1\right) = 0.003\left(\dfrac{1}{0.059} - 1\right) = 0.0477 > 0.005$ <OK>

⑧ 설계 휨모멘트 강도 ϕM_n 계산 : 식 (4.35)

$$\phi M_n = \phi\left[A_{ps} f_{ps}\left(d_{pc} - \frac{a}{2}\right)\right] = 0.85\left[2.352 \times 10^6\left(955 - \frac{48.0}{2}\right)\right]/10^6$$

$$= 0.85(2{,}189) = \underline{1{,}861\ (\text{kN} \cdot \text{m})}$$

⑨ 설계식 $\phi M_n \geq M_u$ 검토 :

$$M_u = 1.2\,(M_G + M_S + M_{SD}) + 1.6 M_L$$

$$= 1.2(164 + 271 + 86.4) + 1.6(541) = 1.2(521.4) + 1.6(541)$$

$$= 625.7 + 865.6 = 1{,}491\ (\text{kN} \cdot \text{m})$$

$\therefore\ \phi M_n = 1{,}861\ \text{kN} \cdot \text{m} > M_u = 1{,}491\ \text{kN} \cdot \text{m}$ <OK>

⑩ 환산플랜지 폭 b_{tr} 에 프리캐스트 거더의 $(f_{ck})_{girder} = 40$ MPa를 적용하여 비교해본다.

$$n_c = (E_c)_{slab}/(E_c)_{girder} = 25{,}811\ /\ 30{,}008 = 0.860$$

$$b_{tr} = n_c b_e = 0.860(2{,}400) = 2{,}064\ (\text{mm})$$

$$d_{pc} = 955\ \text{mm}$$

$$\rho_p = \frac{A_{ps}}{b_{tr}\, d_{pc}} - \frac{1{,}283}{(2{,}064)(955)} = 0.000651$$

프리캐스트 콘크리트 $f_{ck} = 40\ \text{MPa} \rightarrow \beta_1 = 0.85 - 0.007(40 - 28) = 0.766$

$$f_{ps} = 1{,}860\left\{1 - \frac{0.28}{0.766}\left(0.000651\,\frac{1{,}860}{40}\right)\right\} = 1{,}860(0.989) = 1{,}839\ (\text{MPa})$$

$$0.85 f_{ck} = 0.85(40) = 34.0\ (\text{MPa})$$

$$a = \frac{A_{ps} f_{ps}}{(0.85 f_{ck})\, b_{tr}} = \frac{(1{,}283)(1{,}839)}{(34.0)(2{,}064)} = \frac{2.360 \times 10^6}{70{,}176} = 33.6\ (\text{mm})$$

$< h_f = 150\ \text{mm}$ 직사각형 단면

$$d_{tc} = d_{pc} = 955\ \text{mm}$$

$$\omega_p = \frac{A_{ps} f_{ps}}{b_{tr}\, d_{pc} f_{ck}} = \rho_p \frac{f_{ps}}{f_{ck}} = 0.000651\,\frac{1{,}839}{40} = 0.000651(46.0) = 0.030$$

$< 0.32\,\beta_1\left(\dfrac{d_{tc}}{d_{pc}}\right) = (0.32)(0.766)\left(\dfrac{955}{955}\right) = 0.245$ <OK>

인장지배 연성파괴 단면으로 $\phi = 0.85$ 이다.

식 (4.28) : $\epsilon_t = 0.003\left(\dfrac{0.85\beta_1}{\omega_p} - 1\right) = 0.003\left(\dfrac{0.85 \times 0.766}{0.030} - 1\right) = 0.0621 > 0.005$

$\because$ 인장지배 단면

또는 $c = a/\beta_1 = 33.6/0.766 = 43.9$ (mm) ;

$c/d_{pc} = 43.9/955 = 0.0460 < 0.375$ <OK>

또는 식 (4.8) : $\epsilon_t = 0.003\left(\dfrac{1}{c/d_{pc}} - 1\right) = 0.003\left(\dfrac{1}{0.0460} - 1\right) = 0.0623 > 0.005$ <OK>

$$\phi M_{nc} = \phi\left[A_{ps}f_{ps}\left(d_{pc} - \frac{a}{2}\right)\right] = 0.85\left[2.360 \times 10^6\left(955 - \frac{33.6}{2}\right)\right]/10^6$$

$$= 0.85(2{,}214) = 1{,}882 \text{ (kN} \cdot \text{m)}$$

$\therefore\ \phi M_{nc} = 1{,}882 \text{ kN} \cdot \text{m} > M_u = 1{,}491 \text{ kN} \cdot \text{m}$ <OK>

현장치기 슬래브의 유효 폭 $b_e = 2{,}400$ mm에 $(f_{ck})_{slab} = 24$ MPa를 적용한 경우와 Naaman[2012(597)]이 제안한 것과 같이 환산 플랜지 폭 $b_{tr} = 2{,}064$ mm와 $(f_{ck})_{girder} = 40$ MPa를 사용한 경우의 휨강도를 비교하여 보면, 각각 1,861 kN·m와 1,882 kN·m가 되어 환산 플랜지 폭에 프리캐스트 거더의 압축강도를 사용해도 휨강도는 겨우 1.1% 증가하는데 그치므로 탄성해석과 같이 환산 플랜지 폭을 이용하여 휨강도를 계산하면 오차의 발생은 최소로 줄이면서 복잡한 변수의 적용을 피할 수 있을 것이다.

10.5 합성콘크리트 부재의 수평전단강도 (Horizontal Shear Strength in Composite Concrete Beams)

프리캐스트 보나 강재 보위에 현장치기 슬래브(cast-in-place, topping)를 쳐서 시공하는 합성부재에 하중이 작용하면 현장치기 슬래브의 바닥은 프리캐스트 복부 위 부분에 비해서 바깥쪽으로 미끄러지려 하고, 프리캐스트 거더 상부는 안쪽으로 미끄러지려 한다. 만약에 이 미끄러짐(slip)을 방지하지 않게 되면 플랜지와 거더는 각각의 분리된 독자적인 보로 거동하여 작용하는 하중에 대해서 그림 10.19(b-1)과 같이 각각의 중립축을 중심으로 휘어 휨응력의 분포는 그림 10.19(b-2)와 같게 된다. 따라서 전체적인 합성거동의 발달은 미끄러짐을 방지함으로서 기대할 수 있다.

미끄러짐이 방지되기 위해서는 두 합성부재의 접촉면사이에서 전단력이 전달되어야만 한다. 일반적인 휨하중에 의해서 발생하는 전단응력은 그림 10.19(c-1)에서와 같이 슬래브에서는 최대휨모멘트가 발생하는 쪽으로 작용하고, 복부에서는 반대방향으로 작용하게 된다. 접촉면에서의 전단저항은 ① 접촉면의 표면을 거칠게 하거나, ② 접착제(bonding agent)를 사용하거나, ③ 스터럽을 연장하는 방식으로 배치하는 **전단연결재(shear connector)**에 의해서 또는

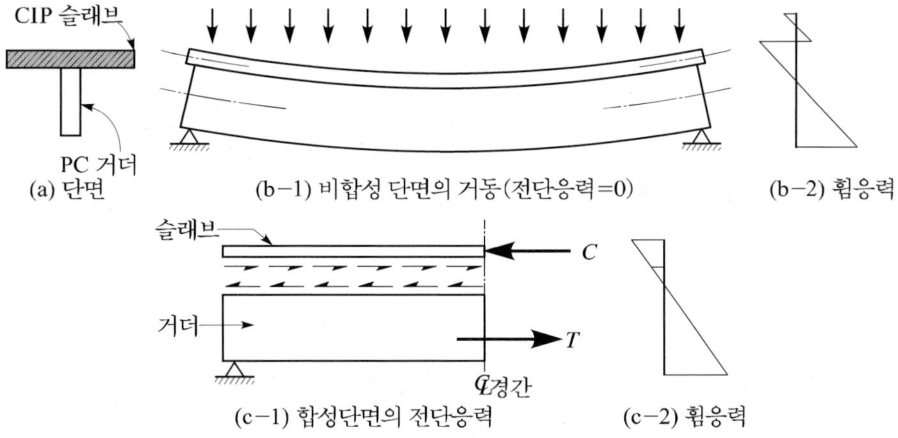

그림 10.19 합성보에서 수평전단력의 전달 [Nilson 1987(292)]

④ 특별한 상황에는 복부의 상부에 **전단키(shear key)**를 이용하여 얻기도 한다. Hanson[1960]의 실험에 의하면 전단키는 실제로 미끄러짐이 발생하기 전까지는 효과가 없을 뿐만 아니라 강도에는 거의 영향을 미치지 못하는 것으로 나타났다[Wight 2012(870)].

그림 10.1a, b나 g, h와 같이 접촉면이 넓은 경우에는 실험에 의하면 표면을 일부러 매끄럽게 하지만 않는다면 어떤 특별한 조치를 취하지 않아도 휨 파괴하중이 작용할 때까지 전단력을 전달하여 합성거동을 하는데 문제가 없다는 것이 증명되었다. 그러나 접촉면의 면적은 작지만 큰 하중이 작용하는 그림 10.1c와 같은 경우에는 일반적으로 프리캐스트 보에 배치되는 연직 스터럽을 부재 밖으로 연장하여 현장치기 슬래브에 정착하여 접촉면에서 다월 작용으로 미끄러짐을 방지하고 또한 두 부재를 일체화 시켜서 마찰 저항력을 증진시킨다. 또한 구조기준에서는 적절한 전단력을 전달하기 위해서 표면을 거칠게 하는 처리에 대해서 규정하고 있다.

10.5.1 종방향 수평전단(Longitudinal Horizontal Shear)

그림 10.19(b−1)의 비합성 단면에서는 슬래브와 보 사이에 수평전단력이 존재하지 않고 각각의 부재에 중립축이 존재하는 2개의 독립적인 보로 거동한다. 비록 수평전단력의 전달이 전단마찰과 메카니즘이 비슷하기는 하지만 동일하지는 않고, 구조기준에서는 각각에 대해서 규정을 제시하고 있다[Wight 2012(871)].

균열이 일어나기 전의 탄성보(elastic uncracked section)에서 휨을 받을 때 발생하는 **수평전단응력(horizontal shear stress)**(그림 10.19(c−1) 참고)은 연직전단응력(vertical shear stress)과 크기가 같으므로(그림 10.20b 참고) 수평전단응력은 식 (7.2)로 구할 수 있다.

$$v_h = \frac{VQ}{I_{gc} b_v} \quad (7.2)$$

여기에서 V = 단면에 작용하는 사용하중에 의한 전단력 ; Q = 합성단면의 중립축으로부터 고려하는 전단 접촉면과 압축연단 사이의 면적에 대한 단면 1차모멘트 ; I_{gc} = 합성단면에 대한 단면 2차 모멘트 ; b_v = 수평전단을 고려하는 접촉면의 프리캐스트 거더의 폭 또는 단면의 폭이다.

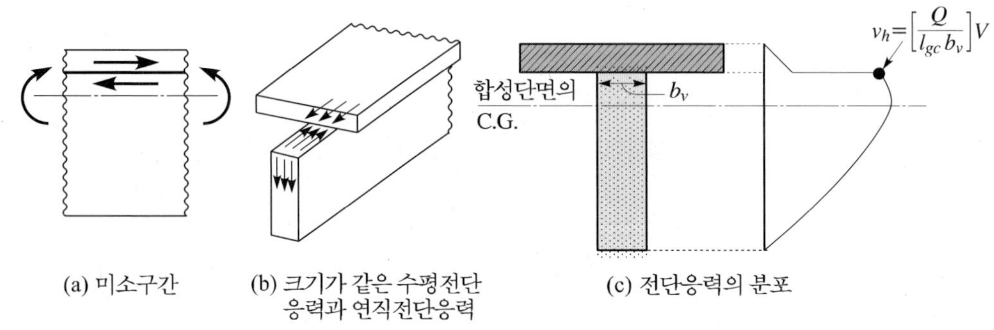

그림 10.20 비균열 단면에서의 접합부의 수평전단응력 [Naaman 2012(577)]

1960년대의 연구에서는 식 (7.2)를 이용해서 파괴시의 접촉 전단응력을 계산했지만 균열의 영향도 무시했을 뿐만 아니라 콘크리트가 탄성거동을 한다는 가정 때문에 실제의 응력 값을 제대로 계산하지 못한다고 인식되었다[Nilson 1987(293)]. 따라서 파괴시의 공칭전단응력을 계산하기 위해서 식 (7.2)보다 간단하지만 논리적인 아래 식이 제시되었다.

$$v_h = \frac{V}{b_v d_{ec}} \quad (10.13)$$

현행 구조기준에서 합성단면에서 프리스트레스 강재와 종방향 인장철근의 도심에서 압축측 연단까지의 거리인 d_{ec}는 다른 전단계산에서와 같이 $d_{ec} \geq 0.8h$ 보다 크도록 규정하고 있다. 구조기준(ACI)은 식 (10.13)을 이용하여 실험에 의해서 결정된 공칭전단응력의 한계를 이용하여 설계하도록 제시되었다. 따라서 구조기준 17.3.2(ACI 17.5)에서는 합성단면에 대한 공칭수평전단강도(nominal horizontal shear strength)를 다음 식으로 구하도록 제안하고 있다.

$$V_{nh} = v_{nh} b_v d_{ec} \quad (10.14)$$

여기에서 공칭 수평전단응력 v_{nh}는 접촉면을 여러 상태로 하거나 전단연결재의 양을 조절한 합성보를 이용하여 실시한 실험에 의해서 결정하였다. 구조기준에서 제시하는 v_{nh}은 다음과 같다.

① 접촉면이 청결하고, 부유물이 없으며 표면이 고의로 거칠게 만들어진 경우에는 다음 값 이하로 취해야 한다.

$$V_{nh} \le 0.56\, b_v\, d_{ec} \ (\text{N}) \tag{10.15}$$

② 최소전단철근인 식 (7.24)의 최소 전단연결재[구조기준 17.3.3(1), ACI 17.6.1]가 배치되어 있고, 접촉면이 청결하고 부유물이 없으나, 표면이 고의로 거칠게 만들지 않은 경우에 역시 식 (10.15)의 값 이하로 취해야 한다. $f_{pe} > 0.4 f_{pu}$ 이상인 프리스트레스트 콘크리트 부재인 경우에 최소 전단연결재는 다음 식 이상을 배치하여야 한다.

$$A_{v(\min)} = \text{Min} \begin{cases} \text{Max} \begin{cases} \left(0.0625\sqrt{f_{ck}}\right)\dfrac{b_w s}{f_{yt}} \\ (0.35)\dfrac{b_w s}{f_{yt}} \end{cases} \\ \dfrac{A_{ps}}{80}\dfrac{f_{pu}}{f_{yt}}\dfrac{s}{d}\sqrt{\dfrac{d}{b_w}} \end{cases} \tag{7.24}$$

여기에서 $d_{ec} \ge 0.8h$ 이상이어야 하고[구조기준 7.4.1(4), ACI 11.4.3], 전단철근으로 용접 이형철근망을 사용하지 않는 한 $f_{yt} \le$ 500 MPa이어야 하며, s는 스터럽 연결재의 간격으로 지지 요소의 최소 치수의 4배 또한 600 mm 이하이어야 하고(그림 10.21 참고), 상호 연결된 요소들에 충분히 정착되어야 한다[구조기준 17.3.3(1)과 (3)].

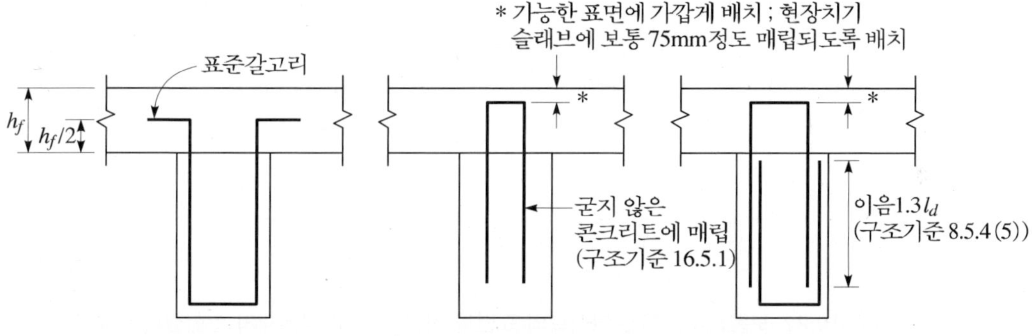

그림 10.21 수평전단에 배치하는 타이에 대한 상세 [ACI Notes(12-12)]

③ 최소 전단연결재가 있고, 접촉면이 청결하고 부유물이 없으며 표면이 약 6 mm 깊이로 고의로 거칠게 만들어진 경우에는 다음 값 이하로 취해야 한다(그림 10.22 참고).

$$V_{nh} = (1.8 + 0.6\rho_v f_{yt})\lambda b_v d_{ec} \leq 3.5 b_v d_{ec} \text{ (N)} \tag{10.16}$$

이 식에는 $\rho_v = A_v / b_v s$ 를 포함하여 접촉면을 가로질러 배치된 전단연결재의 영향을 포함하고 있으며, 수정계수(correction factor) λ[1]를 포함하여 경량골재 콘크리트의 영향도 고려하고 있다(식 (2.11) 참고)[ACI Notes(12-11)]. 식 (7.24)와 같이 $f_{ck} \leq$ 31.36 MPa인 경우에 최소 전단연결재를 배치한다면, $\rho_v f_{yt(최소)} = (A_v / b_v s) f_{yt} =$ 0.35 MPa이 되어, 식 (10.16)에서 $V_{nh(\min)} = (1.8 + 0.6 \times 0.35)\lambda b_v d_{ec} = 2.01\lambda b_v d_{ec}$ 가 되고, 보통중량골재 콘크리트 $\lambda = 1$ 일 때 최대값의 한계 $V_{nh(\max)} = 3.5 b_v d_{ec}$ 에서 $\rho_v f_{yt(최대)}$ 는 최소 전단연결재를 배치한 경우의 8배인 (3.5 − 1.8) / 0.6 = 2.83 MPa이 된다[ACI Notes (12-11)].

구조기준 17.3.2(2)④(ACI 17.5.3.4)에서는 고려하는 단면에서 계수전단력 V_u 가 다음 값을 초과하는 경우, 수평전단에 대한 설계는 전단마찰 규정(구조기준 7.7, ACI 11.6 ; 10.6장)에 따라 설계해야 된다고 규정하고 있다.

$$\text{전단마찰 규정으로 설계 : } V_u > \phi(3.5 b_v d_{ec}) \text{ (N)} \tag{10.17}$$

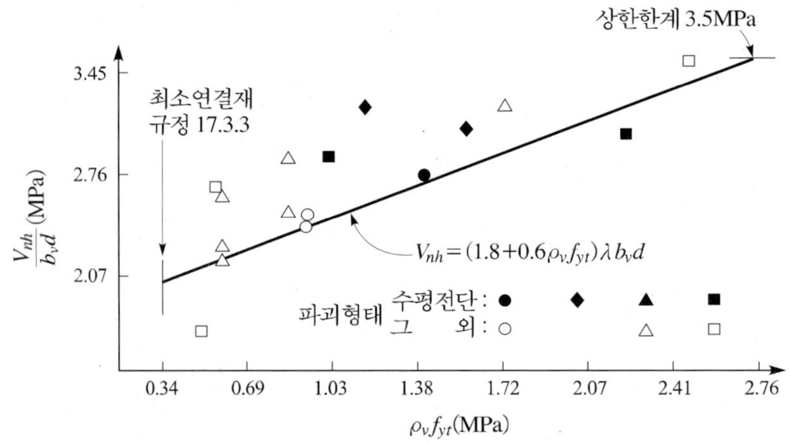

그림 10.22 보통중량골재 콘크리트의 표면을 거칠게 한 합성부재의 실험결과 비교 (ACI 318-89 R17.5.2.3)

1. 여기에서 λ 는 경량 콘크리트 계수로 일반콘크리트의 경우 1.0 ; 모래경량 콘크리트의 경우 0.85 ; 전경량 콘크리트인 경우 0.75이다. 일부의 모래만이 대체된 경우는 체적비에 따라 직선보간법을 적용할 수 있다.

10.5.2 C나 T 힘을 이용한 수평전단응력의 계산 (Calculation of Horizontal Shear Stresses from C and T Forces)

구조기준 17.3.2(3)(ACI 17.5.4)에서 종방향 수평전단력(longitudinal horizontal shear force)은 임의의 경간에서 현장치기 슬래브의 압축력이나 인장력의 실제 변화량을 계산함으로써 구할 수 있다고 제시하고[Wight 2012(872)], 이 수평전단력은 지지하는 프리캐스트 보로 전달될 수 있도록 조치를 취하여야 한다고 규정하고 있다. 그림 10.23은 이런 경우를 설명하고 있다. 보의 중앙에서 C로 표시되는 압축영역의 힘이 모두 접촉면 위에 작용한다고 가정하면, 모든 수평전단응력은 보의 중앙과 받침부 사이에서 접촉면을 통하여 전달되어야 한다. 따라서 경간중앙과 받침부 사이에서 접촉면을 넘어서 전달되어야 하는 수평전단력은

$$V_h = C \tag{10.18}$$

로 표현될 수 있다. 공칭강도에 도달한 인장보강재의 힘을 이용하여 비슷하게 적으면

$$V_{uh} = T_u \equiv \frac{M_u}{j\,d_{ec}} \tag{10.19}$$

로 쓸 수 있다.

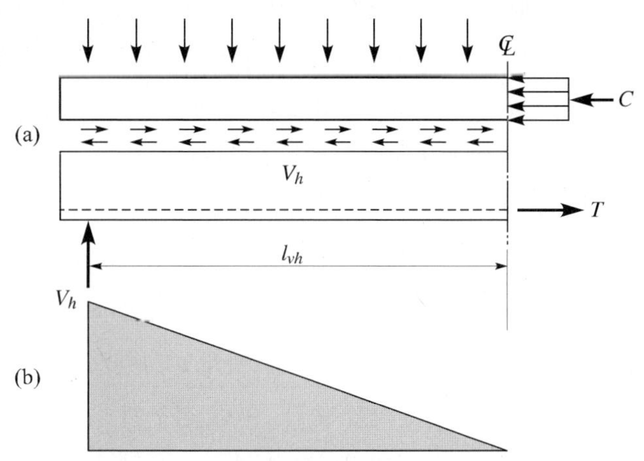

그림 10.23 합성보에서의 종방향 수평전단응력 [Wight 2012(872)]

구조기준 17.3.2(4)(ACI 17.5.4.1)에서는 수평전단력에 저항하는 전단연결재를 식 (10.18)이나 (10.19)에 만족되도록 설계할 때, 부재 축을 따라 전단연결재의 간격과 단면적은 부재 내의 전단력 분포를 반영하여 결정하여야 한다고 규정하고 있다. 수평전단의 파괴는 수평전단응력이 최대인 점에서 시작하여 응력이 낮은 영역으로 퍼져나가게 된다. 프리캐스트 콘크리트 보위에 현장치기 슬래브(CIP 슬래브)를 배치하게 되면 수평전단저항력이 최대일 때 콘크리트 접촉면에서의 미끄러짐이 조금 밖에 일어나지 않아서 종방향 수평전단저항력의 재분배는 제한적으로 일어나게 된다. 따라서 수평전단력에 저항하기 위해서 배치되는 전단연결재의 간격은 대략적으로 부재의 전단력 분포를 따라 배치하여야 한다[ACI Notes(12-11)]. 그러나 보가 강재인 경우(steel beam)에 최대강도에서 강재 보와 합성 콘크리트 슬래브사이에 미끄러짐이 상당하게 일어나서 부재를 따라 전단력의 재분배가 일어나므로 수평전단보강 철근의 배치에서 계수 수평전단력의 분포를 고려하지 않아도 될 것이다.

수평전단응력을 계산하기 위해서는 보를 경간방향으로 적당한 길이로 잘라서 각각의 자른 단면의 양끝에서의 C_u 나 T_u 의 값을 계산하면 v_{uh} 는 다음 식으로 구할 수 있다.

$$V_{uh} = v_{uh} A_c = v_{uh} b_v l_{vh} \equiv \Delta T_u = T_{u1} - T_{u2}$$

$$v_{uh} = \frac{T_{u1} - T_{u2}}{A_c} = \frac{T_{u1} - T_{u2}}{b_v l_{vh}} \tag{10.20}$$

여기에서 T_{u1} 과 T_{u2} 는 경간방향의 자른 단면에서 각각 큰 값과 작은 값의 인장력이고, 접촉면적(contact area) $A_c = b_v l_{vh}$ 이며, l_{vh} 는 절단된 단면의 길이이다. 인장력은 $T_u = M_u / j\,d_{ec}$ 를 이용해서 구할 수 있으며, 만약에 $j\,d_{ec}$ 가 일정하다고 가정하면 T_u 는 M_u 도와 같은 형상으로 변하게 된다. 등분포하중이 작용하는 단순지지 보에서 M_u 도는 포물선 모양을 하고 있고 경간의 1/4 및 1/8 지점에서의 휨 모멘트는 각각 최대 휨모멘트의 0.75 배와 0.438 배가 된다. 휨모멘트 도에서 이런 값들은 전단력도로부터 2점 사이의 휨모멘트의 차이는 그 2점 사이의 전단력도의 면적과 같으므로 구할 수 있다.

식 (10.20)은 전단응력으로 표현하고 있으므로 식 (10.15)나 식 (10.16)에서 $b_v d_{ec}$ 를 제거하고 비교하거나 또는 전단력으로 비교한다면 식들에서 $b_v d_{ec}$ 대신에 접촉면적(contact area) $A_c = b_v l_{vh}$ 로 교체하여야 한다. 예제 10.4에서 보는바와 같이 이 두 방법에 의해서 계산한 설계는 거의 동일한 결과를 준다. 이런 경우에 식 (10.16)에서 ρ_v 는 고려하는 전체 구간에 대한 전단 연결재의 총 단면적이므로 $A_{vc} = \rho_v (b_v l_{vh})$ 로 표현하여야 한다.

PCI 2010(5-54)에서는 합성단면일 때 콘크리트 등가직사각형의 깊이 a 가 접촉면까지의 깊이보다 얕은 경우와 깊은 경우를 구분하여 수평전단력을 구하는 식을 아래와 같이 제시하고 있다(그림 10.24 참고). PCI 2010에서는 또한 그림 10.25와 같이 단순지지 경간에서 경간의 1/2을 한 구간으로 계산하도록 제안하고 있어서 식 (10.20)에서 받침부에서의 값이 0이 되므로 이를 생략한 경우와 같다고 볼 수 있다.

$$\begin{cases} C < C_c = 0.85 (f_{ck})_{slab} (A_g)_{slab} \text{ 인 경우 } : V_{uh} = C = T \\ C > C_c = 0.85 (f_{ck})_{slab} (A_g)_{slab} \text{ 인 경우 } : V_{uh} = C_c < T \end{cases} \tag{10.21}$$

최소 전단연결에 대한 식 (7.24)에서 s 대신에 l_{vh} 를 적용하여, $f_{pe} > 0.4 f_{pu}$ 이상인 프리스트레스트 콘크리트 부재인 경우에 고려하는 구간에 대한 최소 전단연결재의 전체 단면적은 다음과 같이 적을 수 있다.

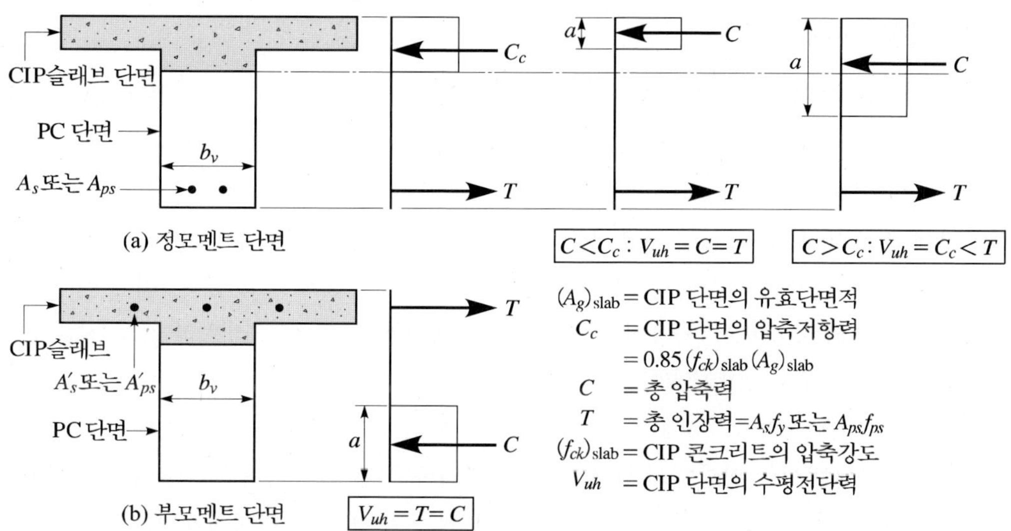

그림 10.24 합성단면에서의 종방향 수평전단(longitudinal horizontal shear) [PCI 2010(5-54)]

$$A_{vc(\min)} = \text{Min}\begin{cases} \text{Max}\begin{cases} \left(0.0625\sqrt{f_{ck}}\right)\dfrac{b_w l_{vh}}{f_{yt}} \\ (0.35)\dfrac{b_w l_{vh}}{f_{yt}} \end{cases} \\ \dfrac{A_{ps}}{80}\dfrac{f_{pu}}{f_{yt}}\dfrac{l_{vh}}{d_{ec}}\sqrt{\dfrac{d_{ec}}{b_w}} \end{cases} \quad (10.22)$$

이러한 방법들로 수평전단강도를 계산한 뒤에 기본 설계조건은 다음 식으로 표현된다.

$$\phi V_{nh} \geq V_u \quad (10.23)$$

여기에서 V_u 는 고려하는 단면의 총 계수전단력이고, 강도감소계수는 $\phi = 0.75$ 이다.

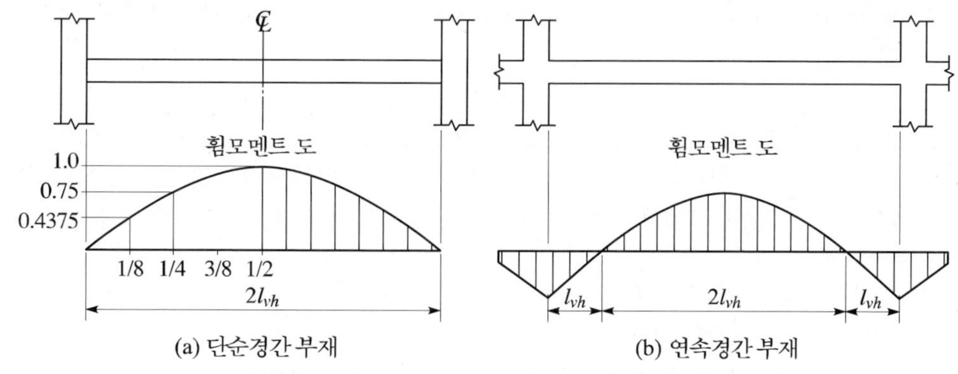

그림 10.25 합성단면에서 종방향 전단길이 l_{vh} 의 정의 [PCI 2010(5-52)]

10.5.3 처짐(deflection)

합성콘크리트 휨부재의 처짐을 계산하는 데는 현장치기 슬래브를 시공할 때 동바리를 바쳐 지주시공(shored)하느냐 또는 동바리 없이 비지주 시공(unshored)하느냐에 따라 고려해야 되는 단면이 좌우된다. 만약에 지주시공인 경우에 프리캐스트 보와 슬래브의 전체 고정하중이 합성단면에 의해서 저항되므로, 구조기준 4.3.4(1)(ACI 9.5.5.1)에서는 설계자가 처짐계산을 할 때 합성부재는 일체로 제작된 부재와 동등하게 다룰 수 있도록 하고 있다. 이때 탄성계수는 압축영역의 콘크리트 강도를 사용하고 파괴계수는 인장영역의 콘크리트의 강도를 기준으로 결정하여야 한다[Wight 2012(873)].

구조기준 4.3.4(2)(ACI 9.5.5.2)에는 가설지주가 설치되지 않는 구조물의 경우, 프리스트레스 되지 않은 프리캐스트 휨부재의 두께가 표 10.3의 규정된 값 이상인 경우에는 처짐을 계산할 필요가 없다고 규정하고 있다. 합성부재인 경우에는 표 10.3을 만족하지만, 합성부재가 되기 전의 프리캐스트 부재인 경우에 만족하지 못하는 경우에는 합성부재가 된 뒤의 처짐은 계산할 필요가 없으나, 합성단면이 되기 전의 순간처짐이나 합성단면이 유효하기 전의 장기처짐은 검토되어야 한다고 규정하고 있다.

구조기준 4.3.4(1)에서는 처짐을 계산하는 경우에 프리캐스트 부분과 현장치기 부분의 건조수축 차이에 의한 곡률과 프리스트레스트 콘크리트 부재의 경우 축방향 크리프 영향을 고려하여야 한다고 제시하고 있다. 보에 대한 슬래브의 건조수축은 보에 비해서 슬래브를 축소시키려 하므로 보를 아래쪽으로 휘게 만들어 하중에 의한 처짐에 추가적인 처짐을 발생시킨다(그

표 10.3 처짐을 계산하지 않는 경우의 보 또는 1방향 슬래브의 최소 두께 [구조기준 표 4.3.1, ACI Table 9.5(a)]

부 재	최소 두께 h			
	단순 지지	1단 연속	양단 연속	캔틸레버
	큰 처짐에 의해 손상되기 쉬운 칸막이 벽이나 기타 구조물을 지지 또는 부착하지 않은 부재			
• 1방향 슬래브	l / 20	l / 24	l / 28	l / 10
• 보 • 리브가 있는 1방향 슬래브	l / 16	l / 18.5	l / 21	l / 8

이 표의 값은 보통중량골재 콘크리트($\rho_c = 2{,}300\ \text{kg/m}^3$)와 설계기준항복강도 400 MPa 철근을 사용한 부재에 대한 값이며 다른 조건에 대해서는 그 값을 다음과 같이 수정하여야 한다. 여기에서 l 은 경간의 길이(span length)이다.

1) 1,500~2,000 kg/m^3 범위의 단위질량을 갖는 구조용 경량콘크리트에 대해서는 계산된 h 값에 $(1.65 - 0.00031\rho_c)$ 를 곱해야 하나, 1.09보다 작지 않아야 한다.
2) f_y가 400 MPa 이외인 경우는 계산된 h 값에 $(0.43 + f_y/700)$을 곱하여야 한다.

림 10.14 참고). 보에서 건조수축의 일부분은 보가 구조물로 세워지기 전에 일어나지만, 현장치기 슬래브의 건조수축은 슬래브가 타설 된 뒤에 모두 일어나게 된다. 따라서 슬래브가 보에 대해서 수축하게 되면 슬래브에는 인장응력이 발생하고 보에는 압축응력이 발생하게 된다. 이러한 응력발생이 얼마간 슬래브와 보에 발생하는 크리프를 재분배하는 효과를 가져 올 수 있다. 이러한 영향은 **재령에 의해서 조종되는 유효탄성계수(age-adjusted effective modulus)**와 **환산단면(age-adjusted transformed section)**에 의해서 고려될 수 있다[Wight 2012(874)].

예제 10.4

[합성콘크리트 휨부재의 수평전단 전달검토] [Nilson 1987(295-296), Wight 2012(874-878)]

예제 10.1의 경간 l = 16.0 m의 CPCI 900(AASHTO II형) I형 거더에 현장치기 슬래브가 배치되는 합성단면에 그림 10.12와 같이 복부보강 U형 D13 철근이 90도 표준갈고리로 슬래브까지 연장되어 배치되었다. 전단설계를 수행하여 1/2 경간에 총 29개의 f_{yt} = 400 MPa인 U형 스터럽이 받침부의 간격 125 mm에서 경간의 중앙의 최대간격 525 mm로 배치되었다. 프리캐스트 보의 상부 표면은 구조기준 17.3.2에 따라 표면을 고의로 6 mm 깊이 이상으로 거칠게 만들었다. 주어진 복합단면에서 **전단전달(shear transfer)**이 적절한지 검토하라.

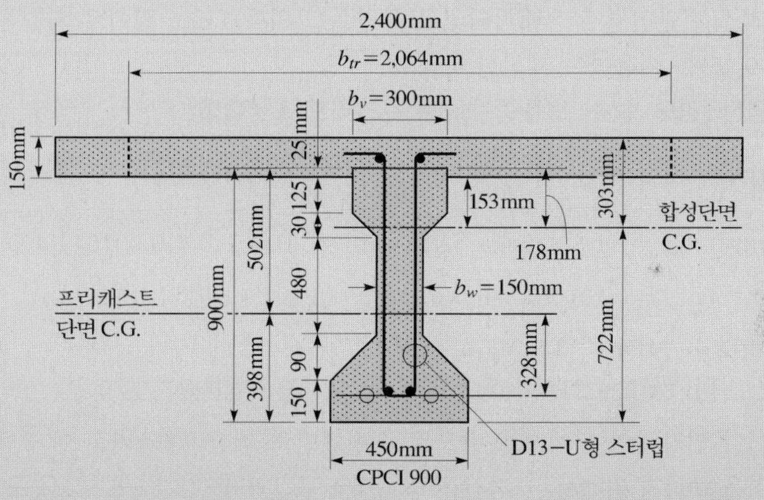

그림 10.12 CPCI 900 I형 교량 거더(AASHTO Type II)의 경간 중앙에서의 합성단면 [Nilson 1987(286)]

① 계수하중 계산 :

$$w_u = 1.2(5.13 + 8.48 + 2.7) + 1.6(16.9) = 19.57 + 27.04 = 46.61\ (\text{kN/m})$$

합성보의 압축연단에서 긴장재(경간 중앙)의 도심까지의 거리

$d_{pc} = 328 + 502 + 150 - 25 = 955$ mm 이고,

프리캐스트 보 $d_p = 328 + 502 = 830$ (mm)

$h = d_{pc} + (398 - 328) = 955 + 70 = 1{,}025$ (mm) 이다.

CPCI 900 I형 거더의 수평전단을 전달하는 폭 $b_v = 300$ mm

받침부에서 거리 $h/2 = 1{,}025/2 = 513$ (mm) 떨어진 위험단면에서의 계수전단강도 :

$V_u = 46.61(16.0/2) - 46.61(0.513) = 372.9 - 23.9 = 349.0$ (kN)

② **복부보강으로 배치된 U형 D13 철근이 최소 전단연결재의 기준을 만족하는지 검토 :**

$A_{v(\text{배치})} = 2 - D13 = 2 \times 126.7 = 253.4\ (\text{mm}^2)$

$(f_{ck})_{girder} = 40$ MPa이므로 식 (7.24)에서

$0.0625\sqrt{f_{ck}} = 0.0625\sqrt{40} = 0.40 > 0.35$ <OK>

배치된 U형 스터럽의 최대 간격에 대해서 검토 : $A_{v(\min)} = 0.40\, b_v s / f_{yt}$

$$s_{(\text{소요})} \le \frac{A_{v(\text{배치})} f_{yt}}{0.40\, b_v} = \frac{253.4 \times 400}{0.40 \times 300} = 845\ (\text{mm}) > s_{(\text{배치})} = \text{최대 } 525\text{ mm} \quad <OK>$$

연결재의 간격 검토 :

$s_{(\text{배치})} = 525$ mm $< s_{\max} = 4h_f = 4(150) = \underline{600\ (\text{mm})}$ 또는 600 mm <OK>

따라서 최소 전단연결재가 배치되었고 표면을 고의로 6 mm 깊이로 거칠게 만든 경우이므로 식 (10.16)을 이용하여 계산한다.

③ **공칭 수평전단강도 계산** : 보통중량골재 콘크리트 $\lambda = 1.0$

전단연결재 면적의 비 $\rho_v = \dfrac{A_v}{b_v s} = \dfrac{253.4}{300 \times 525} = 0.00161$

식 (10.16) : $V_{nh} = (1.8 + 0.6\rho_v f_{yt})\lambda b_v d_{pc} = [1.8 + 0.6(0.00161)(400)]\lambda b_v d_{pc}$

$= (1.8 + 0.386)\lambda b_v d_{pc} = (2.19)(1.0)(300)(955)/10^3 = 626.3$ (kN)

여기에서, 2.19 MPa < 3.5 MPa <OK>

$\therefore\ \phi V_{nh} = 0.75(626.3) = 469.7$ kN $> V_u = 349.0$ kN <OK>

④ 압축력이나 인장력의 실제 변화량으로 수평전단력 계산 (구조기준 17.3.2(3)) : 평균 수평전단응력을 구하기 위해서 ⓐ 경간 중앙 ~ 1/4 구간과 ⓑ 경간 1/8 ~ 1/4 구간, ⓒ 받침부 ~ 1/8 구간으로 각각 나누어 검토한다(그림 10.25a 참고).

ⓐ <u>경간 중앙 ~ 1/4 구간</u> : 예제 10.3에서와 같이 계산하면 경간 중앙에서 $j = (d - a/2)/d$ 를 계산할 수 있지만, 그 외의 경간에서 j 를 구하기 복잡하므로 전 경간에 대해서 안전측인 $j \approx 0.9$ 로 가정하여 구한다.

경간의 중앙에서 M_{u1} 과 T_{u1} 계산 :

$M_{u1} = w_u l^2/8 = 46.61(16.0^2)/8 = 1{,}492\ (\text{kN} \cdot \text{m})$

$T_{u1} = M_{u1}/jd_{pc} = 1{,}492/(0.9 \times 0.955) = 1{,}735\ (\text{kN})$

경간 1/4 지점의 M_{u2}와 T_{u2} 계산 :

$M_{u2} = 0.75M_{u(\max)} = 0.75(1{,}492) = 1{,}119\ (\text{kN} \cdot \text{m})$

$T_{u2} = M_{u2}/jd_{pc} = 1{,}119/(0.9 \times 0.955) = 1{,}302\ (\text{kN})$

경간의 중앙과 1/4 지점의 평균 수평전단응력 계산 및 검토 : 식 (10.20)과 접촉면이 청결하고 표면을 거칠게 만들었다고 보아 식 (10.15)를 이용

$V_{uh} = v_{uh}A_c = v_{uh}(b_v l_{vh}) = T_{u1} - T_{u2} = 1{,}735 - 1{,}302 = 434\ (\text{kN})$

$$v_{uh} = \frac{V_{uh}}{b_v l_{vh}} = \frac{434\,(10^3)}{300\,(16{,}000/4)} = 0.36\ (\text{MPa})$$

$< \ \phi v_{nh} = 0.75(0.56) = 0.42\ \text{MPa}$ <OK>

또는 수평전단력으로 적으면, $V_{uh} = T_{u1} - T_{u2} = 434\ \text{kN}$

$< \ \phi V_{nh} = 0.75(0.56 b_v l_{vh}) = 0.75(0.56 \times 300 \times 16{,}000/4)/10^3$

$= 0.75(672) = 504\ (\text{kN})$ <OK>

$v_{uh} = 0.36\ \text{MPa} < \phi v_{nh} = 0.42\ \text{MPa}$를 만족하기는 하지만 여유를 갖기 위해서 구소기준 17.3.2(2)①에 따라 최소 전단연결재를 배치하면서 표면을 6 mm 이상의 두께로 고의로 거칠게 하고 최소 전단연결재로 D10 U형 스터럽에서 정착을 돕기 위해서 그림 10.21a와 같이 90도 표준갈고리를 장착하거나 또는 폐쇄스터럽으로 배치하도록 한다.

$A_{v(\text{배치})} = 143\ \text{mm}^2$; 간격은 지지 요소의 최소치수의 4배, $4h_f = 4(150) = \underline{600\ (\text{mm})}$ 또는 < 600 mm 중 작은 값 이하이므로 이 구간에서 적당하게 $s = 500\ \text{mm}$로 배치한다.

그러나 만약에 전단설계를 수행했다고 하면 D10 스터럽의 간격은 전단철근 상세 구조기준 7.4.2(1)의 $s_{(\text{소요})} < 0.75h = 0.75(1{,}025) = 769\ (\text{mm})$ 또는 $\underline{600\ \text{mm}}$ 이하이므로 $\underline{s_{(\text{배치})} = 500\ \text{mm}}$로 배치하면 모든 상황을 만족한다.

식 (10.16)을 검토하기 위해서 $b_v d_{ec}$ 대신에 $A_c = b_v l_{vh}$를 적용하기 위해서, 고려하는 경간 구간의 총 전단연결재의 단면적을 구하면,

총 전단연결재의 개수 계산 :

$n_{(\text{소요})} = l_{vh}/s_{(\text{배치})} = (16{,}000/4)/500 = 4{,}000/500 = 8.0\ (\text{개})$

총 전단연결재의 단면적 계산 :

$A_{vc(\text{배치})} = A_v \times 8.0 = 143 \times 8.0 = 1{,}144\ (\text{mm}^2)$

따라서 $\rho_v = A_{vc}/(b_v l_{vh}) = 1{,}144/(300 \times 4{,}000) = 0.000953$ 2이 되고, 수평전단

강도는 식 (10.16)구조기준 17.3.2(2)④ 규정으로 계산하면,

$v_{nh\,(배치)} = (1.8 + 0.6\rho_v f_{yt})\lambda = (1.8 + 0.6 \times 0.000953 \times 400)(1.0) = 2.03\ (\mathrm{MPa})$

$< 3.5\ \mathrm{MPa}$ <OK>

$\therefore\ \phi v_{nh\,(배치)} = 0.75(2.03) = 1.52\ \mathrm{MPa} > v_{uh\,(소요)} = 0.41\ \mathrm{MPa}$ <OK>

ⓑ <u>경간 1/8 ~ 1/4 구간</u> :

경간의 1/4 지점에서 M_{u1}과 T_{u1} 계산 :

$M_{u1} = 0.75 M_{u\,(\max)} = 1{,}119\ \mathrm{kN \cdot m}\ ;\ T_{u1} = M_{u1}/j\,d_{pc} = 1{,}302\ \mathrm{kN}$

경간의 1/8 지점의 M_{u2}와 T_{u2} 계산 :

$M_{u2} = 0.4375[M_{u\,(\max)}] = 0.4375(1{,}492) = 652.5\ (\mathrm{kN \cdot m})$

$T_{u2} = M_{u2}/j\,d_{pc} = 652.5/(0.9 \times 0.955) = 759.2\ (\mathrm{kN})$

경간의 1/8과 1/4 지점의 평균 수평전단응력 계산 :

$V_{uh} = v_{uh} A_c = v_{uh}(b_v l_{vh}) = T_{u1} - T_{u2} = 1{,}302 - 759.2 = 542.3\ (\mathrm{kN})$

$$v_{uh} = \frac{V_{uh}}{b_v l_{vh}} = \frac{542.3(10^3)}{300(16{,}000/8)} = 0.90\ (\mathrm{MPa})$$

$> \phi v_{nh} = 0.75(0.56) = 0.42\ \mathrm{MPa}$ <N.G.>

따라서 만족하지 못하므로 식 (10.16)에 따라 최소 전단연결재를 배치하고 표면을 6 mm 이상의 두께로 고의로 거칠게 한다. 최소 전단연결재는 D10 U형 스터럽을 정착을 돕기 위해서 그림 10.21a와 같이 90도 표준갈고리를 장착하거나 또는 폐쇄스터럽으로 배치하도록 한다.

$A_{v\,(배치)} = 2 - D10 = 143\ \mathrm{mm}^2$; 보통중량골재 콘크리트 $\lambda = 1.0$

$\phi v_{nh} = \phi(1.8 + 0.6\rho_v f_{yt})\lambda \equiv v_{uh} = 0.90\ \mathrm{MPa}\ ;\ 0.6\rho_v f_{yt} = \dfrac{v_{uh} - 1.8(\phi\lambda)}{\phi\lambda}$

$$\therefore\ \rho_{v\,(소요)} = \frac{v_{uh} - 1.8(\phi\lambda)}{0.6 f_{yt}(\phi\lambda)} = \frac{0.90 - 1.8(0.75)(1.0)}{0.6(400)(0.75)(1.0)}$$

$$= \frac{0.90 - 1.35}{180} = -0.0025 < 0$$

따라서 최소 전단연결재를 배치하면 만족한다.

최대간격은 지지 요소의 최소치수의 4배, $4h_f = 4(150) =$ <u>600 (mm)</u> 또는 < 600 mm 중 작은 값 이하이므로 이 구간에서 적당하게 <u>$s_{(배치)} = 500\ \mathrm{mm}$</u> 로 배치한다.

따라서 $\rho_v = A_v/(b_v s) = 143/(300 \times 500) = 0.000953$ 이 되고, 수평전단강도는 식 (10.16) 구조기준 17.3.2(2)④ 규정으로 계산하면,

---

2. $\rho_v = A_v/(b_v s) = 143/(300 \times 500) = 0.000953$ 로 계산해도 동일한 결과를 얻는다.

$v_{nh(\text{배치})} = (1.8+0.6\rho_v f_{yt})\lambda = (1.8+0.6\times 0.000953\times 400)(1.0) = 2.03\ (\text{MPa})$

< 3.5 MPa <OK>

$\therefore\ \phi v_{nh(\text{배치})} = 0.75\,(2.03) = 1.52\ \text{MPa} > v_{uh(\text{소요})} = 0.96\ \text{MPa}$ <OK>

ⓒ 받침부 ~ 1/8 구간 :

경간의 1/8 지점의 M_{u1} 와 T_{u1} 계산 :

$M_{u1} = 0.4375\,[M_{u(\max)}] = 652.5\ \text{kN}\cdot\text{m}$; $T_{u1} = M_{u1}/j\,d_{pc} = 759.2\ \text{kN}$

받침부에서의 M_{u2} 와 T_{u2} 계산 : $M_{u2} = 0$; $T_{u2} = M_{u2}/j\,d_{pc} = 0$

받침부와 경간의 1/8 사이의 평균 수평전단응력 계산 :

$$v_{uh} = \frac{T_{u1}-T_{u2}}{b_v l_{vh}} = \frac{(759.2-0)(10^3)}{300\,(16{,}000/8)} = 1.27\ (\text{MPa}) > \phi v_{nh} = 0.75(0.56)$$

$= 0.42$ MPa <N.G.>

따라서 만족하지 못하므로 식 (10.16)에 따라 최소 전단연결재를 배치하고 표면을 6 mm 이상의 두께로 고의로 거칠게 한다. 최소 전단연결재는 D10 U형 스터럽을 정착을 돕기 위해서 그림 10.21a와 같이 90도 표준갈고리를 장착하거나 또는 폐쇄스터럽으로 배치하도록 한다.

$A_{v(\text{배치})} = 2-D10 = 143\ \text{mm}^2$; 보통중량골재 콘크리트 $\lambda = 1.0$

$\phi v_{nh} = \phi\,(1.8+0.6\,\rho_v f_{yt})\lambda \equiv v_{uh} = 1.27\ \text{MPa}$; $0.6\,\rho_v f_{yt} = \dfrac{v_{uh}-1.8\,(\phi\lambda)}{\phi\lambda}$

$$\therefore\ \rho_{v(\text{소요})} = \frac{v_{uh}-1.8\,(\phi\lambda)}{0.6 f_{yt}\,(\phi\lambda)} = \frac{1.27-1.8(0.75)(1.0)}{0.6(400)(0.75)(1.0)}$$

$$= \frac{1.27-1.35}{180} = -0.00047 < 0$$

따라서 최소 전단연결재를 배치하면 만족한다.

최대간격은 지지 요소의 최소치수의 4배, $4h_f = 4(150) = 600\ (\text{mm})$ 또는< 600 mm 중 작은 값 이하이므로 이 구간에서 적당하게 $s_{(\text{배치})} = 500$ mm 로 배치한다.

따라서 $\rho_v = A_v/(b_v s) = 143/(300\times 500) = 0.000953$ 이 되고, 수평전단강도는 식 (10.16) 구조기준 17.3.2⑵④ 규정으로 계산하면,

$v_{nh(\text{배치})} = (1.8+0.6\,\rho_v f_{yt})\lambda = (1.8+0.6\times 0.000953\times 400)(1.0)$

$= 2.03\ (\text{MPa}) < 3.5$ MPa <OK>

$\therefore\ \phi v_{nh(\text{배치})} = 0.75(2.03) = 1.52\ \text{MPa} > v_{uh(\text{소요})} = 1.34\ \text{MPa}$ <OK>

설계 : 보의 전체에 걸쳐서 90도 표준갈고리를 장착한 D10 U형 스터럽이나 폐쇄스터럽을 500 mm 간격으로 배치하면 수평전단의 전달에는 문제가 없다. 그러나 본 예제에서는 전단설계를 수행하여 D13 철근을 받침부 부근에는 간격 125 mm로 경간의 중앙부근에는 간격

525 mm로 배치하였으므로 구조기준 17.3.2(2)와 (3)의 규정에 따라 수행한 설계는 거의 동일한 결과가 되었다. Excel sheet의 표 10.4에는 예제 10.4의 ④번 계산을 보여주고 있다.

만약 $\phi v_{nh} = \phi(1.8 + 0.6\rho_v f_{yt})\lambda \equiv v_{uh} = 1.44\,\text{MPa}$ 가 되어 $\rho_{v(소요)} > 0$ 인 경우라고 가정하여 검토 :

$$\rho_{v(소요)} = \frac{v_{uh} - 1.8(\phi\lambda)}{0.6f_{yt}(\phi\lambda)} = \frac{1.44 - 1.8(0.75)(1.0)}{0.6(400)(0.75)(1.0)} = \frac{1.44 - 1.35}{180} = 0.0005 > 0$$

구간의 총 전단연결재의 소요 단면적 :

$$A_{vc(소요)} = \rho_v(b_v l_{vh}) = 0.0005(300)(2{,}000) = 300\ (\text{mm}^2)$$

최소전단철근 검토 :

$f_{pe} = 0.82f_{pi} = 0.82(1{,}376.4) = 1{,}129\ (\text{MPa}) > 0.4f_{pu} = 0.4(1{,}860) = 744\ (\text{MPa})$

따라서 프리스트레스트 부재로 검토할 수 있다.

$b_w s \rightarrow b_v l_{vh}$ 로 쓰면,

$$A_{vc(\min)} = \left(0.0625\sqrt{f_{ck}} \geq 0.35\right) b_v l_{vh}/f_{yt} = \left(0.0625\sqrt{40} = \underline{0.395} > 0.35\right) b_w l_{vh}/f_{yt}$$

$$= (0.395)(300)(2{,}000)/400 = 593\ (\text{mm}^2)$$

$$\text{또는 } A_{vc(\min)} = \frac{A_{ps}}{80}\frac{f_{pu}}{f_{yt}}\frac{l_{vh}}{d_{pc}}\sqrt{\frac{d_{pc}}{b_v}} = \frac{1{,}283}{80}\frac{1{,}860}{400}\frac{2{,}000}{955}\sqrt{\frac{955}{300}} = \underline{279\ (\text{mm}^2)}$$

[작은값 지배]

$\therefore\ A_{vc(소요)} = \underline{300\,\text{mm}^2} > A_{vc(\min)} = 279\,\text{mm}^2$

총 전단연결재의 개수 계산 : $n_{(소요)} = A_{vc(소요)}/A_v = 300/143 = 2.10$ (개)

간격 $\therefore\ s_{(소요)} = l_{vh}/n_{(소요)} = 2{,}000/2.10 = 953\ (\text{mm}) > \underline{s_{(배치)} = 500\,\text{mm}}$ 로 배치한다.

최대간격은 지지 요소의 최소치수의 4배, $4h_f = 4(150) = \underline{600\ (\text{mm})}$ 또는 600 mm 중 작은 값 이하이고, $\underline{s_{(배치)} = 500\,\text{mm}}$ 로 배치하므로 만족한다.

$A_{vc(배치)} = A_v \times l_{vh}/s_{(배치)} = 143(2{,}000/500) = 143(4.0\text{ 개}) = 572\ (\text{mm}^2)$

$\rho_{v(배치)} = A_{vc(배치)}/(b_v l_{vh}) = 572/(300 \times 2{,}000) = 0.000953$

$v_{nh(배치)} = (1.8 + 0.6\rho_v f_{yt})\lambda = (1.8 + 0.6 \times 0.000953 \times 400)(1.0) = 2.03\ (\text{MPa})$

$< 3.5\ \text{MPa}$ <OK>

$\therefore\ \phi v_{nh(배치)} = 0.75(2.03) = 1.52\,\text{MPa} > v_{uh(소요)} = 1.44\,\text{MPa}$ <OK>

따라서 과정은 변하지만 설계결과는 변하지 않게 된다.

표 10.4 예제 10.4의 수평 전단응력 검토

경간	받침부	1/8	1/4	1/2	
Φ =		0.75			
λ =		1.0			
f_{ck} =		40			MPa
f_{yt} =		400			MPa
$A_{v\,(배치)}$ = 2-D10 =		2 *	71.3 =	**142.6**	mm^2
bv =		300			mm
L/2 =		8,000			mm
lvh =		2,000	2,000	4,000	mm
M_{max} =		1,492			kN.m
$M_{(ratio)}$ =	0	0.4375	0.75	1.0	
$M = M_{max} * M_{(ratio)}$ =	0	652.5	1,119	1,492	kN.m
j =		0.9			
d_{pc} =		955			mm
$T_u = M_u / j\, d_{pc}$ =	0	759.2	1,302	1,735	kN
$V_{uh} = T_{u1}-T_{u2}$ =		759.2	542.3	433.8	kN
$A_c = b_v * l_{vh}$ =		600,000	600,000	1,200,000	mm^2
$v_{uh} = V_{uh}/A_c$ =		1.27	0.90	0.36	MPa
v_{nh} [식 (10.15)] =		0.56			MPa
$\Phi\, v_{nh}$ =		0.42			MPa
check [$\Phi\, v_{nh} > v_{uh}$] =		<NG>	<NG>	<OK>	
ρ_v [식 (10.16)] = $(v_{uh}-1.8\Phi\lambda)/(0.6f_{yt}\Phi\lambda)$ =		-0.000470	-0.002479	-0.005492	
$A_{vc} = \rho_v\, A_c$ =		-282	-1487	0	mm^2
$\rho_{vc(min)}$ = Max $(0.0625\sqrt{f_{ck}}, 0.35)\, /f_{yt}$ =		0.000988			
$A_{vc\,(min)} = \rho_{vc\,(min)}\, A_c$		593	593	1,186	mm^2
$A_{vc\,(min)} = \sqrt{(d_{pc}/b_v)}(A_{ps}f_{pu}l_{vh})/(80f_{yt}d_{pc})$		279	279	557	mm^2
$A_{vc\,(min)}$ = Smaller of above values		279	279	557	mm^2
$A_{vc\,(소요)}$ = Max [$A_{vc\,(min)}$, A_{vc}]		279	279	557	mm^2
$s_{(소요)} = l_{vh} / [A_{vc(소요)} / A_v]$		1,024	1,024	1,024	mm
$s_{(최대)} = 4\, h_f < 600$ mm =		600			mm
∴ **$s_{(배치)}$** =		**500**	**500**	**500**	mm
$A_{vc\,(배치)} = A_v * l_{vh} / s_{(배치)}$		570	570	1,141	mm^2
$\rho_{v\,(배치)} = A_{vc\,(배치)} / A_c$ =		0.000951	0.000951	0.000951	
$v_{nh\,(배치)} = (1.8+0.6\rho_v f_{yt})\lambda$ =		2.03	2.03	2.03	MPa
$v_{nh\,(max)}$ =		3.5			MPa
check [$v_{nh\,(배치)} < v_{nh\,(max)}$]=		<OK>	<OK>	<OK>	
$\Phi\, v_{nh\,(배치)}$ =		1.52	1.52	1.52	MPa
check [$\Phi\, v_{nh\,(배치)} > v_{uh}$] =		<OK>	<OK>	<OK>	

예제 10.5

[합성콘크리트 휨부재의 수평전단 설계] [PCI 2010(5-56~57), CPCI 2007(3-24, 3-71~73)]

그림 10.26에는 50 mm 두께의 슬래브와 50 mm 깊이의 단면을 현장치기로 배치한 역 T형 보가 단순지지 경간 l = 6.0 m에 설치되었다. 프리스트레스 긴장재로는 그림과 같이 직경 12.7 mm B종 응력제거 7연선 11개(f_{pu} = 1,860 MPa, $f_{py} = 0.85 f_{pu}$ = 0.85(1,860) = 1,581 MPa)가 배치되어, A_{ps} = 11×98.71 = 1,086 mm^{2}이고, 비부착 보통철근은 $f_y = f_{yt}$ = 400 MPa 등급이 배치되었다. 7연선에는 f_{pu} 의 70%로 긴장하였고, 긴장응력은 도입하면서 10% 손실을 가정하고 이어서 장기손실은 18%를 고려한다. 프리캐스트 거더에는 보통중량골재 콘크리트 설계기준 압축강도 f_{ck} = 35 MPa, CIP 슬래브에는 보통중량골재 콘크리트 f_{ck} = 24 MPa이 적용되었다. PC 보와 CIP 슬래브 사이의 접촉면에서 수평전단의 전달에 대해서 검토하고 설계하라.

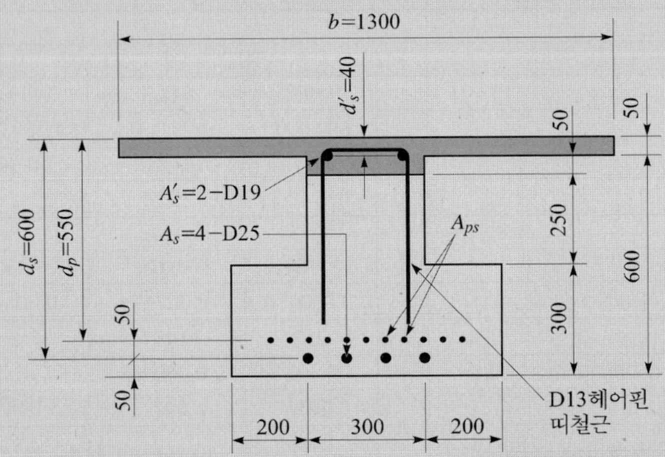

그림 10.26 역 T형 보위에 CIP 50 mm 슬래브와 50 mm 깊이의 단면을 배치한 합성보 [CPCI 2007(3-24)]

만약에 등가직사각형 응력깊이 a가 본 예제와 같이 CIP 콘크리트의 깊이 100 mm 보다 적게 되면 f_{ps} 계산에서 $(f_{ck})_{slab}$ 를 사용하여 계산하면 되지만, a > 100 mm인 경우에는 각 단면의 강도를 고려하여 계산하여야 한다. 그러나 a가 과도하게 초과하지 않은 경우에는 $(f_{ck})_{slab}$ 를 사용하여 계산해도 오차는 그렇게 크지 않아 문제가 되지 않는다(PCI Ex. 5.2.1.4 참고). 만약에 이런 사항을 고려하고자 할 때는 환산플랜지의 폭 b_{tr} 과 $(f_{ck})_{girder}$ 를 적용하면 될 것이다. 본 예제에서는 b_{tr} 를 적용하지 않고 a가 100 mm 보다 적거나 근사하다고 보아 f_{ps} 계산에서 $(f_{ck})_{slab}$ 를 사용하여 계산하도록 한다.

① 공칭강도를 발휘할 때의 긴장재의 인장응력 f_{ps} 계산 : 응력제거 강연선

$$f_{p0} = 0.70 f_{pu} = 0.70(1,860) = 1,302 \text{ (MPa)}$$

$f_{pi} = (1-0.1)f_{p0} = 0.9f_{p0} = 0.9(1,302) = 1,172$ (MPa)

$f_{pe} = (1-0.18)f_{pi} = 0.82f_{pi} = 0.82(1,172) = 960.9$ (MPa)

$f_{pe} > 0.5f_{pu}$ 검토 : $f_{pe}/f_{pu} = 960.9/1,860 = 0.52 > 0.5$;

구조기준의 근사식 사용 <OK>

직사각형 단면으로 가정하여 플랜지의 폭 b 에 대해서 구한다.

$d_{pc} = d_p = 550\,\text{mm}$; $d_s = 600\,\text{mm}$

$A_s = 4-D25 = 4(506.7) = 2,027\ (\text{mm}^2)$;

$A_s{}' = 2-D19 = 2(286.5) = 573\ (\text{mm}^2)$

$$\rho_p = \frac{A_{ps}}{bd_p} = \frac{1,086}{(1,300)(550)} = 0.00152 \ ;$$

$$\omega_s = \frac{A_s f_y}{bd_s f_{ck}} = \frac{(2,027)(400)}{(1,300)(600)(24)} = 0.0433$$

$$\omega' = \frac{A_s{}' f_y}{bd_s f_{ck}} = \frac{(573)(400)}{(1,300)(600)(24)} = 0.0122$$

식 (4.20) : $f_{py}/f_{pu} = 1,581/1,860 = 0.85 \geq 0.85$; $\therefore\ \gamma_p = 0.4$

$(f_{ck})_{slab} - 24\,\text{MPa} < 28\,\text{MPa} \rightarrow \beta_1 = 0.85$

식 (4.18) : $f_{ps} = f_{pu}\left[1 - \dfrac{\gamma_p}{\beta_1}\left\{\rho_p \dfrac{f_{pu}}{f_{ck}} + \dfrac{d_s}{d_p}(\omega_s - \omega')\right\}\right]$

먼저 $d' \leq 0.15d_p$ 인지 검토 : $(d_s{}' = 40\,\text{mm}) < (0.15 \times 550 = 82.5\,\text{mm})$ <OK>

$\omega' = A_s{}'f_y/bd_s f_{ck} = 0.0122$ 를 계산에 포함하여야 한다.

{…}의 값이 0.17보다 커야 하므로 검토 :

$0.00152\dfrac{1,860}{24} + \dfrac{600}{550}(0.0433 - 0.0122) = 0.118 + 0.0339 = 0.152 < \underline{0.17}$ <N.G>

{…} = 0.17로 계산

$$\therefore\ f_{ps} = 1,860\left\{1 - \frac{0.4}{0.85}(0.17)\right\} = 1,860(0.92) = 1,711\ (\text{MPa})$$

② **PCI 방법 적용** : 그림 10.24 및 10.25의 단순지지 1/2 경간에 대해서 C_c와 T를 이용해서 V_{uh} 계산

$(A_g)_{slab} = bh_f + b_v h = 1,300\,(50) + 300\,(50) = 80,000\ (\text{mm}^2)$

$C_c = 0.85(f_{ck})_{slab}(A_g)_{slab} + A_s{}'f_y = [0.85(24)(80,000) + 573(400)]/10^3$

$\quad = 1,632 + 229.2 = 1,861\ (\text{kN})$

$l_{vh} = 6,000/2 = 3,000\ (\text{mm})$

받침부에서는 모멘트가 0가 되므로 고려하는 1/2 경간에 대해서 보 중앙에서의 값만 계산하면 된다.

$T = T_p + T_s = A_{ps} f_{ps} + A_s f_y = [(1,086)(1,711) + (2,027)(400)]/10^3 = 2,669 \text{ (kN)}$

$> C_c = \underline{1,861 \text{ kN}}$ ← 지배

$\therefore \ V_{uh} = C_c = \underline{1,861 \text{ kN}}$

③ 수평전단응력 검토 : 전단연결재는 배치되지 않고 접촉면이 청결하고 표면이 고의로 거칠게 만들어졌다고 보아 식 (10.15)에서 $b_v d_{ec}$ 대신에 $A_c = b_v l_{vh}$ 를 적용하면,

$\phi V_{nh} = \phi(0.56 b_v l_{vh}) = 0.75(0.56 \times 300 \times 3,000/10^3) = 0.75(504) = 378.0 \text{ (kN)}$

$\phi V_{nh} = 378.0 \text{ kN} < V_{uh} = 1,861 \text{ kN}$ *<N.G>*

따라서 전단연결재를 배치하여야 한다.

④ 전단연결재를 배치했을 때 최대한계를 식 (10.16)으로 검토 :

$\phi V_{nh} = \phi(3.5 b_v l_{vh}) = (6.25)\phi(0.56 b_v l_{vh}) = 6.25(378.0) = 2,363 \text{ (kN)}$

$> V_{uh} = 1,861 \text{ kN}$ *<OK>*

⑤ 따라서 전단연결재를 배치하고 표면을 6 mm 깊이로 거칠게 만드는 식 (10.16)으로 설계하면 된다.

보통중량골재 콘크리트 $\lambda = 1.0$

$\phi(\lambda b_v l_{vh}) = 0.75(1.0 \times 300 \times 3,000) = 0.75(900.0 \times 10^3) = 675.0 \times 10^3 \text{ (mm}^2)$

$\phi V_{nh} = \phi(1.8 + 0.6 \rho_v f_{yt}) \lambda b_v l_{vh} \equiv V_{uh} = 1,861 \text{ kN}$;

$$0.6 \rho_v f_{yt} = \frac{V_{uh} - 1.8(\phi \lambda b_v l_{vh})}{\phi \lambda b_v l_{vh}}$$

$$\therefore \ \rho_v = \frac{V_{uh} - 1.8(\phi \lambda b_v l_{vh})}{0.6 f_{yt}(\phi \lambda b_v l_{vh})} = \frac{1,861(10^3) - 1.8(675.0)(10^3)}{0.6(400)(675.0)(10^3)}$$

$$= \frac{646.0(10^3)}{162.0(10^6)} = 0.00399$$

1/2 경간에 대한 총 전단연결재의 단면적 계산 :

$\therefore \ A_{vc} = \rho_v(b_w l_{vh}) = 0.00399(300)(3,000) = 3,588 \text{ (mm}^2)$

⑥ 최소전단철근 검토 : $f_{pe} = 960.9$ MPa $> 0.4 f_{pu} = 0.4(1,860) = 745$ MPa인 프리스트레스트 부재

식 (10.22) :

$$A_{vc(\min)} = \left(0.0625\sqrt{f_{ck}} \geq 0.35\right) b_v l_{vh}/f_{yt} = \left(0.0625\sqrt{24} = 0.306 > \underline{0.35}\right) b_v l_{vh}/f_{yt}$$

$$= (0.350)(300)(3,000)/400 = 788 \text{ (mm}^2)$$

또는 $A_{vc(\min)} = \dfrac{A_{ps}}{80}\dfrac{f_{pu}}{f_{yt}}\dfrac{l_{vh}}{d_p}\sqrt{\dfrac{d_p}{b_v}} = \dfrac{1,086}{80}\dfrac{1,860}{400}\dfrac{3,000}{550}\sqrt{\dfrac{550}{300}} = \underline{466\ (\mathrm{mm}^2)}$

← 작은값 지배

$\therefore\ A_{vc(소요)} = \underline{3,588\ \mathrm{mm}^2} > A_{vc(\min)} = 466\ \mathrm{mm}^2$ <OK>

⑦ 전단연결재의 설계 : 그림 10.26과 같이 D13 헤어핀 띠철근을 배치한다면,

$A_v = 2 - D13 = 2(126.7) = 253\ (\mathrm{mm}^2)$

총 전단연결재의 개수 : $n_{(소요)} = A_{vc(소요)}/A_v = 3,588/253 = 14.2$ (개)

간격 $s_{(소요)} = l_{vh}/n_{(소요)} = 3,000/14.2 = 212\ (\mathrm{mm}) > \underline{s_{(배치)} = 210\ \mathrm{mm}}$ 로 배치하도록 한다.

최대간격은 지지 요소의 최소치수의 4배, $4h_f = 4(50) = \underline{200\ (\mathrm{mm})}$ 또는 600 mm 중 작은 값 이하이고, $\underline{s_{(배치)} = 200\ \mathrm{mm}}$ 로 배치하도록 한다.

$A_{vc(배치)} = A_v \times l_{vh}/s_{(배치)} = 253\,(3,000/200) = 253(15.0\text{개}) = 3,795\ (\mathrm{mm}^2)$

$\rho_{v(배치)} = A_{vc(배치)}/(b_v l_{vh}) = 3,795/(300 \times 3,000) = 0.00422$

$v_{nh(배치)} = (1.8 + 0.6\rho_v f_{yt})\lambda = (1.8 + 0.6 \times 0.00422 \times 400)(1.0) = 2.81\ (\mathrm{MPa})$

$< 3.5\ \mathrm{MPa}$ <OK>

$V_{nh} = v_{nh(배치)} A_c = 2.81\,(300)(3,000)/10^3 = 2,530\ (\mathrm{kN})$

$\therefore\ \phi V_{nh(배치)} = 0.75(2,530) = 1,898\ \mathrm{kN} > V_{uh} = 1,861\ \mathrm{kN}$ <OK>

10.6 전단마찰(Shear Friction)

때때로 전단이 서로 미끄러질 수 있는 2 부재의 경계 면을 따라 전달되어야 하는 상황이 발생한다. 구조기준 7.1.1(3)(ACI 11.6.1)에서는 균열이 발생하거나 발생할 가능성이 있는 면, 서로 다른 재료 간의 접촉면 또는 서로 다른 시기에 친 콘크리트 사이의 접촉면을 전단전달에 대한 검토가 필요한 단면으로 규정하고 있다. 이런 경우에 전단이 전달되는 메커니즘을 **골재의 맞물림(aggregate interlock)** 또는 **경계면에서의 전단력 전달(interface shear transfer)** 또는 **전단마찰(shear friction)**이라고 부른다[Wight 2012(858)]. 주부재에 붙어있는 작은 부재에 큰 하중이 작용하게 되면 두 부재 면에 커다란 전단응력이 발생하여 두 부재를 서로 떨어지게(shear off) 하려고 한다. 그림 10.27은 전형적인 전단마찰에 의한 파괴형상을 보여주고 있다. 일어날 가능성이 있는 전단마찰 파괴에 대한 보강철근의 설계는 그림 10.27에서와 같이 예상 파괴면

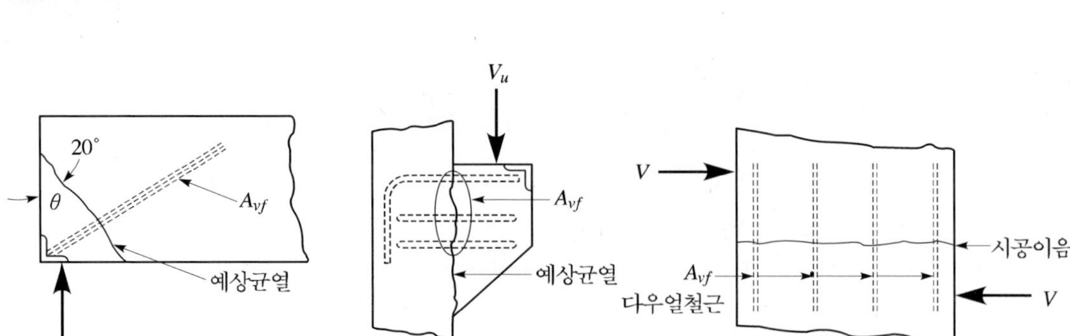

그림 10.27 전단마찰에 의한 예상 균열면과 이 면에 연직하게 배치되는 전단마찰 보강철근 A_{vf} [Mast 1968]

에 연직하게 철근을 배치하여 균열 면을 따라 압축력이 발생하도록 하는 것에 근거를 두고 있다(그림 10.32 참고)[Leet 1997]. 그림 10.27c는 **다월 철근(steel dowel)**에 의해서 시공이음에서 새로 친 콘크리트와 먼저 친 콘크리트 사이에 전단력이 전달되는 예를 보여주고 있다.

전단마찰 개념(shear-friction concept)은 사인장으로 설계해서는 적당하지 않은 직접전단이 작용하는 브래킷(bracket), 내민받침(corbel)이나 프리캐스트 연결부위(precast connections) 등을 설계하는데 편리한 도구이다(그림 10.28 참고). 이 개념은 그림 10.32와 같이 부재나 이음의 구조적인 거동을 간단하게 가시화하여 설계에 적용할 수 있도록 하며, 예상된 위치에 균열이 발생한다고 가정하여 접근한다. 이 개념이 얼마나 성공적으로 적용되느냐는 미끄러짐이나 균열이 발생하는 위치를 얼마나 적절하게 선택하느냐에 달려있다. 전형적인 끝단이나 모서리 지압인 경우에 그림 10.27a와 같이 균열은 대략 연직에 대해서 $\theta = 20°$ 방향으로 나타나고 있다[3].

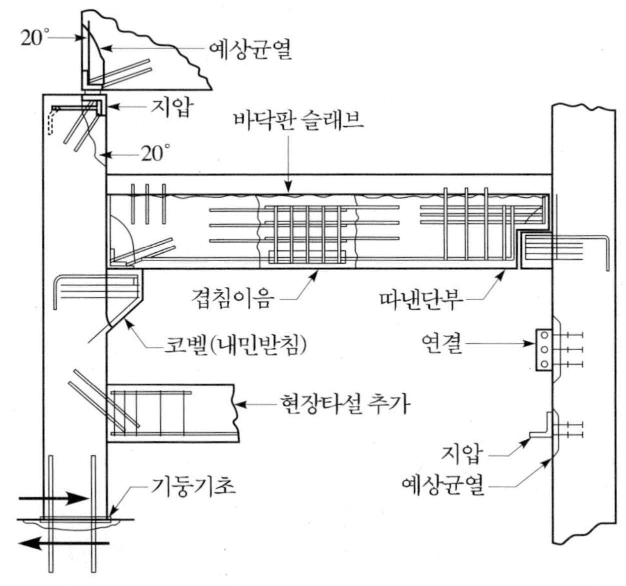

그림 10.28 균열이 발생할 가능성이 있는 면과 전단 마찰 개념의 적용 [ACI Notes(14-2)]

3. PCI Design Handbook Fig. 5.6.2에서는 예상 균열 각도를 $\theta \approx 0°$로 제시하여 균열면의 면적을 $A_c = b \times h$로 구하도록 제시하고 있다.

10.6.1 실험 거동(Behavior in Tests)

Mattock[1972] 및 Hanson[1960] 등은 그림 10.29와 같은 전단전달 시험체(shear transfer specimen)를 이용하여 광범위한 실험을 수행하였다. 시험체는 실험하기 전에 그림의 굵은 점선과 같이 의도적으로 균열을 만들었거나 또는 균열이 없는 시험체를 사용하였다. 전형적인 실험결과가 파괴시의 전단강도 v_u와 횡방향 철근계수 ρf_y를 기준으로 그림 10.30에 제시되었다. 여기에서 ρ는 전단력 전달 면(shear surface)의 면적에 대한 횡방향 철근의 단면적 비이다. 비 균열단면이 균열단면에 비해서 큰 전단강도를 주지만, 높은 ρf_y에서는 사전 균열에 상관없이 상한한계 v_u에 접근하는 것을 발견할 수가 있다.

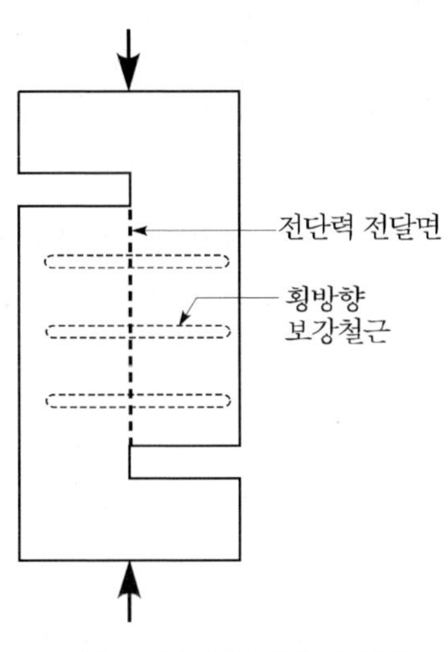

그림 10.29 전단전달 시험체

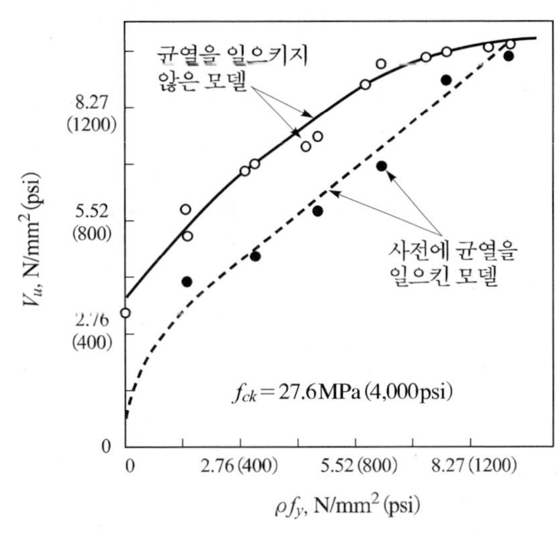

그림 10.30 철근계수(ρf_y)의 변화에 따른 전단강도의 변화

비 균열 시험체에서는 그림 10.31과 같이 일련의 사인장 균열이 발생하였다. 추가적인 전단변형을 받으면 균열사이의 압축대 끝에서(A와 B 점에서) B점이 A점에 비해서 상대적으로 아래 방향으로 이동하는 회전변형을 일으키게 된다. 동시에 균열을 넘어서 측정한 거리 AC가 증가하여 횡방향 철근을 잡아당기게 된다. 보강철근의 인장력은 압축대에 압축력이 증가하는 것으로 평형을 이루게 된다. 최종적인 파괴는 철근이 항복(yielding)하거나 또는 압축대가 분쇄

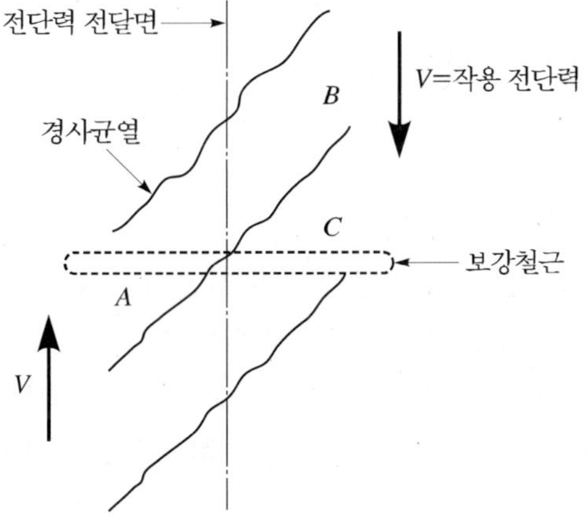

그림 10.31 비 균열 전단력 전달 면을 따라 발생하는 사인장 균열

(crush)하여 일어날 것이다.

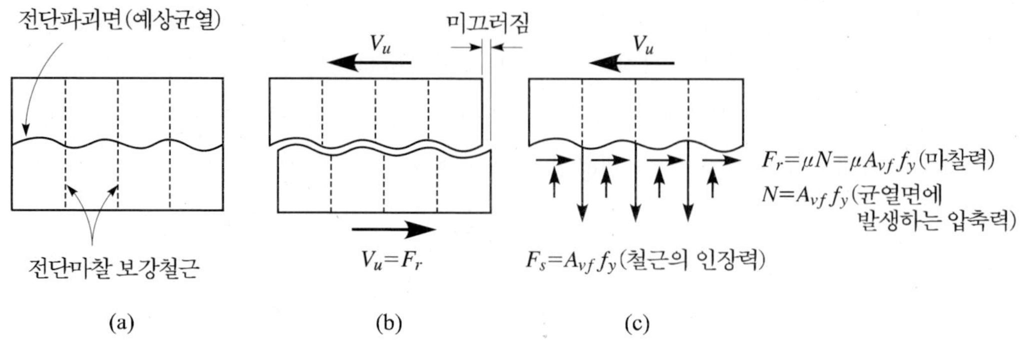

그림 10.32 전단마찰 개념의 이상화(shear friction analogy)

사전에 균열을 준 단면에 균열을 따라 전단력이 작용하여 그림 10.32b와 같이 미끄러짐(slip)이 발생하게 되면, 균열면이 매끄럽지 못하고 울퉁불퉁하여 상대편 균열면을 밀어내서 벌어지려는 변위가 발생하게 된다. 이 벌어지려는 힘은 가상 균열면에 따라 배치된 보강철근에 발달된 인장력($A_{vf} f_y$)에 의해서 저항되고, 연직한 힘의 평형을 이루기 위해서 균열면에는 크기가 같고 방향이 반대인 압축력(clamping force) N이 발생하게 된다. 가상 파괴면을 따라 발달하는 압축합력 N는 전단마찰 보강철근이 배치된 방향으로 평형방정식을 쓰면 다음과 같이 표현될 수 있다.

$$\sum F_y = 0 \; ; \quad N = F_s = A_{vf} f_y$$

이 연직력 N으로 인해서 가상의 균열면을 따라 마찰력 F_r이 발생하여 추가적인 미끄러짐에 저항하게 된다.

$$F_r = N\mu = A_{vf} f_y \mu$$

여기에서 μ는 마찰계수로 표 10.5에는 구조기준 7.7.2(3) (ACI 11.7.4.3)에서 규정한 값들이 제시되어 있다.

전단이 균열면을 따라 전달되는 것은 ① 이 압축응력으로 발생하는 마찰력과 ② 균열면에서 골재의 면이 고르지 못하기 때문에 발생하는 골재 맞물림과 횡방향 철근의 다월력에 의하여 전달된다. Mattock과 Hawkins[1972]는 보강철근이 균열면에 연직하게 배치되어있는 경우에 사전 균열이 일어난 면의 전단강도를 아래와 같이 제시하였다.

$$V_n = 0.8 A_{vf} f_y + A_c k_1 \tag{10.24}$$

여기에서 A_{vf}는 균열면에 연직하게 배치된 철근의 단면적이며, A_c는 전단마찰에 저항하는 콘크리트 면적이다. Mattock과 Hawkins는 보통중량골재 콘크리트에서 계수 k_1을 2.8 MPa로, 전경량 콘크리트는 1.4 MPa, 부분경량(모래경량) 콘크리트인 경우에는 1.75 MPa로 제시하였다. 첫 번째 항은 마찰력을 표현하며 마찰계수로 0.8을 취한 것이며, 두 번째 항은 골재 맞물림과 다월력을 표현하고 있다. 구조기준 해설 7.7.1(ACI R11.7.3)에서는 식 (10.24)를 상세한 방법 중의 한 방법인 **수정 전단마찰방법(modified shear-friction method)**으로 제시하고 있다. 또한 전단마찰 보강철근이 전단력 전달 면(shear plane)에 대해서 경사 α_f가 있는 경우 전단강도 V_n은 아래 식으로 구하도록 하고 있다.

$$V_n = A_{vf} f_y (0.8 \sin\alpha_f + \cos\alpha_f) + A_c k_1 \sin^2\alpha_f \tag{10.25}$$

여기에서 α_f는 전단력 전달 면(shear plane)과 전단마찰 보강철근과의 각도이다(즉, $0 < \alpha_f < 90^o$)(그림 10.33 참고). 이 수정전단마찰방법을 사용하기 위해서는 $\rho f_y = A_{vf} f_y \sin\alpha_f / A_c \geq 1.4$ MPa이 되도록 규정하고 있다. 따라서 f_y = 400 MPa인 경우에 최소보강철근비 ρ = 1.4/400 = 0.0035가 된다.

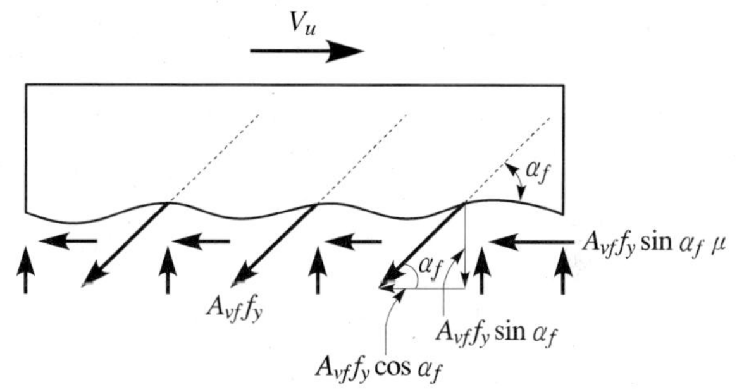

그림 10.33 경사 전단마찰 보강철근의 이상화 [ACI Notes(14-3)]

10.6.2 구조기준에 따른 설계규정(Design Rules)

구조기준 7.7.1(ACI 11.7)에서는 직접전단이 어떤 면(a given plane)을 넘어서 전달될 때 전단마찰설계(shear-friction design)가 적용된다고 규정하고 있다. 이런 면에는 그림 10.27이나 10.28과 같이 존재하거나 발생할 가능성이 있는 균열면, 콘크리트가 타설 되는 시간이 다른 경우에 발생하는 면, 콘크리트와 강재의 접촉면 또는 프리캐스트 시공의 연결부위 등이 있다.

구조기준 7.7.1(2)에서 균열은 해당 전단력 전달 면에 걸쳐 발생한다고 가정할 수 있다고 규정하고 있다. 이 전단력 전달 면상의 소요전단 마찰철근 단면적 A_{vf}는 구조기준 7.7.2(ACI 11.7.4)의 전단마찰 설계방법에 따라 계산하거나 그 외의 전단전달 설계방법을 사용하여 계산할 수 있으며, 이때는 강도가 다양한 실험결과와 실질적으로 일치하여야 한다고 제시하고 있다. 앞에서 언급한바와 같이 구조기준 해설 7.7.1(ACI R11.7.3)에서는 좀더 상세한 방법 중의 한 방법인 수정전단마찰 설계방법으로 식 (10.24)와 (10.25)를 제시하고 있다.

설계에서 균열은 전단력 전달 면(shear plane)에 발생한다고 가정하고, 보강철근은 균열면을 따라서 배치하게 된다. 일체로 친 콘크리트나 표 10.5의 1.0λ 인 경우와 같이 표면을 거칠게 만든 굳은 콘크리트에 새로 친 보통중량골재 콘크리트인 경우에 보강철근은 아래 식을 이용하여 계산할 수 있다.

$$V_u/\phi \leq \{ V_n = F_r = A_{vf} f_y \mu \leq \text{Min.}[0.2 f_{ck},\ (3.3 + 0.08 f_{ck})] A_c (\text{N}) \} \tag{10.26}$$

그 밖의 경우 즉, 경량콘크리트를 사용하거나 표면을 일부러 거칠게 만들지 않은 경우에는

$$V_u/\phi \leq [V_n = F_r = A_{vf} f_y \mu \leq (0.2 f_{ck} \leq 5.5) A_c] \tag{10.27}$$

여기에서 전단에 대해 $\phi = 0.75$이며, A_c는 전단전달을 저항하는 콘크리트 단면의 면적이고, μ는 마찰계수로 표 10.5에 제시되어 있다. 만약에 강도가 서로 다른 콘크리트를 친 경우 낮은 강도 콘크리트의 f_{ck} 값을 사용하여 V_n을 계산하여야 한다. 식 (10.26)이나 (10.27)은 주어진 단면에 배치할 수 있는 전단전달 보강철근의 상한한계로 이 한계 이상을 배치하면 불안전측이 되기 때문에 제시된 규정이다. 식 (10.26)에서 $f_{ck} \leq 27.5$ MPa에서는 $0.2 f_{ck} A_c$가 지배하고, $f_{ck} > 27.5$ MPa에서는 $(3.3 + 0.08 f_{ck}) A_c$가 지배한다. 식 (10.27)에서 $5.5/0.2 = 27.5$ (MPa)로 $f_{ck} > 27.5$ MPa이면 $5.5 A_c$가 지배하게 된다(그림 10.34 참고).

표 10.5 전단 파괴면의 상태에 따른 마찰계수의 값 [구조기준 7.7.2(3), ACI 11.7.4.3]

전단 파괴면의 특징	마찰계수 μ
일체로 친 콘크리트	1.4λ
접촉면은 깨끗하고 레이턴스가 없으며, 요철의 크기가 대략 6 mm 정도 되게 일부러 표면을 거칠게 만든 굳은 콘크리트에 새로 친 콘크리트	1.0λ
일부러 거칠게 하지 않은 굳은 콘크리트에 새로 친 콘크리트	0.6λ
깨끗하고 페인트가 묻어있지 않은 전단연결재(스터드)에 의하거나 철근에 의해 구조강에 정착된 콘크리트	0.7λ

여기에서 λ는 경량콘크리트 계수로 보통중량골재 콘크리트 1.0 ; 모래경량 콘크리트 0.85 ; 전경량 콘크리트 0.75이다. 일부의 굵은골재를 경량골재로 치환한 경우는 치환하는 체적비에 따라 직선보간한다[식 (2.11) 참고].

전단마찰 보강철근이 전단력 전달 면에 대해서 경사각 α_f를 두고 배치된 경우에는 공칭전단강도 V_n은 아래 식으로 계산하면 된다(그림 10.33 참고).

$$V_n = A_{vf} f_y (\mu \sin\alpha_f + \cos\alpha_f) \tag{10.28}$$

여기에서 α_f 는 예상의 전단 균열면과 보강철근과의 각도이며, 연직력만 마찰저항력을 주므로 이 항에만 μ 를 곱해주어야 할 것이다.

따라서 식 (10.27)과 (10.28)로부터 소요 전단마찰 보강철근의 단면적은 다음 식으로 결정할 수 있다.

$$A_{vf\,(\text{소요})} \geq \left[\frac{V_u/\phi}{\mu f_y} \quad \text{또는} \quad \frac{V_u/\phi}{f_y(\mu \sin\alpha_f + \cos\alpha_f)} \right] \tag{10.29}$$

구조기준 7.7.3(ACI 11.7.9) 접촉면의 처리에서 ① 전단전달을 효과적으로 하기 위해서 이미 굳은 콘크리트에 새로운 콘크리트를 칠 때는 접촉면은 깨끗하고 레이턴스가 없도록 하여야 한다고 규정하고 μ 가 1.0λ 와 같다고 가정하는 경우의 접촉면은 그 요철의 크기가 대략 6 mm 정도 되게 거칠게 만들어야 한다고 규정하며, ② 스터드를 사용하거나 철근을 용접하여 구조용 강재과 콘크리트 사이에서 전단이 전달되는 경우에는 강재는 깨끗하고 페인트가 묻어 있지 않아야 한다고 규정하고 있다. 또한 구조기준에서는 다음의 규정을 만족하도록 규정하고 있다.

① 전단마찰철근은 전단력 전달 면에 걸쳐 적절하게 두어야 하며, 또 이 철근 양쪽을 정착길이를 확보하거나 갈고리 또는 특수한 장치에 용접하여 철근이 설계기준항복강도를 발휘할 수 있도록 양측에 정착해야 한다[구조기준 7.7.2(7)].

② 항복시의 변형률이 너무 크지 않도록 전단마찰철근의 설계기준항복강도는 500 MPa 이하로 하여야 한다[구조기준 7.7.2(5)].

③ 전단력 전달 면(shear plane)에 순인장력이 작용할 때는 이 인장에 저항하기 위하여 전단전달에 대해서 배치한 철근에 추가하여 보강철근을 배치하여야 한다[4]. 한편 전단력 전달 면상에 영구적인 순압축력이 작용할 경우 소요 A_{vf} 를 계산 할 때 전단마찰철근의 힘 $A_{vf} f_y$ 에 추가되는 힘으로 고려할 수 있다[5][구조기준 7.7.2(6)].

또한 Mattock 등[1975]은 만약에 전단력 전달 면을 따라 압축력이 작용하게 되면, 전단전달강

4. 이 규정은 특히 보의 지압부분과 같이 변형이 구속될 때 온도 차이나 크리프 또는 건조수축으로 인하여 전단력 전달 면에 발생하는 인장력은 부재를 파괴시킬 수 있으므로 추가로 보강철근을 배치하여야 한다는 규정이다.

5. 전단력 전달 면에 휨모멘트가 작용할 때 휨인장응력과 휨압축응력은 서로 평형상태에 있게 된다. 따라서 전단전달 강도(shear-transfer strength)나 전단력 전달 면을 따라 작용하는 압축력 $A_{vf} f_y$ 에는 변화를 일으키지 않게 된다. 휨인장 영역에서 요구되는 휨인장 보강철근의 단면적이 전단전달 보강철근(shear-transfer reinforcement)의 단면적보다 큰 경우를 제외하고 추가적인 철근을 배치할 필요가 없으며, 이러한 사실은 Mattock 등[1975]에 의해서 실험적으로 증명되었다[구조기준 해설 7.7.2(6), ACI 318 R11.6.7].

도는 압축력과 전단마찰 보강철근력 $A_{vf}f_y$를 합한 값의 함수가 되는 것을 보여주었다. 설계에 있어서 전단력 전달 면을 따라 영구히 압축력이 작용하는 경우에는 요구 전단마찰철근의 양이 줄어드는 이점을 취할 수 있다[구조기준 해설 7.7.2(6), ACI R11.6.7]. 따라서 영구적인 압축력을 N_u 라면 식 (10.26)은 다음과 같이 표현할 수 있다.

$$V_n = (A_{vf}f_y + N_u)\mu \tag{10.30}$$

전단마찰 방법(shear−friction method)는 모든 전단이 균열면 사이의 마찰에 의해서 저항된다고 가정하고 있다. 실제 직접전단에 저항하는 메커니즘은 다월작용이나 콘크리트의 부착력(apparent cohesive strength of the concrete) 등이 전단강도를 주기 때문에 훨씬 더 복잡하다[ACI Notes(14−4)]. 따라서 실제의 마찰계수[식 (10.24)의 0.8]보다 훨씬 더 큰 마찰계수(μ = 1.4 또는 1.0)를 사용하여 계산된 전단강도가 그림 10.34와 같이 실험결과에 비해서 안전측의 결과를 주는 것이다. 식 (10.26)이나 (10.27)에서 다룬바와 같이 전단전달강도 V_n은 상한한계를 두어 제한하고 있다. 그림 10.34에서 보는바와 같이 이 제한은 효과적으로 V_n의 최대철근 단면적의 상한한계를 주고 있다.

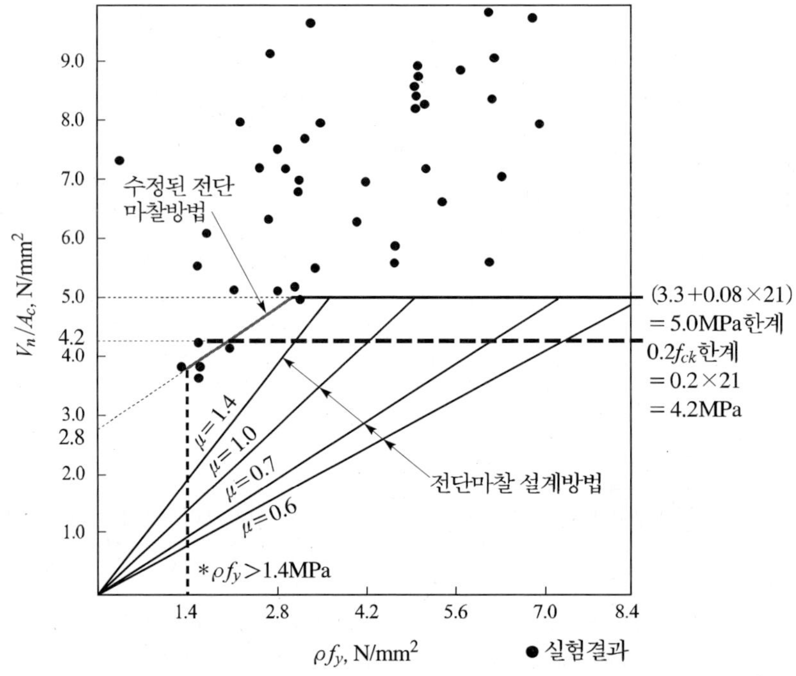

그림 10.34 전단전달강도(shear transfer strength)에 미치는 전단마찰 보강철근의 영향 (f_{ck} = 21 MPa) [ACI SP−17(2009)]

예제 10.6

[프리캐스트 보의 받침부 지압설계]

그림 10.35와 같이 계수하중 V_u = 556 kN이 받침대 역할을 하는 75×75×9.5 mm L형 앵글에 작용하고 있다. 체적변화를 구속하는 것을 고려하기 위해서 구조기준 7.9.2(5)(ACI 11.9.3.4)에서 제시하는 것과 같이 수평력으로 연직력의 20%를 고려하여, 인장력 N_{uc} = 0.2×556 = 111.2 kN이 그림 10.35a와 같이 작용하는 것으로 고려하였다. 항복강도가 400 MPa인 철근을 사용할 때 요구되는 전단마찰철근을 설계하라. 보통중량골재 콘크리트의 설계기준압축강도 f_{ck} = 35 MPa이다.

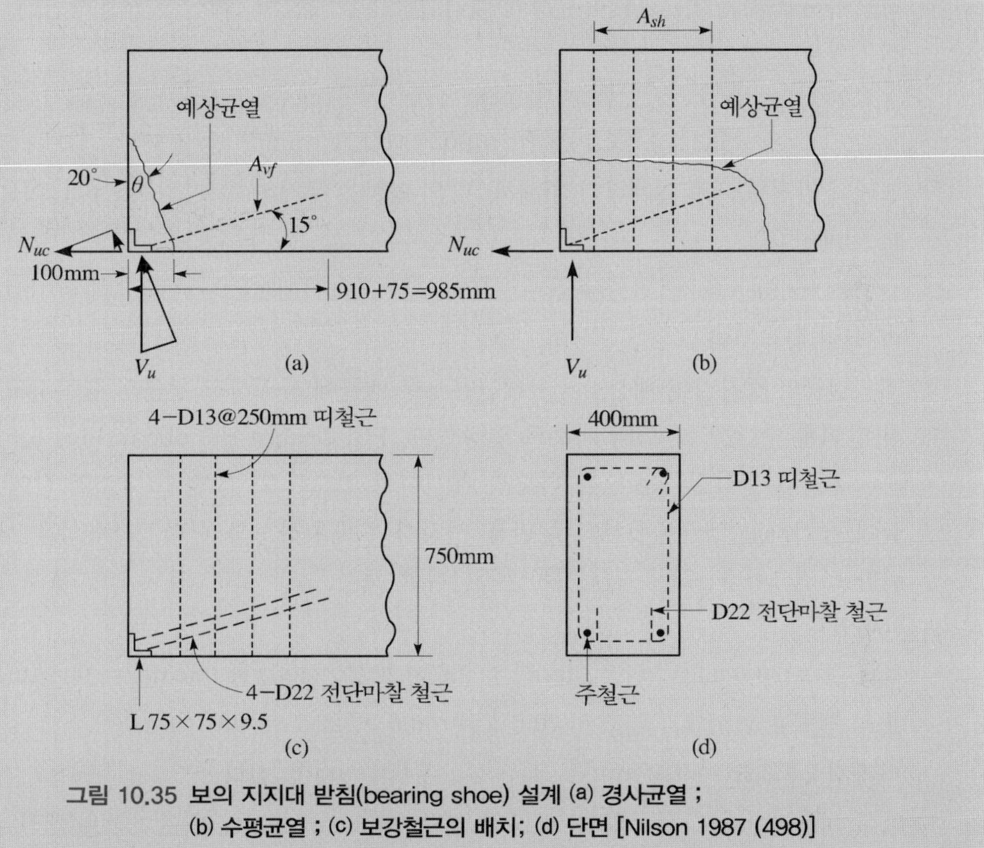

그림 10.35 보의 지지대 받침(bearing shoe) 설계 (a) 경사균열 ; (b) 수평균열 ; (c) 보강철근의 배치; (d) 단면 [Nilson 1987 (498)]

① 전단마찰철근 A_{vf} 설계 : 그림 10.35a와 같이 예상 균열은 보의 끝에서 100 mm 떨어진 위치에서 시작해서 연직면에 대해서 20° 각도로 형성된다고 가정한다.

(a) 균열면에 대한 V_u 계산 : $V_{u\,(균열면)} = V_u \cos 20° + N_{uc} \sin 20°$

$$V_{u\,(균열면)} = 556 \cos 20° + 111.2 \sin 20° = 522.5 + 38.03 = 560.5\ (\text{kN})$$

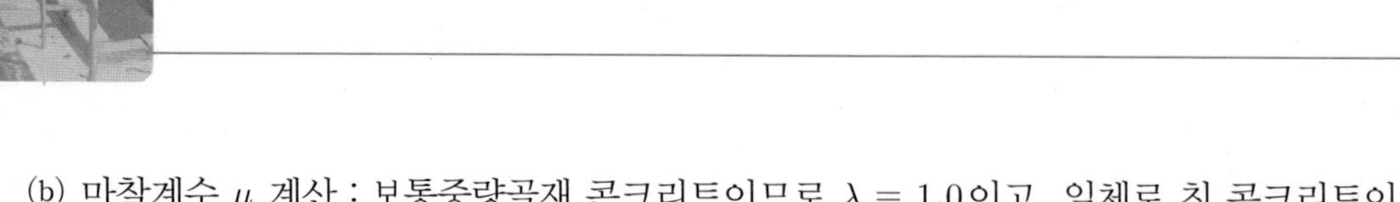

(b) 마찰계수 μ 계산 : 보통중량골재 콘크리트이므로 $\lambda = 1.0$이고, 일체로 친 콘크리트이므로 표 10.5에서 $\mu = 1.4\lambda = 1.4(1.0) = 1.4$

(c) 전단마찰철근은 그림 10.35a에서와 같이 보 바닥과 15° 각도를 두고 배치한다.

$\alpha_f = 90 - 5 = 85°$

식 (10.29) : $A_{vf\,(소요)} \geq [V_{u\,(균열면)}/\phi]/[f_y(\mu \sin\alpha_f + \cos\alpha_f)]$

$= (560.5\times10^3/0.75)/[400\times(1.4\times\sin 85° + \cos 85°)] = 1{,}261\ (\text{mm}^2)$

(d) 예상균열 면에 작용하는 연직 순압축력 N_u 계산 :

$N_u = V_u \sin 20° - N_{uc}\cos 20° = 556\sin 20° - 111.2\cos 20° = 85.7\ (\text{kN})$가 작용하므로 구조기준 7.7.2(6)의 규정에 따라 순 압축력을 A_{vf} 계산에 적용하면,

식 (10.30) :

$$A_{vf\,(소요)} \geq [(V_{u\,(균열면)}/\phi)/\mu + N_u]/f_y = [(560.5/0.75)/1.4 - 85.7]\times10^3/400$$
$$\geq (533.8 - 85.7)\times10^3/400 = 1{,}121\ (\text{mm}^2)$$

그러나 안전 측으로 설계하기 위해서 N_u의 영향을 무시하여 $A_{vf\,(소요)} = 1{,}261\ (\text{mm}^2)$로 설계한다.

4개의 D22 철근 배치 : $A_{vf\,(배치)} = 4(387) = 1{,}548\ (\text{mm}^2) > A_{vf\,(소요)} = 1{,}261\ \text{mm}^2$가 되어 충분하다.

(e) A_{vf} 철근의 정착길이 계산 : A_{vf} 철근은 L형 앵글에 용접하고 철근의 항복강도가 충분히 발휘할 수 있도록 보의 내부로 연장한다. PCI Design Handbook(Fig. 5.6.2)에서 A_{vf} 철근의 정착길이는 l_d를 하도록 제시하고 있으므로, 그림 10.35c와 같이 L형 앵글에 용접하고 앵글에서부터 l_d만큼 연장하여 배치하도록 한다. 간략식을 사용하기 위한 조건 1이나 또는 조건 2를 만족한다고 보아, $\alpha = 1.0$; $\beta = 1.0$; $\lambda = 1.0$으로 고려한다.

$l_{d\,(소요)} = (0.6 d_b f_y/\lambda\sqrt{f_{ck}})(\alpha\beta) = 0.6\times22.2\times400/(1.0\sqrt{35}) = 901\ (\text{mm})$

또는 설계표 2.9 : $l_{d\,(소요)} = 40.6\,d_b = 40.6\times22.2 = 901\ (\text{mm})$

따라서 $l_{d\,(배치)} = 910\ \text{mm} > l_{d\,(소요)} = 901\ \text{mm}$로 한다.

(f) 최대 허용전단강도 V_n 검토 : 전단력 전달 면(shear plane)의 단면적을 계산해보면,

$A_c = 400(100/\sin 20°) = 116.95\times10^3\ (\text{mm}^2)$

$f_{ck} = 35\ \text{MPa} > 27.5\ \text{MPa}$이므로 → $(3.3 + 0.08 f_{ck})A_c$항이 지배

구조기준 7.7.2(4) :

식 (10.26) : $V_{n\,(최대\,허용)} \leq (3.3 + 0.08 f_{ck})A_c = (3.3 + 0.08\times35)A_c = 6.1A_c$

$\therefore\ V_{n\,(최대\,허용)} \leq 6.1A_c = 6.1(116.95\times10^3)/10^3 = \underline{713.4\ (\text{kN})}$

$V_{n\,(균열면)} = 560.5/0.75 = 747.3\,\text{kN} > V_{n\,(최대허용)} = 713.4\,\text{kN}$ <N.G>

[예상 균열면의 각도를 $\theta = 20°$로 가정했지만 PCI Design Handbook Fig. 5.6.2에서는 각도를 $\theta \approx 0°$로 제시하고 있다. 따라서 본 예제에서 최대허용 공칭전단강도의 규정을 만족하기 위해서 θ를 계산해보면

$V_{n\,(균열면)} = (747.3 \times 10^3) \le 6.1A_c = 6.1(400)(100/\sin\theta)$

$\theta \le \sin^{-1}\left[6.16(400)(100)/(747.3 \times 10^3)\right] = 19.05°$가 된다.

따라서 예상 균열의 각도를 $\theta = 19.05°$ 이하가 되면, 최대 허용전단상도에 대한 규정을 만족하게 된다. 본 예제에서 추가의 계산은 생략한다.]

② 예상 수평균열에 대한 연직보강철근 A_{sh} 설계 : 그림 10.35b에서 보는 바와 같이 전체 정착구간이 보로부터 떨어져 나가 분리되는 수평균열이 발생할 수 있다. 이에 대한 보강철근 A_{sh}의 소요철근단면적은 전단마찰철근 A_{vf}이 항복강도를 빌휘한나고 가정하여 구한다. 이 계산에서 이미 A_{vf}를 계산할 때 강도감소계수를 적용했으므로 ϕ는 다시 적용할 필요는 없다.

(a) A_{sh} 계산 : 식 (10.28)과 식 (10.29)를 같이 쓰면 [PCI 2010 식 (5.55) 참고]

$$A_{sh\,(소요)} = \frac{A_{vf} f_y \cos 15°}{\mu f_y} = \frac{1{,}261 \times 400 \times \cos 15°}{1.4 \times 400} = 870\ (\text{mm}^2)$$

4개의 D13 띠철근을 그림 10.35d와 같이 배치하면

$A_{sh\,(배치)} = 4 \times (126.7 \times 2) = 1{,}014\ (\text{mm}^2) > A_{sh\,(소요)} = 870\ \text{mm}^2$ <OK>

(b) 최대 허용전단강도 V_n 검토 :

구조기준 7.7.2(4)에 따라 전달될 수 있는 최대전단력에 대한 제한은 안전측으로 수평거리로 910 + 75 = 985 (mm)를 고려한다.

$V_{n\,(최대허용)} \le 6.1A_c = 6.1(400 \times 985)/10^3 = 2{,}403\ (\text{kN})$

이 전단력 전달 면에 발생하는 최대 공칭전단강도는

$V_n = A_{vf} f_y \cos 15° = 1{,}261 \times 400 \cos 15°/10^3 = 487.2\ (\text{kN})$

$< V_{n\,(최대허용)} = 2{,}403\ \text{kN}$ <OK>

③ 구속철근(confinement reinforcement) 설계 : PCI Design Handbook 5.6.2에는 지압력이 $1.1 f_{ck} A_1$을 초과하는 모든 부재에 구속철근을 모든 방향으로 배치하도록 제안하고 있으며, 이 규정은 구조기준 6.8 지압강도(ACI 10.17)와 연관되어 있다.

따라서 검토하면 $V_u = 556\ \text{kN} < 1.1(35)(75 \times 400)/10^3 = 1{,}155\ (\text{kN})$이 되므로 구속철근(confinement reinforcement)은 배치할 필요는 없다.

10.7 참고문헌

- 구조기준. (2012). 콘크리트구조기준, 국토해양부 제정, 한국콘크리트학회, 342 pp.
- 구조기준 해설. (2012). 콘크리트구조기준 해설, 한국콘크리트학회, 599 pp.
- ACI 318-89. (1989). ACI 318R-89, Building Code Requirements for Structural Concrete(318-89) and Commentary, American Concrete Institute, Farmington Hills, MI 48331, 347 pp.
- ACI 318-08. (2008). ACI 318R-08, Building Code Requirements for Structural Concrete(318-08) and Commentary, American Concrete Institute, Farmington Hills, MI 48331, 465 pp.
- ACI Notes. (2008). ACI 318-08 Building Code Requirements for Structural Concrete with Design Applications, PCA(Portland Cement Association), Skokie, Il., 2008.
- ACI SP-17. (2009). ACI Design Handbook, 7th Edition, 252 pp.
- Branson, D. E. (1977). Deformation of Concrete Structures, McGraw-Hill, New York.
- CPCI Design Manual. (2007). Canadian Precast/Prestressed Concrete Institute, Design Manual, 4th Edition.
- fib 29. (2004). Precast Concrete Bridges. fib Bulletin 29, State-of-Art report prepared by Task Group 6.4, 81 pp.
- Hanson, N. W. (1960). "Precast-Prestressed Concrete Bridges," Part 2, "Horizontal Shear Connections," Journal of the Research and Development Laboratories, PCA, Vol. 2, No. 2, May, pp. 38-58.
- Hewson, Nigel R. (2012). Prestressed Concrete Bridges: Design and Construction, Thomas Telford Limited, 412 pp.
- Leet, K., and Bernal, D. (1997). Reinforced Concrete Design, 3rd Edition, McGraw-Hill Company, Inc., 546 pp.
- Mast, R. F. (1968). "Auxiliary Reinforcement in Precast Connections," Proceedings, Journal of the Structural Division ASCE, Vol. 94, ST6, June, pp. 1485-1504.
- Mattock, A. H., and Hawkins, N. M. (1972). "Shear Transfer in Reinforced Concrete-Recent Research," Journal of PCI, Vol. 17, No. 2, March-April, pp. 55-75.
- Mattock, A. H., and Johal, L., and Chow, H.C. (1975). "Shear Transfer in Reinforced

Concrete with Moment or Tension Acting Across the Shear Plane," Journal of PCI, Vol. 20, No. 4, July–Aug., pp. 76–93.

- Naaman, Antoine E. (2012). Prestressed Concrete Analysis and Design, 3rd Edition, Techno Press 3000, 1173 pp.
- Nilson, A. H. (1987). Design of Prestressed Concrete, 2nd Edition, John Wiley & Sons, 592 pp.
- PCI Bridge Design Manual. (2003). Volume 1–2, Manual Number 5904, MNL-133–97, 2nd Edition, July.
- PCI Design Handbook. (2010). 7th Edition, PCI(Precast/Prestressed Concrete Institute).
- Rajagopalan, N. (2005). Prestressed Concrete, 2nd Edition, Alpha Science International Ltd., Harrow, U.K., 486 pp.
- Raju, N. Krishna. (2007). Prestressed Concrete, 4th Edition, New Delhi, Tata McGraw-Hill Companies, 783 pp.
- Taly, Narendra. (1998). Design of Modern Highway Bridges, The McGraw-Hill Company, Inc., 1352 pp.
- Wight, James K., and MacGregor, J. G. (2012). Reinforced Concrete Mechanics and Design, 6th Edition, Pearson Education Inc., 1157 pp.
- Williams, Alan. (2000). Chpt. 3 Civil Engineering Bridge Structures, Review for the Breadth/Depth Exam in Civil Engineering, Engineering Press, 3–122 pp.
- Zia, Paul. (1986). Lecture Note of Theory and Design of Prestressed Concrete (CE536), North Carolina State University.

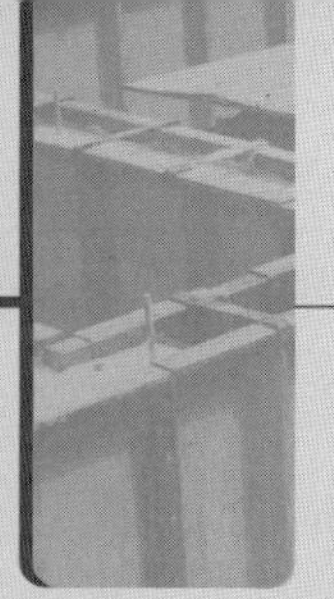

연습문제 | EXERCISE

10.1

[CPCI 2007] 그림 P10.1은 경간 $l = 15$ m 단순지지 보에 배치되는 50 mm 현장치기(CIP) 슬래브를 포함한 CPCI 2,400×600 더블 T형 보를 보여주고 있다. 더블 T형 보에는 10개의 저이완 강연선 직경 12.7 mm B종($f_{pu} = 1{,}860$ MPa, $f_{p0} = 0.74 f_{pu} = 1{,}376$ MPa) 긴장재가 경간 중앙에서 1점 절곡하여 받침부($e_e = 174$ mm)와 경간중앙($e_c = 348$ mm)에 배치되었다. 보통중량 골재 콘크리트의 비중은 $\rho_c = 2{,}400$ kg/m^{3}이다.

- 더블 T의 등분포 고정하중 $w_G = wb = 2.5 \times 2.4 = 6.0$ kN/m
- 현장치기(CIP) 슬래브의 등분포 고정하중 : $w_S = 2.88$ kN/m
- 추가고정하중 : $w_{SD} = 1.68$ kN/m ; 활하중 $w_L = 12.48$ kN/m

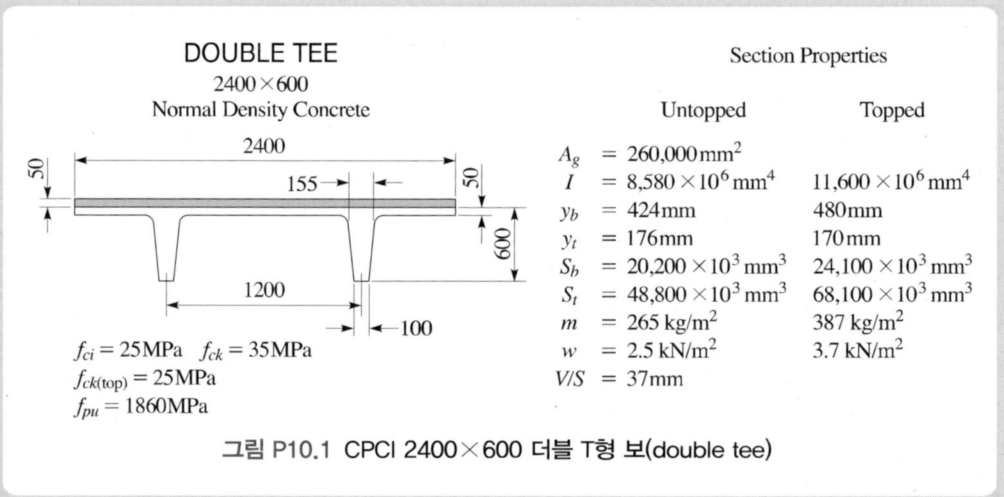

그림 P10.1 CPCI 2400×600 더블 T형 보(double tee)

아래의 하중조합이 작용할 때 경간 중앙에서 상연과 하연의 휨응력을 구하고 응력한계를 검토하라. 초기 긴장력 손실은 7.5%가 일어나고 추가로 장기손실 18%가 일어난다고 가정하라.

(a) 초기 긴장력과 프리캐스트 더블 T형 보의 고정하중이 작용하는 경우(비지주 시공),

(b) 아직 합성거동은 하지 않고 유효 긴장력이 작용할 때 모든 고정하중이 작용하는 경우,

(c) 유효 긴장력이 작용하고 모든 사용하중이 작용하는 경우,

프리캐스트 더블 T형 보가 재령 40일 경과한 뒤에 현장치기(CIP) 슬래브가 타설되어 합성단면 거동은 3일 뒤인 43일에 시작된다고 가정한다. 습윤양생을 3일 한 뒤에 현장치기 슬래브의 압축강도는 $f_{ci} = 0.7 f_{ck(slab)} = 0.7(25) = 17.5$ MPa에 이른다고 가정한다.

프리캐스트(PC) 거더 단면 : 전체 크리프 계수 $C_t(\infty)_{girder} = 1.81$로 가정, 재령 43일 이후에 일어나는 크리프는 $C_t(43)_{girder} = 0.88$로 측정 ;

전체 건조수축 변형률 $\epsilon_{sh}(\infty)_{girder} = 442 \times 10^{-6}$, 재령 43일 이후에 일어나는 건조수축 변형률 $\epsilon_{sh}(43)_{girder} = 191 \times 10^{-6}$이다.

현장치기(CIP) 슬래브 단면 : 합성거동이 시작되고 난 뒤에 CIP 슬래브에 일어나는 전체 크리프 $C_t(\infty)_{slab} = 2.40$이고, 건조수축 변형률 $\epsilon_{sh}(\infty)_{slab} = 600 \times 10^{-6}$이다.

(d) $C_t = 0.0$ 으로 가정하여 프리캐스트 더블 T형 보와 현장치기(CIP) 슬래브의 상연과 하연에서 PC와 CIP의 건조수축 변형률 차이로 인한 응력을 구하라.

(e) 모든 크리프가 발달한 뒤에 합성단면의 상연과 하연에서 최종적인 콘크리트 응력을 구하라.

(f) 합성단면의 공칭 휨강도를 계산하여 소요강도(required strength)와 비교하라.

(g) 합성단면의 접촉면에서 수평전단강도가 만족함을 예제 10.4와 같이 2 방법으로 각각 확인하라. 만약에 만족하지 못하면 수직 타이를 설계하여야 할 것이다.

10.2

[ACI Notes(Ex. 12.6)] 그림 P10.2에는 프리캐스트(PC) 보위에 현장치기(CIP) 슬래브를 시공하는 구조물을 보여주고 있다. 아래의 3 경우에 대해서 PC 보와 CIP 슬래브 사이의 접촉면에서 수평전단의 전달에 대해서 설계하라. 단순지지 된 보의 경간은 9.0 m이고 보통중량골재 콘크리트 설계기준압축강도 $f_{ck} = 21$ MPa, U형 스터럽의 항복강도 $f_{yt} = 400$ MPa이다.

(a) $w_D = 4.60$ kN/m, $w_L = 3.43$ kN/m인 경우

(b) $w_D = 4.60$ kN/m, $w_L = 14.6$ kN/m인 경우

(c) $w_D = 4.60$ kN/m, $w_L = 49.2$ kN/m인 경우

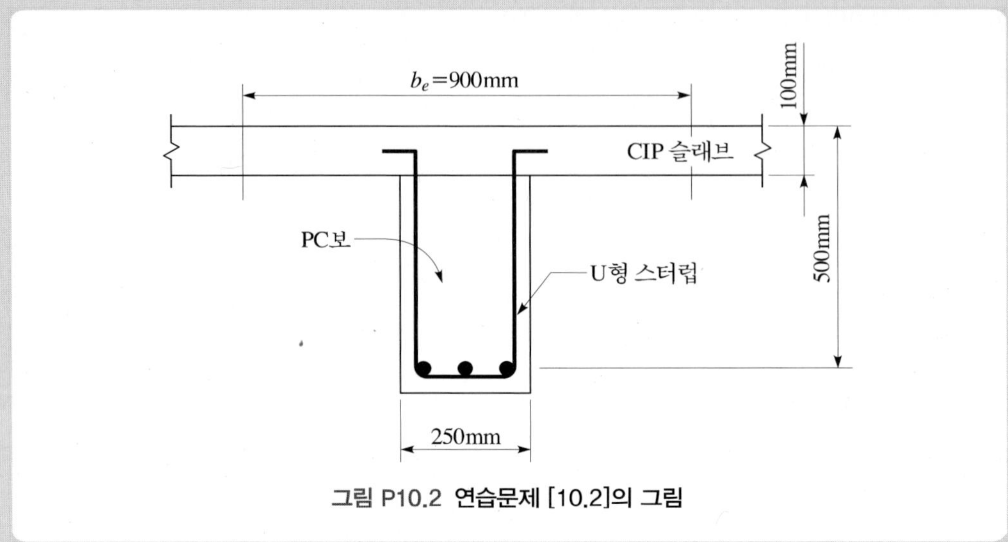

그림 P10.2 연습문제 [10.2]의 그림

10.3

[Nilson 1987(298)] 그림 P10.3에는 단순 지지된 경간 15.0 m에 f_{ck} = 21 MPa의 CIP 슬래브가 배치되는 합성 T형 단면을 보여주고 있다. 프리스트레싱 긴장재 A_{ps} = 1,086 mm^{2}의 최종 항복 응력 f_{ps} = 1,586 MPa로 계산되었다. 이 합성단면은 자신의 고정하중을 포함하여 총 계수하중 40.0 kN/m를 지지하도록 설계되었다. f_{yt} = 400 MPa의 D10 U형 스터럽이 받침부에서는 중심 간격 125 mm로 경간 중앙에서는 500 mm로 복부 보강철근이 배치되었다. 스터럽은 그림 P10.3에서와 같이 슬래브 안까지 연장되어 적절하게 정착되었고, 프리캐스트 보의 상면은 구조기준의 규정을 만족하도록 충분한 깊이로 고의로 거칠게 만들었다.

(a) 합성단면의 접촉면에서 공칭 수평전단강도를 구조기준의 규정에 따라 계산하고 이 값이 소요강도보다 커서 안전함을 검토하라.
(b) C와 T를 이용하여 수평전단응력을 계산하는 2번째 방법을 이용하여 받침부와 경간중앙에서의 스터럽의 간격을 결정하라.

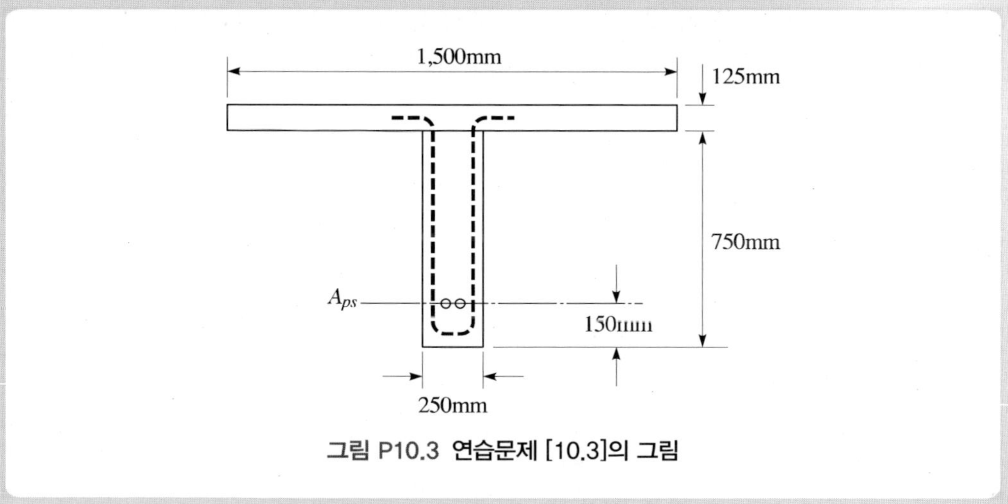

그림 P10.3 연습문제 [10.3]의 그림

10.4

[Nilson 1987(299)] 그림 P10.4에는 경간 30 m의 주차장 건물에 적용될 프리캐스트 T형 보(single T beam)를 보여주고 있다. 프리캐스트 T형 보를 현장에 설치한 후에 그 위에 두께 75 mm의 현장치기(CIP) 슬래브가 배치되어 합성거동을 할 예정이다. 프리캐스트 거더의 콘크리트 설계기준압축강도는 $(f_{ck})_{girder} = 40$ MPa, $(f_{ci})_{girder} = 25$ MPa이고, CIP 슬래브 콘크리트는 $(f_{ck})_{slab} = 25$ MPa이다. 프리캐스트 T형 보에는 경간중앙에서 1점 절곡[경간중앙에서 편심 $e_c =$ 781 mm이고, 받침부에서는 하핵점(lower kern, k_b ; 그림 6.4 참고)에 배치]하여 지름 12.7 mm B종($f_{pu} = 1{,}860$ MPa, $f_{p0} = 0.74 f_{pu} = 1{,}376$ MPa) 저이완 7연선을 배치할 예정이다. 모든 하중단계(초기단계나 CIP 슬래브 하중이 작용할 때)에서 구조기준의 응력한계를 위반하지 않도록 프리스트레싱을 도입하였다. 프리스트레싱 긴장력을 도입할 때 초기손실로 10%를 고려하고, 추가로 시간의존 손실이 18%가 일어난다고 가정한다. 이런 손실은 보를 현장에 배치하기 전에 모두 발생하는 것으로 고려한다.

- PC 거더 단면의 제값 : $A_g = 492 \times 10^3$ mm^2 ; $y_t = 882$ mm ; $y_b = 318$ mm ; $I_g = 66.3 \times 10^9$ mm^4 ; $r^2 = I_g / A_g = 134.8 \times 10^3$ mm^2 ; $S_t = 75.2 \times 10^6$ mm^3 ; $S_b = 208.0 \times 10^6$ mm^3 [부록 그림 A15 참고]

- 프리캐스트 T형 거더의 고정하중 $w_G = wb = 3.9\ \text{kN/m}^2$; CIP 슬래브의 고정하중 $w_S = 1.8\ \text{kN/m}^2$; 추가 고정하중 $w_{SD} = 0.7\ \text{kN/m}^2$; 활하중 $w_L = 2.2\ \text{kN/m}^2$

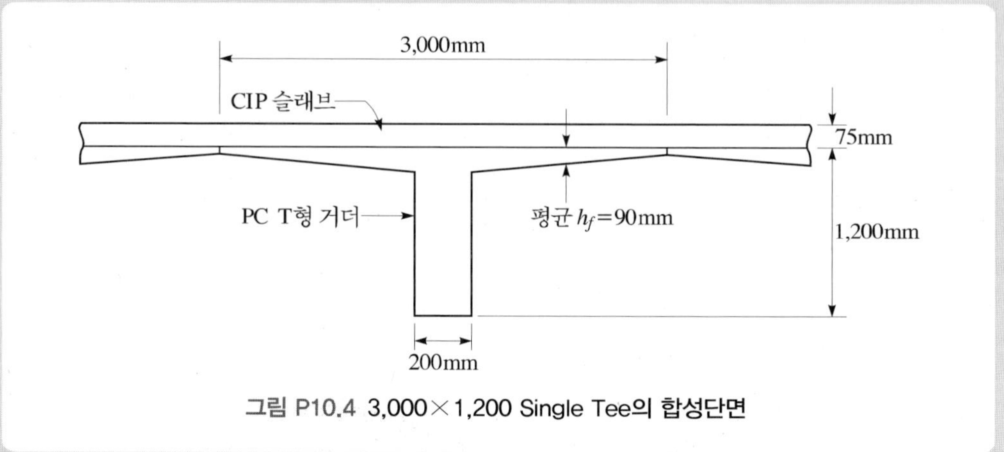

그림 P10.4 3,000×1,200 Single Tee의 합성단면

(a) 소요 긴장력(required pretensioning force)과 긴장재 개수를 결정하라.

(b) 각 중요 하중재하 단계에 대해서 콘크리트의 휨응력을 응력한계를 이용하여 검토하라.

(c) 합성단면의 공칭 휨강도를 계산하여 계수휨강도와 비교하라.

(d) 프리캐스트 T형 보의 상면은 콘크리트구조기준의 규정을 만족하도록 인위적으로 거칠게 만들었다. 전단보강을 위해서 복부에 배치되는 스터럽을 전단연결재로 사용하기 위해서 현장치기 슬래브내로 연장할 필요가 있는지를 판단하기 위해서 접촉면에서 수평전단의 전달에 충분한지 검토하라?

10.5

[CPCI 20007(4-12~13)] 경간이 8 m인 직사각형 단면 보(b = 400 mm, h = 700 mm)가 고정하중을 포함한 계수 등분포하중 120 kN/m를 지지하고 있다. 보통중량골재 콘크리트의 설계기준 압축강도 f_{ck} = 35 MPa이고, f_y = 400 MPa인 보강철근이 배치된다. 크기가 100 mm×350 mm인 지압판(bearing pad)의 끝은 보의 단부로부터 75 mm 떨어져서 배치되었다. 그림 P10.5를 참고하여 보의 단부에서 전단마찰 보강철근 A_{vf} 와 연직보강철근 A_{sh} 를 설계하라.

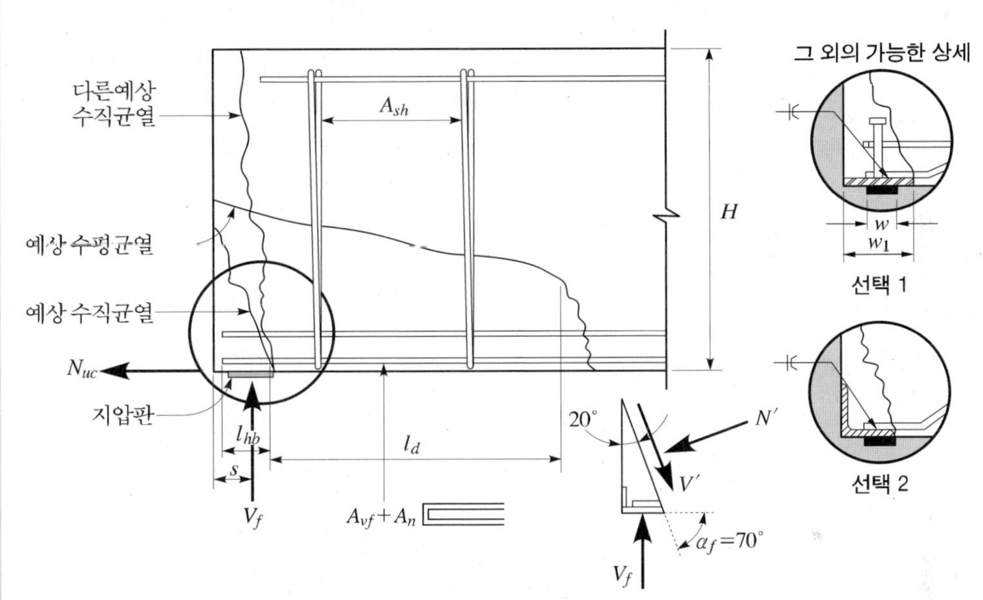

그림 P10.5 CPCI에서 제시한 보 끝의 지압설계 예(dapped-end bearing) ($A_{vf}+A_n$ 은 예제 10.6 에서는 A_{vf} 로 표시되었음) [CPCI 2007(Fig. 4.6.2)]

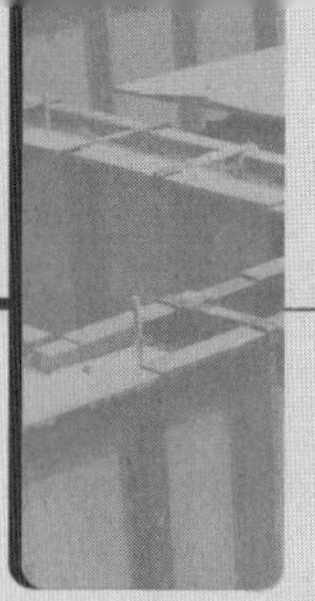

연습문제 | EXERCISE

10.6

[Naaman 2012(626-623)] 그림 P10.6에는 경간 $l = 18.0$ m 단순지지 슬래브 시스템을 구성하는 프리캐스트 프리스트레스트 콘크리트 싱글 T형 보와 75 mm 현장치기(CIP) 슬래브를 보여주고 있다.

- PC 거더 : 보통중량골재 콘크리트 $f_{ck} = 50$ MPa, $f_{ci} = 30$ MPa, $\gamma_c = \rho_c g = 2{,}350 \times 9.81/1{,}000 = 23.1$ kN/m^3 ;
  식 (2.6) : $(E_c)_{girder} = 0.077\rho_c^{1.5}\sqrt[3]{f_{cu}} = 0.077 \times 2{,}350^{1.5} \times \sqrt[3]{1.1 \times 50} = 33{,}359$ (MPa) ; $(E_{ci})_{girder} = 0.077 \times 2{,}350^{1.5} \times \sqrt[3]{30+4} = 28{,}417$ (MPa)
- CIP 슬래브 : 보통중량골재 콘크리트 $f_{ck} = 28$ MPa, $\gamma_c = \rho_c g = 2{,}350 \times 9.81/1{,}000 = 23.1$ kN/m^3 ; $(E_c)_{slab} = 0.077\rho_c^{1.5}\sqrt[3]{f_{cu}} = 0.077 \times 2{,}350^{1.5} \times \sqrt[3]{28+4} = 27{,}849$ (MPa)
- 응력한계(표 2.15 참고) : $\bar{f}_{ci} = 0.6f_{ci} = 0.6(30) = 18$ MPa, $\bar{f}_{cs} = 0.6f_{ck} = 0.6(50) = 30$ MPa, 지속하중 작용시 $\bar{f}_{csus} = 0.45f_{ck} = 45(50) = 22.5$ MPa, $\bar{f}_{ti} = -0.25\sqrt{f_{ci}} = -0.25\sqrt{30} = -1.37$ MPa, $\bar{f}_{ts} = -0.63\sqrt{f_{ck}} = -0.63\sqrt{50} = -4.45$ MPa, $(\bar{f}_c)_{slab} = 0.45f_{ck} = 0.45(28) = 12.6$ MPa
- 긴장재 : 저이완 강연선 B종 직경 12.7 mm($A_b = 98.71$ mm^2), $f_{pu} = 1{,}860$ MPa, $f_{py} = 0.9f_{pu} = 0.9(1{,}860) = 1{,}674$ MPa, $f_{p0} = 0.74f_{pu} = 0.74(1{,}860) = 1{,}376.4$ MPa, $f_{\pi} = 0.925f_{p0} = 0.925(1{,}376.4) = 1{,}273$ MPa, 유효계수 $\eta = 0.83$(식 (3.6) 참고), $f_{pe} = 0.83f_{pi} = 0.83(1{,}273) = 1{,}057$ MPa, $E_{ps} = 200{,}000$ MPa(식 (2.20) 참고)
- 콘크리트 피복에 대한 긴장재의 최소 중심간격 : 150 mm
- 프리캐스트 거더 단면 : $A_g = 370 \times 10^3$ mm^2, $y_t = 320$ mm, $y_b = 730$ mm, $I_g = 32.13 \times 10^9$ mm^4, $S_t = I_g/y_t = 100.4 \times 10^6$ mm^3, $S_b = I_g/y_b = 44.0 \times 10^6$ mm^3, 하핵거리 $k_b = I_g/(A_g y_t) = 271.3$ mm, 상핵거리 $k_t = -I_g/(A_g y_b) = -118.9$ mm(식 (6.2) 참고)
- 등분포 활하중 $w_L = 17.5$ kN/m(추가고정하중을 포함한다고 가정함.)
- 긴장재는 받침부에서 편심 k_b로 배치하고, 경간 중앙에서 1점 절곡하여 배치한다. 경간 중앙에서 편심은 $e_c = y_b - 150$ mm 로 가정한다.

(a) 합성단면의 기하학적 특성값을 계산하라. $b_e = 1{,}800\ \mathrm{mm}$로 가정하고, 지주시공으로 가정하여 M_G 및 $M_S + M_{SD} + M_L$을 구하여 경간 중앙에서 소요되는 최소 긴장력을 결정하고, 이를 이용하여 소요되는 긴장재 개수(정수 반올림)를 선택하라. 경간의 1/10 마다 긴장재의 배치위치를 결정하라.

(b) 경간 중앙에서 단면의 공칭강도를 구조기준에 따라 검토하라.

(c) 받침부의 중앙에서 $x = 0.15\,l = 0.15(18.0) = 2.7\ \mathrm{m}$ 떨어진 위치에 대한 연직 전단철근을 설계하라.

(d) 수평전단에 대해서 검토하고 필요하면 수평전단철근을 배치하라.

(e) 경간 중앙에서 처짐을 계산하고 최대 허용처짐 표 5.6으로 검토하라.

(f) 만약에 (1) 대신에 비지주 시공으로 시공된다면 소요되는 긴장력은 얼마인가?

(g) 본 문제에서 현장치기 슬래브가 배치되지 않는다고 가정하여 경간 중아에서 소요 긴장력과 편심을 결정하고, 사용응력 및 공칭강도를 검토하라.

(h) 본 문제에서 현장치기 슬래브를 시공하는 이점이 있으면 열거하라.

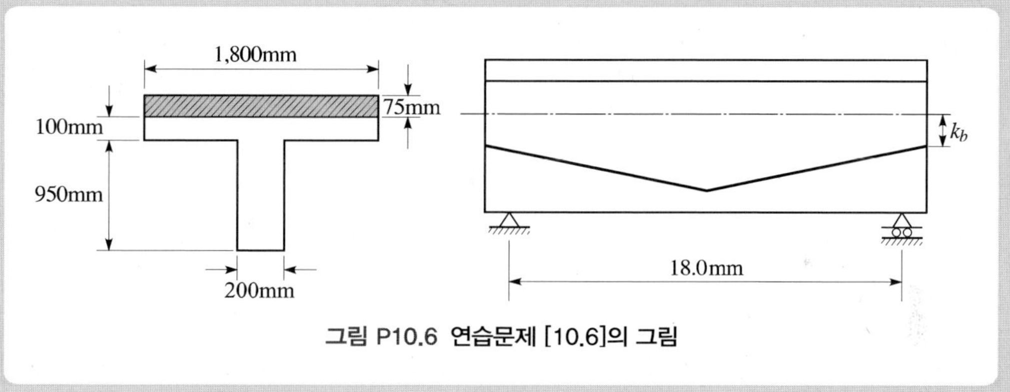

그림 P10.6 연습문제 [10.6]의 그림

CHAPTER 11

연속보 Continuous Beams

정력학적으로 **정정인 구조물**(statically determinate structure)에 경계부분이나 또는 임의의 위치에서 변형에 대한 구속(restraints)을 도입하면 구조적인 기능이나 강도 또는 사용성에 있어서 좀 더 효율적으로 만들 수 있다. 이렇게 구조부재에 구속을 도입하면 부재는 **부정정 구조물**(statically indeterminate structure)이 되고, 가장 간단한 형식으로는 **연속보**(continuous beam)가 있다. 구조물을 부정정 또는 연속으로 만들면 아래와 같은 **장점**이 있다[Rajagopalan 2005(357-359)].

(1) 정정 구조물에서는 최대 휨모멘트가 한점에서 나타나지만, 부정정 구조물에서는 **모멘트 재분배**(moment redistribution)로 분포되므로 동일한 경간과 하중조건에서 상대적으로 휨모멘트의 크기가 감소하고 처짐도 적어지게 된다[Nilson 1987(302)]. 따라서 단면의 크기가 동일하다면 부정정 구조물은 파괴 시에 정정 구조물에 비해서 큰 하중을 지지할 수 있게 된다.

(2) 부정정 구조물에서 최대 휨모멘트가 작아지므로 부재의 깊이를 줄여서 구조물의 무게를 줄일 수 있다.

(3) 구조물의 안정성(stability)이 증가한다.

(4) 절점이나 받침부를 연속으로 하면 회전을 감소시켜서 처짐이 줄어들게 되고, 프리캐스트 부재나 또는 현장치기 부재를 이어붙이는 **세그먼트 공법**(segment method)의 시공을 쉽게 하도록 한다. 또한 연속성을 갖는 절점의 강성이 바람이나 지진하중 또는 폭발과 같은 예기치 않은 수평하중에 저항하는 중요한 메커니즘을 제공할 수 있다[Nilson 1987(302)].

(5) 연속구조에서 정착구의 수나 긴장을 도입하는 작업이 감소하여 시공 기간과 경비를 상당히 줄일 수 있다[Nilson 1987(302)].

그러나 부정정 프리스트레스트 콘크리트 구조물에 있어서 아래와 같은 **단점**도 있다.

(1) 최대 휨모멘트와 최대 전단력이 받침부에 동시에 발생하여 이 단면의 모멘트 저항능력이 떨어져서 추가적인 보강철근을 배치하여야 한다.

(2) 부착철근이 배치되는 철근콘크리트 구조물에서는 철근을 자르거나 구부려서 변하는 휨모멘트의 분포에 따라 쉽게 배치되는 양을 조절할 수 있지만, 프리스트레스트 부재에서는 최대 휨모멘트가 작용하는 단면에서 결정되는 단면의 긴장재를 연속으로 배치하여야 하므로 단면에 따라 휨모멘트가 많이 변하는 연속구조에서 비경제적이 될 수도 있다[Nilson 1987(301)]. 그러나 프리스트레싱 긴장재와 보통 부착철근을 동시에 배치하는 **부분 프리스트레싱(partial prestressing)**을 적용하므로서 효과적으로 단점을 개선할 수 있다[Naaman 2012(630)].

(3) 부정정 프리스트레스트 보의 특성으로 프리스트레싱으로 인해서 **2차 모멘트(secondary moment)**가 발생하여 설계과정을 복잡하게 만든다[Nilson 1987(302)].

(4) 길이가 긴 연속보가 도입되는 포스트텐션으로 인해서 길이가 줄어들게 된다. 포스트텐션이 도입될 때 보와 지지하는 기둥이 단단하게 연결(rigidly connected)된 경우에 기둥에 과도한 수평력과 휨모멘트를 발생시킬 수 있다. 보통 이런 상황은 보를 받치는 지압판(bearing)의 움직임을 허용하거나 또는 회전이 가능한 힌지로 연결하여 완화할 수 있다[Lin 1981(348)].

(5) 받침부의 침하나 연결부위에서 부재의 치수가 서로 맞지 않는 등의 비구조적인 변형이 구조물에 추가적인 응력을 일으킬 수 있다[Rajagopalan 2005(358)].

(6) 곡률이 여러 번 변하도록 배치되는 긴장재로 인해서 마찰이나 파상(wobbling) 등에 의한 프리스트레싱의 손실이 너무 크게 일어날 수 있다[Rajagopalan 2005(358)].

(7) 만약에 활하중의 크기가 고정하중보다 훨씬 더 크면서 전체 교량의 일부 경간에 부분적으로 활하중이 재하 되는 경우를 고려할 때 심각한 휨모멘트의 반전(reversal)이 일어 날 수 있다. 이런 경우에 프리스테레싱 긴장재와 더불어 보통 부착철근을 배치하여 극복하기도 한다[Lin 1981(348)].

(8) 연속성을 유지하도록 시공하는 것이 쉽지 않은 경우도 있다. 현장치기 시공에서 연속성을 얻는 것은 자연스러운 일이지만 프리캐스트 부재를 이용해서 연속성을 얻는 일은 어떤 특별한 노력을 하지 않고는 불가능하다. 프리캐스트 연속보를 다루기가 쉽지 않으므로 부재를 단순 경간으로 프리캐스트해서 현장에 배치한 뒤에 연속이 되도록 시공한다(그림 11.1f 참고)[Lin 1981(349)].

따라서 엔지니어는 특정한 적용에 대해서 장점과 단점을 모두 살펴서 정정구조물을 선택할지 아니면 부정정 연속구조물을 선택할지를 결정하여야 한다.

그러나 앞에서 언급한 장점들 때문에 연속 프리스트레스트 콘크리트 시공이 점점 더 일반화되고 있고 특히 북미에서는 기능적이며 경제적인 2방향 연속 플랫 플레이트 슬래브가 광범위하게 사용되는 상황이고, 국내에서는 중간 정도 및 장경간의 교량에서 연속부재의 경제성과 미관이 중요하게 고려되고 있는 형편이다. 위에서 열거한 단점들을 완화시키거나 피하기 위해서 많은 독창적인 시스템들이 개발되고 있다[Nilson 1987(302)].

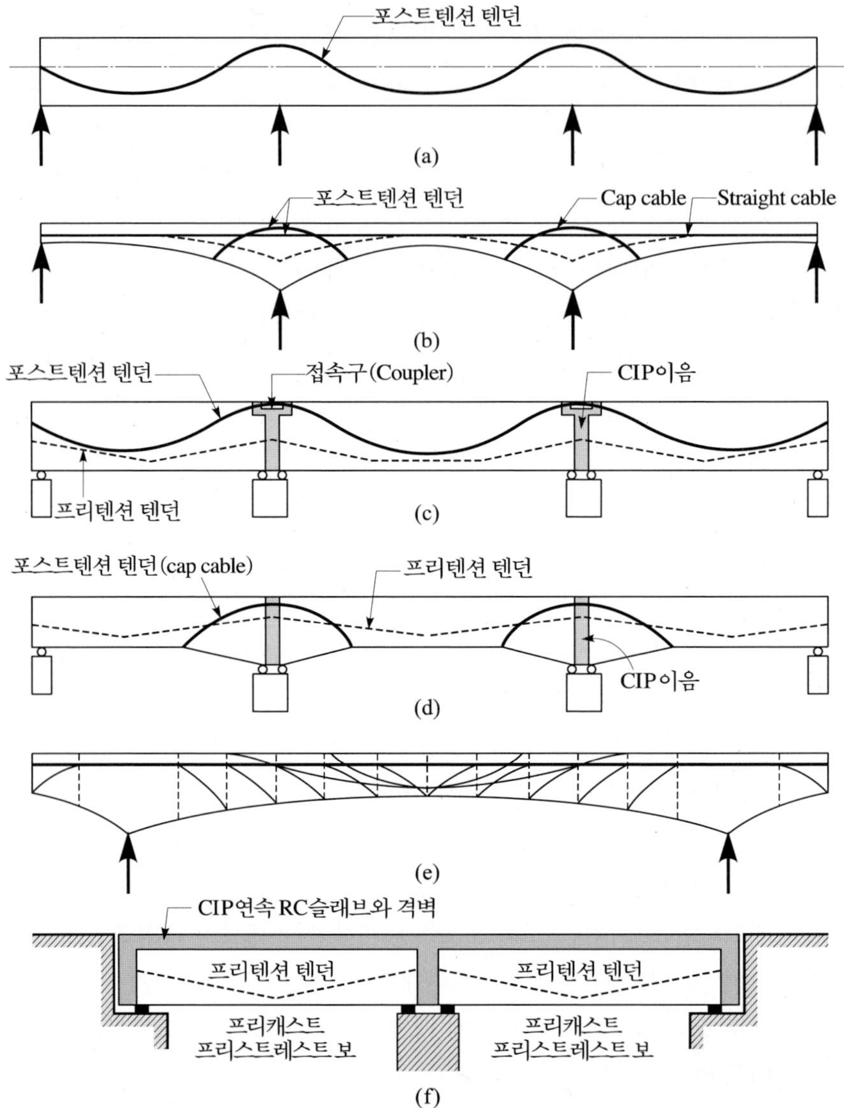

그림 11.1 연속보에서 텐던 배치에 대한 예. (a)와 (b) 현장치기 시공. (c)와 (d) 포스트텐션에 의해서 프리캐스트 프리스트레스트 부재의 연속화. (e) 세그먼트 요소의 캔틸레버 시공. (f) 프리캐스트 프리스트레스트 보를 이어대고 현장치기 철근콘크리트 슬래브를 쳐서 연속화하는 공법 [Naaman 2012(631)]

많은 예에 있어서 공장 등에서 생산되는 프리캐스트 프리텐션 부재들을 현장에서 서로 잇고 포스트텐션을 도입하여 연속성을 갖도록 한다. 이러한 시스템은 중간 길이의 경간 보에서 전체 경간 길이로 공장이나 인근의 현장에서 부재의 고정하중과 시공하중을 지지할 수 있도록 프리스트레싱을 도입하여 제작하고, 시공 장소에서 추가고정하중과 활하중을 지지할 수 있도록 포스트텐션을 도입을 하여 연속성이 있도록 하는 방법이다. 장경간의 세그먼트 프리캐스트 교량은 보통 완전하게 연속성을 유지한다고 보아 설계한다[Nilson 1987(302)].

연속성은 몇 가지 방법에 의해서 도달할 수 있다. 전형적인 예가 그림 11.1에 보여주고 있다. 그림 11.1에서 (a)나 (b)는 현장치기 콘크리트를 일체로 배치한 뒤에 포스트텐션을 도입하는 경우이고, (c)와 (d)는 프리캐스트 프리스트레스트 부재를 현장에서 연결하여 포스트텐션을 이용하여 연속성을 달성하는 경우이다. 이러한 요소들은 일반적으로 자신의 고정하중과 동시에 작용하는 하중으로 인한 응력에 저항하도록 프리스트레싱에 대한 설계를 하고, 현장에 배치된 뒤에 추가로 작용하는 고정하중이나 활하중에 대해서는 포스트텐션이 저항하도록 설계한다. 그림 11.1c의 경우에 먼저 프리캐스트 부재를 배치하고 한 경간씩 순서대로 포스트텐션을 가하고 임시의 정착장치에 **접속구(coupler)**를 장치하여 부재를 연결하고 부재의 먼 쪽에서 긴장하여 연속성을 갖도록 한다. 그림 11.1d는 내부 받침부에서 부모멘트에 저항하도록 두 프리캐스트 보를 연결하는 **캡 케이블(cap cable)**의 배치를 보여주고 있다[Nilson 1987(306)].

그림 11.1e에는 캔틸레버 공법으로 시공되는 장경간의 교량을 보여주고 있다. 경간에서 각각의 세그먼트 요소들은 프리캐스트로 제작하여 배치하거나 또는 현장치기로 순차적으로 제작한다. 받침부에 배치되는 텐던은 캡 케이블과 같이 아래로 휘도록 배치되어 새로 추가되는 요소들을 배치하여 경간 중앙을 향하여 캔틸레버를 구성한다. 연속성을 구성하는 텐던(continuity cable)은 대략 변곡점(contraflexure)의 거더 상부로부터 경간 중앙에서는 거더의 하부를 연결하는 아래로 볼록한 형상으로 배치하여 거더의 움푹 들어간 부분에서 정착하여 긴장한다[Nilson 1987(306)]. 이들 예에서 텐던의 배치형상을 보면 등분포 하중이 작용하는 구조물의 처짐 형상이나 또는 정 휨모멘트를 아랫방향으로 그렸을 때와 비슷한 형상을 하고 있다[Naaman 2012(631)].

그림 11.1f는 프리캐스트 프리스트레스트 콘크리트 보를 이어대고 그 사이를 현장치기 슬래브(cast-in-place, CIP slab)로 메우는 모습을 보여주고 있다. 여기에서 보는 일반적으로 단순경간의 합성보로 보아 설계하고 슬래브는 내측 받침부에서 전체 활하중에 저항할 수 있도록 설계한다. 이 방법은 프리캐스트 부재를 이용함으로서 현장에서의 작업을 제한하여 얻을 수 있는 이점을 최대한 살리는 시공방법이다[Naaman 2012(632)].

11.1 프리스트레스트 영향에 대한 탄성해석 (Elastic Analysis for the Effects of Prestressing)

정력학적으로 부정정인 연속보에 그림 11.2a와 같이 프리스트레싱이 도입되면 프리스트레싱력에 콘크리트 단면의 도심에서 긴장재의 도심까지의 거리, 편심 e를 곱한 크기만큼의 휨모멘트(primary moment, $M_1 = Pe$)가 발생하여 보는 위로 볼록한 형상으로 휘려고 하지만 보의 내부 받침부가 휘지 못하도록 구속하여 실제 처짐곡선은 그림 11.2f와 같은 형상을 갖게 된다[Nilson 1987(307–309)]. 이런 구속으로 인해서 보에는 그림 11.2c와 같이 내부 받침부에 **2차 반력**(secondary reactions) R_B가 발생하고 양끝의 받침부에는 이 반력에 평형을 이루기 위해서 각각 $R_B/2$가 작용하게 된다. 대수적으로 합이 0인 이 2차 반력들은 단부 받침부에서는 0이고 내부 받침부에서 최대인 선형으로 변하는 **2차 모멘트**(secondary moment)(parasitic moment 또는 hyperstatic moment라고도 부른다) M_2를 발생시킨다(그림 11.2d 참고). 따라서 보의 임의의 단면에서 프리스트레싱에 의해서 발생하는 총 모멘트(total moment)는 그림 11.2e와 같이 1차 모멘트에 2차 모멘트($M_1 + M_2$)를 더한 값이 된다.

프리스트레싱으로 인한 2차 반력은 구조역학에서 다루는 전통적인 **중첩방법**(method of superposition)에 의해서 구할 수 있다. 먼저 정력학적으로 안정이 되도록 적절한 부정정력을 제거하여 정정인 주구조물(primary structure)을 만들고, 부정정력을 미지의 힘으로 대체하여 받침부 위치에서 처짐이 0이 되도록 조종하여 값을 구한다.

그림 11.2의 예에 있어서 내부 받침부의 힘을 부정정력(redundant, 잉여력)으로 고려하고 이를 받침부에서 제거하면, 프리시트레싱으로 인해서 처짐 Δ_B가 발생하며 이는 **모멘트 면적법**(moment–area method)이나 **공액보법**(conjugate beam method) 또는 **가상일의 방법**(method of virtual work) 등을 통해서 구할 수 있다. 반력 R_B는 크기가 같으면서 방향은 반대인 처짐을 일으킨다는 조건으로 구할 수 있으므로 이 위치에서의 2 처짐의 합은 0으로 구할 수 있다.

단순지지 보의 임의의 단면에 작용하는 프리스트레싱력 P와 휨모멘트 M은 압축합력 $C = P$와 P가 작용하는 위치로부터 거리 $\delta = -M/P$로 분해할 수 있다. 여기에서 부재를 따라 압축합력 C (resultant from summation of stresses)의 기하학적인 위치를 **C선**(C–line) 또는 **압력선**(pressure line, thrust line)이라고 부르며 단면의 도심에 대한 C선의 편심 $e_c(x)$는 식 (1.4)를 이용하여 적으면[Naaman 2012(634)],

$$e_c(x) = e(x) - \frac{M(x)}{P} \tag{11.1}$$

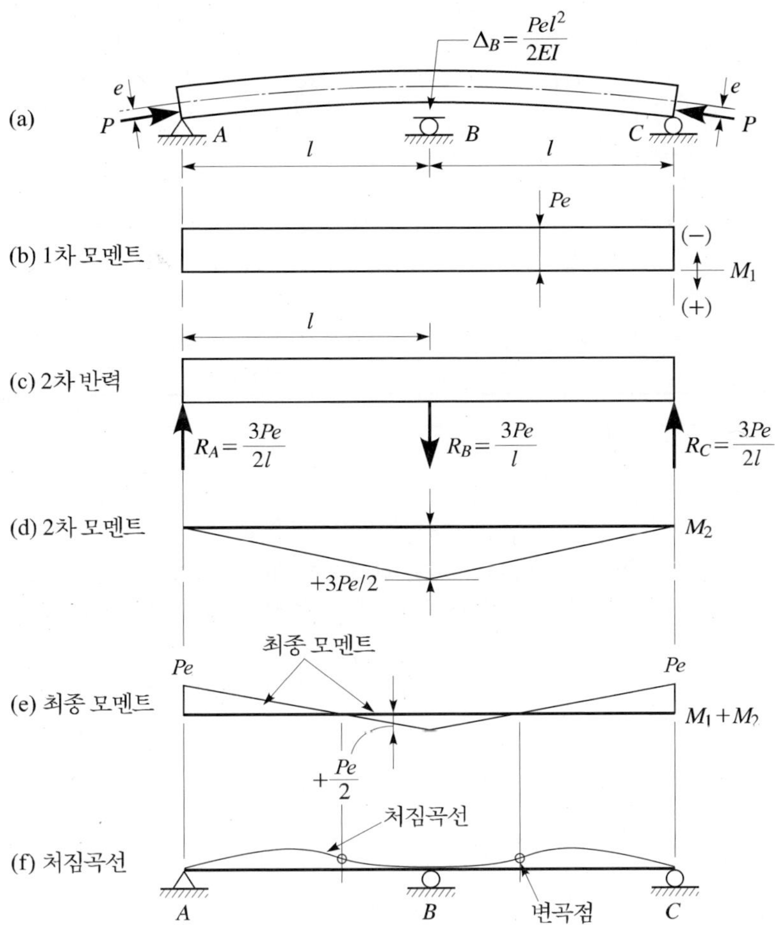

그림 11.2 정력학적으로 부정정인 연속보. (a) 중간 받침부를 제거했을 때 프리스트레싱으로 인해서 휘는 형상. (b) 프리스트레싱으로 인해서 발생하는 1차 모멘트(primary moment) M_1. (c) 프리스트레싱으로 인해서 발생하는 2차 반력(secondary reactions). (d) 이 반력으로 인해서 발생하는 2차 모멘트(secondary moment) M_2. (e) 보에 발생하는 최종 모멘트 $M_P = M_1 + M_2$. (f) 프리스트레싱으로 인한 실제 처짐곡선 [CPCI 2007(3–114)]

로 표현할 수 있다. 여기에서 $e(x)$는 프리스트레싱력의 편심이고, $M(x)$는 단면 x에서의 외력으로 인한 휨모멘트이다. 식 (11.1)은 만약에 외력이 작용하지 않는다면 C의 편심은 그림 11.3a와 같이 프리스트레싱력의 편심과 동일하게 되어 C선은 긴장재의 도심(C.G.P.)와 일치하게 된다. 따라서 정력학적으로 정정인 단순지지 보인 경우에 받침부가 구조물의 변형에 어떤 구속도 주지 않으므로 프리스트레싱의 영향은 각 단면에서 텐던에 대해서만 다루면 되고, 긴장력에 의해서 발생하는 휨모멘트는 $M_P(x) = -Pe(x)$가 된다.

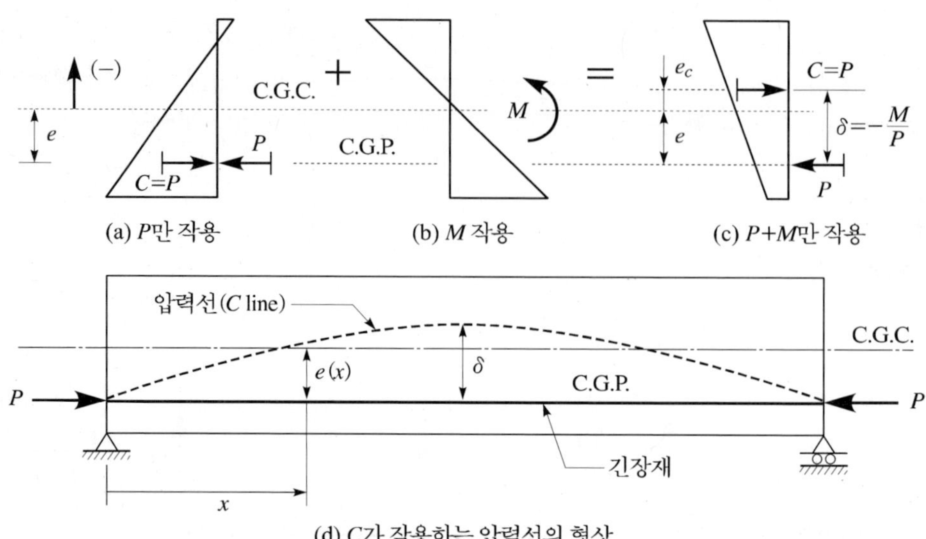

그림 11.3 휨모멘트로 인한 응력의 변화와 경간에서 압력선(C-line)의 형상(긴장재의 편심과 압력선의 편심을 구분하기 위해서 각각 e와 e_c로 표기하였다.) [Naaman 2012(151)]

그러나 프리스트레스트 연속보에서는 그림 11.2와 같이 내부 받침부가 구조물의 자유변형을 구속하여 2차 반력이라고 하는 지점 반력을 발생시켜서 각 단면에 **2차 모멘트(secondary moment)** M_2 가 생기게 된다. 외력은 작용하지 않는다고 가정할 때 연속보의 각 단면에는 프리스트레싱력으로 인해서 최종모멘트는

$$M_P(x) = M_1(x) + M_2(x) = -Pe(x) + M_2(x) = -Pe_{0c}(x) \tag{11.2}$$

로 쓸 수 있다. 여기에서 $e_{0c}(x)$ 는 아래에서 정의되는 무하중 압력선(무하중 C선, Zero Load Cline(ZLC 선))의 편심이다. 일반적으로 최종 모멘트 $M_P(x)$는 모멘트 분배법이나 매트릭스 구조해석 등의 구조해석으로 구하므로 2차 모멘트는

$$M_2(x) = M_P(x) - M_1(x) = M_P(x) + Pe(x) \tag{11.3}$$

로 구할 수 있다. 주어진 어떤 예에서든지 2차 모멘트의 크기는 긴장재를 어떻게 배치했느냐에 따라 달라진다. 일반적이지는 않지만 특별한 예에 있어서 2차 모멘트가 0인 경우도 있을 수 있다(컨코던트 긴장재(concordant tendons), 일치텐던, 화합텐던)[Nilson 1987(310)]. 2차 모멘트는 비록 2차로 불리지만 그림 11.2의 경우와 같이 많은 예에 있어서 1차 모멘트보다 크기가 큰 경우가 있으며, 이렇게 2차 모멘트가 존재하므로 이런 이점을 이용하여 프리스레싱력을 감소시켜서 절약할 수도 있다.

연속보에서 외력이 작용하지 않는다고 가정하고 프리스테레싱력만 작용할 때 2차 모멘트로 인해서 C선은 그림 11.3a와 같이 긴장재의 도심과 일치하지 않아 이때의 편심을 외력이 작용하지 않는다고 가정하여 **무하중 압력선(무하중 C선, ZLC 선(Zero Load Cline))**[1]이라고 부르며, 임의의 단면 x 에서의 무하중 압력선의 편심은

$$e_{0c}(x) = -\frac{M_P(x)}{P} = -\frac{M_1(x)+M_2(x)}{P} = e(x) - \frac{M_2(x)}{P} \tag{11.4}$$

로 쓸 수 있다. 식 (11.4)는 외력이 작용하지 않는 경우에 프리스트레싱력이 편심 $e_{0c}(x)$ 를 갖고 작용하는 것과 같다는 것을 암시하므로, $e_{0c}(x)$ 를 프리스트레싱력의 **유효편심(effective eccentricity)**이라고도 부른다.

외력으로 인하여 단면에 휨모멘트 $M(x)$가 존재하는 경우에 C선의 편심은

$$e_c(x) = e_{0c}(x) - \frac{M(x)}{P} = e(x) - \frac{M(x)+M_2(x)}{P} \tag{11.5}$$

가 되어, 2차 모멘트 M_2 가 마치 단면에 추가로 작용하는 휨모멘트와 같은 역할을 하게 된다. 2차 모멘트가 0인 경우에는 식 (11.5)는 단순지지 보의 식 (11.1)로 정리되고, 연속보에서 긴장재를 이런 방식으로 배치하는 경우를 **컨코던트 텐던(concordant tendon)**이라고 부른다[Naaman 2012(635)].

만약에 무하중 C선과 긴장재가 배치되는 편심을 알고 있다면 식 (11.4)는

$$\begin{cases} \Delta e_{0c}(x) = e_{0c}(x) - e(x) = -\dfrac{M_2(x)}{P} \\ \text{또는} \\ \Delta e(x) = e(x) - e_{0c}(x) = \dfrac{M_2(x)}{P} \end{cases} \tag{11.6}$$

로 쓸 수 있다. 여기에서 $\Delta e_{0c}(x)$는 2차 모멘트가 존재하여 단면 x 에서 프리스트레싱 긴장재의 편심이 가상적으로 증가하거나 감소하는 것으로 볼 수 있다.

그림 11.4a에는 전형적인 연속보에서 텐던의 배치형상과 이에 대응하는 무하중 C선이 그려져 있다. 그림 11.4b와 c에는 대략적인 2차 반력과 이로 인해서 발생하는 2차 모멘트를 보여주고 있다. 2차 반력은 내적인 프리스트레싱력으로 인해서 발생하므로 전체 합이 0인 하중 시스템을 구성하며(그림 11.2c 참고), 내적인 받침부에 집중하중으로 작용하므로 집중하중이 작용하는 단순지지 보와 같이 각 받침부 사이에서의 2차 모멘트의 변화는 선형으로 변하게 된다.

1. ZLC 선이라는 용어는 Naaman[2012(634)]에 의해서 도입된 용어이다.

따라서 임의의 경간의 좌측 받침부 j 와 우측 받침부 k 에서 경간을 따라 임의의 단면 x 의 2차 모멘트는 각 받침부의 2차 모멘트를 이용해서 다음과 같이 구할 수 있다(그림 11.4c 참고).

$$M_2(x) = M_{2j} + (M_{2k} - M_{2j})\frac{x}{l} = M_{2j}\left(1 - \frac{x}{l}\right) + M_{2k}\left(\frac{x}{l}\right) \tag{11.7}$$

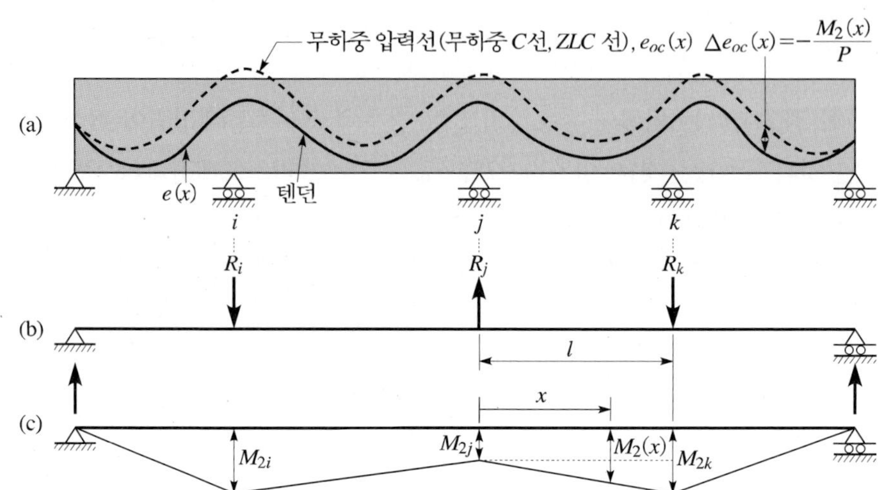

그림 11.4 (a) 텐던 배치 형상과 무하중 C선(Zero Load C-line). (b) 2차 반력. (c) 2차 모멘트도 [Naaman 2012(636)]

예제 11.1

[2차 모멘트와 컨코던트의 특성(Using the force method(method of consistent displacement) with the conjugate beam method)]

그림 11.2(a)에서 긴장재가 일정한 편심 e 로 배치되었을 때 보의 중간 받침부가 구속된 연속구조로 인해서 발생하는 2차 반력과 이로 인해서 발생하는 2차 모멘트를 결정하고, 최종모멘트 M_P 분포도와 무하중 C선을 결정하라.

그림 11.2(a)에서 내부 받침부 B가 없다고 보아 프리스트레싱으로 인해서 경간 중앙 B점에 발생하는 처짐(camber) Δ_B 를 구하기 위해서, 프리스트레싱으로 인해서 발생하는 모멘트 $M_1 = -Pe$ 를 이용하여 **공액보(conjugate beam)**을 그리면 그림 11.5(b)가 되고, 우측 경간을 잘라서 자유물체도를 그리면 그림 11.5(c)가 된다. Δ_B 를 구하기 위해서 이 자유물체도에서 $M_B{}'$ 에 대한 평형방정식을 쓰면,

$$\circlearrowleft + \sum M_B{}' = 0\ ;\ M_B{}' - \frac{Pel}{EI}\frac{l}{2} + \frac{Pel}{EI}l = 0\ \ ;\ \therefore\ \Delta_B = M_B{}' = -\frac{Pel^2}{2EI}\ (\uparrow)$$

받침부 B에 대한 적합방정식(compatibility equation) : $0 = \Delta_B + R_B f_{BB}$

연성계수(flexibility coefficient) f_{BB}를 구하기 위해서 단위하중 $R_B = 1$을 그림 11.5(d)와 같이 작용시키면 받침부 B에서 처짐 $\Delta_{BB}' = R_B f_{BB} = f_{BB}$가 되므로, 단위하중으로 인한 공액보의 우측 경간에 대한 자유물체도를 그리고, m_B'에 대한 평형방정식을 쓰면,

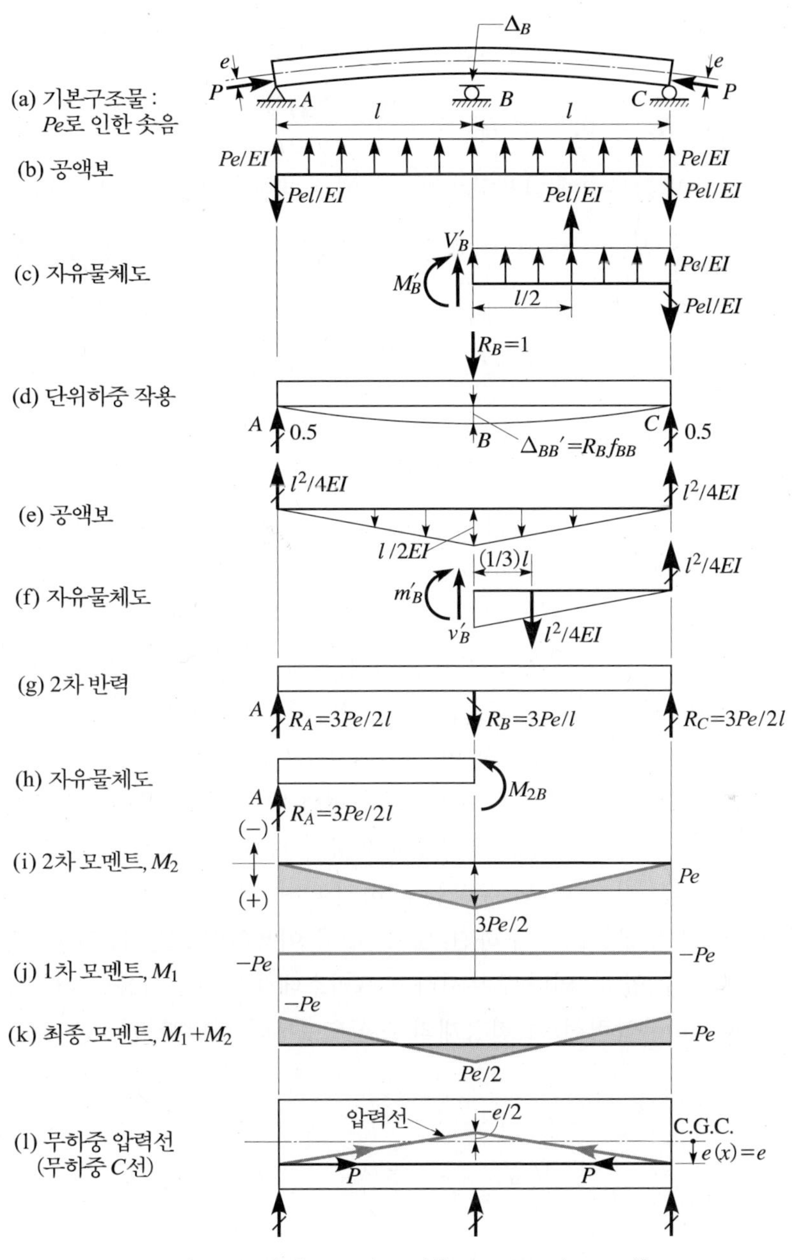

그림 11.5 예제 11.1의 그림 [CPCI 2007(3–114)]

$$\curvearrowleft + \sum m_B{}' = 0\ ;\ m_B{}' + \frac{l^2}{4EI}\frac{l}{3} - \frac{l^2}{4EI}l = 0\ ;\ \therefore\ \Delta_{BB}{}' = m_B{}' = \frac{l^3}{6EI}\ (\downarrow)$$

적합방정식 : $+\downarrow\ ;\ 0 = \Delta_B + R_B f_{BB} = -\frac{Pel^2}{2EI} + R_B\left(\frac{l^3}{6EI}\right)\ ;\ \therefore\ R_B = \frac{3Pe}{l}\ (\downarrow)$

그림 11.5(g)에서 R_C를 구하기 위해서 받침부 A에서 모멘트를 취하면,

$$\curvearrowleft + \sum M_{2A} = 0\ ;\ 0 = R_B l - R_C(2l) = \frac{3Pe}{l}l - R_C(2l)\ ;\ \therefore\ R_C = \frac{3Pe}{2l}\ (\uparrow)$$

$$\uparrow + \sum R_A + R_B + R_C = 0\ ;\ \therefore\ R_A = \frac{3Pe}{l} - \frac{3Pe}{2l} = \frac{3Pe}{2l}\ (\uparrow)$$

이 2차 반력으로 인해서 받침부 B에 발생하는 2차 모멘트 계산 : 그림 11.5(h) 자유물체도에서

$$\curvearrowright + \sum M_{2B} = 0\ ;\ -R_A l + M_{2B} = 0\ ;\ \therefore\ M_{2B} = \frac{3Pe}{2}\ (\curvearrowright)\ \text{(아래로 볼록)}$$

받침부 B와 A 및 C에서의 최종 모멘트 계산 :

$$\therefore\ M_B = M_{1B} + M_{2B} = -Pe + \frac{3Pe}{2} = \frac{Pe}{2}\ (\curvearrowright)\ \text{(아래로 볼록)}$$

$$\therefore\ M_A \equiv M_C = M_{1C} + M_{2C} = -Pe + 0 = -Pe\ (\curvearrowleft)\ \text{(위로 볼록)}$$

앞에서 언급한바와 같이

(1) 집중하중인 2차 반력의 결과로 발생하는 2차 모멘트는 언제나 선형으로 변화한다.

(2) 2차 모멘트의 값이 상당하여 본 예제에서와 같이 최대 값이 1차 모멘트의 1.5배에 이르는 경우도 있다.

(3) 프리스트레싱력에 대해서 정정의 단순지지 보인 경우에 구한 1차 모멘트와 부정정 연속보에서 구한 최종 모멘트와는 크기와 분포는 서로 상당히 다르다.

(4) 2차 모멘트의 크기는 프리스트레싱력에 만 좌우되고 EI 값에는 영향을 받지 않는다. 프리스트레스트 구조물의 재령이 경과할수록 EI 값은 변하지만 2차 반력과 2차 모멘트는 변하지 않게 된다. 따라서 시간적 변형(time dependent deformation)인 크리프 영향으로 인해서 2차 영향의 크기는 감소하지만 분포는 변하지 않게 된다[Zia 1986].

그림 11.5(k)의 최종 모멘트 분포도를 구하면 식 (11.4)를 이용하여 그림 11.5(*l*)의 무하중 C선(ZLC 선)의 편심을 구할 수 있다. 외력을 무시하고 프리스테레싱력만 작용할 때 2차 모멘트로 인해서 C선(pressure line, 압력선)이 긴장재의 도심으로부터 상당한 편심을 갖고 배치되는 것을 알 수 있다.

받침부 A와 C : $e_{0c\,(A\ \text{and}\ C)} = e$

내부 받침부 B : $e_{0c\,(B)} = e - \frac{M_{2B}}{P} = e - \frac{3Pe}{2P} = -\frac{e}{2}$

예제 11.2

[컨코던트 긴장재] [Naaman 2012(637-640)]
그림 11.6a와 b에는 각각의 긴장재가 배치된 경우에 예제 11.1과 같은 과정을 거쳐서 2차 반력 및 모멘트와 최종 모멘트 분포도 및 무하중 C선(ZLC 선)의 편심을 보여주고 있다. 본 예제에서는 풀이 과정은 생략하고 연습문제에서 다루도록 한다.

예제 11.2(a) : 그림 11.6a의 경우는 받침부 B에서의 프리스트레싱력의 편심이 예제 11.1의 경우의 $+e$ 에서 $-e$ 로 바뀌면서 단부 받침부의 A와 C는 동일하게 유지하였다. 그림 5.4의 처짐을 구하는 식을 이용하여 예제 11.1과 같은 과정을 밟아서 반력 B_y 를 구할 수 있다. 1차 모멘트, 2차 모멘트 및 최종 모멘트를 그림 11.6a는 보여주고 있다. 비록 예제 11.1의 1차 나 2차 모멘트는 형상이 서로 다르지만 최종 모멘트의 형상은 그림 11.5k와 같이 같게 된다. 따라서 무하중 C선(Zero Load C-line, 무하중 압력선)도 같게 된다.

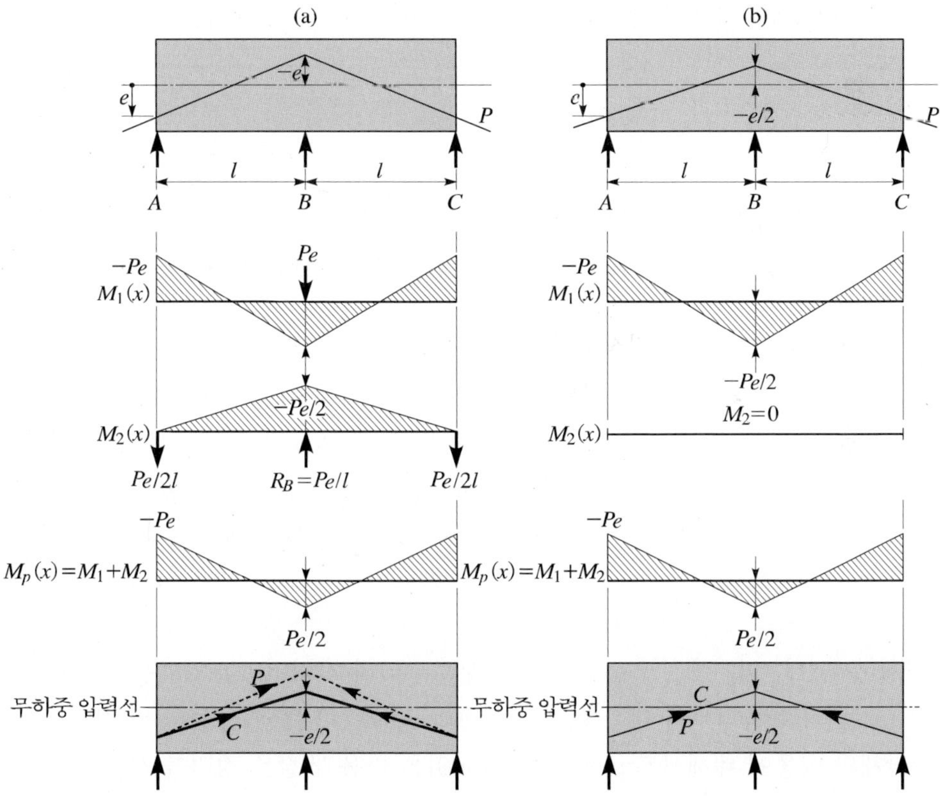

그림 11.6 예제 11.2의 그림. (a) 비 컨코던트 긴장재. (b) 컨코던트 긴장재 [Naaman 2012(638)]

예제 11.2(b) : 그림 11.6b의 경우는 받침부 B에서의 프리스트레싱력의 편심을 $-e/2$ 로 바뀐 경우로 무하중 C선은 예제 11.1과 예제 11.2(a)의 경우와 동일하다. 반력 B_y 는 그림 5.4의 처짐을 구하는 식을 이용하여 예제 11.1과 같은 과정을 밟으면 구할 수 있다. 여기에서 $B_y = 0$ 이므로 2차 모멘트가 발생하지 않게 된다. 1차 모멘트, 2차 모멘트 및 최종 모멘트를 그림 11.6b는 보여주고 있다. 2차 모멘트가 0이므로 1차 모멘트가 최종 모멘트가 되고, 예제 11.1의 경우와 예제 11.2(a)의 경우를 비교해 보면 최종 모멘트와 무하중 C선이 동일하다는 것을 관찰할 수 있다. 또한 본 경우에 있어서 무하중 C선과 긴장재의 도심(C.G.P.)이 일치하는 것을 알 수 있다. 이렇게 단면에서 무하중 C선과 긴장재의 도심(C.G.P.)이 일치할 때 이런 텐던을 **컨코던트 긴장재(concordant tendon)**라고 부른다. 따라서 예제 11.1과 예제 11.2(a)의 경우는 턴던을 비 컨코던트 형상(nonconcordant steel profile)으로 배치한 경우이고 본 경우는 턴던을 컨코던트 형상으로 배치한 경우이다.

예제 11.1과 본 예제에서 오직 내부 받침부 B에서 긴장재의 편심을 변화시켜가면서 각각 다르게 배치하였지만 동일한 무하중 C선(ZLC 선)을 얻을 수 있었다. 이런 결과는 다음에 다루는 **긴장재의 직선 이동(linear transformation)**이라는 특성 때문에 일어난다.

11.2 긴장재의 직선 이동과 컨코던트 긴장재 (Linear Transformation and Concordant Tendons)

그림 11.7과 같이 연속보에 긴장재가 배치되었을 때 긴장재의 형상과 단부 받침부에서의 편심은 그대로 유지하면서 임의의 내부 받침부에서 긴장재를 이동하여 긴장재를 배치할 수 있다. 이런 이동(transformation)을 **긴장재의 직선 이동(linear transformation)**이라고 부른다. 경간을 따라 긴장재의 이동은 회전, 선형 이동(translation) 또는 이들의 조합으로 이루어진다. 경간의 임의의 위치 x 에서 원 위치의 긴장재가 $\Delta e(x)$ 이동했을 때 이동한 변위는

$$\Delta e(x) = ax + b \tag{11.8}$$

로 구할 수 있다. 여기에서 x 는 좌측 받침부로부터의 거리이고 a 와 b 는 상수이다. 식 (11.8)에서 ax 는 좌측 받침부에 대한 회전을 표현하고, b 는 선형 이동을 의미한다.

긴장재의 이동에 대해서 Guyon[1951, 1960]은 다음과 같은 정리를 제안하였다.

긴장재의 직선 이동은 무하중 C선(ZLC-line)에는 영향을 미치지 않는다.
(A linear transformation of a tendon profile does not modify the ZLC-line of the tendon.)

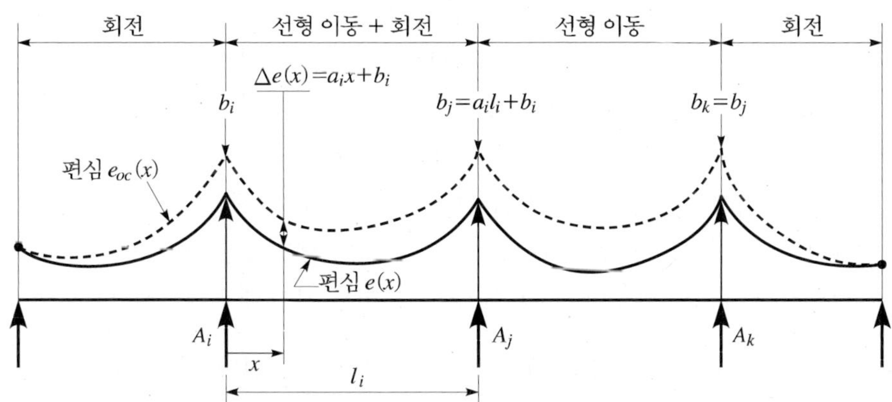

그림 11.7 회전 영향(rotational effect), 선형 이동 영향(translational effect), 또는 이들의 조합으로 인한 긴장재의 직선 이동에 대한 예 [Naaman 2012(641)]

이 정리는 긴장재를 직선 이동한 경우에 무하중 C선은 원래의 위치와 같으므로 프리스트레싱으로 인한 모멘트나 전단력 및 응력은 변하지 않고 동일하다는 의미이다.

이러한 긴장재의 직선 이동의 특성은 연속보에만 적용되는 것이 아니고 뼈대구조(frames with rigid joints)에도 적용할 수 있다. 만약에 연속보나 뼈대구조에서 한쪽이나 또는 양쪽 단부가 고정되고 고정단의 편심을 조종한 경우에도 긴장재의 선형 이동원리를 적용할 수 있다.

예제 11.1과 11.2를 관찰해보면 예제 11.2(a)와 (b) 경우는 예제 11.1에 대해서 긴장재를 직선 이동(즉 회전)한 결과이고 따라서 모든 경우의 무하중 C선이 일치하게 된 것이다[Naaman 2012(641)].

11.2.1 컨코던트 긴장재(Concordant Tendons)

정의에 의하면 **컨코던트 긴장재(concordant tendon)**는 임의의 단면에서 무하중 C선(ZLC-line)과 긴장재의 도심(C.G.P., center of gravity of the prestressing tendon)이 일치하는 즉, $e_{0c}(x) = e(x)$의 편심으로 배치한 긴장재를 의미한다. 무하중 C선은 프리스트레싱력 이외에 어떤 외력도 작용하지 않는다고 가정한 상태이므로, 컨코던트 긴장재가 배치되는 경우에 2차 반력이나 2차 모멘트가 없어지게 된다. 컨코던트 긴장재에 연관된 여러 가지의 특성들은 [Guyon 1951, 1960, Naaman 2012(641-643)]

(1) 컨코던트 긴장재에서 중첩의 원리(principle of superposition)가 적용된다. 1개 또는 그 이상의 컨코던트 긴장재를 중첩하면 역시 컨코던트 긴장재가 되고, 만약에 컨코던트 긴장재에 비 컨코던트 긴장재를 중첩하면 비 컨코던트 긴장재(nonconcordant profile)가 된다.

(2) 연속보에 작용하는 하중의 조합으로 그려진 실제 모멘트 분포도에 대해서 임의의 비례를 적용하여 단면의 도심 축을 따라 그려진 형상은 컨코던트 긴장재의 위치가 된다. 따라서 모멘트 분포도에 대한 일정한 비례의 궤도를 따라 긴장재를 배치하면 컨코던트 긴장재가 된다.

(3) (2)의 역 특성도 역시 진실이다. 어떤 컨코던트 긴장재라도 단면의 도심으로부터의 측정되는 편심의 형상은 실제 작용하는 하중에 의한 모멘트 분포도와 같다.

(4) 무하중 C선(ZLC line)의 궤도(trajectory)는 컨코던트 긴장재의 배치형상(profile)과 같다.

특성 (2)를 사용하여 컨코던트 긴장재의 배치형상을 결정할 수 있다. 예를 들어서 외력에 의해서 단면 x 에서 모멘트 $M(x)$가 발생할 때 컨코던트 긴장재의 편심은

$$e(x) = \frac{M(x)}{K} \tag{11.9}$$

로 쓸 수 있고, 여기에서 K는 임의의 상수이다. K 값은 배치되는 긴장재가 단면을 벗어나지 않도록 하여야 하므로 $|e(x)| \le e_{mp}$ (maximum practical eccentricity)를 이용하여 결정할 수 있다(그림 6.24 참고). 받침부나 경간 중앙 또는 중앙 부근의 모든 위험단면 i 를 고려하여 K_i는 다음 식으로 결정할 수 있다.

$$K_i = \left[\frac{M(x)}{e_{mp}}\right]_i \tag{11.10}$$

구한 $|K_i|$ 값 중에서 가장 큰 값을 적용하여 부재 전체에 대해서 식 (11.9)를 이용하여 컨코던트 긴장재의 배치형상을 구하면 되고, 이 식의 의미는 부재의 전 구간에 대해서 프리스트레싱력이 일정하다는 것을 의미한다.

컨코던트 긴장재의 배치형상을 결정할 때의 모멘트 분포 $M(x)$는 한 종류만의 하중을 이용해서 결정해야 될 필요는 없다. 예를 들어서 고정하중과 같은 등분포 하중을 고려하게 되면 받침부의 부모멘트에 날카로운 봉우리(sharp peak)가 나타나서 컨코던트 긴장재의 형상에도 실제로 긴장재를 배치하기 불가능한 뾰족한 봉우리가 존재하게 된다. 이런 경우에 적절한 하중을 받침부에 작용시켜서 발생하는 정모멘트를 첫 번째 하중에 중첩하여 적용해서 긴장재의 배치형상을 부드럽게 만들 수 있다. 그림 11.8은 이런 예에 대한 절차를 보여주고 있다.

비록 컨코던트 긴장재의 배치형상을 쉽게 결정할 수는 있지만 비 컨코던트 긴장재에 비해서 꼭 더 나은 배치형상이라고 할 수는 없다. 컨코던트 긴장재는 2차 모멘트를 제거하여 설계과정을 간단하게 하지만, 프리스트레싱의 영향이 최대가 되도록 비 컨코던트 긴장재를 선택하면 상당한 프리스트레싱 긴장재의 절약을 유도할 수 있다. 이렇게 비 컨코던트 긴장재를 배치하는 일은 특히 사용하중 한계상태(service limit state)에서 효과적이다[Naaman 2012(643)].

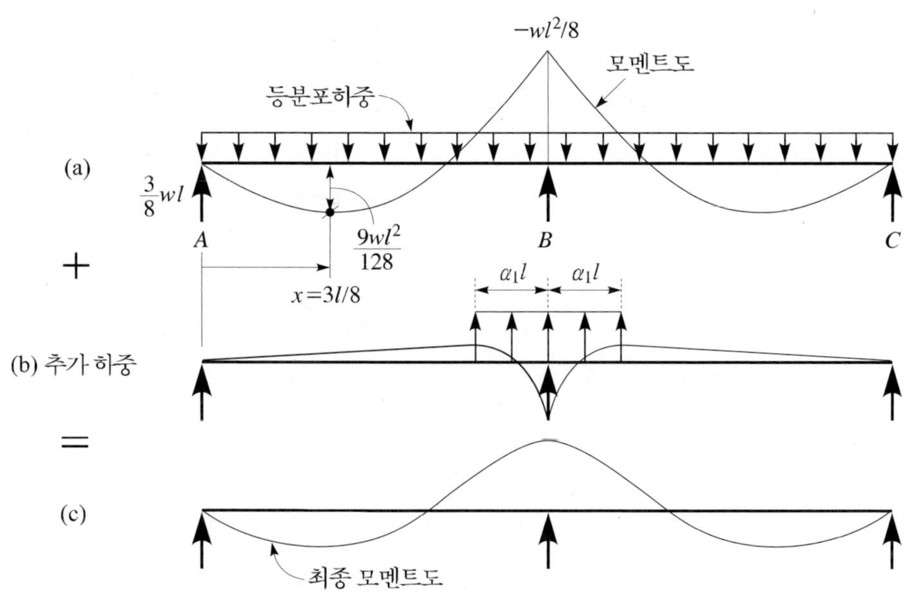

그림 11.8 뾰족하지 않은 부드러운 컨코던트 긴장재의 배치형상을 얻기 위한 모멘트 분포도를 중첩하는 예 [Naaman 2012(643)]

기본설계에서는 보통 2차 모멘트가 없는 컨코던트 긴장재로 가정하여 간편하게 프리스트레싱력을 산정하는 것이 좋을 것이다. 그러나 2차 모멘트 분포도의 모양이 긴장재의 편심형상과 보의 기하학적인 특성값(경간이나 받침부의 조건 등)에만 좌우되므로 종종 위험단면에서 허용 가능한 최대편심을 갖도록 실용적인 긴장재의 배치형상을 선택하고 이어서 2차 모멘트의 역할을 평가하게 된다. 이런 과정으로 2차 모멘트가 이익을 주는지 아니면 해를 주는지에 따라 긴장재의 배치형상을 바꾸거나 조종하거나 한다[Naaman 2012(643)].

11.3 긴장력에 등가인 외적인 하중(External Loads Equivalent to Prestressing)

보에 작용하는 프리스트레싱 긴장재의 영향은 **등가의 하중(equivalent load)**에 의한 영향으로 교체할 수 있다. 이러한 하중들은 긴장재를 제외한 콘크리트만의 자유물체도를 그리면 쉽게 결정할 수 있다. 등가하중은 수평 또는 연직의 집중하중, 단부 받침부에 작용하는 모멘트, 긴장재를 따라 작용하는 연직력 등을 포함하고 있다. 연직력은 긴장재가 배치되는 형상이 바뀌거나 또는 곡률의 변화에 의해서 발생하며, 기울기가 갑작스럽게 변할 때 집중력 형태로 또는 등분포 하중이나 크기가 변하는 분포하중의 형태로 나타난다. 곡선 배치되는 긴장재에서 단위길이에 대한 등가의 연직하중의 크기는 P/ρ_x 와 같다. 여기에서 ρ_x 는 고려하는 단면 x 의 긴장재의 곡률반경(radius of curvature)이다[Naaman 2012(644)].

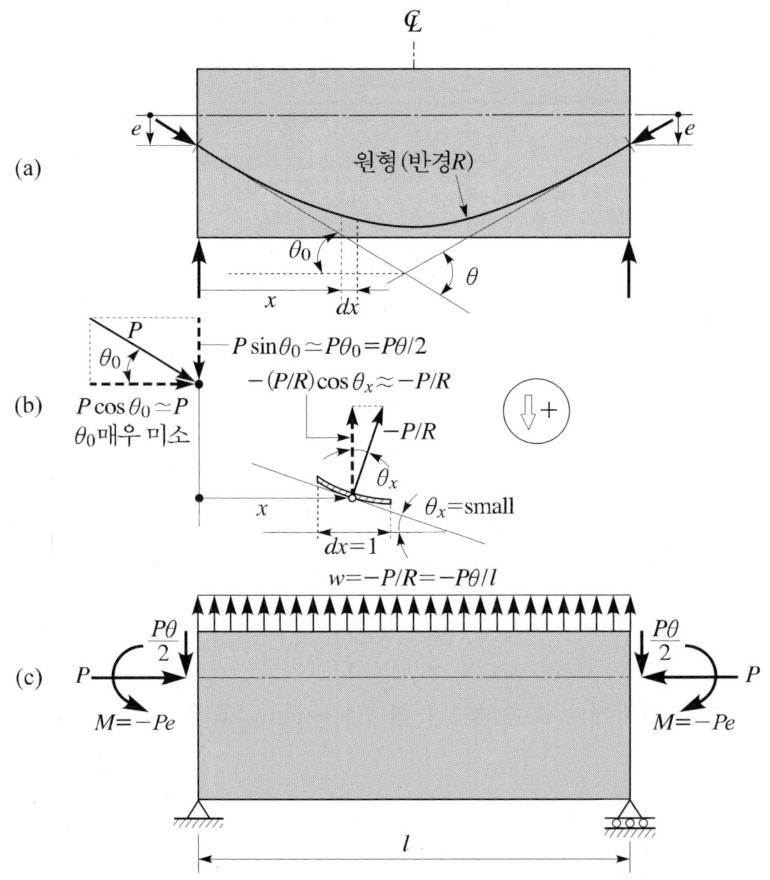

그림 11.9 등가하중의 개념. (a) 긴장재의 배치형상. (b) 미소요소 dx 에 대한 프리스트레싱으로 인해서 발생하는 연직하중에 대한 자유물체도. (c) 콘크리트 보의 자유물체도 [Naaman 2012(645)]

등가하중의 개념을 설명하기 위해서 그림 11.9a와 같이 곡률반경(radius of curvature) R의 원형에 긴장력 P로 긴장한 긴장재가 배치된 단순지지 보를 고려하도록 한다. 콘크리트에 대한 등가 연직하중을 결정하기 위해서 그림 11.9b와 같이 단면 x와 $x+dx$ 사이에서 미소 곡률은 $d\theta = dx/R$로 쓸 수 있고, 이 미소 요소에는 부 연직 반력 $-(P/R)dx$ [그림 3.4 및 식 (3.10) 참고]를 발생시킨다. 단위길이에 대해서 이 반력은 $-P/R$이 되고, θ_x가 매우 작으므로 $\cos\theta_x \approx 1$로 정리하면 연직축에 대한 값은 $(-P/R)\cos\theta_x \approx -P/R$이 된다. 따라서 이는 본질적으로 보에 균등한 등분포 하중 $w=-P/R$이 작용하는 것으로 볼 수 있다. 그림 11.9c에는 이런 경우에 대한 단부에 작용하는 등가의 하중과 모멘트를 포함하는 보의 자유물체도가 주어졌다. 이러한 등가하중을 이용하여 보를 해석하게 되면 그림 11.9a의 프리스트레

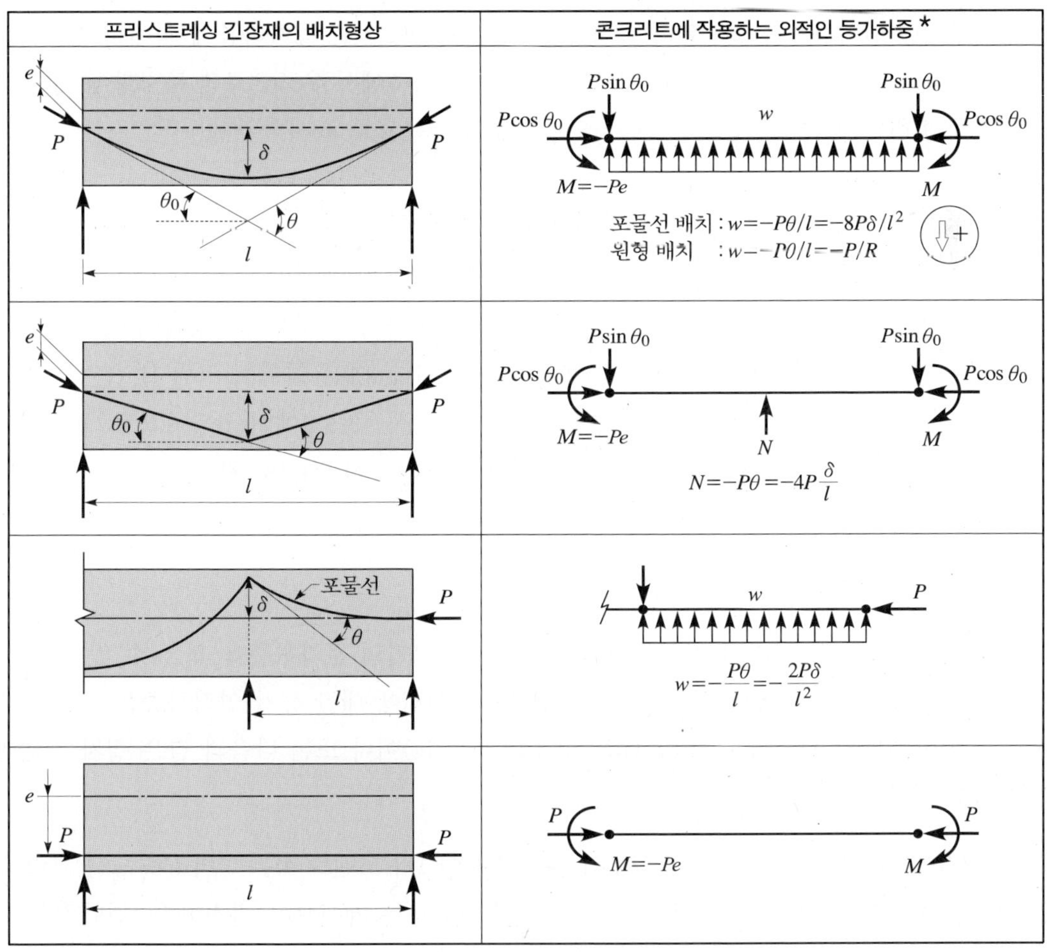

*깊이가 낮은 부재로 δ는 θ의 함수로 가정

그림 11.10 전형적인 긴장재가 배치되는 보에 대한 등가하중 식 [Naaman 2012(646)]

싱력이 작용할 때에 구한 응력과 완벽하게 동일한 결과를 얻게 될 것이다. 프리스트레싱력을 등가하중으로 고려하는 경우에 특히 아래와 같은 외적인 평형방정식을 만족하여야 한다.

$$\begin{cases} \text{수평하중} : & P + (-P) = 0 \\ \text{모멘트} : & -Pe + Pe = 0 \\ \text{연직하중} : & P\theta/2 + P\theta/2 + wl = 0 \end{cases} \tag{11.11}$$

마지막 식은 $wl = -(P/R)l$와 원호에서 $l = 2R\sin(\theta/2) \approx 2R(\theta/2) = R\theta$를 대입하면 증명할 수 있다.

그림 11.10에는 전형적인 긴장재의 배치형상에 대한 등가하중의 식이 주어졌다(그림 5.4 및 예제 11.4 참고). 주어진 식들은 일반적으로 깊이가 얕은 부재를 적용하여 경간에 비해서 긴장재의 편심이 크지 않다고 가정하였다. 만약에 긴장재를 직선으로 배치하면 축하중과 단모멘트는 존재하지만 연직하중은 0이 된다는 사실을 주목하여야 한다. 등가하중에 의해서 발생하는 모멘트의 부호를 연결하기 위해서 아래로 향하는 하중(좌측에서 우측으로의 축방향에 대한)을 +로 위로 향하는 하중을 −로 보아 등가연직하중을 −부호로 표시하였다.

11.3.1 연속 긴장재에 대한 등가하중의 적용 (Application of Equivalent Load to a Continuous Tendon)

그림 11.11과 같이 연속경간에 배치되는 긴장재는 경간을 따라 하나의 배치형상이 아니라 파동적으로 배치되어 등가하중의 강도도 구간마다 변하게 된다. 예를 들어서 그림 11.11의 등가하중 w_4는 긴장재가 포물선으로 배치된다고 가정하고 식 (3.13)에서 $\alpha \rightarrow \theta$로 표기하고 $e = \delta$이므로, $\theta = 8\delta/l$을 이용하여 적으면(그림 11.10 및 식 (11.13) 참고),

$$w_4 = -\frac{P\theta_4}{l_4'} = -\frac{8P\delta_4}{(l_4')^2} \tag{11.12}$$

과 같이 적을 수 있다. 따라서 경간을 따라 각각 다른 크기의 등가하중을 적을 수 있다.

그림 11.10에서 다루지 않는 형상으로 배치되는 긴장재에 대한 등가 연직하중은 형상에 대한 이론적인 곡률(theoretical curvature of the profile)이나 또는 다음과 같은 절차를 밟아 결정할 수 있다.

(1) 각 경간에 대해서 마치 중간에 받침부가 없다고 보아 1차 모멘트 $M_1(x)$의 분포도를 그린다.
(2) 모멘트 분포도로부터 전단력 분포도를 도해법이나 또는 계산으로 결정한다. 전단력과 모멘트의 관계는 $V(x) = dM_1(x)/dx$이다.
(3) 전단력 분포도로부터 등가하중을 결정한다. 전단력과 등가 등분포하중의 관계는 $w(x) =$

$-dV(x)/dx$ 가 된다.

계산 절차에 대한 예는 예제 11.3의 (b)에서 다루도록 한다.

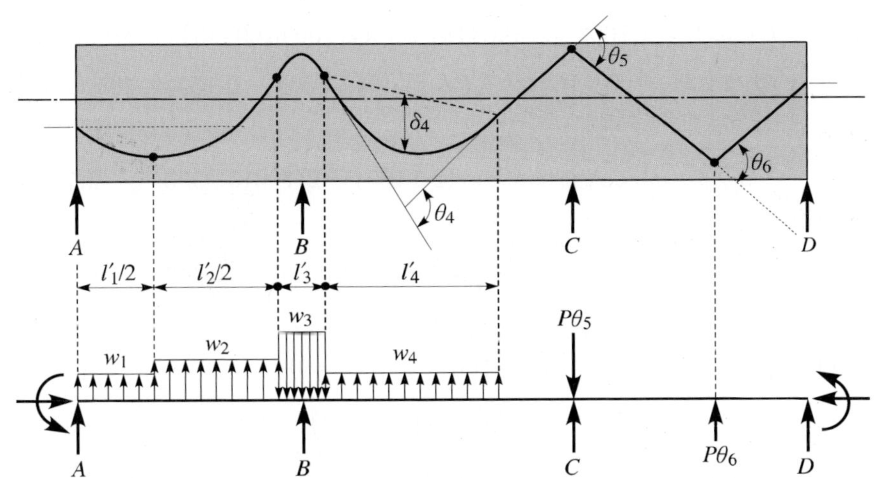

그림 11.11 연속보에서의 등가하중 [Naaman 2012(647)]

예제 11.3

[등가하중에 대한 예제] [Naaman 2012(647-650)]

그림 11.12에는 받침부 B에 대해서 대칭인 2경간 프리스트레스트 연속보를 보여주고 있다. 해를 간단하게 하기 위해서 프리스트레싱 긴장재는 주요 지점에서 절곡하여 직선으로 배치하였다. 긴장력은 $P=$ 2,700 kN이 도입되었다고 가정하고 등가하중을 결정하라. 아래에는 각각 다른 2 방법에 의해서 등가하중을 결정하는 방법을 보여주고 있다.

(a) **그림 11.10의 식을 이용해서 구하는 방법** : 받침부 B에 대해서 대칭이므로 절반의 보에 대해서만 결정하면 된다.

① 단면 D 와 B에서의 긴장재의 절곡한 사이각을 구한다.

경간 AD : $\tan(\theta_1) = 0.45/12 = 0.0375 \approx \sin(\theta_1) \approx \theta_1$ radian

$$\theta_1 = 0.0375 \times 180/\pi = 2.1486^\circ$$

$$\cos(\pi/2 - \theta_1) = \sin\theta_1 = 0.0375$$

경간 DB : $\tan(\theta_2) = 0.75/18 = 0.04167 \approx \sin(\theta_2) \approx \theta_2$ radian

$$\theta_2 = 0.04167 \times 180/\pi = 2.3873^\circ$$

$$\cos(\pi/2 - \theta_2) = \sin\theta_2 = 0.04167$$

② 긴장재가 절곡된 각 단면 및 단부에서 등가집중하중 계산 :

단면 D :

$F_{Dy} = P\theta = P(\theta_1 + \theta_2) = (2{,}700)(0.0375 + 0.04167) = 213.8\ (\text{kN})\ (\uparrow)$

단면 B :

$F_{By} = P(2\theta_2) = 2{,}700(2 \times 0.04167) = (2{,}700)(0.0833) = 225.0\ (\text{kN})\ (\downarrow)$

단부 A 및 C : $M_A = -M_C = -Pe = (-2{,}700)(-0.15) = 405\ (\text{kN} \cdot \text{m})(\hookleftarrow)$

축력 :

$F_{Ax} = -F_{Cx} = P\cos\theta_1 = P\cos(2.1486) = 2{,}700(0.9993) \approx 2{,}700\ (\text{kN})$ (→ 압축)

연직력 :

$F_{Ay} = F_{Cy} = P\sin\theta_1 = P\sin(2.1486) = 2{,}700(0.03749) = 101.2\ (\text{kN})\ (\downarrow)$

③ 식 (11.11)의 평형방정식을 만족하는지 검토 :

수평등가하중 : $F_{Ax} + F_{Cx} = 2{,}700 - 2{,}700 = 0$ <OK>

등가모멘트 : $M_A + M_C = -405 + (405) = 0$ <OK>

연직 등가하중 : $\downarrow + \sum F_y = 0$; $2F_{Ay} + 2F_{Dy} + F_{By} = 0$

$2(101.2) - 2(213.8) + 225 = 202.4 - 427.6 + 225 = -0.2 \approx 0$ <OK>

(b) **1차 모멘트도를 이용하는 방법** : 앞에서 언급한 방법으로 먼저 1차 모멘트도를 그리고 이를 $V(x) = dM_1(x)/dx$ 로 미분하여 전단력도를 구하고, 이어서 $w(x) = -dV(x)/dx$ 로 등가하중을 구하는 방법이다.

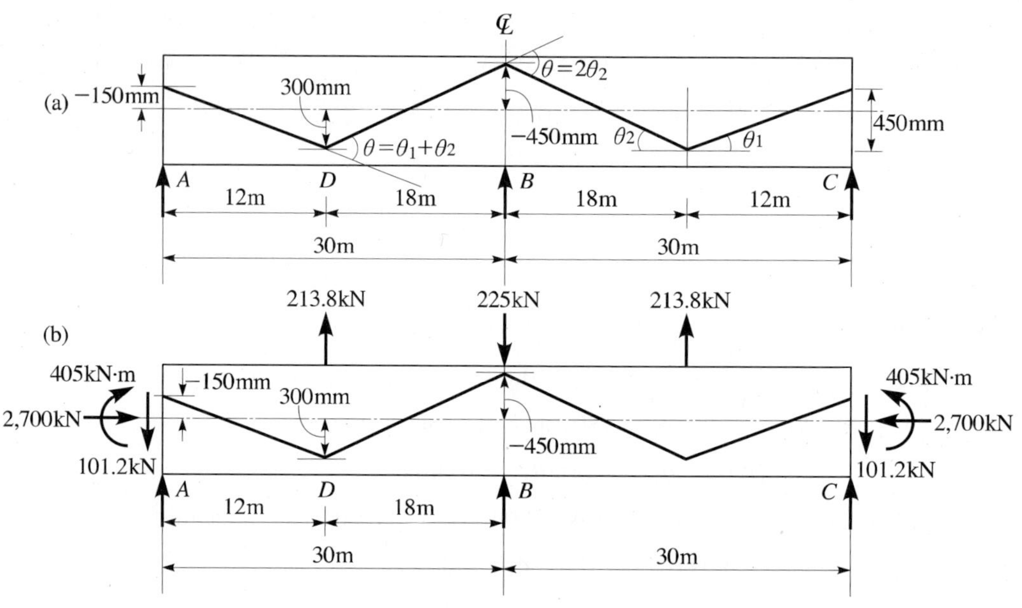

그림 11.12 예제 11.3의 등가하중

① $M_1(x) = -Pe(x)$로 1차 모멘트의 계산 :

받침부 A에서 모멘트 계산 :

$$M_{1A} = -Pe_A = (-2{,}700)(-0.15) = 405\ (\text{kN}\cdot\text{m})\,(\hookleftarrow)$$ (아래로 볼록)

단면 D에서 모멘트 계산 :

$$M_{1D} = -Pe_D = (-2{,}700)(0.30) = -810\ (\text{kN}\cdot\text{m})\,(\hookleftarrow)$$ (위로 볼록)

받침부 B에서 모멘트 계산 :

$$M_{1B} = -Pe_B = (-2{,}700)(-0.45) = 1{,}215\ (\text{kN}\cdot\text{m})\,(\hookrightarrow)$$ (아래로 볼록)

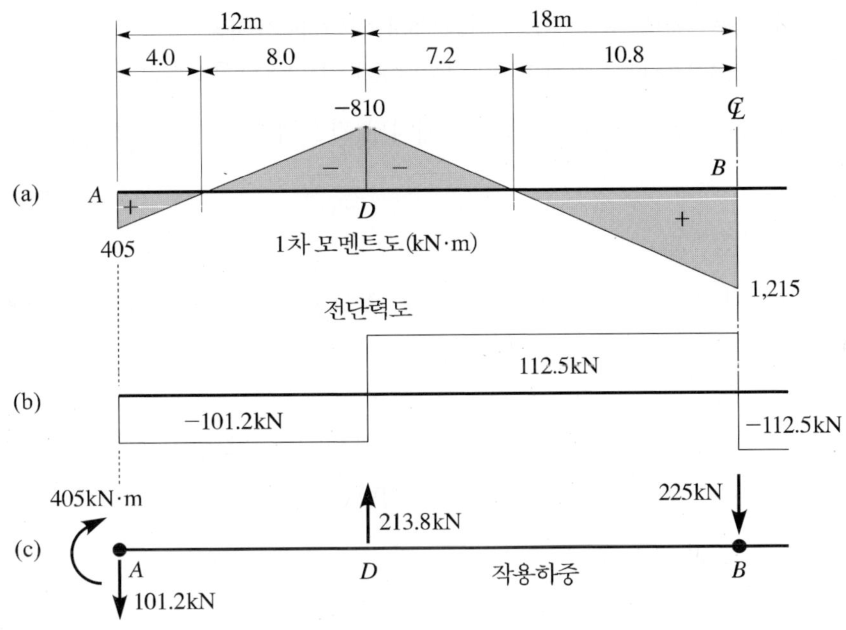

그림 11.13 예제 11.3의 등가하중

② $V = dM_1/dx$ 로 전단력 계산 :

구간 A~D의 전단력 계산 :

$$V_{AD} = \frac{dM}{dx} = \text{모멘트도의 기울기} = \frac{-810-405}{12} = -101.25\ (\text{kN}\cdot\text{m})$$

구간 D~B의 전단력 계산 :

$$V_{DB} = \frac{dM}{dx} = \text{모멘트도의 기울기} = \frac{1{,}215-(-810)}{18} = 112.5\ (\text{kN}\cdot\text{m})$$

③ $w = -dV/dx$ 로 등가 등분포하중 계산 : 그림 11.13 참고

구간 A~D의 등가 등분포하중 계산 :

$$w_{AD} = \frac{dV}{dx} = -92.9 - (-92.9) = 0$$

단면 D에서 등가 집중하중 계산 :

$$F_{Dy} = -101.25 - 112.5 = -213.8\ (\text{kN}) = 213.8\ \text{kN}\ (\uparrow)$$

받침부 B에서 등가 집중하중 계산 : $F_{By} = 112.5 - (-112.5) = 225\ (\text{kN})\ (\downarrow)$

연직력 : $F_{Ay} = F_{Cy} = V_{AD} = 101.2\ (\text{kN})\ (\downarrow)$

11.3.2 원형이나 포물선으로 배치된 긴장재에 대한 등가하중 (Equivalent Load for Circular and Parabolic Tendon Profile)

그림 11.10에 제시된 원형이나 포물선형으로 배치된 긴장재에 대한 등가하중 식은 아래와 같이 유도할 수 있다.

원형으로 배치된 긴장재

그림 11.14에서 내부압력 p가 작용하는 두께가 얇고 반경이 R인 원통형 탱크에서 단위 각도 θ 만큼 자른 부채꼴(sector)의 원호 길이는 l이다[Gere 2001(564–565)]. 내부압력으로 인해서 원통에 발생하는 원주 인장응력(circumferential tensile stress)은 단위 길이로 자른 반쪽 원통의 자유물체도에서 원통 벽에 작용하는 인장합력은 $f_t\,(2t)$로 쓰고, 내부압력의 합력은 $p \times 2R$로 쓸 수 있으므로, 평형방정식을 쓰면

$$f_t = \frac{p \times 2R}{2t} = \frac{pR}{t}$$

가 되고, 여기에서 t는 탱크 벽의 두께이고, 단위 길이의 원통 벽에 작용하는 인장력은 $N = f_t \times t \times 1 = pR$이 된다.

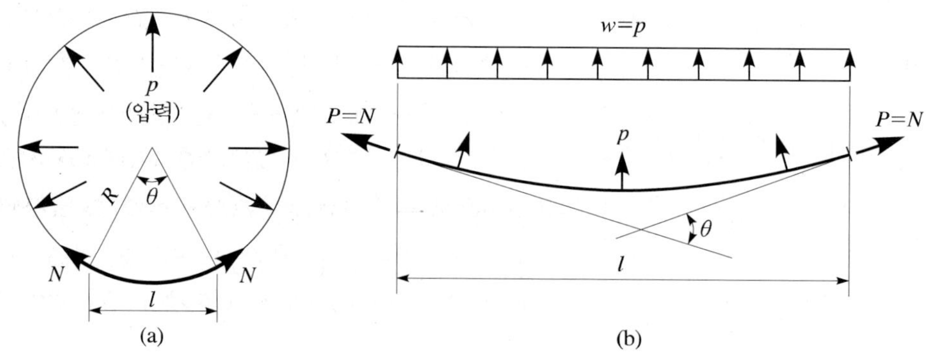

그림 11.14 원형으로 배치되는 긴장재 [Naaman 2012(650)]

길이가 l 인 원형으로 배치된 긴장재는 그림 11.14a에서와 같이 내부가 콘크리트로 채워진 원통형 탱크의 일부분이라고 볼 수 있다. 긴장재에 도입되는 프리스트레싱력 $P = N$이 작용하면 콘크리트와 접촉하는 내부면에 압력 p 가 발생된다. 만약에 길이에 비해서 원형 탱크의 반경이 상당히 크다면 압력 p 의 작용방향을 연직(즉, 중력하중 방향)으로 볼 수 있어서 등분포 하중 w 와 유사하다고 볼 수 있다. 따라서 미소 길이 $R\theta = l$ 와 $w = p$ 이고 단위 원호 길이를 고려하면, 원형으로 배치된 긴장재의 프리스트레싱력 P 에 의해서 발생하는 상향의 등가 등분포하중 w 는

$$\begin{cases} w = \dfrac{N}{R} = \dfrac{P}{R} = P\dfrac{\theta}{l} \\ \text{또는} \\ P = \dfrac{wl}{\theta} \end{cases} \tag{11.13}$$

가 된다. w 는 긴장재의 배치 형상에 수직한 방향으로 작용하지만 긴장재가 얕게 배치된다고 보아 단면에 연직한 방향으로 작용한다고 가정할 수 있다.

포물선으로 배치된 긴장재

방정식 $y(x)$로 그려지는 곡선의 곡률(curvature) κ ('kappa')는

$$\kappa = \frac{1}{R} = \frac{d\theta}{ds} = \frac{y''}{[1+(y')^2]^{3/2}}$$

로 표현된다. 여기에서 R은 곡률반경(radius of curvature)이고 $y' = dy(x)/dx$ 과 $y'' = d^2y(x)/dx^2$ 이다. 곡선의 깊이가 얕다고 가정하여 거의 수평으로 배치되므로 접선값인 y'은 0로 보아 삭제하면, 곡률은 다음과 같이 정리할 수 있다[Gear 2001(615)].

$$\kappa = \frac{1}{R} = y''$$

곡선이 포물선이라고 가정하고, 그림 11.15b와 같이 포물선의 꼭지점에서 축이 시작된다면

$$y = ax^2 \quad ; \quad y' = 2ax \quad ; \quad y'' = 2a$$

로 쓸 수 있다. 식 (11.13)에 이 관계를 대입하면, 상수 a 는

$$w = \frac{P}{R} = Py'' = 2aP \quad ; \quad a = \frac{w}{2P}$$

또한 포물선 방정식은 원점이 포물선의 꼭지점에 있다고 가정하였으므로 기하학적인 경계

조건인 $x = l/2$ 에서 $y = \delta$ 를 만족하여야 한다.

$$y = ax^2 = \delta = a\left(\frac{l}{2}\right)^2 \quad ; \quad a = \frac{4\delta}{l^2}$$

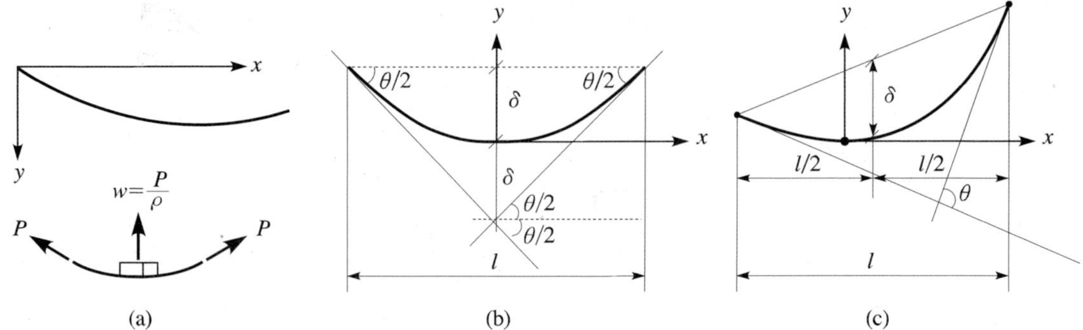

그림 11.15 포물선으로 배치되는 긴장재의 기하학적 특성 [Naaman 2012(651)]

따라서 a 를 정리하면

$$a = \frac{4\delta}{l^2} = \frac{w}{2P}$$

가 되므로 이를 등가 등분포 하중 w 또는 프리스트레싱력 P 로 정리하면 각각

$$w = \frac{8P\delta}{l^2} \quad \text{또는} \quad P = \frac{wl^2}{8\delta} \tag{11.14}$$

가 된다. 여기에서 δ 는 포물선의 처짐(sag of the parabola)이고 이 식들은 그림 11.15b나 c의 포물선으로 배치된 긴장재의 형상과 등가의 등분포 하중간의 관계를 표현하고 있다. 그림 11.15b는 포물선 임의의 세로좌표에 대해서 접선을 그려서 만나 y 축을 자르는 위치의 꼭지점으로부터 길이는 접선의 세로좌표로부터 꼭지점까지의 길이와 같고 방향은 반대에 위치하는 포물선의 기하학적인 특성을 보여주고 있다. 그림 11.15에서 $x = -l/2$ 와 $x = l/2$ 사이의 포물선에 대한 접선의 기하학적인 관계는 다음과 같이 쓸 수 있다.

$$\tan\left(\frac{\theta}{2}\right) = \frac{2\delta}{l/2} = \frac{4\delta}{l}$$

접선의 각 θ 가 매우 작다고 보면 tan (θ)는 다음과 같이 정리할 수 있다.

$$\tan(\theta) \approx 2\tan\left(\frac{\theta}{2}\right) \approx 2\frac{\theta}{2} = \theta \equiv 2\left(\frac{4\delta}{l}\right) = \frac{8\delta}{l}$$

이 식을 식 (11.14)에 대입하면

$$w = \frac{8P\delta}{l^2} = \frac{8P\dfrac{\theta l}{8}}{l^2} = P\frac{\theta}{l} \tag{11.15}$$

가 된다. 이런 식들을 유도하는데 부호를 도입하지 않았지만 그림 11.10과 같이 등가 등분포 하중의 방향이 아래를 향하면 양이고 위를 향하면 음이 될 것이다.

포물선으로 배치된 긴장재의 등가하중에 대한 설명

포물선으로 배치된 긴장재의 등가하중은 포물선의 처짐 값 δ와 투영된 길이 l에 좌우된다. 그림 11.16과 같이 포물선으로 긴장재가 배치되었고 긴장력 $P=$ 450 kN으로 일정하다고 가정한다. 받침부 A에서는 편심이 없도록 $e_A = 0$로 배치하고, 프리스트레싱력이 최소가 될 수 있도록 경간 중앙부근과 내부받침부 B에서는 공간적으로 배치가 가능한 최대편심, 1,500/2 −100 = 650 mm을 배치하도록 한다. 따라서 $e_v =$ 650 mm로 $e_B = -$650 mm로 배치한다. 먼저 포물선의 꼭지점의 위치 x_v를 결정하기 위해서 포물선의 일반식 $y = ax^2$에서 $x = x_v$일 때 y값은 꼭지점 D에서

$$y_{@\,x_v} = e_v - e_A = a{x_v}^2 \quad ; \quad {x_v}^2 = \frac{e_v - e_A}{a}$$

가 되고, $x = (l - x_v)$에서의 y값은

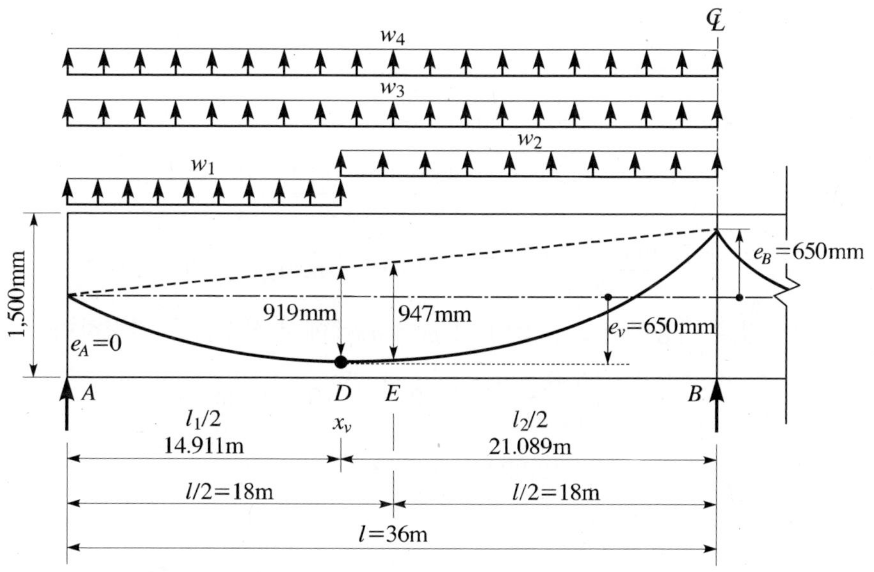

그림 11.16 포물선으로 배치된 긴장재의 등가하중에 대한 해석 [Naaman 2012(653)]

$$y_{@(l-x_v)} = e_v - e_B = a(l-x_v)^2 \quad ; \quad a = \frac{e_v - e_B}{(l-x_v)^2}$$

가 되므로, a를 위식에 대입하면, 다음과 같이 표현된다.

$$x_v^{\ 2} = \frac{e_v - e_A}{a} = \left(\frac{e_v - e_A}{e_v - e_B}\right)(l - x_v)^2 \tag{11.16}$$

예제 11.4

[포물선으로 배치된 긴장재의 등가하중 계산] [Naaman 2012(653)]

그림 11.16과 같이 포물선 형상으로 배치된 긴장재에 대해서 받침부 A에서 꼭지점 D의 거리 x_v를 계산하여 포물선 방정식을 구하고, 꼭지점 D(δ_D)와 경간 중앙 E점(δ_E)의 처짐을 구하여 이를 이용하여 아래와 같이 등가하중을 계산하여 검토하라.

(a) 꼭지점 D로 포물선을 분리하여 포물선의 편심(e_v와 e_B)를 이용하여 계산,

(b) δ_D를 이용하여 계산,

(c) δ_E를 이용하여 계산하여 비교 검토하라.

단부 받침부 A에서 꼭지점까지의 거리 x_v는

$$x_v^{\ 2} = \left(\frac{e_v - e_A}{e_v - e_B}\right)(l - x_v)^2 = \left[\frac{650 - 0}{650 - (-650)}\right](36{,}000 - x_v)^2$$

$$x_v^{\ 2} = 0.5(36{,}000^2) - 0.5(2)(36{,}000)x_v + 0.5x_v^{\ 2}$$

$$x_v^{\ 2} - 0.5x_v^{\ 2} + 0.5(2)(36{,}000)x_v - 0.5(36{,}000^2) = 0$$

$$x_v^{\ 2} + 72{,}000\,x_v - 1{,}296 \times 10^6 = 0$$

$$x_v = \frac{-b \pm \sqrt{b^2 - 4ac}}{2} = \frac{-72{,}000 \pm \sqrt{72{,}000^2 + 4(1{,}296 \times 10^6)}}{2}$$

$$\therefore\ x_v = \frac{-72{,}000 + 101{,}823}{2} = 14{,}911\ (\mathrm{mm})\ (\equiv 0.4142\,l)$$

가 된다. 이 값을 이용하여 포물선의 식 $y = ax^2$에서 상수값을 결정하면,

$$\therefore\ a = \frac{e_v - e_A}{x_v^{\ 2}} = \frac{650 - 0}{14{,}911^2} = 2.923 \times 10^{-6}\ (\mathrm{mm})$$

포물선 방정식 : $y = ax^2 = (2.923 \times 10^{-6})\,x^2$

꼭지점 D의 포물선 처짐 δ_D :

$$\therefore\ \delta_D = 650 + 650\frac{14.911}{36} = 650 + 650(0.4142) = 650 + 269 = 919\ (\mathrm{mm})$$

경간 중앙에서의 처짐 δ_E는 먼저 E의 좌표는 $x = 18 - 14.911 = 3.089$ (m)가 되어,

$$y_E = (2.923 \times 10^{-6})(3{,}089^2) = 27.89\ (\text{mm})$$

단면 도심에서 편심은 다음과 같다.

$$e_E = e_v - 27.89 = 650 - 27.89 = 622.11\ (\text{mm})$$

$$\therefore\ \delta_E = 622.11 + 650\frac{18}{36} = 622.11 + 325 = 947\ (\text{mm})$$

(a) 먼저 꼭지점 D의 좌측과 우측 포물선 부분을 분리해서 등가 등분포하중 계산 :

$$\therefore\ w_1 = \frac{8P\delta}{l^2} = \frac{8 \times 450 \times 0.650}{(2 \times 14.911)^2} = 2.6311\ (\text{kN/m})$$

$$\therefore\ w_2 = \frac{8P\delta}{l^2} = \frac{8 \times 450 \times 1.30}{(2 \times 21.089)^2} = 2.6307\ (\text{kN/m})$$

(b) 등가 등분포하중을 꼭지점 단면 D의 처짐을 이용하여 계산 :

$$\therefore\ w_3 = \frac{8P\delta_D}{l^2} = \frac{8 \times 450 \times 0.919}{36.0^2} = 2.553\ (\text{kN/m})$$

(c) 경간 중앙 단면 E의 처짐으로부터 등가 등분포하중을 계산 :

$$\therefore\ w_4 = \frac{8P\delta_E}{l^2} = \frac{8 \times 450 \times 0.947}{36.0^2} = 2.6306\ (\text{kN/m})$$

3가지 방법으로 각각 계산한 등가 등분포하중을 비교하면 동일한 포물선에 대해서 비교하기 위해서 계산한 w_1 과 w_2 는 w_4 와 결과가 거의 비슷하였다. 이에 비해서 w_3 는 w_4 와 매우 근접하기는 하지만 3 결과 중에서 가장 차이가 나는 결과를 주었다. 이러한 차이는 특히 2차 모멘트를 계산할 때에는 상당한 차이를 가져올 수도 있다.

따라서 등가 등분포하중을 계산할 때는 w_4 를 계산하는 방법이나 또는 w_1 과 w_2 를 계산하는 방법을 적용하는 게 좋을 것이다.

11.4 긴장력으로 인한 모멘트와 탄성응력 (Prestressing Moment and Elastic Stresses)

연속보에서 배치된 긴장재로 인해서 발생하는 모멘트를 결정하기 위해서는 다음과 같은 절차를 밟아야 한다.

1. 11.3장과 같은 과정을 밟아 등가하중을 결정한다.
2. 등가하중으로 받침부에서 적절한 방법을 이용하여 프리스트레싱 모멘트 M_P를 결정한다. 매트릭스 구조해석(matrix structural analysis)이나 변위일치 방법(method of consistent displacement) 또는 모멘트 분배법(moment distribution method)을 이용하여 결정할 수 있다. 모멘트 분배법을 적용하기 위해서는 다음과 같은 절차를 밟아야 한다.
   a. 각 경간에서 등가하중으로 인한 고정단 모멘트(fixed-end moment)를 결정한다. 그림 11.17에는 일반적인 하중에 대한 고정단 모멘트가 정리되어있다. 고정단모멘트는 또한 Mitchell-Collins[1987(448)]가 제안한 $e \times P/EI$를 그린 곡률분포도(curvature diagram)에서 새로운 기준선(new base line) 위의 면적과 아래 면적의 합이 0이어야 한다는 관찰을 통해서 구할 수도 있다(그림 12.6, 12.1.2장 참고).
   b. 모멘트 분배법을 이용하여 각 경간의 단 모멘트를 결정한다. 이 단 모멘트가 받침부에서 프리스트레싱으로 인해서 발생하는 M_P이다.

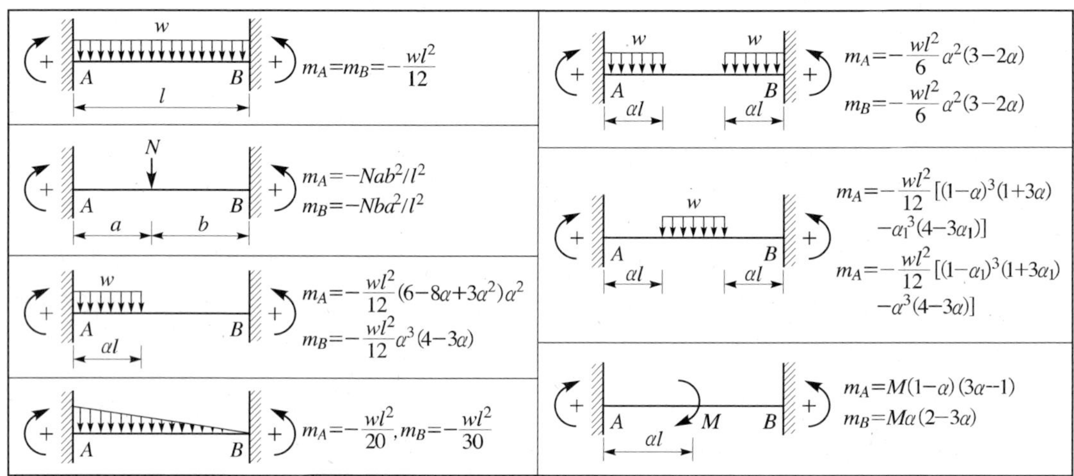

그림 11.17 단면이 일정한 부재에서의 고정단 모멘트(fixed-end moment) [Naaman 2012(655)]

3. 식 (11.3)을 이용하여 받침부에서 2차 모멘트를 결정한다.
4. 식 (11.7)을 이용하여 받침부 사이의 경간 x 에서 2차 모멘트를 계산한다.
5. 1차 모멘트 $M_1(x) = -Pe(x)$를 계산한다.
6. 식 (11.2)를 이용해서 임의의 단면 x 에서 프리스트레싱 모멘트 $M_P(x)$를 결정한다.

신속하게 연속보를 해석하기 위해서 구조해석용 소프트웨어를 사용하면 좋지만 모멘트 분배법과 같이 해석적인 방법을 사용해도 된다. 단계 3에서 6은 j 와 k 받침부로 지지되는 전형적인 경간에서 다음의 식으로 표현될 수 있다. 좌측 받침부로부터 거리 x 떨어진 단면의 프리스

트레싱으로 인한 모멘트는 식 (11.2)와 식 (11.7)을 같이 쓰면,

$$\begin{cases} M_P(x) = M_1(x) + M_2(x) = -Pe(x) + M_{2j}\left(1 - \dfrac{x}{l}\right) + M_{2k}\left(\dfrac{x}{l}\right) \\ M_P(x) = M_1(x) + M_2(x) \\ \qquad\quad = -Pe(x) + (M_{Pj} + Pe_j)\left(1 - \dfrac{x}{l}\right) + (M_{Pk} + Pe_k)\dfrac{x}{l} \end{cases} \tag{11.17}$$

여기에서 M_{Pj}와 M_{Pk}는 각각 받침부 j와 k에서 프리스트레싱으로 인한 모멘트이고 e_j와 e_k는 각각의 받침부에서의 긴장재의 편심이다. 이 식에서 보면 $M_1(x) = -Pe(x)$는 1차 모멘트(primary moment)이고 나머지 항들은 2차 모멘트 $M_2(x)$를 표현하고 있다. 프리스트레싱으로 인한 모멘트와 2차 모멘트가 주어지면 식 (11.4)의 $e_{0c}(x) = -M_P(x)/P$를 이용하여 무하중 C선(무하중 압력선)의 편심을 결정할 수 있다. 무하중 C선의 편심은 긴장재의 배치형상에 따라 좌우되지만 프리스트레싱력의 크기에는 영향을 받지 않는 점을 주목하여야 한다(예제 11.5 2번째 방법 참고). 따라서 정상화한(normalized) P값이나 또는 단위하중으로 가정하여 결정하여도 된다.

예제 11.5

[등가하중방법을 이용하여 프리스트레싱 모멘트를 구하는 방법] [Naaman 2012(656-661)]

그림 11.12a에는 예제 11.3에서 다루었던 받침부 B를 중심으로 대칭인 2경간 프리스트레스트 연속보를 보여주고 있다. 긴장력은 $P = 2{,}700$ kN이 도입되었다고 가정하고 단면 A, B와 D에서 프리스트레싱 모멘트를 구하고 1차 모멘트, 2차 모멘트 및 총 프리스레싱 모멘트의 분포도를 그려라.

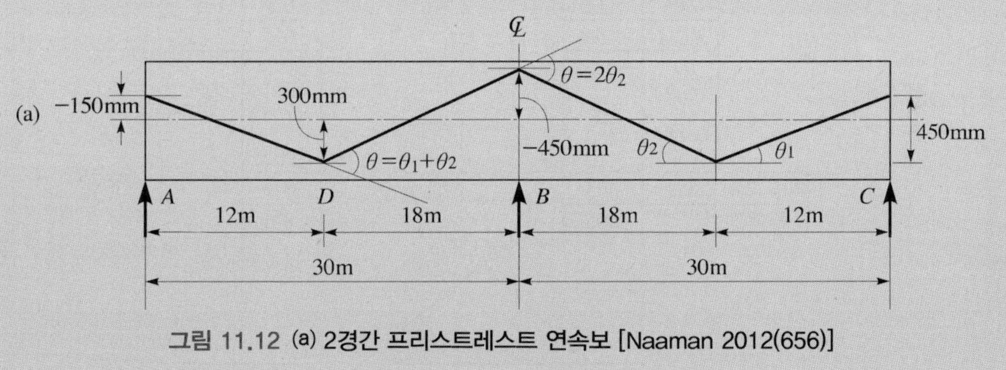

그림 11.12 (a) 2경간 프리스트레스트 연속보 [Naaman 2012(656)]

보는 부정정력이 1개인 부정정 구조로 본 예제에서는 2가지 접근방법을 고려하였다.

첫 번째 접근방법은 먼저 등가하중을 결정하고 받침부 B에서 모멘트 분배법으로 모멘트(프리스트레싱 모멘트)를 계산한다. 2차 모멘트는 총 모멘트로부터 1차 모멘트를 빼서 구한다.

2번째 접근방법은 변위일치 방법으로 받침부 B의 2차 반력을 결정하고 이 반력을 적용하여 2차 모멘트를 구하여 이 값을 1차 모멘트에 더해서 총 프리스트레싱 모멘트를 계산한다.

연속보가 받침부 B를 중심으로 대칭이므로 받침부 B의 모멘트는 타단 A가 단순지지 되고 B가 고정단인 보의 고정단 모멘트와 같게 된다.

(a) **첫 번째 접근방법 – 모멘트 분배법** : 예제 11.3의 그림 11.12b에 제시된 프리스트레싱에 대한 등가하중을 그림 11.18은 보여주고 있다. 모멘트 분배법을 수행하기 위한 받침부 A와 B의 고정단 모멘트는 다음과 같이 계산하면 된다.

$m_{AB} = Nab^2/l^2 = (213.8 \times 12 \times 18^2)/30^2 = 923.6$ (kN · m) (↩) (시계방향)

$m_{BA} = Na^2b/l^2 = (213.8 \times 12^2 \times 18)/30^2 = 615.7$ (kN · m) (↪) (반시계방향)

보의 깊이가 일정하여 단면 2차 모멘트가 일정하므로 전달률(carry over factor, COF)은 0.5로 가정한다.

그림 11.18에는 적절한 부호의 모멘트 분배법을 보여주고 있다. 고정단으로 가정한 받침부 A를 풀어주어 회전이 일어나게 하면 프리스트레싱으로 인한 외적인 모멘트가 작용하게 되고, 이 모멘트의 1/2이 받침부 B로 전달되게 된다. 연속보가 받침부 B를 중심으로 대칭

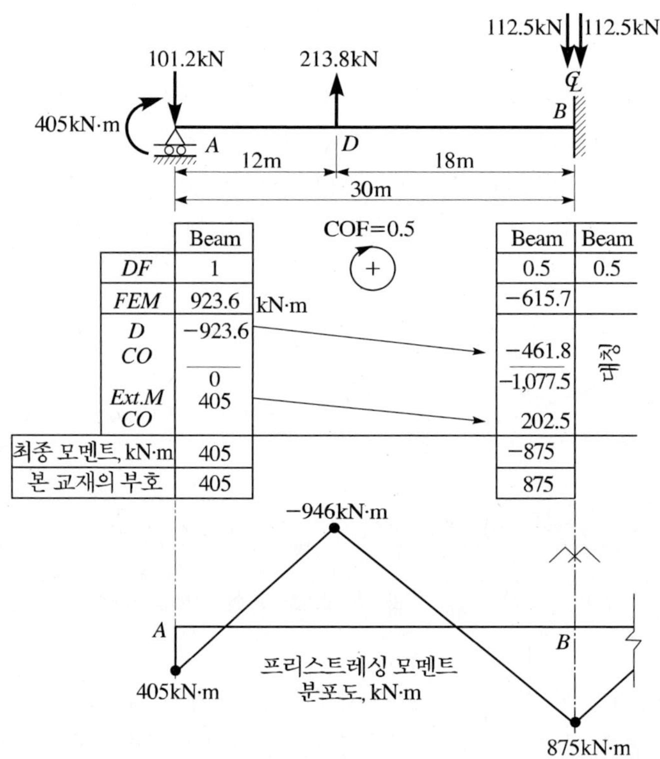

	Beam		Beam	Beam
DF	1		0.5	0.5
FEM	923.6		−615.7	
D	−923.6			
CO			−461.8	
	0		−1,077.5	
Ext.M	405			
CO			202.5	
최종 모멘트, kN·m	405		−875	
본 교재의 부호	405		875	

그림 11.18 모멘트 분배법으로 구한 M_P [Naaman 2012(657)]

(mirror symmetry)이므로 받침부 B는 고정단과 같이 작용하여 모멘트 분배법에서 절점 B를 풀어줄 필요가 없다. 그림 11.18에 주어진 모멘트는 프리스트레싱으로 인한 총 모멘트이다. 이 값에서 1차 모멘트를 빼주면 2차 모멘트를 구할 수 있다.

받침부 A : $M_{2A} = M_{PA} - M_{1A} = 405 - 405 = 0$

받침부 B : $M_{2B} = M_{PB} - M_{1B} = 875 - 1,215 = -340$ (kN · m)

A와 B사이의 2차 모멘트는 선형으로 변하고, D에서의 2차 모멘트는

$$M_2(x) = \frac{-340}{30}x = -11.33x$$

$$M_{2D} = -11.33x = -11.33 \times 12 = -136 \text{ (kN · m) } (\hookleftarrow)$$

2차 모멘트로 인해서 중앙 받침부 B에 발생하는 반력과 최종 반력은

$$R_{By2} = \frac{-340}{30} = -11.33 \text{ (kN)}(\uparrow)$$

$$R_{By} = R_{By1} + R_{By2} = 112.5 - 11.33 = 101.2 \text{(kN)}(\downarrow)$$

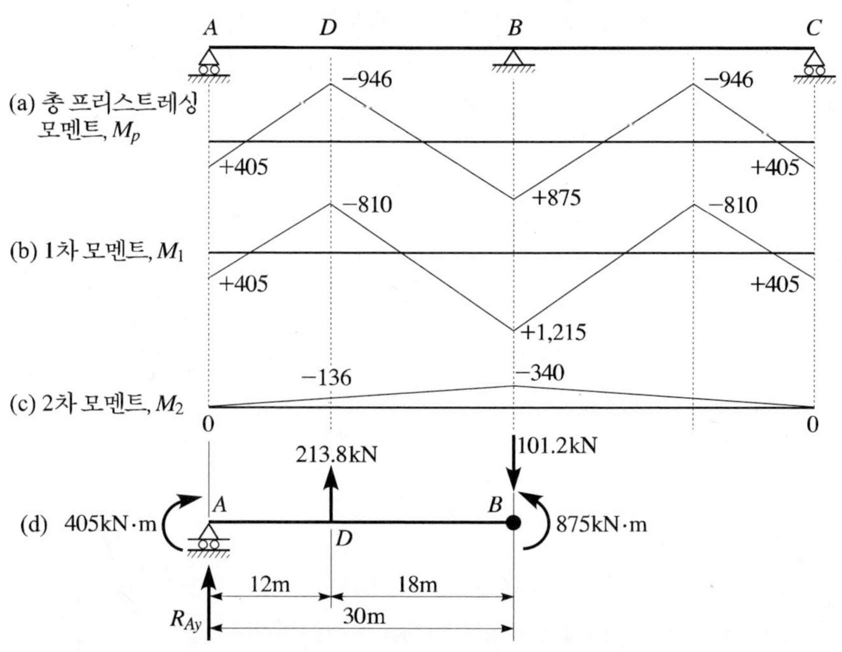

그림 11.19 모멘트 분포도 $M_P = M_1 + M_2$ 와 반력 [Naaman 2012(658)]

그림 11.19에는 1차와 2차 및 최종 프리스트레싱 모멘트 분포도가 제시되었다. 그림에서 보면 2차 모멘트가 중앙 받침부 B에서는 1차 모멘트의 값을 감소시켜서 도움을 주지만, 경간 내부에서는 오히려 모멘트를 증가시켜서 도움이 되지 않고 있다[Naaman 2012(601)]. 총 등가하중에 대한 받침부의 반력 R_{Ay} 는 그림 11.19d의 자유물체도에서 B에 대해서 평

형방정식을 쓰면,

$$\curvearrowright + \sum M_B = 0 \; ; - R_{Ay} \times 30 - 405 - 213.8 \times 18 + 875 = 0$$

$$R_{Ay} = \frac{-405 - 213.8 \times 18 + 875}{30} = \frac{-3,378.4}{30} = -112.6\ (\text{kN})\ (\downarrow)$$

2차 모멘트로 인해서 발생하는 반력 R_{Ay2}는 다음과 같이 R_{Ay}에서 1차 모멘트로 인한 반력을 빼주면 구할 수 있다.

$$R_{Ay2} = R_{Ay} - R_{Ay1} = -112.6 - (-101.2) = -11.4\ (\text{kN})\ (\downarrow)$$

긴장재가 절곡된 위치 D에서의 프리스트레싱 모멘트는 그림 11.19d의 자유물체도에서 받침부 A에서 D까지를 잘라서 평형방정식을 쓰면,

$$\curvearrowright + \sum M_D = 0 \; ; - R_{Ay} \times 12 - 405 + M_D = 0$$

$$M_D = -112.6 \times 12 + 405 = -946\ (\text{kN} \cdot \text{m})\ (\curvearrowleft)$$

를 얻을 수 있으며, 이는 1차 모멘트와 2차 모멘트를 더해서 구할 수도 있다.

(b) **두 번째 접근방법 – 변위일치 방법** : 2차 모멘트로 인해서 발생하는 받침부 B의 반력 R_{By2}를 변위일치 방법(method of consistent displacement)으로 구한다. 예제 11.1에서 다룬바와 같이 R_{By2}를 부정정력으로 선택하고 일시적으로 제거하여 보를 정력학적으로 정정인 구조물로 만들면(그림 11.5 참고), 보는 외력에 의해서 Δ_B 만큼 처지므로 이 처짐을 상쇄하기 위해서 집중하중을 B에 작용시켜서 미지의 부정정력 R_{By2}를 결정한다.

1차 모멘트 분포는 긴장재의 배치 형상으로부터 $M_1(x) = -Pe(x)$로 구할 수 있다(식 (11.2) 참고). 여기에서 $e(x)$는 아래방향으로 양(+)이고 위 방향으로 음(−)이다. 1차 모멘트 분포도는 보의 대칭을 고려하여 절반에 대해서 그림 11.13a에 주어졌다.

받침부 B를 제거하여 단순지지 보 AC에 대해서 그림 11.20a의 공액보(conjugate beam)에서 M/EI 도를 하중으로 작용시켜서 프리스트레싱으로 인한 B점에서의 처짐을 계산할 수 있다.

$$\uparrow + \sum F_y = 0 \; ;$$

$$R_{Ay} - 405(4.0)/2 + 810(8.0)/2 + 810(7.2)/2 - 1,215(10.8)/2 = 0$$

$$R_{Ay} - 810 + 3,240 + 2,916 - 6,561 = 0$$

$$\therefore \; R_{Ay} = 810 - 3,240 - 2,916 + 6,561 = 1,215\ (/EI)$$

그림 11.20a의 공액보에 대한 자유물체도에서 M_B'은

$$\curvearrowright + \sum M_B' = 0 \; :$$

$$M_B'(EI) - 1,215(30) + 810(26 + 4 \times 2/3) - 3,240(18 + 8/3)$$
$$-2,916(10.8 + 7.2 \times 2/3) + 6,561(10.8/3) = 0$$

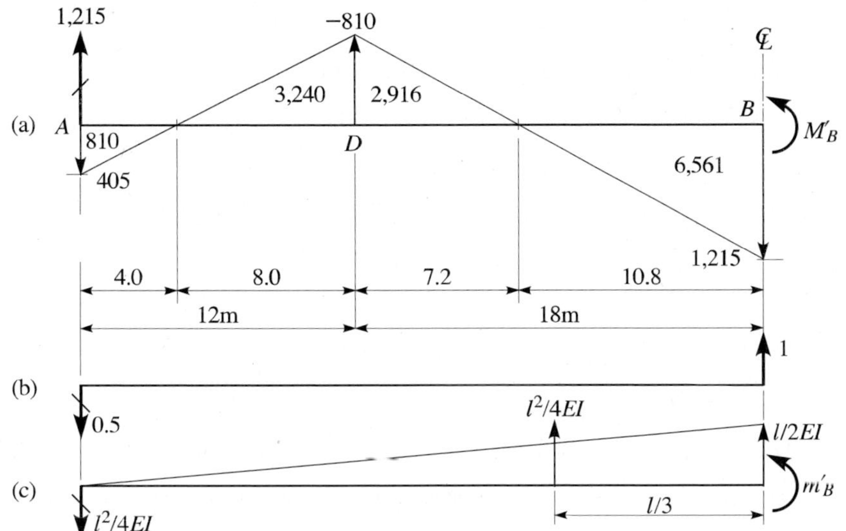

그림 11.20 (a) 프리스트레싱으로 인한 모멘트를 하중으로 작용시킨 공액보(/EI), (b) 단위하중을 작용시킨 보, (c) 단위하중으로 인한 모멘트를 작용시킨 공액보(/EI)

$$M_B'(EI) - 36{,}450 + 23{,}220 - 66{,}960 - 45{,}489.6 + 23{,}619.6 = 0$$

$$M_B'(EI) = 36{,}450 - 23{,}220 + 66{,}960 + 45{,}489.6 - 23{,}619.6 = 102{,}060$$

$$\therefore\ \Delta_B = M_B' = \frac{102{,}060}{EI}\ (\downarrow)$$

연성계수(flexibility coefficient) f_{BB} 를 구하기 위해서 단위하중 1 (↑)을 그림 11.20b와 같이 작용시키면 받침부 B에서 처짐 $\Delta_{BB}' = f_{BB}$ 가 되므로, 단위하중으로 인한 공액보의 좌측 경간에 대한 자유물체도를 그리고, m_B' 에 대한 평형방정식을 쓰면,

$$\hookrightarrow + \sum m_B' = 0\ ;\ m_B' - \frac{l^2}{4EI}\frac{l}{3} + \frac{l^2}{4EI}l = 0$$

$$\therefore\ \Delta_{BB}' = m_B' = -\frac{l^3}{6EI} = -\frac{30^3}{6EI} = -\frac{4{,}500}{EI}\ (\uparrow)$$

적합방정식 : $+\downarrow\ ;\ 0 = \Delta_B + R_{By2}\, f_{BB} = \dfrac{102{,}060}{EI} + R_{By2}\left(-\dfrac{4{,}500}{EI}\right)$

$$\therefore\ R_{By2} = 22.68\ (\text{kN})\ (\uparrow)$$

받침부 A와 C의 반력 : $R_{Ay2} = R_{Cy2} = -\dfrac{R_{By2}}{2} = -\dfrac{22.68}{2} = -11.34\ (\text{kN})\ (\downarrow)$

(a)에서 계산한 결과(−11.33 kN)와 거의 같은 값을 얻었다.

2차 모멘트는 받침부 사이에서는 선형으로 변하고 끝단 받침부에서는 0가 된다. 반력을 알고 있으므로 임의의 단면에서 2차 모멘트는 단면 D : $\curvearrowright + \sum M_{2D} = 0$; $-M_{2D} - R_{Ay2}(12) = 0$

$$M_{2D} = -11.34 \times 12 = -136\ (\mathrm{kN \cdot m})$$

단면 B : $\curvearrowright + \sum M_{2B} = 0$; $-M_{2B} - R_{Ay2}(30) = 0$

$$M_{2B} = -11.34 \times 30 = -340\ (\mathrm{kN \cdot m})$$

변위일치 방법에 의해서도 그림 11.19c에 제시된 2차 모멘트 값과 같은 값을 구하였다. 다음과 같이 1차 모멘트에 이 2차 모멘트를 더 해주면 총 프리스트레싱 모멘트 M_P를 결정할 수 있다.

단면 A : $M_{PA} = M_{1A} + M_{2A} = 405 + 0 = 405\ (\mathrm{kN \cdot m})$

단면 D : $M_{PD} = M_{1D} + M_{2D} = -810 - 136 = -946\ (\mathrm{kN \cdot m})$

단면 B : $M_{PB} = M_{1B} + M_{2B} = 1{,}215 - 340 = 875\ (\mathrm{kN \cdot m})$

(a) 방법으로 계산한 결과와 동일한 결과를 얻었다(그림 11.19a 참고).

(c) **무하중 압력선(무하중 C선)** : 2차 모멘트를 결정했으므로 이로부터 무하중 압력선(무하중 C선)을 결정할 수 있다. 단면 B와 D에서 식 (11.4)를 적용하면,

단면 B : $e_{0c} = e - \dfrac{M_2}{P} = -450 - \dfrac{-340 \times 1{,}000}{2{,}700} = -450 + 126 = -324\ (\mathrm{mm})$

단면 D : $e_{0c} = e - \dfrac{M_2}{P} = 300 - \dfrac{-136 \times 1{,}000}{2{,}700} = 300 + 50.4 = 350.4\ (\mathrm{mm})$

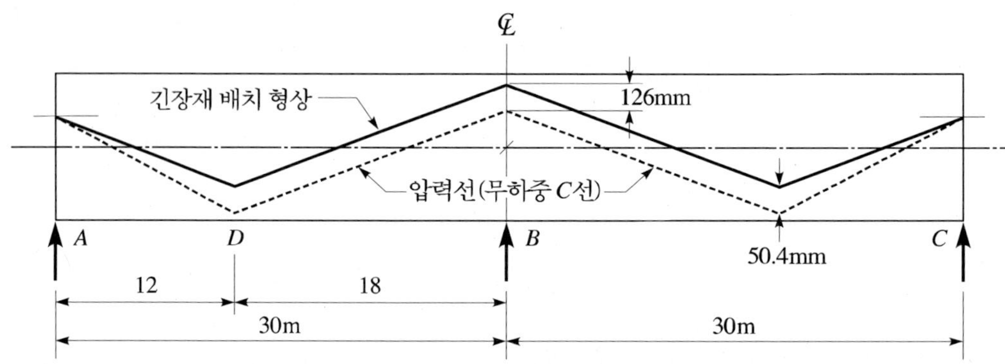

그림 11.21 예제 11.5 연속보의 무하중 압력선(무하중 C선) [Naaman 2012(661)]

무하중 압력선(무하중 C선)은 긴장재의 배치 형상과 유사하게 각 구간별로 선형의 형태를 하고 있다. 그림 11.21에 압력선은 점선으로 표시되어 있다. 경간 AB에서 압력선의 편심은 받침부 A를 기준으로 긴장재의 배치형상을 회전시켜서 구할 수 있다. 연속보로 받침부 B를 중심으로 대칭(거울 대칭)이므로 경간 BC에 대해서도 받침부 C를 기준으로 긴장재의 배치형상을 회전시켜서 구할 수 있다. 따라서 압력선은 긴장재의 밑에 위치하게 되고 경간

AB에서 긴장재의 편심 e 와 무하중 압력선의 편심 e_{0c} 는 받침부로부터의 거리 x 에 비례하여 다음과 같이 표현할 수 있다.

$$e_{0c}(x) - e(x) = -\frac{M_2(x)}{P} = -\frac{R_{Ay2} \times x}{P} = -\frac{-11.34}{2,700}x = 0.0042x$$

여기에서 단위는 mm이며, x 는 왼쪽 받침부 A로부터의 거리이다. 위 식에서 R_{Ay2} 는 긴장력 P에 편심 $e(x)$를 곱해서 발생하는 2차 모멘트에 대한 반력이므로 위변과 아랫변에 모두 P가 존재하므로, 압력선의 편심과 배치된 긴장재의 편심과의 차이 $\Delta\, e_{0c}(x)$(식 (11.6) 참고)는 긴장력의 크기에는 상관이 없게 된다. 말하자면 긴장력 P가 450 kN이던지 또는 2,700 kN이던지 간에 $\Delta\, e_{0c}(x)$는 변하지 않는다는 의미이다.

(d) **직접적인 방법으로 2차 모멘트의 계산** : 12.1.2장의 Collins–Mitchell[1987(448–451)]이 제안한 고정단 모멘트(FEM)를 구하는 직접적인 방법을 적용하여 2차 모멘트를 계산해보도록 한다(그림 12.5a 참고).

최대 편심 δ = 300 + 150 + (300/30)12 = 450 + 120 = 570 (mm)

새로운 기준선의 C.G.P.로 부터의 거리 계산 : 그림 11.22 참고

받침부 A : $\alpha_b \delta$ = (0.6)(570) = 342 (mm) ; C.G.C.에서 거리 = 342 −150 = 192 (mm)

받침부 B : $\alpha_a \delta$ = (0.4)(570) = 228 (mm) ; C.G.C.에서 거리 = 450 −228 = 222 (mm)

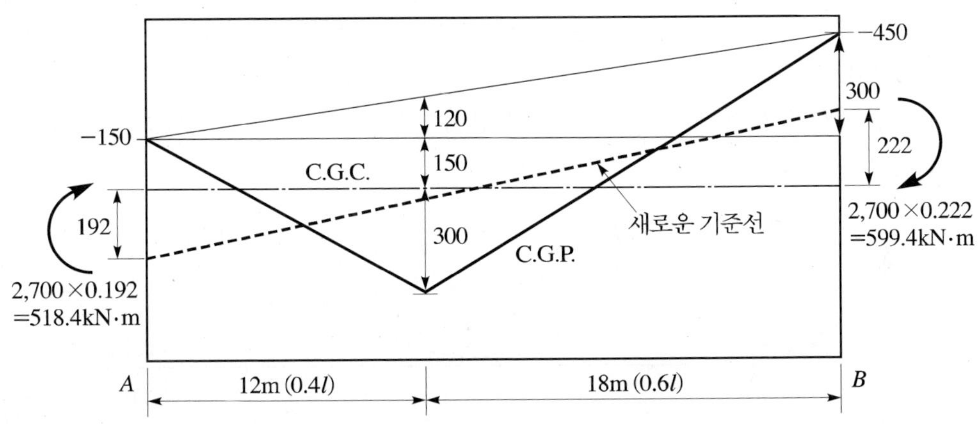

그림 11.22 경간 AB : 직접방법에 의한 2차 모멘트 계산 [Collins 1987(450)]

경간이 30 m로 동일하고 EI가 일정하므로 받침부 B의 좌측 및 우측 분배율(DF) = 0.5

전달률(COF) = 0.5

모멘트 분배(시계방향 +)

절점 A : 518.4　　　　　　　　BA : 599.4 (대칭으로 BC 생략)

절점 A 해제 : −518.4 → (1/2) −259.2
고정단 모멘트 : 0 340.2 kN·m (부호 − 시계방향)

훨씬 더 간단한 계산으로 (a) 및 (b)의 결과와 동일한 2차 모멘트를 구하는 것을 보여주고 있다. 연속보나 슬래브에서 긴장력으로 인한 2차 모멘트를 구하여 이 2차 모멘트를 외력과 같이 작용시키면 되므로 연속부재의 설계가 한결 수월해질 수 있다.

예제 11.6

[포물선 형상 배치 긴장재의 2차 모멘트] [Nilson 1987(449-454)]

그림 11.23에는 포물선 형상으로 긴장재를 배치한 3경간 포스트텐션 교량을 보여주고 있다. 경간을 따라 일정한 긴장력 $P = 20{,}000$ kN이 도입되었다고 가정하여 2차 모멘트의 분포도를 그려라.

연속보의 구속으로 인해서 발생하는 긴장재의 2차 모멘트는 식 (11.4)에서 보는바와 같이 추가로 작용하는 휨모멘트와 같은 역할을 한다. 따라서 설계에서 긴장재로 인한 2차 모멘트를 구해서 외적으로 작용하는 휨모멘트에 더해서 사용한계나 강도한계를 검토하게 된다(예제 12.2 참고).

내부 받침부의 구속으로 인한 2차 모멘트는 앞의 예제에서 구한 방법을 적용하여 구할 수도 있지만 본 예제와 같이 변곡점을 갖는 포물선 형상으로 배치된 긴장재에 적용하는 것은 간단하지 않게 된다. 12.1.2장에는 Collins-Mitchell[1987(448-451)]이 제안한 고정단 모멘트를 구하는 직접적인 방법을 제시하고 있다. 이 방법을 적용하여 연속보에서 2차 모멘트를 구해보도록 한다.

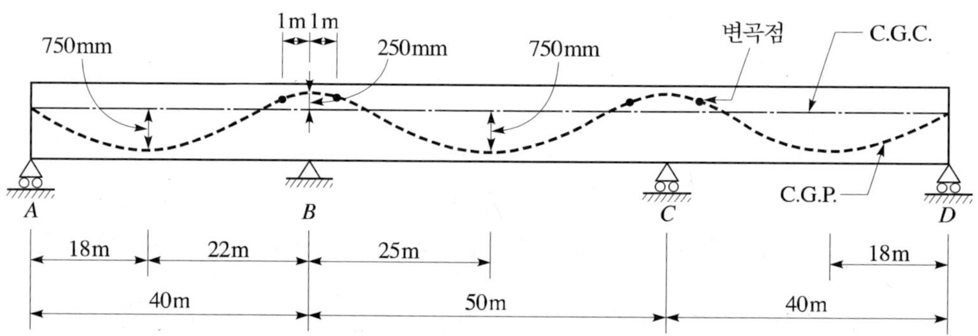

그림 11.23 포물선 형상으로 긴장재를 배치한 3경간 포스트텐션 교량 [Nilson 1987(451)]

① 경간 AB : 포물선 형상으로 배치하는 긴장재는 그림 11.23과 같이 내부 받침부에서 완만하게 변곡하여 배치하게 된다. 내부 받침부 부근에서 변곡된 긴장재를 그림 11.24a와 같이

등가의 긴장재로 변환하여 계산하게 되면 실제 형상과 그렇게 크게 차이나지 않으면서 간편하게 구할 수 있다.

식 (12.2) : $h_2 = (\beta/\lambda)(e_1 + e_2) = (1.0/22.0)(750 + 250) = 45.45 \approx 45$ (mm)

등가 긴장재의 최대 편심은 경간 중앙에서 일어나므로 그림 12.3a의 $y = \delta(x/l)^2$ 에서

우측 경간 22 m 구간에서 변곡점까지의 전체 편심 $\delta = 750 + 250 - 45 = 955$ (mm)

경간 중앙까지의 거리 : $x = 2.0$ m

변곡점까지의 경간 길이 : $22.0 - 1.0 = 21.0$ (m)

$\therefore\ y = \delta(x/l)^2 = 955(2.0/21.0)^2 = 8.66 \approx 9$ (mm)

$e_{(@\,x\,=\,20.0\,\text{m})} = 750 - 9 = 741$ (mm)

경간 중앙에서 최대편심 계산 :

$\delta_{\max(x\,=\,20.0\,m)} = 741 + (250 + 45)/2 = 741 + 147.5 = 888.5 \approx 889$ (mm)

C.G.C.에서 새로운 기준선(new base line)은 그림 12.6에서 $(2/3)\delta_{\max(x\,=\,20.0\,m)}$

단부 A의 새로운 기준선 : (2/3) 889 = 593 (mm)

내부 받침부 B의 새로운 기준선 : 593 − 250 − 45 = 298 (mm)

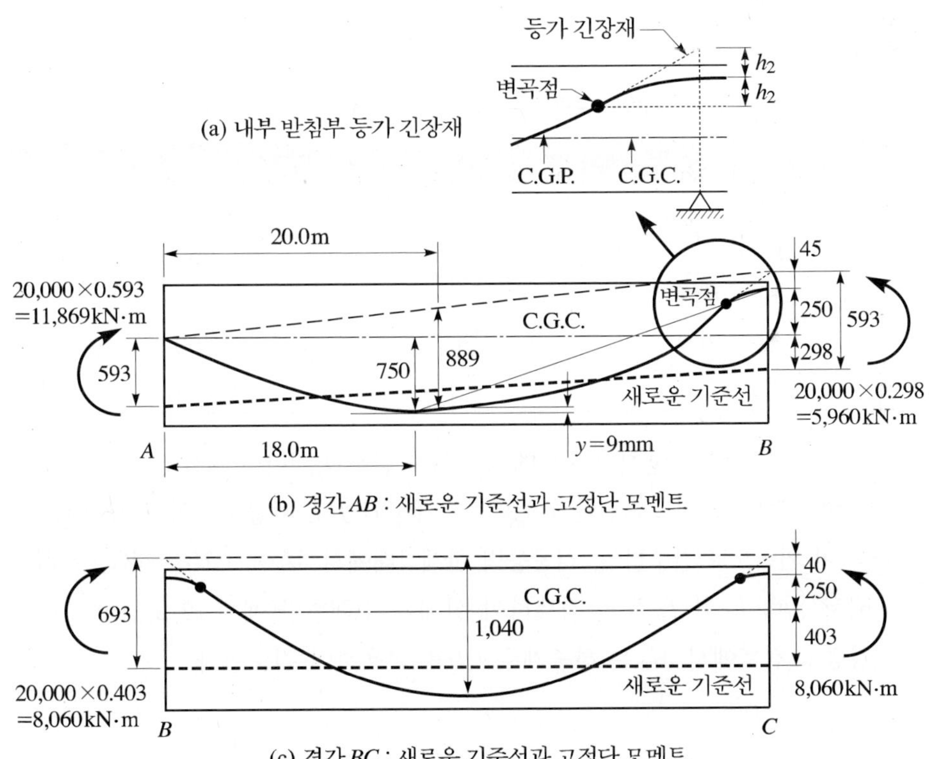

그림 11.24 등가 긴장재 및 고정단 모멘트 [Nilson 1987(452)]

고정단 모멘트 계산 : 그림 11.24b 참고

$m_{AB} = 20,000 \times 0.593 = 11,869$ (kN·m) (↩)(새로운 기준선에서 C.G.C. 방향)

$m_{BA} = 20,000 \times 0.298 = 5,960$ (kN·m) (↪)

② 경간 BC : 그림 11.24c 참고

식 (12.2) : $h_2 = (\beta/\lambda)(e_1 + e_2) = (1.0/25.0)(750 + 250) = 40.0$ (mm)

경간 중앙에서 최대편심 계산 :

$\delta_{\max(x = 25.0\,m)} = 750 + 250 + 40 = 1,040$ (mm)

C.G.P.에서 새로운 기준선(new base line)의 거리 : (2/3) 1,040 = 693 (mm)

C.G.C.에서 받침부 B의 새로운 기준선 거리 : 693 − 40 −2 50 = 403 (mm)

고정단 모멘트 계산 :

$m_{BC} = 20,000 \times 0.403 = 8,060$ (kN·m) (↩) (새로운 기준선에서 C.G.C. 방향)

$m_{CB} = 8,060$ kN·m (↪)

③ 내부 받침부 B에 대한 상대 강성 계산 및 모멘트 분배 : 표 11.1 참고

$$K_{BA} \; : \; K_{BC} = \frac{3EI}{L} \; : \; \frac{2EI}{L} = \frac{3}{40} \; : \; \frac{2}{50} = 0.65 \; : \; 0.35$$

전달계수(COF) = 0.5

표 11.1 모멘트 분배법(시계방향 모멘트 +)

	AB	전달률(0.5)	BA	BC
분배율	1.0		0.65	0.35
F.E.M.	+11,860		−5,960	+8,060
절점 A 및 D 해제	−11,860	→	−5,930	
절점 B 및 C 해제	0		+2,490	+1,340
M2			−9,400	+9,400

④ 내부 받침부의 구속으로 발생한 2차 모멘트로 인한 반력과 전단력 계산 : 그림 11.25에 계산과정과 2차 모멘트 분포도 및 2차 전단력 분포도가 제시되었다. 이렇게 구한 2차 모멘트 M_2는 식(11.5)와 같이 외력으로 간주하여, 사용응력 한계상태에서 $M_s = (M_G + M_{SD} + M_L) + M_2$를 이용해서 응력 f_t와 f_b 등을 검토하여 설계를 수행한다(예제 12.2 참고). 12.3.3장과 같이 공칭강도 검토에서 M_2는 하중계수 1.0을 적용하여 검토한다.

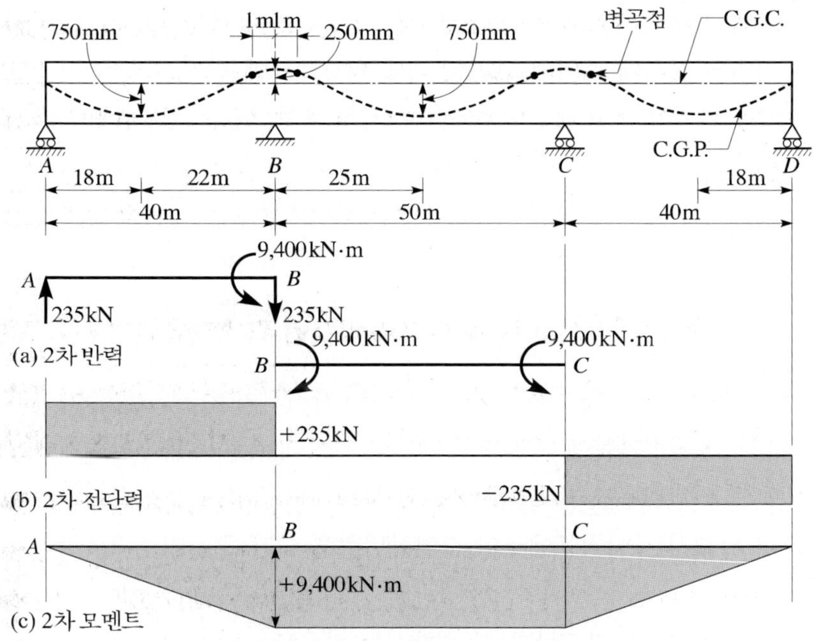

그림 11.25 2차 모멘트로 인해서 발생하는 반력과 전단력 분포도

11.5 연속 휨부재의 모멘트 재분배 (Redistribution of Moments in Continuous Flexural members)

구조기준 3.4.2(ACI 8.4)에서는 최 외단 인장철근의 순인장변형률 $\epsilon_t \geq 0.0075$ 이상인 경우에 연속 휨부재의 최대 정모멘트 및 최대 부모멘트를 재분배할 수 있도록 규정하고 있다. 이런 규정은 보강콘크리트 구조물이 비탄성거동을 하고 이런 구조부재를 설계하기 위해서 **한계설계(limit design)**을 적용하고자 하는 시도로 볼 수 있다. **모멘트 재분배(moment redistribution)**는 많은 경우에 있어서 전체 소요 보강철근량을 상당히 감소시킬 수 있어서 콘크리트의 단면을 줄일 수 있도록 하거나 또는 받침부 등에서 철근의 배근을 용이하도록 한다[ACI Notes 2008 (8-1)].

구조기준 9.6.2(ACI 18.10.4)에서 연속 프리스트레스트 콘크리트 휨부재에서도 최소 부착철근량 이상이 받침부에 배치된 경우에 모멘트 재분배를 적용할 수 있다고 규정하고 있다.

구조기준 3.4.7(ACI 8.9)에 따르면 연속 휨부재의 설계에서 계수활하중은 두 인접 경간에 만재되거나 또는 한 경간씩 건너서 만재된 경우를 고려(그림 1.39 참고)하도록 하여 적어도 하나 이상의 하중조합에 대해서 설계하도록 규정하고 있어서 각 하중조합에 대해서 탄성해석을 수행하여 각 단면에 대해서 모멘트 포락선의 값을 구하여야 한다. 고려하는 하중조합이 작용하는 경우에 임의의 경간에서 어떤 단면은 최대 휨모멘트에 먼저 도달하지만 다른 단면은 아직 도달하지 않아 외력에 대한 저항력을 저장하고 있게 될 것이다. 시험에 의하면 어떤 단면이 모멘트 강도(moment capacity)에 도달하였더라도 **소성힌지(plastic hinge)**가 형성되어 회전이 일어나면서 모멘트를 다른 단면으로 재분배하여 완전한 붕괴 메카니즘이 형성될 때까지 지속적으로 추가의 하중에 저항할 수 있다는 것이 규명되었다[Leet 1997].

이렇게 원래의 설계강도를 초과하여 추가적으로 하중에 저항하는 능력을 잘 이용하면 재료를 절약하는 설계를 할 수 있을 것이다. 구조기준 3.4.2(ACI 8.4)에서는 각각의 하중조합에 대해서 탄성해석으로 구한 정모멘트나 부모멘트를 감소시키거나 또는 증가시켜서 설계할 수 있도록 허용하고 있다(정역학에 따라 정모멘트나 부모네트를 조종). 이렇게 모멘트를 변화시켜서 최종 모멘트 포락선에서 최대 정모멘트와 부모멘트 값을 감소시킬 수 있다. 단면이 적절한 회전을 하기 위해서는 받침부에서의 순인장변형율 ϵ_t 가 구조기준 3.4.2의 규정을 만족하여야 한다.

구조기준 3.4.2(ACI 8.4)를 적용하기 위해서는 다음과 같은 제한이 있다.

1. 이 규정은 프리스트레스트가 도입된 또는 안 된 연속 휨부재에 적용할 수 있다.
2. 구조기준 3.4.1(ACI 8.3.3, 1방향 슬래브의 모멘트 계수)의 근사해법으로 구한 휨모멘트나 또는 직접설계법[구조기준 10.4.1(8), ACI 13.6.1.7]으로 설계하는 슬래브 시스템에는 이 규정을 적용해서는 안 된다. 그러나 구조기준 10.4.7(ACI 13.6.7)에서는 직접설계법으로 슬래브를 설계하는 경우에 정 및 부계수휨모멘트를 10%까지 조종할 수 있도록 허용하고 있다.
3. 휨모멘트는 모멘트 분배법이나 처짐각법 등과 같은 분석기법에 의해서 구해야 하며, 근사해법에 의해서 구한 휨모멘트는 재분배해서는 안 된다.
4. 재분배는 최 외단 인장철근의 순인장변형률 $\epsilon_t \geq 0.0075$인 경우만 적용할 수 있다.
5. 정모멘트나 부모멘트의 증가나 감소에 대한 최대 허용 재분배율 $\delta = (1{,}000\epsilon_t)\% \leq 20\%$이어야 한다.
6. 모멘트의 조종은 고려하는 각 하중조합에 대해서 수행하고, 설계는 모든 하중조합에서 최대값에 대해서 하여야 한다[2].
7. 어떤 경간에서 한 모멘트에 대해서 재분배를 한 경우에 그 경간의 다른 모멘트도 조종하여야 한다[구조기준 3.4.2(2), ACI 8.4.2]. 한 모멘트가 감소하게 되면 평형을 이루기 위해서

2. 고려하는 각각의 받침부 기둥면이나 거더면에서 최대값이 발생하는 하중조합의 M_u 에 대해서 재분배 비율을 계산하고, 이 재분배 비율을 그 기둥면이나 거더면에 대해서 모든 하중조합에 적용하여 재분배를 수행한다.

다른 모멘트는 증가하여야 한다.

8. 모멘트 재분배가 수행되기 전이나 후에 모든 절점에서 정적인 평형이 유지되어야 한다.
9. 받침부를 사이에 두고 경간의 길이가 서로 달라서 부모멘트가 양면에서 다른 경우에 한쪽 또는 양쪽의 부모멘트를 모두 재분배하여야 하고 이를 받침부 설계에서 고려하여야 한다.
10. 모멘트 재분배는 추가적으로 여러 번의 반복계산(additional cycles)을 통해서 수행할 수도 있다. 연속된 반복계산에서 새로운 모멘트 재분배 비율이 증가하거나 감소하므로 이를 이용하여 정모멘트나 부모멘트를 계산하여야 한다. 대부분 3번 정도의 반복계산을 수행하면 수렴하며 첫 번째 계산에서의 값은 대략 최종의 재분배 비율에서 15% 정도 차이를 보인다.

2007년 이후 구조기준에서는 허용되는 재분배의 비율을 최 외단 인장철근의 순인장변형률 ϵ_t 의 함수로 제시하였다. 식 (4.8)을 다시 쓰면 ϵ_t 는

$$\epsilon_t = 0.003\left(\frac{d_t}{c} - 1\right) \tag{4.8}$$

로 쓸 수 있다. 식 (4.38)의 공칭저항강도 계수 R_n 을 다시 적으면,

$$\frac{R_n}{f_{ck}} = \frac{M_n}{f_{ck}bd^2} \geq \frac{M_u/\phi}{f_{ck}bd^2} \tag{4.38}$$

식 (4.24)에서 $r = c/d_t$ 로 쓰면, 등가직사각형 응력블럭의 깊이 a 와 압축합력 C 는 각각

$$a = \beta_1 c = \beta_1 r d_t \tag{11.18}$$

$$C = (0.85f_{ck})ba = (0.85f_{ck})b\beta_1 r d_t \tag{11.19}$$

로 표현할 수 있다. 또한 공칭휨모멘트강도 M_n 은

$$M_n = C\left(d - \frac{a}{2}\right) = (0.85f_{ck})b\beta_1 r d_t\left(d - \frac{\beta_1 r d_t}{2}\right) \tag{11.20}$$

가 된다. 인장철근이 한 층으로 배치되었다고 보아 $d_t = d$ 로 쓰면서 정리하고, 식 (4.38)을 이용하여 적으면,

$$\frac{M_n}{f_{ck}bd^2} = 0.85\beta_1 r\left(1 - \frac{\beta_1 r}{2}\right) = \frac{R_n}{f_{ck}}$$

$$\frac{R_n}{f_{ck}} = 0.85\beta_1 r\left(1 - \frac{\beta_1 r}{2}\right) = 0.85\beta_1 r - (0.85/2)\beta_1^{\,2} r^2$$

$$r^2 - \frac{2}{\beta_1} r + \frac{40}{17}\frac{1}{\beta_1^2}\frac{R_n}{f_{ck}} = 0$$

$$r = \frac{1 - \sqrt{1 - \frac{40}{17}\frac{R_n}{f_{ck}}}}{\beta_1} = \frac{c}{d_t}$$

이 식을 식 (4.8)에 대입하면, 순인장변형률 ϵ_t 는

$$\therefore\ \epsilon_t = 0.003\left(\frac{\beta_1}{1 - \sqrt{1 - \frac{40}{17}\frac{R_n}{f_{ck}}}} - 1\right) \tag{11.21}$$

가 된다. 구조기준 3.4.2(1)(ACI 8.4.1)에서는 모멘트 재분배율 $\delta = 1{,}000\,\epsilon_t\,\% \le 20\,\%$ 로 규정하고 있으므로 식 (11.21)은 아래와 같이 표현할 수 있다.

$$\therefore\ \delta = (1{,}000\,\epsilon_t)\% = 3\left(\frac{\beta_1}{1 - \sqrt{1 - \frac{40}{17}\frac{R_n}{f_{ck}}}} - 1\right)\% \le 20\,\% \tag{11.22}$$

식 (11.22)에는 보강철근의 항복강도가 포함되어있지 않으므로 프리스트레스 강선을 포함하여 어떤 등급의 철근에도 적용할 수 있다. 그림 11.26에는 구조기준에서 허용하는 모멘트 재분배 비율과 순인장변형률 그리고 공칭저항계수와의 관계가 도시되었다.

모멘트 재분배 비율은 다음과 같은 절차를 밟아 계산할 수 있다.

1. 탄성해석을 이용하여 받침부에서 계수휨모멘트를 계산한다. 식 (4.38)을 이용하여 공칭저항강도 계수 R_n 을 계산한다. 순인장변형률 $\epsilon_t \ge 0.0075$로 가정하고 있으므로 인장지배단면으로 강도감소계수 $\phi = 0.85$이다.
2. 식 (11.21)을 이용하여 ϵ_t 를 계산한다. $\epsilon_t \ge 0.0075$를 만족하면, 식 (11.22)로 모멘트 재분배율 $\delta = (1{,}000\,\epsilon_t)\% \le 20\%$ 를 계산한다. 또는 R_n/f_{ck}를 이용하여 그림 11.26에서 모멘트 재분배율을 읽는다.
3. 부모멘트를 조종하고 평형을 이루도록 정모멘트도 조절한다.

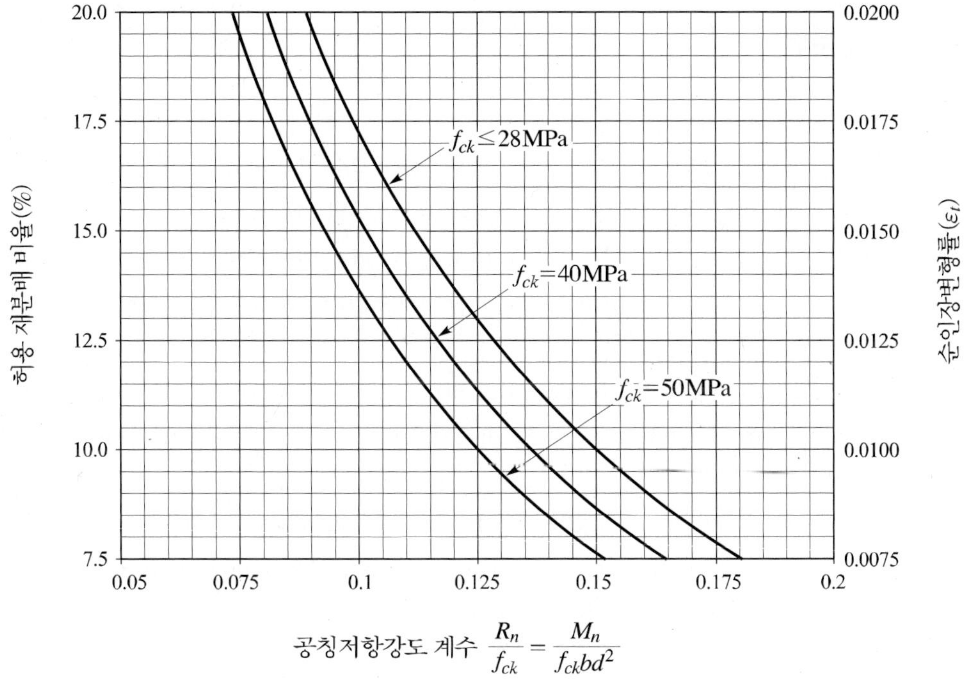

그림 11.26 허용 모멘트 재분배율 δ [ACI Notes 2008]

일반적으로 생산되는 철근의 굵기가 규정되어있어서 소요철근량보다 배치되는 철근량이 많게 되어 ϵ_t 나 재분배 비율이 약간 감소하게 된다. 이렇게 되면 재분배율의 감소에 비해서 추가의 철근으로 인한 강도의 증가는 훨씬 크게 된다. 예를 들어서 $f_{ck} \leq$ 28 MPa에 ϵ_t = 0.015인 경우에 공칭저항강도 계수 R_n/f_{ck} = 0.112가 되고 모멘트 재분배율은 15%가 된다(그림 11.26 참고). 만약에 여분의 철근이 배치되어 ϵ_t = 0.010가 되고 재분배율은 10%로 감소되었다면 공칭저항강도 계수는 0.112에서 0.150로 증가하여 재분배율은 단지 5% 감소했지만 강도는 34%나 증가하여 재분배율의 감소량을 상쇄하게 된다. 따라서 이렇게 실제 배치되는 철근량이 소요철근량 보다 많아 감소되는 모멘트 재분배율은 자세하게 계산할 필요는 없을 것이다.

근래에 개발된 컴퓨터해석 프로그램(PCA에서 개발한 spBeam이나 spSlab 등)들은 대부분 모멘트 재분배 기능을 선택할 수 있어서 해석과정에서 모멘트 재분배를 수행하여 결과를 제시하고 있다. 휨모멘트 재분배에 대한 상세한 예제는 민창식[2014(14장)]을 참고한다.

11.6 참고문헌

- 구조기준. (2012). 콘크리트구조기준, 국토해양부 제정, 한국콘크리트학회, 342 pp.
- 구조기준 해설. (2012). 콘크리트구조기준 해설, 한국콘크리트학회, 599 pp.
- 민창식. (2014). 철근콘크리트공학, 제 3판 2쇄, 구미서관, 1015 pp.
- ACI 318-89. (1989). ACI 318R-89, Building Code Requirements for Structural Concrete(318-89) and Commentary, American Concrete Institute, Farmington Hills, MI 48331, 347 pp.
- ACI 318-08. (2008). ACI 318R-08, Building Code Requirements for Structural Concrete(318-08) and Commentary, American Concrete Institute, Farmington Hills, MI 48331, 465 pp.
- ACI Notes. (2008). Notes on ACI 318-08 Building Code Requirements for Structural Concrete with Design Applications, Portland Cement Association, Skokie, Il.
- Branson, D. E. (1977). Deformation of Concrete Structures, McGraw-Hill, New York.
- CPCI. (2007). CPCI Design Manual, Canadian Precast/Prestressed Concrete Institute, 4th Edition.
- fib 29. (2004). Bulletin, Precast Concrete Bridges, State-of-Art report prepared by Task Group 6.4, 81 pp.
- Gere, James M. (2001). Mechanics of Materials, 5th edition, Brooks/Cole Thomson Learning, 926 pp.
- Guyon, Y. (1951). "A Study of Continuos Beams and of Statically Redundant Systems in Prestressed Concrete," Annales de l'Institut Technique du Batiment et des Travaux Publics, Vol. 8, September 1945, Translation no. 33 by Cement and Concrete Association, London, 1951.
- Guyon, Y. (1960). Prestressed Concrete, Vol. 2, Hyperstatic Structures, New York, John Wiley & Sons.
- Hewson, Nigel R. (2012). Prestressed Concrete Bridges : Design and Construction, 2nd Edition, Thomas Telford Limited, 412 pp.
- Hanson, N. W. (1960). "Precast-Prestressed Concrete Bridges," Part 2, "Horizontal Shear Connections," Journal of the Research and Development Laboratories, PCA, Vol. 2, No. 2, May, pp. 38-58.
- Leet, K., and Bernal, D. (1997). Reinforced Concrete Design, 3rd Edition, McGraw-Hill Company, Inc., 546 pp.

- Lin, T. Y., and Burns, Ned H. (1981). Design of Prestressed Concrete Structures, John Wiley & Sons, 646 pp.
- Mattock, A. H., and Hawkins, N. M. (1972). "Shear Transfer in Reinforced Concrete-Recent Research," Journal of PCI, Vol. 17, No. 2, March-April, pp. 55-75.
- Mattock, A. H., and Johal, L., and Chow, H. C. (1975). "Shear Transfer in Reinforced Concrete with Moment or Tension Acting Across the Shear Plane," Journal of PCI, Vol. 20, No. 4, July-Aug., pp. 76-93.
- Naaman, A. E. (2012). Prestressed Concrete Analysis and Design, 3rd Edition, Techno Press 3000, 1176 pp.
- Nilson, A. H. (1987). Design of Prestressed Concrete, 2nd Edition, John Wiley & Sons, 592 pp.
- PCI Bridge Design Manual. (2003). Volume 1-2, Manual Number 5904, MNL-133-97, 2nd Edition, July.
- PCI Design Handbook. (2004). 6th Edition, Precast/Prestressed Concrete Institute (PCI).
- Rajagopalan, N. (2005). Prestressed Concrete, 2nd Edition, Alpha Science International Ltd., Harrow, U.K., 486 pp.
- Taly, Narendra. (1998). Design of Modern Highway Bridges, The McGraw-Hill Company, Inc., 1352 pp.
- Wight, James K., and MacGregor, J. G. (2012). Reinforced Concrete Mechanics and Design, 6th Edition, Pearson Education Inc., 1157 pp.
- Williams, Alan. (2000). Civil Engineering, Chpt. 3 Bridge Structures, Engineering Press, 3-122 pp.
- Zia, Paul. (1986). Lecture Note of Theory and Design of Prestressed Concrete CE536 of North Carolina State University.

연습문제 | EXERCISE

11.1

그림 P11.1과 같이 긴장재가 배치된 연속보에서 2차 반력과 2차 모멘트를 구하여 최종 모멘트 M_P의 분포도와 무하중 C선(ZLC-line)의 형상을 결정하라.

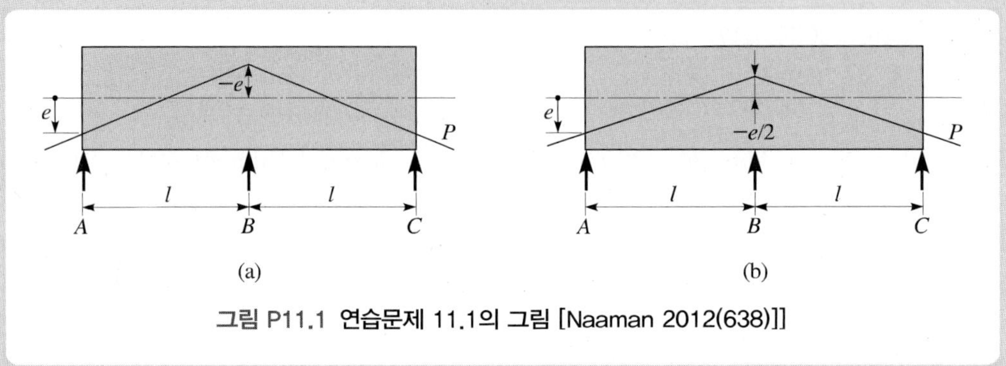

그림 P11.1 연습문제 11.1의 그림 [Naaman 2012(638)]

11.2

그림 P11.2에 보이는 포스트텐션 1방향 바닥판 슬래브에서 마찰손실은 무시하고 프리스트레스로 인한 2차 모멘트를 계산하여 분포도를 그려라. 모멘트는 전 경간에서 일정한 긴장력 P의 함수로 표현한다.

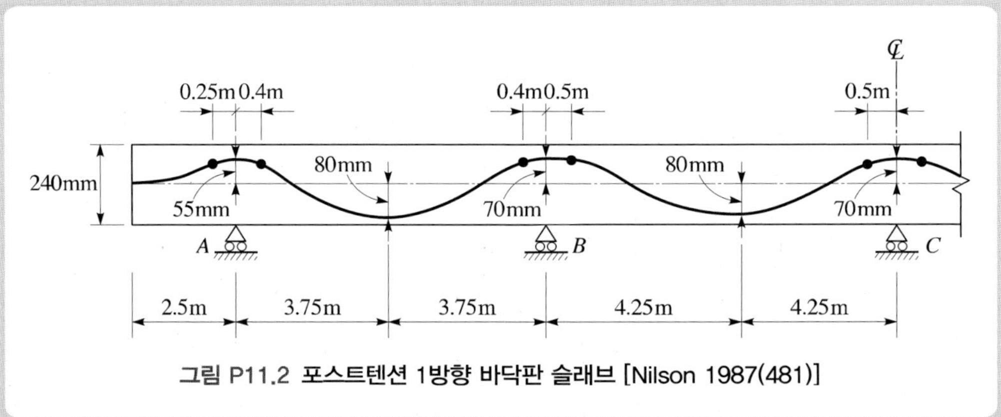

그림 P11.2 포스트텐션 1방향 바닥판 슬래브 [Nilson 1987(481)]

11.3

그림 P11.3에는 각각 다르게 긴장재가 배치된 여러 종류의 직사각형 프리스트레스트 보가 주어졌다. 각 보의 왼쪽 받침부는 고정단으로 오른쪽 받침부는 롤러로 가정하여 단면은 일정하게 $b \times h$이고, 현장에서 배치 가능한 긴장재의 최대편심은 $e_{mp} = \pm 0.4h$로 긴장력은 인정하게 P가 도입된다고 본다. 단, $l = 15$ m, $P = 450$ kN, $h = 500$ mm, $b = 250$ mm이다.

(a) 전체 경간에 대하여 등가하중과 이로 인해서 발생하는 프리스트레싱 모멘트를 결정하라.

(b) 1차, 2차 및 총 프리스트레싱 모멘트도를 그려라.

(c) 무하중 C선(ZLC-line)을 결정하라.

(d) 긴장재의 형상을 얼마간 변화시켜서 컨코던트 긴장재가 되도록 조종하라.

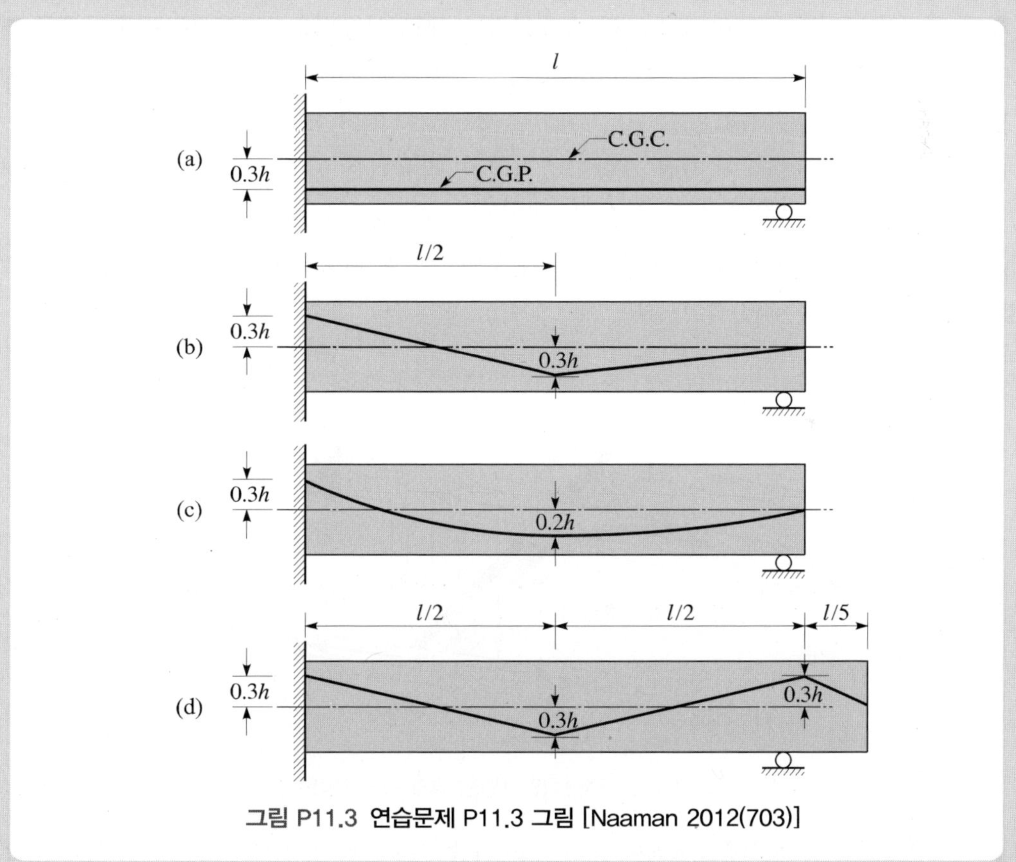

그림 P11.3 연습문제 P11.3 그림 [Naaman 2012(703)]

CHAPTER 12

포스트텐션 슬래브 설계

Design of Post-tensioned Slabs

프리스트레스트 콘크리트 슬래브는 바닥(floor)이나 바닥판(deck), 지붕(roof) 또는 벽체(wall)와 같이 평평한 표면을 제공하는 장소에 사용되는 구조요소이다. 슬래브는 기본적으로 길이나 폭에 비해서 두께가 얇은 플레이트 형식이며 보통 일정한 두께를 갖게 된다. 슬래브는 벽체에 의해서 지지되기도 하지만 보통 슬래브와 일체로 시공되는 콘크리트 보나 구조용 강재 보에 의해서 지지되거나, 또는 보나 거더는 배치되지 않고 기둥에 의해서 직접적으로 지지되기도 한다[Nilson 1987(374)].

슬래브는 배치하는 형식에 따라 그림 12.1과 같이 작용하는 하중으로 인한 휨이 장변방향으로 나타나는(경간 L 방향), 즉 보와 같이 1방향으로 휘는 **1방향 슬래브(one-way slab)**와 그림 12.2와 같이 모든 변이 지지되거나 바닥판이 양방향으로 휘도록 기둥이 배치되는 슬래브를 **2방향 슬래브(two-way slab)**라고 한다.

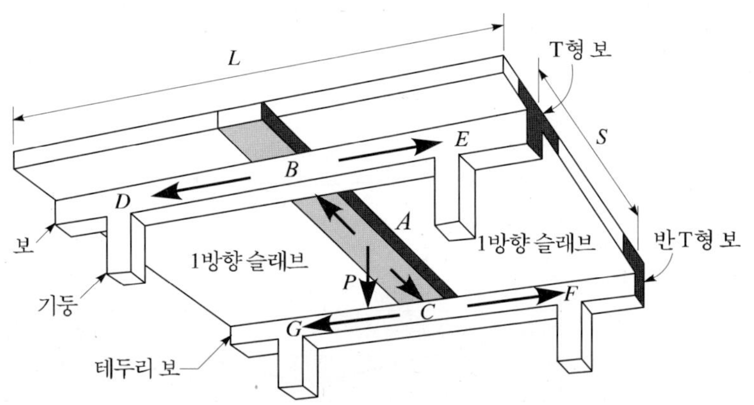

그림 12.1 전형적인 1방향 슬래브 – 1방향 휨

그림 12.1의 1방향 슬래브에서 A점에 작용하는 하중 P는 슬래브 스트립(strip)을 통해서 보의 B와 C에 전달되고, 이어서 하중은 D와 E 또는 G와 F 기둥에 전달되어 최종적으로 기초

(foundation)를 통하여 지반에 전달되는 **하중전달체계(load path system)**를 갖게 된다. 1방향 프리스트레스트 콘크리트 슬래브는 콘크리트 플레이트로 일체로 시공하기도 하지만 프리캐스트 중공슬래브(hollow-core slab)(부록 그림 A16~A17 참고)나 더블 T형(double T)(부록 그림 A1~A15 참고)을 이용해서 받침부를 따라 평행하게 배치하고 그 위에 현장치기 콘크리트(cast-in-place, CIP)를 쳐서 시공하기도 하며, 이런 경우에 슬래브를 **바닥판(deck)** 또는 **슬래브 바닥판(slab deck)**이라고 부른다. 1방향으로 휘어 하중을 전달하는 1방향 슬래브의 설계와 해석은 단위 폭(1 m)에 대한 스트립을 잘라서 4장의 보 설계방법에 따라 설계한다[Naaman 2012(711)].

구조기준 10.2.1(2)(ACI 9.5.3.2)에서 장변(long span)에 대한 단변(short span)의 비가 2배를 넘으면 1방향 슬래브로 설계하고, 장변/단변 = L/S < 2 이하이면 양방향으로 하중을 전달하는 2방향 슬래브(two-way slab)로 설계하도록 규정하고 있다.

일반적인 2방향 슬래브로는 2방향 보로 보강된 **보-슬래브 바닥판 (two-way beam-supported slab)**, 플랫 플레이트(flat plate), 플랫 슬래브(flat slab), 워플 슬래브(waffle slab 또는 2방향 장선 슬래브(two-way joist slab) 등이 있다. 현행 구조기준에서는 이런 모든 형식의 슬래브를 비슷한 방법으로 해석 및 설계할 수 있도록 제시하고 있다.

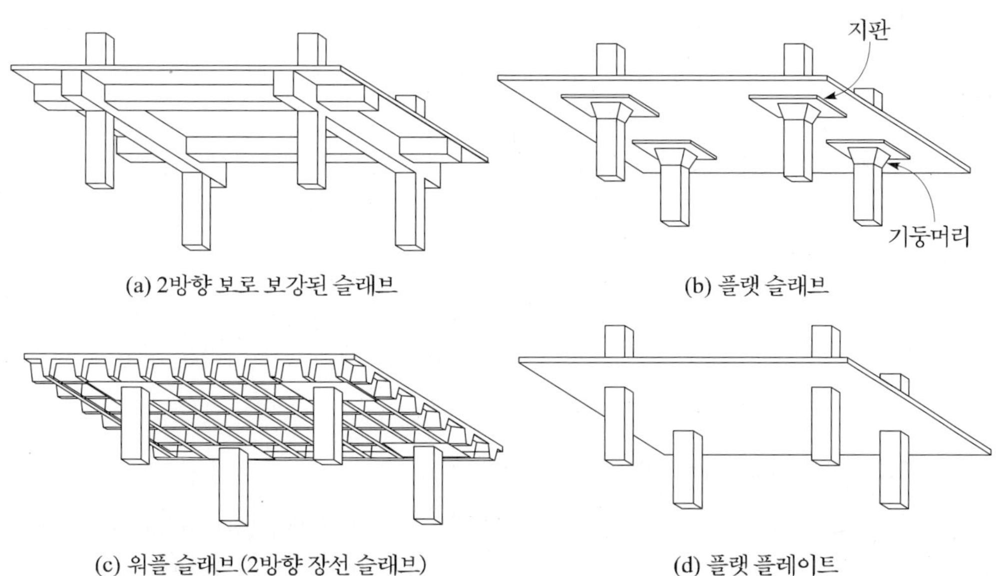

그림 12.2 2방향 슬래브의 종류 : (a) 기둥의 중심선을 따라 보로 보강된 슬래브, (b) 플랫 슬래브(flat slab), (c) 워플 슬래브(waffle slab 또는 2방향 장선 슬래브, two-way joist slab), (d) 플랫 플레이트(flat plate)[ACI Note 2008(18-1)]

보-슬래브 바닥판(two-way beam-supported slab, 그림 12.2a)

4면이 모두 보나 벽체로 지지되는 슬래브로 가장 초기에 사용하던 슬래브 시스템이다.

플랫 슬래브(flat slab, 그림 12.2b)

기술이 발달함에 따라 지지하던 보는 점차적으로 사라지게 되어 기둥이 직접적으로 슬래브를 지지하는 형식이 나타나기 시작했다. 큰 하중이 작용하거나 경간이 길어지면 전단에 대처하기 위해서 종종 기둥주위에 국부적으로 두께를 두껍게 하는 **지판(drop panel)**을 배치하거나, 또는 **기둥머리(column capital)**을 배치하기도 한다. 이렇게 지판을 시공한 슬래브를 **플랫 슬래브(flat slab)**라고 부른다. 구조기준 10.3.4(2)(ACI 13.2.5)에서 지판은 받침부 중심선에서 각 방향 받침부 중심 간 경간의 1/6 이상을 각 방향으로 연장시키고, 돌출한 두께는 슬래브 두께의 1/4 이상으로 하여야 한다고 제시하고 있다. 기둥머리는 설계에서 기둥의 일부분으로 보고, 지판은 슬래브의 일부분으로 본다(구조기준 10.5.3과 10.5.4, ACI 13.7.3, 13.7.4).

워플 슬래브(waffle slab, 그림 12.2c)

플랫 슬래브의 바닥에 재사용할 수 있는 6면체를 이용해서 구멍을 낸 특수한 형태가 **2방향 장선 슬래브(two-way joist slab 또는 waffle slab)**이다. 시공은 직각방향으로 서로 엇갈리게 배치한 일련의 장선구조를 기둥이 지지하는 형식이다. 보통 장선은 정사각형으로 배치되며 기둥머리부분은 전단을 고려해서 속이 꽉찬 단면으로 기둥과 연결된다. 구조기준에서는 워플 슬래브를 단면이 꽉찬 기둥머리부분을 지판으로 보아 플랫 슬래브로 설계할 수 있도록 제시하고 있다[구조기준 10.1.1(3), ACI 13.1.3]. 워플 슬래브 시공은 장선사이의 간격이 좁기 때문에 슬래브의 두께를 감소시킬 수 있어서 기존의 플랫 슬래브에 비해서 고정하중을 상당히 경감시킬 수 있다. 따라서 워플 슬래브 시스템은 경간이 길거나 또는 큰 하중이 작용하는 경우에 두께가 두꺼운 지판이나 보강보를 배치하기 어려운 상황에서 특히 유리하고 2방향 장선의 모양이 보기에도 나쁘지 않다.

플랫 플레이트(flat plate, 그림 12.2d)

기둥 주위를 포함해서 모든 부분의 두께가 일정한 슬래브를 **플랫 플레이트(flat plate)**라고 한다. 프리스트레스트 콘크리트 슬래브 시공에 가장 일반적으로 사용되는 형식으로 경간 7 ~ 12 m에 활하중이 그렇게 크지 않은 5 kPa인 경우까지 적용되고 경간/두께 비는 전형적으로 45 정도이다[Collins 1987(486)]. 이 플랫 플레이트는 가장 효과적이고 경제적이어서 호텔이나 아파트, 병원 및 대형매장 또는 주차장 등의 다층 건축구조물에서 가장 일반적으로 쓰이는 시스템이다. 플랫 플레이트 시스템은 다른 시스템에 비해서 형상이 단순하기 때문에 시간이 절약될 뿐만 아니라 인건비도 적게 든다. 또한 바닥시스템의 두께가 얇기 때문에 층의 높이가 낮아져서 벽이나 칸막이 또는 여러 장치들이 절약되어 건축 상의 여러 장점을 갖게 된다. 특히 고도상의 제한이 있는 특정한 지역에서 주어진 건축물의 총 높이에서 최대한의 층을 구성할 수 있도록 할 뿐만 아니라 플랫 플레이트 시스템이 기둥의 배열이나 칸막이 또는 개구부(opening) 등을 뚫는데 가장 유연한 시스템이다.

프리스트레싱을 도입하게 되면 기둥주위의 뚫림전단(punching shear) 저항력이 증가하기 때문에 플랫 슬래브에 배치되는 지판이나 기둥머리를 생략하여 상당한 시간과 경비를 절감시킬 수 있게 된다. 북미에서 대부분의 프리스트레스트 콘크리트 플랫 플레이트는 포스트텐션 비부착 긴장재(텐던)를 배치하고 현장치기로 시공한다(그림 1.26 참고). 텐던은 일반적으로 몇 경간의 한쪽 단부에서 반대편 단부에 걸쳐서 배치되고, 슬래브의 둘레를 따라 긴장되고 정착된다(그림 1.20 참고)[Naaman 2012(713)].

파형 형상의 원형 덕트(그림 1.17 참고) 속에 **부착 긴장재(bonded tendon)**를 배치하는 것은 두께가 얇은 슬래브에서 편심이 상당히 감소될 뿐만 아니라, 마찰손실도 크고 그라우트 작업으로 비용도 증가하기 때문에 설계강도가 아주 크거나 화재나 폭발로 인한 피해를 제한하고자 하는 경우(limited effect due to local failure)를 제외하고는 잘 사용되지 않고 있다. 원형 대신에 긴장재를 일렬로 배치하는 넓죽한 타원형 덕트(그림 1.1c~e 시스템)를 사용하면 편심을 그렇게 감소시키지 않으면서 부착 긴장재 시공을 가능하도록 한다[VSL 4.2 1985(1.3.3), Collins 1987(487)].

다른 구조 시스템과 같이 슬래브도 사용성과 강도 한계상태를 만족시켜야 한다. **사용성 한계상태(serviceability limit state)**는 휨에 의한 응력과 균열 조절 및 처짐을 포함하여야 하고, **강도 한계상태(strength limit state)**는 공칭 휨강도와 공칭 전단강도를 포함한다. 표 2.15에는 구조기준 해설 표 9.2.2.1(ACI Table R18.3.3) 및 도로기준 4.6.3.3에서 제시하는 사용성에 관한 사용응력 설계요구 조건이 제시되었다[Naaman 2012(714)].

1방향 슬래브의 설계는 프리스트레싱력을 설계하는데 **하중평형방법(load balancing method)**을 사용한다는 것을 제외하고는 단순지지 경간이나 연속보를 설계하는 것과 거의 같게 된다(1.9.3장 참고).

슬래브의 설계는 일반적으로 전단저항, 화재저항, 부식저항 및 균열 조절 등을 염두에 두면서 경간을 기준으로 적당한 두께를 가정하여 시작한다. 경간이 긴 경우에 기둥을 둘러싼 **뚫림전단(punching shear)**이 설계를 지배하는 경우가 종종 발생한다. 아파트나 사무실과 같이 하중이 그렇게 크지 않은 경우에 기본설계에서 다음과 같은 경간/두께 비를 적용할 수 있다

[Naaman 2012(714)].

$$\begin{cases} \text{단순지지 1방향 및 2방향 슬래브} : l/h = 25 \sim 35 \\ \text{연속 1방향 슬래브} : l/h = 30 \sim 45 \\ \text{연속 2방향 슬래브} : l/h = 35 \sim 50 \end{cases} \quad (12.1)$$

또한 표 6.4에는 CPCI(3.12.5, 3-116)나 PTI(Table 9.3, 174)에서 제시하는 활하중이 고정하중보다 크지 않은 경우에 적용할 수 있는 포스트텐션 부재의 전형적인 경간-깊이 비가 제시되어 있다. 지판이나 2방향 보가 배치되는 경우에 높은 경간-두께 비를 적용하고, 두께는 보통 5 mm 나 또는 10 mm로 반올림하여 설계한다.

구조기준 5.4.6(2)③(또는 5.4.2④, ACI 7.7.8) 흙 및 기상에 노출되거나, 부식환경에 노출된 프리스트레스트 콘크리트 부재로서 부분균열등급(T) 또는 완전균열등급(C)의 경우[식 (2.47) 참고]에는 표 2.13의 최소 피복두께를 50% 이상 증가시켜야 하지만, 프리스트레스된 인장영역이 지속하중을 받을 때 압축응력을 유지하고 있는 경우에는 증가시키지 않아도 된다고 규정하고 있다. 또한 구조기준 5.4.6(3)에서는 내화를 필요로 하는 구조물의 피복두께는 화열의 온도, 지속시간, 사용골재의 성질 등을 고려하여 정하여야 하며, 표 2.13에서 규정된 최소 피복두께보다 더 큰 값이 요구될 때에는 동등한 내화성능의 재료나 피복 재료를 사용하거나 피복두께의 값을 증가시켜야 한다고 규정하고 있다.

ACI 216(216R-9, 2.4.1.1)에는 화재에 의한 열전달의 위험을 기준으로 슬래브 두께를 결정하는 개념이 제시되어 있다. 화재등급조건(fire rating requirement)은 구조 부재의 표면 온도가 136 °C(250 °F)로 올라가는 시간으로 규정하고, 1시간 화재 등급 - 87.5 mm (3.5 in) ; 2시간 화재 등급 - 125 mm(5 in) ; 3시간 화재 등급 - 156 mm(6.25 in)의 두께를 제안하고, 같은 조건에 대해서 피복두께는 구속된 슬래브는 19 mm ~ 32 mm를 구속되지 않은 슬래브는 19 mm ~ 50 mm를 제안하고 있다.

구조기준 3.4.7(ACI 8.9.3) 경간 길이에서는 일체로 시공된 골조구조물에서 휨모멘트를 계산하는 경우에는 받침부의 중심간 거리를 사용하여야 하고, 설계하는 경우에는 **받침부 면(face of support)**의 휨모멘트를 사용할 수 있도록 제안하고 있다(그림 12.18a 참고).

12.1 긴장재의 기하학적 특성 및 배치 방식 (Geometry and Choosing Tendon Profile)

그림 12.3a와 b에는 연속보나 연속 슬래브에서 유용하게 적용할 수 있는 포물선에 대한 기하학적 구조(그림 7.16 참고)와 여러 조각의 포물선이 어떻게 서로 적합하게 연결되는 것을 각각 보여주고 있다. 최대 편심 e_1 에서 포물선 1과 2의 기울기가 0이므로 서로 적합하게 된다. 포물선 2와 3이 적합하기 위해서는 **변곡점(infection point)**에서 기울기가 같아야 하므로 이를 식으로 쓰면 아래와 같다.

$$\frac{2(e_1+e_2-h_2)}{(\lambda-\beta)L} = \frac{2h_2}{\beta L}$$

$$h_2 = \frac{\beta}{\lambda}(e_1+e_2) \tag{12.2}$$

따라서 변곡점은 그림 12.3b와 같이 최대 편심을 이은 직선위에 위치하고, 변곡점의 기울기는 아래와 같이 표현할 수 있다.

$$\text{변곡점의 기울기} = \frac{2(e_1+e_2)}{\lambda L} \tag{12.3}$$

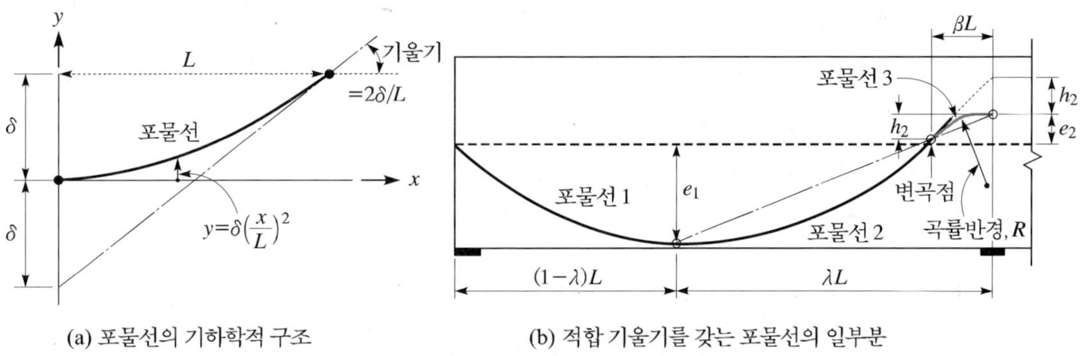

(a) 포물선의 기하학적 구조 (b) 적합 기울기를 갖는 포물선의 일부분

그림 12.3 포물선 형상의 기하학적 구조 [Collins 1987(41)]

내부 받침부에서 긴장재가 급격하게 굽는 것(kink)을 피하기 위해서 완만하게 배치할 때, 위로 볼록한 부분의 길이 βL 은 받침부에서 긴장재의 곡률반경이 사용되는 긴장재의 최소 곡률반경 이하가 되지 않도록 선택하여야 한다. Collins[1987(40)]는 대략 $\beta L \approx 0.05L$ 을 적용하고, PCI Bridge[2003], Nilson[1987]이나 Naaman[2012] 등은 보통 $\beta L \approx 0.1L$ 을 사용하고 있다. 다선(다발) 텐던 시스템에서 최소반경 R은 3.5 m(덕트 내경이 45 mm~55 mm), 4.5 m (65 mm~80 mm), 5.0 m(85 mm~95 mm), 7.0 m(100 mm~110 mm)의 값이 추천되고 있

고, 단선 시스템에서는 직경이 12.7 mm 및 15.2 mm인 경우에 최소 곡률반경은 2.5 m 이상이 좋다고 추천하고 있다[VSL 1985(5.1.3)].

곡률반경 R은 식 (3.14)를 응용하여 적으면 아래와 같이 쓸 수 있다.

$$R = \frac{(\lambda L)(\beta L)}{2(e_1 + e_2)} = \frac{\lambda \beta L^2}{2(e_1 + e_2)} \quad \text{또는} \quad R = \frac{(\beta L)^2}{2h_2} \tag{12.4}$$

12.1.1 긴장재 배치 형상의 선택(Choosing Tendon Profile)

연속보와 같이 소요 긴장력의 크기가 각 경간에서 차이가 나는 경우에 긴장력의 크기나 배치 형상을 결정하는 데는 그림 12.4와 같이 아래의 서로 다른 2가지 방식을 적용할 수 있다.

(1) 가장 큰 소요 긴장력을 선택하여 일정하게 유지하면서, 다른 경간에서는 편심을 조종하여 배치하는 방식,

(2) 각각의 경간에서 다른 소요 긴장력을 유지하고 가능한 최대 편심으로 긴장재를 배치하면서, 추가의 긴장재를 소요되는 위치에 배치하는 방식이다(예제 12.1 및 예제 12.2의 동서방향에서 사용한 방식).

만약에 방식 1을 선택하게 되면 상대적으로 긴장재의 배치방식이 간단해지기는 하지만 최대 편심을 적용하지 못하기 때문에 강도가 감소하여 비경제적이 될 수도 있고, 방식 2를 선택하게 되면 최대 편심으로 배치할 수 있어서 경제성이 있지만 대신에 추가로 긴장재를 배치하여 복잡하게 되고 중간에 배치하는 추가 긴장재의 단부에 **매립앵커(dead anchor)**(그림 1.28)가 필요하게 된다.

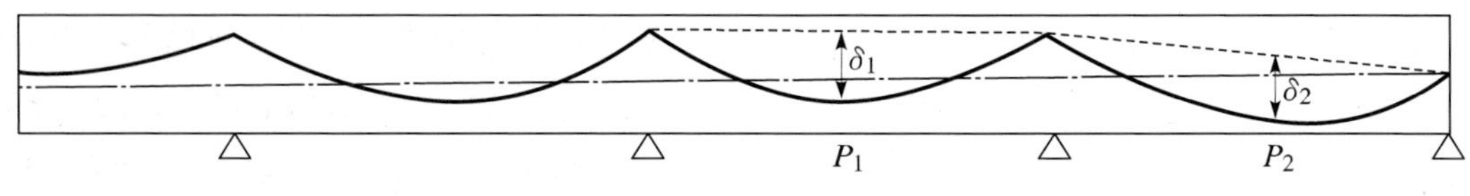

(a) 일정한 긴장력 방식($P_1 = P_2$), 편심조종 $\delta_1 \neq \delta_2$

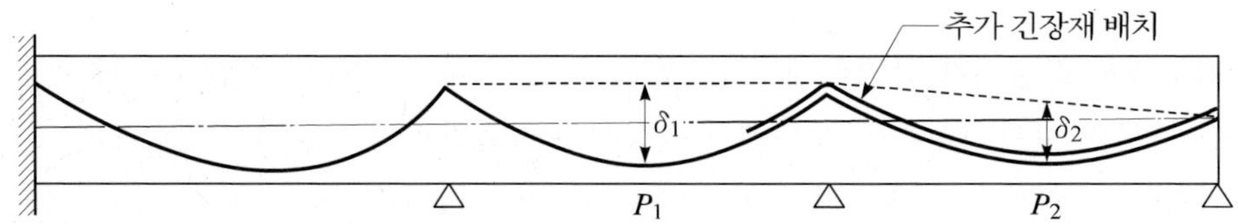

(b) 추가의 긴장재를 배치하는 최대편심 방식 $(\delta_1, \delta_2)_{(max)}$, $P_1 < P_2$

그림 12.4 긴장력이나 배치 형상을 결정하는 2가지 방식 [Collins 1987(515)]

12.1.2 긴장력으로 인한 고정단 모멘트의 계산 (Calculation of Fixed-Moments Due to Prestress)

2경간 연속 포스트텐션 보에서 중립축의 아래에 직선 긴장재가 배치되어 긴장력이 도입된다면 긴장력은 중간 받침부를 들어 올리려 하고 받침부가 들려지지 않도록 억제하기 위해서 보에는 전단력과 모멘트가 발생하게 된다. 이렇게 발생하는 구속 모멘트를 긴장력에 편심을 곱해서 구하는 **1차 모멘트(primary moment)**에 비교해서 종종 **2차 모멘트(secondary moment)**라고 부른다(11.1장 참고).

2차 모멘트(secondary moment)를 구하기 위한 방법 중에서 **모멘트분배법(moment distribution method)**을 적용하기 위해서는 부재 단부를 회전을 못하도록 구속하는데 필요한 모멘트, 즉 **고정단 모멘트(fixed-end moment)**를 알아야 한다(그림 11.17 참고)[Collins 1987(448)]. 고정단 모멘트는 그림 11.5에서와 같이 중첩방법을 이용해서 구할 수 있지만 Collins-Mitchell [1987(448)]이 제시한 아래와 같은 직접적인 방법을 통해서 구할 수도 있다.

경간을 따라 강성 EI가 일정한 부재에 긴장력 P가 작용할 때 긴장력으로 인한 **자유곡률(free curvature**, 구속되지 않은 상태에서 곡률)은 긴장재의 편심 e 에 직접적으로 비례하여, 곡률 $= e \times P/EI$가 된다. 최종적인 보의 **곡률분포도(final curvature diagram)**는 자유곡률(free curvature)에 양단의 구속모멘트 M_A와 M_B에 의해서 발생하는 곡률을 더하여 얻을 수 있다. 이렇게 더해지는 곡률은 단부에서 단부까지 선형으로 변하므로 최종적인 곡률분포도는 자유곡률도의 기준선의 위치를 선형으로 이동하여 구할 수 있게 된다.

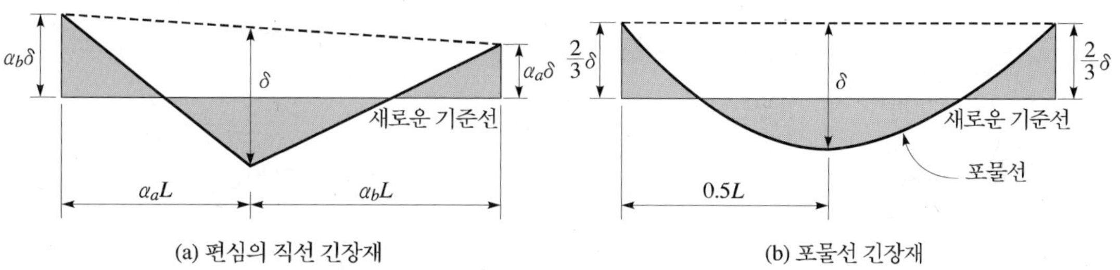

그림 12.5 고정단 곡률 분포도의 새로운 기준선(new base line) [Collins 1987(450)]

고정단 보에서 최종적인 곡률 분포도는 다음의 2가지 사항을 만족하여야 한다(그림 12.5 참고).

(1) 단부 A에서 단부 B까지의 기울기의 변화가 0이어야 하므로, 곡률 분포도의 면적의 합이 0이어야 한다. 이는 **새로운 기준선(new base line)** 위의 면적과 아래의 면적의 합이 같아야 한다는 의미이다.

(2) 단부 B에서 A를 향해 그은 연직선(tangent)의 기울기가 0이므로 단부 A에서 곡률분포도의 1차 모멘트의 값은 0이어야 한다. 이것은 기준선 위의 면적에 대한 도심의 위치는 기준선 아래 면적의 도심의 위치와 같아야 한다는 것이다.

그림 12.5에는 1점 절곡 긴장재와 포물선으로 배치된 긴장재에 대해서 이러한 조건을 만족시키는 새로운 기준선을 보여주고 있다. 최종적인 곡률분포도에 요구되는 특성을 이용하여 기준선을 선형으로 이동해서 이를 기준으로 고정단 모멘트를 구할 수 있으므로 종종 관찰을 통해서 결정할 수도 있다. 그림 12.6에는 이러한 절차를 통해서 고정단 모멘트를 구하는 것을 보여주고 있다.

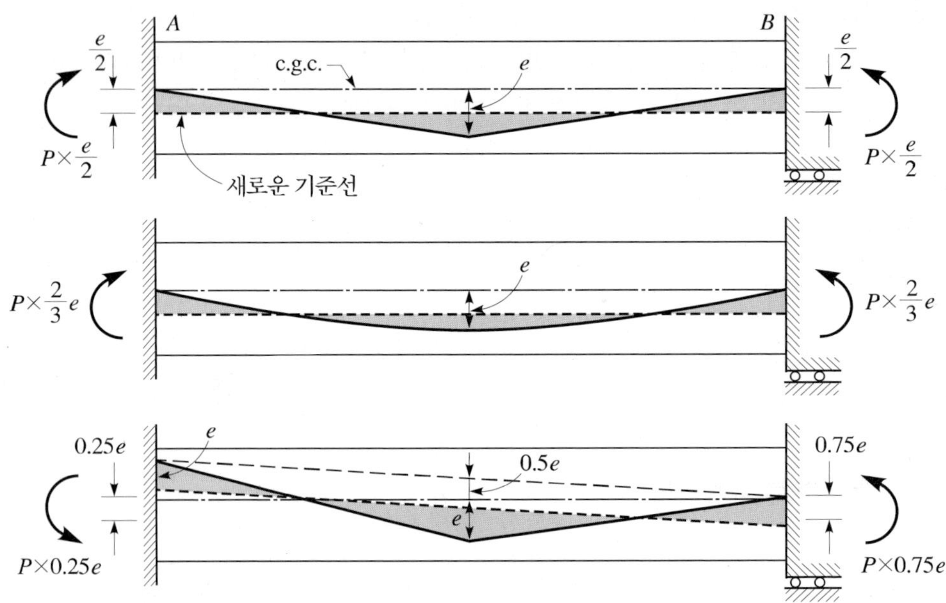

그림 12.6 기준선을 선형 이동하여 고정단 모멘트를 구하는 예 : 고정단 모멘트의 방향은 새로운 기준선에서 원래의 도심 축을 향한다 [Collins 1987(451)].

12.2 1방향 슬래브(One-Way Slabs)

12.2 1방향 슬래브(One-Way Slabs)

그림 12.7에는 전형적인 단순지지 경간과 연속 경간의 1방향 슬래브를 보여주고 있다. 작용하는 하중을 한 방향으로 휘어서 전달하는 1방향 슬래브는 단위 폭(1 m)을 잘라서 보 스트립을 설계하며, 대략 경간 6 m ~ 9 m에 경간/깊이 비는 45 정도를 적용한다.

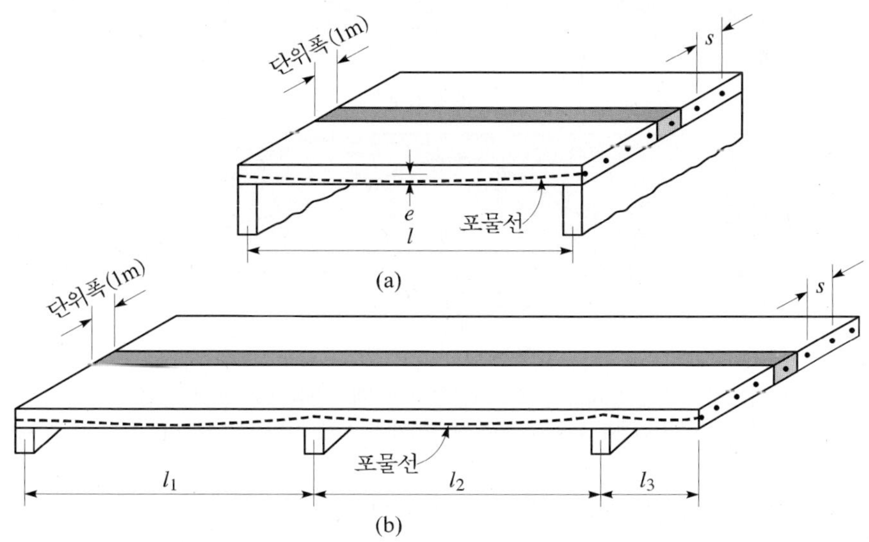

그림 12.7 1방향 슬래브 (a) 벽체에 의해 지지되는 단순지지 경간 (b) 보에 의해서 지지되는 연속경간 [Nilson 1987(378)]

1방향 프리스트레스트 슬래브는 보와 같이 비균열등급(U), 부분균열등급(T)이나 완전균열등급(C)으로 설계할 수 있다. 휨 부재의 균열등급 식 (2.47)을 다시 쓰면 아래와 같다.

$$\begin{cases} (1)\ \text{비균열등급(U)} : & |f_{ts}| \le |-0.63\sqrt{f_{ck}}| \ (I_g \text{ 사용}) \\ (2)\ \text{부분균열등급(T)} : |-0.63\sqrt{f_{ck}}| < & |f_{ts}| \le |-1.0\sqrt{f_{ck}}| \ (I_g \text{ 사용}) \\ (3)\ \text{완전균열등급(C)} : & |f_{ts}| > |-1.0\sqrt{f_{ck}}| \ (I_{cr} \text{ 사용}) \end{cases} \quad (2.47)$$

슬래브의 설계는 상대적은 작은 활하중이 작용하는 경우의 식 (12.1)에 따라 소요 경간을 이용하여 슬래브의 두께를 보통 5 mm나 또는 10 mm로 반올림하여 가정하는 것으로 시작한다. 최소두께를 선택할 때 내화 조건도 만족시켜야 할 것이다.

두께를 선택하고 나면, 그림 12.7과 같이 슬래브의 단위 폭(1 m)을 **직사각형 보(rectangular beam)**로 보아 프리스트레싱 력은 단순 지지인 경우에는 6장에 따라 연속 경간인 경우에는 11

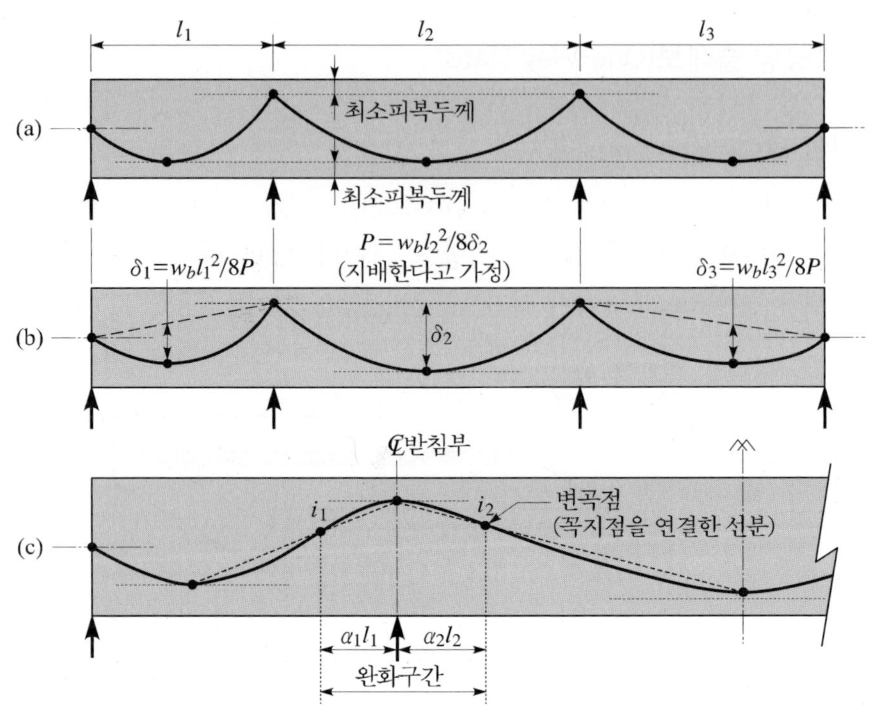

그림 12.8 긴장재에 대한 설계과정: (a) 가정한 기본 배치형상, (b) 하중평형을 이용하여 긴장재의 편심 결정, (c) 내부 받침부에서 완만하게 배치한 긴장재의 형상 [Naaman 2012(719)]

장에 따라 결정한다. 프리스트레싱 력을 결정하기 위해서 일반적으로 하중평형개념을 적용한다. 평형하중으로는 보통 고정하중을 사용하고 기본 프리스트레싱 배치는 그림 12.8a와 같이 단부 받침부에서 편심을 0으로 하고, 그 외의 위험단면이나 경간 중앙에서 허용 가능한 최대 편심인 포물선으로 배치한다. 슬래브의 단위 폭에 대한 프리스트레싱 력을 결정하고, 이에 따라 긴장재의 위치를 조종한다(그림 12.8b 및 식 (1.6) 참고). 프리스트레싱 력은 선택한 강연선에 대해서 집중하중이 전달되는데 문제가 되지 않도록 6h가 넘지 않게 간격을 결정한다[VSL 4.2 1985(5.1.2)]. 최종적인 설계에서 긴장재의 배치형상은 그림 12.8c와 같이 받침부에서 양방향으로 대략 $0.1l$ 구간을 완만하게 **완화곡선(transition curve)**으로 배치한다. 이렇게 긴장재를 완만하게 만드는 것으로 발생할 수 있는 2차 모멘트(secondary moment)는 Naaman [2012(719)]은 그 영향을 실무에서 보통 무시한다고 제안하고, Collins-Mitchell[1987(Ex. 11.13)]은 영향을 고려하는 설계를 제시하고 있다. 만약에 계산된 응력이 너무 크게 되면 평형하중을 증가시켜서(고정하중 + 활하중의 일부분) 설계과정을 반복하면 될 것이다.

연속 슬래브는 보에 비해서 깊이가 얕고 몇 번은 곡률이 변하기 때문에 **마찰손실(friction loss)**이 그렇게 심하게 일어나지 않게 된다. Collins[1987(520)]에 의하면 안전 측으로 긴장재의 길이 m 당 0.025%의 마찰손실을 고려하면 충분하다고 언급하고 있다. 만약에 전체 경간의 길이가 37.5m인 경우에 마찰손실은 긴장력의 37.5 × 0.025 = 0.94%로 생략해도 문제가 되지 않을 정도이다. 현장에서 마찰손실의 영향을 줄이기 위해서 하나건너 한 개의 긴장재를 반대편에서 긴장하는 방법을 사용할 수도 있고, 또는 전체 길이가 45 m를 초과하는 경우에는 양쪽 단부에서 동시에 긴장하여 영향을 최소화할 수도 있다[Nilson 1987(379)]. 보통 6 mm를 고려하는 정착장치 **활동손실(anchorage loss)**도 마찰손실이 적기 때문에 상당한 구간에 나타나기는 하지만 크기가 크지 않아 보통 계산에서 생략하고 있다(식 (3.24) 참고)[VSL 4.2 1985(23)].

12.2.1 최소 부착철근량(Minimum Bonded Reinforcement)

비부착 긴장재가 배치되는 부재가 공칭강도 상태에서 경간 중앙에 발생하는 커다란 균열로 인해서 발생할 수 있는 **타이-아치 거동(tied arch)**이 아니라 휨거동을 할 수 있도록(그림 4.3 참고) 또한 사용하중이 작용하여 콘크리트의 인장응력이 파괴계수를 초과할 때 균열의 폭과 간격을 조종하기 위해서 얼마간의 부착된 보강재를 배치하도록 규정하고 있다. 이런 사항을 만족할 수 있도록 구조기준 9.5.2(3)(ACI 18.9.1)에서는 다음과 같이 최소 부착철근을 제시하고 있다.

이 최소 부착철근은 가능한 한 인장연단에 가깝게 **사전압축이 작용하는 인장영역(precompressed tensile zone)**에 균등하게 배치하고, 사용하중의 응력상태에 관계없이 배치하여야 한다고 규정하고 있다[구조기준 9.5.3(2), ACI 18.9.2]. 식 (4.59)를 다시 쓰면,

$$A_s = 0.004 A_{ct} \tag{4.59}$$

여기에서, A_{ct} 는 콘크리트 전체 단면의 도심 축과 인장연단 사이의 단면적이다(그림 12.9 참고).

부착철근의 최소길이는 정모멘트 구역에서는 그 구역 중간점의 양쪽으로 순경간의 1/6 이상 연장하여 배치하여야 하고, 부모멘트 구역에서는 받침부 양쪽으로 순경간의 1/6 이상을 연장하여 배치하여야 한다(그림 12.10 참고).

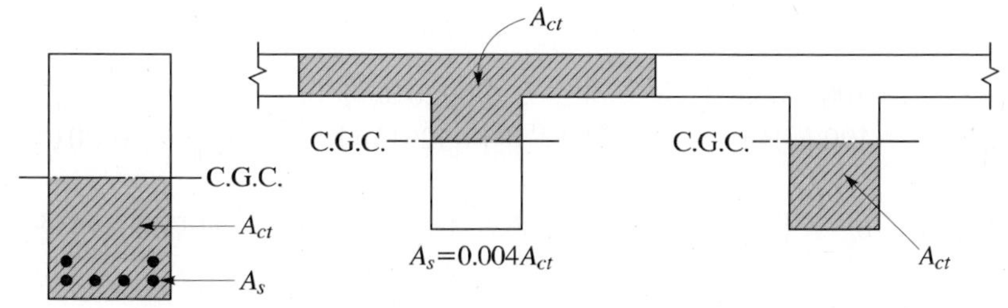

그림 12.9 휨 부재의 최소 부착철근 [ACI Note(24-6)]

이러한 최소 부착철근의 규정은 비부착 긴장재가 배치되는 슬래브나 보를 근본적으로 **부분적**

프리스트레스트 부재(partially prestressed members)로 취급하는 것을 암시하고 있다. 최소 부착철근의 배치는 또한 부분균열등급(T)이나 균열등급(C)의 1방향 슬래브 설계를 가능하게 하여 프리스트레싱 긴장재의 양을 줄일 수 있게 하지만, 혹독한 기후의 주차장과 같이 내구성이 지배하는 경우에는 낮은 인장응력 한계를 적용하는 것이 좋을 것이다.

1방향 슬래브가 T형 보로 만들어진 경우에 플랜지 폭이 넓기 때문에 부모멘트 구역에서 상당한 부착철근이 배치되게 된다(그림 12.9 참고). 이런 경우에 Naaman[2012(721)]은 A_{ct} 의 계산에 $h_f/2\ \times\ (b_e$ 또는 보 간격/2)로 계산하도록 제안하고 있다.

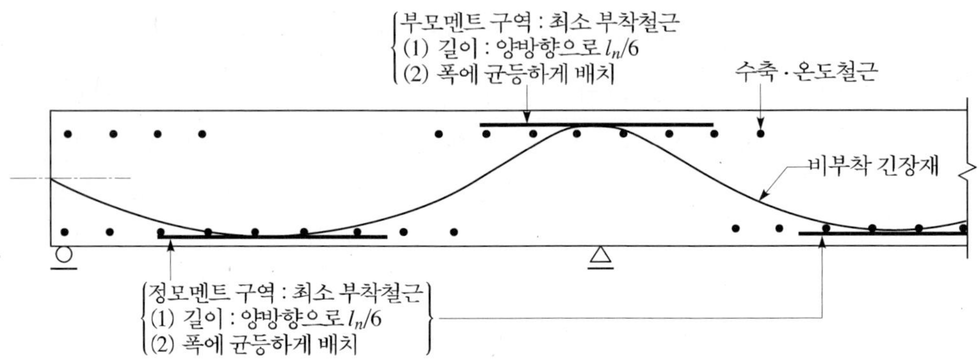

그림 12.10 비부착 긴장재가 배치되는 1방향 슬래브에 배치하여야 하는 부착 보강철근 규정 [Naaman 2012(11.8)]

12.2.2 수축 · 온도 철근(Temperature and Shrinkage Reinforcement)

슬래브는 지지하고 있는 보보다 얇기 때문에 보에 비해서 빠르게 건조수축하여 균열이 일어나게 된다. 1방향 슬래브의 경간에 연직한 방향으로 일어나는 균열은 휨 철근에 의해서 균열폭이 제한되지만 경간 방향에 평행한 방향으로 나타나는 균열을 억제하기 위해서는 아래와 같은 수축·온도철근을 주철근에 연직한 방향으로 배치하여야 한다(그림 12.10 참고)[구조기준 5.7.2 (1) 및 10.2.3(3), ACI 7.12.2.1].

$$A_s = \begin{cases} (a)\ f_y \le 400\ \text{MPa}\text{인 경우} & : 0.0020(bh) \\ (b)\ f_y > 400\ \text{MPa}\text{을 초과할 때} & : 0.0020(bh) \times 400/f_y\ \ge\ 0.0014(bh) \end{cases} \quad (12.5)$$

(1) 상한 한계 : $A_s/\text{m}\ \le\ 1{,}800\ \text{mm}^2/\text{m}$ [1] [구조기준 5.7.2(2) : 지하구조물이나 교량 하부구

1. 이렇게 수축·온도철근에 대한 전체철근 단면적의 제한은 $f_y \le 400$ MPa인 경우에 슬래브의 두께를 $h \le$ 900 mm까지 허용하는 것과 같은 결과가 되어 슬래브가 유난히 두꺼운 경우에 배치하는 철근단면적의 상한한계 역할을 한다.

조의 기초 등과 같이 깊이가 유난히 깊은 슬래브에서 과다 설계를 하지 않아도 되도록 하는 규정]

(2) 최대간격 : $s_{(\max)} \leq (5h \leq 450\ \mathrm{mm})$ 이하

(3) 최소철근 단면적 [구조기준 6.3.2(4), ACI 10.5.4] : 두께가 균일한 구조용 슬래브와 기초판에 대하여 경간방향으로 보강되는 인장철근의 최소철근 단면적도 이 수축·온도철근의 규정에 의한다[구조기준 6.3.2(4), ACI 10.5.4]. 이때 간격은 $s_{(\max)} \leq (3h \leq 450\ \mathrm{mm})$ 이하로 제한하고 있다[2].

수축·온도철근으로 프리스트레싱 긴장재가 배치되는 경우 [구조기준 5.7.3(ACI 7.12.3), 9.8.2(ACI 18.12.4)]

(1) 등분포 하중에 대해서 배치하는 긴장재의 간격은 최소한 한 방향으로는 $s_{(\max)} \leq (8h \leq 1.5\ \mathrm{m})$ 이하이어야 한다.

(2) 유효프리스트레스에 의한 콘크리트의 평균 압축응력 $f_c = P_e / A_g = P_e / (h \times s)$가 0.9 MPa 이상 되도록 긴장재의 간격을 정하여야 한다. 이를 간격에 대한 식으로 쓰면, 아래와 같이 표현할 수 있다.

$$s_{(\max)} \leq \frac{P_e}{0.9h} \tag{12.6}$$

1방향 슬래브에서 주 보강재가 결정되면 보와 같이 전단과 처짐 등의 설계조건에 대해서 검토하여야 한다. ACI 318의 해설(R18.8.2)에서는 긴장재가 비부착으로 배치되는 경우에는 균열이 일어난 뒤에 콘크리트로부터 긴장재로 갑작스러운 내력의 전달이 일어나지 않아 갑작스런 휨 파괴가 일어나지 않으므로 **비부착 긴장재(unbonded tendon)**인 경우에는 최소 휨부재 강재량 규정인 $\phi M_n \geq 1.2 M_{cr}$ 규정을 적용할 필요가 없다고 제시하고 있다(4.4.5장 참고).

슬래브의 길이가 짧아지는 것이 기둥과 벽체에 미치는 영향을 완화하기 위해서 **시공이음(construction joint)** 사이의 길이를 45 m로 제한하는 것이 좋다. 만약에 슬래브의 길이가 이보다 길어질 경우에는 슬래브의 길이 감소가 기둥이나 벽체에 미치는 영향을 설계에 고려하여야 한다[ACI-ASCE 423]. 이러한 상황은 **팽창 시멘트(expansive cement)**나 또는 **무수축 시멘트(non-shrinkage cement)**를 사용하거나 아니면 섬유보강 콘크리트를 사용하여 대처할 수도 있다[Naaman 2012(722)].

2. 구조기준 5.7.2(3)에서는 철근의 최대간격을 5h나 450 mm 이하로 규정하고, 구조기준 6.3.2(4)에서는 3h와 450 mm이하로 규정하여 5h와 3h의 두께 규정에 대해서 동일하게 450 mm로 제한하고 있다.

예제 12.1

[비부착 긴장재가 배치되는 5경간 연속 1방향 슬래브의 설계] [Naaman 2012(722-729)]

그림 12.12a에는 전형적인 주차장 구조물에 배치되는 폭 18 m에 경간 7.5 m인 5경간 1방향 슬래브 시스템을 보여 주고 있다. 슬래브는 기둥에 의해서 지지되는 폭이 600 mm인 보위에 배치된다. 슬래브의 기본설계 자료는 다음과 같다.

- 콘크리트 : 보통중량골재 콘크리트 질량 $\gamma_c = 23{,}500\ \mathrm{N/m^3}$; 설계기준압축강도 $f_{ck} = 35$ MPa, $f_{ci} = 25$ MPa ; 탄성계수 식 (2.6), $E_c = 8{,}500\sqrt[3]{f_{cu}} = 8{,}500 \times (35+4)^{(1/3)} = 28{,}825$ (MPa)
- 비부착 강연선 : B종 저이완 강연선 15.2 mm($A_b = 138.7\ \mathrm{mm^2}$, 그리스로 도포한 플라스틱 시스 직경 20 mm), $f_{pu} = 1{,}860$ MPa, $f_{py} = 0.90f_{pu} = 1{,}674$ MPa, $f_{p0} = 0.74f_{pu} = 1{,}376$ MPa, $f_{pi} = 0.925f_{p0} = 1{,}273$ MPa, $f_{pe} = 0.85f_{pi}\,(\approx 0.58f_{pu}) = 1{,}082$ MPa [통상적으로 설계에서 사용되는 값을 적용하여 긴장력 손실에 대한 계산을 생략하였다.]
- 부착 철근 : D13 철근, $A_b = 126.7\ \mathrm{mm^2}$, $f_y = 400$ MPa
- 콘크리트 표피와 보강재(긴장재나 부착철근) 중심 간의 두께 : 표 2.13, 프리스트레스트 콘크리트에서 기상에 직접 접하지 않는다고 보면 소요 피복두께 20 mm가 소요된다. 따라서 시스로 싸인 긴장재의 중심과 콘크리트 표피 사이의 소요 두께 = 20 mm + 20/2 = 30 mm를 확보한다.
- 표피에서 긴장재 중심간 거리 : 경간 중앙 30 mm ; 받침부 30 + 13(D13 상부철근) = 43 mm
- 슬래브 두께 : 식 (12.1)에서 연속 1방향 슬래브 : $l/h = 30 \sim 45$; (7,500/30 = 250 mm) ~ (7,500/45 = 167 mm)가 소요되고, 표 6.4에서는 1방향 슬래브, 7,500/48 = 156 mm가 된다. 따라서 이 범위 안에서 적당히 슬래브의 두께 h = 200 mm로 선택하여 설계를 시작한다.
- 하중 : 등분포 활하중 $w_l = 5.0$ kPa (표 1.7 참고)
- 슬래브의 등분포 고정하중 : 단위 폭 1 m에 대한 하중, $w_G = 0.2 \times 1.0 \times 23.5 = 4.7$ kN/m

[설계]

(a) 프리스트레싱 긴장재 설계 : 식 (1.6) 참고

하중평형방법을 이용하여 프리스트레싱 긴장재를 설계한다. 이론적인 긴장재의 배치형상은 받침부와 경간 중앙이나 중앙 부근에서 최대 편심(최소 피복두께)을 갖도록 포물선으로 배치한다.

설계는 슬래브 자체의 고정하중만을 평형하중으로 고려하여 시작한다.

$\therefore\ w_b = w_G = 4.7$ kN/m

① 단부 경간에서 편심이 최대가 되는 꼭지점의 위치 결정 : 그림 12.11a 참고

변곡점의 높이 계산 : 식 (12.2), $h_2 = (\beta/\lambda)(e_1 + e_2)$

h_2를 계산하기 위해서는 λ를 알아야 되는데 현재 미지이다. 따라서 $1-\lambda = 0.407$로

가정하여 꼭지점의 거리 x_v 를 계산하여 λ 를 구해서 반복계산을 수행하여 수렴한 값으로 계산한다.

$\lambda = 1 - 0.407 = 0.593$; $e_1 = 100 - 30 = 70$ (mm) ; $e_2 = 100 - 43 = 57$ (mm)

$h_2 = (\beta/\lambda)(e_1 + e_2) = (0.1/0.593)(70.0 + 57.0) = (0.1686)(127.0) = \underline{21.4\ (\mathrm{mm})}$

꼭지점의 위치 결정 : 식 (11.16), $e_B = 57.0 + 21.4 = 78.4$ (mm)

$x_v^2 = [(e_v - e_A)/(e_v - e_B)](l - x_v)^2$

$\quad = [70/70 - (-78.4)](l - x_v)^2 = 0.472(l - x_v)^2$

$x_v^2 = 0.472 l^2 - 2(0.472) l x_v + 0.472 x_v^2$

$(0.528 x_v^2 + 0.943 l x_v + 0.472 l^2)/0.528 = x_v^2 + 1.785 l x_v + 0.893 l^2 = 0$

$\therefore\ x_v = (-1.785 l + \sqrt{(1.785 l)^2 + 4(0.893 l^2)})/2 = \underline{0.407 l} = 0.407 \times 7.5 = 3.054$ (m)

$\therefore\ \lambda = 1 - 0.407 = 0.593 \rightarrow 4.446$ m로 수렴을 하였으므로 반복계산을 종료한다.

② 부모멘트 구역 PT 케이블의 형상 조종 : 받침부의 부모멘트 구역에서 케이블이 급작스럽게 꺾이는 것을 방지하고자 받침부 중앙에서 양쪽으로 $0.1l = 0.1(7.5) = 0.75$ (m) 구간을 반대 곡률로 배치한다(그림 12.3b 참고)

단부 경간 : $h_2 = (\beta/\lambda)(e_1 + e_2) = 21.4$ mm

변곡하여 배치하는 PT 케이블의 곡률반경 R 검토 : 식 (12.4)

$\therefore\ R = \dfrac{(\lambda L)(\beta L)}{2(e_1 + e_2)} = (4.446)(0.75)/(2 \times 0.127) = 13.1\ (\mathrm{m}) > 2.5\ \mathrm{m}$ *<OK>*

그림 12.11a에는 단부경간의 받침부에서 PT 케이블을 완만하게 배치한 최종 형상을 보여주고 있다.

내부 경간 : $h_2 = (\beta/\lambda)(e_1 + e_2) = (0.1/0.5)(127.0) = 25.4$ (mm)

변곡하여 배치하는 PT 케이블의 곡률반경 R 검토 :

$\therefore\ R = \dfrac{(\lambda L)(\beta L)}{2(e_1 + e_2)} = (3.75)(0.75)/(2 \times 0.127) = 11.1\ (\mathrm{m}) > 2.5\ \mathrm{m}$ *<OK>*

그림 12.11b는 내부경간의 받침부에서 PT 케이블을 완만하게 배치한 최종 형상을 보여주고 있다.

③ 긴장재 배치의 선택 :

단부경간의 최대편심과 소요 긴장력 결정 : 최대편심은 3.7 m에서 나타난다(그림 12.11a 참고).

최대편심 : $\delta_{1(@3.7m)} = 66.8 + (57 + 21.4)/7500 \times 3{,}700 = 66.8 + 38.7$

$\quad = 105.5$ (mm)가 된다.

소요 긴장력 : $P_1 = w_b l_1^2/(8\delta_1) = (4.7 \times 7.5^2)\ /\ (8 \times 0.1055) = \underline{313.2\ (\text{kN/m})}$

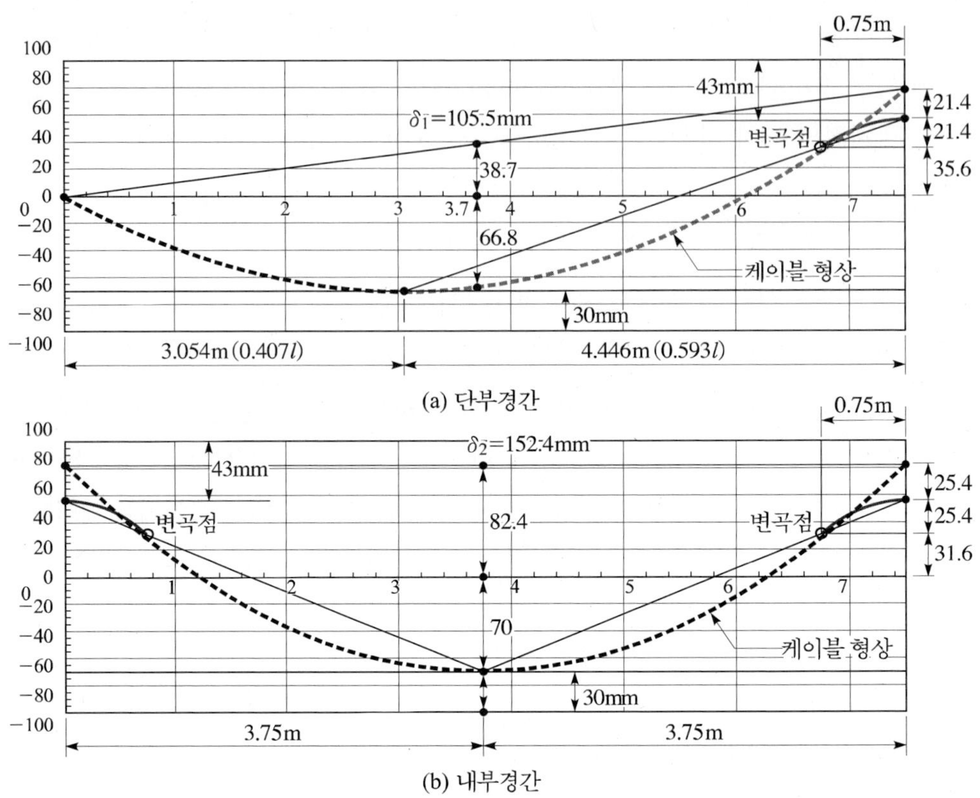

(a) 단부경간

(b) 내부경간

그림 12.11 받침부 부모멘트 부근을 완만하게 배치한 PT 케이블의 배치 형상

내부경간 : $\delta_{2(@center)} = 70 + 57 + 25.4 = 152.4\ (\text{mm})$

실제 케이블은 받침부에서 완만하게 배치하기 위해서 $\delta_{2(@center)} = 152.4 - 25.4 = 127.0\ (\text{mm})$가 되므로 이를 적용하여 설계한다.

$P_2 = w_b l_2^2/(8\delta_2) = (4.7 \times 7.5^2)\ /\ (8 \times 0.127) = \underline{260.2\ (\text{kN/m})}$

소요 긴장력의 크기가 각 경간에서 차이가 나는 경우로 그림 12.4에 따라 만약 방식 1을 선택하여 긴장력은 일정하게 유지하고 내부경간에서 편심을 조종한다면,

내부경간의 편심 : $\delta_2 = w_b l_2^2/(8P_1) = (4.7 \times 7.5^2)\ /\ (8 \times 313.2) = 0.106\ (\text{m})$

경간 중앙에서 편심이 152.4 mm에서 106 mm로 바뀐다는 의미이고, 따라서 유효깊이 d_p 도 170 mm에서 123.6 mm로 27% 감소하게 되므로, 공칭 휨강도도 이만큼 감소하게 된다. 따라서 방식 2를 선택하여 각 경간의 소요 긴장력을 유지하고 가능한 한 최대 편심으로 긴장재를 배치하면서 필요한 경간에는 추가의 긴장재를 배치하는 것이 전체

적으로 적은 양의 긴장재를 배치하게 되어 경제적일 수 있다. 따라서 다음과 같은 2종 류의 긴장재를 배치한다.

④ PT(post-tension) 케이블 1 : 단위 폭 1 m에 대해서 P_2 = 260.2 kN/m에 해당하는 긴장재를 슬래브 전체 구간에 걸쳐서 그림 12.11의 긴장재 배치형상과 같이 배치한다.

배치 간격 : 직경 15.2 mm, A_b = 138.7 mm^2 쉬스로 싸인 비부착 PT 케이블 배치(그림 1.26 참고)

유효긴장응력 $f_{pe} = 0.85 f_{pi} (\approx 0.58 f_{pu}) =$ 1,082 MPa로 제시

케이블 한 개의 긴장력 : $P_e = A_b f_{pe}$ = 138.7(1,082)/10^3 = 150.1 (kN)

단위 폭에 대해서 케이블 소요 개수 : P_2/P_e = 260.2/150.1 = 1.73 (개/m)

소요 간격 : ∴ $s_{(소요)} \le$ 1.0 m / 1.73 = 0.58 m

배치 간격 : ∴ $s_{(배치)}$ = 0.5 m < [$s_{(소요)}$ = 0.58 m ; 6h = 6(0.2) = 1.2 m] <*OK*>

단위 폭에 대한 배치 긴장력 검토 :

P_2 = 260.2 kN/m < $P_{e(배치/m)}$ = 150.1/0.5 = 300.1 (kN) <*OK*>

PT 케이블 1의 총 길이 = 5 × 7.5 + 2 × 0.3 = 38.1 (m)

PT 케이블 1의 총 소요 개수 = (18.0 m) / (0.5 m) = 36 (개) ; 테두리에서 250 mm 떼어서 500 mm 간격으로 36개를 배치 ; 전체 길이 = 38.1 m × 36 = 1,371.6 m

배치 PT 케이블 1 : 36개-15.2 mm × 38.1 m ; 긴장단 앵커와 반대 단부에 정착 앵커 장착

⑤ PT 케이블 2 : 단부 경간에만 $P_1 - P_2$ = 313.2 − 260.2 = 53.0 (kN/m)에 대한 긴장재를 배치한다. 이 긴장재는 **매립 앵커(dead anchor**, 그림 1.28 참고)를 이용하여 첫 번째 내부경간의 정착에 문제가 없는 적당한 위치에서부터 단부에 이르기까지 긴장재 배치형상과 같이 배치한다.

단위 폭에 대해서 케이블 소요 개수 : $(P_1 - P_2)/P_e$ = 53.0/150.1 = 0.35 (개/m)

소요 간격 : ∴ $s_{(소요)} \le$ 1.0 m / 0.35 = 2.83 m

간격 2.5 m로 배치하면 되지만, 첫 번째 내부받침부 내측 면에서 설계강도가 불만족이 되므로 이를 조종하기 위해서 간격을 2.0 m로 배치한다.

배치 간격 : ∴ $s_{(배치)}$ = 2.0 m < $s_{(소요)}$ = 2.83 m <*OK*>

단위 폭에 대한 배치 긴장력 검토 :

$P_1 - P_2$ = 53.0 kN/m < $P_{e(배치/m)}$ = 150.1/2.0 = 75.1 (kN) <*OK*>

매립 앵커 정착길이 계산 : 식 (2.23)

$\rho_p = A_{ps}/(1{,}000 \times 200)$ = 138.7(1/0.5 + 1/2.0)/200,000 = 346.8/200,000 = 0.00173

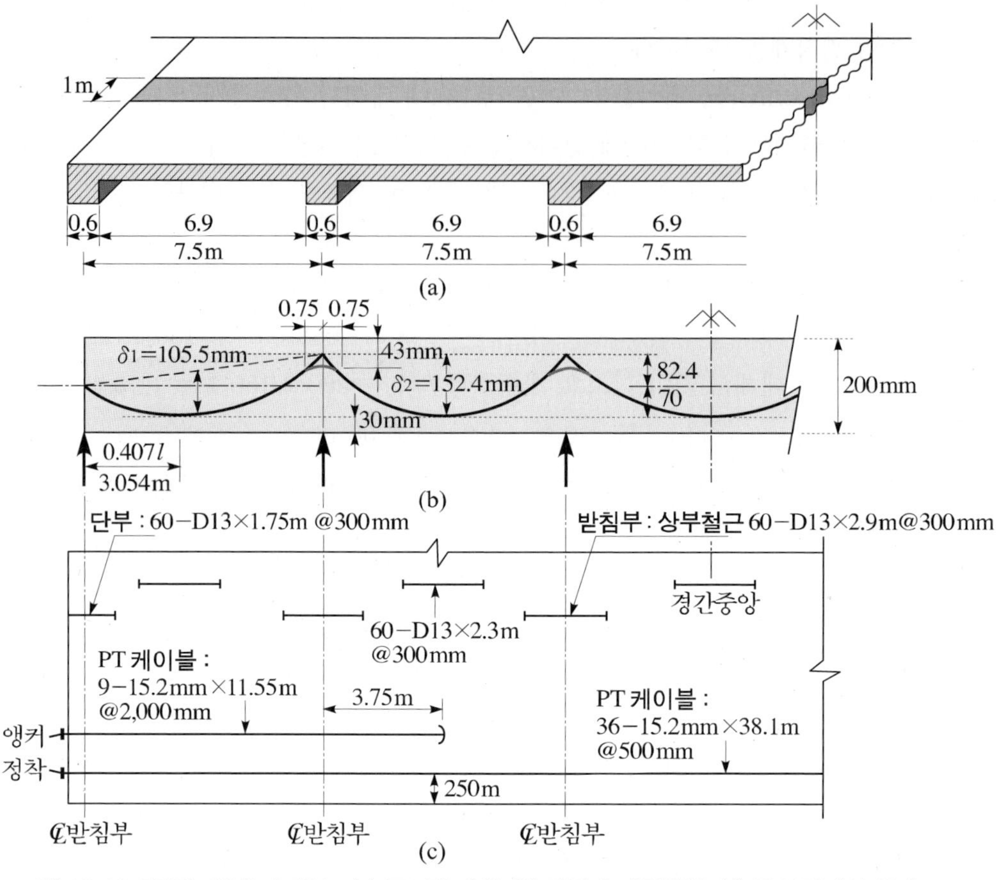

그림 12.12 5경간 1방향 슬래브 : (a) 구조적 배치, (b) 긴장재 배치형상, (c) 주 보강재의 상세 [Naaman 2012(724)]

$f_{ck}/(300\,\rho_p) = 35/(300 \times 0.00173) = 67.3$

식 (4.58) : $f_{ps} = f_{pe} + 70 + f_{ck}/300\rho_p = 1,082 + 70 + 67.3 = 1,219$ (MPa)

$< [\,f_{py}$ 또는 $f_{pe} + 210\,] = [1,674$ 또는 $1,082 + 210 = 1,292]$

$= 1,292$ (MPa) <OK>

식 (2.23) : $l_d = 0.145[f_{ps} - (2/3)f_{pe}]d_b = 0.145[1,219 - (2/3)1,082\,](15.2) = 1,097$ (mm)

내부경간 1.5 m 지점에 매립앵커를 배치한다면,

$\therefore\ l_{d\,(배치)} = 1.5$ m $> l_{d\,(소요)} = 1.097$ m <OK>

또는 f_{ps} 계산을 생략하고 통상적인 $l_n/4$ (= 6.9/4 = 1.725 m)를 배치해도 될 것이다. 그러나 본 예제에서 활하중이 평형 고정하중의 1.06배이고 첫 번째 내부받침부 외측이나 내측 면에서 설계강도가 불만족일수 있으므로 이를 극복하기 위해서 PT 케이블 2를 첫 번째 내부경간의 경간 중앙까지 연장하여 내부받침부의 설계강도 검토에 이 케이블을 포함할 수 있도록 한다.

PT 케이블 2의 총 길이 = 0.3 + 7.5 + 3.75 = 11.55 (m)

PT 케이블 2의 총 소요 개수 = (18.0 m) / (2.0 m) = 9 (개)

PT 케이블 1 - 4개마다 사이에 한 개씩 2,000 mm 간격으로 9개를 배치 ;

전체 길이 = 11.55 m × 9 = 103.95 m

배치 PT 케이블 2 : 9개−15.2 mm × 11.55 m ; 긴장단 앵커와 반대 단부에 매립 앵커 장착

(b) 비긴장 부착 철근 설계 : 비부착 긴장재가 배치되므로 최소 부착 철근을 배치하여야 한다. 최소 부착철근은 가능한 한 인장연단에 가깝게 사전압축이 작용하는 인장영역(precompressed tensile zone)에 균등하게 배치하고, 사용하중의 응력상태에 관계없이 배치하여야 한다고 규정하고 있다[구조기준 9.5.3(2), ACI 18.9.2].

식 (4.59) : 단위 폭에 대한 $A_{s\,(소요)} = 0.004\,A_{ct} = 0.004(1,000 \times 200/2) = 400\ (mm^2)$

D13 철근 배치 : $A_b = 126.7\ mm^2$

단위 폭에 대해서 소요 개수 : $A_{s\,(소요)}/A_b = 400/126.7 = 3.2$ (개)

소요 간격 : $\therefore\ s_{(소요)} = 1.0\ m/\ 3.2 = 0.317\ (m)$

배치 간격 : $\therefore\ s_{(배치)} = 0.3\ m < s_{(소요)} = 0.317\ m$ <*OK*>

정모멘트 구역 철근 길이(그림 12.10 참고) : $l_n/3 = 6.9/3 = 2.3\ (m)$

소요 철근 개수 : 각 경간 (18.0 m) / (0.3 m) = 60 (개)

전체 소요 철근 개수 = 경간 5 × 60 개 = 300 개 ; 철근 길이 2.3 m × 300 개 = 690 m

배치 D13 철근 1 : 300 개 − D13 × 2.3 m

부모멘트 구역 상부철근 길이(그림 12.10 참고) :

$l_{n1}/6 + 0.6 + l_{n2}/6 = 2(6.9/6) + 0.6 = 2.9\ (m)$

전체 소요 철근 개수 = 내부 받침부 4 × 60 개 = 240 개 ;

철근 길이 2.9 m × 240 개 = 696 m

배치 D13 철근 2 : 240 개 − D13 × 2.9 m

테두리보가 배치되었으므로 단부 경간에 부모멘트가 발생한다. 따라서 양쪽 단부의 부모멘트에 대한 부착철근을 배치한다.

철근 길이 : 0.6 + 6.9/6 = 1.75 (m)

소요 총 길이 = (단부 받침부 2 × 60 개 = 120 개) × 1.75 m = 210 m

배치 D13 철근 3 : 120 개 − D13 × 1.75 m

총 D13 철근 길이 = 690 + 696 + 210 = 1,596 (m)

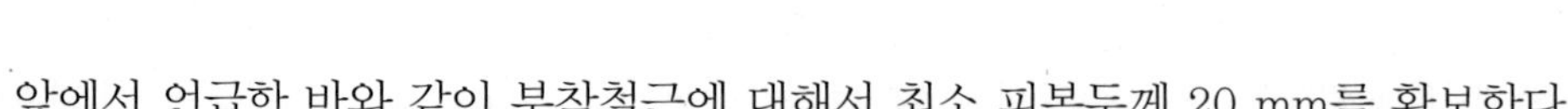

앞에서 언급한 바와 같이 부착철근에 대해서 최소 피복두께 20 mm를 확보한다.

(c) **보강재 배치 및 도입 직후 응력 검토** : 그림 12.12c에는 보강재의 배치상세를 보여주고 있다. PT 케이블을 고정하중에 대해서 평형을 이루는 편심으로 배치하였으므로 고정하중이 작용할 때 단면에는 균등한 압축응력만 받게 된다. 이 단계에서 긴장재의 편심으로 인한 모멘트와 고정하중으로 인한 모멘트는 서로 상쇄된다고 보아 계산에서 생략하였다.

① 단부 경간 : 단부 받침부에서 $0.414l = 0.414(7,500) = 3,107$ (mm) 떨어진 위치

$A_{ps} = 138.7(1/0.5 + 1/2.0) = 346.8$ (mm^2/m) ; $d_p = 200 - 30 = 170$ (mm)

$e_0 = 170 - 100 = 70$ (mm)

$A_s = 126.7(1/0.3) = 422.3$ (mm^2/m) ; $d_s = 200 - 30 = 170$ (mm)

도입직후 $f_{pi} = 1,273$ MPa일 때의 압축응력 검토 : $f_{ci} = 25$ MPa

$\therefore\ P_i/A_g = 346.8(1,273)/(1,000 \times 200) = 2.21$ (MPa)

$< \bar{f}_{ci} = 0.6 f_{ci} = 0.6(25) = 15.0$ (MPa) (표 2.15 참고) <*OK*>

② 첫 번째 내부 받침부 중앙 : $e_0 = -170 + 100 = -70$ (mm)

③ 내부 3번 경간 중앙 :

$A_{ps} = 138.7(1/0.5) = 277.4$ (mm^2/m) ; $d_p = 170$ mm ; $e_0 = (+$ 또는 $-)$ 70 mm

$A_s = 126.7(1/0.3) = 422.3$ (mm^2/m) ; $d_s = 170$ mm

도입직후 $f_{pi} = 1,273$ MPa일 때의 압축응력 검토 : $f_{ci} = 25$ MPa

$\therefore\ P_i/A_g = 277.4(1,273)/(1,000 \times 200) = 1.77$ (MPa)

$< \bar{f}_{ci} = 0.6 f_{ci} = 15.0$ MPa <*OK*>

④ 받침부의 완만한 긴장재 배치로 인한 2차 모멘트 : PT 케이블은 받침부에서 끝이 뾰족한 이론적인 형상으로 배치할 수 없으므로 받침부 부근에서 역 곡률을 주어 그림 12.11과 같이 양방향으로 $0.1l$ 구간을 완만하게 배치하였다. 만약에 이론적인 형상으로 배치한다면 **2차 모멘트(secondary moment)**는 발생하지 않지만 역 곡률을 주어 프리스트레싱으로 인한 2차 모멘트가 발생하게 된다[Naaman 2012(725)]. 이렇게 발생하는 2차 모멘트의 영향은 무시할 수 있을 정도로 작다고 보아 본 예제에서는 고려하지 않았다. 긴장력에 의해서 발생하는 2차 모멘트를 다루는 방법은 예제 12.2를 참고한다.

(d) **불균형 하중(활하중)의 영향** : 균형하중으로 고려한 슬래브 자체 하중을 제외한 하중을 불균형 하중으로 고려한다.

$w_{nb} = w_l = 5.0$ kN/m ; $w_b = w_G = 4.7$ kN/m

본 예제의 1방향 슬래브는 5경간 연속보이다. 철근콘크리트에서는 제한된 조건을 충족하는 경우에 근사적인 휨모멘트와 전단력(구조기준 3.4.1(3), ACI 8.3.3)을 이용하여 설계할

수 있도록 제안하고 있으나, 프리스트레스트 콘크리트인 경우에는 적용하지 못하도록 제한하고 있다. PTI 7.2(2006)에서는 모멘트 분배법을 이용하여 설계하는 방법을 보여주고 있다. 본 예제에서는 PCA의 spBeam(v3.6) 컴퓨터프로그램을 이용하여 연속보의 휨모멘트를 구하였다(표 12.1의 M_G 및 M_L 참고). 골조시스템에서 기둥은 없고, 슬래브 판에는 힌지 받침부의 300 mm × 600 mm 가로보를 배치하였다(그림 12.12a 참고).

구조기준 3.4.7 경간길이(ACI 8.9.3)는 일체로 시공된 골조구조물에서 휨모멘트를 계산하는 경우에는 받침부의 중심간 거리를 사용하여야 하고, 설계하는 경우에는 **받침부 면(face of support)**의 휨모멘트를 사용할 수 있도록 제안하고 있다. 따라서 본 예제에서도 받침부의 중앙에서 0.3 m 떨어진 받침부 면의 휨모멘트로 설계하였다.

$I_g = bh^3/12 = 1{,}000(200^3)/12 = 666.7 \times 10^6$ (mm^4)

$S = S_t = S_b = I_g/y_t = 666.7 \times 10^6/100 = 6.667 \times 10^6$ (mm^3)

응력한계 : 표 2.15 참고

$\bar{f}_{cs} = 0.6 f_{ck} = 0.6(35) = 21.0$ (MPa)

$\bar{f}_{ts} = -0.63\sqrt{f_{ck}} = -0.63(35^{1/2}) = -3.73$ (MPa) $= f_r$ (파괴계수) [$\lambda = 1.0$]

① 단부 받침부에서 $0.407l = 3{,}054$ mm 떨어진 위치 : 표 12.1 참고

손실 후 $f_{pe} = 1{,}082$ MPa일 때의 균등한 압축응력 : $M_{G\,(@\,0.407l)} = 20.06$ kN · m

$P_e = A_{ps} f_{pe} = 346.8(1{,}082)/10^3 = 375.2$ (kN/m)

$P_e/A_g = 375.2 \times 10^3/(1{,}000 \times 200) = 1.88$ (MPa)

불균형 모멘트로 인한 연단 응력 : $M_{L\,(@\,0.407l)} = 27.64$ kN · m(홀수 경간에만 재하된 경우, 그림 1.39 참고)

$M_L/S = 27.64 \times 10^6/(6.667 \times 10^6) = 4.15$ (MPa)

상연 응력 : $f_t = P_e/A_g + M_L/S_t = 1.88 + 4.15 = 6.02$ (MPa)

$< \bar{f}_{cs} = 21.0$ MPa <*OK*>

하연 응력 : $f_b = P_e/A_g - M_L/S_b = 1.88 - 4.15 = -2.27$ (MPa)

$> \bar{f}_{ts} = -3.73$ MPa <*OK*>

② 첫 번째 내부 받침부에서 0.3 m 떨어진 외측 면(부모멘트 구역) :

$M_{G\,(@\,0.3m)} = -23.07$ kN · m

$M_{L\,(@\,0.3m)} = -27.69$ kN · m(1, 2 경간에만 재하된 경우, 그림 1.39 참고)

$M_L/S = -27.69 \times 10^6/(6.667 \times 10^6) = -4.15$ (MPa)

상연 응력 : $f_t = P_e/A_g + M_L/S_t = 1.88 - 4.15 = -2.28$ (MPa)

$> \bar{f}_{ts} = -3.73$ MPa <*OK*>

하연 응력 : $f_b = P_e/A_g - M_L/S_b =$ 1.88 −(−4.15) = 6.03 (MPa)

$< \bar{f}_{cs}$ = 21.0 MPa <OK>

③ 첫 번째 내부 받침부에서 0.3 m 떨어진 내측 면(부모멘트 구역) :

$M_{G\,(@\,0.3m)}$ = −23.94 kN·m

$M_{L\,(@\,0.3m)}$ = −28.10 kN·m(1, 2 경간에만 재하된 경우, 그림 1.39 참고)

$M_L/S =$ −28.10 × 10^6 / (6.667 × 10^6) = −4.22 (MPa)

상연 응력 : $f_t = P_e/A_g + M_L/S_t =$ 1.88 +(−4.22) = −2.34 (MPa)

$> \bar{f}_{ts}$ = −3.73 MPa <OK>

하연 응력 : $f_b = P_e/A_g - M_L/S_b =$ 1.88 −(−4.22) = 6.09 (MPa)

$< \bar{f}_{cs}$ = 21.0 MPa <OK>

④ 내부 3번 경간 중앙 : $M_{G\,(@\,중앙)}$ = 11.54 kN·m

$P_e = A_{ps}f_{pe}$ = 277.4(1,082)/10^3 = 300.1 (kN/m)

P_e/A_g = 300.1 × 10^3 / (1,000 × 200) = 1.50 (MPa)

$M_{L\,(@\,중앙)}$ = 23.70 kN·m(홀수 경간에만 재하된 경우, 그림 1.39 참고)

$M_L/S =$ 23.70 × 10^6 / (6.667 × 10^6) = 3.56 (MPa)

상연 응력 : $f_t = P_e/A_g + M_L/S_t =$ 1.50 + 3.56 = 5.06 (MPa)

$< \bar{f}_{cs}$ = 21.0 MPa <OK>

하연 응력 : $f_b = P_e/A_g - M_L/S_b =$ 1.50 − 3.56 = −2.05 (MPa)

$> \bar{f}_{ts}$ = −3.73 MPa <OK>

(e) 단면의 공칭강도 검토 : 표 12.1 참고

① 단부 받침부에서 0.407l = 3,054 mm 떨어진 위치 :

$\rho_p = A_{ps}/(1{,}000 \times 200) =$ 138.7(1/0.5 + 1/2.0)/200,000 = 346.8/200,000 = 0.00173

$f_{ck}/(300\rho_p)$ = 35/(300 × 0.00173) = 67.4

식 (4.58) : $f_{ps} = f_{pe} + 70 + f_{ck}/(300\rho_p)$ = 1,082 + 70 + 67.4 = <u>1,219 (MPa)</u>

$\leq [f_{py}$ 또는 $f_{pe} + 210]$ = [1,674 또는 1,082+210 = 1,292]

= 1,292 (MPa) <OK>

A_{ps} = 346.8 mm^2/m ; d_p = 170 mm

A_s = 126.7(1/0.3) = 422.3 mm^2/m ; d_s = 170 mm

$A_{ps}f_{ps}$ = 346.8(1,230) = 422,857 (N) ; A_sf_y = 422.3(400) = 168,933 (N)

$A_{ps}f_{ps} + A_sf_y$ = 422,857 + 168,933 = 591,790 (N)

$bd_p f_{ck} =$ 1,000(170)(35) = 5.95 × 10^6 (N)

식 (4.29) : $\omega_e = (A_{ps} f_{ps} + A_s f_y)/(bd_p f_{ck}) =$ 591,790/(5.95 × 10^6) = 0.0995

< $0.32\beta_1$ = 0.32(0.801) = 0.256 ; ∵ 인장지배 단면, ϕ = 0.85 이다.

식 (4.30) : $a = 1.18\omega_e d_p$ = 1.18(0.0995)(170) = 20.0 (mm)

식 (4.35) : $M_n = A_{ps} f_{ps}(d_p - a/2) + A_s f_y (d_s - a/2)$

= [422,857(170 − 20.0/2) + 168,933(170 − 20.0/2)] /10^6

∴ M_n = 94.7 kN·m

> M_u/ϕ = (1.2 × 20.06 + 1.6 × 27.64)/0.85 = 80.3 (kN·m) <OK>

② 첫 번째 내부 받침부 0.3 m 떨어진 내측 면 :

식 (4.58) : $f_{ps} = f_{pe} + 70 + f_{ck}/(300\rho_p) =$ 1,219 MPa

A_{ps} = 346.8 mm^2/m

0.3 m 떨어진 면에서 d_p 계산 : 받침부 중앙의 편심 $\delta = e$ = 70 + 57 = 127.0 (mm)

그림 12.11a에서 받침부의 위로 볼록한 포물선의 δ = 21.4 mm

그림 12.3a에서 $y = \delta(x/l)^2$ = 21.4(0.3/0.75)^2 = 3.4 (mm)

∴ d_p = 30 + 127.0 −3.4 = 153.6 (mm)

$bd_p f_{ck} =$ 1,000(153.6)(35) = 5.376 × 10^6 (N)

$\omega_e = (A_{ps} f_{ps} + A_s f_y)/(bd_p f_{ck}) =$ 591,790/(5.376 × 10^6) = 0.1101

< $0.32\beta_1$ = 0.32(0.801) = 0.256 ; ∵ 인장지배 단면, ϕ = 0.85 이다.

$a = 1.18\omega_e d_p$ = 1.18(0.1101)(153.6) = 20.0 (mm)

$M_n = A_{ps} f_{ps}(d_p - a/2) + A_s f_y (d_s - a/2)$

= [422,857(153.6 − 20.0/2) + 168,933(170 − 20.0/2)] /10^6

∴ M_n = 87.8 kN·m

> M_u/ϕ = (1.2 × 23.94 + 1.6 × 28.10) /0.85 = 86.7 (kN·m) <OK>

③ 내부 3번 경간 중앙 정모멘트 구역 :

A_{ps} = 138.7(1/0.5)= 277.4 (mm^2/m) ; d_p = 170 mm

A_s = 126.7(1/0.3)= 422.3 (mm^2/m) ; d_s = 170 mm

$\rho_p = A_{ps}/(1{,}000 \times 200)$ = 277.4/200,000 = 0.00139

$f_{ck}/(300\rho_p)$ = 35/(300 × 0.00139) = 83.9

식 (4.58) : $f_{ps} = f_{pe} + 70 + f_{ck}/(300\rho_p) =$ 1,082 + 70 + 83.9

= 1,236 (MPa) < [f_{py} 또는 $f_{pe} + 210$]

= [1,674 또는 1,082+ 210 = 1,292] = 1,292 (MPa) <OK>

표 12.1 위험단면의 사용응력 및 설계강도 검토

		단부 경간 0.407 l	첫 내부 받침부 0.3 m 내측 면	3번 경간 중앙	
	M_G (= M_b)	20.06	-23.94	11.54	kN.m
	M_L (= M_{nb})	27.64	-28.10	23.70	kN.m
P_i	일정한 압축응력 P_i/A_g	2.21		1.77	
	압축응력 한계 bar f_{ci} = 0.6 f_{ci}	15.0			<OK>
P_e	일정한 압축응력 P_e/A_g	1.88		1.50	MPa
	불균형하중 최대응력 M_L/S	4.15	-4.22	3.56	MPa
	상연응력 $f_t = P_e/A_g + M_L/S$	6.02	-2.34	5.06	MPa
	하연응력 $f_b = P_e/A_g - M_L/S$	-2.27	6.09	-2.05	MPa
	압축응력 한계 bar f_{cs} = 0.6 f_{ck}	21.0			<OK>
	인장응력 한계 bar f_{ts} = fr =	-3.73			<OK>
M_n > M_u/φ	A_{ps} =	346.8		277.4	mm^2
	$\rho_p = A_{ps}/bh$	0.00173		0.00139	
	f_{pe} = 0.85(0.925 x 0.74 f_{pu})	1,082		1,082	MPa
	$f_{ps} = f_{pe} + 70 + f_{ck}/300\,\rho_p$	1,219		1,236	MPa
	$A_{ps}\,f_{ps}$ =	422,857		342,952	
	A_s =	422.3			mm^2
	$A_s\,f_y$ =	168,933			
	$A_{ps}\,f_{ps} + A_s\,f_y$ =	591,790		511,885	
	d_p =	170	**153.6**	170	mm
	d_s =	170	170	170	mm
	$\omega_e = (A_{ps}\,f_{ps} + A_s\,f_y)/(bd_p\,f_{ck})$	0.0995	0.1101	0.0860	
	< 0.32 β_1 =	0.256			
	인장지배단면 검토 :	<OK>	<OK>	<OK>	
	φ =	0.85	0.85	0.85	
	a = 1.18 $\omega_e\,d_p$	20.0	20.0	17.3	mm
	$M_n = A_{ps}f_{ps}\,(d_p - a/2) + A_sf_y\,(d_s - a/2)$	94.7	87.8	82.6	kN.m
	$M_u = 1.2M_G + 1.6M_L$	68.3	73.7	51.8	kN.m
	소요 설계강도 M_u/φ =	80.3	86.7	60.9	kN.m
	설계강도 검토 : $M_n > M_u/\varphi$	**<OK>**	**<OK>**	**<OK>**	

$$A_{ps}f_{ps} = 277.4(1{,}236) = 342{,}952\ \text{(N)}\ ;\ A_sf_y = 422.3(400) = 168{,}933\ \text{(N)}$$

$$A_{ps}f_{ps} + A_sf_y = 342{,}952 + 168{,}933 = 511{,}885\ \text{(N)}$$

$$bd_pf_{ck} = 1{,}000(170)(35) = 5.95 \times 10^6\ \text{(N)}$$

$$\omega_e = (A_{ps}f_{ps} + A_sf_y)/(bd_pf_{ck}) = 511{,}885/(5.95 \times 10^6) = 0.0860$$

$< 0.32\beta_1 = 0.32(0.801) = 0.256$; ∵ 인장지배 단면, $\phi = 0.85$ 이다.

$$a = 1.18\,\omega_e d_p = 1.18(0.0860)(170) = 17.3\ \text{(mm)}$$

$$M_n = A_{ps}f_{ps}(d_p - a/2) + A_sf_y(d_s - a/2)$$

$$= [342{,}952(170 - 17.3/2) + 168{,}933(170 - 17.3/2)]\ /\ 10^6$$

$\therefore\ M_n = 82.6$ kN·m

$> M_u/\phi = (1.2 \times 11.54 + 1.6 \times 23.70)/0.85 = 60.9$ (kN·m) <OK>

(f) 비부착 긴장재가 배치되는 부재는 $M_n \geq (1.2/\phi)M_{cr}$ 을 만족하는지 검토할 필요는 없다 [구조기준 해석 9.5.2(2), ACI R18.8.2].

(g) 전단강도 검토 :

① 콘크리트 단면의 전단강도 V_c 계산 : $P_e/P_u \geq 0.4$ 검토 :

$P_e/P_u = 0.58 > 0.4$ <OK>

간략식 (7.20) : $V_c = (0.05\lambda\sqrt{f_{ck}} + 4.9\,V_u\,d_p/M_u)b\,d_e$ 을 사용할 수 있다.

1방향 슬래브에서 전단이 설계를 지배하는 경우는 거의 없으므로 계산을 단순화하기 위해서 이 식에서 하한한계인 $V_c \geq (\lambda\sqrt{f_{ck}}/6)b\,d_e$ 를 적용하여 검토하도록 한다. 연속보에서 최대전단력은 첫 번째 내부 받침부 외측 면에서 발생한다. 구조기준 7.2.1(ACI 11.1.3.2)에서 전단에 대한 위험단면은 받침부 면에서 h/2 떨어진 위치의 값으로 설계할 수 있다는 규정에 따라 첫 내부받침부 중앙에서 0.3 + 0.1 = 0.4 m (경간 7.5 − 0.4 = 7.1 m) 떨어진 위치의 전단력으로 설계한다.

d_p =153.6 mm(0.3 m 값을 그대로 사용) ; d_s =170 mm

$d_e = (A_{ps}f_{ps}d_p + A_s f_y d_s)/(A_{ps}f_{ps} + A_s f_y)$

$= (422{,}857 \times 153.6 + 168{,}933 \times 170)/591{,}790$

$= 158.3$ (mm) $< 0.8h = 160$ mm <N.G.>

$\therefore\ d_e = 160$ mm

$\therefore\ V_c = (\lambda\sqrt{f_{ck}}/6)b\,d_e = (1.0\sqrt{35}/6)(1{,}000)(160)/1{,}000 = 157.8$ (kN)

② V_u/ϕ 계산 및 검토 : $\phi = 0.75$

첫 번째 내부 받침부 중앙에서 0.4 m 떨어진 위험단면(경간 7.1 m)의 전단력을 spBeam에서 읽으면,

$V_G = 19.81$ kN ; $V_L = 21.47$ kN(1, 2 경간 재하)

$V_u = 1.2V_G + 1.6V_L = 1.2(19.81) + 1.6(21.47) = 58.12$ (kN)

$\therefore\ V_u/\phi = 58.12 / 0.75 = 77.5$ (kN) $< V_n = V_c = 157.8$ kN <OK>

또는 구조기준 3.4.1(ACI 8.3.3)에 따라 1방향 슬래브의 근사 전단력을 이용하여 설계할 수도 있다.

$$V_u = 1.15\frac{(1.2w_b + 1.6w_{nb})l_n}{2} = 1.15\,(1.2 \times 4.71 + 1.6 \times 5.0)(6.9)/2 = 54.2\ (\text{kN})$$

$\therefore\ V_u/\phi = 54.2 / 0.75 = 72.2$ (kN) $< V_c = 157.8$ kN <OK>

(h) 처짐 검토 :

거더 고정하중에 대해서 프리스트스레싱 력을 포물선 형상으로 배치하였으므로 평형 고정하중이 작용할 때는 처짐이 발생하지 않게 된다. 따라서 처짐은 활하중이 작용할 때만 구하면 된다.

최대 허용처짐 한계는 표 5.6에서 활하중이 작용할 때 내부의 바닥구조로 보아 $l/360$ 를 만족하면 된다.

① spBeam 컴퓨터 프로그램은 비균열 단면으로 가정하여 활하중이 모든 경간에 재하할 때의 탄성 즉시처짐 값을 계산하고 있다. 연속보에서 최대 처짐은 단부경간 $0.44\,l = 0.44(7.5) = 3.3$ m 에서 일어난다. 이를 읽으면 처짐은 아래와 같다.

$\Delta_{L\,(@\,0.44l\,=\,3.3\,m)} = 4.59$ (mm) $< l/360 = 7{,}500/360 = 20.8$ (mm) <OK>

② spBeam에서는 활하중을 동시에 모든 경간에 재하하여 처짐을 구하고 있다. 그러나 ASCI의 LRFD 매뉴얼의 등분포하중이 작용하는 연속보에 대한 설계식과 도표에서 보면 모든 경간에 하중이 작용할 때 단부경간에서 최대 처짐 $\Delta_{\max\,(@\,0.44l)} = 0.0065\,wl^4/EI$ 인데 비하여(부록 그림 B4 참고), 홀수 경간에 재하되는 경우의 최대처짐은 $\Delta_{\max\,(@\,0.477l)} = 0.0097wl^4/EI$ 가 되어, 처짐이 52%가 증가하게 된다. 이 값을 이용해서 처짐을 다시 계산해 보면,

$$\therefore\ \Delta_L = \frac{0.0097\,w_L l^4}{E_c I_g} = \frac{0.0097\times 5.0\times 7.5^4\times 10^{12}}{32{,}325\times(666.7\times 10^6)} = 7.12\ \text{(mm)}$$

$< l/360 = 20.8$ mm <OK>

(i) 수축·온도 철근의 배치 : 주 보강재에 연직한 방향으로 수축 및 온도 철근을 배치하여야 한다.

식 (12.5) : $f_y = 400$ MPa인 경우에 $A_{s\,(수축.온도철근)} = 0.002\,bh$ 을 배치하여야 한다. 이 철근량 $0.002\,bh$ 는 최소 부착철근량 $A_s = 0.004A_{ct} = 0.004(b\times h/2) = 0.002\,bh$ 와 같은 값이다.

$\therefore\ A_{s\,(수축.온도철근)} = 0.002\,bh = 0.002(1{,}000\times 200) = 400\ (\text{mm}^2)$

$< 1{,}800\ \text{mm}^2$ <OK>

D13 철근 배치 : $A_b = 126.7\ \text{mm}^2$

단위 폭에 대해서 소요 개수 : $A_{s\,(소요)}/A_b = 400/126.7 = 3.2$ (개)

소요 간격 : $\therefore\ s_{(소요)} = 1.0$ m/ $3.2 = 0.317$ (m) $< s_{(배치)} =$ 0.3 m <OK>

D13 수축·온도 철근 배치 계획 :

① 단부 경간 : 그림 12.11a에서 PT 케이블이 중립축 아래에 배치되는 구간(단부에서 경간 6.0 m 구간, 총 길이 = 0.3 + 6.0 = 6.3 m)에는 바닥에 D13 철근을 배치하고, 그 뒤의 − 편심 구간에는 상부에 D13 철근을 배치하도록 한다.

단부에서 0.15 m 떨어져서 1개를 배치하고 이어서 21@0.3 m = 6.3 m를 하부철근으로 배치하고, 이어서 상부철근으로 5@0.3 m = 1.5 m를 상부철근으로 배치한다.

총 소요 개수 = 1 + 21 + 5 = 27 개

배치되는 총 길이 = 0.15 + 6.3 + 1.5 + 0.15 = 8.1 m *<OK>*

② 내부 경간 : 그림 12.11b에서 PT 케이블이 중립축 아래에 배치되는 구간(1.4 m ~ 6.2 m = 4.8 m 구간)에는 바닥에 D13 철근을 배치하고, 좌우로 – 편심 구간에는 상부에 D13 철근을 배치하도록 한다.

단부에서 0.15 m 떨어져서 1개를 배치하고 이어서 4@0.3 m = 1.2 m를 상부철근으로 배치하고, 이어서 하부철근 16@0.3 m = 4.8 m를, 이어서 상부철근 4@0.3 m = 1.2 m를 배치한다.

총 소요 개수 = 1 + 4 + 16 + 4 = 25 개

배치되는 총 길이 = 0.15 + 1.2 + 4.8 + 1.2 + 0.15 = 7.5 m *<OK>*

③ D13 수축 · 온도 철근 소요 길이 :

단부 경간 : 폭 18 m × 27 개 = 486 m ; 내부 경간 : 폭 18 m × 25 개 = 450 m

총 소요 길이 = 2(486) + 3(450) = 2,322 m

④ 따라서 D13 철근 총 소요 길이 : (부착철근 1,596 m) + (수축 · 온도 철근 2,322 m) = 3,918 m

12.3 2방향 슬래브(Two-Way Slabs)

그림 12.1의 하중전달체계를 2방향 슬래브에 적용하기 위해서 그림 12.13과 같이 등분포하중이 작용하는 2방향 평평한 플레이트를 고려하도록 한다. 바닥판은 각 방향으로 기둥과 기둥을 잇는 폭이 넓은 슬래브 스트립(보로 작용)과 이 스트립으로 둘러싸인 슬래브로 개념적으로 모델링할 수 있다. 이 보 스트립을 **주열대(column strip)**라고 부르고, 이 주열대는 **중간대(middle strip)**로 둘러싸여 있게 된다. 따라서 이 바닥판은 중앙의 슬래브를 가장자리 보가 둘러싸서 지지하는 형태가 된다.

슬래브 중앙의 단위면적에 작용하는 등분포하중 w 는 중심부분의 슬래브를 통해서 가장자리 보(주열대)로 전달되고 이어서 기둥으로 전달된다고 가정할 수 있다. 장변을 따라 단위 폭으로 자른 슬래브를 생각해 보면 중앙부분의 하중은 단변 방향 주열대로 전달되어야 하므로, 전달되는 모든 하중을 더하면 슬래브에 작용하는 100%의 하중을 단변 방향 주열대가 지지하여야

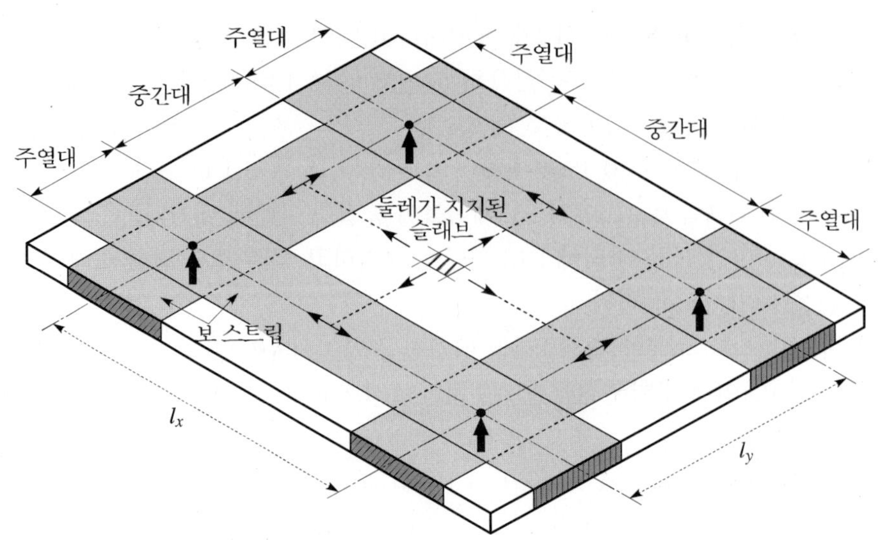

그림 12.13 **평평한 플레이트를 등가의 보와 슬래브로 표시한 개념적인 그림** [Naaman 2012(730)]

하고, 마찬가지로 단변을 따라 잘랐을 때는 역시 100%의 하중을 장변 방향 주열대가 지지하여야 한다. 따라서 기둥이 지지하는 2방향 슬래브 시스템에서 각 방향의 해석은 각각 전체하중을 고려하여야 한다. 이러한 결론은 가장자리가 지지된 또는 보로 지지된 슬래브에서 각 방향으로 일부분의 하중만을 지지하도록 설계하는 방법을 위반하는 것 같이 보일 수 있다. 그러나 보로 지지된 슬래브에서는 슬래브 시스템의 일부분인 지지하는 보가 얼마간의 하중을 지지하기도 하면서 슬래브의 하중을 기둥에 전달하는 역할을 한다는 것으로 설계방법의 차이를 이해할 수 있다[Naaman 2012(730)].

2방향 슬래브에서 기둥의 반력을 구하기 위해서는 기둥의 **부하면적**(tributary area, 각 방향으로 전단이 0인 선분으로 둘러싸인 면적)에 총 활하중을 작용시켜서 구하면 된다.

이렇게 주열대와 중간대로 나눈 플레이트에 하중평형 개념으로 긴장재를 배치한다면 그림 12.14a와 같이 중간대에는 간격이 넓게, 주열대 부근은 띠같이 간격이 좁게 배치될 것이다. 이러한 보강재의 배치 형상은 철근콘크리트 슬래브에서도 유사하게 된다. 그림 12.14b와 같이 2방향 플레이트에 배치하는 긴장재를 3차원으로 그리면서 기둥이 있는 받침부 부근에서 포물선 긴장재를 역 곡률의 완화곡선으로 배치하게 되면, 그림에서와 같이 받침부 부근에서는 등가의 하향 등분포하중이 작용하여 결과적으로 주열대에서 하중평형의 효과를 떨어트려서 긴장재를 슬래브 내부에 비해서 집중해서 배치하여야 한다. 슬래브 내부에서는 정 곡률(아래로 볼록)로 배치되는 긴장재가 상향의 등가 등분포 하중을 일으켜서 슬래브에 작용하는 하중을 상쇄하는 역할을 하게 된다[Collins 1987(488)].

이렇게 긴장재를 균등하게 분포하여 배치하지 않고 주열대에 집중해서 배치하거나 또는 띠로 배치하면 다음과 같은 장점이 있다.

(1) 보다 균등한 하중평형 효과를 얻을 수 있다.

(2) 슬래브에서 모멘트의 분포와 유사하게 긴장재를 배치할 수 있다.

(3) 주열대에 긴장재를 집중하여 배치함으로서 슬래브의 뚫림전단(punching shear) 강도를 증가시킨다.

(4) 기둥 주위에 긴장재를 집중하여 배치함으로서 슬래브-기둥 연결부위의 모멘트 전달 강도를 증가시킨다[Nilson 1987(491)].

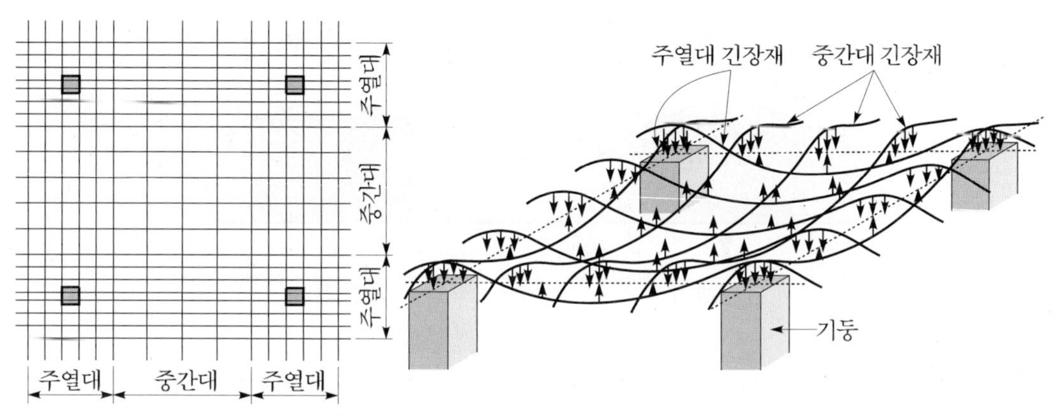

(a) 주열대와 중간대에 배치되는 긴장재

(b) 2방향 긴장재로 인한 등가 등분포 하중

그림 12.14 플랫 플레이트의 개념적인 긴장재의 배치 [Naaman 2012(731), Collins 1987(489)]

유한요소 수치해석 프로그램 등을 이용해서 연직 등분포 하중이 작용하는 플랫 플레이트의 모멘트 분포를 구할 수 있다. 그림 12.15a에는 장변 방향으로 휜다고 가정하여 구한 모멘트 분포를 보여주고 있고, 단변 방향으로 해석해도 비슷한 모멘트 분포를 구할 수 있다. 그림에서 장변 방향(l)의 모멘트 분포도를 보면 연속보의 모멘트 분포와 매우 유사한 것을 알 수 있다. 이에 연직한 단변 방향의 모멘트 분포를 보면 일정하지 않고 받침부의 주열대에서는 크고 중간대에서는 감소하여 이에 따라 보강재도 일정하지 않게 배치되어야 할 것이다. 설계를 위해서 슬래브는 보통 그림 12.15b와 같이 주열대와 중간대로 나누고 각각의 설계대에서는 모멘트가 일정하다고 가정하여 설계한다[Naaman 2012(732)].

2방향 플랫 플레이트는 상당한 부정정 구조물로 이런 구조물의 해석은 정력학적인 기본 원리와 받침부에 의한 변위나 회전에 대한 구속도 고려하여야 할 것이다. 콘크리트 플랫 플레이트를 해석하고 설계하는 방법은 설계표를 이용하는 방법[3]으로부터 유한요소해석을 이용하는 여러

3. 구조기준 2012 부록 IV에서는 4변이 지지되고 있는 2방향 슬래브 설계에 적용할 수 있는 장방형 슬래브

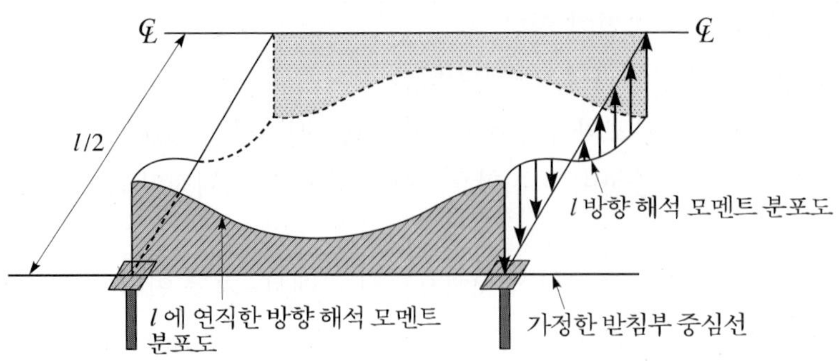

(a) 1방향으로 해석한 이론적인 모멘트 분포

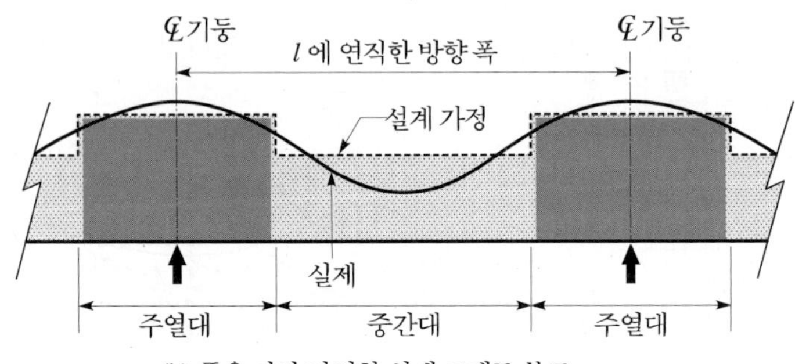

(b) 폭을 따라 가정한 설계 모멘트 분포

그림 12.15 플랫 플레이트의 이론적인 모멘트 분포와 설계를 위해서 가정하는 모멘트 분포 [Naaman 2012(733)]

방법이 있고, 구조기준(ACI)의 **직접설계법**(direct design method)이나 **등가 골조방법**(equivalent frame method) 또는 **항복선 해석**(yield line analysis) 등과 같은 근사적인 방법도 있다.

항복선 해석(yield line analysis)은 비록 연구결과는 제한되어 있지만 일반적으로 철근콘크리트 슬래브 설계에 적용하며, 프리스트레스트 콘크리트 슬래브에도 비긴장 부착 철근이 충분히 배치되기만 하면 적용하는데 문제가 없다고 인식되고 있다. 비긴장 부착 철근이 배치되면 균열이 발생하고 난 뒤에 항복선이 형성되는데 충분한 모멘트 재분배가 일어나도록 슬래브의 회전 능력을 증가시키게 된다.

설계용 계수가 제시되어있다. 이 부록은 1999년도 콘크리트구조설계기준 부록 II에 처음으로 도입된 내용으로 ACI 318-63에서 Method 3으로 소개된 설계방법이다. 이 설계방법은 유럽에서 사용되던 방법을 ACI에서 도입한 것으로 ACI 318-63에 부록(A2003 - Method 3)으로 소개되었지만 ACI 318-71에서는 자취를 감추었다. 이 설계방법은 장변방향의 순경간(l_2)에 대한 단변방향의 순경간(l_1) 비가 $0.5 \le (m = l_1/l_2) \le 1.0$까지의 범위에 적용할 수 있고, 중간대에서 단변방향과 장변방향의 휨모멘트는 구조기준 표 IV.1 ~ IV.3에서 읽는 계수 C_A 및 C_B를 이용하여 $M_A = C_A w_u l_1^2$ 또는 $M_B = C_B w_u l_2^2$ 로 계산할 수 있다. 이렇게 1999년도 기준의 부록에 소개된 장방형 슬래브 설계계수는 그 후 계속적으로 부록에 현재(2012)까지 소개되고 있다.

구조기준 10.4(ACI 13.6)의 **직접설계법(direct design method)**은 균열이 일어나고 난 뒤에 회전과 모멘트 재분배 능력을 근거로 철근콘크리트 슬래브에 대해서 유도된 방법으로 프리스트레스트 콘크리트 슬래브에 대해서 일반적으로 적용하지 않는 설계방법이다. 그러나 **등가골조법(equivalent frame method)**은 철근콘크리트나 프리스트레스트 콘크리트의 2방향 슬래브 시스템에 모두 적용할 수 있는 것으로 인정받고 있다. 등가골조법은 기둥의 간격이나 또는 하중의 형태(집중이나 등분포 등)에 대한 제한이 없으며 일정한 폭의 슬래브(a strip of slab)와 아래위로 붙은 기둥을 등가의 강접골조(rigid frame)로 보아 해석하는 방법이다(그림 12.16 참고).

프리스트레스트 콘크리트 플랫 슬래브를 설계하는데 가장 널리 사용되는 방법은 T. Y. Lin이 1963년 제안한 **하중평형방법(load-balancing method)**으로 종종 등가골조방법과 같이 적용된다. 하중평형방법은 프리스트레스트 콘크리트 플랫 슬래브를 다루는데 가장 빠르면서 편리한 방법으로, 그 어떤 방법보다 모멘트 분포와 이 모멘트에 평형을 이루기 위해서 배치하는 긴장재 사이의 관계를 명확하게 시각적으로 보여주는 방법이다.

12.3.1 등가골조법 해석(Analysis by Equivalent-Frame Method)

등가골조법은 2방향 슬래브를 해석하는데 가장 널리 사용되는 해석방법으로 보로 지지된 슬래브나 워플 슬래브, 플랫 슬래브와 플랫 플레이트 등 모든 2방향 슬래브에 적용할 수 있다. 등가골조법은 슬래브 스트립과 이 슬래브에 연결된 상하의 기둥을 등가의 2차원 골조로 구성하여 탄성해석을 하는 설계방법으로(그림 12.16 참고), 사용하중 조건뿐만 아니라 공칭강도 상태도 사용할 수 있고, 개발된 다양한 골조해석 컴퓨터 프로그램을 이용하여 수행할 수도 있다[Nilson 1987(499)]. 이론적으로 1방향 슬래브에도 적용할 수는 있지만 효율적인 방법은 되지 못할 것이다.

대형 구조모형을 이용한 실험에서 등가골조법이 프리스트레스트 콘크리트 슬래브의 계수 모멘트와 전단강도를 성공적으로 예측하는 것을 보여주었다[Burns 1977, Collins 1997, Parme 1968]. 다른 해석적인 방법인 두께가 얇은 플레이트의 탄성해석이나 유한요소해석도 적용할 수 있지만 ACI-ASCE 423 위원회(1974, 2003)에서는 프리스트레스트 콘크리트 플랫 플레이트의 해석에 등가골조법을 사용하도록 제안하고 있다.

등가골조법은 2방향 슬래브 시스템을 각 방향에 대해서 독립적인 1방향 슬래브 또는 평면 골조 시스템으로 간략화하여 수행하는 해석방법으로, 각각의 등가골조에 작용하는 연직하중을 작용시켜서 해석하여 위험단면에 대해서 구한 모멘트를 슬래브 단면에 분포하여 설계하는 방법이다. 그림 12.16b와 같이 2차원의 등가 골조는 기둥 선을 중심으로 횡방향과 종방향으로 나누어 각각 구성하여, 각각의 골조는 연속적인 슬래브-보 스트립에 강결(fixed)되어 상하부

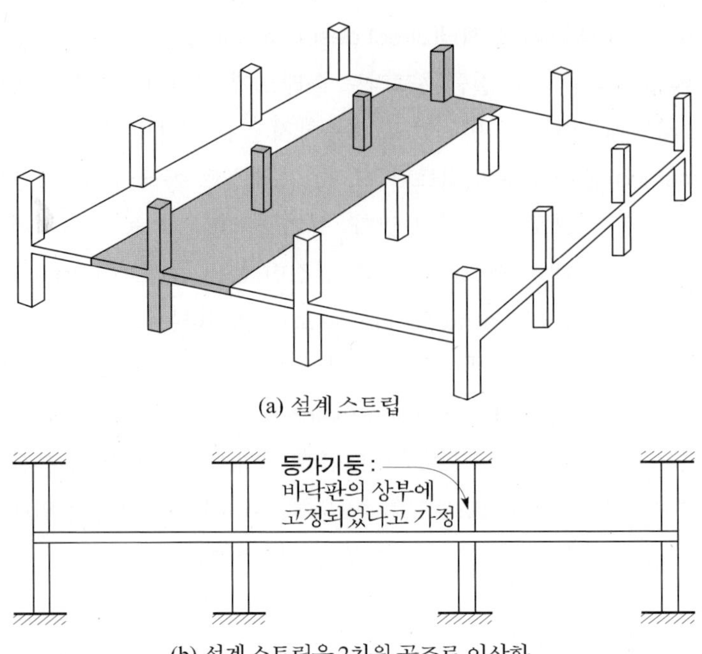

(a) 설계 스트립

(b) 설계 스트립을 2차원 골조로 이상화

그림 12.16 등가골조 이상화 [Collins 1987(500)]

에 연결된 일련의 기둥을 포함하고 있다. 앞에서 언급한바와 같이 각 방향의 등가골조가 작용하중 100%를 각각 지지한다고 가정하여 해석한다. 연속 슬래브에서 최대 하중효과를 구하기 위해서 활하중은 가장 불리한 하중조합으로 재하하여야 한다(그림 1.39 참고, 구조기준 3.4.9, ACI 8.11).

등가골조법은 아래와 같이 3부분으로 나누어 해석하고 서로 관련된 내용을 조합하여 설계하여야 한다.

$$\text{등가골조} = \begin{cases} \text{슬래브 스트립} \\ \text{등가 기둥} = \begin{cases} \text{상 · 하부의 기둥} \\ \text{붙어 있는 비틀림부재} \end{cases} \end{cases}$$

(1) 골조방향으로 배치된 보를 포함하는 수평 슬래브 스트립 − 전체 슬래브 시스템을 2 주축 방향으로 일련의 설계 스트립으로 잘라서 준비
(2) 슬래브 상하에 연결된 기둥이나 또는 다른 지지 부재
(3) 수평과 연직부재 사이에 모멘트를 전달하는 그림 12.17과 같은 비틀림 부재

부재 2와 3은 개념적으로 묶어서 **등가기둥(equivalent column)**을 형성하게 된다.

등가골조법은 모멘트 분배법과 같은 여러 방법으로 구조 해석을 할 수 있지만, 효율을 위해서 컴퓨터 프로그램의 이용이 선호되고 있다. 일반적으로 슬래브와 기둥 절점의 강성계수

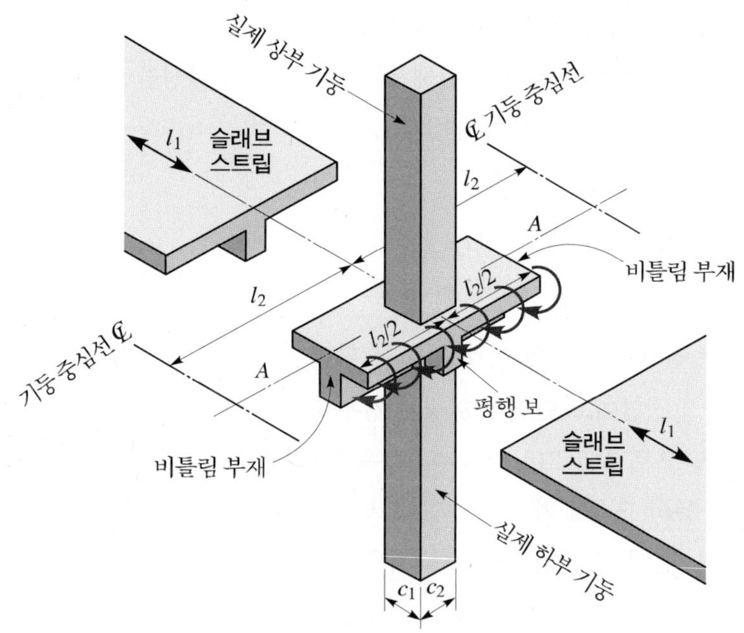

그림 12.17 비틀림 부재가 붙어있는 등가기둥 [구조기준 해설 그림 10.5.4.1, ACI R13.7.4]

(stiffness coefficient)를 포함한 강성행렬(stiffness matrix)이 필요하게 된다.

슬래브-보-기둥의 골조에서는 슬래브가 기둥의 양옆으로 연장되어 있어서 기둥과 슬래브 간의 직접적인 모멘트의 전달은 대략 기둥의 폭 정도에서만 일어나고 그 외의 부분(즉, 기둥의 양옆에서 패널의 중심까지의 부분)에서 모멘트는 비틀림에 의해서 전달되어야 한다(그림 12.17 참고). 슬래브와 기둥 간에 모멘트가 전달되는 상황은 기둥에 횡방향의 양옆으로 부재(비틀림 팔)가 있다고 가정하면 쉽게 이해할 수 있다. 이 **비틀림 팔(torsional member)**은 기둥에서 떨어진 부분에 작용하는 슬래브 모멘트를 비틀림에 의해서 기둥에 전달하게 된다. 이런 부재 간의 모멘트의 전달은 연결이 어떻게 되었느냐에 따른 상대적인 연성(flexibility) 또는 강성(stiffness)에 따라 좌우되게 된다. **리프트 슬래브(lift slab)**와 같이 기둥이 가늘거나 또는 연성 기둥-슬래브 연결일 경우에는 기둥의 강성을 무시할 수도 있지만, 그림 12.17과 같이 등가기둥으로 가정하여 기둥의 회전저항(torsional resistance)을 반드시 고려하여야 한다.

등가기둥(equivalent column)은 그림 12.17과 같이 슬래브 상부와 하부에 붙어있는 실제의 기둥과 고려하는 경간 방향에 횡방향으로 붙어있는 비틀림 부재를 포함하게 된다. 비틀림 부재의 유효단면은 구조기준 10.5.5(1)(ACI 13.7.5.1)에서 부재의 전체 길이에 걸쳐서 일정한 단면으로 가정하도록 규정하고, 유효단면은 보가 배치되지 않은 경우에 경간방향의 기둥, 브래킷, 또는 기둥머리의 폭과 같은 폭의 슬래브 중에서 가장 큰 단면을 택하여야 한다. 만약에 기둥의 중심선을 따라 보가 배치되는 경우에는 슬래브 부분[4]에 슬래브 상하의 횡방향 보를 더한 단면을 유효단면으로 고려하여야 한다(그림 8.6 참고).

슬래브와 기둥의 모멘트를 해석하기 위해서는 등가기둥의 강성을 계산하여야 한다. 등가기둥의 강성 K_{ec} 는 다음 식과 같이 **연성(flexibility**, 강성의 역수(inverse of stiffness))의 함수로 표현되었다.

$$\frac{1}{K_{ec}} = \frac{1}{\sum K_c} + \frac{1}{K_t} \tag{12.7}$$

여기에서 $\sum K_c$ 는 슬래브의 위와 아래 기둥의 휨강성이며 $K_c = k_c EI / l_c$ 로 표현된다. 기둥의 먼 단부의 끝이 고정단이고 단면이 일정한 경우에 $k_c = 4$이며, 단면이 변화함에 따라 계수 k_c 는 4.0보다 큰 값으로 ACI 318 Notes의 부록 20A(표 A7)나 또는 Leet[1997]나 Wight와 MacGregor[2012] 등의 교재에 제시되어 있다. 단위 회전각에 대한 비틀림모멘트 $K_t (= M/\theta)$ 는 비틀림 부재의 절대 비틀림강성으로 다음과 같이 표현된다[구조기준 10.5.5(2), ACI 13.7.5.2].

$$K_t = \sum \frac{9 E_{cs} C}{l_2 (1 - c_2 / l_2)^3} \tag{12.8}$$

여기서 E_{cs} = 슬래브 콘크리트의 탄성계수 ; c_2 = 휨모멘트가 결정되는 경간방향과 연직된 방향(기둥 좌우에서 횡경간 방향)으로 측정된 기둥, 등가기둥, 기둥머리 또는 브래킷의 폭, mm ; $l_2 = l_1$ 에 수직한 방향으로 측정한 기둥 양 옆의 각각의 받침부 중심 사이의 경간 ; 비틀림 특성을 정의하는 단면상수 C 는 아래와 같다.

$$C = \sum \left(1 - 0.63 \frac{x}{y}\right) \frac{x^3 y}{3} \tag{12.9}$$

여기에서 단면을 직사각형으로 나눌 때 x 는 단변의 길이이고 y 는 장변의 길이이다. 단면을 직사각형으로 나눌 때 모든 가능한 직사각형으로 나누어 가장 큰 C값을 주는 구분을 취해야 한다.

등가골조법은 연속 보-슬래브나 등가골조에서 위험단면에 대한 모멘트를 구할 수 있다. 기둥 중심 간의 경간으로 모멘트를 구하므로 최대 부모멘트는 받침부의 중심에서 나타나게 된다. 그러나 실제 받침부는 기둥과 횡방향 기둥사이를 연결하는 상대적으로 넓은 가상적인 띠에 의해서 지지되기 때문에 그림 12.18a와 같이 부모멘트에 대한 위험단면을 받침 기둥 면(등

4. 보가 슬래브의 위 또는 아래로 내민 높이 중, 큰 높이만큼을 보의 양측으로 연장한 슬래브 부분을 포함한 것으로, 보의 한 측으로 연장되는 거리는 슬래브 두께의 4배 이하로 하여야 한다.

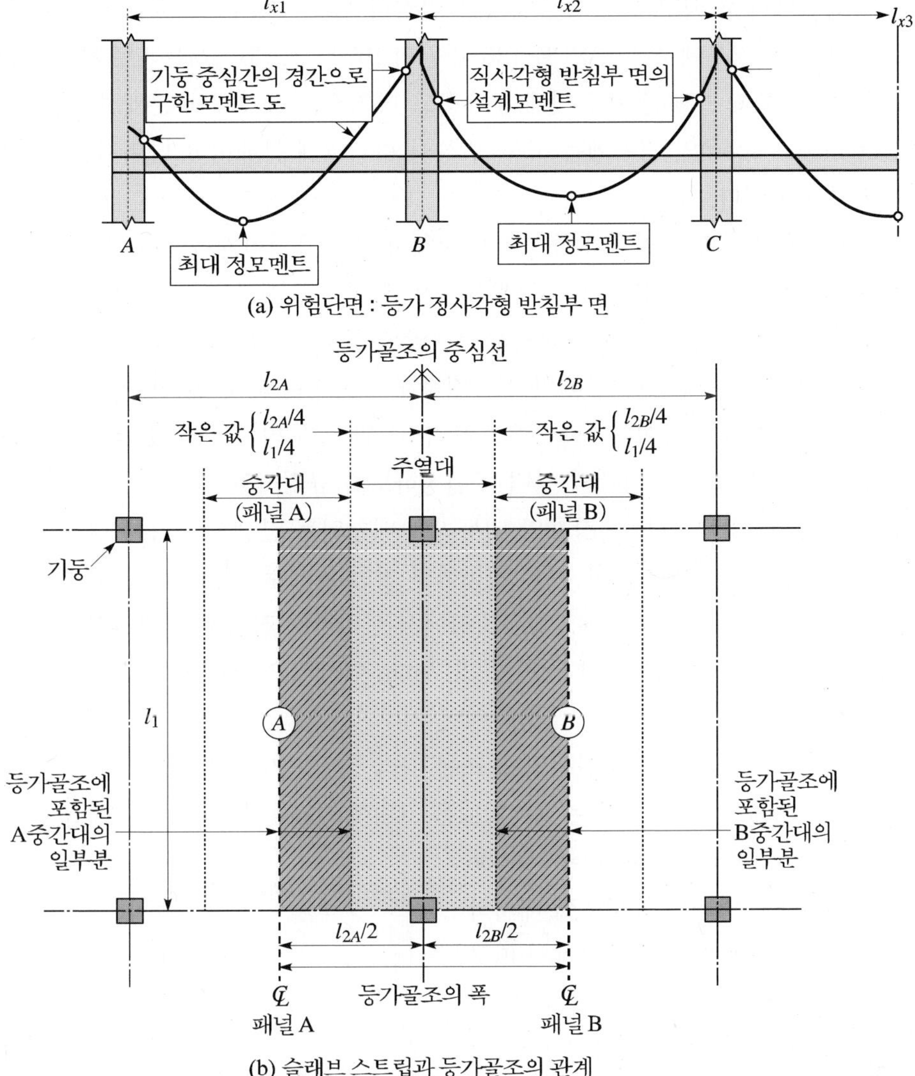

그림 12.18 (a) 위험단면의 설계모멘트와 (b) 설계스트립의 정의와 등가골조 구획 [Naaman 2012(741)]

가 정사각형 단면)으로 하고 이 거리는 기둥 중심에서 $0.175l_1$ 이하이어야 한다고 구조기준 10.5.7(1)(ACI 13.7.7.1)에서 규정하고 있다.

등가골조법으로 구한 위험단면의 모멘트는 설계하기 위해서 슬래브 스트립의 폭을 나눈 주열대와 중간대에 분배하여야 한다(그림 12.18b 참고). 주열대는 기둥에서 양 방향으로 각각 작은 값($l_1/4$ 또는 $l_2/4$)을 한 쪽 폭으로 하는 슬래브의 스트립이고, 중간대는 두 주열대 사이의 슬래브 스트립을 의미한다. 주열대와 중간대의 경계는 대략적으로 골조에서 모멘트의 변곡점 위치이다.

주열대와 중간대에서 횡방향으로 모멘트는 일정하다고 가정하고, 패널의 길이-폭 비가 1.33을 초과지 않는 경우에 ACI-ASCE 423 위원회(1974, 2003)에서는 **단순지지 경간(simple span)**인 경우에는 55%~60%를 주열대에 분배하고 나머지는 중간대에 분배하도록 추천하고, **연속경간(continuous span)**인 경우에는 65%~75%를 주열대에 분배하고 나머지는 중간대에 분배하도록 제안하고 있다.

긴장재를 배치하고 나면 주열대와 중간대에 대해서 각각 응력한계를 검토하여야 한다. 일반지침으로 주열대에 대해서 긴장재나 긴장재 묶음의 간격은 슬래브 두께의 4배를 초과하지 않는 것이 좋고, 중간대에서는 6배를 초과하지 않도록 하고 있다. 구조기준 9.8.2(1)(ACI 18.12.4)에서 등분포하중에 대해서 배치되는 긴장재의 간격은 최소 한 방향으로 슬래브 두께의 8배 또는 1.5 m 이하로 하여야 하고, 유효프리스트레스에 의한 콘크리트의 평균 압축응력이 0.9 MPa 이상이 되도록 긴장재의 간격을 결정하도록 규정하고 있다.

실험에 의하면 기둥을 지나는 긴장재와 테두리에 배치되는 긴장재가 다른 긴장재에 비해서 더 높은 하중을 지지하는 것이 밝혀져서, 가능하면 기둥과 테두리를 따라 2~4개의 긴장재를 배치하고 있다. 구조기준 9.8.2(6)(ACI 18.12.6)에서는 비부착 긴장재가 배치되는 슬래브에는 구조적 일체성을 위해서 기둥 위치에서 직경 12.7 mm 이상의 강연선 2개 이상을 각 방향으로 배치하도록 하고 있다.

긴장재의 배치는 기본적으로 모멘트의 분포에 따라 결정되기는 하지만, 예산 절약과 시공상의 어려움으로 현재 가장 잘 쓰이는 배치방법은 그림 12.19와 같이 한 방향은 요구되는 모든 긴장재를 기둥주위에 **띠로 배치(banded tendon distribution)**하고 다른 방향은 등분포로 배치하는 방법이다. 이런 배치방법은 슬래브에서 띠로 배치되는 긴장재가 지지하는 보의 역할을 해서 2차원 프리스트레스트 1방향 슬래브와 같은 효과를 얻을 수 있게 된다. 이렇게 배치되는 경우에 ACI-ASCE 423 위원회에서는 긴장재가 분포되는 방향에서 슬래브 테두리에 적어도 2개의 긴장재를 기둥을 통과하여 배치하도록 추천하고, 등분포로 배치되는 긴장재의 간격은 슬래브 두께의 6배 이상이 되지 못하도록 하고 있다. **띠 긴장재 배치방법(banded tendon distribution method)**은 긴장재의 배치를 간단하게 하여 시공 시간을

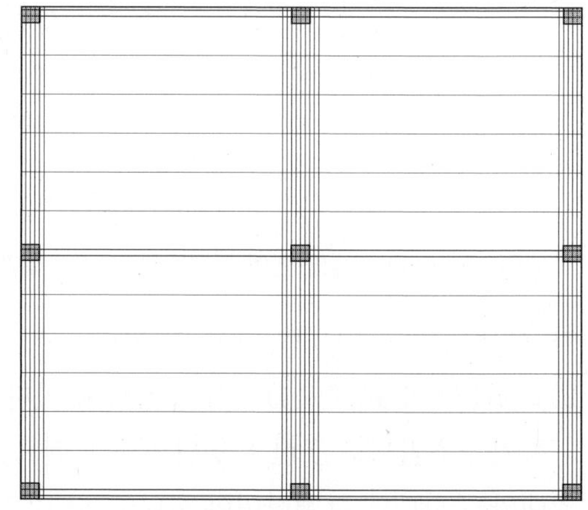

그림 12.19 긴장재를 한 방향은 띠로 배치되고 다른 방향은 등분포로 배치되는 경우 (banded tendon distribution method) [Naaman 2012(743)]

절약하여 공사비를 절약할 수 있게 한다. 2방향 슬래브의 극한하중 저항강도는 배치한 총 강재량에 좌우되므로 띠 긴장재 배치방법이 양방향으로 주열대와 중간대에 분포하여 배치하는 그림 12.14a에 비해서 강도저하는 거의 없다고 볼 수 있다.

전단머리 보강재(shearhead)나 리프트 슬래브인 경우에 기둥을 통과하여 하부 철근을 배치하기 불가능한 경우에 구조기준 9.8.2(8)(ACI 13.3.8.6)에서는 적어도 2개의 하부 부착철근이나 긴장재를 각 방향으로 가능한 한 기둥에 가깝게 연속해서 아니면 A 등급 이음으로 배치하도록 규정하고, 단부 기둥인 경우에 보강재는 전단머리나 **리프팅 칼라(lifting collar** – 리프팅 슬래브를 들어 올릴 때 사용되는 기둥형상의 고리형태의 전단머리)에 정착하여야 한다고 규정하고 있다.

12.3.2 기본설계(Preliminary Design)

슬래브의 기본 설계에서 먼저 식 (12.1)이나 표 6.4를 이용해서 슬래브의 두께를 결정하고 사용하중이나 설계강도 기준을 만족하도록 보강재를 배치하여 설계를 수행한다.

슬래브의 두께와 피복두께(Slab Thickness and Reinforcement Cover for Fire Safety)

슬래브 두께를 결정할 때는 강도와 화재 저항 및 강재의 부식 보호 정도를 고려하여야 한다. 식 (12.1)에는 활하중이 4.8 kPa일 때 경간-깊이 비는 대략 35~50을 적용하며, 큰 값은 2방향 보나 지판이 배치되거나 활하중이 작은 경우에 적용할 수 있다. 표 6.4의 PTI[2006]나 CPCI[2007]에서는 2방향 슬래브에 45를 제안하고 있다. 2방향 슬래브의 두께는 대부분 뚫림전단(punching shear)이나 또는 화재등급 조건에 따라 지배되게 된다. 슬래브의 **내화(fire resistance)**는 골재의 종류, 슬래브의 전체 두께 및 보강재의 피복두께와 열팽창에 대한 구속의 정도에 좌우되게 된다. PTI(2006)의 표 18.1과 18.2에는 사용되는 골재에 따라 화재 등급(구조 부재의 표면 온도가 136 °C로 올라가는 시간)이 1시간에서 4시간인 경우에 대략 65 mm ~ 175 mm의 최소 두께를, 피복두께는 19 mm ~ 70 mm를 제안하고 있다.

구조기준 5.4.6(2)③(또는 5.4.2④, ACI 7.7.8) 흙 및 기상에 노출되거나, 부식환경에 노출된 프리스트레스트 콘크리트 부재로서 부분균열등급(T) 또는 완전균열등급(C)의 경우 [식 (2.47) 참고]에는 표 2.13의 최소 피복두께를 50% 이상 증가시켜야 하지만, 프리스트레스된 인장영역이 지속하중을 받을 때 압축응력을 유지하고 있는 경우에는 증가시키지 않아도 된다고 규정하고 있다.

또한 구조기준 5.4.6(3)에서는 내화를 필요로 하는 구조물의 피복두께는 화열의 온도,

지속시간, 사용골재의 성질 등을 고려하여 정하여야 하며, 표 2.13에서 규정된 최소 피복두께보다 더 큰 값이 요구될 때에는 동등한 내화성능의 재료나 피복 재료를 사용하거나 피복두께의 값을 증가시켜야 한다고 규정하고 있다.

1방향 슬래브와 같이, 각 방향으로 **시공이음**(construction joint) 사이의 슬래브 길이는 45 m로 제한하는 것이 좋다. 만약에 슬래브의 길이가 이보다 길어질 경우에는 슬래브의 길이 감소 영향이 기둥이나 벽체에 미치는 영향을 설계에 고려하여야 한다[ACI-ASCE 423]. 이러한 상황은 **팽창 시멘트**(expansive cement) 또는 **무수축 시멘트**(non-shrinkage cement)를 사용하거나 아니면 섬유보강 콘크리트를 사용하여 대처할 수도 있다[Naaman 2012(744)].

평균 프리스트레싱 응력(Average Prestress)

비부착 긴장재인 경우에 유효프리스트레스에 의한 콘크리트의 평균 압축응력은 아래의 범위에 들도록 ACI-ASCE 423 위원회에서 추천하고 있다[구조기준 9.8.2(2), ACI 18.12.4].

$$0.9\,\text{MPa} \le f_{ge} = P_e / A_g \le 3.5\,\text{MPa} \tag{12.10}$$

최소값은 과도한 인장응력과 균열을 제한하는 것이고, 최대값은 과도한 탄성수축과 크리프를 제한한다고 볼 수 있다. 제빙화학제에 노출되어 내구성이 중요한 설계요소인 주차장 구조물에서는 각각의 주축 방향으로 최소 평균 압축응력 1.4 MPa 이상과 슬래브 상부의 보강재에 최소 피복두께 50 mm를 확보하는 것이 좋다. 근래에 시공되는 플랫 플레이트의 실제 평균 압축응력은 대략 1.4 MPa ~ 2.1 MPa 범위에 있다.

12.3.3 사용응력 및 강도 설계(Working Stress and Strength Design)

프리스트레스트 콘크리트 보의 설계와 같이 플랫 플레이트에서 긴장력의 결정은 사용하중 해석에 의해서 수행한다. 이 단계에서 보통 하중평형 방법을 적용하며, 등가골조법에서 플랫 플레이트는 각 방향으로 독립적인 1방향 슬래브로 해석되어, 설계과정은 연속보와 1방향 슬래브의 설계로 축소되게 된다. 설계단계를 요약하면 아래와 같다.

(1) 평형 하중을 선택한다. $w_b = w_D + \psi w_L = w_G + w_{SD} + \psi w_L$ 이고 계수 $\psi = 0 \sim 1$로 이 단계에서는 보통 0으로 고려한다. 전체 등분포 하중 : $w_b + w_{nb} = w_G + w_{SD} + \psi w_L$

(2) 긴장재를 단부 받침부에서는 편심이 0이고 내부 받침부와 경간 중앙에서는 최대 편심으로 포물선(또는 반포물선)으로 배치한다고 가정하여 하중평형을 이용해서 프리스트레싱 력을 결정한다.

(3) 이론적으로 긴장재의 배치(편심)는 평형하중 w_b의 모멘트에 대해서 비례로 배치(**컨코던트**

텐던, concordant tendon)하므로 **2차 모멘트(secondary moment)**를 발생시키지 않아 긴장력과 평형 하중이 작용할 때 슬래브의 전 구간에 걸쳐서 균등한 압축응력을 받게 된다. 이론적으로 슬래브는 수평으로 처짐도 없고 모멘트도 발생하지 않게 된다.

(4) 등가골조법에서 평형을 이루지 못하는 하중 w_{nb} 에 의해서 발생하는 모멘트를 결정한다.

(5) w_{nb} 로 인한 응력을 구해서 긴장력의 균등한 평균응력과 더해 준다. 구한 응력을 구조기준의 응력한계와 비교하고 검토한다.

(6) 만약에 최종 응력이 응력한계를 초과하면 ψ 를 0.1, 0.2 등과 같이 적당히 증가시켜서 계산을 반복하여 수행한다. 만족하게 되면 다음의 한계상태로 진행한다.

구조기준 9.2.2(3)(ACI 18.3.3)에서 2방향 프리스트레스트 콘크리트 슬래브는 총 사용하중이 자용할 때 인장응력 $|f_{ts}| \le |-0\ 5\sqrt{f_{ck}}|$ 를 만족하도록 비균열등급(U)으로 설계하도록 규정하고 있다. 모든 다른 응력한계는 표 2.15의 값을 따르면 된다.

실제로 PT 케이블을 배치하기 위해서는 받침부에서 긴장재를 완만하게 배치하여야 한다(그림 12.8c 참고). 이렇게 긴장재를 받침부에서 역 곡률로 배치하게 되면 **2차 모멘트(secondary moment)**가 발생하기는 하지만 그 값이 작아서 통상적으로 계산에서 무시한다. 그러나 2차 모멘트가 탄성해석에 상당한 영향을 미칠 수도 있고 그런 경우에는 설계 강도에도 영향을 미치게 된다. 2차 모멘트를 결정하기 위해서는 프리스트레싱 효과와 등가인 하중을 작용시켜서 등가골조법으로 프리스트레싱으로 인한 총 모멘트를 결정하고, 2차 모멘트는 총 모멘트와 1차 모멘트(primary moment) 사이의 차이가 된다(식 (11.3) 참고)[Naaman 2012(746)].

포스트텐션 플렛 플레이트는 구조기준의 규정에 따라 계수하중의 조합에 의하여 계산된 소요강도 이상의 설계강도를 갖아야 한다. 그림 12.18a의 위험단면에서 계수모멘트와 설계모멘트가 식 (1.15)를 만족하여야 한다. 만약에 2차 모멘트를 포함하여야 할 경우에 2차 모멘트는 긴장재의 공칭강도가 아니라 유효 긴장력으로 계산되므로 계수 1.0을 적용하여 계산하여야 한다[Naaman 2012(680)].

$$\phi M_n \ \ge \ M_u = 1.2\, M_D + 1.6\, M_L + M_2 \tag{1.15}$$

각 위험단면의 공칭모멘트강도는 4장의 보에서 적용한 과정을 적용하여 계산하면 된다. 공칭강도를 발휘할 때의 비부착 긴장재의 응력 f_{ps} 는 $f_{pe}/f_{pu} \ \ge \ 0.5$ 인 경우에 다음 식으로 구하면 된다[구조기준 9.5.1(4), ACI 18.7.2(b)].

경간/깊이 > 35 슬래브인 경우 :

$$f_{ps} = f_{pe} + 70 + f_{ck}/300\rho_p \ \le \ [f_{py} \text{ 또는 } (f_{pe} + 210)] \tag{4.58}$$

만약에 비긴장 부착철근이 배치되는 경우에 변형률 적합조건을 적용한 해석으로 구한 철근응력을 근거로 계산한 휨강도를 포함시켜야 한다.

구조기준 9.6.2(ACI 18.10.4) 연속 프리스트레스트 콘크리트 휨부재의 **휨모멘트 재분배(moment redistribution)**에서는 최소 부착철근이 배치된 받침부에서 가정된 하중배치에 따라 탄성이론으로 계산된 부 및 정모멘트를 구조기준 3.4.2(ACI 8.4)에 따라 재분배하여 감소할 수 있도록 하고 있다[11.5장 및 민창식 2014(14장) 참고].

또한 구조기준 10.5.7(4)(ACI 13.7.7.4)에서는 직접설계법의 제한사항을 만족하는 슬래브 시스템을 등가골조로 해석한 경우에 정모멘트와 평균 부모멘트의 절대값의 합이 $M_0 = w_u l_2 l_n^2/8$ 보다 작지 않는 범위에서 정 및 부모멘트를 감소시킬 수 있도록 규정하고 있다.

구조기준 해석 9.5.2(2)(ACI 318 R18.8.2)에서는 긴장재가 비부착으로 배치되는 경우에는 균열이 일어난 뒤에 콘크리트로부터 긴장재로 갑작스러운 내력의 전달이 일어나지 않아 갑작스런 휨 파괴가 일어나지 않으므로 **비부착 긴장재(unbonded tendon)**인 경우에는 최소 휨부재 강재량 규정인 $\phi M_n \geq 1.2M_{cr}$ 규정을 적용할 필요가 없다고 제시하고 있다(ACI−ASCE 423 2005, 4.4.5장 참고).

12.3.4 최소 부착철근(Minimum Bonded Reinforcement)

비부착 긴장재가 배치되는 부재가 공칭강도 상태에서 휨거동을 할 수 있도록 또한 사용하중이 작용하여 콘크리트의 인장응력이 파괴계수를 초과할 때 균열의 폭과 간격을 조종하기 위해서 얼마간의 부착된 보강재를 배치하도록 규정하고 있다. 이런 사항을 만족할 수 있도록 구조기준 9.5.3(3)(ACI 18.9.3)에서는 두께가 일정한 2방향 플랫 슬래브 시스템(two-way flat slab system)에 다음과 같이 최소 부착철근을 제시하고 있다.

정모멘트 구역(Positive Moment Area)

모든 프리스트레스 손실을 고려한 후 사용하중 하에서 계산된 콘크리트의 인장응력 $|f_{ts}| > |-0.17\sqrt{f_{ck}}|$ 을 초과하는 정모멘트 구역에 배치해야하는 최소 하부 부착철근은 식 (4.60)을 다시 쓰면 아래와 같다.

$$|f_{ts}| > |-0.17\sqrt{f_{ck}}| \text{인 경우} \ : \ A_s = \frac{N_c}{0.5f_y} \tag{4.60}$$

여기에서, $f_y \leq$ 400 MPa이어야 하고, N_c는 사용하중(D+L) 하에서 콘크리트의 총 인장력

이다. 예를 들어서 받침부의 부모멘트 구간에서와 같이 인장을 받는 그림 12.20a의 경우에 단면의 폭 b 이고 중립축에서 인장연단의 깊이 $(h-x)$ 이면, 총 인장력 $N_c = [b(h-x)]f_{ts}/2$ 가 된다. 계산된 최소 부착철근은 가능한 한 인장연단에 가깝게 인장영역(precompressed tensile zone)에 균등하게 배치하여야 하고, $|f_{ts}| \le |-0.17\sqrt{f_{ck}}|$ 인 경우에는 하부 부착철근을 배치할 필요가 없다.

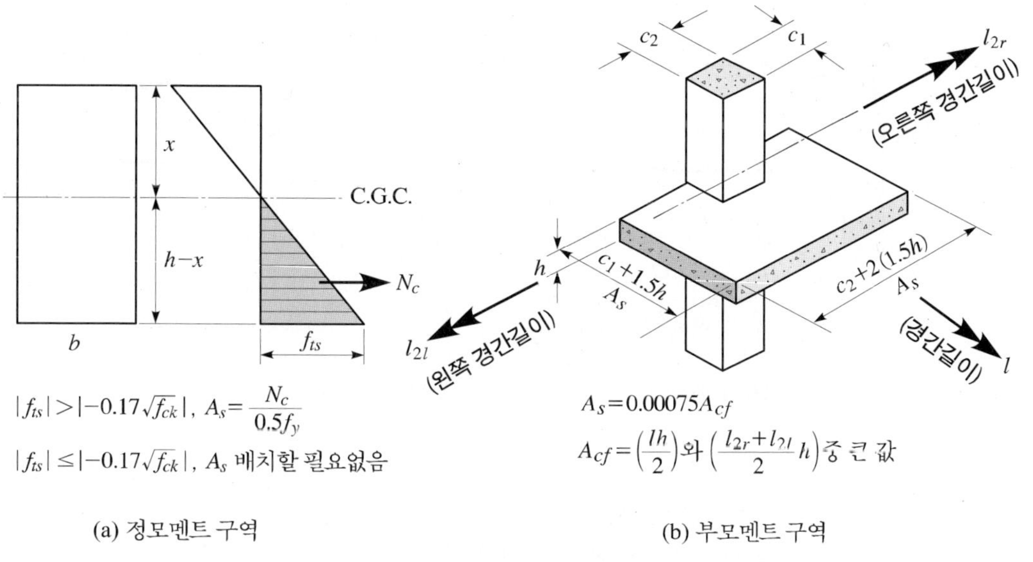

(a) 정모멘트 구역 (b) 부모멘트 구역

그림 12.20 플랫 플레이트의 최소 부착철근 [ACI Note(24–7)]

부모멘트 구역(Negative Moment Area)

기둥받침부에서 발생하는 부모멘트 구역에서 식 (4.61)의 최소 부착철근량을 각 방향으로 배치한다.

$$A_s = 0.00075A_{cf} \tag{4.61}$$

여기에서 그림 12.20b와 같이 A_{cf} 는 2방향 슬래브의 기둥 위치에서 2개의 직교하는 등가골조 슬래브–보 설계대의 단면적(gross cross–sectional area of the slab–beam strips of the two orthogonal equivalent frames intersecting at a column of a two–way slab) 중 큰 값으로 $A_{cf} = lh/2$ 와 $h(l_{2r}+l_{2l})/2$ 중 큰 값이고, h 는 슬래브의 두께이며, l 는 구하려는 보통 부착철근의 배치 방향과 평행한 방향의 경간 길이이다. 단, 이 부착철근은 기둥 받침부 전면에서 각각 $1.5h$ 떨어진 슬래브폭[5] 내에 균등하게 4개 이상의 철근 또는 철선을 300 mm 이하의 간격으로 배치하여야 한다(그림 12.21 참고).

만약에 비긴장 부착철근을 휨강도 계산에 포함시킬 경우에 부착철근의 최소길이는 철근의 정착 규정을 만족시켜야 한다.

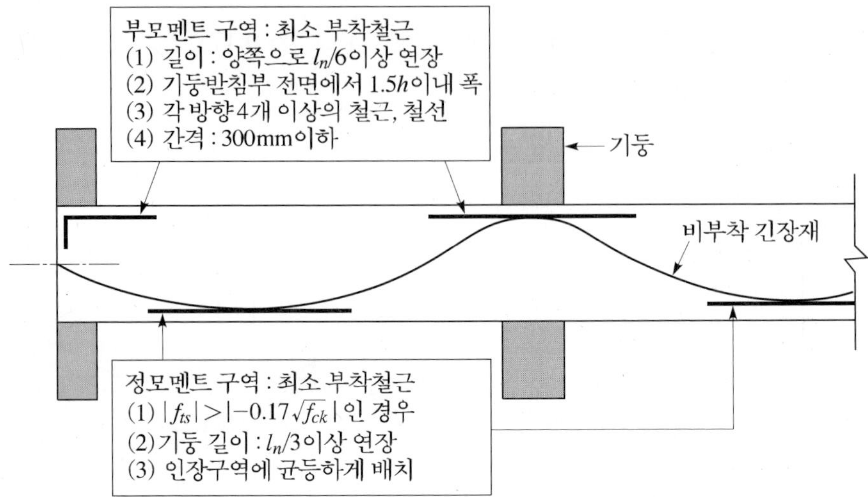

그림 12.21 비부착 긴장재가 배치되는 플랫 플레이트의 부착철근에 대한 규정 [Naaman 2012(748)]

12.3.5 구조적 일체성 확보 긴장재 및 철근 (Structural Integrity Tendon and Deformed Bar)

비부착 긴장재가 배치되는 2방향 슬래브에서 만약에 뚫림전단 파괴(punching shear failure)가 일어나는 경우에도 슬래브가 그대로 매달려 있도록 구조기준 9.8.2(6)(ACI 18.12.6)에서는 **일체성 보강재(integrity reinforcement)**를 기둥위치에 배치하도록 규정하고 있다. 직경 12.7 mm 이상의 강연선을 최소 2개 이상 각 방향으로 기둥의 축방향 주철근 사이를 지나야 되고, 기둥을 벗어나서는 직교하는 긴장재의 하부에 배치하여야 한다. 단부 기둥에서 일체성 긴장재의 정착은 기둥의 중심축을 지나서 정착되어야 한다(그림 12.22a 참고).

어떤 프리스트레스트 슬래브의 경우에 긴장재 배치 형상으로 일체성 긴장재를 배치하기 어려운 경우도 있다. 그런 경우에 일체성 긴장재를 하부 이형철근으로 대체할 수도 있다(그림 12.22b 참고). 최소 하부 철근의 양은 휨부재 최소철근(구조기준 6.3.2, ACI 10.5)의 1.5배인 아래의 철근량을 배치하도록 규정하고 있다.

5. 구조기준 10.3.3(2) 불균형휨모멘트의 전달에서는 슬래브의 위험단면은 기둥 또는 기둥머리 면에서 양쪽으로 0.5d 만큼 떨어진 폭으로 지정하여 위험단면의 폭에 대한 규정이 서로 일치하지 않고 있다.

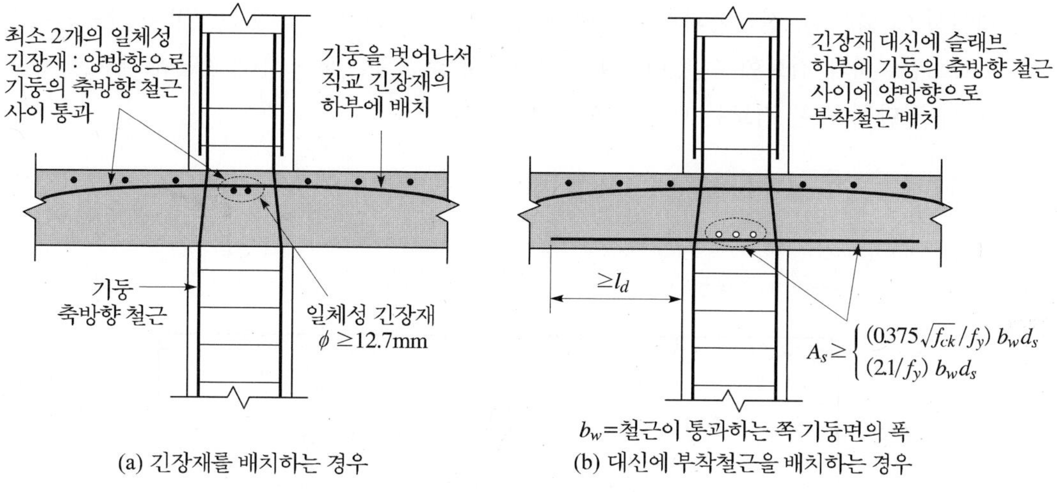

(a) 긴장재를 배치하는 경우　　(b) 대신에 부착철근을 배치하는 경우

그림 12.22 2방향 슬래브의 구조적 일체성 확보 보강재 [Naaman 2012(749)]

$$A_{s\,(\min)} = (0.375\sqrt{f_{ck}}/f_y)\, b_w d_s \;\geq\; (2.1/f_y)\, b_w d_s \qquad (12.11)$$

여기에서 b_w 는 철근이 지나는 기둥면의 폭이다. 이러한 철근은 기둥이나 전단머리 면을 지나서 철근의 정착 규정을 만족시켜야 한다.

12.4 슬래브의 전단설계(Shear Design for Slabs)

2방향 슬래브의 하중 전달 능력은 휨보다는 전단에 의해서 지배된다. 보통 슬래브에는 전단철근이 배치되지 않기 때문에 국부적인 전단응력이 높아지게 되면 경사균열을 발생시켜서 상대적으로 갑작스러운 붕괴파괴가 일어나게 된다. 그림 12.23에서 보여주는 바와 같이 전단파괴는 전체 슬래브 폭에 걸쳐서 일어나거나(1방향 **넓은 보 전단파괴, wide-beam shear failure**), 또는 기둥 주위에 국부적으로 나타나게 된다. 내부 기둥의 국부적인 파괴를 보통 **뚫림전단파괴** (punching shear failure)라고 부른다. 단부나 모서리 기둥의 전단파괴는 슬래브에서 기둥으로의 전단과 모멘트의 전달의 복합적인 영향으로 인해서 훨씬 복잡하게 된다[Collins 1987(505)].

12.4.1 넓은 보 전단 강도(Wide-Beam Shear Strength)

1방향 넓은 보 전단파괴에 대한 콘크리트 단면의 전단강도는 식 (7.20)을 이용해서 구할 수도 있지만 기둥면에서 h/2 떨어진 위험단면에 대해서 V_u 와 M_u 를 결정하는 것이 간단하지 않고, 설계에서 이 넓은 보 전단파괴가 지배하는 경우도 거의 없으므로 식 (7.20)의 하한한계인 아래 식으로 간편하게 검토할 수 있다. 실제 설계에서 뚫림전단과 모서리 전단에 대해서 검토하고, 1방향 전단에 대한 검토는 대부분 생략하고 있다.

$$V_c = (\lambda\sqrt{f_{ck}}/6)b_w d_p \tag{7.21}$$

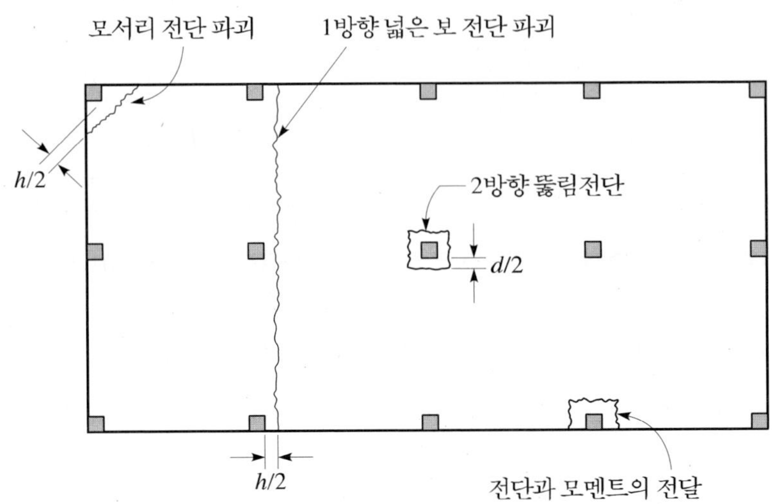

그림 12.23 전단파괴의 형태 [Collins 1987(505)]

12.4.2 뚫림전단 강도(Punching Shear Strength)

슬래브 및 기초판과 기둥의 접합부는 대표적인 **응력교란영역(discontinuity region)**으로 구조 거동이 복잡하며 취성적인 파괴양상을 보인다. 특히 슬래브-기둥 외부 접합부의 경우 내부접합부와 달리 위험단면이 비대칭적이므로 중력하중에 의해서도 편심전단력과 불균형모멘트가 발생하며 횡하중에 보다 취약하다. 따라서 종전 콘크리트구조설계기준(2007)이나 ACI 318-08 등의 국내외 설계기준에서는 슬래브와 기초판의 2방향 뚫림전단설계시 설계의 안전 측을 최우선시하고 있으며, 기존 실험결과에 의존하여 개발된 경험적 강도식을 이용하고 있다. 이렇게 개발된 경험적 설계방법은 새로운 설계조건에 대해서 불안전측이 되는 문제점이 발생할 수도 있어서 2012년 구조기준 7.12 슬래브와 기초판에 대한 전단 설계에서는 최경규 등의 연구[2010a, 2010b, 2011, 2012]를 기반으로 아래와 같이 대폭 개정하였다.

구조기준 7.12.2(3)과 (5)에서는 2방향 뚫림전단에 대해서 프리스트레스트 콘크리트 슬래브와 기초판의 기둥 주위의 공칭전단강도 V_c는 아래의 식으로 계산하도록 제시되었다.

$$V_c = (v_c)b_o d + V_p = [\lambda k_s k_{b0} f_{te} \cot\psi (c_u/d)] b_o d + V_p \le (0.34 f_{ck}) b_o c_u \quad (12.12)$$

$$k_s = (300/d)^{0.25} \le 1.0 \ ; \ k_{bo} = 4/\sqrt{\alpha_s (b_o/d)} \le 1.25$$

$$\cot\psi = \sqrt{f_{te}(f_{te}+f_{cc})}/f_{te} = \sqrt{1-f_{cc}/f_{te}} \ ; \ f_{te} = 0.21\sqrt{f_{ck}} \ ; \ f_{cc} = (2/3)f_{ck}$$

$$\therefore \ \cot\psi = \sqrt{1+f_{cc}/f_{te}} = \sqrt{1+(2/3)f_{ck}/0.21\sqrt{f_{ck}}} = \sqrt{1+3.175\sqrt{f_{ck}}}$$

$$c_u = d[25\sqrt{\rho/f_{ck}} - 300(\rho/f_{ck})] \ ; \ \rho \le 0.03 \ ; \ \text{만약} \ \rho < 0.005 \rightarrow \rho = 0.005$$

여기에서 v_c = 콘크리트 재료의 공칭전단응력강도 ; b_o = 위험단면의 둘레길이로 집중하중, 반력구역, 기둥, 기둥머리 또는 지판 등의 경계로부터 $d/2$ 떨어진 둘레의 길이(구조기준 7.12.1(4)) ; λ = 경량콘크리트계수 ; k_s = 슬래브의 두께계수 ; k_{bo} = 위험단면 둘레길이의 영향계수 ; f_{te} = 압축대 콘크리트의 인장강도 ; ψ('psi') = 슬래브 휨 압축대의 균열각도 ; c_u = 압축철근의 영향을 무시하고 계산된 슬래브 위험단면 압축대 깊이의 평균값 ; f_{cc} = 위험단면 압축대에 적용하는 평균압축응력이고, d 의 단위는 mm, α_s는 내부기둥에 대하여 1.0, 외부기둥(모서리 기둥 제외)에 대하여 1.33, 모서리 기둥에 대하여 2.0이다.

V_c 계산식에서 다음의 조건들을 만족하면 계산에 V_p 항을 포함시키고 그렇지 않은 경우에는 포함시키지 말아야 한다. 조건 : (1) 기둥단면의 어느 부분도 불연속단으로부터 슬래브 두께의 4배 이내에 있지 않아야 하고, (2) $f_{ck} \le 35$ MPa 이하이고, (3) 각 방향으로 프리스트레스 압축응력 0.88 MPa $\le f_{ge} = P_e/A_g \le$ 3.5 MPa 이어야 한다[구조기준 7.12.2(4)③, ACI 11.11.2.2(c) ; 구조기준 9.8.2(2), ACI 18.12.4 참고].

그림 12.24는 프리스트레스트레스 힘의 수직성분 V_p 을 구하는 방법을 보여주고 있다. 그림 12.24b에서 보면 프리스트레스트레스 힘의 수직성분은 반드시 긴장재에 작용하는 방사력과

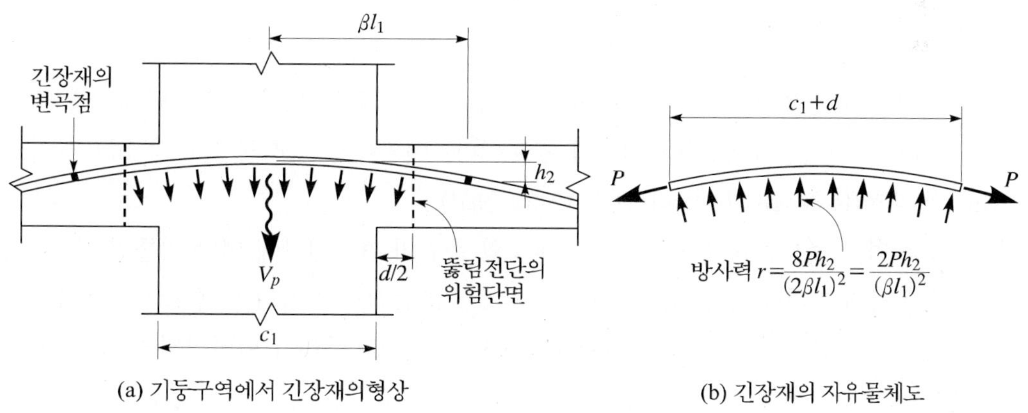

(a) 기둥구역에서 긴장재의형상

(b) 긴장재의 자유물체도

그림 12.24 프리스트레스트레스 힘의 수직성분 V_p 의 결정 [Collins 1987(507)]

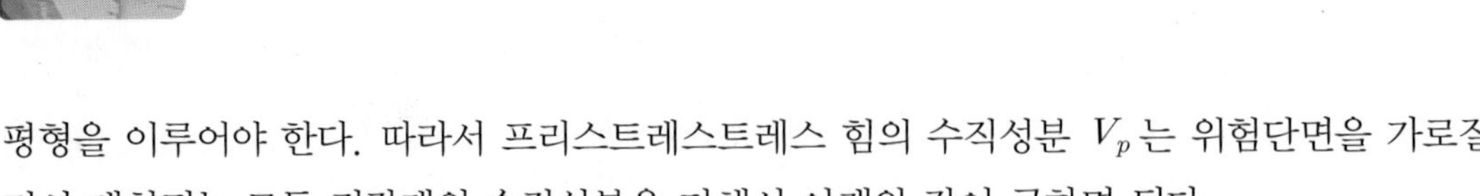

평형을 이루어야 한다. 따라서 프리스트레스트레스 힘의 수직성분 V_p 는 위험단면을 가로질러서 배치되는 모든 긴장재의 수직성분을 더해서 아래와 같이 구하면 된다.

$$V_p = \sum_{\text{각 방향}} \frac{2Ph_2}{(\beta l_1)^2}(c_1 + d) \tag{12.13}$$

긴장재의 형상이 조금만 변해도 V_p 의 값에 상당한 영향을 미치므로 V_p 의 값을 안전 측으로 산정하도록 Collins는 추천하고 있다[Collins 1987(506)].

구조기준 7.12.2(6)은 계수전단력 V_u 를 계산 할 때에는 슬래브-기둥 접합부에서 각 기둥면에 $0.5d$ 내에 작용하는 등분포하중의 영향을 무시할 수 있도록 제안하고 있다.

12.4.3 슬래브-기둥 접합부에서 휨모멘트의 전달 (Transfer of Moment in Slab-Column Connection)

구조기준 10.3.3(불균형휨모멘트의 전달)에서 연직하중, 풍하중 또는 기타 횡방향 하중으로 인하여 슬래브 및 기초판과 기둥 사이에 휨모멘트가 전달될 때, 계수 불균형휨모멘트 M_u 는 구조기준 7.12.7(휨모멘트 전달을 위한 편심전단 설계)에 따라 다음 식을 만족하도록 설계되어야 한다고 규정하고 있다(그림 12.25 참고).

$$M_u \le \phi M_n = \phi_f M_F + \phi_v (M_S + M_T) = \phi_f (M_{Ff} + M_{Fb}) + \phi_v (M_{Sf} + M_{Sb} + M_T)$$

$$M_u \le \phi M_n = \phi_f (M_{Ff} + M_{Fb}) + 0.75 (M_{Sf} + M_{Sb} + M_T) \tag{12.14}$$

여기에서 ϕM_n 은 설계불균형휨강도로 위험단면을 구성하는 전면, 후면, 측면의 3개 모멘트 성분의 합으로 계산 ; $M_F (= M_{Ff} + M_{Fb})$ 는 각각 위험단면 이내에서 전면의 상부 주철근과 후면의 하부 주철근을 인장철근으로 하는 슬래브 휨강도(단부(외부) 접합부의 경우에는 불균형휨모멘트의 작용방향에 따라서 전면이나 후면이 외부에 접하는 경우에는 M_{Ff} 또는 M_{Fb} 가 존재하지 않을 수도 있다.) ; $M_S (= M_{Sf} + M_{Sb})$ 는 전면과 후면의 편심전단에 의한 휨강도, M_T 는 측면의 편심전단에 의한 비틀림 강도이다. 여기에서 아래첨자 f 와 b는 각각 전면(front)와 후면(back)을 의미한다(그림 12.25 참고).

전면과 후면의 편심전단에 의한 휨강도 M_S 와 측면의 편심전단에 의한 비틀림 강도 M_T 는 위험단면의 각 모서리에 작용하는 전단력과 기둥단면 중심까지 거리의 곱으로 정의되는 각 전단력의 기여도의 합으로 계산된다. 이때 전단응력은 접합부 주위 위험단면의 중립축부터 거리에 비례하여 직선적으로 분포한다고 가정하여야 한다. 여기서 중립축의 위치는 위험단면에서 거리에 비례하는 선형 전단응력분포의 직접뚫림계수 전단력에 대해 휨의 평형조건을 사용하여 계산한다.

슬래브의 위험단면(critical section)은 기둥 또는 기둥머리 면에서 양쪽으로 슬래브나 지판 유효두께의 0.5배(0.5d) 만큼 떨어진 폭을 나타낸다[구조기준 10.3.3(2), 7.12.1(3)]. 여기에서 기둥 주위 4각형 형태의 위험단면에 4개의 모서리 성분 중에서 전면과 후면은 불균형휨모멘트가 직접 받침부에 전달되는 면으로서, 전면은 연직하중에 의한 직접전단력과 불균형휨모멘트에 의한 전단력의 방향이 일치하는 면이며 후면은 전면의 반대 측에 위치하는 면이다. 측면은 전후면에 직교하는 두 면을 가리킨다.

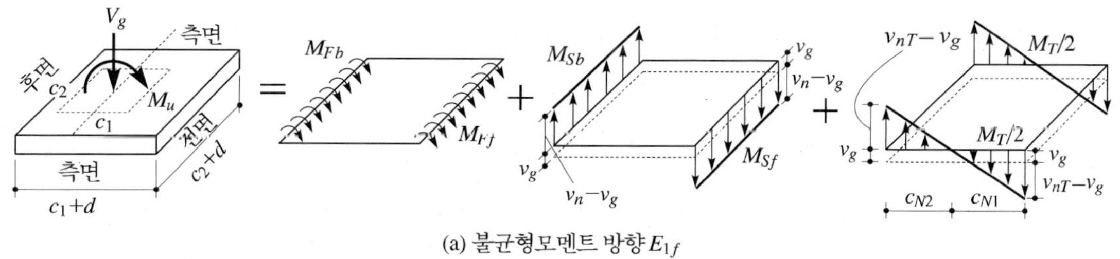

그림 12.25 슬래브-기둥 내부접합부에서 편심전단응력의 중립축과 불균형모멘트 모델 [최성규 2011]

전면 또는 후면 그리고 측면 편심전단강도를 각각 식 (12.12)와 같이 쓰면 다음과 같이 정리할 수 있다.

전면 또는 후면 편심전단강도 : $v_n = v_c + v_p + 0.4v_s \le (0.34f_{ck})c_u/d$ (12.15)

$$v_n = \lambda k_o k_{bo} f_{te} \cot\psi\,(c_u/d) + v_p + 0.4\left[0.5\left(\frac{A_v f_{yt}\, d}{s}\right)/b_o d\right] \le (0.34f_{ck})c_u/d$$

측면의 편심전단강도 : $v_{nT} = 0.63\lambda\sqrt{f_{ck}} + v_p + v_s \le (0.34f_{ck})c_u/d$ (12.16)

$$v_{nT} = 0.63\lambda\sqrt{f_{ck}} + v_p + 0.5\left(\frac{A_v f_{yt}\, d}{s}\right)/b_o d \le (0.34f_{ck})c_u/d$$

여기에서 고려하는 면에 작용하는 유효프리스트레스 수직성분의 평균응력 $v_p = V_p/(b_o d)$는 식 (12.13)으로 구하고, v_s는 역시 고려하는 면에 배치된 전단보강재에 의한 편심전단강도로 접합부 주위 모든 면에 전단보강재를 균등하게 배치하여야 하며, $f_{yt} \le 400$ MPa 이어야 한다.

접합부 위치에 따라서 전면과 후면의 편심전단에 의한 휨강도 M_S와 측면의 편심전단에 의한 비틀림 강도 M_T는 다음과 같이 정의된다.

내부 접합부의 경우

내부 접합부에서 전후면의 편심전단응력은 불균형휨모멘트 $M_S(= M_{Sf} + M_{Sb})$를 발생시킨다. 전면의 압축대에는 직접전단응력 $v_g[= V_g/(b_o d)]$가 작용하고 있으므로 불균형휨모멘트에 의한 허용전단응력은 $(v_n - v_g)$로 제한된다. 직접전단응력은 불균형휨모멘트를 유발하지 않으며, 따라서 전후면의 불균형휨모멘트 M_S는 편심전단의 기여도를 고려하고, 측면의 편심전단에 의한 휨모멘트 M_T는 측면의 유효전단응력 $(v_{nT} - v_g)$를 이용하여 다음과 같이 각각 계산할 수 있다(그림 12.25 참고).

$$M_S = [(v_n - v_g)(c_2 + d)d](c_1 + d) \ge 0 \tag{12.17}$$

$$M_T = (4/3)(v_{nT} - v_g)\left(\frac{c_1 + d}{2}\right)^2 d \ge 0 \tag{12.18}$$

여기에서 v_n은 전면의 편심전단강도, $v_g[= V_g/(b_o d)]$는 위험단면에 작용되는 직접전단응력이다.

후면이 단부(외부)에 면한 접합부의 경우(그림 12.26a 모멘트 방향 E_{1f})

단부(외부) 기둥이 슬래브 단부에서 떨어져 있는 경우에 위험단면을 정의할 때 기둥면과 슬래브 단부 사이의 거리 e는 슬래브 두께의 두 배보다 작아야 한다($e \le 2h$).
전후면의 불균형휨모멘트 M_S는 편심전단의 기여도를 고려하고, 측면의 편심전단에 의한 휨모멘트 M_T는 다음과 같이 각각 계산된다(그림 12.25 및 12.26a 참고).

$$M_S = M_{Sf} = 0.5 v_n (c_2 + d) d (c_1 + d) \tag{12.19}$$

$$M_T = \left(c_{N2} + \frac{2}{3}c_{N1} - \frac{c_1}{2} - e\right) v_{nTf}\, d\, c_{N1} + \left(-\frac{1}{3}c_{N2} + \frac{c_1}{2} + e\right) v_{nTb}\, d\, c_{N2} \tag{12.20}$$

여기에서 v_n은 전면의 편심전단강도이다. 단부(외부) 접합부에서는 위험단면이 비대칭이므로 직접전단응력 $v_g[= V_g/(b_o d)]$가 불균형모멘트를 유발할 수 있어서 내부접합부의 경우와는 달리 불균형휨강도 산정에 직접전단응력 성분을 제외하지 않았다. v_{nTf}, v_{nTb}는 각각 전면과 후면에 면한 측면의 양단부에서 편심전단강도이고, c_{N1}, c_{N2}는 각각 중립축으로부터 전면과 후면까지의 거리로 직접뚫림전단력에 의한 힘의 평형을 고려하여 다음과 같이 계산된다.

$$c_{N1} + c_{N2} = c_1 + 0.5d + e \tag{12.21}$$

$$c_{N1} > c_{N2} \text{ 인 경우 : } \begin{cases} c_{N1} = \dfrac{v_{nT}(c_1 + 0.5d + e)^2}{v_{nT}(2c_1 + d + 2e) + v_n(c_2 + d) - v_g b_o} \\ \quad \le (c_1 + 0.5d + e) \\ v_{nTf} = v_{nT} \ ; \ v_{nTb} = (c_{N2}/c_{N1}) v_{nT} \end{cases}$$

$$c_{N1} \le c_{N2} \text{ 인 경우 : } \begin{cases} c_{N2} = \dfrac{v_{nT}(c_1 + 0.5d + e)^2}{v_{nT}(2c_1 + d + 2e) - v_n(c_2 + d) + v_g b_o} \\ \quad \le (c_1 + 0.5d + e) \\ v_{nTf} = (c_{N1}/c_{N2}) v_{nT} \ ; \ v_{nTb} = v_{nT} \end{cases}$$

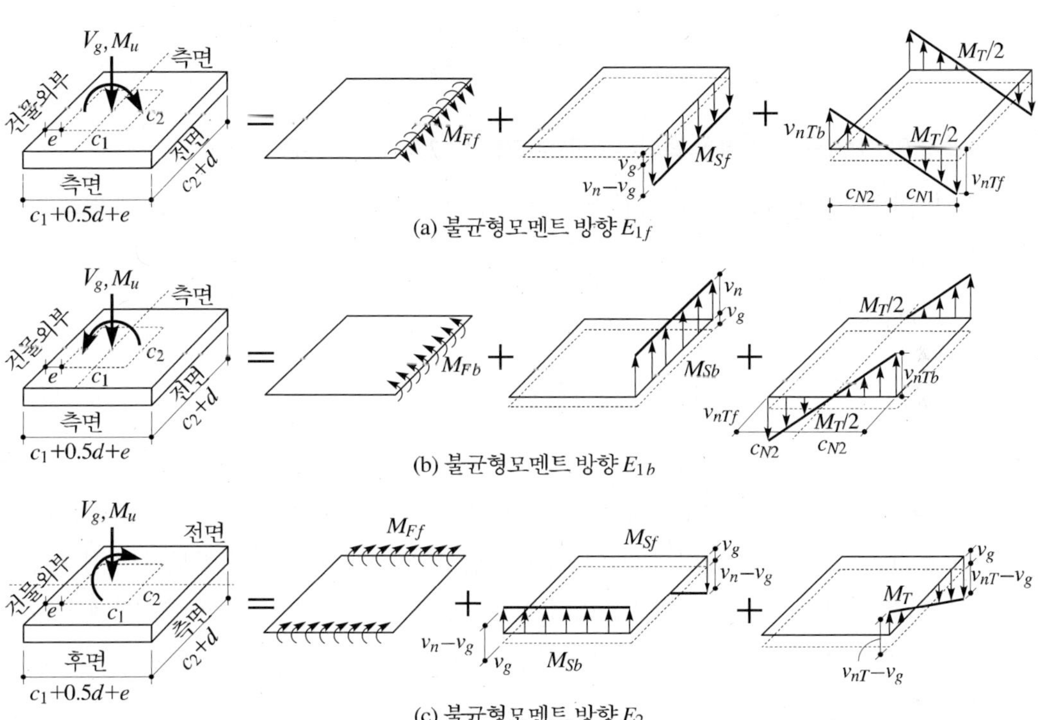

그림 12.26 슬래브-기둥 단부(외부) 접합부에서 편심전단응력의 중립축과 불균형휨강도 모델 [구조기준 해설 2012(7.12.7.2)]

전면이 단부(외부)에 면한 접합부의 경우(그림 12.26b 모멘트 방향 E_{1b})

단부(외부) 기둥이 슬래브 단부에서 떨어져 있는 경우에 위험단면을 정의할 때 기둥면과 슬래브 단부 사이의 거리 e는 슬래브 두께의 두 배보다 작아야 한다($e \le 2h$).

전후면의 불균형휨모멘트 M_S 와 측면의 편심전단에 의한 휨모멘트 M_T 는 다음과 같이 각각 계산되고(그림 12.26b 참고), 여기에서 v_n 은 후면의 편심전단강도이다.

$$M_S = M_{Sb} = 0.5 v_n (c_2 + d) d (c_1 + d) \tag{12.22}$$

$$M_T = \left(c_{N2} + \frac{2}{3}c_{N1} - \frac{c_1}{2} - e\right)v_{n\,Tb}\, d\, c_{N1} + \left(-\frac{1}{3}c_{N2} + \frac{c_1}{2} + e\right)v_{n\,Tf}\, d\, c_{N2} \qquad (12.23)$$

$$c_{N1} > c_{N2}\text{인 경우} : \begin{cases} c_{N1} = \dfrac{v_{n\,T}(c_1 + 0.5d + e)^2}{v_{n\,T}(2c_1 + d + 2e) - v_n(c_2 + d) + v_g b_o} \\ \quad \le (c_1 + 0.5d + e) \\ v_{n\,Tf} = (c_{N2}/c_{N1})v_{n\,T} \ ; \quad v_{n\,Tb} = v_{n\,T} \end{cases}$$

$$c_{N1} \le c_{N2}\text{인 경우} : \begin{cases} c_{N2} = \dfrac{v_{n\,T}(c_1 + 0.5d + e)^2}{v_{n\,T}(2c_1 + d + 2e) + v_n(c_2 + d) - v_g b_o} \\ \quad \le (c_1 + 0.5d + e) \\ v_{n\,Tf} = v_{n\,T} \ ; \quad v_{n\,Tb} = (c_{N1}/c_{N2})v_{n\,T} \end{cases}$$

한 측면이 단부(외부)에 면한 접합부의 경우(그림 12.26c 모멘트 방향 E_2)

전후면의 불균형휨모멘트 M_S 와 측면의 편심전단에 의한 휨모멘트 M_T 는 다음과 같이 각각 계산된다.

$$M_S = [(v_n - v_g)(c_1 + 0.5d + e)d]\,(c_2 + d) \ge 0 \qquad (12.24)$$

$$M_T = \frac{2}{3}(v_{n\,T} - v_g)\left(\frac{c_2 + d}{2}\right)^2 d \ge 0 \qquad (12.25)$$

여기에서 v_n 은 전면의 편심전단강도이다.

슬래브-기둥 접합부 불균형휨강도식의 검증을 위하여 Pan-Moehle(1989)와 Luo-Durrani(1995) 등이 수행한 48개의 내부 접합부와 30개의 외부 접합부에 대한 실험결과를 비교 검토하여 제시한 구조기준(2012) 휨모멘트 전달을 위한 편심전단 설계(7.12.7)가 슬래브-기둥 접합부의 거동을 비교적 정확하게 추정한다고 주장하고 있다[구조기준 해설 2012].

각 방향 불균형모멘트의 안정성 검토[구조기준 7.12.7(5)]

기초판과 기둥 또는 슬래브와 기둥 사이에 양방향으로 불균형모멘트가 작용하는 경우, 위험단면에서 각 방향 불균형모멘트에 대해서 안전하도록 설계하여야 한다. 이때 각 방향의 편심전단강도는 양방향 편심전단의 상호작용을 고려하여 저감하여야 한다. 근사적으로 편심전단강도는 다음과 같은 상호작용식을 만족하도록 설계하여야 한다.

$$\left(\frac{M_{u1} - \phi_f M_{F1}}{\phi_v M_{v1}}\right) + \left(\frac{M_{u2} - \phi_f M_{F21}}{\phi_v M_{v2}}\right) \le 1.0 \qquad (12.26)$$

여기에서 $M_{v1} = M_{S1} + M_{T1}$, $M_{v2} = M_{S2} + M_{T2}$ 이며, 아래첨자 1, 2는 그림 12.27에서 와 같이 직교방향을 가리킨다.

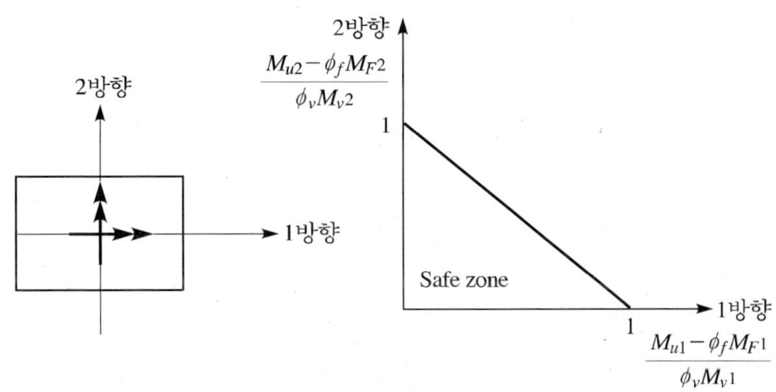

그림 12.27 양방향 불균형모멘트 상관관계를 고려한 슬래브 설계방법 [구조기준 해설 7.12.7.3]

예제 12.2

[포스트텐션 플랫 플레이트의 설계] [Collins 1987(Ex. 11.13)]

그림 12.28에 보이는 콘도미니엄 사무실 건물로 쓰이는 플랫 플레이트 시스템을 설계하라.

[설계자료]

- 등분포 활하중 : 사무실 2.5 kPa ; 특수용도 복도 5.0 kPa (표 1.7 참고) ;
- 추가 고정하중 : 사무실 1.5 kPa ; 특수용도 복도 3.0 kPa (자갈 등을 넣은 피복)
- 화재 등급 : 2시간
- 층간 높이 : 4.0 m
- 콘크리트 : 보통중량골재 콘크리트 질량 $\gamma_c = 23{,}500\ \text{N/m}^3$; 설계기준압축강도 $f_{ck} = 35$ MPa, 재령 4일에 긴장 $f_{ci} = 20$ MPa ; 탄성계수 식 (2.6), $E_c = 8{,}500\sqrt[3]{f_{cu}} = 8{,}500 \times (35+4)^{(1/3)} =$ 28,825 (MPa)
- 비부착 강연선 : 저이완 B종 강연선 직경 12.7 mm, $A_b = 98.71\ \text{mm}^2$; 그리스 칠한 플라스틱 시스로 피복 직경 17 mm
- $f_{pu} = 1{,}860$ MPa, $f_{py} = 0.90 f_{pu} = 1{,}674$ MPa, $f_{p0} = 0.74 f_{pu} = 1{,}376$ MPa
- 설계에서 사용되는 통상적인 값 : $f_{pi} = 0.925 f_{p0} = 1{,}273$ MPa, $f_{pe} = 0.85 f_{pi} (\approx 0.58 f_{pu}) =$ 1,082 MPa [손실에 대한 상세 계산을 생략하고 통상적으로 설계에서 사용되는 값이다.]
- 부착 철근 : D10 철근, $A_b = 71.3\ \text{mm}^2$, $f_y = 400$ MPa

[설계]

(1) 슬래브 두께 산정 :

식 (12.1)에서 연속 2방향 슬래브 : l/h = 35~50 ; (8,000/35 = 229 mm) ~ (8,000/50 = 160 mm)가 소요되고, 표 6.4에서는 2방향 슬래브, 8,000/45 = 178 mm ; ACI 216의 2 시간 화재 등급은 소요 두께 125 mm가 된다. 따라서 180 mm 이상을 선택하면 된다. 안전 측으로 두께 h = 180 mm로 선택하여 설계를 시작한다.

(2) 뚫림전단에 대해서 기본설계 검토 : 기둥 B2에 대해서 전단강도를 검토한다.

슬래브로 인한 등분포 고정하중 : $w_G = \gamma_c h$ = 23.5 × 0.18 = 4.23 (kN/m²)

계수 등분포 하중 $w_u = 1.2(w_G + w_{SD}) + 1.6w_L$ = 1.2(4.23 + 1.5) + 1.6(2.5) = 10.88 (kN/m²)

부하면적(tributary area)에 작용하는 계수 및 설계 전단력 : 전단력이 0인 선분으로 둘러싸인 면적인 부하면적은 연속 슬래브에서 경간의 1/2보다 약간 큰 경우가 대부분이다. 따라서 경간/2로 계산한 값에 18%를 증가시켜서 구하도록 한다.

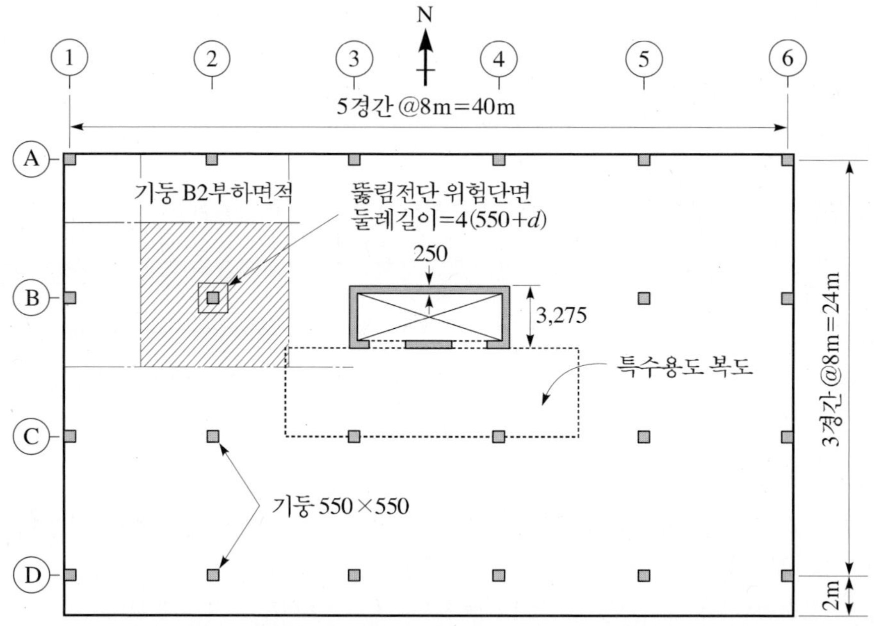

그림 12.28 바닥판 평면도 : 콘도미니엄 사무실 건물 [Collins 1987(513)]

V_u = 1.18 (8.0 × 8.0 × 10.88) = 821.4 (kN) ; V_u/ϕ = 821.4/0.75 = 1,095 (kN)

식 (12.12)를 이용하여 콘크리트의 전단강도 V_c 계산 : V_p = 0으로 가정한다.

유효깊이 가정 $d = 0.8h$ = 0.8(180) = 144 (mm)

둘레길이 $b_0 = 4(550 + d) = 4(550+144) = 2,776$ (mm)

$b_0/d = 2,776/144 = 19.28$

$k_s = (300/d)^{0.25} = (300/144)^{0.25} = 1.20 \leq 1.0$ <N.G.> $\therefore\ k_s = 1.0$

$k_{bo} = 4/\sqrt{\alpha_s(b_0/d)} = 4/\sqrt{1.0 \times 19.28} = 0.911 \leq 1.25$ <OK> (내부기둥 : $\alpha_s = 1.0$)

$f_{te} = 0.21\sqrt{f_{ck}} = 0.21\sqrt{35} = 1.24$ (MPa)

$f_{cc} = (2/3)f_{ck} = (2/3)\ 35 = 23.3$ (MPa)

$\cot\psi = \sqrt{1+3.175\sqrt{f_{ck}}} = \sqrt{1+3.175\sqrt{35}} = 4.45$

$\rho = 0.005$ 가정 ; $\rho/f_{ck} = 0.005/35 = 0.000143$

$c_u = d\,[25\sqrt{\rho/f_{ck}} - 300(\rho/f_{ck})] = 144\,[25\sqrt{0.000143} - 300(0.000143)] = 36.86$

$\lambda k_s k_{b0} f_{te} \cot\psi = (1.0)(1.0)(0.911)(1.24)(4.45) = 5.03 \leq 0.34 f_{ck} = 0.34(35)$

$= 11.90$ (MPa) <OK>

식 (12.12) : $V_c = (\lambda k_s k_{bo} f_{te} \cot\psi)\, b_o c_u + V_p$

$= 5.03(2,776)(36.86)/1,000 + 0 = 515.0$ (kN)

$> V_u/\phi = 1,095$ kN <N.G.>

따라서 슬래브의 두께를 증가시켜야 한다. 스프레드시트 프로그램(Excel)을 이용하여 시행착오법으로 계산한 결과 전단보강재를 배치하지 않은 상태에서 슬래브 두께가 기본설계에서 구한 180 mm의 2.0배 정도인 362 mm가 되어야 만족하는 것으로 나타나고 있다[6]. 본 예제에서는 구조기준을 만족시키기 위해서 거의 2배 이상으로 두께를 증가시키지 않고 판정을 불만족으로 유지하고 그대로 기본설계를 수행하였다. 최종설계 ⒁①ⓔ에서 3 m × 3 m에 두께 245 mm 두께의 지판을 기둥에 배치하여 설계를 만족하도록 하고 있다.

∴ h = 180 mm로 설계

(3) **평형하중의 결정** : 실무의 경험에 의하면 추가로 작용하는 사용하중이 슬래브의 고정하중보다 작은 경우에 슬래브의 고정하중을 평형하중으로 설계하면 사용성이나 강도를 만족시키면서 동시에 경제적인 설계를 할 수 있다고 판단되고 있다.

$w_G = 4.23$ kN/m^2 ; $w_{SD} = 1.5$ kN/m^2 ; $w_L = 2.5$ kN/m^2

추가 사용하중 $= w_{SD} + w_L = 1.5 + 2.5 = 4.0$ kN/m^2 $< w_G = 4.23$ kN/m^2

평형하중 : ∴ $w_b = w_G =$ 4.23 kN/m^{2}로 설계하도록 한다.

총 사용하중 : $w_s = w_G + w_{SD} + w_L = 4.23 + 4.0 = 8.23$ kN/m^2

6. 참고로 Collins-Mitchell[1987(514)]의 캐나다 시방서(CSA ; ACI와 유사)에 의한 검토에서 180 mm가 만족한 결과를 주고 있다. CSA에 의해서 구한 값에 강도감소계수를 나누어 주면 $V_c = 814/0.6 = 1,357$ kN과 구조기준에 의해서 구한 콘크리트의 전단강도를 직접 비교해보면 38%에 불과하다.

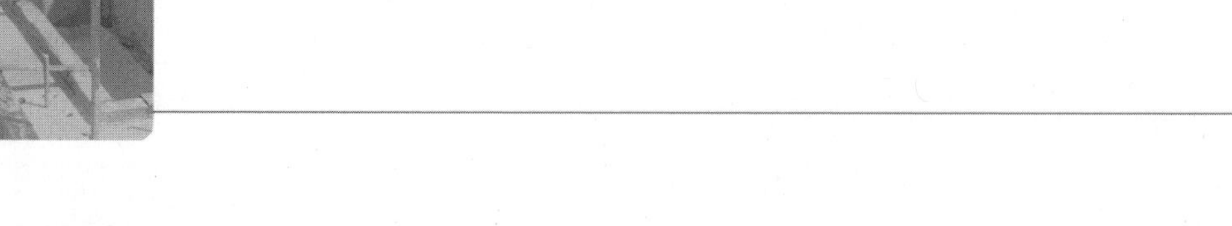

(4) **긴장재 배치 형상 및 최대 편심 결정**(Choosing Tendon Profile and Determining Maximum Eccentricity) :

최소 피복두께 결정 : 표 2.13에서 보면 옥외 공기나 흙에 직접 접하지 않는 슬래브에서 피복두께 20 mm가 소요되고, 2시간 화재 등급에 대해서 PTI 2006(표 18.2)에서 보면 역시 20 mm가 소요된다. 따라서 최소 피복두께는 <u>20 mm</u>를 적용하기로 한다.

그림 12.4를 보면 긴장력의 크기나 배치 형상을 결정하는 2가지 다른 방식을 볼 수 있다. 방식 1(그림 a)은 긴장력의 크기를 일정하게 유지하면서 편심을 변화시켜서 배치하는 방식이고, 방식 2(그림 b)는 가능한 최대 편심으로 긴장재를 배치하면서, 추가의 긴장재를 소요되는 위치에 배치하는 방식이다(예제 12.1에서 사용한 방식).

동서방향(그림에서 좌우) : 5 경간으로 소요되는 총 프리스트레스 힘을 감소시키기 위해서 양단의 마지막 10 m [$l + l/4 = 8.0 + 8.0/4$(정착길이) $= 8.0 + 2.0 = 10.0$ (m)]에는 추가의 긴장재를 배치하는 최대편심 방식을 선택하기로 한다.

남북방향(그림에서 상하) : 3 경간 + 캔틸레버 보이므로 일정한 긴장재력으로 편심을 변화시켜가면서 배치하는 방식을 선택하도록 한다.

최대편심 결정 : 길이가 짧아서 작업이 조금은 수월한 짧은 경간(남북방향) 긴장재를 먼저 배치하고, 그 위에 긴경간 방향(동서방향) 긴장재를 배치하도록 한다.

그림 12.21의 최소 부착철근의 규정에 대해서 맨 위에 D10 철근을 배치한다고 가정한다(그림 12.29a 참고).

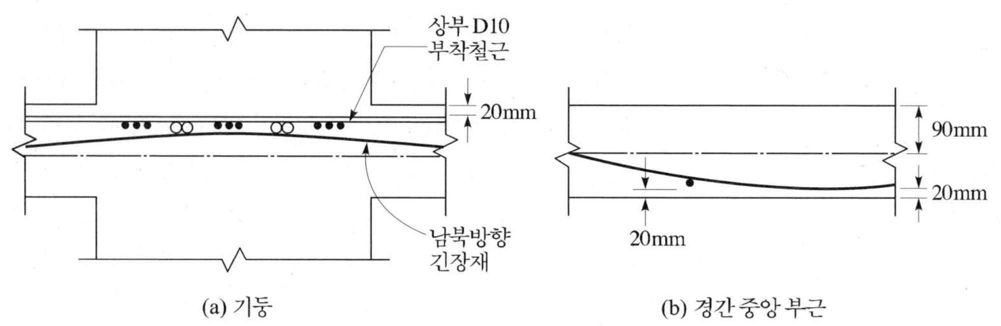

그림 12.29 긴장재의 최대편심 결정 [Collins 1987(516)]

기둥의 받침부에서 최대 편심 :

동서방향 : $e = 90 - 20 - 9.53 - 17/2 = \underline{52.0\ (mm)}$

남북방향 : $e = 90 - 20 - 9.53 - 17 - 17/2 = \underline{35.0\ (mm)}$

경간 중앙 부근 최대 편심 : $e = 90 - 20 - 17/2 = \underline{61.5\ (mm)}$

(5) **긴장재 배치 형상 및 긴장력 결정**(Determining Tendon Profile and Prestressing Force) :

① 동서방향 : 가능한 최대편심을 이용하고 변곡점은 기둥 받침부 중앙에서 $0.1l = 0.1(8.0)$

= 0.8 m 떨어져서 위치시킨다[Collins(1987)는 보통 $0.05l$을 적용하고 있다.].

ⓐ 단부 경간에서 편심이 최대가 되는 위치 계산 : 그림 12.30a 참고

변곡점의 높이 계산 : 식 (12.2), $h_2 = (\beta/\lambda)(e_1 + e_2)$

h_2를 계산하기 위해서는 λ를 알아야 되는데 현재 미지이다. 따라서 $x = 1-\lambda =$ 0.405로 가정하여 반복계산을 수행하여 꼭지점의 거리 x를 계산하여 수렴한 값으로 결정한다. [처음에 $x = 1-\lambda = 0.45$로 반복계산을 시작하면, 0.40374 → 0.40519 → 0.40514로 수렴하게 된다.]

$\lambda = 1 - 0.405 = 0.595$

$h_2 = (\beta/\lambda)(e_1 + e_2) = (0.1/0.595)(61.5 + 52.0) = \underline{19.1\ (\text{mm})}$

꼭지점의 위치 결정 : 식 (11.16), $e_B = 52.0 + 19.1 = 71.1$ (mm)

$x_v^2 = [(e_v - e_A)/(e_v - e_B)](l - x_v)^2$

$= [61.5/61.5 - (-71.1)](1 - \text{x}_\text{v})^2 = 0.464(1 - \text{x}_\text{v})^2$

$x_v^2 = 0.464l^2 - 2(0.464)lx_v + 0.464x_v^2$

$(0.536x_v^2 + 0.9277lx_v + 0.464l^2)/0.536 = x_v^2 + 1.730lx_v + 0.8652l^2 = 0$

$\therefore x_v = (-1.730l + \sqrt{(1.730l)^2 + 4(0.8652l^2)})/2 = \underline{0.405l}$

$= 0.405 \times 8.0 = 3.241$ (m)

$\therefore \lambda = 1 - 0.405 = 0.595 \rightarrow 4.759$ m로 수렴을 하였으므로 반복계산을 종료한다.

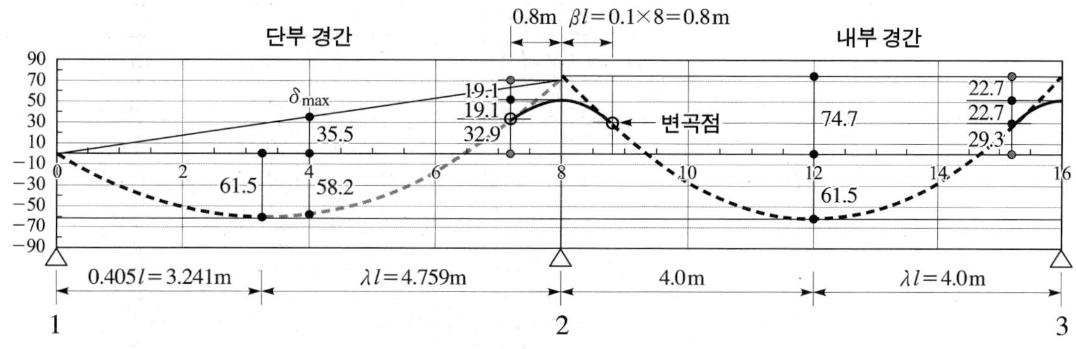

그림 12.30a 동서방향의 긴장재의 배치 형상

최대 편심 계산 : Excel 시트의 계산에서 $x = 4.0$ m에서 최대 편심이 나타난다.

콘크리트 단면 중심축으로부터 편심 : 식 (7.15)

$l = 4.759 \times 2 = 9.518$ (m)

$x = 4.0 + (4.759 - 3.241) = 4.0 + 1.518 = 5.518$ (m)

$x/l = 5.518/9.518 = 0.580$; $8.0 - 4.0 = 4.0$ (m)

$e_{(x=4.0\,m)} = -4\delta(x/l)^2 + 4\delta(x/l) = -4(132.6)(0.580^2) + 4(132.6)(0.580)$

$= 129.2$ (mm)

$\therefore\ \delta_{max} = 129.2 - 4.0(71.1/8) = 129.2 - 35.5 = \underline{93.7\ (mm)}$

또는 그림 12.3a의 식으로도 구할 수 있다.

$x = 4.0 - 3.241 = 0.759$ (m) ; $l = 4.759$ m ; $e = 61.5 + 52 + 19.1 = 132.6$ (mm)

$y = e(x/l)^2 = 132.6(0.759/4.759)^2 = 3.4$ (mm)

$\therefore\ \delta_{max} = 61.5 + (71.1/8)(4) - 3.4 = 61.5 + 35.5 - 3.4 = 93.7$ (mm)

슬래브 자체하중을 상쇄시키는 평형 긴장력 계산 : 식 (1.7)

$\therefore\ P_{(1-2)} = w_b l^2/(8\delta) = 4.23 \times 8^2 / (8 \times 0.0937) = \underline{361.2\ (kN/m)}$

ⓑ 내부 경간에서 편심이 최대가 되는 위치 계산 : 그림 12.30a 참고

변곡점의 높이 계산 : 식 (12.2)

$h_2 = (\beta/\lambda)(e_1 + e_2) = (0.1/0.5)(61.5 + 52.0) = \underline{22.7\ (mm)}$

$\therefore\ \delta_{max} = 61.5 + 52 + 22.7 = 61.5 + 74.7 = \underline{136.2\ (mm)}$

슬래브 자체하중을 상쇄시키는 평형 긴장력 계산 :

$\therefore\ P_{(2-3)} = w_b l^2/(8\delta) = 4.23 \times 8^2 / (8 \times 0.1362) = \underline{248.5\ (kN/m)}$

② 남북방향 : 그림 12.4a 방식 1의 단부 경간에 최대 편심일 때 결정한 소요 긴장력을 일정하게 유지하면서 각 경간에서는 편심을 조종하는 방식을 선택하기로 한다.

ⓐ 단부 경간(A–B)에서 편심이 최대가 되는 위치 계산 : 그림 12.30b 참고

변곡점의 높이 계산 : 식 (12.2), $h_1 = (\beta/\lambda)(e_1 + e_2)$

h_1 를 계산하기 위해서는 λ 를 알아야 되는데 현재 미지이다. 따라서 $x = 1 - \lambda = 0.424$로 가정하여 반복계산으로 꼭지점의 거리 x를 계산하여 수렴한 값으로 결정한다.

$\lambda = 1 - 0.424 = 0.576$

$\therefore\ h_1 = (\beta/\lambda)(e_1 + e_2) = (0.1/0.576)(61.5 + 35.0) = \underline{16.8\ (mm)}$

꼭지점의 위치 결정 : 식 (11.16), $e_B = 35.0 + 16.8 = 51.8$ (mm)

$x_v^2 = [(e_v - e_A)/(e_v - e_B)](l - x_v)^2$

$= [61.5/61.5 - (-51.8)](l - x_v)^2 = 0.543\,(l - x_v)^2$

$x_v^2 = 0.543 l^2 - 2(0.543) l x_v + 0.543 x_v^2$

$(0.457 x_v^2 + 1.086 l x_v + 0.543 l^2)/0.457 = x_v^2 + 2.376 l x_v + 1.188 l^2 = 0$

$$\therefore x_v = (-2.376l + \sqrt{(2.376l)^2 + 4(1.188l^2)})/2 = \underline{0.424l} = 0.424 \times 8.0$$
$$= \underline{3.394\ (\text{m})}$$

$\therefore \lambda = 1 - 0.424 = \underline{0.576} \rightarrow \underline{4.606\ \text{m}}$로 수렴을 하였으므로 반복계산을 종료한다.

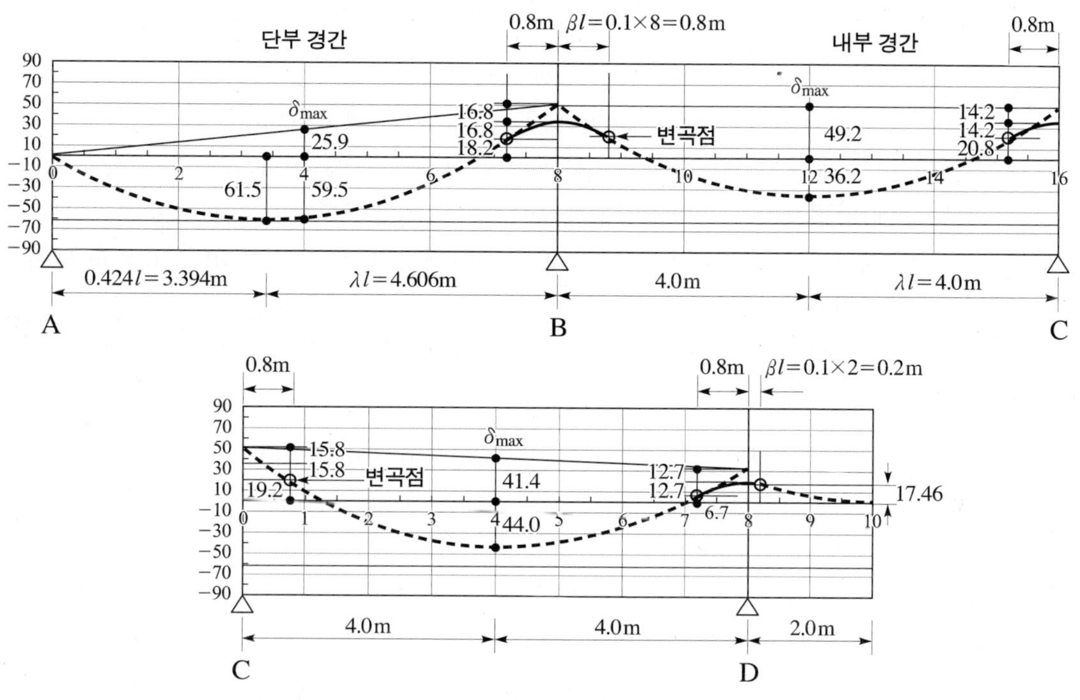

그림 12.30b 남북방향의 긴장재의 배치 형상

최대 편심 계산 : Excel 시트의 계산에서 $x = \underline{4.0\ \text{m}}$에서 최대 편심이 나타난다.

콘크리트 단면 중심축으로부터 편심 : 식 (7.15)

$l = 4.606 \times 2 = 9.212\ (\text{m})$; $x = 4.0 + (4.606 - 3.394) = 4.0 + 1.212 = 5.212\ (\text{m})$

$x/l = 5.212/9.212 = 0.566$; $8.0 - 4.0 = 4.0\ (\text{m})$

$$e_{(x=4.0\,\text{m})} = -4\delta(x/l)^2 + 4\delta(x/l) = -4(113.3)(0.566^2) + 4(113.3)(0.566)$$
$$= 111.3\ (\text{mm})$$

$\therefore \delta_{max} = 111.3 - 4.0(51.8/8) = 129.1 - 25.9 = \underline{85.4\ (\text{mm})}$

슬래브 자체하중을 상쇄시키는 평형 긴장력 계산 : 식 (1.7)

$\therefore P = w_b l^2/(8\delta) = 4.23 \times 8^2 / (8 \times 0.0854) = \underline{396.3\ (\text{kN/m})}$

ⓑ 내부 경간(B–C)에 대해서 계산 : 남북방향으로는 긴장력의 크기를 일정하게 유지하기로 하였으므로 각 경간에 대해서 긴장재의 총 편심을 결정하여야 한다.

변곡점의 높이 : 식 (12.2),

$$h_2 = (\beta/\lambda)(e_1 + e_2) = (0.1/0.5)(e_1 + 35.0) = 0.2(e_1 + 35.0)$$

경간 중앙에서 최대편심

$$\delta_{max} = e_1 + 35.0 + h_2 = e_1 + 35.0 + 0.2(e_1 + 35.0) \equiv 85.4$$

$$85.4 = e_1 + 35.0 + 0.2e_1 + 0.2(35.0) = 1.2e_1 + 35.0 + 7.0 = 1.2e_1 + 42.0$$

$\therefore\ e_1 = (85.4 - 42.0) / 1.2 = \underline{36.2\ (mm)}$

$\therefore\ h_2 = 0.2(e_1 + 35.0) = 0.2(36.2 + 35.0) = \underline{14.2\ (mm)}$

검토 $\delta_{max} = e_1 + 35.0 + h_2 = 36.2 + 35.0 + 14.2 = 36.2 + 49.2 = 85.4\ (mm)$ <OK>

ⓒ 캔틸레버 경간(D–캔틸레버)에 대해서 계산 : 자유단에서는 긴장재를 콘크리트 도심에 배치하고, 변곡점은 기둥 받침부 중앙에서 $0.1l = 0.1(2.0) = 0.2$ m 떨어져서 위치시킨다.

캔틸레버 받침부에서 슬래브 자체하중을 상쇄시키기 위해서 필요한 편심 계산 :

$$P\delta = w_b l^2/2$$

$\therefore\ \delta = w_b l^2/2P = [\ 4.23\ (2.0^2)\ /\ (2 \times 396.3)\ ]\ (1{,}000) = 21.4\ (mm)$

변곡점의 높이 : 식 (12.2), $h_3 = (\beta/\lambda)e_3 = (0.2/2.0)e_3 = 0.1e_3$

경간 중앙에서 최대편심 $\delta = e_3 + h_3 = e_3 + 0.1e_3 = 1.1e_3 \equiv 21.4$

$\therefore\ e_3 = 21.4 / 1.1 = \underline{19.4\ (mm)}$

$\therefore\ h_3 = 0.1e_3 = 0.1(19.4) = \underline{1.94\ (mm)}$

ⓓ 내부 경간(C–D)에 대해서 계산 : 슬래브 자체하중 $w_G = 4.23$ kN/m^{2}이 일정하므로, 긴장력 $P = 396.3$ kN/m와 편심 $\delta_{max} = 85.4$ mm를 유지하여야 한다.

그림 12.30b의 경간 C–D에서 경간 중앙의 총 편심 = 경간 중앙 편심 + (Σ 양 받침부 편심)/2(최대 편심이 경간 중앙에서 나타난다고 가정한다. 아래의 계산에서 보면 4.2 m에서 나타난다.)

$$\delta_{max} = e_1 + [(35 + h_1) + (19.4 + h_2)]/2 \equiv 85.4\ \mathrm{mm}$$

$$h_1 = (\beta/\lambda)(e_1 + e_2) = 0.2(e_1 + 35.0) = 0.2e_1 + 7.0$$

$$h_2 = (\beta/\lambda)(e_1 + e_2) = 0.2(e_1 + 19.4) = 0.2e_1 + 3.88$$

경간 CD 중앙의 편심 e_1 :

$$85.4 = e_1 + 27.2 + (h_1 + h_2)/2 = e_1 + 27.2 + (0.2e_1 + 7.0 + 0.2e_1 + 3.88)/2$$

$\therefore\ e_1 = 52.755/1.2 = 43.96 \approx \underline{44.0\ (mm)}$

$\therefore\ h_1 = 0.2e_1 + 7.0 = 0.2(44.0) + 7.0 = \underline{15.8\ (mm)}$

$\therefore\ h_2 = 0.2e_1 + 3.88 = 0.2(44.0) + 3.88 = \underline{12.7\ (mm)}$

검토 $\delta_{max} = e_1 + [(35 + h_1) + (19.4 + h_2)]/2$

$= 44.0 + (35.0 + 15.8 + 19.4 + 12.7)/2 = 85.4$ (mm) <OK>

③ 곡률반경 검토 : $\beta l = 0.8$ m로 선택했고, 가장 큰 변곡점의 높이는 동서방향 3번 받침부에서 $h_2 = 22.7$ mm이다(그림 12.30a 참고).

곡률반경 검토 : 식 (12.4) : $R = (\beta l)^2/2h_2 = (0.8^2)/(2 \times 0.0227) = 14.1$ (m)

> 2.5 m <OK>

또는 $R = (\beta l)(\alpha l)/2(e_1 + e_2) = (0.8)(4.0)/(2 \times (61.5+52.0)/1{,}000) = 14.1$ (m)

> 2.5 m <OK>

(6) **프리스트레싱 손실량 계산** : 예제 12.1에서 다룬바와 같이 포스트텐션 부재에서 도입직후의 저이완 긴장재의 긴장력은 $f_{p0} = 0.74 f_{pu}$ 이고, 즉시 일어나는 탄성손실(ES)을 고려하면 $f_{pi} = 0.925 f_{p0} = (0.925 \times 0.74) f_{pu} = 0.6845 f_{pu}$ 가 되고, 장기손실(CR, SH, RE)을 고려하면 유효긴장응력은 $f_{pe} = 0.85 f_{\pi} = (0.85 \times 0.6845) f_{pu} = 0.581 f_{pu}$ 가 된다. 슬래브 설계에서는 보통 이렇게 대략적인 손실량을 고려하여 설계하고 상세한 손실량 계산은 하지 않고 있다.

본 예제에서는 상세 계산과 대략적인 총 손실량과 비교하고자 상세 계산을 수행하였다.

① 마찰과 정착장치 활동 손실 : 바닥 슬래브에서 비부착 긴장재 10 m에 대략적으로 마찰손실 2.5%를 적용하여 설계한다. 모든 긴장재는 한쪽 단부에는 **매립앵커(dead end anchorage)**(그림 1.28 참고)를 배치하고 다른 쪽에서 긴장하지만, 마찰손실을 일정하게 유지하기 위해서 하나건너 하나씩 반대편에서 긴장하도록 한다.

긴장재는 $f_{p0} = 0.74 f_{pu} = 0.74(1{,}860) = 1{,}376$ (MPa)로 긴장하여 정착하고, 정착장치의 활동은 6 mm로 가정한다[VSL 4.2, 1985].

마찰손실 : $\Delta f_{pFL} = \delta_{FL} f_{p0} = (2.5/100/10)(1{,}376) = 0.0025\,(1{,}376) = 3.44$ (MPa/m)

활동손실 : 식 (3.24), $\Delta l = 6$ mm ; $\beta = \Delta f_{pFL} = 3.44$ MPa/m

$\therefore\ l_{set} = \sqrt{E_{ps}\Delta l/\beta} = \sqrt{200{,}000 \times 0.006/3.44} = 18.7$ (m)

ⓐ 동서방향 손실 계산 :

$f_{p(@18.7m)} = f_{p0} - \Delta_{fFL} \times 18.7 = 1{,}376 - 3.44(18.7) = 1{,}376 - 64.3$

$= 1{,}312$ (MPa)

$f_{p(@40m)} = f_{p0} - \Delta_{fFL} \times 40 = 1{,}376 - 3.44(40) = 1{,}376 - 137.6$

$= 1{,}238$ (MPa)

$f_{p(@0m)} = f_{p0} - 2(\Delta_{fFL} \times 18.7) = 1{,}376 - 2(64.3) = 1{,}376 - 128.6$

$= 1{,}248$ (MPa)

그림 12.31에서 보면 긴장응력의 최대 변화가 (1,312− 1,238) / 1,238 = 74/1,238 =

6.0%에 불과하므로 평균값으로 설계하도록 한다.

$\therefore\ f_{p(avg)}$ = [(1,248+1,312)/2 + (1,312+1,238)/2] /2 = (1,280 + 1,275)/2 = 1,278 (MPa)

ⓑ 동서방향의 단부경간에 추가로 배치하는 긴장재의 손실 계산 : 예제 12.1에서도 다루었지만 단부경간에 추가로 배치하는 긴장재의 정착길이는 통상적인 $l_n/4$ = 8.0/4 = 2.0 (m)를 배치한다. 따라서 긴장재의 길이는 8.0 + 2.0 = 10.0 (m)가 된다.

l_{set} = 18.7 m < l = 10 m이므로 활동손실을 식 (3.21)로 구한다.

$\therefore\ AS = E_{ps}(\Delta l/l)$ = 200,000(0.006/10) = 120 (MPa)

$\therefore\ f_{p(@10\,m)} = f_{p0} - AS$ = 1,376 − 120 = 1,256 (MPa)

마찰손실 : Δf_{pFL} = (2.5/100/10)(1,256) = 0.0025 (1,256) = 3.14 (MPa/m)

$\therefore\ f_{p(@0\,m)}$ = 1,256 − $(\Delta_{fFL} \times 10.0)$ = 1,256 − 31.4 = 1,225 MPa

$\therefore\ f_{p(avg)}$ = (1,256 + 1,225) /2 = 1,241 (MPa)

ⓒ 남북방향 손실 계산 :

$f_{p(@18.7\,m)} = f_{p0} - \Delta_{fFL} \times 18.7$ = 1,376 − 3.44(18.7) = 1,376 − 64.3 = 1,312 (MPa)

$f_{p(@26\,m)} = f_{p0} - \Delta_{fFL} \times 26$ = 1,376 − 3.44(24) = 1,376 − 89.44 = 1,287 (MPa)

$f_{p(@0\,m)} = f_{p0} - 2(\Delta_{fFL} \times 18.7)$ = 1,376 − 2(64.3) = 1,376 − 128.6 = 1,248 (MPa)

$\therefore\ f_{p(avg)}$ = (1,248 + 2 × 1,312 + 1,287) /4 = 1,290 (MPa)

② 탄성손실 : 만약에 긴장재를 모두 같이 동시에 긴장한다면 탄성수축의 영향을 받지 않게 될 것이다. 그러나 비부착 긴장재가 배치되는 슬래브에서 긴장재를 하나씩 이어서 긴장하게 되므로 표 3.6과 같이 처음에 긴장한 긴장재의 손실량의 1/2을 평균 손실량으로 고려한다. 탄성손실 계수는

$\therefore\ K_{es}$ = 0.5

콘크리트 타설 후 4일이 지나서 긴장하며, 이때의 콘크리트 압축강도 f_{ci} = 20 MPa이다.

식 (2.6) : $E_{ci} = 8{,}500\sqrt[3]{20+4}$ = 24,518 (MPa)이 된다.

$n = E_{ps}/E_{ci}$ = 200,000/24,518 = 8.2

긴장력이 가장 큰 위치는 남북방향에서 P_0 = 396.3 kN이 소요된다.

$\therefore\ f_{cpa} = P_0/A_g$ = 396.3 × 1,000 / (180 × 1,000) = 2.20 (MPa)

$\therefore\ \epsilon_{cpa} = f_{cpa}/E_{ci}$ = 2.20 / 24,518 = 0.090×10^{-3}

식 (3.30) : $\therefore\ ES = K_{es} n_i f_{cpa}$ = 0.5(8.2)(2.20) = 0.5(18.0) = 9.0 (MPa)

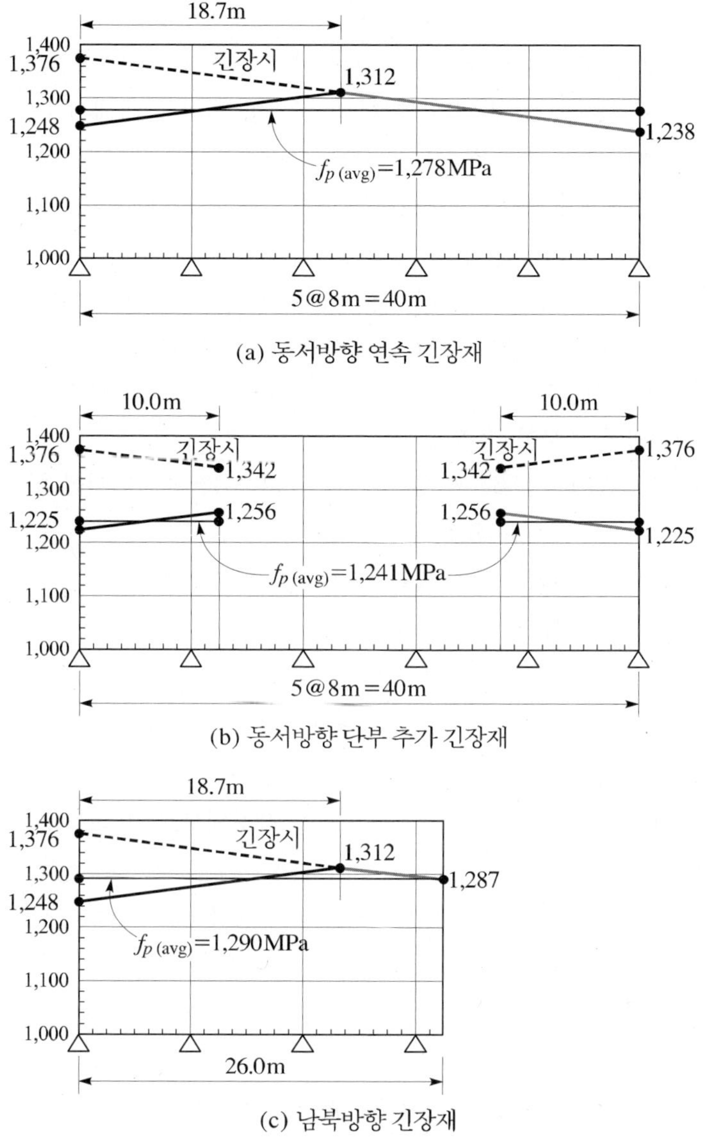

그림 12.31 정착 후 긴장재의 평균 응력

③ 구속으로 인한 손실 : 기둥의 휨강성이 슬래브의 축방향 길이 축소를 억제하게 된다. 만약에 기둥이 단단하고 슬래브가 여러 경간으로 되어있는 경우에 바닥판 슬래브의 축방향 압축력의 손실은 상당할 수 있다.

동서방향으로 슬래브의 길이는 40 m이므로, 긴장력으로 인한 축방향 압축변형률은 $\epsilon_{cpa} = 0.090 \times 10^{-3}$으로 인해서 단부에 위치하는 기둥(중앙에서 20 m 거리)에 미치는 슬래브 길이의 축소량(슬래브 중심을 향한 축소)은

$\therefore\ \Delta = \epsilon_{cpa} l = (0.090 \times 10^{-3})(10,000) = 1.8$ (mm)

통상적으로 슬래브는 바닥판 상부를 시공하기 전에 긴장하므로 슬래브 아래에 위치한 기둥만이 구속력을 주게 된다. 단부의 기둥이 회전에 대해서 완전히 구속되었다고 가정할 때 Δ 를 일으키기 위해서 필요한 수평력은

$\therefore\ H = 12E_{ci} I_g \Delta / l^3 = 12(24,518)(550^4/12)(1.8)\ /\ (4,000^3)\ /1,000 = \underline{63.0\ (kN)}$

슬래브의 폭으로 나누어 주면, $H = 63.0/8.0 = 7.9$ (kN/m)가 된다.

기둥은 휘게 되면 균열이 일어나서 단면의 강성이 감소하고, 기둥이 회전에 대해서 완전하게 구속되기는 어려우므로 통상적으로 실제 구속력은 위 값의 1/4 정도로 감소하게 된다. 따라서 $H \approx 7.9/4 = 2.0$ (kN/m)가 되므로, 긴장력 396.3 kN/m의 0.5%에 불과하게 되어 무시할 수 있을 정도이다.

④ 장기손실 : 30년(t = 365 × 24 × 30 = 262,800 h)에 대한 장기손실을 고려한다.

$f_{py} = 0.9 f_{pu} =$ 1,674 MPa

동서 : $f_{pi} = f_{p0} - ES =$ 1,278 − 9.0 = 1,269 (MPa)

남북 : $f_{pi} = f_{p0} - ES =$ 1,290 − 9.0 = 1,281 (MPa)

각 방향으로 장기손실을 각각 계산할 수도 있지만, 단순화하기 위해서 $f_{pi} \approx$ 1,300 MPa로 계산해서 손실량을 모든 방향에 고려하도록 한다.

ⓐ 릴랙세이션(RE) : 저이완 강연선 $K_L = 30$; $\log_{10} t / K_L = 5.42/30 = 0.181$

크리프나 건조수축으로 인해서 f_{pi} 가 감소되므로 이를 고려하기 위해서 $0.9 f_{pi}$ 를 적용한다[Nilson 1987(270)].

$(0.9 f_{pi})/f_{py} = (0.9 \times 1,300)/1,674 = 0.699 > 0.55$ <OK>

$0.699 - 0.55 = 0.149$

식 (3.42) : $RE = (0.9 f_{\pi})(\log_{10} t / K_L)[\,(0.9 f_{\pi})/f_{py} - 0.55]$

$= 1,170(0.181)(0.149) = \underline{31.5\ (MPa)}$

ⓑ 건조수축(SH) : 상대습도 70 % ; V/S = 1,000 × 180 / [2(1,000+180)] = 76.3

재령 4일에 긴장력이 도입되므로, 표 3.7 : K_{sh} = 0.80 + 1(0.05/2) = 0.825

식 (3.40) : $SH = (8.2 \times 10^{-6}) K_{sh} E_{ps} (1 - 0.0024\, V/S)(100 - RH)$

$= (8.2 \times 10^{-6})(0.825)(200,000)(1 - 0.0024 \times 76.3)(100 - 70)$

$= \underline{33.2\ (MPa)}$

ⓒ 크리프(CR) : 식 (3.36) : $K_{cr} = 1.6$; $E_{ps}/E_c = 200,000/28,825 = 6.94$

$CR = K_{cr}(E_{ps}/E_c) f_{cpa} = 1.6(6.94)(2.20) = \underline{24.4\ (MPa)}$

ⓓ 총 장기손실량 : ∴ TL = RE + SH + CR = 31.5 + 33.2 + 24.4 = $\underline{89.1\ (MPa)}$

ⓔ 인장재의 응력변화 및 유효 긴장력 : 최종적인 긴장재의 응력 변화와 긴장재 한 개의 최종 유효긴장력을 표 12.2에 보여주고 있다.

표 12.2 각 방향 긴장재의 응력 변화와 PT 케이블 설계

긴장재		정착 후	초기 응력	유효 응력	유효 긴장력	소요 긴장력	소요 개수	배치 개수	설계	평균 응력
		f_{po}	$f_{pi}=f_{po}-ES$	$f_{pe}=f_{pi}-TL$	$P_e=f_{pe}A_b$	$P\times 8.0$	케이블	케이블	P(설계)	P/A
		MPa	MPa	MPa	kN	kN	개	개	kN	MPa
동서	연속	1,278	1,269	1,180	116.4	1,988	17	**20**	2,329	1.62
	단부	1,241	1,232	1,143	112.8	2,889	26	**30**	3,384	2.35
남북방향		1,290	1,281	1,192	117.6	3,170	27	**32**	3,764	2.61

ⓕ 간략화된 긴장재의 유효 인장응력 : 앞에서 언급한 것과 같이 설계에서 통상적으로 사용되는 $f_{pi}=0.925f_{p0}=0.925(0.74f_{pu})=0.6845f_{pu}=0.6845(1,860)=1,273$ MPa과 $f_{pe}=0.85f_{pi}=0.582f_{pu}=1,082$ MPa을 표 12.2를 비교해보면, 거의 모든 상황에서 안전 측의 값이므로 손실에 대해서 복잡한 계산을 굳이 수행하지 않으면서 설계를 가능하게 하는 것을 알 수 있다.

(7) **긴장재의 간격과 개수 결정** : 표 12.2 및 12.3 참고

① 동서방향 내부 경간 :

소요 긴장력 : $P_{(소요)}=(248.5\text{ kN/m})\times 8\text{ m}=1,988\text{ kN}$ (표 12.2 참고)

소요 긴장재 개수 : $P_{(소요)}/P_e=1,988/116.4=17.1$ (개) < <u>배치 20 개</u> <OK>

표 12.2에서 유효프리스트레스에 의한 평균압축응력 1.62 MPa이 0.9 ~ 3.5 MPa 범위(식 (12.10) 참고) 안에 있으므로 만족한다.

주열대에 전체 긴장재 중 65~75% 배치 : 13 ~ 15 개를 배치하여야 하므로, 15개를 배치하고 나머지 5개는 양쪽 중간대에 나누어 배치한다. 15개 중에서 기둥 내에 60%인 9개를 배치하고, 6개는 양쪽 날개에 3개씩 나누어 배치한다(표 12.3 참고).

중간대 : 홀수의 긴장재가 배치되는 경우에 접한 골조 중간대의 큰 홀수 긴장재를 배치하여 균형을 이루도록 한다.

② 동서방향 단부 경간 : 단부 경간에 추가로 배치하는 긴장재(길이 10 m)가 있으므로 내부와 단부 경간에 연속으로 배치하는 긴장재는 동일한 간격으로 배치하고 추가로 배치하여야 하는 긴장재는 그 사이에 배치한다.

$P_{(소요)}/P_e=(361.2\times 8)/112.8=2,889/112.8=26$ (개)로 26개 이상을 배치하면 될 것이다. 그러나 2방향 프리스트레스트 콘크리트 슬래브 사용응력 검토에서 최대인장응력이 $-0.5\sqrt{f_{ck}}=-2.96$ MPa 이하를 만족하는 비균열등급으로 설계되어야 하

므로 부모멘트구역에 부적합이 나올 수 있다. 따라서 긴장재의 수를 7개 추가에서 10개를 단부경간에 추가로 배치하도록 한다. 물론 만약에 부적합이 나올 때 평형하중에 활하중의 10%나 20%를 추가하여 설계해도 될 것이다.

③ 남북방향 경간 : 소요 긴장재의 수가 27개이므로 짝수로 30개를 배치하면 되지만, 동서방향 단부경간과 같은 이유로 32개를 배치하도록 한다. 주열대 기둥에 9개 양쪽 날개에 각각 7개씩 배치하고 중간대에는 4개 또는 5개를 배치하여 총 32개의 케이블을 배치한다.

표 12.3 PT 케이블 배치 및 간격

					주열대						
			중간대	중간대	날개	기둥	날개	중간대	중간대	합계	
		폭	2,000	2,000	1,725	550	1,725	2,000	2,000	8,000	mm
동서	내부	연속	2	3	3	9	3	2	3	20	개
		간격=폭/(개+1)	667		431	183	431	667			mm
		간격/h	3.7		2.4	1.0	2.4	3.7			배
	단부	연속	2	3	3	9	3	2	3	20	개
		추가	2	1	4		3	2	1	**10**	개
		합계	4	4	7	9	6	4	4	30	개
		간격=폭/(개+1)	444		216	183	246	444			mm
		간격/h	2.5		1.2	1.0	1.4	2.5			배
남북	전체	연속	5	4	7	9	7	5	4	32	개
		간격=폭/(개+1)	400		216	183	216	400			mm
		간격/h	2.2		1.2	1.0	1.2	2.2			배

(8) **비긴장 부착 철근 설계** : 두께가 일정한 2방향 플랫 슬래브 시스템에서 정모멘트 구역은 인장응력$|f_b| > |-0.17\sqrt{f_{ck}}|$ 인 경우에 최소 하부 부착철근을 배치하고, 부모멘트구역은 그림 12.20b와 같이 조건 없이 모든 구역에 최소 상부 부착철근 $A_{s\,(소요)} = 0.00075\,A_{cf}$ 를 각 방향으로 배치하도록 규정하고 있다[구조기준 9.5.3(3), ACI 18.9.3.3]. 이 상부 부착철근은 기둥 받침부 전면에서 1.5h 떨어진 슬래브 폭 내에 균등하게 4개 이상의 철근 또는 300 mm 이하의 간격으로 배치하여야 한다.

식 (4.61) : 등가골조 폭 8 m에 대한 $A_{s\,(소요)}$

$A_{s\,(소요\ 상부철근)} = 0.00075A_{cf} = 0.00075hl = 0.00075 \times 180 \times 8{,}000 = 1{,}080\ (\mathrm{mm}^2)$

D10 철근 배치 : $A_b = 71.3\ \mathrm{mm}^2$

단위 폭 8 m에 대해서 소요 개수 : $A_{s\,(소요)}/A_b = 1{,}080/71.3 = 15.1 \approx 16$ (개)

배치 구간 : $c_1 + 1.5h = 550 + 1.5(180) = 820$ (mm)

소요 간격 : $\therefore\ s_{(소요)} = 820\ \mathrm{mm}/16 = 51.3\ \mathrm{mm}$

D10 상부 부착철근 배치: 50 mm 간격으로 16개의 D10 철근을 양방향으로 배치한다.

$\therefore\ A_{s\,(\text{배치 상부철근})} = 16 \times 71.3 = 1{,}140.8\ (\text{mm}^2)$

부모멘트 구역 상부철근 길이(그림 12.21 참고) :

소요 $l_{n1}/6 + 0.55 + l_{n2}/6 = 2(7.45/6) + 0.55 = 3.03\ (\text{m}) <$ 배치 길이 3.1 m

총 내부 받침부 : 10개 ; 총 단부 받침부 : 10 개 ; 총 모서리 받침부 : 2개

10 × 16 × 2 = 320개 10 × (16 + 8) = 240개 2 × 8 = 16 개

배치 D10 상부철근 : 576 개 − D10 × (3.1 m 또는 7.46/6 + 0.55 = 1.8 m)

(9) 등가골조 계수 결정 :

PCA에서 개발한 spSlab와 같은 상용 컴퓨터 프로그램의 등가골조해석을 이용하게 되면 모멘트 분배법 등을 직접 수행하지 않고도 간편하게 설계할 수 있다. 본 예제에서는 설계 과정을 보여준다는 의미로 직접 모든 과정을 수행하였다.

ⓐ 등가기둥의 강성 K_{ec} : 등가골조법에서 기둥의 강성은 그림 12.17에서와 같이 기둥 자체의 강성과 기둥에 붙어있는 슬래브의 비틀림 강성을 더한 값으로 계산한다.

기둥의 강성 : $I = 550 \times 550^3/12 = 7.626 \times 10^9\ (\text{mm}^4)$; $l_c = 4{,}000 - 180$

$= 3{,}820\ (\text{mm})$

[기둥의 길이는 Naaman(2012, 773)과 같이 순길이로 계산하였다.]

$K_c = 4E_c I/l_c = (4I/l_c)E_c = \text{Ec}\ (4 \times 7.626 \times 10^9)/3{,}820 = 7.985 \times 10^6\ \text{Ec}$

$C = (1 - 0.63x/y)(x^3 y/3) = (1 - 0.63 \times 550/8{,}000)(550^3 \times 8{,}000/3)$

$= 8.488 \times 10^8\ (\text{mm}^4)$

$K_t = 9E_{cs}C/[l^2(1 - c_2/l_2)^3] = 9(8.488 \times 10^8)/[8{,}000^2\ (1 - 550/8{,}000)^3]$

$= 2.365 \times 10^6\ \text{Ec}$

$\therefore\ K_{ec} = K_c K_t/(K_c + K_t) = 1.824 \times 10^6\ \text{Ec}$ (긴장 시의 강성 ; 하부 기둥만 고려)

$\therefore\ K_{ec} = (2K_c)K_t/(2K_c + K_t) = 2.060 \times 10^6\ \text{Ec}$

(사용 시의 강성 ; 상부와 하부 기둥을 고려)

ⓑ 슬래브의 강성 K_s : 경간 $l_s = 8{,}000$ mm

$I_s = bh^3/12 = 8{,}000 \times 180^3/12 = 3.888 \times 10^9\ (\text{mm}^4)$

$K_s = 4E_c I_s/l_s = 4(3.888 \times 10^9)\ \text{Ec}/8{,}000 = 1.944 \times 10^6\ \text{Ec}$

ⓒ 분배계수 DF :

긴장 시 : 단부 경간 $DF = K_s/(\sum K_s + K_{ec}) = 1.944/(1.944 + 1.824) = 0.516$

내부 경간 $DF = K_s/(\sum K_s + K_{ec}) = 1.944/(2 \times 1.944 + 1.824) = 0.340$

사용 시 : 단부 경간 $DF = K_s/(\sum K_s + K_{ec}) = 1.944/(1.944 + 2.060) = 0.486$

내부 경간 $DF = K_s / (\sum K_s + K_{ec}) = 1.944/(2 \times 1.944 + 2.060) = 0.327$

ⓓ 전달계수 COF(carry-over factor) : 전 구간에서 고정단 모멘트(fixed-end moment)를 이용하므로 전달계수는 0.5가 된다.

(10) **긴장력으로 인한 2차 모멘트를 구하기 위해서 고정단 모멘트 결정** : 받침부에서 긴장재를 역곡률로 배치하여 발생하는 **2차 모멘트(secondary moment)**를 구하기 위해서 모멘트 분배법을 적용하기 위해서는 부재 단부를 회전을 못하도록 구속하는데 필요한 모멘트, 즉 **고정단 모멘트(fixed-end moment)**를 결정하여야 한다(그림 12.6 참고).

경간을 따라 강성 EI가 일정한 부재에 긴장력 P가 작용할 때 긴장력으로 인한 **자유곡률(free curvature**, 구속되지 않은 상태에서 곡률)은 긴장재의 편심 e 에 직접적으로 비례하여, 곡률 $= e \times P/EI$가 된다. 최종적인 보의 곡률분포도는 자유곡률에 양단의 구속모멘트 M_A와 M_B에 의해서 발생하는 곡률을 더하여 얻을 수 있다. 이렇게 더해지는 곡률은 단부에서 단부까지 선형으로 변하므로 최종적인 곡률분포도는 자유곡률도의 기준선의 위치를 선형으로 이동하여 구할 수 있다.

① 동서방향 : 그림 12.32a 참고 ; 고정단 모멘트 시계방향 + 부호로 가정한다.

ⓐ 단부경간 : $\delta_{(max @ 4m)} = 58.2 + 35.5 = 93.7$ (mm)

$(2/3)\delta = (2/3)\ 93.7 = 62.5$ (mm)

1번 받침부에서 새로운 기준선의 위치 e = 62.5 mm이고, 2번 받침부에서 편심은 e = 62.5 − 52 − 19.1 = −8.6 (mm)가 된다. 고정단 모멘트의 방향은 새로운 기준선에서 원래의 기준선인 콘크리트 도심 축(c.g.c.)을 향해서 구한다.

고정단 모멘트 M_A = 3,384 × 0.0625 = 211.4 (kN·m)

M_B = 3,384 × (−0.0086) = −29.2 (kN·m)

ⓑ 내부경간 : $\delta_{(max @ 4m)} = 74.7 + 61.5 = 136.2$ (mm)

$(2/3)\delta = (2/3)\ 136.2 = 90.8$ (mm)

새로운 기준선의 위치 : e = 90.8 − 74.7 = 16.1 mm

$M_A = M_B$ = 2,329 × 0.0161 = 37.5 (kN·m)

② 남북방향 : 그림 12.32b 참고

ⓐ 단부경간 AB : $\delta_{(max @ 4m)} = 25.9 + 59.5 = 85.4$ (mm)

$(2/3)\delta_{(max @ 4m)} = (2/3)85.4 = 56.9$ (mm)

A 받침부에서 새로운 기준선의 위치 e = 56.9 mm이고, B 받침부에서 편심은 e = 56.9 − 35 − 16.8 = 5.1 (mm)가 된다.

고정단 모멘트 M_A = 3,764 × 0.0569 = 214.3 (kN·m)

M_B = 3,764 × 0.0051 = 19.3 (kN·m)

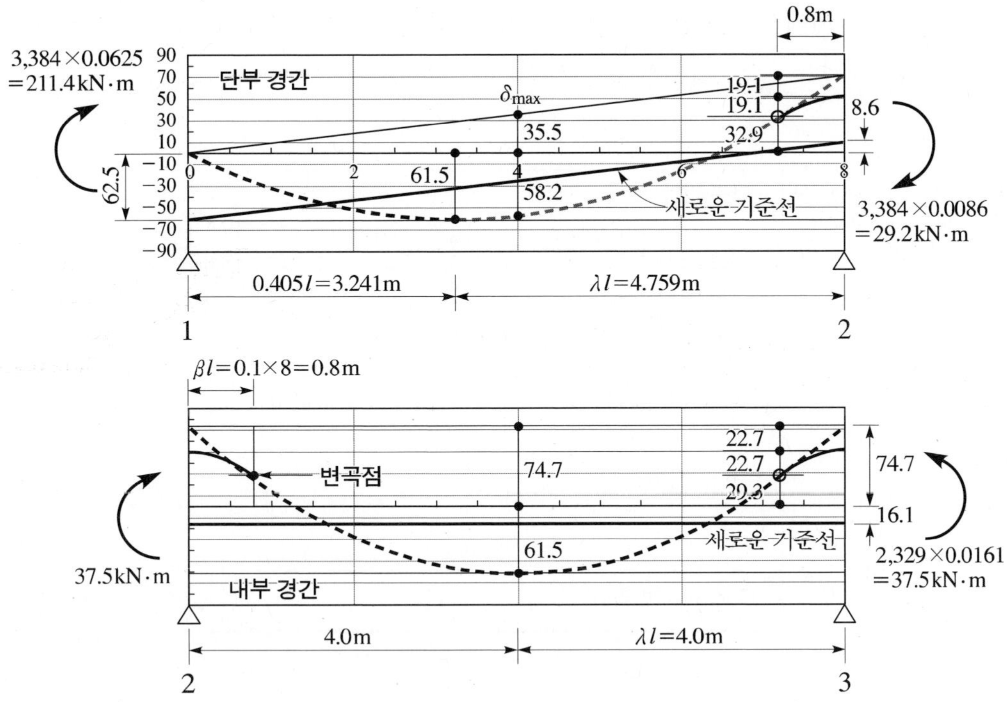

그림 12.32a 동서방향의 프리스트레스로 인한 고정단 모멘트

ⓑ 내부경간 BC : $\delta_{(max\,@\,4\,m)}$ = 49.2+36.2 = 85.4 (mm)

$(2/3)\delta_{(max\,@\,4\,m)}$ = (2/3)85.4 = 56.9 (mm)

새로운 기준선의 위치 : e = 56.9 − 49.2 = 7.7 mm

$M_A = M_B$ = 3,764 × 0.0077 = 29.1 (kN · m)

ⓒ 내부경간 CD : $\delta_{(max\,@\,3.8\,m)}$ = 41.4 + 44.0 = 85.4 (mm)

$(2/3)\delta_{(max\,@\,4\,m)}$ = (2/3) 85.4 = 56.9 (mm)

C 받침부에서 새로운 기준선의 위치 e = 56.9 − 50.8 = 6.1 mm이고, D 받침부에서 편심은 e = 56.9 − 32.1 = 24.8 (mm)가 된다.

고정단 모멘트 M_A = 3,764 × 0.0061 = 23.1 (kN · m) ; M_B = 3,764 × 0.0248 = 93.5 (kN · m)

(11) **긴장력과 고정단 모멘트(FEM, 고정 및 활하중)의 모멘트 분배 수행 :**

구조기준 10.5.6(2)(ACI 13.7.6.2)에서 $w_L \le (3/4)w_D$를 만족하는 경우에 활하중이 모든 경간에 동시에 작용할 때 최대 계수모멘트가 발생한다고 가정하여 굳이 그림 1.39와 같은 패턴하중을 고려하지 않아도 되어 계산을 간단하게 할 수 있도록 하고 있다.

w_L = 2.5 kPa < $(3/4)w_D$ = (3/4)(4.23) = 3.27 kPa <*OK*>

따라서 본 예제에서 활하중을 모든 경간에 동시에 작용하는 경우에 대해서만 모멘트 분배를 수행하였다.

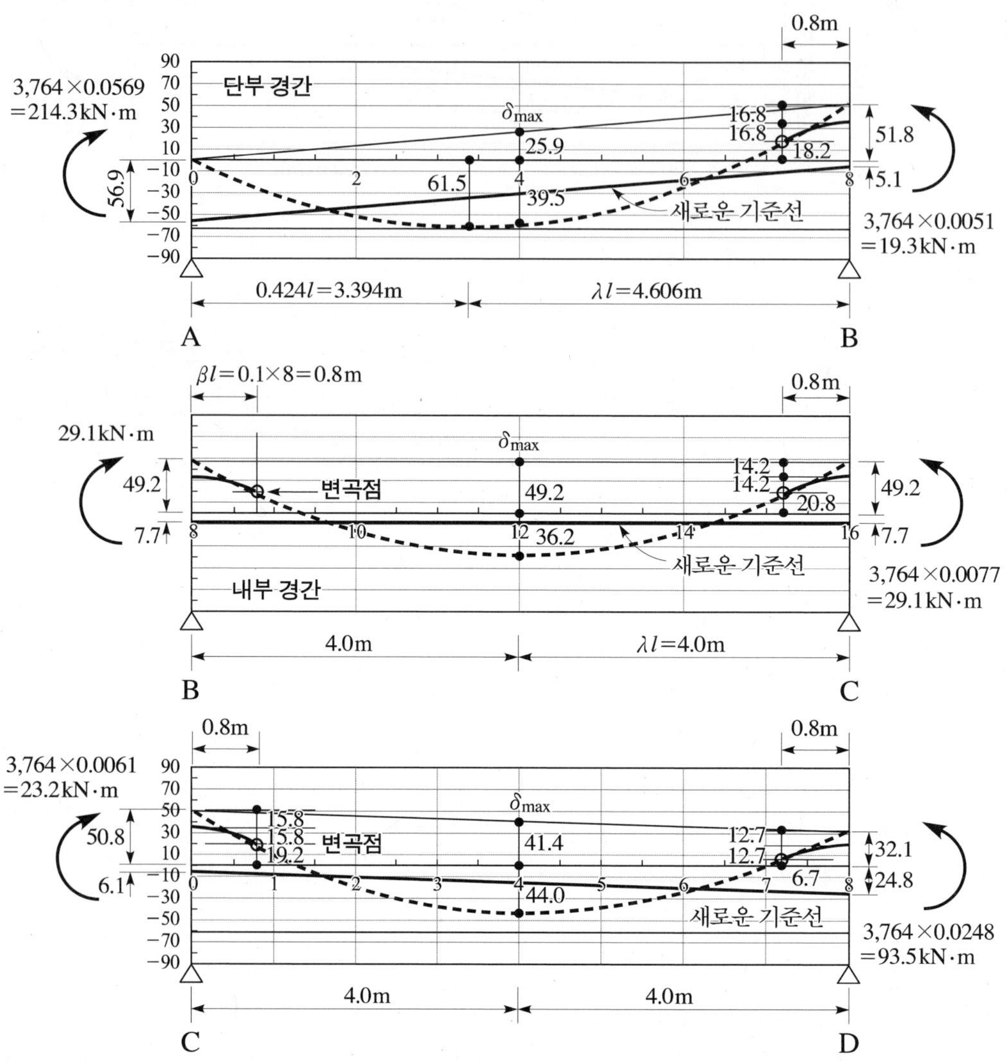

그림 12.32b 남북방향의 프리스트레스로 인한 고정단 모멘트

긴장 시 : $(\text{FEM})_G = w_G l^2/12 = (4.23 \times 8)(8^2)/12 = \underline{180.5}$ (kN · m)

$$M_{u(G)} = 1.2M_G$$

사용 시 : $(\text{FEM})_{(1.0)} = (1.0\ \text{kN/m}^2 \times 8\ \text{m})\, l^2/12 = (1.0 \times 8)(8^2)/12 = 42.67$ (kN · m)

$$M_{(SD+L)} = M_{(1.0)} \times (1.5 + 2.5) = 4.0\, M_{(1.0)}$$

$$M_{u\,(SD+L)} = M_{(1.0)} \times (1.2 \times 1.5 + 1.6 \times 2.5) = 5.8\, M_{(1.0)}$$

표 12.4a와 b에는 동서방향 기둥 B 라인과 남북방향 기둥 2 라인에 대한 모멘트 분배를 보여주고 있다. 기둥 중심선을 기준으로 구한 모멘트를 이용하여 각 경간에 대해서 모멘트 분포도를 그리면 그림 12.33을 구할 수 있다. 구조기준 10.5.7(1)(ACI 13.7.7.1)에 따라 받침부 면의 위험단면에 대한 사용모멘트와 계수모멘트 값이 그림 12.33에 주어졌다.

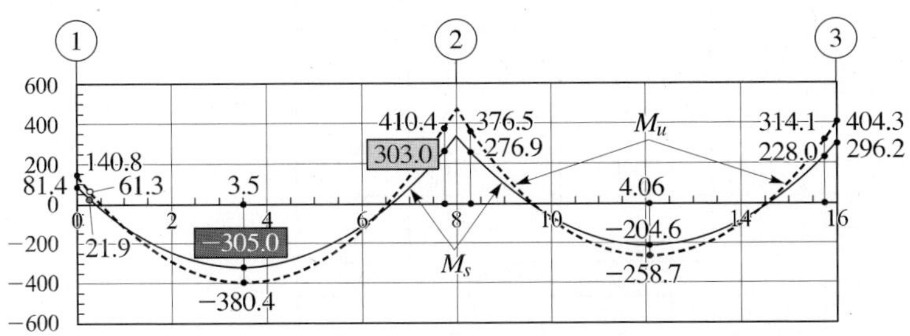

(a) 동서방향 기둥 B라인

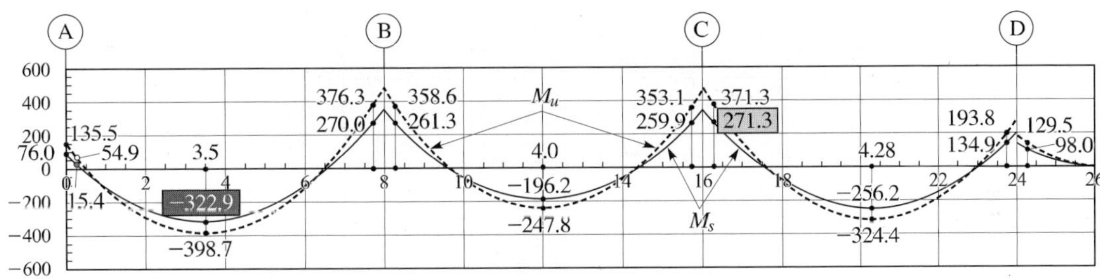

(b) 남북방향 기둥 2라인

그림 12.33 등가골조의 위험단면에 대한 사용모멘트와 계수모멘트

(12) 위험단면에 대한 사용응력 검토 :

$S = S_t = S_b = I_g/(h/2) = bh^3/12/(h/2) = bh^2/6 = 4{,}000 \times 180^2/6 = 21.6 \times 10^6\ (\text{mm}^3)$

$A_g = 8{,}000 \times 180 = 1.44 \times 10^6\ (\text{mm}^2)$

① **정모멘트 구역 검토 :**

ⓐ 동서방향 기둥 라인 B : ①~② 경간 3.5 m 떨어진 위치

그림 12.3a 및 12.30a :

절반 포물선의 편심 $\delta = 61.5 + 19.1 \times 2 + 32.9 = 132.6$ (mm)

$e_0 = 61.5 - 132.6\ [\ (3.5 - 3.241)/\ 4.759\ ]^2 = 61.5 - 0.3927 = 61.1$ (mm)

$A_{ps} = 98.71(30) = 2{,}961\ (\text{mm}^2/8\ \text{m})$

도입직후 $f_{pi} = 1{,}232$ MPa(표 12.2 참고)일 때의 압축응력 검토 : $f_{ci} = 25$ MPa

$\therefore\ f_b = P_i/A_g = (1{,}232)(2{,}961)/(1.44 \times 10^6) = 2.53$ (MPa)

$< \bar{f}_{ci} = 0.6 f_{ci} = 0.6(25) = 15.0$ (MPa) (표 2.15 참고) <*OK*>

표 12.4a 등가골조의 모멘트 분배 : 동서방향 기둥 B 라인

2차 모멘트	(1)		(2)			(3)
DF	0.516		0.340	0.340		1.000
FEM	211.4		29.2	37.5		-37.5
D	-109.082					
CO			-54.541			
D			-4.134	-4.134		-2.067
CO	-2.067					
D	1.067					
CO			0.533			
D			-0.181	-0.181		-0.091
CO	-0.091					
D	0.047					
CO			0.023			
D			-0.008	-0.008		-0.004
M_2 =	101.3		-29.1	33.2		-39.7
자체 고정하중	(1)		(2)			(3)
DF	0.516		0.340	0.340		1.000
FEM	-180.5		180.5	-180.5		180.5
D	93.138					
CO			46.569			
D			-15.833	-15.833		-7.917
CO	-7.917					
D	4.085					
CO			2.043			
D			-0.694	-0.694		-0.347
CO	-0.347					
D	0.179					
CO			0.090			
D			-0.030	-0.030		-0.015
M_G =	-91.4		212.6	-197.1		172.2
$M_u = 1.2M_G$ =	-109.6		255.2	-236.5		206.7
사용하중	(1)		(2)			(3)
DF	0.486		0.327	0.327		1.000
FEM	-42.67		42.67	-42.67		42.67
D	20.738					
CO			10.369			
D			-3.391	-3.391		-1.695
CO	-1.695					
D	0.824					
CO			0.412			
D			-0.135	-0.135		-0.067
CO	-0.067					
D	0.033					
CO			0.016			
D			-0.005	-0.005		-0.003
$M_{(1.0)}$ =	-22.8		49.9	-46.2		40.9
$M_{(SD+L)} = 4M_{(1.0)}$=	-91.4		199.7	-184.8		163.6
$M_u = 5.8M_{(1.0)}$=	-132.5		289.6	-268.0		237.2
$M_2+M_G+M_{(SD+L)}$ =	**-81.4**		**383.3**	**-348.7**		**296.2**
M_u =	**-140.8**		515.7	**-471.3**		404.3

표 12.4b 등가골조의 모멘트 분배 : 남북방향 기둥 2 라인

2차 모멘트	A		B			C			D	
DF	0.522		0.343	0.343		0.343	0.343		0.522	
FEM	214.3		-19.3	29.1		-29.1	23.1		-93.5	0
D	-111.865								48.807	
CO			-55.932				24.404			
D			15.823	15.823		-6.312	-6.312			
CO	7.912			-3.156		7.912			-3.156	
D	-4.130		1.083	1.083		-2.714	-2.714		1.648	
CO	0.541		-2.065	-1.357		0.541	1.648		-1.357	
D	-0.283		1.174	1.174		-0.751	-0.751		0.708	
CO	0.587		-0.141	-0.375		0.587	0.354		-0.375	
D	-0.306		0.177	0.177		-0.323	-0.323		0.196	
CO	0.089		-0.153	-0.161		0.089	0.098		-0.161	
D	-0.046		0.108	0.108		-0.064	-0.064		0.084	
M_2 =	106.8		-59.2	42.4		-30.1	39.4		-47.1	0.0

자체 고정하중	A		B			C			D	
DF	0.522		0.343	0.343		0.343	0.343		0.522	
FEM	-180.5		180.5	-180.5		180.5	-180.5		180.5	-67.68
D	94.221								-58.892	
CO			47.111				-29.446			
D			-16.159	-16.159		10.100	10.100			
CO	-8.079			5.050		-8.079			5.050	
D	4.217		-1.732	-1.732		2.771	2.771		-2.636	
CO	-0.866		2.109	1.386		-0.866	-2.636		1.386	
D	0.452		-1.199	-1.199		1.201	1.201		-0.723	
CO	-0.599		0.226	0.601		-0.599	-0.362		0.601	
D	0.313		-0.284	-0.284		0.330	0.330		-0.314	
CO	-0.142		0.156	0.165		-0.142	-0.157		0.165	
D	0.074		-0.110	-0.110		0.102	0.102		-0.086	
M_G =	-90.9		210.6	-192.8		185.3	-198.6		125.1	-67.7
$M_u = 1.2M_G$ =	-109.1		252.7	-231.3		222.4	-238.3		150.1	-81.2

사용하중	A		B			C			D	
DF	0.486		0.327	0.327		0.327	0.327		0.486	
FEM	-42.67		42.67	-42.67		42.67	-42.67		42.67	-16
D	20.738								-12.962	
CO			10.369				-6.481			
D			-3.391	-3.391		2.119	2.119			
CO	-1.695			1.060		-1.695			1.060	
D	0.824		-0.346	-0.346		0.554	0.554		-0.515	
CO	-0.173		0.412	0.277		-0.173	-0.515		0.277	
D	0.084		-0.225	-0.225		0.225	0.225		-0.135	
CO	-0.113		0.042	0.113		-0.113	-0.067		0.113	
D	0.055		-0.051	-0.051		0.059	0.059		-0.055	
CO	-0.025		0.027	0.029		-0.025	-0.027		0.029	
D	0.012		-0.019	-0.019		0.017	0.017		-0.014	
$M_{(1.0)}$ =	-23.0		49.5	-45.2		43.6	-46.8		30.5	-16.0
$M_{(SD+L)} = 4M_{(1.0)}$ =	-91.9		198.0	-180.9		174.6	-187.1		121.9	-64.0
$M_u = 5.8M_{(1.0)}$ =	-133.2		287.0	-262.3		253.1	-271.4		176.7	-92.8

$M_2+M_G+M_{(SD+L)}$ =	-76.0		349.3	-331.3		329.7	-346.3		199.8	-131.7
M_u =	-135.5		480.5	-451.2		445.3	-470.2		279.7	-174.0

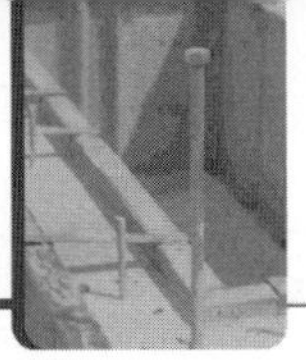

손실 후 f_{pe} = 1,143 MPa일 때의 균등한 압축응력 : $M_{s\ (@\ 3.5\ m)} = 305.0$ kN · m

등가골조 폭 8 m :

$P_e / A_g = A_{ps} f_{pe} / A_g = (2,961)(1,143)/(1.44 \times 10^6)$

$= 3,384.4 \times 10^3/(1.44 \times 10^6) = 2.35$ (MPa)

주열대 폭 4 m : 긴장재 개수 15 + 7 = 22개 (표 12.3 참고)

$P_e e / S = (98.71)(22)(1,143)(61.1)/(21.6 \times 10^6)$

$= (2,482 \times 10^3)(61.1)/(21.6 \times 10^6) = 7.02$ (MPa)

정모멘트 구역 4 m 주열대가 60% M_s 지지하도록 규정[구조기준 10.4.4(4), ACI 13.6.4.4] :

$0.6 M_s / S = (0.6)(305.0 \times 10^6) / (21.6 \times 10^6) = 8.47$ (MPa)

상연응력 : $f_t = P_e / A_g - P_e e / S + 0.6 M_s / S = 2.35 - 7.02 + 8.47 = 3.80$ (MPa)

$< \bar{f}_{cs} = 0.6 f_{ck} = 0.6(35) = 21.0$ MPa <OK>

하연응력 : $f_b = P_e / A_g + P_e e / S - 0.6 M_s / S = 2.35 + 7.02 - 8.47 = 0.90$ (MPa)

$> \bar{f}_{ts} = -0.5\sqrt{f_{ck}} = -0.5\sqrt{35} = -2.96$ (MPa) <OK>

[2방향 프리스트레스트 콘크리트 슬래브의 경우 $|f_{ts}| \le |-0.5\sqrt{f_{ck}}|$ 을 만족하는 비균열 등급으로 설계하도록 구조기준 9.2.2(3)(ACI 18.3.3)에서 규정하고 있다.]

$> -0.17\sqrt{f_{ck}} = -0.17\sqrt{35} = -1.01$ (MPa) <OK>

$-0.17\sqrt{f_{ck}} = -1.01$ (MPa) 이상이므로 구조기준 9.5.3(3)(ACI 18.9.3.2)에 따라 최소 하부 부착철근을 배치할 필요가 없다(식 (4.60) 참고).

ⓑ 동서방향 기둥 라인 B : ②~③ 경간 4.06 m 떨어진 위치

그림 12.30a : $e_0 = 61.5 - 132.6\ (0.06/\ 4.0)^2 = 61.5 - 0.030 \approx 61.5$ (mm)

$A_{ps} = 98.71(20) = 1,974$ (mm²/8 m)

도입직후 f_{pi} = 1,269 MPa일 때의 압축응력 검토 : f_{ci} = 25 MPa

$\therefore\ f_b = P_i / A_g = (1,269)(98.71)(20)/(1.44 \times 10^6) = 1.74$ (MPa)

$< \bar{f}_{ci} = 15.0$ MPa <OK>

손실 후 f_{pe} = 1,180 MPa일 때의 균등한 압축응력 : $M_{s\ (@\ 4.06\ m)} = 204.6$ kN · m

등가골조 폭 8 m :

$P_e / A_g = A_{ps} f_{pe} / A_g = (98.71)(20)(1,180)/(1.44 \times 10^6)$

$= 2,330 \times 10^3 / (1.44 \times 10^6) = 1.62$ (MPa)

주열대 폭 4 m : 긴장재 개수 15 개 (표 12.3 참고)

$P_e e / S = (98.71)(15)(1,180)(61.5)/(21.6 \times 10^6)$

$= (1{,}747 \times 10^3)(61.5)/(21.6 \times 10^6) = 4.97$ (MPa)

정모멘트 구역 4 m 주열대가 60% M_s 지지하도록 규정[구조기준 10.4.4(4), ACI 13.6.4.4] :

$0.6M_s/S = (0.6)(204.3 \times 10^6) / (21.6 \times 10^6) = 5.68$ (MPa)

상연응력 : $f_t = P_e/A_g - P_e e/S + 0.6M_s/S = 1.62 - 4.97 + 5.68 = 2.33$ (MPa)

$< \bar{f}_{cs} = 0.6f_{ck} = 0.6(35) = 21.0$ MPa <OK>

하연응력 : $f_b = P_e/A_g + P_e e/S - 0.6M_s/S = 1.62 + 4.97 - 5.68 = 0.91$ (MPa)

$> \bar{f}_{ts} = -0.5\sqrt{f_{ck}} = -0.5\sqrt{35} = -2.96$ (MPa) <OK>

$> -0.17\sqrt{f_{ck}} = -0.17\sqrt{35} = -1.01$ (MPa) <OK>

$-0.17\sqrt{f_{ck}} = -1.01$ (MPa) 이상이므로 구조기준 9.5.3(3)(ACI 18.9.3.2)에 따라 최소 하부 부착철근을 배치할 필요가 없다

ⓒ 남북방향 기둥 라인 2 : Ⓐ~Ⓑ 경간 3.5 m 떨어진 위치

그림 12.30b : $e_0 = 61.5 - 113.3\,[\,(3.5 - 3.394)/4.606\,]^2 = 61.5 - 0.060 = 61.4$ (mm)

$A_{ps} = 98.71(33) = 3{,}159$ (mm^2/8 m)

도입직후 $f_{pi} = 1{,}281$ MPa일 때의 압축응력 검토 : $f_{ci} = 25$ MPa

$\therefore\ f_b = P_i/A_g = (1{,}281)(98.71)(32)/(1.44 \times 10^6) = 2.81$ (MPa)

$< \bar{f}_{cs} = 15.0$ MPa <OK>

손실 후 $f_{pe} = 1{,}192$ MPa일 때의 균등한 압축응력 : $M_{s\ (@\ 3.5\ m)} = 322.9$ kN · m

등가골조 폭 8 m :

$P_e/A_g = A_{ps}f_{pe}/A_g = (3{,}159)(1{,}192)/(1.44 \times 10^6)$

$= 3{,}765.5 \times 10^3/(1.44 \times 10^6) = 2.61$ (MPa)

주열대 폭 4 m : 긴장재 개수 23 개 (표 12.3 참고)

$P_e e/S = (98.71)(23)(1{,}192)(61.4)/(21.6 \times 10^6)$

$= (2{,}706 \times 10^3)(61.5)/(21.6 \times 10^6) = 7.70$ (MPa)

정모멘트 구역 4 m 주열대가 60% M_s 지지하도록 규정[구조기준 10.4.4(4), ACI 13.6.4.4] :

$0.6M_s/S = (0.6)(322.9 \times 10^6) / (21.6 \times 10^6) = 8.97$ (MPa)

상연응력 : $f_t = P_e/A_g - P_e e/S + 0.6M_s/S = 2.61 - 7.70 + 8.97 = 3.89$ (MPa)

$< \bar{f}_{cs} = 0.6f_{ck} = 0.6(35) = 21.0$ MPa <OK>

하연응력 : $f_b = P_e/A_g + P_e e/S - 0.6M_s/S = 2.61 + 7.70 - 8.97 = 1.34$ (MPa)

$> \bar{f}_{ts} = -0.5\sqrt{f_{ck}} = -0.5\sqrt{35} = -2.96$ (MPa) <OK>

$> -0.17\sqrt{f_{ck}} = -0.17\sqrt{35} = -1.01$ (MPa) <OK>

$-0.17\sqrt{f_{ck}} = -1.01$ (MPa) 이상이므로 구조기준 9.5.3(3)(ACI 18.9.3.2)에 따라 최소 하부 부착철근을 배치할 필요가 없다

ⓓ 남북방향 기둥 라인 2 : Ⓑ~Ⓒ 경간 4.0 m 떨어진 위치

그림 12.30b : $e_0 = 36.2$ mm ; 그 외의 계산은 표 12.5a를 참고한다.

ⓔ 남북방향 기둥 라인 2 : Ⓒ~Ⓓ 경간 4.28 m 떨어진 위치

그림 12.30b : $e_0 = 44.0 - 76.1[(4.28-4.0)/4.28]^2 = 43.7$ (mm) ; 그 외의 계산은 표 12.5a를 참고한다.

② **부모멘트 구역 검토** :

ⓐ 동서방향 기둥 라인 B : ② 라인 0.275 m 떨어진 외측 면

그림 12.3a 및 12.30a : $e_0 = -52.0 + 19.1\,(0.275/0.8)^2 = -49.7$ (mm)

$A_{ps} = 98.71(30) = 2{,}961$ (mm^2/8 m)

도입직후 $f_{pi} = 1{,}232$ MPa(표 12.2 참고)일 때의 압축응력 검토 : $f_{ci} = 25$ MPa

$\therefore\ f_b = P_i/A_g = (1{,}232)(98.71)(30)/(1.44 \times 10^6) = 2.53$ (MPa)

$< \bar{f}_{cs} = 15.0$ (MPa) <OK>

손실 후 $f_{pe} = 1{,}143$ MPa일 때의 균등한 압축응력 : $M_{s\ (@\ 7.725\ m)} = -303.0$ kN · m

등가골조 폭 8 m :

$P_e/A_g = A_{ps}f_{pe}/A_g = (2{,}961)(-1{,}143)/(1.44 \times 10^6)$

$= 3{,}384.7 \times 10^3/(1.44 \times 10^6) = 2.35$ (MPa)

주열대 폭 4 m : 긴장재 개수 15 + 7 = 22개 (표 12.3 참고)

$P_e e/S = (98.71)(22)(1{,}143)(-49.7)/(21.6 \times 10^6)$

$= (2{,}482 \times 10^3)(-49.7)/(21.6 \times 10^6) = -5.72$ (MPa)

부모멘트 구역 4 m 주열대가 75% M_s 지지하도록 규정[구조기준 10.4.4(1), ACI 13.6.4.1] :

$0.75M_s/S = (0.75)(-303.0 \times 10^6)/(21.6 \times 10^6) = -10.52$ (MPa)

상연응력 : $f_t = P_e/A_g - P_e e/S + 0.6M_s/S = 2.35 - (-5.72) - 10.52$

$= -2.45$ (MPa)

$> \bar{f}_{ts} = -0.5\sqrt{f_{ck}} = -0.5\sqrt{35} = -2.96$ MPa <OK>

하연응력 : $f_b = P_e/A_g + P_e e/S - 0.6M_s/S = 2.35 + (-5.72) - (-10.52)$

$= 7.16$ (MPa)

$< \bar{f}_{cs} = 0.6f_{ck} = 0.6(35) = 21.0$ MPa <OK>

ⓑ 동서방향 기둥 라인 B : ③ 라인 0.275 m 떨어진 내측 면

그림 12.3a 및 12.30a : $e_0 = -52.0 + 22.7\,(0.275/0.8)^2 = -49.3$ (mm)

$A_{ps} = 98.71(20) = 1{,}974$ (mm^2/8 m)

도입직후 $f_{pi} = 1{,}269$ MPa일 때의 압축응력 검토 : $f_{ci} = 25$ MPa

$\therefore\ f_b = P_i/A_g = (1{,}269)(98.71)(20)/(1.44 \times 10^6) = 1.74$ (MPa)

$< \bar{f}_{cs} = 15.0$ (MPa) <OK>

손실 후 $f_{pe} = 1{,}180$ MPa일 때의 균등한 압축응력 : $M_{s\ (@\ 7.725\ m)} = -228.0$ kN·m

등가골조 폭 8 m :

$P_e/A_g = A_{ps}f_{pe}/A_g = (98.71)(20)(1{,}180)/(1.44 \times 10^6)$

$= 2{,}330 \times 10^3/(1.44 \times 10^6) = 1.62$ (MPa)

주열대 폭 4 m : 긴장재 개수 15 개 (표 12.3 참고)

$P_e e/S = (98.71)(15)(1{,}180)(-49.3)/(21.6 \times 10^6)$

$= (1{,}747 \times 10^3)(-49.3)/(21.6 \times 10^6) = -3.99$ (MPa)

부모멘트 구역 4 m 주열대가 75% M_s 지지하도록 규정[구조기준 10.4.4(1), ACI 13.6.4.1] :

$0.75M_s/S = (0.75)(-228.0 \times 10^6)\ /\ (21.6 \times 10^6) = -7.92$ (MPa)

상연응력 : $f_t = P_e/A_g - P_e e/S + 0.6M_s/S = 1.62 - (-3.99) + (-7.92)$

$= -2.31$ (MPa)

$> \bar{f}_{ts} = -0.5\sqrt{f_{ck}} = -0.5\sqrt{35} = -2.96$ MPa <OK>

하연응력 : $f_b = P_e/A_g + P_e e/S - 0.6M_s/S = 1.62 + (-3.99) - (-7.92)$

$= 5.55$ (MPa)

$< \bar{f}_{cs} = 0.6f_{ck} = 0.6(35) = 21.0$ MPa <OK>

ⓒ 남북방향 기둥 라인 2 : Ⓑ 라인 0.275 m 떨어진 외측 면

그림 12.3a 및 12.30b : $e_0 = -35.0 + 16.8\,(0.275/0.8)^2 = -33.0$ (mm)

$A_{ps} = 98.71(30) = 2{,}961$ (mm^2/8 m)

도입직후 $f_{pi} = 1{,}281$ MPa일 때의 압축응력 검토 : $f_{ci} = 25$ MPa

$\therefore\ f_b = P_i/A_g = (1{,}281)(98.71)(30)/(1.44 \times 10^6) = 2.63$ (MPa)

$< \bar{f}_{cs} = 15.0$ (MPa) <OK>

손실 후 $f_{pe} = 1{,}192$ MPa일 때의 균등한 압축응력 : $M_{s\ (@\ 7.725\ m)} = -270.0$ kN·m

등가골조 폭 8 m :

$P_e/A_g = A_{ps}f_{pe}/A_g = (98.71)(32)(1{,}192)/(1.44 \times 10^6)$

$= 3{,}765 \times 10^3/(1.44 \times 10^6) = 2.61$ (MPa)

주열대 폭 4 m : 긴장재 개수 23 개 (표 12.3 참고)

$P_e e/S =$ (98.71)(23)(1,192)(−33.0)/(21.6 × 10^6)

$=$ (2,706 × 10^3)(−33.0)/(21.6 × 10^6) = −4.14 (MPa)

부모멘트 구역 4 m 주열대가 75% M_s 지지하도록 규정[구조기준 10.4.4(1), ACI 13.6.4.1] :

$0.75M_s/S =$ (0.75)(−270.0 × 10^6) / (21.6 × 10^6) = −9.38 (MPa)

상연응력 : $f_t = P_e/A_g - P_e e/S + 0.6M_s/S =$ 2.61 −(−4.14) +(−9.38)

= −2.62 (MPa)

> $\bar{f}_{ts} = -0.5\sqrt{f_{ck}} = -0.5\sqrt{35}$ = −2.96 MPa <*OK*>

하연응력 : $f_b = P_e/A_g + P_e e/S - 0.6M_s/S =$ 2.61 +(−4.14) −(−9.38)

= 7.85 (MPa)

< $\bar{f}_{cs} = 0.6f_{ck} =$ 0.6(35) = 21.0 MPa <*OK*>

(13) 휨강도 검토 : 비부착 긴장재를 배치하였으므로 최소강재량 조건인 $\phi M_n \geq 1.2M_{cr}$ 은 검토하지 않아도 된다(4.4.5장 참고).

① **정모멘트 구역 검토** :

ⓐ 동서방향 기둥 라인 B : ①~② 경간 3.5 m 떨어진 위치, M_u = 380.4 kN·m

A_{ps} = 98.71(30) = 2,961 (mm²/8 m) ; d_p = 90 + 61.1 = 151.1 (mm)

A_s = 0 (mm²) ; d_s = 180 −25 = 155 (mm)

$\rho_p = A_{ps}/bh$ = 2,961 / (8,000 × 180) = 0.00206

$f_{ck}/300\rho_p$ = 35 / (300 × 0.00206) = 56.6

f_{pe} = 0.581 (1,860) = 1,082 (MPa)

식 (4.58) : $f_{ps} = f_{pe} + 70 + f_{ck}/300\rho_p =$ 1,082 + 70 + 56.6 = 1,209 (MPa)

< [f_{py} 또는 $f_{pe} + 210$] = [1,674 또는 1,082+210 = 1,292]

= 1,292 (MPa) <*OK*>

$A_{ps}f_{ps} + A_s f_y =$ (2,961)(1,209) + 0 = 3,579,994 (N)

$b d_p f_{ck} =$ 8,000(151.1)(35) = 42.308 × 10^6 (N)

식 (4.29) : $\omega_e = (A_{ps}f_{ps} + A_s f_y)/(b d_p f_{ck}) =$ 3,579,994 / (42.308 × 10^6)

= 0.0846 < $0.32\beta_1$ = 0.32(0.801) = 0.256

∵ 인장지배 단면, ϕ = 0.85 이다.

식 (4.30) : $a = 1.18\omega_e d_p =$ 1.18(0.0846)(151.1) = 15.1 (mm)

식 (4.35) : $M_n = A_{ps}f_{ps}(d_p - a/2) =$ 3,579,994 (151.1 − 15.1/2) / 10^6

∴ M_n = 514.0 kN·m > M_u/ϕ = 380.4 /0.85 = 447.5 (kN·m) <*OK*>

ⓑ 동서방향 기둥 라인 B : ②~③ 경간 4.06 m 떨어진 위치, M_u = 258.7 kN · m

A_{ps} = 98.71(20) = 1,974 (mm^2/8 m) ; d_p = 90 + 61.5 = 151.5 (mm)

A_s = 0 (mm^2) ; d_s = 180 − 25 = 155 (mm)

$\rho_p = A_{ps}/bh$ = 1,974 / (8,000 × 180) = 0.00137

$f_{ck}/300\rho_p$ = 35 / (300 × 0.00137) = 85.2

$f_{ps} = f_{pe} + 70 + f_{ck}/300\rho_p$ = 1,082 + 70 + 85.2 = 1,237 (MPa)

< [f_{py} 또는 $f_{pe}+210$] = [1,674 또는 1,082+210 = 1,292]

= 1,292 (MPa) <OK>

$A_{ps}f_{ps} + A_s f_y$ = (1,974)(1,237) + 0 = 2,442,662 (N)

$b d_p f_{ck}$ = 8,000(151.5)(35) = 42.42 × 10^6 (N)

$\omega_e = (A_{ps}f_{ps} + A_s f_y)/(b d_p f_{ck})$ = 2,442,662 / (42.42 × 10^6) = 0.0576

< $0.32\beta_1$ = 0.32(0.801) = 0.256 ; ∵ 인장지배 단면, ϕ = 0.85 이다.

$a = 1.18\omega_e d_p$ = 1.18(0.0576)(151.5) = 10.3 (mm)

$M_n = A_{ps}f_{ps}(d_p - a/2)$ = 2,442,662 (151.5 − 10.3/2) / 10^6 = 357.4 (kN · m)

∴ M_n = 357.4 kN · m > M_u/ϕ = 258.7 /0.85 = 304.4 (kN · m) <OK>

ⓒ 남북방향 기둥 라인 2 : Ⓐ~Ⓑ 경간 3.5 m 떨어진 위치, M_u = 398.7 kN · m

A_{ps} = 98.71(32) = 3,159 (mm^2/8 m) ; d_p = 90 + 61.4 = 151.4 (mm)

A_s = 0 (mm^2) ; d_s = 180 − 25 = 155 (mm)

$\rho_p = A_{ps}/bh$ = 3,159 / (8,000 × 180) = 0.00219

$f_{ck}/300\rho_p$ = 35 / (300 × 0.00219) = 53.3

$f_{ps} = f_{pe} + 70 + f_{ck}/300\rho_p$ = 1,082 + 70 + 53.3 = 1,205 (MPa)

< [f_{py} 또는 $f_{pe}+210$] = [1,674 또는 1,082+210 = 1,292]

= 1,292 (MPa) <OK>

$A_{ps}f_{ps} + A_s f_y$ = (3,159)(1,205) + 0 = 3,807,460 (N)

$b d_p f_{ck}$ = 8,000(151.4)(35) = 42.39 × 10^6 (N)

$\omega_e = (A_{ps}f_{ps} + A_s f_y)/(b d_p f_{ck})$ = 3,807,460 / (42.39 × 10^6) = 0.0898

< $0.32\beta_1$ = 0.32(0.801) = 0.256 ; ∵ 인장지배 단면, ϕ = 0.85 이다.

$a = 1.18\omega_e d_p$ = 1.18(0.0898)(151.4) = 16.0 (mm)

$M_n = A_{ps}f_{ps}(d_p - a/2)$ = 3,807,460 (151.4 − 16.0/2) / 10^6 = 546.1 (kN · m)

∴ M_n = 546.1 kN · m > M_u/ϕ = 398.7 /0.85 = 469.1 (kN · m) <OK>

ⓓ 남북방향 기둥 라인 2 : Ⓑ~Ⓒ 경간 4.0 m 떨어진 위치, M_u = 247.8 kN · m

상세 계산은 표 12.5a를 참고하며, $M_n > M_u/\phi$ 을 만족한다.

ⓔ 남북방향 기둥 라인 2 : Ⓒ~Ⓓ 경간 4.28 m 떨어진 위치, M_u = 324.4 kN·m
상세 계산은 표 12.5a를 참고하며, $M_n > M_u/\phi$ 을 만족한다.

② **부모멘트 구역 검토** :

ⓐ 동서방향 기둥 라인 B : ② 외측 면 0.275 m 떨어진 위치, M_u = −410.4 kN·m

그림 12.3a 및 12.30a : $e_0 = -52.0 + 19.1\,(0.275/0.8)^2 = -49.7$ (mm)

$A_{ps} = 98.71(30) = 2{,}961$ (mm²/8 m) ; $d_p = 90 - (-49.7) = 139.7$ (mm)

A_s = 16−D10 = 16(71.3) = 1,140.8 (mm²) ; $d_s = 180 - 25 = 155$ (mm)

$\rho_p = A_{ps}/bh = 2{,}961\,/\,(8{,}000 \times 180) = 0.00206$

$f_{ck}/300\rho_p = 35\,/\,(300 \times 0.00206) = 56.6$

$f_{pe} = 0.581(1{,}860) = 1{,}082$ (MPa)

$f_{ps} = f_{pe} + 70 + f_{ck}/300\rho_p = 1{,}082 + 70 + 56.6 = 1{,}209$ (MPa)

$< [f_{py}$ 또는 $f_{pe} + 210]$ = [1,674 또는 1,082+210 = 1,292]

= 1,292 (MPa) <OK>

$A_{ps}f_{ps} + A_s f_y = (2{,}961)(1{,}215) + (1{,}140.8)(400) = 3{,}579{,}994 + 456{,}320$

= 4,036,314 (N)

$b\,d_p f_{ck} = 8{,}000(139.7)(35) = 39.116 \times 10^6$ (N)

$\omega_e = (A_{ps}f_{ps} + A_s f_y)/(b\,d_p f_{ck}) = 4{,}036{,}314\,/\,(39.116 \times 10^6) = 0.1032$

$< 0.32\beta_1 = 0.32(0.801) = 0.256$; ∵ 인장지배 단면, $\phi = 0.85$ 이다.

$a = 1.18\,\omega_e\,d_p = 1.18(0.1032)(139.7) = 17.0$ (mm)

$M_n = [A_{ps}f_{ps}(d_p - a/2) + A_s f_y(d_s - a/2)]/10^6$

$= [\,3{,}579{,}994(139.7 - 17.0/2) + 456{,}320(155 - 17.0/2)\,]/\,10^6 = 536.7$ (kN·m)

∴ $M_n = 536.7$ kN·m $> M_u/\phi = 410.4\,/0.85 = 482.8$ (kN·m) <OK>

ⓑ 동서방향 기둥 라인 B : ③ 내측 면 0.275 m 떨어진 위치, M_u = −314.1 kN·m

그림 12.3a 및 12.30a : $e_0 = -52.0 + 22.7(0.275/0.8)^2 = -49.3$ (mm)

$A_{ps} = 98.71(20) = 1{,}974$ (mm²/8 m) ; $d_p = 90 - (-49.3) = 139.3$ (mm)

A_s = 16−D10 = 16(71.3) = 1,140.8 (mm²) ; $d_s = 180 - 25 = 155$ (mm)

$\rho_p = A_{ps}/bh = 1{,}974\,/\,(8{,}000 \times 180) = 0.00137$

$f_{ck}/300\rho_p = 35\,/\,(300 \times 0.00137) = 85.2$

$f_{pe} = 0.581(1{,}860) = 1{,}082$ (MPa)

$f_{ps} = f_{pe} + 70 + f_{ck}/300\rho_p = 1{,}082 + 70 + 85.2 = 1{,}237$ (MPa)

$< [f_{py}$ 또는 $f_{pe} + 210]$ = [1,674 또는 1,082+210 = 1,292]

= 1,292 (MPa) <OK>

표 12.5a 사용응력과 설계강도 검토 : 정모멘트 위험단면

	B: 1-2 중앙	B: 2-3 중앙	2: A-B 중앙	2: B-C 중앙	2: C-D 중앙	
	3.5 m	4.06 m	3.5 m	4.0 m	4.28 m	
$e =$	61.1	61.5	61.4	36.2	43.7	mm
$M_s = M_2 + M_G + M_{(SD+L)}$	305.00	204.60	322.90	196.20	256.20	kN.m
$M_u = 1.2M_{(G+SD)} + 1.6M_L + M_2$	380.40	258.70	398.70	247.80	324.40	kN.m
초기응력 $f_{pi} =$	1,232	1,269	1,281			MPa
등가골조 배치 긴장재 수	30	20	32			개
압축응력 $f_{pi}A_b$x개수$/A_g$	2.53	1.74	2.81			MPa
압축응력 한계 bar $f_{ci} = 0.6\ f_{ci}$	15.0					<OK>
유효응력 f_{pe}	1,143	1,180	1,192			MPa
압축응력 $P_e/A_g = f_{pe}A_b$x개수$/A_g$	2.35	1.62	2.61			MPa
4 m 주열대 긴장재 수	**22**	**15**	**23**			개
4 m 주열대 $P_e = f_{pe}A_b$x개수	2,482	1,747	2,706			kN
$P_e\ e/S$	7.02	4.97	7.70	4.54	5.47	MPa
정모멘트 구역 : $0.6\ M_s/S$	8.47	5.68	8.97	5.45	7.12	MPa
$f_{t\,(상연)} = P_e/A_g - P_e e/S + 0.6M_s/S$	3.80	2.33	3.89	3.53	4.26	MPa
$f_{b\,(하연)} = P_e/A_g + P_e e/S - 0.6M_s/S$	0.90	0.91	1.34	1.70	0.97	MPa
압축응력 한계 bar $f_{cs} = 0.6\ f_{ck}$	21.0					<OK>
인장응력 한계 bar $f_{ts} = -0.5\sqrt{f_{ck}}$	-2.96					<OK>
하부 부착철근 $f_b < -0.17\sqrt{f_{ck}}$	-1.01					
하부 부착철근 배치 유무	<NO>	<NO>	<NO>	<NO>	<NO>	
$A_{ps} =$	2,961	1,974	3,159			mm^2
$\rho_p = A_{ps}/bh$	0.00206	0.00137	0.00219			
$f_{pe} = 0.85(\ 0.925 \times 0.74\ f_{pu})$	1,082					MPa
$f_{ps} = f_{pe} + 70 + f_{ck}/300\ \rho_p$	1,209	1,237	1,205			MPa
$A_{ps}\ f_{ps} =$	3,579,994	2,442,662	3,807,460			
$d_p =$	151.1	151.5	151.4	126.2	133.7	mm
$\omega_e = (A_{ps}\ f_{ps}) / (bd_p\ f_{ck})$	0.0846	0.0576	0.0898	0.1078	0.1017	
$< 0.32\ \beta_1 =$	0.256					
인장지배단면 검토 :	<OK>	<OK>	<OK>	<OK>	<OK>	
$\varphi =$	0.85	0.85	0.85	0.85	0.85	
$a = 1.18\ \omega_e\ d_p$	15.1	10.3	16.0	16.0	16.0	mm
$M_n = A_{ps}f_{ps}\ (d_p - a/2)$	514.0	357.4	546.1	450.0	478.4	kN.m
소요 설계강도 $M_u/\varphi =$	447.5	304.4	469.1	291.5	381.6	kN.m
설계강도 검토 : $M_n > M_u/\varphi$	<OK>	<OK>	<OK>	<OK>	<OK>	

표 12.5b 사용응력과 설계강도 검토 : 부모멘트 위험단면

		동서 방향 기둥 B 라인		남북 방향	
		B: 2 면	B: 3 면	2: B 면	
		0.275 m 면	0.275 m 면	0.275 m 면	
	e =	-49.7	-49.3	-33.0	mm
	$M_s = M_2 + M_G + M_{(SD+L)}$	-303.00	-228.00	-270.00	kN.m
	$M_u = 1.2M_{(G+SD)} + 1.6M_L + M_2$	-410.40	-314.10	-376.30	kN.m
P_i	초기응력 f_{pi} =	1,232	1,269	1,281	MPa
	배치 긴장재 수	**30**	20	**32**	개
	압축응력 $f_{pi}A_b$x개수/A_g	2.53	1.74	2.81	MPa
	압축응력 한계 bar $f_{ci} = 0.6\ f_{ci}$		15.0		<OK>
P_e	유효응력 f_{pe}	1,143	1,180	1,192	MPa
	압축응력 P_e/A_g=$f_{pe}A_b$x개수/A_g	2.35	1.62	2.61	MPa
	4 m 주열대 긴장재 수	**22**	**15**	**23**	개
	4 m 주열대 $P_e = f_{pe}A_b$x개수	2,482	1,747	2,706	kN
	P_e e/S	-5.72	-3.99	-4.14	MPa
	부모멘트 구역 : 0.75 M_s /S	-10.52	-7.92	-9.38	MPa
	$f_{t\,(상연)} = P_e/A_g - P_e e/S + 0.75M_s/S$	**-2.45**	-2.31	**-2.62**	MPa
	$f_{b\,(하연)} = P_e/A_g + P_e e/S - 0.75M_s/S$	7.16	5.55	7.85	MPa
	압축응력 한계 bar $f_{cs} = 0.6\ f_{ck}$		21.0		<OK>
	인장응력 한계 bar $f_{ts} = -0.5\sqrt{f_{ck}}$		-2.96		<OK>
$M_n > M_u / \Phi$	A_{ps} =	2,961	1,974	3,159	mm^2
	$\rho_p = A_{ps}/bh$	0.00206	0.00137	0.00219	
	$f_{pe} = 0.85(\ 0.925 \times 0.74\ f_{pu})$	1,082	1,082	1,082	MPa
	$f_{ps} = f_{pe} + 70 + f_{ck} / 300\ \rho_p$	1,209	1,237	1,205	MPa
	$A_{ps}\ f_{ps}$ =	3,579,994	2,442,662	3,807,460	
	A_s =	1,140.8	1,140.80	1,140.8	mm^2
	$A_s\ f_y$ =	456,320	456,320	456,320	
	$A_{ps}\ f_{ps} + A_s\ f_y$ =	4,036,314	2,898,982	4,263,780	
	d_p =	139.7	139.3	123.0	mm
	d_s =	155	155	155	mm
	$\omega_e = (A_{ps}\ f_{ps} + A_s\ f_y) / (bd_p\ f_{ck})$	0.1032	0.0743	0.1238	
	$< 0.32\ \beta_1$ =		0.256		
	인장지배단면 검토 :	<OK>	<OK>	<OK>	
	φ =	0.85	0.85	0.85	
	$a = 1.18\ \omega_e\ d_p$	17.0	12.2	18.0	mm
	$M_n = A_{ps}f_{ps}\ (d_p - a/2) + A_s f_y\ (d_s - a/2)$	536.7	393.3	500.8	kN.m
	소요 설계강도 M_u/φ =	482.8	369.5	442.7	kN.m
	설계강도 검토 : $M_n > M_u/\varphi$	<OK>	<OK>	<OK>	

$A_{ps}f_{ps} + A_s f_y = $ (1,974)(1,237) + (1,140.8)(400)

= 2,442,662 + 456,320 = 2,898,982 (N)

$b\,d_p f_{ck} = $ 8,000(139.3)(35) = 39.0 × 10^6 (N)

$\omega_e = (A_{ps}f_{ps} + A_s f_y)/(b\,d_p f_{ck}) = $ 2,898,982 / (39.0 × 10^6) = 0.0743

< $0.32\beta_1$ = 0.32(0.801) = 0.256 ; ∵ 인장지배 단면, ϕ = 0.85 이다.

$a = 1.18\,\omega_e\,d_p$ = 1.18(0.0743)(139.3) = 12.2 (mm)

$M_n = [A_{ps}f_{ps}(d_p - a/2) + A_s f_y(d_s - a/2)]/10^6$

= [2,442,662(139.3−12.2/2) + 456,320(155−12.2/2)]/ 10^6

= 393.3 (kN・m)

∴ M_n = 393.3 kN・m > M_u/ϕ = 314.1 /0.85 = 369.5 (kN・m) <OK>

ⓒ 남북방향 기둥 라인 2 : Ⓑ 외측 면 0.275 m 떨어진 위치, M_u = −376.3 kN・m ;

그림 12.3a 및 12.30a : e_0 = −35.0 + 16.8(0.275/0.8)^2 = −33.0 (mm)

A_{ps} = 98.71(32) = 3,159 (mm^2/8 m) ; d_p = 90 −(−33.0) = 123.0 (mm)

A_s = 16−D10 = 16(71.3) = 1,140.8 (mm^2) ; d_s = 180 −25 = 155 (mm)

$\rho_p = A_{ps}/bh$ = 3,159 / (8,000 × 180) = 0.00219

$f_{ck}/300\,\rho_p$ = 35 / (300 × 0.00219) = 53.3

f_{pe} = 0.581(1,860) = 1,082 (MPa)

$f_{ps} = f_{pe} + 70 + f_{ck}/300\rho_p$ = 1,082 + 70 + 56.7 = 1,205 (MPa)

< [f_{py} 또는 $f_{pe} + 210$] = [1,674 또는 1,082+210 = 1,292]

= 1,292 (MPa) <OK>

$A_{ps}f_{ps} + A_s f_y = $ (3,159)(1,205) + (1,140.8)(400)

= 3,807,460 + 456,320 = 4,263,780 (N)

$b\,d_p f_{ck} = $ 8,000(123.0)(35) = 34.44 × 10^6 (N)

$\omega_e = (A_{ps}f_{ps} + A_s f_y)/(b\,d_p f_{ck}) = $ 4,263,780 / (34.44 × 10^6) = 0.1238

< $0.32\beta_1$ = 0.32(0.801) = 0.256 ; ∵ 인장지배 단면, ϕ = 0.85 이다.

$a = 1.18\,\omega_e\,d_p$ = 1.18(0.1238)(123.0) = 18.0 (mm)

$M_n = [A_{ps}f_{ps}(d_p - a/2) + A_s f_y(d_s - a/2)]/10^6$

= [3,807,460(123.0−18.0/2) + 456,320(155−18.0/2)]/ 10^6

= 500.8 (kN・m)

∴ M_n = 500.8 kN・m > M_u/ϕ = 376.3 /0.85 = 442.7 (kN・m) <OK>

(14) 전단과 휨모멘트 전달강도 검토 :

① **단부 경간에 접한 내부기둥 B2 검토** : 기둥 B2는 양방향으로 단부 경간을 접하고 있기 때문에 가장 큰 뚫림전단력이 작용하게 되고, 상당한 휨모멘트를 전달하여야 한다. 기둥 B2의 전단력이 0인 선을 연결한 **부하면적(tributary area)**은 그림 12.33의 휨모멘트가 최대인 위치로부터 구할 수 있다.

ⓐ 기둥 B2의 뚫림전단에 대한 부하면적 A 및 계수전단력 계산 :

그림 12.34 : $A = (4.50 + 4.06) \times (4.50 + 4.0) = 8.56(8.5) = 72.76\ (\text{m}^2)$

이 부하면적은 바닥판의 중심선을 따라 전단력이 0인 선을 가정할 수 있는 내부기둥의 부하면적 $8.0 \times 8.0 = 64.0\ \text{m}^2$에 비해서 14% 증가한 값을 준다.

유효깊이 : $d = 0.8h = 0.8(180) = 144\ (\text{mm})$; $c_1 + d = 0.55 + 0.144 = 0.694\ (\text{m})$

$b_o = 4(c_1 + d) = 4(0.694) = 2.776\ (\text{m})$

뚫림전단 계수전단력 :

$V_u = [1.2w_{(G+SD)} + 1.6w_L] \times$ (부하면적 − 기둥 b_o로 둘러싸인 면적)

$\therefore\ V_u = [\ 1.2(4.23+1.5) + 1.6(2.5)\ ]\ (72.76 - 0.694^2) = 10.876(72.28)$

$= 786.1\ (\text{kN})$

$\therefore\ V_u/\phi = 786.1 / 0.75 = \underline{1{,}048\ (\text{kN})}$

ⓑ 프리스트레싱으로 인한 수직성분 V_p 계산 : 양방향으로 위험단면을 통과하는 긴장재로 인한 수직 전단의 기여를 합하여 계산한다(그림 12.24 참고).

식 (12.12)에서 공칭전단강도 V_c 계산에 V_p를 포함시킬 수 있는 조건은 ① $f_{ck} =$ 35 MPa ≤ 35 MPa <OK> ; ② $f_{ge} = P_e/A_g = 0.88 \sim 3.5$ MPa 구간이어야 하므로 표 12.5b에서 $f_{ge} = 2.35$ MPa [> 0.88 MPa ; < 3.5 MPa] *<OK>* ; 따라서 계산에 V_p를 포함시킬 수 있다.

위험단면의 폭 = $c_1 + d = 694$ mm를 통과하는 긴장재의 개수 : 표 12.3에서 기둥의 폭 550 mm 안에 통과하는 긴장재의 수는 9개이다.

식 (12.13) : $V_p = \sum \dfrac{2Ph_2}{(\beta l_1)^2}(c_1 + d)$

남북방향 : $2Ph_2 = 2(9 \times 98.71 \times 1{,}192)(16.8) = 2(1.059 \times 10^6)(16.8)$

$= 35.581 \times 10^6$

$(bl_1)^2 = 800^2 = 0.640 \times 10^6$

동서방향 : $2Ph_2 = 2(9 \times 98.71 \times 1{,}180)(19.1) = 2(1.048 \times 10^6)(19.1)$

$= 40.045 \times 10^6$

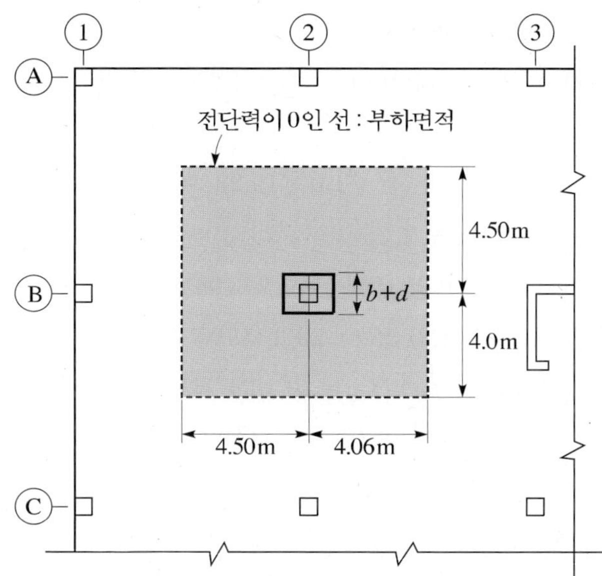

그림 12.34 기둥 B2의 부하면적(tributary area) [Collins 1987(535)]

$$V_p = \sum \frac{2Ph_2}{(\beta l_1)^2}(c_1+d) = 0.694(35.581 \times 10^6)/(0.640 \times 10^6) + 0.694(40.045 \times 10^6)/(0.640 \times 10^6)$$

$$= 38.6 + 43.4$$

$$\therefore\ v_p = V_p/(b_o d) = 82.0 \times 10^3 /(2,776 \times 144) = 0.21\ (\text{MPa})$$

ⓒ 기둥 양면의 불균형 모멘트 계산 : 기둥 B2가 전달해야 되는 불균형 모멘트는 표 12.4에서 읽어서 계산하면 그림 12.35와 같다.

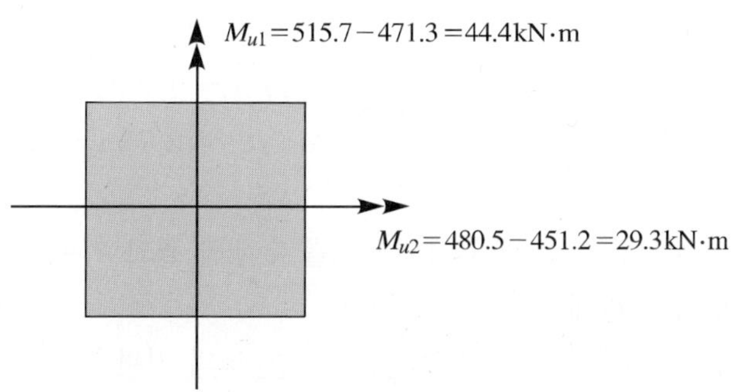

그림 12.35 기둥 B2가 전달해야 되는 불균형 모멘트

ⓓ 콘크리트의 전면 또는 후면의 편심전단강도 v_n 계산 :

식 (12.15) : $v_n = v_c + v_p + 0.4v_s \leq (0.34f_{ck})(c_u/d)$

$b_o/d = 2{,}776/144 = 19.28$

$k_s = (300/d)^{0.25} = (300/144)^{0.25} = 1.20 \le \underline{1.0}$ <N.G.>

$\therefore\ k_s = 1.0$

$k_{b0} = 4/\sqrt{\alpha_s(b_o/d)} = 4/\sqrt{1.0 \times 19.28} = 0.911 \le 1.25$ <OK>

(내부기둥 : $\alpha_s = 1.0$)

$f_{te} = 0.21\sqrt{f_{ck}} = 0.21\sqrt{35} = 1.24$ (MPa)

$f_{cc} = (2/3)f_{ck} = (2/3)\,35 = 23.3$ (MPa)

$\cot\psi = \sqrt{f_{te}(f_{te}+f_{cc})}/f_{te} = \sqrt{1.24(1.24+23.3)}/1.24 = 4.45$

$\rho = A_{ps}/b\,d_p = 2{,}961/\ (8{,}000 \times 144) = 0.00257 < 0.005\ ;\ \therefore\ \rho = 0.005$

$\rho/f_{ck} = 0.005/35 = 0.000143$

$c_u/d = 25\sqrt{\rho/f_{ck}} - 300(\rho/f_{ck}) = 25\sqrt{0.000143} - 300(0.000143) = 0.256$

$\therefore\ v_c = \lambda k_s k_{b0} f_{te}\cot\psi\,(c_u/d) = (1.0)(1.0)(0.911)(1.24)(4.45)(0.256)$

$= \underline{1.29\ \text{(MPa)}}$

$\therefore\ v_n = v_c + v_p + 0.4v_s = 1.29 + 0.21 + 0 = 1.49$ (MPa)

$< 0.34f_{ck}(c_u/d) = 0.34(35)(0.256) = 3.05$ (MPa) <OK>

ⓔ 2방향 뚫림전단강도 검토 :

식 (12.12) : $V_c = v_c(b_o d) + V_p = [\lambda k_s k_{b0} f_{te}\cot\psi(c_u/d)]\,b_o d + V_p$

$= 1.29(2{,}776)(144)/1{,}000 + 82.0 = 515.0 + 82.0$

$= 597.1$ (kN)

$< V_u/\phi = 786.1\ /\ 0.75 = 1{,}048$ kN <N.G.>[7]

만약에 이를 만족시키기 위해서 구조기준 10.3.4(ACI 13.2.5)에 따라 지판(drop panel)을 배치한다면, 지판두께 ≥ 1.25 h $= 1.25(180) = 225$ mm ; 지판의 크기 = 각 방향으로 $l/6$ 이상을 연장 $= 8.0/3 = 2.7$ m → 3.0 m × 3.0 m 크기로 배치한다.

스프레드시트를 이용해서 시행착오를 수행한 결과 지판의 전체두께 ≥ h = 242.3 mm이면 만족하게 된다.

∴ <u>h (설계) = 245 mm에 3.0 m × 3.0 m의 지판을 B2 기둥 받침부에 장착</u>한다. 이렇게 구조기준에 따라 만족한 결과를 주는 슬래브 두께 245 mm는 180 mm에 비해서(CSA Code에서 만족하는 두께) 두께를 36% 증가시키는 결과를 주고 있다.

---

7. Collins-Mitchell(1987)은 캐나다 설계기준(CSA Code)에 따라 본 예제를 설계하면서 2방향 전단설계 검토에서 만족의 결과를 주고 있다.

ⓕ 콘크리트의 측면 편심전단강도 v_{nT} 계산 : 식 (12.16)

$0.63\lambda\sqrt{f_{ck}} = 0.63(1.0)\sqrt{35} = 3.73$ (MPa)

$\therefore\ v_{nT} = 0.63\lambda\sqrt{f_{ck}} + v_p + v_s = 3.73 + 0.21 + 0 = 3.93$ (MPa)

$< 0.34 f_{ck}(c_u/d) = 0.34(35)(36.86/144) = 3.05$ (MPa) <N.G.>

$\therefore\ v_{nT} = \underline{3.05\ \text{MPa}}$

ⓖ 전면과 후면 불균형휨모멘트 강도 $M_S = M_{sf} + M_{Sb}$ 계산 :

$c_1 + d = c_2 + d = 0.55 + 0.144 = 0.694$ (m)

$V_g = w_u(c_1+d)(c_2+d) = 10.876\ (0.694^2) = 5.24$ (kN)

$v_g = V_g / b_o d = 5.24 \times 10^3 \ /\ (2{,}776 \times 144) = 0.013$ (MPa)

$v_n - v_g = 1.49 - 0.013 = 1.480$ (MPa)

식 (12.17) : $M_S = M_{sf} + M_{Sb} = [(v_n - v_g)(c_2+d)d](c_1+d)$

$\therefore\ M_S = (1.480)\ (694^2)\ (144)\ /\ 10^6 = \underline{102.6\ (\text{kN}\cdot\text{m})}$

ⓗ 측면의 편심전단에 의한 휨모멘트 강도 M_T 계산 :

$v_{nT} - v_g = 3.05 - 0.013 = 3.03$ (MPa)

식 (12.18) : $M_T = (4/3)(v_{nT} - v_g)[\ (c_1+d)/2\ ]^2 d$

$\therefore\ M_T = (4/3)\ (3.03)\ (694/2)^2\ (144)\ /\ 10^6 = \underline{70.1\ (\text{kN}\cdot\text{m})}$

ⓘ 휨전달 유효폭 내의 휨강도 $M_F = M_{Ff} + M_{Fb}$ 계산 :

구조기준 10.3.3(2) 휨전달을 위한 유효폭 :

기둥 폭 $c_2 + d = 550 + 144 = 694$ (mm)

이에 대해서 구조기준 9.5.3(3)②에서는 부모멘트 구역의 최소 상부 부착철근은 기둥 받침부 전면에서 각각 1.5h 떨어진 슬래브 폭($c_2 + 1.5h = 550 + 1.5(180) = 820$ (mm))에 배치하도록 규정하고 있어서(설계 (8) 참고), 2 규정이 서로 상충하는 상황이지만 전체 상부 부착철근을 계산에서 고려하도록 한다.

전면의 상부 주철근의 휨강도 M_{Ff}를 계산한다.

$A_{s\,(\text{배치 상부철근})} = 16\text{–D10} = 16 \times 71.3 = 1{,}140.8\ (\text{mm}^2)$

$d_s = 180 - 25 = 155$ (mm)

유효폭 내에 배치되는 긴장재 : $A_{ps} = 98.71(9) = 888.4\ (\text{mm}^2)$

$d_p = 90 + 49.5 = 139.5$ (mm)

$\rho_p = A_{ps}/bh = 888.4\ /\ (694 \times 180) = 0.00711$

$f_{ck}/300\rho_p = 35\ /\ (300 \times 0.00711) = 16.4$

$f_{pe} = 0.581(1,860) = 1,082$ (MPa)

식 (4.58) : $f_{ps} = f_{pe} + 70 + f_{ck}/300\rho_p = 1,082 + 70 + 16.4 = 1,168$ (MPa)

$< [f_{py}$ 또는 $f_{pe} + 210] = [1,674$ 또는 $1,082 + 210 = 1,292]$

$= 1,292$ (MPa) <N.G.>

$A_{ps} f_{ps} + A_s f_y = (888.4)(1,168) + (1,140.8)(400) = 1,037,999 + 456,320$

$= 1,494,319$ (N)

$b d_p f_{ck} = 694(139.5)(35) = 33.88 \times 10^6$ (N)

식 (4.29) : $\omega_e = (A_{ps} f_{ps} + A_s f_y)/(b d_p f_{ck}) = 1,494,319 / (33.88 \times 10^6) = 0.441$

$> 0.32\beta_1 = 0.32(0.801) = 0.256$; ∵ 인장지배 단면이 아니다.

$> 0.51\beta_1 = 0.51(0.801) = 0.41$; ∵ 압축지배 단면이다. ∵ $\phi_f = 0.65$

식 (4.30) : $a = 1.18 \omega_e d_p = 1.18(0.441)(139.5) = 72.6$ (mm)

식 (4.35) : $M_F = M_{Ff} = [A_{ps} f_{ps}(d_p - a/2) + A_s f_y (d_s - a/2)]/10^6$

$= [1,037,999(139.5 - 72.6/2) + 456,320(155 - 72.6/2)]/10^6$

$= 161.3$ (kN·m)

∴ $\phi_f M_F = 0.65(161.3) = \underline{104.8 \text{ kN}\cdot\text{m}}$

ⓙ 불균형 모멘트 검토 : 식 (12.14), $M_u \le \phi M_n = \phi_f M_{Ff} + \phi_v (M_S + M_T)$

$M_u = 44.4$ kN·m

$< \phi M_n = 104.8 + 0.75(102.6 + 70.1) = 104.8 + 129.5 = 234.4$ (kN·m) <OK>

ⓚ 양방향 불균형 모멘트 상호작용 검토 : 위에서 동서방향에 대해서 검토하였지만 남북방향으로 전단강도도 동일하다고 가정하여 검토한다.

식 (12.26) : $(M_{u1} - \phi_f M_{F1})/(\phi_v M_{v1}) + (M_{u2} - \phi_f M_{F21})/(\phi_v M_{v2}) \le 1.0$

동서방향 : $(M_{u1} - \phi_f M_{F1})/(\phi_s M_{v1}) = (44.4 - 104.8) / 129.5 = -0.47$

남북방향 : $(M_{u2} - \phi_f M_{F2})/(\phi_s M_{v2}) = (29.3 - 104.8) / 129.5 = -0.58$

$$\left(\frac{M_{u1} - \phi_f M_{F1}}{\phi_v M_{v1}}\right) + \left(\frac{M_{u2} - \phi_f M_{F21}}{\phi_v M_{v2}}\right) = -0.47 + (-0.58) = -1.05$$

< 1.0 <OK>

② **후면이 단부에 접한 테두리 기둥 B1 검토** : 기둥 B1은 후면이 단부에 접하면서 부하면적도 상당하므로 이 기둥에 대해서 검토한다.

ⓐ 기둥 B1의 뚫림전단에 대한 부하면적 및 계수전단력 계산 :

그림 12.28에서 부하면적은 대략 $A = 3.5 \times 8.0 = 28$ (m^2)

유효깊이 : $d = 0.8h = 0.8(180) = 144$ (mm)

$c_2 + d = 0.55 + 0.144 = 0.694$ (m) ; $c_1 + d/2 = 0.55 + 0.144/2 = 0.622$ (m)

$b_o = (c_2 + d) + 2(c_1 + d/2) = 0.694 + 2(0.622) = 1.938$ (m)

뚫림전단 계수전단력 :

$V_u = [1.2 w_{(G+SD)} + 1.6 w_L] \times$ (부하면적 − 기둥 b_o로 둘러싸인 면적)

$\therefore\ V_u = 10.876\ (28.0 - 0.694(0.622)) = 10.876(27.57) = 299.8$ (kN)

$\therefore\ V_u / \phi = 299.8 / 0.75 = \underline{399.8\ (\text{kN})}$

ⓑ 프리스트레싱으로 인한 수직성분 V_p 계산 : 양방향으로 위험단면을 통과하는 긴장재로 인한 수직 전단의 기여를 합하여 계산한다(그림 12.24 참고).

위험단면의 폭 = $c_2 + d$ = 694 mm를 통과하는 긴장재의 개수 : 표 12.3에서 기둥의 폭 550 mm 안에 통과하는 긴장재의 수는 9개이다.

식 (12.13) : $V_p = \sum (2Ph_2)(c_2 + d)/(\beta l_1)^2$

남북방향은 테두리이므로 무시하고 동서방향 긴장재만 계산한다.

동서방향 : $2Ph_2 = 2(9 \times 98.71 \times 1{,}180)(19.1) = 2(1.048 \times 10^6)(19.1)$

$= 40.045 \times 10^6$

$V_p = (2Ph_2)(c_2 + d)/(\beta l_1)^2 = (40.045 \times 10^6)(0.694) / (0.64 \times 10^6) = 43.4$

$\therefore\ v_p = V_p/(b_o d) = 43.4 \times 10^3 / (1{,}938 \times 144) = \underline{0.156\ (\text{MPa})}$

ⓒ 기둥 양면의 불균형 모멘트 계산 : 기둥 B1이 전달해야 되는 불균형 모멘트는 표 12.4에서 읽으면, 남북방향으로 기둥의 중심축에 작용하는 휨모멘트는 M_u = 151.3 kN・m가 된다. 이 모멘트의 도심과 위험단면에 작용하는 전단력과의 도심은 일치하지 않기 때문에 전단력으로 인한 모멘트를 구하여 고려해 주어야 한다.

남북방향으로 기둥 내측 면에서 거리 d/2 = 144/2 = 72 (mm)에서 위험단면의 도심 거리 계산 : $e_1 = (2 \times 622 \times 622/2) / (622 \times 2 + 694) = 199.6$ (mm)

위험단면의 도심 축에 대한 불균형모멘트 :

$M_u = 140.8 - 299.8 \times 0.1996 = \underline{80.9\ (\text{kN} \cdot \text{m})}$

ⓓ 콘크리트의 전면 또는 후면의 편심전단강도 v_n 계산 :

식 (12.15) : $v_n = v_c + v_p + 0.4 v_s \le (0.34 f_{ck})(c_u/d)$

$b_o/d = 1{,}938/144 = 13.46$

$k_s = (300/d)^{0.25} = (300/144)^{0.25} = 1.20 \le \underline{1.0}$ <N.G.>

$\therefore\ k_s = 1.0$

$k_{b0} = 4/\sqrt{\alpha_s (b_o/d)} = 4/\sqrt{1.33 \times 13.46} = 0.945 \le 1.25$ <OK>

(외부기둥 : $\alpha_s = 1.33$)

$f_{te} = 0.21\sqrt{f_{ck}} = 0.21\sqrt{35} = 1.24$ (MPa) ;

$f_{cc} = (2/3)f_{ck} = (2/3)\ 35 = 23.3$ (MPa)

$\cot\psi = \sqrt{1+3.175\sqrt{f_{ck}}} = \sqrt{1+3.175\sqrt{35}} = 4.45$

$\rho = A_{ps}/b\,d_p = 2{,}961/\ (8{,}000 \times 144) = 0.00257 < 0.005$; $\therefore\ \rho = 0.005$

$\rho/f_{ck} = 0.005/35 = 0.000143$

$c_u = d\,[25\sqrt{\rho/f_{ck}} - 300(\rho/f_{ck})] = 144\,[25\sqrt{0.000143} - 300(0.000143)]$

$= 36.86$

$\therefore\ v_c = \lambda k_s k_{b0} f_{te} \cot\psi\,(c_u/d) = (1.0)(1.0)(0.911)(1.24)(4.45)(36.86/144)$

$= \underline{1.337\ (\text{MPa})}$

$\therefore\ v_n = v_c + v_p + 0.4v_s = 1.337 + 0.156 + 0 = 1.493$ (MPa)

$< 0.34f_{ck}(c_u/d) = 0.34(35)(36.86/144) = 3.05$ (MPa) <OK>

ⓔ 2방향 뚫림전단강도 검토 :

식 (12.12) : $V_c = v_c(b_o d) + V_p = 1.337(1{,}938)(144)/1{,}000 + 43.4$

$= 373.2 + 43.4 = 416.6$ (kN) $< V_u/\phi = 399.8$ kN <OK>

ⓕ 콘크리트의 측면 편심전단강도 v_{nT} 계산 : 식 (12.16)

$0.63\lambda\sqrt{f_{ck}} = 0.63(1.0)\sqrt{35} = 3.73$ (MPa)

$\therefore\ v_{nT} = 0.63\lambda\sqrt{f_{ck}} + v_p + v_s = 3.73 + 0.156 + 0 = 3.88$ (MPa)

$< 0.34f_{ck}(c_u/d) = 0.34(35)(36.86/144) = 3.05$ (MPa) <N.G.>

$\therefore\ v_{nT} = \underline{3.05\ \text{MPa}}$

ⓖ 전면과 후면 불균형휨모멘트 강도 $M_S = M_{sf} + M_{Sb}$ 계산 :

$c_1 + d = c_2 + d = 0.55 + 0.144 = 0.694$ (m)

$V_g = w_u(c_1 + d/2)(c_2 + d) = 10.876\ (0.622)(0.694) = 4.69$ (kN)

$v_g = V_g/b_o d = 4.69 \times 10^3\ /\ (1{,}938 \times 144) = 0.0168$ (MPa)

$v_n - v_g = 1.493 - 0.0168 = 1.476$ (MPa)

식 (12.19) : $M_S = M_{sf} = 0.5\,v_n(c_2 + d)\,d\,(c_1 + d)$

$\therefore\ M_S = 0.5(1.493)\ (694^2)\ (144)\ /\ 10^6 = \underline{51.8\ (\text{kN}\cdot\text{m})}$

ⓗ 측면의 편심전단에 의한 휨모멘트 강도 M_T 계산 :

식 (12.20) :

$M_T = (c_{N2} + 2c_{N1}/3 - c_1/2 - e)\,v_{nTf}\,d\,c_{N1} + (-c_{N2}/3 + c_1/2 + e)\,v_{nTb}\,d\,c_{N2}$

$c_{N1} + c_{N2} = c_1 + 0.5d + e = c_1 + 0.5d = 550 + 144/2 = 622$ (mm)

$c_{N1} > c_{N2}$ 인 경우의 c_{N1} 및 c_{N2} 계산 :

$c_{N1} = v_{nT}(c_1 + 0.5d + e)^2 / [v_{nT}(2c_1 + d + 2e) + v_n(c_2 + d) - v_g b_o]$

$= 3.05(622^2) / [3.05(2 \text{x} 550 + 144 + 0) + 1.493(694) - 0.0168(1,938)]$

$c_{N1} = 245.9$ (mm) $< (c_1 + 0.5d + e) = 622$ mm <OK>

$c_{N2} = c_1 + 0.5d - c_{N1} = 622 - 245.9 = 376.1$ (mm)

$c_{N1} = 245.9$ mm $< c_{N2} = 376.1$ mm 이므로 $c_{N1} > c_{N2}$ 가정이 불합리하다. 따라서 $c_{N1} < c_{N2}$ 인 경우로 다시 계산한다.

$c_{N1} \leq c_{N2}$ 인 경우의 c_{N1} 및 c_{N2} 계산 :

$c_{N2} = v_{nT}(c_1 + 0.5d + e)^2 / [v_{nT}(2c_1 + d + 2e) - v_n(c_2 + d) + v_g b_o]$

$= 3.05(622^2) / [3.05(2 \text{x} 550 + 144 + 0) - 1.493(694) + 0.0168(1,938)]$

$c_{N2} = 423.0$ (mm) $< (c_1 + 0.5d + e) = 622$ mm <OK>

$c_{N1} = c_1 + 0.5d - c_{N2} = 622 - 423.0 = 199.0$ (mm)

$c_{N1} = 199.0$ mm $< c_{N2} = 423.0$ mm 이므로 $c_{N1} \leq c_{N2}$ 가정이 합리적이므로 선택한다.

v_{nTf} 와 v_{nTb} 계산 :

$\therefore\ v_{nTf} = (c_{N1}/c_{N2})v_{nT} = (199.0/423.0)\ 3.05 = 1.43$ (MPa)

$\therefore\ v_{nTb} = v_{nT} = 3.05$ MPa

M_T 계산 :

$c_{Nf} = c_{N2} + (2/3)c_{N1} - c_1/2 - e = 423.0 + (2/3)199.0 - 550/2 - 0$

$= 280.7$ (mm)

$c_{Nb} = -c_{N2}/3 + c_1/2 + e = -423.0/3 + 550/2 + 0 = 134.0$ (mm)

$M_T = (v_{nTf}\, c_{Nf}\, c_{N1} + v_{nTb}\, c_{Nb}\, c_{N2})d = [(1.43)(280.7)(199.0)$

$+ (3.05)(134.0)(423.0)]144.0$

$\therefore\ M_T = (79,879 + 172,880)(144.0)/10^6 = \underline{36.4\ (\text{kN} \cdot \text{m})}$

ⓘ 휨전달 유효폭 내의 휨강도 $M_F = M_{Ff}$ 계산 :

구조기준 10.3.3(2) 휨전달을 위한 유효폭 : 기둥 폭 $c_2 + d = 550 + 144 = 694$ (mm)

후면이 단부에 접한 기둥이므로 전면의 상부 주철근의 휨강도 M_{Ff} 만 계산한다.

$A_{s\,(\text{배치 상부철근})} = 16\text{–D}10 = 16 \times 71.3 = 1,140.8\ (\text{mm}^2)$

$d_s = 180 - 25 = 155$ (mm)

유효폭 내에 배치되는 긴장재 : $A_{ps} = 98.71(9) = 888.4\ (\text{mm}^2)$

d_p = 90 mm (C.G.C. 축에 배치)

$\rho_p = A_{ps}/bh$ = 888.4 / (694 × 180) = 0.00711

$f_{ck}/300\rho_p$ = 35 / (300 × 0.00711) = 16.4

f_{pe} = 0.581(1,860) = 1,082 (MPa)

$f_{ps} = f_{pe} + 70 + f_{ck}/300\rho_p$ = 1,082 + 70 + 16.4 = 1,168 (MPa)

< [f_{py} 또는 $f_{pe} + 210$] = [1,674 또는 1,082+210 = 1,292]

= 1,292 (MPa) <*OK*>

$A_{ps} f_{ps} + A_s f_y$ = (888.4)(1,168) + (1,140.8)(400) = 1,037,999 + 456,320

= 1,494,319 (N)

$b d_p f_{ck}$ = 694(90.0)(35) = 2.186 × 10^6 (N)

$\omega_e = (A_{ps} f_{ps} + A_s f_y)/(b d_p f_{ck})$ = 1,494,319 / (2.186 × 10^6) = 0.684

> $0.32\beta_1$ = 0.32(0.801) = 0.256 ; ∵ 인장지배 단면이 아니다.

> $0.51\beta_1$ = 0.51(0.801) = 0.41 ; ∵ 압축지배 단면이다. ϕ_f = 0.65

$a = 1.18\,\omega_e\, d_p$ = 1.18(0.684)(90) = 72.6 (mm)

$M_F = M_{Ff} = [A_{ps} f_{ps}(d_p - a/2) + A_s f_y (d_s - a/2)]/10^6$

= [1,037,999(90−72.6/2) + 456,320(155−72.6/2)]/ 10^6

= 109.9 (kN · m)

∴ $\phi_f M_F$ = 0.65(109.9) = 71.4 kN · m

ⓙ 불균형 모멘트 검토 : 식 (12.14), $M_u \le \phi M_n = \phi_f M_{Ff} + \phi_v (M_S + M_T)$

M_u = 80.9 kN · m < ϕM_n = 71.4 + 0.75(51.8 + 36.4) = 71.4 + 66.1

= 137.6 (kN · m) <*OK*>

(15) 모서리 기둥 전단 검토 :

그림 12.23에서와 같이 모서리 기둥에 대해서 1방향 슬래브의 규정을 적용할 수 있다.

그림 12.36 참고 : 정사각형 기둥의 대각선의 길이 = [2(550^2) $]^{1/2}$ = 777.8 (mm)

위험단면의 대각선 방향 길이 = 777.8 + h/2 = 777.8 + 90 = 867.8 (mm)

이 대각선이 만드는 정사각형의 변의 길이 = ($867.8^2/2$ $)^{1/2}$ = 613.6 (mm)

위험단면이 만드는 변의 길이 = 613.6 × 2 = 1,227 (mm)

위험단면의 길이 = (2 × $1,227^2$ $)^{1/2}$ = 1,736 (mm)

위험단면에 작용하는 계수전단력 계산 :

부하면적 = 4.0 × 4.0 = 16.0 (m^2) ; w_u = 10.876 kN/m^2

V_u = 10.876 (16.0 − 1.736 × 0.8678/2) = 165.8 (kN)

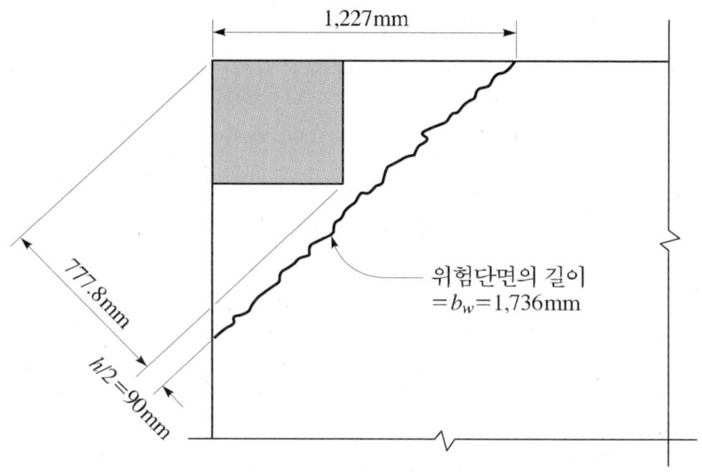

그림 12.36 모서리 기둥의 위험 전단 단면

위험단면의 전단강도 V_c 계산 : $P_e/P_u \geq 0.4$ 검토 : $P_e/P_u = 0.58 > 0.4$ <OK>

간략식 (7.20) : $V_c = (0.05\lambda\sqrt{f_{ck}} + 4.9\,V_u d_p/M_u)\,b\,d_e$ 을 사용할 수 있다.

1방향 전단이 설계를 지배하는 경우는 거의 없으므로 이 식의 하한한계인

$V_c \geq (\lambda\sqrt{f_{ck}}/6)\,b\,d_e$ 를 적용하여 검토하도록 한다.

$d_e = 0.8h = 0.8(180) = 144$ (mm)

$\therefore\ V_c = (\lambda\sqrt{f_{ck}}/6)\,b\,d_e = (1.0\sqrt{35}/6)(1,736)(144)/1,000 = 246.4$ (kN)

$> V_u/\phi = 165.8 / 0.75 = 221.1$ (kN) <OK>

(16) **구조적 일체성 보강재의 배치 :**

구조기준 9.8.2(6)(ACI 18.12.6)에서는 2방향 슬래브는 **구조적 일체성(structural integrity)** 규정을 충족시키도록 규정하고 있다. 이러한 규정은 슬래브가 만약에 뚫림전단 파괴가 일어나는 경우에도 그대로 내려 앉아 붕괴파괴가 일어나지 못하도록 기둥 위치를 따라 직경 12.7 mm 이상의 강연선을 최소 2개 이상 각 방향으로 기둥의 축방향 주철근 사이를 지나서 배치하도록 규정하고 있다. 본 예제에서 9개의 12.7 mm PT 케이블을 기둥을 통과하여 배치하므로 규정을 충족한다고 볼 수 있다[8].

만약에 2개의 12.7 mm PT 케이블 대신에 하부 부착철근을 배치한다면(그림 12.22 참고)

소요 철근 단면적 : $A_s = (0.375\sqrt{f_{ck}}/f_y)\,b_w d = (0.375\sqrt{35}/400)(550)(144) = \underline{439\ (\text{mm}^2)}$

$> (2.1/f_y)\,b_w d = (2.1/400)(550)(144) = 0.00525(79,200) = 416\ (\text{mm}^2)$ <OK>

8. 구조적 일체성 긴장재를 추가로 배치하여야 하는지 아니면 원래의 설계에서 배치한 긴장재를 이 목적으로 고려해도 되는지는 명확하지 않다. Collins-Mitchell은 원래 배치한 긴장재가 이 목적을 충족한다고 보았다.

D10 철근을 배치한다면 439/71.3 = 6.2개 소요 ; 7-D10 하부철근을 기둥의 폭 550 mm 사이에 91.7 mmm 간격으로 양방향으로 배치한다.

(17) **단부 모퉁이의 보강철근**(Exterior Corner Reinforcement) :

구조기준 10.6.3(ACI 13.3.6)에서는 모퉁이 슬래브가 테두리보로 지지되는 경우에 모퉁이 부분의 슬래브 상하부에 모퉁이 보강철근을 배치하도록 규정하고 있다. 본 플랫 플레이트는 테두리 보를 배치하지 않고 있으므로 모퉁이 보강철근을 배치할 필요가 없다.

(18) **처짐 계산**(Estimate Deflections) :

표 12.5에서 보면 사용하중이 작용할 때 정모멘트 구역에서 인장응력은 나타나지 않고, 부모멘트 구역에서 -2.62 MPa로 이는 파괴계수 $f_r = -0.63\lambda\sqrt{f_{ck}} = -3.73$ MPa 이상이므로 사용하중이 작용할 때 균열은 일어나지 않을 것이다. 그러나 부모멘트 구역의 -2.62 MPa은 파괴계수의 70%에 이르고, 또한 국부적인 **구속 건조수축(restrained shrinkage effects)**의 영향을 받게 되면 국부적인 균열이 일어날 수도 있다.

슬래브의 최대 처짐은 슬래브를 비균열 단면으로 가정하고, 보강재는 무시하고 계산하도록 한다. 본 예제에서 슬래브 자체하중에 대한 하중평형을 이용하여 설계하였으므로 슬래브 자체하중으로 인한 처짐은 일어나지 않는 것으로 가정하였다.

내부 패널 : 전체 패널에 활하중이 동시에 작용할 때 활하중(2.5 kN/m^2)으로 인한 즉시처짐은 부록 그림 B3에 따라[Collins 1987(512) 참고]

$$E_c = 8{,}500\sqrt[3]{35+4} = 28{,}825\ \text{(MPa)}$$

$$I = bh^3/12 = (8{,}000)(180^3)/12 = 3.888 \times 10^9\ (\text{mm}^4)$$

$$\Delta_L = 2 \times (2.65/384)(wl^4/EI)$$

$$= 2 \times (2.65/384)[\,2.50 \times 8.0 \times 8{,}000^4 / (28{,}825 \times 3.888 \times 10^9)\,]$$

$$\therefore\ \Delta_L = 10.09\ \text{(mm)}$$

추가고정하중 1.5 kN/m^{2}으로 인한 즉시처짐은

$$\therefore\ \Delta_{SD} = \Delta_L \times (1.5/2.5) = 10.09 \times (1.5/2.5) = 6.05\ \text{(mm)}$$

이 추가고정하중으로 인한 장기 크리프 처짐은 크리프 계수를 통상적인 2로 가정하면

$$\therefore\ \Delta_A = \Delta_{SD} \times 2 = 6.05 \times 2 = 12.11\ \text{(mm)}$$

활하중 즉시처짐과 추가고정하중의 장기처짐을 더한 총 처짐은

$$\therefore\ \Delta_T = \Delta_L + \Delta_A = 10.09 + 12.11 = \underline{22.20\ \text{(mm)}}$$

8,000/22.20 = 360으로 $\underline{l/360}$ 이다.

단부 패널 : 하나건너 패널에 활하중이 작용하는 경우에 활하중(2.5 kN/m^2)으로 인한 즉시처짐은 부록 그림 B3에 따라[Collins 1987(512) 참고]

$\Delta_L = 2 \times (3.80/384)(w l^4/EI)$

$= 2 \times (3.80/384)[\ 2.50 \times 8.0 \times 8{,}000^4\ /\ (28{,}825 \times 3.888 \times 10^9)\ ]$

$\therefore\ \Delta_L = 14.47$ (mm)

추가고정하중 1.5 kN/m²으로 인한 즉시처짐은

$\therefore\ \Delta_{SD} = \Delta_L \times (1.5/2.5) = 14.47 \times (1.5/2.5) = 8.68$ (mm)

이 추가고정하중으로 인한 장기 크리프 처짐은 크리프 계수를 통상적인 2로 가정하면

$\therefore\ \Delta_A = \Delta_{SD} \times 2 = 8.68 \times 2 = 17.36$ (mm)

활하중 즉시처짐과 추가고정하중의 장기처짐을 더한 총 처짐은

$\therefore\ \Delta_T = \Delta_L + \Delta_A = 14.47 + 17.36 = \underline{31.83\ (\text{mm})}$

8,000/31.83 = 251로 $\underline{l/251}$ 이 된다.

표 5.6의 최대 허용처짐에서 과도한 처짐에 의해 손상될 염려가 없는 비구조 요소를 부착한 바닥구조의 허용처짐 $\Delta_{\max} = l/240$ 이므로

[$\Delta_{T(\text{내부})} = l/360$ 또는 $\Delta_{T(\text{단부})} = l/251$] $<$ $\Delta_{\max} = l/240$ <*OK*>

(19) **최종 설계**(Summary of Design) :

그림 12.37과 12.38에는 Collins-Mitchell(1987)이 캐나다의 CSA 기준을 근거로 제시한 PT 케이블 단면도와 부착철근 배치 단면도가 제시되었다. 본 설계와 완전히 일치하지는 않지만 매우 유사하므로 충분히 참고할 수 있다고 생각되어 제시하였다.

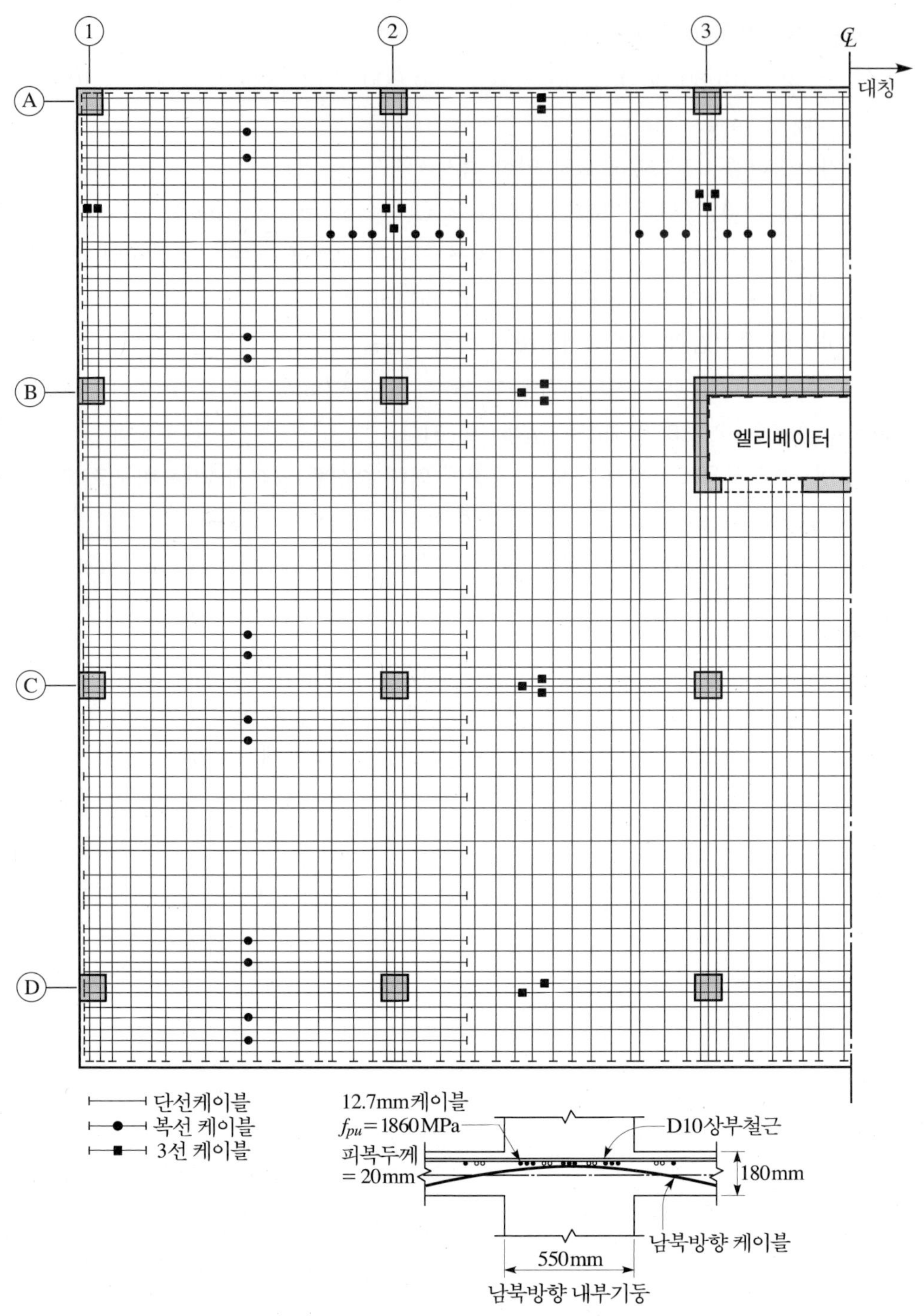

그림 12.37 PT 케이블 배치 단면도 예 [Collins-Mitchell 1987(542)]

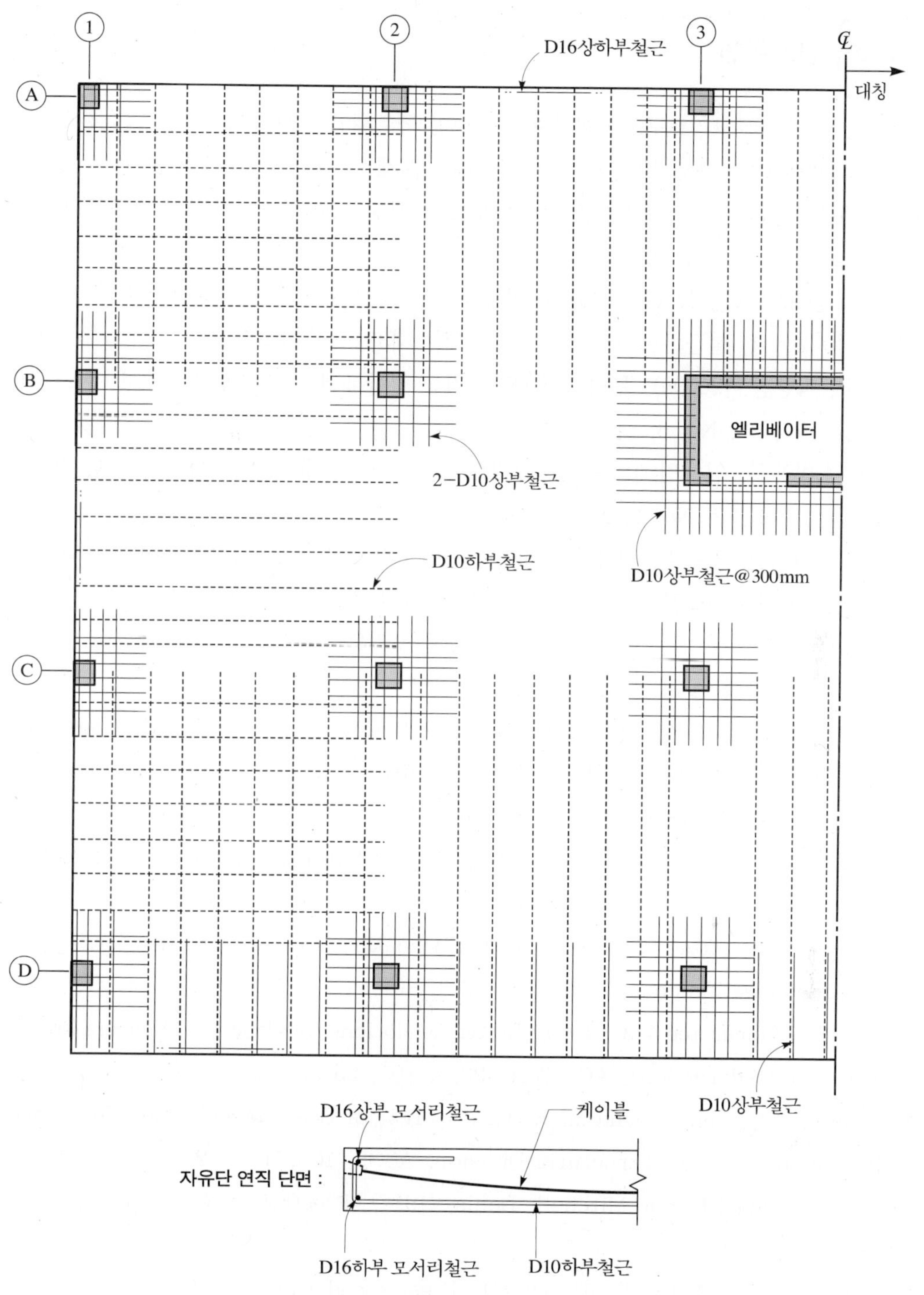

그림 12.38 부착철근의 배치 단면도 예 [Collins-Mitchell 1987(543)]

12.5 참고문헌

- 구조기준 해설(콘크리트구조설계기준). (2007). 국토해양부 제정, 한국콘크리트학회, 523 pp.
- 구조기준(콘크리트구조기준). (2012). 국토해양부 제정, 사단법인 한국콘크리트학회, 342 pp.
- 구조기준해설(콘크리트구조기준 해설) 2012년 개정. (2012). 사단법인 한국콘크리트학회, 599 pp.
- 도로기준(도로교설계기준). (2010). 국토해양부 제정, 한국도로교통협회.
- 민창식. (2014). 철근콘크리트공학, 구미서관, 제3판 2쇄, 1015 pp.
- 최경규, 박홍근. (2010a). 무량판 슬래브-기둥 접합부에 대한 전단강도모델, 콘크리트학회 논문집, Vol. 22, No. 3, pp. 345~356.
- 최경규, 박홍근, 김혜민. (2010b). 슬래브-기둥 접합부에 대한 전단강도모델, 콘크리트학회논문집, Vol. 22, No. 4, pp. 585~593.
- 최경규, 김석환, 김동훈, 박홍근. (2011). 전단보강 슬래브-기둥 내부 접합부 및 기초판에 대한 뚫림전단강도모델, 콘크리트학회논문집, Vol. 23, No. 2, pp. 159~168.
- 최경규, 박홍근, 홍성걸. (2012). 특집 개정 콘크리트구조기준, 슬래브와 기초판의 전단설계, 콘크리트학회지, 제24권, 1호, pp. 36~41.
- AASHTO LRFD. (2010). Bridge Design Specification. SI Units 5th Edition, AASHTO.
- ACI 318-08. (2008). Building Code Requirements for Structural Concrete and Commentary(ACI 318-08), ACI, 465 pp.
- ACI-ASCE Committee 423. (1974). Tentative Recommendation for Prestressed Concrete Flat Plates, ACI Journal, 71(2): 61-71.
- ACI-ASCE Committee 423. (2003). Recommendations for Concrete Members Prestressed with Unbonded Tendons, ACI, ACI 423.3R-02.
- ACI-ASCE Committee 423. (2005). Recommendations for Concrete Members Prestressed with Unbonded Tendons, ACI, ACI 423.3R-05, 25 pp.
- Burns, N. H., and Hemakom, R. (1977). Test of Scale Model Post-Tensioned Flat Plate, Journal of the Structural Division, ASCE, 103(ST6): 1237-55.
- Collins, Michael P. and Mitchell, Denis. (1987). Prestressed Concrete Basics, CPCI, 1987, 614 pp.
- Collins, M. P., Mitchell, D. (1997). Prestressed Concrete Structures, Response Publications, 752 pp.

- CPCI Design Manual. (2007). 4th edition, Canadian Precast/Prestressed Concrete Institute(CPCI).
- Freyssinet Prestressing System Manual, Freyssinet, 35 pp.
- Leet, K. and Bernal, D. (1997). Reinforced Concrete Design, Third Edition, McGraw-Hill Companies.
- Lin, T. Y. (1963). Load-Balancing Method for Design and Analysis of Prestressed Concrete Structures, ACI Journal, 60(6): 719-42.
- Luo, Y. H. and Durrani, A. J. (1995). Equivalent Beam Model for Flat-Slab Buildings-Part I : Interior Connections, ACI Structural Journal, Vol. 92, No. 1, pp. 115-124.
- MacGregor, J. G. and Wight, J. K. (2012). Reinforced Concrete Mechanics and Design, 6th Edition, Pearson Education, Inc. 1157 p.
- N Krishna Raju. (2007). Prestressed Concrete, Fourth edition, Tata McGraw-Hill Publishing Company Limited, 783 pp.
- Naaman, Antoine E. (2012). Prestressed Concrete Analysis and Design, 3rd edition, Techno Press 3000, 1,176 pp.
- Pan, A. and Moehle, J. P. (1989). Later Displacement Ductility of Reinforced Concrete Flat Plates, ACI Structural Journal, Vol. 86, No. 3, pp. 250-258.
- Parme, A. L. (1968). Prestressed Flat Plates, PCI Journal, 13(6), 14-32.
- PCI Design Manual. (2010). 7th Edition, Precast/Prestressed Concrete Institute(PCI).
- PTI. (2006). Post-Tensioning Manual, 6th Edition, Post-Tensioning Institute(PTI), 354 pp.
- Rajagopalan, N. (2005). Prestressed Concrete, 2nd Edition, Alpha Science International Ltd. Harrow, U.k., 486 pp.
- VSL 4.2 (1985). Ritz, P., Matt, P., Tellenbach, Ch., Schlub, P. and Aeberhard, H. U., Post-Tensioned Slab, VSL Report Series 4.2, VSL International LTD, 44 pp.
- VSL. (1991). Rogowsky, D. M. and Marti, P. Detailing for Post-Tensioning, VSL International, Berne, Switzerland.
- Zia, Paul. (1986). Theory and Design of Prestressed Concrete, Class Note of CE 536, Department of Civil Engineering, North Carolina State University.

연습문제 | EXERCISE

12.1

그림 P12.1에 보이는 2경간 1방향 슬래브를 설계하라

[설계자료]

- 등분포 활하중 : 사무실 로비 4.0 kPa(표 1.7 참고) ; 추가 고정하중 : 1.2 kPa
- 화재 등급 : 2시간(피복두께 20 mm 소요) ; 층간 높이 : 3.6 m
- 콘크리트 : 보통중량골재 콘크리트 질량 $\gamma_c = 23{,}500\ \mathrm{N/m^3}$, $\lambda = 1.0$; 설계기준압축강도 $f_{ck} = 30$ MPa, 재령 7일에 긴장 $f_{ci} = 25$ MPa ; 탄성계수 $E_c = 8{,}500\sqrt[3]{f_{cu}} = 8{,}500 \times (30+4)^{(1/3)} = 27{,}537$ (MPa)
- 비부착 강연선 : 저이완 B종 강연선 직경 12.7 mm, $A_b = 98.71\ \mathrm{mm^2}$; 그리스 칠한 플라스틱 시스로 피복 직경 17 mm ; 긴장재 중심에서 표피까지의 두께 = 20 + 17/2 ≈ 30 mm
- $f_{pu} = 1{,}860$ MPa, $f_{py} = 0.90 f_{pu} = 1{,}674$ MPa, $f_{p0} = 0.74 f_{pu} = 1{,}376$ MPa ; 대략적인 값인 $f_{pi} = 0.925 f_{p0} = 1{,}273$ MPa, $f_{pe} = 0.85 f_{pi} (\approx 0.58 f_{pu}) = 1{,}082$ MPa로 설계한다.
- 슬래브 두께 : 식 (12.1)에서 연속 1방향 슬래브 : $l/h = 30 \sim 45$; (20,000/30 = 667 mm) ~ (20,000/45 = 444 mm)가 소요되고, 표 6.4에서는 1방향 슬래브, 20,000/48 = 417 mm가 된다. 따라서 조금 안전 측으로 슬래브 두께 h = 500 mm로 선택하여 설계를 시작한다.
- 슬래브 자체의 고정하중 : $w_G = \gamma_c h = 23.5 \times 0.50 = 11.75$ kPa
- 설계 조건 : 평형하중으로 슬래브 자체의 등분포 고정하중 w_G를 고려하도록 한다.

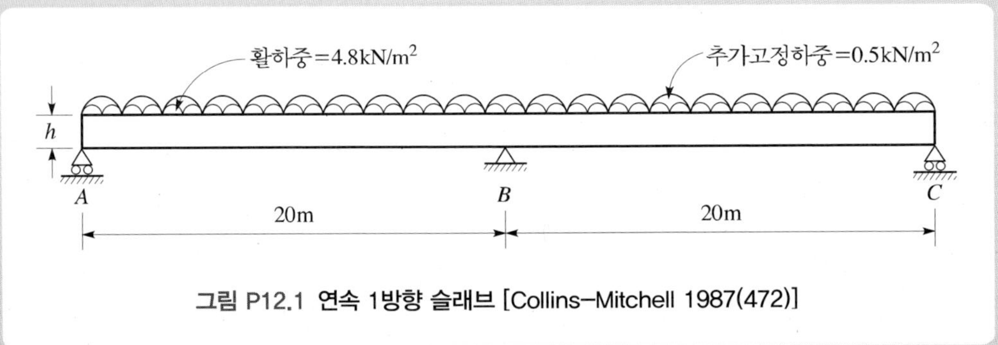

그림 P12.1 연속 1방향 슬래브 [Collins–Mitchell 1987(472)]

12.2

그림 P12.2에 보이는 주차장 구조물로 쓰이는 6경간 연속 1방향 슬래브를 설계하라.

[설계자료]

- 등분포 활하중 : 주차장 3.0 kPa(표 1.7 참고)
- 화재 등급 2시간 : 소요 바닥 피복두께 40 mm(PTI 표 18.2)
- 콘크리트 : 보통중량골재 콘크리트 질량 $\gamma_c = 23,500\ \text{N/m}^3$, $\lambda = 1.0$; 설계기준압축강도 $f_{ck} = 30$ MPa, 재령 7일에 긴장 $f_{ci} = 25$ MPa ; 반성계수 $E_c = 8,500\sqrt[3]{f_{cu}} = 8,500 \times (30+4)^{(1/3)} = 27,537$ (MPa)
- 비부착 강연선 : 저이완 B종 강연선 직경 12.7 mm, $A_b = 98.71\ \text{mm}^2$; 그리스 칠한 플라스틱 시스로 피복 직경 17 mm ; 긴장재 중심에서 상부 표피까지의 두께 = 20 + 25(내구성 피복두께) + 17/2 ≈ 55 mm ; 긴장재 중심에서 하부 표피까지의 두께 = 40(화재 2시간 등급) + 17/2 ≈ 50 mm
- $f_{pu} = 1,860$ MPa, $f_{py} = 0.90 f_{pu} = 1,674$ MPa, $f_{p0} = 0.74 f_{pu} = 1,376$ MPa ; 대략적인 값인 $f_{pi} = 0.925 f_{p0} = 1,273$ MPa, $f_{pe} = 0.85 f_{pi} (\approx 0.58 f_{pu}) = 1,082$ MPa로 설계한다.
- 슬래브 두께 : 식 (12.1)에서 연속 1방향 슬래브 : $l/h = 30 \sim 45$; (5,400/30 = 180 mm) ~ (5,400/45 = 120 mm)가 소요되고, 표 6.4에서는 1방향 슬래브, 5,400/48 = 113 mm가 된다. 내구성을 위해서 상부표피에 25 mm 정도를 추가하여, 안전 측으로 슬래브 두께 h = 150 mm로 선택하여 설계를 시작한다.
- 슬래브 자체의 고정하중 : $w_G = \gamma_c h = 23.5 \times 0.15 = 3.525$ kPa
- 설계 조건 : 평형하중으로 슬래브 자체의 등분포 고정하중 w_G의 65%를 고려하도록 한다.

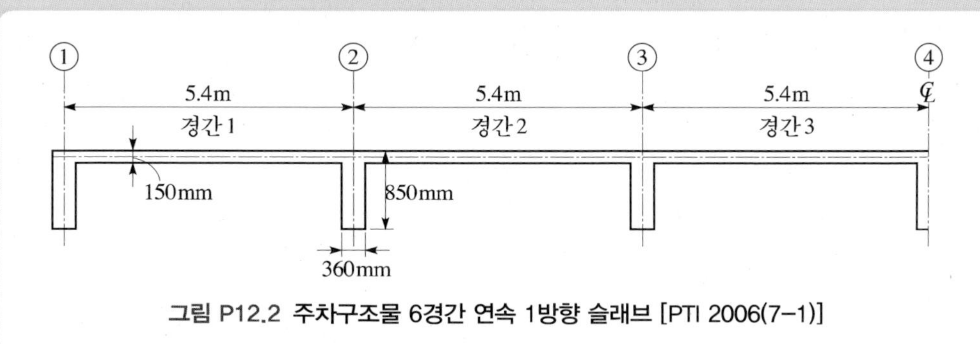

그림 P12.2 주차구조물 6경간 연속 1방향 슬래브 [PTI 2006(7-1)]

12.3

그림 P12.3에는 사무실 건물로 쓰이는 플랫 플레이트 시스템을 비부착 긴장재를 이용하여 설계하라. 설계과정은 남북방향 기둥 라인 2와 동서방향 기둥 라인 B에 대해서만 제시하라.

[설계자료]

- 등분포 활하중 : 사무실 로비 4.0 kPa(표 1.7 참고) ; 추가 고정하중 : 사무실 1.2 kPa
- 화재 등급 : 2시간(피복두께 20 mm 소요) ; 층간 높이 : 3.6 m
- 콘크리트 : 보통중량골재 콘크리트 질량 $\gamma_c = 23{,}500$ N/m^3, $\lambda = 1.0$; 설계기준압축강도 $f_{ck} =$ 35 MPa, 재령 6일에 긴장 $f_{ci} =$ 28 MPa ; 탄성계수 $E_c = 8{,}500\sqrt[3]{f_{cu}} = 8{,}500 \times (35+4)^{(1/3)} = 28{,}825$ (MPa)
- 비부착 강연선 : 저이완 B종 강연선 직경 15.2 mm, $A_b = 138.7$ mm^2 ; 그리스 칠한 플라스틱 시스로 피복 직경 20 mm ; 긴장재 중심에서 표피까지의 두께 = 30 mm
- $f_{pu} =$ 1,860 MPa, $f_{py} = 0.90 f_{pu} =$ 1,674 MPa, $f_{p0} = 0.74 f_{pu} =$ 1,376 MPa
  [설계에서 사용되는 통상적인 값 : $f_{pi} = 0.925 f_{p0} =$ 1,273 MPa,
  $f_{pe} = 0.85 f_{pi} (\approx 0.58 f_{pu}) =$ 1,082 MPa ; 손실에 대한 상세 계산을 생략하고 통상적으로 설계에서 사용되는 값이다.]
- 부착 철근 : D22 철근, $A_b = 387.1$ mm^2, $f_y =$ 400 MPa
- 슬래브 두께 : 식 (12.1)에서 연속 2방향 슬래브 : $l/h = 35 \sim 50$;
  (9,000/35 = 257 mm) ~ (9,000/50 = 180 mm)가 소요되고, 표 6.4에서는 2방향 슬래브, 9,000/45 = 200 mm가 된다. 따라서 조금 안전 측으로 슬래브 두께 <u>h = 250 mm</u>로 선택하여 설계를 시작한다.
- 슬래브 자체의 고정하중 : $w_G = \gamma_c h = 23.5 \times 0.25 = 5.875$ kPa
- 설계 조건 : 평형하중으로 슬래브 자체의 등분포 고정하중 w_G를 고려한다.

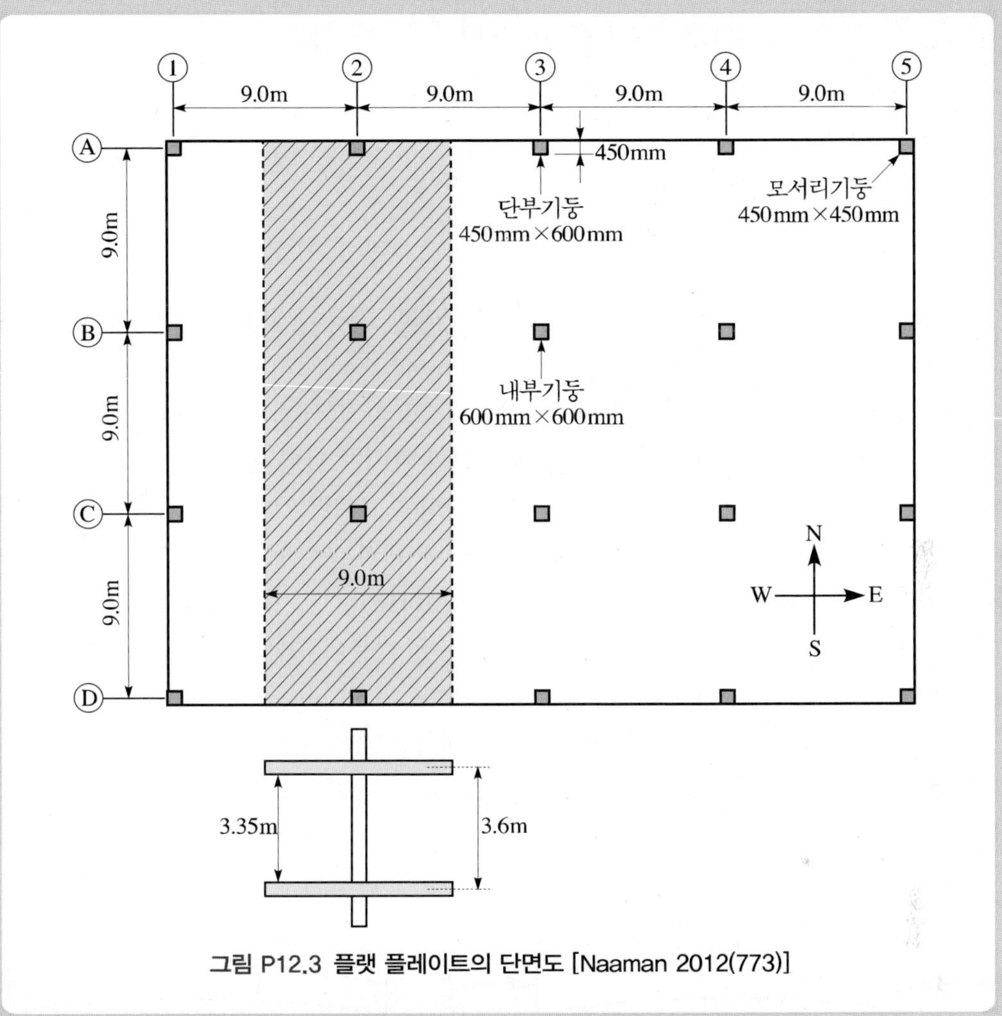

그림 P12.3 플랫 플레이트의 단면도 [Naaman 2012(773)]

CHAPTER 13

축하중 부재

Axially Loaded Member

프리스트레싱이 대부분 보나 슬래브와 같은 휨 부재에 적용되지만 압축부재(compression member)로서 길이가 긴 기둥이나 인장부재(tension member)로서 아치나 트러스의 타이(tie)와 같은 축방향 하중이 작용하는 부재에도 사용된다. 프리스트레스트 콘크리트 축방향 부재의 이론, 해석 및 설계는 철근콘크리트 압축부재와 거의 차이가 없이 동일하다고 볼 수 있다. 압축력을 받는 일반적인 기둥이 좌굴을 일으키려는 경향을 보이는 것과는 다르게 전체구간에 걸쳐서 콘크리트와 긴장재가 부착되어 배치되는 경우에 내적 축방향 프리스트레스트 힘이 **기둥거동**(column action)을 발생시키지는 않는다[Lin 1981(488)].

그림 13.1a의 외적인 축하중이 작용하는 일반기둥은 기둥이 휘게 되면 단면 A-A에는 처짐으로 인해서 추가적인 모멘트가 발생하여 기둥거동(column action)의 원인이 된다. 그러나 그림 13.1b와 같이 외적인 하중은 작용하지 않고 내적인 프리스트레스 힘만 작용하고 긴장재와 콘크리트가 일체로 휘는 경우에 콘크리트에 작용하는 프리스트레스 힘에 편심은 발생하지 않게 된다. 따라서 부재가 어떻게 휘더라도 모멘트는 변하지 않으므로 기둥거동은 일어나지

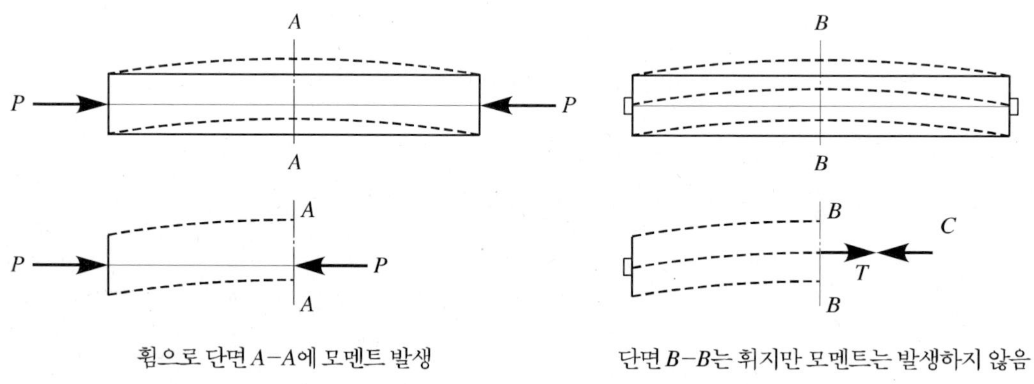

그림 13.1 프리스트레싱으로 인한 기둥거동(column action) [Lin 1981(489)]

않게 된다. 그러나 외적 축하중이 작용하여 기둥이 휘게 되면 모멘트도 변하게 되므로 일반기둥과 같이 기둥거동이 발생하게 된다[Lin 1981(488)].

그림 13.2의 기둥이나 파일 등과 같은 **축방향 압축부재(compression member)**에서 하중이 도심에 작용하는 경우는 거의 없고 풍하중이나 지진하중 등의 횡방향 하중으로 인해서 보통 축하중에 더하여 휨모멘트가 작용하게 된다. 따라서 축하중의 작용위치로부터 가장 멀리 위치한 단면에는 인장응력이 발생할 수 있으며, 이로 인한 균열은 긴장재를 배치하면 방지할 수 있을 것이다. 만약에 작용하중이 단면의 도심에 작용한다면 프리스트레스트 긴장력은 콘크리트에 압축응력만을 증가시키기 때문에 오히려 불리하여 프리스트레스트 힘을 도입할 필요가 없을 것이다[Nawy 2010(500)].

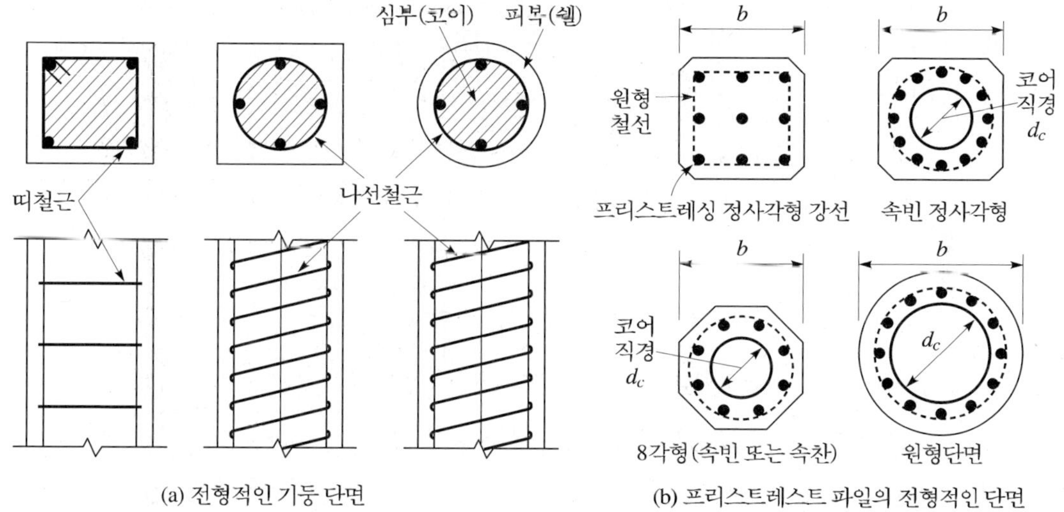

그림 13.2 프리스트레스트 압축부재 기둥과 파일의 전형적인 단면 [Naaman 2012(854), PCI 2010(Design Aid 3.12.8)]

축방향 부재에 보통 부착철근 대신에 프리스트레스트 긴장재를 사용하게 되면 순수 압축저항력은 얼마간 감소하지만 균열을 일으키는 균열하중은 상당히 증가하게 된다. 따라서 비균열 상태에서 처짐을 상당히 감소시키므로 사용할 때에 성능을 향상시킬 수 있다. 이렇게 프리스트레싱을 도입하게 되면 운반이나 배치할 때 균열의 발생을 피할 수 있어서 프리캐스트 형식으로 생산할 수 있게 된다. 프리캐스트 생산은 거푸집을 절약할 수 있게 하고 고강도 콘크리트의 사용을 가능하게 한다. 기둥의 압축강도는 콘크리트의 강도에 직접적으로 비례하므로 고강도 콘크리트의 사용은 추가적인 이점을 주게 된다.

압축부재(compression member)는 프리스트레스트 힘이 단부에서 완전히 발달된다면 전체 길이에서 걸쳐서 완전히 프리스트레스트 된 부재로 고려할 수 있다. 만약에 단부에서 부분적인 손실이 일어난다면 손실이 일어난 부분은 프리스트레스가 없는 편심이 작용하는 일반적인 철근콘크리트 단면으로 고려할 수도 있다[Nawy 2010(501)].

인장부재(tension member)에는 일반적으로 **직접인장**(direct tension)만이 작용하므로 프리스트레싱은 도심을 중심으로 도입하게 된다. 부재는 대부분 직선부재로 그림 13.3에서 보는바와 같이 아치나 트러스의 **인장부재**(tie-rod)나 또는 토류벽에 배치하는 **어스앵커**(earth anchor), 그리고 **원형 프리스트레싱**(circular prestressing)을 도입하는 파이프, 탱크나 압력용기(pressure vessel) 등에 적용된다. 압축부재에 비해서 간단하게 해석이나 설계를 할 수 있어서 실제적으로 그림 13.3a~d와 같은 교량 시공에 광범위하게 적용되고 있다. 인장부재의 기본적인 기능은 사용하중이 작용할 때는 균열을 억제하고, 계수하중이 작용하는 경우에는 전체적인 저항력이 발달할 수 있도록 필요한 변형을 유지하는 역할을 한다. 부재가 균열로부터 자유롭게 되면 (crack-free), 보강재를 부식이나 다른 환경조건으로부터 완전하게 보호할 수 있게 된다 [Nawy 2010(501)].

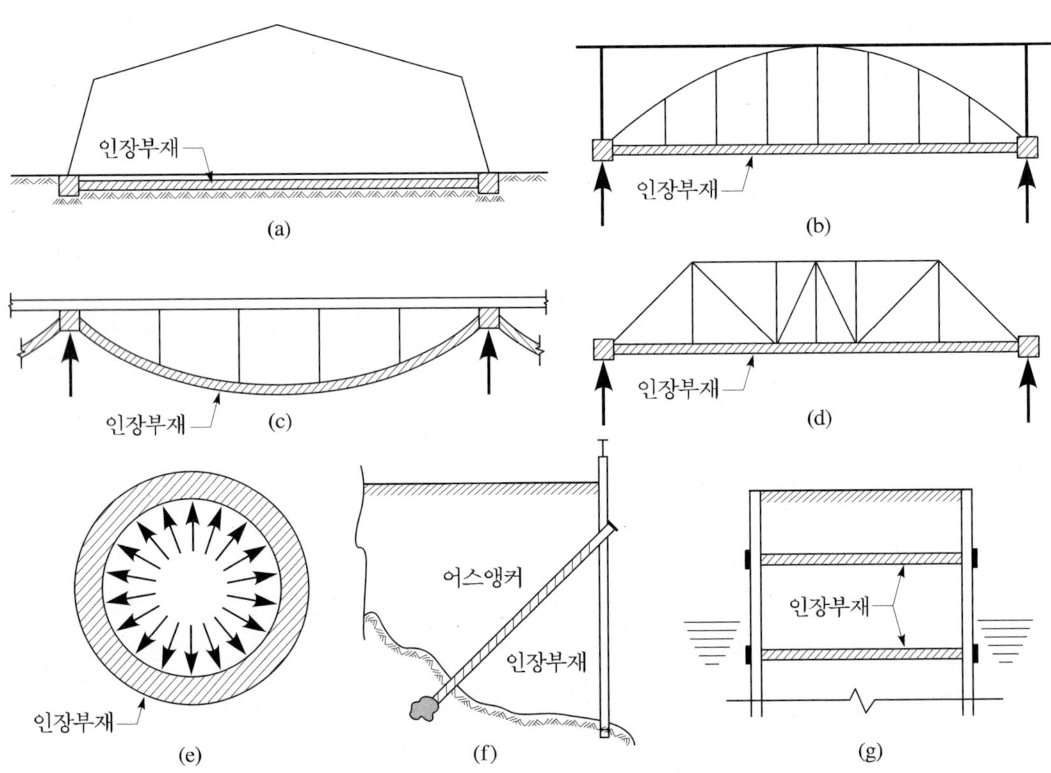

그림 13.3 프리스트레스트 인장부재의 전형적인 예 [Naaman 2012(798)]

13.1 기둥의 거동(Behavior of Columns)

일반적으로 프리스트레스트 콘크리트 기둥에 도입되는 프리스트레스 응력은 매우 낮게 된다. 구조기준 9.7.2(2)(ACI 18.11.2.2)에서 보면 유효프리스트레스로 의한 콘크리트의 최소 평균 압축응력은 1.6 MPa을 추천하고 있다. 축하중이 일정하게 증가하면서 작용하는 프리스트레스트 콘크리트 기둥의 거동은 철근콘크리트 기둥과 거의 유사한 것으로 알려지고 있다(그림 13.4 참고).

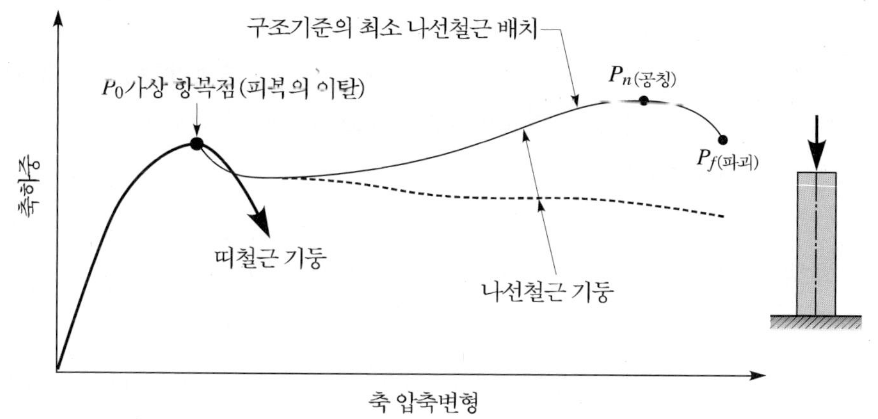

그림 13.4 띠철근이나 나선철근으로 보강된 길이가 짧은 기둥의 전형적인 하중–축변형 곡선 [Naaman 2012(858)]

Furguson 등의 연구[1988]에 의하면 하중–변형 곡선이 상승하면서 콘크리트 공칭강도의 대략 85%에 피복이 떨어지는(spalling of cover) **가상 항복점(pseudo–yield point)**을 만나고, 이후 곡선의 거동은 횡방향 보강재가 띠철근으로 되었는지 아니면 나선철근으로 되었는지에 따라 좌우되게 된다. 나선철근(코일철근)으로 심부가 적절히 구속된 기둥의 경우는 콘크리트 피복이 떨어지고 난 뒤에도 기둥의 형상을 최대 하중이 작용할 때까지 유지하여 저항하게 된다. 따라서 이런 기둥은 최종적인 붕괴까지 상당한 연성과 에너지를 흡수할 수 있으며, 이러한 능력은 특히 지진다발 지역에서 매우 중요한 사항이다. 콘크리트 피복은 가상 항복점에 도달하고 난 바로 뒤에 떨어져 나가면 기둥에는 심부(core)만 남아서 하중에 저항하게 된다[Naaman 2012(857)].

위에서는 압축부재에 축하중만이 작용하고 좌굴(buckling)이 기둥의 거동을 좌우하지 않는다고 가정하였다. 만약에 모든 가정이 동일하더라도 기둥의 길이가 길어질수록 기둥의 거동은 좌굴에 상당한 영향을 받게 된다. 따라서 기둥의 해석과 설계를 위해서 **짧은 기둥(단주)**, 중간

길이 기둥 및 길이가 긴 기둥(장주)으로 분류한다. 이러한 기둥의 분류는 대략적으로 구분하면, **단주(짧은 기둥)**는 단면을 근거로 해석과 설계를 수행하고, 중간 길이 기둥이나 장주인 경우에는 **비선형 2차 해석**(nonlinear second-order analysis)이나 **탄성 2차 해석**(elastic second-order analysis) 또는 근사방법으로 **확대 모멘트방법**(moment magnification procedure)을 이용하여 장주효과를 고려하여 기본적으로 짧은 기둥과 같이 설계하도록 구조기준 6.5.2(1)(ACI 10.10.2)는 제안하고 있다. 또한 구조기준 6.5.2(2)(ACI 10.10.2.1)에서는 비선형 2차 해석이나 탄성 2차 해석 또는 확대휨모멘트 방법으로 구한 2차 모멘트가 탄성 1차 해석으로 구한 휨모멘트의 0.4배를 초과하지 못하도록 제한하고, 만약에 0.4배를 초과하는 경우에는 단면을 늘리는 등의 구조 시스템을 수정하여 설계하도록 규정하고 있다. 이렇게 총 모멘트(1차 영향 + 2차 영향 = 1.0 + 0.4 = 1.4배)를 1.4배 이하로 제한하는 규정은 계수 **중력하중**(gravity load, 고정하중)이 작용할 때 전체 구조물로서 **가로흔들이 불안정**(sidesway instability)이 일어나는 것을 방지하고자 하는 규정이다[ACI Note 2008(11-4)].

13.1.1 하중-모멘트 상관도(Load-Moment Interaction Diagram)

기둥의 축하중 강도 P_n 를 세로축으로 하고 기둥이 동시에 저항할 수 있는 휨모멘트 강도 M_n 을 가로축에 그린 상관도를 **하중-모멘트 상관도**(load-moment interaction diagram, P-M **상관도**)라고 한다. 그림 13.5에는 순수 압축에서 순수 인장까지의 전형적인 하중-모멘트 상관도를 보여주고 있다. 도표에는 다음과 같은 몇몇의 **파괴점**(failure point)을 보여주고 있다. (1) 순수 압축 ($P_{n,0}$, $M_n = 0$) : 단면에 균등한 압축응력이 발생 ; (2) 0 인장 ($P_{n,0t}$, $M_{n,0t}$) : 한쪽 면의 인장응력이 0인 단면 ; (3) 균형 상태($P_{n,b}$, $M_{n,b}$) : 인장 보강재가 항복변형률에 도달할 때 동시에 콘크리트가 최대 압축변형률에 도달하는 단면 ; (4) 순수 휨($P_n = 0$, $M_{n,f}$) : 축 압축하중이 0인 순수 휨 상태 ; (5) 순수 인장 : 인장부재로서 순수 인장응력이 발생하는 단면 등이다. 도표에서 이러한 파괴점을 직선이나 또는 곡선으로 연결하여 대략적인 상관도의 형상을 만들 수 있다. 상관도 안의 모든 점은 이론적으로 기둥의 강도 안에 있다는 것을 의미한다.

구조기준 6.2.2(3) 및 9.5.2(1)(ACI 10.3.3, 18.8.1)에서는 압축력은 작으면서 휨모멘트가 큰 영역에서 최외단 긴장재의 순인장변형률 ϵ_t [1]의 크기에 따라 **압축지배단면**(compression-controlled section, ($P_{n,cc}$, $M_{n,cc}$)), **변화구간**(transition), **인장지배단면**(tension-controlled section, ($P_{n,tc}$, $M_{n,tc}$))으로 구분하여 표 1.5와 같이 강도감소계수를 나선철근 보강인 경우에

1. 공칭강도 상태의 최외단 긴장재의 순인장변형률 ϵ_t 는 유효프리스트레스 힘, 크리프, 건조수축 및 온도에 의한 변형률은 제외하고 작용하중에 의해서 발생하는 변형률이다.

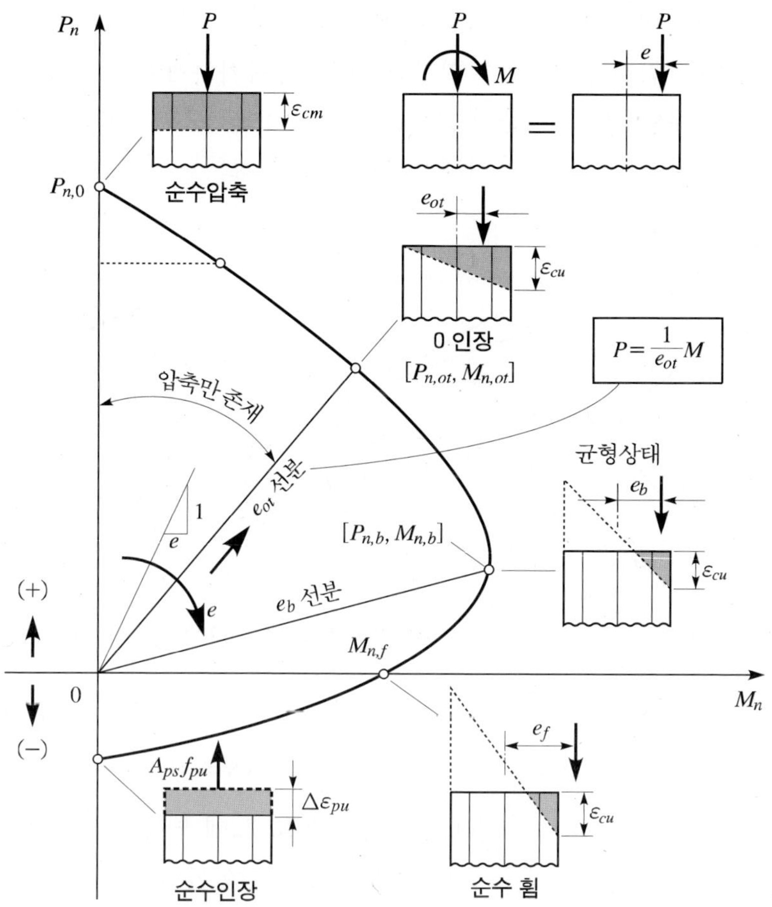

그림 13.5 기둥의 공칭 하중–모멘트 상관도(load–moment interaction diagram) [Naaman 2012(859)]

는 0.70~0.85로 띠철근으로 보강한 경우에 0.60~0.85로 변화시키도록 규정하고 있다.

기둥에 작용하는 모든 축하중과 모멘트의 조합(P, M)은 축하중 P와 편심 $e = M/P$로 표현할 수 있다. 원점을 통과하여 동일한 편심에 대한 기울기가 $1/e$인 방사선분을 0 인장(zero tension)의 편심 e_{0t} 또는 균형 상태 편심 e_b와 같이 그릴 수 있다. 편심 e가 주어지면 축하중 P가 증가할수록 비례하여 M도 증가하여(좌굴이 일어나지 않는다고 가정할 때), 파괴가 일어나는 공칭 상관도에 도달할 때까지 편심선분을 따라 이동하게 된다. 편심이 증가할수록 편심 선분의 기울기는 작아지게 된다.

그림 13.6에는 어떻게 변수들이 상관도에 영향을 미치는지를 보여주고 있다. 모든 조건이 동일하면서 콘크리트의 압축강도를 증가시키게 되면 그림 13.6a에서 같이 압축이 지배하는 영역은 상당히 증가하지만 휨이 지배하는 영역의 증가는 미미하게 된다(휨저항은 대부분 보강

재에 의존하기 때문에). 반면에 그림 13.6b와 같이 프리스트레스 긴장재의 양을 증가시키면 순수 압축강도는 얼마간 감소하지만 순수 휨저항은 상당히 증가하게 된다. 또한 프리스트레스 긴장재를 배치하는 경우와 보통철근을 배치하는 경우를 비교해보면 프리스트레스가 단면에 사전 압축응력을 도입하여 순수 압축응력은 감소하지만, 휨강도는 얼마간 증가하게 된다.

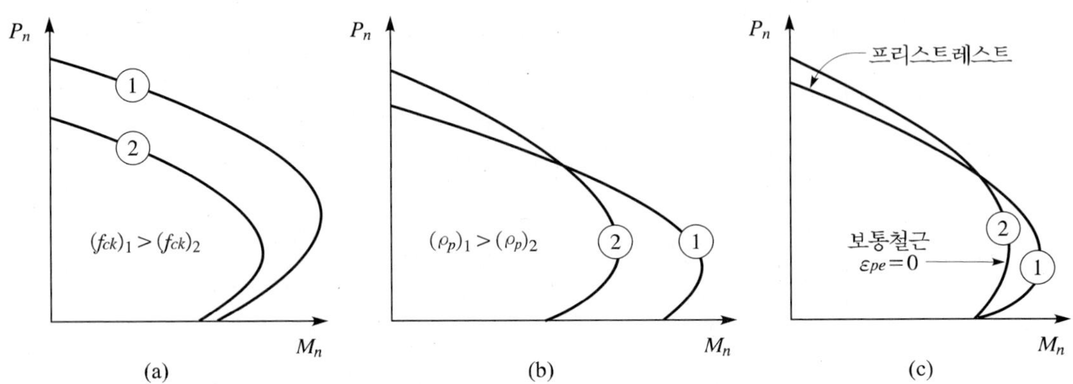

그림 13.6 하중-모멘트 상관도에 미치는 영향 : (a) 콘크리트 압축강도 ; (b) 보강재 비 ; (c) 유효 프리스트레스 [Naaman 2012(860)]

13.1.2 구조기준의 하중-모멘트 설계상관도(KCI Code Design Interaction Diagram)

구조기준에서는 콘크리트 기둥의 해석이나 설계에 그림 13.7a에 보이는 공칭상관도(nominal interaction diagram)에 강도감소계수(ϕ, 표 1.5)와 강도 상한한계 계수(λ_e)를 곱하여 구한 설계상관도를 사용하도록 제안하고 있다. 구조기준 3.3.3 및 6.2.2(3)(ACI 9.3, 10.3.2)은 압축지배 단면(순인장변형률 $\epsilon_t \leq 0.002$ 인 단면)에서 나선철근으로 보강된 기둥의 강도감소계수는 0.70으로 제안하고, 띠철근으로 보강된 기둥의 강도감소계수는 0.65로 규정하고 있다. 이렇게 강도감소계수를 곱하여 축소된 상관도에서 구조기준은 또한 기둥이 저항할 수 있는 최대 순수 압축력을 제한하고자 나선철근 기둥에는 $\lambda_e = 0.85$ 를 띠철근 기둥에는 $\lambda_e = 0.80$ 을 곱해서 $\lambda_e \phi P_{n,0} = P_m$ 의 상한한계를 규정하고 있다(그림 13.7a 참고). 강도 상한한계 계수 λ_e 는 이론적으로 축하중이 도심에 작용한다고 하더라도 만약에 발생할 수 있는 최소의 편심을 고려하기 위한 장치로 상한한계 축하중 P_m 은 설계에서 간접적으로 최소편심 $e_{\min}$ 을 규정하고 있다. 상관도의 아래 부분에서 강도감소계수를 압축지배 한계점(0.70이나 0.65)에서 인장지배나 순수 휨(0.85) 사이는 변화구간(transition)으로 강도감소계수를 그림 1.38과 같이 선형으로 증가시켜야 한다. 그림 13.7b에는 나선철근으로 보강되거나 또는 띠철근으로 보강된 기둥의 전형적인 설계상관도가 주어졌다. 나선철근으로 보강된 기둥의 강도감소계수가 띠철근 기둥에 비해서 큰 이유는 나선철근으로 횡보강된 기둥의 연성이 우수한 사실을 반영한 것이다(그림 13.4 참고). 따라서 설계는 설계상관도 안에 위치하는 어떤 축하중과 모멘트의 조합이던지 할 수 있다는 것(즉, 안전하다는 것을 의미)을 의미한다.

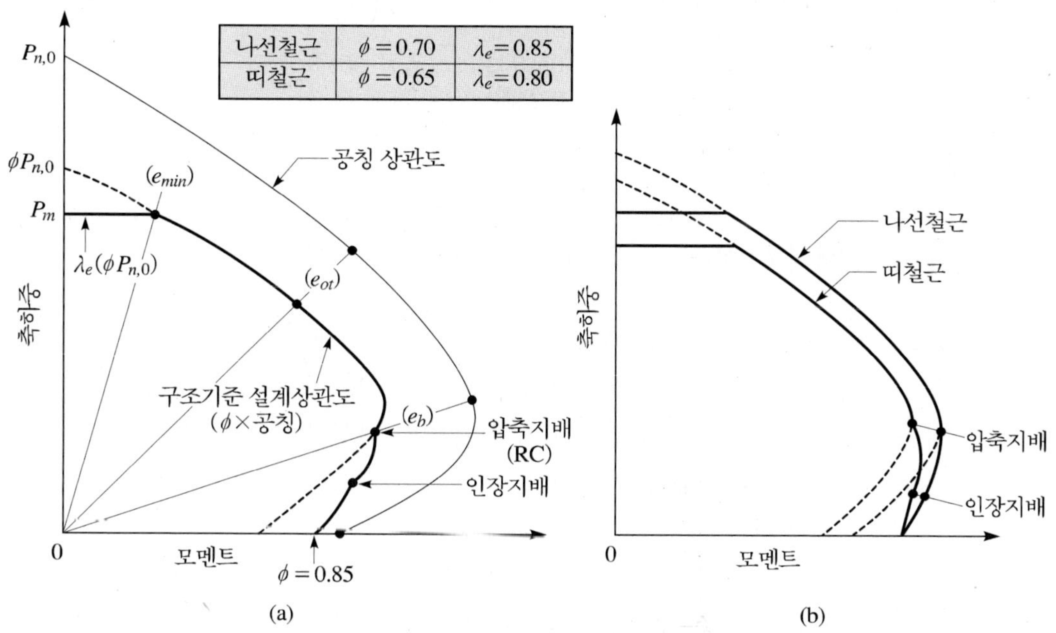

그림 13.7 (a) 공칭 P–M 상관도와 구조기준 설계상관도, (b) 띠철근과 나선철근 기둥의 상관도 [Naaman 2012(862)]

인장지배 및 압축지배 단면(Tension Controlled and Compression Controlled Sections)

4.3장에서 다룬 바와 같이 구조기준(2007 이후)에서는 그동안 사용하던 **저보강 단면(under-reinforced section)**이나 **과보강 단면(over-reinforced section)**이란 용어 대신에 **인장지배 단면(tension-controlled section)**과 **압축지배 단면(compression-controlled section)**이라는 용어를 사용하기 시작하였다. 물론 이 2 종류의 구분이 완벽하게 서로 동일하지는 않지만 근본적으로 유사한 거동을 의미한다고 볼 수 있다. 2007년 이후 구조기준에서는 또한 강도감소계수를 휨의 0.85에서 압축지배 단면의 0.70(나선철근)이나 0.65(띠철근) 강도감소계수 사이의 구간을 **변화구간(transition)**으로 규정하여 강도감소계수를 선형으로 변하도록 규정하고 있다(그림 1.38 참고).

SD400 철근이나 프리스트레스트 긴장재가 배치되는 경우 : 최외단 보강재의 순인장변형률 ϵ_t 가 아래의 구간을 만족할 때 각각 압축지배 단면과 인장지배 단면으로 구분한다.

$$\text{압축지배 단면} : \epsilon_t \le 0.002 \rightarrow \begin{cases} \phi = 0.70 \,(\text{나선철근}) \\ \phi = 0.65 \,(\text{띠철근}) \end{cases} \quad (13.1)$$

$$\text{인장지배 단면} : \epsilon_t \ge 0.005 \rightarrow \{ \phi = 0.85 \quad (13.2)$$

변화구간에서 강도감소계수는 그림 1.38을 다시 쓰면 다음 식으로 계산할 수 있다.

$$\begin{cases} \text{나선철근 보강} : \phi = 0.70 + 0.15\left[1/(c/d_t) - 5/3\right] \\ \text{띠철근 보강} : \phi = 0.65 + 0.25\left[1/(c/d_t) - 5/3\right] \end{cases} \quad (13.3)$$

13.2 단주의 해석(Analysis of Short Columns)

프리스트레스트 콘크리트 기둥의 해석과 설계는 공칭강도 조건에 근거를 두며, 철근콘크리트 기둥과 같은 방법으로 접근한다. 기둥에는 상대적으로 낮은 프리스트레스 응력이 도입되어 사용하중이 작용할 때에 응력해석을 할 필요는 거의 없지만, 파일 등은 도입되는 프리스트레스 응력이 매우 높아서 해석을 수행할 필요가 있고, 특히 프리캐스트 요소인 벽체 패널 등은 운반이나 가설 시에 4.2장에 따라 사용응력을 검토하여야 한다.

단면의 강도가 기둥의 강도를 좌우하는 기둥을 **단주(짧은 기둥)**라고 부른다. 이러한 단주의 해석은 기둥 단면에 대한 축하중-모멘트 상관도를 결정하고, 계수를 곱한 하중조합이 이 상관도 안에 포함되는지를 검토하여 수행한다.

종종 **변형률-적합 해석(strain-compatibility analysis)**이라고 불리는 다음의 절차를 이용하여 공칭상관도와 설계상관도를 그리게 된다.

1. 중립축 c 의 위치를 선택한다(그림 13.8 참고).
2. 중립축과 압축연단의 콘크리트가 공칭강도 상태일 때의 변형률 $\epsilon_{cu} = 0.003$ 을 지나는 직선 변형률도를 그린다.
3. 내적인 평형과 변형률 적합을 이용해서 P_n 과 M_n 의 값을 구한다.
4. 강도감소계수를 곱해서 설계상관도 ϕP_n 과 ϕM_n 을 결정한다.

실제에 있어서 상관도의 값은 전체 구간에 걸쳐서 구하지는 않고 아래와 같은 대표적인 값을 구하여 상관도를 그리게 된다.

① 순수 압축 $P_{n,0}$ 와 구조기준의 허용하는 최대값 P_m

② 0 인장, $(P_{n,0t},\ M_{n,0t})$

③ 압축지배 단면, $(P_{n,cc},\ M_{n,cc})$

④ 균형상태, $(P_{nb},\ M_{nb})$ (프리스트레스트 콘크리트에서는 압축지배 단면 값과 다르게 된다.)

⑤ 인장지배 단면, $(P_{n,tc},\ M_{n,tc})$

⑥ 순수 휨, $M_{n,f}$

P-M 상관도는 이렇게 구한 대표 값을 직선으로 연결하여 대략적으로 그리게 되며, 만약에 상세한 관계가 필요한 구간은 좀 더 많은 점의 값을 결정하여 그리면 된다. 공칭저항 상관도가 결정된 뒤에는 먼저 순수 압축력에 강도 상한한계 계수를 곱하여 최대 축하중의 한계를 설정하고, 이어서 각 구간에 적합한 강도감소계수를 곱하여 설계상관도를 완성하게 된다.

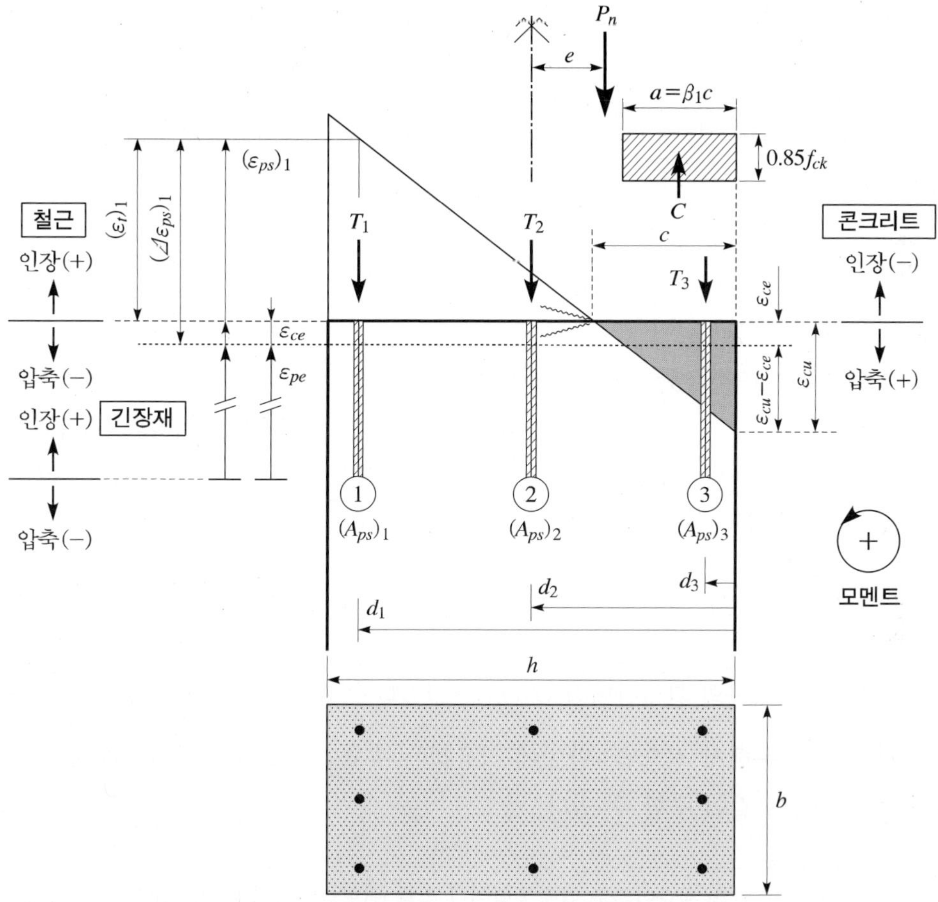

그림 13.8 압축력과 모멘트가 작용하는 전형적인 기둥의 공칭강도 상태에서 변형률도와 하중(부호규약 : 콘크리트 : 압축(+), 인장(−) ; 긴장재 및 철근 : 인장(+), 압축(−)) [Naaman 2012(864)]

13.2.1 완전 또는 부분 프리스트레싱된 사각형 단면의 기본방정식 (Basic Equation for Fully or Partially Prestressed Rectangular Sections)

변형률 도를 선택하고 나면 공칭강도 상태(압축연단 $\epsilon_{cu} = 0.003$)에서 단면에 작용하는 모든 축력에 대해서 또는 모멘트에 대해서 각각의 평형방정식을 적을 수 있다. 이때 변형률 적합을 만족한다고 가정하고 보강재의 응력-변형률 곡선은 알고 있다고 가정한다(2.2장 참고). 각층의 보강재는 계산된 변형률에 따라 응력-변형률 곡선으로부터 응력을 구해서 각각의 보강재의 인장력을 계산한다.

프리스트레스트 콘크리트 축방향 부재에는 프리스트레싱 긴장재 외에 상당한 양의 프리스트레싱 하지 않은 보통 철근이 배치될 수 있으며, 이렇게 보통철근을 배치하면 공칭강도를 상당히 증가시킬 수 있다. 그림 13.8의 공칭강도 상태의 전형적인 변형률 도를 참고하여 아래와 같은 변수를 결정한다.

ϵ_{ce} = 유효프리스트레스로 인한 콘크리트의 균등한 압축변형률

$(A_{ps})_i$와 $(A_s)_i$ = 긴장재 i 층과 보통 철근 i 층의 단면적

d_i = 각 보강재 층 도심으로부터 압축연단까지의 유효깊이

b = 기둥 단면의 폭

h = 기둥 단면의 깊이

c = 압축연단에서 중립축까지의 거리

$T_i = T_{ip} + T_{is}$ = 긴장재 $(A_{ps})_i$와 보통 철근 $(A_s)_i$로 인한 인장력 [내부우력 C에 대한 대응으로 인장력을 T로 표기하듯이 긴장력을 P대신에 T로 표기하였다 P는 외적으로 작용하는 축방향 하중을 표기하고 있다.]

모든 긴장재가 동일한 유효프리스트레스 응력 f_{pe}를 갖는다고 가정할 때, 동일한 절대값을 주는 유효프리스트레스로 인한 콘크리트의 균등한 압축변형률 ϵ_{ce} (+ 부호)와 보통 철근 압축변형률 ϵ_{se} (− 부호)[2]는 보통철근의 환산단면적 $(E_s/E_c - 1)A_s = (n_s - 1)A_s$와 $A_{ps} = \sum_i (A_{ps})_i$와 $A_s = \sum_i (A_s)_i$를 이용해서 적으면, 단면에 작용하는 유효긴장력은 환산단면에 대한 축력과 같아야 하므로 다음과 같이 구할 수 있다.

---

2. 부호규약 : 콘크리트는 압축 재료이므로 압축응력이나 압축 변형률을 양수(+)로 보고, 인장을 음수(−)로 구분하고, 긴장재나 보통철근은 인장 재료이므로 이와 반대로 인장응력이나 인장 변형률을 양수(+)로 보고, 압축을 음수(−)로 고려하였다. 이렇게 한 부재의 해석에 서로 다른 부호규약을 적용하는 것이 이상하게 보일수도 있지만 철근콘크리트나 프리스트레스트 콘크리트에서 일반적으로 통용되는 부호규약이다 [Naaman 2012(157)].

환산단면적 : $A_t = A_n + (n_s - 1)A_s = (A_g - A_{ps}) + (n_s - 1)A_s$

$$T_p = \sum_i T_{ip} = A_{ps} f_{pe} \equiv [A_t f_{ce} = A_t(\epsilon_{ce} E_c)]$$

$$\epsilon_{ce} = \frac{A_{ps} f_{pe}}{A_t E_c} = \frac{A_{ps} f_{pe}}{[A_g - A_{ps} + (n_s - 1)A_s] E_c} \tag{13.4}$$

$$\epsilon_{se} = -\epsilon_{ce} \tag{13.5}$$

가 되고, 여기에서 $A_g = b \times h$ 로 전체 콘크리트 단면적이고, $A_n = A_g - A_{ps}$ 는 콘크리트의 순 단면적이다.

프리스트레싱 긴장재와 보통 철근 층 i 의 전체 변형률과 변형률 변화는 각각 아래의 식으로 구할 수 있다.

$$(\epsilon_{ps})_i = \epsilon_{pe} + (\Delta\epsilon_{ps})_i = \frac{f_{pe}}{E_{ps}} + \left[\epsilon_{ce} + \epsilon_{cu}\left(\frac{d_i - c}{c}\right)\right] \tag{13.6}$$

$$(\epsilon_s)_i = (\Delta\epsilon_s)_i = \epsilon_{cu}\left(\frac{d_i - c}{c}\right) \tag{13.7}$$

$d_i > c$ 인 경우에는 $(\Delta\epsilon_{ps})_i$ 나 $(\Delta\epsilon_s)_i$ 가 양의 값이 되어 보강재의 변형률은 증가하게 된다. 그림 13.8에서 보는바와 같이 보통철근은 인장변형률을 갖기 위해서는 먼저 $\epsilon_{se} = |\epsilon_{ce}|$ 를 상쇄하여야 하므로 각 층의 변형률은 $(\epsilon_s)_i = (\Delta\epsilon_s)_i$ 가 된다. 보강재 i 층의 변형률이 비례한계 변형률보다 작은 경우에 응력과 인장력은 다음과 같이 적을 수 있다.

$$T_{ip} + T_{is} = (A_{ps})_i (f_{ps})_i + (A_s)_i (f_s)_i = (A_{ps})_i [E_{ps}(\epsilon_{ps})_i] + (A_s)_i [E_s(\epsilon_s)_i] \tag{13.8}$$

콘크리트 단면의 압축력은 등가 직사각형 응력블럭으로 구하면,

$$C = (0.85 f_{ck}) b a = (0.85 f_{ck}) b (\beta_1 c) \tag{13.9}$$

로 표현할 수 있다. 여기에서 중립축 깊이에 대한 등가 직사각형 응력블럭 깊이의 비인 β_1 은 식 (4.5)에 주어졌고, 압축영역에 배치되는 보강재의 면적으로 인한 영향은 만약에 필요하다면 고려할 수는 있지만 일반적으로 미미하여 무시한다.

단면에 작용하는 축하중을 모두 더하여 공칭 축하중 강도를 구하면 아래와 같다.

$$P_n = C - \sum_i (T_{ip} + T_{is}) \tag{13.10}$$

그림 13.8에서와 같이 반시계방향 모멘트를 양의 모멘트로 가정하고, 기둥의 중심선에 대한 모멘트를 더하여 단면의 공칭 모멘트강도를 구하면,

$$M_n = C\left(\frac{h}{2} - \frac{a}{2}\right) + \sum_i (T_{ip} + T_{is})\left(d_i - \frac{h}{2}\right) \tag{13.11}$$

가 되고, 이 축하중-모멘트 조합에 대한 편심은

$$e = \frac{M_n}{P_n} \tag{13.12}$$

으로 구할 수 있다. 설계를 위한 단면의 설계강도는 상관도에서 편심 e 와 ϕP_n 과 ϕM_n 의 좌표로 표현된다.

예제 13.1

[단주의 하중-모멘트 상관도] [Naaman 2012(872-880)]

그림 13.9a에 보이는 띠철근으로 보강된 정사각형 압축부재(단주)의 하중-모멘트 상관도를 그려라. 사용된 재료는 다음과 같다.

- 콘크리트 : 보통중량골재 콘크리트 설계기준압축강도 $f_{ck} =$ 35 MPa, $0.85 f_{ck} =$ 29.75 MPa, $f_{ci} =$ 25 MPa ; 탄성계수 식 (2.6), $E_c = 8{,}500\sqrt[3]{f_{cu}} = 8{,}500 \times (35+4)^{(1/3)} = 28{,}825$ (MPa) ; $\beta_1 = 0.85 - 0.007(35-28) = 0.801$; 강도 상한한계 계수 $\lambda_e = 0.80$; $A_g =$ $350 \times 350 = 122{,}500$ (mm^2) ; $I_g = 350 \times 350^3/12 = 1{,}250 \times 10^6$ (mm^4) ; 회전반경 $r = \sqrt{I_g/A_g} = [(1{,}250 \times 10^6)/122{,}500]^{1/2} = 101.04$ (mm)
- 보강재 : 프리스트레스 긴장재 8개가 배치되었다. B종 저이완 7연선 직경 9.5 mm($A_b = 54.84$ mm^2, $A_{ps} = 8 \times 54.84 = 438.72$ mm^2), $f_{pu} =$ 1,860 MPa, $f_{py} = 0.90 f_{pu} =$ 1,674 MPa, $\epsilon_{py} = f_{py}/E_{ps} = 1{,}674/200{,}000 = 0.00837$; 도입직전 $f_{p0} = 0.74 f_{pu} =$ 1,376 MPa, 도입 직후 $f_{pi} = 0.925 f_{p0} =$ 1,273 MPa, 유효프리스트레스 $f_{pe} = 0.81 f_{pi} (\approx 0.555 f_{pu}) =$ 1,033 MPa
- 강도감소계수 : 압축지배 단면 $\phi = 0.65$; 인장지배 단면 $\phi = 0.85$
- 식 (13.3) : 변화구간 $\phi = 0.65 + 0.25\left[1/(c/d_t) - 5/3\right]$
- 7연선의 비례한계 $\epsilon_{pp} = 0.0085$, $f_{pp} = 0.0085 E_{ps} = 0.0085(200{,}000) = 1{,}700$ (MPa)이고 이후의 응력-변형률 곡선 관계는 그림 2.9에 따라 다음 식으로 결정한다.

$$f_{ps} = 1{,}860 - \frac{0.27}{\epsilon_{ps} - 0.007}$$

긴장재가 x축과 y축에 대해서 대칭으로 배치되었으므로 각 방향에 대한 강도는 동일하게 된다. 긴장재가 3층으로 배치되었고 그림 13.9와 같이 좌측에서 우측으로 번호를 매겨 구분한다.

$(A_{ps})_1 = (A_{ps})_3 = 3 \times 54.84 = 164.52\ (\text{mm}^2)$

$(A_{ps})_2 = 2 \times 54.84 = 109.68\ (\text{mm}^2)$

$d_1 = 350 - 60 = 290\ (\text{mm})$

$d_2 = 350/2 = 175\ (\text{mm})$

$d_3 = 60\ \text{mm}$

$A_n = A_g - A_{ps} = 122{,}500 - 438.72 = 122{,}061\ (\text{mm}^2)$

식 (13.4) : 유효프리스트레스로 인한 콘크리트의 균등한 압축변형률 ϵ_{ce} 및 긴장재의 변형률 ϵ_{pe}

$\epsilon_{ce} = A_{ps} f_{pe} / (A_n E_c) = (438.72)(1{,}033)/(122{,}061 \times 28{,}825) = 0.000129$

$\epsilon_{pe} = f_{pe} / E_{ps} = 1{,}033/200{,}000 = 0.00517$

① **순수 압축** : $P_{n,0}$, $\phi P_{n,0}$ 및 P_m 계산 ; $c = \infty$

식 (13.9)에서 ba 대신에 A_n 을 대입하여 계산 :

$C = (0.85 f_{ck}) A_n = 29.75(122{,}061)\ /\ 1{,}000 = 3{,}631.3\ (\text{kN})$

긴장재 층의 변형률 및 응력과 인장력 계산 :

식 (13.6) : $\Delta\epsilon_{ps} = \epsilon_{ce} + \epsilon_{cu}\,[(d_i - c)/c] = \epsilon_{ce} + 0.003\,[(d_i - \infty)/\infty] = \epsilon_{ce} - 0.003$

$\Delta\epsilon_{ps} = \epsilon_{ce} - 0.003 = 0.000129 - 0.003 = -0.00287$

$\epsilon_{ps} = \epsilon_{pe} + \Delta\epsilon_{ps} = 0.00517 + (-0.00287) = 0.002294 < \epsilon_{pp} = 0.0085$

식 (13.8) : $f_{ps} = E_{ps}\epsilon_{ps} = 200{,}000 \times 0.002294 = 458.8\ (\text{MPa})$

$\sum_i T_{ip} = A_{ps} f_{ps} = 438.72 \times 458.8\ /\ 1{,}000 = 201.3\ (\text{kN})$

순수 압축에 대한 공칭강도, 설계강도 및 구조기준 허용 최대강도 계산 :

식 (13.10) : $P_{n,0} = C - \sum_i T_{ip} = 3{,}631.3 - 201.3 = 3{,}430\ (\text{kN})$

$\therefore\ \phi P_{n,0} = 0.65 \times 3{,}430 = 2{,}230\ (\text{kN})$

$\therefore\ P_m = \lambda_e(\phi P_{n,0}) = 0.80 \times 2{,}230 = 1{,}784\ (\text{kN})$

② **0 인장** : $(P_{n,0t}$, $M_{n,0t})$ 계산

콘크리트 압축력 계산 :

그림 13.9c 참고 : $c = 350\ \text{mm}$

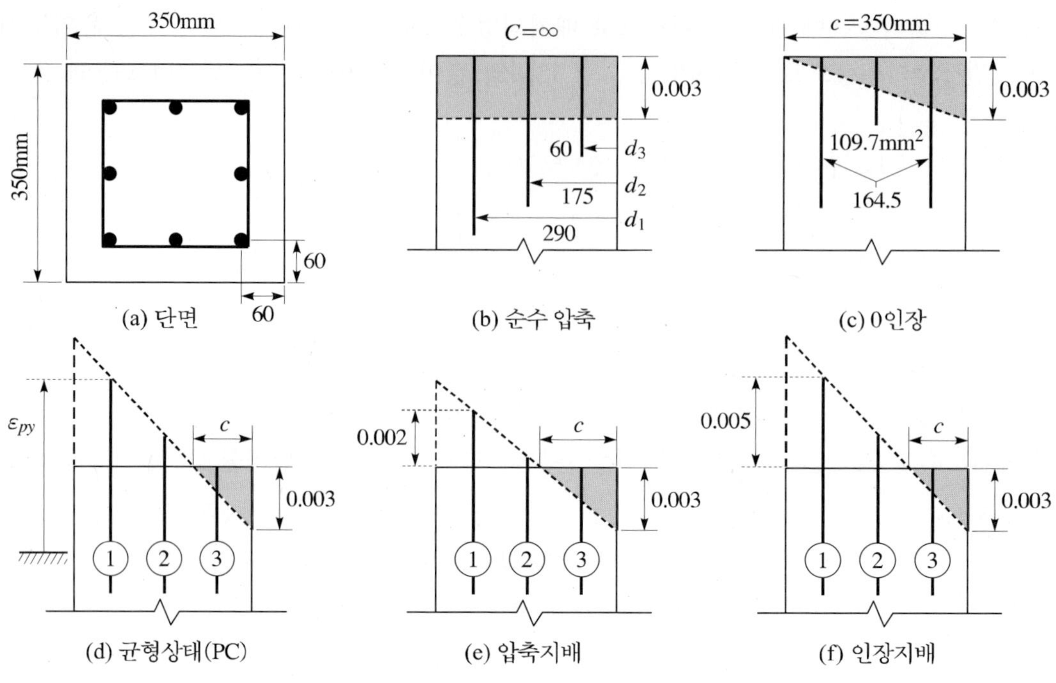

그림 13.9 띠철근으로 보강된 압축부재의 단면 및 변형률도 [Naaman 2012(873)]

$a = \beta_1 c = 0.801 \times 350 = 280.35$ (mm)

$C = (0.85 f_{ck}) b a = 29.75(350)(280.35) \ / \ 1{,}000 = 2{,}919.1$ (kN)

긴장재 층의 변형률 및 응력과 인장력 계산 :

식 (13.6) : $(\Delta\epsilon_{ps})_1 = \epsilon_{ce} + \epsilon_{cu}[(d_1 - c)/c] = 0.000129 + 0.003(290-350)/350$

$= -0.000385$

$(\Delta\epsilon_{ps})_2 = 0.000129 + 0.003(175-350)/350 = -0.00137$

$(\Delta\epsilon_{ps})_3 = 0.000129 + 0.003(60-350)/350 = -0.00236$

$(\epsilon_{ps})_1 = \epsilon_{pe} + (\Delta\epsilon_{ps})_1 = 0.00517 + (-0.000385) = 0.00478 < \epsilon_{pp} = 0.0085$

$(\epsilon_{ps})_2 = 0.00517 + (-0.00137) = 0.00379 < \epsilon_{pp} = 0.0085$

$(\epsilon_{ps})_3 = 0.00517 + (-0.00236) = 0.00281 < \epsilon_{pp} = 0.0085$

모든 변형률이 비례한계 $\epsilon_{pp} = 0.0085$보다 적으므로 $f_{ps} = E_{ps}\epsilon_{ps}$ 로 계산한다.

식 (13.8) : $(f_{ps})_1 = E_{ps}(\epsilon_{ps})_1 = 200{,}000 \times 0.00478 = 955.9$ (MPa)

$(f_{ps})_2 = 200{,}000 \times 0.00379 = 758.8$ (MPa)

$(f_{ps})_3 = 200{,}000 \times 0.00281 = 561.6$ (MPa)

$T_{1p} = (A_{ps})_1 (f_{ps})_1 = 164.52 \times 955.9 \ / \ 1{,}000 = 157.3$ (kN)

$$T_{2p} = 109.68 \times 758.8 \,/\, 1{,}000 = 83.2 \text{ (kN)}$$

$$T_{3p} = 164.52 \times 561.6 \,/\, 1{,}000 = 92.4 \text{ (kN)}$$

$$\sum_i T_{ip} = 157.3 + 83.2 + 92.4 = 332.9 \text{ kN}$$

$$P_{n,0t} = C - \sum_i T_{ip} = 2{,}919.1 - 332.9 = 2{,}586.3 \text{ (kN)}$$

공칭 모멘트 계산 : 식 (13.11)

$$M_{n,0t} = C\left(\frac{h}{2} - \frac{a}{2}\right) + \sum_i T_{ip}\left(d_i - \frac{h}{2}\right)$$

$$= (2{,}919.1)(175 - 280.35/2) + 157.3(290 - 175) + 83.2(175 - 175) + 92.4(175 - 60)$$

$$= 101{,}659 + 18{,}086 + 0 - 10{,}626 = 109{,}119 \text{ (kN} \cdot \text{mm)}$$

$$\therefore\ M_{n,0t} = 109.1 \text{ kN} \cdot \text{m}$$

편심 $e = M_{n,0t} / P_{n,0t} = 109{,}119 \,/\, 2{,}586.3 = 42.2$ (mm)

설계 강도 계산 :

$$\therefore\ \phi P_{n,0t} = 0.65 \times 2{,}586.3 = 1{,}681 \text{ (kN)}$$

$$\therefore\ \phi M_{n,0t} = 0.65 \times 109.1 = 70.9 \text{ (kN} \cdot \text{m)}$$

③ **$\epsilon_{ps} = \epsilon_{py}$ 인 균형상태** : ($P_{n,b}$, $M_{n,b}$) 계산

구조기준 6.2.2(2)(ACI 10.3.2)에 의하면 압축연단 콘크리트가 공칭변형률 0.003에 도달할 때 최외단 인장 보강재가 항복변형률 ϵ_y 에 도달하는 상태를 균형변형률 상태로 규정하고, 철근콘크리트 부재에서 압축지배 변형률 한계를 균형변형률 상태라고 규정하지만, 프리스트레스트 콘크리트 부재에 대해서는 최외단 긴장재의 순인장변형률이 0.002인 상태를 압축지배 변형률 한계로 제안하고 있다. 따라서 프리스트레스트 콘크리트인 경우에 균형변형률 상태와 압축지배 변형률 한계는 서로 일치하지 않게 된다.

그림 13.9d의 변형률도에서 최외단 긴장재 1번 층의 항복변형률 $\epsilon_{py} = 0.00837$에 도달한다고 가정하고 변형률도의 닮은꼴 삼각형을 이용하여 관계식을 적으면(그림 13.8 참고),

$$c \ : \ \epsilon_{cu} = d_i - c \ : \ \epsilon_{py} - \epsilon_{ce} - \epsilon_{pe} \ \rightarrow \ \frac{c}{d_i - c} = \frac{\epsilon_{cu}}{\epsilon_{py} - \epsilon_{ce} - \epsilon_{pe}}$$

$$\frac{c}{290 - c} = \frac{0.003}{0.00837 - 0.000129 - 0.00517} = 0.97523$$

$$c = 282.82 - 0.97523c \ ; \ c + 0.97523c = 282.82$$

$$c = 282.82 \,/\, 1.97523 = 143.2 \text{ (mm)}$$

$$a = \beta_1 c = (0.801)(143.2) = 114.7 \text{ (mm)}$$

$$C = (0.85 f_{ck}) b a = 29.75(350)(114.7) \,/\, 1{,}000 = 1{,}194.2 \text{ (kN)}$$

긴장재 층의 변형률 및 응력과 인장력 계산 :

식 (13.6) : $(\Delta\epsilon_{ps})_1 = \epsilon_{ce} + \epsilon_{cu}\,[(d_1 - c)/c]$

$= 0.000129 + 0.003(290-143.2)/143.2 = 0.003205$

$(\Delta\epsilon_{ps})_2 = 0.000129 + 0.003(175 - 143.2)/143.2 = 0.000795$

$(\Delta\epsilon_{ps})_3 = 0.000129 + 0.003(60 - 143.2)/143.2 = -0.001614$

$(\epsilon_{ps})_1 = \epsilon_{pe} + (\Delta\epsilon_{ps})_1 = 0.00517 + 0.003205 = 0.008370 < \epsilon_{pp} = 0.0085$

$(\epsilon_{ps})_2 = 0.00517 + 0.000795 = 0.005960 < \epsilon_{pp} = 0.0085$

$(\epsilon_{ps})_3 = 0.00517 + (-0.001614) = 0.003551 < \epsilon_{pp} = 0.0085$

모든 변형률이 비례한계 $\epsilon_{pp} = 0.0085$보다 적으므로 $f_{ps} = E_{ps}\,\epsilon_{ps}$ 로 계산한다.

식 (13.8) : $(f_{ps})_1 = E_{ps}\,(\epsilon_{ps})_1 = 200{,}000 \times 0.008370 = 1{,}674.0$ (MPa)

$(f_{ps})_2 = 200{,}000 \times 0.005960 = 1{,}192.1$ (MPa)

$(f_{ps})_3 = 200{,}000 \times 0.003551 = 710.2$ (MPa)

$T_{1p} = (A_{ps})_1\,(f_{ps})_1 = 164.52 \times 1{,}674.0 \,/\, 1{,}000 = 275.4$ (kN)

$T_{2p} = 109.68 \times 1{,}192.1 \,/\, 1{,}000 = 130.7$ (kN)

$T_{3p} = 164.52 \times 710.2 \,/\, 1{,}000 = 116.8$ (kN)

$\sum_i T_{ip} = 275.4 + 130.7 + 116.8 = 523.0$ kN

$P_{n,b} = C - \sum_i T_{ip} = 1{,}194.2 - 523.0 = 671.2$ (kN)

공칭 모멘트 계산 : 식 (13.11)

$$M_{n,b} = C\left(\frac{h}{2} - \frac{a}{2}\right) + \sum_i T_{ip}\left(d_i - \frac{h}{2}\right)$$

$$= (1{,}194.2)(175-114.7/2) + 275.4(290-175) + 130.7(175-175) + 116.8(60-175)$$

$$= 140{,}504 + 31{,}672 + 0 - 13{,}437 = 158{,}739 \text{ (kN·mm)}$$

$\therefore\ M_{n,b} = 158.7$ kN·m

편심 $e = M_{n,b}/P_{n,b} = 158{,}739 \,/\, 671.2 = 236.5$ (mm)

설계 강도 계산 :

구조기준에서 최외단 긴장재 순인장변형률이 0.002 이하일 때는 압축지배 변형률로 고려하고, 0.005 이상일 때는 인장지배 변형률로 고려하므로 긴장재의 전체 변형률 한계는 그림 13.8을 참고하여 적으면,

압축지배 변형률 한계 : $(\epsilon_{ps})_1 = \epsilon_{pe} + \epsilon_{ce} + 0.002 = 0.00517 + 0.000129 + 0.002$

$= 0.00729$

인장지배 변형률 한계 : $(\epsilon_{ps})_1 = \epsilon_{pe} + \epsilon_{ce} + 0.005 = 0.00517 + 0.000129 + 0.005$

$= 0.01029$

가 된다. 긴장재 1번 층의 변형률이 0.00729 보다 작으면 압축지배 단면, 0.00729~0.01029이면 변화구간이고, 0.01029 보다 크게 되면 인장지배 단면이 된다.

$0.00729 < [\ (\epsilon_{ps})_1 = 0.008370\ ] < 0.01029$ 이므로, 변화구간이 된다. 따라서 강도감소계수는 식 (13.3)에 따라 계산하여야 한다.

$c/d_t = c/d_1 = 143.2/290 = 0.4937$

$\phi = 0.65 + 0.25\,[1/(c/d_t) - 5/3] = 0.65 + 0.25(1/0.4937 - 1.6666) = 0.740$

$\therefore\ \phi P_{n,b} = 0.740 \times 671.2 = 496.5$ (kN)

$\therefore\ \phi M_{n,b} = 0.740 \times 158.7 = 117.4$ (kN·m)

④ **순수 휨** : $M_{n,f}$ 계산

순수 휨은 단면에 작용하는 축력의 합이 $P_n = 0$ 일 때 일어나게 된다. 이 경우에 중립축의 깊이는 알지 못하므로 처음에는 c의 값을 가정하여 구한 C와 $\sum_i T_{ip}$ 값에서 $P_n \neq 0$ 이면 수렴한 값 c를 다시 선택하는 시행착오 방법을 이용하여 $P_n \approx 0$ 일 때의 c를 계산한다.

$c = 75$ mm로 가정하여 시작하면, $P_{n,b} = C - \sum_i T_{ip} = -19.57$ kN으로 c의 값이 너무 작은 경우이다. 따라서 c의 값을 증가시켜서

$c = \underline{76.945\ \text{mm}}$로 시도하면,

$a = \beta_1 c = (0.801)(76.945) = 61.6$ (mm)

$C = (0.85 f_{ck}) b\, a = 29.75(350)(61.6)\ /\ 1{,}000 = 641.8$ (kN)

$(\Delta\epsilon_{ps})_1 = \epsilon_{ce} + \epsilon_{cu}\,[(d_1 - c)/c] = 0.000129 + 0.003(290 - 76.945)/76.945 = 0.008436$

$(\Delta\epsilon_{ps})_2 = 0.000129 + 0.003(175 - 76.945)/76.945 = 0.003952$

$(\Delta\epsilon_{ps})_3 = 0.000129 + 0.003(60 - 76.945)/76.945 = -0.000532$

$(\epsilon_{ps})_1 = \epsilon_{pe} + (\Delta\epsilon_{ps})_1 = 0.00517 + 0.008436 = 0.013601 > \epsilon_{pp} = 0.0085$

$(\epsilon_{ps})_2 = 0.00517 + 0.003952 = 0.009117 > \epsilon_{pp} = 0.0085$

$(\epsilon_{ps})_3 = 0.00517 + (-0.000532) = 0.004633 < \epsilon_{pp} = 0.0085$

$(\epsilon_{ps})_1 = 0.013601 > (\epsilon_{pp} = 0.0085)$

그림 2.9 : $f_{ps} = 1{,}860 - 0.27/(\epsilon_{ps} - 0.007)$ 로 계산

$(f_{ps})_1 = 1{,}860 - 0.27/\ (0.013601 - 0.007) = 1{,}819.1$ (MPa)

$(f_{ps})_2 = 1{,}860 - 0.27/\ (0.009117 - 0.007) = 1{,}732.5$ (MPa)

$(f_{ps})_3 = 200{,}000 \times 0.004633 = 926.6$ (MPa)

$T_{1p} = (A_{ps})_1 (f_{ps})_1 = 164.52 \times 1,819.1 / 1,000 = 299.3$ (kN)

$T_{2p} = 109.68 \times 1,732.5 / 1,000 = 190.0$ (kN)

$T_{3p} = 164.52 \times 926.6 / 1,000 = 152.4$ (kN)

$\sum_i T_{ip} = 299.3 + 190.0 + 152.4 = 641.7$ kN

$P_{n,f} = C - \sum_i T_{ip} = 641.8 - 641.7 = 0.01$ (kN) ≈ 0 <수렴 *OK*>

$$M_{n,f} = C\left(\frac{h}{2} - \frac{a}{2}\right) + \sum_i T_{ip}\left(d_i - \frac{h}{2}\right)$$

$$= (641.8)(175 - 61.6/2) + 299.3(290 - 175) + 190.0(175 - 175) + 152.4(60 - 175)$$

$$= 92,530 + 34,417 + 0 - 17,532 = 109,416 \text{ (kN·mm)}$$

$\therefore\ M_{n,f} = 109.4$ kN·m

[$(\epsilon_{ps})_1 = 0.013601$] > 0.01029 이므로, 인장지배 단면으로, $\phi = 0.85$이다.

$\therefore\ \phi M_{n,b} = 0.85 \times 109.4 = 93.0$ (kN·m)

⑤ **압축지배 단면** : $(P_{n,cc},\ M_{n,cc})$ 계산, 그림 13.8 참고

최외단 긴장재의 변형률 변화 $(\Delta\epsilon_{ps})_1 \le 0.002 + \epsilon_{ce} = 0.002 + 0.000129 = \underline{0.002129}$ 인 경우

압축지배 변형률 한계 : $(\epsilon_{ps})_1 = \epsilon_{pe} + (\Delta\epsilon_{ps})_1 = 0.00517 + \underline{0.002129} = 0.00729$

압축지배 단면 한계 변형률 $(\epsilon_t)_1 = (\Delta\epsilon_{ps})_1 - \epsilon_{ce} = 0.002$ 에 대해서

$$\frac{c}{d_i - c} = \frac{\epsilon_{cu}}{\epsilon_{py} - \epsilon_{ce} - \epsilon_{pe}} = \frac{0.003}{0.002}$$

$$\frac{c}{290 - c} = 1.5\ ;\ c = 435 - 1.5c\ ;\ c + 1.5c = 435$$

$c = 435 / 2.5 = 174$ (mm)

$a = \beta_1 c = (0.801)(174) = 139.4$ (mm)

$C = (0.85 f_{ck}) b a = 29.75(350)(139.4) / 1,000 = 1,451.2$ (kN)

$(\Delta\epsilon_{ps})_1 = 0.002 + \epsilon_{ce} = 0.002 + 0.000129 = 0.002129$

$(\Delta\epsilon_{ps})_2 = \epsilon_{ce} + \epsilon_{cu}[(d_2 - c)/c] = 0.000129 + 0.003(175 - 174)/174 = 0.000146$

$(\Delta\epsilon_{ps})_3 = \epsilon_{ce} + \epsilon_{cu}[(d_3 - c)/c] = 0.000129 + 0.003(60 - 174)/174 = -0.001837$

$(\epsilon_{ps})_1 = 0.00729 < \epsilon_{pp} = 0.0085$

$(\epsilon_{ps})_2 = \epsilon_{pe} + (\Delta\epsilon_{ps})_2 = 0.00517 + 0.000146 = 0.005311 < \epsilon_{pp} = 0.0085$

$(\epsilon_{ps})_3 = 0.00517 + (-0.001837) = 0.003328 < \epsilon_{pp} = 0.0085$

$(f_{ps})_1 = 200,000 \times 0.00729 = 1,458.8$ (MPa)

$(f_{ps})_2 = 200,000 \times 0.005311 = 1,062.2$ (MPa)

$(f_{ps})_3 = 200,000 \times 0.003328 = 665.7$ (MPa)

$T_{1p} = (A_{ps})_1 (f_{ps})_1 = 164.52 \times 1,458.8 \ / \ 1,000 = 240.0$ (kN)

$T_{2p} = 109.68 \times 1,062.2 \ / \ 1,000 = 116.5$ (kN)

$T_{3p} = 164.52 \times 665.7 \ / \ 1,000 = 109.5$ (kN)

$\sum_i T_{ip} = 240.0 + 116.5 + 109.5 = 466.0$ kN

$\therefore \ P_{n,cc} = C - \sum_i T_{ip} = 1,451.2 - 466.0 = 985.2$ (kN)

$$M_{n,cc} = C\left(\frac{h}{2} - \frac{a}{2}\right) + \sum_i T_{ip}\left(d_i - \frac{h}{2}\right)$$

$= (1,451.2)(175-139.4/2) + 240.0(290-175) + 116.5(175-175) + 109.5(60-175)$

$= 152,834 + 27,599 + 0 - 12,594 = 167,839$ (kN·mm)

$\therefore \ M_{n,cc} = 167.8$ kN·m

$e_{cc} = M_{n,cc}/P_{n,cc} = 167,839 \ / \ 985.2 = 170.4$ (mm)

압축지배 단면이므로, $\phi = 0.65$이다.

$\therefore \ \phi P_{n,cc} = 0.65 \times 985.2 = 640.4$ (kN)

$\therefore \ \phi M_{n,cc} = 0.65 \times 167.8 = 109.1$ (kN·m)

⑥ **인장지배 단면 :** $(P_{n,tc}, \ M_{n,tc})$ 계산, 그림 13.8 참고

최외단 긴장재의 변형률 변화 $(\Delta\epsilon_{ps})_1 \le 0.005 + \epsilon_{ce} = 0.005 + 0.000129 = \underline{0.005129}$ 인 경우

압축지배 변형률 한계 : $(\epsilon_{ps})_1 = \epsilon_{pe} + (\Delta\epsilon_{ps})_1 = 0.00517 + \underline{0.005129} = 0.01029$

압축지배 단면 한계 변형률 $(\epsilon_t)_1 = (\Delta\epsilon_{ps})_1 - \epsilon_{ce} = 0.005$ 에 대해서

$$\frac{c}{d_i - c} = \frac{\epsilon_{cu}}{\epsilon_{py} - \epsilon_{ce} - \epsilon_{pe}} = \frac{0.003}{0.005}$$

$\frac{c}{290 - c} = 0.65$; $c = 174 - 0.6c$; $c + 0.6c = 174$

$c = 174 \ / \ 1.6 = 108.75$ (mm)

$a = \beta_1 c = (0.801)(108.75) = 87.1$ (mm)

$C = (0.85 f_{ck}) b a = 29.75(350)(87.1) \ / \ 1,000 = 907.0$ (kN)

$(\Delta\epsilon_{ps})_1 = 0.005 + \epsilon_{ce} = 0.005 + 0.000129 = 0.005129$

$(\Delta\epsilon_{ps})_2 = \epsilon_{ce} + \epsilon_{cu}\,[(d_2 - c)/c] = 0.000129 + 0.003(175-108.75)/108.75 = 0.001956$

$(\Delta\epsilon_{ps})_3 = \epsilon_{ce} + \epsilon_{cu}\,[(d_3 - c)/c] = 0.000129 + 0.003(60-108.75)/108.75 = -0.001216$

$(\epsilon_{ps})_1 = 0.010294 > \epsilon_{pp} = 0.0085$

$(\epsilon_{ps})_2 = \epsilon_{pe} + (\Delta\epsilon_{ps})_2 = 0.00517 + 0.001956 = 0.007121 < \epsilon_{pp} = 0.0085$

$(\epsilon_{ps})_3 = 0.00517 + (-0.001216) = 0.003949 < \epsilon_{pp} = 0.0085$

$(f_{ps})_1 = 1{,}860 - 0.27/\ (0.010294 - 0.007) = 1{,}778.0$ (MPa)

$(f_{ps})_2 = 200{,}000 \times 0.007121 = 1{,}424.3$ (MPa)

$(f_{ps})_3 = 200{,}000 \times 0.003949 = 789.8$ (MPa)

$T_{1p} = (A_{ps})_1\,(f_{ps})_1 = 164.52 \times 1{,}778.0\ /\ 1{,}000 = 292.5$ (kN)

$T_{2p} = 109.68 \times 1{,}424.3\ /\ 1{,}000 = 156.2$ (kN)

$T_{3p} = 164.52 \times 789.8\ /\ 1{,}000 = 129.9$ (kN)

$\sum_i T_{ip} = 292.5 + 156.2 + 129.9 = 578.7$ kN

$\therefore\ P_{n,tc} = C - \sum_i T_{ip} = 907.0 - 578.7 = 328.3$ (kN)

$$M_{n,tc} = C\left(\frac{h}{2} - \frac{a}{2}\right) + \sum_i T_{ip}\left(d_i - \frac{h}{2}\right)$$

$$= (907.0)(175-87.1/2) + 292.5(290-175) + 156.2(175-175) + 129.9(60-175)$$

$$= 119{,}224 + 33{,}640 + 0 - 14{,}943 = 137{,}921\ (\text{kN}\cdot\text{mm})$$

$\therefore\ M_{n,tc} = 137.9$ kN · m

$e_{tc} = M_{n,tc}/P_{n,tc} = 137{,}921\ /\ 328.3 = 420.0$ (mm)

인장지배 단면이므로, $\phi = 0.85$이다.

$\therefore\ \phi P_{n,tc} = 0.85 \times 328.3 = 279.1$ (kN)

$\therefore\ \phi M_{n,tc} = 0.85 \times 137.9 = 117.2$ (kN · m)

⑦ **작용하중에 대한 설계 검토 :**

본 예제의 하중-모멘트 상관도 그림 13.10을 이용하여 축하중 고정하중 $P_D = 350$ kN과 활하중 $P_L = 175$ kN이 단면의 축방향 도심에서 편심 50 mm 떨어져서 작용하는 경우에 설계를 검토하라. 설계하는 축방향 부재의 장주효과는 고려할 필요가 없다고 가정한다.

$P_u = 1.2P_D + 1.6P_L = 1.2(350) + 1.6(175) = 700$ (kN)

$M_u = (1.2P_D + 1.6P_L) \times 50 = 700 \times 50 = 35{,}000$ (kN · mm) $= 35$ kN · m

그림 13.10에 하중 $(P_u,\ M_u)$ 점을 그려넣으면 A점이 된다. 이 점은 설계상관도 안에 위치하므로 구조기준의 설계관계식 $\phi P_n \geq P_u$ 나 $\phi M_n \geq M_u$ 를 충족시키고, 주어진 하중이 작용할 때 압축부재의 강도는 충분한 여유를 갖고 만족하게 된다.

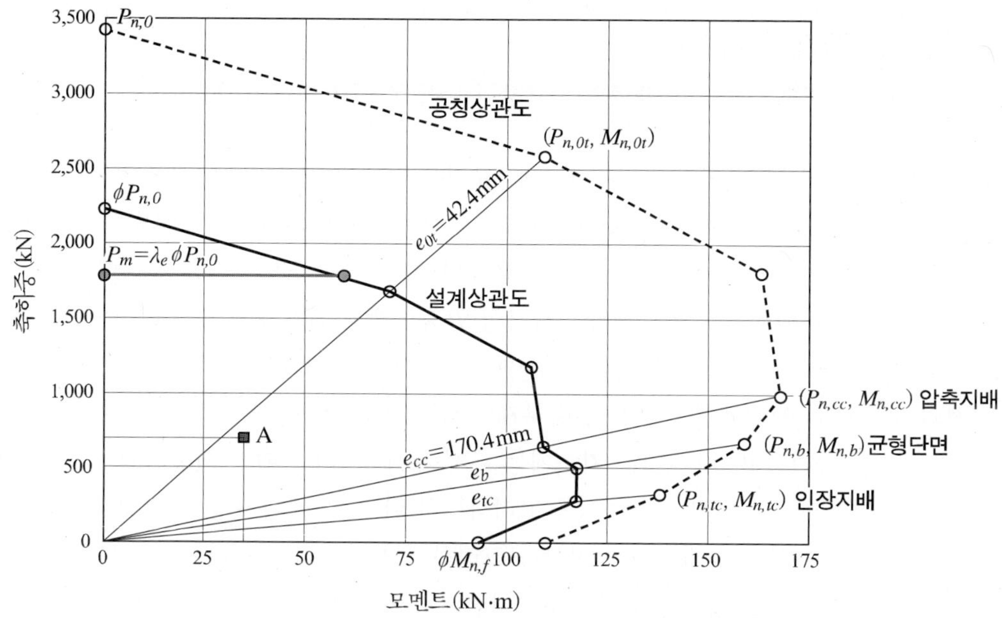

그림 13.10 예제 13.1 압축부재의 공칭상관도 및 설계 상관도

⑧ **상관도에서 대표적인 점의 요약** : 표 13.1은 하중–모멘트 상관도의 대표적인 점에 대한 요약을 보여주고 있다.

표 13.1 하중–모멘트 상관도의 대표점 요약

	순수 압축	0 인장	압축지배	균형상태	인장지배	순수 휨
P_n (kN)	3,430	2,586	985.2	671.2	328.3	0
M_n (kN · m)	0	109.1	167.8	158.7	137.9	109.4
편심 e (mm)	0	42.2	170.4	236.5	420.0	∞
강도감소계수 ϕ	0.65	0.65	0.65	0.74	0.85	0.85
ϕP_n (kN)	2,230	1,681	640.4	496.5	279.1	0
ϕM_n (kN · m)	0	70.9	109.1	117.4	117.2	93.0

프리스트레스트 콘크리트 압축부재에서 순인장변형률 ϵ_t 는 유효긴장력으로 인해서 단면에는 사전 압축변형률 ϵ_{ce} 이 작용하는 상태이므로 본 예제에서 다룬 것과 같이 긴장재의 면에 대한 콘크리트의 인장변형률로 다루는 것이 좋을 것이다(그림 13.8 참고). 이렇게 다룬다면 압축지배 단면 한계변형률 $(\epsilon_t)_1 = (\Delta\epsilon_{ps})_1 - \epsilon_{ce} = 0.002129 - 0.000129 = 0.002$로 구조기준의 규정을 만족하게 된다.

13.3 압축부재 설계 규정 (KCI Code Provisions and Other Design Considerations)

구조기준에서 압축부재의 최소 단면적에 대한 규정은 하지 않고 있다. 그러나 프리스트레스트 콘크리트 압축부재의 장주효과(slenderness effect)와 횡방향 처짐 및 그 이외의 실용성을 고려할 때 200 mm × 200 mm 이하의 단면은 사용하지 않는 것이 좋을 것이다. 예를 들면 PCI(2010)에서는 400 mm ~ 800 mm 정사각형 압축부재의 설계표를 제시하고, CPCI (2007)에서는 300 mm ~ 600 mm의 정사각형 단면 압축부재 설계표를 제시하고 있다.

이전의 ACI 318(1977)에서는 모든 압축부재에 대해서 띠철근 기둥에는 최소편심을 부재 두께의 0.10 배를 고려하고, 나선철근 기둥에는 부재 두께의 0.05 배의 최소편심을 고려하도록 규정하였다. 이렇게 설계에서 최소편심을 고려하도록 한 것은 예기치 않은 편심과 장기하중이 작용할 때 콘크리트 강도가 감소하는 현상을 고려하고자 하였던 것이다. 이러한 규정은 그 뒤에 앞에서 언급했던 강도 상한한계 계수 λ_e (띠철근 0.80, 나선철근 0.85)를 이용하여 간접적으로 최소편심을 고려하도록 한 것이다(그림 13.7 참고).

구조기준 6.5.6(7)(ACI 10.10.6.5)에서는 횡구속(nonsway)된 골조 압축부재의 확대모멘트 계산에서 계수휨모멘트의 최소값을 최소편심을 이용하여 다음과 같이 규정하고 있다.

$$(M_{u2})_{\min} = P_u e_{\min} = P_u [(15 + 0.03h) \text{ mm}] \tag{13.13}$$

여기에서 h 는 하중이 작용하는 축의 압축부재의 깊이이다. 이 식은 비록 압축부재가 이론적으로 단면의 도심에 하중이 작용하더라도 최소편심을 고려하여 설계하도록 한 것이며, 설계에서 최소편심은 언제나 고려하는 것이 좋을 것이다.

프리텐션 압축부재의 설계에서 **전달길이(transfer length)**의 영향을 고려하여야 할 것이다. PCI[2010]에서는 부재의 단부에서 긴장재가 완전히 발달하지 못하고 **부분적으로 발달(partial development)**해서 $f_{ps} \approx f_{pe}$ 로 보아 구한 설계 하중-모멘트 상관도를 그림 13.11과 같이 제시하고 있다. PCI에서 제시한 상관도는 ACI 규정에 따라 구한 상관도이지만 부분적 발달을 고려한 상관도의 예를 보이기 위해서 제시하였다. Naaman[2012]은 부분적으로 발달된 전달영역에서 유효 프리스트레스 힘을 0으로 보아 철근콘크리트로 설계하면 실용적으로 충분하다고 주장하면서, 이렇게 고려했을 때 상관도의 형상에는 거의 변화가 없다고 언급하고 있다(그림 13.6c 참고).

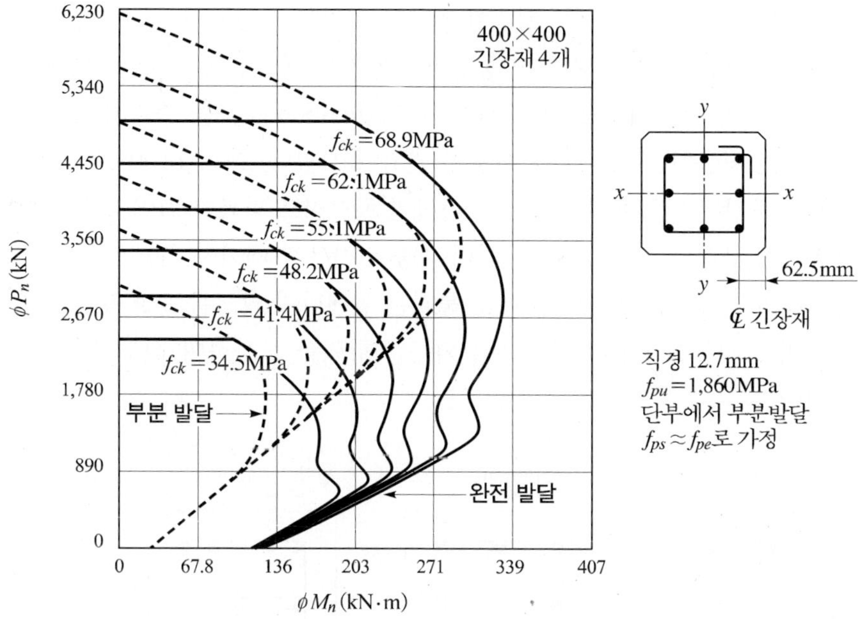

그림 13.11 PCI에서 긴장재의 부분 발달(partial development)을 고려하여 제시한 설계 하중–모멘트 상관도 [PCI 2010(3–50)]

13.3.1 최소 종방향 보강재(Minimum Longitudinal Reinforcement)

구조기준 9.7.2(1)과 (2)(ACI 18.11.2.1과 18.11.2.2)에서 프리스트레스트 콘크리트 압축부재의 설계에서 유효프리스트레스에 의한 콘크리트의 평균 압축응력이 1.6 MPa 이상이 되도록 규정하여, 이 규정은 단면에 대한 평형방정식 $1.6A_g \equiv A_{ps}f_{pe}$ 로부터 다음과 같이 간접적으로 최소철근비에 대한 식을 적을 수 있다.

$$(\rho_p)_{\min} = \frac{A_{ps}}{A_g} = \frac{1.6}{f_{pe}} \tag{13.14}$$

만약에 $f_{pe} = 0.55f_{pu} \approx$ 1,023 MPa이라면, $(\rho_p)_{\min} = (1.6/1,023)\times 100 = 0.16\%$가 된다. 이 값은 철근콘크리트 압축부재의 최소 철근비 1%에 비해서 상당히 작은 값이 된다. 만약에 유효프리스트레스로 인한 콘크리트의 평균 압축응력이 1.6 MPa 미만인 경우에는 보통 철근콘크리트 압축부재로 보아 최소 보통철근을 1% 이상을 배치하여야 한다[Naaman 2012(881)].

13.3.2 횡방향 보강재(Transverse Reinforcement)

구조기준 9.7.2(2)(ACI 18.11.2.2)는 벽체를 제외하고 유효프리스트레스에 의한 콘크리트의 평균 압축응력이 1.6 MPa 이상인 부재에 대해서 띠철근 또는 나선철근(코일철근)으로 모든 긴장재를 둘러싸도록 규정하고 있다. 횡방향 철근은 종방향 보강재의 위치를 잡아주는 역할이외에 압축부재의 전단강도를 증가시키고 종방향 보강재의 좌굴을 방지하는 역할도 한다. 적당한 양의 나선철근은 압축부재의 **연성(ductility)**과 **인성(toughness)**[3]을 증가시켜서 특히 지진지역이나 충격하중이 작용하는 구조물에 사용이 권고되고 있다. 그림 13.4에서 설명한 바와 같이 나선철근으로 보강된 기둥에 축하중이 증가하면 콘크리트 피복이 떨어지고 난 뒤에도 나선철근으로 적절하게 구속된 심부(core)는 최대 하중이 작용할 때까지 유지하며 저항하게 된다. 이러한 압축부재의 거동은 구조물이 적어도 붕괴는 일어나지 않도록 보호할 수 있게 된다. 나선철근은 콘크리트 피복이 떨어지면서 손상되는 저항력을 보상하여 심부의 하중저항능력을 향상시키게 된다.

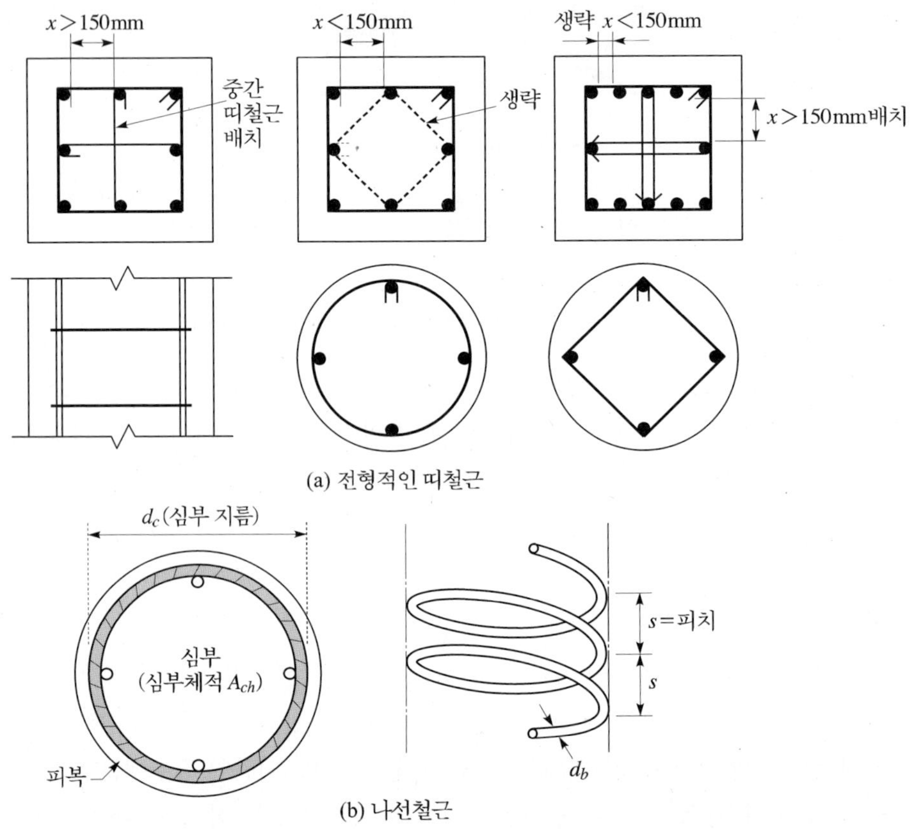

그림 13.12 전형적인 띠철근 기둥과 나선철근(코일철근) 기둥

3. 인성(靭性, toughness) : 취성(脆性, brittleness)과 반대로 질긴 성질

띠철근(Ties)

구조기준 9.7.2(2)②(ACI 18.11.2.2(b))에서 띠철근은 D10 이상이거나 등가의 용접철망이어야 하고, 간격은 띠철근 또는 철선직경의 48배 이하($48d_t$) 또는 압축부재 단면의 최소치수 이하로 하도록 규정하고 있다. 철근콘크리트나 부분 프리스트레스트 콘크리트 압축부재에서는 또한 이 간격규정에 더하여 간격을 $16d_b$ 이하로 제한하고 있다(구조기준 5.5.2(3), ACI 7.10.5.2).

띠철근은 모든 모서리 축방향 철근과 하나 건너 위치하고 있는 축방향 철근들을 135° 이하로 구부린 띠철근의 모서리에 의해서 횡지지되어야 한다. 이때 하나 건너 축방향 철근의 순간격이 150 mm 이상인 경우에는 중간 띠철근으로 횡지지되어야 하지만, 순간격이 150 mm 이하인 경우에는 중간 띠철근을 생략할 수 있다(그림 13.12a 참고).

기초판이나 슬래브 윗면이나 또는 아래 면(수평 철근 아래)에 연결되는 경우에 첫 번째 띠철근의 간격은 다른 띠철근 간격의 1/2 이하로 연결하여야 한다.

나선철근(Spirals)

나선철근비는 한 루프에서 나선철근의 체적 / 피치 s 에 대한 심부의 체적으로 규정하면서, $(d_c - d_b)$ 에서 d_b 를 무시하고 적으면 아래와 같이 표현할 수 있다.

$$\rho_{sp} = \frac{A_{sp}\pi(d_c - d_b)}{A_{ch}\, s} \approx \frac{A_{sp}\pi(d_c)}{(\pi d_c^2/4)\, s} = \frac{4A_{sp}}{d_c s} \tag{13.15}$$

여기에서 A_{ch} 는 나선철근 바깥쪽 지름으로 둘러싸는 심부의 체적을 의미한다(그림 13.12b 참고). 구조기준 6.4.2(3)(ACI 10.9.3)에서는 나선철근비를 다음 값 이상을 배치하도록 제안하고 있다.

$$\rho_{sp} = \frac{4A_{sp}}{d_c s} \geq \left[(\rho_{sp})_{\min} = 0.45\,\frac{f_{ck}}{f_{yt}}\left(\frac{A_g}{A_{ch}} - 1\right)\right] \tag{13.16}$$

여기에서 A_{sp} 는 나선철근의 단면적이고, 나선철근의 설계기준항복강도 $f_{yt} \leq$ 700 MPa 로 하여야 하고, 400 MPa을 초과하는 경우에는 겹침이음을 하지 못하도록 규정하고 있다. 나선철근의 순간격 $(s - d_b)$는 25 mm ~ 75 mm 범위이어야 하고, 현장치기 콘크리트 공사에서 나선철근의 지름은 10 mm 이상이어야 한다고 규정하고 있다.

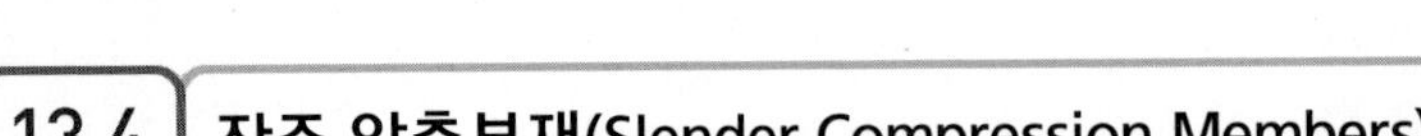

13.4 장주 압축부재(Slender Compression Members)

장주(slender column)는 좌굴 또는 횡방향 불안정의 영향이 큰 압축부재를 장주라고 한다. 따라서 압축부재의 강도는 단면의 강도보다 작아져서 길이와 단면의 크기 및 재료의 역학적 특성과 단부에서의 구속조건과 횡방향 변형을 고려하여 해석하여야 한다. 일반적으로 **골조구조(framed structure)**에서 압축부재의 구속조건은 전단벽(shear wall)이나 엘리베이터 통로(elevator shaft) 또는 층계(stairwell) 등과 같은 구조물에 의해서 구속되게 된다. 골조구조물은 거의 구속되지 않았다고 보아 **비횡구속 구조물(unbraced frame)**로 설계되지는 않지만 **구속도(degree of restraint)**는 상대적이므로 반드시 평가하여야 한다. 압축부재의 설계는 먼저 장주로 설계하여야 하는지 아니면 단주로 설계해도 되는지 평가하고, 이어서 골조의 구속이 횡구속 골조인지 아니면 비횡구속 골조인지를 결정하게 된다[Naaman 2012(885)].

13.4.1 임계 좌굴하중과 유효세장비 (Critical Buckling Load and Effective Slenderness Ratio)

1744년 스위스의 Euler는 탄성 압축부재에서 단부가 이상적인 힌지 지점으로 횡구속된 경우에 좌굴이 일어나는 **임계 좌굴하중(critical buckling load)** P_{cr}을 아래와 같이 제시하였다.

$$P_{cr} = \frac{\pi^2 EI}{l_u^2} \tag{13.17}$$

여기에서 l_u는 힌지 사이나 구속되지 않는 기둥의 길이이고(그림 13.14 및 13.20a 참고), E는 기둥 재료의 탄성계수이며, I는 단면의 관성모멘트(moment of inertia)이다.

골조구조에 브레이싱(bracing, 경사 보강재, 가새)을 배치하면 기둥 단부의 횡방향 이동이나 절점의 이동을 제한하게 된다. 횡방향 변위를 종종 가로흔들이(sidesway) 또는 흔들이(sway)라고 하는데, 대부분의 보강콘크리트 구조물은 의도적이던지 또는 아니던지 간에 벽체나 엘리베이터 통로 또는 층계 등으로 인한 횡구속으로 얼마간의 가로흔들이를 방지하게 된다.

식 (13.17)은 고정단 기둥이나 캔틸레버 기둥과 같이 서로 다른 단부조건을 고려하기 위해서 아래와 같이 일반화시켜서 적을 수 있다.

$$P_{cr} = \frac{\pi^2 EI}{(kl_u)^2} \tag{13.18}$$

여기에서 k는 **유효길이계수(effective length factor)**이고 l_u는 기둥 단부 사이에서 실제 비지지 길이이다.

식 (13.18)의 kl_u 는 기둥의 유효길이로 2 **변곡점(point of inflection)** 사이의 길이거나 또는 모멘트 = 0(등가 힌지)인 점 사이의 길이를 의미한다. 기둥의 양 단부가 고정단일 경우에 0 모멘트 점은 양단에서 1/4 길이에 위치하므로 $kl_u = k = 0.5$ 또는 $k = 0.5$가 된다. 캔틸레버 기둥에서 모멘트 = 0인 위치의 길이는 거울 대칭에서 $2l_u$ 가 되므로 $k = 2.0$이 된다. 그림 13.13에는 다양한 경계조건에 대한 유효길이계수 k 가 이론적인 값과 AISC(American Institute of Streel Construction, 2011)의 강재기둥에 대한 값 그리고 구조기준(ACI)의 근사해법에서 제시하는 값이 비교되어 제시되었다.

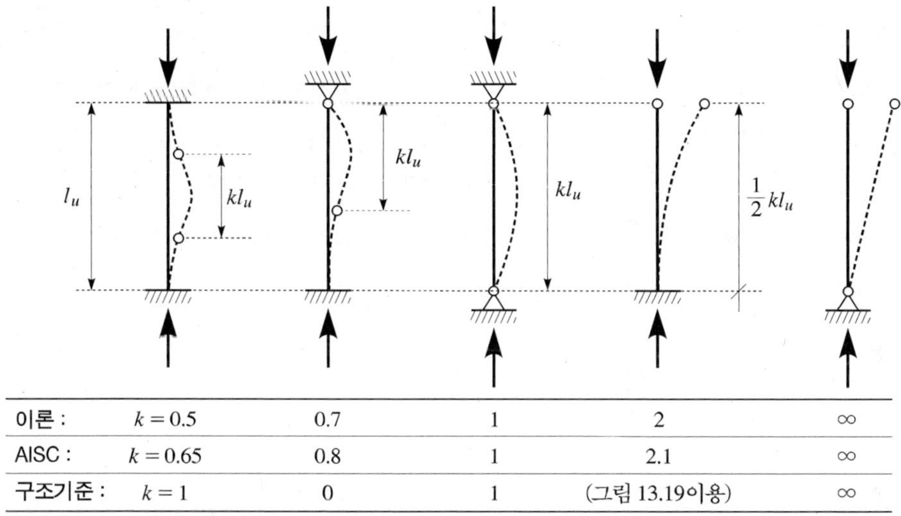

이론 :	$k=0.5$	0.7	1	2	∞
AISC :	$k=0.65$	0.8	1	2.1	∞
구조기준 :	$k=1$	0	1	(그림 13.19이용)	∞

그림 13.13 다양한 절점 구속으로 인한 변형도와 유효길이계수 [Naaman 2012(887)]

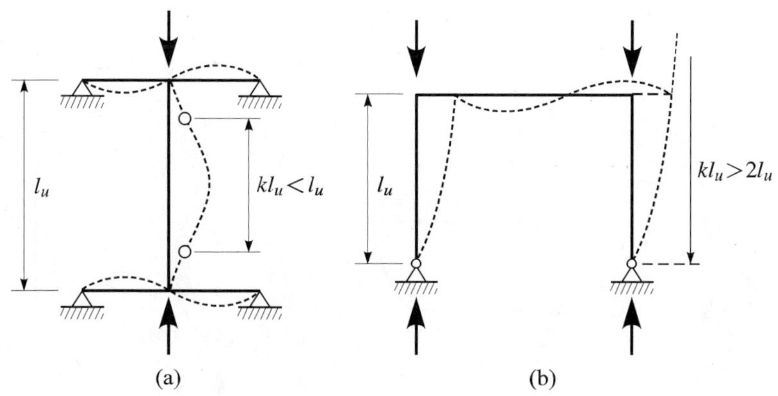

그림 13.14 전형적인 변형 형상 (a) 횡구속된 기둥, (b) 비횡구속 기둥 [Naaman 2012(887)]

유효길이는 기둥이 단부에 얼마만큼 고정되었느냐에 따라 좌우되는데, 이 고정의 정도는 연결되는 부재에 대한 기둥의 상대적인 강성에 따라 좌우된다. 횡구속 기둥(브레이싱된 경우)이나 비횡구속 기둥(브레이싱 안된 경우)은 그림 13.14와 같이 모델링할 수 있고, 이런 경우에 유효길이계수 k 는 구조기준에서 제시한 도표를 이용하여 구할 수 있다(그림 13.19 참고).

식 (13.18)의 임계 좌굴하중은 다음과 같이 다시 적을 수 있다.

$$P_{cr} = \frac{\pi^2 EA}{(kl_u)^2 (A/I)} = \frac{\pi^2 EA}{[k(l_u/r)]^2} \tag{13.19}$$

여기에서 $r = \sqrt{I/A}$ 는 단면의 **회전반경(radius of the gyration)**이고 A 는 단면적으로 간략법으로 전체 단면적을 적용하거나 또는 좀 더 상세하게 환산단면적을 적용하기도 한다. l_u/r 계수는 **세장비(slenderness ratio)**라고 부르고, kl_u/r 은 **유효세장비(effective slenderness ratio)**라고 부른다. 식 (13.19)에서 보면 주어진 단면과 재료 특성에서 임계하중은 유효세장비의 자승에 역으로 비례하여 kl_u/r 이 증가할수록 가속적으로 감소하게 된다. 기둥의 세장비는 중간 위치에 브레이싱을 설치하여 비지지길이 l_u 의 길이를 감소시키는 방법으로 간단하게 줄일 수 있다[Naaman 2012(886)].

13.4.2 횡구속–비횡구속 골조및 단일곡률–복곡률 휨 (Braced–Unbraced Frames and Single–Double Curvature)

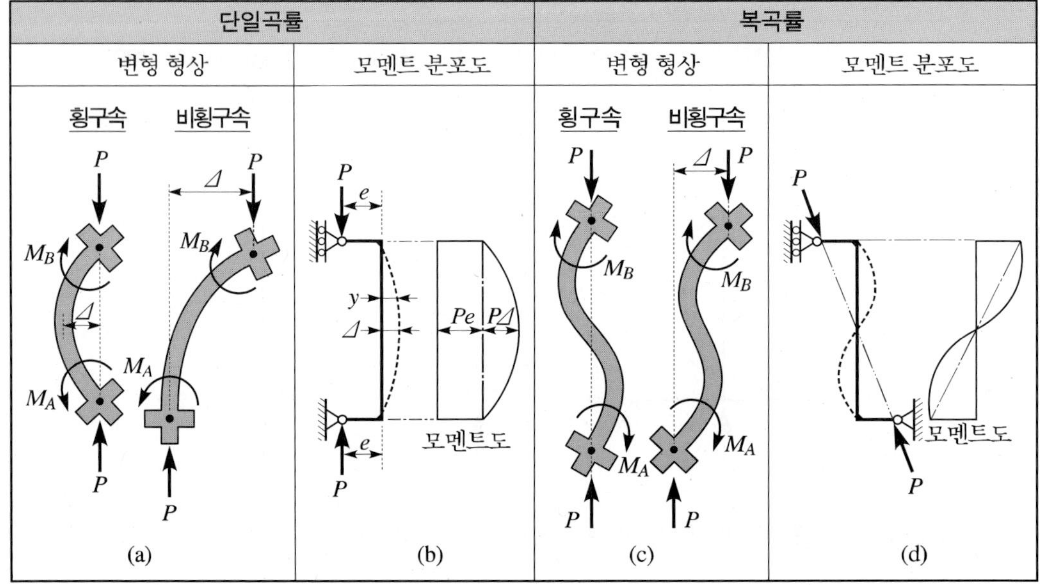

그림 13.15 전형적인 단일곡률과 복곡률의 변형 형상 및 모멘트도 [Naaman 2012(889)]

구조기준(ACI)에서는 그림 13.15a와 c에서와 같이 기둥의 휨이 단일곡률인지 복곡률인지를 구분하고 있다. 그림은 또한 각 변형에 대해서 횡구속인지 아니면 수평변위 Δ 가 발생하는 비횡구속 변형인지를 구분하고 있다. 그림 13.15b와 d는 단일곡률 또는 복곡률로 휜 기둥의 전형적인 모멘트 분포도를 보여주고 있다.

13.5 세장 효과(Slenderness Effects)

길이가 짧은 **단주(short column)**는 축하중와 모멘트의 조합이 단면의 강도를 초과할 때 파괴가 일어나며, 이런 파괴를 **재료파괴(material failure)**라고 부른다. 그림 13.16a의 단부에 축하중과 이 축하중의 편심으로 인한 모멘트가 작용하는 보-기둥을 보여주고 있다. 축하중으로 인해서 기둥이 휘어서 생긴 횡변위 Δ 는 기둥에 추가적인 모멘트(2차 모멘트)를 발생시킨다. 그림 13.16a의 자유물체도를 보면 최대 모멘트는 기둥의 중앙 단면 A-A에서 작용하중의 편심으로 인한 모멘트와 부재의 처짐으로 인한 모멘트를 합하여 $M = P(e+\Delta)$ 가 발생하는 것을 알 수 있다[ACI Note 2008(11-2)].

그림 13.16b는 보강콘크리트 기둥의 **축하중-모멘트 상관도(P-M 상관도)**는 길이가 짧은 단주에서 기둥의 단면이 파괴되는데 요구되는 축하중과 휨모멘트의 조합을 보여주고 있다. 기둥의 길이가 짧거나 휨강성이 강해서 추가적인 횡변위 Δ 가 매우 작고 미미하다면 모든 하중의 조합에서 $M = Pe$ 가 되어, **P-M 진행진로(loading path)**가 그림 13.16b에서 선형인 0A로 표시된다. 따라서 단주에서 하중이 증가하여 상관곡선을 만나게 되면 재료에 의한 파괴가 일어나게 된다. 이에 비해서 만약에 길이가 긴 장주라면 최대모멘트는 $M = P(e+\Delta)$ 가 되고 축하중이 증가함에 따라 Δ 는 더 빨리 증가하게 되므로 P-M 진행진로는 곡선으로 나타나게 된다. 이때 부재의 유효세장비 kl_u/r (식 (13.19))에 따라 2 종류의 거동이 일어날 수 있다. 먼저 kl_u/r 이 상대적으로 작아서 횡변위가 일어나지만 기둥이 좌굴은 일어나지 않고 안정되어 그림 13.16b에서 0B 선분으로 표시되는 것과 같이 상관곡선을 만나면서 단면의 **재료파괴**가 일어나는 경우이다. 이런 종류의 파괴는 일반적으로 **횡구속 기둥(braced against sway column)**에서 일어나며, 횡변위가 일어나서 최대모멘트는 증가하기 때문에 축하중 강도는 A에서 B로 감소하게 된다. 두 번째로 기둥이 상당히 가늘고 길어서(즉, 부재의 유효세장비 kl_u/r 가 상대적으로 더 클 때) 상관곡선을 만나기 전에 좌굴이 일어나며, 그림 13.16b의 0C 선분으로 표시될 수 있다. 이런 **불안정 좌굴파괴(unstability failure)**는 **비횡구속 기둥(unbraced column)**에서 일어날 수 있다.

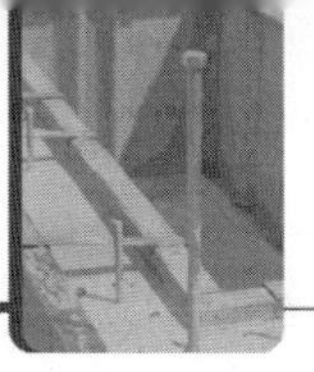

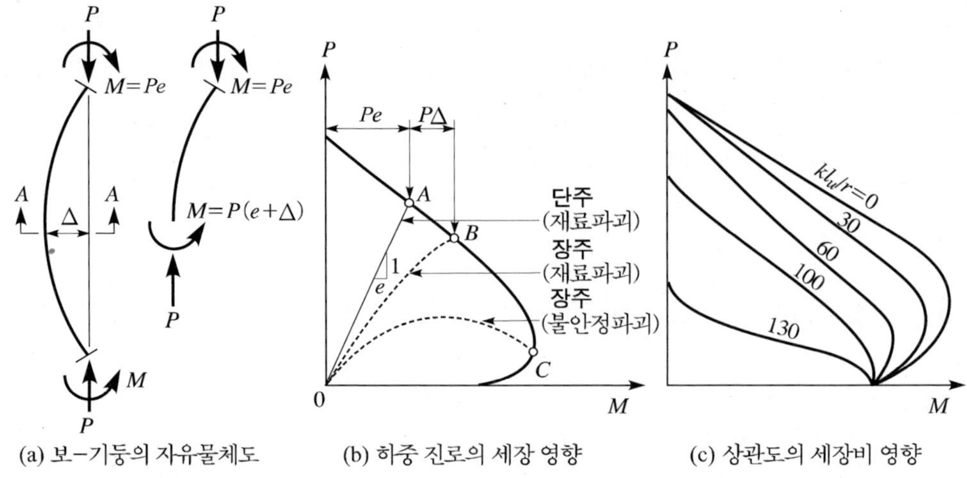

(a) 보-기둥의 자유물체도 (b) 하중 진로의 세장 영향 (c) 상관도의 세장비 영향

그림 13.16 장주의 강도 상관도와 세장비의 관계 [ACI Note 2008(11-1과 11-3)]

따라서 세장비의 영향과 확대되는 모멘트의 관계에 대한 전형적인 상관곡선에 그리기 위해서 세장비를 변화시켜가면서 장주의 상관곡선을 그리면, 그림 13.16c와 같게 된다. 여기에서 $kl_u/r = 0$ 곡선은 부재의 축강도와 휨모멘트 강도가 기둥의 세장비에 의해서 영향을 받지 않는 단주의 경우가 된다. 이런 상관도는 여러 종류의 하중조건에서 세장비가 얼마나 기둥의 강도를 감소시키는지 보여주고 있다[ACI Note 2008(11-3)].

이러한 기둥의 거동에 대한 세장비의 영향을 고려하여 구조기준 6.5.1(1)(ACI 10.10.1)에서는 규정된 세장비 이하인 경우에는 단주로 설계되고 이 값을 초과하는 경우에는 장주로 설계하도록 규정하고 있다(그림 13.17 및 식 (13.24) 참고).

지지하는 압축부재(기둥)의 붕괴는 전체 구조물의 파괴로 이어지기 때문에 장주의 설계는 매우 신중하게 다루어져야 할 것이다. 일반적으로 설계에서 과도하게 세장한 기둥의 설계를 피하거나 또는 그런 상황을 최소화하는 공학적인 판단이 필요하게 된다. 만약에 불가피하게 세장한 기둥을 설계에 적용하는 경우에는 브레이싱 등을 배치하여 횡방향 변위의 영향을 감소시키는 것이 좋을 것이다[Naaman 2012(891)].

비록 프리스트레스트 콘크리트 압축부재에는 외적인 축하중에 더하여 프리스트레싱으로 인한 긴장력 $T(=A_{ps}f_{pe})$가 작용하여 압축력이 증가하지만, 그렇다고 해서 철근콘크리트 압축부재에 비해서 좌굴에 더 취약하지는 않게 된다. 그림 13.1에서 설명한 바와 같이 긴장재가 부착되어 배치되면 부재가 휘어 횡방향으로 변위가 생긴다고 하더라도 긴장재의 위치가 변하지 않아 편심이 생기지 않기 때문에 T로 인해서 추가적인 모멘트는 발생하지 않게 된다.

세장한 압축부재나 구속된 보 또는 기타 지지 부재의 설계는 계수 하중과 모멘트를 고려하여 재료의 비선형성, 균열, 부재 곡률, 횡방향 변위, 재하기간, 건조수축과 크리프, 지지 기초와의 상호작용 등을 고려하는 비선형 2차 해석을 통하여 해석하여야 한다고 구조기준 6.5.3(1)(ACI 10.10.3)에서 제안하며, 이렇게 다양한 영향을 해석에서 고려하여야 한다는 것은 구조해석 프로그램을 이용해야 된다는 것을 의미한다고 볼 수도 있다. 구조기준(ACI)에서는 비선형 2차 해석을 수행하는 대신에 모멘트 확대 방법에 따라 1차 해석에서 구한 모멘트에 **모멘트 확대계수(moment magnifier)**를 곱해서 구한 모멘트와 축하중을 이용해서 설계할 수 있도록 제안하고 있다.

철근콘크리트나 프리스트레스트 콘크리트 압축부재의 공칭강도 상태 거동은 서로 거의 유사하므로 철근콘크리트에 대한 ACI(구조기준)의 규정을 확대하여 프리스트레스트 콘크리트 압축부재의 설계에 적용할 수 있을 것이다. 1988년의 PCI 위원회의 보고서는 ACI의 규정을 약간 수정하여 프리스트레스트 콘크리트 기둥 및 벽체에 대한 설계과정을 제안하고 있다.

ACI 318 해설 R10.10.1에서는 실무에서 압축부재의 2차 영향(second-order effect)을 대부분 컴퓨터 프로그램(computer analysis technique)에 의해서 다루는 사실에 근거하여 2008년 ACI 318을 갱신하면서, 상당한 구조물에서 2차 영향이 무시할 정도로 작아서 **세장효과(slenderness effect)**를 고려할 필요가 없고, 따라서 이런 압축부재는 1차 해석(first-order analysis)으로 구한 하중을 근거로 설계하면 된다고 언급하고 있다. 구조기준(ACI)에서는 장주효과를 고려하기 위해서 다음과 같은 3가지 방법을 제시하고 있다(그림 13.17 참고).

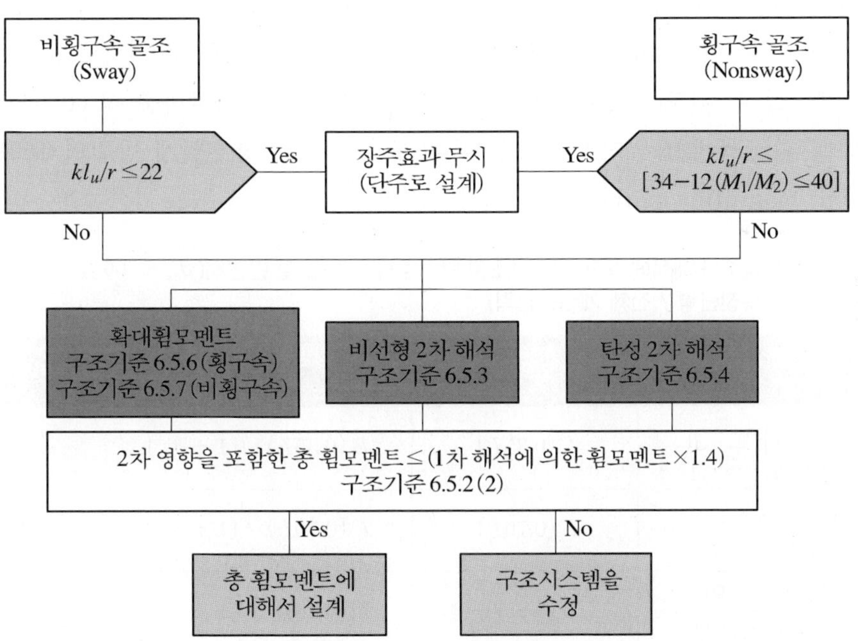

그림 13.17 구조기준의 단주와 장주의 구분 및 장주에 대한 해법의 적용 범위 (단, $|M_1| < |M_2|$) [ACI Note 2008(11-4)]

1. **비선형 2차 해석(Nonlinear Second-Order Analysis)**(구조기준 6.5.3, ACI 10.10.3) : 재료의 비선형성, 균열, 부재곡률, 횡방향 변위, 재하기간, 건조수축과 크리프, 지지 기초와의 상호작용 등을 해석에서 고려하도록 규정하고 있다.

   구조기준 6.5.3(2)(ACI 10.10.3)에서는 또한 "장주효과에 대한 비선형 2차 해석은 부정정 콘크리트 구조물의 기둥에 대한 강도실험 결과와 유사한 결과를 예측하는 해석 방법을 사용하여야 한다"고 규정하고 있다. 이 내용은 부정정 콘크리트 구조물에 대한 광범위한 실험 결과와 강도의 예측에 있어서 상당히 근접한 결과를 주는 비선형 2차 해석방법을 사용하여야 한다는 것을 설명하는 것이다. ACI R10.10.3 해설에서는 비선형 2차 해석 절차는 부정정 콘크리트 구조물의 실험결과와 적어도 15% 이내의 결과를 주는 절차에 따라 해석하여야 한다고 제시하고 있다. 또한 실험은 최소한도로 고려한다고 하여도 평면의 횡구속 골조와 비횡구속 골조 그리고 기둥의 강성이 다양하게 변하는 골조에 대한 실험의 결과와 비교하여야 한다고 제안하고 있다.

2. **탄성 2차 해석(Elastic Second-Order Analysis)**(구조기준 6.5.4(2), ACI 10.10.4.1) : 구조기준(ACI)에서 축력의 영향, 부재 길이에 걸쳐 있는 균열 구역, 하중 지속효과 등을 고려하여 계산된 부재의 단면 특성을 사용하여야 한다면서, 탄성 2차 해석을 위한 구조물 부재의 단면 특성을 표 13.2와 같이 제시하고 있다. 이렇게 **휨강성(flexural rigidity)** EI 값을 감소시키는 수정 값은 콘크리트의 균열로 인한 비선형 거동을 고려하기 위한 것이다. 그 외에도 구조기준에서는 탄성계수는 식 (2.6)의 E_c 를 적용하고, 압축부재의 면적은 전체 단면적 A_g 로 계산할 수 있도록 허용하고 있다. 압축부재의 임계좌굴하중(식 (13.18))은 EI 로 표현되는 휨강성에 좌우되며, EI 는 특히 구조기준의 장주설계 방법인 모멘트확대법(moment magnifier method)에서 사용되고 있다.

표 13.2 탄성 2차 해석에 적용되는 감소된 단면 2차 모멘트 및 단면적($\beta_{ds} \leq 1.0$ 로 1개 층의 계수 지속전단력 / 전체 계수전단력)

	그 외의 경우	횡방향 지속하중 또는 층안정성 검토	단면적
보	$E_c(0.35I_g)$	$E_c(0.35I_g)\ /\ (1+\beta_{ds})$	A_g
벽체 - 균열			
기둥	$E_c(0.70I_g)$	$E_c(0.70I_g)\ /\ (1+\beta_{ds})$	
벽체 - 비균열			
플랫 플레이트	$E_c(0.25I_g)$	$E_c(0.25I_g)\ /\ (1+\beta_{ds})$	
플랫 슬래브			

3. **근사 확대휨모멘트 방법(Moment Magnification Procedure)**(구조기준 6.5.5~6.5.7, ACI 10.10.5) : 구조기준에서는 모멘트 확대를 통하여 세장효과를 다루는 근사해법을 적용할 수 있도록 하고 있다. 이 방법은 1차 해석에서 구한 모멘트에 2차 영향을 고려할 수 있는 기둥의 계수 축하중 P_u와 임계좌굴하중 P_{cr} 의 함수인 **모멘트 확대계수(moment magnifier)**를 곱하여 총 모멘트를 구하도록 하고 있다.

그림 13.16b에서 축하중의 편심으로 인한 모멘트를 $M = Pe$ 로 표현하고, 횡변위 Δ 로 인한 2차 모멘트를 합한 총 모멘트를 δM 으로 표현하면, 모멘트 확대계수 δ 는 아래와 같이 적을 수 있다.

$$\delta M = Pe + P\Delta = Pe\left(1+\frac{\Delta}{e}\right) = M\left(1+\frac{\Delta}{e}\right) \quad ; \quad \delta = 1+\frac{\Delta}{e} \qquad (13.20)$$

모멘트 확대계수 δ 의 크기는 기둥의 세장 정도와 작용하는 하중에 따라 좌우된다.

구조기준(ACI)에서는 압축부재, 구속 보 및 기타 지지부재는 2차 효과를 포함한 총 휨모멘트가 탄성 1차 해석에 의한 휨모멘트의 1.4배를 초과하지 않도록 설계하여야 한다고 언급하고 있다. 이 규정은 2007년 구조기준의 골조 구조에서 각 압축부재의 세장비 $kl_u/r > 100$ 인 경우에 축력과 휨모멘트를 계산하는데 비선형 2차 해석으로 하여야 한다는 안정성 검토(stability check) 규정을 대체하는 조항으로, 계수 중력하중(factored gravity loads)이 작용할 때 구조물 전체로서 가로흔들이 불안정(sidesway instability)이 일어나지 않도록 방지하는 규정이다.

만약에 모멘트 확대계수 $\delta > 1.4$ 를 초과하게 되면 브레이싱을 배치하거나 단면을 확대하는 등의 구조시스템을 수정하여 설계하도록 구조기준 6.5.2(2)(ACI 10.10.2.1)에서 규정하고 있다.

그림 13.17에는 구조기준의 장주 설계과정에 대한 흐름도(flow chart)가 제시되어 있다.

13.6 장주의 확대휨모멘트 설계방법 (Slender Column by the Moment Magnifier Method)

구조기준(ACI)에서 제시하는 장주에 대한 근사 확대휨모멘트 설계방법은 다음의 5 단계로 설명할 수 있다.

1. 골조가 가로흔들이에 대해서 충분히 브레이싱 되었는지에 따라 횡구속 또는 비횡구속으로 판별한다.
2. 유효길이 계수 k 를 결정한다.

3. 유효세장비 kl_u/r 를 구하여 단주로 설계해도 되는지 아니면 장주로 설계하여야 하는지 판단한다.
4. 횡구속 또는 비횡구속 골조에 대해서 각각의 방법으로 모멘트확대계수 δ 를 계산한다.
5. 횡구속 또는 비횡구속 골조에 대해서 각각의 방법으로 계수 축하중과 계수 확대휨모멘트를 이용하여 설계한다.

13.6.1 횡구속 및 비횡구속 골조의 판별(Sway and Nonsway Conditions)

그림 13.18과 같이 수평하중에 대해서 가로흔들이나 수평변위를 최소화하기 위해서 배치하는 경사 보강재(그림 a)나 전단벽(그림 b)이 배치되는 골조를 **횡구속 골조(braced 또는 nonsway frame)**라고 한다. 대부분의 구조물에서 계단이나 엘리베이터 통로 등을 통해서 얼마간의 횡구속이 되는데, 실제 구조물에서 완벽한 횡구속이나 강성이 무한대인 횡구속은 존재할 수 없어서 수평하중이 작용할 때 가로 변위가 얼마나 발생하는지 정확하게 산정할 필요가 있다.

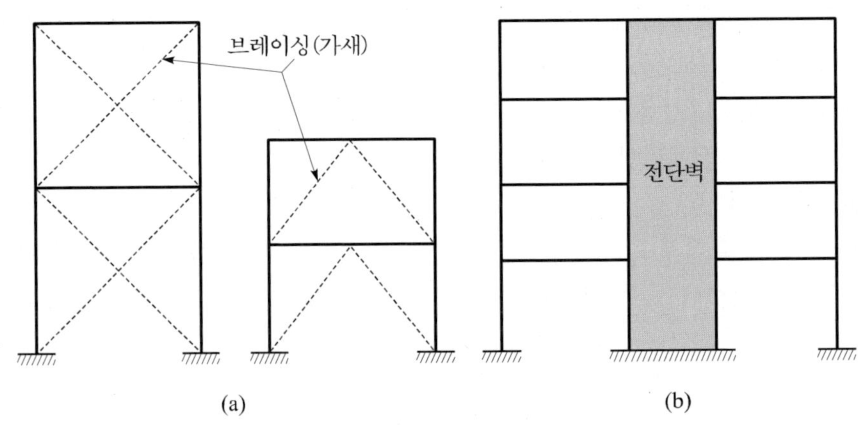

그림 13.18 전형적으로 횡구속(braced)된 골조 [Naaman 2012(888)]

비횡구속(unbraced 또는 sway)이란 용어의 사용은 하중이 작용할 때 구조물이 1차 해석으로 예측한 수평변위보다 더 큰 변위가 발생할 수 있다는 것을 의미하고, 횡구속 골조는 충분한 정도로 브레이싱을 배치하여 가로 흔들이나 수평 변위가 제한된 한계 이하라는 것을 의미하게 된다.

구조기준 해설 6.5.5(ACI R10.10.5)에서는 한 층내 기둥의 전체 횡변위에 대한 강성을 횡저항 부재의 강성(전단벽, 전단트러스 또는 다른 형태의 경사 보강재(가새, lateral bracing) 등)과 비교함으로써 유추할 수 있다고 하고, 구조기준 6.5.1(2)에서는 근사적으로 횡변위에 저항하는 구조요소 중 기둥을 제외한 구조요소의 전체 총 강성이 해당 층에 있는 기둥 전체 강성의 12배보다 큰 골조는 횡구속 골조로 간주할 수 있다고 규정하고 있다. 만약에 조사로서 쉽게 판단할 수 없다면 구조기준 6.5.5(ACI 10.10.5)에 골조의 횡구속 여부를 판단할 수 있는 2 가지 방법(아래의 방법 2와 방법 3)을 제시하고 있다. 실제 구조물에 있어서 완전히 횡구속 조건이거나 또는 완벽하게 비횡구속 조건의 골조 구조물은 존재하지 않는다고 볼 수 있다. 따라서 횡구속 골조와 비횡구속 골조의 판단은 다음과 같은 방법을 통해서 구분할 수 있다.

1) 방법 1 : 횡변위에 저항하는 구조요소 중 기둥을 제외한 구조요소의 전체 총 강성이 해당 층에 있는 기둥 전체 강성의 12배보다 큰 골조는 횡구속 골조로 간주할 수 있다[구조기준 6.5.1(2)]. 또는 육안으로 전단벽이나 엘리베이터 통로, 벽돌 벽, 경사 보강재(bracing, 가새) 등으로 횡방향 변위를 구속하면 횡구속 골조로 본다(그림 13.18 참고).
2) 방법 2 : 2차 해석(second-order analysis)에 의한 기둥 단부 휨모멘트의 증가량(즉, 2차 모멘트)이 1차 탄성해석에 의한 단부 휨모멘트의 5%를 초과하지 않는 경우에 기둥은 횡구속 구조물로 가정할 수 있다[구조기준 6.5.5(2), ACI 10.10.5.1]. 1차 해석은 재료는 탄성이며 기둥이 변형되기 전의 모양에 대해서 해석하며, 2차 해석은 절점의 영향이나 기둥의 변형을 고려하여 해석하므로 복잡하게 된다. 근래에 개발된 컴퓨터 프로그램들은 보통 1차 해석뿐만 아니라 2차 해석도 수행할 수 있으며, 만약에 횡변위가 미미하게 일어나면 이 두 종류의 해석에서 구한 모멘트에 차이는 거의 없게 된다.
3) 방법 3 : 층 안정성 지수 Q에 대한 다음 식을 만족하면 횡구속 구조물로 간주할 수 있다[구조기준 6.5.5(3), ACI 10.10.5.2].

$$\text{층 안정성 지수, } Q = \frac{\sum P_u \Delta_o}{V_u l_c} \le 0.05 \tag{13.21}$$

여기에서 $\sum P_u$와 V_u는 각각 해당 층에서 전체 수직 축력과 층전단력이다. Δ_o는 V_u로 인한 해당 층의 상단과 하단 사이의 탄성 1차 해석에 의한 상대변위이다. l_c는 기둥의 길이로 절점의 중심에서 중심 간의 길이이다.

만약에 동일한 골조에서 한 골조는 횡구속 되어 있고 다른 골조는 비횡구속 되었을 때 언제나 비횡구속 골조가 횡구속 골조보다 기둥의 유효길이가 길게 된다. 기둥의 강도는 강성과 같이 유효길이가 길어질수록 감소하므로 설계자는 전단벽이나 경사 보강재를 적절히 배치하는 것이 중요하다.

13.6.2 유효길이계수 k (Effective Length Factor)

보강콘크리트 골조에서 기둥은 다른 기둥과 보에 강접연결(rigidly connected)되어 있다. 층 사이의 특정한 기둥의 유효길이는 골조가 어떻게 경사 보강재(braced)로 지지되어 있고 또 보의 휨강성이 얼마냐에 따라 좌우된다. 하중이 작용하여 기둥이 휘기 위해서는 기둥과 보가 강접 되어 있기 때문에 보에도 회전이 일어나야 한다. 만약에 보의 강성이 커서 잘 휘지 않게 되면(stiff) 기둥에 마치 고정지점과 같이 회전에 대해서 구속효과를 주고, 반대로 보가 유연해서 잘 휘면 이런 경우에는 거의 회전에 대해서 구속력을 주지 못하므로 마치 힌지 지점과 같게 된다.

구조기준 6.5.6(5)와 6.5.7(4)(ACI 0.10.6.3과 10.10.7.2)에서는 확대휨모멘트 계산에 안전측으로 유효길이계수를 다음 값을 적용할 수 있도록 제안하고 있다.

$$\begin{cases} \text{횡구속 골조} & : k = 1.0 \\ \text{비횡구속 골조} & : k \geq 1.0 \end{cases} \tag{13.22}$$

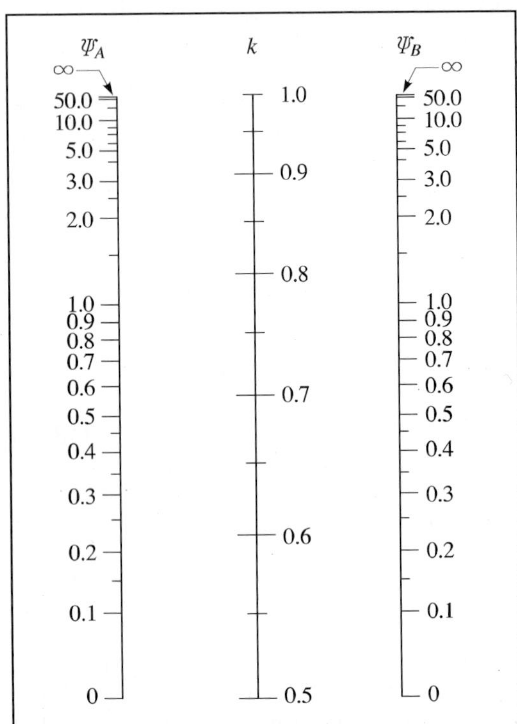

(a) 횡구속 골조

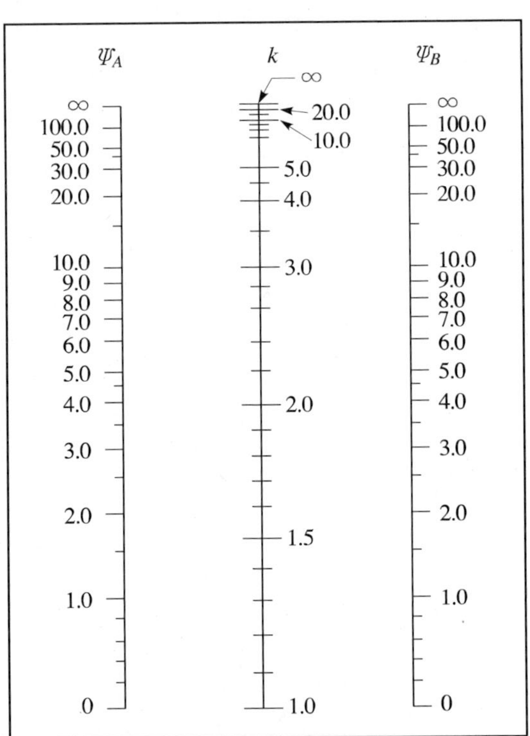

(b) 비횡구속 골조

그림 13.19 Jackson-Moreland의 유효길이계수 k를 구하는 직선연결도표 : (a) 횡구속 골조, (b) 비횡구속 골조. $\Psi =$ 압축부재 단부의 강성도비 $= \Sigma(E_cI_c/l_c)_{(기둥)}/\Sigma(E_bI_b/l_b)_{(보)}$ [구조기준 해설 6.5.1]

Jackson과 Moreland[ACI 340]는 그림 13.19와 같은 직선연결도표를 제시하여 골조에서 거더의 휨강성이 연결된 기둥의 유효길이에 미치는 영향을 산정할 수 있도록 하였다. 이 도표는 기둥의 상부와 하부 절점에서 계산한 2개의 Ψ('psi') 값을 직선으로 연결하여 중간선의 유효길이계수 k 를 읽도록 되어있다. 단면이 일정한 강접골조의 Ψ 는 다음 식과 같이 보에 대한 기둥의 상대적인 휨강성의 비로 표현된다.

$$\Psi = \frac{\sum (E_c I_c / l_c)_{(기둥)}}{\sum (E_b I_b / l_b)_{(보)}} \tag{13.23}$$

여기서, I_c = 기둥의 유효단면 2차 모멘트 = $0.7I_g$ [구조기준 6.5.4(2), 표 13.2 참고] ; I_b = 보의 유효단면 2차 모멘트 = $0.35I_g$; l_c = 절점의 중앙에서 중앙까지의 기둥의 길이 ; l_b = 절점의 중앙에서 중앙까지의 보의 길이 ; E_b, E_c = 각각 보와 기둥의 탄성계수이다. 기둥의 강도는 횡방향 지지대(lateral support)의 유무에 따라 영향을 받으므로 도표는 횡구속 골조와 비횡구속 골조로 나누어 제시되었다.

13.6.3 유효세장비와 장주의 구분 (Effective Slenderness Ratio and Slenderness Condition)

부재에서 휨강성이 얼마인지를 평가하는 **유효세장비(effective-slenderness ratio)** kl_u/r 을 이용하여 보-기둥을 2차 모멘트의 영향이 미미한 **단주(short column)**와 2차 모멘트의 영향을 무시할 수 없는 **장주(long 또는 slender column)**로 구분할 수 있다. 1970년도 경에 수행된 MacGregor 등의 연구에 의하면 유효세장비가 다음과 같은 조건을 만족하면 단주로 구분할 수 있다고 제안하였으며, 이를 구조기준 6.5.1(ACI 10.10.1)에서 제시하고 있다.

$$\text{단주} \begin{cases} \text{비횡구속 골조} : kl_u/r \le 22 \\ \text{횡구속 골조} : kl_u/r \le [\,34 - 12(M_1/M_2) \le 40\,] \end{cases} \tag{13.24}$$

여기에서, k는 그림 13.19로 구하는 유효길이계수 ; l_u = 압축부재의 비지지 길이(unsupported length of member)(그림 13.20a 참고) ; $r = \sqrt{I/A}$ = 굽힘이 일어나는 축에 대한 단면의 회전반경(radius of gyration)(그림 13.20b 참고) ; M_1 = 1차 탄성해석에 의해서 구한 단모멘트 중에서 작은 값 ; M_2 = 1차 탄성해석에 의해서 구한 단모멘트 중에서 큰 값, 즉, $|M_1| < |M_2|$ 이고, 단일곡률일 때 M_1/M_2 의 부호는 양(+)이고, 복곡률(double curvature)일 때 M_1/M_2 의 부호는 음(−)이며, 이때 $M_1/M_2 \ge -0.5$ 이상이어야 한다(그림 13.15 참고).

만약에 기둥이 마찰저항이 없는 힌지로 지지되면 기둥의 끝단에서 회전에 대한 구속을 할 수가 없게 된다. 이런 경우에 힌지절점은 휨강성이 0으로 보아 $\Psi = \infty$ (무한대)로 고려하고, 고정지점은 보가 무한대의 강성을 가졌다고 보아 회전을 일어나지 않도록 구속하므로 $\Psi = 0$ 으로 보아야 한다.

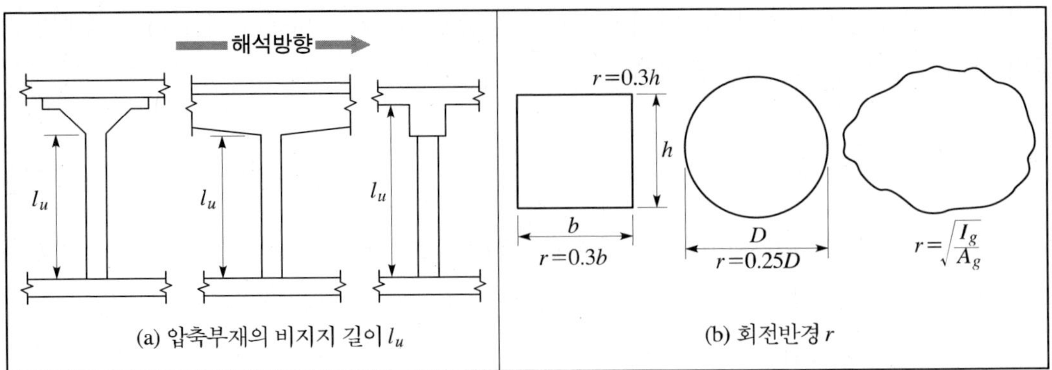

그림 13.20 (a) 압축부재의 비지지 길이(unsupported length) l_u,
(b) 구조기준 6.5.1(4)(ACI 10.10.1.2)에서 제시하는 회전반경 r의 값

13.6.4 횡구속 골조 압축부재의 확대휨모멘트 (Magnifier Procedure for Nonsway Frames)

구조기준 6.5.6(ACI 10.10.6)에서 제시하는 횡구속 골조 압축부재에 대한 근사 확대휨모멘트 설계방법은 단부 모멘트 중에서 큰 모멘트인 M_{u2}에 **수정확대계수(modified magnification factor)** δ_{ns}를 곱해서 확대계수모멘트 M_{uc}를 구하고, 기둥의 설계는 계수 축하중 P_u와 확대계수모멘트 M_{uc}를 이용하여 수행하도록 규정하고 있다.

확대계수모멘트 M_{uc}를 구하는 절차는 다음과 같다.

$$M_{uc} = \delta_{ns} M_{u2} \tag{13.25}$$

여기에서 각 주축에 대해서 M_{u2}는 식 (13.13)의 최소휨모멘트 $(M_{u2})_{\min}$ 이상으로 하여야 하고, $(M_{u2})_{(\min)} > M_{u2}$인 부재에 대해서 아래에 제시된 등가 휨모멘트 보정계수(equivalent-moment correction factor) C_m 값은 1.0으로 취하거나, 계산된 단부 휨모멘트 M_{u1}과 M_{u2}의 비를 이용해서 구하여야 한다고 규정하고 있다(그림 13.21 참고).

수정확대계수(modified magnification factor) δ_{ns}는 다음과 같이 정의되었다.

$$\delta_{ns} = \frac{C_m}{1 - P_u/(0.75P_{cr})} \geq 1.0 \tag{13.26}$$

여기에서 P_u는 주어진 편심에서의 계수축력이고, 식 (13.18)에 주어진 Euler의 좌굴하중인 P_{cr}에서 유효길이계수 k는 그림 13.19의 직선연결도표를 이용해서 구하거나 안전 측으로 1.0으로 고려할 수도 있다. 이 식에서 분모의 계수 0.75는 강도 감소계수(strength reduction factor)이다.

부재의 실제 모멘트 분포를 등가의 균등한 모멘트 분포로 바꾸는 역할을 하는 **등가 휨모멘트 보정계수(equivalent-moment correction factor)** C_m은 기둥의 양단 사이에 횡방향 하중이 작용하지 않는 부재인 경우에 다음 식으로 계산할 수 있다.

$$C_m = 0.6 + 0.4\,(M_{u1}/M_{u2}) \tag{13.27}$$

여기에서 M_{u1}은 압축부재의 단부 계수휨모멘트 중 작은 값으로, 단일곡률로 휜 경우에는 양(+), 복곡률로 휜 경우에는 음(−)의 부호를 갖고, M_{u2}는 단부 계수휨모멘트 중 큰 값으로 항상 양(+)의 부호를 갖는다. 기둥의 양단 사이에 횡하중이 작용해서 최대 휨모멘트가 부재의 단부가 아니라 부재의 중간부분에서 발생하는 경우에 $C_m = 1.0$으로 취하고, 식 (13.25)에서 M_{u2}를 이 최대 휨모멘트로 대체하여야 한다(그림 13.21 참고).

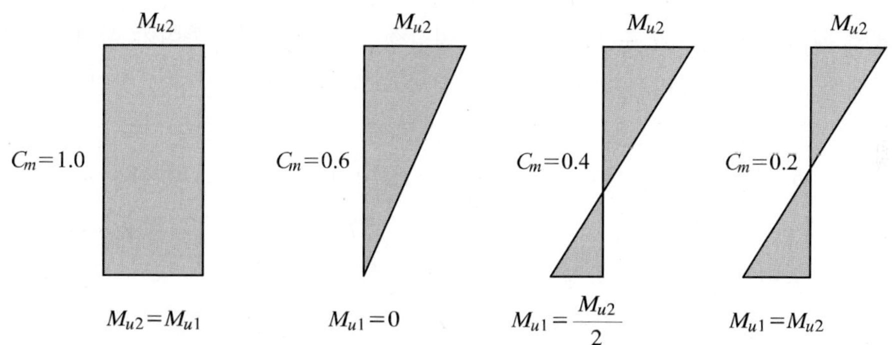

그림 13.21 등가 휨모멘트 보정계수 $C_m = 0.6+0.4(M_{u1}/M_{u2})$ [ACI Note(11-13)]

휨강성 EI는 균열과 크리프 등을 고려해서 구조기준 6.5.6(3)(ACI 10.10.6.1)에서는 다음 식 중에서 하나의 식을 이용하여 계산하도록 제안하고 있다.

$$EI = \frac{(0.2E_cI_g + E_sI_{se})}{1+\beta_{dns}} \quad \text{또는} \quad EI = \frac{0.4E_cI_g}{1+\beta_{dns}} \tag{13.28}$$

여기서, β_{dns} = (축방향 계수 지속하중(고정하중)에 의한 최대 계수축력) / (전체 계수축하중에 의한 최대 계수축력) (표 13.2 참고), $\beta_{dns} \leq 1.0$ 이하이어야 한다. I_{se} = 부재단면의 중심축에 대한 보강재의 단면 2차 모멘트 ; I_g = 보강재를 무시한 콘크리트 단면 전체의 중심축에 대한 단면 2차 모멘트이다. 또한 보강재의 강성 E_sI_{se}가 생략된 식은 보강재가 상대적으로 작게 배치된 기둥의 계산에 적당하고, 생략되지 않은 식은 보강재가 많이 배치된 부재의 계산에

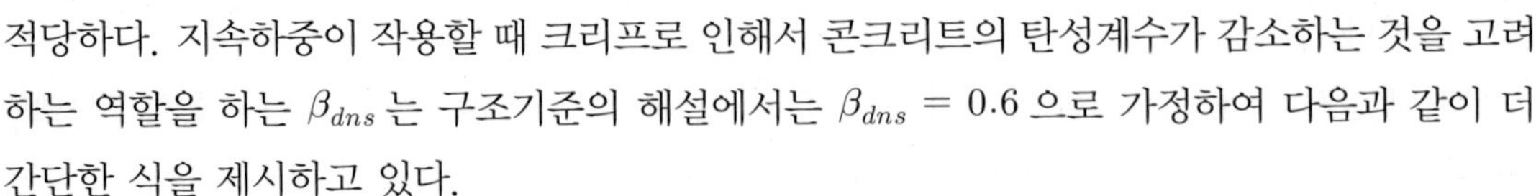

적당하다. 지속하중이 작용할 때 크리프로 인해서 콘크리트의 탄성계수가 감소하는 것을 고려하는 역할을 하는 β_{dns} 는 구조기준의 해설에서는 $\beta_{dns} = 0.6$ 으로 가정하여 다음과 같이 더 간단한 식을 제시하고 있다.

$$EI = \frac{0.4E_c I_g}{1+\beta_{dns}} = \frac{0.4E_c I_g}{1+0.6} = 0.25E_c I_g \tag{13.29}$$

그림 13.22에는 구조기준(ACI)의 횡구속 골조에 대한 설계과정이 흐름도로 제시되어 있다.

13.6.5 비횡구속 골조 압축부재의 확대휨모멘트(Magnifier Procedure for Sway Frames)

비횡구속 골조(가로흔들이 골조)에서 기둥의 유효세장비 $kl_u/r > 22$ 인 경우에 구조기준에서는 단모멘트(sway moment)에 계수를 곱해서 확대하여 설계하도록 규정하고 있다. 비횡구속 골조는 전단벽과 같은 휨강성이 큰 부재와 연결되어 있지 않으므로 보와 기둥은 규정에 따라 각층에서 횡변위가 제한될 수 있게 충분한 휨강성을 갖도록 설계하여야 한다. 특히 단면을 줄이기 위해서 고강도 콘크리트를 사용하는 경우에 기둥의 축방향 강성은 상당히 크지만 상대적으로 휨강성은 감소할 수 있다. 만약에 비횡구속 골조가 상당히 유연하다면 고정하중과 횡하중이 작용할 때 상당한 가로흔들이(side-sway)가 일어날 수 있다. 만약에 고정하중이 상당히 큰 경우에 약간의 풍하중이나 고정하중이 예기치 않게 편심을 갖고 작용하게 되면 유연한 기둥에 과도한 휨이 나타나서 사용성에 문제가 발생할 수도 있다.

앞에서 언급한바와 같이 구조기준 6.5.2(ACI 10.10.2)에서는 모멘트를 확대시키는 3 가지 방법을 제시되어 있다. ① 비선형 2차 해석, ② 표 13.2의 유효단면 2차 모멘트를 이용하여 탄성 2차 해석으로 각종 하중의 조합을 적용하여 컴퓨터 프로그램을 이용하여 수행하는 방법, ③ 만약에 적절한 컴퓨터 프로그램을 이용하기가 용이하지 않은 경우, 탄성 1차 해석을 이용하여, 가로흔들이가 없는 고정하중에 대한 해석과 가로흔들이가 있는 횡하중을 각각 해석하여 설계하는 확대휨모멘트 방법을 적용하도록 하고 있다. 최종적인 기둥의 단모멘트는 가로흔들이를 일으키지 않는 모멘트 M_{uns} 에 확대된 가로흔들이 모멘트 $\delta_s M_{us}$ 를 더해서 구하도록 하였다.

구조기준 6.5.7(ACI 10.10.7)에서는 고정하중과 가로흔들이 하중이 작용하는 비횡구속 골조에서 양단 휨모멘트 M_{u1} 과 M_{u2} 는 다음 식을 이용하여 구하도록 규정하고 있다.

$$\begin{cases} M_{u1} = M_{u1ns} + \delta_s M_{u1s} \\ M_{u2} = M_{u2ns} + \delta_s M_{u2s} \end{cases} \tag{13.30}$$

여기서, M_{u1} 은 압축부재의 단부 계수휨모멘트 중 작은 값으로, 단일곡률로 휜 경우에는 양(+)이고, 복곡률로 휜 경우에는 음(−)의 부호를 가진다. M_{u2} 는 압축부재의 단부 계수휨모멘트 중 큰 값으로, 항상 양(+)의 부호를 가진다. M_{u1ns} 와 M_{u2ns} 는 단부에서 횡변위를 일으키지 않는 하중에 대해서 탄성 1차 골조해석으로 계산된 압축부재의 단부 계수휨모멘트이며, 식 (13.21)에서 층 안정성 지수 $Q \le 0.05$ 인 경우이다. δ_s 는 비횡구속 골조에 대한 휨모멘트 확대계수이고, M_{u1s} 와 M_{u2s} 는 단부에서 횡변위를 일으키는 하중에 대해서 탄성 1차 골조해석으로 계산된 단부 계수휨모멘트로 층 안정성 지수 $Q > 0.05$ 인 경우이다.

구조기준 6.5.7(2~3)(ACI 10.10.7.3~4)에서 휨모멘트 확대계수 δ_s 를 계산하는 2 가지 방법을 제시하고 있다. 먼저 구조기준에서 δ_s를 다음 식으로 구하도록 제시하고 있다.

$$\delta_s = \frac{1}{1-Q} = \frac{1}{1-(\sum P_u \Delta_o / V_u l_c)} \le 1.5 \tag{13.31}$$

만약에 식 (13.31)로 계산한 $\delta_s > 1.5$ 인 경우로 조건을 만족시키지 못할 경우에는 아래에 제시하는 식 (13.32)나 또는 탄성 2차 해석으로 δ_s 를 계산하여야 한다.

$$\delta_s = \frac{1}{1 - \sum P_u / (0.75 \sum P_{cr})} \ge 1.0 \tag{13.32}$$

여기서, $\sum P_u$ = 한 층의 모든 연직계수축력의 합 ; $\sum P_{cr}$ = 횡방향 변위에 저항하는 모든 기둥의 임계축력(Euler의 좌굴하중) P_{cr} 의 합으로 식 (13.18)로 계산한다.

한 층에서 $\sum P_u$ 와 $\sum P_{cr}$ 는 모든 기둥의 값을 더해야 하는데 그 이유는 특정한 층에서 가로흔들이의 거동은 모든 기둥의 횡방향 휨강성의 함수이기 때문이다. $\sum P_{cr}$ 의 계수 0.75는 EI 의 변화할 가능성에 대한 강도감소계수이다. 유효길이계수 k 는 비횡구속 골조에서 항상 1보다 크며, 그림 13.19의 직선연결도표로 구할 수 있다. 휨강성 EI 는 식 (13.28) 또는 식 (13.29)로 계산할 수 있다.

비횡구속 골조에서 풍하중이나 지진하중과 같이 하중의 작용시간이 짧은 단기하중이 작용하는 경우에 기둥의 강성은 시간이 지남에 따라 증가하는 횡방향 변위(따라서 증가하는 $P\Delta$ 모멘트)에 의한 크리프의 영향을 받지 않게 된다. 이런 하중이 작용하는 경우에 구조기준 6.5.7(3)(ACI R10.10.7.4)에서는 식 (13.28)에서 지속하중 계수 $\beta_{ds} = 0$ 으로 할 수 있다고 제시하고 있다. 이렇게 $\beta_{ds} = 0$ 으로 하면 기둥의 유효강성이 증가하는 효과가 있게 된다. 만약에 비횡구속 골조에서 지속하중이 작용하거나 또는 ① 비대칭 고정하중으로 또는 ② 비대칭

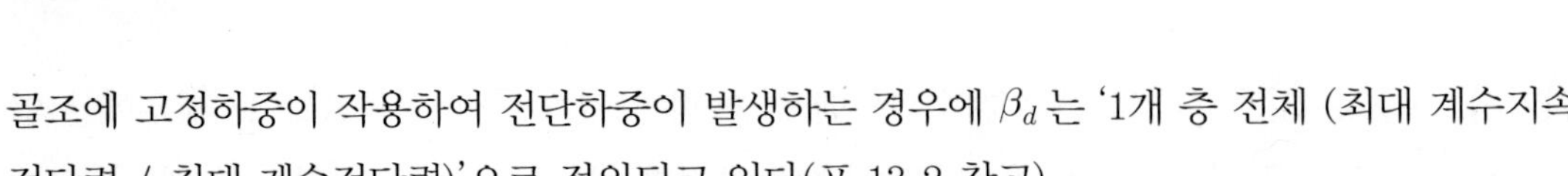

골조에 고정하중이 작용하여 전단하중이 발생하는 경우에 β_d 는 '1개 층 전체 (최대 계수지속 전단력 / 최대 계수전단력)'으로 정의되고 있다(표 13.2 참고).

비횡구속 골조에서 기둥의 강도는 유효길이계수 k 가 1에서 무한대로 변하여 특히 보의 휨 강성에 예민하게 된다. 강성이 큰 보(stiff girder)는 기둥에 상당한 회전저항을 주고, 유효길이를 감소시켜서 축하중 강도를 증진시키게 된다. 기둥에 저항모멘트가 완전히 발달하기 전에 보에 소성힌지가 발달해서 기둥의 강도가 감소되지 않도록 구조기준 6.5.7(5)(ACI 10.10.7.1)에서는 비횡구속 골조에서 압축부재와 접합부의 휨부재(flexural member, beam)는 압축부재 절점의 확대된 단부 계수휨모멘트(total magnified end moments of the compression members at the joint)를 이용하여 설계하여야 한다고 규정하고 있다.

비횡구속 골조에서 표 1.4의 풍하중이 작용할 때의 조합인 U = 1.2D + 1.0L + 1.3W + 0.5Lr 이나 또는 U = 0.9D + 1.3W를 적용할 때에 횡변위를 일으키지 않는 하중에 의한 단부모멘트 M_{u1ns} 와 M_{u2ns} 는 아래의 하중조합으로 계산하고,

$$M_{u1ns} \text{ 와 } M_{u2ns} \text{ 계산 } : \begin{cases} U = 1.2D + 1.0L + 0.5L_r \\ U = 0.9D \end{cases}$$

횡변위를 일으키는 하중에 의한 단부모멘트 M_{u1s} 와 M_{u2s} 는 아래의 하중조합을 적용해서 계산하면 된다.

$$M_{u1s} \text{ 와 } M_{u2s} \text{ 계산 } : U = 1.3W$$

가로흔들이를 일으키는 모멘트만을 확대하도록 하는 설계법은 Ford 등[1981]이 실험과 이론적으로 타당성을 보여주었지만, 여전히 아주 세장한 기둥에서 최대모멘트가 단부가 아니라 기둥의 단부사이에서 일어나서 그 최대모멘트가 설계를 지배하는 경우가 발생할 수 있다. 이러한 일은 각각의 압축부재가 아래의 조건을 만족할 때 발생하게 된다.

$$\frac{l_u}{r} > \frac{35}{\sqrt{P_u / f_{ck} A_g}} \tag{13.33}$$

이런 경우에 압축부재는 계수축하중 P_u 와 확대계수모멘트 M_{uc} 는

$$M_{uc} = \delta_{ns}(M_{u2ns} + \delta_s M_{u2s}) = \left[\frac{C_m}{1 - P_u/(0.75P_{cr})}\right](M_{u2ns} + \delta_s M_{u2s}) \tag{13.34}$$

로 계산하여야 한다. 여기에서 δ_{ns} 와 C_m 은 각각 식 (13.26)과 식 (13.27)로 계산하면 된다. 이렇게 최대모멘트가 양 단부사이에서 일어나는 경우에 추가적으로 모멘트가 증가하게 된다.

그림 13.22에는 구조기준(ACI)의 비횡구속 골조에 대한 설계과정이 흐름도(flow chart)로 제시되고 있다.

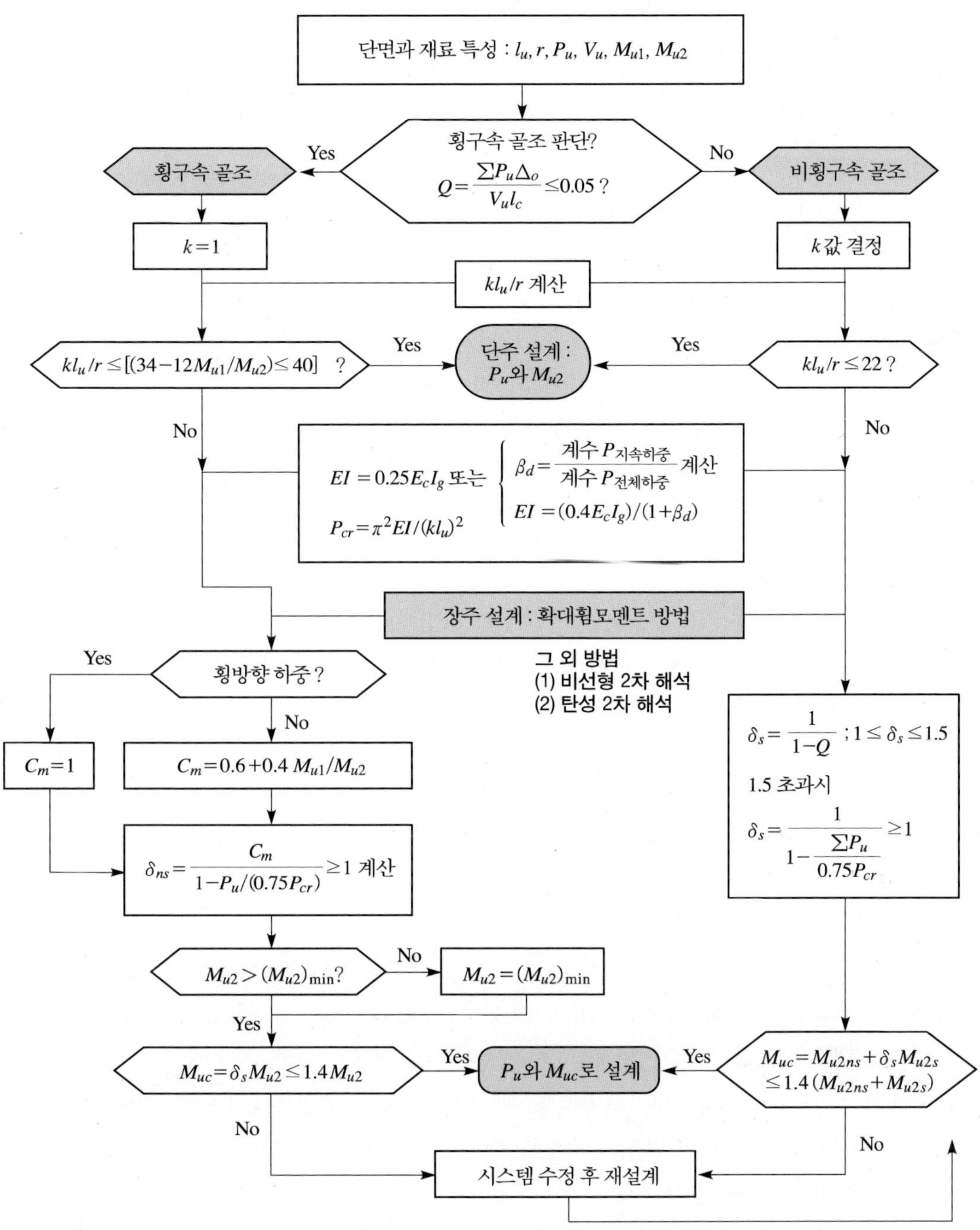

그림 13.22 구조기준의 장주 설계에 대한 흐름도(flow chart)

13.6.6 PCI 위원회의 방법에 따른 기둥 설계(Column Design by PCI Committee Method)

1988년 PCI 위원회에서 제안한 프리스트레스트 콘크리트 기둥이나 벽체의 설계방법을 보면 거의 모든 과정이 ACI(구조기준) 방법과 일치하지만 휨강성 EI을 계산하는 방법만 약간 수정을 하였다. PCI 위원회는 압축플랜지가 있든지 아니면 없던지 간에 식 (13.29)에서 계수 0.4를 $1/\lambda$ 계수로 교체하여(즉, $0.4 = 1/2.5$이므로 $\lambda = 2.5$가 된다), 다음 식으로 구하도록 하였다.

$$EI = \frac{E_c I_g/\lambda}{1+\beta_d} = \frac{E_c I_g}{\lambda(1+\beta_d)} \tag{13.35}$$

여기에서

$$\lambda = \theta\eta \geq 3.2 \tag{13.36}$$

$$\eta = 2.5 + 1.6\frac{P_{n,o}}{P_u} \begin{cases} \geq 6.0 \\ \leq 70 \end{cases} \tag{13.37}$$

$$\begin{cases} \text{압축플랜지가 없는 경우} : \theta = \dfrac{27}{kl_u/r} - 0.05 \\ \text{압축플랜지가 있는 경우} : \theta = \dfrac{27}{kl_u/r} - 0.09 \end{cases} \tag{13.38}$$

가 된다. 또한 P_u는 1차 해석의 계수축하중이고, $P_{n,o}$는 단면의 순 압축강도이다. 철근콘크리트 기둥에 대한 식 (13.29)를 보면 $\lambda = 2.5$가 되고 프리스트레스트 콘크리트 기둥에서 $\lambda \geq 3.2$ (식 (13.36))가 되므로, λ는 기둥의 휨강성을 감소시키는 역할을 하게 된다. 실제적으로 보면 프리스트레스트 긴장재의 단면적이 일반적으로 철근 단면적에 비해서 상당히 작게 되므로 휨강성도 감소하게 된다. 이렇게 수정 휨강성을 구하고 다른 과정은 ACI(구조기준)의 방법에 따라 수행하면 된다.

예제 13.2

[횡구속 및 비횡구속 압축부재의 설계] [Naaman 2012(906~913)]

그림 13.23에 보이는 교량의 교각을 구성하는 2개의 기둥에 각각 축하중 고정하중 $P_D = 350$ kN과 활하중 $P_L = 175$ kN이 단면의 축방향 도심에서 편심 50 mm 떨어져서 작용하는 경우에 다음의 조건에 따라 예제 13.1의 그림 13.9a 압축부재(350 × 350 mm, B종 저이완 7연선 직경 9.5 mm, 8개 배치)를 이용하여 설계하라.

(a) 기둥의 하부는 기초에 고정되고 상부는 힌지 지점으로 가로흔들이에 대해서 브레이싱 되었다고

가정하여, 실용적으로 층 안정성 지수 $Q < 0.05$ 로 가정할 수 있는 경우(그림 13.23b 참고)

(b) 상부가 가로흔들이에 대해서 브레이싱 되지 않아서 기둥을 기초에 고정된 캔틸레버로 고려하고, 풍하중의 영향을 고려하기 위해서 횡방향 하중 $W = 4.5$ kN이 기둥의 상부에 작용하는 경우(그림 13.23c 참고)

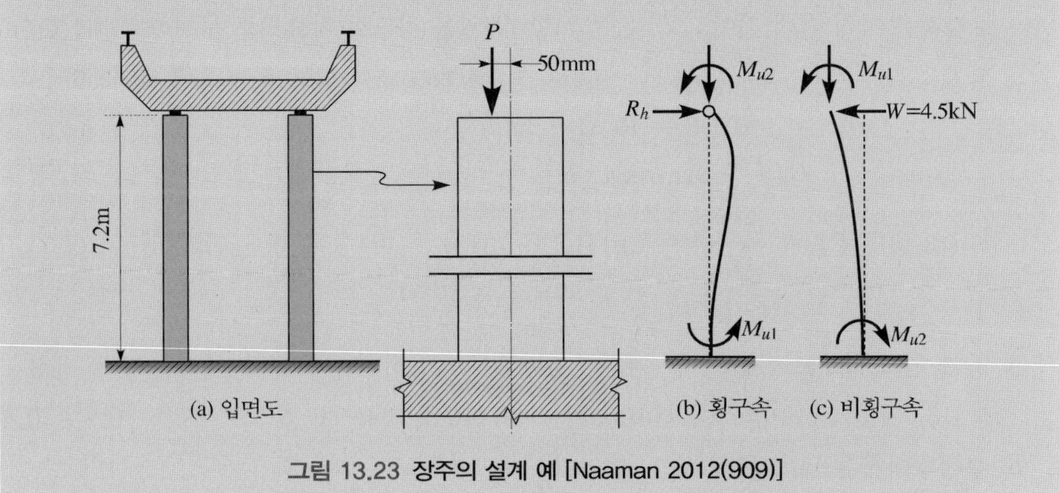

그림 13.23 장주의 설계 예 [Naaman 2012(909)]

(a) 기둥의 하부는 기초에 고정되고 상부는 힌지 지점으로 가로흔들이에 대해서 브레이싱 되었다고 가정하여, 실용적으로 층 안정성 지수 $Q < 0.05$ 로 가정하는 경우(그림 13.23b 참고)

① 횡구속 골조 설계 : $Q < 0.05$ 이므로 횡구속 골조로 설계한다.

② 계수 축하중 계산 :

축하중 고정하중 $P_D = 350$ kN, 활하중 $P_L = 175$ kN ; 편심 $e = 50$ mm

$P_u = 1.2P_D + 1.6P_L = 1.2(350) + 1.6(175) = 700$ (kN)

$M_{u2} = (1.2P_D + 1.6P_L) \times 50 = 700 \times 50 = 35{,}000$ (kN · mm) = 35 kN · m

그림 13.23b에서 M_{u1} 을 전달률 1/2로 구하면, $M_{u1} = 35/2 = 17.5$ (kN · m)가 되고, 처짐 형상은 복곡률이 된다.

③ 유효세장비 kl_u/r 계산과 장주 설계 판단 :

식 (13.22) : 횡구속 골조 $k = 1.0$

회전반경 $r = \sqrt{I_g/A_g} = [(1{,}250.5 \times 10^6)/122{,}500]^{1/2} = 101.04$ (mm)

유효세장비 $kl_u/r = (1.0)(7{,}200)/101.04 = 71.3$

식 (13.24) : 횡구속 골조 $kl_u/r \le [\,34 - 12(M_1/M_2) \le 40\,]$

복곡률 : $-M_1/M_2 = -17.5/35 = -0.5 \ge -0.5$ 이상이므로 <OK>

$34 - 12(M_1/M_2) = 34 - 12(-0.5) = 34 + 6.0 = 40.0 \le 40$ <OK>

$kl_u/r = 71.3 > [\ 34 - 12(M_1/M_2) = 40.0\ ]$; 따라서 장주로 설계하여야 한다.

④ 휨강성 EI 및 Euler 좌굴하중 P_{cr} 계산 :

β_{dns} = 계수 축고정하중 / 전체 계수 축하중 = 1.2(350) / 700 = 0.6

보강재은 아직 선택 전이고 I_{se} 는 무시할 수 있을 정도로 작으므로 무시하고 계산한다.

식 (13.29) : $EI = 0.4E_cI_g/(1+\beta_{dns}) = 0.4(28,825)(1,250.5 \times 10^6)/(1+0.6)$

$= 9,011.6 \times 10^9\ (\text{N} \cdot \text{mm}^2)$

$\therefore\ EI = 9,011.6\ \text{kN} \cdot \text{m}^2$

식 (13.18) : $P_{cr} = \dfrac{\pi^2 EI}{(kl_u)^2} = (3.1416^2)(9,011.6 \times 10^9)\ /\ (1.0 \times 7,200)^2\ /\ 1,000$

$= 1,715.7\ (\text{kN})$

⑤ 등가 휨모멘트 보정계수 C_m 계산 : 횡하중이 작용하지 않으므로 식 (13.27)로 계산

식 (13.27) : $C_m = 0.6 + 0.4(M_{u1}/M_{u2}) = 0.6 + 0.4(-17.5/35) = 0.6 - 0.2 = 0.4$

⑥ 수정확대계수 δ_{ns} 계산 :

식 (13.26) : $\delta_{ns} = \dfrac{C_m}{1 - P_u/(0.75P_{cr})} = 0.4\ /\ [\ 1 - 700/(0.75 \times 1,715.7)\ ] = 0.877$

≥ 1.0이어야 하므로 $\delta_{ns} = 1.0$이 된다. 따라서 본 예제의 장주는 모멘트를 확대하지 않고 단주로 설계하면 된다.

⑦ 최소 계수휨모멘트 $(M_{u2})_{\min}$ 검토 : 식 (13.13)

$(M_{u2})_{\min} = P_u(15 + 0.03h) = 700(15 + 0.03 \times 350) = 700(25.5) = 17,850\ (\text{kN} \cdot \text{mm})$

$(M_{u2})_{\min} = 17.85\ \text{kN} \cdot \text{m} < M_{u2} = 35\ \text{kN} \cdot \text{m}$ <OK>

⑧ 확대계수모멘트 M_{uc} 계산 및 검토 :

식 (13.25) : $M_{uc} = \delta_{ns} M_{u2} = 1.0 \times 35.0 = 35.0\ (\text{kN} \cdot \text{m})$

$\le 1.4 M_{u2} = 1.4(35.0) = 49.0\ (\text{kN} \cdot \text{m})$ <OK>

⑨ 기둥 설계 : 예제 13.1에 설계된 압축부재를 사용하므로 그림 13.10의 설계상관도를 이용하여 설계한다.

계수하중 (P_u = 700 kN ; M_{uc} = 35.0 kN · m)는 예제 13.1과 같으므로 그림 13.24의 점 A가 되어, 설계상관도 안에 위치하여 충분히 안전한 설계가 된다.

크기가 비록 작다고 하더라도 만약에 횡하중이 작용하는 경우에 $C_m = 1.0$이 되고, δ_{ns} = 2.19가 되어 M_{uc} = 76.8 kN · m로 증가하여 설계조건을 만족시키기는 하지만 **안전에 대**

한 여유(safety margin)는 상당히 감소하게 된다.

⑩ PCI 위원회 방법에 따라 설계 : 프리스트레스트 콘크리트 압축부재를 고려하여 EI 계산을 하므로 PCI 위원회의 방법(13.6.6장)을 적용하여 설계해보도록 한다.

식 (13.37) : $P_{n,o}$ = 3,430 kN(예제 13.1)

$\eta = 2.5 + 1.6\, P_{n,o}/P_u = 2.5 + 1.6(3,430)/700 = 10.34 \geq 6.0\ ;\ \leq 70$ <OK>

식 (13.38) : 압축플랜지 없는 경우 $\theta = 27/(kl_u/r) - 0.05 = 27\ /\ 71.3 - 0.05 = 0.329$

식 (13.36) : $\lambda = \theta\eta = 0.329(10.34) = 3.40 \geq 3.2$ <OK>

식 (13.35) : $EI = E_c I_g / [\lambda(1+\beta_d)]$

$\therefore\ EI = 9,011.6 \times 2.5\ /\ 3.40 = 6,624.8\ (\text{kN}\cdot\text{m}^2)$

식 (13.18) : $P_{cr} = \pi^2 EI/(kl_u)^2 = (3.1416^2)(6,624.8)\ /\ (1.0 \times 7.2)^2 = 1,261.3\ (\text{kN})$

식 (13.26) : $\delta_{ns} = \dfrac{C_m}{1 - P_u/(0.75P_{cr})} = 0.4\ /\ [\ 1 - 700/(0.75 \times 1,261.3)\ ] = 1.538$

식 (13.25) : $M_{uc} = \delta_{ns} M_{u2} = 1.538 \times 35.0 = 53.8\ (\text{kN}\cdot\text{m})$

그림 13.24에서 계수하중 (P_u = 700 kN ; M_{uc} = 53.8 kN · m)의 위치를 상관도에 그린 점 B는 설계상관도 안에 위치하므로 설계를 만족한다.

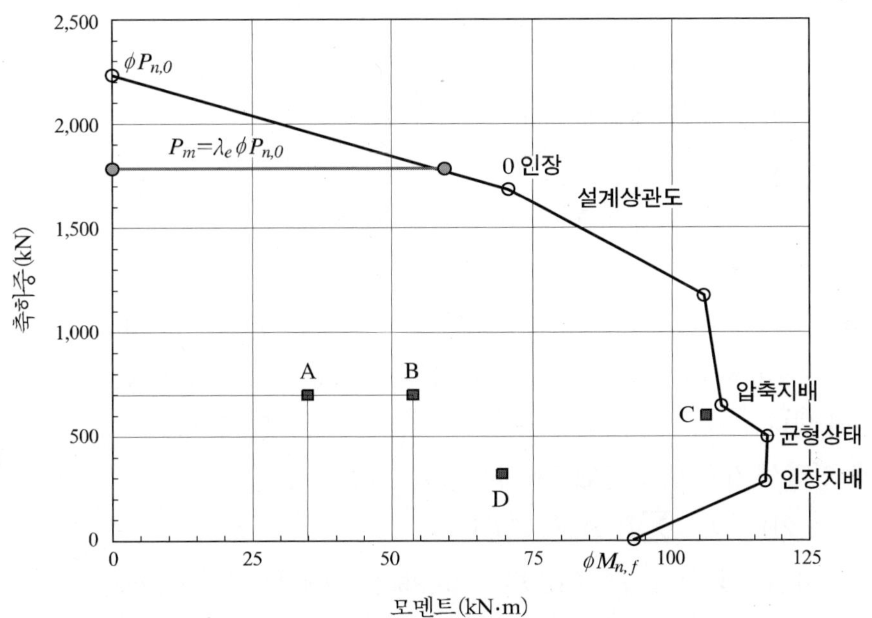

그림 13.24 350 mm × 350 mm 압축부재 설계상관도와 계수하중 조합

(b) 상부가 가로흔들이에 대해서 브레이싱 되지 않아서 기둥을 기초에 고정된 캔틸레버로 고

려하고, 풍하중의 영향을 고려하기 위해서 횡방향 하중 $W = 4.5$ kN이 기둥의 상부에 작용하는 경우(그림 13.23c 참고)

① 비횡구속 골조(가로흔들이 골조) 설계 : 브레이싱 되지 않았으므로 비횡구속 골조로 압축부재는 기초에는 고정된 캔틸레버가 된다. 그림 13.23c에서와 같이 압축부재는 단일 곡률로 변형되고 최대 모멘트는 기초에서 발생하게 된다.

② 하중조합 1에 대한 M_{u2ns}와 M_{u2s} 계산 : 비횡구속 골조이므로 표 1.4에서 풍하중이 작용하는 다음과 같은 하중조합을 선택할 수 있다.

하중조합 1 : U = 1.2D + 1.0L + 1.3W

$P_u = 1.2P_D + 1.0P_L = 1.2(350) + 1.0(175) = 595$ (kN)

$V_u = 1.3W = 1.3(4.5) = 5.85$ (kN)

기둥의 상부가 가로흔들이가 방지되었다고 가정 : $P_u e = M_{u1ns} = 595(0.05) = 29.75$ (kN・m)가 작용할 때 반력 $R_h = 3P_u e/2l_c = 3(29.75) / (2 \times 7.2) = 6.20$ (kN)

기초 고정단의 휨모멘트 $M_{u2ns} = -M_{u1ns}/2 = -29.75 / 2 = -14.875$ (kN・m)

상부의 구속을 풀어주면 최대 가로흔들이 모멘트는 압축부재의 기초에서 발생하게 된다. 가장 최악의 하중조건은 풍하중으로 인한 전단력 V_u와 R_h가 같은 방향일 때 일 것이다.

$M_{u2s} = (V_u + R_h)l_c = (5.85 + 6.20)(7.2) = 86.75$ (kN・m)

③ 유효세장비 kl_u/r 계산과 장주 설계 판단 :

식 (13.23) : 고정단 $\Psi_A = \sum(E_c I_c / l_c)_{기둥} / \infty = 0$

힌지 $\Psi_B = \sum(E_c I_c / l_c)_{기둥} / 0 = \infty$

그림 13.19 : $k = 2.0$ (또는 그림 13.13 이용)

회전반경 $r = \sqrt{I_g/A_g} = [\ (1{,}250.5 \times 10^6) / 122{,}500\ ]^{1/2} = 101.04$ (mm)

유효세장비 $kl_u/r = (2.0)(7{,}200)/101.04 = 142.5 > 22.0$; 따라서 장주로 설계하여야 한다.

④ 층 안정성 지수 Q 및 모멘트확대계수 δ_s 계산 :

식 (13.21) : $Q = \sum P_u \Delta_o / (V_u l_c)$

처짐 계산 : $\Delta_o = V_u l_c^3 / (3EI) = (5{,}850)(7{,}200^3)/(3 \times 28{,}825 \times 1{,}250.5 \times 10^6)$

$= 20.2$ (mm)

$Q = \sum P_u \Delta_o / (V_u l_c) = (595)(20.2) / (5.85 \times 7{,}200) = 0.285$

식 (13.31) : $\delta_s = 1/(1 - Q)$ = 1 / (1 − 0.285) = 1.40 ≤ 1.5 <OK>

⑤ 확대계수모멘트 M_{u2} 계산 및 검토 : 식 (13.30)

$M_{u2} = M_{u2ns} + \delta_s M_{u2s}$ = −14.875 + 1.40 × 86.75 = 106.5 (kN · m)

$\leq M_{u2ns} + 1.4 M_{u2s}$ = −14.875 + 1.4 × 86.75 = 106.5 (kN · m) <OK>

⑥ 기둥 설계 : 계산된 계수하중 (P_u = 595 kN ; M_{u2} = 106.5 kN · m)는 그림 13.24의 점 C가 되어, 안전에 대해서 여유는 거의 없지만 설계상관도 안에는 위치하여 만족한다.

⑦ 하중조합 2에 대한 M_{u2ns} 와 M_{u2s} 계산 : 비횡구속 골조이므로 표 1.4에서 풍하중이 작용하는 다음과 같은 하중조합을 선택할 수 있다.

하중조합 2 : U = 0.9D + 1.3W

$P_u = 0.9 P_D$ = 0.9(350) = 315 (kN) ; $V_u = 1.3 W$ = 1.3(4.5) = 5.85 (kN)

기둥의 상부가 가로흔들이가 방지되었다고 가정 : $P_u e = M_{u1ns}$ = 315(0.05) = 15.75 (kN · m)가 작용할 때 반력 $R_h = 3 P_u e / 2 l_c$ = 3(15.75) / (2 × 7.2) = 3.28 (kN)

기초 고정단의 휨모멘트 $M_{u2ns} = -M_{u1ns}/2$ = −15.75 / 2 = −7.875 (kN · m)

상부의 구속을 풀어주면 최대 가로흔들이 모멘트는 압축부재의 기초에서 발생하게 된다. 가장 최악의 하중조건은 풍하중으로 인한 전단력 V_u 와 R_h 가 같은 방향일 때 일 것이다.

$M_{u2s} = (V_u + R_h) l_c$ = (5.85 + 3.28)(7.2) = 65.75 (kN · m)

⑧ 유효세장비 $k l_u / r$ 계산과 장주 설계 판단 :

식 (13.23) : 고정단 $\Psi_A = \sum (E_c I_c / l_c)_{기둥} / \infty = 0$

힌지 $\Psi_B = \sum (E_c I_c / l_c)_{기둥} / 0 = \infty$

그림 13.19 : k = 2.0 (또는 그림 13.13 이용)

회전반경 $r = \sqrt{I_g / A_g}$ = [(1,250.5 × 10^6) / 122,500]$^{1/2}$ = 101.04 (mm)

유효세장비 $k l_u / r$ = (2.0)(7,200)/101.04 = 142.5 > 22.0 ; 따라서 장주로 설계하여야 한다.

⑨ 층 안정성 지수 Q 및 모멘트확대계수 δ_s 계산 :

식 (13.21) : $Q = \sum P_u \Delta_o / (V_u l_c)$

처짐 계산 : $\Delta_o = V_u l_c^3 / (3EI)$ = (5,850)(7,200^3)/(3 × 28,825 × 1,250.5 × 10^6)

= 20.2 (mm)

$Q = \sum P_u \Delta_o / (V_u l_c)$ = (315)(20.2) / (5.85 × 7,200) = 0.151

식 (13.31) : $\delta_s = 1/(1 - Q)$ = 1 / (1 − 0.151) = 1.18 ≤ 1.5 <OK>

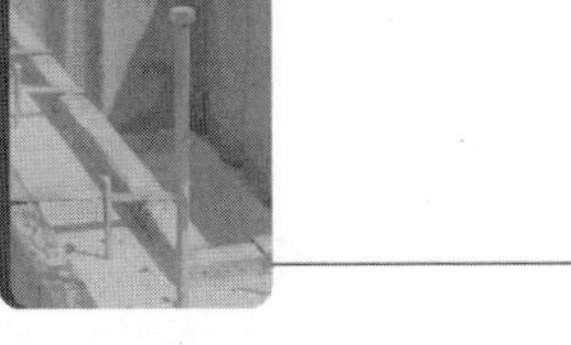

⑩ 확대계수모멘트 M_{u2} 계산 및 검토 : 식 (13.30)

$$M_{u2} = M_{u2ns} + \delta_s M_{u2s} = -7.875 + 1.18 \times 65.75 = 69.6 \text{ (kN}\cdot\text{m)}$$

$$\leq M_{u2ns} + 1.4 M_{u2s} = -7.875 + 1.4 \times 65.75 = 84.2 \text{ (kN}\cdot\text{m)} \quad \text{<OK>}$$

⑪ 기둥 설계 : 계수하중(P_u = 315 kN ; M_{u2} = 69.6 kN · m)는 그림 13.24의 점 D가 되어, 설계상관도 안에 위치하여 만족한다. 하중조합 1도 안전에 대한 여유는 없지만 설계상관도 안에 위치하여 만족하므로 단면 등을 확장하여 시스템을 수정하면서 재설계할 필요는 없다.

13.7 인장부재의 거동(Behavior of Tension Members)

압축부재와 매우 유사하지만 프리스트레스트 **인장부재(tension member)**는 압축부재에 비해서 상당히 높은 긴장력을 갖고, 일반적으로 **직접인장(direct tension)**만 작용하여 도심을 중심으로 프리스트레싱이 도입되게 된다. 부재는 대부분 직선부재로 그림 13.3에서 보는바와 같이 아치나 트러스의 인장부재나 또는 토류벽에 배치하는 **어스앵커(earth anchor)**, 그리고 **원형 프리스트레싱(circular prestressing)**을 도입하는 파이프, 탱크나 압력용기(pressure vessel) 등에 적용된다. 압축부재에 비해서 간단하게 해석이나 설계할 수 있어서 실제적으로 그림 13.3a~d와 같은 교량 시공에 광범위하게 적용되고 있다.

프리스트레싱이 도입되는 프리스트레스트 콘크리트 인장부재는 긴장재나 콘크리트의 개별 재료의 특성을 고려할 필요없이 인장에 저항하는 복합재료(composite material)로 다룰 수 있어서 강재나 철근콘크리트 인장부재에 비해서 다음과 같은 장점을 갖고 있다.

(1) 프리스트레스트 콘크리트 타이(연결부재)는 일반적인 사용하중이나 적당한 과하중이 작용할 때 균열이 일어나지 않도록 설계할 수 있다.
(2) 부재를 균열 없이 유지할 수 있어서 보강재에 대한 부식방지에 탁월하다.
(3) 콘크리트의 사용이 **내화성(fire resistance)**을 증진시킨다. 내화성은 종종 중요한 설계변수가 될 수도 있다.
(4) 가장 큰 장점은 전체 외력이 작용할 때 발생할 수 있는 총 변형을 요구에 맞추어 실제적으로 조종할 수 있다는 점이다. 이렇게 조종할 수 있는 것은 부재가 균열이 없는(crack-free) 탄성 복합재료로 거동하고, 단면의 크기를 변화시키면 비례하여 길이방향 변형을 조종할 수 있기 때문이다. 길이의 총 변형(신장 또는 수축)은 설계에서 매우 중요한 변수이다. 과도한

변형은 구조물이나 구조 요소의 형상을 무너트리거나 아니면 파괴를 가져올 수도 있다.

모든 사항이 동일한 조건일 경우에 강재 타이에 비해서 프리스트레스트 콘크리트 타이의 총 변형(신장)은 대략 1/10 정도 밖에 일어나지 않게 된다[Naaman 2012(800)].

13.7.1 인장부재의 거동(Behavior of Tension members)

프리스트레스트 콘크리트 인장부재에 인장하중이 점진적으로 증가하여 작용하는 경우에 초기 균열이 시작될 때까지는 하중-신장률 곡선은 선형탄성 거동을 보이게 된다(그림 13.25 참고). 외력이 증가하게 되면 긴장재의 응력은 서서히 증가하는데 비하여 콘크리트의 응력 감소는 빠르게 진행되어 결국에는 콘크리트에 인장응력이 발생하여 균열이 일어나게 된다. Wheen[1979]에 의하면 초기 균열이 굉음과 함께 발생하고 균열이 발생한 뒤에는 상당한 변화가 일어난다고 보고하고 있다. 복합재료의 강성이 상당히 감소하고 그동안 콘크리트가 저항하던 저항력을 보강재가 부담하게 되어 긴장재의 응력이 갑작스럽게 증가(**응력점프, stress jump**)하게 된다. 이러한 응력점프로 인해서 긴장재의 응력은 비선형 영역으로 이동하게 되고, 균열 좌우에서 긴장재의 부착력이 손상되게 되어 균열의 폭은 더욱 넓어지게 된다. 만약에 보강재가 규정의 최소 단면직보다 적게 배치된 경우에 균열하중이 긴장재만의 공칭강도보다 크게 되면 균열과 함

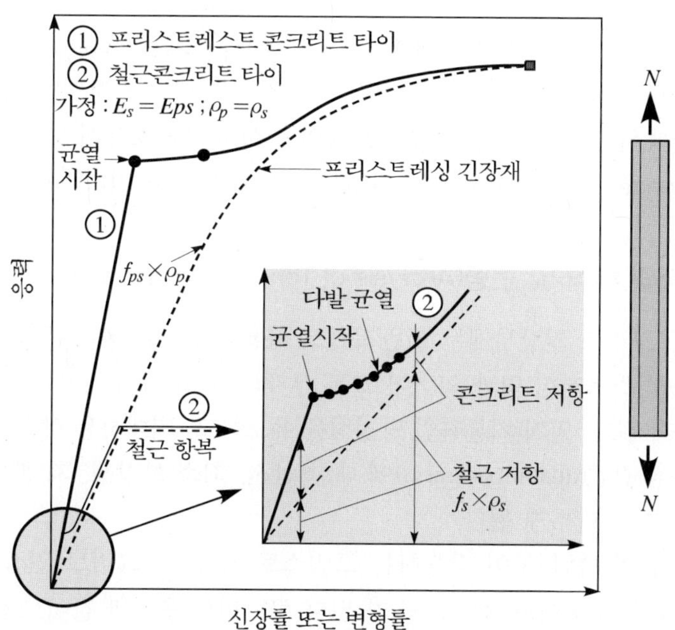

그림 13.25 전형적인 철근콘크리트와 프리스트레스트 콘크리트 인장부재의 응력-신장 곡선 [Naaman 2012(802)]

께 부재가 파괴될 수도 있다. 일반적인 철근콘크리트 부재에서 균열이 일어나고 난 뒤에는 철근의 저항만 남게 되고 복합 하중-신장률 곡선은 철근의 곡선에 접근하게 된다.

그림 13.25에는 같은 양의 보강재($\rho_p = \rho_s$, $E_{ps} = E_s$)가 배치된 전형적인 프리스트레스트 콘크리트 타이와 철근콘크리트 타이의 거동을 비교하는 응력-신장률 곡선이 주어졌다. 그림에서 보면 철근콘크리트 타이에서 균열이 상당히 초기 단계에서 발생하는 것을 알 수 있다. 균열이 일어나고 난 뒤에 얼마간의 하중이 증가하게 되면 **다발균열(multiple crack)**이 발생하고 이후에는 더 이상의 균열은 발생하지 않지만 균열의 폭이 넓어지면서 복합거동은 철근 혼자만의 거동에 접근하게 된다.

철근콘크리트 타이는 균열이 일어난 뒤에 사용하중에 저항하도록 설계되지만, 프리스트레스트 콘크리트 타이는 균열이 일어나기 전의 상태에서 사용되게 된다. 그림에는 또한 보강재의 저항강도 $\rho_p f_{ps}$ 또는 $\rho_s f_s$ 를 신장률에 비례하여 보여주고 있다. 서로 거동을 비교하기 위해서 각 보강재의 탄성계수는 동일하다고 가정하였다. 복합재료의 곡선과 보강재 곡선 사이의 y 좌표 값 차이(응력차이)는 콘크리트의 평균 저항강도를 나타낸다. 콘크리트의 저항은 균열이 일어나기 전에는 상당하지만 균열이 일어나고 난 뒤에는 신장이 일어나면서 거의 사라지게 된다. 동시에 복합재료의 응력-신장률 곡선은 보강재만의 곡선에 접근하게 된다. 프리스트레스트 콘크리트 타이에서 균열이 일어나기 전에 상당한 콘크리트 저항력이 존재하고 이는 콘크리트에 프리스트레싱으로 사전압축을 가할 수 있다는 이점을 보여주고 있다.

만약에 비부착 긴장재가 배치된 부재에 균열이 발생하면 일반적으로 1개의 균열이 형성되면서 추가적인 하중이 작용하게 되면 복합작용은 완전히 손상되고 긴장재만 저항하게 되어 강성을 갑작스럽게 잃게 된다. 이러한 갑작스런 강성의 손실로 프리스트레스트 콘크리트 타이에서 **비부착 긴장재(unbonded reinforcement)**는 대부분 사용되지 않고 있다[Naaman 2012(805)]

13.7.2 인장부재의 해석 및 변형(Analysis of Tension members and Deformation)

프리스트레스트 콘크리트 인장부재는 일반적으로 사용하중이 작용할 때 선형 탄성거동을 한다고 가정하고, 프리스트레싱 력과 외력이 모두 부재의 축 도심에 작용하므로 단면에는 균등한 응력이 작용하게 된다. 먼저 기본적인 방정식을 유도하고, 최대허용 압축응력, 공칭강도, 균열에 대한 안전, 0점 감압(decompression)에 대한 안전, 최소 보강재, 최대 즉시 및 장기 처짐 등과 같은 설계 절차를 다루게 된다.

그림 13.26a와 같이 축력 N이 작용하는 프리스트레스트 콘크리트 인장부재를 고려한다. 부호규약에 따라 압축이 +이고 인장은 −가 된다(콘크리트 응력과 같이). 긴장력이 작용하는 콘크리트 단면의 순단면적 A_n 과 콘크리트와 긴장재의 환산단면적 A_t 는 각각 다음과 같이 정의된다.

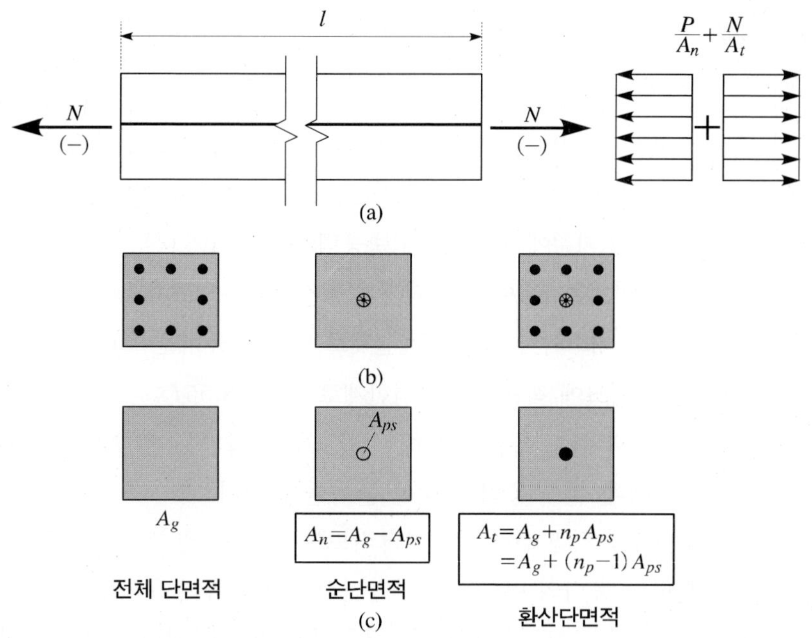

그림 13.26 (a) 프리스트레스트 콘크리트 인장부재(부호규약), (b) 프리텐션 또는 포스트텐션 단면, (c) 전단면, 순단면, 환산단면의 정의(긴장력은 이전과 같이 P로 표기하고, 축방향 인장력은 N로 표기하고 있다.) [Naaman 2012(806)]

$$A_n = A_g - A_{ps} \tag{13.39}$$

$$A_t = A_n + n_p A_{ps} = A_g - A_{ps} + n_p A_{ps} = A_g + (n_p - 1) A_{ps} \tag{13.40}$$

여기에서 A_g 는 콘크리트 단면의 전체 단면적이고 A_{ps} 는 긴장재의 단면적이며, 탄성계수비 $n_p = E_{ps}/E_c$ 이고, E_{ps} 와 E_c 는 각각 긴장재와 콘크리트의 탄성계수이다.

사용응력(Service Stress) : 긴장력을 도입할 때와 유효 긴장력이 작용할 때 콘크리트에 발생하는 균등한 압축응력은 각각 아래와 같이 적을 수 있다.4

$$\begin{cases} f_{gi} = \dfrac{P_i}{A_n} = \dfrac{A_{ps} f_{pi}}{A_n} \\ f_{ge} = \dfrac{P_e}{A_n} = \dfrac{A_{ps} f_{pe}}{A_n} \end{cases} \tag{13.41}$$

이 압축응력은 응력한계를 초과하지 않아야 되므로 아래의 조건들을 만족시켜야 한다.

---

4. 4장에서 보를 다룰 때는 A_{ps} 의 크기가 상대적으로 미미하다고 보아 A_n 대신에 A_g 를 사용하여 응력을 구하였다.

$$\begin{cases} f_{gi} \le \overline{f}_{ci} \\ f_{ge} \le \overline{f}_{cs} \end{cases} \tag{13.42}$$

여기에서 $\overline{f}_{ci}$ 와 $\overline{f}_{cs}$ 는 도입 직후와 손실이 일어난 후의 유효 또는 최종 긴장력이 작용할 때 콘크리트의 응력한계이다. 압축력이 균등하게 작용하므로 응력한계는 오직 연단응력만을 고려하는 휨의 값과는 같지 않게 된다. 구조기준에서 균등한 압축응력에 대해서는 다루지 않고 있지만, 2003년 구조기준의 부록에 수록된 대체설계법에서는 최대 허용지압응력으로 $0.30f_{ck}$ 를 추천하고 있다. 크리프 변형률과 장기처짐을 최소화하기 위해서 실제로 이 허용응력을 초과하지 않는 것이 좋을 것이다. ACI 344 위원회는 탱크에 적용하는 응력한계로 $\overline{f}_{ci} = 0.55f_{ci}$ 와 $\overline{f}_{cs} = 0.45f_{ck}$ 를 제안하고 있는데 이 값들은 균등한 압축응력에 대한 값으로는 약간 높은 편이지만, 탱크가 채워져서 사용하중이 작용할 때에 실제 응력은 훨씬 줄어들게 된다.

외력 N 이 부재에 작용하게 되면 긴장재와 콘크리트는 같은 양 만큼 늘어나면서 외력에 저항하고, 이때 단면에 발생하는 응력의 변화는 환산단면적을 이용하여 N/A_t 로 쓸 수 있다. 긴장력 P 와 외력 N 로 인해서 콘크리트에 발생하는 균등한 응력은 아래의 식으로 계산할 수 있다.

$$f_c = \frac{P_e}{A_n} + \frac{N}{A_t} = \frac{A_{ps}f_{pe}}{A_n} + \frac{N}{A_t} = f_{ge} + \frac{N}{A_t} \tag{13.43}$$

여기에서 N 는 인장력으로 음수가 된다. 이때 긴장재의 응력은 아래의 식으로 구할 수 있다.

$$f_{ps} = f_{pe} - n_p\frac{N}{A_t} \tag{13.44}$$

균열하중(Cracking Load) : 균열은 콘크리트 응력 f_c 가 직접 인장강도 f_t 에 도달할 때 발생하게 된다. 균열하중 N_{cr} 은 식 (13.43)을 이용하여 적으면,

$$f_t = \frac{P_e}{A_n} + \frac{N_{cr}}{A_t} = f_{ge} + \frac{N_{cr}}{A_t}$$

$$N_{cr} = A_t\left(f_t - \frac{P_e}{A_n}\right) = A_t\,(f_t - f_{ge}) \tag{13.45}$$

로 적을 수 있고, 균열에 대한 **안전률(margin of safety)**은 아래 식으로 구할 수 있다.

$$m_{cr} = \frac{N_{cr}}{N} \tag{13.46}$$

0점 감압하중(Decompression Load) : 설계에서 일반적으로 **0점 감압하중(decompression load)**에 대한 최소 안전율은 균열에 대한 안전율과는 다른 값을 요구하고 있다. 실제적으로 프리스트

레스트 부재에 추가적으로 하중이 작용하여 응력이 f_t 에 도달하기 전에 $f_c = 0$ 가 될 때 이미 균열이 발생하여 콘크리트의 인장강도가 전혀 역할을 하지 못하는 것을 알 수 있다. 이러한 단계를 0점 감압상태라고 한다. 감압상태를 일으키는 인장하중은 식 (13.43)을 이용하여 적으면,

$$f_c = 0 = \frac{P_e}{A_n} + \frac{N_{dec}}{A_t} = f_{ge} + \frac{N_{dec}}{A_t}$$

$$N_{dec} = -A_t \frac{P_e}{A_n} = -A_t f_{ge} \tag{13.47}$$

로 쓸 수 있고, 감압에 대한 안전율은

$$m_{dec} = \frac{N_{dec}}{N} \tag{13.48}$$

로 구할 수 있다. 설계에서 종종 감압 안전율 m_{dec} 에 대한 최소값을 요구하게 된다. 균열이 일어나기 바로 전의 프리스트레싱 긴장재의 응력은 식 (13.44)에서 N 대신에 N_{cr} 을 대입하여 적으면,

$$(f_{ps})_{\overline{cr}} = f_{pe} - n_p \frac{N_{cr}}{A_t} \tag{13.49}$$

가 되고, 균열이 일어나고 난 뒤의 프리스트레싱 긴장재의 응력은 식 (13.45)를 대입하여 정리하면,

$$(f_{ps})_{cr} = \frac{-N_{cr}}{A_{ps}} = \frac{A_t f_{pe}}{A_n} - \frac{A_t f_t}{A_{ps}} \tag{13.50}$$

가 된다. 콘크리트의 균열이 파괴로 이어지지 않기 위해서는 이 응력은 f_{pu} 보다는 작아야 하며, 이는 최소보강재에 대한 규정을 통하여 만족시킬 수 있다[Naaman 2012(818)].

균열이 일어났다고 가정하는 부재에서 0점 감압이 일어나고 난 뒤의 프리스트레싱 긴장재의 응력은 식 (13.47)을 이용하여 적으면 다음과 같게 된다.

$$(f_{ps})_{dec} = \frac{-N_{dec}}{A_{ps}} = \frac{A_t f_{pe}}{A_n} \tag{13.51}$$

공칭강도 하중(Ultimate Load) : 공칭강도에 대한 설계는 구조기준(ACI) 등을 만족하도록 설계하여야 하고, 유체 용기 구조물의 하중계수는 다를 수 있으므로 고려하여야 한다. 공칭강도 하중이 작용하는 상태에서 균열단면의 공칭 인장강도는 콘크리트는 균열로 인해서 강도를 잃고 긴

장재만 강도를 가지므로, 이를 강도설계법에 따라 관계식을 적으면 다음과 같게 된다.

$$N_n = -A_{ps}f_{pu}$$

$$|N_u| \le |\phi N_n = \phi(-A_{ps}f_{pu})| \tag{13.52}$$

여기에서 N_u 는 계수하중에 의한 소요강도이고, ϕ 는 감도감소계수이다. 구조기준 3.3.2(ACI 9.2)에 따라 $N_u = 1.2N_D + 1.6N_L$ 과 $\phi = 0.85$ 를 적용할 수 있다.

단기 및 장기 변형(Short- and Long-Term Deformation) : 축방향 도심에 작용하는 프리스트레싱 긴장력 P_i 나 유효긴장력 P_e 로 인한 길이 l 의 직선 콘크리트 부재의 **즉시 수축**(instantaneous shortening)은,

$$\Delta l_i = \frac{P_i l}{A_n E_{ci}} \quad \text{또는} \quad \Delta l = \frac{P_e l}{A_n E_c} \tag{13.53}$$

로 구할 수 있다. 축인장력 N 이 작용할 때 프리스트레스트 콘크리트 부재의 **즉시 신장**(instantaneous elongation)은,

$$\Delta l_i = \frac{Nl}{A_t E_c} \tag{13.54}$$

로 구할 수 있고, 단기하중으로는 활하중을 고려하고 N 은 음수가 된다.

인장부재의 장기처짐은 시공방법이나 긴장순서 또는 하중을 재하한 기간 및 하중 이력 등의 다양한 변수에 영향을 받게 된다. 예를 들어서 프리텐션 부재가 상당한 기간 동안 제작장에 저장되었다면 상당한 부분의 긴장력 손실이 부재를 현장에 이동하기 전에 일어날 수 있고, 또한 상당한 부분의 장기수축(건조수축이나 크리프로 인한)이 다른 구조물에 연결되기 전에 일어날 수 있다. 따라서 외력으로 인장력이 작용할 때 부재의 압축력을 얼마간 상쇄시키고 게다가 크리프 회복으로 추가적인 장기 처짐을 감소시키게 된다. 이런 경우에 구조물에 부재를 연결한 뒤에 수축은 거의 일어나지 않는다고 가정하게 된다. 실제로 전체 긴장력 손실 중에서 85%에서 90% 정도가 재령 1년 안에 발생하는 것으로 관찰되었다(3장 참고)[Naaman 2012(810)].

만약에 인장부재가 현장에서 포스트텐션되는 경우에는 응력 이력이나 변형 이력은 3장의 시간의존 프리스트레스 손실 계산에 따라 수행되어야 한다. 외력이 작용하지 않을 때 탄성응력, 건조수축이나 크리프, 긴장재의 이완(릴랙세이션) 등으로 인한 수축은 긴장재나 콘크리트가 동일한 수축 변형률을 갖기 때문에 탄성 수축과 긴장력을 전달한 뒤에 시간의존 손실의 합으로 구한 총 프리스트레스 손실을 이용해서 구할 수 있다. 총 프리스트레스 손실을 Δf_{pT} 라면 사용 기간 동안의 부재의 수축량은

$$(\Delta l)_{life} = l\,\frac{\Delta f_{pT}}{E_{ps}} \tag{13.55}$$

로 구할 수 있다. 또한 현장의 포스트텐션 인장부재는 시공진행에 따라 또는 하중의 재하 순서에 따라 순차적으로 긴장하는 경우도 있다. 이런 **순차적 긴장(stage stressing)**은 평균 압축응력이 최종적인 지속응력과 크기가 비슷하도록 설계하므로 이를 이용하여 즉시나 장기 변형을 계산할 수 있다. 긴장력과 외력으로 인한 부재의 즉시 수축량은 최종적인 평균 압축응력 f_c 를 이용해서 다음과 같이 구할 수 있고,

$$\Delta l_i = l\,\frac{f_c}{E_c} \tag{13.56}$$

추가적인 장기 수축량은 즉시 수축량에 5장의 **크리프계수(creep multiplier)** C_t 를 곱해서 구할 수 있다. 상세한 설계자료가 없는 기본설계에서는 보통 $C_t = 2.0$을 적용한다.

따라서 장기 변형을 계산하는 일반적인 방법은 없기 때문에 각각의 상황에 맞추어 공학적 판단을 통하여 계산하여야 할 것이다. 표 13.3에는 인장부재에 대한 해석 및 축방향 변형 계산식을 정리하였다.

표 13.3 인장부재 해석 및 축방향 변형 계산식의 정리

<table>
<tr><th></th><th colspan="2">콘크리트</th><th colspan="2">긴장재</th></tr>
<tr><td rowspan="2">사용응력</td><td>P</td><td>$\begin{cases} f_{gi} = \dfrac{P_i}{A_n} = \dfrac{A_{ps} f_{pi}}{A_n} \\ f_{ge} = \dfrac{P_e}{A_n} = \dfrac{A_{ps} f_{pe}}{A_n} \end{cases} ; \begin{cases} f_{gi} \le \bar{f}_{ci} \\ f_{ge} \le \bar{f}_{cs} \end{cases}$</td><td rowspan="2" colspan="2">$f_{ps} = f_{pe} - n_p \dfrac{N}{A_t}$</td></tr>
<tr><td>N</td><td>$f_c = \dfrac{P_e}{A_n} + \dfrac{N}{A_t} = f_{ge} + \dfrac{N}{A_t}$</td></tr>
<tr><td rowspan="2">균열하중</td><td rowspan="2" colspan="2">$N_{cr} = A_t(f_t - f_{ge})$; 안전율 $m_{cr} = \dfrac{N_{cr}}{N}$</td><td>균열전</td><td>$(f_{ps})_{\overline{cr}} = f_{pe} - n_p \dfrac{N_{cr}}{A_t}$</td></tr>
<tr><td>균열후</td><td>$(f_{ps})_{cr} = \dfrac{-N_{cr}}{A_{ps}} = \dfrac{A_t f_{pe}}{A_n} - \dfrac{A_t f_t}{A_{ps}}$</td></tr>
<tr><td>0점 감압</td><td colspan="2">$N_{dec} = -A_t f_{ge}$; 안전률 $m_{dec} = \dfrac{N_{dec}}{N}$</td><td>균열후</td><td>$(f_{ps})_{dec} = \dfrac{-N_{dec}}{A_{ps}} = \dfrac{A_t f_{pe}}{A_n}$</td></tr>
<tr><td>공칭강도</td><td colspan="4">$\lvert (N_u = 1.2N_D + 1.6N_L)/0.85 \rvert \le \lvert N_n = -A_{ps} f_{pu} \rvert$</td></tr>
<tr><td>단기변형</td><td colspan="4">긴장력 $P : \Delta l_i = \dfrac{P_i l}{A_n E_{ci}}$ 또는 $\Delta l_i = \dfrac{P_e l}{A_n E_c}$; 외력 $N : \Delta l_i = \dfrac{Nl}{A_t E_c}$</td></tr>
</table>

13.7.3 인장부재의 설계(Design of Tension members)

프리스트레스트 콘크리트 인장부재의 설계는 프리스트레싱 긴장재의 면적 A_{ps} 와 콘크리트 전체 단면적 A_g 를 결정하고, 가정한 다른 변수는 필요하면 나중에 조종하여 설계한다. 인장부재에 대한 상세한 설계방법은 Naaman[2012(814-824)]을 참고하고, 아래에는 인장부재를 설계하는 **경험적 방법(rule of thumb)**을 제시하였다. 이렇게 기본설계를 수행하고 다른 조건들을 검토하면서 필요하면 조종하여 설계를 수행할 수 있다.

(1) 프리스트레싱 긴장력 $P_e = 1.2\,|N|$ 로 시작

(2) P_e 가 작용할 때 균등한 압축응력 $f_{ge} = 0.25 f_{ck}$ 라고 가정하여,
   $(A_g)_{(소요)} \geq P_e/(0.25 f_{ck})$ 로 A_g 결정

(3) $(A_{ps})_{(소요)} \geq P_e/f_{pe}$ 계산

(4) 아래의 조건들을 검토하면서 필요하면 설계를 조종하면서 수행한다.

설계는 또한 균열하중과 감압하중에 대한 안전률에 대한 식 (13.46)과 식 (13.48)에서 $A_t \simeq A_n \simeq A_g$ 로 보아 적으면서, 균열하중과 감압하중에 대한 허용안전율 $\overline{m}_{cr}$ 과 $\overline{m}_{dec}$ 가 각각 주어졌다고 가정하면, 감압하중으로부터 $(A_{ps})_{(소요)}$ 는 아래와 같이 표현할 수 있고,

$$\overline{m}_{dec} \geq \frac{-A_t\,(A_{ps}f_{pe}/A_n)}{N} \simeq \frac{-A_g\,(A_{ps}f_{pe}/A_g)}{N} = \frac{-A_{ps}f_{pe}}{N}$$

$$(A_{ps})_{(소요)} \geq \frac{-\overline{m}_{dec}N}{f_{pe}} \tag{13.57}$$

이어서 균열하중의 안전율에 대한 조건으로 부터는 $(A_g)_{(소요)}$ 에 대한 식을 다음과 같이 써서 이를 이용하여 기본설계를 시작할 수도 있다.

$$\overline{m}_{cr} \geq \frac{A_t(f_t - P_e/A_n)}{N} \simeq \frac{A_g(f_t - A_{ps}f_{pe}/A_g)}{N} = \frac{A_g f_t - A_{ps}f_{pe}}{N}$$

$$(A_g)_{(소요)} \geq \frac{\overline{m}_{dec}N + A_{ps}f_{pe}}{-f_t} \tag{13.58}$$

예제 13.3

[프리스트레스트 콘크리트 타이의 설계 및 검토] [Naaman 2012(811~814)]

그림 13.27에 보이는 길이 30 m의 프리스트레스트 콘크리트 인장부재에는 축인장력 $N = N_D + N_L = -270 - 180 = -450$ kN이 작용한다. 먼저 경험적 방법으로 단면에 대해서 기본설계를 수행하고, 모든 단계의 응력이나 강도가 구조기준의 규정을 만족하는지 검토하여 설계하라.

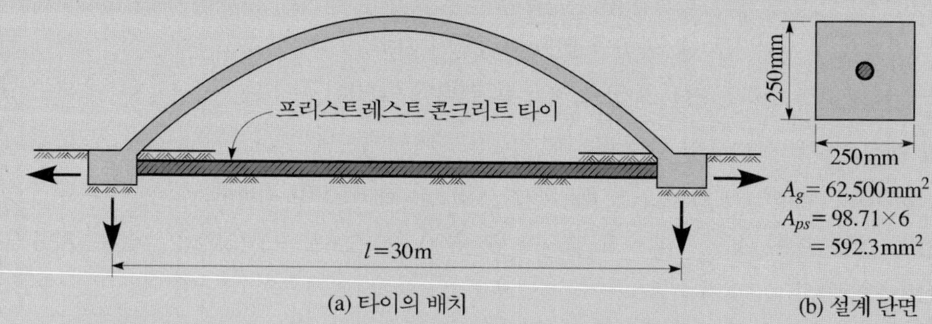

(a) 타이의 배치 (b) 설계 단면

그림 13.27 프리스트레스트 콘크리트 타이

[재료]

- 콘크리트 : 보통중량골재 콘크리트 설계기준압축강도 $f_{ck} = 40$ MPa, $0.85f_{ck} = 34.0$ MPa, $f_{ci} = 30$ MPa ; 직접 인장강도 한계 $\overline{f}_{ts} = -0.34\sqrt{f_{ck}} = -2.15$ MPa ; 탄성계수 식 (2.6), $E_c = 8{,}500\sqrt[3]{f_{cu}} = 8{,}500 \times (40+4)^{(1/3)} = 30{,}008$ (MPa), $E_{ci} = 8{,}500\sqrt[3]{f_{cui}} = 8{,}500 \times (30+4)^{(1/3)} = 27{,}537$ (MPa) ; 응력한계 $\overline{f}_{ci} = 0.45f_{ci} = 15.75$ MPa, $\overline{f}_{cs} = 0.25f_{ck} = 10.0$ MPa(장기 크리프 영향을 최소화하기 위해서 압축응력 한계는 구조기준(ACI)의 허용지압응력으로 하였다.) ; 크리프계수 $C_t = 2.0$; $\overline{m}_{cr} = 1.5$, $\overline{m}_{dec} = 1.2$
- 보강재 : 프리스트레스 긴장재로 B종 저이완 7연선 직경 12.7 mm 배치 예정($A_b = 98.71$ mm^2), $f_{pu} = 1{,}860$ MPa, 도입 직후 $f_{pi} = 1{,}200$ MPa, 유효프리스트레스 $f_{pe} = 1{,}000$ MPa ; $E_{ps} = 200{,}000$ MPa ; $n_p = E_{ps}/E_c = 200{,}000/30{,}008 = 6.665$

① 기본설계 :

$P_e = 1.2\,|N| = 1.2 \times |-450| = 540$ (kN)

$(A_g)_{(소요)} \geq P_e/(0.25f_{ck}) = 540 \times 10^3 / (0.25 \times 40) = 54{,}000$ (mm^2)

$(A_{ps})_{(소요)} \geq P_e/f_{pe} = 540 \times 10^3 / 1{,}000 = 540$ (mm^2)

콘크리트 단면은 정사각형으로 배치한다고 보아 한쪽 면의 소요 길이는

$b_{(소요)} \geq \sqrt{54{,}000} = 232.4$ (mm)이므로 $b_{(설계)} = 250$ mm로 한다.

$\therefore\ (A_g)_{(설계)} = 250 \times 250 = 62,500\ (mm^2)\ >\ (A_g)_{(소요)} = 54,000\ mm^2$ <OK>

긴장재로는 직경 12.7 mm 배치, $A_b = 98.71\ mm^2$

소요 개수 = 540 / 98.7 = 5.5 개 ; 따라서 6개 긴장재를 프리텐션인 경우는 부재 축을 중심으로 대칭이 되게 배치하고, 포스트텐션인 경우는 그림 13.27b와 같이 직경 50 mm의 덕트 안에 6개의 7연선을 꽈서 단선으로 배치하고 현장에서 긴장한 뒤에 그라우팅한다.

$(A_{ps})_{(설계)} = 6 \times 98.71 = 592.3\ mm^2$

$P_i = A_{ps} f_{pi} = (592.3)(1,200)/1,000 = 710.7\ (kN)$

$P_e = A_{ps} f_{pe} = (592.3)(1,000)/1,000 = 592.3\ (kN)$

② 응력 계산 :

식 (13.39) : $A_n = A_g - A_{ps} = 62,500 - 592.3 = 61,908\ (mm^2)$

식 (13.40) : $A_t = A_g + (n_p - 1) A_{ps} = 62,500 + (6.665 - 1)(592.3) = 65,855\ (mm^2)$

식 (13.41)과 식 (13.42) :

$f_{gi} = P_i / A_n = A_{ps} f_{pi} / A_n = 710.7 \times 10^3 / 61,908 = 11.5\ (MPa)$

$f_{gi} = 11.5\ MPa\ <\ \overline{f}_{ci} = 15.75\ MPa$ <OK>

$f_{ge} = P_e / A_n = A_{ps} f_{pe} / A_n = 592.3 \times 10^3 / 61,908 = 9.57\ (MPa)$

$f_{ge} = 9.57\ MPa\ <\ \overline{f}_{cs} = 10.0\ MPa$ <OK>

식 (13.43) : $f_c = f_{ge} + N / A_t = 9.57 - 450 \times 10^3 / 65,855 = 9.57 - 6.83 = 2.73\ (MPa)$

③ 균열하중 N_{cr} 과 0점 감압하중 N_{dec} 계산 및 안전율 검토 :

식 (13.45) : $N_{cr} = A_t (\overline{f}_{ts} - f_{ge}) = 65,855\ (-2.15 - 9.57)\ /\ 1,000 = -771.6\ (kN)$

식 (13.46) : $m_{cr} = N_{cr} / N = -771.6 / -450 = 1.71\ >\ \overline{m}_{cr} = 1.5$ <OK>

식 (13.47) : $N_{dec} = -A_t f_{ge} = -65,855 \times 9.57 / 1,000 = -630.0\ (kN)$

식 (13.48) : $m_{dec} = N_{dec} / N = -630.0 / -450 = 1.40\ >\ \overline{m}_{dec} = 1.2$ <OK>

④ 긴장재의 응력 검토 :

식 (13.49) : 균열이 일어나기 바로 전 응력

$(f_{ps})_{\overline{cr}} = f_{pe} - n_p (N_{cr} / A_t) = 1,000 - 6.665(-771.6 \times 10^3)/65,855 = 1,078\ (MPa)$

식 (13.50) : 균열이 일어난 바로 뒤 응력

$(f_{ps})_{cr} = -N_{cr} / A_{ps} = -(-771.7 \times 10^3)/\ 592.3 = 1,303\ (MPa)$

f_{pu} 에 대한 안전율 : $f_{pu} / (f_{ps})_{cr} = 1,860\ /\ 1,303 = 1.43\ >\ 1.0$ <OK>

균열로 일어난 **응력점프(stress jump)** : 1,303 − 1,078 = 224.8 (MPa)

식 (13.51) :

0점 감압이 일어난 바로 뒤 응력 : $(f_{ps})_{dec} = -N_{dec}/A_{ps} = -(-630.0 \times 10^3)$ / 592.3 = 1,064 (MPa)

0점 감압이 일어나기 바로 전 응력 : 식 (13.49)에서 N_{cr} 대신에 N_{dec}를 대입하여 계산할 수 있으며, 결과는 같은 값을 주게 된다.

$$(f_{ps})_{dec} = f_{pe} - n_p(N_{dec}/A_t) = 1{,}000 - 6.665(-630.0 \times 10^3) / 65{,}855$$
$$= 1{,}064 \text{ (MPa)}$$

⑤ 공칭 인장강도(Nominal Tensile Resistance) : 식 (13.52)

$N_u = 1.2N_D + 1.6N_L = 1.2(-270) + 1.6(-180) = -612.0$ (kN)

$N_u/\phi = -612.0 / 0.85 = -720.0$ (kN)

$N_n = -A_{ps}f_{pu} = -(592.3)(1{,}860)/1{,}000 = -1{,}102$ (kN) $< N_u/\phi = -720.0$ (kN)

$|N_n = -1{,}102 \text{ kN}| > |N_u/\phi = -720.0 \text{ kN}|$ *<OK>*

⑥ 축방향 변형량(신장 및 수축) 계산 : 다음과 같은 서로 다른 2가지 상황을 고려하여 계산해 보도록 한다.

상황 1 : 부재는 현장에서 포스트텐션하면서 즉시 비계를 철거하여 고정하중 N_D가 작용한다고 가정하는 경우

재령이 초기도 아니고 그렇다고 유효프리스트레싱이 되는 재령도 아니므로, 대략적으로 탄성계수와 긴장력을 각 상태의 평균값을 사용한다.

$P_{avg} = (P_i + P_e)/2 = (710.7 + 592.3)/2 = 651.5$ (kN)

$(E_c)_{avg} = (E_{ci} + E_c)/2 = (27{,}537 + 30{,}008)/2 = 28{,}772$ (MPa)

식 (13.43) : $f_c = P_{avg}/A_n + N_D/A_t$

$$= (651.5 \times 10^3)/61{,}908 + (-270 \times 10^3)/65{,}855$$
$$= 10.5 - 4.10 = 6.42 \text{ (MPa)}$$

식 (13.56) :

즉시수축 $\Delta l_i = l[f_c/(E_c)_{avg}] = (30{,}000)(6.42/28{,}772) = 6.70$ (mm)

장기수축 크리프계수 $C_t = 2.0$: $\therefore$ $(\Delta l)_{add} = C_t \Delta l_i = (2.0)(6.70) = 13.4$ (mm)

식 (13.54) : 활하중이 작용할 때 즉시신장 계산

$$(\Delta l_i)_{live} = \frac{N_L l}{A_t E_c} = (-180 \times 10^3 \times 30{,}000)/(65{,}855 \times 30{,}008)$$
$$= -2.73 \text{ (mm)}$$

장기수축이 지배하므로 이런 수축이 다른 구조물에 어떤 영향을 미치는지 검토하여야 할 것이다.

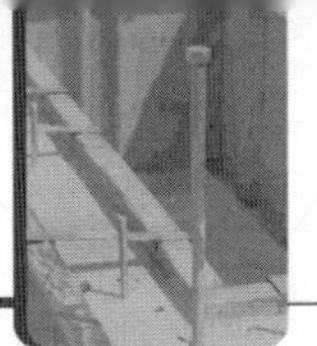

<u>상황 2</u> : 부재는 프리텐션으로 생산되어 1년을 저장된 뒤에 구조물에 배치되고 고정하중 N_D은 즉시 작용한다고 가정하는 경우

대부분의 장기수축은 구조물에 부착되기 전에 일어났다고 고려한다.

식 (13.54) : 고정중이 작용할 때 즉시신장 계산

$$(\Delta l_i)_{dead} = \frac{N_D l}{A_t E_c} = (-270 \times 10^3 \times 30,000)/(65,855 \times 30,008)$$

$$= -4.10 \text{ (mm)}$$

이렇게 인장력이 작용하게 되면 얼마간의 **크리프회복(creep recovery)**이 일어날 것이다.

이 상태의 콘크리트 응력 계산 :

식 (13.43) : $f_c = f_{ge} + N_D/A_t = 9.57 + (-270 \text{x} 10^3)/65,855$

$= 9.57 - 4.10 = 5.47$ (MPa)(압축)

이 지속하중(압축응력)으로 인한 장기수축량은 만약에 저장하는 1년 동안 크리프나 건조수축이 일어나지 않았다면 크리프계수 $C_t = 2.0$로 구한 수축량의 20% 정도 발생한다고 가정하여 계산한다.

식 (13.56) : $\therefore\ (\Delta l)_{add} = 0.2\, C_t (l f_c / E_c) = 0.2(2.0)(30,000)(5.47/30,008)$

$= 0.4(5.47) = 2.19$ (mm)

이 장기수축량은 활하중 N_L의 작용으로 발생하는 즉시수축에 의해서 얼마간 상쇄되어, 축방향 변형이 설계에서 지배적이지 않게 된다.

⑦ 모든 조건을 만족하므로 수정을 할 필요 없이 기본설계 단면으로 설계를 결정한다.

13.8 참고문헌

- 구조기준(콘크리트구조기준). (2012). 국토해양부 제정, 사단법인 한국콘크리트학회, 342 pp.
- 구조기준해설(콘크리트구조기준 해설) 2012년 개정. (2012). 사단법인 한국콘크리트학회, 599 pp.
- 도로기준(도로교설계기준). (2010). 국토해양부 제정, 한국도로교통협회.
- 민창식. (2014). 철근콘크리트공학, 구미서관, 제3판 2쇄, 1015 pp.
- AASHTO LRFD. (2010). Bridge Design Specification. SI Units 5th Edition, AASHTO.
- ACI 318-08. (2008). Building Code Requirements for Structural Concrete and Commentary(ACI 318-08), ACI, 465 pp.
- ACI 340 Committee. (1997). ACI Design Handbook(ACI 340R-97), SP-17(97), American Concrete Institute, Farmington Hills, MI, 482 pp.
- ACI 344 Committee. (1989). Design and Construction of Circular Wire and Strand Wrapped Prestressed Concrete Structures, ACI 344R, Manual of Concrete Practice, ACI.
- ACI Notes. (2008). Notes on ACI 318-08 Building Code Requirements for Structural Concrete with Design Applications, PCA.
- AISC. (2011). Steel Construction Manual, 14th ed.
- CPCI Design Manual. (2007). 4th edition, Canadian Precast/Prestressed Concrete Institute(CPCI).
- Ferguson, F. M., J. E. Breen, and J. O. Jirsa. (1988). Reinforced Concrete Fundamentals, 5th Ed. New York, John Wiley & Sons, 768 pp.
- Ford, J. S., Chang D. and Breen, J. (1981). Design Indications from Tests of Unbraced Multipanel Concrete Frames, Concrete International, Vol. 3, No. 3, March 1981.
- Lin, T. Y. and Burns, Ned H. (1981). Design of Prestressed Concrete Structures, 3rd Edition, John wiley & Sons, 646 pp.
- MacGregor, J. G., Breen, J. E. and Pfrang, E. O. (1970). Design of Slender Concrete Columns, ACI Journal, Proceedings V. 67, No. 1, Jan. pp. 6-28.
- Naaman, Antoine E. (2012). Prestressed Concrete Analysis and Design, 3rd edition, Techno Press 3000, 1,176 pp.
- Nawy, Edward G. (2010). Prestressed Concrete, A Fundamental Approach, 5th

Edition, Prentice Hall, 949 pp.

- Nilson, Arthur H. (1987). Design of Prestressed Concrete, 2nd Edition, John Wiley & Sons, 592 pp.
- PCI Committee. (1988). Committee on Prestressed Concrete Columns, Recommended Practice for the Design of Prestressed Concrete Columns and Walls, PCI Journal, 33 (4), 56~95.
- PCI Design Manual. (2010). 7th Edition, Precast/Prestressed Concrete Institute(PCI).
- Wheen, R. J. (1979). Prestressed Concrete Members in Direct Tension, Journal of the Structural Division, ASCE, 105(ST7), pp. 1471~1487.

13.1

그림 P13.1에 보이는 고가 주행로(elevated guide-way)의 교각에 프리스트레스트 콘크리트 기둥-파일을 적용하려고 고려중이다. 교각을 구성하는 2개의 기둥에는 각각 축방향 고정하중 P_D = 180 kN과 축방향 활하중 P_L = 200 kN이 단면의 도심에 작용하고, 차량의 제동장치로 인한 수평 활하중 H_L = 9.0 kN이 작용한다고 고려하도록 한다. 기둥은 기초에서는 고정단이고 상부는 자유단으로 가정한다.

현지에서 생산되는 프리스드레스트 콘크리트 기둥의 특성은 생산업자로부터 다음과 같이 통보받았다 : 보통중량골재 콘크리트 설계기준압축강도 f_{ck} = 40 MPa, 단면 450 mm × 450 mm, 프리스트레싱 B종 저이완 7연선 긴장재 : 12개, 직경 12.7 mm(A_b = 98.71 mm^2), f_{pu} = 1,860 MPa, f_{pe} = 1,033 MPa(그림 P13.1 참고)

다음 사항들을 검토하여 현지 생산업자가 제안하는 기둥의 타당성 조사를 수행하라.

(a) 공칭 하중-모멘트 상관도와 구조기준의 설계상관도를 그리고, 기둥에 좌굴영향이 없다고 가정하여 계수 하중-모멘트 조합이 설계상관도 안에 위치하는지 검토하라.

(b) 만약에 기둥이 장주효과를 고려하여야 할 때도 안전하게 사용할 수 있는지 검토하라. 장주의 영향을 고려해서 구한 계수 하중-모멘트 조합을 설계상관도에 그려 넣어서 표시하라.

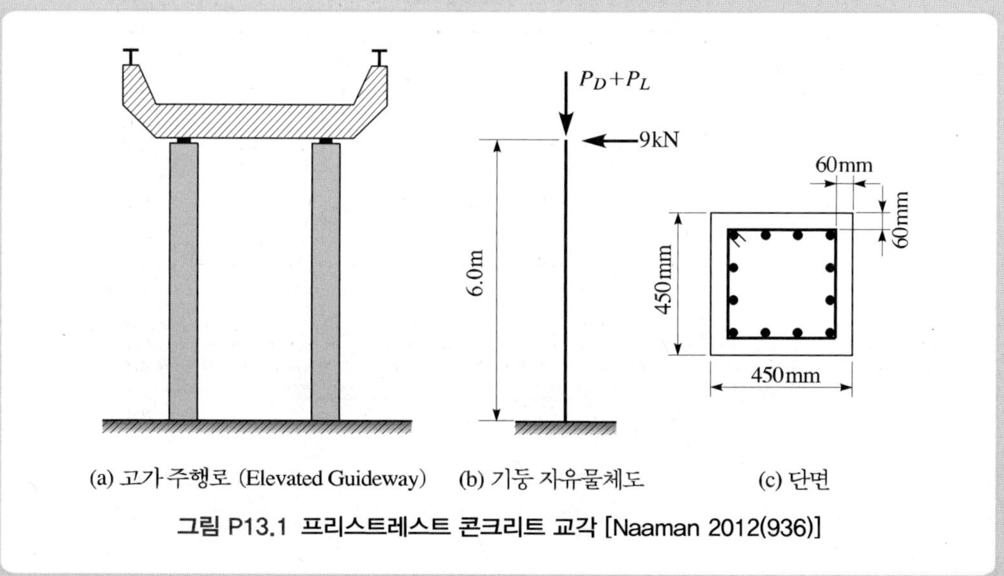

그림 P13.1 프리스트레스트 콘크리트 교각 [Naaman 2012(936)]

연습문제 | EXERCISE

13.2

그림 P13.2에는 지하 방공호의 하부 타이로드(bottom tie-rod)로 배치되는 길이가 40 m인 포스트텐션되고 완전하게 그라우팅되는 직접 인장 타이를 보여주고 있다. 타이에는 토압과 지붕의 고정하중으로 인한 수평하중 $N_D = 512$ kN과 활하중 $N_L = 245$ kN이 작용한다. 먼저 단면에 대해서 기본설계를 수행하고, 이를 이용하여 모든 설계단계의 규정을 만족하는지 구조기준과 주어진 자료를 검토하여 설계를 수행하라.

주어진 설계자료는 다음과 같다 : 보통중량골재 콘크리트 설계기준 압축강도 $f_{ck} = 40$ MPa, $f_{ci} = 30$ MPa ; 직접 인장강도 한계 $\overline{f}_{ts} = -0.34\sqrt{f_{ck}} = -2.15$ MPa ; 탄성계수 $E_c = 8{,}500\sqrt[3]{f_{cu}} = 8{,}500 \times (40+4)^{(1/3)} = 30{,}008$ MPa, $E_{ci} = 8{,}500\sqrt[3]{f_{cui}} = 8{,}500 \times (30+4)^{(1/3)} = 27{,}537$ MPa ; 응력한계 $\overline{f}_{ci} = 0.50 f_{ci} = 15.0$ MPa, $\overline{f}_{cs} = 0.25 f_{ck} = 10.0$ MPa ; 크리프 계수 $C_t = 2.0$; 균열하중 안전률 $\overline{m}_{cr} = 1.5$, 0점 감압하중 안전율 $\overline{m}_{dec} = 1.2$; 프리스트레스트 긴장재로는 B종 저이완 7연선 직경 12.7 mm를 포스트텐션하여 덕트 안에 배치($A_b = 98.71$ mm^2) 긴장재의 설계기준 인장강도 $f_{pu} = 1{,}860$ MPa, 도입 직후 $f_{pi} = 1{,}310$ MPa, 유효프리스트레스 $f_{pe} = 1{,}034$ MPa ; $E_{ps} = 200{,}000$ MPa ; $n_p = E_{ps}/E_c = 200{,}000/30{,}008 = 6.66$

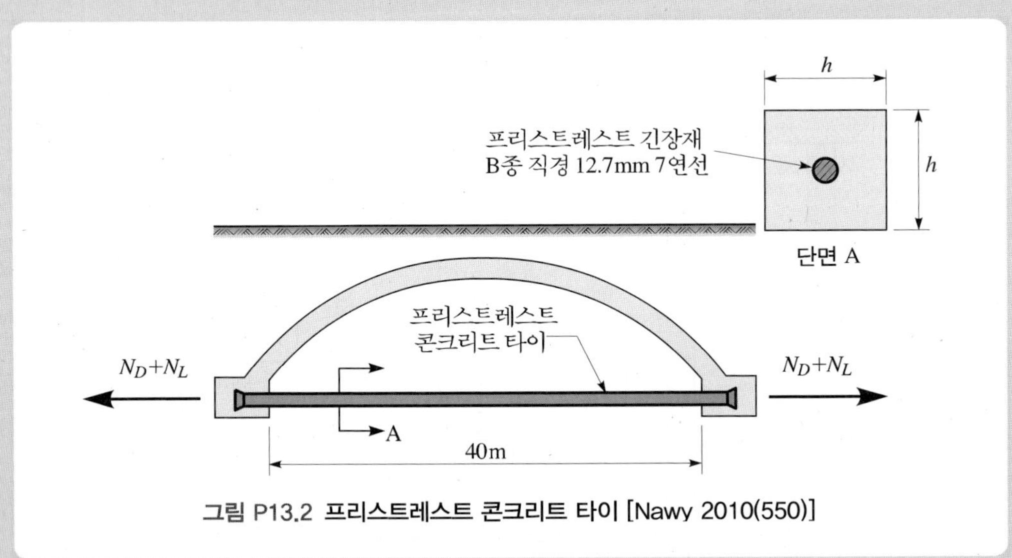

그림 P13.2 프리스트레스트 콘크리트 타이 [Nawy 2010(550)]

13.3

계획되는 철도교량은 형하고(clearance)의 제한으로 그림 P13.3과 같은 트러스 교량을 제안하였다. 트러스의 제작에 제안된 여러 해결책 중에 프리스트레스트 콘크리트 요소도 포함되었다. 트러스의 하부부재(lower cord)를 한 개의 프리캐스트 프리스트레스트 콘크리트 요소로 설계하고 다른 요소들과의 연결 상세에 대한 설계도 수행하였다. 그림 P13.3에는 절점의 최대 사용하중을 보여주며 이중에서 50%는 고정하중이고 나머지는 활하중이다. 먼저 단면에 대해서 기본설계를 수행하고, 이를 이용하여 모든 설계단계의 규정을 만족하는지 구조기준과 주어진 자료를 검토하여 설계를 수행하라.

주어진 설계자료는 다음과 같다 :

보통중량골재 콘크리트 설계기준 압축강도 f_{ck} = 60 MPa, f_{ci} = 45 MPa ; 직접 인장강도 한계 $\bar{f}_{ts} = -0.34\sqrt{f_{ck}} = -2.63$ MPa ; 탄성계수 $E_c = 8{,}500\sqrt[3]{f_{cu}} = 8{,}500 \times (60+6)^{(1/3)} = 34{,}350$ MPa, $E_{ci} = 8{,}500\sqrt[3]{f_{cui}} = 8{,}500 \times (1.1 \times 45)^{(1/3)} = 31{,}210$ MPa ; 응력한계 $\bar{f}_{ci} = 0.50 f_{ci} = 22.5$ MPa, $\bar{f}_{cs} = 0.25 f_{ck} = 15.0$ MPa ; 크리프계수 $C_t = 2.0$; 균열하중 안전률 $\overline{m}_{cr} = 1.5$, 0점 감압하중 안전율 $\overline{m}_{dec} = 1.2$; 프리스트레스트 긴장재로는 B종 저이완 7연선 직경 12.7 mm를 배치(A_b = 98.71 mm^2) 긴장재의 설계기준 인장강도 f_{pu} = 1,860 MPa, 도입 직후 f_{pi} = 1,200 MPa, 유효프리스트레스 f_{pe} = 1,000 MPa ; E_{ps} = 200,000 MPa ; $n_p = E_{ps} / E_c = 200{,}000/34{,}350 = 5.82$

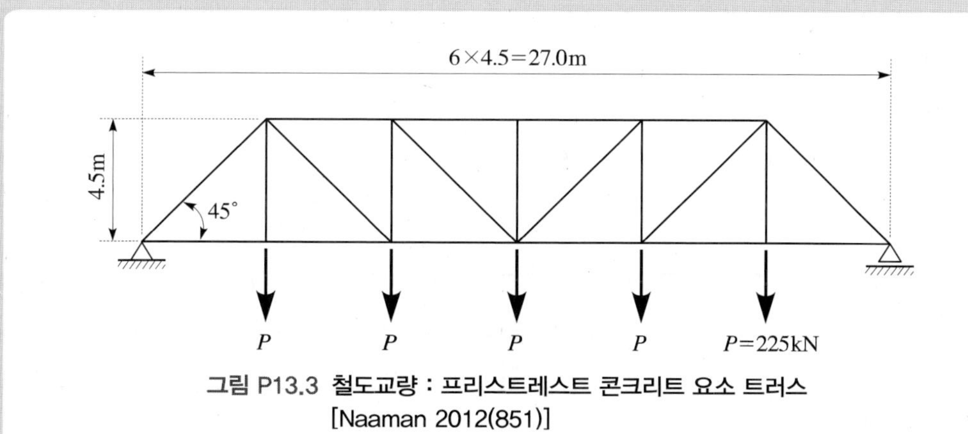

그림 P13.3 철도교량 : 프리스트레스트 콘크리트 요소 트러스
[Naaman 2012(851)]

부록 A 전형적인 프리캐스트/프리스트레스트 단면

CPCI 및 AASHTO

Strand Pattern Designation

2 – S: No. of 13 mm strands; S = straight D = depressed

Superimposed loads shown include superimposed dead loads of 0.5 kN/m² for untopped elements and 0.7 kN/m² for topped elements. Remainder is liveload. Long-time cambers include superimposed dead load but do not include live load.

Notes for Tables

Key
10.5 – Superimposed (service) load, kN/m²
10 – Estimated camber at erection, mm
10 – Estimated long-time camber, mm

f'_{ci} = 25 MPa
f'_c = 40 MPa
$f'_{c\,(top)}$ = 25 MPa
f_{pu} = 1860 MPa
ρ_c = **2,400 kg/m³**

(1) e_e and e_c are the maximum eccentricities at end and midspan that will not violate the permissible concrete stresses at transfer.
Values below heavy solid line require transfer strengths higher than 25 MPa.
Values to right of dashed line indicate that element is partially prestressed.

아래 도표들은 CPCI 및 AASHTO에서 제공하는 설계도표로 참고로 제시하고 있음.
국내용으로 직접 설계에 이용하지 말고 예제 6.2와 예제 7.3의 과정을 거쳐서 설계하여야 함.

DOUBLE TEE
2400 x 300
Normal Density Concrete

Section Properties

	Untopped	Topped
A=	191,250 mm²	–
I=	1,350 ×10⁶ mm⁴	2,600 ×10⁶ mm⁴
y_b=	220 mm	272 mm
y_t=	80 mm	103 mm
S_b=	6,130 ×10³ mm³	9,530 ×10³ mm³
S_t=	16,880 ×10³ mm³	25,150 ×10³ mm³
m=	194 kg/m²	374 kg/m²
w=	1.9 kN/m²	3.7 kN/m²
V/S=	33 mm	

Table of superimposed service load (kN/m²) and cambers (mm) **No Topping**

Strand Pattern	e_e (1) e_c	Span (m) 4	5	6	7	8	9	10	11	12	13	14
2–S	170 170	9.6 0 0	5.6 10 10	3.4 10 10	2.0 10 10							
4–S	145 145		11.2 10 10	7.3 10 20	5.0 20 20	3.4 20 20	2.4 20 20					
6–S	86 86			7.9 10 10	5.4 10 20	3.8 10 20	2.7 10 10	1.9 10 0				
6–D	86 157					5.9 30 40	4.4 30 40	3.3 40 30	2.5 30 30	1.8 30 10		
8–D	57 150									2.6 50 40	2.0 40 20	

그림 A1 CPCI 2,400 x 300 더블 T형(DT) 슬래브 단면

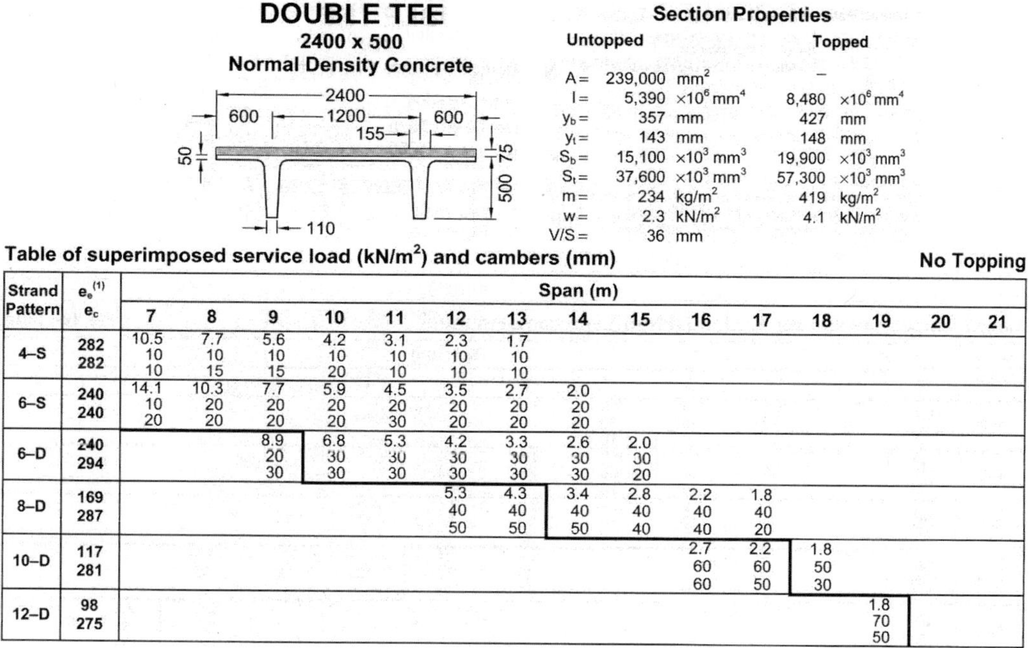

DOUBLE TEE

2400 x 500

Normal Density Concrete

Section Properties

	Untopped	Topped
A=	239,000 mm^2	–
I=	5,390 $\times 10^6$ mm^4	8,480 $\times 10^6$ mm^4
y_b=	357 mm	427 mm
y_t=	143 mm	148 mm
S_b=	15,100 $\times 10^3$ mm^3	19,900 $\times 10^3$ mm^3
S_t=	37,600 $\times 10^3$ mm^3	57,300 $\times 10^3$ mm^3
m=	234 kg/m^2	419 kg/m^2
w=	2.3 kN/m^2	4.1 kN/m^2
V/S=	36 mm	

Table of superimposed service load (kN/m^2) and cambers (mm) **No Topping**

Strand Pattern	e_e[(1)] e_c	Span (m)														
		7	8	9	10	11	12	13	14	15	16	17	18	19	20	21
4–S	282 282	10.5 10 10	7.7 10 15	5.6 10 15	4.2 10 20	3.1 10 10	2.3 10 10	1.7 10 10								
6–S	240 240	14.1 10 20	10.3 20 20	7.7 20 20	5.9 20 20	4.5 20 30	3.5 20 20	2.7 20 20	2.0 20 20							
6–D	240 294			8.9 20 30	6.8 30 30	5.3 30 30	4.2 30 30	3.3 30 30	2.6 30 30	2.0 30 20						
8–D	169 287						5.3 40 50	4.3 40 50	3.4 40 50	2.8 40 40	2.2 40 40	1.8 40 20				
10–D	117 281										2.7 60 60	2.2 60 50	1.8 50 30			
12–D	98 275													1.8 70 50		

그림 A2 CPCI 2,400 x 500 더블 T형(DT) 슬래브 단면

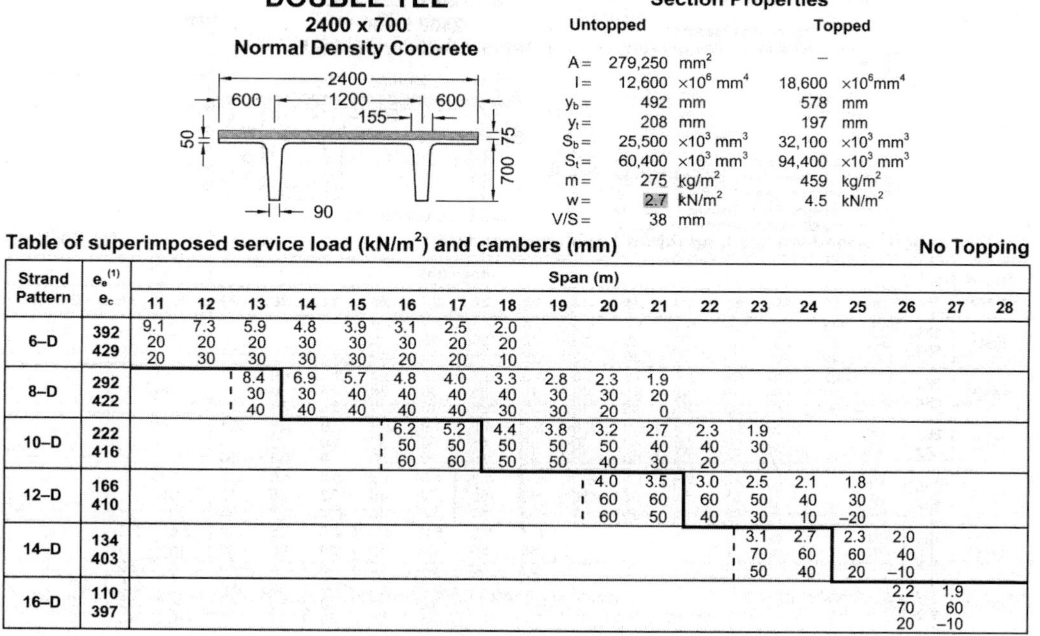

DOUBLE TEE

2400 x 700

Normal Density Concrete

Section Properties

	Untopped	Topped
A=	279,250 mm^2	–
I=	12,600 $\times 10^6$ mm^4	18,600 $\times 10^6$ mm^4
y_b=	492 mm	578 mm
y_t=	208 mm	197 mm
S_b=	25,500 $\times 10^3$ mm^3	32,100 $\times 10^3$ mm^3
S_t=	60,400 $\times 10^3$ mm^3	94,400 $\times 10^3$ mm^3
m=	275 kg/m^2	459 kg/m^2
w=	2.7 kN/m^2	4.5 kN/m^2
V/S=	38 mm	

Table of superimposed service load (kN/m^2) and cambers (mm) **No Topping**

Strand Pattern	e_e[(1)] e_c	Span (m)																	
		11	12	13	14	15	16	17	18	19	20	21	22	23	24	25	26	27	28
6–D	392 429	9.1 20 20	7.3 20 30	5.9 20 30	4.8 30 30	3.9 30 30	3.1 30 20	2.5 20 20	2.0 20 10										
8–D	292 422			8.4 30 40	6.9 30 40	5.7 40 40	4.8 40 40	4.0 40 40	3.3 40 30	2.8 30 30	2.3 30 20	1.9 20 0							
10–D	222 416						6.2 50 60	5.2 50 60	4.4 50 50	3.8 50 50	3.2 50 40	2.7 40 30	2.3 40 20	1.9 30 0					
12–D	166 410										4.0 60 60	3.5 60 50	3.0 60 40	2.5 50 30	2.1 40 10	1.8 30 –20			
14–D	134 403													3.1 70 50	2.7 60 40	2.3 60 20	2.0 40 –10		
16–D	110 397																2.2 70 20	1.9 60 –10	

그림 A3 CPCI 2,400 x 700 더블 T형(DT) 슬래브 단면

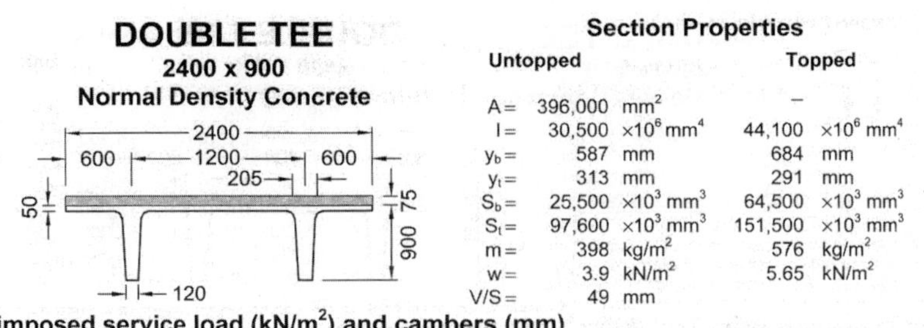

Section Properties

	Untopped	Topped
A =	396,000 mm^2	–
I =	30,500 $\times10^6$ mm^4	44,100 $\times10^6$ mm^4
y_b =	587 mm	684 mm
y_t =	313 mm	291 mm
S_b =	25,500 $\times10^3$ mm^3	64,500 $\times10^3$ mm^3
S_t =	97,600 $\times10^3$ mm^3	151,500 $\times10^3$ mm^3
m =	398 kg/m^2	576 kg/m^2
w =	3.9 kN/m^2	5.65 kN/m^2
V/S =	49 mm	

Table of superimposed service load (kN/m^2) and cambers (mm) **No Topping**

Strand Pattern	e_e[(1)] e_c	Span (m) 16	17	18	19	20	21	22	23	24	25	26	27	28	29	30	31	32	33
12–D	403 505	10.3 35 40	8.8 35 40	7.5 35 40	6.4 35 40	5.5 35 35	4.7 35 30	4.0 30 25	3.4 30 20	2.8 20 10	2.4 15 –10	1.9 5 –30							
14–D	322 498		10.5 40 50	9.0 40 50	7.8 45 50	6.8 45 45	5.8 45 45	5.0 40 40	4.3 40 30	3.7 35 20	3.2 30 10	2.7 20 –15	2.3 15 –25	1.9 0 –50					
16–D	268 492			10.3 55 55	9.0 50 55	7.8 50 55	6.9 60 60	6.0 60 60	5.2 55 45	4.5 45 35	3.9 40 20	3.4 35 10	2.9 30 0	2.5 10 –30	2.1 0 –50				
18–D	225 486				10.3 55 60	9.0 55 55	7.9 55 55	6.9 650 60	6.0 60 60	5.3 55 45	4.6 50 35	4.0 45 30	3.5 35 –10	3.0 25 –15	2.6 15 –30	2.2 0 –60			
20–D	192 479								6.7 65 55	5.9 60 50	5.2 60 50	4.6 55 45	4.0 50 30	3.5 40 5	3.0 30 –10	2.6 15 –30	2.3 0 –60		
22–D	164 473										5.6 70 55	5.0 65 55	4.4 60 50	3.9 60 30	3.4 45 0	3.0 40 –10	2.6 15 –40	2.2 –5 –70	

그림 A4 CPCI 2,400 x 900 더블 T형(DT) 슬래브 단면

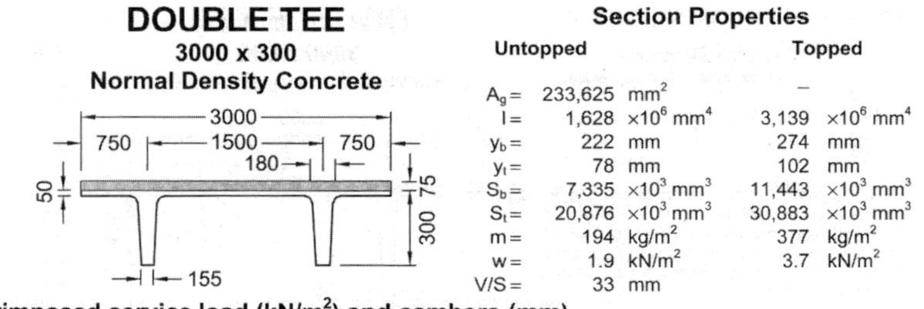

Section Properties

	Untopped	Topped
A_g =	233,625 mm^2	–
I =	1,628 $\times10^6$ mm^4	3,139 $\times10^6$ mm^4
y_b =	222 mm	274 mm
y_t =	78 mm	102 mm
S_b =	7,335 $\times10^3$ mm^3	11,443 $\times10^3$ mm^3
S_t =	20,876 $\times10^3$ mm^3	30,883 $\times10^3$ mm^3
m =	194 kg/m^2	377 kg/m^2
w =	1.9 kN/m^2	3.7 kN/m^2
V/S =	33 mm	

Table of superimposed service load (kN/m^2) and cambers (mm) **No Topping**

Strand Pattern	e_e[(1)] e_c	Span (m) 4	5	6	7	8	9	10	11
2–S	172 172	7.4 0 0	4.2 0 0	2.4 0 0					
4–S	147 147		8.6 10 10	5.5 10 10	3.7 10 10	2.4 10 10			
6–S	105 105		10.7 10 10	6.9 10 10	4.7 10 10	3.2 10 10	2.3 10 10		
6–D	105 159			9.4 20 20	6.5 20 30	4.6 20 30	3.3 30 30	2.4 30 20	
8–S	84 84			8.2 10 20	5.7 10 20	4.0 20 20	2.8 20 10	2.0 10 0	
8–D	72 152						4.2 30 40	3.1 40 40	2.3 40 30

그림 A5 CPCI 3,000 x 300 더블 T형(DT) 슬래브 단면

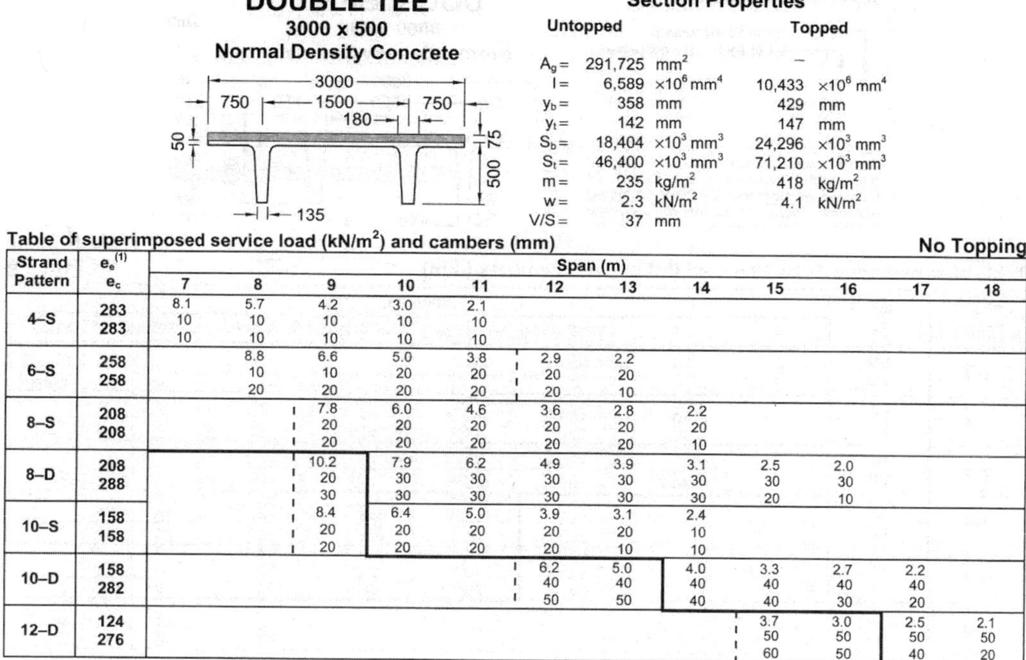

DOUBLE TEE
3000 x 500
Normal Density Concrete

Section Properties

	Untopped		Topped	
A_g =	291,725	mm^2	–	
I =	6,589	$\times 10^6\ mm^4$	10,433	$\times 10^6\ mm^4$
y_b =	358	mm	429	mm
y_t =	142	mm	147	mm
S_b =	18,404	$\times 10^3\ mm^3$	24,296	$\times 10^3\ mm^3$
S_t =	46,400	$\times 10^3\ mm^3$	71,210	$\times 10^3\ mm^3$
m =	235	kg/m^2	418	kg/m^2
w =	2.3	kN/m^2	4.1	kN/m^2
V/S =	37	mm		

Table of superimposed service load (kN/m^2) and cambers (mm) **No Topping**

Strand Pattern	e_e[(1)] e_c	Span (m) 7	8	9	10	11	12	13	14	15	16	17	18
4–S	283 283	8.1 10 10	5.7 10 10	4.2 10 10	3.0 10 10	2.1 10 10							
6–S	258 258		8.8 10 20	6.6 10 20	5.0 20 20	3.8 20 20	2.9 20 20	2.2 20 10					
8–S	208 208			7.8 20 20	6.0 20 20	4.6 20 20	3.6 20 20	2.8 20 20	2.2 20 10				
8–D	208 288			10.2 20 30	7.9 30 30	6.2 30 30	4.9 30 30	3.9 30 30	3.1 30 30	2.5 30 20	2.0 30 10		
10–S	158 158			8.4 20 20	6.4 20 20	5.0 20 20	3.9 20 20	3.1 20 10	2.4 10 10				
10–D	158 282						6.2 40 50	5.0 40 50	4.0 40 40	3.3 40 40	2.7 40 30	2.2 40 20	
12–D	124 276									3.7 50 60	3.0 50 50	2.5 50 40	2.1 50 20

그림 A6 CPCI 3,000 x 500 더블 T형(DT) 슬래브 단면

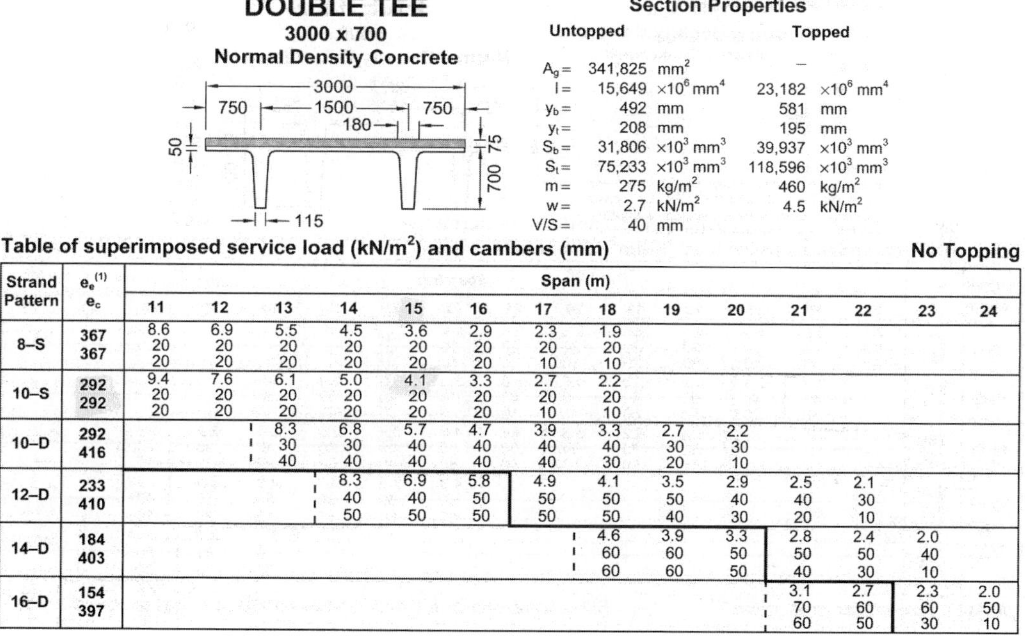

DOUBLE TEE
3000 x 700
Normal Density Concrete

Section Properties

	Untopped		Topped	
A_g =	341,825	mm^2	–	
I =	15,649	$\times 10^6\ mm^4$	23,182	$\times 10^6\ mm^4$
y_b =	492	mm	581	mm
y_t =	208	mm	195	mm
S_b =	31,806	$\times 10^3\ mm^3$	39,937	$\times 10^3\ mm^3$
S_t =	75,233	$\times 10^3\ mm^3$	118,596	$\times 10^3\ mm^3$
m =	275	kg/m^2	460	kg/m^2
w =	2.7	kN/m^2	4.5	kN/m^2
V/S =	40	mm		

Table of superimposed service load (kN/m^2) and cambers (mm) **No Topping**

Strand Pattern	e_e[(1)] e_c	Span (m) 11	12	13	14	15	16	17	18	19	20	21	22	23	24
8–S	367 367	8.6 20 20	6.9 20 20	5.5 20 20	4.5 20 20	3.6 20 20	2.9 20 20	2.3 20 10	1.9 20 10						
10–S	292 292	9.4 20 20	7.6 20 20	6.1 20 20	5.0 20 20	4.1 20 20	3.3 20 20	2.7 20 10	2.2 20 10						
10–D	292 416			8.3 30 40	6.8 30 40	5.7 40 40	4.7 40 40	3.9 40 40	3.3 40 30	2.7 30 20	2.2 30 10				
12–D	233 410				8.3 40 50	6.9 40 50	5.8 50 50	4.9 50 50	4.1 50 50	3.5 50 40	2.9 40 30	2.5 40 20	2.1 30 10		
14–D	184 403								4.6 60 60	3.9 60 60	3.3 50 50	2.8 50 40	2.4 50 30	2.0 40 10	
16–D	154 397											3.1 70 60	2.7 60 50	2.3 60 30	2.0 50 10

그림 A7 CPCI 3,000 x 700 더블 T형(DT) 슬래브 단면

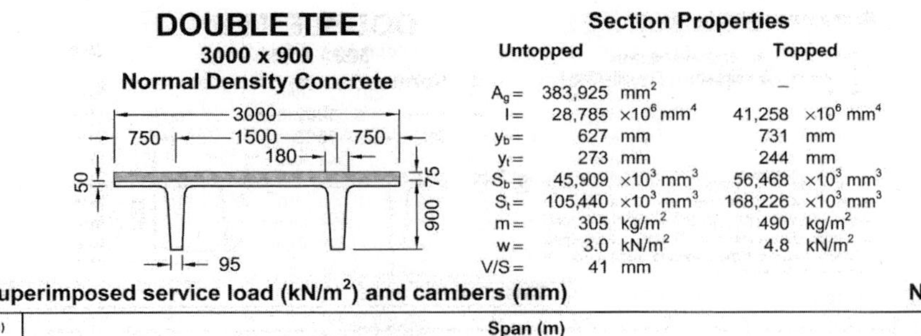

Section Properties

	Untopped	Topped
A_g =	383,925 mm²	–
I =	28,785 ×10⁶ mm⁴	41,258 ×10⁶ mm⁴
y_b =	627 mm	731 mm
y_t =	273 mm	244 mm
S_b =	45,909 ×10³ mm³	56,468 ×10³ mm³
S_t =	105,440 ×10³ mm³	168,226 ×10³ mm³
m =	305 kg/m²	490 kg/m²
w =	3.0 kN/m²	4.8 kN/m²
V/S =	41 mm	

Table of superimposed service load (kN/m²) and cambers (mm) — **No Topping**

Strand Pattern	e_e (1) e_c	15	16	17	18	19	20	21	22	23	24	25	26	27	28	29
		Span (m)														
12–S	351 351	7.0 20 30	5.8 20 30	4.9 20 20	4.1 20 20	3.4 20 20	2.9 20 10	2.4 20 0	1.9 10 –10							
12–D	351 545		8.3 40 50	7.1 40 50	6.1 50 50	5.2 40 50	4.5 40 40	3.8 40 40	3.3 40 30	2.8 40 20	2.4 30 10	2.0 30 0				
14–D	284 538				7.2 50 60	6.2 50 60	5.3 50 60	4.6 50 50	4.0 50 50	3.4 50 40	3.0 40 30	2.6 40 20	2.2 30 0	1.9 20 –10		
16–D	233 532								4.3 60 60	3.8 60 60	3.3 60 50	2.9 50 40	2.5 50 20	2.1 40 10		
18–D	199 526											3.1 70 60	2.7 60 50	2.4 60 30	2.1 50 10	
20–D	172 519													2.6 70 50	2.3 70 60	2.0 60 10

그림 A8 CPCI 3,000 x 900 더블 T형(DT) 슬래브 단면

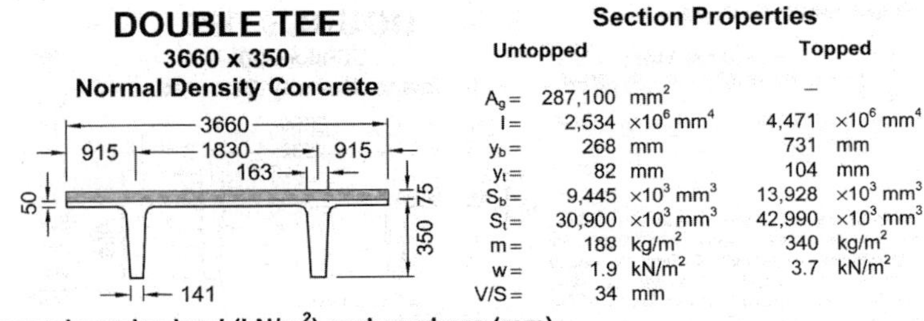

Section Properties

	Untopped	Topped
A_g =	287,100 mm²	–
I =	2,534 ×10⁶ mm⁴	4,471 ×10⁶ mm⁴
y_b =	268 mm	731 mm
y_t =	82 mm	104 mm
S_b =	9,445 ×10³ mm³	13,928 ×10³ mm³
S_t =	30,900 ×10³ mm³	42,990 ×10³ mm³
m =	188 kg/m²	340 kg/m²
w =	1.9 kN/m²	3.7 kN/m²
V/S =	34 mm	

Table of superimposed service load (kN/m²) and cambers (mm) — **No Topping**

Strand Pattern	e_e (1) e_c	3	4	5	6	7	8	9	10	11	12
		Span (m)									
4–D	193 211		15.6 10 10	9.4 10 10	6.1 10 10	4.1 10 10	2.7 10 10				
6–S	151 151		18.5 10 10	11.3 10 10	7.4 10 10	5.0 10 10	3.5 20 10	2.5 20 10			
6–D	151 205					6.6 20 20	4.7 20 20	3.4 20 20	2.5 20 20		
8–D	105 198							4.6 30 30	3.5 30 30	2.6 30 30	
10–D	88 192										2.6 50 40

그림 A9 CPCI 3,660 x 350 더블 T형(DT) 슬래브 단면

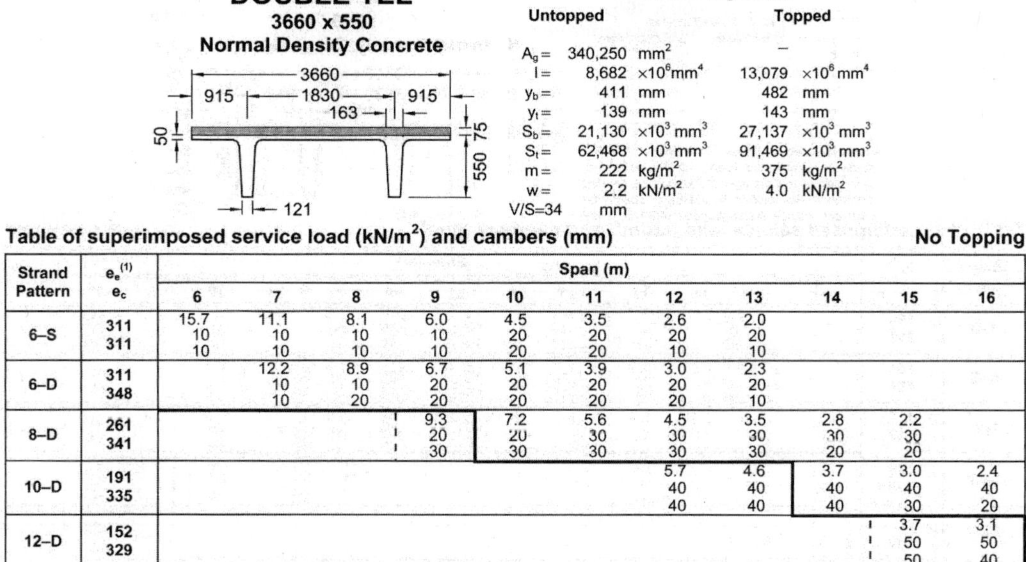

DOUBLE TEE
3660 x 550
Normal Density Concrete

Section Properties

	Untopped	Topped
A_g =	340,250 mm^2	–
I =	8,682 $\times 10^6 mm^4$	13,079 $\times 10^6 mm^4$
y_b =	411 mm	482 mm
y_t =	139 mm	143 mm
S_b =	21,130 $\times 10^3 mm^3$	27,137 $\times 10^3 mm^3$
S_t =	62,468 $\times 10^3 mm^3$	91,469 $\times 10^3 mm^3$
m =	222 kg/m^2	375 kg/m^2
w =	2.2 kN/m^2	4.0 kN/m^2
V/S=34	mm	

Table of superimposed service load (kN/m^2) and cambers (mm) **No Topping**

Strand Pattern	e_e[(1)] e_c	Span (m)										
		6	7	8	9	10	11	12	13	14	15	16
6–S	311 311	15.7 10 10	11.1 10 10	8.1 10 10	6.0 10 10	4.5 20 20	3.5 20 20	2.6 20 10	2.0 20 10			
6–D	311 348		12.2 10 10	8.9 10 20	6.7 20 20	5.1 20 20	3.9 20 20	3.0 20 20	2.3 20 10			
8–D	261 341				9.3 20 30	7.2 20 30	5.6 30 30	4.5 30 30	3.5 30 30	2.8 30 20	2.2 30 20	
10–D	191 335							5.7 40 40	4.6 40 40	3.7 40 40	3.0 40 30	2.4 40 20
12–D	152 329										3.7 50 50	3.1 50 40

그림 A10 CPCI 3,660 x 550 더블 T형(DT) 슬래브 단면

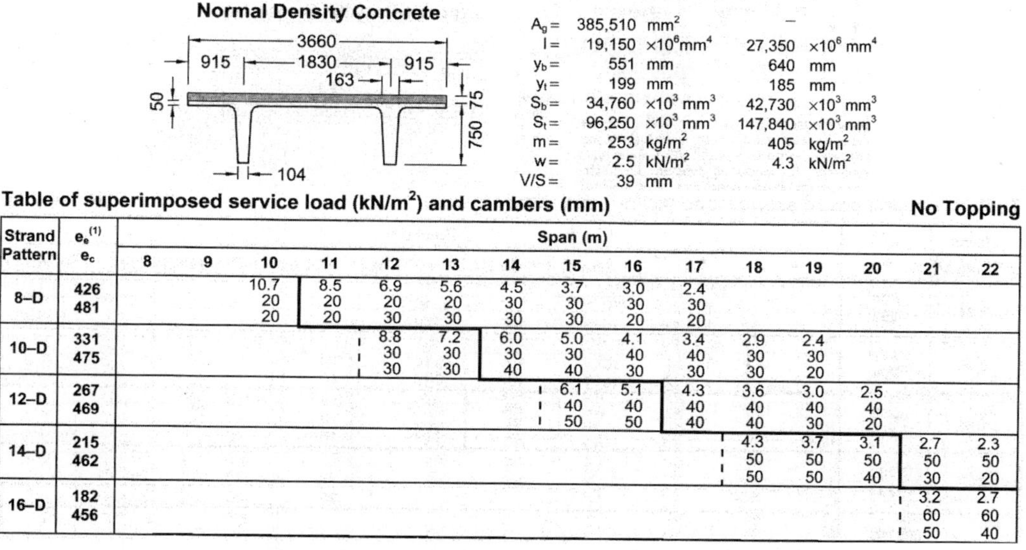

DOUBLE TEE
3660 x 750
Normal Density Concrete

Section Properties

	Untopped	Topped
A_g =	385,510 mm^2	–
I =	19,150 $\times 10^6 mm^4$	27,350 $\times 10^6 mm^4$
y_b =	551 mm	640 mm
y_t =	199 mm	185 mm
S_b =	34,760 $\times 10^3 mm^3$	42,730 $\times 10^3 mm^3$
S_t =	96,250 $\times 10^3 mm^3$	147,840 $\times 10^3 mm^3$
m =	253 kg/m^2	405 kg/m^2
w =	2.5 kN/m^2	4.3 kN/m^2
V/S =	39 mm	

Table of superimposed service load (kN/m^2) and cambers (mm) **No Topping**

Strand Pattern	e_e[(1)] e_c	Span (m)														
		8	9	10	11	12	13	14	15	16	17	18	19	20	21	22
8–D	426 481			10.7 20 20	8.5 20 20	6.9 20 30	5.6 20 30	4.5 30 30	3.7 30 30	3.0 30 20	2.4 30 20					
10–D	331 475					8.8 30 30	7.2 30 30	6.0 30 40	5.0 30 40	4.1 40 30	3.4 40 30	2.9 30 30	2.4 30 20			
12–D	267 469								6.1 40 50	5.1 40 50	4.3 40 40	3.6 40 40	3.0 40 30	2.5 40 20		
14–D	215 462											4.3 50 50	3.7 50 50	3.1 50 40	2.7 50 30	2.3 50 20
16–D	182 456														3.2 60 50	2.7 60 40

그림 A11 CPCI 3,660 x 750 더블 T형(DT) 슬래브 단면

PRETOPPED DOUBLE TEE

3660 x 400

Normal Density Concrete

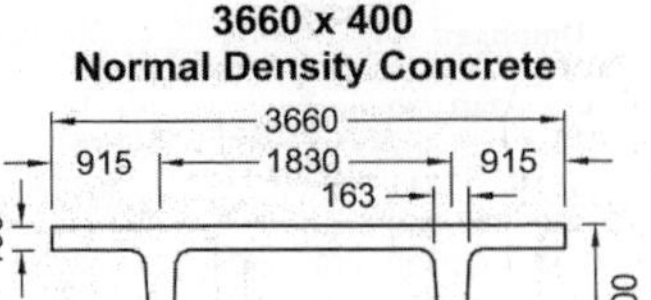

Section Properties

A_g = 470,100 mm^2
I = 3,857 $\times 10^6 mm^4$
y_b = 309 mm
y_t = 91 mm
S_b = 12,485 $\times 10^3 mm^3$
S_t = 42,396 $\times 10^3 mm^3$
m = 308 kg/m^2
w = 3.0 kN/m^2
V/S = 55 mm

Table of superimposed service load (kN/m^2) and cambers (mm) — **No Topping**

Strand Pattern	e_e (1) e_c	Span (m)								
		4	5	6	7	8	9	10	11	12
4–D	234 252		10.4 10 10	6.5 10 10	4.1 10 10	2.6 10 10				
6–S	209 209		14.3 10 10	9.2 10 10	6.1 10 10	4.1 10 10	2.7 10 10			
6–D	209 246				7.2 10 20	4.9 10 20	3.4 10 10	2.3 10 10		
8–D	184 239						5.1 20 20	3.7 20 20	2.6 20 20	
10–D	159 233							5.0 30 30	3.7 30 30	2.7 30 20
12–D	134 227								4.2 40 40	3.2 40 40

그림 A12 CPCI 3,660 x 400 더블 T형(DT) 슬래브 단면

PRETOPPED DOUBLE TEE

3660 x 600

Normal Density Concrete

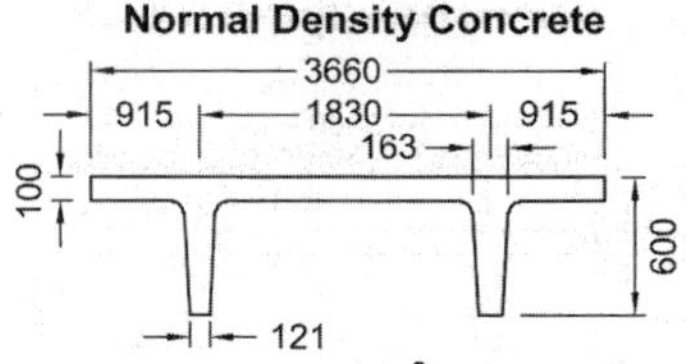

Section Properties

A_g = 532,250 mm^2
I = 11,930 $\times 10^6 mm^4$
y_b = 468 mm
y_t = 132 mm
S_b = 25,490 $\times 10^3 mm^3$
S_t = 90,380 $\times 10^3 mm^3$
m = 345 kg/m^2
w = 3.4 kN/m^2
V/S = 56 mm

Table of superimposed service load (kN/m^2) and cambers (mm) — **No Topping**

Strand Pattern	ee(1) ec	Span (m)										
		6	7	8	9	10	11	12	13	14	15	16
6–S	368 368	16.8 10 10	11.6 10 10	8.2 10 10	5.9 10 10	4.3 10 10	3.1 10 10	2.1 10 10				
6–D	368 405	18.2 10 10	12.7 10 10	9.1 10 10	6.6 10 10	4.8 10 10	3.5 10 10	2.5 10 10				
8–D	343 398				9.5 20 20	7.2 20 20	5.5 20 20	4.2 20 20	3.1 20 20	2.3 20 10		
10–D	318 392						7.3 30 30	5.7 30 30	4.5 30 30	3.5 30 30	2.7 30 20	
12–D	267 386							7.2 30 40	5.7 40 40	4.6 40 40	3.6 40 40	2.9 30 30
14–D	225 379										4.4 40 50	3.6 40 40

그림 A13 CPCI 3,660 x 600 더블 T형(DT) 슬래브 단면

PRETOPPED DOUBLE TEE

3660 x 800

Normal Density Concrete

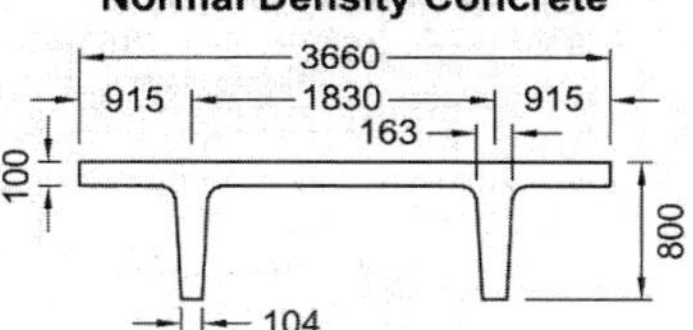

Section Properties

A_g =	568,500	mm^2
I =	25,420	$\times 10^6 mm^4$
y_b =	632	mm
y_t =	177	mm
S_b =	40,800	$\times 10^3 mm^3$
S_t =	143,600	$\times 10^3 mm^3$
m =	375	kg/m^2
w =	3.7	kN/m^2
V/S =	57	mm

Table of superimposed service load (kN/m^2) and cambers (mm) **No Topping**

Strand Pattern	e_e(1) e_c	Span (m)														
		8	9	10	11	12	13	14	15	16	17	18	19	20	21	22
8–D	498 553		13.9 10 10	10.7 10 20	8.3 10 20	6.5 20 20	5.1 20 20	4.0 20 20	3.1 20 20	2.4 10 10						
10–D	473 547				11.0 20 20	8.8 20 30	7.0 20 30	5.7 20 30	4.6 20 30	3.6 20 30	2.9 20 20					
12–D	431 541						8.9 30 40	7.3 30 40	6.0 30 40	4.9 30 40	4.0 30 30	3.2 30 30	2.6 30 20			
14–D	358 534								7.2 40 50	6.0 40 50	5.0 40 40	4.1 40 40	3.4 40 40	2.8 30 30	2.2 30 20	
16–D	310 528											4.9 50 50	4.1 50 50	3.4 50 40	2.8 40 30	2.8 40 30
18–D	273 522													4.0 60 60	3.4 50 50	2.8 50 40

그림 A14 CPCI 3,660 x 800 더블 T형(DT) 슬래브 단면

SINGLE TEE

3000 x 1200

Normal Density Concrete

3000
40
75
1:14
1200
200

Section Properties

	Untopped		Topped	
A_g =	492,000	mm^2	–	
I =	66,300	$\times 10^6 mm^4$	84,330	$\times 10^6 mm^4$
y_b =	882	mm	984	mm
y_t =	318	mm	291	mm
S_b =	75,200	$\times 10^3 mm^3$	85,668	$\times 10^3 mm^3$
S_t =	208,000	$\times 10^3 mm^3$	290,237	$\times 10^3 mm^3$
m =	398	kg/m^2	578	kg/m^2
w =	3.9	kN/m^2	5.7	kN/m^2
V/S =	60	mm		

Table of superimposed service load (kN/m^2) and cambers (mm) **No Topping**

Strand Pattern	e_e(1) e_c	Span (m)																	
		19	20	21	22	23	24	25	26	27	28	29	30	31	32	33	34	35	36
14–D	510 793	8.8 35 40	7.7 35 45	6.7 40 40	5.8 40 40	5.1 40 35	4.4 35 35	3.8 35 30	3.3 35 25	2.8 30 15	2.4 25 5	2.0 20 –5	1.7 10 –20						
16–D	425 787	10.5 40 50	9.1 40 50	8.0 40 50	7.0 45 50	6.1 45 50	5.3 45 50	4.6 45 45	4.1 45 40	3.6 40 35	3.1 35 25	2.7 30 15	2.3 25 0	1.9 20 –15	1.6 10 –35				
18–D	359 781				8.1 50 60	7.1 50 60	6.3 55 55	5.5 55 55	4.8 50 50	4.2 50 45	3.7 45 40	3.3 45 30	2.9 40 15	2.5 30 0	2.1 25 –15	1.8 15 –35			
20–D	312 774								5.6 60 60	5.0 55 55	4.4 55 50	3.9 50 40	3.4 50 30	3.0 45 20	2.6 35 5	2.2 30 –15	1.9 20 –35		
22–D	272 768										5.0 65 60	4.4 65 55	3.9 60 45	3.4 55 35	3.0 50 20	2.6 40 5	2.2 30 –15	1.9 20 –40	
24–D	240 762													3.8 65 50	3.3 60 35	2.9 55 20	2.5 45 0	2.2 35 –20	1.9 25 –40

그림 A15 CPCI 3,000 x 1,200 T형(Single Tee) 슬래브 단면

HOLLOW CORE
1220 x 203

1220, 50, 203, 45

Section Properties

	Untopped	Topped
A_g =	138,700 mm²	–
I =	693 ×10⁶ mm⁴	1,276 ×10⁶ mm⁴
y_b =	101.5 mm	134 mm
y_t =	101.5 mm	119 mm
S_b =	6,800 ×10³ mm³	9,250 ×10³ mm³
S_t =	6,800 ×10³ mm³	10,745 ×10³ mm³
m =	276 kg/m²	393 kg/m²
w =	2.7 kN/m²	3.9 kN/m²
V/S =	48 mm	

Table of superimposed service load (kN/m²) and cambers (mm) **No Topping**

Strand Pattern	e_e (1) e_c	Span (m) 4.5	5.0	5.5	6.0	6.5	7.0	7.5	8.0	8.5	9.0	9.5	10.0
3–S	57	13.4 0 0	10.5 0 0	8.3 0 0	6.6 0 0	5.3 0 0	4.3 0 0	3.4 0 0	2.8 0 0	2.8 –10 –10			
4–S	57			11.4 10 10	9.2 10 10	7.5 10 10	6.2 10 0	5.1 10 0	4.2 0 0	3.5 0 –10	2.8 0 –10	2.3 –10 –20	
5–S	57				11.4 10 10	9.4 10 10	7.7 10 10	6.4 10 10	5.3 10 10	4.4 10 0	3.7 10 0	3.0 0 –10	2.5 0 –20
6–S	57				13.3 10 10	10.9 10 20	9.1 10 20	7.6 10 20	6.4 10 10	5.4 10 10	4.5 10 10	3.8 10 0	3.2 10 –10
7–S	57					12.3 20 20	10.3 20 20	8.7 20 20	7.4 20 20	6.3 20 20	5.3 20 20	4.5 20 10	3.8 10 10

그림 A16 CPCI 1,220 x 203 중공 슬래브(hollow core) 단면

HOLLOW CORE
1220 x 305

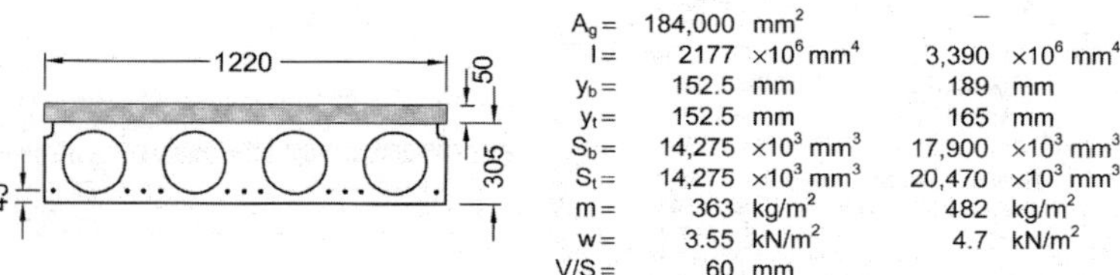

Section Properties

	Untopped	Topped
A_g =	184,000 mm²	–
I =	2177 ×10⁶ mm⁴	3,390 ×10⁶ mm⁴
y_b =	152.5 mm	189 mm
y_t =	152.5 mm	165 mm
S_b =	14,275 ×10³ mm³	17,900 ×10³ mm³
S_t =	14,275 ×10³ mm³	20,470 ×10³ mm³
m =	363 kg/m²	482 kg/m²
w =	3.55 kN/m²	4.7 kN/m²
V/S =	60 mm	

Table of superimposed service load (kN/m²) and cambers (mm) **No Topping**

Strand Pattern	e_e (1) e_c	Span (m) 7.0	7.5	8.0	8.5	9.0	9.5	10.0	10.5	11.0	11.5	12.0	12.5	13.0	13.5	14.0	14.5	15.0	15.5
5–S	108		12.1 10 10	10.3 10 10	8.7 10 10	7.4 10 10	6.4 10 0	5.4 10 0	4.6 0 0	3.9 0 –10	3.3 0 –10	2.8 –10 –20	2.4 –10 –20						
6–S	108			12.5 10 10	10.7 10 10	9.2 10 10	8.0 10 10	6.9 10 10	5.9 10 10	5.1 10 0	4.4 0 0	3.8 0 –10	3.2 0 –20	2.7 –10 –20	2.2 –10 –30				
7–S	108				12.6 20 20	10.9 20 20	9.4 20 20	8.2 20 20	7.1 10 10	6.1 10 10	5.3 10 10	4.6 10 0	4.0 10 0	3.4 0 –10	2.9 0 –20	2.4 –10 –20			
8–S	108					12.3 20 20	10.7 20 20	9.3 20 20	8.1 20 20	7.1 20 20	6.2 20 20	5.4 20 10	4.7 10 10	4.1 10 0	3.6 10 –10	3.1 0 –20	2.6 0 –30		
9–S	108						11.4 20 30	10.0 20 30	8.8 20 30	7.7 20 20	6.8 20 20	6.0 20 20	5.3 20 10	4.6 20 10	4.0 10 0	3.5 10 –10	3.0 0 –20	2.6 0 –30	
11–S	108						11.9 30 30	10.5 30 40	9.2 30 40	8.1 30 30	7.1 30 30	6.3 30 30	5.6 30 30	4.9 30 20	4.3 20 10	3.8 20 10	3.3 10 0	2.9 10 –20	2.5 0 –30

그림 A17 CPCI 1,220 x 305 중공 슬래브(hollow core) 단면

SOLID FLAT SLAB
1220 x 100

Section Properties

	Untopped	Topped
A_g =	122,000 mm^2	–
I =	101.7 $\times 10^6\ mm^4$	316.0 $\times 10^6\ mm^4$
y_b =	50 mm	72.3 mm
y_t =	50 mm	77.7 mm
S_b =	2033 $\times 10^3\ mm^3$	4375 $\times 10^3\ mm^3$
S_t =	2033 $\times 10^3\ mm^3$	4069 $\times 10^3\ mm^3$
m =	240 kg/m^2	362 kg/m^2
w =	2.35 kN/m^2	3.55 kN/m^2
V/S =	46 mm	

Table of superimposed service load (kN/m²) and cambers (mm) **No Topping**

Strand Pattern	Span (m)				
	3.0	3.5	4.0	4.5	5.0
3–S	8.5 0 0	5.8 0 0	4.2 0 0	3.0 0 –10	2.1 –10 –10
4–S	10.4 0 0	7.3 0 0	5.5 0 0	3.9 0 0	2.8 0 –10
5–S	12.1 0 0	8.6 0 0	6.2 0 0	4.5 0 0	3.3 0 –10
6–S	13.3 0 0	9.0 0 0	6.6 0 0	4.9 0 0	3.6 0 0
7–S		9.3 0 10	7.0 0 10	5.2 10 0	3.9 10 0

그림 A18 CPCI 1,220 x 100 속찬 슬래브 단면

SOLID FLAT SLAB
1220 x 150

Section Properties

	Untopped	Topped
A_g =	183,000 mm^2	–
I =	343.1 $\times 10^6\ mm^4$	756.0 $\times 10^6\ mm^4$
y_b =	75 mm	97.0 mm
y_t =	75 mm	103.0 mm
S_b =	4575 $\times 10^3\ mm^3$	7796 $\times 10^3\ mm^3$
S_t =	4575 $\times 10^3\ mm^3$	7339 $\times 10^3\ mm^3$
m =	360 kg/m^2	482 kg/m^2
w =	3.53 kN/m^2	4.73 kN/m^2
V/S =	67 mm	

Table of superimposed service load (kN/m²) and cambers (mm) **No Topping**

Strand Pattern	Span (m)								
	3.5	4.0	4.5	5.0	5.5	6.0	6.5	7.0	7.5
3–S	12.8 0 0	9.5 0 0	7.3 0 0	5.4 0 0	4.0 0 0	2.9 0 –10	2.0 –10 –10		
4–S		12.8 0 0	10.0 0 0	7.7 0 0	5.8 0 0	4.5 0 0	3.4 0 –10	2.4 –10 –10	
5–S			12.4 10 10	9.4 10 10	7.4 10 10	5.7 10 0	4.5 0 0	3.5 0 –10	2.6 0 –20
6–S				11.1 10 10	8.5 10 10	6.9 10 10	5.4 10 0	4.2 10 0	3.4 0 –10
7–S					9.7 10 10	7.7 10 10	6.2 10 10	4.9 10 10	3.9 10 0

그림 A19 CPCI 1,220 x 150 속찬 슬래브 단면

SOLID FLAT SLAB

1220 x 200

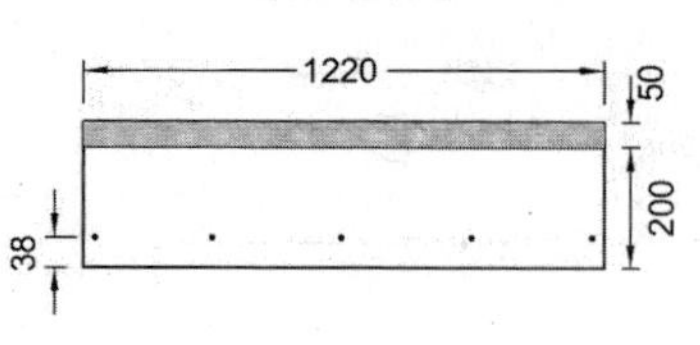

Section Properties

	Untopped		Topped	
A_g =	244,000	mm^2	–	
I =	813.3	$\times10^6\,mm^4$	1489.0	$\times10^6\,mm^4$
y_b =	100	mm	121.8	mm
y_t =	100	mm	128.2	mm
S_b =	8133	$\times10^3\,mm^3$	12,225	$\times10^3\,mm^3$
S_t =	8133	$\times10^3\,mm^3$	11,615	$\times10^3\,mm^3$
m =	480	kg/m^2	602	kg/m^2
w =	4.71	kN/m^2	5.91	kN/m^2
V/S=	86	mm		

Table of superimposed service load (kN/m^2) and cambers (mm) **No Topping**

Strand Pattern	Span (m)											
	4.5	5.0	5.5	6.0	6.5	7.0	7.5	8.0	8.5	9.0	9.5	10
3–S	12.0 0 0	8.9 0 0	6.7 0 0	5.0 0 0	3.7 0 –10	2.7 0 –10						
4–S		12.5 0 0	9.8 0 0	7.5 0 0	6.0 0 0	4.6 0 –10	3.4 0 –10	2.5 –10 –20				
5–S			12.6 10 0	9.9 10 0	7.9 10 0	6.2 0 –10	4.8 0 –10	3.9 0 –10	3.0 0 –10	2.2 –10 –20		
6–S				12.1 10 10	9.8 10 10	7.9 10 10	6.2 10 0	5.0 0 0	4.0 0 –10	3.3 0 –10	2.5 –10 –20	
7–S					11.3 10 10	9.4 10 10	7.5 10 10	6.2 10 10	5.1 10 0	4.2 0 –10	3.3 0 –10	2.6 –10 –20

그림 A20 CPCI 1,220 x 200 속찬 슬래브 단면

RECTANGULAR BEAMS

Key
77.1 – Superimposed (service) load, kN/m^2
10 – Estimated camber at erection, mm
10 – Estimated long-time camber, mm

Section Properties							
b (mm)	h (mm)	A_g (mm^2)	I (10^6 mm^4)	y_b (mm)	S (10^3 mm^3)	m (kg/m)	w (kN/m)
300	400	120,000	1600	200	8000	288	2.8
300	500	150,000	3120	250	12,500	360	3.5
300	600	180,000	5400	300	18,000	432	4.2
300	700	210,000	8575	350	24,500	504	4.9
300	800	240,000	12,800	400	32,000	576	5.6
300	900	270,000	18,200	450	40,500	648	6.4
400	600	240,000	7200	300	24,000	576	5.6
400	700	280,000	11,400	350	32,700	672	6.6
400	800	320,000	17,100	400	42,700	768	7.5
400	900	360,000	24,300	450	54,000	864	8.5
400	1000	400,000	33,300	500	66,700	960	9.4

Table of superimposed service load (kN/m^2) and cambers (mm)

b (mm)	h (mm)	13 mm strand	e (mm)	Span (m) 4	5	6	7	8	9	10	11	12	13	14	15	16	17
300	400	6	125	75.0	50.0	32.0	24.0	16.5									
				10	10	10	20	20									
				10	10	20	20	30									
300	500	7	162	114.0	76.0	48.0	36.0	26.0	19.5								
				10	10	20	20	20	30								
				10	10	20	30	30	40								
300	600	9	189		108.0	75.0	53.5	40.0	32.0	24.0	19.0						
					10	10	10	20	20	20	30						
					10	10	20	20	30	30	40						
300	700	10	225		144.0	100.0	71.0	53.0	41.0	32.0	26.0	21.0	17.0				
					10	10	10	10	20	20	20	30	30				
					10	10	20	20	20	30	30	30	40				
300	800	12	252			125.0	95.0	75.0	58.0	44.0	35.0	29.0	24.0	20.0			
						10	10	10	10	20	20	20	30	30			
						10	10	20	20	20	30	30	30	40			
300	900	13	288			164.0	120.0	90.0	70.0	65.0	45.0	36.5	30	25	21.0	18.0	
						10	10	10	10	20	20	20	30	30	30	30	
						10	10	20	20	20	30	30	30	30	40	40	
400	600	12	190		145.0	100.0	70.5	52.0	40.5	32.0	25.5	20.0	16.5				
					10	10	10	20	20	20	30	30	30				
					10	10	20	20	30	30	40	40	40				
400	700	13	230			130.0	95.0	70.0	56.0	42.0	34.0	27.5	22.0	18.5			
						10	10	10	20	20	20	30	30	30			
						10	10	20	20	30	30	40	40	40			
400	800	16	255					98.0	73.0	60.0	49.0	39.0	33.0	27.0	22.0	18.5	
								10	20	20	20	30	30	30	30	40	
								20	20	30	30	30	40	40	40	50	
400	900	18	287						96.0	76.0	62.0	51.0	42.0	35.0	29.0	24.0	21.0
									20	20	20	20	30	30	30	30	40
									20	20	30	30	40	40	40	40	50
400	1000	20	320							96.0	76.5	64.0	53.0	44.0	37.0	31.0	27.0
										20	20	20	20	30	30	30	30
										20	30	30	30	40	40	40	40

The above tables have been generated using an initial tension of 0.75 f_{pu} resulting in fully prestressed elements with M_r governing. Higher load capacities may be achieved by using more strands with a lower initial tension which may result in partially prestressed elements.

그림 A21 CPCI 직사각형 보 단면

INVERTED TEE BEAMS
(100 mm LEDGE)

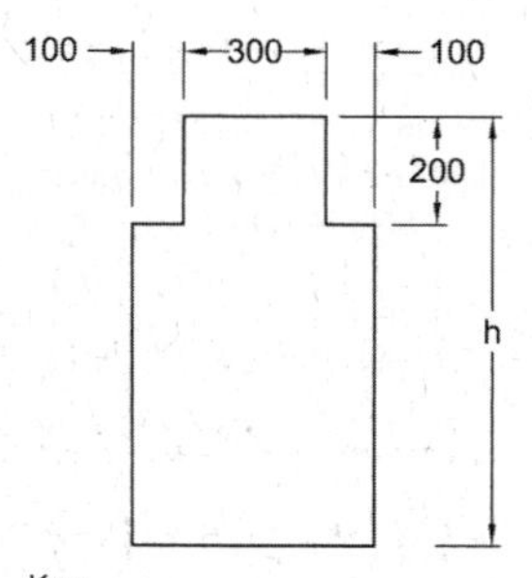

Key
155.1 – Superimposed (service) load, kN/m²
10 – Estimated camber at erection, mm
10 – Estimated long-time camber, mm

Section Properties							
h (mm)	A_g (mm^2)	I (10^6 mm^4)	y_b (mm)	S_b (10^3 mm^3)	S_t (10^3 mm^3)	m (kg/m)	w (kN/m)
500	210,000	4004	221	18,116	14,350	504	4.94
600	260,000	7021	269	26,099	21,210	624	6.12
700	310,000	11,336	318	35,647	29,675	744	7.30
800	360,000	17,200	367	46,866	39,723	864	8.48
900	410,000	24,864	416	59,768	51,371	984	9.65
1000	460,000	34,577	465	74,359	64,630	1104	10.83
1100	510,000	46,590	515	90,465	79,641	1224	12.01
1200	560,000	61,152	564	108,426	96,152	1344	13.18
1300	610,000	78,515	614	127,874	114,453	1464	14.36
1400	660,000	98,927	664	148,987	134,412	1584	15.54
1500	710,000	122,640	713	172,006	155,832	1704	16.72

Table of superimposed service load (kN/m²) and cambers (mm)

h (mm)	13 mm strand	e (mm)	Span (m) 4	5	6	7	8	9	10	11	12	13	14	15	16	17
500	8	151	134.0	84.0	59.0	40.4	30.0	22.4								
			0	10	10	10	20	20								
			10	10	10	20	20	30								
600	9	184		118.0	80.0	59.0	42.0	32.0	25.0							
				10	10	10	10	20	20							
				10	10	10	10	20	20							
700	11	218			114.0	82.0	61.0	47.0	37.0	29.0						
					10	10	10	10	10	20						
					10	10	10	20	20	20						
800	13	247				106.0	81.0	61.0	47.0	38.0	30.0	25.0				
						10	10	10	20	20	20	20				
						10	10	20	20	20	30	30				
900	14	291				134.0	102.0	77.0	60.0	49.0	40.0	32.0	26.0			
						10	10	10	20	20	20	20	20			
						10	10	20	20	20	30	30	30			
1000	17	310					132.0	101.0	81.0	64.0	53.0	44.0	36.0	30.0	24.0	
							10	10	10	10	20	20	20	20	30	
							10	10	10	10	20	20	30	30	40	
1100	18	355						134.0	100.0	79.0	65.0	53.0	45.0	37.0	31.0	26.0
								10	10	10	20	20	20	20	20	30
								10	20	20	20	30	30	30	30	30
1200	20	389							120.0	97.0	80.0	67.0	56.0	46.0	39.0	33.0
									10	10	20	20	20	20	20	30
									20	20	20	20	30	30	30	30
1300	22	424								117.0	96.0	80.0	67.0	56.0	47.0	40.0
										10	20	20	20	20	30	30
										20	20	20	20	30	30	40
1400	24	449								138.0	110.0	94.0	78.0	66.0	56.0	48.0
										20	20	20	20	30	30	30
										20	20	30	30	30	40	40
1500	25	493									130.0	108.0	80.0	77.0	66.0	57.0
											10	20	20	20	20	20
											20	20	20	30	30	30

The above tables have been generated using an initial tension of 0.75 f_{pu} resulting in fully prestressed elements with M_r governing. Higher load capacities may be achieved by using more strands with a lower initial tension which may result in partially prestressed elements.

그림 A22 CPCI 100 mm 받침 역 T형 보(Inverted Tee) 단면

INVERTED TEE BEAMS
(200 mm LEDGE)

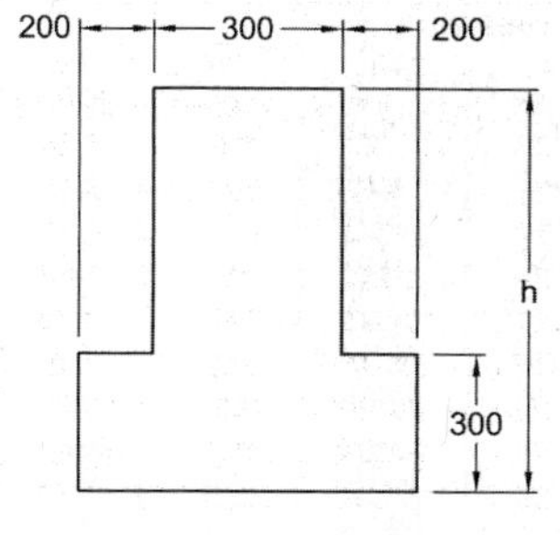

Key
155.1 – Superimposed (service) load, kN/m²
10 – Estimated camber at erection, mm
10 – Estimated long-time camber, mm

Section Properties							
h (mm)	A_g (mm^2)	I (10^6 mm^4)	y_b (mm)	S_b (10^3 mm^3)	S_t (10^3 mm^3)	m (kg/m)	w (kN/m)
500	320,000	5817	213	27,308	20,267	768	7.53
600	360,000	9900	250	39,600	28,286	864	8.48
700	400,000	15,693	290	54,155	38,276	960	9.42
800	440,000	23,423	332	70,546	50,045	1056	10.36
900	480,000	33,300	375	88,800	63,429	1152	11.30
1000	520,000	45,541	419	108,690	78,384	1248	12.24
1100	560,000	60,352	464	130,070	94,894	1344	13.18
1200	600,000	77,940	510	152,824	112,957	1440	14.13
1300	640,000	98,508	556	177,173	132,404	1536	15.07
1400	680,000	122,261	603	202,755	153,402	1632	16.01
1500	720,000	149,400	650	229,846	175,765	1728	16.95

Table of superimposed service load (kN/m²) and cambers (mm)

h (mm)	13 mm strand	e (mm)	Span (m)													
			4	5	6	7	8	9	10	11	12	13	14	15	16	17
500	8	163	150.0 0 0	93.0 0 10	63.0 10 10	43.0 10 10	31.0 10 10	23.0 10 10								
600	9	200		134.0 0 10	90.0 10 10	64.0 10 10	46.0 10 10	34.0 10 10	27.0 10 10							
700	11	240			134.0 10 10	94.0 10 10	72.0 10 10	54.0 10 10	41.0 10 20	33.0 10 20						
800	13	282				134.0 10 10	98.0 10 10	76.0 10 10	60.0 10 20	48.0 10 20	38.0 10 20	31.0 20 20				
900	14	325					126.0 10 10	97.0 10 10	76.0 10 10	61.0 10 20	50.0 10 20	40.0 10 20	33.0 20 20			
1000	17	356						130.0 10 10	103.0 10 10	83.0 10 20	68.0 10 20	56.0 20 20	46.0 20 20	38.0 20 30	33.0 20 30	
1100	19	389						160.0 10 10	129.0 10 10	104.0 10 10	84.0 10 20	70.0 10 20	58.0 10 20	49.0 20 20	41.0 20 20	35.0 20 20
1200	20	435							150.0 10 10	122.0 10 10	98.0 10 20	82.0 10 20	70.0 10 20	89.0 20 20	48.0 20 20	41.0 20 20
1300	22	476								146.0 10 10	121.0 10 20	101.0 10 20	84.0 10 20	71.0 20 20	60.0 20 20	52.0 20 20
1400	24	513									142.0 10 20	120.0 10 20	100.0 10 20	86.0 20 20	73.0 20 20	63.0 20 20
1500	25	560										138.0 10 20	118.0 10 20	98.0 10 20	83.0 20 20	73.0 20 20

The above tables have been generated using an initial tension of 0.75 f_{pu} resulting in fully prestressed elements with M_r governing. Higher load capacities may be achieved by using more strands with a lower initial tension which may result in partially prestressed elements.

그림 A23 CPCI 200 mm 받침 역 T형 보(Inverted Tee) 단면

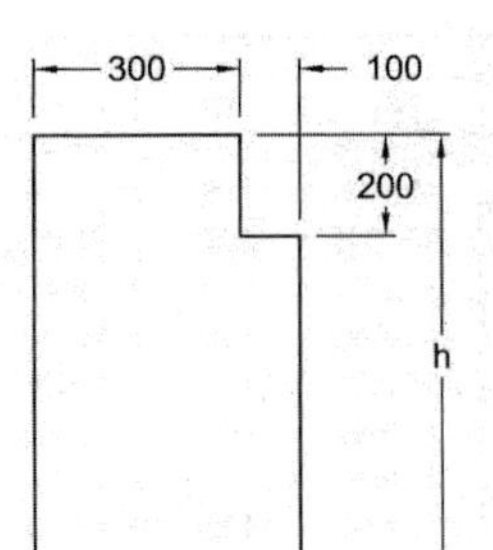

Key
141.6 – Superimposed (service) load, kN/m²
10 – Estimated camber at erection, mm
–5 – Estimated long-time camber, mm

L–SHAPED BEAMS
(100 mm LEDGE)

Section Properties							
h (mm)	A_g (mm²)	I (10^6 mm⁴)	y_b (mm)	S_b (10^3 mm³)	S_t (10^3 mm³)	m (kg/m)	w (kN/m)
500	180,000	3600	233	15451	13483	432	4.24
600	220,000	6261	282	22201	19687	528	5.18
700	260,000	10,021	331	30273	27156	624	6.12
800	300,000	15,080	390	39684	35905	720	7.06
900	340,000	21,639	429	50441	45943	816	8.00
1000	380,000	29,898	473	62418	57386	912	8.95
1100	420,000	40,057	529	75722	70153	1008	9.89
1200	460,000	52,316	578	90412	84109	1104	10.83
1300	500,000	66,875	628	106488	99516	1200	11.77
1400	540,000	83,933	678	123795	116251	1296	12.71
1500	580,000	103,692	728	142434	134316	1392	13.66

Table of superimposed service load (kN/m²) and cambers (mm)

h (mm)	13 mm strand	e (mm)	Span (m) 4	5	6	7	8	9	10	11	12	13	14	15	16	17	18
500	8	151	140.0	88.0	60.0	43.0	31.8	24.2	18.8								
			0	10	10	10	20	20	20								
			10	10	10	20	20	30	30								
600	9	187		122.0	83.4	60.0	44.6	34.2	26.6	21.2	17.0						
				10	10	10	10	20	20	20	20						
				10	10	10	20	20	20	30	30						
700	11	216		172.0	117.6	84.8	63.4	48.8	38.4	30.6	24.8	20.2					
				10	10	10	10	10	20	20	20	30					
				10	10	10	20	20	20	30	30	30					
800	12	255			151.0	109.0	82.0	63.0	50.0	40.0	32.4	26.6	22.0	18.2			
					10	10	10	10	20	20	20	20	30	30			
					10	10	10	20	20	20	30	30	30	40			
900	14	282				141.6	106.4	82.4	65.2	52.6	42.8	35.4	29.4	24.6	20.6		
						10	10	10	20	20	20	20	20	30	30		
						10	10	20	20	20	30	30	30	30	40		
1000	16	309					134.0	125.0	82.6	66.6	54.6	45.2	37.6	31.6	26.8	22.6	19.2
							10	10	10	20	20	20	20	220	30	30	30
							10	20	20	20	20	30	30	30	30	30	40
1100	17	349					161.8	125.0	99.2	80.4	66.0	54.6	45.8	38.6	32.8	27.8	23.6
							10	10	10	10	20	20	20	20	20	20	30
							10	10	20	20	20	30	30	30	30	30	30
1200	19	380						152.4	121.4	98.4	81.0	67.4	56.5	48.0	40.8	35.0	30.0
								10	10	10	20	20	20	20	20	20	30
								10	20	20	20	20	30	30	30	30	30
1300	21	410							145.6	118.0	97.4	81.6	68.4	58.0	49.6	42.6	36.8
									10	10	20	20	20	20	20	30	30
									20	20	20	20	30	30	30	30	30
1400	22	449							167.4	136.4	112.4	94.0	79.2	67.4	57.6	49.6	42.8
									10	10	10	20	20	20	20	20	30
									10	20	20	20	20	30	30	30	30
1500	24	481								159.4	131.6	110.2	93.2	79.4	68.2	58.8	65.5
										10	10	20	20	20	20	20	30
										20	20	20	20	30	30	30	30

The above tables have been generated using an initial tension of 0.75 f_{pu} resulting in fully prestressed elements with M_r governing. Higher load capacities may be achieved by using more strands with a lower initial tension which may result in partially prestressed elements.

그림 A24 CPCI 100 mm 받침 L형 보(L–shape Beam) 단면

L–SHAPED BEAMS
(200 mm LEDGE)

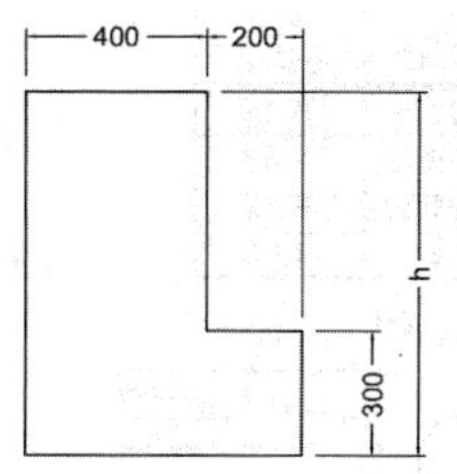

Key
155.1 – Superimposed (service) load, kN/m^2
10 – Estimated camber at erection, mm
10 – Estimated long-time camber, mm

Section Properties							
h (mm)	A_g (mm^2)	I (10^6 mm^4)	y_b (mm)	S_b (10^3 mm^3)	S_t (10^3 mm^3)	m (kg/m)	w (kN/m)
500	260,000	5078	227	22,371	18,601	624	6.12
600	300,000	8730	270	32,333	26,455	720	7.06
700	340,000	13,859	315	43,999	35,999	816	8.00
800	380,000	20,674	361	57,270	47,095	912	8.95
900	420,000	29,378	407	72,183	59,591	1008	9.89
1000	460,000	40,174	454	88,490	73,580	1104	10.83
1100	500,000	53,264	502	106,105	89,071	1200	11.77
1200	540,000	68,850	550	125,182	105,923	1296	12.71
1300	580,000	87,131	598	145,705	124,119	1392	13.66
1400	620,000	108,310	647	167,403	143,838	1488	14.60
1500	660,000	132,586	695	190,771	164,703	1584	15.54

Table of superimposed service load (kN/m^2) and cambers (mm)

h (mm)	13 mm strand	e (mm)	Span (m)													
			4	5	6	7	8	9	10	11	12	13	14	15	16	17
			150	96.0	65.0	47.0	34.0	26.0								
500	8	151	0	10	10	10	20	20								
			10	10	10	20	20	20								
				140.0	95.0	67.0	50.0	38.0	29.5	23.2						
600	9	187		10	10	10	10	20	20	20						
				10	10	10	20	20	20	30						
					134.0	99.0	72.0	55.0	42.8	34.0	27.4					
700	11	216			10	10	10	10	10	20	20					
					10	10	10	20	20	20	30					
					174.0	120.0	94.0	70.0	56.6	45.0	37.0	29.0	24.6			
800	12	255			10	10	10	10	20	20	20	20	20			
					10	10	10	20	20	20	30	30	30			
						164.0	120	96.0	75.0	61.0	54.0	41.0	34.0	28.0		
900	14	282				10	10	10	20	20	20	20	20	30		
						10	10	20	20	20	30	30	30	30		
							158.0	110.0	97.0	75.0	64.0	54.0	44.0	35.0	31.0	
1000	16	309					10	10	10	20	20	20	20	20	30	
							10	20	20	20	20	30	30	30	30	
								144.0	110.0	94.0	75.0	64.0	54.0	44.0	35.0	31.0
1100	17	349						10	10	10	20	20	20	20	20	30
								10	10	20	20	30	30	30	30	30
									144.0	116.0	90.0	78.0	64.0	56.0	47.0	41.0
1200	19	380							10	10	20	20	20	20	20	30
									20	20	20	20	30	30	30	30
										138.0	110.0	94.0	79.0	68.0	57.0	50.0
1300	21	410								10	20	20	20	20	20	30
										20	20	20	30	30	30	30
										158.0	130.0	109.0	90.0	78.0	67.0	58.0
1400	22	449								10	10	20	20	20	20	30
										20	20	20	20	30	30	30
											152.0	126.0	108.0	92.0	79.0	68.0
1500	24	481									10	20	20	20	20	30
											20	20	20	30	30	30

The above tables have been generated using an initial tension of 0.75 f_{pu} resulting in fully prestressed elements with M_r governing. Higher load capacities may be achieved by using more strands with a lower initial tension which may result in partially prestressed elements.

그림 A25 CPCI 200 mm 받침 L형 보(L–shape Beam) 단면

I–GIRDERS

Section Properties							
Designation	A_g (mm^2)	I (10^6 mm^4)	y_b (mm)	S_b (10^3 mm^3)	S_t (10^3 mm^3)	m (kg/m)	w (kN/m)
CPCI 900	218,000	19,300	398	48,600	38,400	523	5.13
CPCI 1200	320,000	53,900	527	102,300	80,000	768	7.53
CPCI 1400	413,000	102,600	635	161,400	134,200	991	9.72
CPCI 1600	499,000	174,700	793	220,200	216,600	1024	11.80

Key
102.8 – Superimposed (service) load, kN/m²
10 – Estimated camber at erection, mm
10 – Estimated long-time camber, mm

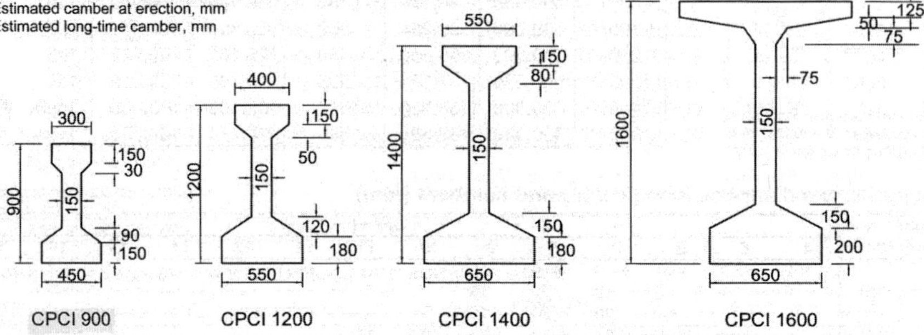

Superimposed loads shown include 50% dead load and 50% liveload.

5.0 MPa top tension has been allowed, therefore additional top reinforcement is required.

f'_{ci} = 30 MPa
f'_c = 40 MPa
f_{pu} = 1860 MPa

Table of superimposed service load (kN/m²) and cambers (mm)

Designation	13 mm strand	e_e (1)(2) e_c	Span (m) 8	9	10	11	12	13	14	15	16	17	18	19	20	21
CPCI 900	12	306 328	102.8 10 20	80.2 20 20	64.1 20 20	52.1 20 30	43.0 20 30	36.0 30 40	30.4 30 40	25.8 30 50	22.1 40 50	19.1 40 50	16.5 40 60	14.3 40 60		
CPCI 1200	20	412 443			138.1 20 20	112.9 20 20	93.8 20 30	78.9 20 30	67.0 30 40	57.5 30 40	49.7 30 50	43.2 40 50	37.8 40 50	33.2 40 60	29.3 50 60	25.9 50 70
CPCI 1400	26	496 554					132.5 20 20	120.3 20 30	110.0 20 30	95.8 30 40	83.2 30 40	72.6 30 50	63.8 40 50	56.4 40 50	50.0 40 60	44.5 50 60
CPCI 1600	30	607 703						136.4 20 20	124.5 20 30	114.3 20 30	105.6 30 40	98.0 30 40	91.4 30 40	84.3 40 50	75.0 40 50	67.0 40 50

Notes: Values below heavy line controlled by V_r
Values above heavy line controlled by M_r. See Limitations on Reinforcement, Sect. 3.3.1.
(1) e_e and e_c are the maximum eccentricities at end and midspan that will not violate the permissible concrete stresses at transfer.
(2) End eccentricities may be decreased without affecting the load capacitites.

그림 A26 CPCI 900~1600 I형 거더 단면

I–GIRDERS

Designation	A_g (mm^2)	I ($10^6\ mm^4$)	y_b (mm)	S_b ($10^3\ mm^3$)	S_t ($10^3\ mm^3$)	m (kg/m)	w (kN/m)
	Section Properties						
CPCI 1900	544,000	268,400	840	285,500	279,500	1308	12.83
CPCI 2300	604,000	431,800	1135	380,300	370,800	1453	14.25
NU 2800	731,110	768,289	1288	596,497	508,128	1753	17.20

Key
128.1 – Superimposed (service) load, kN/m^2
10 – Estimated camber at erection, mm
10 – Estimated long-time camber, mm

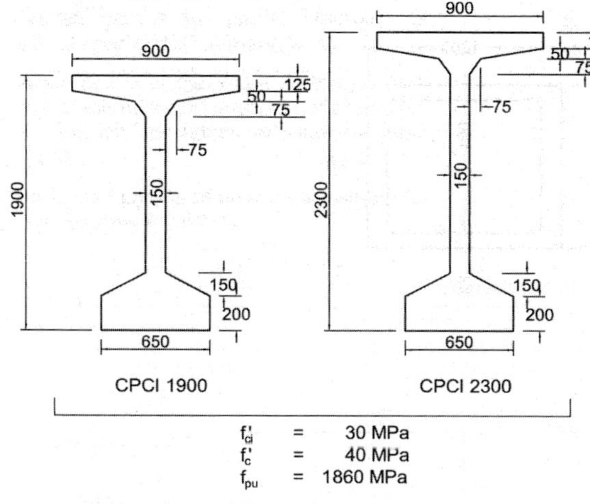

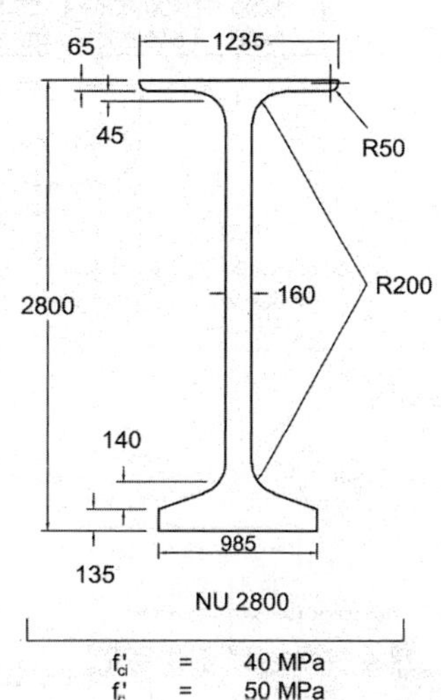

Superimposed loads shown include 50% dead load and 50% liveload.

5.0 MPa top tension has been allowed, therefore additional top reinforcement is required.

Table of superimposed service load (kN/m^2) and cambers (mm)

Designation	13 mm strand	e_e[(1)(2)] e_c	Span (m) 20	24	28	32	36	40	44	48	52	56	60
CPCI 1900	**30–D**	**838** **850**	90.8 30 40	80.3 40 60	41.9 50 70	29.9 60 70	21.8 60 70	15.9 50 60	11.6 30 30				
CPCI 2300	**36–D**	**882** **1035**	150.1 30 40	100.2 40 50	70.1 50 60	50.6 60 70	37.2 60 80	27.6 60 80	20.6 60 60	15.2 40 40	11.0 20 0		
NU 2800	**56–D**	**701** **1172**	154.6 30 40	122.5 40 50	87.8 50 60	64.5 60 80	48.5 70 90	37.1 70 90	28.6 70 90	22.2 70 90	17.2 60 70	13.2 50 50	10.0 20 10

Notes: Values below heavy line controlled by V_r
Values above heavy line controlled by M_r. See Limitations on Reinforcement, Sect. 3.3.1.
(1) e_e and e_c are the maximum eccentricities at end and midspan that will not violate the permissible concrete stresses at transfer.
(2) End eccentricities may be decreased without affecting the load capacitites.

그림 A27 CPCI I형 거더 단면(1900, 2300 및 NU 2800)

BOX SECTION BEAMS

Section Properties							
h (mm)	A_g (mm^2)	I (10^6 mm^4)	y_b (mm)	S_b (10^3 mm^3)	S_t (10^3 mm^3)	m (kg/m)	w (kN/m)
600	340,000	16,533	300	55,111	55,111	816	8.00
800	390,000	34,100	400	85,250	85,250	936	9.18
1000	440,000	59,467	500	118,933	118,933	1056	10.36
1200	490,000	93,633	600	156,056	156,056	1176	11.54
1400	540,000	137,600	700	196,571	196,571	1296	12.71

Key
155.1 – Superimposed (service) load, kN/m^2
10 – Estimated camber at erection, mm
10 – Estimated long-time camber, mm

Superimposed loads shown include 50% dead load and 50% liveload. 5.0 MPa top tension has been allowed, therefore additional top reinforcement is required.

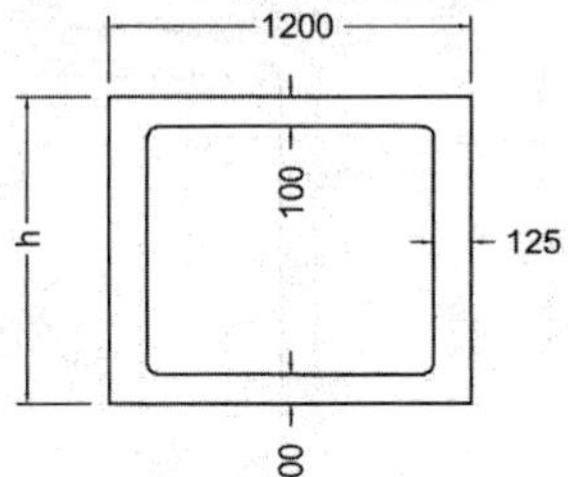

Table of superimposed service load (kN/m^2) and cambers (mm)

h (mm)	13 mm strand	e_e e_c (mm)	Span (m) 10	12	14	16	18	20	22	24	26	28	30	32	34	36	38	40	42
600	12–S	250 250	38.9 20 20	25.3 20 30	17.1 20 30	11.8 20 30	8.2 20 20	5.6 10 0											
800	18–S	350 350			39.2 30 40	28.5 40 50	21.2 40 50	16.0 40 50	12.1 40 50	9.1 40 40	6.8 20 20	4.9 10 –10							
1000	24–D	324 445					36.7 40 60	28.4 50 60	22.2 50 70	17.5 50 60	13.8 50 60	11.0 40 50	8.6 30 30	6.7 20 0	5.1 –10 –30				
1200	30–D	305 536							33.2 50 70	26.7 60 70	21.5 60 70	17.5 60 70	14.2 50 70	11.5 50 50	9.3 40 30	7.4 20 10	5.8 0 –30		
1400	36–D	291 630									30.0 60 80	24.6 70 80	20.3 70 80	16.8 60 80	13.9 60 70	11.4 50 50	9.3 40 30	7.6 20 0	6.0 0 –30

Notes: Values below heavy line controlled by V_r
Values above heavy line controlled by M_r. See Limitations on Reinforcement, Sect. 3.3.1.
(1) e_e and e_c are the maximum eccentricities at end and midspan that will not violate the permissible concrete stresses at transfer.

그림 A28 CPCI Box 단면 보 (b = 1,200 mm, h = 600 mm ~ 1,400 mm)

AASHTO I-Beams

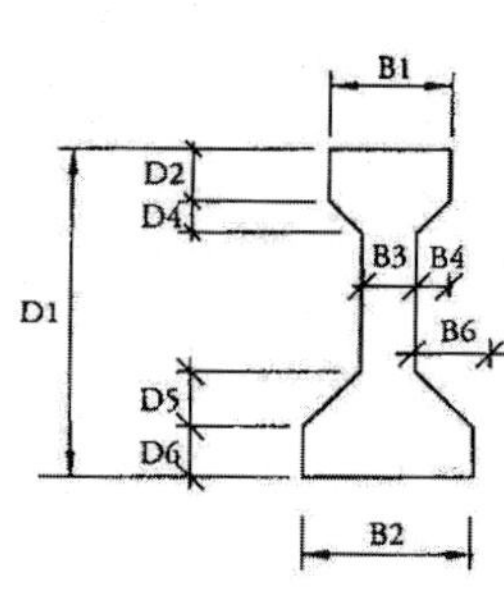

Type I-IV

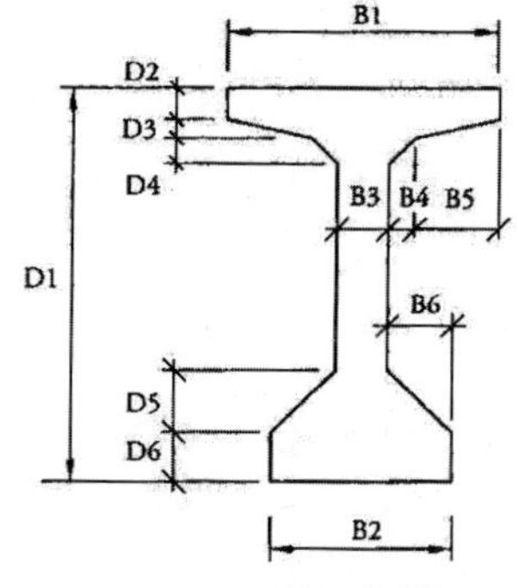

Type V-VI

Dimensions (inches)

Type	D1	D2	D3	D4	D5	D6	B1	B2	B3	B4	B5	B6
I	28.0	4.0	0.0	3.0	5.0	5.0	12.0	16.0	6.0	3.0	0.0	5.0
II	36.0	6.0	0.0	3.0	6.0	6.0	12.0	18.0	6.0	3.0	0.0	6.0
III	45.0	7.0	0.0	4.5	7.5	7.0	16.0	22.0	7.0	4.5	0.0	7.5
IV	54.0	8.0	0.0	6.0	9.0	8.0	20.0	26.0	8.0	6.0	0.0	9.0
V	63.0	5.0	3.0	4.0	10.0	8.0	42.0	28.0	8.0	4.0	13.0	10.0
VI	72.0	5.0	3.0	4.0	10.0	8.0	42.0	28.0	8.0	4.0	13.0	10.0

Properties

Type	Area in.^{2}	y_{bottom} in.	Inertia in.^{4}	Weight kip/ft	Maximum Span,* ft
I	276	12.59	22,750	0.287	48
II	369	15.83	50,980	0.384	70
III	560	20.27	125,390	0.583	100
IV	789	24.73	260,730	0.822	120
V	1,013	31.96	521,180	1.055	145
VI	1,085	36.38	733,320	1.130	167

*Based on simple span, HS-25 loading and $f_c' = 7{,}000$ psi.

그림 A29 AASHTO/PCI I형 보

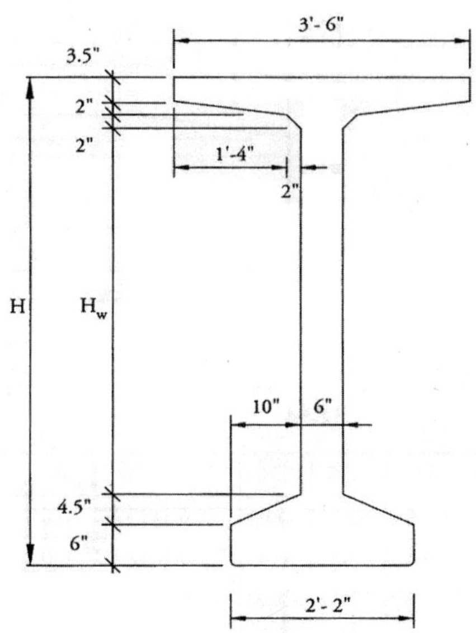

Properties

Type	H in.	H_w in.	Area in.^{2}	Inertia in.^{4}	y_{bottom} in.	Weight kip/ft	Maximum Span,* ft
BT-54	54	36	659	268,077	27.63	0.686	114
BT-63	63	45	713	392,638	32.12	0.743	130
BT-72	72	54	767	545,894	36.60	0.799	146

*Based on simple span, HS-25 loading and $f_c' = 7{,}000$ psi. See chapter 6 for more information.

그림 A30 AASHTO/PCI Bulb-T형 보

Deck Bulb-Tees

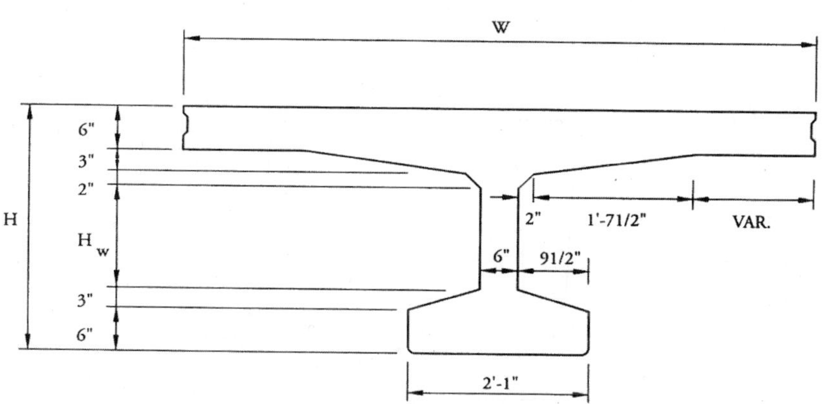

Dimensions and Properties

H in.	H_w in.	W in.	Area in.^{2}	Inertia in.^{4}	y_{bottom} in.	Weight kip/ft	Maximum Span* ft
35	15	48	677	101,540	21.12	0.75	100
		72	823	116,071	23.04	0.91	78
		96	967	126,353	24.37	1.07	65
53	33	48	785	294,350	31.71	0.87	145
		72	931	335,679	34.56	1.03	121
		96	1,075	365,827	36.63	1.19	105
65	45	48	857	490,755	38.55	0.95	168
		72	1,003	559,367	41.95	1.11	148
		96	1,147	610,435	44.46	1.27	130

*Based on simple span, HS-25 loading and $f_c' = 7,000$ psi. See chapter 6 for more information.

그림 A31 AASHTO/PCI Deck Bulb-T형 보

Double Tee Beams

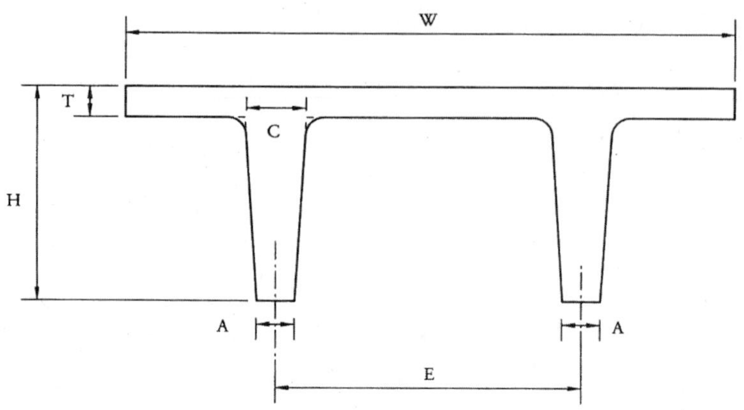

Light Sections

W ft	H in.	T in.	A in.	C in.	E in.	Area in.^{2}	Inertia in.^{4}	y_{bottom} in.	Weight kip/ft	Maximum Span* ft
5	27	5	4.50	8.00	36	575	33,740	18.60	0.599	40
6	23	5	4.50	6.50	36	558	21,366	16.61	0.582	30
6	27	5	4.50	8.00	36	635	35,758	19.15	0.662	37
8	27	5	3.75	5.75	48	689	32,888	20.64	0.718	40
8	35	5	3.75	6.50	48	787	72,421	26.20	0.820	35

Heavy Sections

W ft	H in.	T in.	A in.	C in.	E in.	Area in.^{2}	Inertia in.^{4}	y_{bottom} in.	Weight kip/ft	Maximum Span* ft
5	36	6	6.00	8.00	30	780	90,286	23.69	0.812	87
6	35	5	6.00	9.75	48	840	90,164	23.30	0.876	70
7	35	5	6.00	9.75	48	900	95,028	23.91	0.938	64
8	35	5	6.00	9.75	48	960	99,299	24.45	1.001	62
6	27	5	7.00	9.75	48	731	45,084	18.09	0.761	52
7	27	5	7.00	9.75	48	791	47,486	18.58	0.824	47
8	27	5	7.00	9.75	48	851	49,566	19.00	0.886	45
6	21	5	7.75	9.75	48	644	22,720	14.11	0.671	37
7	21	5	7.75	9.75	48	704	23,903	14.48	0.733	35
8	21	5	7.75	9.75	48	764	24,920	14.80	0.796	32

*Based on simple span, HS-25 loading and $f_c' = 7{,}000$ psi. See chapter 6 for more information.

그림 A32 AASHTO/PCI 더블 T형(DT) 보

AASHTO-PCI-ASBI Standard Segment For Span-By-Span Construction

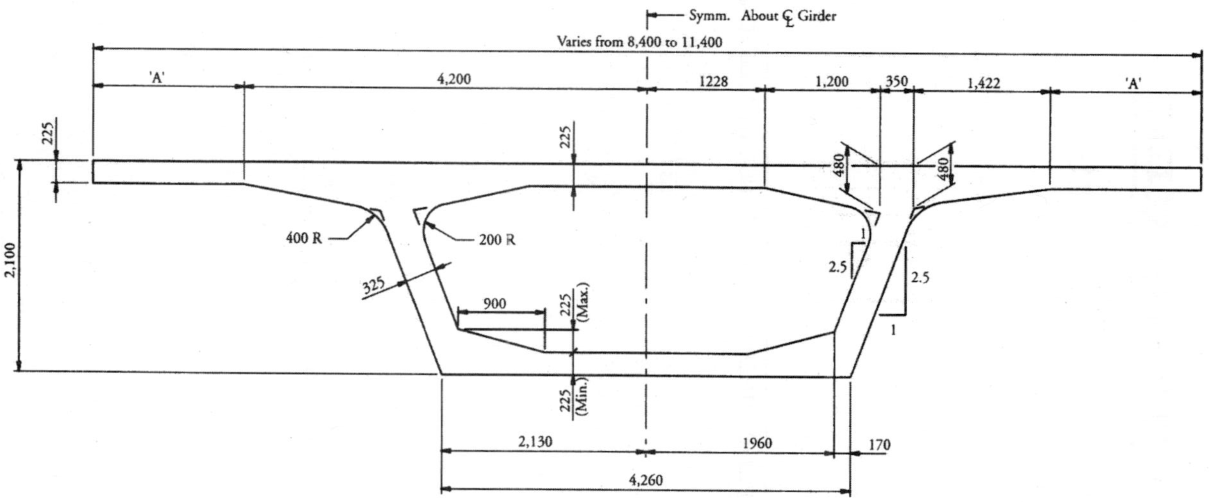

2100-1

Deck Width mm	A mm	Area mm^2	Wt/3,000 mm Kn	I_x m^4	Y_t mm
8,400	0	4,916,000	360	2.967	799
8,700	150	4,984,000	365	2.999	790
9,000	300	5,051,000	370	3.030	781
9,300	450	5,119,000	375	3.060	772
9,600	600	5,186,000	380	3.089	763
9,900	750	5,254,000	385	3.118	755
10,200	900	5,321,000	390	3.145	747
10,500	1,050	5,389,000	394	3.172	739
10,800	1,200	5,456,000	399	3.199	731
11,100	1,350	5,524,000	404	3.225	723
11,400	1,500	5,591,000	409	3.250	716

그림 A33 AASHTO/PCI Box형 거더

부록 B

부정정 보의 설계식 및 분포도

(Design Formulas and Diagrams) [AISC LRFD Manual]

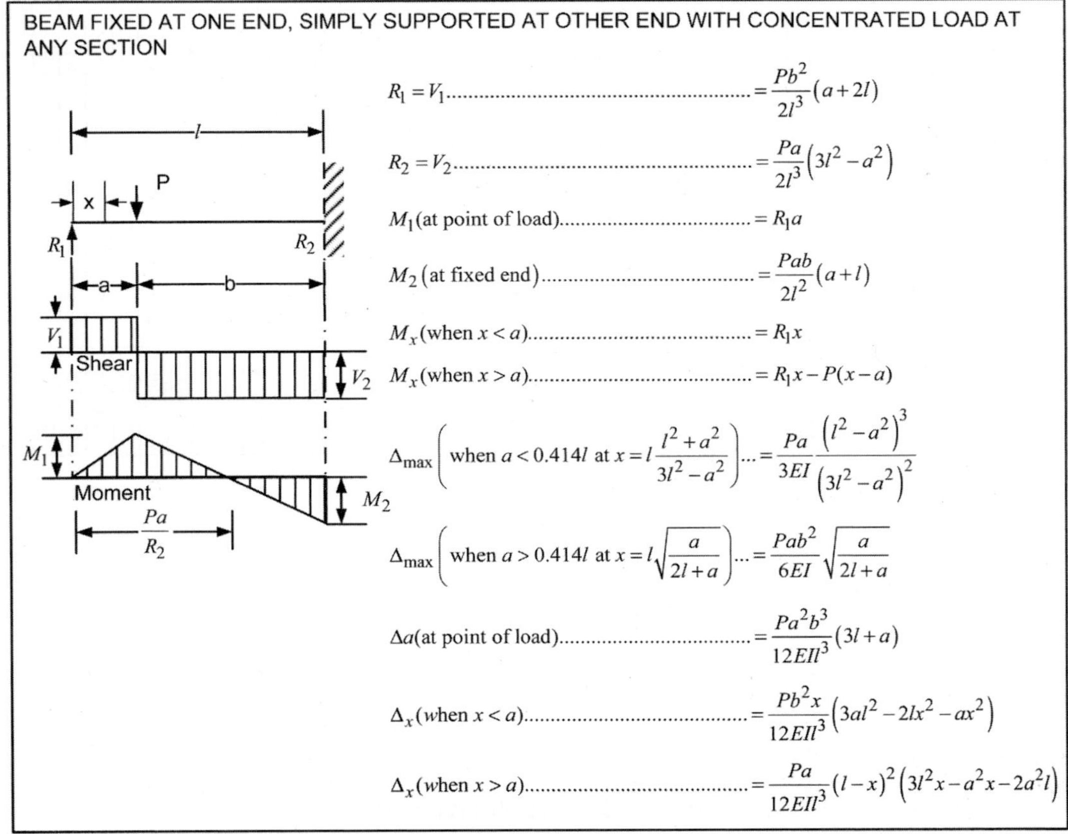

그림 B1 보 설계 방정식 및 분포도

CONTINUOUS BEAM -TWO EQUAL SPANS - UNIFORM LOAD ON ONE SPAN

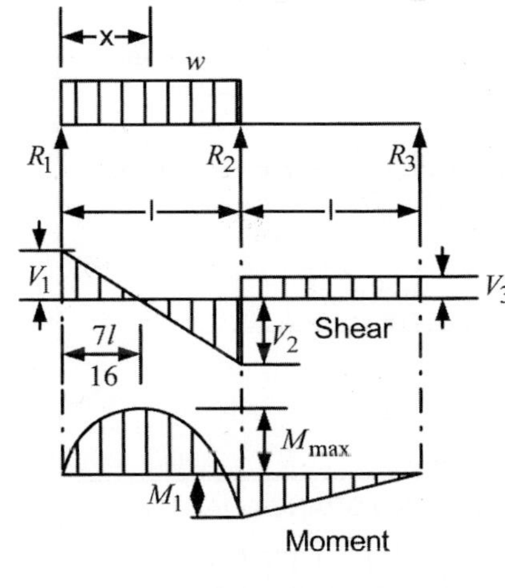

$w =$ load per unit length

$R_1 = V_1 \ldots\ldots = \frac{7}{16}wl$

$R_2 = V_2 + V_3 \ldots\ldots = \frac{5}{8}wl$

$R_3 = V_3 \ldots\ldots = -\frac{1}{16}wl$

$V_2 \ldots\ldots = \frac{9}{16}wl$

$M_{max}\left(\text{at } x = \frac{7}{16}l\right) \ldots\ldots = \frac{49}{512}wl^2$

$M_1\ (\text{at support } R_2) \ldots\ldots = \frac{1}{16}wl^2$

$M_x\ (\text{when } x < l) \ldots\ldots = \frac{wx}{16}(7l - 8x)$

$\Delta_{max}\ (\text{at } 0.472l \text{ from } R_1) = \frac{0.0092}{EI}wl^4$

BEAM FIXED AT ONE END - SUPPORTED AT OTHER END - UNIFORM LOAD
(SAME AS CONTINUOUS BEAM WITH TWO EQUAL SPANS UNIFORMLY LOADED)

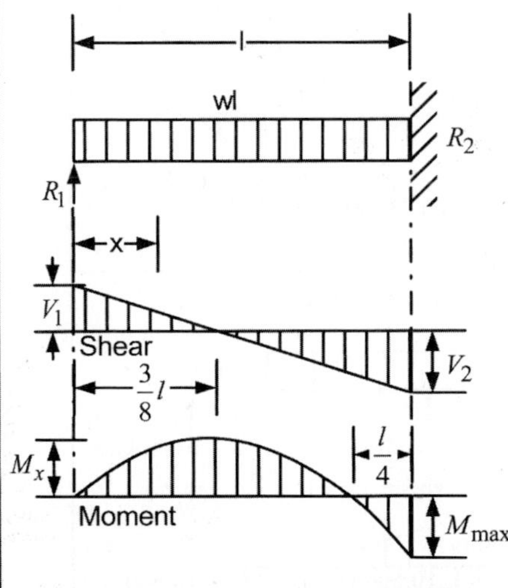

$w =$ load per unit length

$R_1 = V_1 \ldots\ldots = \frac{3}{8}wl$

$R_2 = V_{2\ max} \ldots\ldots = \frac{5}{8}wl$

$V_x \ldots\ldots = R_1 - wx$

$M_{max} \ldots\ldots = \frac{wl^2}{8}$

$M_x\left(\text{at } x = \frac{3}{8}l\right) \ldots\ldots = \frac{9}{128}wl^2$

$M_x \ldots\ldots = R_1 x - \frac{wx^2}{2}$

$\Delta_{max}\left(\text{at } x = \frac{l}{16}\left(1+\sqrt{33}\right) = 0.4221\right) = \frac{wl^4}{185EI}$

$\Delta_x \ldots\ldots = \frac{wx}{48EI}\left(l^3 - 3lx^2 + 2x^3\right)$

그림 B2 보 설계 방정식 및 분포도

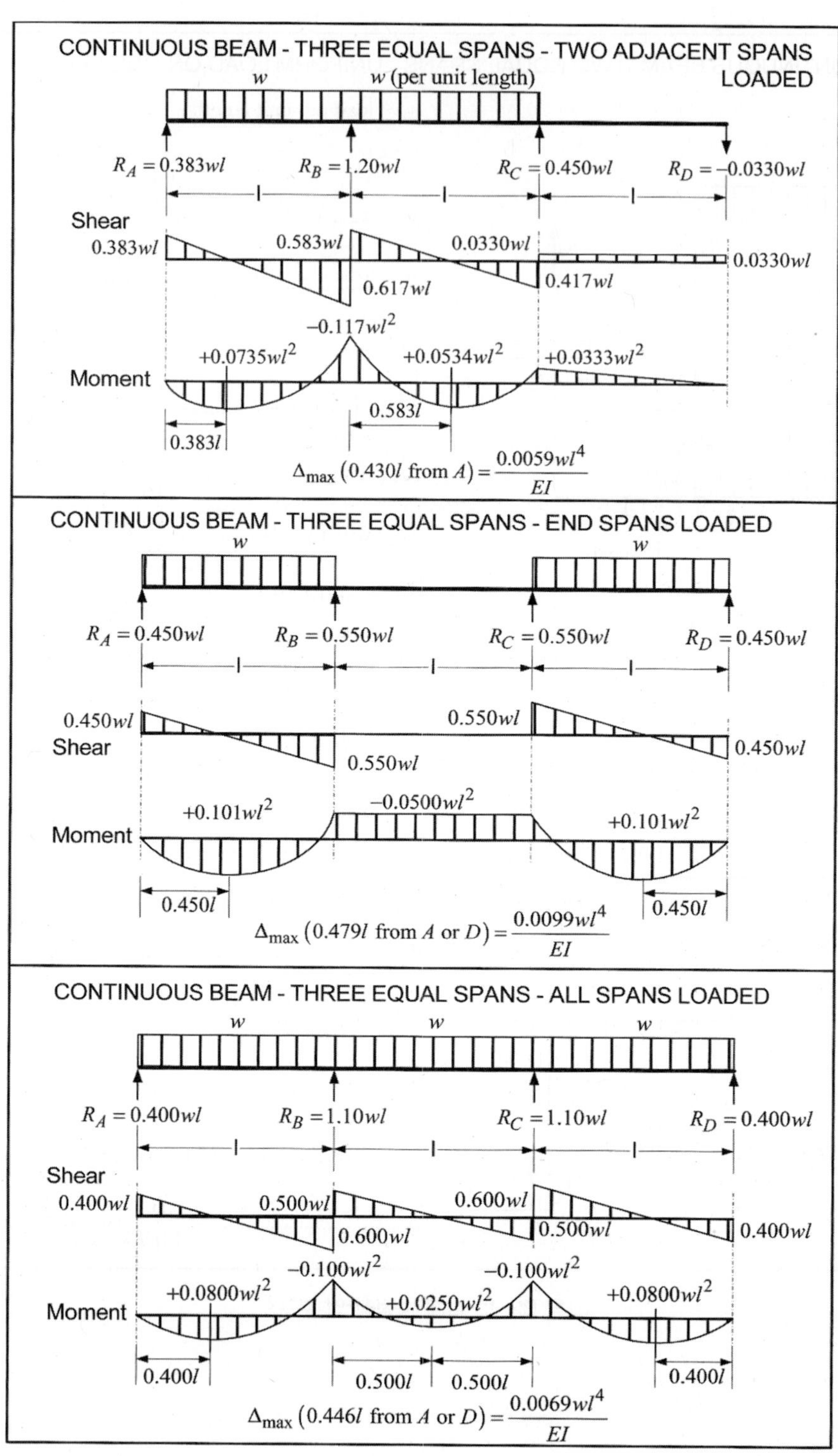

그림 B3 보 설계 방정식 및 분포도

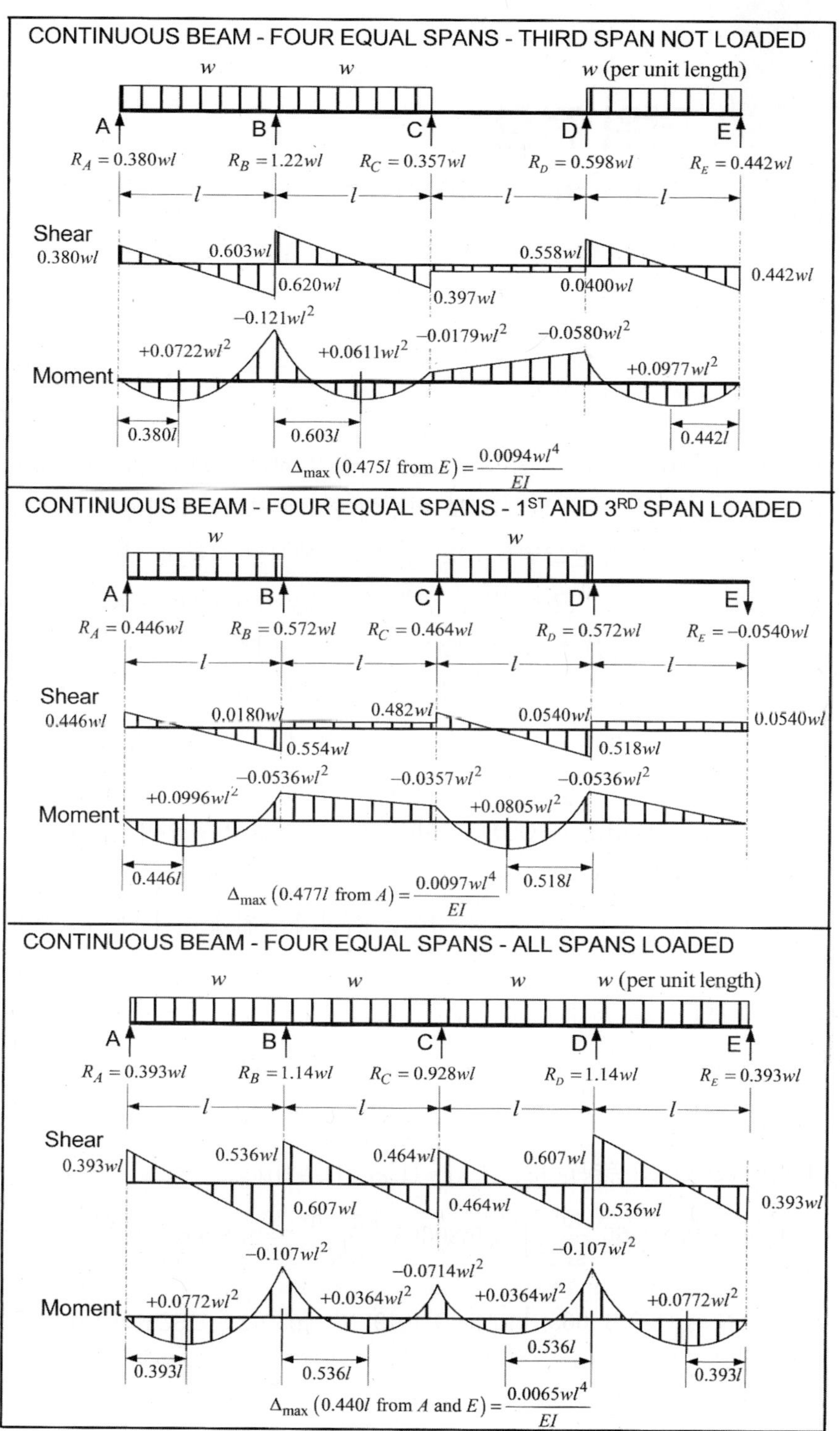

그림 B4 보 설계 방정식 및 분포도

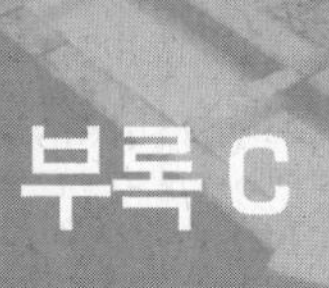

부록 C 단위 전환
Unit Conversions

이전에는 공학단위계(MKS 단위계 : 힘(중량) kgf ; 길이 m(meter) ; 시간 s(second)로 표현)를 측정단위로 사용하고 있었으나 2003년도 이후에 한국콘크리트학회에서 발행된 콘크리트 구조설계기준(2003, 2007) 및 콘크리트구조기준(2012)에서는 그동안 사용하여 오던 공학단위계에서 국제단위계로 완전히 변환하였다. 국제단위계(System of International unit, 일명 SI 단위계)는 국제적 공동사용을 목적으로 1960년에 국제도량형총회에서 공인된 단위계로 각 국가가 서로 다른 단위계를 사용하는 문제점을 해결하고자 제안된 단위계이다. SI 단위계는 길이 m(meter), 질량 kg(kilogram), 시간 s(second) 등의 7개 기본단위로 정의되어 있으며, 현재 국제적으로 대부분의 선진국에서 이 단위계만을 사용하고 있다. 미국은 현재 미국공용단위계(U.S. Customary Units, USCU)를 일반적으로 사용하고 있으며, 우리가 접하는 공학계통의 원서도 대부분 USCU 단위로 되어있다고 해도 과언이 아니다. USCU의 기본단위는 ft(feet), lb(pound), s(second) 등이다. 표 C1에는 길이의 단위에 대한 각 단위계의 환산표가 제시되어 있다.

힘(force)은 SI 단위계에서는 N(Newton)으로 표시되며, $1\ \text{N} = 1\ \text{kg} \cdot \text{m/sec}^2$ 로 정의되고 있다. 따라서 공학단위계에서 1 kgf 는 1 kg 의 단위질량에 중력가속도 $g = 9.80665\ \text{m/sec}^2$ 을 곱하여

$$1\ \text{kgf}\ [1\ \text{kgf의 힘(중량), 또는 } 1\ \text{kgw}(1\ \text{kg의 무게})]$$

$$= (1\ \text{kg}) \times \left(9.80665\ \frac{\text{m}}{\text{sec}^2}\right) = 9.80665\ \frac{\text{kg} \cdot \text{m}}{\text{sec}^2} = 9.80665\ \text{N} \tag{C1}$$

이 된다. 따라서 $1\ \text{N} = (1/9.80665)\ \text{kgf} = 0.1019716\ \text{kgf}$ 이고, USCU의 1 lbf 는 같은 방법으로 환산하면,

$$1\ \text{lb}f = (1\ \text{lb}) \times \left(32.1740\ \frac{\text{ft}}{\text{sec}^2}\right) = 32.1740\ \frac{\text{lb} \cdot \text{ft}}{\text{sec}^2}$$

$$1\ \text{lb}f = 32.1740\ \frac{\text{lb} \cdot \text{ft}}{\text{sec}^2}\left(\frac{0.4535928\ \text{kg}}{1\ \text{lb}}\right)\left(\frac{0.3048\ \text{m}}{1\ \text{ft}}\right) = 4.44822\ \text{N} \qquad \text{(C2)}$$

가 되어, 1 N = (1/4.448) lbf = 0.2248 lbf 로 환산할 수 있다. 표 C2에는 힘에 대한 각 단위계 사이의 환산표가 정리되어 있다. 우리나라에서 kgf 대신에 kg 으로 표기하는 것과 같이 USCU에서도 일반적으로 lbf 를 lb로 표기하고 있다.

USCU에서 응력을 표현하는 psi는 lbf/in^2 의 표현으로 Pound per Square Inches에서 맨 앞의 알파벳만을 표현한 것으로 공학단위계의 kgf/cm^2 로 단위를 전환하려면 아래와 같은 절차를 밟으면 된다. 먼저 lbf 를 소거하기 위해서 밑변에 1 lbf 를 쓰고 윗변에 이 1 lbf 와 동일한 0.4536 kgf 를 쓰면 괄호의 값은 서로 소거되어 1이 되므로 전체 값에는 변화가 없게 된다. 동일한 방법으로 in^2에 대해서도 cm^2으로 바꾸어주면,

$$1\ \frac{\text{lb}f}{\text{in}^2}\left(\frac{0.4536\ \text{kg}f}{1\ \text{lb}f}\right)\left(\frac{1\ \text{in}}{2.54\ \text{cm}}\right)^2 = 1\ \frac{\text{lb}f}{\text{in}^2}\left(\frac{0.070308\ \text{kg}f/\text{cm}^2}{1\ \text{lb}f/\text{in}^2}\right) = 0.070308\ \frac{\text{kg}f}{\text{cm}^2} \qquad \text{(C3)}$$

가 된다. 따라서 psi 자료에 계수 ~0.07을 곱해주면 kgf/cm^2의 단위로 쉽게 전환할 수 있다(예 : 5,000 psi × 0.07 ≈ 350 kgf/cm^2). 표 C3에는 USCU의 psi, 공학단위계의 kgf/cm^2 그리고 SI의 Pascal(N/m^2, Pa로 표기)간의 단위환산표가 주어졌다. 이러한 단위환산표를 이용하면 USCU에서 주어진 식들을 간단하게 SI 단위계나 공학단위계로 환산할 수 있다. 표 C3에서 만약에 psf 단위의 값을 kgf/m^2 단위로 환산하기 위해서는 psi에 0.070308을 곱해주면 kgf/cm^2로 전환되므로, psi × 0.070308 → kgf/cm^2 에서 1 psf 는 144 psi이므로 먼저 psf 를 psi로 바꾸기 위해서 계수를 144로 나누어 주고, kgf/cm^2 를 kgf/m^2 로 전환하기 위해서 10^4을 곱해주면 된다. 따라서 0.070308 / 144 × 10^4 = 4.8825를 psf 단위에 곱해주면 kgf/m^2 단위로 전환된다.

예제

[USCU 식을 SI 단위계 식으로 전환]

ACI 318 시방서 9.5.2.3에 USCU 단위로 제시된 파괴계수(modulus of rupture) $f_r = 7.5\sqrt{f_c'}$ (psi)를 콘크리트구조기준의 SI 단위계로 전환하라. ACI에서 f_r 과 f_c' 은 psi로 표현된 파괴계수와 설계기준 압축강도이고 구조기준에서 f_r 과 f_{ck} 의 단위는 $\mathrm{MN/m^2}$ (Mega Pascal, MPa)이므로 전환은 아래와 같은 절차를 통해서 할 수 있다.

먼저 MPa은 $\frac{\mathrm{MN}}{\mathrm{m}^2} = \frac{\mathrm{MN}}{\mathrm{m}^2}\left(\frac{10^6\,\mathrm{N}}{1\,\mathrm{MN}}\right)\left[\frac{1\,\mathrm{m}^2}{(10^3\,\mathrm{mm})^2}\right] \equiv \frac{\mathrm{N}}{\mathrm{mm}^2}$ 가 되므로, MPa을 계산할 때 MPa을 쓸 필요 없이 등가의 $\mathrm{N/mm^2}$ 을 사용하면 간편하다.

f_r 의 단위가 psi $(\mathrm{lb}f/\mathrm{in}^2)$ 이므로 $f_r\,[\mathrm{lb}f/\mathrm{in}^2] = K\,[\mathrm{lb}f/\mathrm{in}^2]^{1/2}$ 가 되므로 상수 K의 단위는 $(\mathrm{lb}f/\mathrm{in}^2)^{1/2}$ 이 된다. 따라서

$$K = 7.5\left[\frac{\mathrm{lb}f}{\mathrm{in}^2}\right]^{1/2} = 7.5\left[\frac{\mathrm{lb}f}{\mathrm{in}^2}\left(\frac{4.448\,\mathrm{N}}{1\,\mathrm{lb}f}\right)\left(\frac{1\,\mathrm{in}}{25.4\,\mathrm{mm}}\right)^2\right]^{1/2}$$

$$K = 7.5\left[0.006894\frac{\mathrm{N}}{\mathrm{mm}^2}\right]^{1/2} = 7.5 \times 0.08303\left[\frac{\mathrm{N}}{\mathrm{mm}^2}\right]^{1/2} = 0.6227\left[\frac{\mathrm{N}}{\mathrm{mm}^2}\right]^{1/2}$$

$$\therefore\ f_r = 0.6227\sqrt{f_{ck}}\ (\mathrm{MPa})$$

구조기준에서 이 식을 정리하여 파괴계수 $f_r = 0.63\sqrt{f_{ck}}$ (MPa) 로 제시하고 있으며 계산은 이전에 사용했던 MKS 단위의 $f_r = 2.0\sqrt{f_{ck}}$ $(\mathrm{kg}f/\mathrm{cm}^2)$ 를 다음과 같은 절차를 밟아 SI 단위로 전환하여 제시한 듯하다. f_r 의 단위가 $\mathrm{kg}f/\mathrm{cm}^2$ 이므로 상수 K의 단위는 $(\mathrm{kg}f/\mathrm{cm}^2)^{1/2}$ 이 된다.

따라서

$$K = 2.0\left[\frac{\mathrm{kg}f}{\mathrm{cm}^2}\right]^{1/2} = 2.0\left[\frac{\mathrm{kg}f}{\mathrm{cm}^2}\left(\frac{9.807\,\mathrm{N}}{1\,\mathrm{kg}f}\right)\left(\frac{1\,\mathrm{cm}}{10\,\mathrm{mm}}\right)^2\right]^{1/2}$$

$$K = 2.0\left[0.09807\frac{\mathrm{N}}{\mathrm{mm}^2}\right]^{1/2} = 2.0 \times 0.31316\left[\frac{\mathrm{N}}{\mathrm{mm}^2}\right]^{1/2} \approx 0.63\left[\frac{\mathrm{N}}{\mathrm{mm}^2}\right]^{1/2}$$

$$\therefore\ f_r = 0.63\sqrt{f_{ck}}\ (\mathrm{MPa})$$

이런 절차를 밟으면 단위의 전환에 두려움이 없이 대처할 수 있을 것이다. 표 C3과 표 C4에는 콘크리트에서 가장 흔하게 쓰이는 단위에 대한 환산표가 주어졌다.

표 C1 단위 환산표– 길이의 단위

	기준(길이)	in.(inch)	ft(12 in.)	mm	m(10^{3}mm)
USCU	1 in.	1	1/12	25.4	0.0254
	1 ft	12	1	304.8	0.3048
공학단위계 및 SI	1 mm	0.03937	0.00328	1	0.001(10^{-3})
	1 m	39.37	3.28	10^{3}	1

표 C2 단위 환산표 – 힘(force) 또는 중량(weight)의 단위

	기준 (힘, force)	lbf (pound)	kipf (10^{3} lbf)	kgf	tonf (10^{3} kgf)	N (Newton)	kN (10^{3} N)
USCU	1 lbf	1	10^{3}	0.4536	0.0004536	4.448	0.004448
	1 kipf	1,000	1	453.6	0.4536	4,448	4.448
공학 단위계	1 kgf	2.2046	0.0022046	1	10^{-3}	9.807	0.009807
	1 tonf	2,204.6	2.2046	10^{3}	1	9,807	9.807
SI	1 N	0.2248	224.8	0.102	0.102×10^{-3}	1	10^{-3}
	1 kN	224.8	0.2248	102.0	0.102	10^{3}	1

표 C3 단위 환산표 – 응력(stress) 또는 압력(pressure)

기 준 (응력, stress)	psi (lbf/in^{2})	ksi (kipf/in^{2})	psf (lbf/ft^{2})	kgf/cm^{2}	Pa (N/m^{2})	MPa (MN/m^{2})
			$\times 10^{-3} \rightarrow$ ksf (kipf/ft^{2})	$\times 10^{4} \rightarrow$ kgf/m^{2} $\times 10 \rightarrow$ tonf/m^{2}	$\times 10^{-3} \rightarrow$ kPa	
1 psi	1	10^{-3}	144	0.070308	6,894.8	6.8948×10^{-3}
1 ksi	10^{3}	1	144×10^{3}	70.308	6.8948×10^{6}	6.8948
1 psf	144^{-1}	$144{,}000^{-1}$	1	4.8825×10^{-4}	47.880	47.880×10^{-6}
1 kgf/cm^{2}	14.223	0.014223	2,048.1	1	98,067	0.098067
1 Pa	1.4504×10^{-4}	1.4504×10^{-7}	0.020885	1.0197×10^{-5}	1	10^{6}
1 MPa	145.04	0.14504	20,885	10.197	10^{-6}	1

표 C4 단위 환산표 – 선하중(force per unit length) 모멘트 및 단위중량

기준 (선하중)	kipf/ft	tonf/m	kN/m
1 kipf/ft	1	1.4882	14.593
1 tonf/m	0.6720	1	9.807
1 kN/m	0.06853	0.1020	1
기준 (모멘트)	**kipf · ft**	**tonf · m**	**kN · m**
1 kipf · ft	1	0.13826	1.3556
1 tonf · m	7.2329	1	9.807
1 kN · m	0.73760	0.1020	1
기준 (단위중량)	**lbf/ft^3**	**kgf/m^3**	**N/m^3**
1 lbf/ft^3	1	16.02	157.087
1 kgf/m^3	0.06243	1	9.807
1 N/m^3	0.006366	0.1020	1

찾아보기

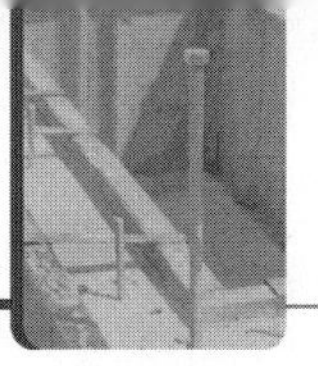

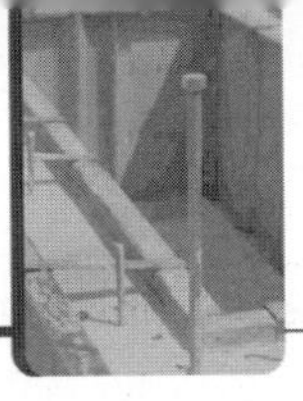

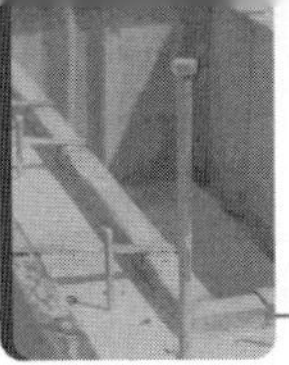

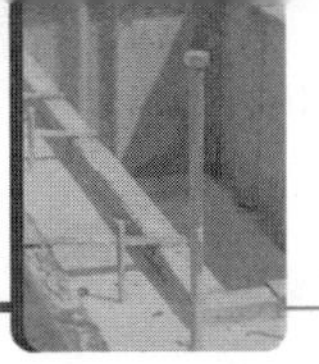

| 저자 소개 |

민창식

동국대학교 토목공학과 졸업, 공학사
동국대학교 대학원 토목공학과, 공학석사
미국 North Carolina State University 토목공학과, 공학석사
미국 North Carolina State University 토목공학과, 공학박사
현재 동국대학교 건설환경공학과 교수

프리스트레스트 콘크리트 정가 35,000원

저자 : 민창식

발행인 : 임해진
발행처 : 도서출판 구미서관

인쇄 : 2015년 9월 3일 초판 1쇄
발행 : 2015년 9월 10일 초판 1쇄

등록 : 1979년 6월 29일 No.9-6호

주소 : 서울시 마포구 신촌로 2길 5-15 구미빌딩
전화 : 02-333-1101
팩스 : 02-335-2201
http://www.goomibook.com

ISBN : 978-89-8225-406-2 (93530)